Wie funktioniert das?

Die Umwelt des Menschen

Meyer-Nachschlagewerke
aus dem
Bibliographischen Institut

Meyers Enzyklopädisches Lexikon
in 25 Bänden

Meyers Großes Universallexikon
in 15 Bänden

Meyers Neues Lexikon
in 8 Bänden

Meyers Großes Standardlexikon
in 3 Bänden

Meyers Großes Taschenlexikon
in 24 Bänden

Meyers Großes Handlexikon in Farbe

Meyers Großes Jahreslexikon

Meyers Taschenlexikon Geschichte
in 6 Bänden

Meyers Illustrierte Weltgeschichte
in 20 Bänden

Meyers Handbücher
der großen Wissensgebiete

Meyers Enzyklopädie der Erde
in 8 Bänden

Die Erde: Meyers Großkarten-Edition

Meyers Großer Weltatlas

Meyers Neuer Handatlas

Meyers Universalatlas

Wie funktioniert das?

Klipp und klar

Meyers Kinder-Sachbücher

Meyers Jahresreport

Wie funktioniert das?

Die Umwelt des Menschen

Herausgegeben und bearbeitet
von der Redaktion
Naturwissenschaft und Medizin
des Bibliographischen Instituts
unter der Leitung von
Karl-Heinz Ahlheim

Zweite, vollständig überarbeitete Auflage

Bibliographisches Institut Mannheim/Wien/Zürich
Meyers Lexikonverlag

Wissenschaftliche Mitarbeit:
Dr. Alfred Feldmann, Jülich; Dr. Wolfgang Kampe, Speyer;
Prof. Dr. Peter Stichel, Bielefeld; Prof. Dr. Hermann Unger,
Stuttgart; Dr. Alfred Voß und Mitarbeiter, Jülich

Redaktionelle Bearbeitung:
Dr. Klaus-Friedrich Klein, Dipl.-Biol. Franziska Liebisch,
Hans-Heinrich Müller

257 zweifarbige Schautafeln,
312 Textseiten,
zahlreiche Tabellen,
Literaturverzeichnis,
13 Registerseiten

CIP-Kurztitelaufnahme der Deutschen Bibliothek

Wie funktioniert das? Die Umwelt des Menschen/
hrsg. u. bearb. von d. Red. Naturwiss. u. Medizin
d. Bibliograph. Inst. unter d. Leitung
von Karl-Heinz Ahlheim.
[Wissenschaftl. Mitarb.: Alfred Feldmann...]. –
2., vollst. überarb. Aufl. – Mannheim; Wien; Zürich:
Bibliographisches Institut, 1981.
ISBN 3-411-01908-5
NE: Ahlheim, Karl-Heinz [Hrsg.]; Die Umwelt des Menschen

Satz: Bibliographisches Institut AG und
Beltz-Druck, Hemsbach
(Photosatz Linotron 505 TC)
Druck: Zechnersche Buchdruckerei, Speyer
Einband: Klambt-Druck GmbH, Speyer
Printed in Germany
ISBN 3-411-01908-5

Vorwort

Eine Bestandsaufnahme in Sachen „Umwelt" rund sechs Jahre nach Erscheinen der ersten Auflage des Buches fördert gewiß keine umwälzend neuen Erkenntnisse zu Tage; sie zeigt jedoch andererseits, daß die triviale Feststellung, unsere Zeit sei schnellebig, dem Tempo, mit der sich Veränderungen in unserer Umwelt heute vollziehen, fast nicht mehr gerecht wird. Denken wir nur an die beiden großen Energiekrisen der 70er Jahre mit ihren einschneidenden gesamtwirtschaftlichen Auswirkungen! Sie haben im übrigen der Menschheit in drastischer Weise gezeigt, wie gedankenlos unser Konsumverhalten ist, permanent einfach nur aus dem Überfluß zu leben!

Die vorliegende zweite Auflage wurde in allen Teilen grundlegend überarbeitet. Die in dem Buch zusammengetragenen zahlreichen Daten zu unserer Umweltsituation wurden nach dem neuesten Stand der Entwicklung aktualisiert und gegebenenfalls korrigiert. Der Band wurde um 40 Seiten erweitert; darin enthalten sind verschiedene Kapitel, die sich mit neuen Technologien, besonders auf dem Energiesektor, beschäftigen.

Die bewährte synoptische Gegenüberstellung von Text- und Bildinformation in Verbindung mit dem noch ausführlicher gestalteten Stichwortregister, das alle wichtigen im Textzusammenhang verwendeten Begriffe in alphabetischer Folge enthält, bietet dem Benutzer die Gewähr, daß er sich kompetent an der Umweltdiskussion beteiligen kann.

Mannheim im Herbst 1981 Verlag und Herausgeber

Bildquellenverzeichnis

AID Landwirtschaftlicher Auswertungs- und Informationsdienst Bonn. – Alfa-Laval GmbH, Hamburg. – BASF Aktiengesellschaft, Ludwigshafen am Rhein. – BAV Biologische Abfallverwertungsgesellschaft mbH u. Co., Schöneck. – Bomag Division Koehring GmbH, Boppard. – BSH Büttner-Schilde-Haas KG, Krefeld-Uerdingen. – Dornier System GmbH, Friedrichshafen. – ESSO AG, Hamburg. – EVT Energie- und Verfahrenstechnik GmbH, Stuttgart. – IWKA Industriewerke Karlsruhe/Augsburg. – Jetzer Engineering AG, Neuenhof Damsau. – KFA Kernforschungsanlage Jülich GmbH. – KUKA Keller u. Knappich Augsburg. – KWU Kraftwerk Union AG, Mülheim a.d. Ruhr. – LUFA Speyer Landwirtschaftliche Untersuchungs- und Forschungsanstalt Speyer. – MWV/AEV Mineralölwirtschaftsverband/Arbeitsgemeinschaft Erdöl-Gewinnung und -Verarbeitung, Hamburg. – Ruhrgas AG, Essen.

Inhalt

Literaturhinweise

H. Apel u. a., Ökonomische Aspekte des Umweltproblems, Frankfurt a. M. 1978.
F. Baum, Praxis des Umweltschutzes, München 1979.
G. Bischoff/W. Gocht (Hg.), Energietaschenbuch, Braunschweig/Wiesbaden 1979.
G. Breuer, Geht uns die Luft aus? Ökologische Perspektiven der Atmosphäre, Stuttgart 1978.
R. Brun (Red.), Bio-Energie, unerschöpfliche Quelle aus lebenden Systemen, Frankfurt a. M. 1978.
K. Buchwald/W. Engelhardt (Hg.), Handbuch für Planung, Gestaltung und Schutz der Umwelt, 4 Bände, München 1978–79.
Chemie in der Landwirtschaft, BASF-Symposium, Köln 1980.
W. Engelhardt, Umweltschutz. Gefährdung und Schutz der natürlichen Umwelt des Menschen, München 1977.
D. Gabor u. a., Das Ende der Verschwendung. Zur materiellen Lage der Menschheit, Stuttgart 1976.
R. Gerwin, So ist das mit der Entsorgung, Düsseldorf 1978.
R. Gerwin, Die Welt-Energieperspektive. Analyse bis zum Jahr 2030, Stuttgart 1980.
P. Gräff/A. Rauh, Unabhängig mit Sonnenenergie. Die machbare Alternative, München 1980.
M. Grathwohl, Energieversorgung. Ressourcen, Technologien, Perspektiven, Berlin/New York 1978.
U. Jetter, Technik im Umweltschutz. Aufgaben, Verfahren, Probleme, Essen 1977.
E. R. Koch/F. Vahrenholt, Seveso ist überall. Die tödlichen Risiken der Chemie, Köln 1978.
K. H. Kreeb, Ökologie und menschliche Umwelt. Geschichte, Bedeutung, Zukunftsaspekte, Stuttgart 1979.
K. Lorenz, Die acht Todsünden der zivilisierten Menschheit, München ^{11}1980.
B. Manstein, Strahlen: Gefahren der Radioaktivität und Chemie, Frankfurt a. M. 1979.
D. Meadows u. a., Die Grenzen des Wachstums. Bericht des Club of Rome zur Lage der Menschheit, Stuttgart 1972.
D. L. Meadows/D. H. Meadows, Das globale Gleichgewicht. Modellstudien zur Wachstumskrise, Stuttgart 1974.
M. Meliss (Hg.), Energiequellen für morgen? Nichtnukleare, nichtfossile Primärenergiequellen, Frankfurt a. M. 1976.
H. Michaelis, Handbuch der Kernenergie, 2 Bände, München 1981.
G. Michelsen u. a. (Hg.), Der Fischer-Öko-Almanach. Daten, Fakten, Trends der Umweltdiskussion, Frankfurt a. M. 1980.
W. L. H. Moll, Taschenbuch für Umweltschutz, 3 Bände, Darmstadt $^{1-2}$1978–80.
E. Münch (Hg.), Tatsachen über Kernenergie, Essen 1980.
G. Olschowy (Hg.), Natur- und Umweltschutz in der Bundesrepublik Deutschland, Hamburg 1978.
G. Osche, Ökologie – Grundlagen, Erkenntnisse, Entwicklung der Umweltforschung, Freiburg i. Br. ^{6}1977.
Der Rat von Sachverständigen für Umweltfragen (Hg.), Umweltgutachten 1978, Stuttgart u. a. 1978.
L. Rausch, Strahlenrisiko!? Medizin, Kernenergie, Strahlenschutz, München ^{3}1980.
J. Robertson, Die lebenswerte Alternative. Wegweiser für eine andere Zukunft, Frankfurt a. M. 1979.
E. Rummich, Nichtkonventionelle Energienutzung, Wien/New York ^{2}1981.
B. Ruske/D. Teufel, Das sanfte Energie-Handbuch, Reinbek 1980.
W. Schumann, Knaurs Buch der Erde, München/Zürich 1974.
H. A. Staub, Alternative Landwirtschaft, Frankfurt a. M. 1980.
G. Trommer/K. Wenk (Hg.), Leben in Ökosystemen, Köln 1978.
Umweltbundesamt (Hg.), Was Sie schon immer über Umweltchemikalien wissen wollten, Berlin ^{2}1980.
P. Weish/E. Gruber, Radioaktivität und Umwelt, Stuttgart ^{2}1979.
K. Wenk (Hg.), Naturerscheinung Energie, Braunschweig 1977.
K. Winnacker, Schicksalsfrage Kernenergie, Düsseldorf 1978.
A. Zischka, Kampf ums Überleben. Das Menschenrecht auf Energie, Düsseldorf 1979.

Die Umwelt des Menschen
Einführung in die Problematik

Das Raumschiff Erde auf Kollisionskurs?
Die Konzeption dieses Buches

Der Mensch wirkt, seit es ihn gibt, auf seine Umwelt ein und verändert sie – keineswegs immer zu seinem oder der Umwelt Vorteil. Dies war aber praktisch niemals Anlaß für besondere Überlegungen. Eine bewußte *Umweltplanung* im heutigen Sinne ist etwas gänzlich Neues. Erst seit wenigen Jahren, und zwar genau von dem Zeitpunkt an, als der Mensch erstmals auf der Fahrt zum Mond die Erde als Planeten zu sehen bekam, weiß alle Welt um das „Raumschiff Erde" – und um seine Begrenztheit.

Wachsendes Wirken auf begrenztem Raum muß eines Tages *Grenzen des Wachstums* zur Erfahrung bringen. An Grenzen stoßen oder sie vorübergehend überschreiten heißt hier zum Beispiel: kostbare, unersetzliche Rohstoffe voreilig erschöpfen und künftig ohne sie leben müssen. Dies gilt heute für unseren wichtigsten fossilen Energieträger, das Erdöl, in geringerem Maße (zum Glück) auch für die Kohle. Es gilt ebenso für eine Reihe wichtiger Metalle wie Aluminium, Zink, Kupfer, Quecksilber und Silber. Grenzen mißachten führt ferner zu Störungen in wichtigen Abläufen. So bricht z. B. die Fähigkeit der Gewässer zur Selbstreinigung durch zu hohe Abwasserbelastung zusammen, oder die landwirtschaftliche Produktion wird durch Übernutzung der Böden und Erosion gefährdet.

Solche *Gefährdungen* stellen eine Herausforderung dar. Wir haben die Chance, durch vernünftiges und verantwortungsvolles Handeln, d. h. hier durch *aktiven Umweltschutz,* unseren Nachkommen eine hinreichende Lebensqualität zu hinterlassen.

Doch warum soviel Aufhebens? Was ist denn das Neue an dieser Lage? Stets hat der Mensch im Laufe seiner Geschichte die von der Umwelt gebotenen Möglichkeiten ausgenutzt und oft genug auch übernutzt, wenigstens kurzfristig auf Kosten der nachfolgenden Generationen. Dies führte jeweils zu Rückschlägen, sei es durch Versorgungskrisen und Hungersnöte, sei es durch Kriege, sei es durch Abwanderung in noch intakte Gebiete. Die Zerstörung der Wälder im Mittelmeerraum für die Zwecke des Schiffsbaus, gefolgt vom Niedergang der landwirtschaftlichen Produktion und der Erosion der Böden, ging dem Zusammenbruch des Römischen Imperiums voraus – ein Beispiel für viele. Neu für uns ist heute, daß wir nicht nur an einzelnen, isolierten Stellen an Grenzen stoßen, sondern daß die Erde als Wirtschaftseinheit funktioniert und insgesamt ausgelastet ist – und daß wir uns dessen weltweit in faszinierend kurzer Zeit bewußt geworden sind.

Die *Stockholmer Umweltkonferenz* im Jahre 1972 war das äußere Zeichen für diese weltweite Einheit und zugleich für die hinter dieser Einheit noch wirksamen Differenzen. Die Erde ist heute von einem alles umfassenden Informationsnetz umspannt, sie ist eine *informatische Einheit.* Die Nachrichtensatelliten im Weltraum sind ein äußeres Zeichen dafür. Damit ist eine wesentliche Voraussetzung erfüllt, daß sie auch politisch als zusammenhängendes System funktionieren kann, wenn auch mit starker innerer Differenzierung und mit erheblichen Reibungspunkten. Neu ist aber auch, daß wir unsere kritische Lage erkennen und damit global gezielte Zukunftsplanung betreiben können.

Atemberaubend schnell haben wir diese Einsicht gewonnen: Die Erhaltung der Umwelt erfordert sofortige Maßnahmen. Die meisten Staaten der Erde legten in Stockholm umfangreiche Umweltberichte und Sofortprogramme vor. Doch dann tauchten die Kontroversen auf. Die Entwicklungsländer befürchteten, die Umweltkrise werde von den Industrienationen benutzt und hochgespielt, um das Wachstum weltweit einzufrieren und damit die heutigen Unterschiede zwischen reichen und armen Ländern zu verewigen. Dem Enthusiasmus der ersten Stunde folgten Rückschläge, Halbheiten, Zweifel.

Gibt uns dies Grund zum Pessimismus? Im Gegenteil! Wir haben gesehen, daß und wie schnell die grundsätzliche Einsicht in weltweiten Umweltschutz zu gewinnen war. Es darf uns nicht verwundern, daß die Realisierung, die sich im Detail vollziehen muß, völlig andere Zeitdimensionen beansprucht. Jetzt müssen zunächst einmal die Interessenkonflikte ausgetragen und Kompromisse erzielt werden. Was soll, was muß denn im einzelnen geändert werden? Wie kann dies geschehen, ohne das Funktionieren unseres nun einmal komplizierten Lebens katastrophal zu stören? Besonnenheit ist nötig und Behutsamkeit im Vorgehen.

Das „Raumschiff Erde" bedarf zweifellos der *Kurskorrektur*. Der neue Kurs ist in großen Zügen klar, im einzelnen aber müssen die notwendigen Maßnahmen sorgfältig geprüft und ausgewählt werden. Keinesfalls ist dies eine Sache ausschließlich für Experten. Viele grundsätzliche Entscheidungen sind zu fällen, die jeden angehen. Wir alle können unseren Beitrag leisten, als einzelne Bürger, in der Familie und im Freundeskreis, im Beruf und innerhalb der Organisationen unserer differenzierten Gesellschaft. Unsere *Demokratie* bietet *optimale Voraussetzungen* für die Mitwirkung des einzelnen, ebenso für den Zusammenschluß von Gruppen, für eine öffentliche Meinungsbildung, für Parteiarbeit, für Bürgerinitiative, für Kritik. Die Demokratie lebt dadurch, daß hinreichend viele Bürger von diesen Grundrechten Gebrauch machen. Sie lebt von kritischer Auseinandersetzung.

Das setzt jedoch voraus, daß jeder einzelne die Lage erkennt und sich um solide Information bemüht. Wir müssen wissen, *wie unsere Umwelt funktioniert und wo diese Funktionen gefährdet oder gestört sind*. Sachlichkeit muß sich mit Verantwortung und persönlichem Engagement verbinden, wenn brauchbare Lösungen erreicht werden sollen. Dies schließt hartes Ringen mit ein. Die Vitalität und Stabilität unserer Demokratie zeigt sich gerade dort, wo sie sich tolerante Auseinandersetzung auch mit härtester Kritik leisten kann, ohne den Freiraum persönlicher Meinungsäußerung einzuschränken. Darin liegt unsere bessere Chance, die Umweltkrise zu meistern!

Dieses Buch möchte dem Leser das *Funktionieren unserer Umwelt*, vor allem im Blick auf Gefährdungen und Störungen, – um des Schutzes Willen – verständlich machen. Es beschränkt sich nicht auf die Schilderung intakter Abläufe, sondern hebt bewußt die dunklen Seiten, die gestörten Bereiche heraus, da sie unserer Aufmerksamkeit und korrigierenden Hilfe vorrangig bedürfen. Eine Reihe einleitender Kapitel, die im Unterschied zu den folgenden am besten im Zusammenhang zu lesen sind, geben einen Überblick über unsere Situation und die globalen Aufgaben, die wir im Interesse der Erhaltung einer lebenswerten Umwelt bewältigen müssen. Sodann wird, ohne daß sich das Buch erschöpfend in alle Details verlieren könnte, Einblick in wesentliche *umweltrelevante Grundfunktionen* der Erdoberfläche gegeben – vorab in die anorganischen Grundlagen Luft, Wasser, Gesteine. Es folgen die Aspekte des Lebens – Biochemie, Evolution, Ökosysteme. Das Schwergewicht liegt schließlich auf der Wechselwirkung zwischen den Menschen im technischen Zeitalter mit dieser vorgegebenen und durch den Menschen veränderten Umwelt. Dabei werden vor allem erwiesene und befürchtete Störungen angesprochen, ebenso werden praktizierte oder vorgeschlagene Auswege aus kritischen Situationen aufgezeigt. Hauptstichworte sind Konsum und Abfall, Energie, Industrie, Wassernutzung, Verkehr, Landwirtschaft. Alle diese Kapitel sind so abgefaßt, daß sie nach Lust, Anlaß und Bedarf einzeln für sich gelesen werden können.

Technische Umwelt – Zustand und Ziel

Unsere gegenwärtige Umwelt ist vorwiegend die Welt hochrationalisierter industriell-technischer Produktion, die den Stil unseres Lebens prägt. Dies gilt keineswegs nur für die eigentliche Industrie selbst; auch viele andere Bereiche sind von der industriellen Massenproduktion geprägt: unsere Wohnkultur, alle Dienstleistungen wie Handel, Verkehr, Gesundheitswesen, Verwaltung, Erziehung, die wissenschaftliche Forschung ebenso wie die organisierte Freizeitgestaltung. Noch zu wenig beachtet wird, daß auch für die landwirtschaftliche Produktion die gleichen Maßstäbe gelten.

Verzichten wir auf alle Details und versuchen, die wichtigsten umweltrelevanten Vorgänge zusammenzufassen, so erscheint unsere technische Welt der „natürlichen" Umwelt auf die folgende Weise eingefügt:

Der moderne Mensch wünscht sich ein vielseitiges und reiches Angebot von Waren, Nahrungs- und Genußmitteln, Gebrauchswaren, eine Vielzahl von Geräten, Wohnraum, Dienstleistungen, Unterhaltung usw. Wir nennen dies *Nachfrage.* Sie spiegelt Bedürfnisse, die durch viele Einflüsse sehr variabel bestimmt werden. Zu diesen Einflüssen gehören die ererbte Natur des Menschen, seine Erziehung, sein Sozialstatus, die Mode und die Werbung. Die Werbung kann in der Wechselwirkung zwischen Angebot und Nachfrage bis zur Bedürfnissuggestion aktiv werden.

Die *Befriedigung von Bedürfnissen* setzt voraus, daß *produktive Arbeit* geleistet wird. Während in ursprünglichen Gesellschaften kleinere Einheiten (Familie, Clan, Dorf) alles weitgehend selbst herstellen, was sie brauchen *(Subsistenzwirtschaft),* entsteht die hohe Leistung unserer industriellen Produktion durch extreme *Arbeitsteilung (Rationalisierung).* Man arbeitet an der Produktion von irgend etwas, erhält dafür Lohn und kauft sich dafür auf dem Markt, was man wünscht. Das Ganze wird durch komplizierte ökonomische Systeme in Funktion gehalten: durch freie Marktwirtschaft, durch soziale Marktwirtschaft (die am anpassungsfähigsten ist) oder durch Planwirtschaft.

Wie fügen sich nun Produktion und Konsum in die Umwelt ein? Zwei Produktionszweige müssen wir unterscheiden: *Industrie* und *Landwirtschaft.* Während die erste vorwiegend im städtischen Siedlungsbereich konzentriert ist, ist die zweite flächenhaft ausgedehnt und besonders eng an die „natürliche" Umwelt angeschlossen, ja weitgehend mit ihr identisch, wenn wir unter Natur die mit Pflanzen und Tieren belebte freie Landschaft verstehen. Beide Produktionszweige beliefern den *Konsum,* dieser erzeugt *Abfall.* Die Industrie entnimmt der Umwelt Rohstoffe und Wasser und erzeugt ebenfalls Abfall. Der Landwirtschaft liefert sie Produktionsmittel (Maschinen, Düngemittel, Biozide).

Dieses Bild läßt in besonders einfacher Weise erkennen, welche Hauptaufgaben der Umweltschutz in diesem System hat. Da die Umweltkrise vor allem zwei Aspekte hat, nämlich Rohstofferschöpfung und Verschmutzung, muß zwischen Basis und Produktion ein Filter eingeschaltet werden, das den Zugriff in beiden Richtungen verringert. Dies bedeutet für die Industrie und den Konsum *Rückführung der Abfälle,* so weit möglich, in wieder verwendbare Formen *(Recycling):* teils als *Rohmaterial* (Metalle, Glas, Schlacke), teils als Energie (Müllverbrennung), als Müll-Klärschlamm-Kompost, der in der Landwirtschaft gute Dienste leisten kann, usw. Für die Landwirtschaft bedeutet es Suche nach *ökologisch schonenden Anbauverfahren.*

Diese Aufgaben lösen sich natürlich nicht von selbst. Ihre Lösungen müssen vielmehr durch die politische Steuerung durchgesetzt werden, wozu diese wieder an geeigneter Stelle im ökonomischen Mechanismus einzugreifen hat. Unsere soziale Marktwirtschaft bietet alle dazu nötigen Ansatzpunkte.

Subsistenzwirtschaft =
Selbstversorgung

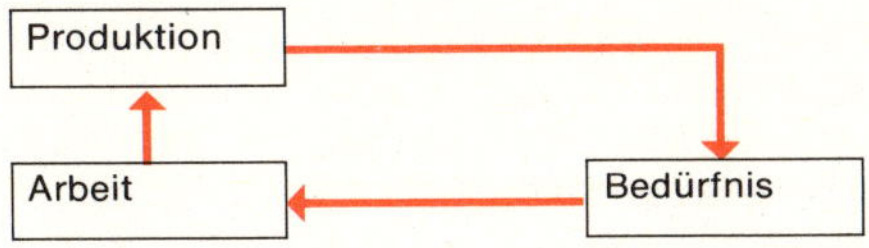

Marktwirtschaft =
Arbeitsteilung

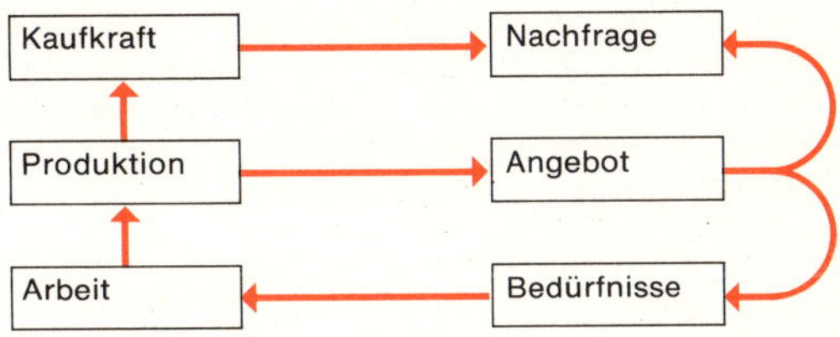

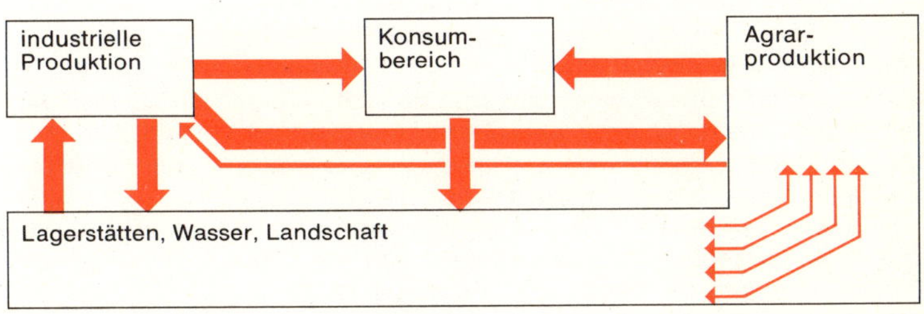

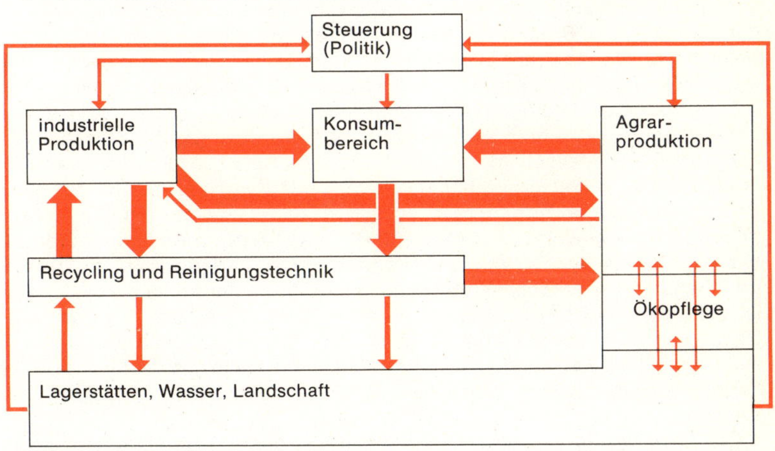

Der heutige Zustand der Umwelt ist das Ergebnis einer langen Entwicklungsgeschichte, während der sich die Erde ständig verändert hat. Umwelt ist nichts Konstantes, nichts, das als Erstarrtes zu konservieren wäre. Desgleichen strebt Umweltschutz nicht das Verhindern jeder Veränderung und damit jeder Entwicklung an. Wir wollen daher in äußerst groben Zügen überblicken, durch welche *Stufen der Entwicklung* unsere heutige Umwelt entstanden ist, um zu erkennen, vor welcher entscheidenden neuen Stufe wir stehen. Wir werden uns fragen, was aus dieser heutigen Umwelt morgen werden kann und soll.

Wir müssen zunächst eine Zeit annehmen, in der noch kein Leben auf unserem Planeten existierte (Stufe I), in der vielmehr reine *chemisch-physikalische Prozesse* abliefen. In dieser Epoche müssen sich die Vorbedingungen für die Entstehung organisierten Lebens gebildet haben, wie etwa hinreichend komplizierte organische Verbindungen (Aminosäuren, Porphyrine usw.). Eine besondere Atmosphäre ohne Sauerstoff, aber reich an Kohlensäure, Methan, Wasserstoff, Stickstoff, Ammoniak und Wasser, war die Voraussetzung dafür. Wir sprechen von der Zeit der *chemischen Evolution.*

Das *Leben* beginnt mit dem ersten Auftreten zellartiger Gebilde, die zur Selbstvermehrung und zur Weitergabe von Erbinformation befähigt waren, wobei es von untergeordneter Bedeutung ist, wie sie ausgesehen haben mögen. Nun setzt der lange Weg der *Evolution der Organismen* ein. Diese Zeit veränderte das Gesicht der Erde tiefgreifend. Eine Pflanzendecke beginnt vom Wasser her die Landmassen zu überziehen, die Atmosphäre bekommt eine andere chemische Zusammensetzung: Die reduzierenden Verbindungen verschwinden, Stickstoff und Sauerstoff werden vorherrschend (bestimmend). Erst jetzt können sich die heutigen Tierformen und die Mehrzahl der pflanzlichen Organismen entwickeln. Es bilden sich aus abgestorbenen Organismenresten riesige *Lagerstätten von Kohle und Erdöl,* unsere heutigen fossilen Energieträger (Stufe II).

Eine neue Zeit bricht mit dem Auftreten des *Menschen als Werkzeugmacher* an. Über sehr lange Zeiträume allerdings bleibt der Mensch ein Glied unter vielen anderen des Organismenreiches. Wegen seiner zunächst noch geringen technischen Möglichkeiten, seiner geringen Anzahl und seiner vielen Feinde beeinflußt der Mensch die Erde nicht stärker als andere Lebewesen auch. Der harte Selbstbehauptungskampf gegen allerhand tierische Feinde und gegen die Unbilden der Natur mögen die frühe Zeit des Menschen vielfach gekennzeichnet haben.

Einige Eigenschaften verleihen dem Menschen aber immer mehr Vorteile im Lebenskampf und führen zum Anstieg der Bevölkerungszahl. Entscheidend war dabei, daß der Mensch im Gegensatz zu den Tieren in der Lage ist, nicht nur Werkzeuge zu erfinden und herzustellen, sondern auch alle dementsprechenden Erfahrungen seinen Artgenossen und insbesondere seinen Kindern weiterzuvermitteln. Auf diese Weise häuften sich die Erfahrungen und bewirkten, angesammeltem Kapital vergleichbar, einen jeweils günstigeren Start für neue Erfindungen. Fast unabhängig vom genetischen Erbe, das für die Tiere nahezu allein bestimmend ist, wird die *menschliche Entwicklung vor allem durch überlieferte Erfahrung geprägt.* Dadurch steigt seine Fähigkeit, sich den Tieren gegenüber durchzusetzen, exponentiell an. Es dauert schließlich nicht lange, bis in geschichtlicher Zeit große Landstriche durch den Menschen in *Kulturlandschaften* umgeformt werden (Stufe III).

Die *Entwicklung der Wissenschaften,* insbesondere der Naturwissenschaften, und die Entdeckung ihrer Anwendbarkeit für technische Zwecke im militärischen und wirtschaftlichen Bereich führt schließlich zur Entfaltung unserer spezifischen abendländischen industriell-technischen Kultur. Sie führt in Form der *wissenschaftlich-technischen Revolution,* die in Ost und West heute noch in vollem Gange

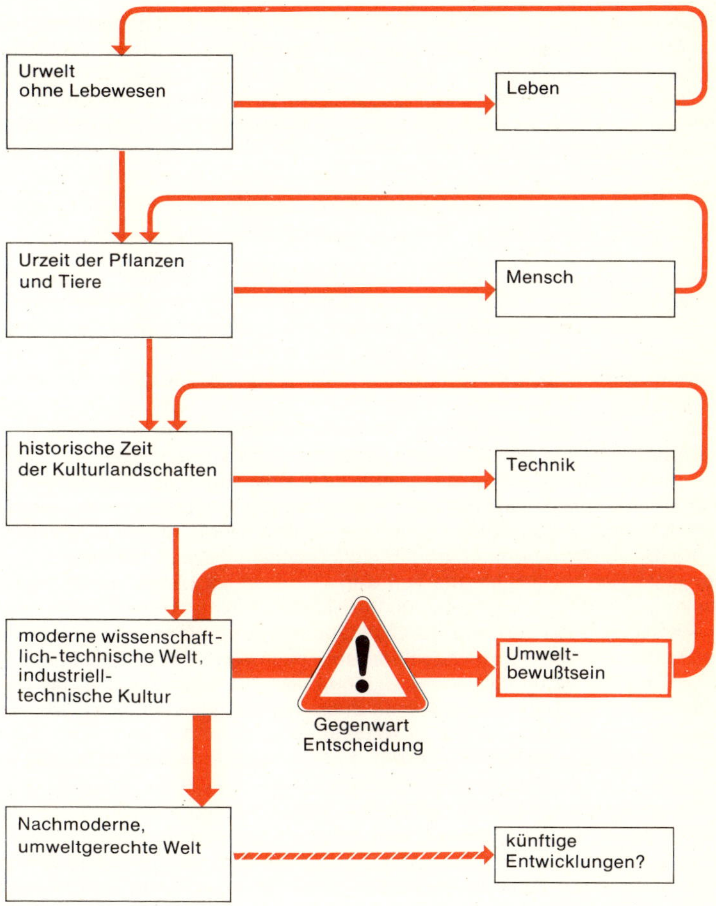
Urwelt
ohne Lebewesen
Leben
Urzeit der Pflanzen
und Tiere
Mensch
historische Zeit
der Kulturlandschaften
Technik
moderne wissenschaft-
lich-technische Welt,
industriell-
technische Kultur
Umwelt-
bewußtsein
Gegenwart
Entscheidung
Nachmoderne,
umweltgerechte Welt
künftige
Entwicklungen?

ist, – unbeschadet der unterschiedlichen Auffassungen im speziellen Bereich der Ökonomie – zur alles Bisherige in den Schatten stellenden *Umgestaltung unserer Umwelt.* Es entstehen die modernen Industrielandschaften, Straßennetze, Siedlungsballungen. Ungeahnte Steigerungen aller wirtschaftlichen und technischen Prozesse werden möglich. Das ökonomische System wird darüber hinaus so organisiert, daß es ein ständiges Wachstum des Wirtschaftsvolumens voraussetzt. Damit nähern wir uns im Eilschritt den durch die Umwelt gesetzten *Wachstumsgrenzen;* wir haben die Stufe IV der modernen Welt erreicht.

Was liegt nun vor uns? Offenbar stehen wir am Wendepunkt zu einer nächsten Stufe, in der nicht mehr der Akzent auf „Wachstum", sondern auf „Gleichgewicht" in einem stabilisierten System bewußt gestalteter und gepflegter Umwelt gesetzt wird. Noch wissen wir nicht, wie diese „Nachmoderne" im einzelnen aussehen wird. Doch sind wir alle dazu aufgerufen, an ihrer Gestaltung schöpferisch mitzuwirken und ihre Grenzbedingungen zu ermitteln.

Wissenschaft als Verführer
Die Rolle der naturwissenschaftlichen Rationalität

Der Durchbruch unserer modernen industriell-technischen Welt, der durchaus als *industrielle Revolution* empfunden und bezeichnet wurde und größenordnungsmäßig kaum mehr als die letzten hundert Jahre umfaßt, hat sich während der vorangehenden Kulturen der Antike, des mittelalterlichen Abendlandes und schließlich der Renaissance langsam vorbereitet und geistesgeschichtlich herausgebildet.

Grundlage ist die spezifische *wissenschaftliche Rationalität* als eingeübte Denkweise. Wir sind so sehr darin erzogen, daß es uns schwerfällt, Distanz zu gewinnen und diese Denkweise als eine sehr einseitige unter vielen möglichen zu erkennen. Versuchen wir, einige Tendenzen der geschichtlichen Entwicklung dieses Denkens herauszulösen, um die Rolle unserer naturwissenschaftlichen Rationalität als Wegebereiter industrieller Technik besser zu verstehen.

Der erste Schritt, der bereits von den Griechen vollzogen wurde, liegt in der Einteilung der vollen uns gegebenen Wirklichkeit in einen sogenannten *rationalen,* d. h. logisch auflösbaren und durchschaubaren, und einen *irrationalen Teil,* der alles Emotionale, Empfindungsmäßige, aber auch Wertende und Religiöse enthält. Der nächste Schritt enthält etwas Gefährliches: Die Tatsache, daß das Rationale versachlicht mitteilbar oder, wie man auch sagt, objektivierbar ist, während das Irrationale im schwer mitteilbaren Bereich subjektiver Wahrnehmung liegt, führt dazu, das Rationale als das allein Wirkliche und Reale zu identifizieren, während der irrationale, nicht objektivierbare Bereich als irreal, unwirklich apostrophiert wird.

Die theokratisch bestimmte mittelalterliche Hochkultur hatte zunächst naturwissenschaftlichem Denken wenig Raum gelassen. Der *Realitätsbegriff* war in dieser Zeit stark jenseitsorientiert. Der ethisch-religiöse Bereich, Sinn- und Wertvorstellungen hatten erste Realität. In der Renaissance begann eine Auflehnung gegen diese Vorherrschaft des religiösen Bereichs. Die Zuwendung zur naturwissenschaftlichen Forschung, von der Kirche zunächst als etwas uninteressant Weltliches toleriert, erlaubte es, einen geistigen Freiraum zu schaffen. Damit stellte sich aber gegen den religiösen Wirklichkeitsbegriff ein weltlich orientierter, an das griechische Denken anschließender Wirklichkeitsbegriff. Die Triebkraft hierzu war Emanzipation von der theokratischen Vorherrschaft.

Abgesehen von vielerlei Komplikationen im einzelnen, kam es, aufs Ganze gesehen, zu keiner endgültigen Auseinandersetzung zwischen den beiden Realitätsbegriffen, vielmehr arrangierten sich beide, indem sie die volle Realität teilten: die Kirche für das Jenseits, die Wissenschaft für das Diesseits. Die Naturwissenschaft hatte nun aber auf ihrer Seite den Vorteil technischer Anwendung. Dies

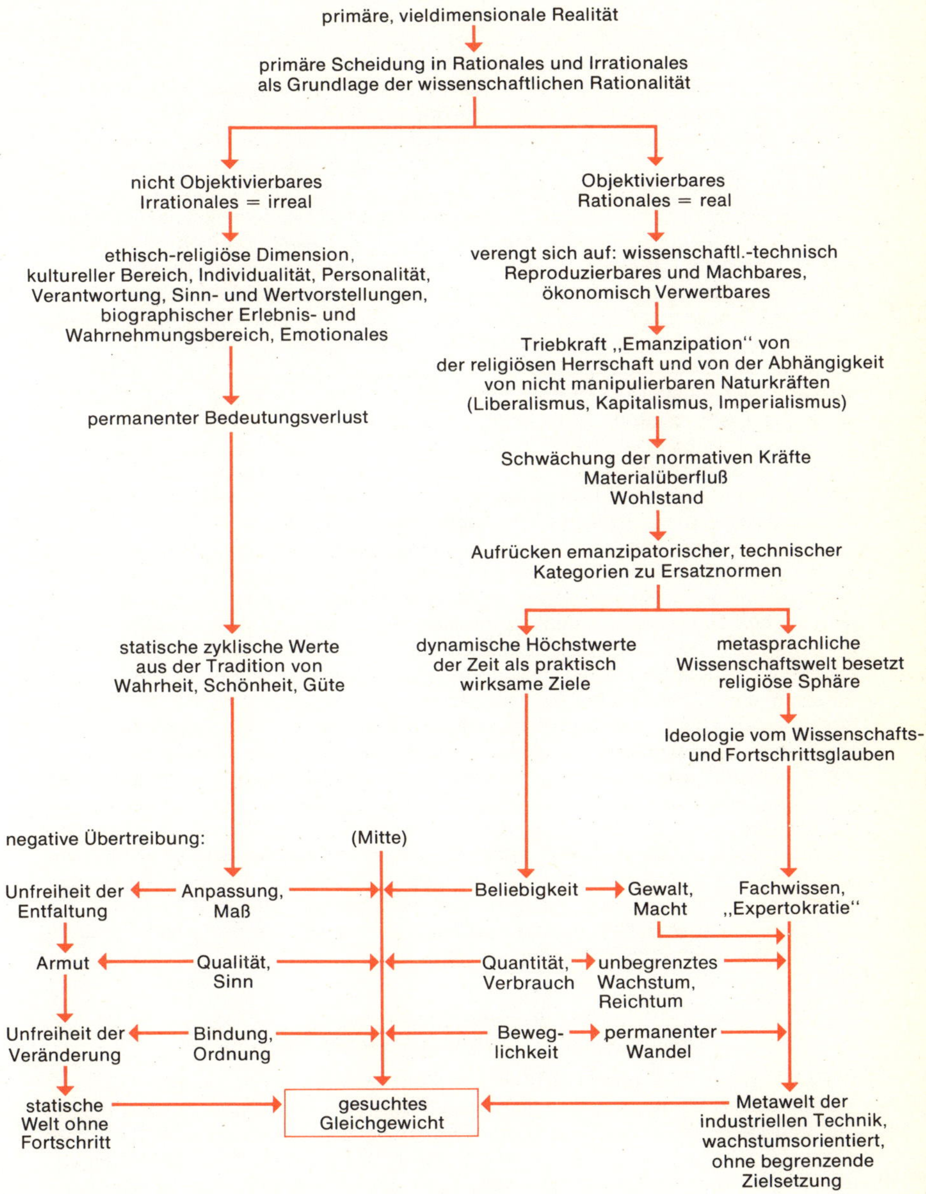
primäre, vieldimensionale Realität
primäre Scheidung in Rationales und Irrationales als Grundlage der wissenschaftlichen Rationalität
nicht Objektivierbares Irrationales = irreal
Objektivierbares Rationales = real
ethisch-religiöse Dimension, kultureller Bereich, Individualität, Personalität, Verantwortung, Sinn- und Wertvorstellungen, biographischer Erlebnis- und Wahrnehmungsbereich, Emotionales
verengt sich auf: wissenschaftl.-technisch Reproduzierbares und Machbares, ökonomisch Verwertbares
Triebkraft „Emanzipation" von der religiösen Herrschaft und von der Abhängigkeit von nicht manipulierbaren Naturkräften (Liberalismus, Kapitalismus, Imperialismus)
permanenter Bedeutungsverlust
Schwächung der normativen Kräfte Materialüberfluß Wohlstand
Aufrücken emanzipatorischer, technischer Kategorien zu Ersatznormen
statische zyklische Werte aus der Tradition von Wahrheit, Schönheit, Güte
dynamische Höchstwerte der Zeit als praktisch wirksame Ziele
metasprachliche Wissenschaftswelt besetzt religiöse Sphäre
Ideologie vom Wissenschafts- und Fortschrittsglauben
negative Übertreibung:
(Mitte)
Unfreiheit der Entfaltung
Anpassung, Maß
Beliebigkeit
Gewalt, Macht
Fachwissen, „Expertokratie"
Armut
Qualität, Sinn
Quantität, Verbrauch
unbegrenztes Wachstum, Reichtum
Unfreiheit der Veränderung
Bindung, Ordnung
Beweg-lichkeit
permanenter Wandel
statische Welt ohne Fortschritt
gesuchtes Gleichgewicht
Metawelt der industriellen Technik, wachstumsorientiert, ohne begrenzende Zielsetzung

führte zunächst zur Waffenproduktion, damit zur Möglichkeit militärischer Machtausübung, schließlich zur Entfaltung industrieller Produktion. Liberalismus, Kapitalismus und Imperialismus kennzeichnen diese Entwicklung. Einfluß und Kraft der nicht objektivierbaren Wirklichkeit werden immer schwächer, Wert- und Sinnvorstellungen verlieren ihren Einfluß auf die technische Entwicklung. Die alten Wertvorstellungen des Wahren, Schönen und Guten, die Zielvorstellungen von Maß, Sinn und Ordnung verblassen immer mehr. An ihre Stelle treten dynamische Ziele technischer Entfaltung, die wir mit Streben nach Beliebigkeit, nach möglichst großem Volumen, nach freier Beweglichkeit umschreiben können.

Hatte die wissenschaftliche Entwicklung zunächst unsere Wirklichkeitswahrnehmung auf das Rationale eingeengt, so tritt mit der technischen Entfaltung eine weitere Verengung ein. Wirklich ist nicht mehr alles Rationale, sondern nur noch das wissenschaftlich-technisch Reproduzierbare und Machbare; schließlich behält praktischen Realitätscharakter nur noch das aus diesem Bereich ökonomisch Interessante und Verwertbare. Der wissenschaftliche Zugang zur Wirklichkeit ist gekennzeichnet durch das Isolieren einzelner Probleme und Faktoren und durch das kausal-analytische Durchschauen mechanistischer Funktionen. Alles, was mit diesem Zugriff nicht durchschaubar ist, bleibt außerhalb der Wahrnehmung. Technik und Ökonomie bringen dem Menschen eine zunehmende Machtfülle. Die Wissenschaft, die diese Machtfülle ermöglicht hat, rückt mehr und mehr in die Rolle einer Art Ersatzreligion, von der wir uns über technische Entwicklungen die Erlösung von allen Übeln dieser Welt versprechen. Man bezeichnet diese Entwicklung als *Wissenschafts-* und *Fortschrittsglauben.* Es entsteht schließlich eine mehr und mehr von speziellem Fachwissen geprägte Wissenschaftswelt, in der der Laie immer weniger, der Spezialist immer mehr mitzureden hat.

Hatten die alten statischen Wertvorstellungen von Maß, Sinn und Ordnung in ihrer einseitigen Verwirklichung zu Unfreiheit, Armut und Starrheit geführt, als ihren negativen Entsprechungen, so neigen die dynamischen Höchstwerte der technischen Zeit, wenn sie einseitig verwirklicht werden, zu Streben nach Gewalt, unbegrenztem Wachstum und permanentem Wandel. Man hat diese Entwicklung als einen „Verlust der Mitte“ bezeichnet, dabei aber übersehen, daß die heutige Einseitigkeit im Grunde eine Konsequenz der vorangegangenen statischen Einseitigkeit ist. Das heißt, was eigentlich nötig wäre, wäre nicht eine Rückkehr zu den statischen Vorstellungen, sondern ein wohlausgewogenes Gleichgewicht der statischen und komplementären dynamischen Vorstellungen. In einem solchen Gleichgewicht müßte dynamische technische Eigenentfaltung den Sinn- und Wertvorstellungen des Menschen wieder eingeordnet und auf die ökologischen Grenzen unserer Möglichkeiten bezogen sein. In unserer komplizierten Wissenschaftswelt ist das aber nicht ohne die Hilfe einer sich auf ihre Grundlagen neu besinnenden Wissenschaft möglich. Die Wissenschaft war der Verführer zur heutigen industriellen Technik, sie muß nunmehr zum Helfer für die Überwindung der aufgetretenen Schwierigkeiten werden.

Die Wissenschaft als Helfer
Umweltforschung – Ökologie – Humanökologie

Die Entfaltung der abendländischen Naturwissenschaften war die geschichtliche Vorbedingung für die moderne technisch-industrielle Welt. Deren Konzeption hat uns ungeheuer bereichert – und uns die *globale Umweltkrise* beschert. Wie nun diese überwinden? Wir erkennen immer klarer, daß eben die Wissenschaften, die uns in die Krise geführt haben, uns auch aus ihr heraushelfen müssen. Der wissenschaftliche Erkenntnisprozeß enthält ein hohes Maß an Zweckfreiheit. Die Zwecke, denen wissenschaftliche Ergebnisse dienen, können von „außen“, etwa politisch, gesetzt werden. Danach wird sich die Forschung denjenigen Fragen widmen und die Fächer vorrangig zur Entfaltung bringen, die den gesetzten Zwecken dienlich sind. Als oberster Zweck galt bisher, zur technisch-industriellen Entfaltung beizutragen. Das gilt u. a. für die Wirtschaftswissenschaften, die Erziehungswissenschaften, die Medizin und die Biologie (v. a. die Biochemie), jedoch mit absolutem Vorrang für Physik, Chemie und die Fächer der angewandten Technik.

Nunmehr sind die gewaltigen Aufgaben der Erhaltung unserer Lebensgrundlagen – „Umweltschutz" meint letztlich genau dies – zu bewältigen. Wichtige Teilaufgaben sind:

- Verringerung des Zugriffs an den knapp werdenden Rohstoffen; Wiederverwertung von Abfällen und Verwendung von Ersatzstoffen;
- Reduzierung der Umweltverschmutzung auf ein Maß, das der natürlichen Regenerationskraft der verschmutzten Medien entspricht; also entsprechende Reinigung von Abgasen und Abwässern, Beseitigung von Abfällen unter Berücksichtigung der Müllkompostierung, Einschränkung des Lärms (als „akustischen Schmutzes");
- Erhaltung vegetationstragender, freier Landschaften; also Verzicht auf weitere Vermehrung der Bau- und Straßenflächen;
- Verringerung der Belastung von Boden, Wasser und Nahrungsmitteln mit Schadstoffen; Verringerung der Gefährdung des Bodens durch Erosion im Bereich der Landwirtschaft; also Entwicklung ökologisch schonender Schädlingsbekämpfungs- und Landbaumethoden.

Lösungen sind nur mit Unterstützung durch die Wissenschaft zu erreichen. Die großen Ziele der Umweltpolitik sind rasch formuliert, doch ihre praktische Realisierung erfordert Zeit und erhebliche Anstrengungen im Detail. Der Wissenschaft ist damit ein neuer Zweck gesetzt. Auf vielen Gebieten hat sie diese Aufgabe angenommen und darüber hinaus umweltrelevante Disziplinen stärker entwickelt. So wurden in der BRD zahlreiche *Forschungsprogramme* im Rahmen der Umweltberichte von Bund und Ländern ins Leben gerufen und zum Teil auch finanziert. Das gilt in erster Linie für die Reinhaltung von Wasser und Luft, für die Messung der Umweltbelastung und für die Entwicklung umweltfreundlicher Technologien in der Abfallbeseitigung. Diese regionalen und nationalen Programme werden durch internationale Programme im Rahmen der UN-Organisationen, z. B. das Programm „Man and the Biosphere" (Der Mensch und die Biosphäre) der Unesco, flankiert.

Bei dieser *Neuorientierung der Wissenschaften* – zuerst waren sie die „Verführer", die das Abenteuer einer grenzenlosen technischen Entfaltung provozierten, nunmehr werden sie zu „Helfern", die den Weg für die Überwindung der Umweltkrise und für die Eroberung einer „ökologischen" Zukunft ebnen –, bei dieser Neuorientierung sind drei Stufen wissenschaftlicher Hinwendung zu unterscheiden, die in der praktischen Arbeit alle gleichzeitig bedeutsam werden können:

1. die allgemeine analytische Umweltforschung;
2. die spezielle Erforschung der Lebensbedingungen durch die Ökologie und die allgemeine Systemtheorie;
3. die interdisziplinäre Erforschung der Einfügung des Menschen in ökologische Ordnungen durch die Humanökologie.

Die allgemeine *analytische Umweltforschung* schließt, wenn auch mit neuer Zwecksetzung, in ihren Methoden nahtlos an die *traditionellen Aufgaben* an. Physik, Chemie, Geologie, Teilbereiche der Geographie, Biologie und Medizin sowie die angewandten technischen Disziplinen versuchen uns Klarheit zu geben über die Rohstoffvorräte der Erde, über die verschiedenen Möglichkeiten zur Energiegewinnung, über die Entstehung und den Abbau von Schadstoffen, über die Wirkung von Schadstoffen auf Menschen, Tiere und Pflanzen, über die Methoden der Messung von Schadstoffkonzentrationen, über die Möglichkeiten umweltfreundlicher Technologien. Hier geht es um die Lösung klar abgrenzbarer Einzelprobleme, um begrenzte, wenn auch oft umfangreiche Aufgaben. Die Ergebnisse dieser Arbeiten werden in der Politik und im öffentlichen Leben als Entscheidungshilfen benötigt.

Für den Laien ist es höchst verwirrend, sich in der Vielzahl der Disziplinen zurechtzufinden. Spalten sich doch mit dem Fortschreiten der Kenntnisse und Verfahren die tratitionellen Fächer in immer mehr sich in komplizierter Weise überschneidende *Einzeldisziplinen* auf. So sind z.B. auf dem Gebiet der Geowissenschaften die Teilbereiche „Meteorologie", „Hydrologie", „Pedologie", „Ozeanographie", „Geochemie", aus dem Bereich der *Chemie* die Teilbereiche „Spurenanalyse der analytischen Chemie", „Radiochemie", aus dem Bereich der *Biowissenschaften* die Teilbereiche „Umweltmedizin", „Sozialmedizin", „Krebsforschung", „Strahlenmedizin", „Toxikologie", „Abwasserbiologie", „Genetik", „Limnologie", „Agrarbiologie" zu nennen.

Alle diese Gebiete sind heute aufgerufen, Schäden zu reparieren, die im Laufe der jüngsten Geschichte indirekt durch sie selbst verursacht worden sind. Sie werden in ihren Anstrengungen unterstützt durch jene früher vernachlässigten Wissenschaften, deren Forschungsgegenstand die Analyse hochkomplizierter Wirkungsgefüge im Zusammenspiel vieler wirksam werdender Einzelfaktoren ist: Ökologie und Systemtheorie (bzw. Systemanalyse). In letzter Konsequenz führen diese Fächer schließlich zu dem übergreifenden Versuch einer Humanökologie.

Das zentrale Problem der Umweltkrise liegt doch offenbar weniger darin, daß dieses oder jenes Spezialproblem ungelöst ist, als vielmehr in der Tatsache, daß insgesamt das Zusammenspiel der einzelnen Faktoren zu einem sinnvollen Ganzen und im Hinblick auf ein vertretbares und in der gegebenen Biosphäre mögliches Ziel nicht mehr gelingen will. Eben diese Problematik fällt in die Forschungskompetenz der *Ökologie* und der *Systemforschung.* Diese Disziplinen wollen erfassen und verstehen, wie das komplizierte Zusammenwirken aller miteinander verwobenen Vorgänge funktioniert und welche Entwicklungstendenzen darin erkennbar werden. Sie wollen weiterhin verstehen, wie man solche „Systeme" auf bestimmte Ziele hin lenken oder doch wenigstens ihren „Kurs" korrigieren kann, ohne unerwünschte Nebenreaktionen auszulösen.

Die *Ökologie,* aus der Biologie hervorgegangen, beobachtet den Haushalt miteinander zusammenlebender Organismen in ihrer Umwelt und in ihren Wechselbeziehungen mit ihrer Umwelt; sie untersucht ihre zeitliche Entfaltung, Krisen in ihrer Entwicklung und Mechanismen der Wiederherstellung von Gleichgewichten. Die *Systemforschung,* die aus der wirtschaftlichen Betriebsanalyse hervorgegangen ist, behandelt formal-mathematisch alle möglichen Systeme, unabhängig davon, ob Lebewesen in sie integriert sind oder nicht; sie spielt vor allem in der Unternehmensberatung zur Marktanalyse eine Rolle. Die Systemforschung kann der Ökologie die mathematischen Grundlagen für die Berechnung ihrer speziellen „Ökosysteme" liefern. Die Ökologie bedient sich darüber hinaus der Erkenntnisse jedweder speziellen Grundlagenforschung, indem sie die gewonnenen Einzeldaten zu einem Gesamtverständnis verbindet und damit die Bedingungen und Möglichkeiten für stabile oder kritische Entwicklungen in der Zukunft aufzeigt.

Die Ökologie kann uns demnach Auskunft geben über die *Belastbarkeit von Ökosystemen,* d.h. von Flüssen, Seen, Wäldern, landwirtschaftlichen Anbaugebieten usw. Sie kann uns die Folgen einseitiger Eingriffe (etwa durch die chemische Schädlingsbekämpfung) klar machen. Gegenüber den auf die selbstüberschätzende Durchsetzung partikulärer Ansprüche angelegten Spezialwissenschaften leistet die Ökologie nicht zuletzt auch einen nicht zu unterschätzenden ideellen Beitrag: Sie erzieht zu *kooperativem Denken* und zur *Rücksichtnahme.* Das deutet auf einen moralischen Kern der Umweltkrise hin.

Die Ökologie bedarf, wenn sie sich – mit oder ohne Verwendung systemtheoretischer formaler Hilfsmittel – den komplexen Wechselwirkungen zwischen dem Menschen, seiner technischen Welt und dem sie tragenden Ökosystem (letztlich der gesamten Biosphäre) zuwendet, der Mitwirkung zahlreicher anderer Fächer, die Sozial- und Geisteswissenschaften mit eingeschlossen. Hier wird die Ebene der zahlreichen einzelnen Fachdisziplinen endgültig verlassen; hier ist nur mehr problemorientierte, interdisziplinäre und fächerübergreifende Gruppenarbeit möglich. Die so erweiterte Ökologie ist das Feld der *Humanökologie,* die nicht mehr als neue Fachdisziplin, sondern als das Gegenteil jeder Spezialisierung verstanden werden muß, als der Versuch, die Umweltprobleme unter Einbeziehung aller möglichen Aspekte zu lösen.

Die Einführungskapitel dieses Buches sind in diesem Sinne humanökologisch. Die vom „Club of Rome" angeregte Studie „Grenzen des Wachstums" (s. S. 552) war der erste umfassende Versuch, formale, d.h. mathematisch-systematische Humanökologie zu schreiben. Humanökologie lehrt uns, daß nicht das Wachstum eines Systemteils (etwa der menschlichen Technik), sondern nur ein dynamisches Gleichgewicht zwischen allen Systemteilen langfristige Stabilität begründen kann. Aus dieser These die richtigen politischen Konsequenzen zu ziehen, ist unser größtes Problem.

Das künstliche Umweltsystem des Menschen

Die Umweltforschung, wie sie oben skizziert wurde, erfaßt vor allem naturwissenschaftliche Daten. Die ökologische und schließlich die humanökologische Betrachtungsweise lassen aber die Grenzen dessen, was „Umwelt" eigentlich ist, schwimmend werden. Leben wir wirklich in einer „naturwissenschaftlich erfaßbaren" Umwelt? Umgeben uns nicht vielmehr Kultur, Tradition, Mode, Wissen, umgeben uns nicht Kunstwerke, Bilder, Gebäude, Personen, persönliche Bindungen? Umgibt uns nicht ein Rechtssystem, ein Staat?

Nach wie vor liefert uns die naturwissenschaftlich-ökologische Erfassung der Umwelt die Orientierungsdaten für das, was wir uns im Umgang mit der Natur als Daseinsbasis leisten können. Wie wir aber dieses Wissen in Handeln umsetzen können, was dabei für den Menschen erreichbar und wünschbar ist, welche Kompromisse wir bei Zielkonflikten eingehen können, das wird erst erkennbar, wenn wir die komplexe Vieldimensionalität menschlicher Umwelt betrachten und würdigen.

Tatsächlich wächst der Mensch als Kind nicht in eine freie Natur hinein, sondern über die erste Nahrungsaufnahme in persönliche Beziehungen und Bindungen. Den ersten „Spielraum" bilden das Haus, die Nachbarn und die Straße. Sodann umgibt den Menschen ein vielfältiges Erziehungssystem (Schule, Jugendgruppen, Religion usw.), eine komplizierte Welt von Informationen, kulturellen Traditionen, Verhaltensregeln usw. Verwirrend für ihn ist auch das feinmaschig organisierte Verkehrssystem, mit dem er auf den Straßen konfrontiert wird. So kann es geschehen, daß ein Stadtbewohner jahrelang überhaupt keine freie Landschaft zu Gesicht bekommt, sondern nur eine nach technischen Gesichtspunkten gestaltete Produktionslandschaft.

Wir sehen also, daß der Mensch in einem komplizierten, selbstgeschaffenen „System" lebt, das in das natürliche Ökosystem mehr oder weniger vollkommen eingebaut ist. Dieses System erlaubt ihm, im Spannungsfeld zwischen seiner angeborenen Natur und den Bedingungen der äußeren Natur in einer Gemeinschaft wirksam zu werden. Wir können nun in diesem komplizierten Umweltsystem *Subsysteme* voneinander trennen, die sich durch eine gewisse Selbständigkeit und Eigendynamik auszeichnen:

1. Das *kulturelle Subsystem,* also Tradition, Sprache, Sitten und Gebräuche, Erziehung. Ohne diese eigenständige Sphäre, die heute gelegentlich von

Systemkritikern als „repressive" Gewalt negativ apostrophiert wird und die dafür sorgt, daß wir in eine geschichtliche Dimension eingebunden sind, wäre menschliches Leben undenkbar. Von hier aus lenken uns in der Tat wichtige Kräfte; von hier aus formen wir unsere Zielvorstellungen, unsere moralischen Normen. Das kulturelle Subsystem befindet sich heute in mächtigen, tiefgreifenden Umformungen, die seinen lenkenden Einfluß auf unsere Gemeinschaft stark schwächen und lähmen.

2. Das *soziale Subsystem* meint die von Land zu Land wechselnde Art der Bildung von Gemeinschaften, Gruppen, Organisationen; die Art und Weise des Zusammenlebens, die Regeln der Kontaktnahme, die Formen gegenseitiger Zu- und Unterordnung. Kein menschliches Leben funktioniert ohne Traditionen einer geregelten Gemeinschaftsbildung.
3. Ein besonders durchstrukturierter Teil des sozialen Bereiches ist das *politische Subsystem,* in das wir die Aufrechterhaltung der Ordnung im Lande und die Regelung zwischenstaatlicher Beziehungen hineinverlagern. Es gerät zum Nachteil aller, wenn dieses Subsystem zu schwach ist. Andererseits bedeutet es größte Gefahr, wenn dieses Subsystem selbstherrlich und zu stark wird. Die Demokratie wird von uns als die beste Möglichkeit erachtet, zwischen beiden Extremen die Balance zu halten. Ihr Ziel ist ein handlungsfähiges System, das unter Kontrolle und unter dem Zwang zur Verantwortung gehalten wird.
4. Die Aufgabe des *ökonomischen Subsystems* ist es, die Warenproduktion und die sinnvolle Verteilung von Waren und anderen Gütern in unserer hochspezialisierten arbeitsteiligen Gesellschaft in Gang zu halten. Das Wirtschaftssystem ist ein Instrument, kein Selbstzweck. Die Prinzipien, nach denen wir dieses Subsystem gestalten, können an sich frei gewählt werden; unsere politische Verfassung schreibt uns kein bestimmtes System vor. Selbstverständlich wird diese Freiheit durch das historisch Gewachsene und durch unseren dringenden Wunsch nach Kontinuität und Vermeidung krisenhafter Umbrüche entscheidend eingeengt. Im Augenblick sollten wir wohl versuchen, die im Konzept sozialer Marktwirtschaft angelegte Flexibilität zu nutzen, um mit unseren Problemen fertig zu werden.
5. Das *wissenschaftlich-technische Subsystem.* Eigentlich müßte es genauer heißen: das naturwissenschaftlich-technische Subsystem; denn was in diesem „Komplex" als Einheit erscheint, ist die enge Zusammenarbeit zwischen den Naturwissenschaften und der technischen Anwendung ihrer Erkenntnisse. Die moderne Welt ist ja recht eigentlich die wissenschaftlich-technische Welt, wobei die „Verwissenschaftlichung" oft skurrile, zwanghafte Formen annehmen kann, vor allem bei der immer stärker werdenden Verschulung und Theoretisierung der Berufsausbildung. Der wissenschaftlich-technische Bereich ist, unbeschadet seiner inhaltlichen Selbständigkeit, eng an den wirtschaftlichen Bereich angeschlossen. Dies gilt so sehr, daß man von außen die „Doppelnatur" etwa eines Industriebetriebes, in dem die Ziele der Techniker oft hart mit denen der Betriebsökonomen im Streite liegen, fast gar nicht wahrnimmt. Gegenüber den anderen Subsystemen kann man daher auch die beiden letzten als einheitlichen, eigenständigen Bereich ansehen; beruht doch die starke Durchsetzungskraft unserer Wirtschaft gerade auf ihrer industriellen Produktionsbasis. Auf dieser Durchsetzungskraft beruht aber zugleich auch das Anstoßen an die Wachstumsgrenzen und damit die Umweltkrise, die sich in allen (westlichen und östlichen) Industrieländern in gleicher Weise zeigt. Das spezielle ökonomische System ist ökologisch von zweitrangiger Bedeutung. Gesellschaftskritik, die nur am ökonomischen System ansetzt, verfehlt daher das Umweltproblem.

Vergleichen wir unser Bild der gesellschaftlichen Subsysteme mit unserem Wissen um die Umweltkrise einerseits und unseren Einsichten in die historische Entwicklung unserer heutigen technischen Welt andererseits, so erscheint die folgende These gerechtfertigt:

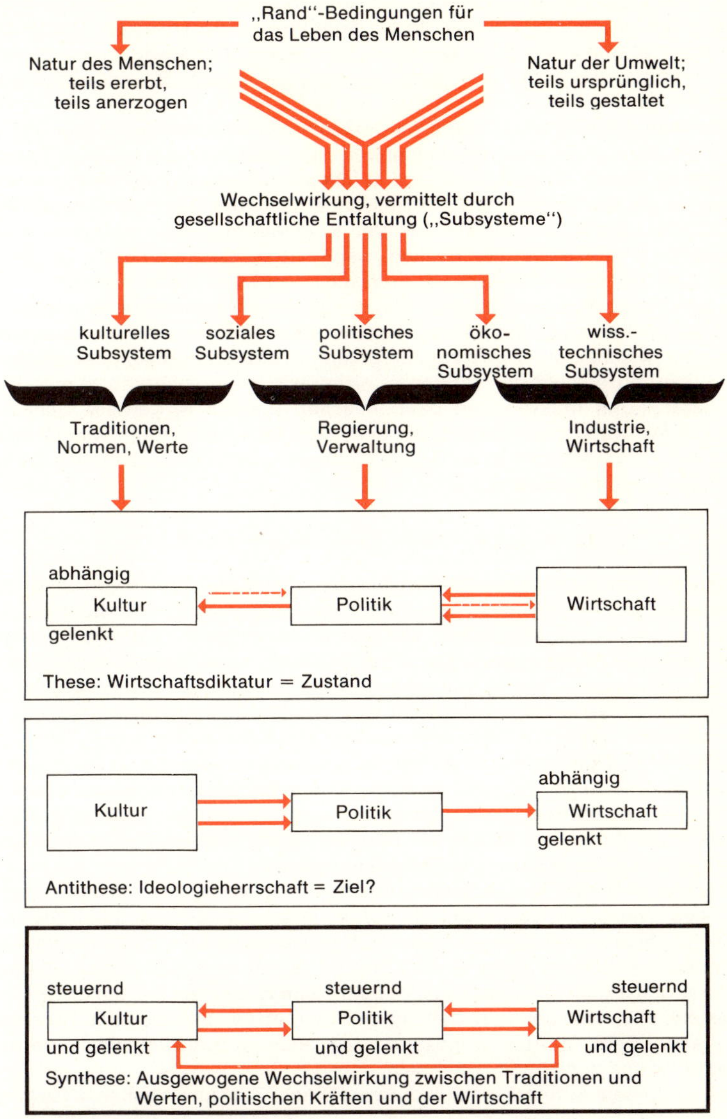

Abb. Störung im Verhältnis der gesellschaftlichen Teilkräfte zueinander als Ursache der Umweltkrise

These: Ein Schwerpunkt unserer Umweltkrise liegt im Bereich einer tiefen Disharmonie der Subsysteme. Der kulturell-normative Bereich ist zu schwach, der ökonomisch-technisch-wissenschaftliche Bereich zu stark betont. Das politische Subsystem wird daher allzu sehr vom wirtschaftlichen Bereich bestimmt und zu wenig vom normativen, also von übergeordneten Zielen her.

Dieser These könnte man deshalb als *Antithese* entgegensetzen: Durch einen Systemwandel sind diese Akzente umzukehren. Übergeordnete Ideen und Ziele des normativ-kulturellen Bereichs haben zu führen, die anderen Bereiche sind diesen unterzuordnen.

Kritik: Wohin würde uns eine solche Umkehr führen? Gehen wir davon aus, daß gerade die jeweils uns ideal erscheinenden Ziele die Oberhand gewinnen und die Gesellschaft lenken würden, so erscheint uns das ausgezeichnet. Was aber, wenn Ideologien, die wir ablehnen, diese Rolle übernehmen? Dann geraten wir in die Diktatur von Ideologien, die ein flexibles Eingehen auf neue Probleme stärker verhindern als unser heutiges System. Dabei ist es gleichgültig, ob es sich um Theokratien, um sozialistische oder um faschistische Ideologien handelt.

Das legt nahe, zwischen unserer These und ihrer Antithese zu vermitteln und folgende *Synthese* zu suchen: Nicht das eine oder das andere System, sondern ein Gleichmaß zwischen den Subsystemen garantiert eine lebendige, offene Entwicklung. Sicher müssen wir uns stärker als bisher wieder von übergeordneten Zielen leiten lassen und müssen den ökonomischen Bereich in gewisse Schranken verweisen. Wir wären aber gut beraten, dem ökonomischen Bereich wiederum eine Eigendynamik zu belassen. Krisen in der Zielfindung müssen dann nicht unbedingt auch Krisen der Wirtschaft sein!

Raumschiff Erde – oder geteilte Welt?

Unsere Bemühungen um den Umweltschutz trifft oft der Vorwurf von linker Seite, die Umweltkrise sei nur eine von Kapitalisten zu ihrem Schutz hochgespielte Erfindung, um die Ungleichheit in der Welt zu verschleiern und zu zementieren; alles Reden vom Nullwachstum sei nur ein Versuch, neue Formen des Kolonialismus festzuschreiben. Dem könnte man entgegenhalten, daß der Ostblock vor eher noch größeren Schwierigkeiten steht als wir. Man könnte genau so gut das Argument zurückgeben und darauf verweisen, daß die linken Kritiker das Mitleid mit den Entwicklungsländern nur benutzen, um sich aus der Schlinge unserer heftigen Wachstumskritik zu ziehen. Sind sie doch bis zum äußersten auf wissenschaftlich-technischen Fortschritt als Erlösungsvorstellung programmiert, weit mehr noch als die westliche Wirtschaft selbst. Im übrigen leisten gerade die sozialistischen Staaten des Ostens die geringste Entwicklungshilfe.

Wie schief immer die Motive der Argumentation liegen mögen, der Vorwurf greift tatsächlich eine ernste Sorge auf, die auf der Stockholmer Umweltkonferenz von Entwicklungsländern vorgetragen wurde. Dort wurde geäußert, daß die Probleme der Umweltüberlastung doch einen spezifischen Bereich der Industrienationen angehen; für die Entwicklungsländer gebühre dem Wachstum und der Entwicklung mindestens noch eine gehörige Zeitlang der Vorrang vor dem Umweltschutz. Dabei wurde aber nicht in Abrede gestellt, daß auch in Entwicklungsländern die Umweltprobleme gravierend zunehmen.

Das lenkt unsere Aufmerksamkeit auf zwei Dinge: Zum einen haben diese Länder an einer Umweltkonferenz teilgenommen und waren davon überzeugt, daß die ganze Biosphäre als Einheit zu sehen ist und globale Gefährdungen vor uns allen stehen – Raumschiff Erde! Zum anderen wird bewußt, daß dieses Raumschiff recht unterschiedliche „Decks" hat, von denen aus die Probleme verschieden gewertet werden. Eine Reihe von Regionen, oder besser verschiedene Gruppen von Ländern, können zusammengefaßt werden; z. B. *kapitalistische Industrienationen* wie die

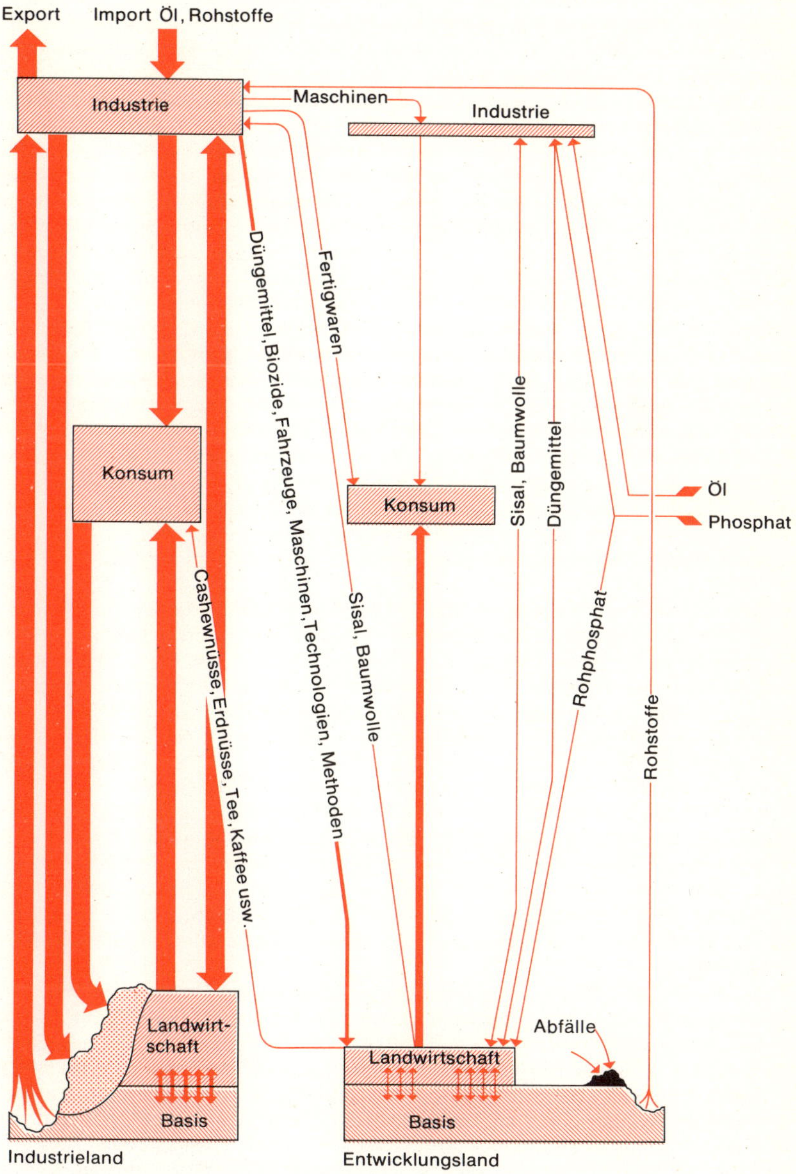

Abb. Wirtschaftliche Wechselbeziehungen zwischen
Industrie- und Entwicklungsländern

USA, die Länder Westeuropas, Südafrika, Australien und Japan; *sozialistische Industrienationen* wie Rußland, die DDR und die übrigen Staaten Osteuropas; die verschiedenen, heute zu hohem Reichtum gekommenen *Ölländer;* die beiden Giganten und Sonderfälle *China* und *Indien;* schließlich eine große Zahl armer, häufig übervölkerter und auf landwirtschaftliche Produktion angewiesener *Entwicklungsländer,* die einen großen Teil der Flächen von Afrika, Süd- und Mittelamerika und Südasien bedecken.

Die Ölländer könnten – noch wissen wir nicht, ob sie dazu politisch in der Lage sind – uns dazu zwingen, indirekt wirksame Entwicklungshilfe zu leisten, indem sie die durch die hohen Ölpreise erzielten Mehreinnahmen als Kredite an die Entwicklungsländer weitergäben, die ihrerseits für dieses Geld bei uns Waren kaufen könnten. Bis jetzt haben die „armen" *Entwicklungsländer* davon allerdings wenig verspürt. Sie haben viel härter unter den Ölpreiserhöhungen zu leiden als wir. Die Fortschritte der Landwirtschaft sind dort auf moderne energie- und rohstoffintensive Methoden der sogenannten „Grünen Revolution" aufgebaut. Eine Steigerung der Energiepreise um das Zwei- bis Dreifache ließ Düngemittel, Pestizide und Maschinenhilfsmittel in vielen Gebieten unerschwinglich werden. Die Produktion droht zusammenzubrechen. Dies hat bereits mehrere arme Länder an den Rand des Bankrotts gebracht – und das heißt dort: Tod für Millionen durch Hunger! Helfen könnte hier nur der sofortige Übergang zu energie- und rohstoffsparenden biologischen Anbaumethoden, die allerdings erst in den letzten Jahren von der Entwicklungshilfe stärker gefördert wurden und zu deren Entwicklung und Vervollkommnung noch viel zu tun ist. Unsere Wissenschaft – hier besonders die Agrarökologie – ist also einmal mehr aufgerufen, neuen Zielsetzungen zu dienen.

Dabei tritt uns eine Schwierigkeit entgegen. Energie- und rohstoffsparende Anbaumethoden gehören zu den sogenannten *angepaßten Technologien.* Es sind dies Verfahren, die nicht unbedingt dem letzten technischen Stand entsprechen, sondern die vielmehr an angemessenen ökonomischen, sozialen und ökologischen, dem jeweiligen Gebiet angepaßten Maßstäben orientiert sind. Meist sind es arbeitsintensive Verfahren mit relativ geringem Kapital- bzw. Maschineneinsatz. Viele Politiker der Entwicklungsländer lehnen gerade solche Anpassungen aus Prestigegründen ab. Sie sehen in ihnen eine minderwertige Variante für Arme. Sie befürchten, wir wollten sie mit zweitrangigen Technologien abspeisen. In dieser Lage benötigen beide Seiten ein hohes Maß an Feingefühl, an Sinn für Realistik und Einsicht in das Unausweichliche, um zu Kompromissen zu gelangen.

China ist hier mit Erfolg einen kompromißlosen Weg der arbeitsintensiven Anpassung gegangen, dabei als Endziel moderne Technologie anvisierend. Ob es auf dem Weg dahin letztlich doch nur die Industrienationen samt ihren Fehlern kopiert oder auf einer maßvollen Zwischenstufe halt macht, ist noch nicht abzusehen. Eine Reihe rigoroser Wachstumsdrosselungen auf dem Gebiet der Stadtentwicklung und der Bevölkerungspolitik läßt uns hoffen; Anderes stimmt nachdenklich.

Stellen wir die Extreme in einem „humanökologischen" *Systemvergleich* in starker Vereinfachung nebeneinander, um uns die Gegensätze klar zu machen: In den *Industrieländern* haben wir neben hohen Import- und Exportraten einen durch eine mächtige Industrie und eine hochentwickelte Landwirtschaft bestens versorgten Konsumbereich. Dafür ist die ökologische Basis außerordentlich stark in Anspruch genommen und zum Teil gefährdet. Zu hoch sind die Entnahmen von Material, die Beanspruchung des Geländes, der Ausstoß an belastenden Abfällen. Anders in *Entwicklungsländern:* Hier besteht eine Wechselwirkung zwischen einem offensichtlich unterbelieferten Konsumbereich einerseits und einer mangelhaft entwickelten Landwirtschaft sowie einer nur in Andeutung vorhandenen Industrie andererseits. Viele Fertigwaren, Technologien, Maschinen, Informationen usw. müßten zur Aufrechterhaltung der Wirtschaft eingeführt werden. Womit aber sollen sie bezahlt werden? Es steht nur eine geringfügige Überschußproduktion zur Verfügung. Sie betrifft im wesentlichen einige landwirtschaftliche Rohprodukte. Diese aber stehen auf dem Weltmarkt unter hartem Konkurrenzdruck; das Preisverhältnis zwischen diesen Waren und den Industrieprodukten wird im Laufe der Zeit eher noch ungünstiger werden. Daher wird es diesen Wirtschaftsräumen kaum gelingen, sich zu stabilisieren und von unserer Hilfe unabhängig zu werden. Dabei wären in all diesen Ländern durchaus noch ökologische Reserven vorhanden. Während aber bei uns das Anstoßen an die ökologischen Grenzen durch die zu starke Entfaltung des industriellen Produktionsraums erfolgt, zeigt das Umweltproblem der Entwicklungsländer einen anderen Aspekt: Alle Ansätze zur Stabilisierung und wirtschaftlichen Entwicklung werden dort bedroht durch ein ungewöhnlich *starkes Bevölkerungswachstum.* Ein kaum zu durchbrechender Teufelskreis baut sich hier auf. Wir wissen, daß eine wirksame Bevölkerungskontrolle nur möglich ist bei sozialer und wirtschaftlicher Stabilität. Andererseits ist gerade diese Bevölkerungsentwicklung die Ursache für das Zusammenbrechen vieler Entwicklungsbemühungen. Niemand weiß heute eine brauchbare Lösung für dieses Problem.

Das Umweltprogramm der Bundesregierung

Das im Jahre 1970 von der Bundesregierung verabschiedete erste Umweltprogramm kann in 10 Thesen zusammengefaßt werden:

1. Das Umweltprogramm definiert die *Umweltpolitik* als die Gesamtheit aller Maßnahmen, die notwendig sind, um dem Menschen eine Umwelt zu sichern, wie er sie für seine Gesundheit und für ein menschenwürdiges Dasein braucht; um Boden, Luft und Wasser, Pflanzen- und Tierwelt vor nachteiligen Wirkungen menschlicher Eingriffe zu schützen und um Schäden oder Nachteile aus menschlichen Eingriffen zu beseitigen.

2. Eine Hauptforderung des Umweltprogramms ist das *Verursacherprinzip.* Danach hat grundsätzlich der Verursacher von Umweltbelastungen die Kosten für deren Beseitigung zu tragen (s. S. 572).

3. Die Zielsetzung des *Umweltschutzes* soll in alle raumordnenden Maßnahmen einer komplexen Strukturpolitik und Raumplanung eingehen. Finanz- und steuerpolitische Maßnahmen sollen diese Aufgabe unterstützen. Die Leistungsfähigkeit der Volkswirtschaft soll dabei nicht überfordert werden.

4. Der *technische Fortschritt* muß in Zukunft umweltschonend verwirklicht werden. Ein Ziel des Programms ist eine „umweltfreundliche Technik", bei deren Anwendung die Umwelt erhalten bleibt oder nur wenig belastet wird.

5. Die Bundesregierung sieht in der *Förderung des Umweltbewußtseins* einen wesentlichen Bestandteil ihrer Umweltpolitik. Der Umweltschutz ist Sache jedes einzelnen Bürgers.

6. Im Umweltprogramm ist festgelegt, daß die Bundesregierung sich für ihre Entscheidungen in Fragen des Umweltschutzes verstärkt der *wissenschaftlichen Beratung* bedienen wird. Dafür hat sie inzwischen einen „Rat von Sachverständigen für Umweltfragen" berufen.

7. Die notwendigen *Forschungs-* und *Entwicklungskapazitäten* für den Umweltschutz müssen ausgebaut und die Koordinierung der Forschungsarbeit verstärkt werden. Dadurch muß die Möglichkeit geschaffen werden, alle Umweltbelastungen und ihre Wirkungen systematisch zu erforschen. Ferner müssen alle auf die Umwelt bezogenen Daten erfaßt und in einem Informationssystem so aufgearbeitet werden, daß sie der öffentlichen Hand, der Wissenschaft und der Wirtschaft zur Verfügung stehen.

8. Durch interdisziplinäre und praxisbezogene *Aufbaustudien* an Hoch- und Fachschulen sollen die Möglichkeiten der Ausbildung für die Spezialgebiete des Umweltschutzes vermehrt und verbessert werden.

9. Um einen wirksamen Umweltschutz realisieren zu können, bedarf es einer engen *Zusammenarbeit* zwischen Bund, Ländern und Gemeinden untereinander und mit Wissenschaft und Wirtschaft.

10. Da der Umweltschutz internationale Zusammenarbeit verlangt, ist die Bundesregierung hierzu in allen Bereichen bereit und setzt sich für *internationale Vereinbarungen* ein: Angleichung von Meßmethoden, Warnsystemen und Registrierverfahren; internationale Umweltgesetzgebung, gemeinsame Umweltpolitik, v. a. im Bereich der EG-Staaten.

Inzwischen hat man zwar die Notwendigkeit einer ökologisch orientierten Raumplanung erkannt, realisiert wurde dieser Gedanke bis jetzt jedoch nicht. Das liegt v. a. an der veralteten technologischen Verarbeitung der Analysedaten, die eine gestaltende Umweltpolitik vereitelt. Diese Kritik gilt indessen für alle Industriestaaten.

Allgemeine Empfehlungen des Rates von Sachverständigen für Umweltfragen

Im „Umweltgutachten 1978“ hat der Rat von Sachverständigen die Schwerpunkte künftiger Umweltpolitik mit folgenden Empfehlungen umrissen:

Grundrecht auf menschenwürdige Umwelt: Der Sachverständigenrat empfiehlt als einen Schritt von grundsätzlicher Bedeutung die Aufnahme eines Grundrechtes auf menschenwürdige Umwelt in das Grundgesetz.

Hauptprobleme: Als vordringliche Probleme haben sich das Problem der Kernenergie und das Problem der Umweltchemikalien herausgestellt. Bei der Kernenergie handelt es sich im wesentlichen um ein Risikoproblem, dessen Bewertung heftig umstritten ist. Im Hinblick auf die ansteigende Zahl der Umweltchemikalien empfiehlt der Rat die Einrichtung eines analytischen Zentrums zur Bestimmung und Untersuchung von Umweltschadstoffen, zur Standardisierung von Analysenmethoden sowie zur Aus- und Weiterbildung des wissenschaftlichen und technischen Personals. Er anerkennt, daß mit der 1974 geschaffenen „Zentralen Erfassungs- und Bewertungsstelle für Umweltchemikalien des Bundesgesundheitsamtes“ (ZEBS) ein erster Ansatz gemacht sei.

Verursacherprinzip: In der Frage der Zurechnung und Anlastung umweltpolitischer Maßnahmen ist nach Meinung des Rates dem Verursacherprinzip überall dort grundsätzlich der Vorzug zu geben, wo eine Zurechnung möglich ist.

Erfolgskontrolle: Alle öffentlichen Umweltprogramme sollten eindeutige Erfolgskriterien enthalten. Da Umweltprogramme in der Regel langfristiger Natur sind, ist es nach der Auffassung des Rates unerläßlich, insbesondere zeitliche Kontrollmöglichkeiten vorzusehen. Dafür ist eine enge Zusammenarbeit zwischen dem Umweltbundesamt und den entsprechenden Landesämtern notwendig.

Verbandsklage: Umweltpolitik leidet vielfach unter einem „Vollzugsdefizit“ besonders auf den unteren Verwaltungsebenen. Um die Wirksamkeit der geltenden Vorschriften zu erhöhen, tritt der Rat dafür ein, daß die Klagemöglichkeiten des Verwaltungsprozeßrechtes in Umweltschutzsachen erweitert werden (s. auch S. 32). Der Rat empfiehlt jedoch dringend, zuvor die Kriterien, an die die Zulassung eines zur Klage befugten Umweltverbandes gebunden sein soll, zu überdenken.

Internationale Aspekte: Die intensive ökonomische und ökologische Verflechtung der BR Deutschland mit ihren europäischen Nachbarn erfordert eine internationale Abstimmung der Umweltpolitik. Aus diesem Grund empfiehlt der Rat, alle Möglichkeiten zur gemeinsamen Lösung grenzüberschreitender Umweltprobleme auszuschöpfen. Die guten Ansätze innerhalb der EG sind durch den Beitritt Großbritanniens und Griechenlands und den geplanten Beitritt Spaniens und Portugals erheblich ins Stocken geraten. Die BR Deutschland ist daher nach Auffassung des Rates gezwungen, Maßnahmen der Umweltpolitik zu verschärfen, ohne auf eine Abstimmung und Harmonisierung der umweltpolitischen Instrumente in der EG zu warten.

Umweltverträglichkeitsprüfung: Eine wirksame Planung des Umweltschutzes erfordert eigene Koordinierungsverfahren, die über die bestehenden Regelungen in einzelnen Gesetzen hinausgehen. Der Rat empfiehlt zu diesem Zweck die Einführung einer generellen Umweltverträglichkeitsprüfung in Form eines Gesetzes. Die Bundesregierung hat inzwischen für den Bereich öffentlicher Maßnahmen der Bundesverwaltung eine Umweltverträglichkeitsprüfung unter Empfehlung von Verfahrensmustern eingeführt.

Umweltstatistik: Die erste Begutachtung von Situationen und Maßnahmen auf dem Gebiet des Umweltschutzes hat gezeigt, daß zu Einzelgebieten wegen fehlender, nicht vergleichbarer oder mit systematischen Mängeln behafteter Daten nur grob skizzierende Aussagen möglich sind. Der Rat begrüßt daher das Gesetz über Umweltstatistiken, das eine Vergrößerung und Vereinheitlichung der Datenbasen über Umweltbelastungen und Umweltschutzmaßnahmen beinhaltet.

Die Umweltschutzgesetzgebung

Durch neue *Umweltschutzgesetze* wird die Rechtsgrundlage für die Erhaltung und Gestaltung einer menschenwürdigen Umwelt geschaffen. Im allgemeinen sind für die *Durchführung der Umweltschutzgesetze* die Verwaltungsbehörden, meistens Behörden der Länder, zuständig. Sie müssen die umweltrelevanten Planungen entwickeln, die Genehmigungsverfahren für umweltrelevante Anlagen und Einrichtungen durchführen, die Genehmigungen erteilen, diese Anlagen überwachen und mit den in entsprechenden Gesetzen vorgeschriebenen Maßnahmen gegen unzulässige Einwirkungen auf die Umwelt vorgehen. In der bisherigen Praxis des Umweltschutzes wurden die Rechtsvorschriften des Umweltschutzrechts von den Verwaltungsbehörden und den Staatsanwaltschaften nicht sehr streng gehandhabt. Das „Umweltgutachten 1974" des Rats von Sachverständigen für Umweltfragen der Bundesregierung stellte fest, daß dadurch der heute schon weithin beklagenswerte Zustand der Umwelt zum nicht geringen Teil mitverursacht werde. Im Umweltgutachten heißt es dazu weiter: „Das Erstarken eines allgemeinen Umweltbewußtseins wird vor allem an dem Verhalten der Verwaltungsbehörden, das in manchen Fällen bezüglich der Umweltschutzvorschriften fast an Vollzugsverweigerung grenzt, nur wenig ändern. Staat und Kommunen sind nämlich in aller Regel auf Grund ihres vorausgegangenen Tuns zumindest bei industrieller und gewerblicher Umweltverschmutzung nicht mehr zu unabhängigem Handeln und Entscheiden in der Lage, weil sie entweder die entsprechenden Planungen erstellt oder die Genehmigungen erteilt oder von polizeilichen, ordnungsbehördlichen oder sonstigen Untersagungs- und Eingriffsmöglichkeiten zu Gunsten des Umweltschutzes keinen oder nur einen unzulänglichen Gebrauch gemacht haben."

Um einen ordnungsgemäßen Vollzug der Umweltschutzgesetze zu gewährleisten, gibt es in unserem Rechtsstaat die Möglichkeit der Anrufung unabhängiger Gerichte. Nach dem geltenden Recht steht dies jedem Bürger zu, der geltend machen kann, daß er durch die Entscheidung einer Behörde (z. B. die Genehmigung eines umweltbelastenden Industriebetriebs) in seinen Rechten verletzt wird. In der Praxis scheitert diese Klagemöglichkeit des einzelnen Bürgers jedoch oft daran, daß er nicht vollständig beweisen kann, daß er selbst als einzelner Bürger betroffen ist. Bei Problemen der Umweltzerstörung geht es jedoch oft nicht darum, zu beweisen, daß eine bestimmte Person betroffen ist, sondern zu unterbinden, daß eine größere Zahl von Bürgern oder gar die Allgemeinheit gefährdet und geschädigt wird. Obwohl in vielen Umweltschutzgesetzen festgelegt ist, daß die Behörde bei Planungen und Genehmigungen das öffentliche Wohl und die Belange der Allgemeinheit mit berücksichtigen muß, hat die Allgemeinheit bisher keine Möglichkeit, die Einhaltung dieser Gebote durchzusetzen.

Von der Verwaltungsrechtswissenschaft wird deshalb mit Recht die Forderung erhoben, daß die Klagemöglichkeiten innerhalb des Verwaltungsprozeßrechtes in Umweltschutzsachen so erweitert werden, daß auch Verbände, die laut ihrer Satzung sich den Belangen des Umweltschutzes widmen, das Recht zur *Verbandsklage* erhalten. In diesem Fall müßte als Voraussetzung zur Klage nicht mehr nachgewiesen werden, daß ein bestimmter Bürger gefährdet ist, sondern es würde der Nachweis der Gefährdung der Allgemeinheit die Voraussetzung zur Klagemöglichkeit erfüllen. Das Recht auf eine Verbandsklage in die Allgemeinheit betreffenden Fällen des Umweltschutzes fordern heute der „Bundesverband Bürgerinitiativen Umweltschutz e. V.", der „Deutsche Naturschutzring" und (mit Vorbehalten) der „Rat von Sachverständigen für Umweltfragen" der Bundesregierung sowie andere Organisationen und Institutionen des Umweltschutzes.

Genehmigungsverfahren für die Errichtung von Kernkraftwerken

Wer ein Kernkraftwerk errichten oder betreiben will, muß nach § 7 des Gesetzes über die friedliche Verwendung der Kernenergie und den Schutz gegen ihre Gefahren (Atomgesetz) um Genehmigung nachsuchen. Das Genehmigungsverfahren hat stets eine konkrete Einzelanlage zum Gegenstand. Es wird in der Praxis in eine Reihe von *Teilgenehmigungen* aufgespalten (Standortvorbescheid, Standortgenehmigung, Errichtungsgenehmigung, Betriebsgenehmigung). Hat der Antragsteller die erforderlichen Unterlagen vollständig eingereicht, veröffentlicht die Genehmigungsbehörde das Vorhaben in ihrem amtlichen Veröffentlichungsblatt und in einer im Bereich des Standortes der Anlage verbreiteten Zeitung mit der Aufforderung, Einwendungen innerhalb von 2 Monaten vorzubringen. Vom Zeitpunkt der amtlichen Veröffentlichungen an können von der Bevölkerung gegen das geplante Kernkraftwerk Einsprüche in schriftlicher Form bei der Behörde eingereicht werden. *Einsprüche* werden in einem nichtöffentlichen *Erörterungstermin* in Anwesenheit des Antragstellers (Energieversorgungsunternehmen und Reaktorindustrie), der Gutachter, der Einsprecher und der Genehmigungsbehörde diskutiert. Nach § 7 der Verordnung über das Verfahren bei der Genehmigung von Anlagen nach § 7 des Atomgesetzes haben die Einsprecher einen Rechtsanspruch darauf, daß ihre rechtzeitig erhobenen Einwendungen in dem Erörterungstermin mündlich erörtert werden.

Die Erteilung der Genehmigung erfolgt durch das (je nach Landesrecht) zuständige Ministerium des jeweiligen Bundeslandes. Dieses Ministerium ist gehalten, zahlreiche Behörden der verschiedensten Stufen am Genehmigungsverfahren zu beteiligen, indem es gutachtliche Stellungnahmen von ihnen einholt. Über die Recht- und Zweckmäßigkeit der landesbehördlichen Entscheidungen führt das zuständige Bundesministerium (Bundesminister des Inneren mit den Abteilungen Reaktorsicherheit und Strahlenschutz) die Aufsicht.

Bei der Abwicklung des Genehmigungsverfahren ist auch zu prüfen, inwieweit Wasser-, Energie-, Wirtschafts-, Bau-, Natur-, Landschaftsschutz- und allgemeines Immissionsschutzrecht berührt werden; dazu ist eine Stellungnahme der hierfür zuständigen Behörden einzuholen. Die Erstellung der Gutachten wird u. a. von den Technischen Überwachungsvereinen (TÜV) und der Gesellschaft für Reaktorsicherheit durchgeführt. Den Technischen Überwachungsvereinen obliegt auch die Vorprüfung und die begleitende Kontrolle.

Die Genehmigungserteilung in einzelnen Schritten gibt der Genehmigungsbehörde die Möglichkeit, während der Bauzeit auch neue wissenschaftliche und technische Erkenntnisse, die die Sicherheit der Anlage berühren, durch zusätzliche Auflagen zu berücksichtigen (Backfitting).

Modellvorschlag für ein verbessertes Genehmigungsverfahren für Industrieanlagen

Zur Verbesserung des bisherigen Genehmigungsverfahrens für Kernkraftwerke und zur Objektivierung der Gutachten hat die Evangelische Akademie Baden ein bemerkenswertes Modell entwickelt, den sog. *Wiedenfelser Entwurf.* Beteiligt an diesem Projekt waren Wissenschaftler eines Kernforschungszentrums als Gutachter, Vertreter von Genehmigungsbehörden als Auftraggeber von Gutachten und Vertreter von Bürgerinitiativen und Umweltschutzorganisationen. Die Teilnehmer befaßten sich zunächst vorwiegend am Beispiel des Genehmigungsverfahrens nach § 16 der Gewerbeordnung mit der Rolle wissenschaftlicher Gutachten und öffentlicher Kritik bei der Vorbereitung behördlicher Entscheidungen, die für die wirtschaftliche Entwicklung wie für den Umweltschutz einer Region von erheblicher Bedeutung sind. Die Einbeziehung der Bürgerinitiativen in das Genehmigungsverfahren wird nicht so sehr als eine Kritik an der Verwaltung betrachtet, sondern als Ausdruck eines Demokratisierungsprozesses, der es den Betroffenen überläßt, ihre Betroffenheit zu artikulieren, und es gerade den für den Umweltschutz Zuständigen erleichtert, sich im politischen Ausgleich zwischen Umweltschutz und Wirtschaftswachstum zu behaupten.

Im einzelnen macht das Wiedenfelser Modell zum Ablauf des Genehmigungsverfahrens folgende Vorschläge: Nach Eingang des Antrags auf Genehmigung einer umweltrelevanten Anlage einigen sich die Prozeßpartner (Industrie, Behörde und Bürgerinitiative) zunächst auf einen Fragenkatalog und einen Zeitplan für den Prüfungsprozeß. Dieser Katalog soll alle Fragen umfassen, die irgendeinem der Beteiligten wesentlich erscheinen. Er definiert außerdem die vom Antragsteller zu machenden Angaben. Der wesentliche Inhalt des Fragenkatalogs soll in einem öffentlichen *Hearing,* dem der Genehmigungsantrag samt einer ersten Analyse der Auswirkungen des Vorhabens durch den Antragsteller zugrunde liegt, erarbeitet werden. Außerdem soll der Fragenkatalog veröffentlicht werden und von jedem Bürger ergänzt werden können. Jeder der drei Prozeßpartner erhält die Möglichkeit, je einen *Gutachter* seiner Wahl zu beauftragen. Die Kosten für die Gutachten trägt der Antragsteller, die Abrechnung erfolgt über die Behörde. Jeder Gutachter erfaßt unabhängig die Ausgangssituation und prognostiziert die Folgen der geplanten Maßnahme unter den im Fragenkatalog genannten Aspekten und Prämissen. Sind die drei Gutachten fertig, führt die Behörde zusammen mit den Gutachtern eine Klausurtagung durch, in der die Gutachten diskutiert, unterschiedliche Auffassungen auf divergierende Wert- bzw. Zielvorstellungen zurückgeführt und Fehler in den Gutachten beseitigt werden können. Das dadurch entstehende *Gesamtgutachten* soll samt Separatvoten der Gutachter und der Einzelgutachten veröffentlicht werden. Diese Unterlagen sollen dann in einer dynamischen Diskussion besprochen werden. Jeder Bürger kann nach schriftlicher Anmeldung an dieser Diskussion teilnehmen. Die *dynamische Diskussion* soll eine Empfehlung der Genehmigungsfrage an die Exekutive aussprechen. Sie kann sich darüber hinaus mit Vorschlägen an die Legislative (Änderung von Grenzwerten o. ä.), die politischen Parteien (Überprüfung der Wirtschafts- oder Regionalpolitik o. ä.) und die Wissenschaft und ihre Auftraggeber (Aufnahme gewisser Forschungsthemen o. ä.) wenden.

Das im Jahre 1973 unter der Schirmherrschaft der Evangelischen Akademie Baden entwickelte Wiedenfelser Modell für ein neues Genehmigungsverfahren wurde von der Legislative bisher noch nicht in ein entsprechendes Gesetz aufgenommen.

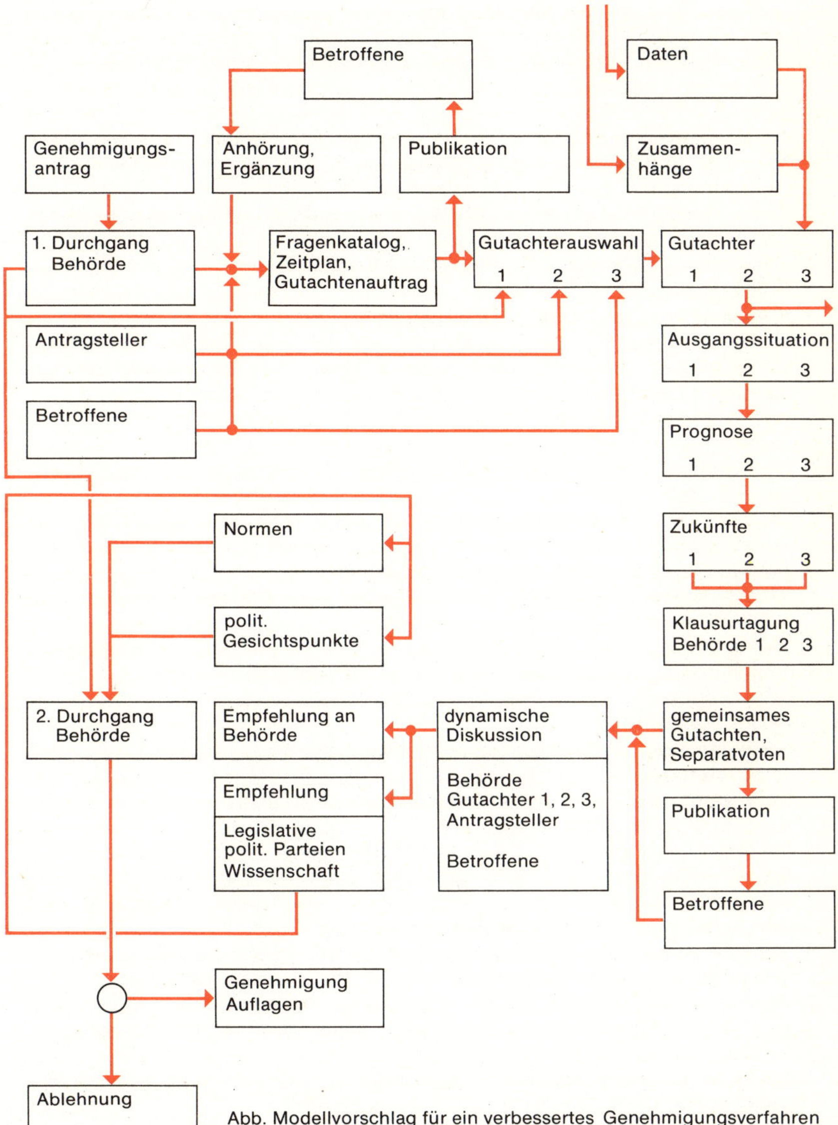

Abb. Modellvorschlag für ein verbessertes Genehmigungsverfahren für Industrieanlagen (Wiedenfelser Entwurf)

Was kann der einzelne tun? – Umwelttips

Das Problem der Umweltverschmutzung hängt unmittelbar mit dem wirtschaftlichen Wachstum sowie mit dem Verbrauch und der industriellen Umsetzung von Rohstoffen zusammen. Jeder einzelne Bürger kann durch sein Verhalten als Verbraucher auf das Ausmaß der Umweltverschmutzung Einfluß nehmen.

I. Energie:

1. Gehe sparsam mit jeder Form von Energie um. Schalte alle elektrischen Verbraucher (Lampen, Heizofen, Radio usw.) sofort aus, wenn sie nicht mehr benötigt werden.
2. Spare Heizmaterial durch bessere Wärmeisolation deines Hauses oder deiner Wohnung.
3. Wähle helle Farben für die Decke und Wände der Wohnräume; das spart künstliches Licht.
4. Wende dich gegen unnötige Lichtreklamen.
5. Kaufe wenn möglich nichts in Aluminiumdosen (z. B. Fruchtsäfte, Bier). Du wirfst mit jeder leeren Einwegdose viel aufgewendete Energie weg, weil zur Herstellung von Aluminium große Elektrizitätsmengen erforderlich sind.

II. Wasser:

1. Vergeude kein Trinkwasser; bessere schadhafte Wasserhähne und Rohrleitungen alsbald aus.
2. Wenn du dich duschst, statt zu baden, verbrauchst du 5mal weniger Wasser.
3. Nutze deine Waschmaschine voll aus; warte, bis sich genügend Wäsche für eine volle Beladung der Maschine angesammelt hat.
4. Wasche deinen Wagen nicht zu oft; benutze für die Wagenwäsche Eimer und Schwamm anstelle des Wasserschlauchs.
5. Achte darauf, daß du kein Öl verschüttest: 1 l Öl macht 1 Million l Trinkwasser ungenießbar. – Lasse deinen Heizöltank regelmäßig überprüfen.

III. Verpackungsmaterial:

1. Verzichte beim Einkauf auf Produkte, die in unnötigen Wegwerfpackungen angeboten werden.
2. Verwende zum Einkauf deine „altmodische“ Einkaufstasche; du sparst dabei auch Geld für die Plastiktragetaschen.
3. Verzichte weitgehend auf Aluminiumfolien; kaufe keine Gerichte, die in Aluminiumbehältern angeboten werden, die zum Wegwerfen bestimmt sind.
4. Kaufe deine Getränke in Pfandflaschen. Die Einwegflasche ist teurer und stellt ein großes Problem bei der Müllbeseitigung dar.
5. Sammle Altmaterial (Zeitungen, Lumpen, Papier) und spende dieses zur Wiederverwertung bei Sammelaktionen von Wohlfahrtsorganisationen.
6. Nimm für Wanderungen und zum Picknick für den Abfall einen „Müllbeutel“ (z. B. Tragetasche) mit, den du später daheim in die Mülltonne entleeren kannst.
7. Ziehe die umweltfreundlichere Papierverpackung der Verpackung aus Plastikmaterial vor.
8. Benutze keine Wegwerfbecher, -teller, -tischtücher, -textilien usw.; die Kosten für diese Gegenstände stehen in keinem Verhältnis zu ihrem Nutzen.

IV. Luft:

1. Bevor du ein Auto kaufst, überlege, ob du es wirklich benötigst und bedenke die Kosten (Anschaffungspreis, Benzin, Steuer, Versicherung, Reparaturen,

Unfallkosten usw.). Ziehe im Zweifelsfall den kleineren Wagen dem größeren vor; er benötigt weniger Brennstoff.

2. Wähle für längere Reisestrecken die Eisenbahn. Der Zug trägt sehr viel weniger zur Verschmutzung der Umwelt bei und befördert – bei gleichem Raum und gleichem Energieaufwand – viel mehr Reisende als der Wagen. Außerdem ist das Reisen im Zug erholsamer.
3. Gehe bei kleineren Strecken zu Fuß oder benutze ein Fahrrad.
4. Lasse den Automotor nie unnötig im Leerlauf laufen.
5. Sorge dafür, daß die Einstellung des Ölbrenners deiner Ölheizung regelmäßig kontrolliert wird.
6. Verbrenne kein Gras oder Unkraut. Grünzeug und Laub eignen sich gut zur Kompostierung.
7. Verzichte auf das Rauchen oder nimm wenigstens Rücksicht auf Nichtraucher.

V. Lebensmittel:

1. Kaufe Gemüse und Früchte, die nach biologisch-dynamischen Verfahren angebaut werden, d. h. ohne giftige Spritzmittel und treibende mineralische Kunstdünger gezogen werden. Unterstütze Betriebe, die solche Nahrungsmittel herstellen.
2. Wenn du einen eigenen Garten hast, informiere dich über biologische Anbau- und Pflanzenschutzmethoden.

VI. Natur und Erholung:

1. Setze dich in deiner Gemeinde für die Schaffung von Grünanlagen und Parks ein. Die Grünflächen in den Siedlungen sollten nicht nur mit Gras, sondern auch mit Gebüsch und Bäumen bepflanzt und durch kleine Tümpel und Teiche bereichert werden. Ein mittelgroßer Laubbaum regeneriert mehr Luft als 1 ha Grünfläche.
2. Setze dich dafür ein, daß längere Zeit freistehende Bauplätze nicht als Schuttwüsten brachliegen, sondern in der Zwischenzeit begrünt und wenn möglich der Öffentlichkeit zugänglich gemacht werden.
3. Fordere die Schaffung großer Landschafts- und Naturschutzgebiete.
4. Verschandele die Landschaft nicht durch achtlos weggeworfene Abfälle.
5. Hänge in deinem Garten, wenn möglich, Nistkästen auf. Sorge darüber hinaus in landwirtschaftlichen Gebieten und im Garten für genügend natürliche Nistplätze wie Gebüsch und Heckenraine.
6. Unterstütze die Maßnahmen zur Erhaltung vom Aussterben bedrohter Tiere, indem du es z. B. ablehnst, Kleidungsstücke, die aus dem Fell dieser Tiere hergestellt werden, zu tragen.
7. Gib deinen Kindern die Chance, die Schönheit der Natur zu erleben, und wecke in ihnen das Verständnis für die ökologischen Gesetzmäßigkeiten.

Die naturwissenschaftliche Gliederung der Umwelt

Im allgemeinen geht man davon aus, daß die Erdoberfläche sich in drei Bereiche, Festland, Meer und Lufthülle, gliedert. Die naturwissenschaftliche Betrachtung erfordert jedoch eine differenziertere Unterteilung in Lithosphäre (festes Gestein), Pedosphäre (Verwitterungsprodukte der Gesteine, Böden), Hydrosphäre (Wasserhülle; die Lithosphäre und Pedosphäre umspülend bzw. durchdringend) und Atmosphäre (Lufthülle; alle angeführten Bereiche vollständig umschließend). Diese Gliederung deckt sich weitgehend mit den naturwissenschaftlichen Forschungszweigen Geologie (Erdkunde), Pedologie (Bodenkunde), Hydrologie (Gewässerkunde) und Meteorologie (Wetterkunde). Die Biologie (Lehre vom Leben) befaßt sich mit der Biosphäre (Lebensraum), die alle anorganischen Sphären durchzieht.

Alle obengenannten Teilbereiche sind voneinander abhängig und beeinflussen sich wechselseitig. Die *Atmosphäre* (s. auch S. 40) enthält Wasser, das sie durch Verdunstung freien Wassers und durch transpirierende Lebewesen aufgenommen hat. Bei Erreichen eines bestimmten Sättigungspunktes wird das Wasser erneut an die übrigen Teilbereiche in Form von Regen, Schnee usw. abgegeben. Ebenso findet man in der Atmosphäre feste Partikel (Staub), die von Boden und Gestein herrühren, und Lebewesen. – In der *Hydrosphäre* (s. auch S. 64) sind Gase wie der lebenswichtige Sauerstoff gelöst, werden Gesteine abgebaut, ihre Verwitterungsprodukte transportiert und zu neuen Formationen abgelagert. Sie ist der ursprüngliche Lebensraum aller Organismen. – Die *Lithosphäre* (s. auch S. 108) ist von Wasser und Gasen durchsetzt. Weiterhin weist sie aus organischen Verbindungen bestehende Stoffe wie Kohle und Öl auf sowie spezielle Lebensformen, die sich diesem Bereich angepaßt haben. – In den Poren der *Pedosphäre* (s. auch S. 88), dem lockeren Verwitterungsprodukt der Gesteine und toter organischer Substanzen, besteht ein ständiger Wechsel von Wasser und Luft. Sie ist das Mineraliendepot vieler Lebewesen, das aus der Lithosphäre mit oft wechselnder Intensität neu beliefert wird. – Die *Biosphäre* (s. auch S. 128ff.), die Pflanzen, Tiere und Mikroorganismen einschließt, findet sich im erdnahen Teil der Lufthülle, durchdringt wahrscheinlich die gesamte Hydrosphäre und ist in der obersten Schicht des Erdmantels nachweisbar.

Die enge räumliche *Verflechtung der Umweltsphären* hat, wie bereits angedeutet, eine starke wechselseitige Beeinflussung der Bereiche zur Folge. Dies muß bei allen Veränderungen durch den Menschen innerhalb einer Sphäre berücksichtigt werden. Wird z.B. die Begradigung eines Flusses geplant, ein Eingriff in den Gewässerbereich, so sind nicht nur die Folgen in diesem, wie z.B. Verminderung der Sauerstoffaufnahme durch geringere Oberfläche und damit verbunden der Verlust eines Teils der Selbstreinigungskraft, sondern auch die Auswirkungen auf die übrigen Bereiche zu untersuchen. Für die Pedosphäre ergibt sich daraus eventuell ein Absinken des Grundwasserspiegels, was Veränderungen in Flora und Fauna nach sich zieht. Die Wasserabgabe an die Atmosphäre wird vermindert, woraus weitere Veränderungen in der Vegetation und damit auch in der Tierwelt resultieren. Auf Grund des schnelleren Wasserabflusses wird die erodierende Kraft des Wassers erhöht, was durch vermehrten Abtrag von Gesteinsmaterial einschneidende Veränderungen im Relief hervorruft. Mit diesen Beispielen sollte – wenn auch nur in oberflächlicher Betrachtungsweise – die enorme Tragweite von umweltbeeinflussenden Entscheidungen für alle Bereiche der Umwelt aufgezeigt werden.

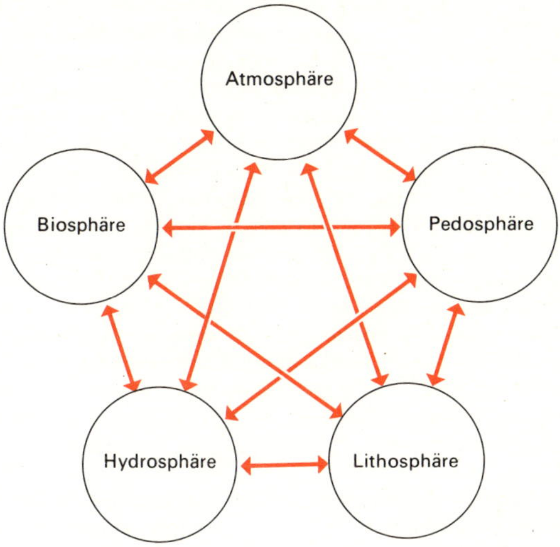

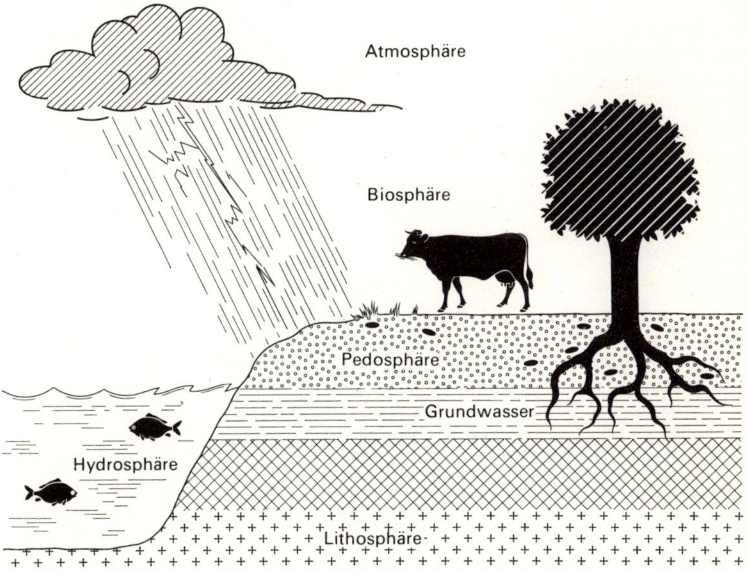

Abb. Schematische Darstellung der grundlegenden Umweltbereiche

Die Atmosphäre

Die Existenz der *gasförmigen Lufthülle* um die Erde beruht darauf, daß ein Gleichgewicht zwischen der *Gravitation* (Schwerkraft), die wie alle übrigen Massen auch Gase an der Erde festhält, und der *Eigenbewegung der Moleküle*, die Gase durch Diffusion rasch in den Weltraum verflüchtigen lassen würde, besteht. Die Molekularbewegung ist um so heftiger, je geringer die Molekül- und Atommassen sind und je höher die Temperatur steigt. Besitzen Gase geringe Molekülmassen, so erreichen sie bei gleicher Temperatur höhere Geschwindigkeiten und erhalten damit größere Chancen, gegen die Gravitation in den Weltraum zu entweichen.

Ihre Entstehung verdankt die Atmosphäre zum Teil vermutlich dem Freiwerden von gasförmigen Substanzen aus dem Erdinnern sowie der *Exhalation* (dem Ausgasen) von Gesteinen. Gestützt wird diese These durch den bemerkenswert hohen Gehalt der Atmosphäre an dem Edelgas *Argon*, das wiederum aus dem radioaktiven Zerfall des Kaliumisotops K 40 stammt. Dieses Isotop kommt, wenn auch nur in geringen Mengen, in fast allen Gesteinen der Erdkruste vor. Die in der Atmosphäre der Erde vorhandene Menge an Argon entspricht etwa der Menge, die möglicherweise aus dem Kaliumgehalt der Krustengesteine freigesetzt worden ist. Da Argon ein hohes Molekulargewicht besitzt, ist es nicht in den Weltraum entwichen.

Der *Sauerstoffgehalt* der Atmosphäre ist nicht auf diese Weise entstanden. Man nimmt an, daß die Uratmosphäre, wie sie vor einigen Milliarden Jahren bestanden hatte, v.a. Wasserstoff sowie einfache Kohlenstoff-, Stickstoff-, Sauerstoff- und Schwefelverbindungen (wie Methan, Kohlenmonoxid, Ammoniak, Wasserdampf und Schwefelwasserstoff) enthalten hatte; ferner vermutet man, daß sich in dieser reduzierend wirkenden Atmosphäre durch Energiezufuhr (insbesondere durch die UV-Strahlung der Sonne und durch elektrische Entladungen) erste organische Moleküle gebildet hatten. Die Zusammensetzung der Uratmosphäre veränderte sich im Laufe der Zeit zunächst dadurch, daß der Wasserstoff allmählich in den Weltraum entwich; später setzte zuerst durch die Photolyse des Wassers, dann auch durch die photosynthetischen Prozesse der Pflanzen eine Anreicherung an Sauerstoff ein, so daß allmählich die heutige, oxidierend wirkende Atmosphäre entstand.

Die *Luft* ist in ihrer Zusammensetzung, mit Ausnahme des Wasserdampfgehaltes, der stärkeren Schwankungen unterliegen kann, ein sehr wenig veränderliches *Gasgemisch.* Nur in den bodennahen Luftschichten unterhalb 10–50 m Höhe treten geringe Schwankungen auf, die vor allem auf den Einfluß organischen Lebens zurückzuführen sind. Die *Hauptbestandteile der Atmosphäre* sind die Gase *Stickstoff* und *Sauerstoff.* In ähnlicher Größenordnung ist weiterhin nur noch das Edelgas *Argon* zu finden. Daneben tritt eine große Anzahl sogenannter *Spurengase* auf, deren Menge so gering ist, daß man sie nicht mehr in Volumenprozent, sondern in ppm (Parts per million), d.h. Millionstel Volumenteilen, anzugeben pflegt. Die Angaben in der nebenstehenden Tabelle beziehen sich auf trockene Luft. In der Atmosphäre rangiert der Wasserdampf mit 0,02 – 2 % noch vor dem Edelgas Argon. Trotz des vergleichsweise geringen Wasseranteils in der Atmosphäre ist der Wasserdampf doch meteorologisch besonders wichtig, weil er als *Dampf, flüssiges Wasser* und *Eis* in allen drei Aggregatzuständen vorkommt.

Bis in etwa 100 km Höhe ist die Zusammensetzung der atmosphärischen Luft unverändert, abgesehen von der raschen Abnahme des Wasserdampfgehaltes. Oberhalb 100 km wird die Atmosphäre unter dem Einfluß der ultravioletten Strahlung völlig verändert. Die in der tieferen Atmosphäre als zwei- und mehratomige Moleküle auftretenden Gase werden dort in ihre Bestandteile zerlegt und ionisiert.

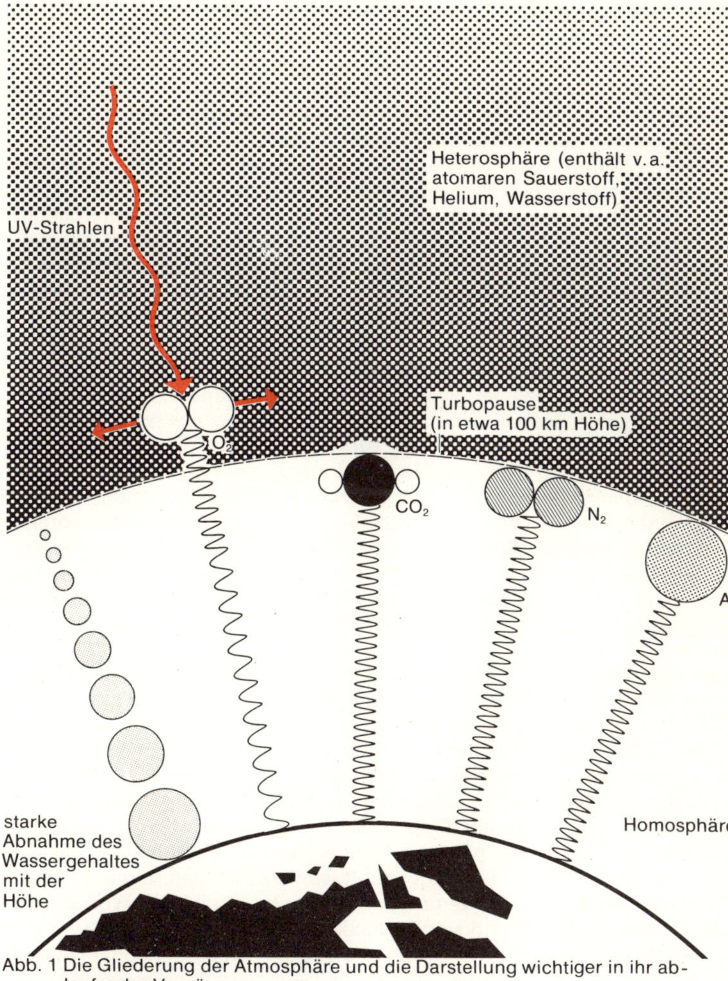

Abb. 1 Die Gliederung der Atmosphäre und die Darstellung wichtiger in ihr ablaufender Vorgänge

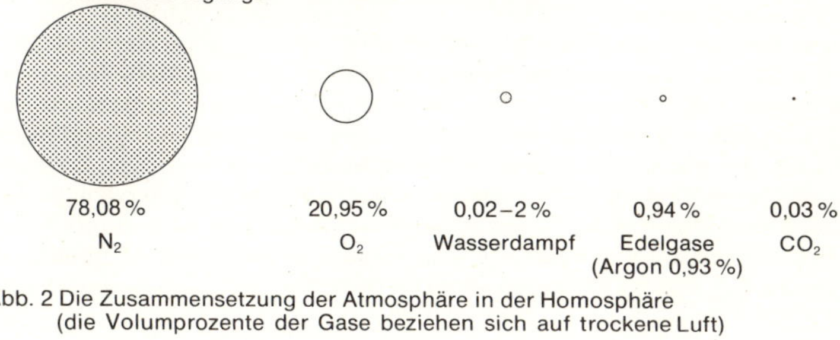

Abb. 2 Die Zusammensetzung der Atmosphäre in der Homosphäre (die Volumprozente der Gase beziehen sich auf trockene Luft)

Die Strahlungsbilanz der Erde

Die für die Erhaltung des Lebens auf der Erde benötigte Energie wird der Erde durch die *Sonnenstrahlung* zugeführt. Diese setzt sich zusammen aus elektromagnetischer Strahlung verschiedener Wellenlängen, von der kurzwelligen *Röntgenstrahlung* (die in den oberen Atmosphärenschichten absorbiert wird) bis zur langwelligen *Radiostrahlung.* Die Erde müßte ständig wärmer werden, wenn nicht von ihr aus ein Energiestrom zum Weltall hin gerichtet wäre, wodurch die von der Sonne eingestrahlte Energie wieder in den Weltraum abgeführt wird. Es besteht demnach ein *Energieaustausch* zwischen dem Weltall und dem Planeten Erde, bei dem sich solare Einstrahlung und terrestrische Ausstrahlung im Gleichgewicht befinden.

Um einen Eindruck vom Strahlungshaushalt der betroffenen Erdhalbkugel zu erhalten, setzt man die Intensität der einfallenden Sonnenstrahlung an der äußersten Grenze der Lufthülle gleich 100 Einheiten und bezieht die Intensität aller anderer Strahlungsströme auf diesen Wert.

Bevor die Sonnenstrahlung zum Erdboden gelangt, wird sie, bei zunächst als wolkenlos angenommener Atmosphäre, an Luftmolekülen aus ihrer ursprünglichen Richtung abgelenkt, was bei einem Teil der ankommenden Solarstrahlung dazu führt, daß sie sofort wieder in den Weltraum zurückgeschickt wird. Außerdem wirft der Erdboden einen Teil der Strahlung zurück; bei bewölktem Himmel kommt noch die Reflexion durch die Wolkendecke hinzu. Insgesamt verliert die Erde durch diese Vorgänge – man faßt sie unter dem Begriff ,,Albedo" zusammen – ca. 42% der eingestrahlten Energie. Von den Molekülen der in der Atmosphäre vorhandenen Gase (Wasserdampf, Kohlendioxid, Ozon usw.) werden etwa 15% der eingestrahlten Energie aufgenommen, wodurch es zu einer Erwärmung der Atmosphäre kommt. Direkt oder nach Streuung in der Erdatmosphäre gelangen demnach 47% der Solarstrahlung zum Erdboden und werden dort nach Abzug des Reflexionsverlustes (4%) absorbiert.

Jeder Körper sendet Strahlung aus, deren Wellenlänge sehr wesentlich von der Oberflächentemperatur des Körpers bestimmt wird. Dabei stellt man fest, daß die Wellenlänge der ausgesandten Strahlung mit zunehmender Erwärmung kürzer wird. Da die Sonnenoberfläche wesentlich wärmer als die Oberfläche der Erde ist, verschiebt sich das Maximum der Strahlung auf der Erde gegenüber der Sonne vom kurzwelligen zum langwelligen Bereich. Die *Erde* sendet also *langwellige Wärmestrahlung* aus, und zwar auf Grund der an der Erdoberfläche gegenüber der Atmosphäre herrschenden höheren Temperatur ca. 24 Einheiten. Diese werden jedoch nicht in den Weltraum abgestrahlt, sondern werden durch Absorption zur Hälfte (12 Einheiten) von den atmosphärischen Gasen und den Wolken zurückgehalten, da Wasserdampf und Kohlendioxid z.B. für langwellige Wärmestrahlung wenig durchlässig sind. Ein Teil davon und von der in der Atmosphäre absorbierten Sonnenstrahlung (15 Einheiten) kommt als Gegenstrahlung aus der Atmosphäre der Erde wieder zugute.

Insgesamt nimmt der Erdboden 19 Einheiten mehr auf, als er abgibt (43 Einheiten Gewinn aus der kurzwelligen Sonnenstrahlung, 24 Einheiten Verlust aus der langwelligen Ausstrahlung), so daß er eine *positive Strahlungsbilanz* aufweist. Diese wird dadurch ausgeglichen, daß die Atmosphäre 46 Einheiten langwelliger Strahlung der Gase und Wolken in den Weltraum verliert. Der Zugewinn der Atmosphäre an Energie von 27 Einheiten aus absorbierter kurzwelliger Sonnenstrahlung und absorbierter langwelliger Erdausstrahlung wird durch den Verlust von 46 Einheiten durch langwellige Ausstrahlung in den Weltraum negativ, d.h., es tritt ein Verlust von 19 Einheiten ein. Die gesamte Strahlungsbilanz der Erde ist somit ausgeglichen.

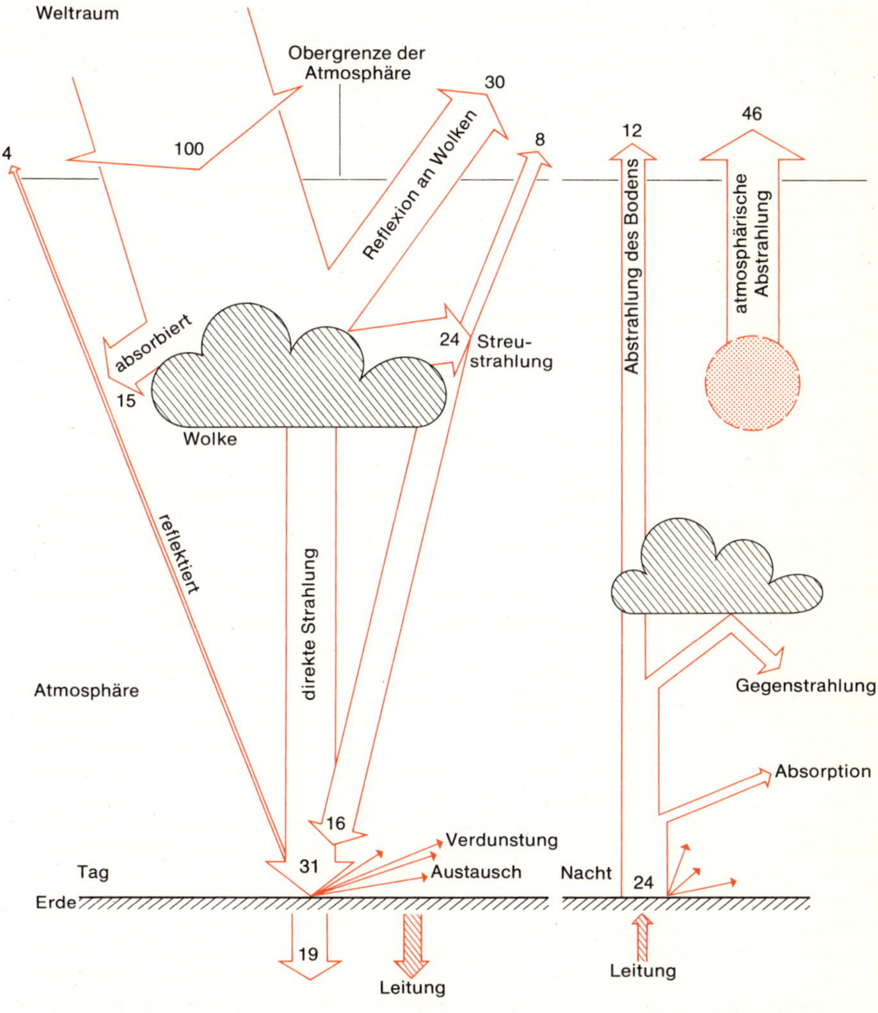

Abb. Die Strahlungsbilanz der Erde im Jahresmittel. Die jährlich insgesamt eingestrahlte Sonnenenergie beträgt 178000 TWa (Terawattjahre) oder 5,62 · 10^{24} J. Die Abstrahlung des Bodens und der Atmosphäre erfolgt in etwa gleicher Stärke auch am Tage (modifiziert nach Geiger-Kessler)

Kohlendioxid – seine Rolle in der Atmosphäre

Kohlendioxid (CO_2) ist ein ungiftiges Gas. Es entsteht sowohl bei der Verbrennung kohlenstoffhaltiger Substanzen als auch bei Verwesungsprozessen. Ein Teil des so entstehenden CO_2 wird von den Pflanzen assimiliert, ein anderer von den Ozeanen physikalisch gebunden. Der Rest verbleibt in der Atmosphäre. Das in den Pflanzen gebundene Kohlendioxid wird entweder per Verwesung an die Atmosphäre zurückgegeben oder in Form von Humus und Torf akkumuliert oder auch über die Flüsse ins Meer transportiert und dort am Boden als Sediment abgelagert. Aus Torf bzw. den Sedimentablagerungen können in geologischen Zeiträumen Kohle bzw. Erdöl und Erdgas entstehen (s. S. 116). Durch Verbrennung und Verwesung, Gasaustausch zwischen Atmosphäre und den Ozeanen, CO_2-Assimilation in den Pflanzen, Bildung von Humus, Torf und schließlich Kohle, Erdöl und Erdgas findet ein ständiger Kreislauf des Kohlenstoffs in der Natur statt.

Durch Verbrennung von Erdgas, Erdölprodukten, Kohle und Holz sowie durch Brandrodung der tropischen Wälder hat der Mensch in diesen Kreislauf eingegriffen. Allein durch die Nutzung fossiler Energieträger werden derzeit 5 Milliarden t Kohlenstoff pro Jahr freigesetzt. Die Folge ist eine ständige Erhöhung des *Kohlendioxidgehalts der Atmosphäre.* Sie beträgt etwa 14% seit Beginn der Industrialisierung (Anstieg von 295 ppm auf 335 ppm) und wird, bei anhaltender Steigerung der Verbrennung fossiler Stoffe, u. U. im nächsten Jahrhundert 100% erreichen oder gar überschreiten. Eine solche Steigerung bliebe nicht ohne merkliche Auswirkung auf das globale Klima; denn der CO_2-Gehalt der Atmosphäre regelt die mittlere Temperatur auf der Oberfläche der Erde.

Das CO_2-Molekül hat wie das H_2O-Molekül die Eigenschaft, infrarote Strahlung zu absorbieren, aber den sichtbaren Teil der Sonnenstrahlung ungehindert passieren zu lassen. Dadurch wird ein großer Teil der von der Erde emittierten Wärmestrahlung in der Atmosphäre zurückgehalten (s. S. 42). Eine Erhöhung des CO_2-Gehalts der Atmosphäre führt somit zu einer Erhöhung der Oberflächentemperatur der Erde. Eine genauere Betrachtung zeigt, daß es verschiedene Prozesse gibt, die diesen Effekt entweder unterstützen oder ihm zuwiderlaufen.

Unterstützende Prozesse sind: 1. die Infrarotabsorption verschiedener Spurengase wie Lachgas, Methan, Sprühdosentreibmittel u.a., deren atmosphärische Konzentration als Folge industrieller Tätigkeit zunimmt; 2. eine verstärkte Eis- und Schneeschmelze als Folge einer Temperaturerhöhung (führt zu einer Verringerung der Albedo der Erde und damit zu einer weiteren Temperaturerhöhung infolge verstärkter Absorption der Sonnenstrahlung).

Entgegengesetzt laufende Prozesse sind: die Speicherung von Wärme in den Ozeanen sowie eine zunehmende Verdunstung und Wolkenbildung als Folge einer Temperaturerhöhung und damit Erhöhung der Albedo der Erde.

Staubpartikel (Aerosole) können sich in der einen oder anderen Richtung bemerkbar machen. Die Bilanzierung all dieser Prozesse erfordert die Aufstellung eines Klimamodells. Verschiedene mathematische Modelle, die den wesentlichen Teil der erwähnten Prozesse erfassen und beschreiben, sind in den letzten Jahren erstellt und auf Computern durchgerechnet worden. Die besten Abschätzungen führen zu einer *Erhöhung der mittleren Oberflächentemperatur der Erde* um 2°C bei einer angenommenen CO_2-Verdopplung. Mögliche Folgen einer solchen Erwärmung, die in den Polargebieten stärker ausgeprägt wäre (Erwärmung um 5–10°C), sind: Versteppung weiter Teile heute fruchtbaren Ackerlandes; Abschmelzen von Teilen des antarktischen Eisschildes und damit Anstieg des Meeresspiegels und Verlust weiter Landstriche.

Jede Energiepolitik, die auf steigenden Verbrauch fossiler Energieträger setzt, hat die erwähnten Zusammenhänge zu berücksichtigen. Bei mäßiger Verbrauchssteigerung wäre eine systematische Aufforstungspolitik heute entwaldeter Regionen eine aussichtsreiche Gegenmaßnahme.

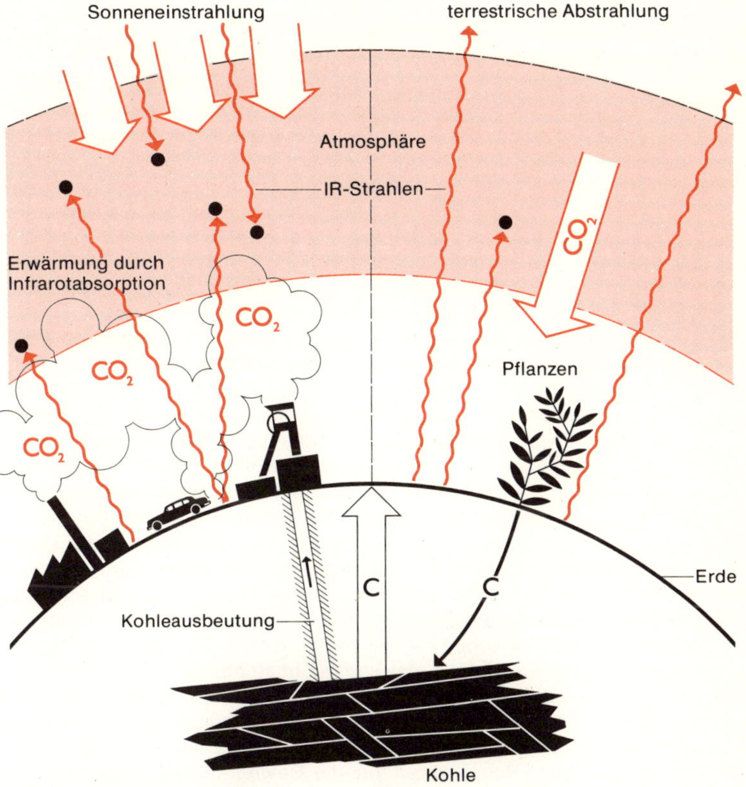

Abb. 1 Die Rolle des Kohlendioxids in der Atmosphäre

● Infrarotstrahlung absorbierende CO_2-Moleküle

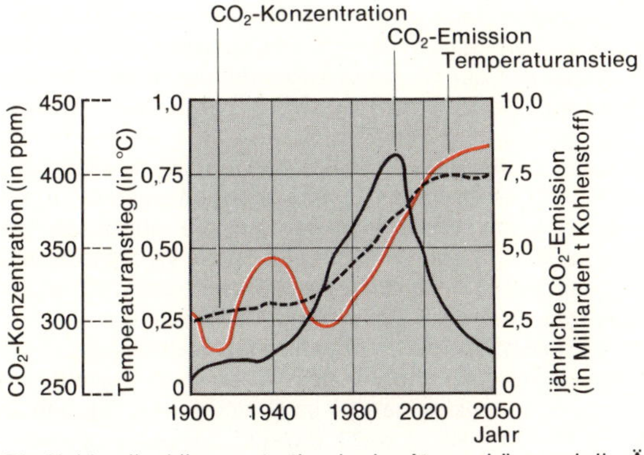

Abb. 2 Die Kohlendioxidkonzentration in der Atmosphäre und die Änderung der mittleren Temperatur an der Erdoberfläche

Der Wind

Wind wird im herkömmlichen Sinne definiert als „Luft, die sich in Bewegung befindet". Diese Definition wird jedoch nur großräumigen Luftmassenverschiebungen gerecht (z. B. Passat, Monsun). Im streng wissenschaftlichen Sinne sind für eine exakte Begriffsbestimmung des Phänomens „Wind" noch weitere Merkmale (Bedingungen) erforderlich: Die *Luftströmung* muß *gerichtet* sein, sie muß darüber hinaus über eine größere Entfernung hin eine bestimmte *Strömungsgeschwindigkeit* haben. So entstehen z. B. bei starker Sonneneinstrahlung über dem Erdboden auf Grund der Temperaturabnahme zur Atmosphäre hin feine *Austauschströme* von bewegter Luft, ohne daß man dabei von Wind sprechen könnte. Zum Wind im eigentlichen Sinne werden solche Luftströmungen erst dann, wenn sie sich zu sog. *Aufwindschläuchen* zusammenschließen (in Schlotströmungen von Gewittern kann man dabei Aufwindgeschwindigkeiten bis zu 30 m/s messen).

Im übrigen bezeichnet man als Wind nur die gerichtete Luftbewegung in der Horizontalen, wenn auch die vertikale Luftbewegung keineswegs bedeutungslos ist.

Wind *entsteht* als Folge von *Luftdruckunterschieden* in der Atmosphäre, durch die die Luft eine Beschleunigung erfährt. Die Luftteilchen folgen dabei dem Luftdruckgefälle vom hohen zum tiefen Druck. Die Richtung des Druckgefälles läßt sich aus der Art der Luftdruckverteilung ableiten. Sie wird entweder in Form der *Isohypsen* (gedachte Höhenschichtlinien, die Flächen gleichen Luftdrucks einschließen) in den *Höhenwetterkarten* registriert, sofern es sich um das Luftdruckfeld in der freien Atmosphäre handelt, oder sie werden in Form der *Isobaren* (gedachte Linien zwischen Orten gleichen Luftdrucks bei 0 °C, auf Meereshöhe und die Schwerkraft bei 45° Breite bezogen) in den *Bodenwetterkarten* dargestellt. Je geringer die Abstände zwischen den einzelnen Isohypsen bzw. Isobaren werden, desto stärker ist das Druckgefälle, das senkrecht zu diesen Linien verläuft.

Neben der Beschleunigung durch das Luftdruckgefälle erfahren die Luftteilchen bei großräumigen Bewegungen über weite Entfernung auch eine Beschleunigung durch die ablenkende Kraft der Erddrehung *(Coriolis-Kraft).* Diese Coriolis-Beschleunigung der Luftteilchen spielt für die Bewegungsvorgänge in der Atmosphäre eine bedeutende Rolle, ohne deren Kenntnis die Bewegungssysteme nicht zu verstehen sind. Die Coriolis-Kraft greift senkrecht zur Bewegungsrichtung der Luftteilchen an und nimmt mit steigender Geschwindigkeit der Teilchen zu. Auf der *Südhalbkugel* leitet sie die Luftteilchen nach links, auf der *Nordhalbkugel* nach rechts ab, am Äquator dagegen nach unten (bei Bewegungen nach Westen, in Richtung der untergehenden Sonne) bzw. nach oben (bei Bewegungen in Richtung Osten). Für die *Windrichtung* auf der Nordhalbkugel bedeutet das, daß bei einem Druckgefälle von Süden nach Norden kein Südwind, sondern ein Südwestwind entsteht.

In der *bodennahen Luftschicht* wird die Richtung und Geschwindigkeit des Windes außer durch die oben beschriebenen Faktoren noch wesentlich durch die *Reibung der Luftteilchen* an der Erdoberfläche und die durch die jeweilige *Geländeform* bedingte *Ablenkung* bestimmt. So ist z. B. die Windgeschwindigkeit über Land geringer als über freien Wasserflächen. Ferner kann Wind in seiner Richtung z. B. durch Gebirgszüge oder Täler umgelenkt werden.

In der *freien Atmosphäre* oberhalb einer wenige hundert Meter starken Reibungsschicht sind die Verhältnisse insofern anders, als hier lediglich Coriolis-Kraft und Druckgradient wirksam werden, die miteinander im Gleichgewicht stehen. Der hier entstehende sog. *geostrophische Wind* weht parallel zu den Isobaren. Dieser Höhenwind ist von praktischem Interesse für die Beurteilung von Wind- und Druckverhältnissen in der Atmosphäre sowie von Wanderungsbewegungen von Wolkenfeldern.

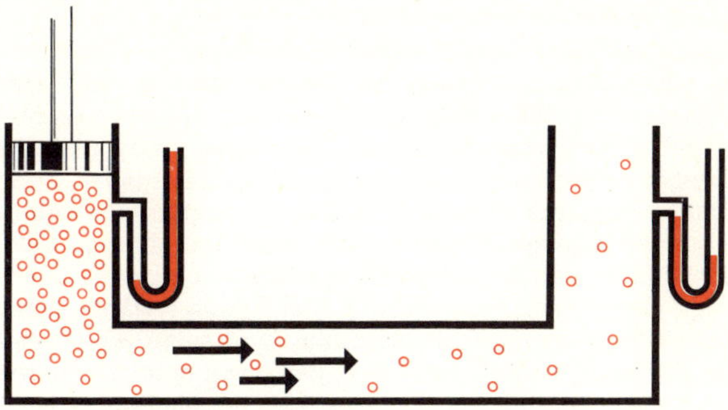

Abb. 1 Luftteilchen folgen dem Druckgefälle vom hohen zum tiefen Druck

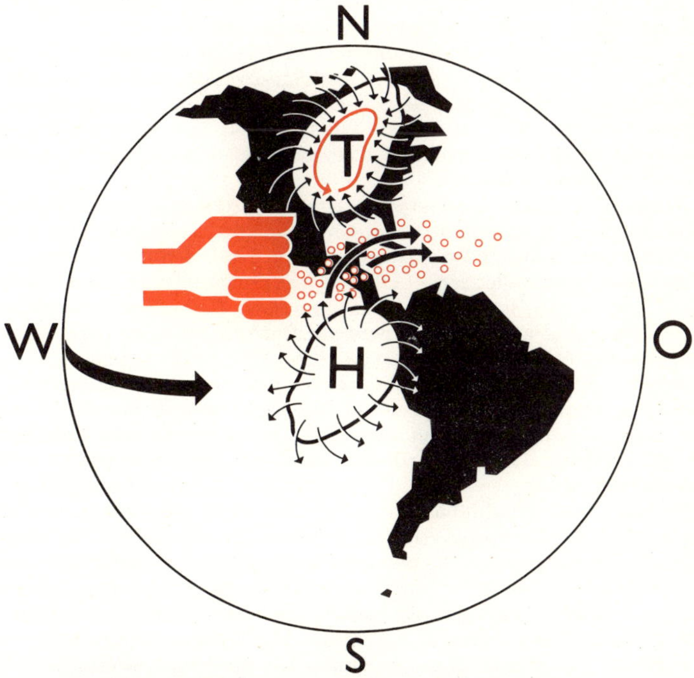

Abb. 2 Ablenkung des Windes durch die Coriolis-Kraft: Die aus einem Hoch (H) heraus- bzw. in ein Tief (T) hineinströmende Luft wird auf der nördlichen Halbkugel nach rechts abgelenkt. Im Tief bildet sich dadurch eine entgegengesetzt zum Uhrzeigersinn verlaufende Strömung um das Zentrum aus

Der Wind – kleinräumige Windsysteme

Kleinräumige Windsysteme erstrecken sich im allgemeinen über einen Ausdehnungsbereich von rund 100 km in der Horizontalen und weniger als 1 km in der Vertikalen (über dem Erdboden). Sie werden stark geprägt von der jeweiligen Geländeform, von der Wärmekapazität der Boden- oder Wasseroberfläche und von den Tag- und Nachtschwankungen der Sonnenein- und -ausstrahlung.

In *Küstengebieten* entwickelt sich bei Schönwetterlagen ein *Landwind-Seewind-System,* das bei trübem Wetter kaum in Erscheinung tritt und oft von großräumigen Luftbewegungen überlagert wird. Auf Grund der unterschiedlichen Wärmeleitungseigenschaften von Wasser und festem Boden entstehen an Küsten auf geringe Entfernung Temperaturunterschiede. Fester Boden erwärmt sich bei Einstrahlung viel stärker als Wasser und kühlt nachts als Folge seiner Ausstrahlung auch wieder stärker ab. Wasser behält eine viel gleichmäßigere Temperatur, da es eine wesentlich höhere Wärmekapazität besitzt als der Mineralboden.

Bei Tag steigen die Lufttemperaturen über dem festen Boden stärker an als über dem kühleren Meer. Erhöhte Lufttemperaturen über der Landfläche führen dort zum Aufsteigen der erwärmten Luftmassen, wodurch zwischen Meer und Land ein Druckunterschied entsteht. Die kühlere Meeresluft fließt nun dem Druckgefälle nach zum Land, wodurch eine *See-Land-Strömung* in der bodennahen Luftschicht erzeugt wird, die in der Höhe entgegengesetzt gerichtet ist.

In der Nacht sind die Verhältnisse umgekehrt. Das Meer ist wärmer und das Land kühler, wodurch in Bodennähe eine *Land-See-Zirkulation* entsteht. Letztere ist nicht so stark ausgeprägt wie die See-Land-Zirkulation, da sich die nächtliche Abkühlung über Land nur auf flache Luftschichten über dem Boden erstreckt, wodurch das Windsystem flacher ist als bei Tag und sich die Bodenreibung zusätzlich hemmend auswirkt.

Als Folge der Geländeform treten im *Binnenland* Hangwinde sowie Berg- und Talwindsysteme in Erscheinung. Wie das Landwind-Seewind-System sind auch diese an den Tagesgang der Sonneneinstrahlung gebunden. Die unmittelbar einem geneigten Berghang anliegende Luft wird bei Einstrahlung stärker erwärmt als diejenige in der freien Atmosphäre neben dem Hang. Dadurch wird sie leichter und steigt den Hang entlang als *Hangaufwind* auf. Die Hangaufwinde tragen feuchtwarme Luft aus dem Tal hoch und tragen damit zur Wolkenbildung bei.

Bei Nacht kühlt sich die Luft unmittelbar über der Hangoberfläche als Folge der starken Ausstrahlung des Bodens stärker ab als in höheren Schichten; die schwere Kaltluft beginnt der Schwerkraft nach ins Tal zu fließen, wodurch der kalte *Hangwind* entsteht. Beide Strömungen verlaufen quer zur Talrichtung in der Gefällelinie des Hangs.

Tagsüber strömen die Luftmassen seitlich zum Tal heraus, nachts zum Talgrund hin. Aus diesem Strömungsverhalten entsteht ein *Bergwind-Talwind-System.* Durch den Hangaufwind bei Tag werden dem Talgrund Luftmassen entzogen, die durch taleinwärts fließende Luftmassen ersetzt werden. Nachts fließt kalte Luft als *Bergwind* talauswärts. Im Gegensatz zu den Hangwinden, von denen nur eine flache Luftschicht erfaßt wird, greifen die *Berg-* und *Talwinde* über den gesamten Talquerschnitt. Durch den Zusammenhang mit dem Hangwindsystem sind die Berg-Tal-Winde keine einfachen Zirkulationen, sondern besitzen einen komplizierten räumlichen Aufbau, da auch Luftmassen über die seitlichen Kämme der Täler fließen.

Ein ähnliches System wie beim Hangabwind tritt beim *Gletscherwind* in Erscheinung. Die kalte Gletscheroberfläche erzeugt, wenn die Luft im Tal erwärmt wird, einen Hangabwind längs des Gletschers, der bei Tag (hoher Temperaturunterschied) stärker weht als bei Nacht.

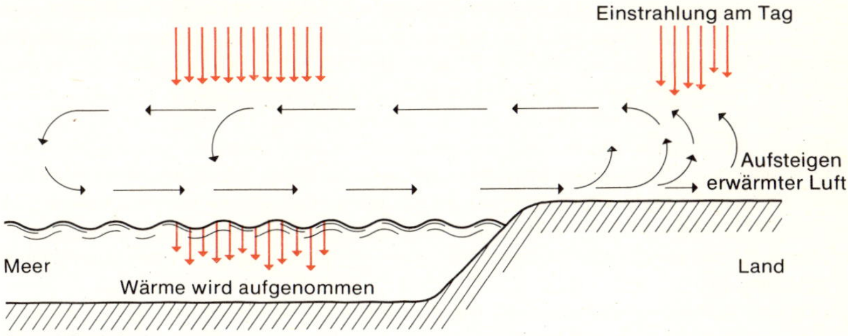

Abb. 1 Seewind

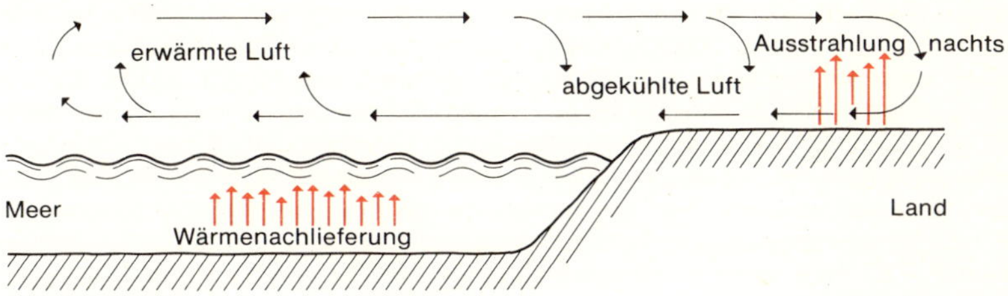

Abb. 2 Landwind

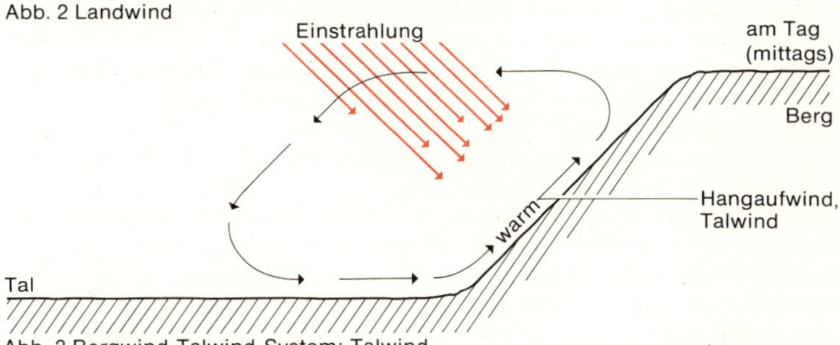

Abb. 3 Bergwind-Talwind-System: Talwind
(Aufsteigen leichterer Warmluft am Hang)

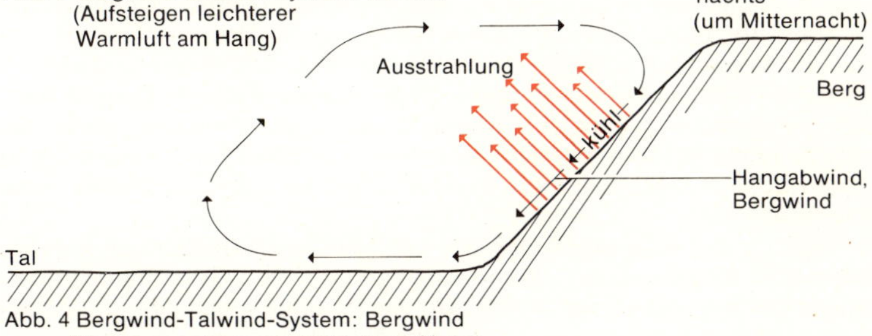

Abb. 4 Bergwind-Talwind-System: Bergwind
(Absinken schwererer Kaltluft am Hang)

Die Entstehung der Wolken

Durch die Sonneneinstrahlung ist die Luft in den bodennahen Schichten wärmer als in der freien Atmosphäre. Da die Moleküle in wärmerer Luft größere Bewegungsenergie besitzen als in kalter, sind sie in der Lage, mehr Wassermoleküle aus der flüssigen Phase herauszustoßen und sie in die Dampfform überzuführen. *Warme Luft* kann demnach mehr Wasserdampf aufnehmen als kalte. Warme Luft ist außerdem bei konstantem Druck leichter als kalte, was zur Folge hat, daß warme Luft in die Atmosphäre aufsteigt, während kalte absinkt. Beim Aufsteigen kühlen sich die warmen Luftmassen allmählich ab, wodurch die Wassermoleküle in ihnen wieder Energie verlieren und sich wieder zu größeren Einheiten zusammenschließen. Ist ein Zustand erreicht, in dem genauso viele Wassermoleküle vom flüssigen in den dampfförmigen Zustand übergehen wie umgekehrt, spricht man von *Wasserdampfsättigung.*

Wird der Sättigungsdampfdruck bei Abkühlung erreicht, so ist dies allerdings noch keine genügende Voraussetzung für den Zusammenschluß von Wassermolekülen *zu Wassertröpfchen.* Daß die Kondensation in einem von allen Staubteilchen gereinigten Luft- und Wasserdampfgemisch weit über den Sättigungspunkt verzögert werden kann, ist aus Versuchen bekannt. Das kommt daher, daß zur Bildung eines winzigen Tröpfchens aus reinem Wasser eine extreme, in der Natur nicht beobachtete Übersättigung notwendig ist, damit das Tröpfchen nicht sofort wieder verdampft und außerdem die bei Eindringen weiterer Wassermoleküle in das Tröpfchen vom Dampfdruck gegen die Kohäsionskräfte der Tröpfchenmoleküle zu leistende Arbeit ausreicht, um die Oberfläche bzw. das Volumen des Tröpfchens zu vergrößern. Es muß daher in der Natur eine Starthilfe gegeben werden. Diese kann bei sehr hoher Übersättigung in der Erzeugung freier elektrischer Ladungen durch Ionisation der Luftmoleküle bestehen, wie sie durch ionisierende Strahlungen oder starke elektrische Entladungen (z.B. in Gewittern) verursacht wird, oder sie kann durch das Vorhandensein kleiner materieller Teilchen gegeben sein.

Derartige *Kondensationskerne,* vorwiegend Partikel mit Durchmessern von etwa 1/1000 bis 1/100 mm, ermöglichen die Bildung eines *Anfangs-* oder *Initialtropfens,* an den sich weitere Wassermoleküle anlagern können. Die Wirkung solcher Kerne – ihre stoffliche Zusammensetzung spielt keine Rolle; sie dürfen nur nicht wasserabstoßend sein – beruht darauf, daß sie die im Augenblick der Anlagerung überschüssige Bewegungsenergie der Wassermoleküle aufnehmen. Das kann man auch daraus ableiten, daß bei Überschreiten des Sättigungsdampfdrucks zuerst die großen Kerne, die viel Energie aufnehmen können, wirksam werden. Zusätzliche Wirkung wird erreicht, wenn die Kerne aus wasserlöslichen Salzen bestehen; dann tritt bereits bei Luftfeuchtigkeiten unter dem Sättigungspunkt eine Anlagerung von Wasser ein, da wasserlösliche Salze hygroskopisch sind, d.h. Wasser anziehen.

Da bereits bei Luftfeuchtigkeiten unter 100% relativer Feuchte *Dunst* auftritt, kann man annehmen, daß solche Kerne in der Luft vorhanden sind. Der überwiegende Anteil der Kerne besteht jedoch wahrscheinlich aus wasserunlöslichen Kernen oder aus Mischkernen, die aus löslichen und unlöslichen Teilen zusammengesetzt sind.

Die *Entstehung der Kondensationskerne* beruht im wesentlichen auf Verbrennungsprozessen, Vulkanausbrüchen und Windwirkung. Bei Verbrennungsprozessen gelangen Sulfate und Stickstoffverbindungen in die Atmosphäre, die sich zu Ammoniumsulfat verbinden und als Kondensationskerne wirken. Kerne aus Salzen, vorwiegend Natriumchlorid, die aus versprühter Gischt in die Atmosphäre gelangen, besitzen geringere Bedeutung als man ursprünglich annahm.

Die *Tropfenbildung an den Kondensationskernen* erfolgt durch Diffusion des Wasserdampfes zum Kern hin, wodurch Wolkentropfen bis zu einem Durchmesser von 10 μm entstehen können. Die wesentlich größeren Regentropfen werden durch andere Vorgänge gebildet (s. S. 52).

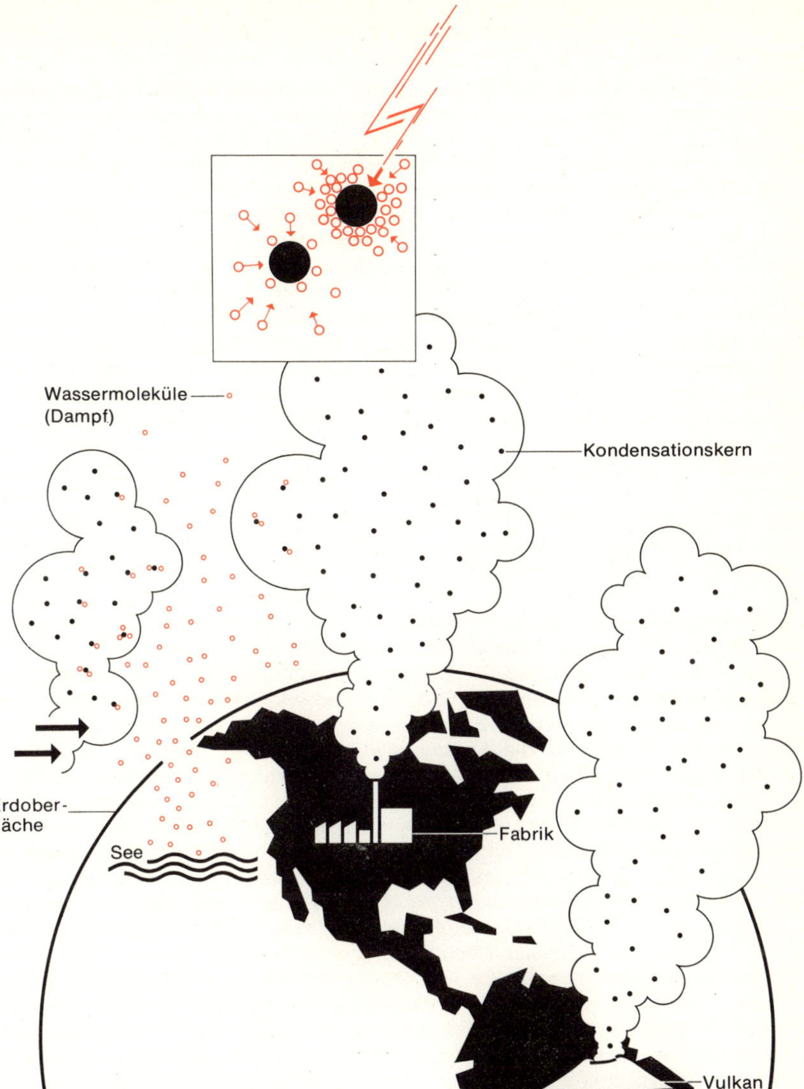

Abb. Bildung von Wolkentröpfchen an Kondensationskernen

Die Entstehung von Regen

Die in den Wolken vorliegenden Wassertröpfchen (Nebel) sind so klein, daß sie die Wolken nicht verlassen können, ohne zu verdunsten. Damit Regentropfen entstehen, die bis zum Boden gelangen, bevor sie verdampfen, müssen sich bis zu einer Million Wolkentröpfchen zusammenlagern. Für dieses Anwachsen der Wolkentropfen reichen Diffusion und Kondensation als Erklärung nicht aus.

Es gibt zwei unterschiedliche Hypothesen über den Mechanismus der Regentropfenbildung, die beide unter verschiedenen klimatischen Bedingungen ihre Gültigkeit besitzen. Die eine besagt, daß nicht alle in einer Wolke vorhandenen Wolkentröpfchen die gleiche Größe haben. Die größeren Tröpfchen fallen im Verhältnis zu den kleineren schneller, so daß ein größerer Tropfen alle auf seinem Fallweg liegenden kleineren einholen und aufsammeln würde, wenn sich nicht um den fallenden Tropfen eine Luftströmung ausbildete, die einen Teil der in der Luft schwebenden kleineren Tröpfchen an den großen vorbeilenkt, so daß die tatsächliche Anlagerung geringer ist als die mögliche, Dennoch können bei einer großen Wolke, in der ein langer Fallweg und genügend Tröpfchen vorhanden sind, auf diese Weise Regentropfen entstehen. Hinzu kommt, daß in aufsteigenden Wolken beträchtliche Aufwinde herrschen, durch die größere Tropfen in der Schwebe gehalten werden, während kleinere hochgerissen werden und mit den großen zusammentreffen. Wird der einzelne Tropfen zu groß, verliert er seine Stabilität, zerplatzt, und die Tropfentrümmer werden erneut hochgerissen und wachsen wieder an, bis sie als große Tropfen aus der Wolke fallen. Diese auch als *Langmuirsche Kettenreaktion* bezeichnete Art der Regentropfenbildung ist vorwiegend in der warmen und wasserdampfreichen Luft der Tropen möglich.

Die zweite Hypothese basiert auf der Beobachtung, daß in den gemäßigten Breiten alle Wolken, aus denen großtropfiger Regen fällt, in den obersten Schichten aus Eiskristallen bestehen. Die Eisphase ist in den gemäßigten Regionen offenbar eine Voraussetzung für die Entstehung großtropfigen Regens. Wie bei der Kondensation, dem Übergang von der gasförmigen in die flüssige Phase, Kondensationskerne (Staubteilchen) nötig sind, so müssen auch beim Übergang von der flüssigen in die feste Phase winzige Teilchen, sog. *Gefrier-* oder *Kristallisationskerne,* vorhanden sein. Die Temperatur, bei der der Übergang von der flüssigen in die feste Phase vor sich geht, ist abhängig von der Größe und von der Struktur des Molekülgitters dieser Kerne. Die in gemäßigten Gebieten wirksamen Gefrierkerne lassen im allgemeinen eine Unterkühlung der Wassertröpfchen bis auf −15 °C zu, bevor die Eisbildung einsetzt. Nach Bildung der Eiskristalle wachsen diese rasch weiter, fallen dadurch schneller und lagern weitere unterkühlte Tröpfchen auf ihrem Fallweg an, die noch zum Wachstum der Kristalle beitragen. Je mehr Tröpfchen sich anlagern, desto schneller fällt ein Kristall und desto weniger Zeit bleibt für die Ausbildung der Kristallformen, so daß aus dem ursprünglich sechseckigen Eiskristall ein unförmiger Eisklumpen wird, der unterhalb der atmosphärischen 0°-Grenze (also bei Temperaturen über 0°C) schmilzt und zum Regentropfen wird.

Die Anlagerung unterkühlter Wassertröpfchen an Eiskristalle ist wesentlich wirksamer als der von Langmuir beschriebene Vorgang. *Hagel* bildet sich dann, wenn infolge starken Aufwindes die Graupelkörner länger in Schwebe gehalten werden und die Eisteilchen durch Anlagerungen unterkühlter Tröpfchen so groß werden, daß sie sich auch bei Temperaturen über 0 °C noch als Eis halten.

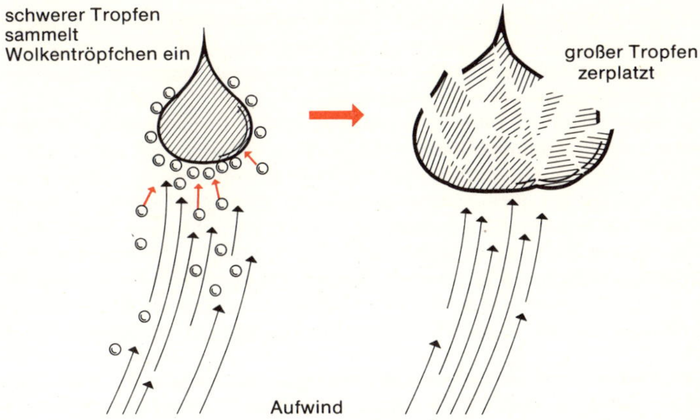

Abb. 1 Entstehung von Regen, erste Hypothese

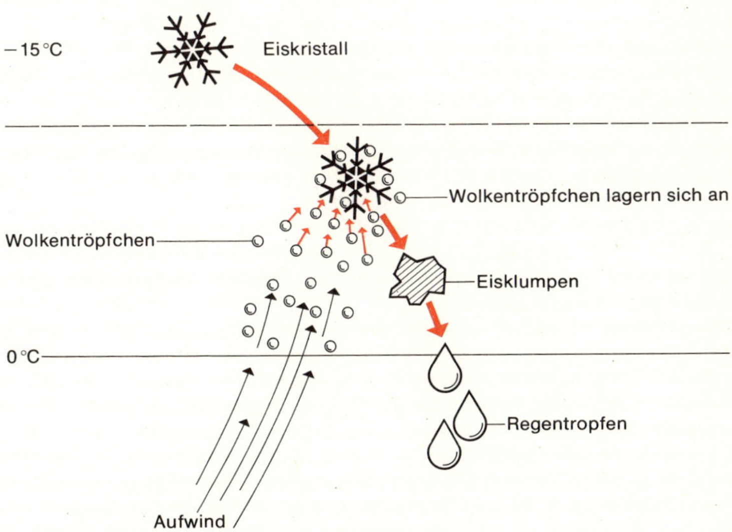

Abb. 2 Entstehung von Regen, zweite Hypothese

Nebel

Nebel entsteht in der bodennahen Luft, wenn die relative Feuchtigkeit 100% erreicht, d.h., wenn der Dampfdruck dem Sättigungsdampfdruck gleichkommt oder diesen überschreitet. Da die physikalischen Vorgänge der Wolkenbildung (s. S. 50) und der Nebelbildung identisch sind, kann man Nebel auch als „Wolke in Bodennähe" bezeichnen. Das Erreichen der Sättigung und die Entstehung der kleinen sichtbaren Wassertröpfchen kann verschiedene Ursachen haben, nach denen man einzelne Nebeltypen unterscheidet:

Der *Bodennebel* ist die charakteristischste Nebelform. Er bildet sich abends oder nachts, wenn die Strahlungsbilanz des Bodens negativ ist, wenn also die Ausstrahlung die Einstrahlung überwiegt. Bei Tag reichert sich die bodennahe Luft mit Wasserdampf an, der als Folge der starken Abkühlung bei Nacht kondensiert. Gefördert wird die Nebelbildung, wenn sich durch Kaltluftfluß in Tälern Kaltluft sammelt oder wenn der Wassergehalt des Bodens (Moore, Feuchtwiesen) sehr hoch ist. Da Bodennebel in wolkenlosen Nächten mit ungehinderter Ausstrahlung (Strahlungsnächte) auftritt und immer mit Temperaturumkehr in der bodennahen Luftschicht verbunden ist (s. auch S. 60), wird er häufig auch als *Strahlungsnebel* bezeichnet.

Vorwiegend im Herbst, wenn bei Kaltlufteinbrüchen kalte Luft über warmes Wasser oder warmen, feuchten Boden zieht, entstehen *Dampfnebel.* Da in solchen Lagen Temperaturunterschiede zwischen kalter Luft und warmem Wasser von 10 °C und mehr auftreten, verdampft das Wasser an der Oberfläche stark, und der Wasserdampf kondensiert sofort wieder in der kalten Luft. Der so entstehende Nebel zerreißt wegen der instabilen Temperaturschichtung (Warm unter Kalt) rasch, so daß er sich rauchartig ausbildet. Ähnliches kann man im Sommer z. B. über Wäldern oder Straßen beobachten, wenn die Sonne wieder scheint. Das Wasser verdunstet durch die starke Energiezufuhr an den Blatt- oder Straßenoberflächen und kondensiert sofort wieder in der aufsteigenden Luft.

Von *Mischungsnebel (Warmfrontnebel)* spricht man, wenn sich warme Luft über flach am Boden anliegende Kaltluft lagert, so daß durch Austausch und Turbulenz der Wasserdampf der Warmluft in die darunterliegende Kaltluft eindringen kann. Infolge der bei dieser Durchmischung eintretenden Erniedrigung der Temperatur im Gemisch gegenüber gesättigter Warmluft wird dabei der Sättigungsdampfdruck erniedrigt, und der Wasserdampf kondensiert.

Durch Ausstrahlung der Luft unter tiefliegenden Inversionen entsteht *Hochnebel.* Häufig dehnt er sich nach unten aus und wird dadurch zum Bodennebel. Hochnebel ist, obwohl auch andere Faktoren zu seiner Entstehung beitragen können, weitgehend ein Strahlungsnebel.

Advektionsnebel entsteht, wenn im Warmluftbereich eines Tiefs warme Luft subtropischen Ursprungs über eine kältere Luftschicht gelangt. Dabei wird die Warmluft durch turbulenten Austausch vom Boden her abgekühlt, so daß nach Erreichen des Taupunktes Nebel entsteht. Eine solche Nebelbildung kommt nur im Winterhalbjahr vor, wenn die Temperaturunterschiede zwischen dem subtropischen und dem gemäßigten Bereich groß sind. Im Sommer sind sie zu gering, um eine nennenswerte Abkühlung hervorzurufen. Zu Nebelbildung dieser Art kommt es auch, wenn warme, feuchte Luft über kalte Wasserflächen strömt. Diese Erscheinung ist von allen kalten Meeresströmungen bekannt und tritt vorwiegend im Sommer in Erscheinung.

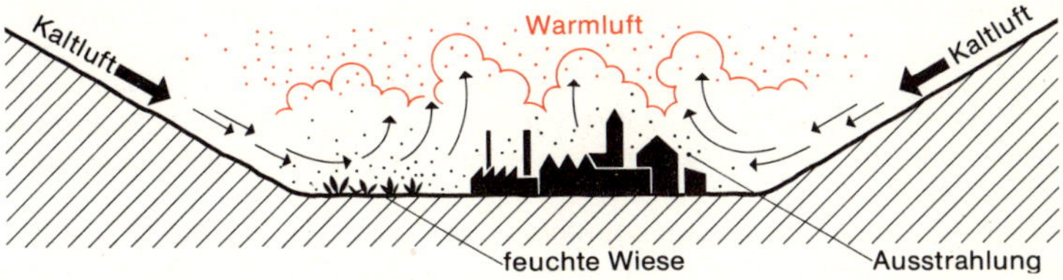

Abb. 1 Bodennebel

Abb. 2 Dampfnebel

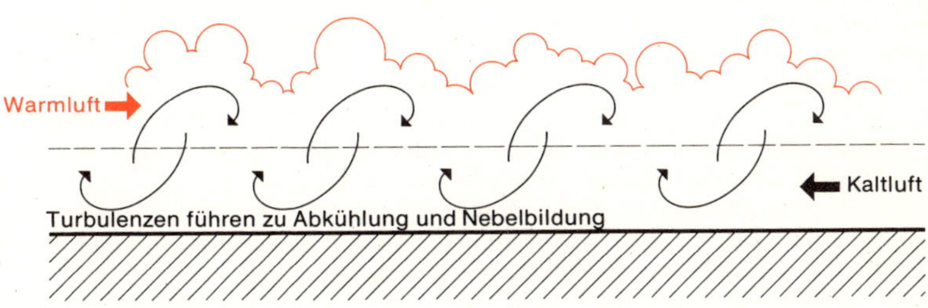

Abb. 3 Mischungsnebel

Verdunstung und Transpiration

Ein großer Teil des in der Atmosphäre befindlichen Wasserdampfs stammt aus *Verdunstungen (Evaporationen)* von Wasser im Bereich der Wasseroberflächen oder des unbewachsenen Erdbodens. Unter gleichen klimatischen Bedingungen bestehen zwischen den Verdunstungen beider Bereiche erhebliche Unterschiede, sofern die Bodenoberfläche nicht sehr gut mit Wasser versorgt ist. Die Verdunstung von der freien Wasseroberfläche ist die maximal mögliche und wird daher auch *potentielle Verdunstung* genannt, während die tatsächliche oder aktuelle Verdunstung von der Bodenoberfläche großer Gebiete in der Regel wesentlich geringer ist, da die Bodenoberfläche rasch austrocknet und der Wassernachschub aus der Tiefe dadurch erschwert ist.

In gemäßigten Klimaten ist eine deutliche Abhängigkeit der Verdunstung von der *Temperatur* festzustellen. Auf ein ganzes Jahr gesehen, sind die Werte im Winter außerordentlich gering, steigen im Frühjahr rasch an und erreichen im Juli/August, in den warmen Monaten, ihr Maximum, um dann zum Herbst hin wieder abzufallen.

Deutlich steigt die Verdunstung auch mit der *Erhöhung der Windgeschwindigkeit.* Dies gilt allerdings nicht allgemein, da auch die Temperatur der zugeführten Luft von Bedeutung ist. Bringt der Wind kühle Luft, so kann die Verdunstung herabgesetzt sein, führt er dagegen stark überhitzte Luftmassen (z. B. bei Hangaufwinden) heran, so werden extrem hohe Verdunstungswerte erreicht.

Auch die *Einstrahlung der Sonne* beeinflußt die Verdunstung. Im Schatten eines Waldes ist die Verdunstung gegenüber freien Wiesenflächen stark herabgesetzt.

Auf dem Festland spielt die Verdunstung der Lebewesen *(Transpiration),* insbesondere im Bereich der pflanzlichen Vegetation, eine besondere Rolle. Die Pflanze transpiriert, um Kohlendioxid aufnehmen zu können. Starke Transpiration weist daher auf hohe Stoffproduktion hin, niedere auf eingeschränkte Photosyntheseaktivität (s. auch Photosynthese, S. 200ff.).

Auch die Transpiration ist stark von klimatischen Faktoren abhängig. Da jedoch bei der Transpiration ein lebendes System regelnde Funktionen ausübt, sind nicht nur physikalische Gesetze wirksam. Die *Wirkung der Atmosphärilien* (in der Atmosphäre wirksame chemische und physikalische Stoffe) auf die Transpiration ist deshalb nicht mit deren Wirkung auf die Verdunstung (Evaporation) zu vergleichen. *Wind* z.B. erhöht kurzfristig die Transpiration; mit zunehmender Windgeschwindigkeit wird jedoch sehr bald ein Transpirationswert erreicht, der nicht weiter gesteigert wird. Die Transpirationsrate kann sogar durch Verschluß der pflanzlichen Spaltöffnungen bei beginnender Welke (verursacht durch erhöhte Transpiration oder mangelnden Wassernachschub) bei längerer Windwirkung unter die Normalwerte bei ruhiger Luft absinken.

Bei der *Temperaturwirkung* wird ähnliches beobachtet. Mit Zunahme der Temperatur wird zunächst die Transpiration erhöht. Da jedoch starke Temperaturerhöhung in der Regel mit Wasserknappheit verbunden ist, schließt die Pflanze die Spaltöffnungen und schränkt die Transpiration ein, damit ihr Wasserhaushalt nicht zu stark angespannt wird.

Die Verdunstung des Bodens und die Transpiration der Pflanzen können bei Freilandmessungen oft nicht getrennt erfaßt werden. Man faßt deshalb im allgemeinen beide Phänomene begrifflich zusammen *(Evapotranspiration),* wenn man den Wasserverbrauch eines Bestandes angeben will.

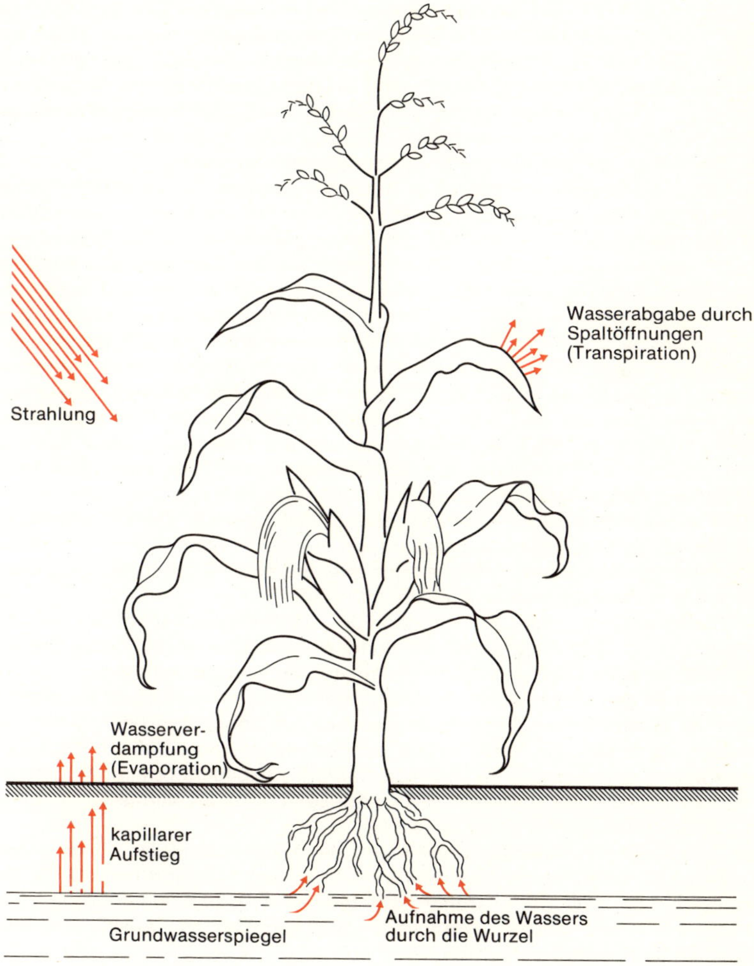

Abb. Evapotranspiration im Wasserhaushalt der Pflanze

Die Temperatur in der bodennahen Luftschicht

Von weitreichender Bedeutung für die Lebensvorgänge in der Biosphäre ist der Faktor *Temperatur*. Die als Volumenänderung von Quecksilber mit dem Thermometer gemessene Temperatur ist ein Maß für die mittlere Bewegungsenergie der Luftmoleküle, die im wesentlichen von der zur Erde gelangten Sonnenstrahlung aufgebracht wird. Die *Temperatur der bodennahen Luftschicht* wird also durch den Umfang der eingestrahlten Sonnenenergie bestimmt. Dieser wiederum wird beeinflußt durch die Zusammensetzung der Atmosphäre, durch die geographische Breite, die Beschaffenheit der Boden- oder Gesteinsoberfläche, die Geländeform u. a. m. Die Zufuhr kalter oder warmer Luftmassen durch großräumige Strömungen kann die Temperatur der bodennahen Luftschicht wesentlich verändern.

Am *Tag* dringt ein Teil der zur Erde gelangenden Sonnenstrahlung durch die Atmosphäre zur Bodenoberfläche. Ein Teil davon wird am Boden in *Wärmestrahlung* (infrarote Strahlung) umgewandelt und in die Atmosphäre zurückgestrahlt. Diese Wärmestrahlung wird von der Luft aufgenommen, die dadurch energiereicher, d. h. wärmer wird. Da die meiste Energie den der Energiequelle, also dem Boden, am nächsten liegenden Molekülen zugeführt wird, wird die Luft unmittelbar über dem Boden stark erwärmt. In unseren gemäßigten Breiten wurden an klaren Sommertagen bei Windstille in der Luftschicht unmittelbar über dem Boden schon Temperaturen über 70 °C gemessen. Die an der Bodenoberfläche befindliche erwärmte Luft ist spezifisch leichter als die darüberliegende Kaltluft und hat darum das Bestreben, aufzusteigen. Während des *Luftaufstiegs* geben die energiereichen Moleküle Energie an die umgebenden ab, bis ein Energieausgleich zustande kommt. Durch die Einstrahlung von Sonnenenergie am Tage bildet sich in der bodennahen Luftschicht demnach ein *Temperaturgradient* aus. Die Lufttemperatur geht mit zunehmender Höhe über der Erdoberfläche zurück. Dieser Vorgang tritt bei Einstrahlung zwar immer auf, ist jedoch nur bei Windstille oder schwachen Luftbewegungen ausgeprägt. Starke Luftbewegungen verändern die Temperaturverhältnisse in der bodennahen Luftschicht völlig.

Bei *Nacht* wird die von der Boden- oder Gesteinsoberfläche ausgestrahlte Wärmestrahlung nicht mehr durch die Sonnenstrahlung ergänzt. Da die Energiequelle fehlt, wird die Ausstrahlung im Verlauf der Nacht immer schwächer. Dadurch wird die zu Boden sinkende Kaltluft nicht mehr erwärmt und bleibt als *Kaltluftschicht* am Boden liegen. Je nach Geländebeschaffenheit kann die Kaltluft, der Erdanziehung folgend, in Vertiefungen wie Senken, Mulden, Dolinen (Erdfälle in Karstgebieten) zusammenfließen und sog. *Kaltluftseen* bilden. Temperaturdifferenzen von 10 °C und mehr zwischen den Kaltluftseen und den wärmeren Zonen am Mittel- und Oberhang sind keine Seltenheit.

Das Aufziehen von *Bewölkung* verringert die Ausstrahlung der Wärmeenergie durch deren Reflexion an der Wolkenunterseite beträchtlich. Sprunghafter Temperaturanstieg von 5 °C und darüber konnten beim Nahen einer Wolkenwand beobachtet werden. *Starker Wind* verhindert ebenfalls die Ausbildung eines nächtlichen Temperaturgradienten.

Der Temperaturgradient in der bodennahen Luftschicht ist also einem ständigen Tag/Nacht-Wechsel unterworfen. Die Vorgänge, die zur Ausbildung dieses Gradienten führen, können durch Wind, Beschaffenheit und Gliederung der Bodenoberfläche sowie durch Wolkenbildung und andere Witterungseinflüsse verändert werden.

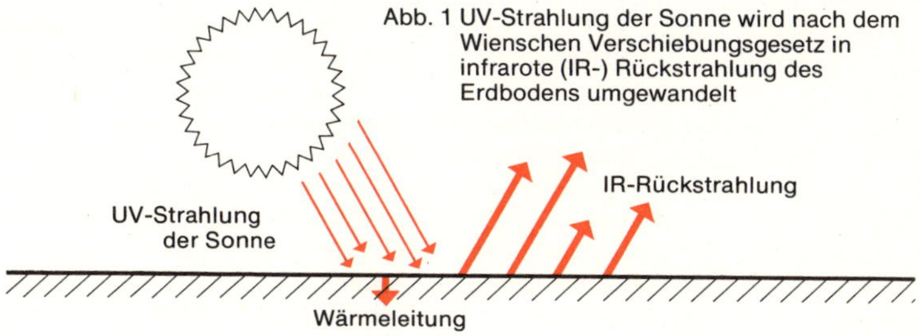

Abb. 1 UV-Strahlung der Sonne wird nach dem Wienschen Verschiebungsgesetz in infrarote (IR-) Rückstrahlung des Erdbodens umgewandelt

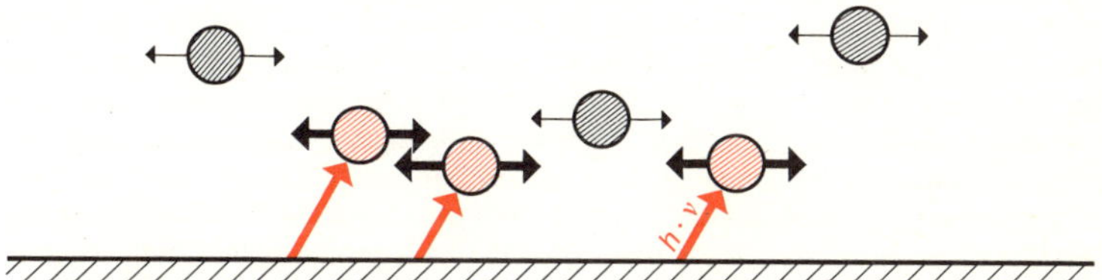

Abb. 2 Luftmoleküle werden von der IR-Strahlung (Lichtquanten der Energie $h \cdot \nu$) getroffen und in stärkere Schwingungen versetzt

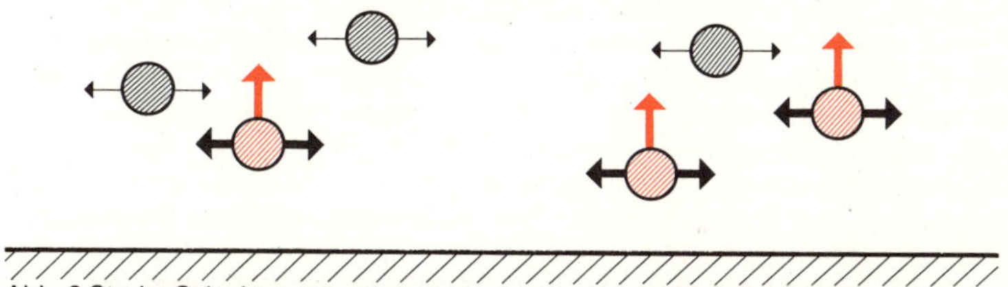

Abb. 3 Starke Schwingung und damit verstärkter Energieinhalt der Luftmoleküle führt zur Erwärmung der Luft. Erwärmte Luft steigt auf, kalte sinkt ab, da in dieser die Luftmoleküle auf Grund der geringeren Schwingungen näher beieinander liegen

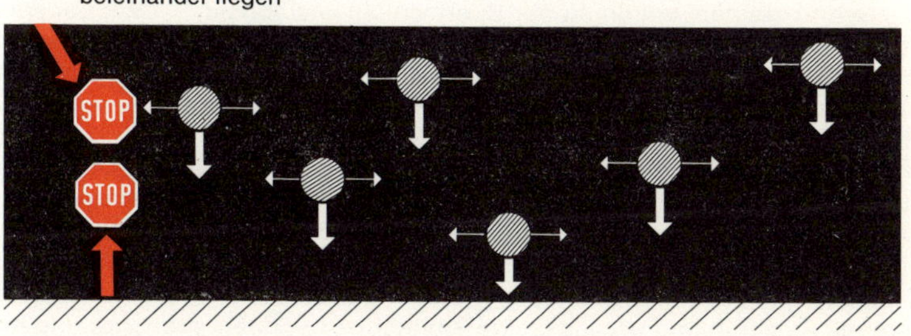

Abb. 4 Nachts sinken die Temperaturen in der Luft, da keine Ausstrahlung vom Boden mehr stattfindet

Die Temperatur in der bodennahen Luftschicht Temperaturumkehr

In der bodennahen Luftschicht bildet sich, wie bereits auf S. 58 angedeutet, ein Temperaturgradient aus, in dem die Temperatur am Tage mit zunehmender Höhe über dem Erdboden sinkt, bei Nacht hingegen mit der Höhe zunimmt. Diesen Vorgang nennt man *Temperaturumkehr (Inversion).* Wird der Boden im Laufe des folgenden Tages wieder erwärmt, so wird die nächtliche Inversion durch Energiezufuhr vom Boden an die darüberliegende Kaltluft im Laufe des Tages wieder aufgehoben, und der normale Temperaturgradient stellt sich wieder ein. Die Ausbildung solcher Inversionen hängt sehr von der Geländeform und den Witterungsbedingungen ab und ist meist nicht sehr stabil. Andere Verhältnisse ergeben sich, wenn eine Kaltluftschicht über warme Luftmassen hinwegfließt und dadurch eine *großräumige Inversion* der Temperatur stattfindet. Solche Wetterlagen können sehr beständig sein und Tage oder Wochen anhalten.

Die Bedeutung der Inversion für den Gasaustausch in der bodennahen Luftschicht liegt im unterschiedlichen spezifischen Gewicht kalter und warmer Gase bei gleicher Zusammensetzung. Am Boden erwärmte Luft steigt im Bereich dieser Schicht auf und kühlt sich dabei ab. Erreicht sie die Warmluftschicht, so ist wegen deren niedrigeren spezifischen Gewichtes ihr weiterer Aufstieg behindert. Über die Grenzschicht hinaus kann also kein Gasaustausch stattfinden.

Solche *Sperrschichten* werfen für die bodennahe Luftschicht über industriellen Ballungszentren besondere Probleme auf. Die tiefliegende Kaltluft wird durch die Verbrennungsprozesse in Haushalt, Verkehr und Industrie verbraucht und mit Verbrennungsgasen und Stäuben angereichert. Liegt keine Sperrschicht vor, so werden diese Schadstoffe mit dem normalen Massenaustausch bis in die hohen Luftschichten getragen und damit so verdünnt, daß keine unmittelbare Gefahr einer Schädigung für Mensch, Tier und Pflanze besteht. Liegt in geringer Höhe (30–100 m) über dem Industrie- und Siedlungsbereich eine Inversion, so können die emittierten Verbrennungsprodukte die Sperrschicht nicht überwinden und bleiben im Bereich der tiefen Kaltluft. Die Konzentrationen an Schadgasen und Stäuben steigen dann rasch an und führen zu erheblichen Beeinträchtigungen der Biosphäre (s. S. 128 ff.).

In ungünstigen Tallagen (Kesseln) kann sich auch die nächtliche Inversion auf diese Weise bemerkbar machen. Daß die *Inversionslage in Talkesseln* sehr stabil ist, erkennt man an den oft unbeweglich liegenden Nebelbänken. Auch die Rauchsäulen aus Schornsteinen wirken an der Sperrschicht wie abgeschnitten; der *Rauch* selbst sammelt sich unterhalb der Sperrschicht an und bildet große Schwaden. Reicht der Schornstein über die Sperrschicht hinaus, so kann der Rauch frei abziehen. Wird der Rauch durch hohe Luftfeuchte niedergedrückt, legt er sich direkt auf die Sperrschicht auf, ohne sie zu durchdringen.

Die *Häufigkeit solcher Inversionslagen* ist abhängig von der Jahreszeit. Während im Sommer durch langanhaltende und starke Einstrahlung sehr geringe Inversionsneigung besteht, nimmt diese mit abnehmender Tageslänge und dadurch verringerter Einstrahlung zu. Da das Überwiegen der Einstrahlung gegenüber der Ausstrahlung nicht etwa mit dem Sonnenaufgang oder -untergang zusammenfällt, sondern die Ausstrahlung bereits einige Stunden vor Sonnenuntergang und noch einige Stunden nach Sonnenaufgang die Einstrahlung übertrifft, kann sich die Einstrahlung in den kurzen Wintertagen selbst bei klarem Wetter kaum auswirken, so daß die Häufigkeit und Dauer der Inversionslage im Winter zunimmt.

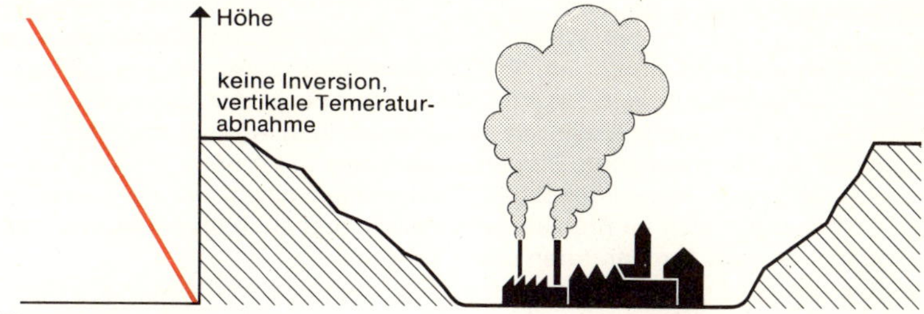

Abb. 1 Wetterlage ohne Inversion

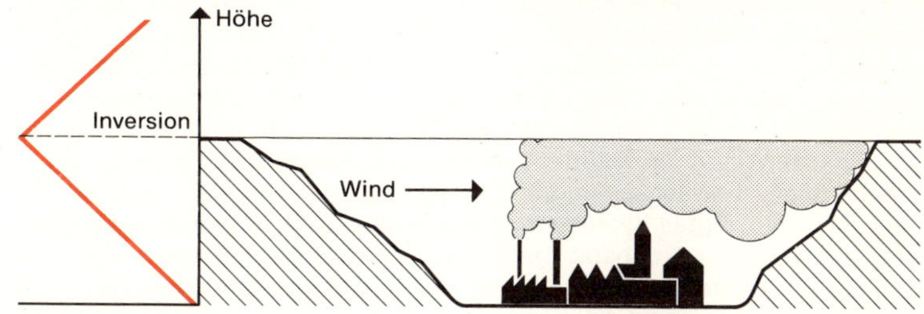

Abb. 2 Inversionswetterlage

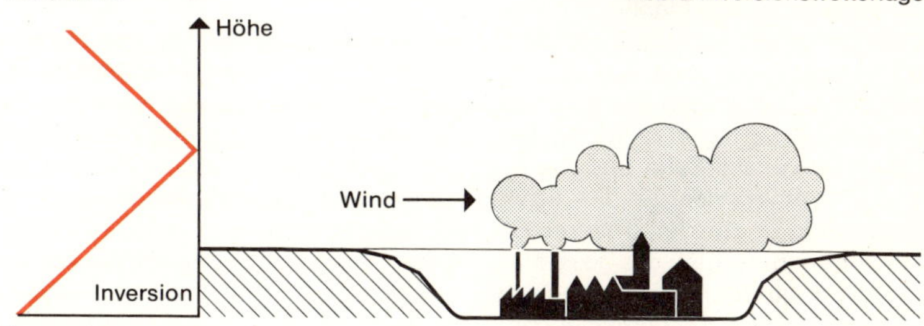

Abb. 3 Nächtliche Inversionswetterlage

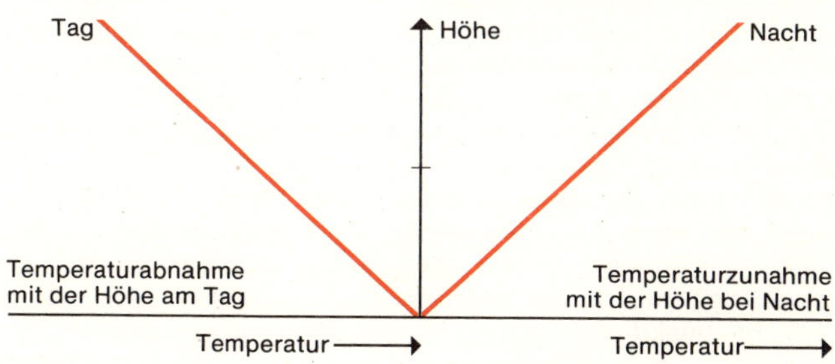

Abb. 4 Schematisierter Temperaturverlauf
in der Luft bei Tag und Nacht

Die Temperatur in der Pflanzenschicht

Ähnliche Temperaturverhältnisse wie bei unbedecktem Boden treten in offenen Pflanzengesellschaften (z. B. junge Kulturen und Schonungen) auf. In extremen Lagen *(Südhang)* können bei Windstille und maximaler Einstrahlung an der *Bodenoberfläche* Temperaturen um 70 °C erreicht werden, die also etwa 20–30 °C über der Lufttemperatur liegen. Derart hohe Temperaturen schädigen die jungen Keimpflanzen an der Stengelbasis, da diese noch kein wärmeisolierendes Abschlußgewebe ausgebildet haben. Bisweilen führt dies zu Verbrennungen und zum Hitzetod der Pflanzen. Vorwiegend betroffen werden davon die Keimlinge der Bäume. Die hauptsächlich im Frühjahr und Herbst ausgebrachten Kulturpflanzen sind solchen extremen Temperaturen kaum ausgesetzt.

Liegt eine geschlossene, *bodendeckende Pflanzendecke* vor, so verringert sich das erreichbare Temperaturmaximum erheblich. Die aktive Oberfläche ist nun nicht mehr die Bodenoberfläche, sondern die Fläche der von der Strahlung getroffenen Pflanzenteile. Die Temperatur wird durch die starke Transpiration der Pflanzen herabgesetzt. In offenen Gesellschaften ist dies nicht möglich, da die Verdunstung sofort aufhört, sobald eine dünne Bodenschicht ausgetrocknet ist, während auf bewachsenem Boden der gesamte von den Pflanzenwurzeln eingenommene Raum durch die Pflanze Wasser an die Atmosphäre abgibt. Beim Vergleich zwischen einer Rasenfläche und unbewachsenem Sandboden stellt man fest, daß die Rasenfläche unter gleichen gemäßigten Klimabedingungen nahezu die doppelte Wassermenge im Jahresdurchschnitt verdunstet. Dadurch, daß in einem Pflanzenbestand, z. B. einer Wiese, die eindringende Strahlung von der Bestandsoberfläche bis zum Boden sehr rasch abnimmt, ist die Temperaturverteilung im Bestand ganz anders als auf vegetationsloser Fläche.

Wie die Strahlung so hat auch die Temperatur ihr Maximum an der *obersten Pflanzenschicht* und wird auf Grund der schlechten Wärmeleitfähigkeit der Pflanzenteile nicht in den Bestand abgeleitet. Mit zunehmender Höhe der Vegetationsschicht verlagert sich das *Temperaturmaximum.* Auch die *Blattstellung* im Bestand ist für die Lage und die Ausprägung des Temperaturmaximums von Bedeutung. In einer Wiese, in der die Hauptmasse der Blätter senkrecht steht, tritt eine Erwärmung wegen der größeren Eindringtiefe der Strahlung nicht nur an einer Fläche, sondern innerhalb des gesamten Vegetationsraums ein, so daß nie extreme Werte erreicht werden. Stehen die Blätter des Bestandes horizontal, so rückt die aktive Oberfläche des Bestandes in der obersten Blattschicht zusammen, wodurch das Temperaturmaximum dort deutlich ausgeprägt ist.

In *klaren Nächten* ist die äußerste Bestandsschicht (wie bei unbedecktem Boden) die ausstrahlende Schicht, so daß sich hier das *Temperaturminimum* ausbildet, während die Temperaturen im Bestand bis zum Boden hin ansteigen. Dies hat zur Folge, daß die Temperaturschwankungen zwischen Tag und Nacht in einem Bestand weniger ausgeprägt sind als bei unbedecktem Boden. Dabei sind die Mitteltemperaturen etwas tiefer.

Die *Temperaturverteilung in bewaldeten Flächen* wird an windarmen Tagen bestimmt durch die Trennung in ein extremes *Kronenraumklima* an der aktiven Oberfläche des Bestandes und ein gemäßigtes *Stammraumklima,* das sehr ausgeglichen ist. Die Temperaturverhältnisse am Waldboden wiederum werden von der Bestandsdichte beeinflußt. In lichten Beständen, in denen Sonnenstrahlen bis zum Boden durchdringen, entsteht dort ein zweites Temperaturmaximum. In geschlossenen Beständen entspricht die Bodentemperatur der des Stammraums.

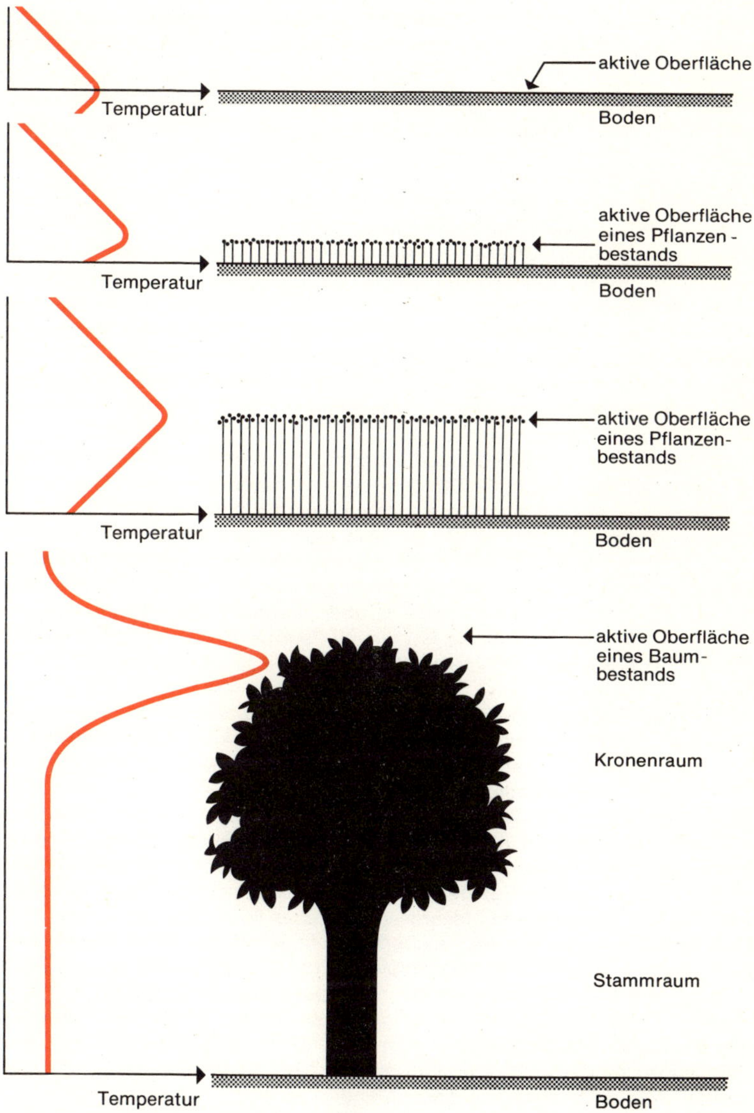

Abb. Temperaturverläufe in der Pflanzenschicht in Abhängigkeit vom Bodenabstand

Die Hydrosphäre

Alle Lebensvorgänge auf der Erde können nur dann ablaufen, wenn Wasser vorhanden ist. Für jedes lebendige System ist daher das Vorhandensein oder die Beschaffung von Wasser von ausschlaggebender Bedeutung. Die Gesamtheit aller Wasservorräte, die es auf der Erde gibt, wird als Hydrosphäre bezeichnet. Diese kann für den Zeitraum der menschlichen Entwicklung als unverändert betrachtet werden.

Die *Wassermengen in der Hydrosphäre* (insgesamt $\approx 1{,}4 \times 10^{18}\,m^3$) können in der Reihenfolge ihrer Größenordnung in drei große Verteilungsräume eingeteilt werden:

1. die Meere,
2. das Wasser der Kontinente,
3. das Wasser in der Atmosphäre.

Der größte Anteil des Wassers der Hydrosphäre (ca. 97,3 %) entfällt auf die großen Ozeane und ihre Randmeere. Die übrigen 2,7 % sind auf den Kontinenten verteilt, wobei die Hauptmasse in den riesigen Gletschern der Gebirge und der Antarktis gespeichert ist. Die Menge des in der Atmosphäre befindlichen Wassers ist mit einem Hunderttausendstel der gesamten Hydrosphäre nur sehr klein. Sein Einfluß auf das Klima in den verschiedenen Regionen der Erde sowie auf die Lage und den Umfang der Süßwasserspeicher des Festlandes ist im Verhältnis zu seiner Menge jedoch von allergrößter Bedeutung.

Die *Wassermassen der Kontinente* sind ungleichmäßig auf verschiedene Speicherräume verteilt. An erster Stelle in der Größenordnung der Speicher stehen dabei die *Gletscher* mit einem geschätzten Wasserinhalt von $29 \times 10^{15}\,m^3$, gefolgt vom *Grundwasser* mit $8{,}4 \times 10^{15}\,m^3$. Von der Gesamtmenge des Grundwassers entfallen nur $0{,}066 \times 10^{15}\,m^3$ auf das in der Bodenschicht enthaltene Wasser. Der weitaus größere Teil verteilt sich ungefähr gleichmäßig auf zwei Grundwasserzonen, die tiefer als 800 m bzw. etwas darüber liegen. Einen wesentlich geringeren Anteil an Süßwasser nehmen die *Flüsse* und *Seen* ein ($0{,}2 \times 10^{15}\,m^3$) und das *in den lebenden Organismen enthaltene Wasser,* das sich auf etwa $0{,}0006 \times 10^{15}\,m^3$ beläuft.

Neben den kontinentalen Süßwasserspeichern gibt es in den Ozeanen zwei große Süßwasservorkommen, nämlich die im *Polareis* der Arktis und Antarktis festgelegten Wassermassen, die immerhin 1,8 % der gesamten Hydrosphäre ausmachen und somit verhältnismäßig bedeutend sind.

Diese Verteilung des Wassers der Hydrosphäre auf die verschiedenen Bereiche ist im Laufe der Erdgeschichte nicht unverändert geblieben. So sind z. B. innerhalb der vergangenen 2 Millionen Jahre die *Polkappen* periodisch abgeschmolzen und haben sich dann wieder gebildet. Würden die Polkappen heute wieder vollständig abschmelzen, so würde der Meeresspiegel über 60 m ansteigen, und das Meer würde große Teile der Kontinente überfluten. In den Zeiten der größten Meeresvereisung hat sich dagegen der Wasserspiegel der Meere bis zu 140 m gesenkt. Solche Veränderungen in der Wassermassenverteilung der Hydrosphäre auf der Erde haben nicht nur für diese, sondern auch für die übrigen Bereiche schwerwiegende Folgen, wie z. B. Trockenperioden oder Überschwemmungskatastrophen. Auch die Lithosphäre kann durch das Auftreten großer Eislasten, die Druck auf das darunterliegende Gestein ausüben, verändert werden.

Die volumenmäßige Verteilung des Wassers in der Hydrosphäre

Hydrosphäre insgesamt	$1{,}4 \times 10^9$ km³	
Ozeane	$1{,}3 \times 10^9$ km³	(97,3 %)
Gletscher und Polareis	$2{,}9 \times 10^7$ km³	(2,7 %)
Grundwasser	$8{,}4 \times 10^6$ km³	
Seen und Flüsse	$0{,}2 \times 10^6$ km³	
Atmosphäre	$1{,}3 \times 10^4$ km³	
Biosphäre	$0{,}6 \times 10^3$ km³	

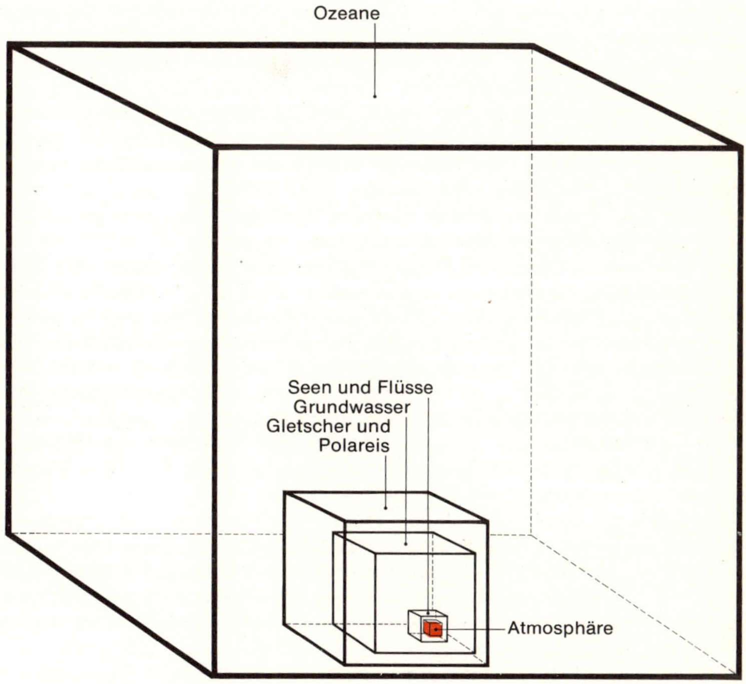

Der Wasserkreislauf

Die drei großen *Wasserspeicher* der Erde, die Meere, die Kontinente und die Atmosphäre, sind keine in sich abgeschlossenen Räume, sondern stehen in dauernder Wechselbeziehung untereinander. Diese Beziehungen lassen sich in einem Kreislauf darstellen. Durch die Sonneneinstrahlung wird ständig Wasser verdunstet und in Form von *Wasserdampf* in die Atmosphäre abgegeben. Dieser Vorgang kann auf den verschiedensten Wegen ablaufen. Einmal verdunstet Wasser direkt über der Oberfläche von Meeren, Seen und Flüssen, über Gletschern und Schneefeldern oder aus dem Erdboden. Zum anderen geben alle lebenden Organismen, Tiere und Pflanzen, bei der Atmung neben Kohlendioxid auch Wasserdampf an die Atmosphäre ab. Ein dritter Weg ist die Abgabe von Wasserdampf durch Verbrennen organischen Materials wie Holz, Kohle, Öl usw., was ständig überall auf der Erde stattfindet. Der weitaus größte Anteil des verdunsteten Wassers stammt jedoch direkt aus den Ozeanen.

Das in der Atmosphäre in Form von Wasserdampf enthaltene Wasser ist für die klimatischen Verhältnisse auf unserer Erde von größter Bedeutung. Es bedingt die Zusammensetzung der wettermäßig wirksamen Luftmassen, hat Einfluß auf die energetischen Verhältnisse der Atmosphäre und bestimmt die Aufrechterhaltung des Wasserkreislaufs wesentlich mit.

Der Gehalt an Wasser in der Atmosphäre wird als *relative Luftfeuchtigkeit* gemessen. Während Teile der verdunsteten Wassermassen ständig in der Atmosphäre als Wasserdampf verbleiben, kondensieren andere wiederum durch die Abkühlung aufsteigender Luftmassen und zeigen sich dann in Form von Wolken, Nebel oder Tau. Kühlt das Wasser noch mehr ab, so bilden sich in den Wolken Schnee oder Hagelkörner. Werden die Wolken zu schwer, so kommt es zu *Niederschlägen,* die in Form von Regen, Schnee oder Hagel wieder zur Erde zurückkehren. Fallen die Niederschläge direkt ins Meer oder in abflußlose Seen, so ist hiermit der Wasserkreislauf geschlossen. Erreichen sie den Boden, dann sammeln sie sich durch oberflächlichen Abfluß teilweise in den Bächen, Flüssen oder Strömen, um auf diese Weise in die Ozeane zurückzukehren. Weitere Niederschläge versickern in der Erde und erreichen das Grundwasser oder werden, sofern sie in der obersten Bodenschicht als Haftwasser zurückgehalten werden, von dort direkt verdunstet. Das *Haftwasser* steht außerdem den Pflanzen zur Verfügung, die es mit der Wurzel aufnehmen und durch Atmung und Transpiration wieder als Wasserdampf in die Atmosphäre abgeben.

Dieser Kreislauf kann wie auch alle anderen auf der Erde nicht ohne treibende Kraft ablaufen. Sämtliche Abläufe werden durch die ständig eingestrahlte *Sonnenenergie* aufrechterhalten. Von der gesamten von der Erde aufgenommenen Energie muß ca. ein Viertel für die Aufrechterhaltung des Wasserkreislaufs aufgewendet werden. *Lufttemperatur, Luftfeuchtigkeit* und *Luftbewegung* (Winde) bestimmen die Höhe der Verdunstung.

Obwohl die Gesamtmenge des atmosphärischen Wassers im Vergleich mit der gesamten Hydrosphäre sehr gering ist, findet doch durch die atmosphärische Zirkulation ein riesiger Wassermengentransport innerhalb eines Jahres statt. Um einen Jahresniederschlag auf der Erde von schätzungsweise 470000 km^3 Wasser zu erhalten, muß sich das atmosphärische Wasser (ca. 12300 km^3) ungefähr 35- bis 40mal im Jahr umsetzen.

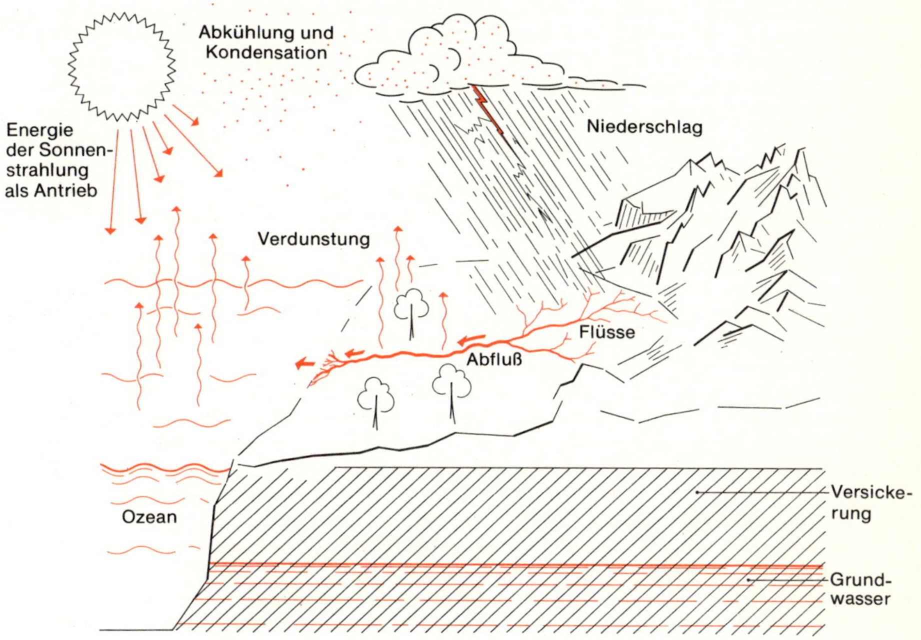

Abb. Schema des Wasserkreislaufs in der Natur

Das Meer – der Meeresboden

Die *Ozeane* überdecken nahezu 71 % der Erdoberfläche; das sind etwa 361 Mill. km^2. Die Speicher dieser ungeheuren Wassermenge sind über die Erde nicht gleich verteilt, sondern wechseln in Ausdehnung und Tiefe stark ab. Die drei flächenmäßig größten Ozeane trennen die Hauptlandmassen des amerikanischen, eurasischen, afrikanischen und australischen Kontinents voneinander. Der *Stille Ozean (Pazifische Ozean)* mit 180 Mill. km^2 Oberfläche nimmt nahezu die Hälfte der gesamten Meeresfläche ein. Ihm folgen der Größenordnung nach der *Atlantische Ozean* mit 82 Mill. km^2 und der *Indische Ozean* mit 75 Mill. km^2. Die übrigen Meeresgebiete (Mittelmeer, Schwarzes Meer, Nord- und Ostsee usw.) bedecken zusammen nur eine Fläche von rund 22 Mill. km^2.

Auch hinsichtlich der *Meerestiefen* treten Unterschiede auf. Die größten bekannten Meerestiefen finden wir im Stillen Ozean mit teilweise über 10 000 m, während die durchschnittliche Meerestiefe nur etwa 3 700 m beträgt.

In Küstennähe ist der *Meeresboden* im allgemeinen recht flach und fällt nur langsam bis zu einer durchschnittlichen Tiefe von 200 m ab. Der flache Meeressaum umgibt fast alle Küsten der Kontinente wie ein Gürtel und zeichnet die Umrisse der Kontinente nach. Dieser Gürtel flachliegender Meeresböden wird als *Kontinentalschelf* bezeichnet. Der Sedimentanfall, der alljährlich von den Flüssen ins Meer geschwemmt wird, lagert sich überwiegend in diesem Bereich ab. Der Kontinentalschelf wird vom *Kontinentalrand* begrenzt, an den sich der *Kontinentalhang* anschließt. Hier sinkt der Meeresboden schnell bis in größere Tiefen ab. Häufig treten dabei Gefälle von 1 : 15 und Neigungswinkel von mehr als 45° auf. Mitunter gibt es in diesem Bereich sogar senkrechte Wände. In ca. 3 000–6 000 m Tiefe geht der Kontinentalhang allmählich in den *Tiefseeboden* über. Der Abfall bis zum Tiefseeboden erfolgt im Kontinentalhang jedoch selten gleichförmig, sondern wird oft von Zwischensenken, Schluchten u. ä. durchbrochen. Der eigentliche Tiefseeboden ist über weite Flächen einförmig und eben. In einigen Gebieten wird der Meeresboden allerdings von noch tieferen Rinnen, den *Tiefseegräben,* durchschnitten. Dort kann er bis auf 7 000 m und tiefer abfallen. Die meisten dieser Tiefseegräben sind am Rande des Pazifiks entlang des asiatischen Kontinents zu finden.

In anderen Meeresgebieten wiederum hebt sich der Meeresboden zu großen *Plateaus* an, die weite Teile der Ozeane durchziehen. Man kann diese Plateaus oder untermeerischen Rücken mit den Gebirgen auf den Kontinenten vergleichen; sie sind jedoch viel schärfer ausgeprägt. Die größte bekannte Meeresschwelle ist der mittelatlantische Rücken, der sich S-förmig von Norden nach Süden mitten durch den Atlantischen Ozean erstreckt und in etwa die Umrisse des amerikanischen Kontinents nachzeichnet. Solche untermeerischen Rücken und Plateaus erlangen für die Meeresströmung und den Wasseraustausch zwischen den einzelnen Meeresteilen eine wichtige Bedeutung.

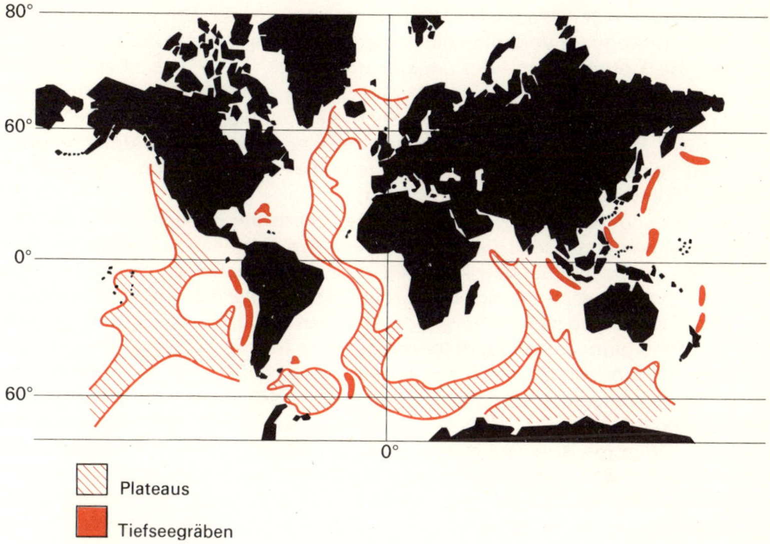

Abb. 1 Die wichtigsten Ozeane, Tiefseegräben und Meeresplateaus

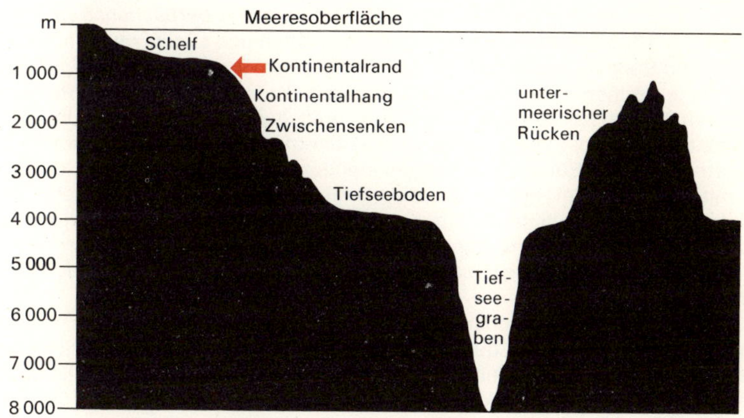

Abb. 2 Profil des Meeresbodens

Das Meer – Meeresströmungen

Die Wassermassen der Ozeane sind keine ruhenden Körper, sondern befinden sich in ständiger Bewegung. Verlaufen die Bewegungen des Wassers in eine bevorzugte Richtung, so spricht man von *Meeresströmungen.* Die Ursachen für diese Strömungen sind sehr unterschiedlich. Die wichtigsten Faktoren, die Meeresströmungen bewirken können, sind Winde, Dichteunterschiede innerhalb der Wassermassen sowie Unterschiede im Wärmefluß zwischen Wasser und Atmosphäre. Die genannten Faktoren können sich, wenn sie gemeinsam auftreten, sowohl gegenseitig verstärken als auch hemmen.

Erdumdrehung, Form der Kontinente, untermeerische Höhenrücken und Gezeitenkräfte bestimmen zumeist die Richtung der einzelnen Meeresströmungen. Durch die Vielzahl der bestimmenden Faktoren wird die Berechnung der Richtung der resultierenden Meeresströmung außerordentlich kompliziert. Die Geschwindigkeiten in den Strömungen sind im Vergleich zu denen in Flüssen wesentlich geringer.

Hat der Wind einmal das Oberflächenwasser in Bewegung gesetzt, so folgt die Strömungsrichtung nicht einfach der Windrichtung. Auf Grund der Erdumdrehung und der dabei wirksamen Coriolis-Kraft (s. auch S. 46) werden die Strömungen in einem bestimmten Winkel zur Windrichtung abgelenkt. Auf der nördlichen Halbkugel erfolgt die *Ablenkung aller Strömungen* im Uhrzeigersinn nach rechts, auf der Südhalbkugel dagegen in umgekehrter Richtung nach links. Da zugleich auch die Hauptwindrichtungen dieselbe Ablenkung erfahren, tritt eine zusätzliche Verstärkung der Ablenkungskräfte ein. Die Ablenkung der strömenden Wassermassen ist dabei umso stärker, je tiefer sich die Wassersäule unter der Oberfläche befindet.

Grundsätzlich unterscheidet man zwei Typen von Meeresströmungen: Oberflächenströmung und Tiefenströmung. Die wichtigsten *Oberflächenströmungen* entstehen im Äquatorgürtel zwischen dem nördlichen und südlichen Wendekreis. Nordost- und Südostpassate sind der Motor dieser großen *Äquatorialströmungen.* Durch die einzelnen Kontinente werden diese Strömungen in ihrer Richtung verändert und nach Norden bzw. Süden abgelenkt. Auf diese Weise entsteht z. B. im Nordatlantik der an der Ostküste der USA entlangfließende Golfstrom, der für die Klimaverhältnisse in Europa von entscheidender Bedeutung ist. Da die Coriolis-Kraft mit zunehmender geographischer Breite immer stärker wird, kehrt sich allmählich die ursprüngliche Strömungsrichtung um. Somit entsteht ein riesiger Kreislauf von Oberflächenströmungen. In den Zentren dieser Kreisel befinden sich Zonen mit relativ geringer Oberflächenbewegung (z. B. die Sargassosee im nördlichen Atlantik).

Das Schema der Oberflächenströmungen ist in allen Ozeanen ungefähr dasselbe. Die Wassermassen, die vom Äquator aus nach Norden und Süden polwärts fließen, kühlen sich auf ihrem Weg mit zunehmender geographischer Breite allmählich immer stärker ab. Ihr spezifisches Gewicht nimmt dabei zu, und so sinken die bewegten Wassermassen in tiefere Zonen ab und kehren als kalte *Bodenströmungen* zum Äquator zurück. Überall dort, wo der Wind größere Wassermassen abtransportiert, müssen diese durch einen Zufluß ersetzt werden. Dies geschieht entweder durch nachfließendes Oberflächenwasser oder durch Zustrom aus tiefer gelegenen Wasserschichten. Polwärts fließende und sich dabei abkühlende Wassermassen leiten die *Tiefenströmungen* ein.

Bereiche, in denen Oberflächenströmungen zusammentreffen und Tiefenströmungen erzeugen, bezeichnet man als *Konvergenzen.* Unter dem Einfluß von Oberflächen-, Tiefen- und Bodenströmung kommt es im Laufe der Zeit zu einem ständigen Austausch von Wassermassen unter allen großen Ozeanen.

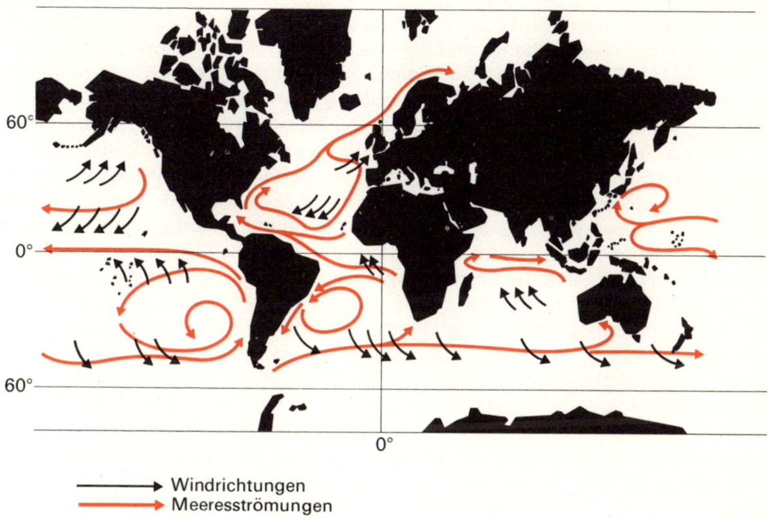

Abb. 1 Die wichtigsten Meeresströmungen und Windrichtungen

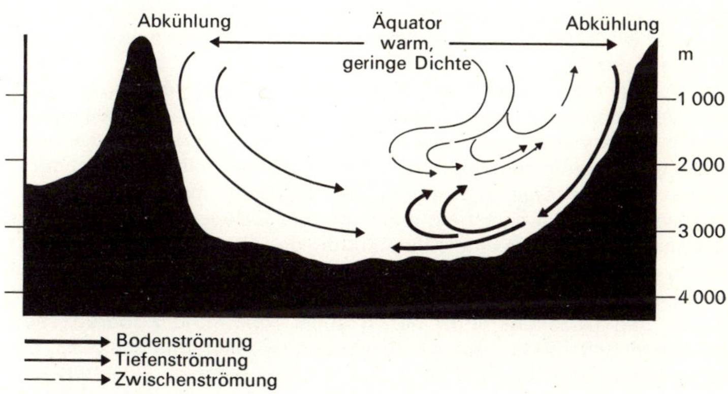

Abb. 2 Hauptströmungen unter der Oberfläche (Beispiel Atlantik)

Die Gezeiten

Für den periodischen Wechsel von *Ebbe* und *Flut* an den Meeresküsten sind neben der Erdrotation diejenigen Kräfte verantwortlich, die durch den Einfluß von Mond und Sonne auf die Wassermassen der Ozeane ausgeübt werden.

Der Ablauf der Gezeiten ist recht kompliziert und von Ort zu Ort verschieden. Bereits seit Isaac Newton kennt man die Anziehungskraft von Mond und Sonne als Ursache für die Entstehung der Gezeiten. Ihr Einfluß ist jedoch unterschiedlich stark, wobei dem Mond die größere Bedeutung zugemessen werden muß.

In bezug auf den *Einfluß des Mondes* sind zwei getrennte Kräfte zu unterscheiden: die *Anziehungskraft* des Mondes und die aus Mond- und Erdumlauf (um den gemeinsamen Schwerpunkt) resultierende *Zentrifugalkraft.* Während die Zentrifugalkraft an jedem Punkt der Erdoberfläche konstant bleibt, ändert sich die Anziehungskraft des Mondes umgekehrt proportional zum Quadrat seiner Entfernung von der Erde. Das bedeutet, daß die Anziehungskraft des Mondes auf der dem Mond abgewandten Seite der Erde geringer ist als auf der dem Mond zugewandten. Hieraus resultiert eine *horizontale Kraft,* die die Wassermassen der Erde an zwei bestimmten Punkten zusammenzuziehen versucht, von denen der eine dem Mond direkt gegenüber und der andere an der genau entgegengesetzten Seite der Erde liegt. So treten an diesen beiden Punkten (A, B) *Gezeitenberge* auf. Diese würden im Idealfalle als Folge der Erdrotation und des Mondumlaufs in einer Periode um die Erde wandern, die genau der Länge eines Mondtages (24 h 50 min) entspräche.

Auch die *Sonne* übt auf die Erde Gezeitenkräfte aus. Die Masse der Sonne ist zwar wesentlich größer als die des Mondes, sie ist jedoch von der Erde sehr viel weiter entfernt. Aus dieser Konstellation ergibt sich, daß die Gezeitenkräfte der Sonne 46 % derjenigen des Mondes betragen.

Der Wechsel der Gezeitenstärke im Laufe eines Monats erklärt sich aus dem Zusammenspiel der Kräfte von Sonne und Mond. So addieren sich die von Sonne und Mond ausgehenden Kräfte bei Voll- und Neumond maximal und rufen die Erscheinung der *Springfluten* hervor. Im ersten und letzten Viertel des Mondes stehen die Richtungen ihrer Kräfte senkrecht zueinander und führen damit zu einer Reduzierung der Gezeitenstärke, die sich in der Erscheinung der *Nipptiden* bemerkbar macht. Springfluten und Nipptiden treten innerhalb eines Mondmonates zweimal auf.

Die Lage der Kontinente hindert die Gezeiten an der Ausführung von idealperiodischen Veränderungen und bewirkt dadurch viele Unregelmäßigkeiten. Da die riesigen Wassermassen, wenn sie einmal in Schwung geraten sind, eine eigenperiodische Schwingung ausführen, können sich die periodischen Veränderungen der Gezeiten und die Eigenschwingung des Wassers überlagern und so zu sehr komplizierten Gezeitenerscheinungen führen. Gelegentlich kommt es dabei zu Resonanzen, die eine maximale Verstärkung des *Tidenhubs* bewirken (bis zu 14 m), wie man sie z. B. an der Bretagneküste beobachten kann. In Gezeitenkraftwerken versucht man, diese Energie für den Menschen nutzbar zu machen (s. S. 508).

Neben den Gezeitenkräften haben auch *Wind-* und *Luftdruck* einen nicht unbeträchtlichen Einfluß auf die Größe des Gezeitenunterschiedes. So können entsprechend anhaltend wehende Winde einen eigenen Tidenhub von ca. 1 m erzeugen. Stürme führen bisweilen zu extremen Anomalien, die als *Sturmfluten* in Erscheinung treten.

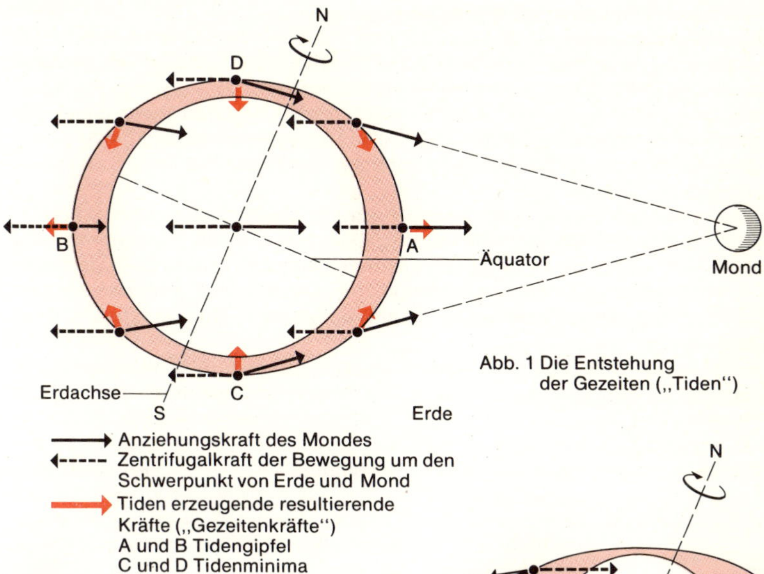

Abb. 1 Die Entstehung der Gezeiten („Tiden“)

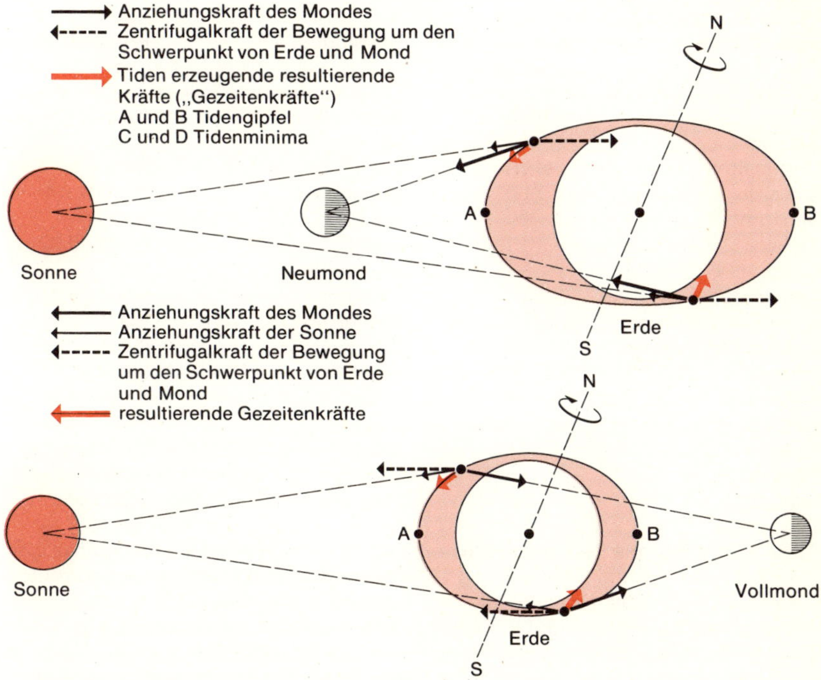

Abb. 2 Entstehung der Springtiden durch den Einfluß von Sonne und Mond

Die Zusammensetzung des Meerwassers

Meerwasser ist eine komplexe Lösung der verschiedensten Salze, Spurenelemente und Gase. Es herrscht ein bestimmtes Gleichgewicht zwischen Zufuhr an gelösten Stoffen durch Flüsse und durch Auswaschung aus der Atmosphäre durch Regen und Verlust durch Ausfällung und Nahrungsaufnahme. Der Hauptteil der *gelösten Stoffe* wird dem Meer durch die Verwitterung und Erosion der Gesteine der festen Erdkruste zugeführt. Viele dieser Stoffe werden bald ausgefällt und bilden am Meeresboden neue Gesteinsablagerungen, die in geologischen Zeiträumen aufgeschichtet werden und durch Druckbewegungen der Erdkruste wieder zu neuen Gebirgen werden können.

Zu Schwankungen in der Zusammensetzung des Meerwassers kann es kurzfristig durch biologische Prozesse (in Abhängigkeit z.B. von der Temperatur) und heute vor allem durch die Einbringung von Abfällen und Giftstoffen in das Meer kommen. Im allgemeinen beträgt die Menge an *anorganischem Material,* das sich im Seewasser in Lösung befindet, 35g pro kg Wasser. Dies entspricht einer 3,5%igen Lösung.

Im einzelnen enthält das Meerwasser folgende Elemente (Konzentration in Durchschnittswerten), und zwar in Form von Salzen und sonstigen chemischen Verbindungen:

Bestandteil	Konzentration (mg/kg)	Bestandteil	Konzentration (mg/kg)
Chlor	18990	Rubidium	0,12
Natrium	10600	Barium	0,05
Magnesium	1270	Jod	0,03
Schwefel	900	Phosphor	0,0001–0,1
Calcium	400	Arsen	0,02
Kalium	390	Eisen	0,002–0,02
Brom	65	Aluminium	0,01
Kohlenstoff		Mangan	0,001–0,01
(als Carbonat		Kupfer	0,001–0,01
und Kohlendioxid)	23–28	Zink	0,005–0,01
Strontium	8,1	Blei	0,004
Bor	4,6	Selen	0,004
Silicium	0,02–4,0	Cäsium	0,002
Fluor	1,5	Uran	0,0015
Stickstoff	0,02-0,8	Silber	0,0003
Lithium	0,17	Thorium	0,00005

Der überwiegende Teil dieser Elemente ist in Form von Salzen im Meerwasser gelöst (v.a. Natriumchlorid mit 27,2 g/l, Magnesiumchlorid mit 3,3 g/l, Magnesiumsulfat mit 2,3 g/l, Calciumsulfat mit 1,3 g/l und Kaliumchlorid mit 0,76 g/l). Ein geringer Teil an Elementen liegt in Form gelöster Gase vor. Die wichtigsten gelösten Gase sind Sauerstoff und Kohlendioxid. Der *Sauerstoffgehalt* des Meerwassers schwankt zwischen 0 und 8,5 mg/l. Die hohen Konzentrationen treten in der Nähe der Wasseroberfläche auf, wo der Sauerstoff im Gleichgewicht mit dem Sauerstoff der Atmosphäre steht. Eine zweite Quelle des im Meer gelösten Sauerstoffs stellt die Photosynthese des Phytoplanktons dar. In großen Tiefen kann es vorkommen, daß durch die intensive Tätigkeit von Bakterien und Tieren, die Sauerstoff verbrauchen, der Sauerstoffgehalt des Meerwassers auf Null absinkt. An vielen Stellen wird jedoch durch das absinkende Wasser der Konvektionsströme eine große Menge an gelöstem Sauerstoff des Oberflächenwassers in größere Meerestiefen transportiert.

Eine wesentliche Rolle spielt das Gas *Kohlendioxid,* das in beträchtlichen Mengen im Meerwasser gespeichert ist, und zwar wegen der *Alkalinität* des Meerwassers (Überwegen der Kationen gegenüber den Anionen) in viel stärkerem Maße, als es der Löslichkeit von Wasser oder gewöhnlichen wäßrigen Salzlösungen entspricht. Während die ganze irdische Lufthülle etwa 2300 Mrd. t Kohlendioxid enthält, findet sich in den Ozeanen etwa 50mal so viel ($1{,}3 \cdot 10^{14}$ t), teils gelöst, teils in Carbonatform (lösliche Hydrogencarbonate). Die im Meer lebenden Pflanzen (vor allem Plankton) können daher das zur Photosynthese (s. S. 200ff.) benötigte Kohlendioxid direkt aus dem sie umgebenden Wasser aufnehmen. Der zweite wichtige Effekt des Kohlendioxids im Meerwasser ist seine Wirkung als Puffer (gelöster Stoff, der den pH-Wert der Lösung über weite Bereiche annähernd konstant hält). Normalerweise liegt der *pH-Wert des Meerwassers* im alkalischen Bereich zwischen 7,5 und 8,4. Da das Kohlendioxid und seine Folgeprodukte in einem chemischen Gleichgewicht stehen, bleibt der pH-Wert des Meerwassers sowohl bei Zugabe von Säure als auch bei Zugabe von Basen annähernd konstant.

In weit geringerer Konzentration als Sauerstoff und Kohlendioxid sind die anderen Gase der Atmosphäre im Meerwasser gelöst. Die Konzentrationen liegen für Stickstoff zwischen 8,4 und 15 mg/l und betragen für Argon 0,6 mg/l, für Krypton 0,0003 mg/l, für Neon und Xenon jeweils 0,0001 mg/l sowie für Helium 0,000005 mg/l.

Ein besonderes Phänomen ist die *Anreicherung von Spurenelementen* des Meerwassers zu erheblichen Konzentrationen in Lebewesen. Ein Beispiel sind die Aszidien, kleine, meist festsitzende Tiere, die das Element Vanadium bis zur 50000fachen Normalkonzentration in Meerwasser anreichern. Man weiß heute, daß auch viele anderen Spurenelemente wie Jod, Arsen, Nickel, Zink, Titan, Chrom und Strontium sehr stark angereichert werden. Von einigen Fischen ist bekannt, daß sie Chrom, Nickel, Silber, Zinn und Zink anreichern. Ähnlich wie diese Anreicherung natürlicher Substanzen wird ein Teil der durch den Menschen erzeugten und als Abfallsubstanzen in die Meere gelangenden Substanzen angereichert. Da diese Anreicherung in Nahrungsketten längere Zeit braucht, werden die dadurch entstehenden Schäden oft erst zu spät registriert. Die Anreicherung von chlorierten Kohlenwasserstoffen z. B. (vor allem Pestizide wie DDT) erreicht erst mit einer zeitlichen Verzögerung von 11 Jahren nach ihrer Ausbringung die maximale Konzentration in Fischen (s. auch S. 546).

Für das Leben im Meer von wesentlicher Bedeutung ist außerdem der Gehalt an *Ammoniumverbindungen, Nitraten* und *Phosphaten.* Da diese von Pflanzen zum Aufbau ihres Körpers aufgenommen werden, schwankt ihr Gehalt im Meerwasser je nach der Stärke des pflanzlichen Wachstums erheblich. Man hat folgende Konzentrationen im Meerwasser festgestellt:

Bestandteil	Konzentration (mg/l)	Bestandteil	Konzentration (mg/l)
Ammoniak	0,4– 50	organisch gebundener Stickstoff	30 –200
Nitrate	1 –600	Phosphate	1 –100
Stickoxide (vor allem NO_2)	0 – 15	organisch gebundener Phosphor	1 – 30

Das Meer – physikalische Verhältnisse im Meer

Ebenso wie das Festland und die Binnengewässer (s. auch S. 78ff.) sind auch die Ozeane der Erde jahreszeitlichen *Temperaturschwankungen* unterworfen. Diese sind jedoch im Meer sehr viel geringer. Das hat seine Ursache in der ständig stattfindenden Wasserzirkulation innerhalb der Ozeane und in der extrem hohen spezifischen Wärme des Salzwassers und der damit verbundenen Fähigkeit, viel Wärmeenergie zu speichern. Außer in dem flachen Schelfgürtel am Rand der Kontinente sind die Temperaturen innerhalb des Meeres daher sehr gleichmäßig. In niedrigen geographischen Breiten beiderseits des Äquators mißt man im Oberflächenwasser die höchsten Temperaturen, die bis zu 30 °C betragen können, in flachen und abgeschlossenen Meeresteilen können diese in Küstennähe bisweilen auf 50 °C ansteigen. Abgesehen von den extremsten Lagen, liegen die Temperaturschwankungen zwischen den kältesten und wärmsten Meeresgebieten im Bereich von 30–35 °C. Im Gebiet der Polarkreise und im äquatorialen Bereich sind die Temperaturen über das ganze Jahr weitgehend ausgeglichen. Für das Tiefseewasser kann man in allen Ozeanen sogar eine konstante Wassertemperatur annehmen. Die tiefsten Temperaturen findet man im Eismeer, wo sie bis in den Gefrierpunkt des Meerwassers (−1,9 °C) heranreichen.

Während in den niederen Breiten das Meerwasser Wärme aus der Atmosphäre aufnimmt, gibt es in *hohen Breiten* umgekehrt Wärme an die Atmosphäre ab. Die dadurch entstehende Abkühlung der Wasseroberfläche führt zur Ausbildung von *Konvektionsströmungen,* die eine Durchmischung der Wassermassen und einen Temperaturausgleich zwischen Oberflächen- und Tiefenwasser bewirken. Diese Erscheinung beruht auf der Tatsache, daß Meerwasser (Salzgehalt 3,5%) sein Dichtemaximum bei −3,5 °C hat (gegenüber 4 °C bei reinem Wasser). In dieser Beziehung verhält sich Meerwasser also grundsätzlich anders als Süßwasser. Es gefriert bei Abkühlung, ehe es sein Dichtemaximum erreicht. Daraus folgt, daß sich nicht wie bei Süßwasser im Winter oder im arktischen Bereich eine stabile Temperaturschichtung ausbildet, sondern daß die Durchmischung im Meer nicht unterbrochen wird. Die im Meerwasser gespeicherte Wärme wird bei Abkühlung des Wassers in die Atmosphäre abgegeben, anders als im Süßwasser, wo unter einer dünnen Deckschicht das Wasser eine konstante Temperatur von 4 °C behält. Auf dieser Eigenschaft beruht die Bedeutung des Meeres für die Milderung der Klimate.

In *niederen Breiten* kann das warme Oberflächenwasser auf Grund seines geringeren spezifischen Gewichtes keine Konvektionsströmung einleiten. So kommt es zur Ausbildung von erheblichen Wärmegefällen zwischen Oberflächen- und Tiefenwasser und zur Entstehung von sog. *Sprungschichten,* die in Tiefen zwischen 100–500 m Wassertiefe zu finden sind. In *gemäßigten Breiten* findet ein jahreszeitlicher Wechsel zwischen der Ausbildung von Konvektionsströmungen und Sprungschichten statt. Während der Sommermonate, wenn sich das Oberflächenwasser durch die verstärkte Sonneneinstrahlung erwärmt, werden in 15–40 m Tiefe Sprungschichten ausgebildet. Im Laufe des Herbstes, wenn sich das Wasser allmählich abkühlt, verschwinden die Sprungschichten, und Konvektionsströmungen setzen ein.

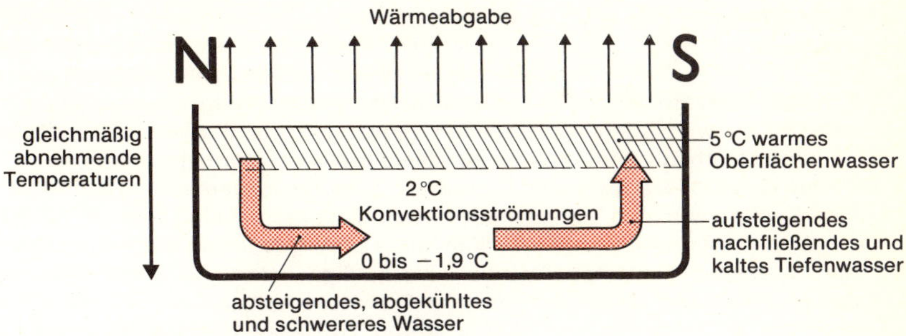

Abb. 1 Strömungen in den hohen Breiten

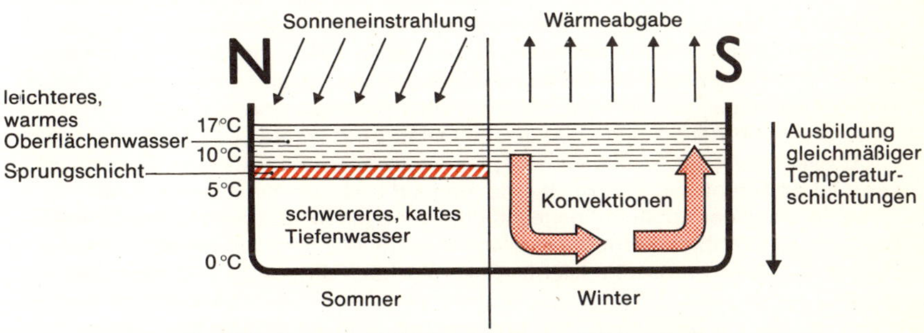

Abb. 2 Strömungsverhältnisse in den gemäßigten Breiten

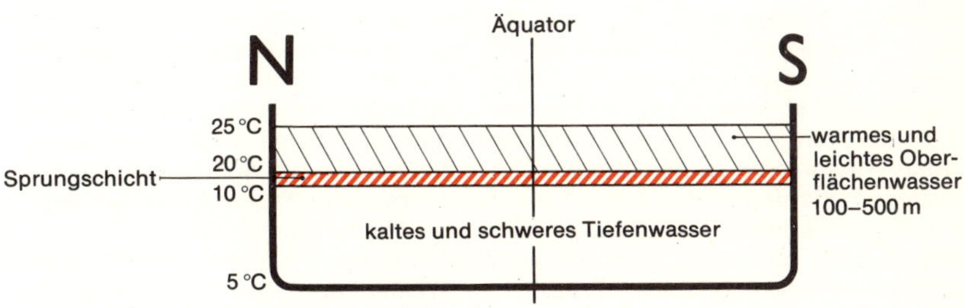

Abb. 3 Niedere Breiten

Abb. 1–3 Entstehung von Konvektionsströmungen
und Sprungschichten

Binnengewässer

Binnengewässer entstehen durch Niederschläge und sind somit Teil des Wasserkreislaufs der Hydrosphäre. Man unterscheidet unterirdische und oberirdische, fließende und stehende Gewässer. Im Gegensatz zu den Fließgewässern sammeln stehende Gewässer (Seen, Teiche usw.) große Mengen an Niederschlagswasser an; andererseits wird auch in stehenden Gewässern die Wassermenge, oft kaum merklich, durch Zu- und Abflüsse innerhalb größerer Zeiträume erneuert.

Seen sind große, ausdauernde Gewässer ohne direkte Verbindung zum Meer. Auf allen Kontinenten sind sie inselhaft verteilt. Erdgeschichtlich sind sie noch sehr jung und weisen eine verhältnismäßig kurze Lebensdauer auf. Nach den Ursachen ihrer Entstehung unterscheidet man vier häufige Typen: *Tektonische Seen* sind durch tektonische Einsenkungen und Einbrüche entstanden; sie haben ihren Ursprung im Tertiär vor über 20 Mill. Jahren. Zu diesem Seentyp gehören z. B. der Tanganjikasee und der Baikalsee. Typisch für tektonische Seen ist ihre große Tiefe und die auf Grund ihres Alters ungestörte Weiterentwicklung tertiärer Tiere in ihnen. – Die Entstehung von *Dammseen* ist häufig auf die Tätigkeit von Gletschern zurückzuführen; auch Bergrutsche können zur Dammseebildung führen. Zu den Dammseen zählen die nordamerikanischen Seen sowie die Seen Norddeutschlands. – *Ausräumungsseen* sind meist durch glaziale Erosion entstanden. Zu ihnen zählen die Karseen der Gebirge und die großen Talseen am nördlichen Alpenrand. – *Kraterseen* und *Maare* sind vulkanischen Ursprungs. Kraterseen füllen die Krater erloschener Vulkane. Maare sind Explosionstrichter unterirdischer Gasexplosionen. Sie weisen oft kreisrunde Oberflächen auf und sind meist ziemlich tief.

Die Kenntnis der Entstehungsgeschichte der Seen hat besondere Bedeutung für das Verständnis ihrer Form, ihres Wärmehaushaltes, ihrer Lebewesen und allgemein ihrer gesamten Stoffkreisläufe. Seen glazialen Ursprungs sind kaum älter als einige Zehntausend Jahre, meist jedoch viel jünger. Ihre Existenz ist zeitlich begrenzt, da sie allmählich mit organischen und anorganischen Sedimenten angefüllt werden. Die Schichtung dieser Sedimente läßt Rückschlüsse auf ihr Alter und auf biologische Vorgänge früherer Zeiträume zu.

Fließgewässer sind im allgemeinen bedeutend schwieriger zu charakterisieren als Seen. Es handelt sich um Gerinne, in denen der oberirdische Wassertransport abläuft. Flüsse können ihren Ursprung in Quellen, Grundwasseraustritten und Seen haben. Die Wasserbewegung folgt stets dem Gefälle des zugrundeliegenden Geländes und ist, abgesehen von ganz eng begrenzten Bereichen, am Grunde der Flüsse turbulent. Die *Fließgeschwindigkeit* ist abhängig vom Gefälle, vom mitgeführten Wasservolumen und von der Querschnittsbreite der Abflußrinne. Da sich alle diese Faktoren von der Quelle bis zur Mündung eines Flusses ständig ändern, ist auch der Charakter eines Flusses ständigem Wandel unterworfen.

Am *Oberlauf* der Flüsse wird ständig Gestein erodiert, was zur Vertiefung des Wasserlaufs rückschreitender Erosion von Taltiefungen und zum Abtrag von Feststoffen führt. Im *Mittel-* und *Unterlauf* folgt eine Ablagerungszone, in der die erodierten Feststoffe allmählich sedimentieren und so im Laufe der Zeit das Flußbett auffüllen. Dabei lagern sich die groben *Gerölle,* die schiebend und rollend fortbewegt werden, zuerst ab, da die Schleppkraft des Wassers mit zunehmendem Volumen und zunehmender Glättung des Wassers abnimmt. Die feineren und feinsten Feststoffe schweben im Wasser und werden dadurch am weitesten verfrachtet. Die meisten gelangen erst in der Flußmündung und im Meer zur Sedimentation. Durch starke Sedimentation kommt es auch zu Talaufschüttungen und damit zu Verlagerungen des Gewässerverlaufs.

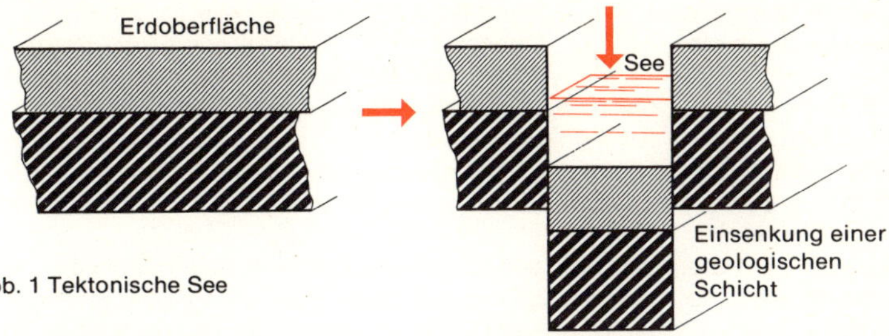

Abb. 1 Tektonische See

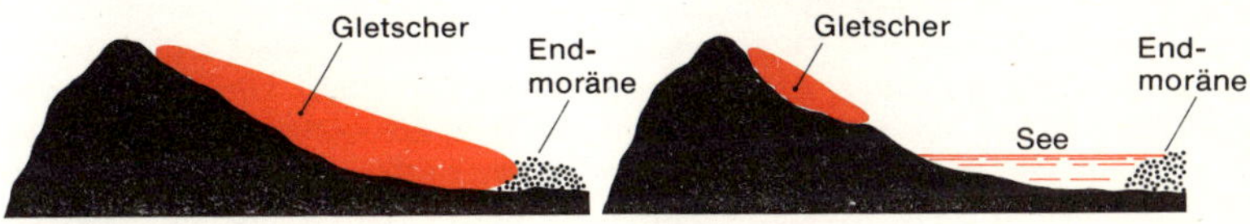

Abb. 2 Dammseen

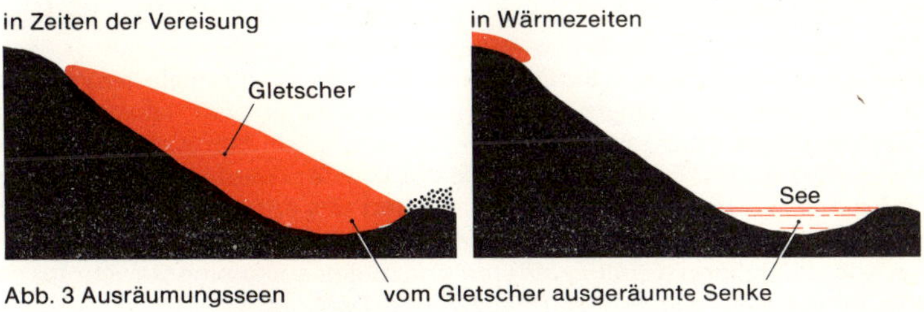

Abb. 3 Ausräumungsseen

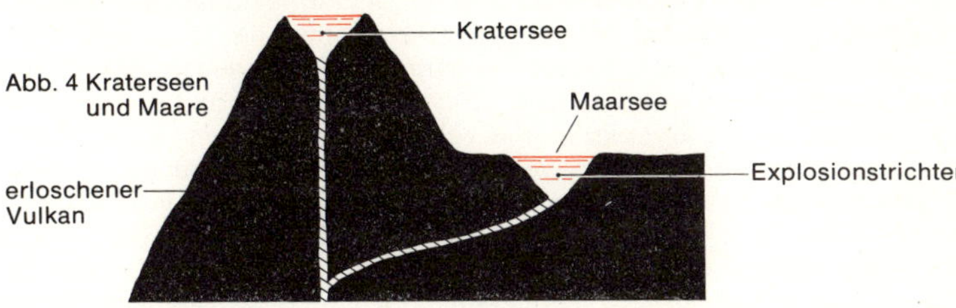

Abb. 4 Kraterseen und Maare

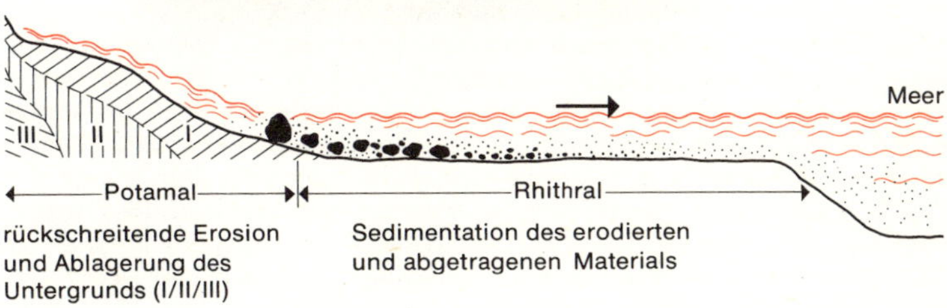

Abb. 5 Gliederung eines Fließgewässers

Physikalische Verhältnisse in Seen

Für die physikalischen Verhältnisse in Seen sind die diesbezüglichen Eigenschaften des Wassers verantwortlich, insbesondere die Änderungen seiner Dichte bzw. seines spezifischen Gewichts. Die Dichte des Wassers ist von der Temperatur und dem Druck sowie von der Konzentration darin gelöster Stoffe abhängig. Mit zunehmendem Gehalt an gelösten Stoffen, der in Binnengewässern (außer Salzseen) normalerweise unter 1 g je l Wasser liegt, nimmt die Dichte zu. Geringe Differenzen im Salzgehalt führen in stehenden Gewässern bereits zur Ausbildung stabiler Schichten.

Bedeutsam sind die durch Temperaturveränderungen hervorgerufenen *Dichteunterschiede,* die eine Änderung des spezifischen Volumens des Wassers bewirken. Unter normalen Bedingungen hat Wasser seine maximale Dichte bei 3,94°C, also über dem Gefrierpunkt, so daß oberhalb und unterhalb dieser Temperatur die Dichte des Wassers abnimmt *(Dichteanomalie des Wassers).* Zwischen 24 und 25°C ist die Dichtedifferenz 30mal größer als zwischen 4 und 5°C. Diese Eigenschaft erklärt sich aus dem *unsymmetrischen Bau des Wassermoleküls,* in dem die zwei positiv geladenen Wasserstoffatome nicht einen gestreckten Winkel mit dem doppelt geladenen Sauerstoffatom bilden, sondern einen Winkel von 109° einschließen. Das Wassermolekül ist demzufolge ein sehr starker elektrischer Dipol. Die großen Dipolkräfte des Wassermoleküls führen zur Bildung von *Molekülschwärmen,* was wiederum zur Folge hat, daß ungewöhnlich hohe Wärmemengen notwendig sind, um die Molekularbewegung im Wasser zu steigern.

Für das Leben in einem See ist die Erscheinung der Dichteanomalie des Wassers, d.h. das Dichtemaximum oberhalb des Gefrierpunktes, von hervorragender Bedeutung. Die Tiefenschichten eines Sees können in kalten Jahreszeiten nie kälter als 4°C sein. Dies hat zur Folge, daß ein See nur von der Oberfläche her zufrieren kann. Eine einmal vorhandene Eisdecke verhindert das Zufrieren tieferer Schichten, da Wasser wie auch Eis eine sehr geringe Wärmeleitfähigkeit besitzt. Genügend tiefe Seen können daher nie völlig zufrieren und bieten somit eine Gewähr für das Überleben der in ihnen befindlichen Pflanzen und Tiere.

Der *Wärmehaushalt* eines Sees wird bedingt durch Wärmeaufnahme, -verteilung und -abgabe. Wärme wird vor allem durch Absorption der Sonnenstrahlung (insbesondere des langwelligen Anteils) aufgenommen. Die absorbierte Energie kann durch erneute Ausstrahlung sowie durch Verdunstung und Abfließen von Oberflächenwasser an die Umwelt wieder verlorengehen. Wärme kann auch in tiefere Wasserschichten transportiert werden. Dies geschieht wegen der geringen Wärmeleitfähigkeit des Wassers fast ausschließlich durch Bewegung erwärmten Wassers.

Der Motor für diese Bewegung ist der *Wind.* Er erzeugt eine oberflächliche Strömung, die an den Seeufern nach unten umbiegt, wobei die Tiefenausdehnung der Strömungsschicht von Windgeschwindigkeit und -richtung sowie von der Temperatur des Oberflächenwassers abhängt. Je höher die Temperatur, desto geringer ist die Mächtigkeit der Strömungsschicht. Es kommt daher zu jahreszeitlichen periodischen Änderungen in der Wärmeverteilung eines Sees. Im Sommer treten auf Grund der hohen Temperatur stabile thermische Schichten auf. Dasselbe gilt wegen der Dichteanomalie für den Winter. Im Frühjahr und Herbst wird durch Abkühlung bzw. Erwärmung des Wassers die gesamte Wassermasse eines Sees von einer Zirkulation erfaßt. Man spricht daher von Winter- und Sommerstagnation bzw. Frühjahrs- und Herbstzirkulation. – S. auch „Das Meer – physikalische Verhältnisse im Meer", S. 76.

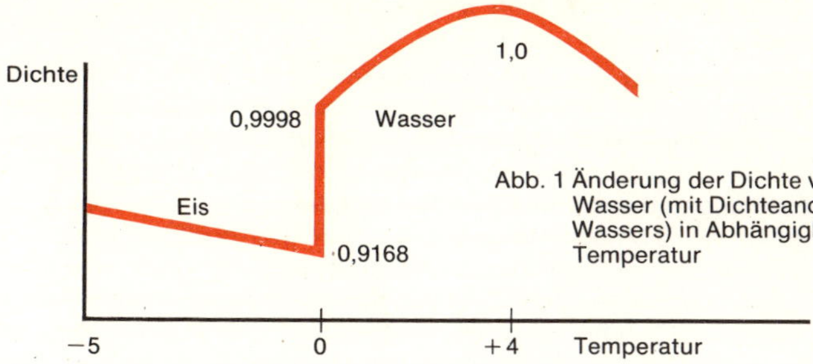

Abb. 1 Änderung der Dichte von Eis und Wasser (mit Dichteanomalie des Wassers) in Abhängigkeit von der Temperatur

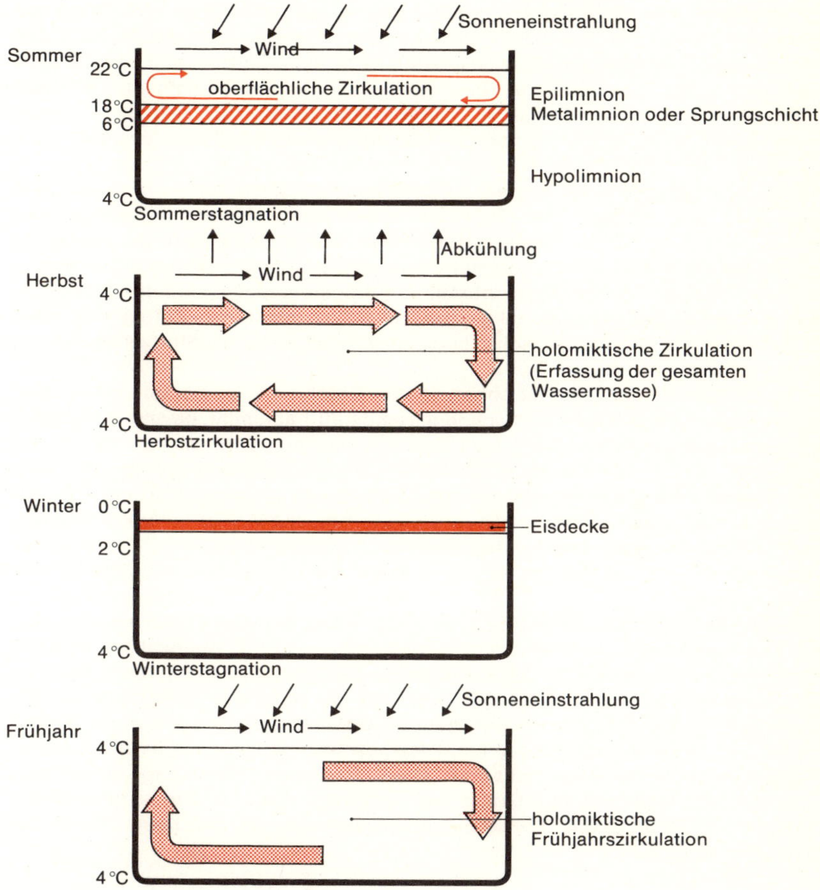

Abb. 2 Wärmehaushalt eines dimiktischen Seetyps (Nord-Eurasien und N-Amerika)

Temperaturverhältnisse und Gashaushalt in fließenden und stehenden Gewässern

Im Gegensatz zu den Seen, in denen abwechselnd Perioden der Stagnation und der Vollzirkulation vorkommen, ist das Flußwasser in ständiger Bewegung. Auch in den Flüssen ist der Wärmehaushalt ebenso wie in Seen von der Ein- und Ausstrahlung, der Verdunstung und dem Wärmeaustausch mit dem Untergrund und der Atmosphäre abhängig. Der *Wärmeaustausch mit der Luft* ist in Flüssen jedoch von größerer Bedeutung. Je nach Wasservolumen zeigen die Fließgewässer einen rhythmischen *Wechsel zwischen Temperaturmaximum und -minimum,* der an den Tagesrhythmus der Sonneneinstrahlung gebunden ist. Dieser Wechsel tritt vorwiegend im Sommer in Erscheinung. Die Ausprägung der Maxima wird von der Intensität der Sonnenstrahlung bestimmt. Tagsüber wird das Wasser durch die Strahlung erwärmt, nachts strahlt der Fluß Wärme aus und kühlt ab. Abkühlung und Erwärmung treten auf Grund der Fließbewegung räumlich unterschiedlich auf. Der Tagesgang der Temperatur einer beliebigen Stelle eines Flusses wird somit jeweils von einer weiter oben gelegenen beeinflußt. Vom Frühjahr an nehmen die Flüsse quellabwärts Wärme auf, so daß ihre Durchschnittstemperatur bis in den Sommer allmählich ansteigt. Dieser Temperaturanstieg wird von den Tagesschwankungen überlagert.

Von den *im Wasser gelösten Gasen* spielen lediglich Sauerstoff und Kohlendioxid eine Rolle. Andere Gase, z. B. Stickstoff und Schwefelwasserstoff, besitzen nur lokale Bedeutung im Stoffwechsel bestimmter Mikroorganismen. Die räumliche Verteilung der in Gewässern gelösten Gase erfolgt weitgehend durch thermische und windbedingte Wasserverfrachtung, in geringerem Maße auch durch Fließbewegung und Aufwirbelungen in Fließgewässern. Die molekulare Diffusion gelöster Stoffe verläuft in Gewässern viel zu langsam, als daß sie für die Stoffverteilung von Bedeutung sein könnte.

Die Löslichkeit der Gase ist abhängig von Druck und Temperatur. *Sauerstoff,* dessen Gehalt im Wasser mit steigender Temperatur abnimmt, gelangt teils durch Aufnahme aus der Atmosphäre, teils als Folge der Photosynthese (s. S. 200ff.) von Wasserpflanzen in die Gewässer. Durch Atmung der wasserbewohnenden Tiere, Abbaureaktionen organischer Stoffe und Verluste an die Atmosphäre (bei Erwärmung) wird er wieder weitgehend oder völlig verbraucht. In Seen mit Vollzirkulation ist der gesamte Wasserkörper mit annähernd gleichviel Sauerstoff versorgt. In Zeiten der Stagnation kann es jedoch zu starken vertikalen Konzentrationsunterschieden kommen.

Kohlendioxid besitzt die größte Löslichkeit, da es mit Wasser Kohlensäure und mit Kationen Carbonate bilden kann. Es gelangt teils aus der Atmosphäre, teils aus Niederschlägen und aus dem Grundwasser in die Gewässer. Bedeutende Mengen liefert die Stoffwechselaktivität der Tiere und der reduzierenden Bakterien. Die Verringerung des Kohlendioxidgehaltes des Wassers tritt vor allem durch Erwärmung und durch Photosynthese ein. Dies geschieht vorwiegend in der obersten Wasserschicht, in der Wasserpflanzen leben. Im unteren Bereich dagegen reichert sich das Kohlendioxid auf Grund der größeren Aktivität der reduzierenden Bakterien an. Die größte Kohlendioxidkonzentration ist meist am Grund der Gewässer zu finden.

Abb. 1 Räumlich und zeitlich verschobene Temperaturänderungen eines Flusses (bezogen auf ein bestimmtes Volumen *V*) im Sommer

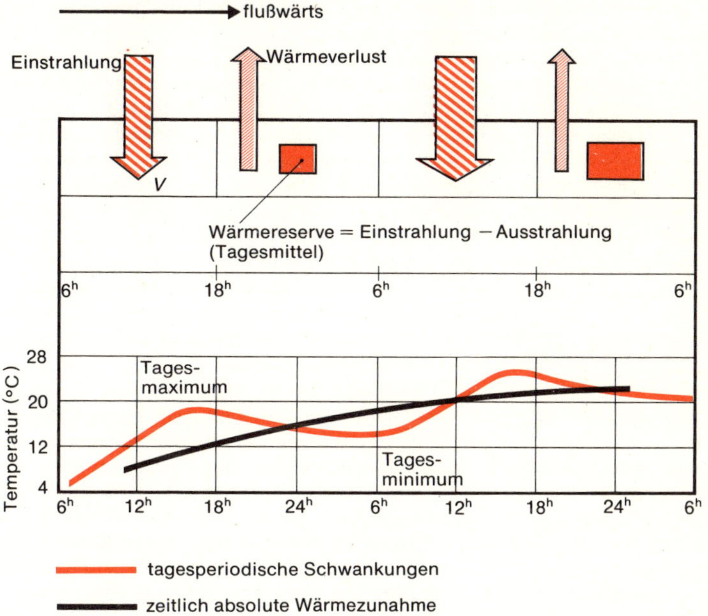

Abb. 2 Tagesgang des Gehalts an Sauerstoff (O_2) in einem Flußabschnitt

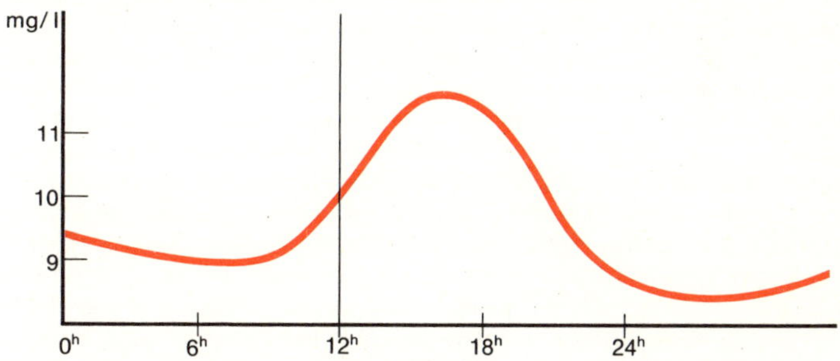

Das Kohlendioxid-Calciumcarbonat-System. Die Verschiebung des chemischen Gleichgewichts der Auflösung bzw. Ausfällung von Calciumcarbonat (Kalk), $CaCO_3$, in kohlendioxidhaltigem Wasser und Bildung von Calciumhydrogencarbonat, $Ca(HCO_3)_2$, bei Überschuß bzw. Defizit an gelöstem Kohlendioxid, CO_2:

$$CaCO_3 + \boxed{CO_2} + H_2O \underset{\text{bei } CO_2\text{-Defizit}}{\overset{\text{bei } CO_2\text{-Überschuß}}{\rightleftharpoons}} Ca(HCO_3)_2$$

Chemische Verhältnisse in Binnengewässern

Im Gegensatz zu den Meeren (s. S. 74f.) enthalten Süßgewässer überwiegend Carbonate, unter denen Calciumcarbonat eine hervorragende Stellung einnimmt. Auch Sulfate und Silicate sind in Binnengewässern in bedeutendem Umfang zu finden. Daneben treten noch Eisen-, Mangan- und Stickstoffverbindungen sowie in geringer Konzentration Spurenelemente auf.

Anders als bei den Gasen nimmt die *Löslichkeit* fester Stoffe bei steigender Temperatur zu; vom Druck ist sie weitgehend unabhängig. Die meisten der im Wasser enthaltenen Stoffe sind molekular gelöst oder liegen als Ionen vor. Daneben gibt es aber auch einige wichtige anorganische und organische Substanzen, die sich nur kolloidal, d.h. in äußerst feiner Suspension im Wasser befinden. Dazu gehören z.B. Huminsäuren, Kieselsäure und Hydratkomplexe von Eisen(III)-oxid.

Am leichtesten lösen sich die Chloride und Nitrate der verschiedenen Metalle. Carbonate der Erdalkalimetalle Magnesium und Calcium sowie Hydratkomplexe einiger Schwermetalle sind nur in geringem Umfang löslich. Verbindungen des Stickstoffs liegen als Nitrate, Nitrite und Ammoniumverbindungen sowie in organischer Form als Zwischenstufen des Eiweißabbaus und in freien Verbindungen (Aminosäuren) gelöst vor. Nitrate und Ammoniumverbindungen sind dabei die wichtigsten Stickstofflieferanten für die grüne Pflanze.

Auf Grund seiner geringen Löslichkeit findet man *Eisen* in Gewässern in verhältnismäßig geringen Mengen. Verbindungen des dreiwertigen Eisens sind nahezu ganz unlöslich. Meist liegt zweiwertiges Eisen, vor allem in Form von Eisenhydrogencarbonat, $Fe(HCO_3)_2$, in Lösung vor. Die Anwesenheit von Huminsäuren verhindert die Ausfällung von Eisen aus der wäßrigen Lösung, da es mit diesen Komplexbindungen eingeht. Notwendige Voraussetzungen für die Lösung von Eisen sind: eine Sauerstoffsättigung von weniger als 50%, die Anwesenheit von reichlich freiem, gelöstem Kohlendioxid und von zersetzbaren organischen Stoffen sowie ein pH-Wert unter 7,5. Diese Bedingungen sind bei stagnierendem Wasser erfüllt. Während der Vollzirkulation fällt Eisen durch den zugeführten Sauerstoff als Eisen(III)-hydroxid, $Fe(OH)_3$, aus.

Phosphor erscheint in Form organischer Phosphorverbindungen gewöhnlich nur in Spuren. Durch Erosion phosphorhaltiger Gesteine (Apatit) und Böden kann den Seen und Flüssen Phosphor zugeführt werden. Gelöste *Phosphate* gelangen aus natürlichen, unbehandelten Böden nicht in Gewässer, da sie in diesen fest gebunden sind. Drei Phosphatfraktionen liegen in Binnengewässern in der Regel nebeneinander vor: gelöste anorganische und organische Phosphate und (in Organismen und Stoffwechselprodukten) gebundene organische Phosphate. Die Phosphatfraktion eines Binnengewässers ist einem vielfältigen biologischen Stoffwechsel unterworfen. Phosphate aus organischen Resten werden gewöhnlich als *Eisen(III)-phosphat,* $FePO_4$, in Sedimenten ausgefällt, da dieses bei Anwesenheit von Sauerstoff unlöslich ist. Bei völligem Sauerstoffmangel wird das dreiwertige Eisen wieder zu zweiwertigem reduziert, und Eisenphosphat geht in Lösung. In vollzirkulierenden Seen verteilt sich daher das Phosphat nicht gleichmäßig, sondern wird in beträchtlichen Mengen im Sediment zurückgehalten und somit dem Stoffkreislauf weitgehend entzogen. Nur wenn im Sediment noch Sulfide vorhanden sind, kann Eisenphosphat auch unter Sauerstoffeinfluß in Lösung gehen, da das Eisenphosphat durch Sulfide reduziert wird.

Schwefel tritt in Binnengewässern überwiegend in Form *anorganischer Sulfate* in Erscheinung. Es kann so von den grünen Pflanzen direkt aufgenommen werden. Durch molekularen Sauerstoff wird *Schwefelwasserstoff,* der bei der Eiweißzersetzung anfällt, zu Schwefel oxidiert. Ein weiterer chemischer Vorgang, an dem auch Bakterien beteiligt sind, ist die Bildung von *Sulfiden,* vorwiegend von *Eisensulfid,* im Sediment.

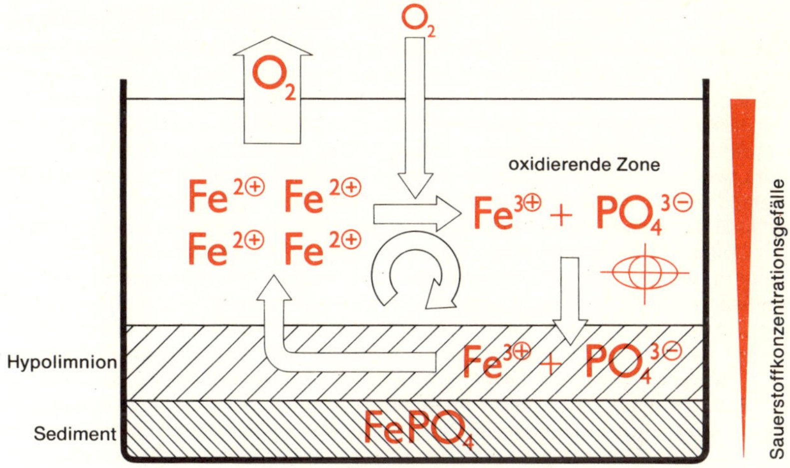

bei Stagnation: hauptsächlich Reduzierungsvorgänge; Lösung des Eisenphosphats aus dem Sediment

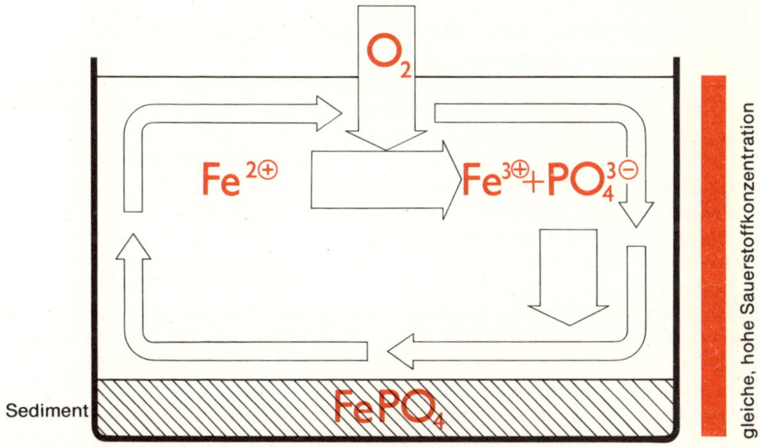

bei Vollzirkulation: hauptsächlich Oxidationsreaktionen, Ausfällung des Eisens und Phosphats im Sediment

Abb. Eisenphosphatumsatz in einem See mit Wechsel von Stagnations- und Zirkulationsperioden

Grundwasser

Ein großer Teil der Niederschläge versickert im Boden und bereichert die unterirdischen Wasservorräte. Genauer besehen, können zwei Formen des unterirdischen Wassers unterschieden werden: das Sickerwasser und das eigentliche Grundwasser. Bei schwachen Regenfällen dringen die Niederschläge als *Sickerwasser* nur in die oberen Bodenschichten ein und bleiben in diesen obersten *Bodenhorizonten* hängen. Dies tritt besonders dann auf, wenn der Boden aus Torf oder stark tonigem Material entstanden ist. Die oberste Zone bezeichnet man als *Haftwasserzone.* Sind die Niederschläge stärker oder ist der Untergrund sehr sandig bzw. kiesig, so tritt das Sickerwasser durch die oberen Horizonte hindurch und mit dem Grundwasser in Verbindung. In den tiefer liegenden Bodenhorizonten staut sich die zugeführte Sickerwassermenge meist über einer wasserundurchlässigen Bodenschicht und bildet so das *Grundwasser.* Die wasserführenden Bodenschichten werden als *Grundwasserhorizont* bezeichnet. Besonders reich an Grundwasser sind die meist aus dem Pleistozän stammenden Bodenhorizonte aus Sand und Kies, da zwischen den einzelnen Bodenteilchen viele kleine Zwischenräume entstehen, die mit Wasser gefüllt werden können. Verbindungslinien gleich großer Grundwasserstände bezeichnet man als *Grundwassergleichen.* An ihnen zeigt sich, daß das Grundwasser im steten Austausch mit den Flüssen steht. Im allgemeinen liegt der Grundwasserhorizont höher als der benachbarte Flußhorizont. Der Grundwasserhorizont bewegt sich mit dem Flußhorizont, allerdings bedeutend langsamer, flußabwärts und stellt ein Reservoir für die Flüsse dar, die bei niedrigem Flußwasserstand aus dem Grundwasser aufgefüllt werden und bei hohem Wasserstand oder bei Hochwasser überschüssiges Wasser an das Grundwasser abgeben.

In Trockengebieten steht das Grundwasser bedeutend tiefer als in feuchten Gebieten. Die Sickerwasserzone enthält nur Bodenfeuchte und gelegentlich auch Grundwasser, das entgegen der Schwerkraft in den Bodenkapillaren aufsteigt. Als Folge der Verdunstung des Kapillarwassers an der Oberfläche scheiden sich die im Wasser gelösten Minerale als Salz und Gips auf oder in dem obersten Horizont ab.

Im festen Gestein kann man zwischen Kluft- und Schichtwasser unterscheiden. Das *Kluftwasser* dringt als „Bergfeuchte" durch kleine Hohlräume ins feste Gestein ein und vermag die schmalen Sickerungen allmählich durch physikalische (z.B. Frostsprengung) und chemische Prozesse zu erweitern. Die chemischen Prozesse treten besonders stark bei Salz- und Gipsuntergrund sowie bei Kalkgesteinen durch den hohen CO_2-Gehalt des Sickerwassers (Haftbildung) in Erscheinung. *Schichtwasser* findet sich vor allem in Sedimentgesteinen wie Sandstein und Löß. Sind wasserundurchlässige Schichten über- oder unterlagert, so können sich große unterirdische Wasserleitungen bilden, die in Mulden als *artesische Brunnen* durch eigene Kraft an die Oberfläche treten.

Grundwasser ist im allgemeinen sehr reich an gelösten Stoffen. Ihr Anteil hängt von der Dauer des unterirdischen Wasserflusses, der Temperatur, der Löslichkeit und der Zusammensetzung der Gesteine ab. Durch den im Grundwasser gewöhnlich niedrigen Sauerstoffgehalt finden in diesen Horizonten nur in geringem Umfang Oxidationsprozesse statt, wodurch die Löslichkeit vieler Verbindungen erhalten bleibt. Treten solche Wässer wieder an die Oberfläche und mit Sauerstoff in Verbindung, so fallen die gelösten Verbindungen als Oxide aus.

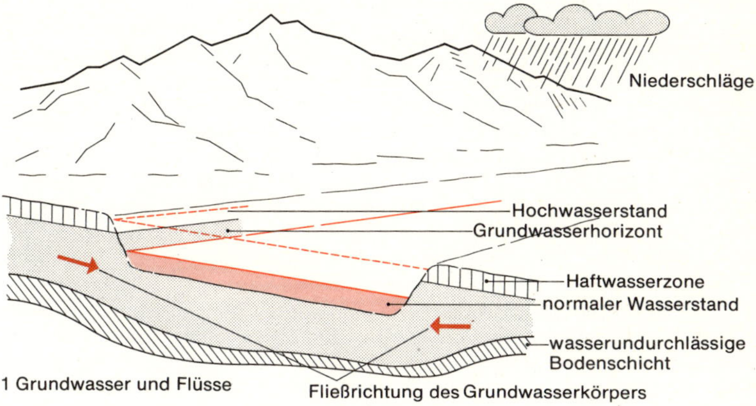

Abb. 1 Grundwasser und Flüsse

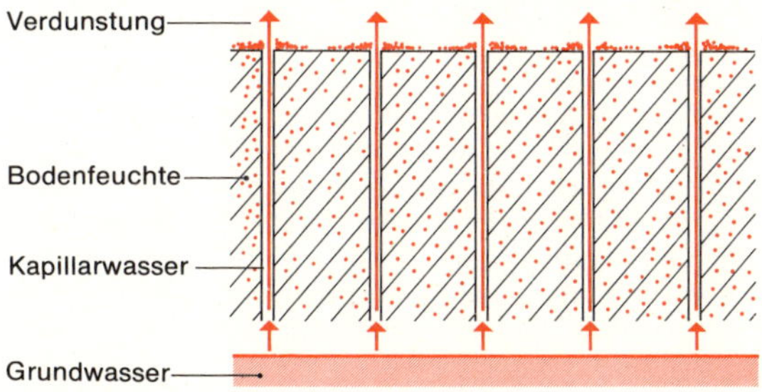

Abb. 2 Das Grundwasser in Trockengebieten

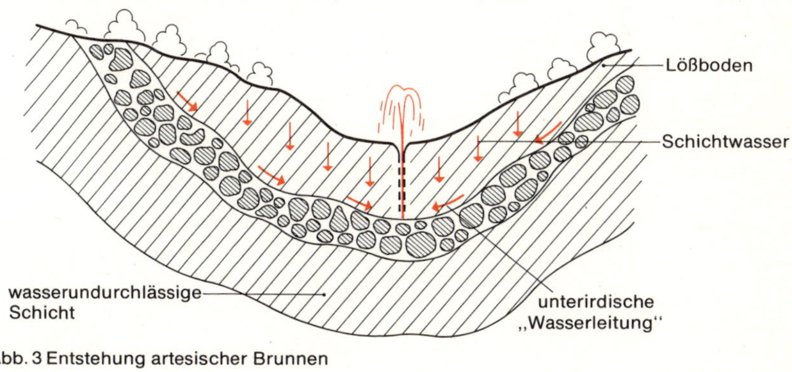

Abb. 3 Entstehung artesischer Brunnen

Die Pedosphäre

Die die Erdoberfläche bedeckenden Böden werden aus lockeren und festen Gesteinen und Humus gebildet. Temperaturschwankungen, Gefrieren und Auftauen von Wasser in Gesteinsspalten, Lösung und Kristallisation von Salzen zerkleinern das Gestein so, daß lockere *Verwitterungsprodukte* entstehen. Unter dem Einfluß der Atmosphärilien wie Sauerstoff, Kohlendioxid und Wasser unterliegen zahlreiche Minerale an der so geschaffenen großen Oberfläche der *chemischen Verwitterung,* wodurch weitere Zerfallsprodukte entstehen.

Diese so entstandene Verwitterungsschicht wird von niederen und höheren Organismen besiedelt, durch deren Ausscheidungen und Aufnahme mineralischer Nährstoffe die Verwitterung weiter verstärkt wird. Exkremente, abgestorbene Pflanzenteile und Tierleichen bilden die *tote organische Substanz,* die von Bodentieren bzw. Mikroorganismen zu *Kohlendioxid* zersetzt oder in *Humus* umgewandelt wird.

Die anstehenden geologischen Schichten werden demnach durch physikalische, chemische und biologische Verwitterung und Zermürbung, durch Zersetzung der organischen Substanz und Humusbildung sowie Verfrachtung von Bodenbestandteilen (durch Wasser oder Wind) zu Boden umgestaltet. Somit ist der *Boden* ein kompliziertes dynamisches System, in dem physikalische, chemische und biologische Vorgänge in vielfacher Weise miteinander verbunden sind und in Wechselwirkung zueinander stehen.

Dieser als *Pedosphäre* bezeichnete Bodenbereich der Erdoberfläche (bzw. der Biosphäre) ist somit kein abgegrenzter Raum, sondern geht allmählich in die übrigen Bereiche über bzw. wird von ihnen mehr oder weniger durchdrungen: In der Pedosphäre vereinigen sich die Luft der Atmosphäre, das Wasser der Hydrosphäre, die Minerale der Lithosphäre sowie durch die Besiedlung der Verwitterungsprodukte die Organismen der Biosphäre. Alle bodenbildenden Prozesse werden unmittelbar durch die genannten Sphären gesteuert und stellen damit nicht bodenfremde Systeme dar, sondern gehören der Pedosphäre unmittelbar an.

Böden sind im Gegensatz zu chemisch definierten Stoffen ein *Dreiphasensystem,* bestehend aus einer festen (Minerale), einer flüssigen (Wasser) und einer gasförmigen Phase (Bodenluft); sie sind in ständiger Umwandlung begriffen. Das Ausgangsgestein in seinen unterschiedlichen Korngrößen, neugebildete Tonminerale und Salze gehören zu den *anorganischen Anteilen* eines Bodens. Lebende Organismen wie Bakterien, Pilze, Würmer, Milben gehören ebenso wie Pflanzenwurzeln und tote organische Stoffe, die aus Pflanzenrückständen, abgestorbenen Mikroorganismen und Bodentieren bestehen, zu den *organischen Bodenbestandteilen.* Man unterscheidet *Mineralböden,* die aus Gesteinen hervorgegangen sind, und *organische Böden (Moorböden),* die ausschließlich aus abgestorbenen organischen Massen entstanden. Nach ihrer Entstehung spricht man weiter von *Unterwasserböden* und von *äolischen Böden;* bei letzteren ist das Material durch den Wind verfrachtet worden. Die Zahl der unterschiedlichen Böden ist unübersehbar; ihr Entwicklungsgang ist vom Klima und von anderen Außenfaktoren abhängig.

Der Boden ist Standort der Pflanze und bietet einer Vielzahl von Bodentieren Lebensraum (s. S. 134 ff.). Die *Pflanzen* entnehmen ihm Nährstoffe, Wasser und Sauerstoff (O_2). Der Boden nimmt von der Pflanzenwurzel Kohlendioxid (CO_2) auf und absorbiert schädliche Stoffe. In dem Begriff *Bodenfruchtbarkeit* werden diese Eigenschaften zusammengefaßt. Sie ist durch die Verschiedenheit der bodenbildenden Prozesse in den Böden unterschiedlich ausgeprägt und durch den Menschen beeinflußbar.

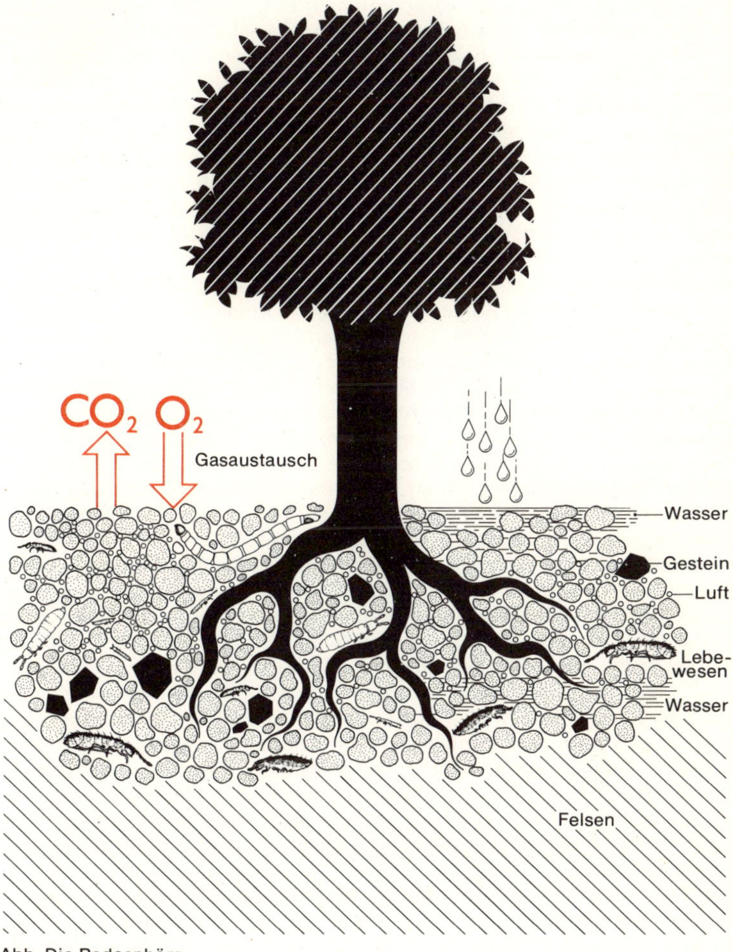

Abb. Die Pedosphäre

Die Bodenluft

Das *Bodenvolumen* wird von den drei Komponenten Mineralboden, Wasser und Bodenluft eingenommen. Während der Anteil des Mineralbodens am Gesamtvolumen weitgehend konstant ist, verändern sich Luft- und Wasseranteil umgekehrt proportional zueinander. Im trockenen Boden wird nahezu das gesamte Porenvolumen von Luft eingenommen, während der Luftanteil im nassen Boden je nach Bodenart zwischen 0 und 40 % schwankt.

Die *Bodenluft* setzt sich zwar weitgehend aus den gleichen Komponenten wie die atmosphärische zusammen. Das Verhältnis zwischen den Komponenten weicht jedoch oft beträchtlich von dem in der Atmosphäre ab. Dies gilt besonders für den Kohlendioxid- und Sauerstoffanteil. Während die Anteile von *Sauerstoff* und *Kohlendioxid* in der Atmosphäre nahezu konstant sind und nur durch die Photosynthese (s. S. 200) in den Pflanzenblättern eine Umwandlung von Kohlendioxid (CO_2) in Sauerstoff (O_2) stattfindet, schwanken die Anteile dieser Gase in der Bodenluft erheblich. Durch die Atmung der Bodentiere und Pflanzenwurzeln wird Sauerstoff verbraucht und Kohlendioxid erzeugt. Anteilmäßig bringt die Wurzelatmung ca.1/3 des Kohlendioxids, die Bakterientätigkeit ca. 2/3 im Boden hervor.

Durch die unterschiedliche Zusammensetzung der Boden- und atmosphärischen Luft entsteht zwischen beiden Bereichen ein *Gasaustausch* durch Diffusion. Der Partialdruck von Sauerstoff in der Atmosphäre ist immer höher als im Boden, der des CO_2 immer niedriger, wodurch bei Sauerstoff ein Diffusionsstrom zum Boden, bei CO_2 dagegen in Richtung Atmosphäre entsteht. Gefrieren, Vernässen oder Verdichten des Oberbodens führen durch die Behinderung des Gasaustausches zur *Kohlendioxidanreicherung.* Dabei kann der Kohlendioxidgehalt der Bodenluft auf Werte bis zu 5 % ansteigen (s. auch ,,Die Atmosphäre", S. 40).

Die *Feuchtigkeit der Bodenluft* ist meist höher als die der atmosphärischen. Die Feuchteschwankungen im Boden sind nicht so stark ausgeprägt; zwischen Ober- und Unterboden können als Folge der bisweilen möglichen stärkeren Austrocknung des Oberbodens Unterschiede bezüglich der Feuchte der Bodenluft entstehen. Unter 95 % relative Feuchte sinken die Werte im Unterboden jedoch kaum ab.

Die CO_2-Entwicklung in Böden und damit auch der Sauerstoffverbrauch werden von Temperatur und Feuchtigkeit stark beeinflußt, so daß tages- und jahreszeitliche Schwankungen zu verzeichnen sind. In der warmen Jahreszeit bestimmt vorwiegend die Feuchtigkeit die Kohlendioxidentwicklung, in der kalten die Temperatur. Bei Temperaturen unter 0 °C oder starker Trockenheit kommt die Kohlendioxidentwicklung weitgehend zum Erliegen. Starke Vernässung verdrängt den von den Pflanzenwurzeln und Mikroorganismen benötigten Sauerstoff und behindert so die CO_2-Entwicklung.

Zwischen Bodenluft und Atmosphäre ist hohe Austauschgeschwindigkeit der Gase, also eine *gute Durchlüftung* notwendig. Sie wird stark vom Anteil der Grobporen am Porenvolumen bestimmt, da diese infolge geringeren Reibungswiderstandes besser zur Durchlüftung des Bodens beitragen. *Schwere Böden (Tonböden)* mit überwiegend feinen Poren weisen daher schlechte Durchlüftung auf, *leichte Böden (Sandböden)* mit überwiegend groben Poren sind gut durchlüftet. Mit zunehmender Bodentiefe verlangsamt sich der Gasaustausch durch den Reibungswiderstand, so daß der CO_2-Gehalt der Bodenluft zunimmt.

Schlechte Durchlüftung wirkt sich auf Pflanze und Boden ungünstig aus. Tritt *Sauerstoffmangel* auf, so wird das Wurzelwachstum der Pflanzen gehemmt, die Nährstoff- und Wasseraufnahme damit reduziert, und das gesamte Wachstum ist geringer. Die überwiegend anaerob lebenden Mikroorganismen verdrängen die aerob lebenden. Es treten *Faulungsvorgänge* ein, die auch auf die Pflanzenwurzeln übergreifen. Produkte aus den Faulungsvorgängen wie Methan, organische Säuren und Schwefelwasserstoff stellen für die höheren Pflanzen Gifte dar.

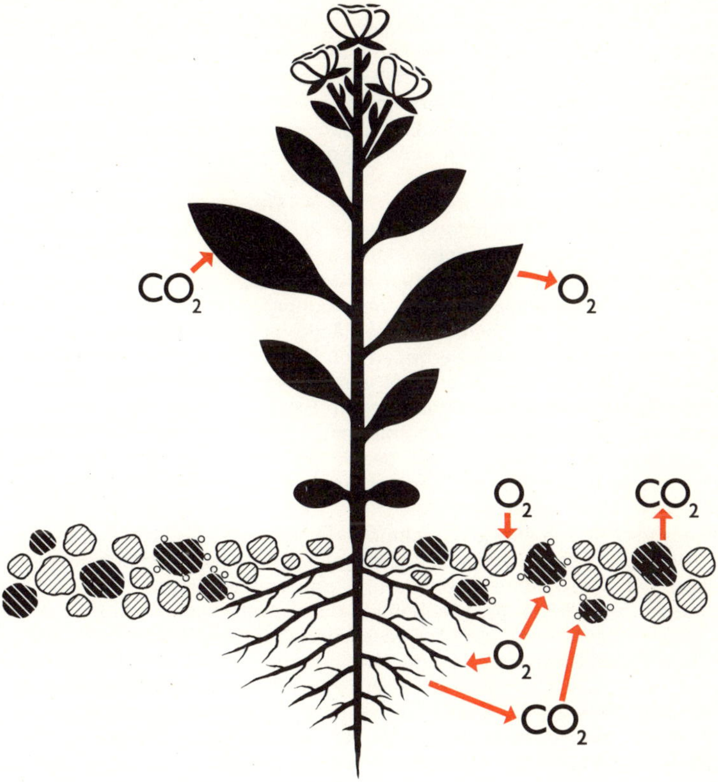

Abb. 1 Gasaustausch zwischen Atmosphäre und Boden

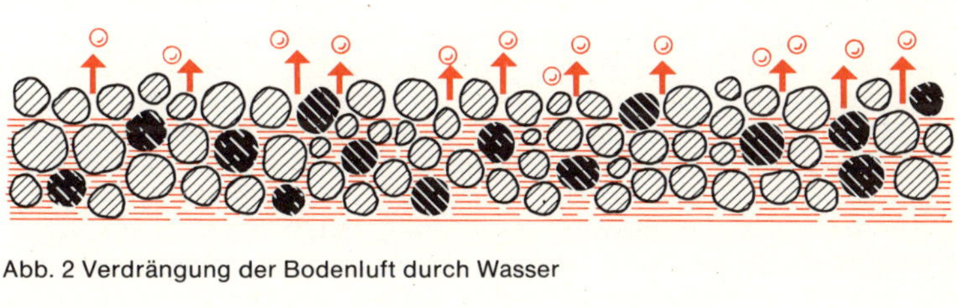

Abb. 2 Verdrängung der Bodenluft durch Wasser

Die Bedeutung des Bodenwassers

Die wichtigsten Quellen des Bodenwassers sind die Niederschläge und das Grundwasser. Das mit den *Niederschlägen* angelieferte Wasser dringt in den Boden ein oder fließt, wenn mehr Wasser angeliefert wird, als der Boden aufnehmen oder weiterleiten kann, als Oberflächenwasser ab. In Böden, die aus groben Teilchen aufgebaut sind und dadurch große Poren besitzen, dringt das Wasser schnell ein und versickert in der Tiefe. Dabei werden in der obersten Bodenschicht Salze gelöst und in tiefere verlagert. Besonders betroffen sind davon Sulfate, Chloride und Carbonate, von denen einige als Bodendüngemittel Bedeutung besitzen. Auch schwerlösliche Salze wie Calcium- und Magnesiumcarbonat können im Sickerwasser gelöst und verlagert werden. Je nach Niederschlagshöhe, Bodenmächtigkeit und Bodenart gelangen die gelösten Salze ins Grundwasser und verlassen den Bodenkörper oder bilden in tieferen Zonen sog. Anreicherungshorizonte. Verlagerungen von Ton- und Humusteilchen durch das Sickerwasser werden v. a. in sauren Böden beobachtet. Dadurch entstehen im Unterboden Ton- bzw. Humusanreicherungshorizonte sowie entsprechende Verarmungshorizonte im Oberboden.

Verdunstet Wasser an der Bodenoberfläche, so steigt Bodenwasser aus den feuchteren Schichten in den Oberboden auf. Dabei führt es leichtlösliche Salze an die Bodenoberfläche. Dort verdunstet das Wasser, und die Salze fallen infolge steigender Konzentration aus und bilden im Extremfall Salz- oder Kalkkrusten an der Bodenoberfläche. Diese Erscheinungen treten im gemäßigten Klimabereich allerdings sehr in den Hintergrund, da die Wasserbewegung in den Böden der ozeanisch beeinflußten Gebiete, bedingt durch die hohen Niederschläge, überwiegend von oben nach unten verläuft.

Schwer wasserdurchlässige Schichten wie Tone oder feste Gesteine hemmen die Abwärtsbewegung des Sickerwassers, so daß sich über solchen Schichten Wasser anreichert. Ist eine solche Anreicherung dauernd vorhanden, so wird sie als *Grundwasser* bezeichnet, bei vorübergehendem Auftreten spricht man von *Stauwasser.* Stehendes Grund- oder Stauwasser verdrängt die Bodenluft aus den Poren. Dadurch wird den Eisen- und Manganverbindungen in diesem Bereich Sauerstoff entzogen; sie werden chemisch reduziert und damit leicht wasserlöslich. Auf Grund ihrer Molekularbewegung verteilen sich gelöste Verbindungen im gesamten, vom Lösungsmittel eingenommenen Raum. Dieser Vorgang *(Diffusion)* führt zur Verlagerung der Eisen- und Manganverbindungen. Sinkt der Grundwasserspiegel oder trocknet das Stauwasser aus, reichert sich Sauerstoff wieder an, und Eisen oder Mangan fallen als Oxide bzw. Hydroxide aus.

Der *mikrobielle Ab-* oder *Umbau* der organischen Substanz aus Pflanzen- oder Tierresten im Boden geschieht vorwiegend durch Bakterien (s. S. 94 und 138), deren Aktivität entscheidend vom Wasserangebot bestimmt wird. Tritt stauende Nässe auf, so ist das Sauerstoffangebot gering, und die Anaerobier (Bakterien, die ohne Sauerstoff leben können) übernehmen den Abbau. Dieser ist, da Sauerstoff zur vollständigen Mineralisation der organischen Substanz fehlt, nicht vollständig, sondern führt nur zu Zwischenprodukten. Unter diesen Bedingungen häuft sich organische Substanz im Boden an. Wenn die organische Substanz aus schwer zersetzbaren Pflanzenteilen besteht, kommt es auf diese Weise zur Bildung von mächtigen Rohhumusauflagen oder Mooren (s. S. 234).

Trocknet der Boden aus, so verschiebt sich die Mikropopulation zugunsten der niederen Pilze, deren Abbauleistung nicht die bakterielle erreicht. Bei verstärktem Wassermangel gehen schließlich alle Mikroorganismen in ihre Dauerformen über oder sterben ab. Die Mineralisation der organischen Substanz kommt dann ebenfalls zum Erliegen. Optimale Zersetzungsbedingungen sind dann vorhanden, wenn das Wasser etwa die Hälfte der zur Verfügung stehenden Speicherkapazität im Boden einnimmt.

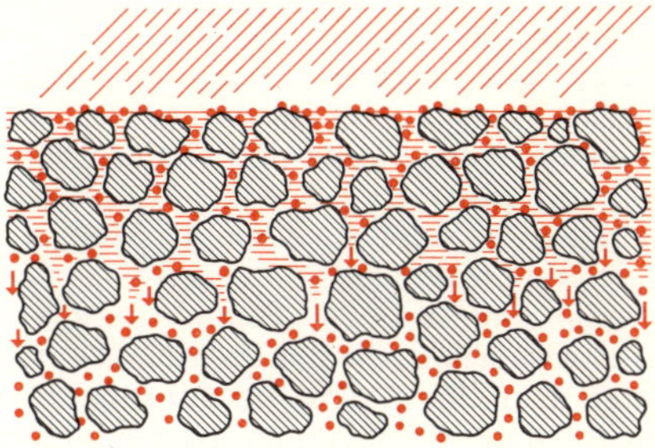

Abb. 1 Salzlösung durch das Sickerwasser

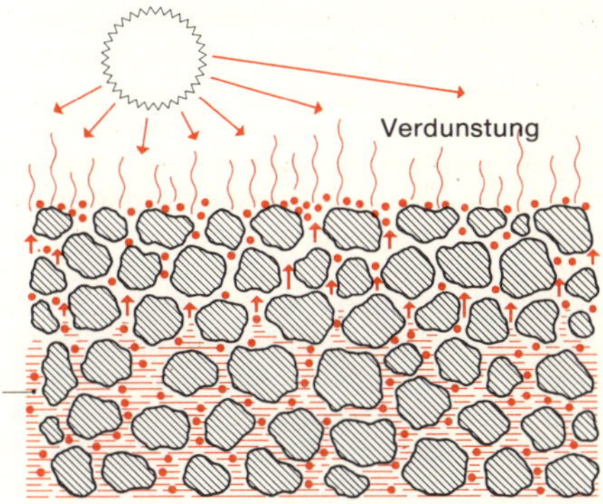

Abb. 2 Salzablagerung infolge Verdunstung

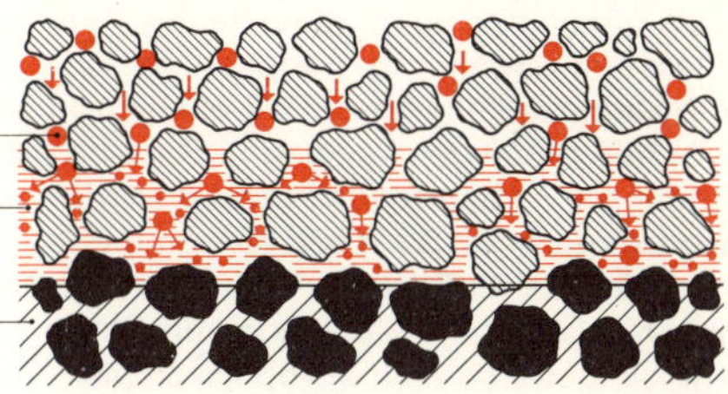

Abb. 3 Diffusion der Eisen- und Manganverbindungen im Stauwasser

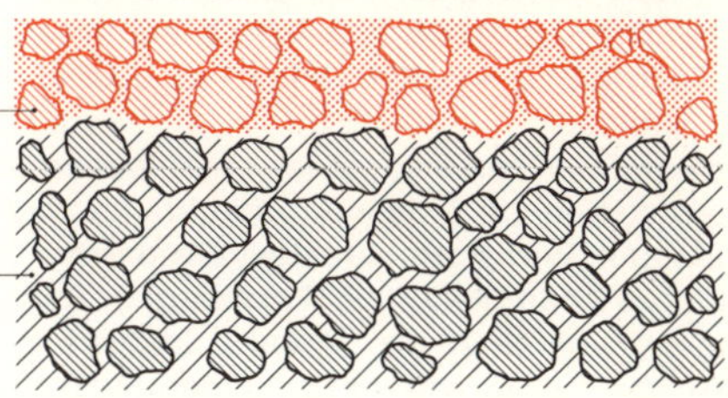

Abb. 4 Der Humusabbau ist durch Stauwasser behindert

Die Bedeutung der organischen Substanz im Boden

Die organische Substanz im Boden – mehr oder weniger zersetzte Pflanzenreste, tierische Exkremente und Tierleichen, niedere Pilze, Strahlenpilze und andere Bakterien – bedingt nach Menge, Form und Zusammensetzung wesentliche Eigenschaften des Bodens.

In *Lehm-* und *Tonböden,* die wegen ihrer feinen Poren zu ungenügendem Luftaustausch und zu Vernässung neigen, wird durch die grobporige organische Substanz aus Wurzelresten und abgestorbenen oberirdischen Pflanzenteilen die Durchlüftung begünstigt. Niederschlagswasser dringt hier wegen der nunmehr grobporigen Struktur schneller ein, so daß in ebenen Lagen eine Verschlämmung und am Hang Erosion verhindert werden.

In wasserdurchlässigen *Sandböden,* die leicht austrocknen, werden durch organische Substanz, die das Drei- bis Fünffache ihres Eigengewichtes an Wasser festhalten kann, für die Pflanze günstigere Wachstumsbedingungen geschaffen. Dunkle Flächen, wie sie durch die braunen Humusstoffe im Oberboden erzeugt werden, absorbieren die Sonnenstrahlung besser als helle. Dadurch erwärmt sich der Boden im Frühjahr schneller, und die Vegetationsperiode wird verlängert.

Im *natürlichen Boden* ist v.a. die Zufuhr von Pflanzennährstoffen, insbesondere Stickstoff (N), Phosphor (P) und Kalium (K) sowie Spurenelemente, durch die organische Substanz für das weitere Pflanzenwachstum von Bedeutung. Unter Mithilfe der Bodentiere und Mikroorganismen werden die in organischer Form (Aminosäuren) festgelegten Nährstoffe in die körpereigene Substanz dieser Organismen eingebaut und schließlich wieder in pflanzenaufnehmbare, mineralische Form übergeführt (s. auch S. 134 ff.). Die organische Substanz wiederum ist in der Lage, mineralische Nährstoffe, wie z.B. Nitratstickstoff, der durch seine gute Wasserlöslichkeit der Auswaschung unterliegt, im Oberboden festzuhalten und damit der Pflanze zu bewahren.

Die Nachlieferung an Pflanzennährstoffen ist demnach von der *biologischen Aktivität* des Bodens abhängig. In Wäldern, in denen aus klimatischen Gründen (Boden zu kalt oder zu trocken) der Abbau der Bestandsabfälle nicht oder nur sehr langsam vonstatten geht, sind häufig Wuchsstockungen, d.h. verminderter Zuwachs an den Bäumen, zu beobachten.

Die Bestandsabfälle sind die Lebensgrundlage der *saprophytischen* (von toter organischer Substanz lebenden) *Bodenorganismen.* Ist ausreichende Nahrung vorhanden, so ist deren Vermehrung und Wachstum begünstigt, und die Parasiten werden unterdrückt. Daneben sind manche Bodenmikroorganismen in der Lage, Stickstoff aus der Luft zu binden und der Pflanze zur Verfügung zu stellen. Wird die Zufuhr an organischer Substanz zum Boden unterbunden, z.B. durch Streunutzung (in einigen Gebieten wurden noch bis vor wenigen Jahrzehnten die Blätter und Nadeln aus den Wäldern zur Einstreu in den Stall eingebracht), so hat dies den Zusammenbruch der saprophytischen Organismen zur Folge. Um deren biologische Aktivität zu erhalten, bedarf es deshalb ständiger Nachlieferung an organischer Substanz.

Während der Zersetzung der organischen Substanz durch Bodenmikroorganismen entstehen als Zwischenprodukte aus deren Stoffwechsel zahlreiche Verbindungen mit Wirkstoffcharakter. Besonders hervorzuheben sind die von Pilzen gebildeten *Antibiotika* und *Wuchsstoffe.* Auch Vitamine wurden in Böden bereits nachgewiesen. Über die Wirkung und die Beständigkeit solcher Substanzen ist wegen der bestehenden Untersuchungsschwierigkeiten noch wenig bekannt. Künstlich dem Boden zugefügte Wuchsstoffe werden dort rasch abgebaut.

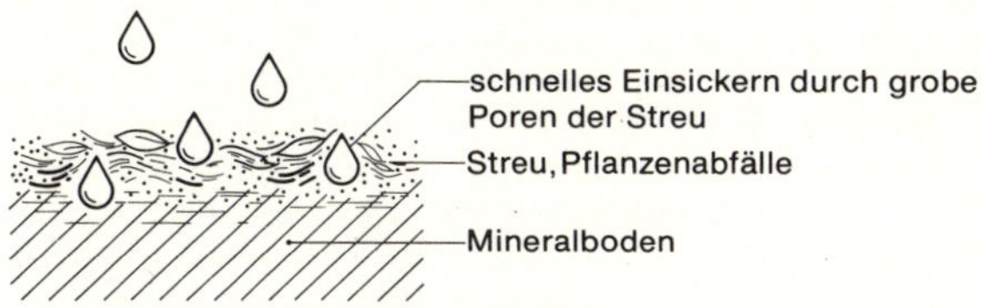

Abb. 1 Lehm- und Tonböden werden durch die organische Substanz aufgelockert

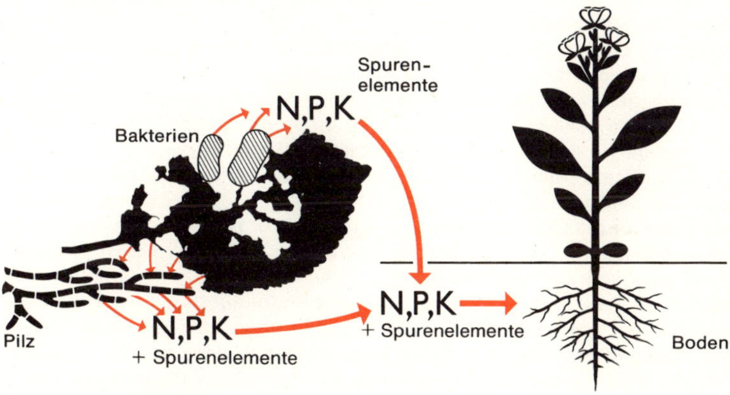

Abb. 2 Freisetzung von Pflanzennährstoffen aus der Streu durch Bodenmikroorganismen

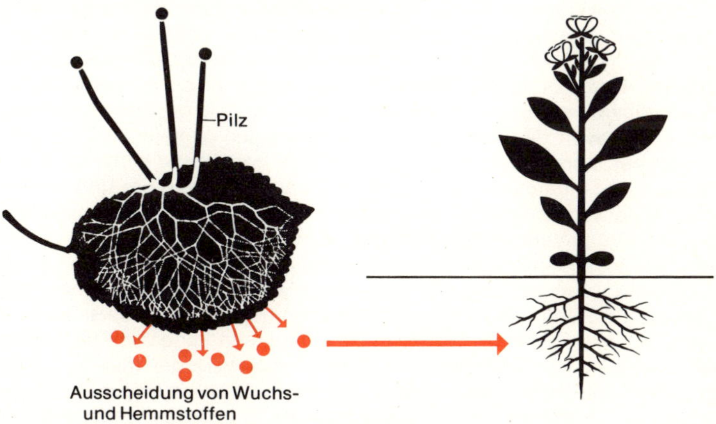

Abb. 3 Als Zwischenprodukte des Mikrobenstoffwechsels entstehen Verbindungen mit Wirkstoffcharakter

Die Bodentemperatur

Die Temperatur des Bodens ist für das biologische, chemische und physikalische Geschehen in der Pedosphäre von ausschlaggebender Bedeutung. *Keimung, Wurzel-* und *Sproßwachstum* der höheren Pflanzen nehmen mit steigender Temperatur zu. Auch die *Aktivität der Bodentiere* sowie der zersetzenden Bodenbakterien (mit Strahlenpilzen) und Pilze steigt mit der Temperatur. Gegenüber zu hohen Temperaturen, wie sie bei unbedecktem oder nur schwach bewachsenem Boden an Tagen mit hoher Sonneneinstrahlung an der Bodenoberfläche entstehen, reagieren die Organismen allerdings negativ. Während sich die mobilen Tiere aus den überhitzten in tiefere, kühlere Zonen zurückziehen, ist dies der Pflanze nicht möglich, so daß es zu Schädigungen oder sogar zum Absterben der Pflanze, besonders bei Keimpflanzen, kommt.

Auch die *physikalischen* und *chemischen Verwitterungsvorgänge* sind abhängig von der Bodentemperatur. Steigt die Temperatur der Bodenlösung, so können weitere Salze gelöst werden. Bei hohen Temperaturen nehmen die Wärmespannungen zwischen heißer Außen- und kühler Innenschicht, zwischen dunklen und hellen Mineralien in den Bodenaggregaten zu und führen zu deren Zerfall. *Luft-* und *Wasserhaushalt* des Bodens werden durch die erhöhte Verdunstung ebenfalls von der Bodentemperatur geprägt.

Die *Energie* für die Erhöhung der Bodentemperatur entstammt im wesentlichen der *Sonnenstrahlung.* Bei starker Ausstrahlung in klaren Nächten kann die Gegenstrahlung von aufziehenden Wolken, von Bäumen und anderen Bodendekkern zusätzlich Energie liefern. Auch Tau- und Reifbildung tragen zur Energiezufuhr in den Oberboden bei (s. auch S. 284).

Den umfassendsten Anteil am *Energieverlust* des Bodens nimmt die *Ausstrahlung* ein. Durch sie entstehen die ausgeprägten Tag- und Nachtschwankungen im Oberboden. Durch Wärmeleitung wird Energie aus dem Oberboden in tiefere Schichten abgeführt. Auf Grund der Wärmekapazität der Bodenlösung und durch die mineralischen Bestandteile wird der Energiefluß mit zunehmender Bodentiefe immer geringer. Die Tagesschwankungen sind nicht mehr so ausgeprägt; ihre Amplitude verringert sich. Gleichzeitig tritt durch die Zeitverzögerung der Wärmeleitung eine *Verschiebung des Temperaturmaximums* ein, die in tieferen Schichten zur vollständigen Umkehr des Temperaturgangs führen kann. Neben den Tag- und Nachtschwankungen der Bodentemperatur ist in den gemäßigten und kühleren Zonen auch ein Jahresgang festzustellen. Im Oberboden wird dabei das Temperaturmaximum im Sommer, das Minimum im Winter registriert. Im Unterboden tritt auch hier eine Verschiebung der Maxima und Minima auf, so daß in tieferen Schichten die Bodentemperatur im Winter über der im Sommer liegt.

Neben der Wärmeleitfähigkeit und der Wärmekapazität bestimmen auch *Farbe* und *Oberflächenbeschaffenheit des Bodens* die Ausprägung der Bodentemperatur. Helle, humusarme Böden erwärmen sich im Frühjahr als Folge der Reflexion nicht so stark wie dunkle, humose. Dadurch sind die Keimung und das Pflanzenwachstum bei sonst gleichen Bedingungen auf humusreichen Böden besser. In Moorböden ist durch das große Porenvolumen die Temperaturleitfähigkeit sehr gering. Bei nächtlicher Ausstrahlung ist die in dünner Schicht gespeicherte Energie rasch abgestrahlt. Dadurch treten extreme Tag-Nacht-Temperaturschwankungen auf, die bei klaren Nächten auch im Sommer noch zu Frösten führen können.

Durch *Bodenlockerung* wird ein ähnlicher Effekt erreicht. Die in den Grobporen befindliche Luft verzögert die Wärmeleitung, wodurch der Oberboden stark erwärmt wird, nachts allerdings auch wieder stärker abkühlt. Bodenbedeckung verringert durch Energieabsorption die eingestrahlte Energie und damit die Erwärmung. Die Schwankungen der Bodentemperatur im Oberboden zwischen Tag und Nacht werden dadurch besser ausgeglichen.

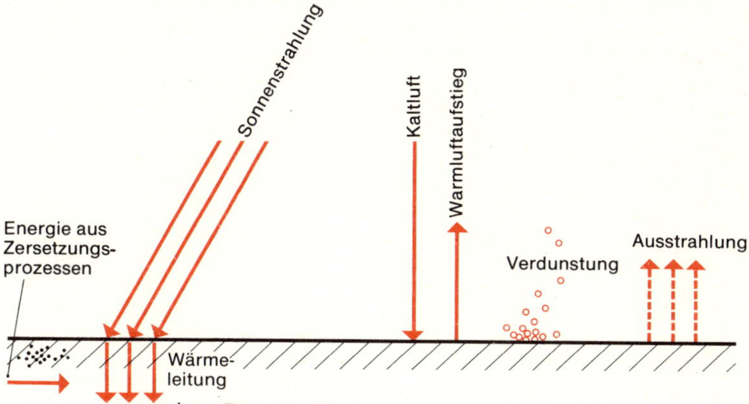

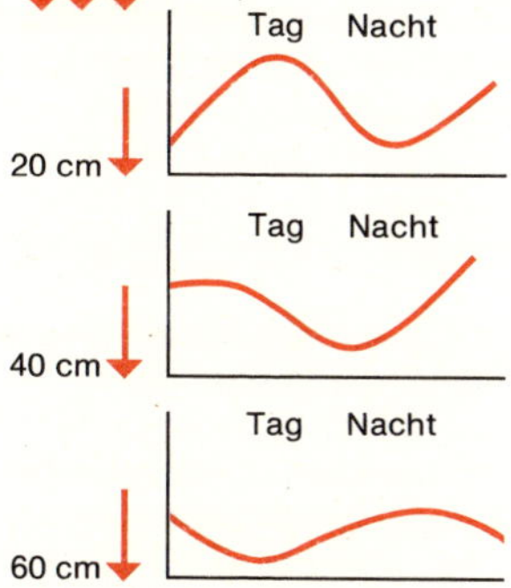

Verschiebung der Temperaturmaxima mit zunehmender Bodentiefe

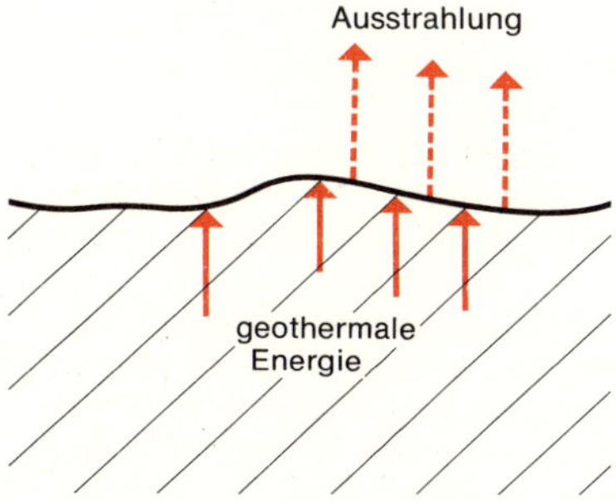

Abb. 1 Die Bodentemperatur und ihre Einflußfaktoren

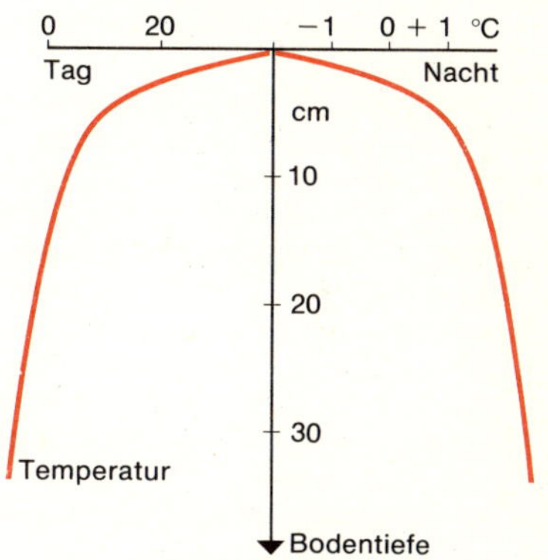

Abb. 2 Abhängigkeit der Bodentemperatur von der Bodentiefe

Bodenbeschaffenheit und bodenanzeigende Pflanzen

Neben dem Klima ist der Bodentyp einer der wichtigsten ökologischen Faktoren für die Zusammensetzung einer Pflanzengesellschaft, da die einzelnen Pflanzen sehr unterschiedliche Ansprüche an die Bodenbeschaffenheit stellen.

Die *Faktoren, die einen Bodentyp charakterisieren,* sind chemischer (Gehalt an Nährstoffen und Spurenelementen, pH-Wert) und physikalischer Natur (Korngröße, Lagerung, Wassergehalt, Temperatur, osmotischer Druck, Durchlüftung im Zusammenhang mit der Stabilität der Krümelstruktur und der Bodenkolloide); die mikrobielle Besiedlung (s. S. 138) bestimmt ebenfalls den Bodentyp.

Die Pflanzen passen sich innerhalb eines bestimmten, artgebundenen Bereiches stoffwechselphysiologisch an die verschiedenen Bodenarten an und haben spezielle Anpassungsmechanismen ausgebildet. Während es Pflanzen gibt, die mehr oder weniger anspruchslos sind, d. h. auf mehreren oder vielen Bodenarten gedeihen können, gibt es andere, die sog. *bodensteten Pflanzen,* die zu ihrem Gedeihen ganz bestimmte Bodenverhältnisse benötigen. Mit Hilfe dieser letzeren Pflanzen, die als *Bodenanzeiger (Leitpflanzen)* bezeichnet werden, lassen sich Rückschlüsse auf die Zusammensetzung bzw. die Eigenschaften des Bodens an dem betreffenden Standort ziehen.

Einige Pflanzenarten benötigen z. B. sehr viel *Stickstoff.* Diese *Nitratpflanzen* siedeln sich daher besonders gern auf Schuttplätzen mit stickstoffhaltigen Abfällen an. Es sind dies v. a. Gänsefußarten (Chenopodium) und Brennesseln (Urtica). – Die Brennessel zeigt außerdem *eisenhaltige Böden* an, wie sie durch Eisenabfälle an Schuttplätzen entstehen. – Auf Wiesen, die mit Jauche überdüngt wurden, entwickelt sich der *nitrophile* Bärenklau besonders gut. – Kulturpflanzen, die einen gut mit *Kaliumsalzen* versorgten Boden benötigen, sind z. B. Rüben, Kartoffeln und Tabakpflanzen.

Viele *trockene Böden,* die keine Verbindung zum Grundwasser besitzen, haben Flechtenbewuchs; im Norden ist es vornehmlich die Rentierflechte. Die ebenfalls trockenen, aber warmen und stickstoffhaltigen *Sandböden der Dünen* werden von *halophilen* (den Salzgehalt der Böden tolerierenden) *xerophytischen Pflanzen* besiedelt, die nur wenig Wasser benötigen und es ohne Schaden überstehen, wenn sie gelegentlich von Sand überweht werden. Hierher gehören Binsenquecke (Agropyron junceum), Strandsalzmiere (Honckenya peploides), Strandroggen (Elymus arenarius), Meersenf (Cakile maritima), Strandmelde (Atriplex littoralis) und Stranddistel (Eryngium maritimum).

Feuchte, sandige *Lehmböden* werden vom Ackerschachtelhalm (Equisetum arvense) bevorzugt.

Auf *salzhaltigen Böden* in Meeresnähe und in Salzsteppen hat sich eine besondere Flora entwickelt. Diese sog. *Halophyten* vermögen trotz des hohen osmotischen Drucks des Bodens (infolge seines Salzgehaltes) die Nährstoffe und das Wasser entgegen dem Gradienten aufzunehmen. Typische Vertreter der salzliebenden Pflanzen sind Queller (Salicornia europaea) und Salzaster (Strandaster, Aster tripolium).

Besonders ausgeprägt sind die Unterschiede in bezug auf die Bodenanzeiger bei Böden mit verschieden hohem *Kalkgehalt.* Hiermit ist auch meist der pH-Wert des Bodens gekoppelt, der bei *kalkarmen Böden* sauer, bei *kalkreichen Böden* neutral bis schwach alkalisch ist. Bei den kalkmeidenden Pflanzen können die Wurzeln nur bei einem gewissen Säuregrad des Bodens Nährstoffe aufnehmen, während die kalkliebenden Pflanzen neutrale oder schwach alkalische Böden benötigen. Typische *kalkmeidende Pflanzen* sind z. B.: Ackerhundskamille (Anthemis arvensis), Hasenklee (Trifolium arvense), Besenginster (Sarothamnus scoparius), Hederich (Raphanus raphanistrum), Feldspark (Spergula arvensis), Heidelbeere (Vaccinium myrtillus), Heidekraut (Calluna vulgaris), Kleiner Sauerampfer (Rumex

Abb. 1 Stickstoffanzeiger

Große Brennessel

Roter Gänsefuß

Bärenklau

Abb. 2 Kaliumliebende Pflanzen (Kulturpflanzen)

Kartoffel

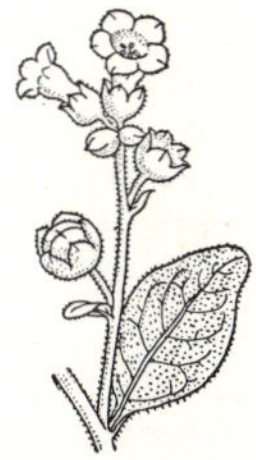

Bauerntabak

Abb. 3 Xerophytische Pflanzen

Meersenf

Strandroggen

Strandmelde

Salzmiere

Stranddistel

acetosella), Roter Spärkling (Spergularia rubra). Unter den *kalkliebenden Pflanzen* sind besonders zu nennen: Ackerrittersporn (Delphinium consolida), Ackersenf (Sinapis arvensis), Ehrenpreisarten (Veronica), Gänsefingerkraut (Potentilla anserina), Gemeines Kreuzkraut (Senecio vulgaris), Kleine Brennessel (Urtica urens), Nickende Distel (Carduus nutans), Rote Taubnessel (Lamium purpureum), Sonnenwolfsmilch (Euphorbia helioscopia).

Saure Böden, die zumeist auch sehr naß sind, werden vorzugsweise von Pilzen und bestimmten Moosarten, wie z. B. Gabelzahnmoose (Dicranum), Federmoos (Ptilium crista-castrensis) und Widertonmoose (Polytrichum), besiedelt. – Demgegenüber bieten *neutrale Böden* optimale Lebensbedingungen für Bakterien.

Besondere Pflanzengesellschaften finden sich auf *Hochmooren.* Die Hochmoorböden sind sehr naß und werden daher zu den *kalten Böden* gezählt. Außerdem sind sie sehr nährstoffarm, bes. in bezug auf Spurenelemente, die teilweise durch die Humussäuren festgelegt werden. Charakterpflanzen sind: Torfmoosarten (Sphaghum), Gemeines Widertonmoos (Polytrichum commune), Schlankes Widertonmoos (Polytrichum gracile), Welliges Sternmoos (Mnium undulatum), Sonnentauarten (Drosera), Heidekraut (Calluna vulgaris), Glockenheide (Erica tetralix), Rauschbeere (Vaccinium uliginosum), Kleine Moorbeere (Vaccinium oxycoccus), Preiselbeere (Vaccinium vitis-idaea), Moorbirke (Betula pubescens).

Auf stark *zinkhaltigen Böden* wachsen die sog. *Galmeipflanzen,* deren Asche bis zu 20 % Zink enthalten kann. Hierzu gehören das Galmeistiefmütterchen (Viola lutea var. calaminaria), der Taubenkropf (Silene vulgaris) und die Frühlingsmiere (Minuartia verna).

Mit Hilfe bodenanzeigender Pflanzen ist also ohne aufwendige Bodenuntersuchungen eine gewisse Bodenbeurteilung möglich. Wichtig jedoch ist dabei, daß man niemals von einer einzelnen Pflanzenart, auch wenn sie in größerer Menge vertreten ist, ausgehen darf. Erst wenn mehrere bodenanzeigende Pflanzenarten an einem Biotop wachsen, können einigermaßen gültige Schlüsse auf die Bodenverhältnisse gezogen werden.

Abb. 1 Salzliebende Pflanzen

Salzaster

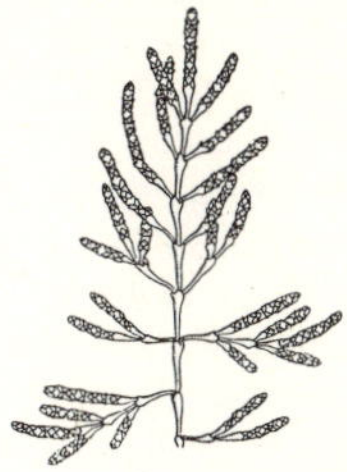

Queller

Abb. 2 Kalkliebende Pflanzen

Ackerrittersporn

Sonnenwolfsmilch

Rote Taubnessel

Abb. 3 Kalkmeidende Pflanzen

Hasenklee

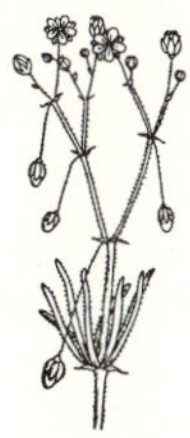

Feldspark

Ackerschachtelhalm

Abb. 4 Hochmoorpflanzen

Rauschbeere

Preiselbeere

Sonnentauarten

Die Zerstörung des Bodens

Die potentiell landwirtschaftlich nutzbare Fläche auf der Erde vermindert sich mit jedem Jahr. Riesige Anbauflächen sind bereits durch Erosion nahezu unbrauchbar geworden. Vor allem in den Tropen und Subtropen wird die landwirtschaftliche Produktion durch Erosion und Bodenverarmung gefährdet. Eine der Hauptursachen für die Zerstörung des Bodens ist die Entwaldung durch *Brandrodung,* z. B. in Brasilien, in anderen Gebieten neuerdings in verstärktem Maße durch Abholzung und Verwendung des Holzes als Brenn- und Heizmaterial (an Stelle des immer teurer werdenden Heizöls). Beim Abbrennen des Waldes geht praktisch der gesamte Stickstoffvorrat des Vegetation-Boden-Systems verloren. Die anderen Nährstoffe (Calcium, Kalium, Phosphor u. a.) liegen zunächst in Form von Asche noch in löslicher Form vor und können so von den Pflanzen verwertet werden. In den ersten Jahren nach der Brandrodung ist der Boden deshalb landwirtschaftlich nutzbar. Da jedoch im Boden absorptionsfähige Tonminerale fehlen, können die Nährstoffe nicht gespeichert werden. Da sie andererseits löslich sind, wandern sie in tiefe Schichten ab, wo sie von den Kulturpflanzen nicht mehr erreicht werden können. So kommt es zu einer rapiden Verschlechterung der Bodenqualität und damit zu einer Verringerung der Vegetation. Neben dem Nährstoffverlust verschlechtern sich außerdem der Wasserhaushalt und das Mikroklima. Die Schwammwirkung des Waldbodens, die vorher den Wechsel zwischen Trockenheit und Regenzeit ausgleichen konnte, ist nicht mehr vorhanden. Dadurch kommt es in der Regenzeit zu Überschwemmungen und in der Trockenheit zu Dürre. Bei heftigem Regen wird die Bodenoberfläche durch die Regentropfen und das Einschlämmen feinen Materials so verdichtet, daß beim Austrocknen eine harte Kruste zurückbleibt. Auf diese Weise wird die für die Wurzeltätigkeit der Pflanzen nötige Sauerstoffzuführung abgeriegelt. Für die meisten Kulturpflanzen hat dies eine starke Wachstumshemmung zur Folge, weshalb diese durch widerstandsfähige Gräser zurückgedrängt werden. So bildet sich eine Grassteppe, die von der Landwirtschaft vorerst nicht nutzbar ist.

Als zweite Hauptursache der Bodenzerstörung ist die Winderosion (s. S. 106) zu nennen. Die *Winderosion,* wie sie v. a. in trockenen Gebieten mit starken Winden vorkommt, wird normalerweise dadurch verhindert, daß der Boden von einer dichten Pflanzendecke geschützt und durch das Wurzelwerk festgehalten wird. Dadurch wird ein Abtragen der oberen, wertvollen Humusschicht durch den Wind (und das Wasser) verhindert. Bei der landwirtschaftlichen Nutzung wird nun diese Pflanzendecke zerstört und durch Kulturpflanzen ersetzt. Da diese laufend abgeerntet und wieder neu gepflanzt werden, ist der Boden periodisch (z. B. nach dem Umpflügen und wenn die neu gepflanzten Kulturpflanzen noch klein sind) den negativen Einflüssen von Wind und Wasser voll ausgesetzt. Die Winderosion kann in geringen Grenzen gehalten werden, wenn die Kulturpflanzen in Mischkulturen angelegt sind oder wenn die Felder klein sind und wenn der Boden außerdem mit organischem Material bedeckt ist. Noch bedeutender ist die Winderosion in durch Weide genutzten Trockengebieten der Erde (rund 25 Mill. km^2). Trockensavannen, Dornbuschsteppen und Wüstenränder werden oft durch zu hohen Viehbesatz überweidet; die Pflanzennarbe wird zerstört, der Pflanzenbestand wird ständig lückiger. Der Wind kann verstärkt angreifen und trägt die Krume weg. Unter Umständen entstehen riesige Wanderdünen, die bis aufs Ackerland vordringen. Hat die Erosion erst einmal eingesetzt, gleich ob auf Acker oder Weide, so beschleunigt sie sich durch Wechselwirkung ihrer Ursachen: Je stärker der Boden erodiert wird, desto weniger fruchtbar ist er und desto weniger dicht wachsen die Pflanzen auf ihm. Durch den verringerten Bewuchs verstärkt sich die Winderosion.

Ähnliche Ursachen wie die Winderosion hat die *Wassererosion* (s. S. 104). Sie kommt besonders in Gebieten mit hohen Niederschlägen vor. Zur Wassererosion kommt es, wenn die schützende Pflanzendecke des Bodens an steilen Hängen zerstört wird (z.B. durch Rodung von Wald, durch Straßenbau), wodurch das abfließende Wasser in der Regenzeit die oberen Bodenschichten wegschwemmen kann. Zurück bleibt oft nur der nackte Fels, auf dem eine Vegetation kaum mehr möglich ist.

Bereits im Jahre 1968 waren in Indonesien 28 Millionen, in Indien 17 Millionen und in Pakistan 7 Millionen Hektar Grassteppe durch Entwaldung entstanden. Im mittleren Westen der USA wurden in den dreißiger Jahren dieses Jahrhunderts durch Winderosion von rund 3 Millionen km^2 Nutzfläche 2,35 Millionen km^2 schwer geschädigt. Ein Viertel dieses erodierten Gebietes ist auch heute noch nicht nutzbar und hat einen wüstenähnlichen Charakter angenommen. In Südrußland sind fast 60% des Bodens stark erodiert. Die Ertragsfähigkeit ist auf die Hälfte bis ein Drittel reduziert. Quer durch Afrika erstreckt sich südlich der Sahara von Guinea an der Atlantikküste bis hinüber zum Roten Meer und entlang dem Indischen Ozean ein stark erodierter Landschaftsgürtel. Am schwersten betroffen sind die Sahelzone und in Ostafrika Äthiopien, Kenia, Sambia, Uganda und Burundi. Jedoch darf nicht vergessen werden, daß in tropischen und subtropischen Gebieten an der Bodenerosion eine ganze Reihe orographischer, morphologischer, hydrographischer und klimatischer Faktoren beteiligt sind und daß menschliche Bewirtschaftung oft nur den letzten auslösenden Faktor darstellt. Das Erosionsproblem kann deshalb in diesen Gebieten meist nur im großen geographischen Rahmen mit Erfolg angegangen werden.

Sehr viel einfacher sind Beseitigung und Vermeidung von Erosionsschäden in gemäßigten Klimaten oder dort, wo allein Bewirtschaftungsfehler die Ursache der Erosion sind.

Die Winderosion kann am ehesten dadurch verhindert werden, daß die landwirtschaftlichen Kulturen in ökologisch sinnvoller Weise angelegt werden. Dies bedeutet je nach Klima- und Bodenverhältnissen: Streifenkultur, Stockwerkskulturen, auch Mischkulturen statt Monokulturen; Vermeiden jeglicher Kunstdüngung mit leichtlöslichen mineralischen Düngern, statt dessen verstärkte organische Düngung in Form der Gründüngung; Einstreuen von Gehölzhecken und Bäumen in die landwirtschaftliche Fläche als Windschutz und gleichzeitig zur Stabilisierung des ökologischen Gleichgewichtes.

Ähnliches gilt für die Verhinderung der Wassererosion. Der Bodenerosion durch Waldrodung kann man in erster Linie dadurch begegnen, daß man auf die Abholzung des Waldes zur Schaffung neuen Ackerlandes verzichtet und statt dessen die durch Bodenerosion zu Grassteppen gewordenen Flächen wieder regeneriert. Dies erfordert zunächst ein Zurückdrängen des Steppengrases, etwa durch den Anbau landwirtschaftlicher Pionierpflanzen (z.B. bestimmte tiefwurzelnde Schmetterlingsblütler), die mit stickstoffbindenden Bakterien in Symbiose leben und sich so ihre Stickstoffdüngung aus der Luft selbst besorgen können. Mit ihrem tiefen Wurzelsystem können sie außerdem das Wasser der tieferen Bodenschichten aufnehmen, so daß sie auch in Monaten der Trockenheit grün bleiben können. In vielen Fällen kann man auf solchen regenerierten Böden bereits nach zwei Jahren Nutzpflanzen wie Ölpalmen, Sojabohnen, Mais und Baumwolle anbauen. Zusätzlich zu dieser Überführung der erodierten Gebiete in landwirtschaftlichen Boden sollte ein Teil der zurückgewonnenen Flächen wieder bewaldet werden. Der Wald kann dann als Erosionsschutz sowie zur Stabilisierung des Wasserhaushaltes und des Klimas beitragen.

Wassererosion

Überall auf der Erde, außer in den extremen Wüstengebieten und in den Polarregionen, ist der Boden der Wassererosion ausgesetzt, wenn er bei Regenfällen unbedeckt ist. Zwei Haupttypen der Wassererosion werden unterschieden, die geologische und die beschleunigte Erosion. Im weitesten Sinne ist die *geologische Wassererosion* ein normaler Prozeß, der das Abtragen der Landoberfläche in ihrer natürlichen Umgebung ohne menschlichen Einfluß darstellt. *Beschleunigt wird die Erosion* durch Bodenbearbeitung und den Bau von Häusern, Straßen, Schienen usw.

Die Wassererosion umfaßt die drei Aspekte Flächen- und Mikrokanalerosion, Kanalerosion und Sedimentation.

Durch die *Flächenerosion* wird bei einer vegetationsarmen Fläche eine mehr oder weniger mächtige Bodenschicht abgetragen. Es handelt sich bei der Schichterosion um eine ziemlich unauffällige Erosionsform, da bei jedem erodierenden Niederschlag gewöhnlich nur eine sehr dünne Bodenschicht abgetragen wird. Über einen längeren Zeitraum jedoch kann sie allerdings beträchtliche Ausmaße erreichen. Die Flächenerosion kann bereits bei Hangneigungen von 1° einsetzen. Ihr Auftreten wird von hellen Bodenflächen am Oberhang angezeigt, die entstehen, wenn der dunkler gefärbte Oberboden, der organische Substanz enthält, abgetragen wird. Zwei grundlegende Vorgänge verursachen die Flächenerosion. Einmal werden die Bodenpartikel vom Bodenkörper durch auftreffende Regentropfen losgeschlagen, zum anderen werden die Bodenteilchen aus ihrer ursprünglichen Lage abtransportiert. Regentropfen, die auf feuchten Boden auftreffen, bilden kleine Krater. Durch den Aufprall werden Wasser und Boden in die Luft geschleudert und um den Kraterbezirk wieder abgelagert. Bodenpartikel können so 50–60 cm hoch und bis zu 1,5 m weit geworfen werden.

Wenn die auftreffende Regenmenge die Rate des in den Boden infiltrierenden Wassers weit übersteigt, so fließt das Wasser über die Bodenoberfläche ab. Es nimmt dabei die von den Regentropfen losgelösten Partikel auf und trägt sie weg. Wenn die Oberfläche sanft und gleichbleibend geneigt ist, fließt das Wasser in dünner Schicht ab. Wenn die Bodenoberfläche, was in ackerbaulich genutzten Feldern der Fall ist, sich unregelmäßig wellt, kann es sich in Senken und Vertiefungen sammeln und von dort aus den Weg des geringsten Widerstandes suchen. So gelangt das oberflächlich abfließende Wasser mit seinem Gehalt an Bodenteilchen in *Rinnen* oder *Mikrokanäle.* Abtrag und Transport von Bodenteilen sind bei der *Rinnenerosion* größer als bei der Flächenerosion, da die Geschwindigkeit des Wassers in den Rinnen größer ist als auf den Flächen. Die Ausmaße des Bodenabtrags durch fließendes Wasser sind dem Quadrat seiner Geschwindigkeit proportional, d.h., wird die Fließgeschwindigkeit verdoppelt, so vervierfacht sich die Erosionsmenge. Die Transportkapazität des Wassers steigt mit der fünften Potenz seiner Geschwindigkeit, d.h., die Verdopplung der Fließgeschwindigkeit erbringt eine Verzweiunddreißigfachung der Transportkapazität.

Nehmen die Wassermassen und die Fließgeschwindigkeit weiter zu, so werden aus den Mikrorinnen oft größere *Kanäle;* es kommt zu einer *Kanalerosion.* In ihren Ausmaßen können diese Kanäle eine Breite von 30 und mehr Metern erreichen und Tiefen von 1–15 Meter und darüber.

Boden, der aus seiner ursprünglichen Lage erodiert wurde, setzt sich mehr oder weniger feinkörnig immer an anderer Stelle aus dem transportierenden Wasser ab; er sedimentiert. Diese *Sedimentation* kann ganz in der Nähe des Abtragortes sein oder erst im Meer oder irgendwo zwischen beiden Extremen. Der Hauptteil des an Hängen erodierten Materials kommt am Hangfuß zur Sedimentation, wo es den ursprünglichen Boden bedeckt und dadurch in anlaufenden Kulturen Schaden anrichten kann. Weitere Bodenmassen werden in Kanälen, Flüssen und Wasserspeichern u.ä. sedimentiert, wo deren Beseitigung erhebliche Kosten verursacht.

Abb. 1 Wassertropfen schleudern Bodenpartikel hangabwärts

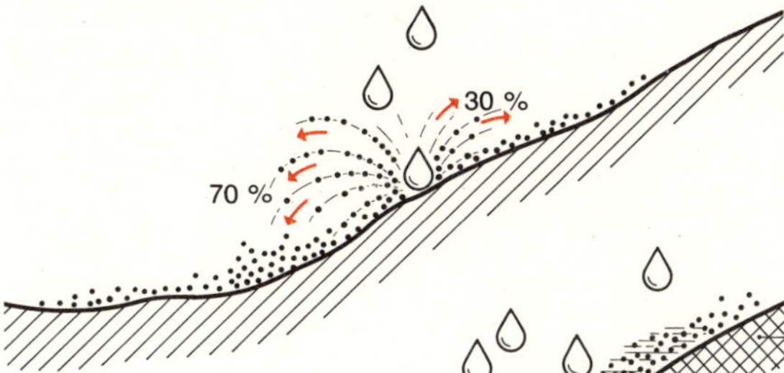

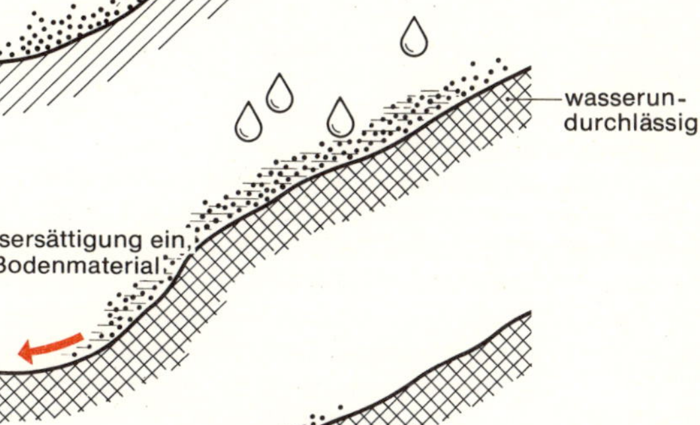

Abb. 2 Tritt Wassersättigung ein, so beginnt das Bodenmaterial zu fließen

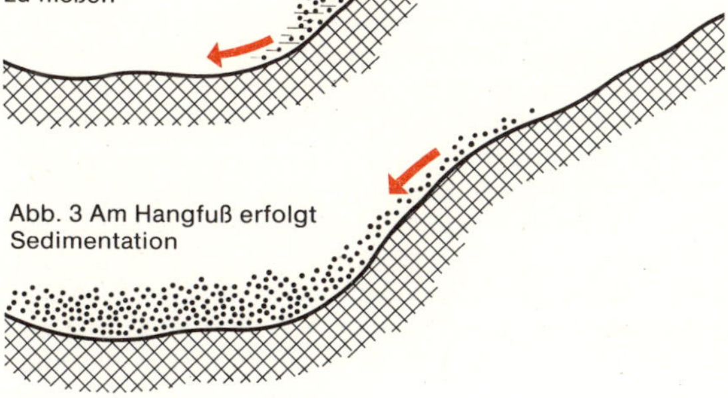

Abb. 3 Am Hangfuß erfolgt Sedimentation

Abb. 4 Kleine Gerinne fließen zu Rinnen und Kanälen zusammen

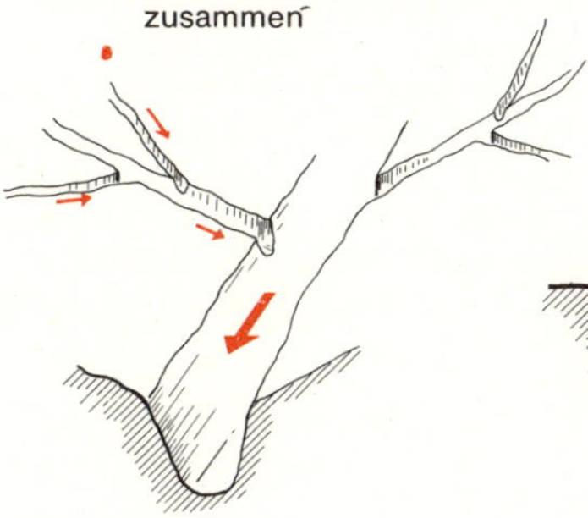

Abb. 5 Kanäle können Tiefen von mehreren Metern erreichen

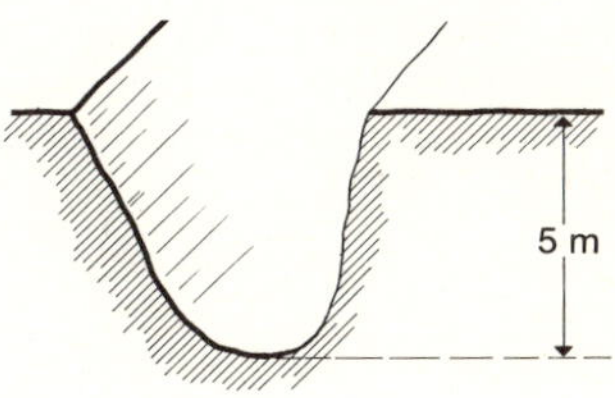

Winderosion

Die Verlagerung von Bodenteilchen durch Windkräfte spielt im humiden Klima Mitteleuropas im Gegensatz zur Wassererosion (s. S. 104) nur eine untergeordnete Rolle. Stark betroffen sind vor allem die Böden der semiariden (Mittelmeerraum) und ariden Gebiete (Wüsten), die während längerer Trockenperioden keine oder nur spärliche Vegetation aufweisen und damit dem Wind gute Angriffsmöglichkeiten bieten.

Wird Luft über die Bodenoberfläche bewegt, so besteht in Abhängigkeit von der Höhe über dem Boden ein Geschwindigkeitsgradient, d. h., je bodennäher die Luftströmung ist, desto geringer wird infolge der erhöhten Reibung die Windgeschwindigkeit. Gewöhnlich ist die *Geschwindigkeit des Windes* im Bereich von 0,03–2,5 mm über dem Boden gleich Null. Darüber liegt eine schmale Zone mit laminarer (gleichmäßiger) Strömung. Ihr schließt sich ein Turbulenzbereich an, in dem der Strömungsverlauf durch fortwährende Bildung und fortwährenden Zerfall mehr oder weniger ausgedehnter Wirbel ganz unregelmäßig wird. Diese *Turbulenzen* erzeugen erodierende Kräfte. Sehr kleine Bodenpartikel reichen nicht bis in die Turbulenzzone und werden infolgedessen nicht bewegt. Auf Bodenteilchen, die in den Turbulenzraum ragen, wirken die Windkräfte. Sie werden, sofern sie nicht mit anderen stark verklebt sind, aus ihrer ursprünglichen Lage versetzt.

Sind die Bodenpartikel durch Turbulenzen losgerissen, kommen drei mögliche Bewegungsarten in Frage: Das *Springen* ist die verbreitetste Bewegungsform. Die Teilchen werden hochgehoben, verbleiben für kurze Zeit in der Turbulenzzone und treffen dann oft schon nach wenigen Zentimetern oder Millimetern wieder auf dem Boden auf. Diese Form der Bewegung ist für Teilchen im Größenbereich 0,05–0,5 mm charakteristisch. – Das *Rollen* wird meist bei Teilchen beobachtet, die zu schwer sind, um von den Turbulenzkräften angehoben zu werden. Das Rollen wird oft ausgelöst durch das Auftreffen springender Partikel. Teilchen, die sich durch Rollen fortbewegen, liegen im Größenbereich von 0,5–2 mm. – Die *Suspension,* die dritte Form, ist die Bewegung von feinen Bodenteilchen, die im Luftstrom mitgeführt werden. Ihre Abtrennung vom Boden wird ebenfalls durch das Auftreffen springender Teilchen ausgelöst, da sie entweder nicht in den Turbulenzbereich ragen oder fest an anderen Körnern haften. Sind sie einmal in die turbulenten Luftschichten gelangt, so werden sie in größere Höhen mitgerissen und oft erst nach vielen Kilometern wieder abgelagert. Letzteres erfolgt gewöhnlich im Windschatten natürlicher oder künstlicher Hindernisse. Dies erklärt z. B. die Wanderung von Dünen: Die auf der Windseite erodierten Sandkörner lagern sich immer wieder im Windschatten ab.

Die die *Ausmaße der Winderosion* bestimmenden Faktoren sind Anzahl und Größe der erodierbaren Teilchen sowie die Windstärke. Weiterhin verstärkt sich die Erosionswirkung mit der Größe der von der Winderosion betroffenen Fläche, da immer mehr losgerissene Bodenpartikel durch ihr erneutes Auftreffen weitere lockern. Auf der windwärtigen Seite der Erosionsfläche ist daher der Bodenfluß gering. Er nimmt in Windrichtung ständig zu, bis er ein Maximum erreicht, das von der Windgeschwindigkeit und den obengenannten Faktoren bestimmt wird. Die Erosionsanfälligkeit von Böden kann durch Kulturmaßnahmen des Menschen stark beeinflußt werden (s. S. 102f.).

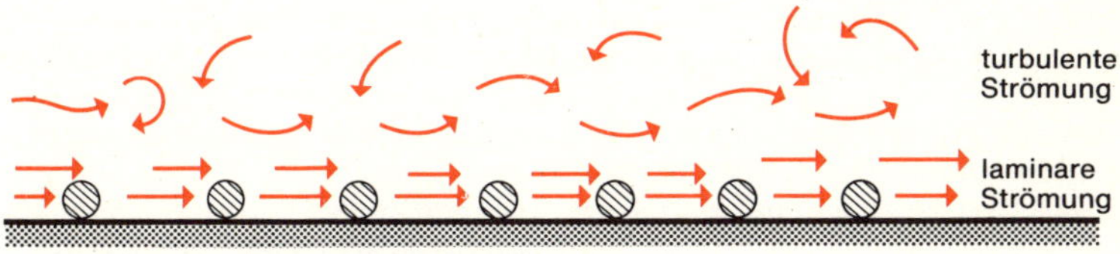

Abb. 1 Bodenteilchen im Bereich der laminaren Strömung werden nicht bewegt

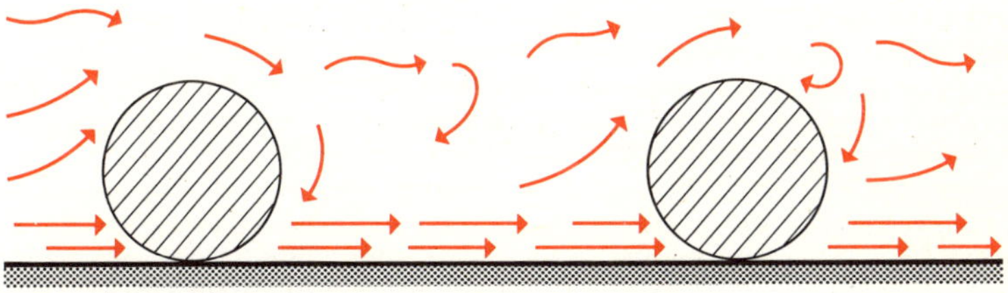

Abb. 2 Bodenteilchen im Bereich der turbulenten Strömung; hier kann eine Bewegung einsetzen

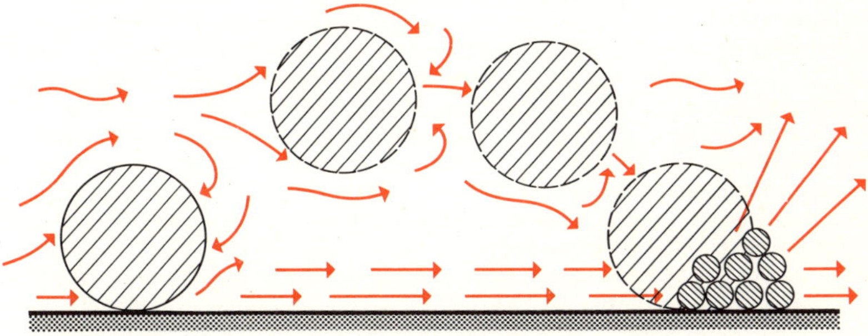

Abb. 3 Kleine und verklebte Bodenteilchen werden durch das Auftreffen springender Teile in die turbulenten Schichten geschleudert

Die Lithosphäre

Die äußere Gesteinsschale der Erde, die *Lithosphäre*, reicht von der Erdoberfläche, wo sie z. T. mit Wasser bedeckt ist, bis in 1 000 km Tiefe. Ihr geochemischer Aufbau ist von besonderem wissenschaftlichem und wirtschaftlichem Interesse. Minerale und Gesteine, aus denen sich die Erdkruste aufbaut, sind aus Elementen von sehr unterschiedlicher Häufigkeit zusammengesetzt. Gold und Platin z. B. kommen sehr selten vor, Eisen dagegen ist häufiger zu finden. Genauere Angaben über die geochemische Zusammensetzung der Lithosphäre gibt es bis jetzt nur für die oberste Erdkruste bis zu einer Tiefe von 16 km.

Mit fast 50 % ist in der Lithosphäre der *Sauerstoff* (in Form seiner verschiedenen Verbindungen) am stärksten vertreten. An zweiter Stelle folgt *Silicium* mit rund 28 % Anteilen. Reines Silicium kommt ebenso wie reiner Sauerstoff in der Lithosphäre nicht vor. Häufig tritt Silicium in der Verbindung des chemisch inaktiven und daher sehr beständigen *Quarzes*, eine Form des Siliciumdioxides (SiO_2), auf. An dritter Stelle folgt mit einem Anteil von 8% *Aluminium*, das eine große Rolle bei der Zusammensetzung der Silicate spielt und vor allem den Grundbestandteil der Tonerde bildet. An vierter Stelle steht das überall – wenn auch nur in geringen Mengen – vorhandene *Eisen* (5%), das den Gesteinen in Form von Roteisen-, Magneteisen- und Brauneisenstein beigemengt ist. In der Reihenfolge ihrer Prozentanteile folgen *Calcium, Natrium, Kalium* und *Magnesium*.

Die in der Erdkruste vorkommenden festen Stoffe sind überwiegend aus *Kristallen* aufgebaut. Der kristallisierte (kristalline) Zustand ist die Hauptform der festen Materie. Die als anorganische natürliche Körper in der Erdkruste auftretenden Kristallarten werden als *Minerale* bezeichnet. *Gesteine* stellen im allgemeinen Gemenge verschiedenartiger Minerale dar. Von der großen Zahl der bekannten Minerale sind nur verhältnismäßig wenige an der Zusammensetzung von Gesteinen beteiligt. Kleine Teile der Erdkruste können allerdings auch aus einer einzigen Mineralart bestehen (z.B. Gips). Die Gesteine unterscheiden sich voneinander durch ihren Mineralbestand, ihre chemische Zusammensetzung, ihre pysikalischen Eigenschaften sowie durch ihren inneren Bau, ihr Gefüge, das durch die Struktur und die Textur (durch äußere Ursachen hervorgerufene Zusammenfügung und räumliche Anordnung der mineralischen Gemengeteile) bestimmt wird.

Nach ihrer Entstehung teilt man die Gesteine in Magmatite, Sedimentite und Metamorphite ein. *Magmatite*, die man auch als Erstarrungs-, Eruptiv-, Massen- oder Magmagesteine bezeichnet, sind aus schmelzflüssigem Magma erstarrt. Je nach dem, ob sie innerhalb der Erdkruste oder auf der Erdoberfläche gebildet werden, unterscheidet man *Tiefengesteine* und *Ergußgesteine*. – *Sedimentite*, auch Schicht- oder Absatzgesteine genannt, entstehen durch Ablagerung von durch Verwitterung zerstörtem bzw. aufbereitetem Gesteinsmaterial, vor allem im Meer. Man unterscheidet je nach Art der Verwitterung, aus der dieses Gesteinsmaterial hervorgegangen ist, *klastische* (vorwiegend physikalische Verwitterung), *chemische* (vorwiegend chemische Verwitterung) und *organogene Sedimente* (z.B. Kohle, Torf, Bernstein), die aus organischer Substanz entstanden sind. – *Metamorphite* (metamorphe Gesteine) gehen aus der Umwandlung anderer Gesteine hervor. Die zur Bildung metamorpher Minerale führenden Reaktionen laufen unter Beibehaltung des kristallinen Zustandes in Gegenwart von Wasserdampf bei Temperaturen oberhalb von etwa 300 °C und bei höheren Drücken, d. h. also meist in größeren Tiefen der Erdkruste, ab.

Magmatite und Metamorphite nehmen rund 95 % des bisher bekannten oberen Teils der Erdkruste bis in etwa 16 km Tiefe ein, während auf die Sedimentgesteine nur rund 5 % entfallen. Betrachtet man aber nicht das Volumen, sondern die Oberfläche der Erdkruste, so wird diese zu 75 % von Sedimentiten und nur zu 25 % von Magmatiten und Metamorphiten gebildet bzw. bedeckt.

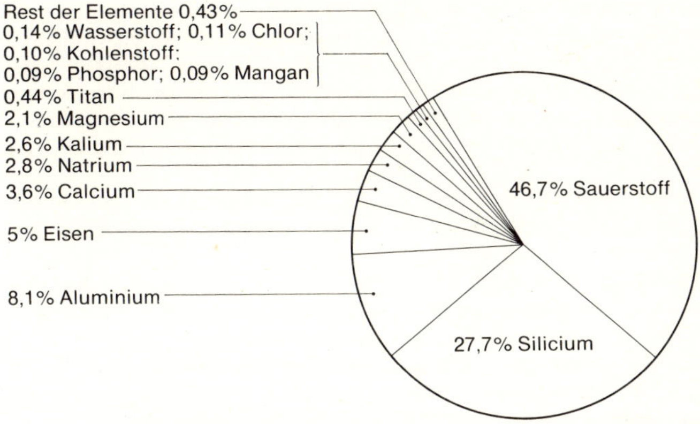

Abb. 1 Vorkommen der Elemente in der Erdkruste (Mengenangaben in Gewichts-%)

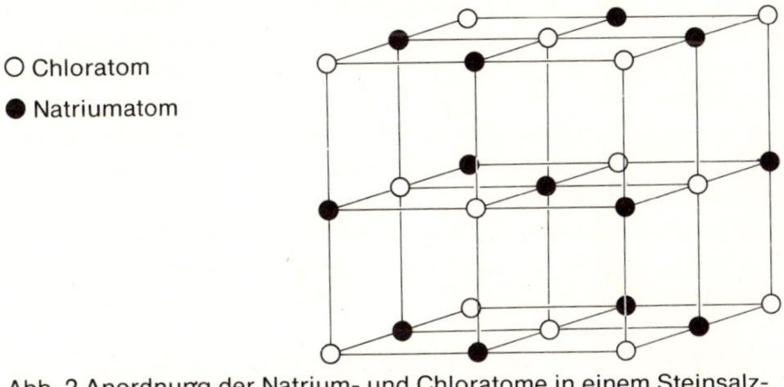

Abb. 2 Anordnung der Natrium- und Chloratome in einem Steinsalzkristall zu einem kubischen Raumgitter als Beispiel eines regelmäßigen Kristallgitters bzw. einer Kristallstruktur

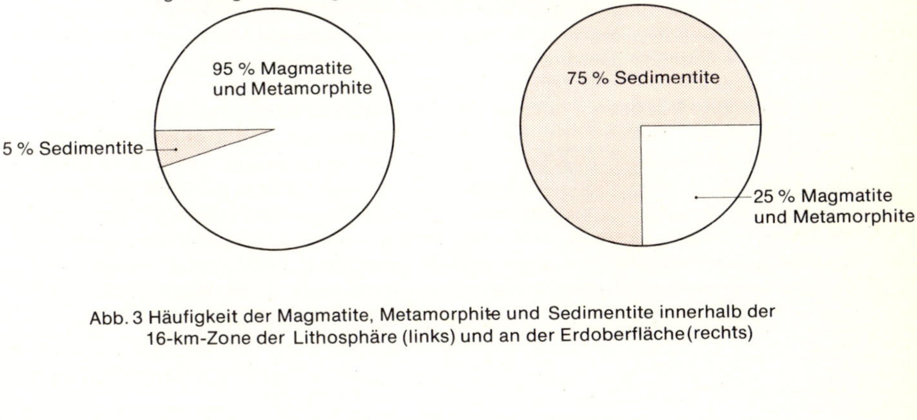

Abb. 3 Häufigkeit der Magmatite, Metamorphite und Sedimentite innerhalb der 16-km-Zone der Lithosphäre (links) und an der Erdoberfläche (rechts)

Erzlager I

Unter *Erz* versteht man im Bergbau metallhaltige Minerale und Mineralgemenge, aus denen auf ökonomisch vertretbare Art Metalle oder Metallverbindungen gewonnen werden können. Diese *Metalle* entstammen den Tiefengesteinen und magmatischen Körpern, in denen sie in feiner Verteilung vorkommen.

Bereits im Magmaschmelzfluß ist eine Trennung in Fraktionen verschiedener Dichte möglich. Schwermetallerze wie Chromit, Magnetit (Magneteisenstein), Titanit und Platin sowie auch reiner Kohlenstoff in Form der Hochdruckmodifikation Diamant sind z.B. an die schweren, basischen Bestandteile gebunden und sinken mit diesen nach unten. Sie können dort bis zur Abbauwürdigkeit angereichert sein.

Blei, Zink, Uran, Beryllium, Bor, Lithium u.a. sind mit den sauren Tiefengesteinen (v.a. Granit), die bei fallenden Temperaturen und fallendem Druck auskristallisieren, vergesellschaftet.

Hydrothermale Lagerstätten mit Erzen, die Gold, Silber, Kupfer, Blei, Nickel und Antimon enthalten, entstehen aus den übrigbleibenden wäßrigen und mit leicht flüchtigen Stoffen versehenen Spaltprodukten des Magmas.

Die wirtschaftliche Bedeutung dieser Lagerstätten geht wegen der bereits seit Jahrtausenden betriebenen Ausbeute in neuerer Zeit mehr und mehr zurück. Zunehmend an Bedeutung gewinnen dagegen solche Lagerstätten, in denen sich Erze nach physikalischer oder chemischer Verwitterung anderer Gesteine mechanisch oder chemisch angereichert haben. Nachdem die Gesteine verwittert oder durch chemische Umsetzungen zerstört wurden, werden die Zersetzungsprodukte vorwiegend vom Wasser transportiert, nach Dichte und Korngröße „sortiert" und von neuem abgelagert. Durch diesen Sortierungsprozeß werden viele nutzbare Ablagerungen erzeugt, die man im Falle der Erzablagerung als *Seifen* bezeichnet. Bei der Gewinnung von Gold, Diamant, Platin, Wolfram und anderen Schwermetallen spielen sie eine wichtige Rolle.

Durch die Einwirkung der Brandung in Flachmeeren und Strandbereichen älterer geologischer Zeiträume entstanden in großem Maße *Trümmerlagerstätten*. In flachen Meeresbuchten wurde der Eisenerzschutt der Landgebiete eingeschwemmt. Ein Beispiel hierfür bietet die Eisenerzlagerstätte von Salzgitter (Niedersachsen).

Viele Metallanreicherungen beruhen auf *Lösungs-* und *Ausfällungsvorgängen*. Besonders die Elemente Eisen, Kupfer, Aluminium, Chrom, Blei und Mangan gehen bei einer Reihe von Verwitterungsvorgängen lösliche Verbindungen ein. Die Löslichkeit der Minerale hängt dabei von Druck, Temperatur, Redoxpotential und pH-Wert ab. Auch die Tätigkeit von Organismen, vorwiegend Mikroben (d.h. deren Stoffwechselvorgänge), bewirkt die Ausfällung von Metallen und anderen Elementen.

Raseneisenerz bildet sich durch einen Oxidationsvorgang. Im Grundwasserbereich, der sehr sauerstoffarm ist, sind Verbindungen des zweiwertigen, mit Fe^{2+}-Ionen gebildeten Eisens (z.B. Eisen(II)-carbonat, $FeCO_3$) leicht löslich. Als Säure zur Eisenlösung kann in diesem Falle freie Kohlensäure des Grundwassers fungieren. In gelöster Form steigt das zweiwertige Eisen kapillar aus der reduzierenden Grundwasserzone in sauerstoffreichere oxidierende Zonen auf und wird dort bei Sauerstoffzutritt zu dreiwertigem Eisen oxidiert (Bildung von Fe^{3+}-Ionen), dessen Verbindungen wasserunlöslich sind. – Bei Mangan treten ähnliche Erscheinungen auf.

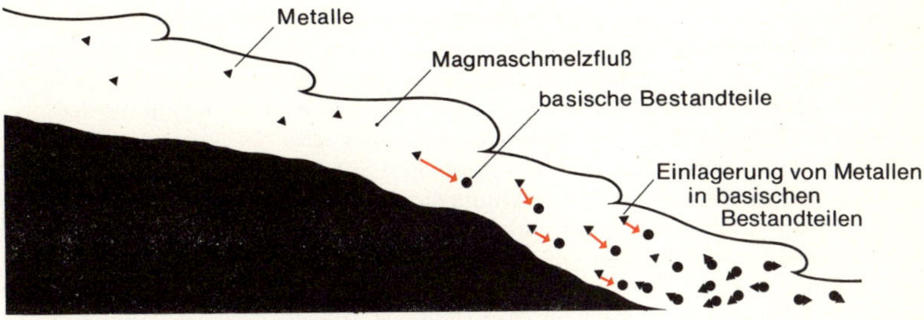

Abb. 1 Metalle hoher Dichte sinken im Magmaschmelzfluß nach unten und reichern sich an

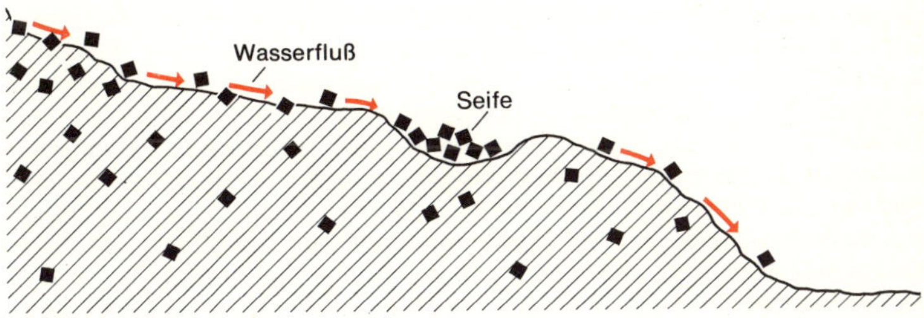

Abb. 2 Entstehung von Seifen

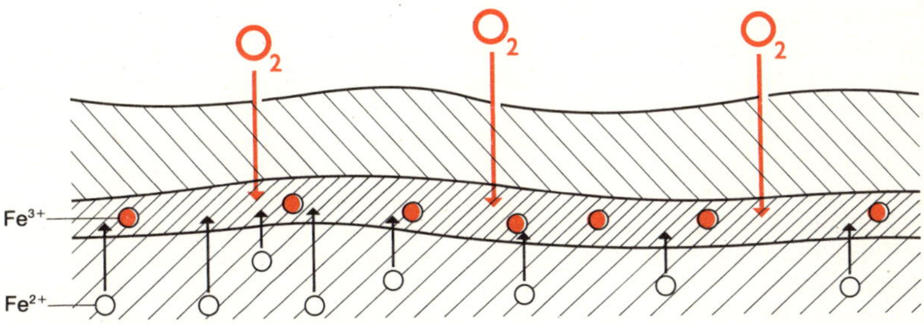

Abb. 3 Bildung von Raseneisenerz

Erzlager II

In sauerstoffreicher Umgebung kann *Eisen* (ebenso wie Mangan) im Wasser nur in Form von Kolloiden transportiert werden. Eine wichtige Rolle spielen dabei *Huminsäuren,* die das Eisen in Humatform überführen und zusammen mit den Schutzkolloiden der Huminsäuren eine stabile Lösung ergeben. Gelangen diese Kolloide in das salzreiche Meerwasser, so fallen sie als *Eisenhydrogele* aus und bilden nach Entwässerung Erze. Diese Gele können sich im Brandungsbereich an Sandkörnchen und deren Mineralen ablagern und die sog. *Oolithe* bilden. Die Eisenerzlagerstätten z.B. in Lothringen sind auf diese Weise entstanden.

Die Hauptlieferanten für *Aluminium* sind gelöste Feldspate. Während in feuchtkühlen Klimabereichen das Aluminium als Tonerdesilicat abgeschieden wird, bleibt die Kieselsäure im trockenheißen Klima unter schwach alkalischen Bedingungen in Lösung, und Tonerdehydrate (wie z.B. Bauxit) bilden wertvolle Lagerstätten.

Uranlagerstätten bilden sich in ähnlicher Weise wie Erdöllagerstätten (s. S. 118). *Uran* ist in Sulfatform leicht löslich, kommt in unterirdischen Gewässern allerdings nur in geringem Umfang vor. Wandert die Lösung in porösem Gestein in Bereiche organischer Sedimente (Bitumen, Kohle), so wirken diese als Reduktionsmittel und führen zur Ausfällung des Urans und zur Bildung von Uranoxid. Dafür müssen poröse Speichergesteine und Fallen (wie Erdölfallen) zur Verfügung stehen.

Kupfer ist in Form von Kupfersulfat ebenfalls leicht löslich und kann unter sauerstoffreichen Bedingungen weit transportiert werden. In stagnierendem Wasser unter sauerstofffreien Bedingungen in Anwesenheit von Schwefelwasserstoff fällt es als Kupfersulfid aus *(Kupferschiefer).*

In naher Zukunft wird der ständig steigende Rohstoffbedarf zunehmend aus *ozeanischen Lagerstätten* gedeckt werden müssen, über deren Umfang und Bedeutung allerdings noch nichts Genaues bekannt ist. Im Boden der Ozeane fand man *Konkretionen* (knollenartige Zusammenballungen von Mineralsubstanzen) bis zu Kartoffelgröße, die 25–40% Mangan, bis zu 2% Kobalt, Kupfer, Nickel, Titan, Eisen und seltene Metalle enthalten. Die Bildung solcher Konkretionen – man bezeichnet sie wegen ihres hohen Gehalts an Mangan auch als *Manganknollen* – geht möglicherweise rascher vonstatten, als der Weltverbrauch an diesen Metallen ansteigt. Die Vorräte an Manganknollen mit zahlreichen Nebenmetallen liegen nach Schätzungen bei 10^{12} t.

Phosphitknollen mit einem Phosphorgehalt von 31–32% Phosphorpentoxid (P_2O_5), die durch Metalle verunreinigt sind, finden sich auf den *Schelfen.* Der Umfang dieser für die Nahrungsproduktion und die Industrie wichtigen Phosphorvorräte wird auf 10^{10} t geschätzt.

Lagerstätten in den Küstenbereichen werden bereits seit einiger Zeit genutzt. So gewinnt man z.B. aus der Bucht von Tokio Eisenminerale. Aus Diamantseifen vor der Küste Südwestafrikas werden 5 Karat pro Tonne Abraum gefördert, während auf dem Festland nur 1 Karat pro Tonne gewonnen wird. Vor den Küsten Floridas finden sich Titanvorkommen, vor den Küsten Brasiliens und Indiens seltene Erden. Die Lagerstätten der Schelfe und der Tiefsee werden in zunehmendem Maße durch die ozeanologische Forschung, für die mehr und mehr Mittel von den großen Industrieländern aufgewandt werden, erkundet und für die Menschen nutzbar gemacht.

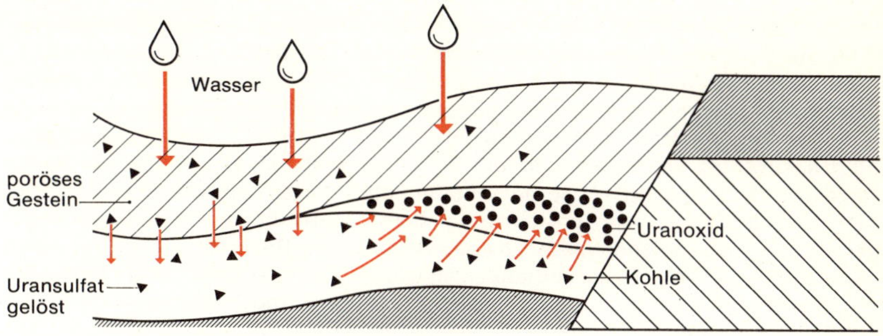

Abb. 1 Entstehung von Uranlagerstätten

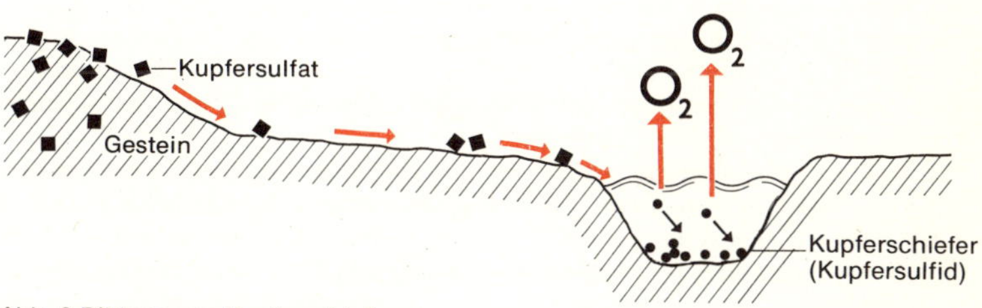

Abb. 2 Bildung von Kupferschiefer

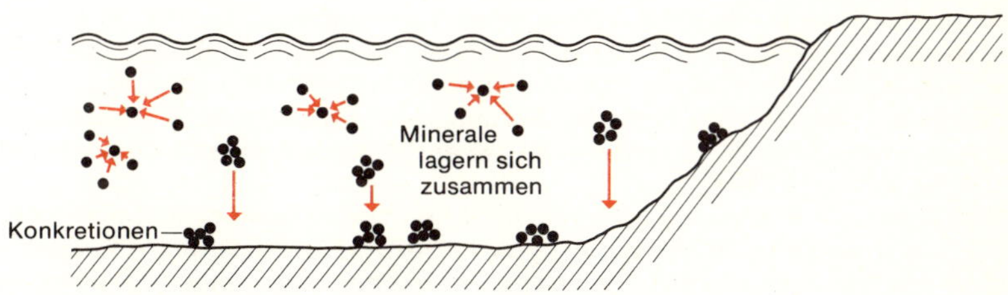

Abb. 3 Ozeanische Lagerstätten

Kohle – Kohlelager

Mit wachsendem Energiebedarf des Menschen nimmt die Nachfrage nach Kohle als Energieträger neben Erdöl und Erdgas wieder stärker zu. Neben Energie liefert Kohle auch wichtige Rohstoffe für die chemische Industrie.

Die Voraussetzungen für die *Bildung von Kohlelagern,* die eine immense Anreicherung inkohlter pflanzlicher Substanz darstellen, sind günstige klimatische Bedingungen, die starken Pflanzenwuchs fördern, sowie die Ablagerung dieser Pflanzensubstanz in Becken, in die vom Festland her nur wenig erodiertes Gesteinsmaterial gelangt. Außerdem mußten die Pflanzen im Wasser stehen oder doch rasch darin versinken, um dem möglichen Abbau durch aerobe Mikroorganismen zu Kohlendioxid und Wasser zu entgehen. Aus der Beobachtung, daß in vielen Lagerstätten mächtige Flöze vorhanden sind bzw. mehrere übereinander bestehen, kann geschlossen werden, daß die Becken langsam und in Etappen absanken, wobei sich während der Stillstandszeiten eine neue Pflanzendecke bildete, die dann ihrerseits im Wasser versank. Sog. *Stubbenhorizonte* in den Kohlelagern mit aufrechtstehenden Stammresten und bewurzelten Stümpfen von Bäumen am Grund von Steinkohleflözen beweisen, daß sich die Kohle am Ort der Entstehung der pflanzlichen Ausgangssubstanzen gebildet hat. Sehr selten sind Lagerstätten aus zusammengeschwemmtem Material.

Zunächst vertorft das im Wasser unter weitgehendem Luftabschluß abgelagerte Material. Dabei bilden sich aus der hochpolymeren *Zellulose,* dem Hauptbestandteil der Pflanzenmasse, *einfache Zucker,* die ihrerseits zur Polymerisation neigen. Auch *Eiweißstoffe* und aromatische Zellbestandteile wie *Lignin* werden chemisch und mikrobiell unter Abspaltung von Kohlendioxid und Wasser zu braunen *Humusstoffen* umgebildet. Je nach Zersetzungsgrad sind im Torf die ursprünglichen Pflanzenstrukturen noch erkennbar.

Im weiteren Verlauf der *Inkohlung* wird der Anteil an Kohlenstoff durch weiteren Verlust an Hydroxylgruppen (OH-Gruppen), Wasser und Methan erhöht. In der so entstehenden *Braunkohle* sind die Pflanzenstrukturen kaum noch erkennbar. Dieser Prozeß wird v.a. durch die steigende Temperatur beim Absenken der Torfschichten bewirkt. Die Verdichtung der Braunkohlenmasse führt dabei zum Verlust von Porenwasser, so daß Braunkohle bei hohem Druck das Aussehen von Steinkohle annehmen kann.

Je nach dem Grad der Inkohlung werden bei der Braunkohle *Erdbraunkohle, Weichbraunkohle* und *Hartbraunkohle* unterschieden. Für die Nutzung der Braunkohle von Bedeutung ist deren *Brikettierbarkeit.* Bei Kohlen, die unter alkalischen, nährstoffreichen Bedingungen (Niedermoor) hervorgegangen sind, ist die Pflanzensubstanz stark zersetzt, wobei sich hochpolymere Huminsäuren gebildet haben. Solche Kohlen sind wenig „brikettierfreundlich". Kommen die Braunkohlen dagegen aus sauren, nährstoffarmen Hochmooren, bei denen die Pflanzensubstanz nur geringfügig durch Bakterien und Pilze abgebaut und daher noch gut erhalten ist, sind sie gut „brikettierbar".

Während des Übergangs vom Braunkohlen- in das Steinkohlenstadium werden die entstandenen Huminsäuren weitgehend zerstört. Dabei wird Methan abgegeben, und die ursprünglich gasreiche *Steinkohle* wird immer gasärmer und schließlich zur *Magerkohle* und zum *Anthrazit.*

Steinkohlebildung ist bereits aus dem als Präkambrium bezeichneten Erdzeitalter (über 570 Millionen Jahre zurückliegend) bekannt. In Skandinavien wird Kohle, die aus Devonschichten stammt, gewonnen. Die wertvollsten Kohlelager der Erde stammen aus dem Karbon und Perm. Die bedeutendsten Braunkohlelager haben sich im Tertiär gebildet.

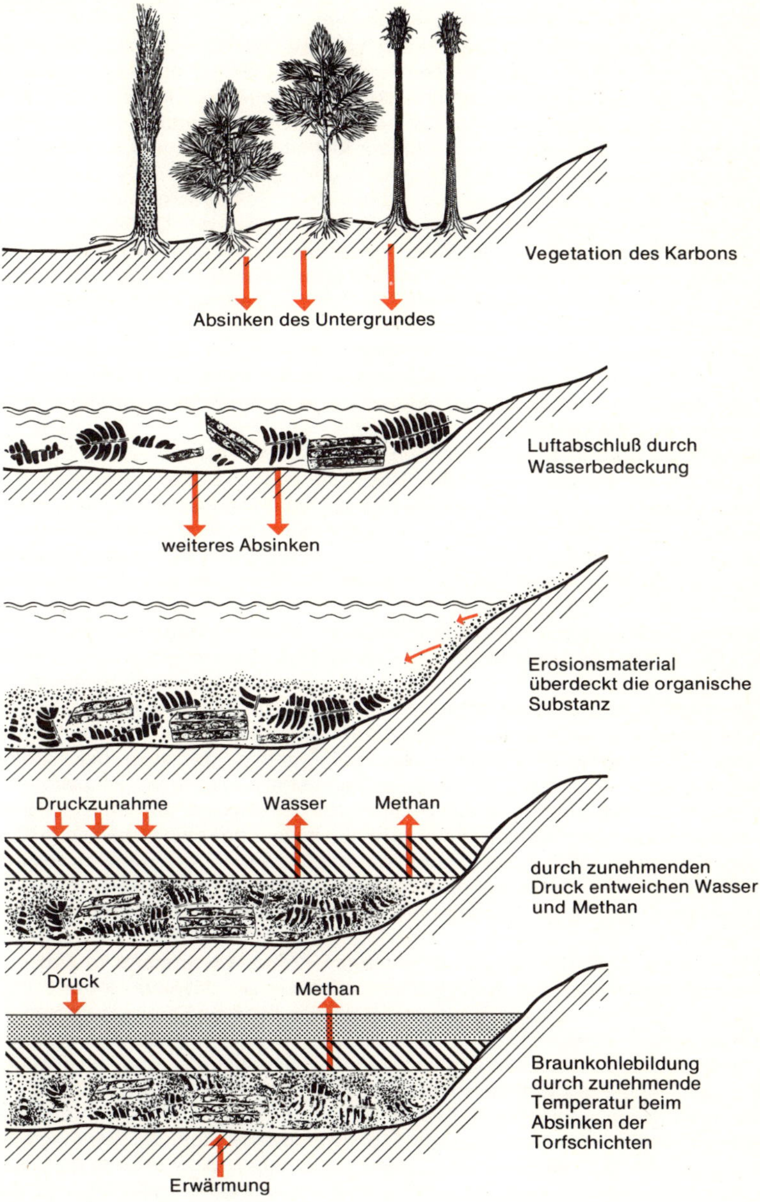

Abb. Die Entstehung von Kohle

Erdöl und Erdgas – ihre Entstehung

Erdöl und Erdgas sind derzeit in der Welt die wichtigsten Energieträger und begehrte Rohstoffe für die chemische Industrie.

Erdöl stellt zum größten Teil ein Gemisch aus einigen Hunderten bis Tausenden von Kohlenwasserstoffen dar; in vielen Erdölen sind sie alleiniger Bestandteil. In anderen kommt eine größere Zahl weiterer organischer Verbindungen hinzu, zu denen Ölsäuren, Asphaltene, Harze und eine Reihe von Schwefel- und Stickstoffverbindungen gehören. Die unübersehbare Vielfalt der *Kohlenwasserstoffe* resultiert aus der Vierwertigkeit des Kohlenstoffs und den zahlreichen Verknüpfungsmöglichkeiten seiner Atome: bei den *aliphatischen Kohlenwasserstoffen* in Form von Ketten unterschiedlicher Länge mit Einfach-, Doppel- und Dreifachbindungen der Atome; bei den *aromatischen Kohlenwasserstoffen* in Form von einzelnen oder verschmolzenen Ringen unterschiedlicher Größe und Gestalt bzw. mit unterschiedlicher Zahl von verbundenen Kohlenstoffatomen (v. a. sechsgliedrige Benzolringe), die außerdem Seitenketten besitzen können. Im Erdöl enthaltene *Harze* und *Asphaltene* sind hochmolekulare organische Verbindungen; sie geben den Ölen die dunkle Farbe und erhöhen deren Viskosität. Die *Schwefel-* und *Stickstoffverbindungen* sind Ketten- oder Ringverbindungen, in denen Kohlenstoffatome durch Schwefel- oder Stickstoffatome ersetzt sind.

Die Erklärung der *Erdölentstehung* ist eines der schwierigsten Probleme geologischer Forschung. Fast alle Tatsachen sprechen für eine *organische Entstehung* aus Zersetzungsprodukten pflanzlicher und tierischer Organismen, die sich in den Schlammen der Gewässer niederschlugen, hier wegen Fehlens von Sauerstoff vor sofortiger Verwesung bewahrt blieben und nun *Gesteinsbitumen* bildeten. Es ergibt sich nun bei der Erklärung der Erdölentstehung insofern eine Schwierigkeit, als die Organismen weitgehend aus oxidierten Verbindungen bestehen, Erdöl jedoch aus reduzierten (sauerstofffreien). Reduktion ist aber nur durch Energiezufuhr denkbar. Durch Erdwärme kann zumindest in der ersten Phase der Umbildung die benötigte Energie nicht geliefert worden sein, da die Erdöle noch Bausteine des Blattgrüns und des Blutfarbstoffs enthalten, die eine höhere Temperatur als 200°C nicht vertragen und außerdem nur in sauerstofffreier Umgebung beständig sind. Eine mögliche Reaktion, die auch bei niederen Temperaturen und anaerob (ohne freien Sauerstoff) abläuft, ist die *biologische Reduktion* durch Bakterien. In den Sedimenten des Wassers und im Öl sind eine ganze Reihe anaerober Bakterien bekannt, die in der Lage sind, organische Stoffe zu reduzieren und unter Entwicklung von Methan, Äthan und weiteren leichten, gasförmigen Kohlenwasserstoffen zu Fettsäuren und anderen langkettigen Kohlenwasserstoffen umzubauen. Diese Kohlenwasserstoffe stellen allerdings noch kein Erdöl dar.

Die weitere Umwandlung der langkettigen Kohlenwasserstoffe in Erdöl mit seinen leichten *Paraffinen* (5–7 Kohlenstoffatome pro Molekül) kann nur bei niedriger Temperatur und in Anwesenheit aktiver Tone als Katalysatoren oder in größeren Tiefen bei hohem Druck durch thermische Spaltung ablaufen. Bei dieser *thermischen Spaltung* werden langkettige Kohlenwasserstoffe zum Teil in Methan und andere leichte gasförmige Kohlenwasserstoffe zerlegt.

Auf diese Weise entsteht auch *Erdgas,* das neben den gasförmigen Kohlenwasserstoffen noch Kohlendioxid, Stickstoff, Schwefelwasserstoff und Beimengungen von Edelgasen enthalten kann. Man unterscheidet dabei *trockene Gase,* die fast nur aus Methan bestehen, *nasse Gase,* die höhere Kohlenwasserstoffe (Äthan, Propan u. a.) enthalten, sowie *saure Gase* mit Beimengungen von Schwefelwasserstoff.

Die Bildung von Erdöl und Erdgas stellt somit einen Prozeß dar, der sehr unterschiedliche Reaktionen (bakterielle und thermische Spaltung) einschließt und sich über lange Zeiträume hinzieht. Die Entstehung der jüngsten Erdöllagerstätten liegt ungefähr 1 Million Jahre zurück.

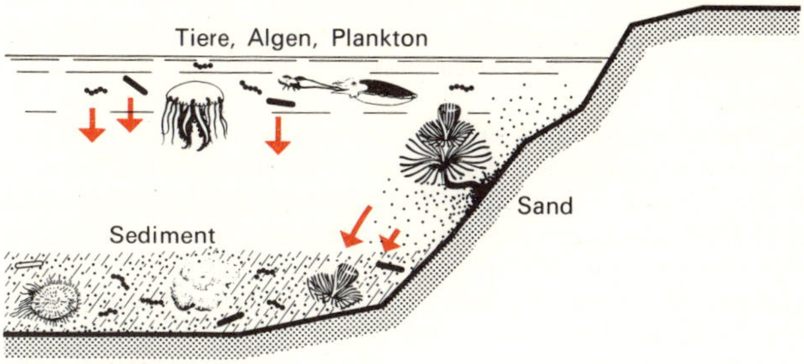

Abb. 1 Sedimentation

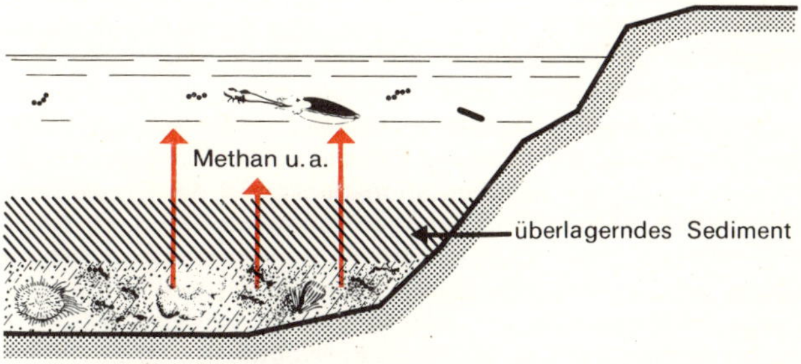

Abb. 2 Anaerobe Bakterien zersetzen die sedimentierten Organismen; Abgasen von leichtflüchtigen Kohlenwasserstoffen

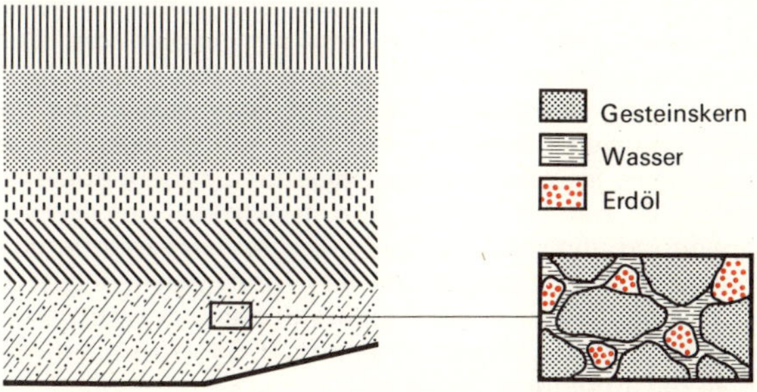

Abb. 3 Übereinanderlagerung von verschiedenen Sedimentschichten erhöht den Druck und die Temperatur; in den Gesteinsporen sammelt sich das entstehende Erdöl

Erdöllager

Die Erdölmuttergesteine sind vorwiegend feinkörnige Schlammablagerungen, in denen das Erdöl in feiner Verteilung vorhanden ist. Der Gehalt dieser Sedimente an organischer Substanz ist mit 6–7 % nicht sehr hoch. Von diesem Anteil sind jedoch nur Bruchteile in Kohlenwasserstoffe umgebildet, so daß man noch nicht von Lagerstätten im eigentlichen Sinne sprechen kann. Damit Erdöl Lagerstätten bilden kann, muß es konzentriert werden, was durch Wanderung des Erdöls in den Gesteinsporen erfolgt.

Über die *Wanderbewegungen des Erdöls in den Gesteinen* gibt es verschiedene Hypothesen. Eine davon besagt, daß in Tiefen ab 1 500 m Druck und Temperatur so zunehmen, daß das Öl in einen gasförmigen Zustand übergeht und dadurch im Gestein wanderungsfähig wird. In flüssiger Phase kann das Öl in durchlässigem Gestein nur dann wandern, wenn die Gesteinsporen auf längeren Strecken mit Öl angefüllt sind und dadurch eine sog. kontinuierliche Phase gebildet wird.

Eine andere Erklärung der Erdölwanderung basiert auf der Vermutung, daß Erdöl bereits in einem frühen Stadium seiner Entstehung eine kolloidale Emulsion mit Wasser bilde. Da Meeressedimente sehr viel Wasser enthalten, besteht in ihnen eine kontinuierliche wäßrige Phase, mit der das Öl strömen kann. Gelangt das Erdölmuttergestein in Kontakt mit porösen, durchlässigen Gesteinen (z. B. Sandstein), so wird durch den Druck neuer überlagernder Sedimente Wasser und damit auch Erdöl in das poröse Gestein gepreßt. Öl und Wasser wandern in diesem Gestein bis zu einer Stelle, an der durch undurchlässiges Gestein (z. B. Tongestein) die Wanderung unterbrochen wird. Öl und Gas sammeln sich dann in einer sog. Falle. In den tieferen Teilen der Sedimentationsbecken ist der Druck der überlagernden Gesteine größer, so daß die Lösungen randwärts wandern. Das hat zur Folge, daß sich Erdöllagerstätten sehr stark in den Randbereichen konzentrieren.

Für die Annahme einer Erdölwanderung in wäßriger Dispergierung spricht die Tatsache, daß manche Erdöle nie in größeren Tiefen versenkt waren. Andere wichtige Indizien für die Wahrscheinlichkeit dieser Hypothese sind die größenmäßige Verteilung der Ölmoleküle und das Vorhandensein von Emulgatoren in den Wassern der Lagerstätten.

Erdölfallen sind zumeist in den porösen Gesteinen in den Scheitelbereichen von Antiklinalen (Sättel) zu finden, ferner in Gesteinen, die an Verwerfungen mit abdichtenden Eigenschaften anstoßen, und an Flanken von Salzstöcken und ähnlichen Zonen, die die Öle am Weiterwandern hindern. Da solche Fallen auch für Wasser undurchlässig sein können, bildet sich Randwasser aus, das meist einen hohen Salzgehalt aufweist. Daneben gibt es sog. *lithologische Fallen;* das sind Zonen, deren Gesteine im Vergleich zur Umgebung höhere Porosität und größere Poren aufweisen. Öl hat im Vergleich zum Wasser eine wesentlich kleinere Oberflächenspannung und versucht daher die größten verfügbaren Räume einzunehmen. Hat sich das Öl einmal in den großen Poren gesammelt, so bleibt es darin, da es gegen den Kapillardruck des Wassers in die kleinen Poren und Kapillaren nicht eindringen kann. Fallen dieses Typs sind z. B. Sandlinsen oder begrabene alte, mit grobem Material aufgefüllte Flußläufe.

Aus den Speichergesteinen wird das Öl durch *Sonden* entnommen (das sind mit Bohrtürmen niedergebrachte, entsprechend tiefe Bohrlöcher), in denen es durch den Druck der Gaskappe, den Druck des Wassers auf die Lagerstätte oder durch die Expansion des im Öl gelösten Gases bei Druckentlastung aufsteigt.

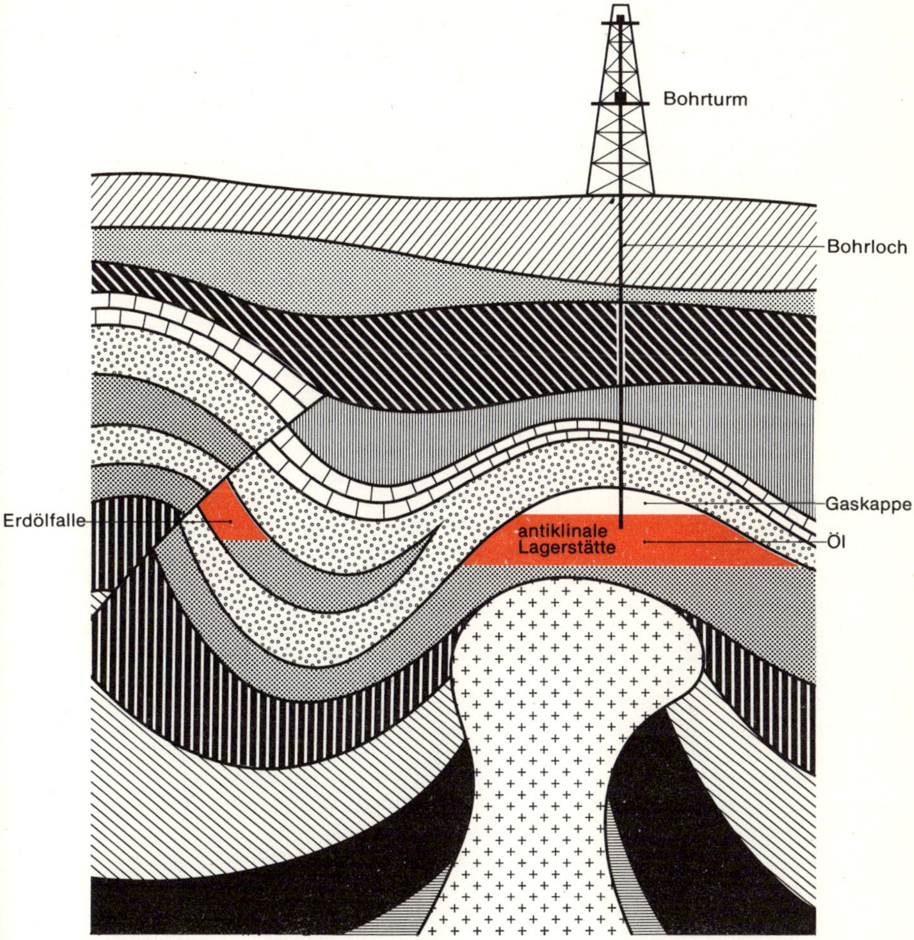

Abb. Erdöllager (schematisch)

Salzlagerstätten

Bei der Verwitterung der Gesteine (Eruptivgesteine) werden vor allem die Verbindungen der Erdalkalimetalle Calcium und Magnesium sowie der Alkalimetalle Natrium und Kalium gelöst, während die Oxide des Siliciums kaum löslich sind. Ein Teil des Kaliums wird der Verwitterungslösung durch Tonminerale, die das Kalium einbauen, entzogen. Durch die Flüsse werden im wesentlichen Kalium, Calcium und Natrium, aber auch Magnesium, gelöstes Kohlendioxid und Schwefelverbindungen bis in die Ozeane hinaus verfrachtet, wo sie schließlich Salze bilden.

Im freien Meerwasser ist die Salzkonzentration zu gering, als daß die Salze ausfallen könnten. Sie kann aber durch Verdunsten des Wassers bis zu einer Grenzkonzentration erhöht werden, bei der eine *Ablagerung gefällter Salze* erfolgt. Dies setzt jedoch die Abschnürung von Meeresbecken voraus, in denen bestimmte Bedingungen herrschen müssen. Der Verdunstungsverlust muß den Wasserzustrom übersteigen. Außerdem müssen die Ränder des Binnensees oder der Meeresbucht so flach sein, daß dem Becken vom Land her kein Material mehr zugeführt wird.

Zuerst setzen sich die am schwersten löslichen *Carbonate* und *Sulfate* ab. Dies kann auch bei sehr geringen Konzentrationen biogen durch Meeresorganismen geschehen, die über ihren Stoffwechsel den Kalk als Gerüstsubstanz in ihre Schalen einbauen. Mit dem sog. *Foraminiferenschlamm,* der aus den Schalen abgestorbener Einzeller und aus Tonsubstanzen aufgebaut ist, sind etwa 2/5 des Tiefseebodens bedeckt. In der weiteren Folge der Ausfällung und Sedimentation kommen die *Chloride,* darunter das *Steinsalz* und schließlich das am leichtesten lösliche *Kalisalz.*

Die Senkung des Beckenbodens, die Anhebung der Beckenränder und das Einströmen neuer Wassermassen bewirken, daß sich der Salzbildungsprozeß wiederholt. Die *Salzbildung* erfolgt demnach nur während eines Ruhezustandes des betreffenden Teils der Erdkruste. In manchen Bereichen kann man mehrere solcher Zyklen nacheinander erkennen. Die in Zeiten verstärkter Erosion der umgebenden Landfläche in das Becken eingeschwemmten Tone schützen die Salzlager vor Auslaugung.

Salzbildung ist sowohl in Binnenseen als auch in Meeren möglich. Die Salze unterscheiden sich jedoch in ihrer chemischen Zusammensetzung, was deshalb erstaunlich ist, weil nicht nur die Binnenseen, sondern auch die Meere ihren Mineralbestand von den Landoberflächen erhalten. Dies läßt den Schluß zu, daß die Ozeane einen ursprünglichen Salzbestand aufweisen, der durch die vom Land her einströmenden Salzfrachten nur schwach verändert wurde.

Da die verschiedenen Salze zeitlich nacheinander ausfallen, lagern sie sich einzeln übereinander ab. Auch vom Beckenrand zur Mitte hin werden zuerst tonige und karbonatische Gesteine abgesetzt, weiter im Beckeninneren die Sulfate und schließlich die Chloride. Auf diese Weise entstehen *Salzbecken* mit ihrer typischen Salzverteilung.

Aus Salzlagern, die durch Sedimente überlagert sind, können sich *Salzstöcke* bilden. Dies beruht darauf, daß Salz bereits bei verhältnismäßig geringen Spannungsunterschieden in den Sedimenten zu fließen beginnt. Die Spannungsunterschiede werden z. B. durch Bewegungen in der Erdkruste oder unterschiedlichen Abtrag der Deckgebirge erzeugt. Das Salz fließt nun in Zonen geringeren Drucks, häuft sich an und bildet sog. *Salzkissen.* An dieser Stelle wird das Deckgebirge angehoben; an der Stelle, an der das Salz abgewandert ist, sackt es nach. Durch den weiteren Abtrag des aufgewölbten Gesteins, das sich in der danebenliegenden Senke sammelt, wird dort der Auflagedruck weiter erhöht und somit der Druckunterschied vergrößert. Dadurch fließt weiteres Salz zum Salzstock. Dieser Vorgang kann sich solange fortsetzen, bis das Salz an die Erdoberfläche durchgebrochen ist.

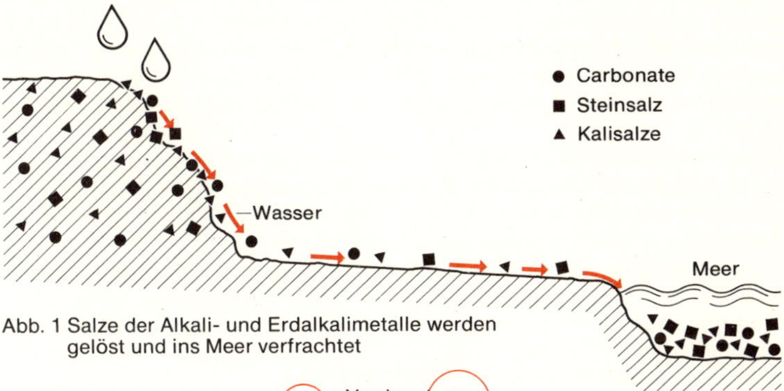

Abb. 1 Salze der Alkali- und Erdalkalimetalle werden gelöst und ins Meer verfrachtet

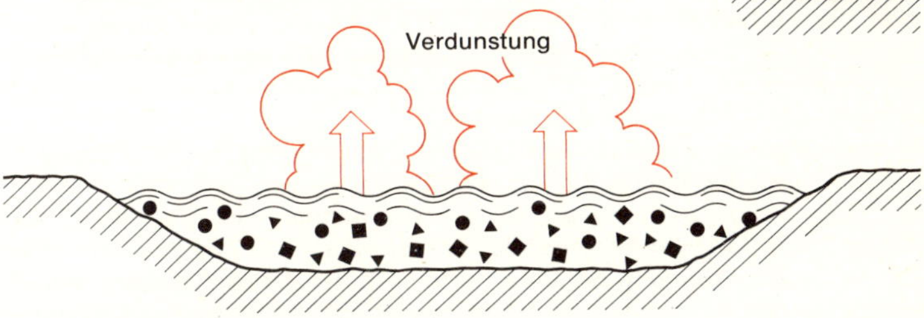

Abb. 2 Hohe Verdunstungsrate bedingt Salzanreicherung in Gewässern mit geringem Zufluß

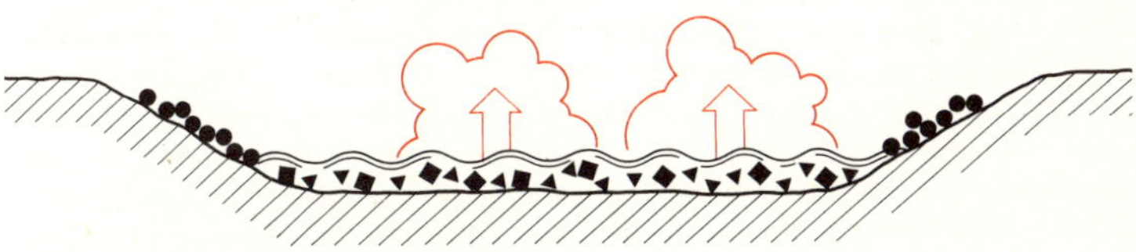

Abb. 3 Sedimentation der schwerlöslichen Carbonate am Gewässerrand

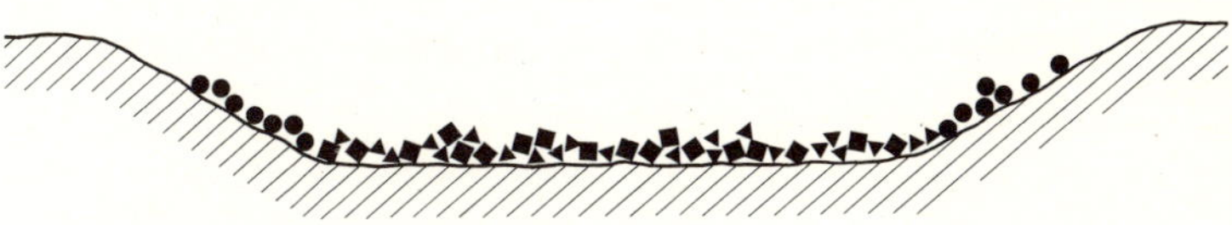

Abb. 4 Abgeschlossene Sedimentation in Zonen unterschiedlicher Löslichkeit

Physikalische Verwitterung

Unter physikalischer Verwitterung versteht man den mechanischen Zerfall der Gesteine ohne Veränderung ihrer chemischen Zusammensetzung, hervorgerufen durch Druckabnahme, Temperaturwechsel, Spaltenfrost und Salzsprengung. Werden kompakte Gesteinsmassen abgetragen, so verringert sich der Druck auf die darunterliegenden Schichten, die sich infolgedessen ausdehnen können. Während des Dehnungsvorgangs treten in der sich dehnenden Schicht Risse, Klüfte und Spalten auf. Das so zerklüftete Gestein ist nun den übrigen Verwitterungskräften ausgesetzt.

Die *Temperaturverwitterung* beruht auf zwei physikalischen Eigenschaften der Gesteine: 1. Es bestehen Unterschiede im Ausdehnungskoeffizienten der gesteinsbildenden Minerale, d. h., verschiedene Minerale dehnen sich bei Erwärmung oder Abkühlung unterschiedlich stark aus, so daß an den Grenzflächen Spannungen entstehen, die zum Bruch führen. 2. Auf Grund der geringen Wärmeleitfähigkeit tritt zum Inneren der Gesteinsmasse hin ein Temperaturgradient auf, d. h., die Temperatur der Außenschicht (einige Millimeter bis Zentimeter) weicht wesentlich von der Innentemperatur ab, so daß an Temperaturgrenzflächen Spannungen entstehen, die das Gestein dort sprengen. Der Einfluß der Temperaturverwitterung ist dann besonders stark, wenn die Temperaturen und die Geschwindigkeit des Temperaturwechsels extreme Werte erreichen, z. B. in Wüsten (Unterschied Tag/Nacht ca. 50–60 °C) und Hochgebirgen.

Die *Frostverwitterung* durch Spaltenfrost beruht darauf, daß Wasser beim Gefrieren sein Volumen um ca. 10% erhöht. Dringt Wasser in Gesteinsspalten ein, so bildet sich beim Gefrieren an seiner Oberfläche eine Eisschicht, die als „Eispfropfen" das darunter anstehende Wasser einschließt. Es wird bei weiterem Gefrieren an der Ausdehnung gehindert und entfaltet dadurch Kräfte, die auf das umgebende Gestein einwirken. Der Höchstdruck, der bei Eissprengung auftreten kann, wird mit 220 MPa (= 2200 bar) angegeben. Die Frostverwitterung ist im Hochgebirge durch häufigen Wechsel von Gefrieren und Auftauen bei reichlichen Niederschlägen meist intensiver als die Temperaturverwitterung.

Eine weitere Möglichkeit der mechanischen Zerkleinerung stellt die *Salzsprengung* dar. Lösliche Stoffe werden in trockenen Gebieten nicht ausgewaschen, sondern bei Verdunsten des Wassers in der äußeren Gesteinsschicht angereichert. Verschließen Salzkristalle die von übersättigten Salzlösungen gefüllten Hohlräume, so werden erhebliche Sprengkräfte wirksam, wenn die übersättigte Lösung auskristallisiert, da die Summe der Volumina der gesättigten Lösung und der ausgeschiedenen Kristalle größer ist als das Volumen der übersättigten Lösung. Weiterhin beruht Salzsprengung auf der Volumenzunahme von Salzkristallen bei der Hydratbildung. Dabei können Gegendrücke von mehreren 100 bar überwunden werden. Die Volumenzunahme bei der Hydratation resultiert daraus, daß sich Wassermoleküle an der Kristalloberfläche anlagern, kristallbildende Ionen sich aus dem Kristallgitter lösen und von Wassermolekülen umgeben werden. Häufiger Wechsel von Austrocknung und Durchfeuchtung erhöhen die Wirksamkeit dieses Vorgangs.

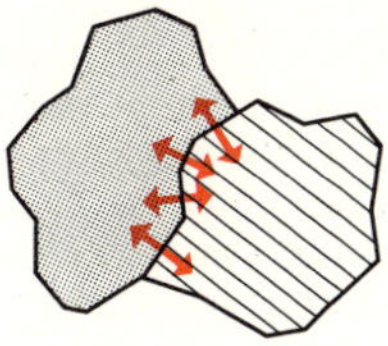

Abb. 1 Auftreten mechanischer Spannungen (Druck- oder Zugkräfte) an der Grenzfläche zweier Gesteinsbestandteile mit unterschiedlichen Wärmeausdehnungskoeffizienten

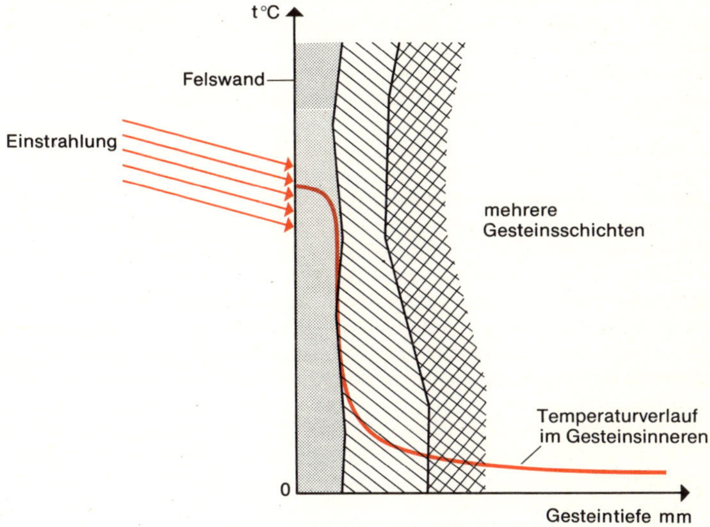

Abb. 2 Temperaturverwitterung infolge Auftretens eines starken Temperaturgradienten

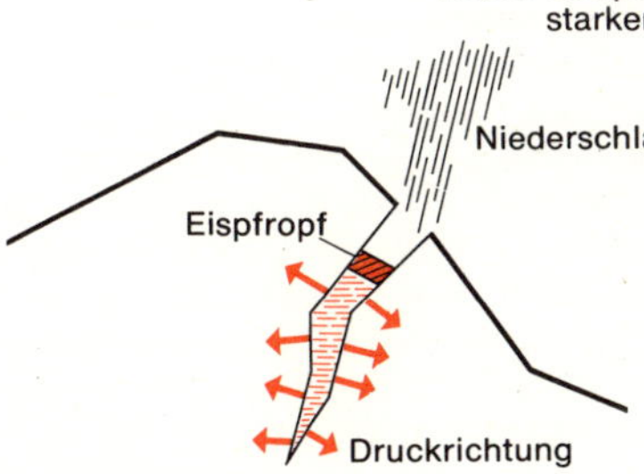

Abb. 3 Frostverwitterung

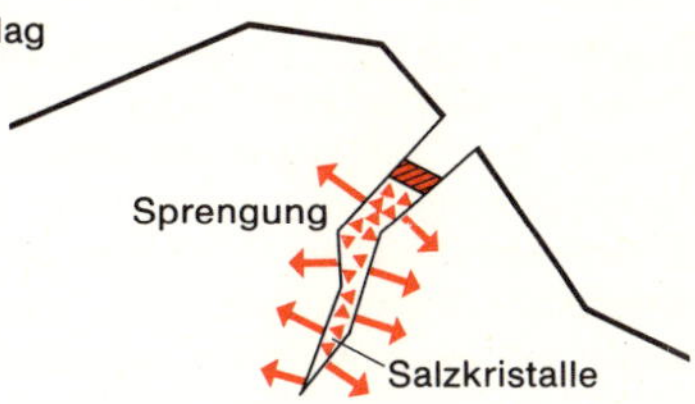

Abb. 4 Salzsprengung

Chemische und biologische Verwitterung I

Wichtige Vorarbeit für die chemische und biologische Verwitterung wird durch die Zerklüftung der Gesteinsoberfläche bei den Vorgängen der physikalischen Verwitterung (s. S. 122) geleistet. Die *chemische Verwitterung* beinhaltet die Vorgänge der Lösung, Zersetzung und *Hydratation* (Eigenschaft von Mineralen, Wasser aufzunehmen und an ihren Molekülen anzulagern), deren Ausmaß und Stärke u. a. von der Oberflächenstruktur des Gesteins bestimmt wird. Zerklüftete Gesteinsoberflächen bieten den chemischen Agenzien bessere Angriffsflächen.

Wichtigstes Agens bei den Vorgängen der chemischen Verwitterung ist das *Wasser.* Seine Wirksamkeit wird durch organische und anorganische Säuren verstärkt; auch der Faktor *Temperatur* beeinflußt die Verwitterungsvorgänge erheblich.

Die *Lösungsverwitterung* betrifft in erster Linie die leicht löslichen Alkali- und Erdalkalisalze. In feuchten Klimagebieten kommen vor allem die sehr leicht löslichen Kalisalze niemals an der Erdoberfläche vor. In halbtrockenen und trockenen Gebieten (Wüsten) treten zuweilen das weniger leicht lösliche Steinsalz, Salpeter u. a. zu Tage. Die Lösungsverwitterung wird durch im Wasser gelöste *Kohlensäure* verstärkt. Sie entsteht aus Kohlendioxid, das von der Luft oder durch Zersetzung der organischen Substanz aus dem Boden in das Wasser gelangt. Der überwiegende CO_2-Anteil bleibt gasförmig im Wasser erhalten; nur ein geringer wird in Kohlensäure umgewandelt. Dies hat vor allem auf die schwerlöslichen Carbonate des Calciums und Magnesiums Auswirkungen, die in leichter lösliche Hydrogencarbonate umgewandelt werden. Bei niedrigen Wassertemperaturen ist mehr Kohlendioxid im Wasser gelöst; das Lösungsgleichgewicht ändert sich zugunsten des jeweiligen Hydrogencarbonats, das durch freies Kohlendioxid in Lösung gehalten wird.

Bei Temperaturerhöhung entweicht das CO_2, und das den Kalkstein bildende *Calciumcarbonat* ($CaCO_3$) bzw. *Magnesiumcarbonat* ($MgCO_3$) fällt aus. In warmen Klimabereichen wird daher gelöstes Calciumcarbonat bereits in kurzer Distanz vom Lösungsgebiet wieder abgeschieden (Kalksinterbecken). Da Kalkgesteine weit verbreitet sind, hat diese Art der Lösungsverwitterung große Bedeutung. Sie verursacht die Bildung von Dolinen (Erdfälle) sowie großer Spalten und Höhlen (z. B. Bärenhöhle bei Erpfingen; Blautopf in Blaubeuren).

Siliciumverbindungen wie *Quarz* und die *Silicate* (Feldspäte, Glimmer, Hornblenden, Olivine u. a.), die wichtigsten gesteinsbildenden Minerale, werden von den bisher beschriebenen Verwitterungsmechanismen nicht betroffen. Sie werden unter dem Einfluß der Wasserstoff- und Sauerstoffionen des dissoziierten Wassers zersetzt. Diesen Vorgang bezeichnet man als *Hydrolyse.* Die Wasserstoffionen spalten die Silicate in ihren sauren und basischen Anteil, nämlich in ihre Kieselsäure und in die Hydroxide der in ihnen enthaltenen Metalle; dabei geht die Kieselsäure kolloidal in Lösung. Wird die Kieselsäure weitgehend oder vollständig weggeführt, so werden im Rückstand die Hydroxide ausgefällt, insbesondere das Aluminiumhydroxid bei den Feldspäten und anderen Alumosilicaten, Eisenhydroxid bei den Olivinen. Letzteres bewirkt eine intensive Rotfärbung des Verwitterungsprodukts (z. B. Bauxit). Dieser Verwitterungstyp ist vorwiegend im Übergangsbereich zwischen schwachfeuchtem und schwachtrockenem Klima zu finden. Im feuchten Klimabereich ist die Löslichkeit der Kieselsäure und damit die Auswaschung durch hohen Humusgehalt stark eingeschränkt. Dadurch entstehen neue Silicium-Aluminium-Verbindungen, die *Tonminerale.* Durch diese Art der Verwitterung entsteht z. B. aus feldspatreichem Gestein die Porzellanerde, das *Kaolin.*

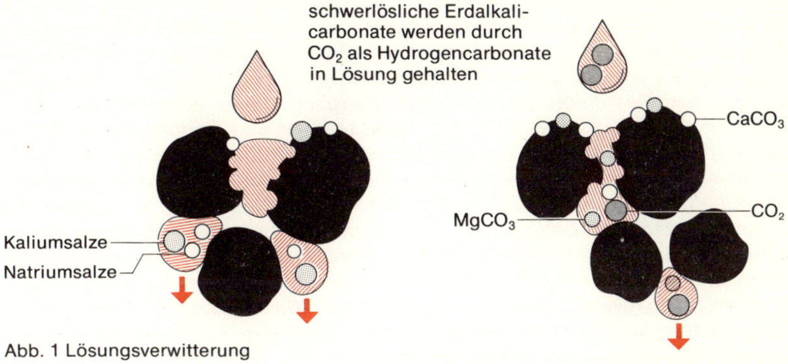

Abb. 1 Lösungsverwitterung

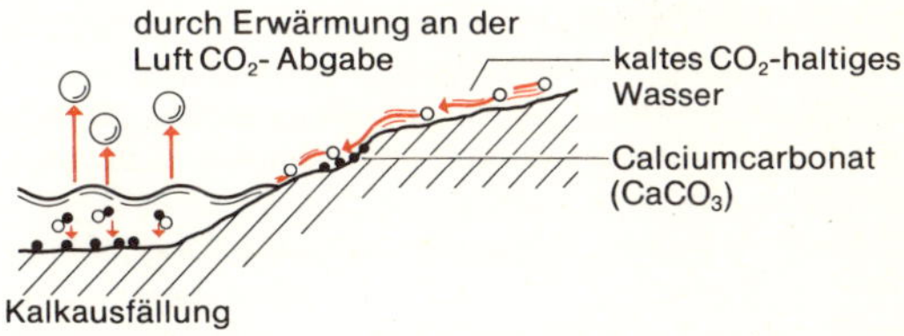

Abb. 2 Carbonatlösung

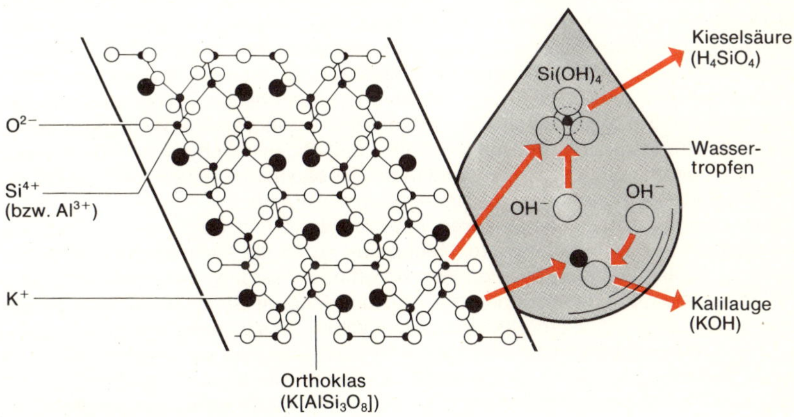

Abb. 3 Hydrolyse eines Feldspats (Orthoklas)

Chemische und biologische Verwitterung II

Die in den oberen Bodenbereichen unter der Einwirkung des im Bodenwasser gelösten Sauerstoffs ablaufende *Oxidationsverwitterung* hängt wesentlich vom Sauerstoffpartialdruck und vom pH-Wert des Wassers ab, in dem unterschiedliche Bodenstoffe gelöst sind. Allgemein geht bei *Oxidation* eines Stoffs (in Ionenform) eine niedrigerwertige reduzierte Form infolge Elektronenabgabe in eine höherwertige oxidierte Form über (beide Formen bilden ein Redoxpaar), und zwar unter gleichzeitiger *Reduktion* (umgekehrter Übergang durch Elektronenaufnahme) eines anderen Stoffsystems. Es findet insgesamt eine sog. Redoxreaktion statt. Im Sauerstoffgleichgewicht mit der Luft ist nun sauerstoffhaltiges Bodenwasser mit dem pH-Wert 7 in der Lage, zweiwertiges Eisen (Fe^{2+}-Ionen) in dreiwertiges Eisen (Fe^{3+}-Ionen) zu überführen: Eisen(II)-carbonat, Eisen(II)-silicate und andere Eisen(II)-Minerale zerfallen unter Bildung von Eisen(III)-oxid. Die Verwitterung eines Gesteins ist daher oft mit dem Auftreten intensiv roter oder rostbrauner Farben verbunden, da zahlreiche Minerale Verbindungen des zweiwertigen Eisens enthalten. Auch Manganverbindungen werden in dieser Weise oxidiert (spielt eine Rolle bei der Bildung von Brauneisenstein), ebenfalls Schwefel- und andere Verbindungen, wobei Sulfide zu Sulfaten werden.

Auch die *Rauchgasverwitterung* ist zur chemischen Verwitterung zu zählen. Durch Verbrennungsprozesse werden in Großstädten und Industriegebieten in großem Umfang Kohlendioxid, Schwefeldioxid und andere in Verbindung mit Niederschlagswasser Säuren bildende Stoffe abgegeben. Mit dem Regenwasser fallen sie auf das Mauerwerk, an dem sie z. B. durch Säureverwitterung oder Salzsprengung wirken (s. auch S. 122).

Unter dem Begriff *biologische Verwitterung* faßt man alle Verwitterungserscheinungen zusammen, bei denen Pflanzen beteiligt sind. Nur geringe Bedeutung erlangt die physikalisch wirkende biologische Verwitterung. Da sich die wühlende Tätigkeit bodenbewohnender Tiere weitgehend auf den oberen Teil der lockeren Sedimente beschränkt, ist nur die Sprengwirkung der Pflanzenwurzeln von Bedeutung (z. B. der Weinrebe).

Die überwiegende Wirkung der Pflanzen ist chemischer Natur. Die Oberfläche der Gesteine wird von *niederen Pflanzen* wie Algen, Moosen, Flechten und Pilzen besiedelt, die in feine Risse eindringen. Sie zersetzen dort das Gestein allmählich, indem sie Nährstoffe und partiell auch Kieselsäure (z. B. Kieselalgen) der Bodenlösung entziehen und damit den Silicatzerfall begünstigen. Das Ausscheiden komplexbildender organischer Verbindungen wie Salicylsäure, Weinsäure, Zitronensäure, Brenzcatechin, Ketogluconsäure und Salicylaldehyd führt zur Lösung von Metallionen aus den Silicaten und deren Einbau in Komplexverbindungen, die mit dem Niederschlagswasser verlagert werden können.

Weiterhin verstärken die *höheren Pflanzen* vor allem durch den Entzug von Pflanzennährstoffen aus der Bodenlösung und durch die Ausscheidung komplexbildender Stoffe die Verwitterung. Wasserstoffionen werden von den Pflanzenwurzeln abgegeben, die die Kationen (z. B. Kalium, Magnesium und Calcium) an den Tonmineralen und den organischen Austauschern des Bodens austauschen. Die so in den Mineralbestand eingebrachten Wasserstoffionen wirken sich wiederum auf die Hydrolyse der Silicate (s. auch S. 124) verstärkend aus.

Daneben erhöhen abgestorbene, zu Boden gefallene Pflanzenteile die mikrobielle Aktivität. Auch bei der Zersetzung der Streustoffe werden organische Säuren frei, die zur Verwitterung der Minerale beitragen.

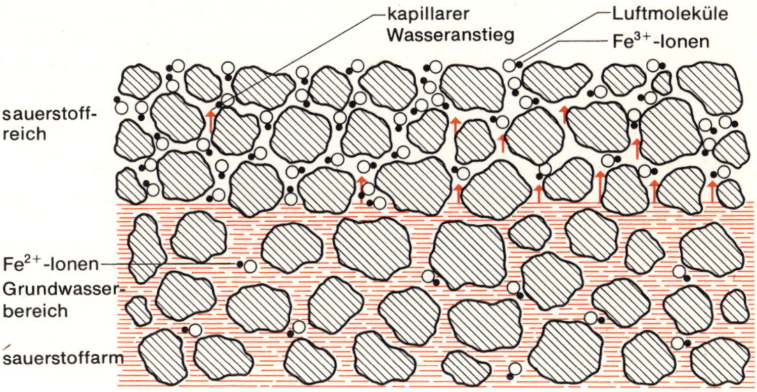

Abb. 1 Oxidationsverwitterung

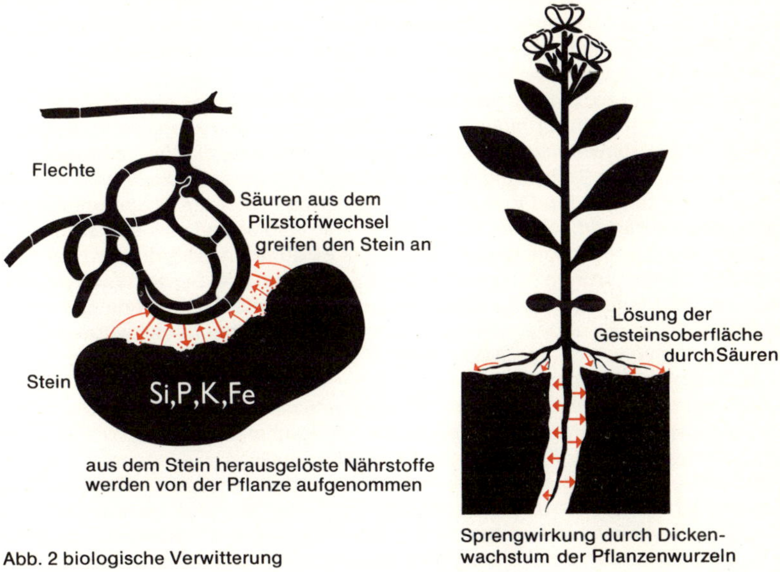

Abb. 2 biologische Verwitterung

Die Biosphäre – Ökosysteme

Die *Biosphäre* als der gesamte von Organismen bewohnte Teil der Erde reicht vom Bodenbereich (Pedosphäre, s. S. 88) über den Bereich der Gewässer (Hydrosphäre, s. S. 64) bis hinein in die bodennahen Luftschichten der Atmosphäre (s. S. 40). Die Funktionseinheiten der Biosphäre sind die *Ökosysteme* in Form der Wälder, Savannen, Seen, Meere usw., die sich ständig weiterentwickeln und dabei bis zu einem gewissen Grad zur Selbstregulation fähig sind. Ökosysteme sind Wirkungsgefüge von Lebensgemeinschaften (s. auch Biozönose, S. 132) und nichtbiologischen Umweltfaktoren.

Die Zusammensetzung und Ausprägung der *Lebensgemeinschaften* in Ökosystemen wird u. a. von *Klimafaktoren* wie Niederschlagshöhe, Sonneneinstrahlung, Lufttemperatur und Luftbewegung bestimmt. So ist die zunehmende Verbreitung der *Stechpalme* (Ilex aquifolium) nach Osten zu klimatisch bedingt. Die Ostgrenze ihrer Verbreitung fällt mit einer gedachten Linie zusammen, die alle Orte miteinander verbindet, an denen an 345 Tagen im Jahr ein Temperaturmaximum von über 0 °C erreicht wird. – Auf den Kerguelen im Indischen Ozean, einer ständig von starken Stürmen heimgesuchten Inselgruppe, sind *fliegende Insekten* ausgestorben, da sie der permanenten Gefahr ausgesetzt waren, ins Meer geweht zu werden. Anstelle der ehemaligen Fluginsekten finden sich hier flügellose Insekten oder Insekten mit verkümmerten Flügeln.

Innerhalb der klimatischen Verbreitungsgrenzen der Pflanzen entscheiden natürlich auch die *Bodeneigenschaften* über das Vorkommen und die Häufigkeit einer Art. So unterscheidet man z. B. kalkliebende und kalkmeidende Pflanzen, salzliebende und salzfliehende (s. auch S. 98).

Es ist nun nicht so, daß nur die abiotischen Faktoren auf die Lebensgemeinschaften und ihre Verbreitung einwirken, vielmehr üben auch die Biozönosen einen Einfluß auf die *Umweltfaktoren* aus. Die *Windstärke* z. B., die für die Verdunstung (s. S. 56) von großer Bedeutung ist, wird in einem *Wald* stark reduziert und erreicht in einem dichten Bestand praktisch den Wert Null. Der Wald beeinflußt auch die *lokalen Wärmeverhältnisse:* In einem bewaldeten Gebiet sind die *Temperaturextreme* gegenüber offenen Flächen *gemildert.* Die Einstrahlungswärme wird bereits im Bereich der Baumkronen verbraucht. Andererseits sinkt die bei der Wärmeabstrahlung von der Blattoberfläche im Bereich der Baumkrone entstehende kalte Luft in den Stammraum ab und vermischt sich dort mit der vorhandenen wärmeren Luft. Daher fließt an bewaldeten Hängen keine Kaltluft ab, was einen Vegetationsvorteil für den Unterhang bedeutet.

Hinsichtlich ihrer *Energiebilanz* sind Ökosysteme offene Systeme, die von der Sonne einseitig Energie aufnehmen. Die natürlichen Stoffkreisläufe in einem Ökosystem sind ausgeglichen, so daß sich ein dynamisches Gleichgewicht, ein sog. *Fließgleichgewicht,* einstellt. Die Organismen werden von einem ständigen Strom ausgetauschter Materie und Energie in Form der Nahrung durchflossen. Das Fließgleichgewicht bewirkt einen quasistationären Zustand in bezug auf die an den Austauschvorgängen beteiligten chemischen Verbindungen. Das zeigt sich darin, daß sich die Konzentration der beiden an der Photosynthese der Pflanzen (s. S. 200ff.) beteiligten Gase Kohlendioxid und Sauerstoff langfristig nicht ändert.

Das *ökologische Gleichgewicht* ist dadurch gekennzeichnet, daß jede Veränderung im Ökosystem selbsttätig über eine Regelkreisbeziehung eine entsprechende Gegenveränderung auslöst, die den alten Zustand weitgehend wiederherstellt. So sind z. B. bei Wühlmäusen oder Hasen deutliche Populationswellen zu verzeichnen, die darauf zurückzuführen sind, daß bei Anwachsen der Population entweder die Nahrungsgrundlage verknappt oder die Freßfeinde und Parasiten ebenfalls zunehmen. Das System schwankt in der Regel zwischen bestimmten Grenzwerten; s. auch Populationsdynamik, S. 314.

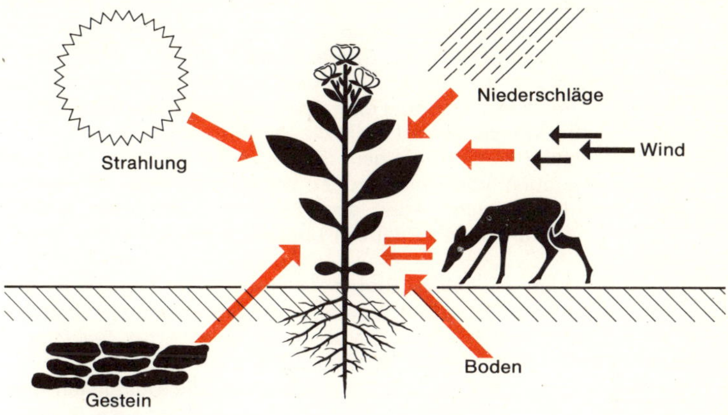

Abb. 1 Einflußgrößen, die auf die Biosphäre einwirken

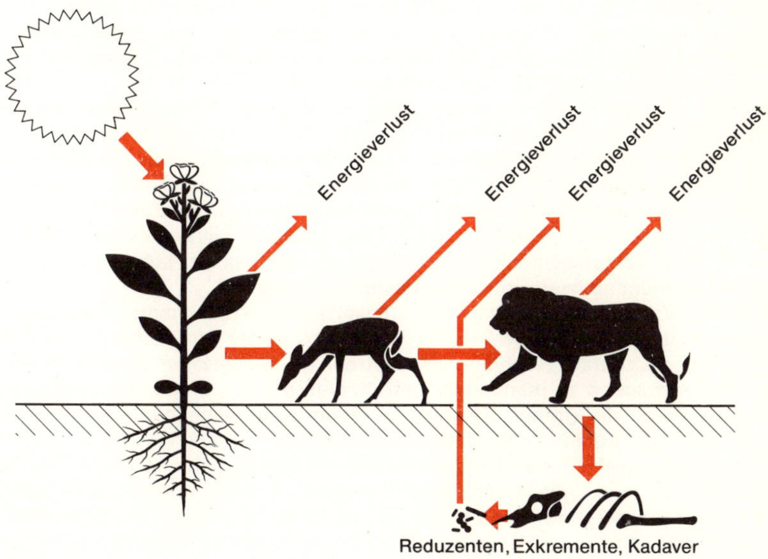

Abb. 2 Energiefluß in einem Ökosystem

Biotope

Biotope sind Lebensbereiche, die bezüglich der in ihnen gegebenen Umweltbedingungen von benachbarten Arealen relativ gut abgegrenzt sind. Typische Biotope sind z. B. Moore, Quellen, Höhlen, Feuchtwiesen, Tümpel. Sie bieten Pflanzen und Tieren die ihren Lebensansprüchen entsprechende Lebensgrundlage. Das gilt besonders für die biotopeigenen sog. *Charakterarten* als die Leitformen eines bestimmten Biotops. So ist z. B. die in Auwäldern und an Bachufern wachsende Gemeine Pestwurz (Petasites hybridus) eine Charakterart für Biotope mit hohem Grundwasserstand; bei Wassermangel welkt die Pestwurz rasch.

Neben den Charakterarten sind in einem Biotrop Arten zu finden, die auch in einigen anderen Biotopen vorkommen oder sogar allgemein verbreitet sein können. Man bezeichnet solche Arten als *Ubiquisten (ubiquitäre Arten).* Als Beispiele hierfür gelten unter den Pflanzen ubiquitäre niedere Pilze, unter den Tieren die Ratte.

Schließlich kann man in einem Biotop solchen Arten begegnen, die ihr Lebensoptimum in einem anderen Biotop haben und sich daher nur vorübergehend in diesem Fremdbiotop halten können. Man nennt diese Arten *Besucher* oder Biotopfremde. Zu ihnen sind z. B. die Zugvögel zu rechnen.

Alle Organismen eines Biotops, die Charakterarten, die Ubiquisten und die Besucher, bilden zusammen eine *Lebensgemeinschaft* (s. Biozönose, S. 132).

Da ein Biotop, ein Buchenwald etwa, sich über einen größeren Bereich (Fläche) erstrecken kann, ist nicht zu erwarten, daß alle in diesem Biotop lebenden Organismen überall in gleicher Verteilung vorkommen. Es gibt viele Bereiche, in denen bestimmte Organismen, wie etwa die Enchyträen in der Streuschicht des Buchenwaldes (s. auch Bodenfauna, S. 134ff.), gehäuft vorkommen, da sie dort ihre optimalen Nahrungs-, Schutz-, Feuchte- und Temperaturbedingungen vorfinden. Solche durch spezielle Umweltbedingungen charakterisierte Stellen innerhalb eines Biotops bezeichnet man als *Biochoren (Biochorien).*

Ändern sich durch Schmälerung oder Wegfall der Nahrungsgrundlage die Lebensbedingungen für die Bewohner einer Biochore, wie dies z. B. in der Streuschicht des Buchenwaldes vor dem Wiedereinsetzen des Streufalls im folgenden Jahr durch die Freßtätigkeit der dort lebenden Organismen vorkommt, so führt dies (hier nur vorübergehend) zu einer Veränderung in der Zusammensetzung der betreffenden Lebensgemeinschaft. Man spricht in einem solchen Fall, wo verschiedene Lebensgemeinschaften in einem bestimmten Lebensbezirk eines Biotops einander ablösen, von *ökologischer Sukzession.*

Wenn im Verlauf der Sukzession die Umweltsituation nicht immer wieder auf die Ausgangssituation zurückgeführt wird, wie dies in der Streuschicht durch den periodischen Laubfall geschieht, dann strebt die Sukzession allmählich einem stabilen Endzustand zu *(Klimaxstadium),* in dem die Produktion von organischer Substanz durch die grünen Pflanzen in einem ausgeglichenen Verhältnis zum Abbau durch die Konsumenten und Destruenten steht (s. auch S. 226).

Nur frei bewegliche Tiere sind in der Lage, ihr Biotop zu wählen und aufzusuchen, wie z. B. die Zugvögel, die jahreszeitlich bedingt ihr Biotop wechseln, oder die Aas- und Kotfresser, deren Nahrung immer wieder an einer anderen Stelle angeboten wird. Für viele andere Tiere ist dagegen ihre Biochore mit dem Geburtsort identisch.

Abb. Die einzelnen Elemente eines Biotops
und die ökologische Sukzession

Biozönose – der Buchenwald

Jeder natürliche Pflanzenverband besteht aus einem abwechslungsreichen Gemisch verschiedener Pflanzenarten, die sich auf Grund gleicher oder ähnlicher Ansprüche an die betreffenden Boden- und Klimaverhältnisse zusammengefunden haben und sich „vertragen" und auch gegenseitig ergänzen. Man spricht dann von einer natürlichen Lebensgemeinschaft, einer *Biozönose,* in die auch die hier lebenden Tiere einbezogen sind. Im Hinblick auf ihren individuellen Beitrag zur Aufrechterhaltung eines biologischen Gleichgewichtes in der Biozönose unterscheidet man bei den einzelnen Organismen einer Biozönose zwischen Produzenten, Reduzenten und Konsumenten.

Die grünen Pflanzen sind die eigentlichen *Produzenten* innerhalb einer Biozönose. Sie bauen mit Hilfe der Photosynthese (s. S. 200 ff.) hochmolekulare organische Verbindungen aus einfachen anorganischen Stoffen (Kohlensäure, Wasser, Mineralsalze) auf.

Der Wiederabbau der hochmolekularen organischen Substanz der toten Organismen in einfache anorganische Verbindungen wird durch die Tätigkeit zahlreicher Lebewesen, der sog. *Reduzenten,* bewirkt. Es sind dies v. a. Bakterien und Pilze. Außerdem enthält ein gesunder Waldboden unserer Breiten pro Kubikdezimeter ca. 1 Milliarde Algen und Urtierchen, 30 000 Fadenwürmer, 500 Räder- und Bärtierchen, 1 000 Springschwänze, 1 500 Milben, 100 Insekten (v. a. Larven), kleine Spinnen und Tausendfüßer, 50 Borstenwürmer, 2 Regenwürmer.

Konsumenten sind Lebewesen, die in ihrer Ernährung auf die Pflanzen angewiesen sind, entweder direkt (als Pflanzenfresser) oder indirekt (indem sie von Pflanzenfressern oder von Pflanzenfresser fressenden Tieren leben). Im Buchenwald (s. unten) gehören dazu u. a. Mäuse (in der Bodenschicht), Insekten, Schnekken, Lurche, Wildschweine, Rehe usw. (in der Kraut-, z. T. auch Strauchschicht), Eichhörnchen, Vögel (v. a. in der Baumkronenschicht).

Ein typisches Beispiel für eine Biozönose ist der *natürliche Buchenwald.* Er ist eine aus vielen Arten zusammengesetzte Pflanzengemeinschaft, die sich aus übereinanderliegenden Schichten aufbaut. Die obere Schicht besteht aus den *Kronen* der ausgewachsenen Bäume. Dann kommt die beim Buchenwald nicht besonders stark ausgeprägte *Strauchschicht* (zu der auch die Jungpflanzen der Bäume gehören). Auf die Strauchschicht folgt die *Krautschicht* und unmittelbar am Boden die *Moosschicht.* Unter der Moosschicht liegt in der oberen Bodenschicht die von den Wurzeln der oberirdischen Pflanzen durchzogene *Pilzschicht,* die sich hauptsächlich aus Pilzhyphen (Myzelien) zusammensetzt.

Entsprechend dem Stockwerkbau ist die *Lichtversorgung des Buchenwaldes* stark unterschiedlich. Im Frühling, solange die Blätter der Strauch- und Baumschicht noch nicht entfaltet sind, kann auf Grund der guten Lichtverhältnisse zunächst die Krautschicht mit ihren Frühjahrsblühern ein reges Leben entwickeln. Beispiele für solche frühblühenden Pflanzen des Buchenwaldes sind das Buschwindröschen und das Scharbockskraut. Wenn sich die Blätter der Buchen voll ausgebildet haben, erhalten die Kronen der ausgewachsenen Bäume das meiste Sonnenlicht. Der Rest des Lichtes, der noch nach unten dringt, muß den übrigen Pflanzen zum Leben genügen. Sie sind deshalb in der Kraut- und Moosschicht meist besonders an das Schattendasein angepaßt. Ausgesprochen schattenbedürftige Pflanzen, wie z. B. der Sauerklee, gehen in vollem Sonnenlicht sogar zugrunde. Am wenigsten Licht erhält die Moosschicht, in einem ausgewachsenen Buchenwald im Sommer nur etwa 1/100 des vollen Tageslichtes. Moose sind deshalb sehr anspruchslos. Sie wachsen nur sehr langsam, sind im allgemeinen sehr widerstandsfähig gegen Trockenheit, indem sie ihre Lebenstätigkeit weitgehend einstellen können (Trockenstarre), und bilden sparsamerweise nur winzige, einzellige Sporen aus. Sie besiedeln im Buchenwald v. a. Gestein und Baumstümpfe.

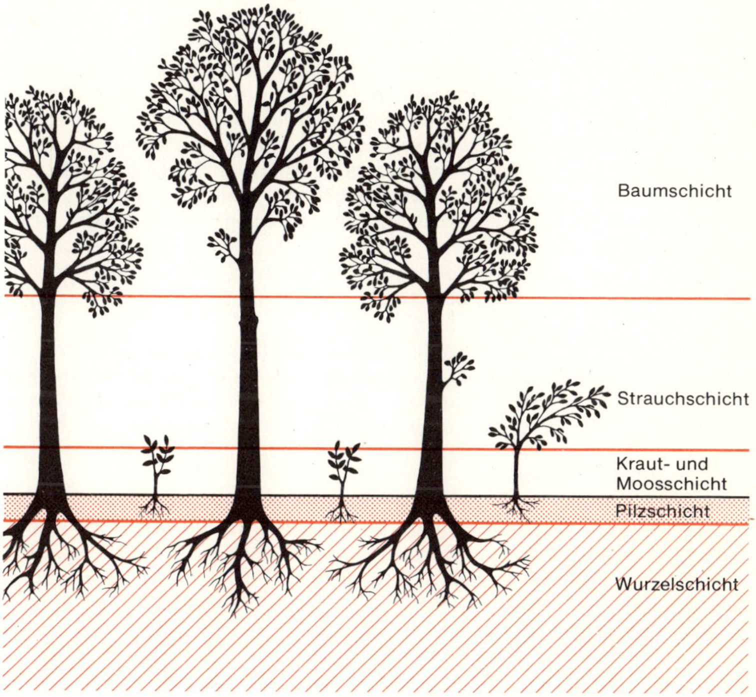

Abb. Aufbau des Buchenhochwaldes

Leben im Boden – die Bodenfauna I

Zahlreiche Tiere, vom primitivsten Einzeller bis zum hochentwickelten Säugetier, sind im und auf dem Boden zu Hause. Einige halten sich dort nur während bestimmter Lebensabschnitte auf, andere verbringen ihr ganzes Leben im Boden. Die meisten erlangen für die Stoffumsetzungen und die Bodenbildung Bedeutung.

Die *Bodenprotozoen (Urtierchen)*, deren aktive Stadien an das Vorhandensein von Wasser gebunden sind – es handelt sich eigentlich um Wassertiere –, kommen im Boden mit dünnen Wasserfilmen, mit denen organische und mineralische Bodenkrümel behaftet sind, aus. Sie sind meist kleiner als ihre entsprechenden Vertreter im freien Wasser. Man unterscheidet *Amöben, Geißeltierchen (Flagellaten)* und *Wimpertierchen (Ziliaten)*, die sich mit Hilfe von Scheinfüßchen, Geißeln bzw. Wimpern frei im Wasser bewegen können. Einige Arten ernähren sich autotroph (sie enthalten Chloroplasten), andere leben von toter oder lebender organischer Substanz.

In welchem Umfang manche Bodeneinzeller durch das Vertilgen von Bodenbakterien, Pilzen (z. B. Hefepilzen) und Algen die Zahl der Zersetzer von organischer Substanz verringern, ist noch unklar.

Wie viele Bakterien überdauern die Bodenprotozoen ungünstige Umweltbedingungen in Form von *Zysten:* Nachdem sich verschiedene Organellen zurückgebildet haben, schrumpft das Plasma ein, und die Tiere umgeben sich mit einer schützenden Kapsel, in der sie über lange Zeit (oft jahrzehntelang) lebensfähig bleiben können. – Die *Vermehrung der Urtierchen* erfolgt weitgehend vegetativ durch einfache Zellteilung.

Von den *Vielzellern*, von denen unzählige Arten im Boden beheimatet sind, seien zuerst die *niederen Würmer* erwähnt. Da sie aktive Wühlarbeit nicht ausführen können, kriechen sie durch im Erdreich vorhandene Lücken und Gänge und sind vor allem in der durchwurzelten Bodenschicht zu finden. Bei ungünstigen Lebensbedingungen kapseln sie sich ein und überstehen so z. B. Trockenheit und extreme Temperaturen.

Die *Fadenwürmer (Nematoden)*, von denen einige als gefährliche Pflanzenparasiten fungieren, ernähren sich entweder von Pflanzensäften durch Anstechen pflanzlichen Gewebes, oder sie fressen Bakterien, Algen und Urtierchen oder überfallen andere Nematoden. Bei den nicht an Pflanzen schmarotzenden Fadenwürmern ist anzunehmen, daß sie außerdem noch an der Zersetzung von Pflanzenresten mitwirken.

Von den *Weichtieren*, d. h. den *Schnecken*, ist zu sagen, daß sie am Abbau der Laubstreu von Waldböden beteiligt sind, wenn genügend große feuchte Hohlräume wie Regenwurmgänge vorhanden sind. Ansonsten ist ihre bodenbiologische Bedeutung gering, abgesehen davon, daß sie durch Abweiden der nacktes Gestein bedeckenden Flechtenrasen den Beitrag der Flechten zur Bodenbildung verhindern.

Von großem bodenbiologischem Interesse sind dagegen die Vertreter aus zwei Familien der Ringelwürmer, die Enchyträen und die Regenwürmer. Die *Enchyträen* leben als 2–40 mm lange, weißliche Würmer vorwiegend in der Laubstreu bzw. in der obersten Bodenschicht. In lockeren Böden sind sie häufiger anzutreffen als in dichten, da sie sich nur beschränkt durch den Boden graben können. Ihre Nahrung besteht vorwiegend aus verrottenden Blättern und Nadeln. Außerdem greifen sie pflanzenparasitäre Fadenwürmer an, wodurch sie sich als nützlich erweisen. Sehr empfindlich sind die Enchyträen gegen Frost und Austrocknung. Nur ihre Eikokons können größere Temperaturschwankungen und Trockenheit überstehen. Daher ist ihre Populationsdichte in feuchten Böden im Sommer am größten, in trockenen Böden und während der kalten Jahreszeit ist sie deutlich geringer. – Über Regenwürmer s. S. 136.

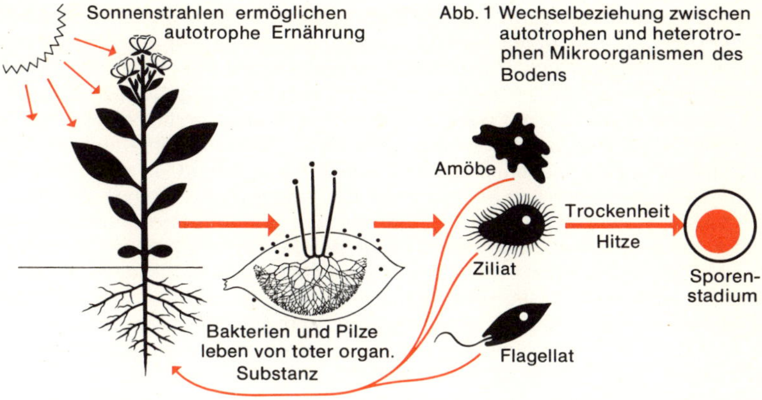

Abb. 1 Wechselbeziehung zwischen autotrophen und heterotrophen Mikroorganismen des Bodens

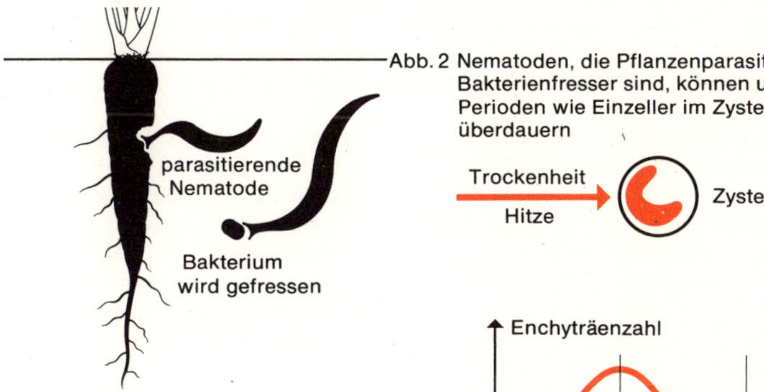

Abb. 2 Nematoden, die Pflanzenparasiten und Bakterienfresser sind, können ungünstige Perioden wie Einzeller im Zystenstadium überdauern

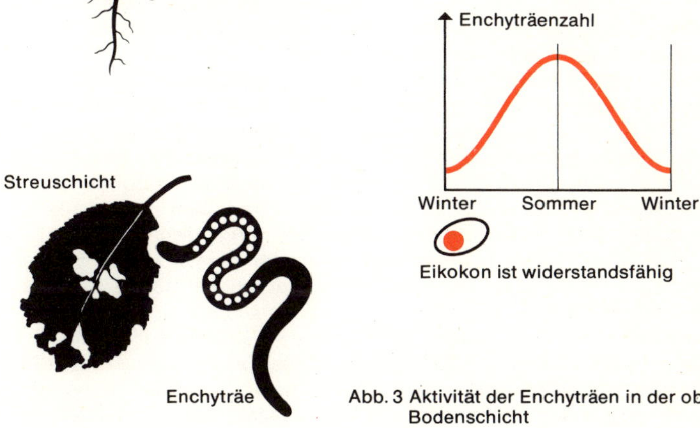

Abb. 3 Aktivität der Enchyträen in der obersten Bodenschicht

Leben im Boden – die Bodenfauna II

Die bekanntesten bodenbewohnenden Tiere sind die *Regenwürmer,* die auch für den landwirtschaftlich genutzten Boden von weitreichender Bedeutung sind. Verschiedene Bodentypen und Bodenschichten werden von unterschiedlichen Regenwurmarten besiedelt. Einige Arten leben im obersten, organischen Bodenhorizont, andere bevorzugen tiefere, mineralische Böden und kommen, da sie lichtempfindlich sind, nur nachts oder wenn starke Regenfälle ihre röhrenartigen Gänge überschwemmt haben, so daß die Atemluft knapp wird, an die Erdoberfläche. Regenwürmer leben von Pflanzenresten, die sie in ihre Röhren einbringen.

Die Zusammensetzung und Menge der im oder auf dem Boden vorhandenen organischen Substanz haben Auswirkungen auf die Regenwurmarten und deren Besiedlungsdichte. Auch der pH-Wert und die Feuchtigkeit des Bodens beeinflussen die Regenwurmpopulation. Saure Böden werden weitgehend gemieden, und bei Trockenheit ziehen sich die Regenwürmer in tiefere, feuchtere Erdschichten zurück, wo sie sich (wie auch für die kalte Jahreszeit) mit einer Schleimhülle umgeben und in ein Ruhestadium übergehen.

Auf Grund des geringen Nahrungsangebotes und der häufigen Störungen durch die Bodenbearbeitung sind die Regenwürmer in Ackerböden weniger vertreten als im Wald- oder Wiesenboden. Man kann dies durch Düngung des Bodens mit organischer Substanz ausgleichen, die als Nahrungsgrundlage dient. Die für Regenwürmer günstigsten Temperatur- und Feuchteverhältnisse sind im Frühjahr und im Herbst gegeben. Hohe Temperaturen über 28 °C sind für Regenwürmer tödlich.

Regenwürmer bohren sich aktiv durch den Boden, indem sie sich durch diesen hindurchfressen oder Bodenteile auf die Seite schieben. Sie hinterlassen dabei *Röhren,* die sie durch Schleimabsonderungen verfestigen. Die verlassenen Wurmgänge erleichtern den Pflanzenwurzeln das Vordringen in größere Tiefen, wobei den Wurzeln die im hinterlassenen Schleim enthaltenen chemischen Nährstoffe wie Phosphor-, Stickstoff-, Kalium- und Calciumverbindungen zugute kommen.

Wie die Enchyträen sind auch die Regenwürmer *Zwitter.* Sie legen nach gegenseitiger Begattung ihre *Eikokons* in den oberen Bodenschichten ab. In den Kokons entwickeln sich die jungen Regenwürmer.

Unter den *Gliederfüßern* sind v. a. die *Milben* von bodenbiologischer Bedeutung. Sie leben überwiegend in den Streulagern und obersten Bodenschichten. Die *Raubmilben* unter ihnen ernähren sich von Fadenwürmern, Springschwänzen und anderen Kleintieren. Im Boden sind sie nicht gleichmäßig verteilt, sondern kommen nesterweise vor. – Die *Hornmilben,* die besonders in feuchten Böden von Nadel- und Laubwäldern und im Wiesenboden zu finden sind, fressen neben Bakterien auch Pflanzenreste. Da die schwer zersetzlichen Nahrungsbestandteile wie Zellulose und Lignin den Milbendarm unverändert passieren, liegt die bodenbiologische Bedeutung ihrer Freßtätigkeit hauptsächlich in der mechanischen Zerkleinerung der organischen Substanz.

Von Interesse sind auch die zu den Insekten gehörenden *Springschwänze (Kollembolen).* Wegen ihrer geringen Empfindlichkeit gegenüber niedrigen Temperaturen gehören sie zu den am weitesten verbreiteten Bodentieren. Sie ernähren sich von Pflanzenresten, Tierleichen, Mikroorganismen und manche auch von unzersetzter Holzsubstanz. Wie die Hornmilben sind auch die Kollembolen an der Aufbereitung von pflanzlicher Substanz für den weiteren Abbau durch Bakterien und Pilze (s. S. 138) beteiligt.

Unter den *Wirbeltieren* sind v. a. Maulwürfe, Wühl- und Springmäuse, Hamster und Kaninchen Bodenbewohner, von denen die Maulwürfe die bodenbiologisch wichtigsten sind.

Abb. 1 Regenwürmer bohren aktiv Gänge durch den Boden

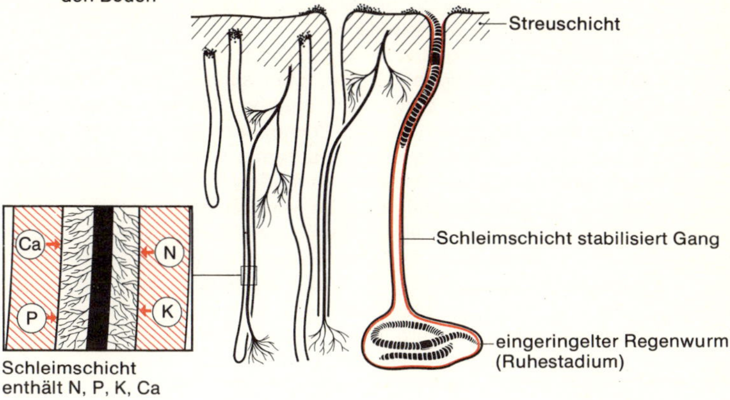

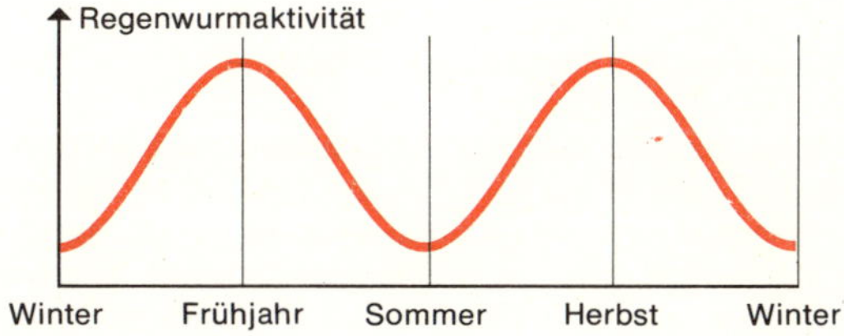

Abb. 2 Jahreszeitliche Aktivität der Regenwürmer

Abb. 3 Kollembolen zerkleinern schwer zersetzbare Bestandsabfälle und bereiten sie für den bakteriellen Angriff auf

Leben im Boden – die Bodenflora

Für den Abbau der organischen Reste der höheren Pflanzen und verendeter Tiere besitzt die *Bodenflora*, zu der die Bodenbakterien, Strahlenpilze, Pilze, Algen und Flechten zu zählen sind, große Bedeutung.

Zu den für die Stoffumsetzungen wichtigsten Organismen gehören die *Bodenbakterien.* Zahlenmäßig überwiegen sie gegenüber allen anderen Lebewesen im Boden. Oft sind sie von einer Schleimschicht umgeben, die die Lebendverdauung der anorganischen Bodenteilchen und den Zusammenhalt der Bakterien in sog. Mikrokolonien bewirkt. Die Schleimschicht hat ferner Bedeutung für die Lösung und Aufnahme schwer verfügbarer Mineralnährstoffe wie Eisen und Phosphor.

Gegen ungünstige Umgebungsbedingungen, wie z. B. Austrocknung oder Hitze, wie sie an der Bodenoberfläche in ungünstigen Lagen häufig während der warmen Jahreszeit auftreten, schützen sich die Bakterien durch Bildung widerstandsfähiger *Sporen,* die eine deutlich verstärkte Zellwand ausbilden. Jede Bakterienzelle entwickelt jeweils eine Spore, die bei günstigeren Umweltbedingungen wieder zu einem Bakterium auskeimt. Weitere *Dauerformen,* die als *Zysten* bezeichnet werden, sind bei einigen stickstoffbindenden Bakterien zu finden.

Die zur Erhaltung ihres Lebens und zum Aufbau neuer Zellen notwendige *Energie* gewinnen die Bakterien entweder *chemoautotroph,* d.h., sie oxidieren anorganische Verbindungen und benutzen die dabei freiwerdende Energie zur Assimilation des Kohlendioxids, oder sie leben *heterotroph,* d. h., sie benötigen organische Kohlenstoffquellen (Kohlenhydrate, Eiweiß, Fett), um ihren Energiebedarf zu decken.

Die *Strahlenpilze,* die den Bakterien zugeordnet werden, treten während des Abbaus von Tier- und Pflanzenresten dann auf, wenn die leicht abbaubaren Stoffe weitgehend zersetzt sind, da sie langsamer als die übrigen Bakterien und die Pilze wachsen. Gegenüber den Bakterien bevorzugen sie mehr trockene Böden; außerdem sind sie empfindlicher gegen saure Bodenreaktion. Ihre Hauptnahrungsquellen sind höhermolekulare organische Verbindungen wie Zellulose und Chitin. Strahlenpilze sind auch an der Bildung von *Huminstoffen* maßgeblich beteiligt.

Eine weitere Gruppe der bodenbewohnenden Mikroorganismen sind die *Schleimbakterien* (Myxobakterien), die vornehmlich auf verrottendem Pflanzenmaterial als Zellulosezersetzer zu finden sind.

Die *Pilze* sind unter den pflanzlichen Mikroorganismen neben den Bakterien die umfangreichste Gruppe der Bodenbewohner. In trockenen oder sauren Böden übertreffen sie bisweilen die Bakterien an Zellmasse. Sie leben stets *heterotroph,* d. h. von organischer Substanz, und besitzen im Gegensatz zu Bakterien einen echten Zellkern. Einige ihrer Vertreter erzeugen Pflanzenkrankheiten. Sie bauen vornehmlich Kohlenhydrate ab. Viele von ihnen, insbesondere die *Ständerpilze,* zerstören vor allem verholzte Pflanzenteile durch den Abbau von Lignin und Zellulose. Zahlreiche Vertreter der Ständerpilze leben mit den Baumwurzeln in Symbiose (s. auch S. 162ff.), die für die Ernährung der Waldbäume eine wichtige Rolle spielt.

Die bodenbewohnenden *Blaualgen* und *Algen* besitzen wie die höhere Pflanze Chlorophyll und leben daher *autotroph.* Einzelne Arten können aber auch in tieferen Bodenschichten ohne Licht für einige Zeit von organischen Substanzen leben. Durch die Fähigkeit einiger *Blaualgen,* Luftstickstoff zu binden, sind diese ein wichtiges Glied im Stickstoffkreislauf.

Bei den *Flechten* handelt es sich um eine Lebensgemeinschaft von Pilzen und Algen (s. auch S. 162). Als Bodenbewohnern kommt ihnen nur untergeordnete Bedeutung zu.

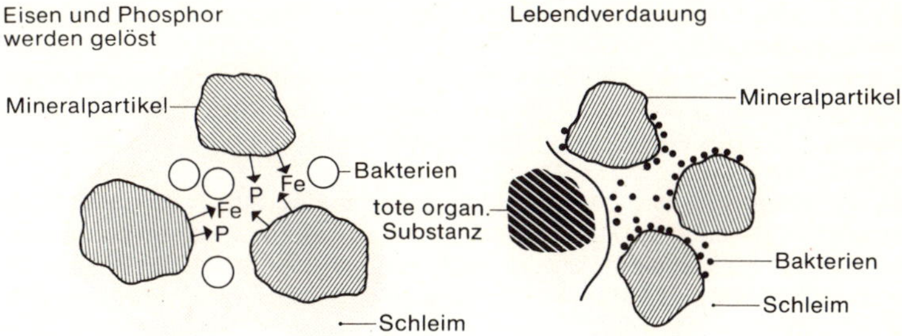

Abb. 1 Die Tätigkeit der Bodenbakterien

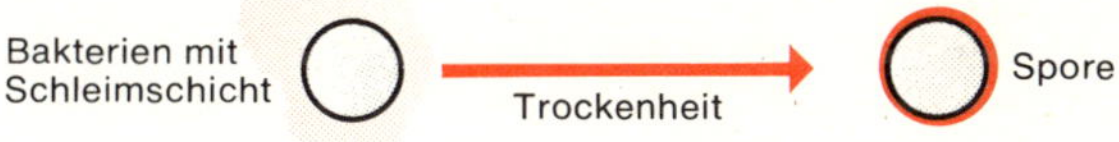

Abb. 2 Sporenbildung

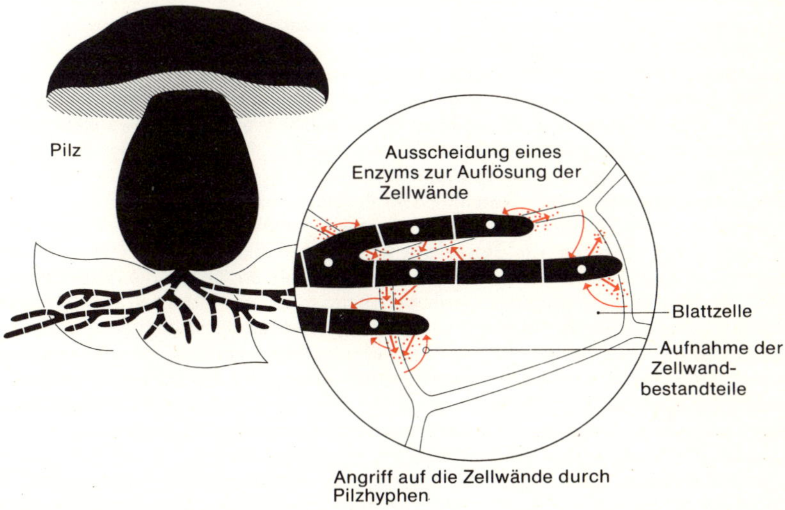

Abb. 3 Ständerpilze bauen Lignin und Zellulose in verholzten Pflanzenteilen ab

Quellen – Leben in Quellen

An Quellen tritt ein Grundwasserfluß an die Erdoberfläche. Dies geschieht dort, wo sich wasserstauende Bodenschichten wie Ton, Lehm oder Gestein, die das versickernde Oberflächenwasser sammeln, mit der Erdoberfläche „schneiden". Nach der Art und Weise, wie das Wasser aus dem Boden tritt, werden drei Quelltypen unterschieden:

Die *Sturz-* oder *Sprudelquellen* treten vor allem an Berghängen auf. Dort bricht das Wasser oft mit großer Kraft aus dem Boden und strömt sofort auf dem geneigten Gelände talwärts. Da das Wasser sehr schnell fließt, ist der Grund des Quellrinnsals frei von Wasserpflanzen.

Bei den *Tümpelquellen* liegt der eigentliche Quellmund am Grund eines mehr oder weniger tiefen Teiches. Das aus der Quelle austretende Wasser füllt zuerst diesen Quelltümpel an und fließt dann als Rinnsal (Bach) ab. Da hier das Wasser nur sehr langsam fließt, können sich am Rand des Tümpels Wasserpflanzen ansiedeln. Wenn der Quellfluß nicht sehr intensiv ist, kann sich am Grund des Tümpels Schlamm ablagern, was eine stärkere pflanzliche Besiedlung der Tümpelquelle ermöglicht.

Im Flach- und Hügelland treten vor allem *Sicker-* oder *Sumpfquellen* auf. Bei diesen ist das gesamte Quellgebiet ein Sumpf, in dem nur an wenigen kleinen Stellen freie Wasserflächen vorkommen. Diese Sumpfquellen können beträchtliche Ausmaße annehmen. Da bei ihnen das Wasser nur sehr langsam fließt, sind sie dicht von Sumpfpflanzen überwachsen.

Quellen besitzen bestimmte ökologische Eigenschaften, die zu einer spezifischen *Quellenfauna* und *-flora* führen. Ein wichtiger, das Vorkommen von Wassertieren bestimmender Faktor ist der Temperaturverlauf während des Jahres. Quellwasser hat im Gegensatz zu Bach- oder Seewasser das ganze Jahr über eine annähernd *konstante Temperatur.* Während die jährliche Temperaturschwankungsbreite in den oberflächlichen Wasserschichten von Seen bei 4–25 °C liegt, beläuft sie sich bei Quellen auf nur wenige Grade. Die Temperaturkonstante hat ihre Ursache darin, daß das in der Quelle zutage tretende Wasser Grundwasser ist, das durch die überlagernden Bodenschichten vor den Temperatureinflüssen der verschiedenen Jahreszeiten geschützt wird.

Das Wasser gewöhnlicher Quellen ist im Vergleich zu dem anderer oberirdischer Gewässer im Sommer kühler, im Winter wärmer. Deshalb sind Quellen einerseits ein geeigneter Lebensraum für Tiere, die an gleichmäßig niedrige Temperaturen gewöhnt sind, auf der anderen Seite aber auch für Arten, denen die noch tieferen Wintertemperaturen in anderen Gewässern schaden. Besonders kalt sind *Hochgebirgsquellen,* die auch im Hochsommer nur Temperaturen von 2–3°C besitzen.

Quellwasser hat nur einen niedrigen *Sauerstoffgehalt,* der oft nur wenige Prozent bis etwa 50 % des möglichen Sauerstoffanteils beträgt. Er ist für die einzelne Quelle, unabhängig von den Jahreszeiten, immer gleich hoch. Den höchsten Sauerstoffgehalt haben die Sickerquellen, da bei ihnen das Wasser beim langsamen Durchströmen durchlüfteter Bodenschichten Sauerstoff aufnehmen kann. Wenn das Wasser in einem kleinen Rinnsal von der Quelle wegfließt, reichert es sich rasch mit Sauerstoff an, da hier durch die vielen Steine und Kiesel das Wasser aufgewirbelt wird und dadurch stärker mit der Luft in Kontakt kommt.

Da Quellen die Übergangszone vom lichtlosen Grundwasser des Erdinnern zu den oberirdischen Gewässern darstellen, kommen in Quellen auch Tiere des Grundwassers vor (s. auch S. 144) wie der blinde Höhlenflohkrebs und verschiedene gleichfalls augenlose Strudelwürmer. Diese halten sich tagsüber meist unter Steinen oder Pflanzen versteckt auf.

Die meisten Quellen sind sehr arm an pflanzlicher Nahrung. Die sie bewohnenden pflanzenfressenden Tiere sind deshalb auf die Reste vermodernder Wasserpflan-

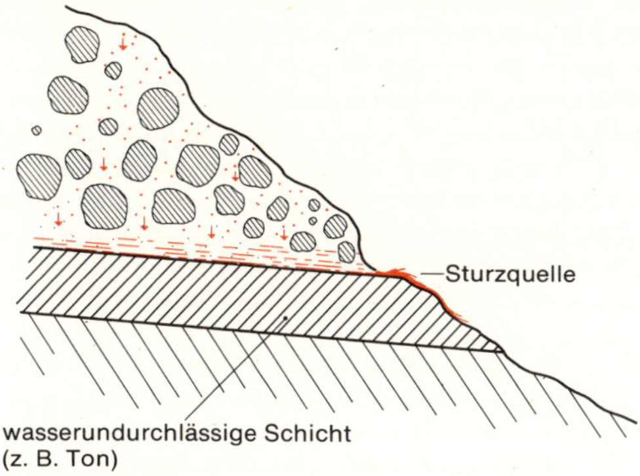

Abb. 1 Sturzquelle

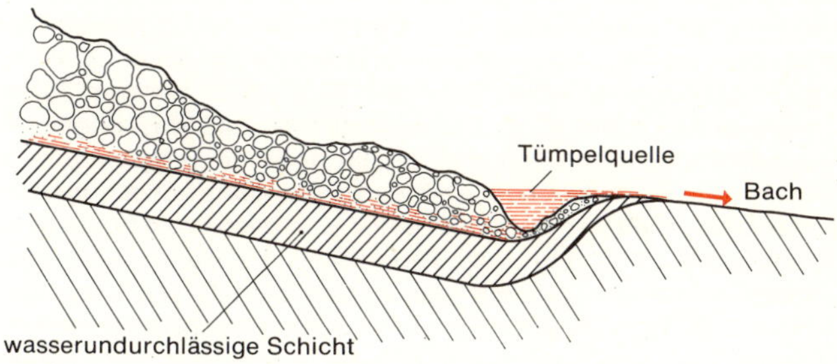

Abb. 2 Tümpelquelle

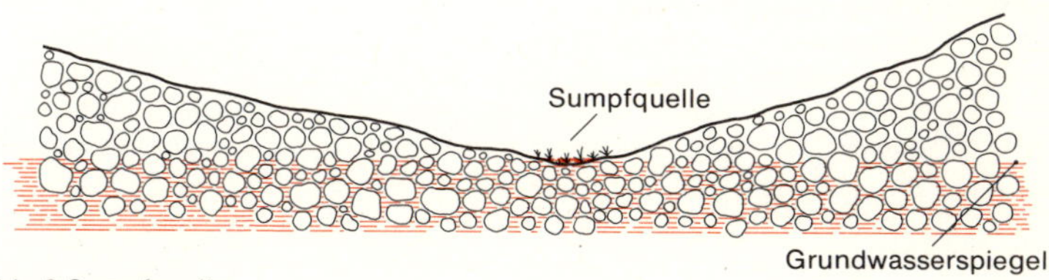

Abb. 3 Sumpfquelle

zen, auf hineingefallene Pflanzenteile und manchmal sogar lediglich auf die winzigen Teilchen organischer Stoffe, die das Grundwasser mitführt *(Detritus)*, angewiesen. Die typischen *Quellentiere (Krenobionten)* sind zum überwiegenden Teil sehr kleine Formen. Sie sind an reines, gleichmäßig kühles, verhältnismäßig sauerstoff- und nahrungsarmes Wasser angepaßt. Es handelt sich vor allem um Strudelwürmer, winzige Quellenschnecken der Gattung Bythinella, um Wassermilben, Köcherfliegenlarven und Käfer. Der Bachflohkrebs (Gammarus pulex), der normalerweise in Bachläufen vorkommt, hat eine kleinere Form ausgebildet, die in Quellen lebt. – Die meisten Quellentiere sind Pflanzenfresser, selten auch Räuber. Ein besonderes Merkmal der *Quelleninsekten,* die in ihrem Larvenstadium in Quellen leben, ist ihre frühe Flugzeit im zeitigen Frühjahr, oft schon ab Februar. Dies hat seine Ursache darin, daß durch das im Winter relativ warme Quellwasser sich die Larven schon im Winter entwickeln können, so daß die Vollinsekten im zeitigen Frühjahr schlüpfen. Beispiele dafür sind Zuckmücken- und Steinfliegenarten.

Ein ganz anderes Biotop als die normalen kalten Quellen sind die *Thermalquellen.* Sie werden aus Grundwasser gespeist, das aus großen Tiefen des Erdinnern kommt, wo auf Grund der Erdwärme eine höhere Temperatur herrscht. Daher liegt ihre Wassertemperatur fast konstant das ganze Jahr über mehr oder weniger stark über der jahreszeitlichen Temperatur der Gegend. Thermalquellen kommen vor allem in tektonischen Bruchzonen und in Gebieten erloschener oder tätiger Vulkane vor. In Thermalquellen haben sich interessante spezifische *Heißwasserformen* von Tieren gebildet, die meist über die ganze Erde verbreitet sind. In Thermalquellen bis etwa 40 °C treten noch normale Lebensgemeinschaften auf, die denen in anderen Quellen ähneln. In Quellen über 40 °C bis etwa 45 °C gehen diese normalen Lebensgemeinschaften zurück und werden von den an heißes Wasser angepaßten Tieren abgelöst. Die höchste Wassertemperatur, bei der noch Pflanzen, nämlich Blaualgen, gedeihen können, liegt bei 83 °C. Alle anderen Pflanzen vertragen nur Temperaturen unter 40 °C. Die höchste tolerable Wassertemperatur für Tiere liegt bei etwa 55 °C. Am besten angepaßt an hohe Temperaturen sind verschiedene *Einzeller* wie *Rädertierchen.* Aber auch eine Reihe höher entwickelter Tiere kommt in Thermalquellen vor. Beispiele dafür sind bestimmte Schneckenarten (z. B. Bithynia thermalis; 53 °C) und einige Fadenwürmer, die ebenfalls in Wasser von über 50 °C leben können. – Ähnlich wie in normalen Quellen kommen in Thermalquellen bestimmte Heißwasserformen von Larven verschiedener Arten von Zuckmücken, Waffen- und Salzfliegen und anderer Zweiflügler vor, außerdem Schwimm-, Wasser-, Taumel- und Hakenkäfer sowie Wasserwanzen. Heute kennt man insgesamt über 180 Arten von Tieren, die in Thermalquellen leben können. Darunter stellen die Käfer mit 45 Arten die stärkste Gruppe. Da die Lebensweise dieser Tiere nur an sehr wenigen Standorten in Thermalquellen studiert werden kann, sind noch viele Fragen über ihre genaue Lebensweise, insbesondere über ihre Fortpflanzung, unbeantwortet.

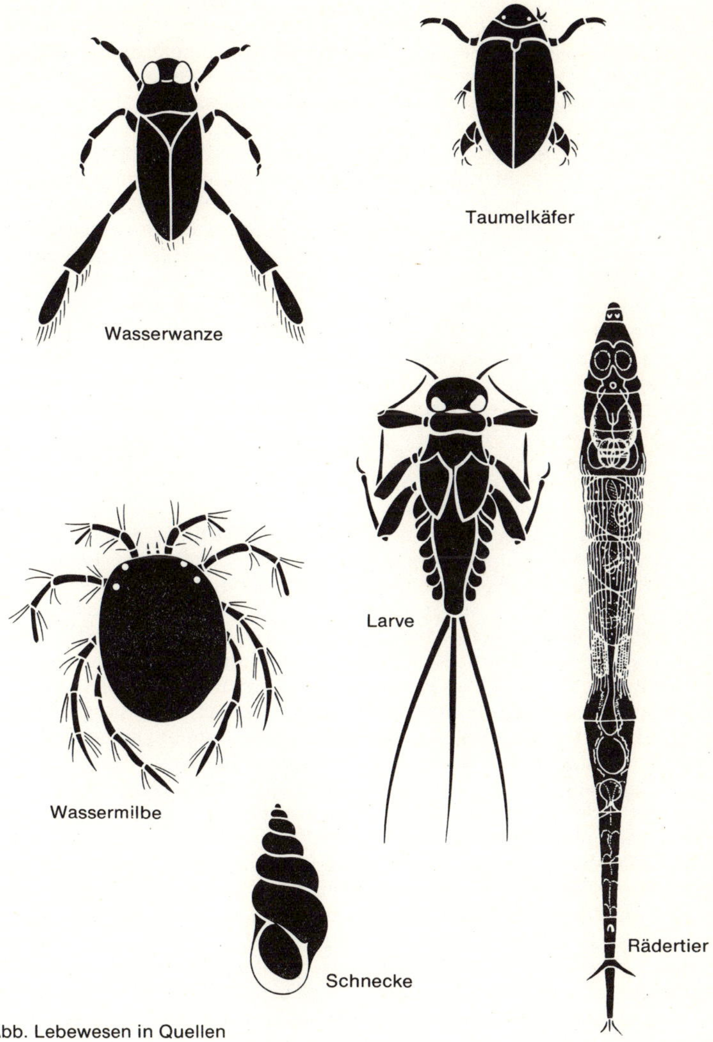

Abb. Lebewesen in Quellen

Das Grundwasser – Leben im Grundwasser

Das *Grundwasser* füllt die Spalten der Schotter- und Kiesschichten, die Klüfte der Gesteine, es sammelt sich im Gebirge in vielen Höhlen und an einigen Stellen in gewaltigen unterirdischen Becken und fließt in oft kilometerbreiten Strömen tief unter der Erdoberfläche dahin. Die Sammlung und die Fließrichtung des Grundwassers wird bestimmt durch die Lage wasserundurchlässiger Schichten, die das versickernde Regenwasser auffangen und weiterleiten.

Obwohl im Grundwasserraum im Gegensatz zu den oberirdischen Gewässern völlige Finsternis herrscht, haben sich verschiedene Lebewesen an dieses Biotop angepaßt. Untersuchen kann man diesen Lebensraum nur dort, wo das Grundwasser an die Oberfläche kommt, also in Quellen, Höhlen, Brunnen und Bergwerksschächten. Bedingt durch das Fehlen des Sonnenlichtes, gibt es im Grundwasser keine grünen Pflanzen. Damit sind alle im Grundwasser lebenden Organismen auf die Zufuhr organischer Substanz von außen, d. h. von der Erdoberfläche, angewiesen. Man findet zwar Moose und Farne oft noch erstaunlich weit im Innern von Höhlen, wo nur noch Spuren von Tageslicht hingelangen. Jenseits dieser Grenze kommen jedoch nur noch *Bakterien, Pilze* und *tierische Organismen* vor. Sie leben vor allem von den feinen Teilchen zersetzter Pflanzenreste, die mit dem Sickerwasser in das Grundwasser eingespült werden. Da dieser Nahrungseintrag aber wegen der Filterung durch die oberen Bodenschichten in den meisten Fällen nur unbedeutend ist, kann die Populationsdichte der von dieser Nahrung lebenden Tiere im Grundwasser nur gering sein.

Die meisten *Grundwassertiere (Stygobionten)* sind Würmer, Krebse und Schnekken. Zu den echten Grundwassertieren gehören vor allem Strudelwürmer der Gattung Dendrocoelum, Ruderfußkrebse, Wasserasseln und Flohkrebse. In geringerem Maße vertreten sind einige Arten von Borstenwürmern, Wassermilben und Muschelkrebsen. Gemeinsame Merkmale bei diesen Arten sind *verkümmerte* oder *fehlende Augen* und eine weißliche, mehr oder weniger *durchscheinende Körperdecke.* Als Ersatz für die fehlenden Augen ist in den meisten Fällen der *Tast-* und *Geschmackssinn* wesentlich verfeinert, was sich oft in einer Vergrößerung von Fühlern und Borsten (im Vergleich zu oberirdischen Formen) manifestiert.

Da die Wassertemperatur das ganze Jahr über annähernd konstant zwischen 8 und 10 °C liegt, gibt es für die Grundwasserbewohner keine festen Fortpflanzungszeiten. Man findet so zur selben Zeit stets trächtige Weibchen und Jungtiere verschiedenen Alters. Interessant ist, daß die Weibchen weniger Eier ablegen. Zum Ausgleich dafür ist die durchschnittliche Lebensdauer der Individuen verlängert.

Nach unseren heutigen Kenntnissen stammt die Tierwelt des Grundwassers von oberirdischen Arten ab, die früher in das Grundwasser eingewandert sind. Vermutlich handelte es sich dabei um lichtscheue Arten, wie sie auch heute unter Steinen und im Schlamm schattiger Waldbäche leben. Denkbar ist auch, daß diese „Einwanderung" unter dem Einfluß der Eiszeit erfolgte: Mit dem Fortschreiten der Eiszeit wurden die oberirdischen Gewässer immer kälter und damit die Lebensbedingungen für die Wassertiere immer schlechter. Es könnte also gut möglich sein, daß das konstant zwischen 8 und 10 °C temperierte Grundwasser zu einer Art Zufluchtsstätte für oberirdische Tiere wurde, die durch die Eiszeit von der Erdoberfläche verdrängt wurden und sich im Laufe ihrer Evolution dann an die unterirdischen Verhältnisse des Grundwassers angepaßt haben. Umgekehrt bot vielleicht auch das Grundwasser denjenigen Tieren eine Zufluchtsmöglichkeit, die sich während der Eiszeit an die kalten Temperaturen gewöhnt hatten und am Ende der Eiszeiten durch die zunehmende Erwärmung der Gewässer in das kühlere Grundwasser verdrängt wurden.

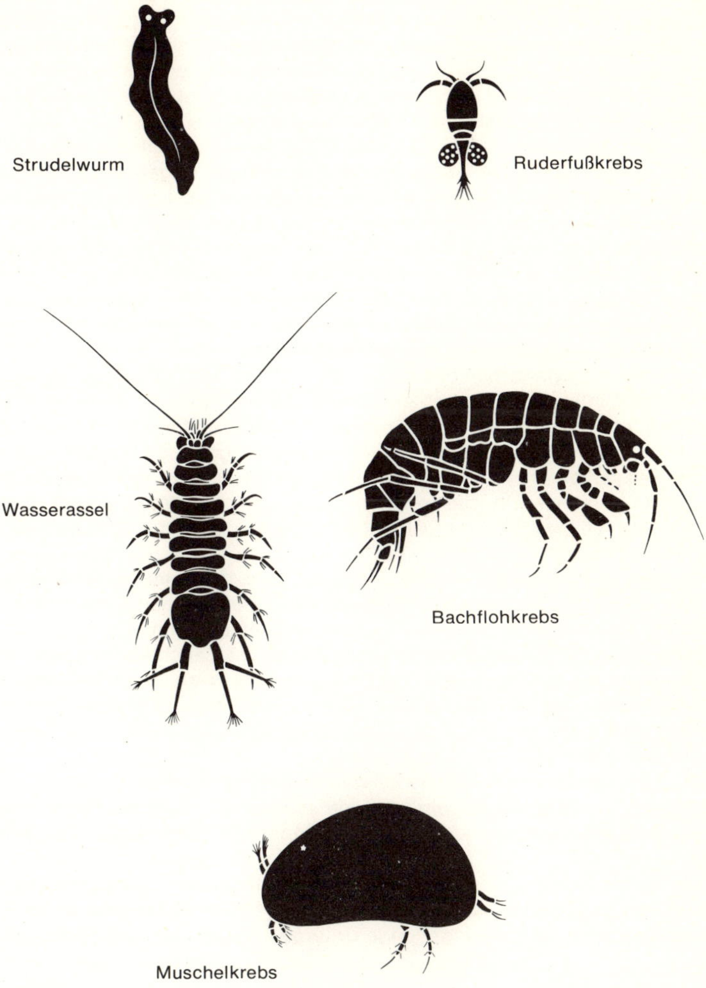

Abb. Lebewesen im Grundwasser

Leben in der Tiefsee

Das Sonnenlicht dringt etwa bis in eine Tiefe von 1 000 m in das Meer ein. Die Tiere, die in dieser Dämmerzone leben, haben deshalb sehr große Augen und außergewöhnlich weite Pupillen. Ähnlich wie bei vielen landlebenden Nachttieren sind bei Tiefseetieren alle Sinneszellen der Retina als *Stäbchen* ausgebildet. Diese Stäbchen, die die Aufgabe haben, das geringe Licht aufzunehmen und in Nervenimpulse umzuwandeln, sind ungewöhnlich lang und groß. Ein Nervenstrang des Sehnervs wird immer von mehreren Stäbchen gleichzeitig versorgt. Durch diese Anordnung wird eine extrem hohe Lichtempfindlichkeit erreicht.

Unterhalb einer Wassertiefe von etwa 1 000 m, wo praktisch völlige Dunkelheit herrscht, haben die Fische entweder überhaupt keine Augen mehr oder nur noch sehr kleine oder degenerierte Augen. Man weiß heute, daß solche *Tiefseefische* sich vor allem mit ihren *Seitenlinienorganen,* mit denen sie Vibrationen im Wasser wahrnehmen können, in der Dunkelheit zurechtfinden. Viele Tiefseefische weisen sehr lange *Tastorgane* in den merkwürdigsten Formen auf: Tentakeln von extremer Länge, fühlerartige Flossenenden und überlange Schwanzenden. Manche Fische haben lange Fühler, die oft mit Haken und Stacheln bewehrt sind und gleichzeitig dem Auffinden und dem Fang der Beute dienen.

Einige Meeresorganismen haben die Fähigkeit, selbsttätig zu leuchten bzw. mehr oder weniger intensives Licht abzustrahlen *(Biolumineszenz).* Bei vielen Tiefseefischen leuchten bestimmte Zellen, die von reflektierenden Zellgruppen umgeben sind. Andere Tiere können Leuchtstoffe an das umgebende Wasser abgeben, die längere Zeit selbsttätig außerhalb des Lebewesens leuchten und so wahrscheinlich zur Tarnung dienen. In besonderen Fällen konnte eine Symbiose zwischen Leuchtbakterien und Fischen festgestellt werden, derart daß die Leuchtbakterien von dem größeren Tier praktisch in Gewebekultur gehalten wurden. Einige Arten senden scheinwerferartige Lichtbündel aus, die sehr wahrscheinlich dem Auffinden der Beute dienen. Andere Tiefseefische haben an den Enden ihrer langen Fortsätze leuchtende Köder, die in den verschiedensten Formen und Farben auftreten können. Bei bestimmten Arten hängt der Leuchtköder sogar direkt im riesigen Maul. Häufig dienen die *Leuchtorgane* auch dazu, daß sich Männchen und Weibchen einer Art am Grund des Meeres zur Paarung finden können. Viele Meeresorganismen können ihre Lichtquelle „an- und abschalten" und so ihre Gegner verwirren.

Viele Tiefseefische haben große Zähne und Mäuler. Auch ist ihr Magen oft extrem dehnbar. Dies weist darauf hin, daß sie nur selten Nahrung finden, die dafür andererseits sehr groß sein kann und über längere Zeit den Hunger des Tiers stillen muß.

Viele Probleme der Tiefseefische sind noch ungeklärt, da man häufig nur auf Zufallsfunde angewiesen ist und die an die Meeresoberfläche gebrachten Tiere oft schnell absterben, so daß eingehende Untersuchungen nicht möglich sind.

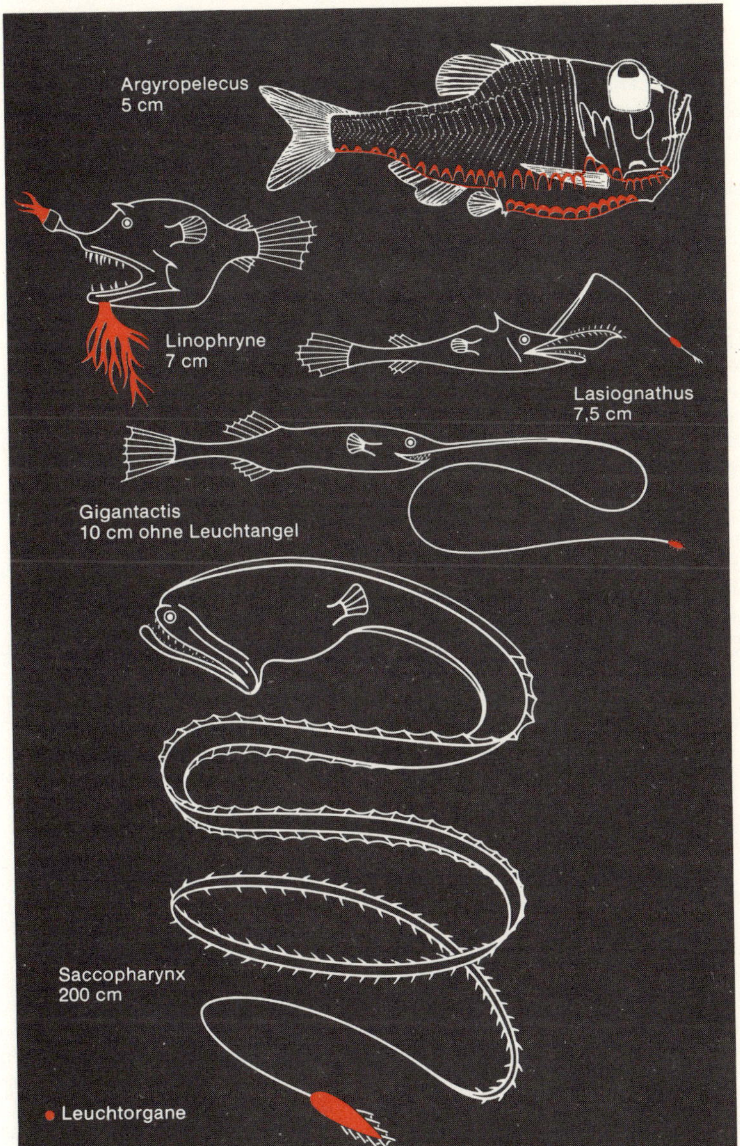

Abb. Morphologische Besonderheiten von Tiefseefischen

Wasserpflanzen

Die höheren Wasserpflanzen *(Hydrophyten)*, die sich wahrscheinlich aus feuchtigkeitsliebenden Schattenpflanzen *(Hygrophyten)* entwickelt und an ein völliges Leben im Wasser angepaßt haben, unterscheiden sich von den Landpflanzen in einer Reihe charakteristischer Merkmale.

Während die Landpflanzen Mineralstoffe in den meisten Fällen nur aus dem Erdreich über Wurzeln aufnehmen können, können die Wasserpflanzen die im Wasser gelösten Salze über die ganze *Pflanzenoberfläche*, vor allem über die Blätter, aufnehmen. Die Blattoberfläche der Wasserpflanzen ist meist größer als die verwandter Arten auf dem Land; außerdem ist ihre Epidermis (Oberhaut) dünner und zarter. Dies ermöglicht einen regen Stoffaustausch auf der ganzen Pflanzenoberfläche.

Die Wasserpflanzen haben zwei Möglichkeiten der *Kohlendioxidaufnahme* realisiert: die direkte Aufnahme des im Wasser gelösten Gases Kohlendioxid über die Epidermis der geschlitzten Blätter und die Reduktion des häufig im Wasser in größerer Menge vorhandenen Calciumhydrogencarbonats. Das dabei entstehende Kohlendioxid wird von der Pflanze aufgenommen, während das zurückbleibende Calciumcarbonat oft in Form *weißer Kalkkrusten* abgelagert wird.

Während sich Kohlendioxid im Wasser ziemlich gut löst, ist die Löslichkeit von Sauerstoff in Wasser wesentlich geringer. Viele Wasserpflanzen besitzen deshalb aus sternförmigen Zellen gebildete *lufterfüllte Interzellularräume*, in denen der tagsüber durch die Photosynthese erzeugte *Sauerstoff* als Atmungsreserve für die Nacht gespeichert werden kann. Diese Luftkammern ermöglichen außerdem einen gewissen *Auftrieb*, der die Pflanzen im Wasser aufrecht stellt. Wegen dieses Auftriebs im Wasser benötigt der Pflanzenkörper weit weniger Festigungsgewebe als auf dem Lande. Eine Verholzung findet deshalb bei den meisten Wasserpflanzen nicht statt. Ebenso fehlt ein sekundäres Dickenwachstum. Die einzige stärkere Beanspruchung von Wasserpflanzen ist in fließenden Gewässern gegeben, wo die Pflanzenkörper eine starke Zugfestigkeit besitzen müssen. Dies wird in den meisten Fällen nicht durch ein randständiges Festigungsgewebe, sondern durch einen zentralen, stabilen Strang gewährleistet. Sofern Wurzeln vorhanden sind, dienen diese nicht oder nur kaum der Nahrungsaufnahme (s. oben), sondern der Verankerung der Pflanze.

Entsprechend den verschiedenen ökologischen Verhältnissen vom Ufer bis zum Tiefwasser zeigen die Wasserpflanzen einen großen *Formenreichtum*. Bei den *Sumpfpflanzen (Helophyten)* sind nur die Wurzelorgane und evtl. die untersten Sproßteile von Wasser bedeckt. Sie können deshalb als Übergang von den echten Landpflanzen zu den Wasserpflanzen angesehen werden. Wenn der Sumpf im Sommer austrocknet, können die meisten Sumpfpflanzen diese Trockenperiode überdauern. – In der nächsten Anpassungsphase begegnen *amphibische Pflanzen* und *Schwimmblattpflanzen*. Bei den ersteren lebt ein beträchtlicher Teil der Pflanze ständig untergetaucht im Wasser, während die blütentragenden Sproßteile oft zusammen mit einem Teil der grünen Blätter weit aus dem Wasser ragen. Beispiele dafür sind die Teichbinse und das Pfeilkraut. Bei den Schwimmblattpflanzen schwimmen alle Blätter oder ein Teil der Blätter flach auf dem Wasserspiegel, so daß die betreffende Blattoberseite der Luft, die Unterseite dem Wasser zugewandt ist. Auch bei diesen Formen ragen die Blüten in den meisten Fällen über den Wasserspiegel hinaus (z. B. Teich- und Seerosen). Da sie mit der Blattoberfläche noch der Luft zugewandt sind, erfolgt der Gasaustausch von Kohlendioxid und Sauerstoff noch über Spaltöffnungen an der Oberseite der Blätter.

Von diesen Formen leiten sich dann die echten, *untergetauchten Wasserpflanzen* ab. Viele davon bilden keine Blüten mehr aus, sondern vermehren sich ausschließlich vegetativ (z. B. Ausläufer, Abgliederung von Sproßteilen).

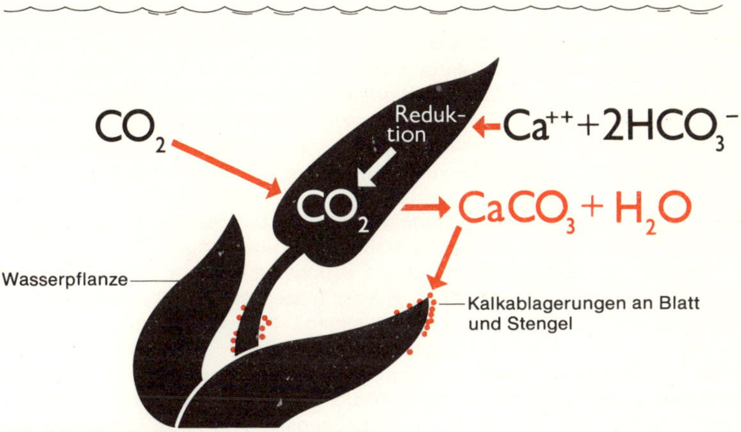

Abb. 1 Kohlendioxidaufnahme und Kalkablagerung bei Wasserpflanzen

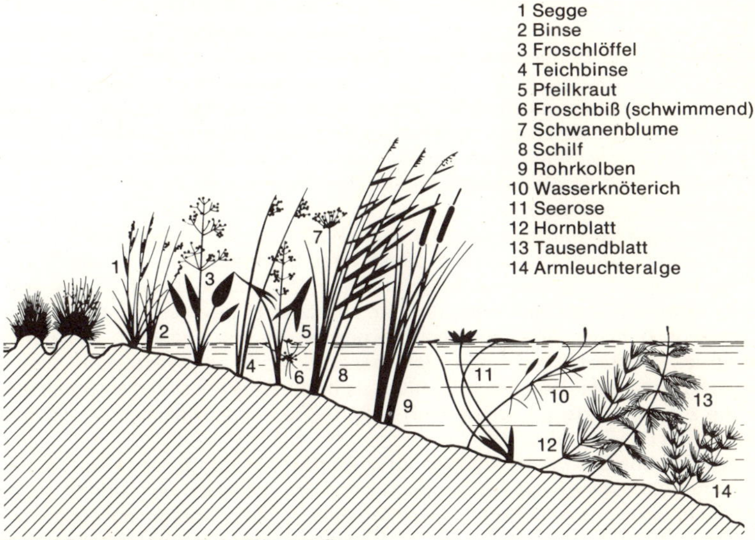

Abb. 2 Formenreichtum der Wasserpflanzen der Uferregion

Fleischfressende Pflanzen

Die fleischfressenden Pflanzen nehmen in ihrer Ernährung eine Mittelstellung zwischen autotropher und heterotropher Lebensweise ein. Insgesamt gibt es auf der ganzen Erde rund 500 Arten von Tiere fangenden Blütenpflanzen. Sie leben meist auf sehr stickstoffarmem, kargem Boden und beziehen daher den benötigten Stickstoff v. a. aus der *Verdauung tierischen Eiweißes.* Dies geschieht durch *Enzyme,* die das Fleisch ihrer Opfer (meist Insekten) auflösen. Oft sind auch *zersetzende Bakterien* an diesem Abbauprozeß beteiligt. Alle diese Pflanzen besitzen Chlorophyll und sind bewurzelt, so daß sie sich auch autotroph ernähren können.

Nach der *Beschaffenheit ihrer Fangeinrichtungen* teilt man die fleischfressenden Pflanzen ein in Leimruten-, Klappfallen- und Fallgrubenfänger.

Ein typischer *Leimrutenfänger* ist der v. a. in unseren Hochmooren vorkommende *Sonnentau* (Gattung Drosera). Seine Blätter tragen an der Oberseite zahlreiche Drüsenhaare, die an ihrer Spitze einen blasigen, klebrigen Schleim ausscheiden, der in der Sonne wie ein Tautropfen glänzt. Insekten, die über diese Blätter krabbeln, verfangen sich in den Drüsenhaaren, kleben fest und kommen bei ihren Befreiungsversuchen mit immer mehr Köpfchen der Drüsenhaare in Berührung. Dies löst eine Krümmungsbewegung der Drüsenstiele nach der Beute zu aus. Bei einer besonders starken Reizung des Blattes durch ein größeres Tier krümmt sich auch die Blattfläche ein, so daß das Tier ganz umschlossen wird. Nun sondern die Drüsenköpfchen eine verdauende Flüssigkeit ab, die innerhalb einiger Tage die Eiweißsubstanz des Tiers auflöst, so daß nur noch die Chitinhülle übrig bleibt.

Ebenfalls ein Leimrutenfänger ist das *Fettkraut* (Gattung Pinguicula), das auf torfigen, feuchten Böden (v. a. in Flachmooren) vorkommt. Die Oberseite seiner dickfleischigen Blätter ist mit winzigen Drüsenhaaren dicht besetzt, die einen zähflüssigen Schleim absondern. Wenn sich in diesem Schleim ein Insekt verfangen hat, wird durch den chemischen Reiz des tierischen Eiweißes enzymhaltiger Schleim abgesondert. Gleichzeitig rollen sich die Blattränder über die Breite ein. In kurzer Zeit ist die Eiweißsubstanz des Tiers aufgelöst und wird wie beim Sonnentau aufgesaugt.

Zu den *Klappfallenfängern* gehört u. a. der *Wasserschlauch* (Gattung Utricularia), eine schwimmende Wasserpflanze, die an ihren Stengeln kleine Bläschen besitzt, die interessante Fangvorrichtungen darstellen. Die Wände dieser Wasser enthaltenden, oben von einer mit steifen Borsten besetzten Klappe verschlossenen Fallen sind elastisch nach innen gespannt, wodurch in den Bläschen ein geringer Unterdruck entsteht. Wenn nun ein Wassertier (z. B. ein Wasserfloh) eine der hebelartig wirkenden Borsten an der Klappe berührt, öffnet sich diese nach innen, und die Blasenwände schnellen nach außen. Das in das Bläschen einströmende Wasser reißt das Beutetier mit.

Durch rasches Zusammenklappen ihrer Blattflächen fängt die in Nordamerika heimische *Venusfliegenfalle* (Dionaea muscipula) Insekten ein. Jedes Fangblatt besteht am Ende aus zwei Teilen, die außen mit kleinen Zähnchen besetzt sind und innen jeweils drei Sinnesborsten tragen. Wenn ein Insekt diese berührt, klappen die Blattflächen fast augenblicklich zusammen, wodurch das Insekt zwischen den Blattflächen festgehalten wird. Darauf wird von kleinen Drüsen auf der Blattfläche Verdauungsflüssigkeit ausgeschieden, die das Insekt verdaut.

Als *Fallgrubenfänger* ist die in feuchten Urwäldern Asiens an Bäumen sich hochrankende Kannenpflanze (Gattung Nepenthes) bekannt. Das Fangorgan besteht aus einem kannenförmigen Gebilde, das außen in bunten Farben leuchtet. Im Inneren wird Nektar ausgeschieden, der Insekten anlockt. Die Innenwand der Kanne ist jedoch so glatt, daß die Insekten keinen Halt finden können und in die Kanne abstürzen, wo sie in einer verdauenden Flüssigkeit ertrinken.

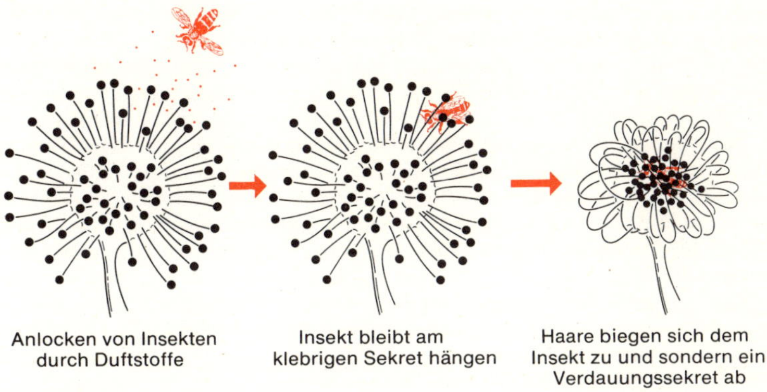

Abb. 1 Die Funktion der Fangeinrichtung beim Sonnentau

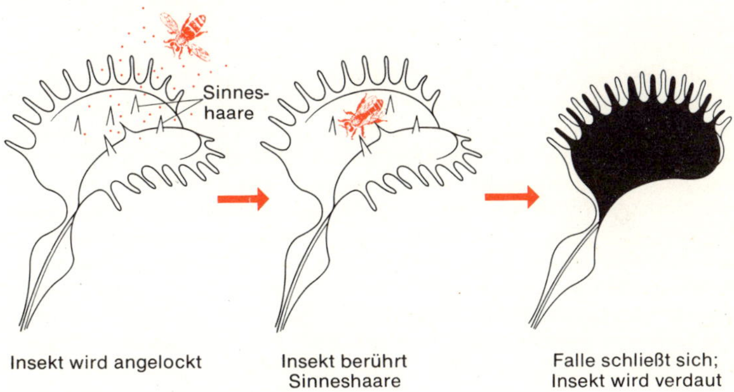

Abb. 2 Die Funktion der Fangeinrichtung bei der Venusfliegenfalle

Insekten

Unter den etwas mehr als eine Million zählenden heute bekannten Tierarten sind rund drei Viertel Insekten. Die Gesamtzahl der Insektenarten ist sehr wahrscheinlich noch wesentlich größer, wenn man die zahlreichen noch nicht entdeckten Arten berücksichtigt. Insekten zeigen eine außerordentliche Mannigfaltigkeit in Größe, Aussehen, Lebensweise und Verbreitung. Vor allem in den warmen Monaten des Jahres gibt es fast keinen insektenfreien Lebensraum.

Nach unseren heutigen wissenschaftlichen Erkenntnissen gibt es Insekten auf der Erde seit rund 300 Millionen Jahren. Die frühesten *Fossilien von Insekten* stammen aus der Karbonzeit, der Zeit der Steinkohlenwälder. Die Insektenentwicklung hatte damals eine Blütezeit. Vor etwa 60 Millionen Jahren, mit dem Beginn des Tertiärs, setzte eine neue große Entfaltung der Insekten ein (Abb.). Diese Insekten sahen den heutigen bereits sehr ähnlich. Die am besten erhaltenen Tiere sind uns eingebettet in Bernstein überliefert. Selbst Einzelheiten von ihnen lassen sich noch mit dem Mikroskop erkennen. Viele haben sich seit dem Tertiär praktisch nicht mehr verändert.

Insekten sind keineswegs primitive Lebewesen, sondern stehen nach ihrer Organisationshöhe, ihrer Anpassungsfähigkeit an die Umwelt und hinsichtlich ihrer erstaunlichen Verhaltensweisen auf dem gleichen Rang wie die Wirbeltiere.

Alle Insekten haben wesentliche Merkmale gemeinsam. Im Gegensatz zu den Wirbeltieren, die ein inneres Knochenskelett besitzen, tragen die Insekten ein *Hautskelett,* das als meist harter Chitinpanzer den Körper umschließt. Die notwendige Beweglichkeit des Körpers wird durch die Gliederung in einzelne *Segmente* gewährleistet, die durch dünneres, biegsames Chitin miteinander verbunden und gegeneinander verschiebbar sind.

Der Insektenkörper besteht aus dem Kopf, einem Brustabschnitt aus drei Segmenten (Vorder-, Mittel- und Hinterbrust) und dem Hinterleib aus bis zu 11 Gliedern. Der Brustabschnitt trägt drei Beinpaare und bis zu zwei Flügelpaare. Der Hauptbaustoff des Insektenkörpers ist *Chitin.* Diese Substanz hat chemisch wie physikalisch in vielerlei Hinsicht einzigartige Eigenschaften. Chitin vereinigt große Härte mit geringem Gewicht. Es bildet die dicken Panzer der Käfer und die zarten Flügel der Schmetterlinge aus. Aus Chitin besteht der Haarpelz der Hummeln und der Stech- und Saugrüssel der Stechmücken. Jedes Insektenbein und jeder Fühler werden durch Chitin geformt und gestützt. Auch das Tracheensystem im Inneren des Insektenkörpers ist bis zu den chitinfreien Endästen, die jede einzelne Zelle mit Sauerstoff versorgen, mit Chitin ausgekleidet.

Da die Insekten ein Außenskelett besitzen, liegt die Muskulatur innen. Der starre Chitinpanzer erlaubt kein Wachstum, so daß sich das wachsende Insekt, d. h. die Larve, von Zeit zu Zeit *häuten* muß, wobei jedesmal ein neues, größeres Chitinskelett ausgebildet wird.

Die Insekten haben sich in vielfältiger Weise an unterschiedliche ökologische Bedingungen angepaßt. Dies zeigen z. B. die Veränderungen in der Ausbildung der *Mundwerkzeuge.* Den Grundtyp stellen die *beißend-kauenden Mundwerkzeuge* dar, wie sie Heuschrecken und Schmetterlingsraupen besitzen. Viele Käfer, die Ameisen und die Bienen haben *kauend-leckende Mundwerkzeuge,* mit denen sie z. B. Blütenstaub und zugleich Pflanzensäfte aufnehmen können. Die *leckend-saugenden Mundwerkzeuge* dienen allein zur Aufnahme von flüssiger Nahrung, so daß die Mandibeln funktionslos geworden sind oder überhaupt fehlen (z. B. Schwebfliegen). Diesen Typus finden wir v. a. bei Fliegen und Schmetterlingen in Form des Rüssels verwirklicht. Ein weiterer evolutorischer Fortschritt war die Ausbildung von *stechend-saugenden Mundwerkzeugen,* da oft erst Gewebe durchbohrt werden muß, um an die Nahrung wie Pflanzensäfte oder Blut herankommen zu können. Diese unterschiedlichen *Stechapparate* sind alle nach einem bestimmten Grund-

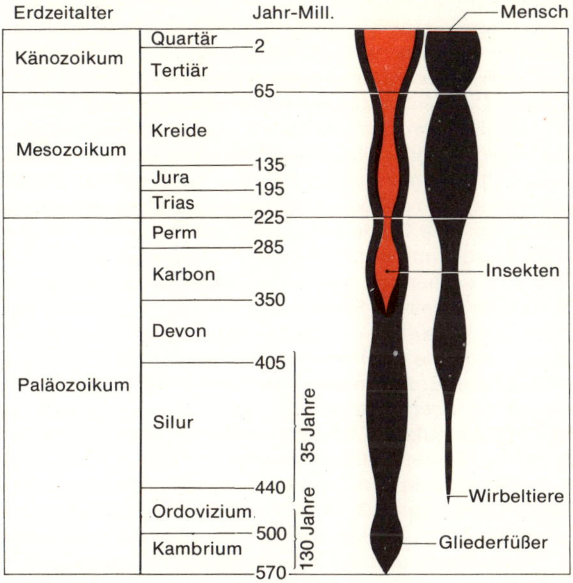

Abb. 1 Die Entwicklung der Insekten im Verlaufe der Erdgeschichte

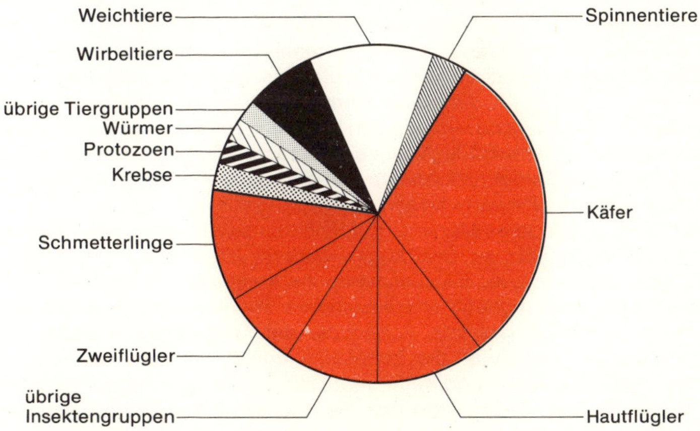

Abb. 2 Zahl der Insektenarten auf der Erde im Verhältnis zu den Artenzahlen bei den übrigen Tierarten

schema ausgebildet: Die Unterlippe (Labium) ist zu einer äußeren Gleitrinne geworden, in der die zu Stechborsten umgebildeten Ober- und Unterkiefer (Mandibeln und Maxillen) liegen. Über einen Speichelkanal wird gerinnungshemmender Speichel in die Stichwunde eingebracht, und über einen Saugkanal wird die Flüssigkeit eingesogen.

Die Insekten sind von recht *unterschiedlicher Größe.* Besonders groß werden einige Käfer. Der *Herkuleskäfer* aus dem tropischen Südamerika z. B. erreicht eine Länge von 16 cm. Die Männchen tragen zwei mächtige, nach vorn gerichtete Hörner als Fortsätze des Halsschildes (der obere, längere Auswuchs) und der Stirn. Das Weibchen dagegen ist wesentlich kleiner und unscheinbarer. Die kleinsten Insekten der Erde dagegen sind nicht viel größer als das einzellige Pantoffeltierchen. Zu diesen kleinsten Insekten gehören z. B. der *Zwergspringschwanz* und verschiedene *Schlupfwespen,* die eine Größe von 0,1–0,3 mm erreichen. Es ist phantastisch, in welch winziger Ausbildung in diesen kleinen Lebewesen alle wichtigen Organe der größeren Insekten vorhanden sind. – Ein anderes Extrem ist ein in Südamerika lebender *Eulenfalter,* dessen Spannweite über 32 cm beträgt. Das längste heute lebende Insekt ist eine südamerikanische *Riesenstabheuschrecke,* (über 30 cm).

Die Insekten sind, wie auch die übrigen Gliederfüßer, in der *Besiedlung der Lebensräume* unserer Erde von allen Tiergruppen am weitaus erfolgreichsten. Sie haben es praktisch überall verstanden, alle nur irgendwie für sie brauchbaren Nahrungsquellen zu nutzen und sich unterschiedlichsten Umweltbedingungen anzupassen. In den Tropen haben sie sich zu einem überwältigenden Artenreichtum entfaltet. Aber auch in den Gebieten der Erde mit harten Lebensbedingungen sind fast keine insektenfreien Gebiete zu finden. Man fand Insekten in den Steppen und heißesten Wüsten, im Schlamm tiefer Höhlen, wo kein Sonnenlicht hingelangt, auf kleinen Meeresinseln und auf den Gletschern der Gebirge. So gibt es winzige Gletscherflöhe, die hochalpine oder polnahe Schneefelder bevölkern und von organischen Substanzen leben, die in dem vom Wind hertransportierten Staub enthalten sind. Im Himalaya fand man noch in Höhen bis 5 000 m Ameisen, Wespen, Bienen, Schmetterlinge, Wanzen und Käfer. Auch in den Binnengewässern haben sich die Insekten zu einer artenreichen Vielfalt entwickelt. – Eine seltsame Ausnahme bildet nur das Meer, in dem, mit wenigen Ausnahmen, Insekten fehlen.

Eine besondere Eigenschaft, die von vielen Insektenarten entwickelt wurde, ist das *Fliegen.* Es wurde in der Natur viermal „erfunden": von den Vögeln, den Fledermäusen, den Flugsauriern und den Insekten. Vor allem die *Libellen* haben es zu einer außerordentlichen Flugfähigkeit gebracht. Sie erreichen Fluggeschwindigkeiten bis zu 50 Stundenkilometern, können blitzschnell im Flug die Richtung ändern und können rückwärts fliegen.

Ein weiteres besonderes Merkmal der Insekten sind ihre *Facettenaugen.* Diese bestehen im Gegensatz zu den Augen anderer Tiere aus einer Vielzahl von sechseckigen Einzelaugen, die zusammen ein komplettes Auge bilden. Jede der Facetten des Facettenauges ist in eine bestimmte Richtung orientiert, wodurch eine mosaikartig zusammengesetzte Abbildung der Umgebung entsteht. Mit den Facettenaugen können v. a. die schnellfliegenden Insekten wie die Libellen außerordentlich gut sehen und Veränderungen im Sichtbereich schnell wahrnehmen. Weitere Sehleistungen fand man bei *Bienen,* die, z. B. im Gegensatz zum Menschen, ultraviolettes und polarisiertes Licht wahrnehmen können.

Auch im allgemeinen Naturgeschehen spielen die Insekten eine wichtige Rolle. Schmetterlinge, Bienen und Hummeln sind z. B. die wichtigsten *Bestäuber der Blütenpflanzen* und ermöglichen so deren Fortpflanzung. Käfer wie Totengräber, Speck- und Aaskäfer sorgen für die *Beseitigung von Tierleichen.* Bestimmte Insektenpopulationen in abgestorbenen Baumstämmen und in Baumstümpfen sorgen für deren völlige Zerstörung und damit für deren Wiedereingliederung in den Kreislauf der Natur. – S. auch „Die Staaten der Insekten", S. 156 ff.

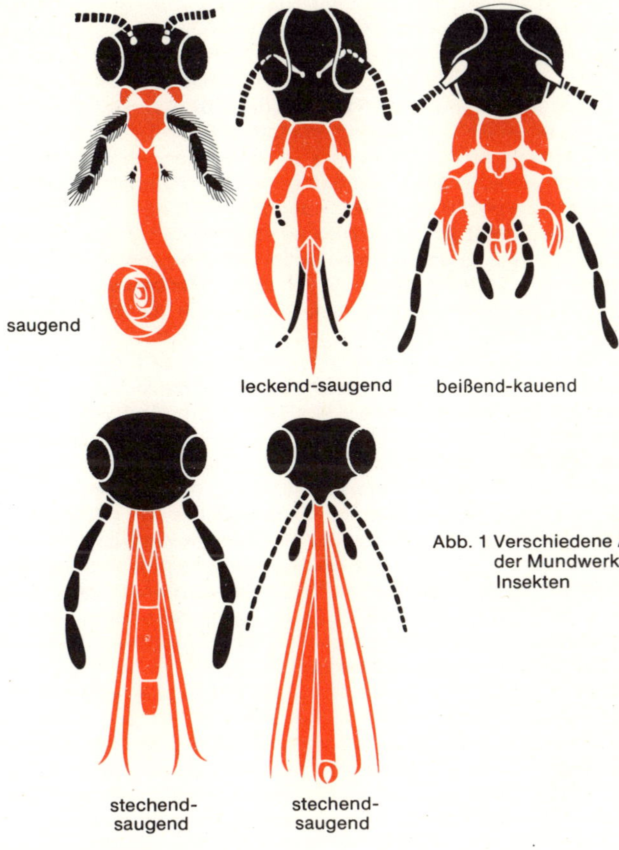

Abb. 1 Verschiedene Ausbildung der Mundwerkzeuge bei Insekten

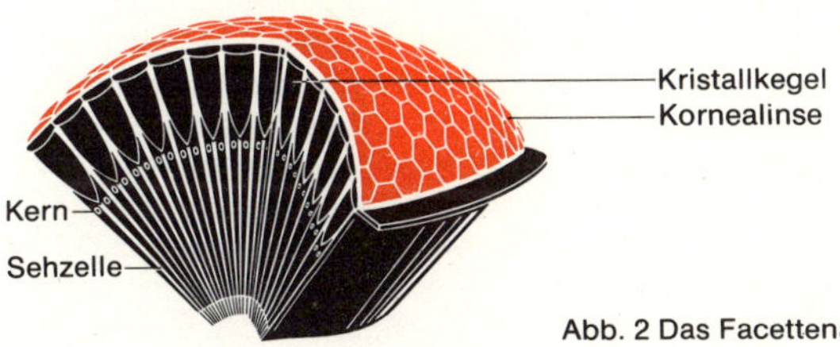

Abb. 2 Das Facettenauge der Insekten

Die Staaten der Insekten

Außer den einzeln (solitär) lebenden Insektenarten – es ist die überwiegende Mehrzahl – gibt es auch einige Insektenarten, die aus vielen Individuen bestehende Staaten bilden. Die allmähliche Bildung von großen Staaten läßt sich am besten bei den *Hautflüglern* (Bienen, Wespen, Ameisen) beobachten. Die *Pelzbienen* z. B. legen ihre röhrenförmigen Bauten an Lehm- oder Mörtelwänden oft in großer Zahl dicht beisammen an. In solch größeren Kolonien entwickelt sich dabei zeitweise ein gemeinsames Handeln, wenn die Tiere z. B. gemeinsam über einen Störenfried herfallen. Dies tun sie auch dann, wenn die eigene Brut gar nicht bedroht ist. Das Zusammenleben der Pelzbienen dauert jedoch nur so lange, bis die Eier abgelegt und mit Nahrung versorgt sind. Ein Zusammenleben der Mütter mit den Jungen oder der Jungen untereinander kommt auf dieser Stufe noch nicht vor.

Die nächsthöhere Stufe in Richtung einer Staatenbildung findet sich bei *Hummeln.* Im Frühling wird der Hummelstaat durch die Hummelkönigin, ein überwinterndes Weibchen, gegründet. Die Königin baut dazu an einem geeigneten Ort (kleine Erdhöhle o. ä.) einige eiförmige Zellen aus mit Blütenstaub oder Harz verknetetem Hummelwachs. Die Zellen werden mit Blütenstaub und Honig gefüllt und von der Königin mit mehreren Eiern belegt. Im Nest wird außerdem ein kugelförmiger Vorratsbehälter errichtet, den die Königin mit Honig beschickt. Die geschlüpften Maden werden zunächst von der Königin gefüttert. Sie werden zu Arbeiterinnen mit verkümmerten Eierstöcken. Sie sammeln Nektar und Blütenstaub, füttern die jungen Maden, bauen weitere Zellen und pflegen das Nest. Je mehr Arbeiterinnen herangewachsen sind, desto mehr wird die Königin entlastet, so daß sie sich zuletzt ganz auf das Eierlegen konzentrieren kann. Gegen den Sommer hin entstehen dann auch fertile Weibchen und die Männchen. Gegen Ende des Herbstes stirbt das Hummelvolk ab. Es kann bis dahin bis auf einige hundert Tiere angewachsen sein. Die befruchteten jungen Königinnen überwintern und gründen im Frühjahr wieder neue Staaten.

Einen ähnlichen Staat wie die Hummeln bilden die *Wespen* und *Hornissen,* doch sind diese Staaten individuenreicher. Die Substanz für den Nestbau ist eine papierartige Masse aus mit klebrigem Speichel vermengtem, fein zerkautem Holz. Die runden bis sechseckigen Zellen stehen in Waben zusammen. Sie werden nur mit je einem Ei beschickt. Vorräte werden von den räuberisch lebenden Wespen und Hornissen nicht angelegt. Das Nest wird gemeinsam verteidigt.

Eine besonders hohe Organisationsform haben die *Ameisenstaaten.* Wir finden hier größere Königinnen, flügellose, sterile Arbeiterinnen sowie Männchen. In großen Ameisenstaaten können mehrere Königinnen vorkommen. Durch besondere Fütterung entstandene Arbeiterinnen mit dicken Köpfen und groß entwickelten Kiefern werden als Soldaten bezeichnet. Die *Ameisennester* bestehen aus einem System von Kammern und Gängen und dienen v. a. zur Aufzucht der Jungen. Interessant ist, daß die südamerikanischen Blattschneiderameisen Pilzzüchter sind. Die größeren Arbeiterinnen tragen Blattstückchen in ihr Erdnest ein. Diese werden von den kleineren Arbeiterinnen zu einem Blattbrei zerkaut, mit Pilzkeimen geimpft und dauernd mit Speichel und Kot gedüngt. Das entstehende üppige Pilzgeflecht dient diesen Ameisen als Nahrung. – S. auch „Die Staaten der Insekten – der Bienenstaat", S. 158 ff.

Abb. 1 Nestanlage einer einzeln lebenden Erdbienenart

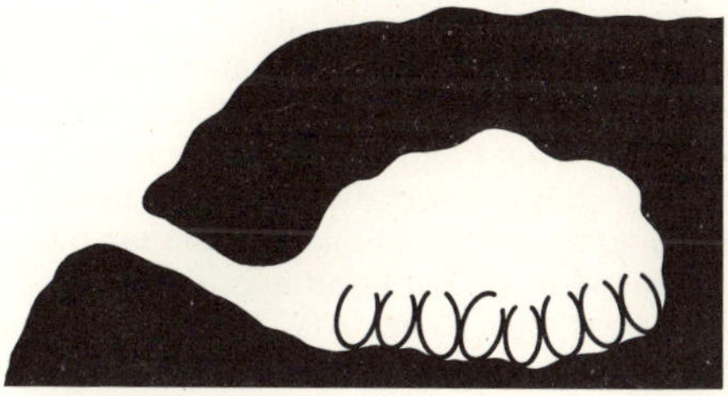

Abb. 2 Nestanlage der Hummeln

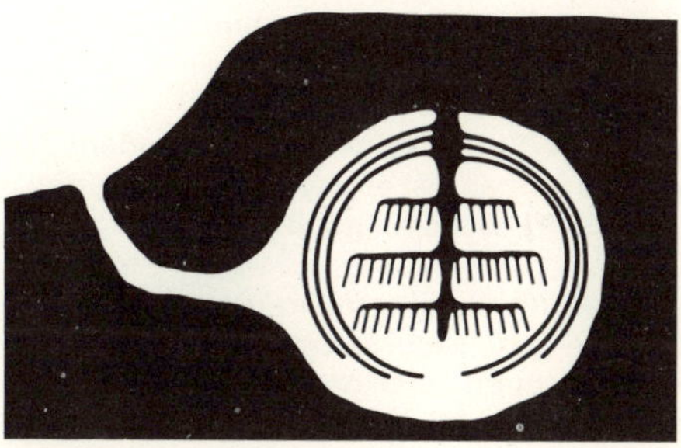

Abb. 3 Nestanlage der Deutschen Wespe (nach Linder)

Die Staaten der Insekten – der Bienenstaat

Der Staat der Honigbienen besteht aus einer einzigen Königin und 40000–70000 Arbeiterinnen, zu denen im Frühjahr noch einige Hundert männliche Tiere (Drohnen) hinzukommen. Nur die *Königin* kann im allgemeinen Eier legen. Von ihr stammen alle übrigen Bewohner des Bienenstocks ab. Sie erreicht ein Alter von 4 bis 5 Jahren.

Die *Arbeiterinnen* sind verkümmerte Weibchen, die im Frühjahr und Sommer vier bis sechs Wochen lang (außer dem Eierlegen) alle Arbeiten für den Staat erledigen. Der Arbeitseinsatz ist streng geregelt. Vom 1. bis etwa 10. Lebenstag verrichten die Arbeitsbienen *Arbeiten im Stockinneren.* Bis zum 3. Lebenstag reinigen sie als Putzbienen den Stock. – Ab dem 4. Lebenstag *füttern sie die junge Bienenbrut,* wozu sie ein besonderes Sekret, die Ammenmilch, erzeugen; je nach dem Alter der Maden werden zusätzlich zur Ammenmilch noch Honig und Pollen verfüttert. – Vom 10. bis zum 20. Lebenstag widmet sich die Arbeitsbiene dem *Wabenbau.* Sie besitzt dafür zwischen den Hinterleibsringen Wachsdrüsen, die Bienenwachs in Form kleiner Schüppchen abscheiden. Diese werden von ihr mit den Beinen erfaßt, zu den Mundwerkzeugen geführt und dort gründlich durchgeknetet. Dann setzen diese sog. *Baubienen* Kügelchen um Kügelchen aneinander, bis eine sechskantig geformte Wabenzelle entsteht. Es ist auch heute noch nicht genau bekannt, wie diese erstaunliche Regelmäßigkeit der Zellen (auch in bezug auf ihre Wanddicke) zustande kommt. – Um den 20. Lebenstag herum verrichten die Arbeiterinnen *Wächterdienst am Flugloch.* Mit Hilfe ihres Geruchssinns erkennen sie alle nicht zum Stock gehörenden Bienen und andere Tiere und verwehren diesen den Zutritt. Um ankommenden Stockgenossinnen das Auffinden des Nestes zu erleichtern, scheiden sie einen Duftstoff aus; dabei strecken sie am Flugloch ihren Hinterleib steil in die Höhe („Sterzeln"). – Im Anschluß an den Wächterdienst verbringt die Arbeitsbiene den Rest ihres Lebens (als Sammelbiene) mit dem *Einsammeln von Blütenstaub und Nektar.* Dabei erfüllt sie zusammen mit anderen blütenbesuchenden Insekten eine wichtige Rolle in der Natur, indem sie die Blüten bestäubt und so für die Samen- bzw. Fruchtbildung der Blütenpflanzen sorgt.

Fallen Bienen eines bestimmten Aufgabenbereiches aus, dann können die übrigen Bienen diese Tätigkeiten übernehmen, indem entweder funktionslos gewordene Organe (z. B. die Geschlechtsorgane oder die Wachsdrüsen bei Arbeiterinnen) wieder tätig werden oder bestimmte Organe früher als üblich in Aktion treten. Das Bienenvolk kann demnach als ein Organismus höherer Ordnung angesehen werden.

Die *Drohnen* leisten im Stock keine Arbeit, sondern lassen sich von den Arbeiterinnen füttern. Ihre Aufgabe ist es, die Bienenkönigin zu begatten. Wenn dies geschehen ist, werden sie aus dem Stock vertrieben oder getötet („Drohnenschlacht").

Im *Nest* der Honigbiene befinden sich mehrere senkrecht angeordnete *Waben* mit den dicht aneinanderliegenden, sechsseitigen, prismatischen *Wachszellen.* Dabei liegen die Zellen mit der Brut an einer bestimmten Stelle in der Mitte des Nestes. Dem Brutbezirk benachbart wird der Blütenstaub gespeichert. Die mit Honig gefüllten Waben hängen vor und hinter dem Brutnest.

Die *Innentemperatur des Stocks* liegt konstant (mit Ausnahme des Winters) zwischen 34,5 und 35,5 °C. Die Bienen haben einen sehr genauen Temperatursinn, mit dem sie noch Temperaturunterschiede von nur 1/5 °C registrieren können. Jede Änderung der Innentemperatur des Stocks wird sofort reguliert: Bei zu hoher Temperatur bringen die Bienen Wasser in leere Zellen und nutzen so die Verdunstungskälte für eine Temperaturerniedrigung, wobei sie zusätzlich durch Flügelbewegungen die Verdunstung beschleunigen. Sinkt die Temperatur andererseits unter den Normwert ab, so nehmen die Bienen zur Steigerung ihres

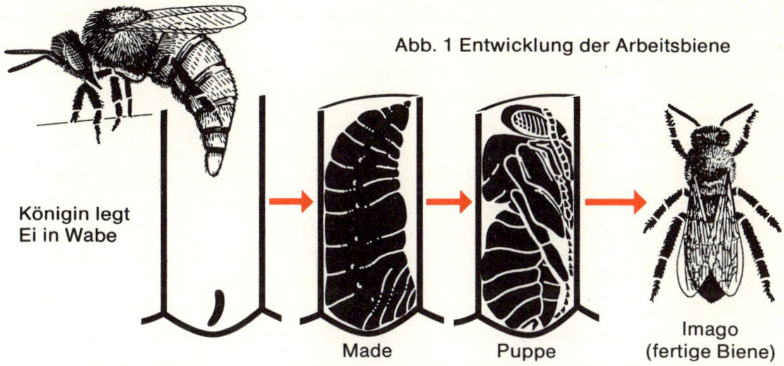

Abb. 1 Entwicklung der Arbeitsbiene

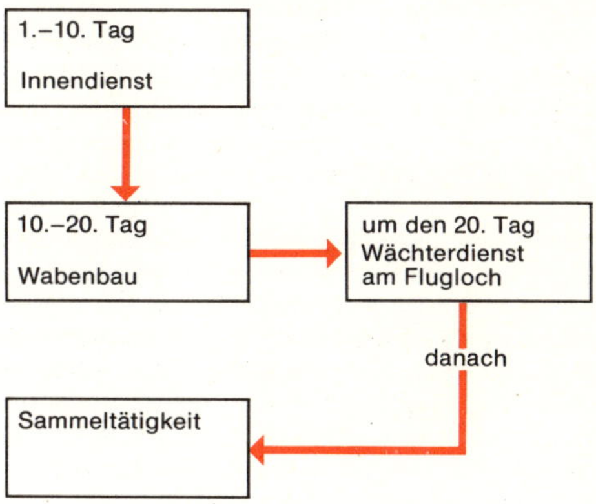

Abb. 2 Funktionswandel der Arbeitsbiene

Stoffwechsels Honig aus ihrem Vorrat auf und erzeugen durch Muskelzittern und Flügelschwirren zusätzliche Körperwärme. Dies alles geschieht zum Schutz der Brut, v. a. auf den Brutwaben, wo die Bienen dicht zusammenrücken. – Im *Winter,* wenn die Bruttätigkeit erloschen ist, bilden alle Bienen zusammen eine dichte *Traube,* in der die Temperatur kaum unter 20 °C abfällt. Von Zeit zu Zeit findet dabei ein Austausch zwischen den ausgekühlten Bienen der Peripherie und den Bienen im Inneren der Traube statt.

Anders als bei Hummeln und Wespen vollzieht sich die *Neugründung des Bienenstaates* nicht durch die Königin allein. Wenn das Bienenvolk zu einer gewissen Größe herangewachsen ist, verläßt die alte Königin mit einem Teil der Bienen als Schwarm den Stock. Es ist dies die Stammbelegschaft für den neuen Staat. Im alten Stock wird die Stelle der alten Königin von einer frisch geschlüpften übernommen.

Von besonderer Bedeutung für das soziale Verhalten der Honigbienen ist deren *Mitteilungsvermögen* („Bienensprache"). Sammelbienen, die eine Nektar- oder Blütenstaubquelle entdeckt haben, teilen dies im Bienenstock durch verschiedene *Tänze* mit. Die experimentellen Untersuchungen hierüber hat K. v. Frisch durchgeführt. Danach führen die Sammelbienen auf den Waben einfache *Rundtänze* auf, wenn sich die Futterquelle in der Nähe des Stocks befindet. Ist die Futterquelle, etwa ein blühender Obstbaum, weiter als 80–100 m vom Stock entfernt, so geht der Rundtanz in einen *Schwänzeltanz* über: Die Lauffigur ist eine Acht, wobei die Tänzerin beim Durchlaufen der Mittelstrecke mit dem Hinterleib rasch hin und her „schwänzelt". Die dabei eingehaltene *Laufrichtung* gibt den Stockgenossinnen die Flugrichtung zur Futterquelle in Abhängigkeit vom Sonnenstand an. Liegt z. B. die Futterquelle genau in Richtung des Sonnenstandes, so verläuft der Schwänzeltanz senkrecht nach oben. Liegt die Futterquelle in einem bestimmten Winkel zur Sonne, so deutet dies die Biene dadurch an, daß sie die Schwänzelrichtung genau um dieselbe Gradzahl von der Senkrechten weg nach der betreffenden Seite zu ändert. Je weiter die Futterquelle entfernt ist, desto langsamer sind die Umläufe, jedoch umso intensiver ist dann andererseits das Schwänzeln auf dem Mittelstück der Tanzfigur. Die Biene kann so durch die *Zahl ihrer Umläufe* pro Zeiteinheit ihren Stockgenossinnen genau angeben, welche Flugleistung notwendig ist, um die Futterquelle zu erreichen. Dabei sind die jeweiligen Geländeformen und Windeinflüsse bereits berücksichtigt. Durch die Fähigkeit der Bienen, polarisiertes Licht wahrzunehmen, genügt ihnen bereits ein kleiner Fleck blauen Himmels, um den augenblicklichen Sonnenstand zu erkennen.

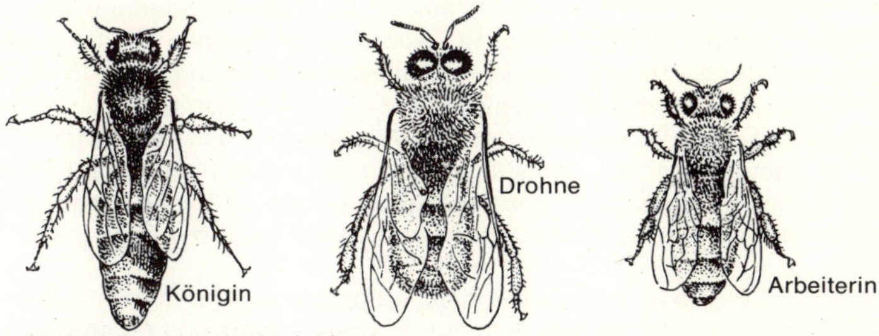

Abb. 1 Die drei Formen der Honigbiene (Apis mellifica)

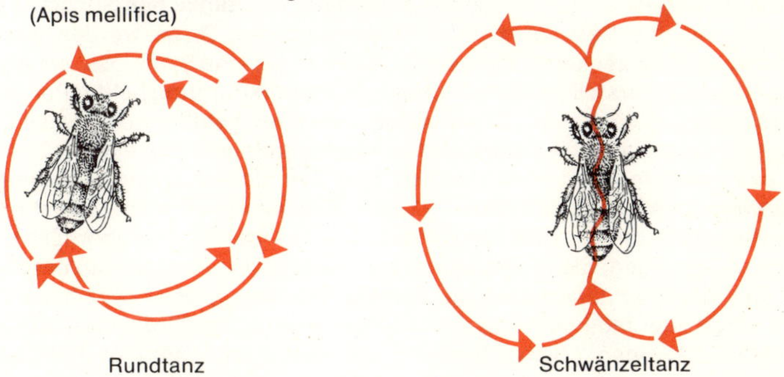

Abb. 2 Die Sprache der Bienen

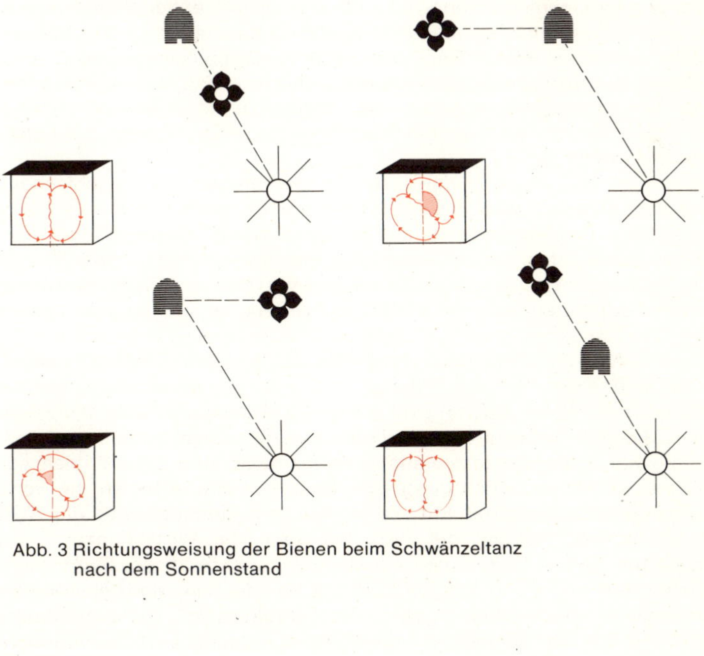
Abb. 3 Richtungsweisung der Bienen beim Schwänzeltanz nach dem Sonnenstand

Symbiose

Unter *Symbiose* versteht man das Zusammenleben zweier oder mehrerer Organismen verschiedener Artzugehörigkeit, wobei jeder Partner, im Gegensatz zum Parasitismus (s. S. 166ff.), Nutzen von dieser Verbindung hat. Häufig sind ein autotrophes und ein heterotrophes Lebewesen zu einer Symbiose vereint. *Autotrophe Organismen* sind z. B. die Blattgrün aufweisenden Pflanzen, die imstande sind, allein von anorganischen Substanzen zu leben, aus denen sie mit Hilfe des Sonnenlichtes körpereigene organische Substanzen aufbauen. *Heterotrophe Organismen* dagegen benötigen zum Leben organische, d. h. energiereiche Verbindungen.

Bei einer Symbiose zwischen einem autotrophen und einem heterotrophen Partner bietet der heterotrophe dem autotrophen Schutz und Aufenthalt, während der autotrophe jenem einen Teil seiner aufgebauten organischen Substanz abgibt.

Ein interessantes Beispiel dafür sind die *Flechten.* Diese werden als eigene systematische Pflanzenkategorie geführt, obwohl sie eine Symbiose aus Alge oder Blaualge und Pilz darstellen. Die morphologische Verknüpfung beider Partner ist so eng, daß praktisch ein neuer „Organismus" von einer bestimmten Gestalt und von konstanten, systematisch erfaßbaren Merkmalen entsteht. Bei einem Querschnitt durch eine Flechte kann man deutlich den Symbiosecharakter erkennen. Das Hauptgewebe besteht aus Pilzfäden, die der Flechte die charakteristische Gestalt geben. Zwischen diesen Pilzfäden liegen, v. a. an der Thallusoberfläche, grüne Algen oder Blaualgen, die die Fähigkeit zur Photosynthese (s. S. 200) besitzen. Für die betreffende Flechtenart sind die Symbiontenarten jeweils spezifisch. Es sind v. a. einzellige oder fadenförmige mehrzellige Vertreter der *Grünalgen* (Chlorophyzeen) oder *Blaualgen* (Zyanophyzeen); bei den Pilzen sind es hauptsächlich *Schlauchpilze* (Askomyzeten), manchmal *Ständerpilze* (Basidiomyzeten). Die in einer Flechte zusammenlebenden Symbionten lassen sich erstaunlicherweise auch getrennt voneinander auf einem künstlichen Nährboden halten. Doch gedeihen sie in Symbiose wesentlich besser. Der Pilz erhält in der Symbiose in erster Linie einen Teil der Assimilationsprodukte des Partners, während er selbst die Versorgung der Flechte mit Wasser und Mineralsalzen übernimmt. So ermöglicht er den Algen bzw. Blaualgen, die sonst nur an feuchten Standorten gedeihen können, das Leben an relativ trockenen Plätzen.

Interessant ist, daß Algen in den Flechten die Fähigkeit zur geschlechtlichen Fortpflanzung verloren haben. Sie vermehren sich nur noch durch ungeschlechtliche Zellteilung. Die *Vermehrung der Flechten* erfolgt dadurch, daß der Pilz Fruchtkörper ausbildet, in denen kleine, junge Flechten entstehen, die schon einige Algen bzw. Blaualgen besitzen, so daß sie sich, wenn sie vom Wind verweht werden und auf einen günstigen Standort treffen, von Anfang an in Symbiose entwickeln können.

Eine andere Art von pflanzlicher Symbiose ist das Zusammenleben zwischen einem Pilz und einer höheren Pflanze in Form der *Mykorrhiza.* Bei vielen Waldbäumen (z. B. Kiefer, Buche) sind die keulig angeschwollenen Wurzelenden von einem dichten Geflecht aus Pilzfäden (Myzel) umgeben. Diese Pilzfäden ersetzen die der Wirtspflanze fehlenden Wurzelhaare und übernehmen so die Wasser- und Mineralsalzversorgung des Baums. Dafür erhalten sie von der Wirtspflanze Assimilationsprodukte, die sie aus dem Rindengewebe der Wurzeln saugen. Oft können sowohl die Pilze als auch die Wirtspflanzen mehrere Symbiosepartner haben. Es kommen jedoch auch ganz spezifische Symbiosen vor, z. B. zwischen der Lärche und dem Goldröhrling oder der Birke und dem Birkenpilz.

Von erheblicher Bedeutung ist auch die *Symbiose von stickstoffbindenden Knöllchenbakterien und Schmetterlingsblütlern* (Leguminosen). Die im Boden frei lebenden Knöllchenbakterien der Gattung Rhizobium dringen durch die Zellwände

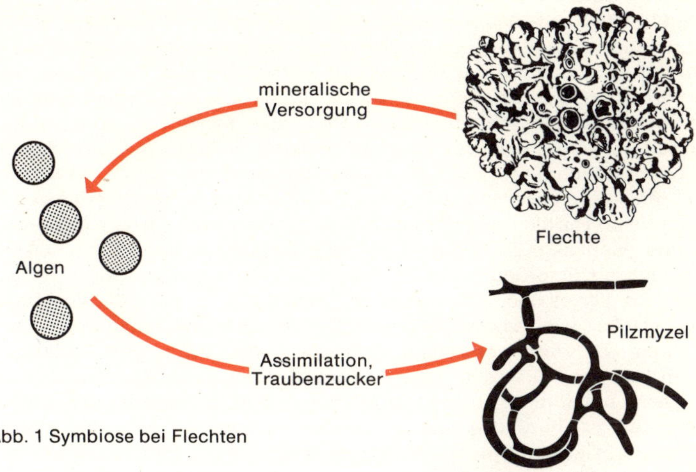

Abb. 1 Symbiose bei Flechten

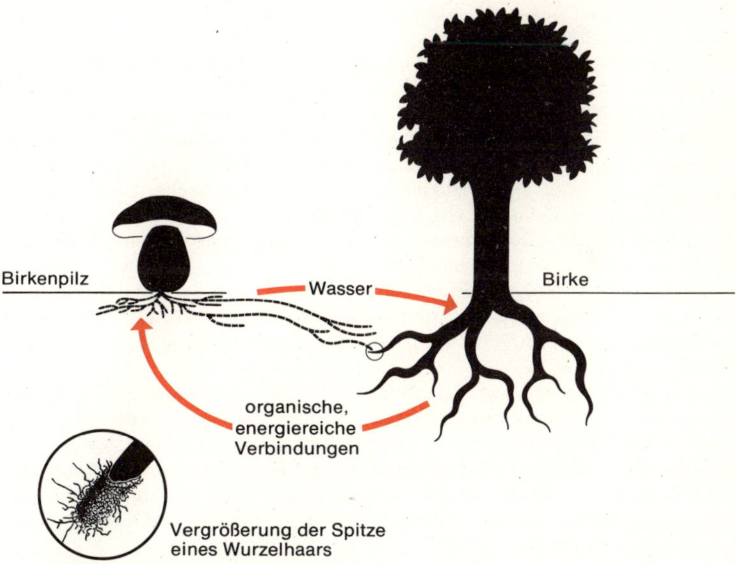

Abb. 2 Symbiose beim Birkenpilz

der Wurzelhaare in die Pflanze ein und veranlassen diese, (ähnlich z. B. wie bei der Gallenbildung durch Gallwespen) wucherndes Gewebe, die sog. *Wurzelknöllchen,* auszubilden. In diesen Knöllchen erfolgt eine starke Vermehrung der Bakterien. Diese sind befähigt, aus dem elementaren Stickstoff der Luft Stickstoffverbindungen aufzubauen. Wenn die Vermehrung der Bakterien einen gewissen Grad überschritten hat, beginnt die Wirtspflanze, einen Teil von ihnen zu verdauen. Dadurch erhält die Pflanze nicht nur einen Teil der ihr zuvor von den Bakterien entzogenen Kohlenstoffverbindungen wieder zurück, sondern sie kommt v. a. auch in den Besitz des durch die Bakterien gebundenen Stickstoffs. Da Stickstoff von wesentlicher Bedeutung für das Leben der Pflanzen ist, können die mit Knöllchenbakterien infizierten Leguminosen auch auf sehr stickstoffarmen Böden gedeihen. Da immer nur ein Teil der Bakterien verdaut wird, gelangen nach dem Absterben der Pflanze und nach dem Zerfall der Knöllchen wesentlich mehr Bakterien in den Boden zurück, als ursprünglich in die Pflanze eingedrungen waren.

Im *Tierreich* gibt es ebenfalls vielfältige Beispiele für Symbiosen. Verschiedene tierische Einzeller, wie das *Grüne Pantoffeltierchen* (Paramecium bursaria), enthalten in ihrem Zellinnern einzellige *Grünalgen,* die durch ihre Fähigkeit zur Photosynthese der Wirtszelle Assimilationsprodukte und Sauerstoff abgeben können. Diese bietet ihrerseits den Grünalgen Schutz, transportiert sie auf Grund ihrer Fähigkeit zur Fortbewegung in günstige Lichtverhältnisse und gibt ihnen Kohlendioxid aus ihrem Atmungsstoffwechsel ab, das den Grünalgen wieder zum Aufbau von Assimilationsprodukten dient. Im allgemeinen sind die Symbionten resistent gegen die Verdauungsenzyme des Wirtes. Es kann jedoch vorkommen, daß Überschüsse der Algen, die sich laufend durch Zellteilung vermehren, vom Wirt resorbiert, d. h. verdaut werden.

Eine häufige Art von Symbiose findet sich bei Tieren, die von einseitiger und zudem noch schwerverdaulicher Nahrung leben. *Zellulose* z. B. kann unmittelbar nur von wenigen Pflanzenfressern (manche Schnecken, holzfressende Käferlarven) verdaut werden. Viele Pflanzenfresser wie die Huftiere und einige Insekten (v. a. die holzfressenden Termiten) können die Zellulose nur dadurch verdauen, daß sie in einer *Verdauungssymbiose* mit Bakterien oder anderen Einzellern leben, derart daß sie in deren Darm die Zellulose abbauen. So stellen bei *Wiederkäuern* Pansen und Netzmagen eine große „Gärkammer" dar, in der durch den Bakterienstoffwechsel die Zellulose aufgeschlossen wird. Es kommt zu einer Massenvermehrung der Bakterien. In den nachfolgenden Magenabschnitten wird dann ein großer Teil der Bakterien, die aus der Zellulose körpereigene Substanz aufgebaut haben, vom Wirt wieder verdaut. Unverdauliche Zellulose ist zu verdaulicher Bakteriensubstanz geworden.

Ein Beispiel von Symbiose zwischen zwei höher entwickelten Tieren ist das Zusammenleben von bestimmten *Ameisenarten* mit *Blattläusen.* Die Ameisen tragen die Blattläuse auf bestimmte Wirtspflanzen, die den Blattläusen dann als Nahrungsspender dienen. Gleichzeitig schützen die Ameisen die Blattläuse gegen ihre natürlichen Feinde, so daß die Blattläuse sich stark vermehren können. Als Gegenleistung dürfen die Ameisen die Blattläuse „melken" und erhalten so einen zuckerhaltigen Saft als Nahrung.

Vielfältige Symbiosen kommen zwischen *Seeanemonen* und *Einsiedlerkrebsen* vor. Der Einsiedlerkrebs, der in leeren Schnecken- oder Muschelschalen haust, nimmt beim Umziehen in eine neue Schale die auf seiner alten Schale sitzenden Seeanemonen mit. Die Nesselkapseln der Seeanemone schützen den Krebs vor Feinden, während andererseits die Seeanemone an den Nahrungsresten des Krebses partizipiert.

Abb. 1 Paramecium bursaria
(Pantoffeltierchen)
mit Grünalgen

Abb. 2 Einsiedlerkrebs mit Seerosen

Parasitismus

Als *Parasiten (Schmarotzer)* bezeichnet man Lebewesen, die ihre Nahrung anderen Lebewesen entnehmen und sich vorübergehend oder dauernd an oder in deren Körper aufhalten. Die Grenze zwischen Parasiten und räuberisch lebenden Organismen, die andere Lebewesen fressen oder aussaugen, ist nicht scharf. Man unterscheidet *fakultative Parasiten (Gelegenheitsparasiten),* die gewöhnlich von sich zersetzender Substanz leben, aber z. B. auch vom Darm aus oder von Wunden in lebendes Gewebe eindringen können (z. B. manche Fliegenmaden), und *obligate Parasiten,* die sich so an einen Wirt angepaßt haben, daß sie nur noch mit diesem zusammen lebensfähig sind. Dabei gibt es harmlose Parasiten, die ihrem Wirt nur geringfügig schaden, und solche, die ihrem Wirt erheblichen Schaden zufügen und ihn mitunter sogar töten.

Nach der Lokalisation unterscheidet man: *Organparasiten,* die in bestimmten Organen bzw. in deren Hohlräumen leben (z. B. Bandwürmer, Spulwürmer, Leberegel); *Leibeshöhlenparasiten,* die in der Leibeshöhle zwischen den Organen leben (z. B. Schlupfwespenlarven, die vor allem in Insekten parasitieren); *Blutparasiten,* die in der Blutflüssigkeit bzw. den Blutkörperchen vorkommen und sich dort vermehren (z. B. die Malariaerreger, die durch Stechmücken beim Blutsaugen übertragen werden); *Muskelparasiten* (Finnen als Zwischenstadien des Bandwurms und Trichinen).

In den allermeisten Fällen (s. dagegen Wirtswechsel S. 168) ist ein Parasit ganz spezifisch an eine bestimmte Wirtsart gebunden. Der *Befall eines Wirtes* durch einen Parasiten ist oft ein kompliziertes Wechselspiel. Wenn ein Parasit einen Wirt befallen hat, kann der Wirt der stärkere sein und durch seine natürlichen Abwehrreaktionen den Parasiten überwinden. Wenn der Wirt schwächer ist als der Parasit, kann es über eine Massenvermehrung des Parasiten mehr oder weniger schnell zum Tod des Wirtes kommen. Wenn der Wirt und der Parasit einander das Gleichgewicht halten, kann sich der Parasit über längere Zeit in dem Wirt halten, der die Dauerbelastung dann ohne schwere Schädigung übersteht. Ein solcher Anpassungszustand zwischen Parasiten und Wirt gibt dem Parasiten die beste Aussicht auf eine dauernde Vermehrung und Verbreitung seiner Art.

Die meisten Parasiten zeigen auf Grund einer ähnlichen Lebensweise ähnliche *Anpassungserscheinungen,* wie z. B.: Rückbildung des Bewegungsapparats und der Sinnesorgane, die nicht benötigt werden; große Eizahl (Eiproduktion z. B. beim Spulwurm etwa 50 Millionen), da durch den oft sehr komplizierten Entwicklungsgang hohe Verluste auftreten; Selbstbefruchtung des Parasiten durch dessen Zwittrigkeit, da ein Ortswechsel und dadurch ein Zusammenkommen von Weibchen und Männchen oft nicht möglich ist; Verlust der Pigmentierung wie bei Höhlentieren; Rückbildung der Mundwerkzeuge und des Verdauungsapparates, soweit die Nahrung bereits chemisch aufgeschlossen bzw. als Flüssigkeit vorliegt (v. a. bei Darm- und Blutparasiten).

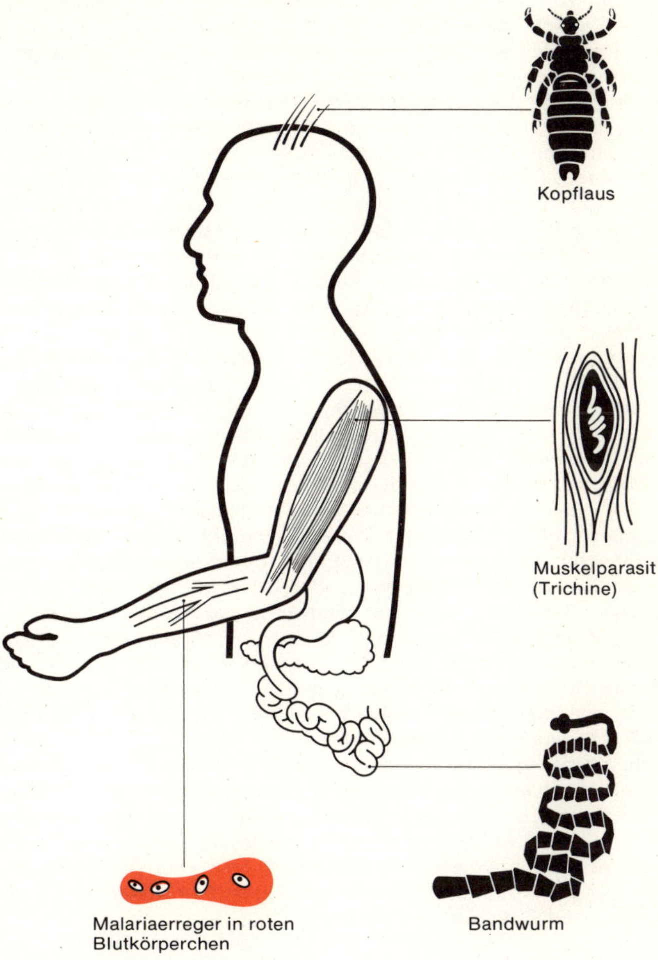

Abb. Unterschiedliche Erscheinungsformen des Parasitismus

Wirtswechsel bei Parasiten – der Bandwurm

Von einem *Wirtswechsel* spricht man dann, wenn im Entwicklungsgang eines Parasiten verschiedene Stadien ihre Entwicklung an bzw. in unterschiedlichen Wirten durchmachen. Durch den Wirtswechsel wird eine ausgiebige Vermehrung und Ausbreitung von Wirt zu Wirt gewährleistet.

Ein Beispiel für Wirtswechsel sind die *Bandwürmer.* Von diesen gibt es eine Reihe von Arten, die im geschlechtsreifen Zustand im Darm von Wirbeltieren von deren Darminhalt leben. Mit Hilfe von meist vier *Saugnäpfen* und einem *Hakenkranz* heftet sich der Bandwurm mit dem Kopf an der Darmwand fest. Hinter dem Kopf beginnt ein oft langer Körper, der in *Segmente* gegliedert ist. In jedem dieser Segmente befinden sich männliche und weibliche Geschlechtsorgane. Bei einigen Bandwurmarten durchlaufen die Segmente zuerst eine männliche, dann eine weibliche Geschlechtsreife. Dadurch können die vorderen Glieder eines Wurms die hinteren Glieder begatten. Es kann aber auch ein Glied sich selbst begatten. Jeweils die hintersten, zahlreiche befruchtete Eier enthaltenden Glieder lösen sich danach ab und gelangen mit dem Kot nach außen. Im Anschluß an die Befruchtung hat jedes Ei eine derbe Haut ausgebildet. Dadurch kann ein solches *Bandwurmei* längere Zeit überdauern. Gelangt es in den Magen eines geeigneten Zwischenwirtes, schlüpft aus ihm eine kleine Larve, die wegen ihrer Haken als *Hakenlarve* bezeichnet wird. Mit den Haken bohrt sie sich durch die Darmwand des Zwischenwirtes, gelangt in den *Blutstrom* und wird von diesem in die Muskulatur oder ein Organ (z. B. die Leber, das Gehirn) transportiert, wo sie sich festsetzt und ein zweites Larvenstadium, die sog. *Finne,* ausbildet. Diese ist eine hohle Blase, in deren Innerem aus einer Einstülpung der Haut die Anlage für einen neuen Bandwurmkopf entsteht. Wenn der Zwischenwirt von einem anderen Tier gefressen wird oder z. B. im Falle des Rinder-, Schweine- oder Fischbandwurms der Mensch rohes Rind-, Schweine- bzw. Fischfleisch verspeist, kann die Finne in den Magen eines solchen Bandwurmendwirtes gelangen. Dort stülpt sich die Kopfanlage handschuhfingerartig nach außen, die Blase der Finne wird abgestoßen, und ein kleiner, neuer Bandwurm ist fertig. Dieser setzt sich nun wieder mit seinen Saugnäpfen an der Darmwand fest, und der Kreislauf beginnt von neuem.

Beim *Kleinen Hundebandwurm* vermehrt sich die Finne innerhalb dieses Kreislaufs zusätzlich noch vegetativ, indem sie zahlreiche Köpfe bildet. Dadurch wird die Finne größer, was zur Bildung mächtiger Geschwülste, besonders in der Leber oder Lunge von Haustieren und auch des Menschen, führen kann. Aus einer Hakenlarve können in diesem Fall Tausende von kleinen Bandwürmern werden. Da hier ein Hauptteil der Individuenvermehrung im Finnenstadium geschieht, besitzt der Hundebandwurm nur wenige Glieder.

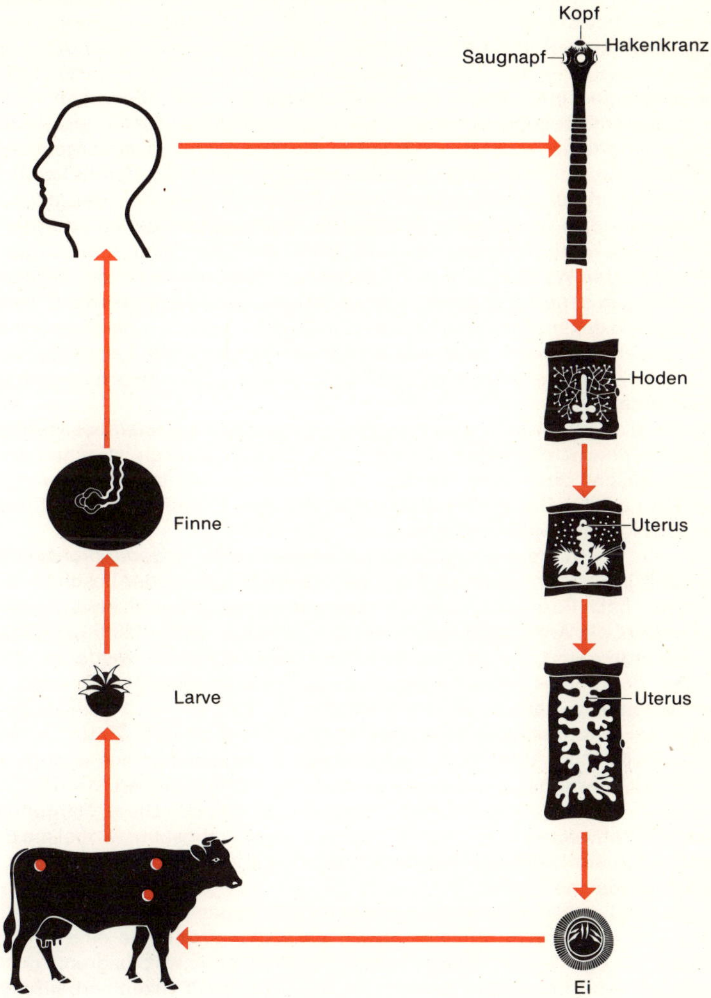

Abb. Entwicklungskreis eines Bandwurms

Grundphänomene des Lebens

Das *Leben* zeigt sich uns in einer überwältigenden Fülle von Formen. Schon ein einzelliges Lebewesen weist alle wichtigen Eigenschaften des Lebens auf. Leben ist grundsätzlich an biologische Elementareinheiten, die Zellen, gebunden. Die *Zelle* ist der Grundbaustein aller Lebewesen. Die Summe aller Zellen eines Lebewesens bildet wiederum eine Einheit, stellt ein Ganzes dar. Jede Zelle geht aus einer Mutterzelle durch Teilung hervor. Dabei wird die im Zellkern der Mutterzelle in Form der Gene gespeicherte Erbinformation an die Tochterzellen weitergegeben. Alle Zellen zeichnen sich aus durch *Reizbarkeit* (s. S. 172 ff.). Bei den höheren Tieren finden wir außerdem Spezialorgane für die *Reizempfindung* und *Reizleitung*.

Ein Grundprinzip des Lebens ist auch der *Stoffwechsel*, ein im anorganischen Bereich unbekannter Vorgang, der die stoffliche Grundlage eines Organismus einem dauernden Wechsel unterwirft. Fast alle Strukturelemente der Zelle und des Körpers werden dauernd abgebaut und wieder neu gebildet. So wird z. B. der ganze Eiweißbestand des menschlichen Körpers in etwa 80 Tagen zur Hälfte abgebaut und wieder aufgebaut. Dieser dauernde Wandel im Körper eines Lebewesens ist vor allem deshalb so eigenartig, weil dadurch dessen spezifische organische Gestalt nicht verändert wird.

Obwohl alle Organismen eine typische, artspezifische *Gestalt* besitzen, variiert diese doch innerhalb gewisser Grenzen. Die Species Mensch ist genau definiert; trotzdem gleicht doch kein Mensch dem anderen, wenn man von eineiigen Zwillingen absieht. Diese Verschiedenheit hat ihre Ursachen in *Variationen des Erbgutes* und in Umwelteinflüssen.

Eine weitere Grundeigenschaft der Lebewesen ist ihr *Regenerationsvermögen*. Oft werden in erstaunlichem Umfang verlorengegangene oder beschädigte Teile des Körpers nach Form und Funktion wieder völlig neu gebildet, etwa die Beine bei Salamandern, die Arme bei Seesternen, die fehlende Körperhälfte bei Regenwürmern. Außerdem sind alle Lebewesen befähigt, kleine Wunden wieder zu schließen und durch geordnetes Zellwachstum defektes Gewebe wieder zu ersetzen.

Um die Lebensvorgänge aufrecht erhalten zu können, wird *Energie* benötigt. Grüne Pflanzen entnehmen die Energie dem Sonnenlicht (s. S. 200 ff.), nichtgrüne Pflanzen (z. B. Pilze) und Tiere decken ihren Energiebedarf aus energiereichen organischen Nahrungsstoffen, deren Entstehung letztlich wiederum auf Stoffwechselprozesse innerhalb der grünen Pflanzen zurückgeht. Diese Nahrungsstoffe werden im Stoffwechsel des Organismus stufenweise abgebaut, wobei die Energie in bestimmten Stoffwechselmolekülen, z. B. im Adenosintriphosphat (ATP; s. S. 208 und 212), gespeichert wird.

Ein gleichfalls allen Lebewesen eigener Prozeß ist das *Wachstum*. Die Dauer des Wachstums ist begrenzt. Einzeller wachsen so lange, bis sie eine Grenzgröße erreichen, bei der sie sich teilen. Pflanzliches Wachstum wird begrenzt durch das Überwiegen von Alterungsprozessen, die den Tod der Pflanzen herbeiführen. Bei den höheren Tieren findet das Wachstum vornehmlich im Jugendstadium statt.

Für jede Organismenart ist eine bestimmte *Lebensdauer* charakteristisch. Während manche Insekten im ausgebildeten Zustand nur wenige Tage oder Wochen leben, bringen es einige große Reptilien auf einige Hundert Jahre (z. B. Riesenschildkröten). Unter den Säugetieren werden die Elefanten etwa 70–100, Pferde etwa 40, Kühe 20–25, Hunde 12–15, Ratten etwa 3 Jahre alt. Manche Vögel erreichen ein hohes Alter: Falken, Eulen und Papageien können 50 bis über 100 Jahre alt werden. Von Ameisenköniginnen weiß man, daß sie 12–15 Jahre leben. Die Lebensdauer der meisten anderen Gliedertiere jedoch ist wesentlich geringer.

Über die allen Lebewesen gemeinsame Fähigkeit zur Vermehrung bzw. *Fortpflanzung* s. S. 178 ff.

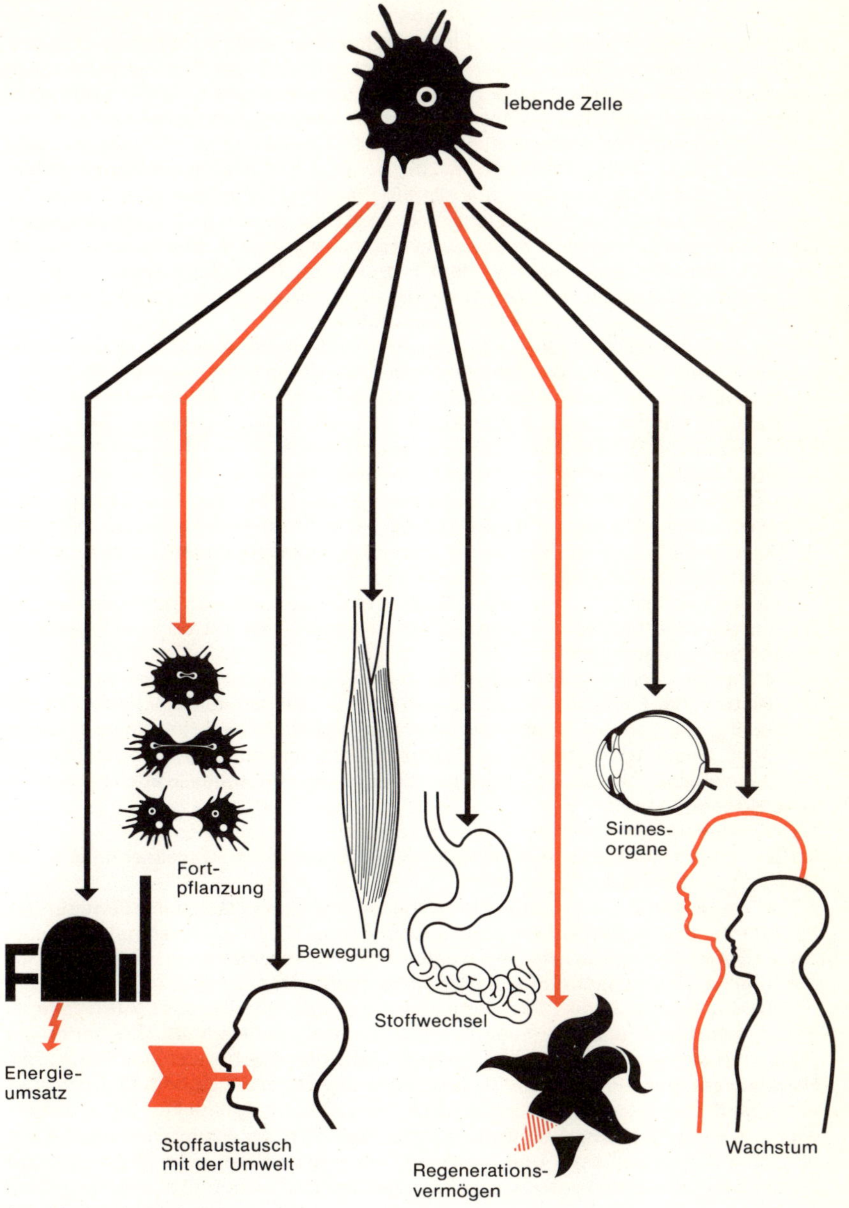

Abb. Merkmale des Lebens

Grundphänomene des Lebens – Reizbarkeit bei Pflanzen

Bei Pflanzen fallen Reizreaktionen nicht so auf wie bei den frei beweglichen Tieren (s. auch S. 176), da Pflanzen im allgemeinen nur sehr langsame Bewegungen ausführen. Pflanzen vermögen auf Licht-, Temperatur- und Feuchtigkeitsänderungen, auf Schwerkraftreize sowie auf chemische und mechanische Reize zu reagieren. Als Reaktion auf diese Reize lassen sich Wachstums- und Turgorbewegungen sowie, innerhalb der Zellen, Plasmabewegungen unterscheiden.

Das *Reagieren auf Lichtreize* ist für die grünen Pflanzen lebensnotwendig, da sie das Licht für die Photosynthese (s. S. 200) benötigen. Einseitig einfallendes Licht löst eine Wachstumsänderung aus, die als *Phototropismus* bezeichnet wird. Ein junger Sproß wendet sich dem Licht zu, er ist *positiv phototrop.* Wurzeln dagegen, besonders deutlich erkennbar bei Luftwurzeln, sind *negativ phototrop.,* d. h., sie wenden sich vom Licht ab und dem Erdreich zu. Beim Zymbelkraut sind die Blütenstiele wachstumsbedingt vor der Bestäubung der Blüte positiv phototrop, nach der Bestäubung dagegen negativ phototrop.

Eine andere Art, auf Lichtreize zu reagieren, findet man bei einigen Pflanzen, wie z. B. dem Sauerklee und der Robinie, die in schwachem Licht ihre Fiederblättchen flach ausbreiten, in starkem Sonnenlicht dagegen als Schutz vor der intensiven Bestrahlung zurückklappen. Es handelt sich hierbei um Turgorbewegungen, für die unterschiedliche Druckverhältnisse innerhalb der Zellen der beiden Seiten des entsprechenden Organteils verantwortlich sind. Die Richtung der Bewegung ist also durch den Organismus vorbestimmt, hier durch die Ausbildung eines „Gelenks“. Solche nicht durch die Richtung des einwirkenden Reizes ausgerichtete Bewegungen heißen *Nastien,* in dem hier beschriebenen speziellen Fall (Auslösung durch Licht) *Photonastien.*

Entsprechendes gilt auch, wenn Blüten sich unter dem Einfluß wechselnder Lichtintensität öffnen und schließen. Hinzu kommt hier oft noch ein gewisser Einfluß der Luftfeuchtigkeit.

Die sog. *Schlafbewegungen (nyktinastische Bewegungen),* wie wir sie z. B. bei den Blättern der Feuerbohne beobachten können, bei denen in Nachtstellung der Blattstiel angehoben und die Fiederblättchen abgesenkt sind, erfolgen v. a. durch autonome innere, dem Tag-Nacht-Rhythmus entsprechende Reize. Auch bei dem bereits erwähnten Sauerklee zeigen die Blätter neben Photonastie auch nyktinastische Bewegungen.

Die Lichtempfindlichkeit der Pflanzen kann sehr groß sein. Man fand heraus, daß schon lichtstarke Blitze von 1/1 000–1/2 000 Sekunden Dauer genügen, um Reaktionen auszulösen.

Hand in Hand mit den Lichtreaktionen gehen oft solche Wachstumsbewegungen der Pflanze, die durch Wärmereize ausgelöst werden *(Thermotropismus).* Verlaufen diese Bewegungen auf die Wärmequelle zu, bezeichnet man sie als *positiv thermotrop,* im umgekehrten Fall als *negativ thermotrop.*

Mitbestimmend für die Wachstumsrichtung einer Pflanze oder ihrer Teile ist neben dem Licht- und Wärmeeinfluß v. a. auch die Schwerkraft. Das gerichtete Reagieren auf den Schwerkraftreiz wird als *Geotropismus* bezeichnet. So zeigt die Hauptwurzel einer Pflanze *positiv geotropes,* die Sproßachse *negativ geotropes* Wachstum. Dies ist auch der Grund dafür, daß z. B. ein abgeknickter Getreidehalm wieder senkrecht nach oben weiterwächst oder sich ein Baum an steilem Hang vertikal zur Erdoberfläche und nicht zum Hang ausrichtet. – Im Gegensatz zur Sproßachse und zur Hauptwurzel zeigen die Seitenverzweigungen ein *transversal geotropes* Wachstum, wobei der Winkel zur Hauptachse bzw. zur Schwerkraftwirkung im Bauplan der Pflanze festgelegt ist. Trotzdem kann z. B. bei der Fichte nach Verlust des Gipfeltriebes zu dessen Ersatz ein Seitentrieb zu negativ geotropem Wachstum übergehen, d. h. sich aufrichten.

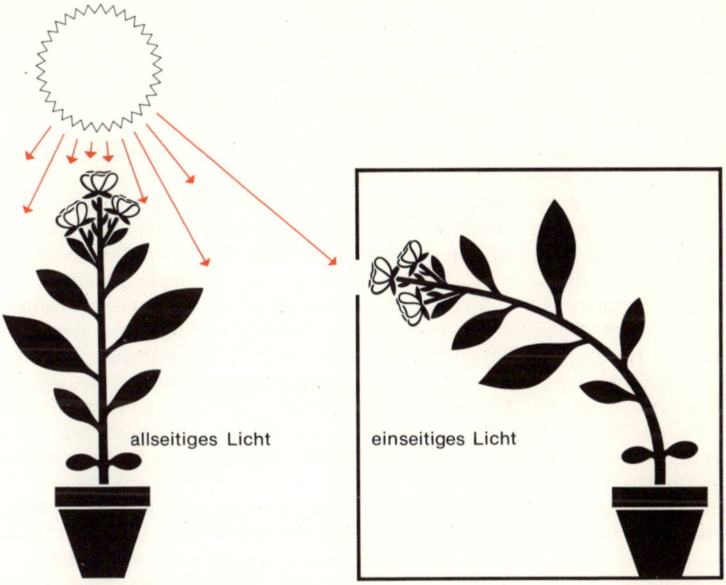

Abb. 1 Phototropismus

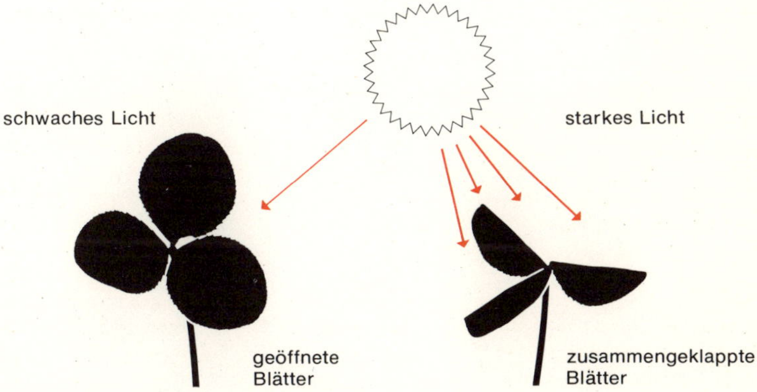

Abb. 2 Phototropismus beim Sauerklee

Beim *Chemotropismus* sind chemische Substanzen in unterschiedlicher Konzentration bestimmend für die Wachstumsrichtung einer Pflanze oder von Pflanzenteilen. In gasförmiger oder gelöster Form entsteht bei der Ausbreitung eines Stoffes in einem Medium ein Konzentrationsgefälle. *Positiver Chemotropismus,* d. h. das Wachstum entgegen dem Konzentrationsgefälle, bewirkt z. B., daß Pilzhyphen oder die Saugorgane (Haustorien) gewisser Schmarotzerpflanzen durch sich ausbreitende Aminosäuren oder Zucker immer mehr zur Stoffquelle hin, z. B. einer sich zersetzenden organischen Substanz bzw. nährstoffreichem Wirtsgewebe, vordringen, während andere Substanzen abweisend, d. h. *negativ chemotrop* wirken können. Auch das Wachstum der Pollenschläuche zu den Samenanlagen hin erfolgt chemotrop.

Die Wachstumsorientierung nach einem Feuchtigkeitsgradienten *(Hydrotropismus)* entspricht im wesentlichen dem Chemotropismus.

Eine Reizbarkeit durch Berührung als mechanischen Reiz findet man v. a. bei den Ranken kletternder Pflanzen (Zaunwicke, Clematis, Kürbis, Weinstock u. a.). Beim Suchen nach einem Halt führen die Enden der fadenförmigen Ranken kreisende Bewegungen aus, bis sie mit einem Gegenstand in Berührung kommen. Auf diesen Reiz hin krümmen sie sich infolge vermehrten Wachstums der der Berührungsstelle entgegengesetzt liegenden Epidermiszellen ziemlich schnell nach der Seite der Berührung zu ein und umschlingen dadurch den Gegenstand. Bei einigen Rankenkletterern wird der Reiz sogar zum mittleren, freien Teil der Ranke weitergeleitet, worauf sich dieser spiralig aufrollt. Durch die so bewirkte Verkürzung der Ranke wird die Pflanze näher an die Stütze herangezogen. Ein solch gerichtetes Wachstum auf Grund von Berührungsreizen heißt *Haptotropismus (Thigmotropismus).*

Sehr bekannt, da erstaunlich schnell verlaufend, ist die durch Turgorveränderungen bewirkte *Haptonastie* der doppelt gefiederten Blätter bei den Mimosen. Normalerweise stehen die Fiederblättchen ausgebreitet an der Blättchen- bzw. Blattachse. Wird das Fiederblatt berührt, dann klappen die Fiederchen der Fiederblättchen sehr rasch paarweise gegeneinander zusammen, die Stiele der Fiederblättchen nähern sich einander, und schließlich senkt sich der Blattstiel ruckartig ab; denn alle Fiederblatteile besitzen „Gelenke“. Nach einiger Zeit erholt sich das Blatt und nimmt langsam wieder seine frühere Stellung ein.

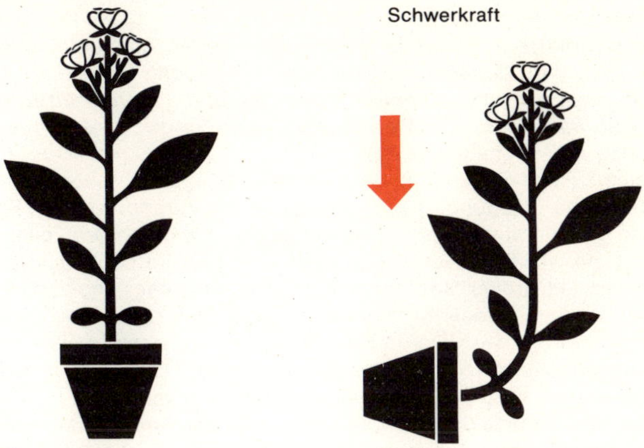

Abb. 1 Geotropismus

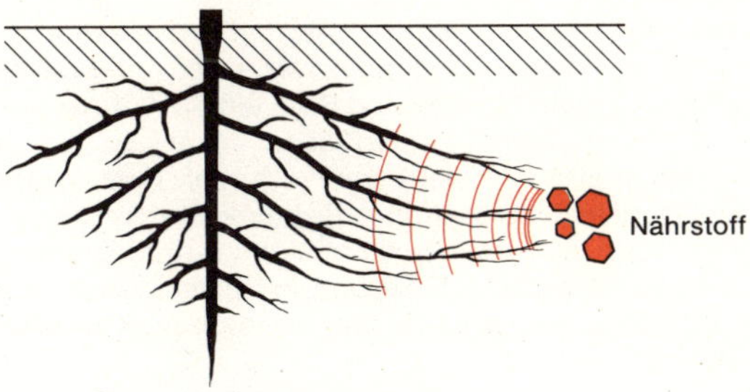

Abb. 2 Chemotropismus

Abb. 3 Thigmotropismus der Mimose

Grundphänomene des Lebens – Reizbarkeit bei Tieren

Eines der interessantesten Phänomene ist die Fähigkeit lebender Organismen, auf *Reize* aus der Umwelt zu reagieren. Damit eine Einwirkung als Reiz wirkt, muß sie eine gewisse Größe, den Schwellenwert, überschreiten. Man unterscheidet *äußere Reize,* die auf den Organismus aus der Umgebung einwirken (z.B. Licht, Temperatur, mechanische, chemische Reize), und *innere Reize,* welche vom Körperinneren ausgehen (z.B. Bewegungsempfindungen auslösende Reize, hormonelle Reize wie Wachstumsreize).

Durch einen Reiz entsteht in den reizaufnehmenden Zellen (oft spezifische Sinneszellen) eine *Erregung,* d.h. eine spezifische Veränderung im Protoplasma, über dessen genaue physikalisch-chemische Natur wir in vielen Fällen noch nicht genau Bescheid wissen. Diese Erregung breitet sich im Organismus, meist über *Nervenbahnen,* mit großer Geschwindigkeit aus; entweder direkt, d.h. über einen *Reflexbogen,* zu den reizbeantwortenden Organen, oder über ein *Zentralnervensystem* (Gehirn, bei niederen Tieren Nervenknoten), wo dann, meist unbewußt, der „Befehl" für eine *Reizbeantwortung* gegeben wird. Diese Antwortreaktion kann z.B. eine Bewegung oder eine Stoffwechseländerung sein.

Außer bei den mehrzelligen Organismen sind die Reizerscheinungen bei den *Einzellern,* wie z.B. den Amöben, Pantoffeltierchen, Geißeltierchen, besonders interessant. Da diese Lebewesen nur aus einer einzigen Zelle bestehen, muß diese Zelle alle jene lebensnotwendigen Funktionen übernehmen, die bei höheren Lebewesen durch spezielle Zellen bzw. Organe ausgeführt werden. Jedes Teilchen des flüssigen Zellplasmas bei den Einzellern ist gleich reizbar und reaktionsfähig. Man kann dies unter einem Mikroskop gut beobachten, wenn eine Amöbe an einer Seite von einem starken Lichtreiz, einem chemischen Reiz, einem Wärmereiz oder einem Berührungsreiz getroffen wird. Zuerst reagiert die von dem Reiz getroffene Seite, indem sie sich (in den meisten Fällen) vom Ort der Reizeinwirkung zurückzieht. Wurde der Reiz dagegen durch ein Nahrungsklümpchen verursacht,so reagiert die Amöbe mit dem Ausstrecken eines Scheinfüßchens und dem Hinströmen zur Nahrung. Jedesmal pflanzt sich die Erregung in kurzer Zeit durch den Zellkörper hindurch fort und erfaßt damit das ganze Tier, das sich dann vom Reizort weg- oder zum Reizort hinbewegt.

Ein weiteres interessantes Beispiel sind einige gefärbte *Flagellaten,* z.B. die Geißelalge Euglena viridis. Diese besitzt wie die meisten Pflanzen den grünen Blattfarbstoff Chlorophyll, mit dem sie mit Hilfe des Sonnenlichtes Stärke aufbauen kann. Mit den Tieren sind die Flagellaten dadurch verwandt, daß sie eine Geißel besitzen, mit der sie sich fortbewegen können. Viele grüne Geißelalgen besitzen außerdem einen roten Augenfleck, mit dem sie Helligkeit und die Richtung des Lichtes wahrnehmen können. Hält man eine Anzahl dieser Organismen in einem Glas, an dem an einer Seite ein starker Lichtstrahl einfällt, so sammeln sie sich im Laufe der Zeit an diesem Ort des Lichtes an, da sie das Licht für ihre Photosynthese benötigen.

Es gibt verschiedene *Reizqualitäten,* auf die die Organismen ein entsprechendes Verhalten zeigen. Man kann unterscheiden:

Chemotaxis, das Verhalten gegenüber dem Konzentrationsgefälle einer bestimmten chemischen Substanz;

Thermotaxis, das Aufsuchen einer bestimmten optimalen Wärmezone in einem Temperaturgefälle;

Phototaxis, das Aufsuchen eines Ortes mit einer bestimmten optimalen Lichtintensität;

Galvanotaxis, das Verhalten innerhalb eines elektrischen Feldes, z.B. die Orientierung nach der Stromrichtung bzw. zu einem bestimmten Pol hin;

Geotaxis, die Reaktion auf die Gravitationskraft der Erde.

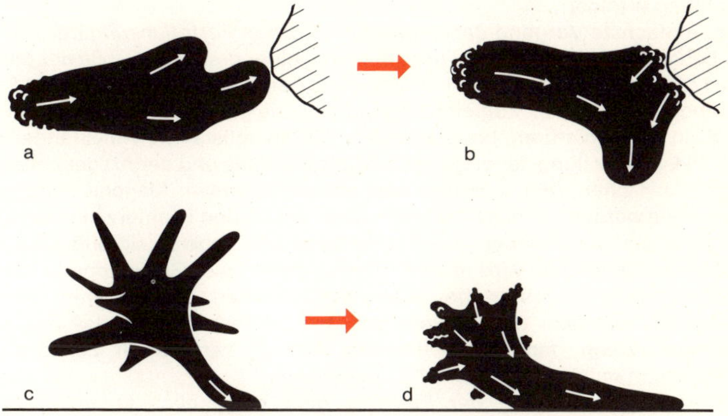

Abb. 1 Reizreaktionen einer Amöbe (schematisch)
a, b: negative Reaktion auf einen chemischen Reiz;
c, d: positive Reaktion auf Berührung mit einer Unterlage
(→Strömungsrichtung des Plasmas)

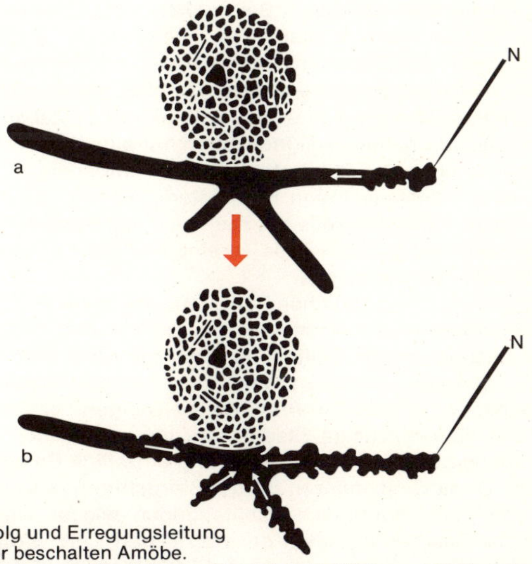

Abb. 2 Reizerfolg und Erregungsleitung
bei einer beschalten Amöbe.
a schwache, b starke Reizung eines Scheinfüßchens mit einer Nadel, N
(abgeändert nach Verworn)

Grundphänomene des Lebens – die Fortpflanzung

Das Leben wird repräsentiert durch die einzelnen Individuen. Diese haben nur eine begrenzte Lebensdauer. Damit sich Leben erhalten kann, müssen sich die Individuen fortpflanzen. Dies kann auf ungeschlechtlichem oder auf geschlechtlichem Weg erfolgen.

Der einfachste Vorgang der *ungeschlechtlichen Fortpflanzung* bei den einzelligen Lebewesen ist die *Zweiteilung,* die nach einer gewissen Größe der Mutterzelle einsetzt. Zunächst teilt sich der Zellkern, der die Erbinformation in Form der Chromosomen enthält. Zugleich beginnt sich die ganze Zelle von der Zellwand zur Mitte hin einzuschnüren, bis die beiden Hälften vollständig voneinander getrennt sind. Diese Zellteilung dauert je nach Größe der Zelle und der Art der Lebensbedingungen zwischen zehn Minuten und einigen Stunden. Manche Organellen der Mutterzelle werden nach der Teilung in jeder der beiden Tochterzellen neu gebildet; z. B. bildet bei den Amöben jede Tochterzelle eine neue pulsierende Vakuole aus; bei den Geißeltierchen wird nach der Teilung ein neuer Geißelapparat gebildet.

Bei manchen Einzellern, besonders bei Parasiten, die sich stark und schnell vermehren, teilt sich der Zellkern vor der Durchschnürung des Protoplasmas mehrmals. Wenn dann die Zellteilung erfolgt, zerfällt der Zellkörper durch *Vielteilung* in mehrere Tochterzellen gleichzeitig.

Bei der *Fortpflanzung der Einzeller* geht gewöhnlich keine Substanz des Muttertieres verloren. Ein natürlicher Tod, d. h. das Sterben des individuellen Körpers unter Bildung einer Leiche, tritt deshalb nicht ein. Abgesehen von den Fällen, in denen Einzeller durch äußere Umstände umkommen, kann man sie daher als potentiell unsterblich bezeichnen.

Neben dieser ungeschlechtlichen Fortpflanzungsweise zeigen die Einzeller auch schon verschiedene Arten von Geschlechtsvorgängen. Der Hauptsinn der Vereinigung von Zellkernen bei der *geschlechtlichen Fortpflanzung* besteht in der Neumischung des Erbmaterials. – Bei der *Kopulation* zweier Einzeller verschmelzen zwei Zellen (Gameten) vollständig zu einer Zelle (der Zygote). Man unterscheidet dabei *Isogamie* (die Gameten sind unter sich gleichgestaltet) und *Anisogamie,* bei der die Gameten in Makrogameten (große, meist unbewegliche weibliche Zellen) und Mikrogameten (kleine, bewegl. männliche Zellen) differenziert sind. – Bei der *Konjugation* gehen zwei Individuen nur eine vorübergehende oberflächliche Vereinigung über eine Plasmabrücke miteinander ein, wobei es zwischen den beiden zu einem Austausch von Kernmaterial kommt, indem nach Teilung des Kerns bei jedem Partner jeweils ein Kern sich als Wanderkern mit dem stationär bleibenden Kern der anderen Zelle vereinigt. Diese Konjugation findet sich vor allem bei den Wimpertierchen.

Ein Prinzip der geschlechtlichen Fortpflanzung ist die *Befruchtung,* bei der zwei Kerne miteinander verschmelzen. Während bei den Einzellern die ungeschlechtliche Fortpflanzung durch Zellteilung und die Befruchtung sich noch völlig voneinander getrennt vollziehen, sind diese beiden Vorgänge bei den höheren Tieren miteinander verbunden. Auch die vielzelligen Lebewesen gehen bei ihrer Fortpflanzung über einzellige Stadien. In den männlichen und weiblichen *Geschlechtsorganen* werden durch Zellteilung einzellige Gameten (Geschlechtszellen) gebildet. Diese verschmelzen bei der Befruchtung zu einer einzelligen Zygote, aus der sich dann durch viele Zellteilungen wieder ein neuer Organismus entwickelt. Die Geschlechtszellen der vielzelligen Tiere weisen in ihrem Äußeren eine *geschlechtliche Differenzierung* auf. Während die *Eizelle* meist größer und bewegungsunfähig ist, ist die männliche *Samenzelle* klein und bewegungsfähig und besitzt an Substanz fast nur das genetische Material.

Bei manchen *Pflanzen* tritt bei der Fortpflanzung ein *Generationswechsel* zwischen einer geschlechtlichen und einer ungeschlechtlichen Generation auf.

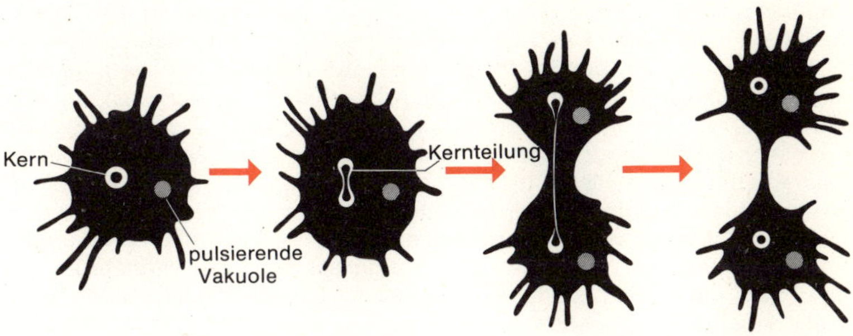

Abb. 1 Teilung einer Amöbe (Amoeba polypodia; abgeändert nach F. E. Schulze)

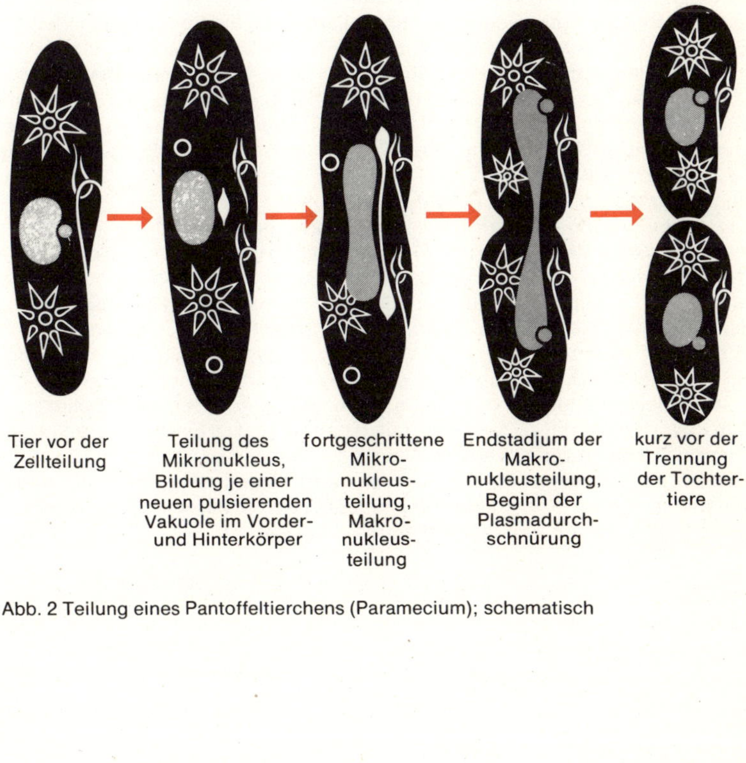

Abb. 2 Teilung eines Pantoffeltierchens (Paramecium); schematisch

Dabei kann die ungeschlechtliche Generation die auffällige, dominierende Pflanzenform repräsentieren (z.B. bei den Farnen).

Als Beispiel sei der Generationswechsel und die *Fortpflanzung bei Farnen* beschrieben: Wenn eine *Farnspore* auf eine günstige feuchte Stelle des Waldbodens fällt, dann bildet sich aus ihr ein kleines, unscheinbares, etwa pfenniggroßes Pflänzchen, der sog. *Vorkeim* oder das *Prothallium.* Auf diesem meist herzförmigen Vorkeim bilden sich im Reifestadium männliche *(Antheridien)* und weibliche *(Archegonien)* Geschlechtsorgane aus, in denen die weiblichen (festsitzende Eizellen) bzw. männlichen Geschlechtszellen (bewegliche Spermatozoen) entstehen. Ein Wassertropfen ermöglicht es dann den reifen männlichen Gameten, auszuschwärmen und schwimmend die Archegonien zu erreichen, in diese einzudringen und sich mit einer Eizelle unter Bildung einer *Zygote* zu vereinen. Nach diesem Befruchtungsvorgang hat der Vorkeim seine Aufgabe erfüllt und verwelkt. Aus der Zygote wächst im Laufe von Monaten und Jahren eine *Farnpflanze* heran und bildet im Sommer auf der Unterseite ihrer Blattwedel kleine, braune Kügelchen, die *Sori,* aus mit Ansammlungen von sog. Sporenträgern *(Sporangien).* In diesen entstehen durch vegetative, d.h. ungeschlechtliche Vermehrung viele winzige Zellen, die *Sporen,* die das Erbmaterial des Farns enthalten. Außen sind sie von einer derben Haut umgeben, damit sie auch unter ungünstigen Umweltbedingungen einige Zeit überdauern können. Die Sporen werden frei, wenn die Sporenkapseln der Sporangien reif sind und platzen, so daß die Sporen herausgeschleudert werden. Die *Sporenbildung,* d.h. die ungeschlechtliche Fortpflanzung, ist der eigentliche Vermehrungsvorgang der Farne. Vom Wind an eine günstige Stelle des Waldbodens getragen, keimt die Spore wieder aus, der Kreislauf beginnt von neuem. Es wechselt also eine geschlechtliche Generation (Vorkeim) mit einer ungeschlechtlichen (die eigentliche Farnpflanze, die die Sporen ausbildet) ab.

Bei vielen *Moosen* sind die geschlechtliche und die ungeschlechtliche Generation etwa gleich deutlich erkennbar entwickelt. Beim Frauenhaarmoos zum Beispiel, einem bekannten Moos unserer Wälder, bedeutet das grüne Moospflänzchen die Geschlechtsgeneration. Nach einem Befruchtungsvorgang wächst auf dem alten Moospflänzchen ein neues Pflänzchen heran, das oben an seiner Spitze eine Sporenkapsel ausbildet. Es ist dies die ungeschlechtliche Generation des Frauenhaarmooses, die kein Blattgrün mehr besitzt.

Die *Fortpflanzung bei den höheren Pflanzen* geschieht durch *Samen.* Diese entstehen aus der Verschmelzung einer weiblichen und einer männlichen Keimzelle. Neben dem Zellkern besitzt der Samen eine mehr oder weniger große Menge von Nährgewebe, meist Fette, die dem jungen Keimling als Nahrung dienen. Je nachdem, wie die Samen einer Pflanzenart verbreitet werden, sind sie unterschiedlich gestaltet. Wenn sie durch den Wind verweht werden, sind sie entweder sehr klein und leicht (z. B. bei Orchideen) oder sie besitzen Härchen bzw. ,,Fallschirme" als Schwebeeinrichtungen (z. B. beim Löwenzahn). Andere Samen besitzen steife Haare oder Borsten mit Widerhaken, mit denen sie sich im Fell von Tieren verankern können und so verbreitet werden. Wieder andere sind von saftigem Fruchtfleisch umgeben, so daß sie von Tieren gefressen werden und dann unverdaut und noch keimfähig mit dem Kot an den verschiedensten Orten wieder ausgeschieden werden (z. B. viele von Vögeln gern gefressene Beeren).

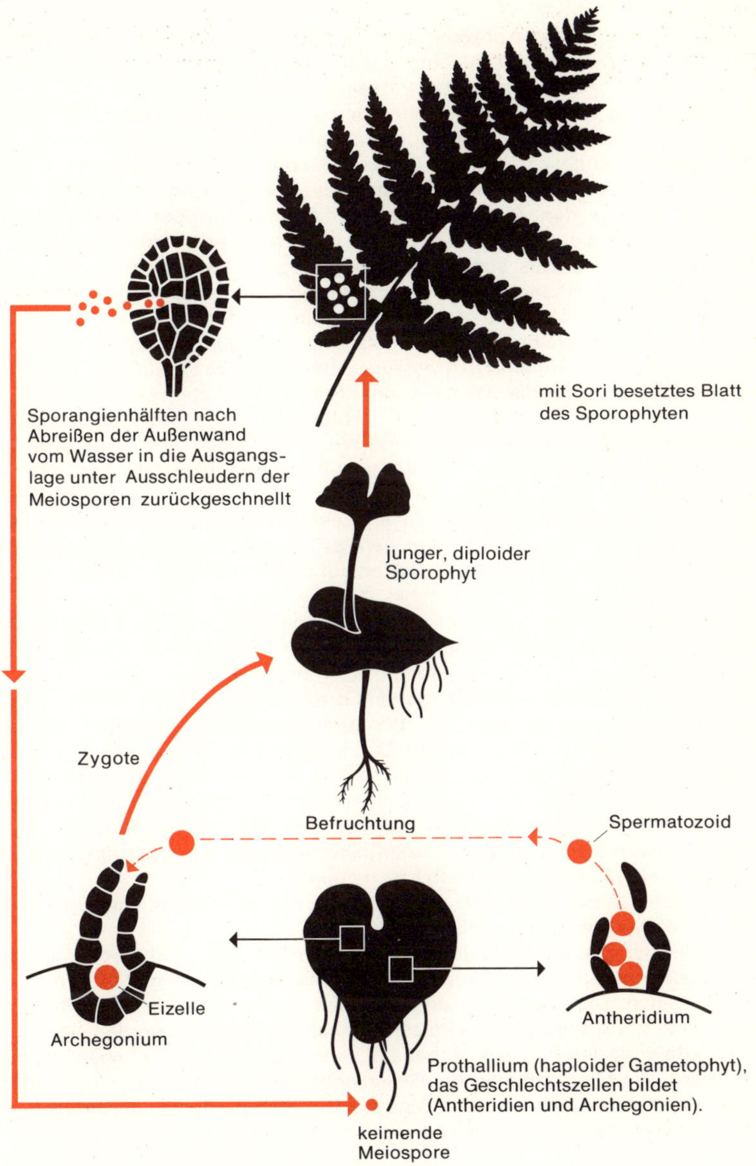

Abb. Generationswechsel bei Farnen
(z. T. nach Sinnot-Wilson, Kny, Stock verändert).

Generationswechsel bei Tieren

Bei Tieren unterscheidet man zwei Formen des Generationswechsels, Heterogonie und Metagenese.

Bei der *Heterogonie* treten abwechselnd Generationen mit zweigeschlechtlicher und Generationen mit eingeschlechtlicher (parthenogenetischer) Fortpflanzung auf. Heterogonie kommt vor allem bei Parasiten vor.

Ein typisches Beispiel für einen solchen Generationswechsel bietet die *Reblaus,* ein aus Nordamerika nach Europa eingeschleppter Schädling des Weinstocks, bei dem jährlich 5–6 eingeschlechtliche Generationen und eine zweigeschlechtliche Generation entstehen: Im Frühjahr schlüpfen aus überwinterten befruchteten Eiern *(Wintereier)* die an den Blättern anfälliger Amerikanerreben oder Hybriden saugenden und dabei kleine, krugförmige Gallen erzeugenden Blattrebläuse *(Gallenläuse).* Es sind dies ausnahmslos ungeflügelte Weibchen, die die erste, eingeschlechtlich (parthenogenetisch) sich fortpflanzende Generation darstellen. Sie werden *Maigallenläuse* genannt. Aus den unbefruchtet bleibenden ca. 200 bis 500 Eiern, die diese Weibchen in jede Blattgalle ablegen, schlüpfen wiederum Weibchen, und zwar ebenfalls *Blattrebläuse,* aber auch *Wurzelrebläuse,* die in den Boden eindringen und die Wurzeln des Rebstocks unter Bildung knotiger Anschwellungen befallen. Aus den Blattrebläusen gehen noch einige eingeschlechtliche Generationen von Blatt- und Wurzelrebläusen, aus den Wurzelrebläusen weitere, auch (über eine sog. Winterruhe) ins nächste Jahr übergehende eingeschlechtliche Generationen von Wurzelrebläusen hervor. Im Spätsommer jedoch entwickelt sich aus Wurzelrebläusen (über die Ausbildung von *Nymphenstadien)* zusätzlich noch eine Generation *geflügelter Weibchen,* die außerhalb des Erdreichs für die Ausbreitung des Parasiten auf andere Rebstöcke sorgen und an den oberirdischen Teilen des Weinstocks ihre Eier ablegen, die sich in der Größe unterscheiden. Diese Eier bilden die zweigeschlechtliche, wiederum *ungeflügelte Generation* der Reblaus aus, wobei sich aus den kleineren Eiern die *Männchen* entwickeln. Die Tiere dieser Generation besitzen nur verkümmerte Mundwerkzeuge. Sie können sich daher praktisch nur der Fortpflanzung widmen. Mit der Ablage der nunmehr befruchteten Eier, der *Wintereier,* ist der komplizierte jährliche Lebenszyklus der Reblaus geschlossen. Den eigentlichen Schaden am Weinstock verursachen die Wurzelrebläuse, die sich zudem noch im Boden ausbreiten können. Der sehr ernsten Gefahr, der dem europäischen Weinbau durch die Wurzelreblaus drohte, begegnete man mit Erfolg dadurch, daß man die europäische Rebe auf die gegen Wurzelrebläuse resistente Amerikanerrebe als Unterlage aufpfropfte. Die Gallenläuse treten in Europa kaum in Erscheinung.

Bei der *Metagenese* lösen sich Generationen mit geschlechtlicher und ungeschlechtlicher (vegetativer) Fortpflanzung ab.

Metagenese ist u. a. bei verschiedenen *Nesseltieren* verwirklicht, bei denen aus einer *Polypengeneration* durch ungeschlechtliche Fortpflanzung *Medusen (Quallen)* hervorgehen. Dies geschieht dadurch, daß der festsitzende Polyp *Knospen* entwickelt, die sich ablösen und zu freischwimmenden Medusen werden, oder auch durch Querteilung des Polypen, wobei aus dem abgetrennten Teil ebenfalls eine Meduse wird. Die Medusen sind die Geschlechtstiere, die die Geschlechtszellen ausbilden. So entstehen aus der Medusengeneration durch geschlechtliche Fortpflanzung wiederum Polypen.

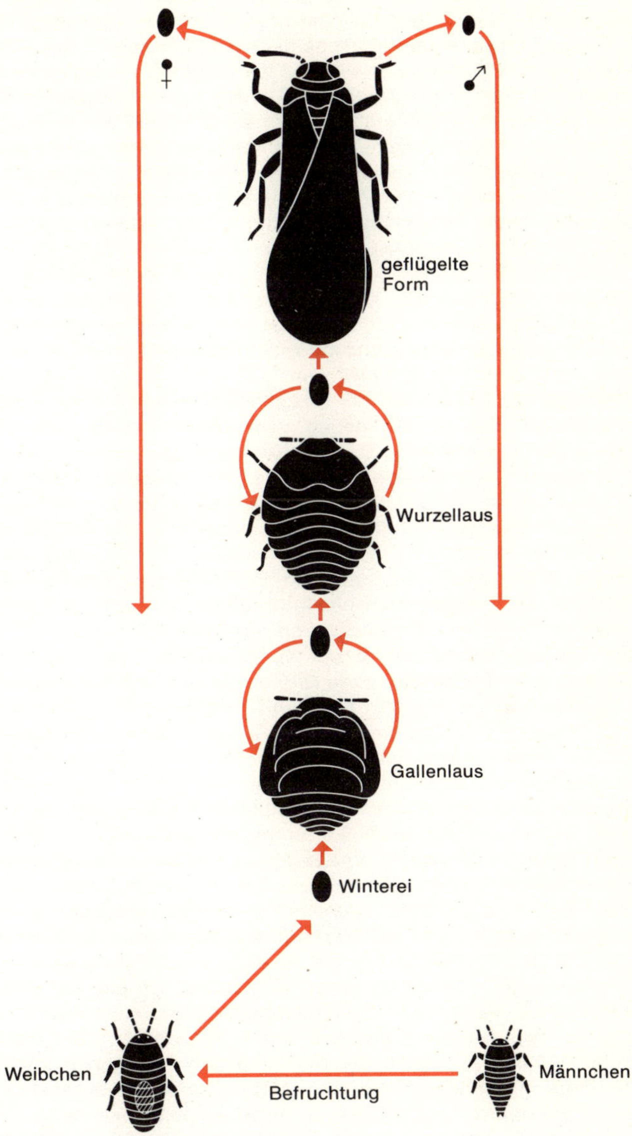

Abb. Generationskreislauf der Reblaus

Grundphänomene des Lebens – Differenzierung

Eine der interessantesten und rätselhaftesten Phänomene des Lebens ist seine Fähigkeit zur Differenzierung. In der unbelebten Welt herrscht die natürliche Tendenz, sich auf einen Zustand immer größerer *Unordnung* hinzubewegen. Dieses im zweiten Hauptsatz der Thermodynamik formulierte Gesetz besagt, daß in einem abgeschlossenen System die Wahrscheinlichkeit für einen Zustand um so größer ist, je größer seine Unordnung ist. Ein Maß für die Unordnung ist die sog. *Entropie.* Jedes sich selbst überlassene und in sich abgeschlossene System erfährt mit der Zeit einen Zustand immer größerer Entropie. Die Ordnung in einem Kasten, in dem weiße und schwarze Kugeln in einer bestimmten Weise angeordnet sind, wird durch Schütteln nicht zu-, sondern abnehmen. Moleküle einer gasförmigen Substanz, die z. B. in hoher Konzentration an einer bestimmten Stelle des Raums lokalisiert sind (hohe Ordnung), haben das Bestreben, sich durch Diffusion zu verteilen und so in einen Zustand höherer Entropie überzugehen.

Das Leben besitzt die erstaunenswerte Fähigkeit, entgegen dem Zwang zur Unordnung eine phantastische Ordnung aufzubauen. Dies geschieht durch den Vorgang der *Differenzierung.* Jede Körperzelle eines Lebewesens besitzt im Zellkern die vollständige genetische Information des gesamten Organismus. Jedes Lebewesen entwickelt sich aus einer einzigen Zelle (der befruchteten *Eizelle* bei Vielzellern oder der *Mutterzelle* bei Einzellern). Die befruchtete Eizelle ist noch nicht differenziert. Sie enthält neben dem Zellkern mehr oder weniger viel Nährgewebe. Durch wiederholte Zell- und Kernteilungen entsteht aus der einzelnen Eizelle im Laufe der Zeit ein Vielzellenstadium, das sich während der Embryonalentwicklung zu einem jungen *Organismus* umwandelt. In diesem allein lebensfähigen Organismus kommen viele Arten ganz verschiedener Zellen vor, die sich alle aus derselben Eizelle entwickelt haben: Epithelzellen (Deckzellen), Muskelzellen, Nervenzellen, Speicherzellen, Leberzellen, Blutzellen usw. In all diesen Zellen ist zwar noch die vollständige genetische Information der Eizelle enthalten, aber nur ein Teil dieser Information wird tatsächlich verwendet.

Bei der Embryonalentwicklung der verschiedenen Lebewesen lassen sich unterscheiden: die *früh determinierte Differenzierung* und das lang beibehaltene *Regenerationsvermögen.* Bei den Aszidien (Seescheiden; auf dem Meeresgrund festsitzende Manteltiere) sind die einzelnen Zellen in ihrer Differenzierung schon sehr früh im Embryonalstadium determiniert. Wenn man einzelne Zellen im Furchungsstadium der Zellteilung (dem frühesten Stadium nach der Befruchtung) entnimmt, so entwickeln sich aus ihnen lediglich die Zellarten oder Organe bzw. Körperteile der Larve, die auch im normalen Embryonalverband aus ihnen entstanden wären. So liefert z. B. eine Zelle des Zweizellenstadiums einen rechten oder linken Halbkeim. Trennt man im Vierzellenstadium die zwei vorderen von den zwei hinteren Furchungszellen, so entwickelt sich entsprechend nur die vordere bzw. hintere Hälfte des Embryos. Man nennt solche Keime, in denen die spätere Bedeutung der Einzelzellen bereits fest determiniert ist, *Mosaikkeime.* – Bei den meisten anderen Arten jedoch besitzen die Embryonen ein mehr oder weniger großes Regenerationsvermögen. Dadurch können Störungen der Entwicklung, die Fortnahme von Stücken des Keims u. ä. durch die benachbarten, intakten Zellen ausgeglichen werden. Aus Teilen des Keims können noch ganze, intakte Organismen, allerdings von entsprechend verringerter Größe, hervorgehen. Trennt man z. B. die beiden ersten Furchungszellen eines Amphibienkeims, so entsteht aus jeder Hälfte eine ganze Larve und später ein ganzer junger Frosch oder Molch. Auch in einem späteren Stadium des Eingriffs können noch vollständige Lebewesen entstehen. Beim Menschen kommt es durch eine frühe Teilung des Keims zur Ausbildung eineiiger Zwillinge.

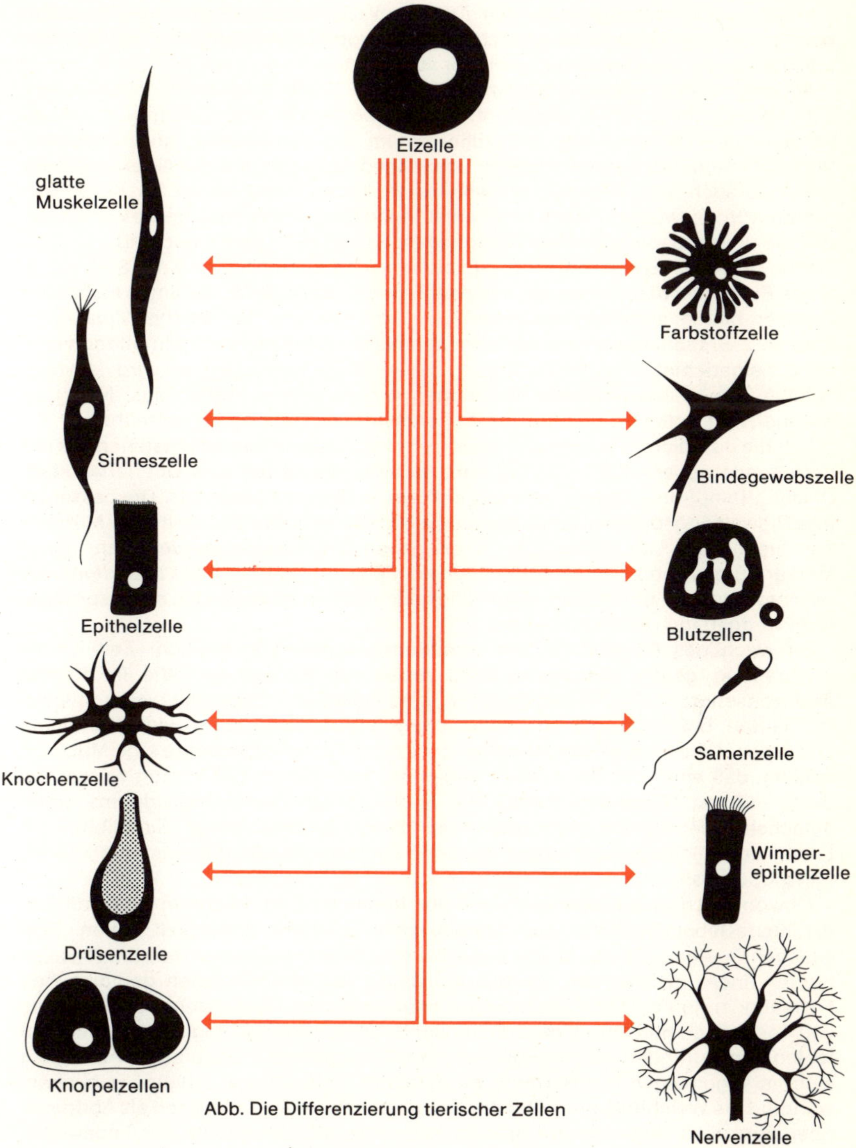

Abb. Die Differenzierung tierischer Zellen

Evolution – Beeinflussung des Genotyps durch die Umwelt

Als *Evolution* bezeichnet man die Stammesentwicklung der Lebewesen von einfachen, urtümlichen Formen zu hochentwickelten. Noch bis zum Beginn des 19. Jahrhunderts galt in der Biologie die Lehrmeinung, daß die aus einem göttlichen Schöpfungsakt hervorgegangenen Arten unveränderlich seien. Diese Meinung wurde zunehmend erschüttert durch die Funde von Fossilien, urtümlichen Pflanzen und Tieren, die meist rezent nicht mehr vorkommen.

Als erster stellte deshalb J. B. *Lamarck* (1744–1829) die Theorie von der Evolution, d. h. von der langsamen Weiterentwicklung der Arten, auf. Lamarck nahm als Ursache der Evolution an, daß außer einem den Lebewesen innewohnenden Vervollkommnungstrieb veränderte Umweltbedingungen und der Gebrauch oder Nichtgebrauch von Organen zu weitervererbbaren Änderungen im Körperbau führen würden, wodurch neue Arten entstünden *(Lamarckismus)*. Heute wissen wir, daß die umweltbedingten Modifikationen (s. S. 190) nicht vererbbar sind.

Eine plausible Erklärung für die Evolution fand dann Ch. *Darwin* (1809–1882). Seine *Evolutionstheorie* besteht aus zwei Teilen: 1. Bei jeder Art kommen mehr oder weniger häufig zufällige Erbänderungen vor. Ursache für solche *Mutationen* können z. B. radioaktive Strahlen oder chemische Einflüsse sein. Mutationen sind nicht zielgerichtet, d. h. die Änderung, die durch sie hervorgerufen wird, ist völlig zufällig. Die weitaus meisten Mutationen wirken sich schädlich aus. Nur ganz wenige (weit unter 0,1 %) sind für das entstandene Lebewesen vorteilhaft. 2. Da durch die natürliche Vermehrung stets mehr Individuen einer Art entstehen, als der betreffende Lebensraum zuläßt, findet dauernd ein Kampf ums Überleben statt. Dieser „Kampf ums Dasein" erweist sich als *Auslesemechanismus:* Die besser an ihre Umwelt angepaßten, den Artgenossen auf Grund zufällig vorteilhafter Mutationen wenn auch nur geringfügig überlegenen Organismen werden sich immer stärker durchsetzen. Ihre Nachkommen können sich auf Grund des *Selektionsvorteils* bevorzugt ausbreiten und schließlich nach vielen Generationen die Ursprungsform weitgehend verdrängt haben.

Ein wichtiges Beispiel für ein Selektionsgeschehen in heutiger Zeit ist die Ausbreitung gegen chemische Gifte *resistenter Schädlinge.* Wie im Kapitel Pflanzenschutz (s. S. 312) beschrieben, sind viele Schädlinge, die bisher intensiv mit Giften bekämpft wurden, inzwischen gegen diese Gifte widerstandfähig geworden. Dies kam folgendermaßen zustande: Zunächst bewirkte eine Mutation zufällig, daß einer der Schädlinge gegen das betreffende Gift immun wurde. Bei dem weiteren Gifteinsatz hatten die Nachkommen dieses Individuums einen entscheidenden Vorteil gegenüber ihren Nahrungskonkurrenten. Sie blieben am Leben und bildeten nach kurzer Zeit eine vorherrschende, giftresistente Schädlingspopulation.

Obwohl noch viele Fragen der Evolution ungeklärt sind, weiß man jetzt, daß sich die heute lebenden Arten aus *gemeinsamen Urformen* entwickelt haben. Dies geschah in einem Zeitraum von zwei- bis dreieinhalb Milliarden Jahren. Beweise hierfür findet man in den Gesteinsschichten der verschiedenen geologischen Formationen in Form von pflanzlichen oder tierischen Überresten *(Fossilien)*, die von Lebewesen herrühren, die zur Zeit der Bildung dieser geologischen Schichten lebten. Das Auffinden solcher Fossilien hängt weitgehend vom Zufall ab. Außerdem sind im allgemeinen nur Hartteile wie Skelette, Schalen u. ä. erhalten geblieben, während die Weichteile nur unter besonders günstigen Verhältnissen als Abdrücke überliefert sind. Aus diesen Fossilien kann nun die Geschichte der Lebewesen abgelesen werden. Die ältesten *Fossilienfunde* stammen aus dem *Altproterozoikum* (Alter etwa 3,5 Milliarden Jahre). Es handelt sich dabei um Algen, tierische Einzeller und Bakterien.

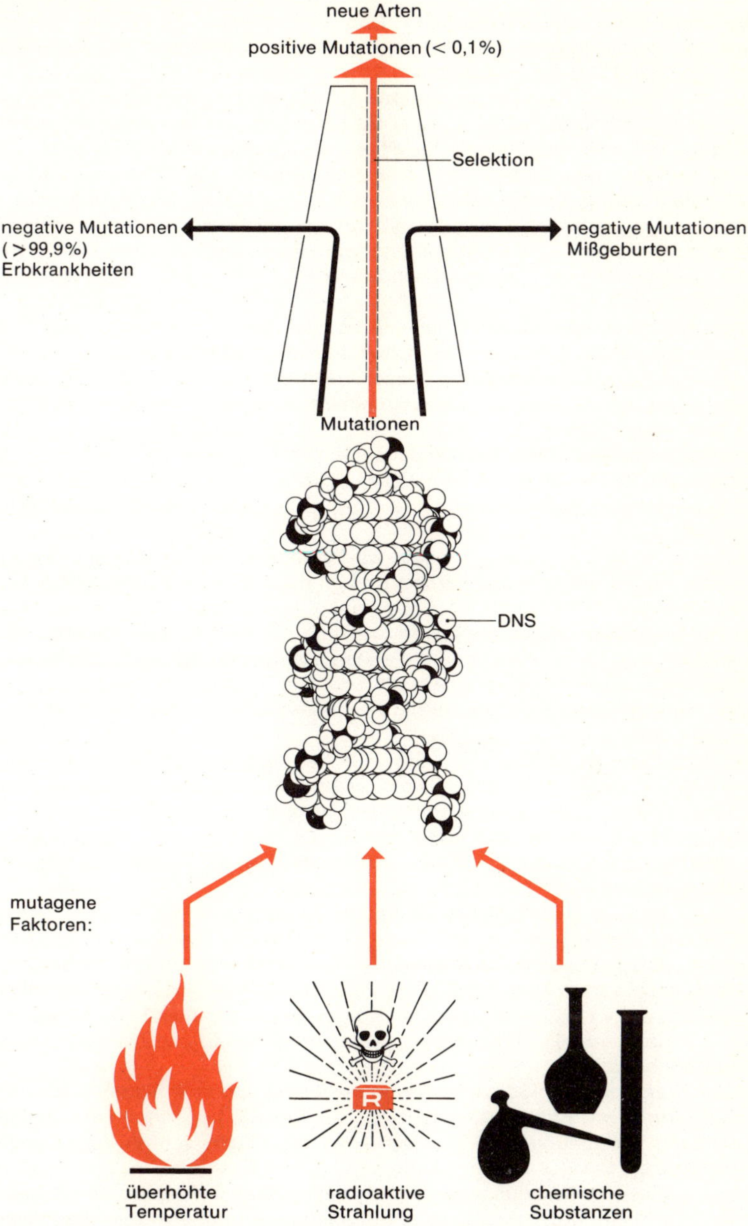

Abb. Mutagene Faktoren beeinflussen die Erbsubstanz

Die erste geologische Epoche, die zeitlich genauer festzulegen ist und gut erhaltene Versteinerungen zeigt, ist das *Kambrium* (vor 600–500 Millionen Jahren). Interessant ist, daß schon damals alle Stämme der wirbellosen Tiere existierten (Urtierchen, Weichtiere, Gliederfüßer u. a.). Besonders stark vertreten waren in dieser Zeit die *Dreilappkrebse* (Trilobiten). Die Pflanzen waren im wesentlichen durch *Grün-* und *Rotalgen* vertreten.

Aus dem Tierreich des Kambriums entwickelten sich im *Untersilur* (vor 500–440 Millionen Jahren) die ersten *Wirbeltiere*. Es waren gepanzerte, kieferlose Fische mit knorpeliger Wirbelsäule. Die einzigen Pflanzen waren weiterhin die Algen.

Im darauffolgenden Zeitalter, dem *Obersilur* (vor 440–400 Millionen Jahren), lag die Hauptentfaltungszeit der *wirbellosen Tiere*. Es gab über 2 m lange, krebsartige Tiere, die *Gigantostraken*. Die ersten *Skorpione* und *Tausendfüßer* begannen das Land zu erobern. Vor einer Austrocknung schützte sie der Chitinpanzer. Gleichzeitig mit diesen ersten Landtieren entstanden am Rande der Gewässer die *Nacktfarne* als erste Landpflanzen.

Das *Devon* (vor 400–350 Millionen Jahren) war das Zeitalter der *Fische*. In ihm entwickelten sich aus den Knorpelfischen die ersten Knochenfische, darunter die Lungenfische und Quastenflosser. Diese *Quastenflosser*, Fische mit Gliedmaßenflossen, sind die Vorstufe der Landwirbeltiere. In einsamen Meeresgebieten hat man noch einige lebende Exemplare dieser Tiere auffinden können. – Gegen Ende des Devons entstanden aus diesen oder ähnlichen Formen die (teils im Wasser, teils auf dem Land lebenden) *Amphibien*. – Die Landpflanzen entwickelten sich von den Nacktfarnen weiter zu den echten Farnen, zu Schachtelhalmen und baumförmigen Bärlappen.

Im darauffolgenden *Karbon* (vor 350–285 Millionen Jahren) entwickelten sich die Bärlappe, Schachtelhalme und Farne zu mächtigen Wäldern. Man bezeichnet diese als *Steinkohlenwälder*, da die heutige Steinkohle auf diese Pflanzen zurückgeht. Aus den Amphibien gingen die ersten *Kriechtiere* hervor. Es war die Blütezeit der Urinsekten; außerdem entstanden die ersten *geflügelten Insekten*, von denen die Libellen bis zu 80 cm groß waren. Gegen Ende des Karbons zweigten sich von den Farnen und Bärlappgewächsen die ersten *Samenpflanzen* ab, die Vorläufer der heutigen Nacktsamer.

Mit dem *Perm* (vor 285–225 Millionen Jahren) ging das *Erdaltertum (Paläozoikum)* zu Ende. Das feuchttropische Klima wurde zu Wüsten- und Steppenklima. Die Reptilien bildeten die vorherrschende Tiergruppe. – In der *Trias* (vor 225–195 Millionen Jahren) traten die ersten Krokodile, Schildkröten, Hautflügler und Schmetterlinge auf, dazu die ersten rattengroßen Säugetiere mit Schulter- und Beckengürtel.

In der *Jurazeit* (vor 195–135 Millionen Jahren) kam es zu einer starken Entwicklung und Ausbreitung der *Reptilien*. Es ist das Zeitalter der *Saurier*. Sie eroberten sich alle Lebensräume der Erde mit Ausnahme der kalten Regionen, wo sie als wechselwarme Tiere nicht leben konnten. Es gab Flugsaurier mit über 8 m Flügelspannweite und Landformen mit Körperlängen bis über 30 m. In dieser Zeit lebte auch der Urvogel (Archäopteryx); ferner entwickelten sich Zweiflügler und die ersten Knochenfische.

In der *Kreidezeit* (vor 135–70 Millionen Jahren) starben die Saurier wahrscheinlich auf Grund von Klimaveränderungen aus. Danach begann die mannigfaltige Entwicklung der *Säugetiere*. Es erschienen die ersten echten Vögel und die Blütenpflanzen.

Wie aus dieser entwicklungsgeschichtlichen Zusammenfassung zu ersehen ist, verläuft die Evolution des Lebens von einfachen zu immer höher organisierten Formen. Vom Leben im Wasser gingen die Organismen immer mehr zum Landleben über, gleichlaufend mit einer Veränderung ihrer Organisation in Anpassung an die veränderten Umweltbedingungen.

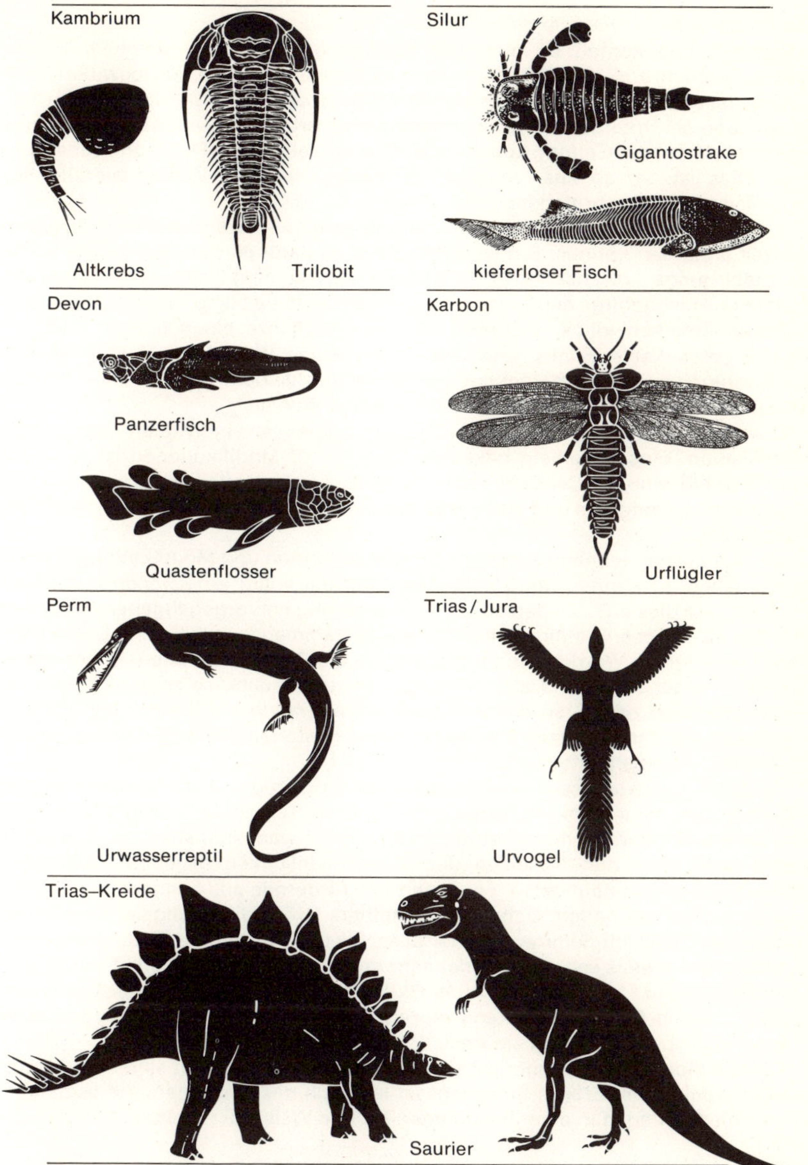

Abb. Die Erdzeitalter mit einigen typischen Vertretern

Modifikationen
Beeinflussung des Phänotyps durch die Umwelt

Die *körperlichen Merkmale* eines Lebewesens sind weitgehend durch das Erbgut festgelegt. Wie kommt es nun, daß Lebewesen mit völlig gleichem Erbgut unterschiedlich aussehen können? Es sind Umwelteinflüsse, die bewirken, daß erblich festgelegte Entwicklungstendenzen gefördert oder unterdrückt werden. Dabei kann bei Unterdrückung eines bestimmten erblichen Merkmals ein anderes Merkmal stärker zur Geltung kommen, auch eventuell dessen Funktionen übernehmen. Dies ist um so eher möglich, je weniger weit die Differenzierung des Organismus fortgeschritten ist.

So kommt es, daß die Lebewesen sich in gewissen Grenzen an die jeweilige Umwelt *anpassen* können. Ein typisches Beispiel dafür ist der *Löwenzahn.* Wenn man eine junge Löwenzahnpflanze halbiert und die eine Hälfte im Tiefland, die andere im Hochgebirge anpflanzt, so entwickeln sich die beiden völlig erbgleichen Pflanzen unterschiedlich. Während die Tieflandpflanze einen hohen, kräftigen Wuchs zeigt, kahle Blätter und eine relativ kurze Wurzel hat, ist die starker UV-Strahlung ausgesetzte Hochgebirgspflanze von kleinem, gedrungenem Wuchs, ist behaart und besitzt eine tiefgehende, kräftige Wurzel.

Eine solch unterschiedliche Ausbildung artgleicher Individuen nennt man *Modifikation.* Eine allgemein bekannte Ursache für Modifikationen ist auch der *Einfluß der Ernährung.* Der Ertrag bzw. die Größe von Nutzpflanzen hängt außer von der Güte des Saatgutes und von der Witterung vor allem vom Nährstoffgehalt des Bodens ab.

Um den Zusammenhang zwischen Umwelteinflüssen und Modifikationen genau untersuchen zu können, muß man möglichst mit völlig *erbgleichen Individuen* arbeiten, wie dies z. B. bei den aus einer Zweiteilung hervorgegangenen *Einzellern* der Fall ist. Solche von einem Individuum abstammende, erbgleiche Lebewesen nennt man *Klone.* Werden Klone, z. B. von einem Pantoffeltierchen, in genügend großer Zahl gezüchtet und auf ihre Größe hin untersucht, so zeigt sich, daß die Größe zwischen zwei Grenzwerten variiert. Eine graphische Darstellung über die Häufigkeit, mit der die verschiedenen Größen vertreten sind, ergibt eine statistische Verteilung um einen Mittelwert.

Die Modifikationen beim Pantoffeltierchen in bezug auf die Größe sind das Ergebnis zahlreicher Einzelfaktoren (z. B. Nahrung, Temperatur, Licht, Sauerstoff), die einesteils wachstumsfördernd, anderenteils wachstumshemmend wirken. Dabei sind nach den Gesetzen der Wahrscheinlichkeit diejenigen zufälligen Kombinationen am häufigsten, bei denen sich fördernde und hemmende Faktoren gerade die Waage halten. Daher ist die mittlere Größe die häufigste. Sehr selten treten ausschließlich hemmende oder ausschließlich fördernde Faktorengruppen auf, die dann jeweils sehr kleine oder sehr große Individuen entstehen lassen.

Als Beispiel für *Modifikationen in der Blütenfarbe* sei noch die *Chinesische Primel* erwähnt. Ihrem Erbgut nach kann diese Pflanze weiß und rot blühen. Bei einer Temperatur über 30 °C blüht sie weiß, bei niedriger Temperatur rot.

Für alle Modifikationen gilt, daß sie im einzelnen nicht vererbt sind oder vererbt werden können. Im Erbgut festgelegt ist lediglich das Vermögen, auf bestimmte Umweltbedingungen in einer bestimmten Art und Weise zu reagieren.

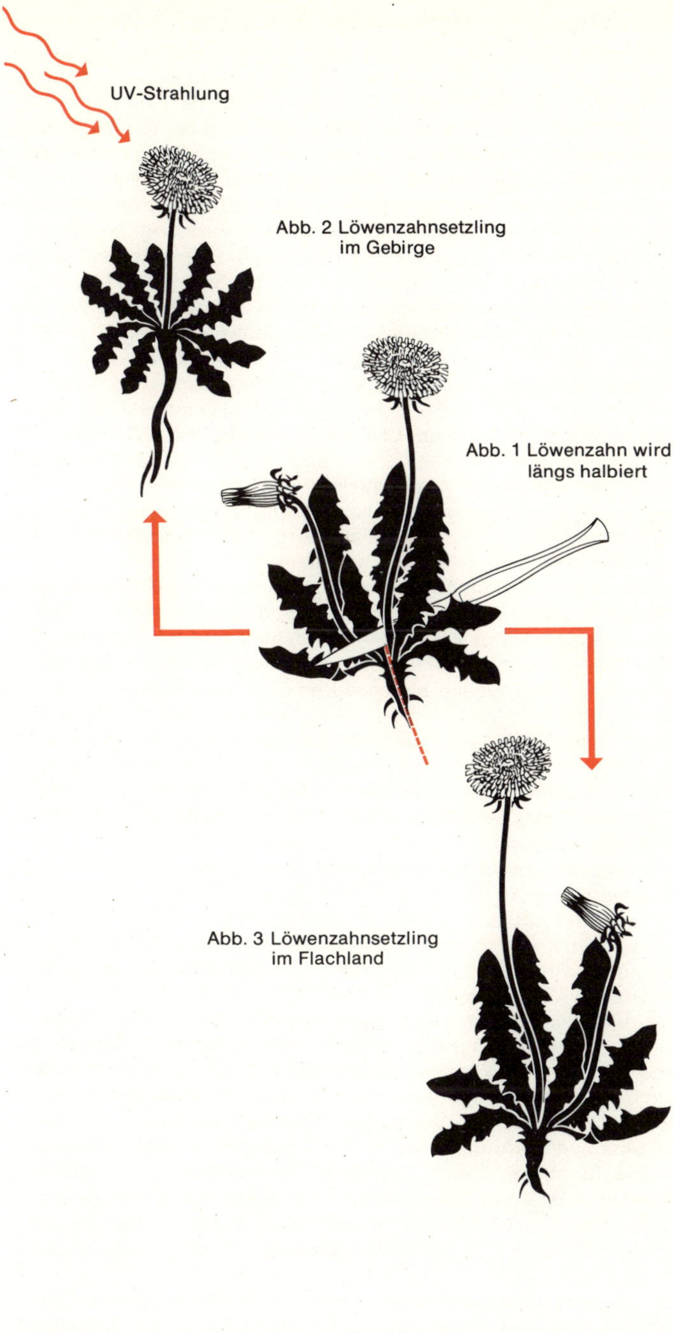

Abb. 1 Löwenzahn wird längs halbiert

Abb. 2 Löwenzahnsetzling im Gebirge

Abb. 3 Löwenzahnsetzling im Flachland

Die Erbinformation – Umweltgifte und Erbschäden

Die *Erbinformation*, die den Aufbau und die Funktion jedes Organismus bestimmt, ist in einem Makromolekül, der *Desoxyribonukleinsäure (DNS)* der Chromosomen, gespeichert. Die DNS ist in jedem Zellkern enthalten und wird bei der Zellteilung nach Verdopplung (Autoreduplikation) dieses Makromoleküls in je einer kompletten Ausführung wieder an die Tochterzellen weitergegeben.

Die Fähigkeit der DNS zur *Informationsübertragung* beruht auf den spezifischen Struktureigentümlichkeiten und auf der spezifischen Anordnung bestimmter Bauelemente dieses Moleküls, d.h., jede Eigenschaft bzw. jedes Merkmal eines Organismus hat seinen Ursprung in der Eigenart seiner Erbsubstanz. Die Träger der Erbinformation bzw. der Merkmale sind die *Gene*, definierte Abschnitte der aus einer DNS und Proteinen (Eiweißstoffen) bestehenden Chromosomen. Die spezifische Erbinformation eines Gens manifestiert sich nun in der als *Basensequenz* bezeichneten Reihenfolge bestimmter stickstoffhaltiger organischer Basen (Adenin, Guanin, Cytosin, Thymin) bzw. in der Reihenfolge der aus einer solchen Base, einer Pentose (die Desoxyribose bei einer DNS, die Ribose bei einer *Ribonukleinsäure* oder *RNS*) und einem Phosphorsäuremolekül gebildeten *Nukleotide* als wesentliche, miteinander verknüpfte Bestandteile der verschiedenen Nukleinsäuren. Diese Information wird durch einen komplizierten Übertragungsmechanismus von der DNS im Zellkern über Botenribonukleinsäure *(Messenger-RNS)* auf die *Ribosomen*, proteinbildende Zellorganellen, im Zellplasma übertragen.

An den Ribosomen wird dann unter Vermittlung der aus etwa 80 Nukleotiden bestehenden *Transferribonukleinsäure (Transfer-RNS)* das genetisch fixierte *Enzymprotein* aus den im Zellplasma vorhandenen Aminosäuren synthetisiert. Die Wirkungsspezifität dieser (Enzym)proteine ist wiederum für die Reihenfolge *(Aminosäuresequenz)* der 20 biogenen Aminosäuren in den Polypeptidketten der Eiweiße verantwortlich.

Die „Übersetzung" der Basen- bzw. Nukleotidsequenz des Gens in die Aminosäuresequenz der Proteine (s.o.) erfolgt mit Hilfe des sog. *genetischen Codes*. Jede der 20 biogenen Aminosäuren wird durch die Aufeinanderfolge von drei Basen bzw. drei Nukleotiden *(Triplett* oder *Codon)* festgelegt. Diese Triplettsequenz in der DNS wiederum bestimmt die Aminosäuresequenz im Polypeptid.

Diese komplizierten Übertragungs- und Synthesemechanismen können sehr leicht in ihrem Ablauf gestört werden, so daß *Erbänderungen (Mutationen)* auftreten. Es genügt bereits ein Austausch oder der Wegfall einer Base, so daß eine falsche Basensequenz entsteht, um die Enzymsynthese und damit den Stoffwechsel zu stören. Eine solche Erbänderung nennt man *Punktmutation*; sie greift jeweils nur am einzelnen Gen an *(Genmutation)*.

Bei den sog. *Chromosomenmutationen* dagegen wird ein Teil des DNS-Moleküls abgerissen oder ein anderer Teil an das Ende eines DNS-Moleküls angehängt. Die hierdurch veränderte Genabfolge bedingt eine Änderung in der Merkmalsausbildung. Enthält ein *Genom* (vollständiger Chromosomensatz einer Zelle) ein bis mehrere Chromosomen zu viel oder zu wenig, so spricht man von *Genommutation*.

Die beiden letztgenannten Mutationen sind mikroskopisch feststellbar und konnten als Ursache für schon längere Zeit bekannte Erbkrankheiten des Menschen erkannt werden (z.B. Mongolismus, Klinefelter-Syndrom). Beim *Mongolismus* ist das Chromosom 21 in dreifacher statt in zweifacher Anzahl vorhanden. Beim *Klinefelter-Syndrom* handelt es sich um die Chromosomenkonstitution XXY (statt XY).

Normalerweise erfolgen Mutationen ungerichtet und unabhängig vom Milieu. Derartige Mutationen, die keine erkennbare äußere Ursache haben, werden als *spontane Mutationen* bezeichnet; im Gegensatz zu den durch UV-Licht, radioaktive Strahlung, Hitze, Chemikalien *induzierten Mutationen*. Nur ein kleiner Teil aller

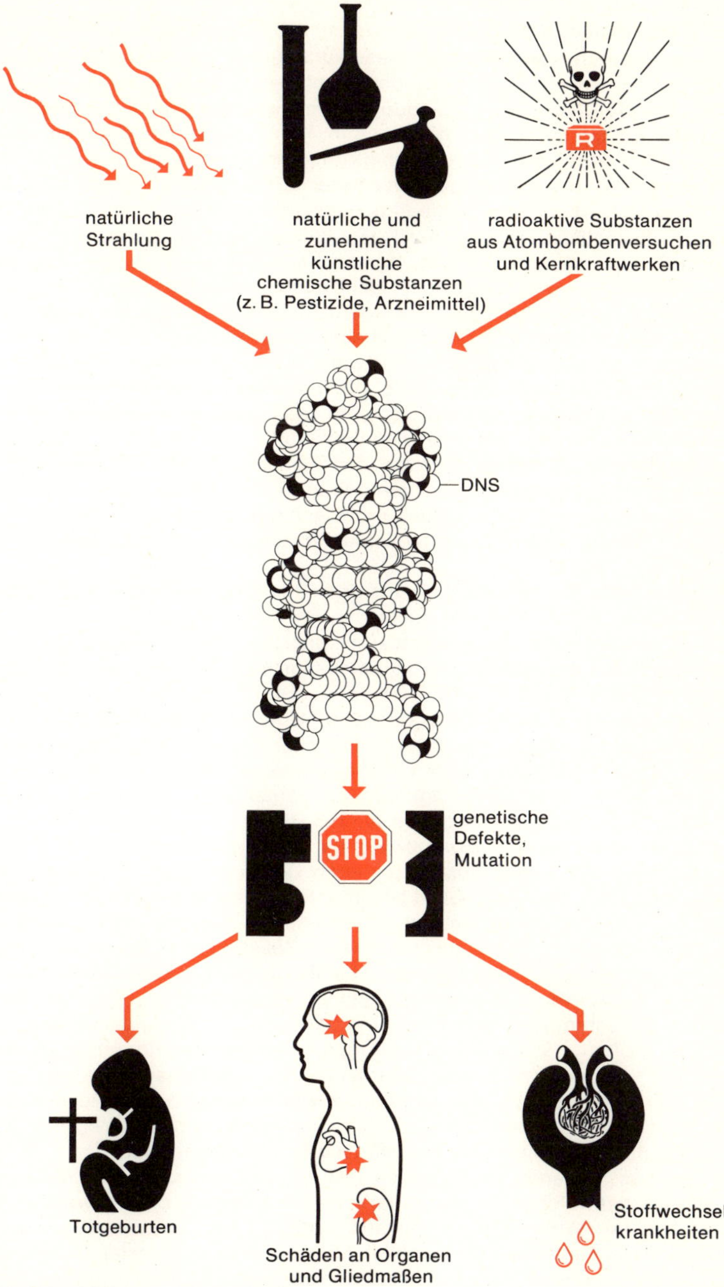

Abb. Erbschäden durch Umweltgifte

auftretenden Mutationen wird durch eine Änderung der Merkmalsausbildung offenkundig.

Der Wirkungsmechanismus *mutagener Substanzen* beruht auf spezifischen Gruppen innerhalb eines Moleküls. So wirken z.B. Substanzen, die Basenanaloga enthalten, dadurch mutagen, daß diese Analoga in die Nukleotide eingebaut werden und dann die falschen Basenpartner binden. Andere Agenzien, z.B. Nitrite, Hydroxylamin, alkylierende Verbindungen (Äthylmethansulfonat, Dimethylsulfat, Stickstofflost u.a.), verändern die Basen in ihren chemischen Eigenschaften. In beiden Fällen wird eine falsche Erbinformation übertragen. Acridinfarbstoffe verändern die räumliche Anordnung der Basen auf dem fadenförmigen DNS-Molekül, was einen Verlust eines Nukleotids oder das Einschieben einer zusätzlichen Base zur Folge hat; dadurch wird bei der Proteinsynthese der Ablesevorgang an der Boten-RNS verschoben. – Der Wirkungsmechanismus der Röntgen-, Ultraviolett- und radioaktiven Strahlung ist noch nicht restlos aufgeklärt; es hat jedoch den Anschein, daß der Mechanismus vorwiegend an den Nukleinsäuren angreift.

Die *Lebewesen* haben sich im Verlauf einer langen Evolution jeweils optimal *an die Umwelt angepaßt*, obwohl über 99,9% aller Erbänderungen für das Lebewesen keinen Fortschritt hinsichtlich des Ziels „optimale Anpassung" bedeuten. Erbänderungen, die ein Lebewesen in dieser Hinsicht benachteiligen, werden allgemein als *Erbschäden* bezeichnet. Die überwiegenden und besonders gut untersuchten Erbschäden beim Menschen und bei den Haustieren sind Totgeburten (diese können jedoch auch andere Ursachen haben), anatomische Fehler (z.B. Fehlen oder Verunstaltung von Körperteilen), Stoffwechselschäden (z.B. Allergien, Ausfall bestimmter körperlicher Funktionen) und Störungen im psychischen Verhalten (Schwachsinn, Idiotie).

Die Fortschritte der Wissenschaft und deren technische „Ausbeutung" ermöglichen es heute, daß zunehmend künstliche Produkte hergestellt und verwendet werden. Diese Produkte, die jährlich zu Hunderten neu auf den Markt kommen, können durchaus Substanzen mit mutationsauslösendem Charakter *(Mutagene)* enthalten. Bisher wurden rund 8000 neue Stoffe (zumindest mit einfachen Verfahren) auf ihre Mutagenität untersucht. Dabei wurden zahlreiche potentielle Mutagene erkannt. Wegen der unterschiedlichen Gründlichkeit dieser Versuche verbietet sich jedoch in den meisten Fällen eine sichere Aussage darüber, ob diese Stoffe auch beim Menschen mutagen wirken. Ferner ist die bisherige Überprüfung möglicher Kombinationswirkungen (s. auch S. 400) nicht ausreichend.

Die *Überprüfung neuer Substanzen auf ihre Mutagenität* geschieht in Eigenverantwortlichkeit durch die Industrie sowie an Universitätsinstituten und anderen Forschungsstätten. Der Staat selbst beschränkt sich auf seine Aufsichtspflicht, hat aber in den entsprechenden Gesetzen (Arzneimittel-, Lebensmittel-, Landschafts- und Naturschutzgesetz, Pflanzenschutzgesetz, Gesetze gegen Verunreinigung von Luft und Wasser u.a.) eine gewisse Handhabe gegen einen Mißbrauch von mutagenen Substanzen. Als unabhängige Institution wurde im Jahre 1964 von der Deutschen Forschungsgemeinschaft eine „Kommission für Mutagenitätsfragen" gegründet. Im Jahre 1969 wurde in Freiburg ein „Zentrallaboratorium für Mutagenitätsprüfung" seiner Bestimmung übergeben. Es arbeitet an verbesserten und neuen Untersuchungsmethoden für Mutagene und untersucht außerdem wichtige, bisher nicht geprüfte Substanzen (z.B. häufig gebrauchte Arzneimittel, Pflanzenbehandlungsmittel, künstliche Aromastoffe) mit Standardmethoden.

Mit den verschiedenen Verfahren zur Prüfung von Substanzen auf Mutagenität wird geprüft, bei welchen Konzentrationen ein Schadeffekt auftritt, welcher Art er ist und wie der Wirkungsmechanismus verläuft. Als *Testorganismen* werden Bakterien, Pilze, Taufliegen (Drosophila), Mäuse, Syrische Hamster (Goldhamster) und andere Versuchstiere sowie Zellkulturen aus menschlichen Lymphozyten und

Fibroblasten aus dem Bindegewebe verwendet. Dabei dienen als Kriterien die Ansprechbarkeit auf gewisse Substanzen, d.h. die spezifische Reaktionsbereitschaft, eine hohe Vermehrungsrate bzw. eine kurze Generationsdauer (kurze Versuchsdauer!) und die Übertragbarkeit der Ergebnisse auf die Besonderheiten des menschlichen Organismus. Eine große Bedeutung als Routinetest haben die *Bakterienversuche*, da Bakterien eine hohe Vermehrungsrate besitzen.

Neuerdings wird besonders der *Ames-Test* weltweit als experimentell einfacher Schnelltest zur Erkennung von Mutagenen eingesetzt. Bei diesem benutzt man bestimmte Stämme des Bakteriums Salmonella typhimurium (mit verschiedenen Indikationsbereichen). Diese werden mit der zu prüfenden Substanz in Gegenwart eines Säugerzellenhomogenats (meist aus Rattenleber) behandelt. Das Leberhomogenat enthält einen großen Teil der für den Fremdstoffmetabolismus beim Säuger verantwortlichen Enzyme. Erst durch deren Wirkung werden zahlreiche „Prämutagene" in die letztlich wirkenden Derivate, die „ultimalen Mutagene", umgewandelt, d.h. aktiviert. Die Wirkung eines Mutagens wird daran erkannt, daß in den Zellen eines oder mehrerer der Bakterienstämme Mutationen häufiger als gewöhnlich auftreten.

Für Säuger sind mutagene Stoffe meist ebenfalls krebserzeugend (karzinogen). Deshalb wird der Ames-Test auch als schneller Vortest zur Erkennung krebsauslösender Stoffe eingesetzt.

Das Freiburger Zentrallaboratorium für Mutagenitätsprüfung hat auf Grund eigener Arbeiten 24 Substanzen ermittelt, deren mutagene Wirkung nicht nur im Bakterientest, sondern auch am Menschen und/oder z.B. an Mäusen und Ratten sicher nachgewiesen ist. Zu dieser Gruppe gehört auch das Benzpyren, das im Steinkohlenteer und in Verbrennungsabgasen (z.B. Zigarettenrauch) vorkommt, ferner das N-Nitrosodimethylamin, das in geringsten Mengen weit verbreitet ist (z.B. auch im Tabakrauch). Jüngere Untersuchungen haben gezeigt, daß das Flammschutzmittel Tris-BP, mit dem in den USA Bettwäsche, Teppichböden und andere Textilien imprägniert wurden, mutagen und karzinogen wirkt. Tris-BP wurde deshalb in den USA vom Markt genommen.

Mutagene und Karzinogene in unserer Umwelt können heute zwar mit relativ einfachen Mitteln ermittelt werden, das bleibende Problem ist jedoch die Bewertung der Aussagekraft von Schnelltests mit Bakterien und anderen Nichtsäugerorganismen. Bei diesen Tests werden die Testsubstanzen häufig in hoher Dosis eingesetzt, während der Mensch u. U. nur geringe Mengen aufnimmt. Bezieht man jedoch karzinogene Wirkungen in die Betrachtung mit ein, so wird die im allgemeinen gute Voraussagekraft des Ames-Tests deutlich erkennbar. Zur Sicherung der Ergebnisse von Schnelltests und zur Vermeidung von Fehlbeurteilungen im Einzelfall stehen aufwendigere Verfahren an Säugern mit höherer Aussagekraft zur Verfügung. Eine gewisse Restunsicherheit muß in Kauf genommen werden, da Untersuchungen am Menschen unvertretbar sind. Unvertretbar wäre es allerdings auch, den Wert von Mutagenitätstests als „Frühwarnsysteme" zu unterschätzen und mit Vorsichtsmaßnahmen so lange zu warten, bis die erbschädigende Wirkung eines Mutagens beim Menschen nachgewiesen wird.

Der Energiehaushalt der Zelle

Lebende Organismen sind aus einer großen Zahl der verschiedensten organischen Verbindungen aufgebaut. In jeder dieser organischen Verbindungen liegt eine bestimmte, je nach Molekülart unterschiedlich große Energiemenge gebunden vor, die beim Abbau freigesetzt und umgekehrt bei der Bildung des betreffenden Moleküls dem Syntheseprozeß zugeführt wird. Wenn ein Organismus die Energie, die er für die Synthese eigenen organischen Materials und zur Aufrechterhaltung seiner Lebensvorgänge benötigt, nur durch den Ab- bzw. Umbau von außen aufgenommener organischer Substanz gewinnen kann, bezeichnet man ihn als *heterotroph;* wenn er hingegen nicht unbedingt auf die Aufnahme fremder organischer Substanz angewiesen ist, sondern seine Energie durch andere Prozesse (v. a. Photosynthese, s. S. 200ff.) gewinnen kann, bezeichnet man ihn als *autotroph.* Heterotroph sind alle Tiere und der Mensch, aber auch zahlreiche Pflanzen wie Pilze und die Mehrzahl der Bakterien. Autotrophie gibt es nur im Pflanzenreich. Hier ist es in der überwiegenden Anzahl der Fälle die Strahlung der Sonne, aus der die autotrophen Pflanzen ihren Energiehaushalt speisen. Daneben gibt es noch einige niedere pflanzliche Organismen (z. B. Purpur- und Schwefelbakterien), die aus der Oxidation anorganischen Materials (z. B. Ammoniak, Schwefelwasserstoff, Nitrite, Wasserstoff) Energie für den Aufbau organischer Substanzen gewinnen (Chemosynthese, s. S. 206).

Für alle Lebensvorgänge benötigt die Zelle *Energie,* die sie in unterschiedlicher Weise zugeführt bekommt und dann umsetzt: beim zellinternen Stoffaufbau in chemische Energie, bei der Arbeit der Muskelzellen in mechanische Energie, bei der Arbeit der Nervenzellen in elektrische Energie und für die Aufrechterhaltung der Körperwärme in Wärmeenergie. Wie auch in der unbelebten Welt gilt für die Zelle der Satz von der Erhaltung der Energie. Im Energiehaushalt der lebenden Zelle laufen also grundsätzlich zwei Arten von Energievorgängen ab: die Freisetzung von Energie und die Verwendung dieser Energie für die lebenden Prozesse. Die Energie erhält der heterotrophe Organismus aus dem *Abbau* (Atmung oder Gärung) *von Nahrungssubstanzen* (Kohlenhydrate, Fette usw.).

Die Abbauprozesse sind jedoch nicht direkt mit Energie verbrauchenden Prozessen gekoppelt, sondern über einen raffinierten Zwischenkreislauf verbunden. In diesem Zwischenkreislauf wird eine energiereiche Standardverbindung, das sog. *Adenosintriphosphat (ATP),* aufgebaut, das für praktisch alle energieverbrauchenden Prozesse in der Zelle die Energie liefert. Das ATP entstammt unterschiedlichen Abbauprozessen (s. S. 202, 208, 212 und 214).

Die ATP-Moleküle, die sich jeweils aus einem Molekül der stickstoffhaltigen Base Adenin, einem Ribosemolekül und 3 Molekülen Phosphorsäure (bzw. deren durch Abspaltung von Wasserstoff oder Hydroxylgruppen hervorgehenden Phosphatresten) zusammensetzen, werden mehr oder weniger lange Zeit in den Zellen gespeichert, bis sie bei energieverbrauchenden Prozessen wieder abgebaut werden. Die Phosphatreste sind nun (s. auch Abb.) auf eine sehr energiereiche Weise mit dem Grundmolekül verbunden (Phosphorylierung). Wenn von ATP ein Phosphatrest (durch die Einwirkung eines Enzyms) abgespalten wird, entstehen pro Mol ATP etwa 30 kJ Energie. Aus ATP entsteht dabei *Adenosindiphosphat (ADP),* das nur noch zwei Phosphatreste besitzt. Nach dieser Reaktion geht das ADP in den Kreislauf zurück und wird erneut zu dem Energiespeicher ATP aufgebaut. Die Bildung von ATP findet vor allem in den Mitochondrien statt, sein Abbau erfolgt überall dort, wo Energie gebraucht wird, also in Zellen (Muskel-, Nerven-, Drüsenzellen usw.).

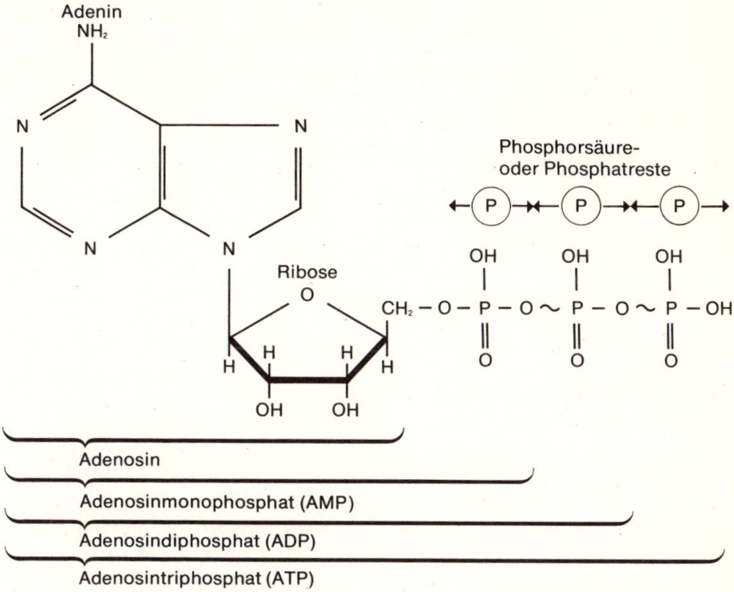

Abb. 1 Der chemische Aufbau des ATP

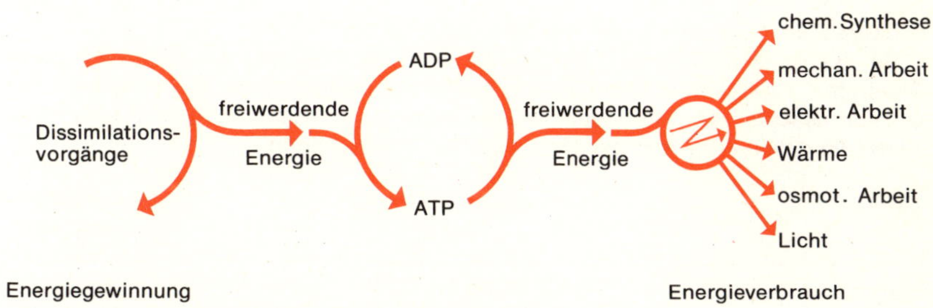

Abb. 2 Schema des Energiehaushalts der Zelle

Energiehaushalt und äußere Einflüsse

Jedes Lebewesen hat, seinen Lebensumständen entsprechend, einen bestimmten *Gesamtenergieumsatz*, der zusätzlich noch von Außenfaktoren beeinflußt wird. Praktisch und klinisch wichtig ist der sog. *Grundumsatz*. Dieser ist beim Menschen streng definiert als Energieumsatz bei vollständiger Körperruhe und Indifferenztemperatur (28–30 °C Außentemperatur; im unbekleideten Zustand) nach 12stündiger Nüchternheit und vorangegangener zweitägiger Eiweißkarenz. Er beträgt normalerweise beim Menschen zwischen 40 und 60 % des Energieverbrauches bei voller Aktivität und richtet sich nach Geschlecht, Alter und Körpergewicht.

Für den *Menschen* gelten folgende *Durchschnittswerte* des Grundumsatzes:

Alter (Jahre)	männlich		weiblich	
	kcal (links) bzw. kJ (rechts) pro m^2 Körperoberfläche in 24 Std.			
5	1180	4960	1160	4870
10	1050	4410	1020	4280
15	1000	4200	910	3820
20	930	3900	850	3570
30	880	3700	840	3530
40	870	3650	835	3500
50	860	3610	815	3420
60	840	3530	785	3300
70	810	3400	760	3190

Der Grundumsatz hängt von einer Vielzahl von inneren und äußeren Faktoren ab. Bei *Fieber* steigt der Grundumsatz z. B. bis zu 40 % über den Normalwert. Bei einer *Überfunktion der Schilddrüse* (Basedow-Krankheit) kann er bis zu 75 % über dem Normalwert, bei einer *Unterfunktion der Schilddrüse* bis zu 50 % unter dem Normalwert liegen. *Äußere Faktoren*, die den Grundumsatz beeinflussen, sind z. B. Art und Dichte der Hautbedeckung und die Außentemperatur.

Interessant ist der *Zusammenhang zwischen Grundumsatz und Körpergröße*. Da ein kleines Tier im Verhältnis zu seinem Volumen eine relativ größere Oberfläche hat als ein großes Tier und eine größere Oberfläche auch eine größere Abstrahlung von Wärme an die Umgebung bedeutet, hat z. B. die Spitzmaus pro Gewichtseinheit einen 65mal größeren Grundumsatz als der Mensch und einen etwa 200mal größeren Grundumsatz als der Elefant.

Da der Blutkreislauf die wichtige Funktion des Energietransportes (Glucose, Sauerstoff, Wärme) hat, ist die *Herzfrequenz* ein bestimmtes Maß für die Höhe des Grundumsatzes. An folgender Tabelle lassen sich deutlich die Unterschiede zwischen großen und kleinen gleichwarmen Tieren zeigen:

Tierart	Körpergewicht (kg)	Herzschläge pro Minute
Elefant	3000	46
Pferd	390	55
Mensch	65	75
Schaf	50	70–80
Hund	6,5	120
Katze	1,3	240
Grünfink	0,022	690
Distelfink	0,0127	750
Blaumeise	0,01	960

Wie schon erwähnt, hängt der Grundumsatz von der Außentemperatur ab; daher wird er auch von der *geographischen Verbreitung* eines Lebewesens beeinflußt. Je kleiner ein Tier ist, desto größere Energie muß es aufwenden, um seine Körpertemperatur gegenüber der kalten Umgebung aufrechtzuerhalten. Kleine Säugetiere schränken daher die Wärmeabgabe durch ihr besonderes Verhalten wie Winterschlaf (s. unten) oder Bau unterirdischer Nester ein. Man konnte zwei Regeln über den Zusammenhang zwischen dem Energiestoffwechsel eines Lebewesens und seiner geographischen Verbreitung aufstellen: Die *Proportionsregel* besagt, daß die Säugetiere in kälteren Gebieten eine gedrungenere Körperform, kürzere Gliedmaßen, Ohren und Schwänze haben als ihre verwandten Arten in den gemäßigten Zonen. In den warmen Gebieten der Erde kommen Tiere vor mit oft grazilen und großen Körperteilen (wie die Giraffen mit langem Hals oder die Antilopen mit langen, dünnen Beinen), die in einem kalten Klima nicht überleben könnten, weil der Quotient aus Oberfläche und Volumen dieser langen Körperteile zu ungünstig ist. – Die *Bergmannsche Regel* besagt, daß die Größe von Säugetieren einer gleichen Art bzw. Gattung zu den Erdpolen hin zunimmt. So ist z. B. ein sibirisches Reh größer als ein mitteleuropäisches Reh und dieses wiederum größer als ein spanisches oder italienisches.

Viele Tiere überbrücken die kalte Jahreszeit mit einer Winterruhe oder einem Winterschlaf. In dieser Zeit ist der Energiebedarf und der Stoffwechsel stark eingeschränkt. Unter *Winterruhe* versteht man einen längeren Ruheschlaf, wobei die Körpertemperatur nicht herabgesetzt ist. Beispiele dafür sind der Bär, der Dachs und das Eichhörnchen. Der Energiestoffwechsel bleibt also auf dem Niveau des Grundumsatzes. Diese Tiere wachen oft mehrmals während des Winters auf und gehen dann auf die Jagd oder zehren von Nahrungsvorräten. – Andere Arten halten einen *Winterschlaf.* Beispiele dafür sind die Fledermäuse, der Hamster, der Igel, das Murmeltier. In diesem Zustand sind alle Lebensfunktionen auf ein Minimum herabgesetzt. Die Körpertemperatur sinkt bis auf wenige Grad oberhalb 0 °C ab.

Folgende Tabelle zeigt einen Vergleich der Wärmeerzeugung bei Winterschläfern im Wachzustand im Sommer und während des Winterschlafs:

Tierart	Sommer			Winter		
	Körpergewicht (kg)	kcal (links) bzw. kJ pro kg Körpergewicht i. d. Stunde		Körpergewicht (kg)	kcal (links) bzw. kJ pro kg Körpergewicht i. d. Stunde	
Murmeltier	1,87	2,1	8,8	2,15	0,086	0,36
Igel	0,68	3,5	14,7	0,9	0,075	0,31
Ziesel	0,23	4,5	18,9	0,275	0,085	0,35
Siebenschläfer	0,13	5,0	21	0,13	0,07	0,29
Haselmaus	0,019	13,0	54,6	0,023	0,17	0,71

Eine besondere Art der Überbrückung der kalten Jahreszeit findet bei *wechselwarmen Tieren* statt (Lurche, Insekten, Kriechtiere usw.). Diese fallen während der kalten Jahreszeit in eine *Winterstarre,* aus der sie durch Eigenproduktion von Wärme nicht eher wieder aufwachen, bis die Umgebungstemperatur (im Frühjahr) einen bestimmten Schwellenwert überschreitet. In der Winterstarre nehmen wechselwarme Tiere keine Nahrung auf. Die Körpertemperatur der wechselwarmen Tiere ist jedoch nicht vollständig von der Außentemperatur abhängig. Bestimmte Tiere können in ihrem Wachstadium durch eigene Wärmeproduktion durchaus ihre Temperatur über die Temperatur ihrer Umgebung steigern, wie dies z.B. bei fliegenden Insekten, brütenden Schlangen oder überwinternden Bienen der Fall ist, die durch Flügelvibrationen die Temperatur im Bienenkorb konstant halten.

Die Photosynthese

Der für das Leben auf der Erde wichtigste biologische Vorgang ist die *Photosynthese der grünen Pflanzen.* Durch ihn wird praktisch die gesamte organische Substanz auf der Erde erzeugt und damit die Energiezufuhr für fast alle Lebewesen gewährleistet. Gleichzeitig wird durch die Photosynthese das in der Luft enthaltene Kohlendioxid im Austausch gegen Sauerstoff verwertet, der seinerseits für Mensch und Tier lebensnotwendig ist.

Die Vorgänge, die bei der Photosynthese eine Rolle spielen, lassen sich stark vereinfacht folgendermaßen darstellen: Das über die Spaltöffnungen der Blätter aus der Luft aufgenommene *Kohlendioxid* wird zusammen mit *Wasser,* das über die Wurzeln aufgenommen wird, mit Hilfe des *Sonnenlichtes* und des *Blattgrüns* (Chlorophyll) in *Traubenzucker* umgewandelt. Bei dieser Reaktion entsteht *Sauerstoff,* der an die Atmosphäre abgegeben wird. Bei der Photosynthese wird also Strahlungsenergie der Sonne in Form von Lichtquanten der Energie $h \cdot \nu$ absorbiert und in die Form einer energiereichen chemischen Verbindung überführt. Dabei wird aus dem Wasser unter Freisetzung des Sauerstoffs Wasserstoff abgespalten, der auf das Kohlendioxid übertragen wird und zunächst in Form einer metastabilen Kohlenstoffverbindung festgelegt wird. Das Kohlendioxid hat also die Rolle eines Empfängers für den Wasserstoff (Wasserstoffakzeptor), der aus dem aufgenommenen Wasser stammt. Bei der Trennung von Wasserstoff und Sauerstoff wird Energie verbraucht, und zwar genau so viel, wie bei der Wasserbildung aus Wasserstoff und Sauerstoff (sog. Knallgasreaktion) frei wird. Diese Energie bezieht die Pflanze aus dem aufgenommenen Sonnenlicht. Die *Bruttogleichung der Photosynthese* lautet:

$$6\,CO_2 + 12\,H_2O \xrightarrow[2825\text{ kJ}]{\text{Licht}} C_6H_{12}O_6 + 6\,O_2 + 6\,H_2O.$$

Nach dieser Formel scheint die Photosynthese ein relativ einfacher Vorgang zu sein. Umfangreiche Forschungen der Biochemie in den letzten Jahrzehnten ergaben jedoch, daß an der Photosynthese eine Vielzahl von Einzelreaktionen beteiligt sind, die in komplizierter Weise zusammenwirken. Einige Reaktionen laufen nur im Licht ab (Lichtreaktionen), andere können auch bei Dunkelheit stattfinden (Dunkelreaktionen).

Die Absorption der für die Photosynthese notwendigen Lichtstrahlung erfolgt durch das *Chlorophyll,* den grünen Blattfarbstoff der Pflanzen, der in den sog. *Chloroplasten* gespeichert ist. Diese kommen hauptsächlich in solchen pflanzlichen Zellen vor, die dem Licht ausgesetzt sind. Photosynthetisch aktive Zellen enthalten zwei Arten von Chlorophyll, von denen die eine immer *Chlorophyll a* ist, während die andere in grünen Pflanzen *Chlorophyll b* ist. Das Diagramm in der Abb. zeigt die Lichtabsorption durch die beiden Chlorophyllarten Chlorophyll a und b in Abhängigkeit von der Wellenlänge des Lichtes. Das Bild unterhalb des Diagramms zeigt einen Grünalgenfaden, der in einem durch ein Prisma aufgefächerten Lichtspektrum liegt. Man sieht deutlich, daß die Assimilationsleistung im Wellenbereich von 400–500 nm (blaues Licht) und vor allem im Bereich von 600–700 nm (rotes Licht) am stärksten ist. Dies wurde in diesem Versuch dadurch sichtbar gemacht, daß dieser Grünalge bewegungsfähige, sauerstoffliebende Bakterien zugesetzt wurden, die sich nach kurzer Zeit an den Stellen der maximalen Sauerstoffproduktion durch die Grünalge einfinden. Je mehr Bakterien an einer Stelle sind, um so größer ist dort die Sauerstoffproduktion und damit auch die Photosyntheserate. Der wichtigste Farbstoff der Photosynthese ist das Chlorophyll a, das bei allen photoautotrophen Organismen vorkommt und dessen Absorptionsmaximum bei 700 nm liegt.

Bei den *Lichtreaktionen* geschieht folgendes: Wenn ein Chlorophyll-a-Molekül ein Lichtquant absorbiert, geht das Molekül in einen energiereichen („angeregten") Zustand über. Dieser Zustand hat nur eine Lebensdauer von etwa 10^{-9} Sekunden.

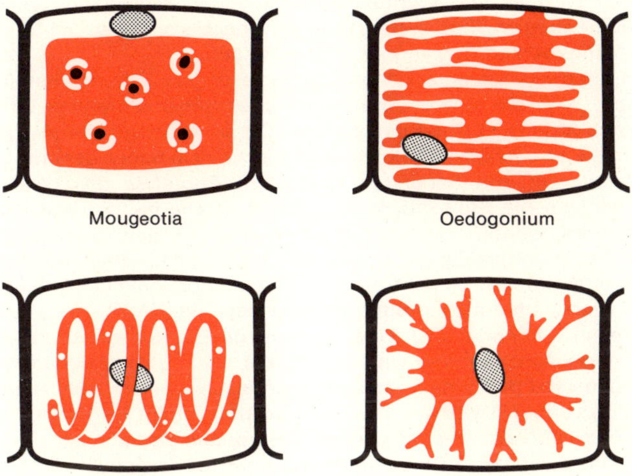

Abb. 1 Verschieden geformte Chloroplasten bei Algen

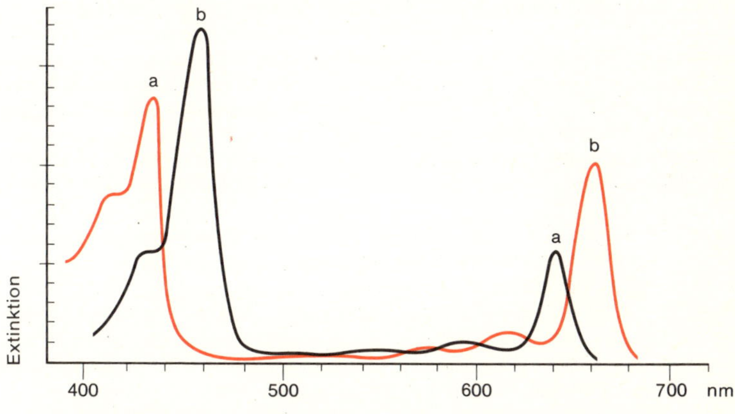

Abb. 2 Absorptionsspektren der Chlorophylle a und b in Äther

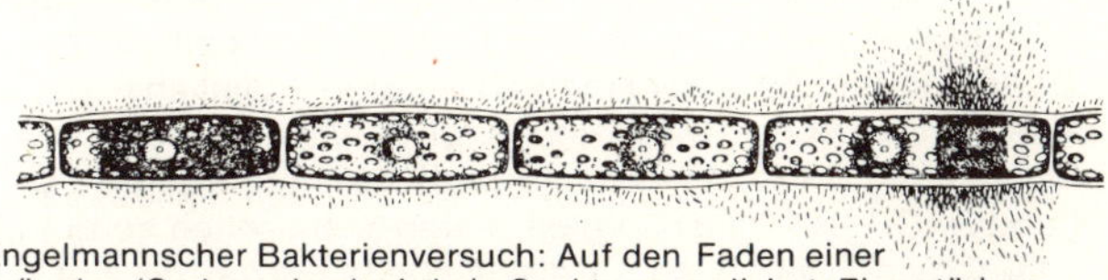

Abb. 3 Engelmannscher Bakterienversuch: Auf den Faden einer Grünalge (Oedogonium) wird ein Spektrum projiziert. Eine stärkere Ansammlung der aerophilen Bakterien deutet auf Sauerstoffproduktion hin (nach Zscheile, Pfeffer, verändert)

Wenn die dabei freiwerdende Energie nicht genutzt wird, wird sie in Form eines roten Fluoreszenzlichtes abgestrahlt und geht der Pflanze verloren.

Das Chlorophyll a absorbiert die Lichtenergie in zwei Reaktionssystemen. Im *Photosystem I* wird es von Lichtquanten mit einer Wellenlänge von 700 nm angeregt, während es im *Photosystem II* nur von energiereicheren Lichtquanten mit einer Wellenlänge von 680 nm angeregt werden kann.

Damit die von dem angeregten Chlorophyllmolekül gespeicherte Energie genutzt werden kann, muß sie in die Form eines chemischen Potentials (d. h. eines *energiereichen Moleküls*) überführt werden. Die im Chlorophyllmolekül gespeicherte Energie wird deshalb für folgende chemische Reaktionen genutzt: 1. Wasser wird in Wasserstoff und Sauerstoff gespalten *(Photolyse des Wassers).* Der Sauerstoff wird an die Atomsphäre abgegeben. 2. Die bei der Wasserspaltung entstehenden Wasserstoffionen werden durch eine energieverbrauchende Reaktion auf ein Akzeptormolekül, das sog. Nicotinamid-adenin-dinukleotid-phosphat ($NADP^+$), übertragen. Dieses geht dadurch in die energiereiche Verbindung des reduzierten Nicotinamid-adenin-dinukleotid-phosphats ($NADP \cdot HH^+$) über, die in der Dunkelreaktion benötigt wird. 3. Das während der Dunkelreaktionen verbrauchte Adenosindiphosphatmolekül wird im Verlauf der Lichtreaktionen wieder zu Adenosintriphosphat (ATP), dem Standardenergiespeicher der Zelle, aufgebaut.

Die *Bildung von ATP* während der Lichtreaktion erfolgt im Rahmen der sog. *zyklischen Photophosphorylierung*, eines Elektronenkreislaufs, der durch Lichtenergie in Gang gesetzt wird. Durch die Anregung von Chlorophyllmolekülen durch Lichtquanten werden Elektronen angeregt, d. h. auf ein höheres Energieniveau gehoben und auf das eisenhaltige Eiweiß *Ferredoxin* (Fd) übertragen. Von hier kehren die Elektronen über eine Kette von Katalysatoren (Plastochinon, Zytochrom f) zum Chlorophyll zurück, wobei sie die Energie für die Phosphorylierung des ADP liefern. Dadurch wird aus ADP und anorganischen Phosphatresten das energiereiche ATP gebildet. – Neben diesem zyklischen Elektronentransport gibt es auch noch einen nichtzyklischen. Dieser findet bei der Bildung der energiereichen Verbindung $NADP \cdot HH^+$ statt. Dabei werden die Elektronen vom Ferredoxin nicht wieder auf das Chlorophyll, sondern auf das $NADP^+$ übertragen. Dieses wird dadurch und unter gleichzeitiger Aufnahme von zwei Wasserstoffionen, die aus der Spaltung des Wassers stammen, in die energiereichere Form $NADP \cdot HH^+$ überführt.

Parallel zu diesen Lichtreaktionen laufen die *Dunkelreaktionen* ab. Dabei entstehen aus Kohlendioxidmolekülen die aus 6 Kohlenstoffatomen bestehenden Zuckermoleküle der Glucose. Lange Zeit hatte man angenommen, daß aus je 6 Molekülen CO_2 direkt ein Glucosemolekül entstehe. Durch experimentelle Untersuchungen, die vor allem durch M. Calvin und seine Mitarbeiter durchgeführt wurden, zeigte sich, daß die Bildung von Glucose aus Kohlendioxid auf eine ganz andere Weise, nämlich in einem Kreislaufprozeß, entsteht *(Calvin-Zyklus).* Ausgangssubstanz ist ein aus 5 Kohlenstoffatomen bestehender Zucker (C_5-Körper) mit 2 Phosphatresten: *Ribulose-1,5-diphosphat.* An die Ribulosediphosphatmoleküle wird ein Kohlendioxidmolekül angelagert. Dadurch entsteht ein C_6-Körper, der sofort unter Enzymeinwirkung wieder in zwei C_3-Körper (nämlich Phosphoglycerinsäure) gespalten wird (Abb.). Die *Phosphoglycerinsäure* wird dann in einem energieverbrauchenden Prozeß in *Triose-3-phosphat* umgewandelt. Dabei entstehen aus ATP und $NADP \cdot HH^+$ die energieärmeren chemischen Verbindungen ADP und $NADP^+$. Im Calvin-Zyklus sind an dieser Stelle jetzt insgesamt 12 Moleküle dieser reaktionsfähigen (d. h. energiereichen) C_3-Körper vorhanden. Jeweils zwei dieser zwölf C_3-Körper gehen zusammen und bilden ein Glucosemolekül (C_6). Die restlichen 10 C_3-Körper verwandeln sich in einem komplizierten, über C_3-, C_4-, C_5- und C_7-Körper laufenden Zyklus wieder zurück in die Ausgangssubstanz Ribulose-1,5-diphosphat, worauf der Zyklus von neuem beginnt.

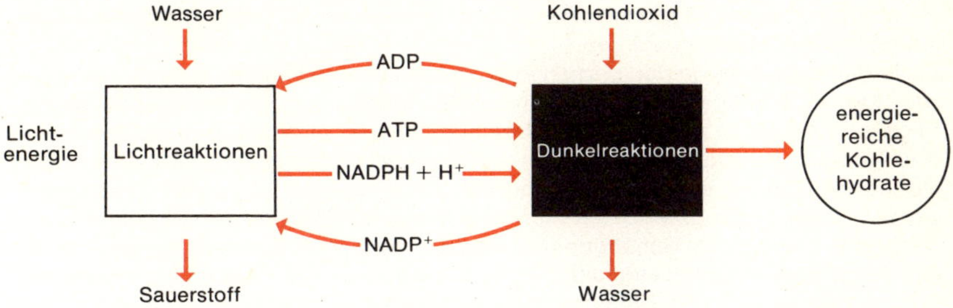

Abb. 1 Stark vereinfachtes Schema des Gesamtprozesses der Photosynthese

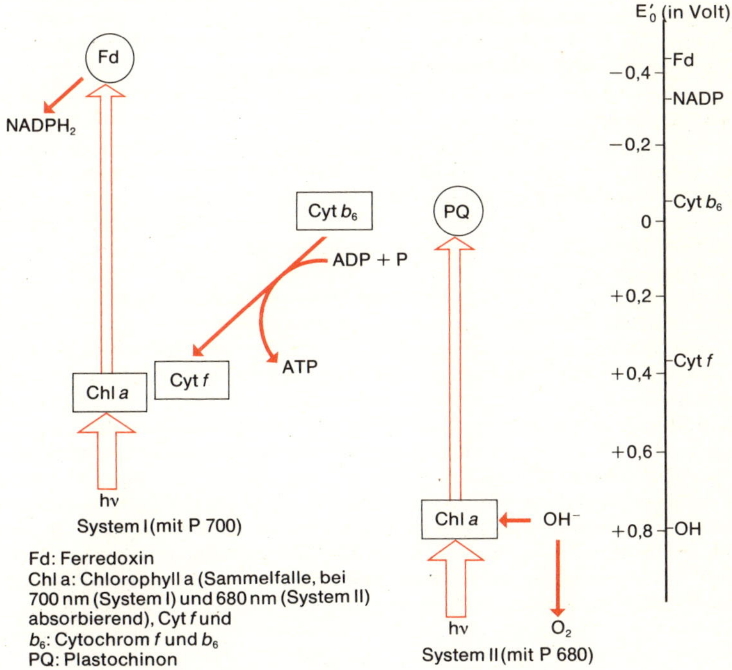

Fd: Ferredoxin
Chl a: Chlorophyll a (Sammelfalle, bei 700 nm (System I) und 680 nm (System II) absorbierend), Cyt *f* und
b_6: Cytochrom *f* und b_6
PQ: Plastochinon

Abb. 2 Vereinfachtes Schema der Lichtreaktionen bei der Photosynthese (modifiziert nach G. Grimmer)

Der Weg der Photosynthese geht also über Lichtquanten, die Chlorophyllmoleküle anregen. Diese geben die Energie weiter zur Spaltung von Wasser und zur Bildung von ATP und NADP · HH^+. Die aus den Lichtreaktionen in Form energiereicher Moleküle gebundene Energie wird dann benutzt, um in der Dunkelreaktion in einem komplizierten Zyklus (Calvin-Zyklus) aus Kohlendioxidmolekülen schrittweise die aus 6 Kohlenstoffatomen bestehenden Traubenzuckermoleküle (Glucose) aufzubauen.

Die Photosynthese in den grünen Pflanzen ist von bestimmten *äußeren Faktoren* wie Licht, Kohlendioxidgehalt der Luft, Luftfeuchtigkeit und Temperatur abhängig. Allgemein kann man sagen, daß die *Photosyntheserate* mit zunehmender Stärke der Bestrahlung ansteigt. Oberhalb eines bestimmten Sättigungswertes kann sie jedoch durch eine weitere Erhöhung der *Lichtintensität* nicht mehr gesteigert werden. Die Sättigungswerte sind für die einzelnen Pflanzenarten unterschiedlich hoch. Sie sind z. B. bei Schattenpflanzen niedriger als bei Sonnenpflanzen, die an eine hohe Lichtintensität angepaßt sind. – Ein begrenzender Faktor für die Höhe der Photosyntheserate am natürlichen Standort ist oft der *Kohlendioxidgehalt der Luft*. Dieser liegt konstant bei 0,03%. In Gewächshauskulturen kann dieser CO_2-Gehalt der Luft angehoben werden, wobei unter günstigen Bestrahlungsverhältnissen die Photosynthese ansteigt. – Die *Luftfeuchtigkeit* beeinflußt den Öffnungsgrad der Spaltöffnungen der Blätter und damit die Aufnahme des Kohlendioxids. – Während die photochemischen Reaktionen der Photosynthese weitgehend temperaturunabhängig sind, nehmen die Dunkelreaktionen größenordnungsmäßig bei einer Temperaturerhöhung um 10 °C um den Faktor 2 zu. Die *Temperaturabhängigkeit* der Photosyntheserate kann graphisch mit einer typischen Optimumskurve dargestellt werden. Bei Pflanzen unserer Breiten liegt dieses Temperaturoptimum zwischen 20 und 30 °C; das Minimum liegt im Bereich des Gefrierpunktes. Pflanzen an extremen Standorten besitzen jedoch (z. B. Flechten) Temperaturminima weit unter dem Nullpunkt (um −25 °C), während die Maxima bei Wüstenpflanzen im Bereich von 35–60 °C liegen.

Die *Photosyntheseleistung* der grünen Pflanzen ist gewaltig. Pro Jahr entsteht durch die Photosynthese in allen Land- und Wasserpflanzen eine Trockenmasse von rund $1{,}7 \cdot 10^{11}$ t, deren Energiegehalt etwa zehnmal größer ist als der gesamte Energieverbrauch auf der Erde. Stündlich produziert 1 Quadratmeter Blattfläche etwa 1 Gramm Zucker. Umgerechnet bedeutet dies, daß die jährliche Assimilationsleistung der gesamten Erdvegetation etwa 100 Milliarden t Kohlenstoff beträgt. Dies ist etwa 100mal so groß wie die gesamte Weltkohlenförderung. Der *Wirkungsgrad der Energieumwandlung* bei der Photosynthese beträgt rund 30%. Er liegt damit weit über den Wirkungsgraden, wie sie von der Technik bei der Umwandlung von Licht in chemische oder elektrische Energie bisher erreicht wurden. Die höchste Assimilationsleistung pro Bodenflächenheit in der Natur erreicht der tropische Urwald, wo die Pflanzen in verschiedenen „Etagen“ angeordnet sind und so das einfallende Sonnenlicht optimal nutzen können.

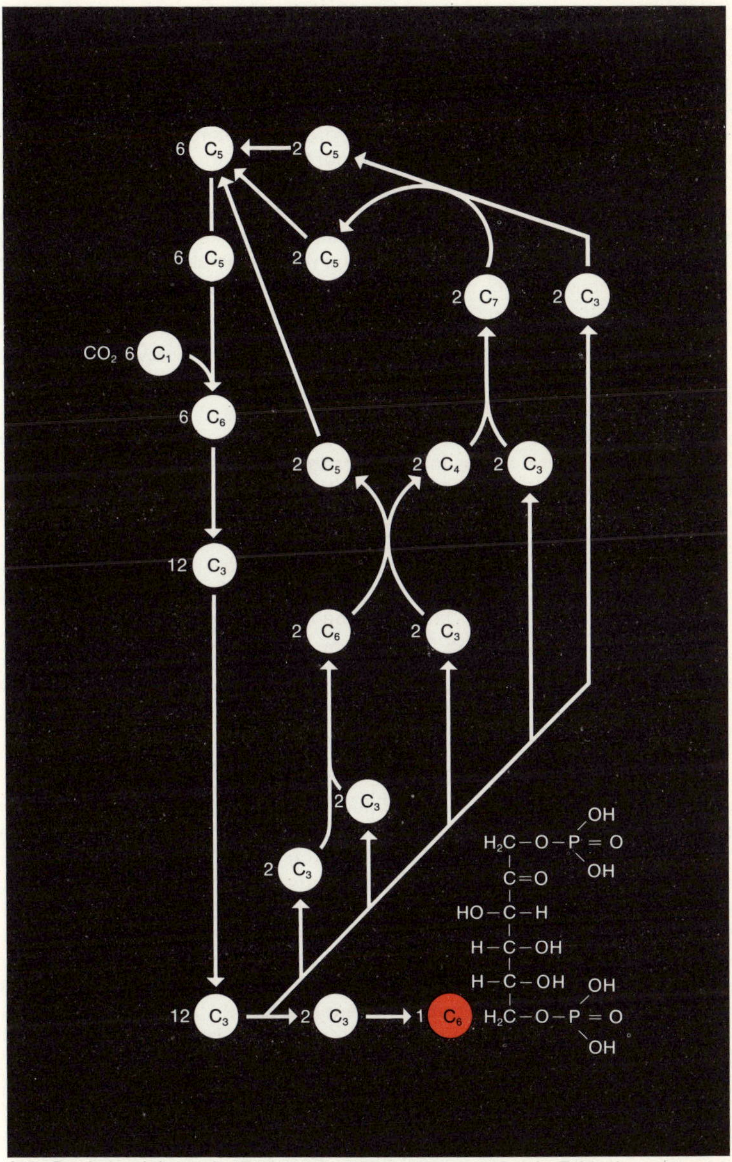

Abb. Dunkelreaktionen im Rahmen der Photosynthese (Calvin-Zyklus)

Die Chemosynthese

Die Photosynthese grüner Pflanzen (s. S. 200ff.) ist zwar der wichtigste, aber nicht der einzige Weg, auf dem autotrophe Organismen organische Substanz aufbauen können. Es gibt daneben ähnliche Vorgänge, bei denen entweder die Art der zugeführten Energie oder die Ausgangssubstanzen anders sind.

Die *Schwefelpurpurbakterien* betreiben ebenfalls Photosynthese, sie verwenden jedoch als Ausgangssubstanzen Kohlendioxid und Schwefelwasserstoff (statt Kohlendioxid und Wasser). Ihr *Bakterienchlorophyll* unterscheidet sich sowohl im chemischen Aufbau als auch in der Lage seiner Hauptabsorptionsbereiche von dem Chlorophyll grüner Pflanzen. Der Hauptabsorptionsbereich des Bakterienchlorophylls liegt zwischen 800 und 900 nm, also bereits im Bereich der Infrarotstrahlung, die von den grünen Pflanzen nicht mehr genutzt werden kann. Als Wasserstoffquelle dienen den Schwefelpurpurbakterien keine Wassermoleküle, sondern anorganische Schwefelverbindungen, vor allem Schwefelwasserstoff (H_2S). Die Bilanzgleichung für die Photosynthese der Schwefelpurpurbakterien lautet:

$$6\,CO_2 + 12\,H_2S \xrightarrow{\text{Strahlung}} C_6H_{12}O_6 + 12\,S + 6\,H_2O.$$

Der Schwefel wird in den Zellen in Form von Polysulfidtröpfchen abgelagert, die lichtmikroskopisch sichtbar sind.

Neben diesen photoautotrophen Bakterien kennen wir *chemoautotrophe Bakterien,* die die Energie für den Assimilationsprozeß nicht aus Lichtstrahlen, sondern aus chemischen Reaktionen, und zwar aus der Oxidation verschiedener anorganischer Substanzen, gewinnen. Oxidation steht hierbei nicht nur für die Verbindung mit Sauerstoff, sondern auch für eine Abgabe von Wasserstoff bzw. eine Aufnahme von Elektronen. Ein interessantes Beispiel sind die *Nitrit-* und *Nitratbakterien*, die jeweils vergesellschaftet auftreten. Die Nitritbakterien der Gattung Nitrosomonas gewinnen ihre Energie aus der Oxidation von Ammoniak:

$$2\,NH_3 + 3\,O_2 \rightarrow 2\,HNO_2 + 2\,H_2O + 660\text{ kJ}.$$

Die bei diesem Prozeß entstehende salpetrige Säure bzw. deren Salze, die Nitrite, werden dann von den Nitratbakterien der Gattung Nitrobacter zu einer weiteren energiegewinnenden chemischen Reaktion ausgenutzt nach der Formel:

$$2\,HNO_2 + O_2 \rightarrow 2\,HNO_3 + 150\text{ kJ}.$$

Diese Nitrit- und Nitratbakterien erfüllen im Kreislauf der Natur eine wichtige Rolle. Sie sorgen dafür, daß das bei der Zersetzung von Eiweiß entstehende *Ammoniak* nicht in die Luft entweicht (wodurch es den Pflanzen verlorenginge), sondern über die Festlegung in Nitrite und Nitrate wieder in eine pflanzenverfügbare Form umgewandelt wird. Die bei der Chemosynthese dieser Bakterien entstehenden Säuren werden nämlich im Boden neutralisiert, wodurch sich Nitrite und Nitrate als Salze bilden, die von den Wurzeln der Pflanzen aufgenommen und zum Aufbau des pflanzlichen Organismus verwendet werden können. Oft findet man im Umkreis von Ställen und Jauchegruben auf dem Mauerwerk sog. ,,blühenden Mauersalpeter", weiße Salzblüten, die wie Rauhreif an dem Mauerwerk hängen. Diese entstehen durch die bakterielle Oxidation des dort auftretenden Ammoniaks.

Die *Eisenbakterien* nehmen zweiwertige Eisenionen, die im Wasser als Eisenhydrogencarbonat gelöst sind, auf und oxidieren es zu dreiwertigem, unlöslichem Eisenhydroxid. Man kann dies manchmal am Grund von Bächen oder Tümpeln als braune Flocken erkennen. Die Formel dieses Vorgangs lautet:

$$4\,Fe(HCO_3)_2 + 2\,H_2O + O_2 \rightarrow 4\,Fe(OH)_3 + 8\,CO_2 + 270\text{ kJ}.$$

Andere Bakterien gewinnen die Energie für den Aufbau organischen Materials aus der Oxidation von Wasserstoff, Schwefelwasserstoff, Schwefel u.a. anorganischen Substanzen (s. auch S.196).

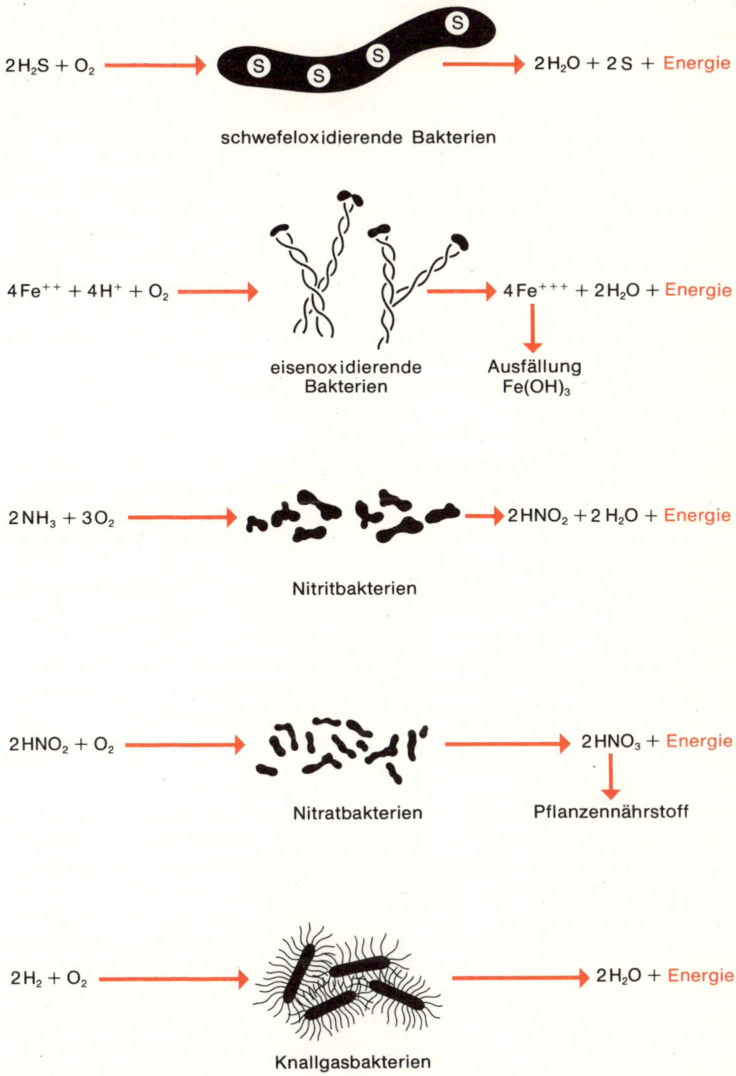

Abb. Verschiedene Arten der Chemosynthese

Die Glykolyse

Unter *Glykolyse* versteht man die anaerobe Oxidation von Kohlenhydraten im Organismus und die damit verbundene biochemische Energiegewinnung. Ausgangspunkte der Glykolyse sind meist *Polysaccharide,* d. h. miteinander verknüpfte Hexosen (Zucker mit 6 Kohlenstoffatomen) wie Glucose und Fructose, die vor der glykolytischen Spaltung auf dem Weg der sog. *Phosphorolyse* in ihre Einzelbestandteile zerlegt werden. Dabei werden die Moleküle der Polysaccharide unter der Einwirkung eines Enzyms *(Phosphorylase)* Molekül für Molekül abgebaut, wobei sich das einzelne freiwerdende Glucosemolekül sofort mit einem Phosphatrest verbindet. Dadurch entsteht *Glucose-1-phosphat* (Abb.). Dieses wird durch ein weiteres Enzym in *Glucose-6-phosphat* umgewandelt, welches die Ausgangssubstanz für die Glykolyse ist. Zucker wie Maltose und Galactose werden zunächst durch die Einwirkung bestimmter Enzyme in Glucose umgewandelt.

Der genaue Ablauf der Glykolyse ist folgender (Abb.): Glucose-6-phosphat wird enzymatisch zu Fructose-6-phosphat umgebildet. An dieses Molekül wird unter Energieverbrauch (Adenosintriphosphat = ATP wird in Adenosindiphosphat = ADP umgewandelt) ein zweiter Phosphatrest angehängt, so daß Fructose-1,6-diphosphat entsteht. Dieses Molekül wird durch das Enzym *Aldolase* in je zwei C_3-Körper gespalten. Dabei entstehen zwei verschiedene isomere C_3-Körper, die jedoch miteinander in einem chemischen Gleichgewicht stehen und sich ineinander umwandeln können.

Für den weiteren Verlauf der Glykolyse ist nur eines dieser beiden Triosephosphate, nämlich das Glycerinaldehyd-3-phosphat, verwertbar; wenn es unter Einwirkung des Koenzyms Nicotinsäureamid-adenin-dinukleotid (NAD^+) dehydriert und enzymatisch mit einem anorganischen Phosphatrest zu 1,3-Diphosphoglycerat umgesetzt ist, wobei aus dem NAD^+ das reduzierte Koenzym $NAD \cdot HH^+$ entsteht, wandelt sich auch das isomere Dihydroxyaceton-phosphat in den verwertbaren C_3-Körper um und wird ebenfalls umgesetzt. Die dabei freiwerdende Energie wird dazu verwendet, um aus dem Diphosphoglycerat wieder einen Phosphatrest abzuspalten und ein Molekül ATP aufzubauen. Der bei dieser Reaktion entstehende C_3-Körper (3-Phosphoglycerat) wird dann intramolekular umgebaut, worauf ihm enzymatisch Wasser entzogen wird. Dadurch entsteht *Phosphoenolbrenztraubensäure* (bzw. Phosphoenolpyruvat), die bei Abspaltung des Phosphatrestes unter Bildung eines weiteren ATP-Moleküls in *Enolbrenztraubensäure* (bzw. Pyruvat) übergeht. Letztere ist ein wichtiges Zwischenprodukt, das über eine Decarboxylierung (Bildung eines Acetylrestes) in den Zitronensäurezyklus (s. S. 210) übergeht und dort weiter abgebaut wird. Bei der Glykolyse wird sie unter Regeneration von NAD^+ umgesetzt: Im tierischen Muskel entsteht Lactat (Milchsäuregärung des Muskels), in der Hefe unter Decarboxylierung Äthanol.

Eine wichtige Frage bei biochemischen Energieumwandlungsprozessen ist immer die Frage nach der *Energiebilanz.* Betrachten wir die Entstehung und den Verbrauch von ATP-Molekülen bei der Glykolyse der Reihe nach: Zunächst wurde das Glucosemolekül unter Verbrauch von 2 Molekülen ATP als Reaktionszündung mit 2 Phosphorsäureresten beladen. Diese Investition bringt Gewinn; denn dadurch werden 4 Moleküle ATP (jeweils 2 für einen C_3-Körper) zurückgewonnen. Der Nettogewinn beträgt also pro Mol Glucose 2 Mol ATP (entspricht 59 kJ). Dieser Gewinn erscheint zunächst gering, doch stellt das vorläufige Endprodukt, die *Brenztraubensäure,* eine noch relativ energiereiche Verbindung dar, die durch weiteren Abbau weitere Energie liefert. Auch die beiden $NAD \cdot HH^+$-Moleküle stellen eine potentielle Energiequelle dar, da sie später in der Atmungskette (s. S. 212) oxidiert werden und dadurch Energie liefern.

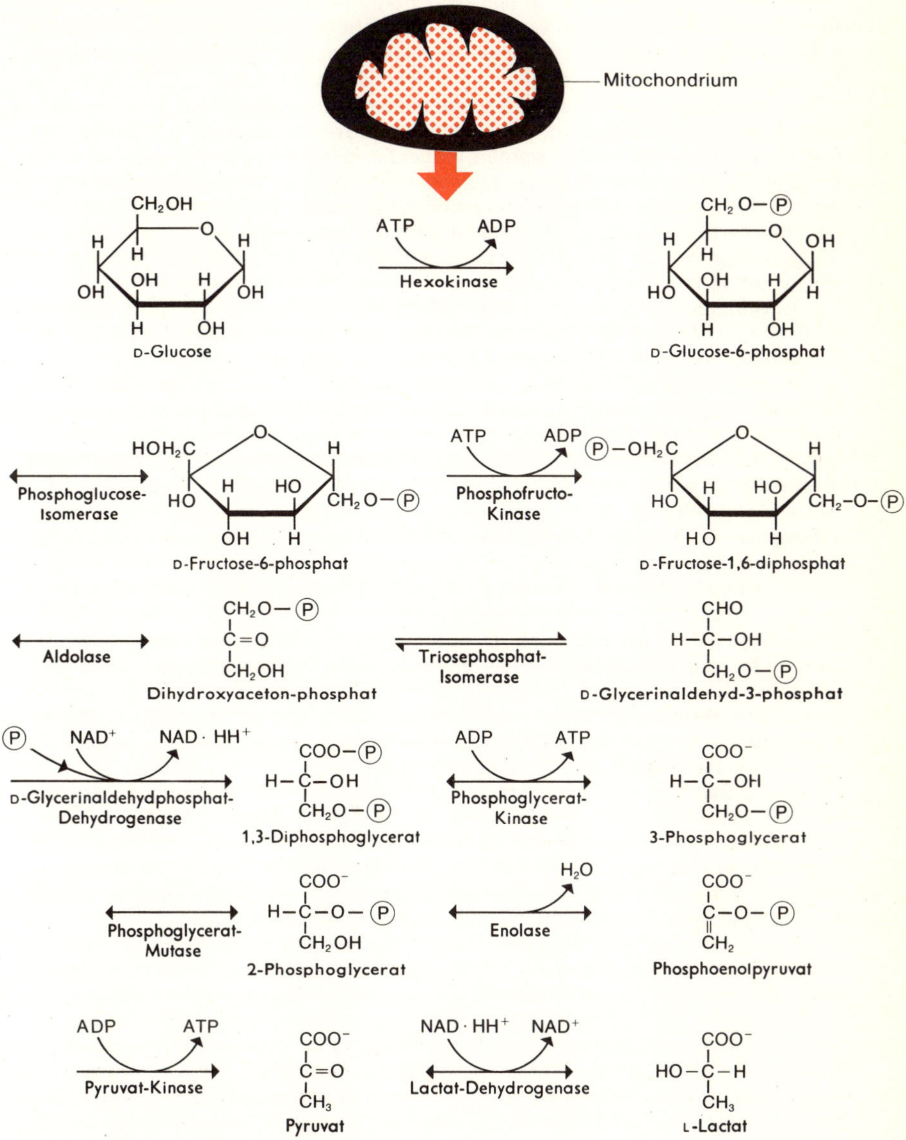

Abb. Die einzelnen Schritte der Glykolyse

Der Zitronensäurezyklus

Der *Zitronensäurezyklus*, der in den Mitochondrien lokalisiert ist, kommt bei den meisten Pflanzen und Tieren vor, wo er eine wichtige Schlüsselrolle im oxidativen Abbau von Nahrungsstoffen einnimmt. Er schließt an die (nichtoxidative) Glykolyse (s. S. 208) an und geht von der Brenztraubensäure aus.

Im Zitronensäurezyklus muß die *Brenztraubensäure* zunächst aktiviert werden. Dies geschieht, indem von dem C_3-Körper der Brenztraubensäure Kohlendioxid und Wasserstoff abgespalten werden, wobei *Essigsäure* entsteht, die sich sofort in einer energiereichen Bindung an das sog. *Koenzym A* anhängt. Dadurch entsteht die im Stoffwechsel der Organismen wichtige Substanz *Acetyl-Koenzym A*, die auch als „aktivierte Essigsäure" bezeichnet wird. Dieses Acetyl-Koenzym A geht als Ausgangssubstanz in den Zitronensäurezyklus ein (s. unten). Darüber hinaus ist es eine wichtige Vorstufe für viele Biosynthesen (z. B. die Biosynthese der Fettsäuren, der Karotinoide, der Terpene und der Steroide). Das Acetyl-Koenzym A entsteht nicht nur im Verlauf der Glykolyse, sondern auch beim Fettsäureabbau und bei verschiedenen Umwandlungsreaktionen von Aminosäuren.

Für den Zitronensäurezyklus stellt der *Acetylrest*, der an das Koenzym A gebunden ist, den eigentlichen Betriebsstoff dar. Der Zitronensäurezyklus ist ein Kreislauf von C_4- und C_6-Körpern, bei denen pro Umlauf ein C_2-Körper (Acetyl-Koenzym A) hinzukommt und jeweils zwei C_1-Körper (Kohlendioxid) abgespalten werden. Wie die Abb. zeigt, wird das Acetyl-Koenzym A beim Eintritt in den Zyklus an die aus 4 C-Atomen bestehende *Oxalessigsäure* gebunden. Dadurch entsteht *Zitronensäure*. Diese wird intramolekular in *Isozitronensäure* umgewandelt, worauf in einem folgenden Reaktionsschritt 1 CO_2 abgespalten wird. Gleichzeitig werden in einem energieliefernden Prozeß 2 Wasserstoffatome abgetrennt, wodurch 1 Molekül *Nicotinamid-adenin-dinukleotid (NAD)* in reduziertes Nicotinamid-adenin-dinukleotid ($NAD \cdot HH^+$) übergeht. Dadurch entsteht *α-Ketoglutarsäure*, von der ein zweites Molekül Kohlendioxid abgetrennt wird. Gleichzeitig wird wieder aus einem Molekül NAD ein Molekül $NAD \cdot HH^+$ gebildet. Über eine durch das Koenzym A vermittelte Reaktion entsteht nun *Bernsteinsäure*, wobei der energieliefernde Charakter dieser Reaktion zur Bildung eines Moleküls *Guanosintriphosphat* (GTP) aus Guanosindiphosphat (GDP) verwendet wird.

Aus der Bernsteinsäure entsteht nun unter Bildung von reduziertem *Falvin-adenin-dinukleotid* ($FAD \cdot H_2$), einem ebenfalls energiespeichernden Molekül, *Fumarsäure*. Diese geht unter Wasseraufnahme in *Äpfelsäure* über, die dann unter nochmaliger Bildung von $NAD \cdot HH^+$ in das ursprüngliche Produkt, die *Oxalessigsäure*, umgewandelt wird. Der Kreislauf beginnt nun von neuem, indem an diese Oxalessigsäure wieder ein neues Acetyl-Koenzym A gebunden wird.

Wichtig ist wieder die *Gesamtbilanz* des Zitronensäurezyklus. Als Energiegewinn entsteht pro Umlauf lediglich 1 GTP-Molekül. Gleichzeitig werden jedoch 3 Moleküle $NAD \cdot HH^+$ und 1 Molekül $FAD \cdot H_2$ gebildet. Daraus wird ersichtlich, daß die Hauptleistung des Zitronensäurezyklus in erster Linie in der Bereitstellung von *reaktionsfähigem Wasserstoff* liegt. Dieser Wasserstoff ist an Koenzyme gebunden (NAD und FAD), die ihn in die Atmungskette (s. auch S. 212) einbringen, wo er dann unter Bildung von ATP-Molekülen oxidiert wird. Gleichzeitig sind die wasserstoffhaltigen $NAD \cdot HH^+$- und $FAD \cdot H_2$-Moleküle wichtige Reaktionspartner für andere Stoffwechselreaktionen, bei denen Wasserstoff gebraucht wird.

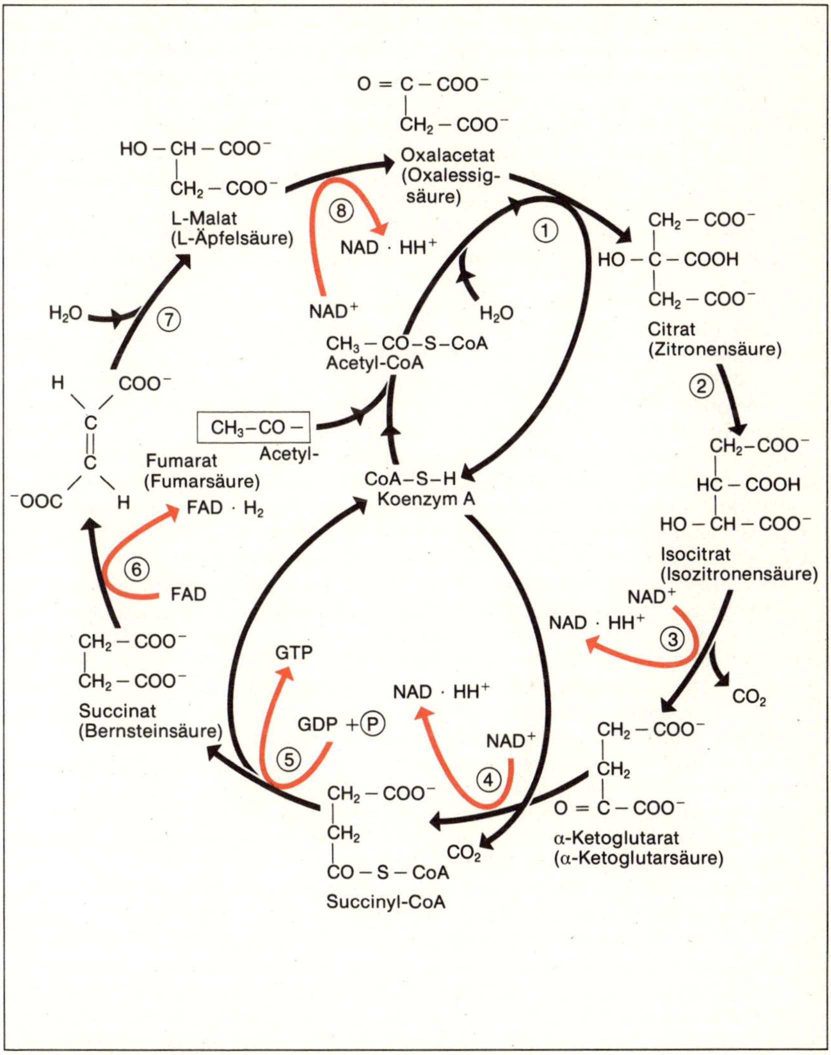

Abb. Die einzelnen Schritte des Zitronensäurezyklus
(Citratzyklus; nach Krebs u. a.)

Die Atmungskette

Der lebende Organismus benötigt für die Aufrechterhaltung der lebensnotwendigen Funktionen und für die Erhaltung seiner Substanz Energie, die er v. a. aus dem Abbau energiereicher Verbindungen gewinnt. Der Hauptgewinn an chemischer Energie aus dem Abbau der Nahrungsstoffe wird in der *Atmungskette* erzielt. Wenn die Kohlenhydrate über die Glykolyse (s. S. 208) und den Zitronensäurezyklus (s. S. 210) weitgehend abgebaut sind, bleibt aus diesen beiden Prozessen *Wasserstoff* übrig, der an Koenzyme gebunden ist. Dieser Wasserstoff liegt vor allem in Form von reduziertem Nicotinamid-adenin-dinukleotid (NAD · HH^+), in geringerem Maße in Form von reduziertem Flavin-adenin-dinukleotid (FAD · H_2) vor. Der Wasserstoff stellt ein großes *Energiepotential* dar, das durch die Verbindung des Wasserstoffs mit Sauerstoff (Oxidation) freigesetzt werden kann.

Aus der anorganischen Reaktion von Wasserstoff und Sauerstoff (Knallgasreaktion) ist bekannt, daß diese Reaktion unter starker Energiefreisetzung vor sich geht. Die sauerstoffatmenden Lebewesen sind nun in der Lage, diese Oxidationsreaktion des Wasserstoffs in mehreren Schritten so zu steuern, daß die Energie nicht plötzlich in Form von Wärme frei wird, sondern schrittweise über mehrere Reaktionen (Atmungskette) an ATP-Moleküle gebunden werden kann. Man nennt diesen Vorgang, bei dem aus Adenosindiphosphat (ADP) und freien Phosphatresten das energiereiche Adenosintriphosphat (ATP) entsteht, auch *oxidative Phosphorylierung* oder *Atmungskettenphosphorylierung.*

Die *Potentialdifferenz zwischen Wasserstoff und Sauerstoff* beträgt 1,23 V. Dies entspricht einem Energiebetrag von 239 kJ, der bei der Bildung eines Mols H_2O frei würde. Da der Wasserstoff hier nicht in molekularer Form vorliegt, sondern an ein Koenzym gebunden ist, ist die Potentialdifferenz in Wirklichkeit etwas geringer. Sie beträgt im Falle des NAD · HH^+ 1,12 V, was einer freien Energie von 218 kJ pro Mol entspricht. Dieser große Energiebetrag wird in mehreren aufeinanderfolgenden Reaktionsschritten freigesetzt. Wie die Abb. zeigt, werden dabei Wasserstoffatome bzw. Elektronen über eine Kette von *Redoxsystemen* (Atmungskette) transportiert. Die aufeinanderfolgenden Redoxsysteme haben jeweils ein stärkeres positives Redoxpotential. Bei jedem Elektronenübergang von einem zum anderen System wird also ein Teilbetrag der Energie frei. Dabei werden pro 2 Wasserstoffatome (entspricht 1 NAD · HH^+) jeweils 3 ATP-Moleküle gebildet.

Der für diese Reaktion notwendige *Sauerstoff* wird aus der Umgebung aufgenommen. Bei Einzellern oder kleinen, im Wasser lebenden Tieren geschieht dies durch direkte Aufnahme, indem der in Wasser gelöste Sauerstoff in den Körper der Tiere diffundiert. Die höheren Tiere verteilen den Sauerstoff von den Atmungsorganen über einen Blutkreislauf in die einzelnen Zellen.

Wichtig ist die *Gesamtbilanz* der Reaktion: 2 Moleküle ATP entstehen bei der Glykolyse, bei der 1 Glucosemolekül in 2 Moleküle Brenztraubensäure gespalten wird. Die bei der Glykolyse entstandenen zwei Moleküle NAD · HH^+ erzielen bei ihrer Oxidation über die Atmungskette einen weiteren Gewinn von 4 Molekülen ATP. Die beiden Moleküle Brenztraubensäure (C_3-Körper) werden durch die Abspaltung von Kohlendioxid in Acetyl-Koenzym A überführt, wobei 2 Moleküle NAD · HH^+ entstehen. Diese bringen bei der Oxidation in der Atmungskette 6 Moleküle ATP. Beim Durchlaufen der in den Zitronensäurezyklus eingehenden 2 Moleküle Acetyl-Koenzym A durch die Atmungskette werden weitere 24 Moleküle ATP erzielt. Somit entstehen durch den aeroben Abbau eines Glucosemoleküls *insgesamt 36 Moleküle ATP.* Diese stehen dem Organismus als jederzeit verwertbare Energie zur Verfügung. Der Wirkungsgrad des Gesamtabbaus liegt bei etwa 40%. Wie ein Vergleich dieser Werte mit dem anaeroben Abbau von Kohlenhydraten bei den verschiedenen Formen der Gärung zeigt (s. S. 214), wird durch den aeroben Abbau (Atmung) die Nahrung am besten ausgenutzt.

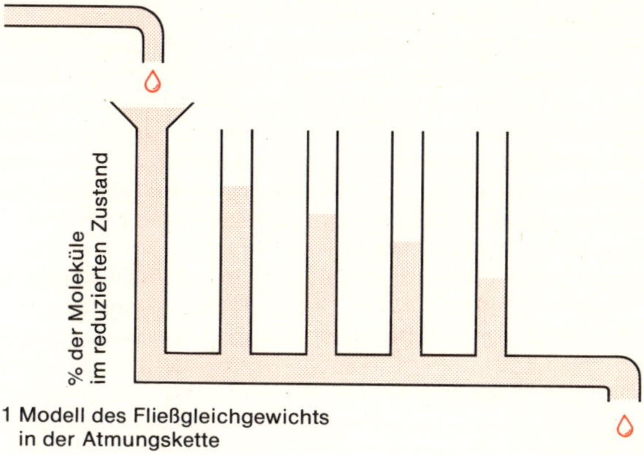

Abb. 1 Modell des Fließgleichgewichts
in der Atmungskette

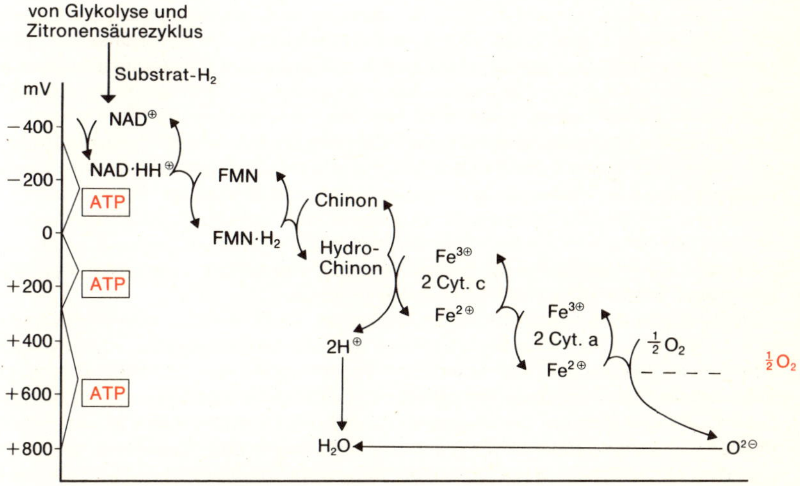

Abb. 2 Schrittweise Oxidation von Wasserstoff
in der Atmungskette

Gärungen

Viele Mikroorganismen, aber auch höhere Pflanzen und Tiere (einschließlich Mensch) sind in der Lage, organische Substanzen auch ohne Sauerstoff unter Energiegewinn abzubauen. Man unterscheidet dabei *obligat anaerobe* Lebewesen bzw. Gewebe, die nur in einer sauerstofffreien Atmosphäre leben können, und *fakultativ anaerobe* Lebewesen bzw. Gewebe, die bei Sauerstoffmangel ihren Nahrungsabbau auf Gärung umstellen können. Ein Beispiel für die letztere Form ist die Milchsäuregärung in den menschlichen Muskeln. Sie tritt dann auf, wenn der stark beanspruchte Muskel durch das Blut nicht mehr genügend Sauerstoff erhält. Das zur Aufrechterhaltung der Muskelfunktion notwendige Adenosintriphosphat (ATP) wird in diesem Fall durch den anaeroben Abbau (Gärung) von Glucose gewonnen. Das Endprodukt der Gärung, die Milchsäure, sammelt sich im Muskel an und verursacht dann den sog. ,,Muskelkater".

Der *Abbaumechanismus bei Gärungen* erfolgt wie bei der Glykolyse (s. S. 208) als Oxidation von Kohlenhydraten, mit dem Unterschied, daß anstelle von Sauerstoff andere einfache Verbindungen als Wasserstoffakzeptoren dienen. Das Glucosemolekül (C_6) wird in zwei Teile zerlegt (C_3), von denen der eine durch den anderen oxidiert wird. Die *Gärungsprodukte* sind entsprechend dem jeweiligen Wasserstoffakzeptor unterschiedlich, so daß man im einzelnen alkoholische Gärung, Milchsäuregärung, Ameisensäuregärung, Propionsäuregärung und Buttersäuregärung unterscheiden kann.

Alkoholische Gärung kommt bei Hefen, z. B. bei der Bierhefe, vor. Die Ausgangssubstanz ist Glucose, die nach den Reaktionen der Glykolyse bis zur Brenztraubensäure abgebaut wird. Diese wird nun nicht in den Zitronensäurezyklus (s. S. 210) überführt, sondern durch Abspaltung von Kohlendioxid in *Acetaldehyd* umgewandelt (Abb.). Letzteres wird dann durch eine weitere Reaktion in die Endsubstanz, den *Äthylalkohol,* überführt. Der Energiegewinn bei der alkoholischen Gärung beträgt pro Mol Glucose nur 2 Mol ATP – sehr wenig im Vergleich zum oxidativen Abbau, bei dem pro Mol Glucose 36 Mol ATP entstehen. Die Hefen müssen deshalb sehr große Zuckermengen umsetzen, um ihren Energiehaushalt zu decken.

Nach einem grundsätzlich ähnlichen Schema verläuft die *Milchsäuregärung.* Sie wird von zahlreichen Bakterienarten durchgeführt. Beim Abbau von Glucose entsprechen die Umsetzungen bis zur Brenztraubensäure genau denen der Glykolyse. Die Brenztraubensäure wird hier jedoch nicht zu Acetaldehyd umgewandelt wie bei der alkoholischen Gärung, sondern sie dient vielmehr als Wasserstoffakzeptor. Es entsteht durch diesen Vorgang *Milchsäure.* Auch hier beträgt die Energieausbeute nur 2 Mol ATP pro Mol Glucose.

Die hier und in den Kapiteln über ,,Glykolyse" (s. S. 208), ,,Zitronensäurezyklus" (s. S. 210) und die ,,Atmungskette" (s. S. 212) beschriebenen Abbauvorgänge kommen in gleicher oder ähnlicher Form in allen Lebewesen vor. Wahrscheinlich ist die anaerobe Form der Energiegewinnung (Gärung) die ältere in der Geschichte des Lebens. Dies entspricht der Vorstellung, daß die Erdatmosphäre in den Anfangsphasen des Lebens sauerstofffrei war. Erst mit steigender Spezialisierung vermochten die Organismen Sauerstoff für den Nahrungsabbau und damit für die Energiegewinnung heranzuziehen.

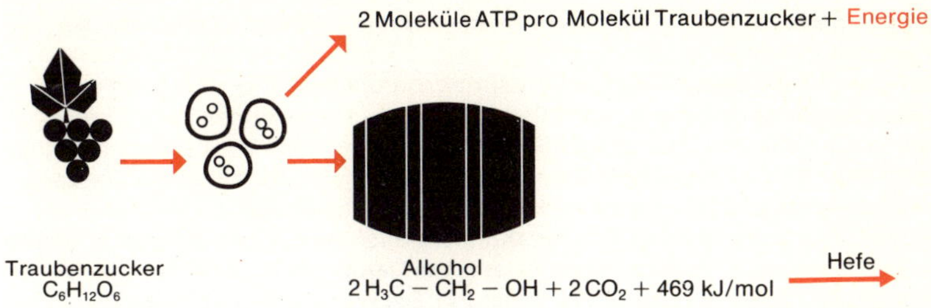

Abb. 1 Alkoholische Gärung

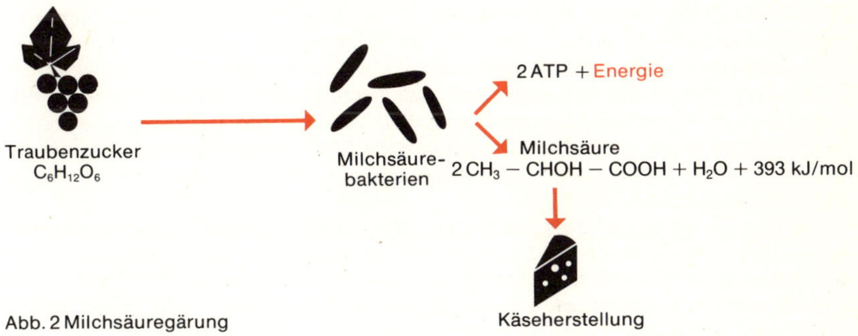

Abb. 2 Milchsäuregärung

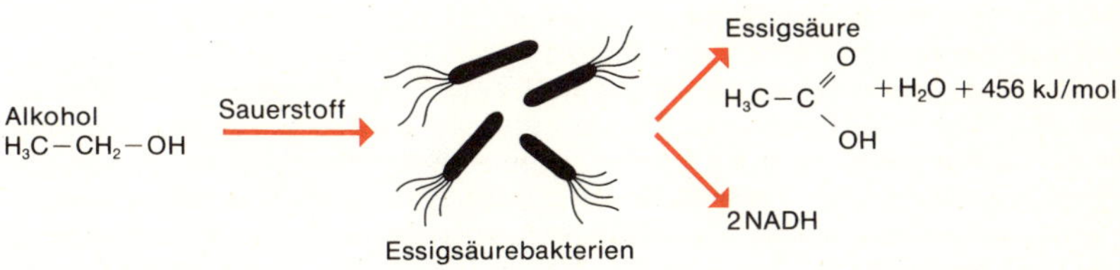

Abb. 3 aerobe Essigsäuregärung

Der Wasserhaushalt der Pflanzen

Während Wasserpflanzen (s. S. 148) an der Luft rasch vertrocknen, haben sich die *Landpflanzen* an die besonderen Verhältnisse im Luftraum angepaßt. In der Vegetationsperiode geht in ihrem Innern ein ständiger Austausch von Wasser und gelösten Stoffen vor sich.

Die Pflanze hat zwei Arten von *Leitungsbahnen:* lange, aus toten Zellen bestehende „Wasserleitungen" und Siebröhren, die aus lebenden Zellen bestehen und die in den Blättern erzeugten Eiweißstoffe und Kohlenhydrate in der Pflanze verteilen. Wichtig für den Wasserhaushalt der Pflanze sind vor allem die Wassergefäße, die als lange Leitbündel die ganze Pflanze durchziehen.

Da die Oberflächenhaut der Pflanze *(Kutikula)* nicht völlig undurchlässig ist und außerdem durch die *Spaltöffnungen* Wasser als Dampf nach außen dringt, verliert die Pflanze ständig Wasser durch Verdunstung. Bei Wassermangel kann die Pflanze diese Wasserabgabe durch Verschluß der Spaltöffnungen vorübergehend stark einschränken. Dieser Schutz kann jedoch nicht beliebig lange aufrechterhalten werden, da durch einen dauernden Verschluß der Spaltöffnungen auch die Photosynthese (s. S. 200 ff.) gedrosselt wird. Das durch die Verdunstung verlorengehende Wasser wird ständig über die Wurzeln aus dem Boden ersetzt.

So entsteht ein regelrechter *Wasserstrom,* der ein Motor für den *Stofftransport* innerhalb der Pflanze ist, da mit ihm auch die aus dem Boden aufgenommenen *Mineralstoffe* zu den Bättern gelangen. Die Mineralstoffe werden dort durch die Verdunstung des Wassers angereichert. (Man kann dies experimentell durch Verbrennen der Pflanzen nachweisen: Der Aschegehalt ist in den Blättern stets höher als in den übrigen Pflanzenteilen.) Durch diesen Effekt werden die aus dem Boden aufgenommmenen Mineralstoffe an die Stelle in der Pflanze transportiert, wo die Synthese der Eiweiße und anderer lebensnotwendiger Stoffe mit Hilfe der Mineralstoffe stattfindet.

Die *Wasserverdunstung* der Pflanzen kann beträchtliche Ausmaße annehmen. Eine große Sonnenblume gibt täglich etwa 1 l Wasser ab. Eine ausgewachsene, freistehende Birke verdunstet an einem heißen und trockenen Sommertag rund 300–400 l. In 1 ha Buchenwald mit ausgewachsenen Bäumen verdunsten durchschnittlich jeden Tag 20 000 l Wasser. Dieses Wasser ziehen die Bäume aus dem Grundwasser des Bodens, geben es an die Luft ab, von wo es in Form von Regen wieder zum Boden zurückkehren kann. Dadurch wird ein *Kreislauf des Wassers* und damit ein günstiges Klima ermöglicht.

An die verschiedenen Wasserverhältnisse an unterschiedlichen Standorten (Niederschlagsmenge, Höhe der Luftfeuchtigkeit, jahreszeitliche Verteilung der Niederschläge usw.) hat sich die Pflanzenwelt hervorragend angepaßt. Es gibt viele Bakterien, Algen, Pilze und Moose, die in lufttrockenem Zustand erstaunlich lange Zeit am Leben bleiben können. Man weiß von manchen Samen, daß sie bis zu 50 Jahren (die Samen der Lotosblume z. B. sogar 250 Jahre) keimfähig bleiben. Bestimmte Flechten überleben in völlig ausgetrocknetem Zustand bis zu 5 Jahre.

Die Pflanzen trockener Standorte *(Xerophyten)* haben sich in vielfältiger Weise an die zeitweise oder dauernde starke Trockenheit des Bodens und der Luft angepaßt. Das Wurzelwerk ist bei ihnen äußerst fein verzweigt und im Verhältnis zu den oberirdischen Teilen sehr stark entwickelt. Die Wurzeln dringen viele Meter, bei einigen Steppenpflanzen bis zu 30 m tief in den Boden vor. Durch die Verkleinerung der Blätter wird die Wasserverdunstung stark herabgesetzt. Die Oberhaut der Blätter ist häufig stark verdickt und lederartig (z. B. Hartlaubgewächse der Mittelmeerländer). Eine ähnliche Wirkung zeigen Wachsüberzüge oder Haarfilze. Die Spaltöffnungen sind häufig eingesenkt und werden oft durch Falten oder Einrollen der Blätter vor dem austrocknenden Wind besonders geschützt. Bei einem Wassermangel kann dadurch die Wasserabgabe fast völlig unterbunden werden.

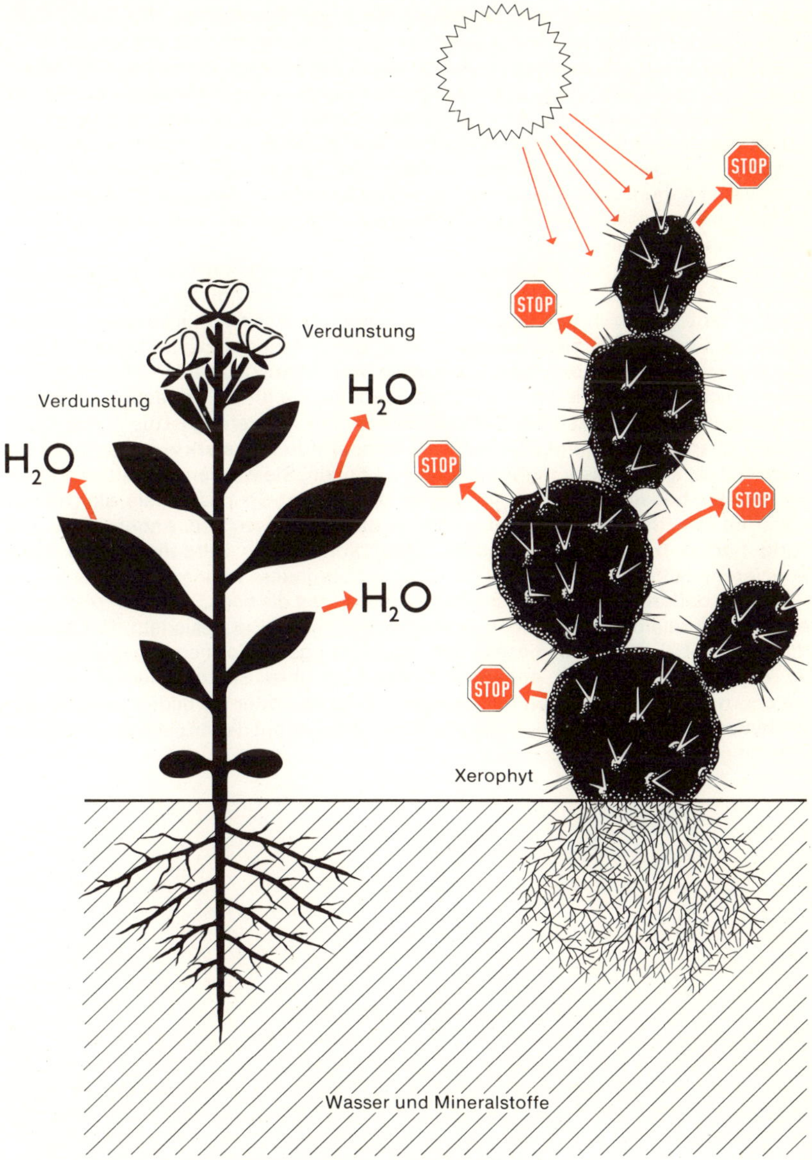

Abb. Wasseraustausch zwischen Pflanze und Umwelt an feuchten und trockenen Standorten

Ein besonderer Typ der Xerophyten sind die *Saftpflanzen (Sukkulenten).* Diese nehmen in der kurzen Regenzeit in der Steppe oder Wüste viel Wasser auf, speichern es im Inneren und können so lange Trockenzeiten überleben. Die Wasserspeicherung erfolgt entweder in den Blättern (*Blattsukkulenten;* einheimisch z. B. Mauerpfeffer und Hauswurz) oder der Sproßachse, die dann stark verdickt ist (z. B. Kakteen). Bei diesen *Stammsukkulenten* sind die Blätter fast völlig rückgebildet (z. B. zu Stacheln), so daß die Assimilationstätigkeit auf den stark angeschwollenen Stamm verlagert ist. Da die Spaltöffnungen zur Verdunstung des Wassers nur sehr selten geöffnet sind, ist auch der Gasaustausch und damit die Photosyntheserate erheblich verringert. Die Saftpflanzen wachsen deshalb nur sehr langsam. Interessant ist, daß verschiedene Pflanzenfamilien Sukkulentenformen ausgebildet haben. So gehören die Stammsukkulenten in Amerika zur Familie der Kakteen, während die in ihrem Aussehen sehr ähnlichen Stammsukkulenten Afrikas Wolfsmilchgewächse sind.

Eine andere Form der Anpassung (an einen regelmäßigen Feuchtigkeits- bzw. Klimawechsel) zeigen die sog. *Tropophyten.* Diese meist holzigen oder krautigen Pflanzen entwickeln in der feuchten Jahreszeit ihre Assimilationsorgane, treiben Blüten und vermehren sich, während sie in der Trocken- bzw. Kälteperiode ihre Blätter abwerfen oder oberirdisch absterben und mit ausdauernden Pflanzenteilen unterirdisch weiterexistieren. Dort überdauern sie die für sie schlechte Jahreszeit als *Knollen, Wurzelstöcke* oder *Zwiebeln.* Bei der *Überwinterung* ist die Wurzeltätigkeit der Pflanzen auf Grund der niedrigen Temperaturen so stark verringert, daß die Pflanzen fast kein Wasser mehr aufnehmen können. Sie würden deshalb, wenn sie ihre Blätter behalten würden, im Winter verwelken. So passen sie sich durch Abwerfen der Blätter (z. B. Laubbäume) an diese Jahreszeit an. Andere Arten mit ledrig harten Blättern (Nadelbäume, Efeu) können die Verdunstung so stark reduzieren, daß sie ohne Laubfall den Winter überdauern können.

Eine besondere Form der Wasseraufnahme zeigen die sog. *Epiphyten (Aerophyten),* die vor allem im tropischen Urwald vorkommen. Sie besiedeln dort andere Pflanzen, wobei sie sich an diese in den mannigfaltigsten Formen angepaßt haben. Sie nehmen das Wasser entweder direkt über ihre Blattoberfläche auf und speichern es dann in Knollen oder anderen Organen oder sie bilden, wie z. B. die epiphytischen Orchideen, besondere Luftwurzeln aus, mit denen sie Wasser aus der Luft wie ein Schwamm aufsaugen.

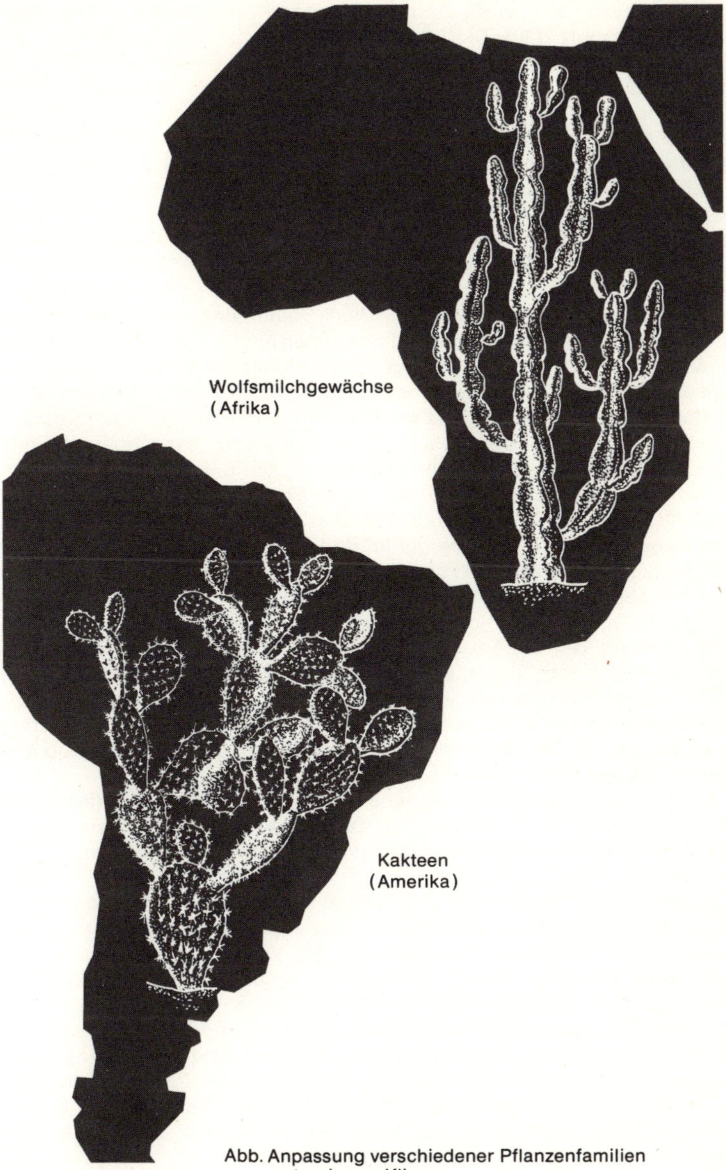

Abb. Anpassung verschiedener Pflanzenfamilien an trockenes Klima

Der Kreislauf des Kohlenstoffs und des Sauerstoffs

Die Kreisläufe des *Kohlenstoffs* und des *Sauerstoffs* in der Biosphäre sind eng miteinander verknüpft. Beide Stoffkreisläufe bilden zusammen ein System, das sich aus mikrobiellen Abbauprozessen (s. S. 226), der Photosynthese der grünen Pflanzen (s. S. 200ff.), deren Atmung und der Atmungskette der tierischen Organismen (s. S. 212) aufbaut.

Das *Reservoir* für Sauerstoff und Kohlendioxid in der Biosphäre ist die *Atmosphäre* (s. auch S. 40). Sie enthält 0,03 Vol.-% Kohlendioxid und 21 Vol.-% Sauerstoff. Man veranschlagt die Gesamtmenge an Kohlendioxid in der Atmosphäre auf rund 2100 Billionen kg.

Nach groben Schätzungen beläuft sich der *jährliche Einbau von Kohlendioxid* im Verlauf der Photosynthese der Landpflanzen auf ca. 13–22 Billionen kg. Die Kohlendioxidaufnahme der Wasserpflanzen dürfte die der Landpflanzen noch weit übersteigen. So rechnet man unter günstigen Bedingungen mit einer jährlichen Bindung von 360 g Kohlenstoff durch Meeresalgen pro Quadratmeter Meeresoberfläche. Da der photosynthetisch festgelegte Kohlenstoff fast ausschließlich der Atmosphäre entstammt, müßte rein rechnerisch der *atmosphärische Kohlendioxidgehalt* ständig abnehmen. Daß das nicht eintritt, dafür sorgen Mikroorganismen und niedere Tiere, die das Kohlendioxidreservoir der Atmosphäre durch die Mineralisation der organischen Substanz immerzu auffüllen (s. unten).

Auch der gesamte *in der Atmosphäre vorkommende Sauerstoff* entstammt fast ausschließlich dem Photosyntheseprozeß. Dieser Sauerstoff wird für die Gewinnung der lebensnotwendigen Energie im Verlauf der tierischen und pflanzlichen Atmungsprozesse, nämlich der Spaltung energiereicher organischer Substanz (Zucker), benötigt.

Ein großer Teil des von der Pflanze *assimilierten Kohlenstoffs* dient der Aufrechterhaltung der Lebensfunktionen der Pflanze und wird sofort wieder veratmet. Der Rest wird als Struktur- oder Reservesubstanz in die pflanzlichen Zellen eingebaut. Bei Tag ist die Assimilationsrate der Pflanzen höher als die Veratmungsrate, so daß ein *Zuwachs an organischer Substanz* erzielt wird. Nachts setzt die Photosynthese aus, und die Pflanze verliert durch die Atmung Masse, d. h., sie verbraucht Reservestoffe.

Auch die *tierischen Organismen,* die die Fähigkeit zur Kohlenstoffassimilation nicht besitzen, tragen durch ihre *Atmung* zur Rückführung des Kohlenstoffs in die Atmosphäre bei. Ein erwachsener Mensch z. B. atmet in 24 Stunden rund 1 kg CO_2 aus.

Gleichwohl wären sämtliche auf der Erde lebenden Tiere und Menschen nicht in der Lage, die gesamte durch die Pflanzen aufgebaute organische Substanz wieder zu mineralisieren (veratmen) und dadurch den notwendigen atmosphärischen Kohlendioxidvorrat aufrechtzuerhalten. Diese Leistung vollbringen zum größten Teil die *Mikroorganismen:* Bakterien (mit Strahlenpilzen) und Pilze. Sie sind in der Lage, organische Substanzen, besonders solche von anderen Organismen nicht verwertbare, Kadaver also, Exkremente und Bestandsabfälle (Laub), zu mineralisieren, und produzieren dabei ungeheure Mengen an Kohlendioxid. So wird z. B. die CO_2-Entwicklung pro Hektar guten Ackerbodens, in dem mehrere Milliarden Bakterien je Kubikzentimeter Boden leben, auf stündlich 2–5 kg geschätzt. Für Waldboden liegt die Veratmungsrate noch höher.

In früheren Erdepochen wurde von lebenden Organismen Kohlenstoff gebunden, der in die Sedimente gelangte und somit dem Kohlenstoffkreislauf entzogen wurde. Die Kohle-, Erdgas- und Erdöllager (s. auch S. 114 und S. 118) stellen derartige *festgelegte Kohlenstoffvorräte* dar, aus denen ebenfalls Kohlenstoff über Heizungsanlagen und Wärmekraftmaschinen in Form von Kohlendioxid wieder in die Atmosphäre zurückgeführt wird.

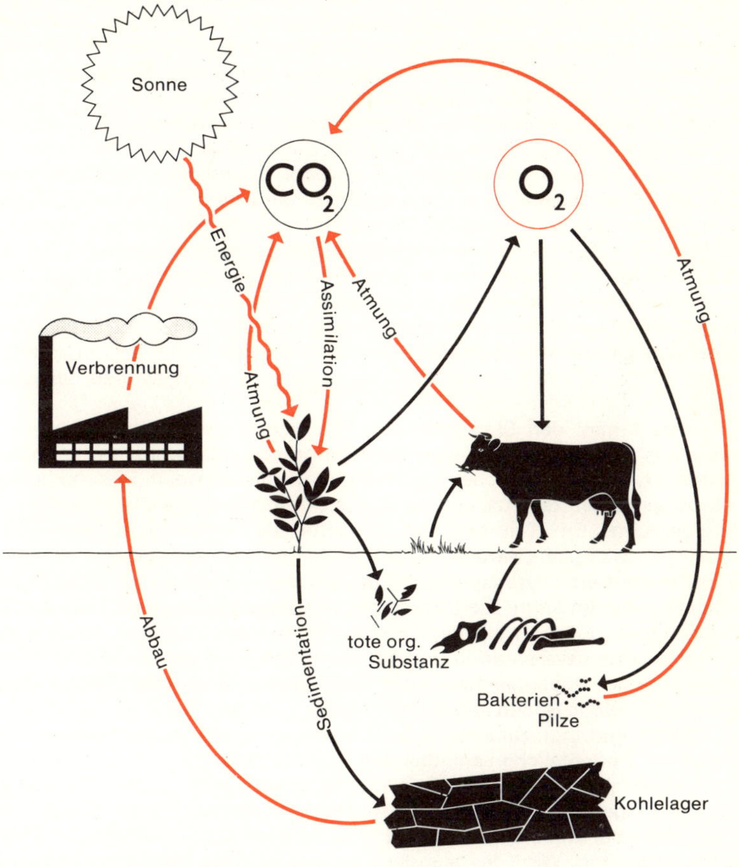

Abb. Der Kohlenstoff- und Stickstoffkreislauf

Der Kreislauf des Stickstoffs

Mit einem Stickstoffanteil von 78 % ist die Atmosphäre das umfangreichste Stickstofflager auf der Erde. Der *Stickstoff* liegt dort als N_2 (Stickstoffmolekül mit zwei Stickstoffatomen) vor. In dieser Form weist der Stickstoff ähnliche chemische Eigenschaften wie die Edelgase auf. Diese verbinden sich auf der Erde unter normalen Bedingungen kaum mit anderen Elementen, sie sind sehr reaktionsträge. Daher kann der Luftstickstoff bis auf wenige Ausnahmen von den die Biosphäre belebenden Organismen nicht aufgenommen und verwertet werden.

Stickstoff ist eines der Elemente, aus denen die in allen Lebewesen eine große Rolle spielenden Aminosäuren aufgebaut sind. Die *Aminosäuren* stellen wiederum die Vorstufe der *Proteine* (Eiweiße) dar. Die einzigen Organismen, die Stickstoff aus der Luft aufnehmen können, sind unter den *Bakterien* zu finden: Stickstoffsammler, die frei im Boden leben, und andere, die mit Pflanzenwurzeln eine Symbiose (s. S. 162) eingehen. Beide Formen stellen den Stickstoff für die autotrophe Pflanze (s. S. 196) bereit. Sterben die Stickstoffsammler im Boden ab, so wird der im Eiweiß dieser Bakterien vorhandene Stickstoff von anderen Mikroorganismen zu *Ammoniak* abgebaut. Für die optimale Stickstoffversorgung der Pflanze muß der Boden daneben auch Nitratstickstoff enthalten, der z. T. ebenfalls mit Hilfe von bodenbewohnenden Bakterien aus Ammoniak über mehrere Zwischenstufen hergestellt wird.

Die Pflanze nimmt den Stickstoff über ihre Wurzeln auf und baut ihn in ihr körpereigenes Eiweiß um. Geht die Pflanze zugrunde oder werden Pflanzenteile abgeworfen (z. B. beim jährlichen Laubfall), so werden diese im Boden ebenfalls von Mikroorganismen zersetzt, und der Stickstoff wird so der nächsten Generation wieder zugeführt. Ein Teil des von den Stickstoffsammlern in den Boden eingebrachten Stickstoffs wird vom Niederschlagswasser aufgenommen und in den Grundwasserbereich transportiert, von wo aus er in die Vorflut (Bäche, Flüsse) weitergeleitet werden kann. Die *Stickstoffauswaschung* hängt sehr stark von der Niederschlagsmenge und wesentlich von der Bodenbeschaffenheit ab. In Böden mit schlechter Humusversorgung und geringem Tonanteil wird der Stickstoff von den Humus- und Bodenteilchen nicht festgehalten und damit leicht ausgeschwemmt. Tonreiche Böden neigen in Hanglagen, da dort das Niederschlagswasser nur schwer eindringt, zur Erosion (s. S. 104), was ebenfalls zum Verlust des an den erodierten Bodenteilchen anhaftenden Stickstoffs führt.

Durch mikrobielle Aktivität (s. auch S. 138) kann auch gasförmiger Stickstoff aus dem Boden freigesetzt werden. Man nennt diesen Vorgang *Denitrifikation,* weil dabei Bakterien bei ungünstiger Sauerstoffversorgung aus dem Nitrat des Bodens Sauerstoff abspalten. Wird das aus der Eiweißzersetzung anfallende Ammoniak nicht in Nitrat umgewandelt, entsteht u. U. ebenfalls gasförmiges Ammoniak.

Der von Tieren mit pflanzlicher Nahrung aufgenommene Stickstoff wird teils in körpereigenes Eiweiß umgebaut, teils mit dem Harn (Harnstoff) oder Kot ausgeschieden. Auch der ausgeschiedene Stickstoff wird mikrobiell verwertet und der Pflanze wieder zugeführt. Auf demselben Wege gelangt das im tierischen Organismus aufgebaute körpereigene Eiweiß, wenn der Kadaver des verendeten Tiers verwest, in den Boden.

Neben der biologischen Stickstoffbindung durch Bakterien wird Stickstoff auch durch *elektrische Entladung in der Atmosphäre* bei Gewitter dem Boden zugeführt. Durch die hohe Energie, die bei solchen Entladungen freigesetzt wird, bilden sich aus dem Stickstoff und dem Sauerstoff der Luft Stickoxide, die zu einer Erhöhung des Nitratgehaltes im Boden führen. Dieser Vorgang besitzt allerdings nur in Zonen großer Gewitterhäufigkeit Bedeutung.

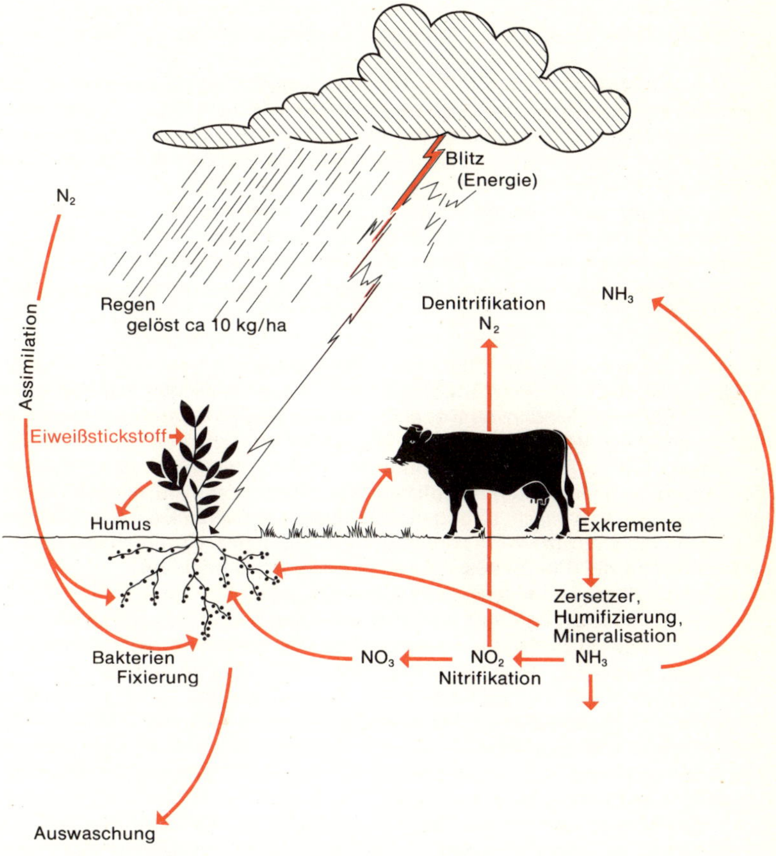

Abb. Der Kreislauf des Stickstoffs

Der Kreislauf des Phosphors

In der *Biosphäre* ist Phosphor fast ausschließlich in Form von *Phosphaten*, d.h. in Form von Verbindungen (Salze und Ester) der Phosphorsäure (H_3PO_4), zu finden. Die Elemente Calcium, Eisen und Aluminium bilden Phosphatsalze, die im Wasser kaum löslich sind. Der größte Teil des auf der Erde vorkommenden Phosphors ist daher in Gesteinen, Böden oder Sedimenten festgelegt und nahezu gleichmäßig über die Erde verteilt. Im Verlauf der Erdgeschichte haben sich an einigen Stellen aus dem stark phosphorhaltigen Mineral *Apatit* Lagerstätten gebildet, die als natürliche Reserven für den ständig zunehmenden Phosphorbedarf des Menschen dienen.

Für alle Lebensvorgänge in der Biosphäre wird Energie benötigt, die von der grünen Pflanze aus der Sonnenstrahlung in chemische Energie umgewandelt wird. Bei dieser Umformung ist *Adenosintriphosphat (ATP)*, ein Nukleotid, das aus einem Molekül der Base Adenin, einem Molekül des Zuckers Ribose und aus drei Molekülen Phosphorsäure aufgebaut ist, von großer Bedeutung. Da sich ATP bei Energiezufuhr aus Adenosinmonophosphat (AMP) bzw. Adenosindiphosphat (ADP) und Phosphorsäure leicht aufbaut und unter Freisetzung dieser Energie auch leicht wieder abbauen läßt, ist es eine geeignete Verbindung, um Energie auf Stoffwechselreaktionen zu übertragen oder um freigewordene Energie bei Abbaureaktionen zu speichern (s. auch S. 208 ff.). In seiner Verbindung mit ATP ist Phosphor als eine Schlüsselsubstanz des Lebens zu betrachten.

Phosphor wird von der Pflanze aus dem Boden in Form von *Phosphationen* (PO_4^-) bzw. -resten (s. S. 276) aufgenommen. Wegen der schlechten Wasserlöslichkeit von Phosphor sind in der Bodenlösung nur wenige verfügbare Phosphationen vorhanden. Die Verfügbarkeit des Phosphors ist sehr von der Bodenreaktion (pH-Wert) und der Form des Phosphors im Boden abhängig. In sauren Böden lösen sich Eisen- und Aluminiumphosphate mit zunehmender pH-Erniedrigung schlechter. Ist der Boden basisch, so bilden sich Calciumphosphate, deren Löslichkeit sich mit zunehmendem pH-Wert verschlechtert. Die beste Verfügbarkeit des Bodenphosphats für die Pflanze besteht bei neutraler Bodenreaktion.

Stirbt die Pflanze oder sterben Pflanzenteile ab, so wird die organische Substanz dem Boden wieder zugeführt und dort von Bakterien und Pilzen abgebaut. Dabei wird ein Teil des in die Pflanze eingebauten Phosphors im Körper der Mikroorganismen festgelegt, der Rest wird freigesetzt und geht in den Boden. Je nach Bodenreaktion und Angebot an Eisen-, Aluminium- und Calciumionen wird der Phosphor wieder als Eisen-, Aluminium- oder Calciumphosphat festgelegt. Wird die Pflanze von Tieren gefressen, so wird der in ihr enthaltene Phosphor vom tierischen Organismus eingebaut und letztlich in Form von Exkrementen oder mit dem Kadaver dem Boden wieder zugeführt.

In der *Atmosphäre* ist Phosphor weitgehend an *Aerosole gebunden.* Seine Verlagerung in dieser Form spielt nur bei Staub- und Sandstürmen oder Vulkanausbrüchen eine Rolle. Mit dem Nachlassen der Luftbewegung werden die Staubpartikel wieder sedimentiert. In die Vorflut (Bäche, Flüsse usw.) gelangt Phosphor weitgehend nur durch Erosion phosphorhaltiger Bodenteilchen. Im *Wasser* geht Phosphor, wenn auch nur geringfügig, in *Lösung* und wird von Wasserpflanzen (s. S. 148) aufgenommen. Der weitaus größere Teil wird mit den erodierten Bodenteilchen abgesetzt.

In natürlichen Ökosystemen erfolgt die Nachlieferung von Phosphor in die Biosphäre weitgehend durch die *Verwitterung phosphorhaltiger Gesteine.* Unter bestimmten Bedingungen, z.B. in Flußauen, erreicht die Phosphorzufuhr durch Schlamm, der bei periodischen Überschwemmungen dieses Gebietes abgesetzt wird, eine gewisse Bedeutung für die Phosphorversorgung der Vegetation, während die Phosphorverlagerung nur in extrem trockenen Gebieten mit schwachem Pflanzenwuchs und hoher Winderosionsanfälligkeit eine Rolle spielt.

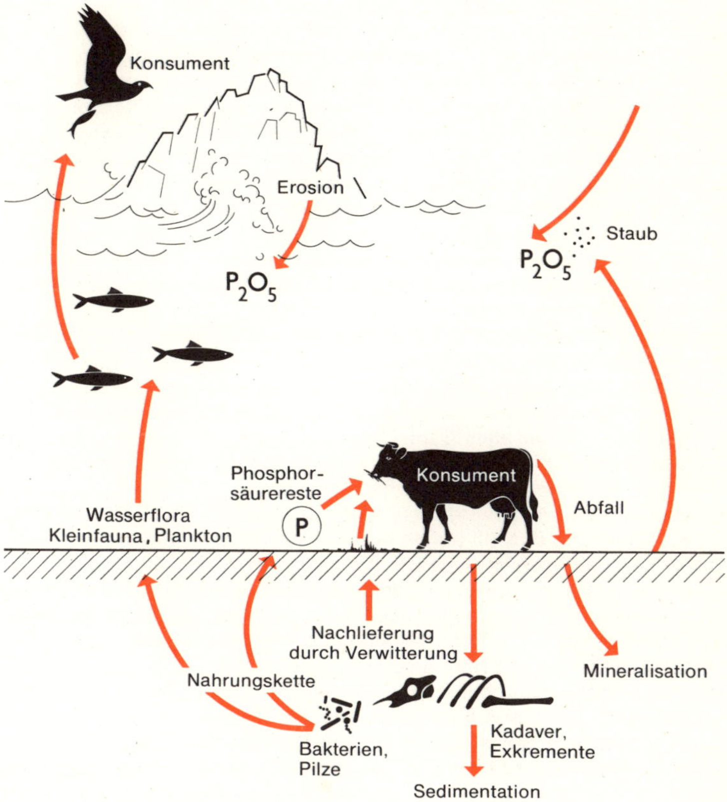

Abb. Der Phosphorkreislauf in der Biosphäre

Die Nahrungskette

Das Tier ist nicht in der Lage, wie die grüne Pflanze aus anorganischen Stoffen unter unmittelbarer Ausnutzung des Sonnenlichtes organische Substanzen aufzubauen (s. Photosynthese, S. 200ff.). Es muß vielmehr seinen Energie- und Baustoffbedarf aus den von den grünen Pflanzen synthetisierten organischen Verbindungen decken. Das tierische und damit auch das menschliche Leben ist also letzten Endes völlig von der Lebenstätigkeit der grünen Pflanzen abhängig.

Die *grünen Pflanzen* bilden somit das erste Glied der Nahrungskette. Im Wasser wird die pflanzliche Grundlage vorwiegend von *einzelligen Algen* gebildet, während auf dem Land die *höheren Pflanzen* vorherrschen. – Die folgenden Glieder der Nahrungskette bilden die verschiedenen *tierischen Verzehrer (Konsumenten)*: An erster Stelle stehen die *Pflanzenfresser (Herbivoren),* als nächstes Glied folgen die *Fleischfresser (Karnivoren, Räuber).* Während man die Herbivoren als Primärkonsumenten bezeichnet, werden die nachfolgenden Karnivoren, die ihrerseits Herbivoren oder auch andere Karnivoren fressen, je nach ihrer Stellung in der Nahrungskette als *Sekundär-, Tertiärkonsumenten* usw. eingeordnet. Zwischen den ausgesprochenen Pflanzenfressern und den ausschließlichen Fleischfressern stehen die als Konsumenten an verschiedenen Stellen der Nahrungskette einstufbaren *Allesfresser (Omnivoren),* die sowohl tierische als auch pflanzliche Kost zu sich nehmen. Organismen mit einem solch weiten Nahrungsspektrum werden auch als *polyphag* bezeichnet, die auf eine bestimmte Nahrung spezialisierten dagegen als monophag. Den Übergang bilden die *oligophagen* Lebewesen, die in der Auswahl ihrer Nahrung innerhalb gewisser Grenzen noch variieren können.

Der *Mensch* ist, da er alles Genießbare aufnimmt, ein typischer Vertreter der Polyphagen. Zu den Oligophagen gehören viele Insekten, die auf einigen wenigen, nicht miteinander verwandten Futterpflanzen Nahrung finden. Zu den monophagen Organismen gehören viele Parasiten, die nur auf einer ganz bestimmten Wirtspflanzen- bzw. Tierart und dort oft nur an bestimmten Organen vorkommen. So haben sich die Kopf- und die Kleiderlaus z. B. ganz auf den Menschen spezialisiert.

Den Schluß der Nahrungskette bilden die *abbauenden Organismen (Destruenten, Reduzenten).* Diese Gruppe besteht aus Bakterien, Pilzen und vielen bodenbewohnenden Tieren (s. auch S. 134ff.), die sich (als *Saprophyten* bzw. *Saprozoen*) von toter organischer Substanz (Exkrementen, Detritus, Aas) ernähren, d. h. von dem, was von den bisher besprochenen Gliedern der Nahrungskette ausgeschieden wird bzw. übrigbleibt. Sie leben im Humus und produzieren letztlich anorganische Substanz, wie sie die Pflanze wiederum zu ihrem Leben benötigt.

Da der Großteil der Nahrung in der Nahrungskette zur Energiegewinnung umgesetzt, ein anderer Teil als unverwertbar ausgeschieden wird, nimmt das *Gewicht* eines Lebewesens nach grober Schätzung nur um ein Zehntel des Gewichtes der aufgenommenen Nahrungsmenge zu. Daraus folgt, daß der Mensch, wenn er z. B. 10 kg Hechtfleisch verzehrt, nur um 1 kg zunimmt. Damit der Hecht diese 10 kg Fleisch produzieren kann, muß er wiederum 100 kg Karpfen fressen, und die Karpfen benötigen dann 1 000 kg Algen, um dem Hecht diese Substanzzunahme zu ermöglichen.

In der Nahrungskette ist das gefressene Lebewesen gewöhnlich kleiner als das dieses fressende (z. B. Getreidekorn < Maus < Katze). Die *Größensteigerung* braucht nicht extrem zu sein, wie sich aus der Reihenfolge Pflanzensaft–Blattlaus–Marienkäfer–Singvogel–Greifvogel ergibt. Andererseits kann das Beutetier auch unverhältnismäßig groß sein, z. B. bei Schlangen, oder auch winzig klein, wie dies bei den riesigen Bartenwalen der Fall ist, die sich ausschließlich von tierischem Plankton ernähren.

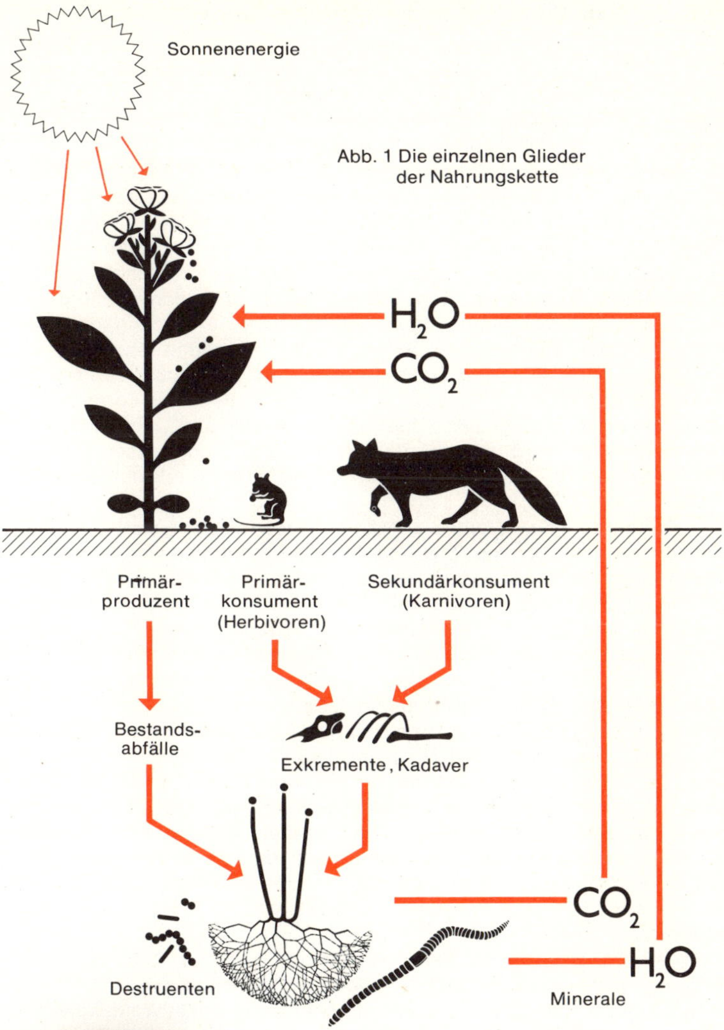

Abb. 1 Die einzelnen Glieder der Nahrungskette

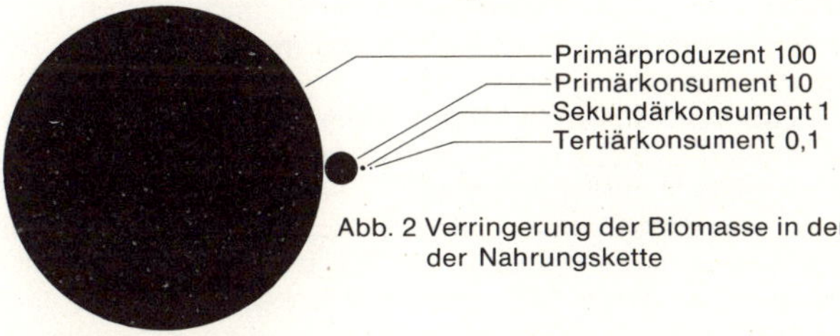

Abb. 2 Verringerung der Biomasse in den Stufen der Nahrungskette

Der Wald – die Gefährdung des Waldes

Der *Wald* spielt im Haushalt der Natur eine wichtige Rolle. Gerade in einem dicht bevölkerten Land wie der Bundesrepublik stellt er einen wichtigen Faktor für Lufthygiene, Luftbewegung, Regulierung des Wasserhaushaltes, für den Schutz der Böden und für das lokale und großräumige Klima dar.

Wald bewirkt örtlich eine *Erhöhung der Niederschlagsmenge* im Laufe eines Jahres um bis zu 20 %. Im Wald verdunstet mehr Wasser als in landwirtschaftlich genutzten Kulturen, da der Abfluß der Niederschläge in starkem Maße vom Wald beeinflußt wird. Der *Regen* dringt tiefer als im Freiland in den Boden ein und fließt nur zögernd ab. Das Einsickern in den Boden wird dadurch erleichtert, daß sich der Waldboden durch die dauernde Beschattung, durch die Bodenvegetation und die Streu- und Humusschicht in einem günstigen Zustand der Bodengare befindet. In Verbindung mit der kräftigen, tiefgehenden Durchwurzelung (speziell des Laubwaldbodens) und der Moos- und Krautschicht wird ein großer Teil des Regens festgehalten, über längere Zeit gespeichert und kontinuierlich in Form von Quellen und über die Verdunstung durch die Bäume wieder abgegeben. Durch diese „Schwammwirkung" wird sowohl die Gefahr von Hochwasser bei heftigen Regenfällen als auch die Gefahr der Austrocknung bei lange ausbleibendem Regen verringert.

Die Auswirkungen des Waldes auf den Wasserhaushalt sind allerdings bei *Nadelhölzern* weniger günstig. Das Nadelpolster im Fichtenwald verschließt den Boden und saugt das Regenwasser auf. So gelangt nur ein kleiner Teil des Wassers in den Boden, der überwiegende Teil fließt oberirdisch ab und kann so nicht gespeichert werden. Im Fichtenwald finden sich in geringer Tiefe bodenverdichtende Schichten, die unter der Einwirkung von Humussäure entstehen und teilweise wasserundurchlässig sind. Deshalb wird bei Fichten, die Flachwurzler sind, der Abfluß des Wassers begünstigt und die Speicherwirkung verringert.

Vom ökologischen Standpunkt aus ist deshalb die *Zusammensetzung der Wälder* heute keinesfalls günstig gewählt. Noch um das Jahr 1860 bestanden die deutschen Wälder zu 70 % aus Laubbäumen und zu 30 % aus Nadelbäumen. Heute ist das Verhältnis genau umgekehrt. Die Ursache liegt im wirtschaftlichen Bereich. Mit Fichtenwaldungen können schnellere und bessere Erträge erzielt werden, da Fichten praktisch bereits nach 80 Jahren, Buchen und Eichen aber erst nach 150–200 Jahren ausgewachsen sind. So wurden in den letzten Jahrzehnten Zehntausende Hektar Wald, die früher Laubwald waren, in Fichtenmonokulturen umgewandelt.

Ein warnendes Beispiel ist der Schwarzwald, wo seit 1945 durch falsche Waldnutzung, Waldzerstörung, Kahlschläge und Monokulturen fast 700 Quellen versiegt sind. Durch den Kahlschlag und die Abholzung weiter Waldflächen kommt es in vielen Landstrichen zu einer Bodenerosion großen Ausmaßes. Der fruchtbare Boden wird, da er keine schützende Pflanzendecke mehr hat, durch Regen ausgeschwemmt und durch Wind abgetragen.

Daß indessen die Forstwirtschaft verstärkt ökologische Gesichtspunkte einplant, dafür steht z. B. die Wiederaufforstung von rund 30000 ha Nadelwald nach den Sturmschäden des Jahres 1972 in Niedersachsen. Die aufgeforsteten Flächen der Staatsforste enthalten heute 14% Eichen sowie 6% Buchen und andere Laubholzarten (vor dem Brand insgesamt nur 6% Laubholz). Bei den Privatflächen, die v. a. bei den großen Bränden der Jahre 1975 und 1976 Schäden erlitten, sind die Möglichkeiten ökologischer Vielfalt aus wirtschaftlichen Gründen geringer, da es sich durchweg um Standorte mit nährstoffarmen Sandböden handelt.

Die *Waldverluste* in der Bundesrepublik durch die Anlage neuer Straßen, neuer Industrien und Siedlungen betragen jährlich etwa 7000 ha. Mindestens 60000 ha Wald sind durch industrielle Luftverschmutzung geschädigt. Im Kern des Ruhrgebietes sind die gegen Luftverschmutzung besonders empfindlichen Nadelbäume heute bereits verschwunden. Ursache dafür sind vor allem Schwefeldioxid (s. auch S. 386) und Fluorabgase (s. auch S. 353). Durch Luftverschmutzung geschwächte Bäume werden überdies leichter ein Opfer von Schadinsekten und Pilzen.

Bei oberflächlicher Betrachtung hat die Waldfläche in der Bundesrepublik zwischen 1969 und 1978 sogar um 2,1% zugenommen, d.h., es sind in einem Jahrzehnt 109000 ha Wald neu hinzugekommen. Die Problematik allerdings ergibt sich daraus, daß durch die Waldverluste gerade diejenigen Gebiete betroffen sind, in denen der Wald zur Steuerung des ökologischen Gleichgewichtes und als Naherholungsraum am dringendsten gebraucht wird, nämlich im Umland der Städte und der großen Ballungsgebiete.

Die Erholungsfunktion des Waldes, sein Einfluß auf Wasserhaushalt, Klima, Lufthygiene, Bodenschutz usw. bringt leider keinen direkten wirtschaftlichen Vorteil. Alle Maßnahmen in der Waldbewirtschaftung werden viel mehr nur am maximalen *Holzertrag* optimiert, und zwar umso mehr, je stärker die Holzwirtschaft in Konkurrenz mit anderen Wirtschaftszweigen, etwa der chemischen Industrie (Kunststoffe) treten muß. Eine Lösung dieses Problems könnte darin liegen, daß die zur Erhaltung der der Allgemeinheit zukommenden Vorteile des Waldes nötigen wirtschaftlichen Einbußen von der öffentlichen Hand getragen werden. Parallel zu dieser Subventionierung der Forstwirtschaft müßte durch Bestimmungen sichergestellt werden, daß die Anpflanzung neuer Monokulturen zugunsten von Mischkulturen reduziert und daß der Wald in der Umgebung von Großstädten bevorzugt geschützt wird und daß schließlich die einzelnen Formen der Waldnutzung ökologischen Forderungen angepaßt werden.

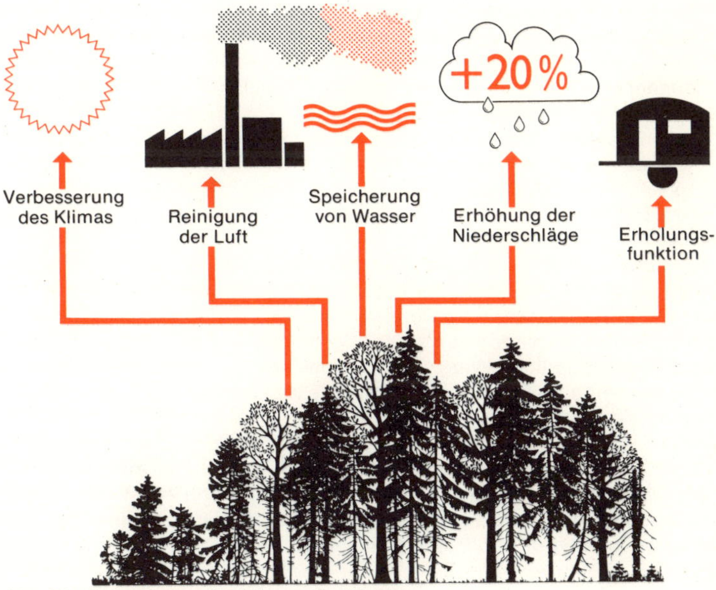

Abb. Die ökologischen Funktionen des Waldes

Der Wald – Funktionswandel des deutschen Waldes

Im Laufe der Jahrhunderte haben sich in der Bedeutung des Waldes für Mensch und Umwelt große Wandlungen vollzogen. Vor etwa tausend Jahren begann eine große *Rodungsperiode,* in der der Wald als großes Kulturhindernis angesehen wurde. Über drei Viertel der deutschen Landoberfläche waren damals noch bewaldet. Bis zum Ende des 13. Jahrhunderts waren die Rodungen im wesentlichen beendet. Die heutigen Waldflächen sind im großen und ganzen noch dieselben, die bei den damaligen Rodungsmaßnahmen übrig geblieben waren.

Da im Mittelalter die Besiedlung nur sehr dünn war, reichte der verbliebene Wald für die Versorgung der Bevölkerung mit Brenn-, Werk- und Bauholz aus. Sein biologischer Zustand war jedoch nicht besonders gut. Das Vieh wurde zur Weide in den Wald getrieben, wodurch eine natürliche Verjüngung des Waldes verhindert wurde. Jahrhundertelang wurden außerdem Blätter und Nadeln für Streuzwecke in der Viehhaltung zusammengerecht, was zu einer Verarmung der Humusdecke und damit zu einer Verarmung des Waldbodens führte. Diese *Funktion des Waldes als Ernährungsfläche* war bis zur Einführung der Düngung und des Kartoffelanbaus etwa genauso wichtig wie seine *Funktion als Holzlieferant.* Der Wald hatte außerdem die wichtige *Funktion einer Bienenweide,* die die Grundlage der Honigwirtschaft (Zeidlerei) war.

Bereits im ausgehenden Mittelalter traten im Bereich von Berg- und Hüttenbetrieben Holzverknappungen auf, weshalb in der Folge um 1500 die ersten Forstordnungen zur Nutzungsregelung erlassen wurden. Als die Bevölkerung gegen Ende des 18. Jahrhunderts stark zunahm und die industrielle Revolution begann, machte sich ein allgemeiner Waldmangel bemerkbar. In diese Zeit fällt der Beginn der *modernen Forstwirtschaft.* Während sich der Wald früher durch Samenanflug selbst regenerierte, begann man nun, durch Saat und Pflanzung künstlich gleichaltrige und *geschlossene Baumbestände* zu schaffen. Zwar wurde so die Regenerierung der Wälder eingeleitet und rund 1 Million ha Ödland wurden aufgeforstet, aber anstelle der natürlich vorkommenden Laubhölzer wurden in zunehmendem Maße die schneller wachsenden *Nadelbäume* wie Fichte, Kiefer und (seltener) Tanne gepflanzt.

Vor tausend Jahren bestanden noch etwa neun Zehntel der westdeutschen Wälder aus *Laubwald.* Die Kiefer kam z. B. in der Rheinebene und in anderen Flußtälern kaum vor. Die Fichte war im Schwarzwald auf die höchsten Lagen beschränkt. Heute entfallen auf den Laubwald nur noch drei Zehntel der Gesamtwaldfläche.

In den letzten Jahren wurden neben diesen Nutzwirkungen des Waldes die *Schutzwirkungen* zur Sicherung der natürlichen Lebensgrundlagen immer wichtiger. Wälder vergrößern und regenerieren den Wasserkreislauf und erhalten die Wasserqualität, sie verhindern Versteppungserscheinungen, mildern Klimaextreme, schwächen schädliche Wind- und Sturmwirkungen ab und schützen gegen Erosion der fruchtbaren Erde. Hinzu kommt die wichtige Bedeutung der Wälder für die *Erholung des Menschen.*

Abgesehen von Hochgebirgswäldern, die schon seit langem als Bollwerk gegen Hochwasser, Lawinen und Steinschlag angesehen wurden, hat die Forstwirtschaft auf diese Wohlfahrtswirkungen des Waldes bislang keine besondere Rücksicht genommen, da sie praktisch als Nebenprodukt der auf Nachhaltigkeit des Ertrags, Wahrung der Bodenkraft und Betriebssicherheit bedachten Forstwirtschaft mehr oder weniger zufällig anfielen. Erst in der Gegenwart wurden die Schutz- und Sozialfunktionen des Waldes zu einem wichtigen Faktum der heutigen Forstwirtschaft. Da eine bestimmte Waldfläche oft mehrere wichtige Aufgaben zu erfüllen hat, muß ihre Bewirtschaftung und Pflege auf die Erzielung einer optimalen Funktionenharmonie ausgerichtet sein.

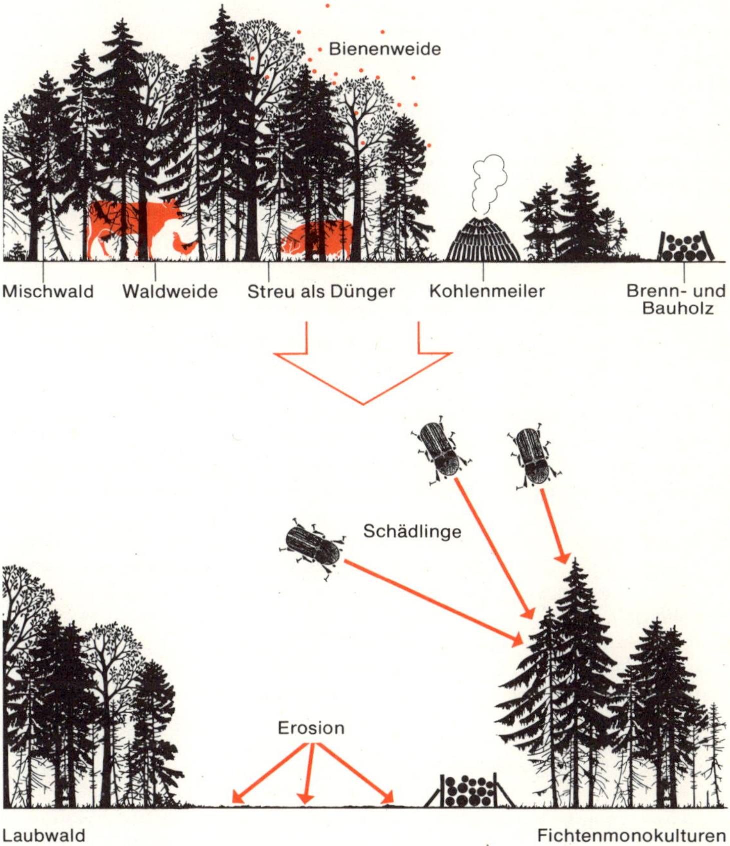

Abb. Wandlung des multifunktionalen mittelalterlichen Mischwaldes zur modernen Monoforstkultur

Der Wald – Waldschutzgebiete

Das 1975 als Rahmengesetz erlassene *Bundeswaldgesetz* soll die Nutz-, Schutz- und Erholungsfunktion des Waldes sichern helfen. Um landschaftscharakteristische Waldtypen zu erhalten bzw. wiederherzustellen, werden diese von den Bundesländern unter Schutz gestellt und als *Waldschutzgebiete* oder *Naturwaldreservate* ausgewiesen. Mittlerweile gibt es in fast allen Bundesländern auf die wichtigsten Standortgebiete ausgedehnte landschaftstypische Naturwälder.

Naturwaldreservate (in Baden-Württemberg auch *Bannwälder* genannt, in Hessen als *Altholzinseln* bezeichnet) sind Totalreservate, die aus der forstwirtschaftlichen Bewirtschaftung herausgenommen sind und sich selbst überlassen bleiben. In ihnen ist jegliche Nutzung und Veränderung durch Saat, Pflanzung, Anlage von Wirtschaftswegen, Gräben, Steinbrüchen, Sandgruben o. ä. verboten. Damit der interessierte Wanderer die Entstehung eines Urwaldes beobachten kann, werden in Naturwaldreservaten lediglich schmale Fußpfade angelegt. Wenn Großkatastrophen (z. B. Sturmschäden) oder Kalamitäten (z. B. Borkenkäfer) die angrenzenden Wirtschaftswälder gefährden, dürfen im Naturwaldreservat nur die im Interesse des Forstschutzes notwendigen Bekämpfungsmaßnahmen durchgeführt werden. Das dabei anfallende Holz soll in der Fläche des Reservates verbleiben. Untersagt ist im Naturwaldreservat auch das Ausbringen von Düngemitteln und Herbiziden (Unkrautvertilgungsmittel). Die Jagdausübung ist unbeschränkt gestattet; sie soll jedoch unter Schonung des Raubwildes nur mit solcher Intensität erfolgen, daß die Erreichung der gesteckten Ziele nicht gestört oder verhindert wird.

Im Gegensatz zum Naturwaldreservat steht das *Waldnaturschutzgebiet* in forstlicher Bewirtschaftung. Durch die Anlage von Waldnaturschutzgebieten soll erreicht werden, daß bestimmte Pflanzengesellschaften (z. B. Laubwald mit seltenen Frühjahrsblumen wie Schneeglöckchen, Gelbe Anemone oder Blausternarten) oder ein bestimmter Waldaufbau über längere Zeiträume hinweg erhalten und in dieser Form erneuert werden. Die Bewirtschaftungsformen sind dabei von Fall zu Fall festgelegt.

Die Waldschutzgebiete können als *Freilandlaboratorien* angesehen werden, in denen landespflegerische und ökologische Untersuchungen durchgeführt werden können. Sie dienen dabei vor allem der wissenschaftlichen Erforschung der Lebensgemeinschaft Wald in den verschiedenen Wuchsgebieten, der wissenschaftlichen Beobachtung der Entwicklung von Böden, Humus, Waldvegetation und Waldfauna nach Aufhören des menschlichen Einflusses und bieten damit einen Vergleich mit dem angrenzenden, normal behandelten Wirtschaftswald. Durch das Unterbleiben chemischer Schädlingsbekämpfung bieten die Naturwaldreservate umfangreiche Studienmöglichkeiten für die Erarbeitung und Erprobung biologischer Verfahren zur Schädlingsbekämpfung.

Durch die Ausweisung eines Naturwaldreservates oder Waldnaturschutzgebietes können besonders urwüchsige, charakteristische und naturnahe Waldteile geschützt und erhalten werden, die gleichzeitig auch als Demonstrationsobjekte für Schulunterricht und Erwachsenenbildung dienen können.

Neben diesen geschützten Waldgebieten sind im Wald oft einzelne erhaltenswerte *Naturdenkmäler* geschützt, das sind Einzelschöpfungen der Natur wie alte oder seltene Bäume, Felsen, Quellen, Wasserfälle, deren engere Umgebung ebenfalls nicht verändert werden darf. Schließlich gibt es im Wald, besonders in extensiv genutzten Waldformen, überdurchschnittlich viele *seltene Pflanzen und Tiere*, die unter Naturschutz stehen und so einen ganzjährigen Schutz genießen (s. auch S. 239 und 252).

Der Wald – Waldlichtungen

In den ursprünglichen *Urwäldern* Mitteleuropas waren größere Waldlichtungen selten. Nur manchmal wurden durch starke Stürme oder katastrophale Waldbrände größere Freiflächen geschaffen, die einen Lebensraum für bestimmte Pflanzen und Tiere bildeten.

Durch die *Holznutzung* der letzten Jahrhunderte mit *Kahlschlägen* und *unterwuchsarmen Nadelbaumbeständen* haben sich die Waldlichtungen zahlen- und flächenmäßig vergrößert. Dies führte zu einer starken Vermehrung der ursprünglich seltenen Pflanzen- und Tierarten der Waldlichtungen. Wenn der Waldboden den Schutz der Baumkronen verliert, kann die Sonne direkt auf den Boden scheinen. Dadurch sind die Temperaturen in Bodennähe tagsüber höher, in wolkenlosen Nächten dagegen niedriger. Als Folge dieser veränderten Temperaturverhältnisse *verschiebt sich die Flora des Waldbodens.* Sonnenpflanzen, rasch wachsende und üppig grüne Pflanzen bevölkern jetzt den Boden. Durch die Änderung des Kleinklimas wird die Zersetzung der organischen Abfallstoffe des Waldbodens durch Mikroorganismen angekurbelt. Die dabei freiwerdenden Pflanzennährstoffe (insbesondere Stickstoff) können so von den Kräutern des Waldbodens als natürlicher Dünger aufgenommen werden. Es entsteht bald eine ungewöhnlich üppige *Krautflora* aus bestimmten Pflanzen wie Weidenröschen, Walderdbeere, Fingerhut, Tollkirsche, Binsen, Reitgräser, Ruhr- und Greiskräuter.

Wenn im Laufe von wenigen Jahren die rasch umgesetzten Nährstoffe des Bodens aufgebraucht sind, fassen länger lebende Pflanzen, vor allem Jungbäume und Sträucher, Fuß. Diese werden zum Teil durch Vögel verbreitet, die ihre Beeren fressen und mit dem Kot die lebensfähig bleibenden Samen aussäen. Die üppige Krautflora wird so mehr und mehr durch *Sträucher* und *Pioniergehölze* wie Holunder, Birken, Espen, Weiden, auch Brombeeren und Himbeeren verdrängt. Diese Pflanzen wachsen schnell und bilden damit einen dichten Bestand, unter dessen Schutz sich allmählich ein echter *Mischwald* mit seiner typischen Tier- und Pflanzenwelt entwickelt.

Außer bestimmten Pflanzen sind auch ganz bestimmte *Tiere* an Waldlichtungen und Freiflächen im Wald gebunden. So können sich durch das reiche Angebot an Gräsern, Samen, Kräutern, Früchten und Insekten hier v. a. Mäuse stark vermehren. Diese wiederum locken in stärkerem Maße Mäusejäger wie Füchse, Waldkauz und Mäusebussard an, die darüber hinaus auf den Lichtungen bessere Jagdbedingungen haben. Hierzu kommt, daß einige Mäusebussarde ebenso wie Fuchs und Marder eine Vorliebe für die Beeren und Früchte der Lichtungen haben. Aus den gleichen Gründen sind hier bestimmte Vögel wie Baumpieper und Steinschmätzer, von den größeren Vögeln v. a. Birkhuhn und Haselhuhn vermehrt anzutreffen, letztere auch deshalb, weil sie in den Lichtungen gute Unterschlupfmöglichkeiten vorfinden. Eine wichtige Rolle spielen Waldlichtungen für die großen Pflanzenfresser wie Rehe und Hirsche. Diese finden auf Lichtungen ihre bevorzugten Äsungspflanzen wie Himbeere, Brombeere, Weiden und Espen. Im normalen Hochwald sind die Pflanzenfresser auf die dort viel spärlichere Vegetation des Bodens angewiesen.

Neben diesen tier- und pflanzenökologischen Faktoren haben Lichtungen außerdem eine wesentliche Bedeutung für die *Erholungsfunktion des Waldes.* Durch sie wird die Erlebnisvielfalt des Waldes vergrößert. Lichtungen laden zur Rast, zum beschaulichen Verweilen ein. Bedauerlicherweise werden durch das Zurückgehen der Landwirtschaft in ertragsarmen Gegenden wie den Mittelgebirgen immer mehr Wiesen und Lichtungen in den Tälern aufgegeben. Das Gelände wächst zu und verwaldet im Lauf der Zeit. Um dies zu vermeiden, sollten solche Freiflächen entweder (von Rindern, aber auch von Schafen oder Ziegen) regelmäßig beweidet oder wenigstens einmal jährlich gemäht werden.

Moore – Moorbildung

Moore werden dann als solche bezeichnet, wenn ihre Torfdecke einen Gehalt von mindestens 30 % organischer Substanz aufweist und im unentwässerten Zustand mehr als 30 cm mächtig ist. Man unterscheidet je nach ihrer Entstehung die im Grundwasserbereich unter der Wasseroberfläche gebildeten *Niedermoore (Flachmoore)*, die in der Regenwasserzone, also über dem Grundwasser entstandenen *Hochmoore* und als dazwischenliegende Stufe die *Übergangsmoore*. Typische Pflanzen des Niedermoors sind Rohrkolben, Seggen, Schilf, Erle und Weide. Im Übergangsmoor treten Kiefer und Birke auf. Das Hochmoor wird von Torfmoos, Wollgras, Glockenheide, Besenheide und Haarsimse geprägt.

Grundvoraussetzung für die *Entstehung eines Moors* ist ein großer Wasserüberschuß, der das Wachstum feuchtigkeitsliebender Pflanzen begünstigt. Daneben werden durch den Überschuß an Wasser anaerobe Verhältnisse geschaffen, die den mikrobiellen Abbau der abgestorbenen Pflanzenreste hemmen und einen Inkohlungsprozeß einleiten, der zur Torfbildung führt.

Nach der letzten Eiszeit, während der nachfolgenden, noch kalten Periode, bildeten sich in den Schmelz- und Stauwasserseen, die zwischen den Moränen zurückgeblieben waren, sog. *Mudden* (Ablagerungen von Schlamm) aus, die durch ihr Eigengewicht stark zusammengepreßt wurden. Mit weiterer klimatischer Erwärmung verstärkte sich der Pflanzenwuchs, und im Bereich zwischen Hoch- und Niedrigwasser drangen die Pflanzen des Ufersaums immer mehr zur Mitte des Sees vor. Damit begann die Niedermoorbildung. Das Röhricht wurde mit fortschreitender Verlandung von Seggen verdrängt, was zur Bildung von *Schilf-* und *Seggentorfen* führte. Nach Verschwinden der freien Wasserfläche entstanden Schwarzerlenbestände und Weidenbruchwald. Dieser Bodenhorizont wurde zu *Bruchwaldtorf.*

Nachdem die Pflanzendecke im Übergangsmoor über das nährstoffreiche Grundwasser emporgewachsen war, wurde sie nur mehr durch die Niederschläge mit (nährstoffarmem) Wasser versorgt. So kam es, daß allmählich immer stärker die weniger anspruchsvollen Kiefern und Birken sich ansiedelten, die nunmehr die Zusammensetzung der Pflanzendecke bestimmten. Die Reste des Kiefern- und Birkenbruchwaldes wurden zum *Übergangsmoortorf.*

Im Atlantikum, einer feuchteren Erdperiode, begannen dann *Torfmoose* auf Grund der häufigen Niederschläge üppig zu gedeihen und das Wurzelwerk der Bäume des Übergangsmoors zu ersticken. Diese Torfmoose besitzen die Fähigkeit, Wasser in einer Menge, die etwa dem Zwanzigfachen ihres Trockengewichtes entspricht, über mit Poren versehene, abgestorbene Zellen wie ein Schwamm aufzusaugen. Sie bildeten große, geschlossene Polster aus, die stetig höher wuchsen, während die unteren Pflanzenteile abstarben und zu Torf wurden. Wie ein Uhrglas wölbte sich schließlich das Hochmoor über seine Umgebung empor.

Durch Aufreißen der Torfmoordecke konnten sich im Hochmoor *Moorseen* bilden.

Die heute durchschnittlich etwa 3 000–8 000 Jahre alten *Hochmoore* haben rund 3–5 m hohe, z. T. auch weit mächtigere *Torflager* ausgebildet, was einer Zunahme von ca. 1 mm Torf pro Jahr entspricht. Der stärker zersetzte Hochmoortorf bildete den *Schwarztorf,* der weniger zersetzte, jüngere den *Weißtorf* und die oberste, von noch lebenden Wurzeln durchzogene Torfschicht die sog. *Bunkerde.* Zwischen Schwarz- und Weißtorf treten Übergangshorizonte mit einem starken Bestand an Wollgras- und Heidekrautresten in Erscheinung.

Der Jahr für Jahr auf die jeweilige Hochmoorfläche aus der Umgebung angewehte Blütenpollen gibt (durch Pollenanalyse) Aufschluß über die Zusammensetzung der Vegetation, z. B. eines Waldbestandes, während der Zeit der Moorbildung und läßt damit auch eine Aussage über das damals herrschende Klima zu.

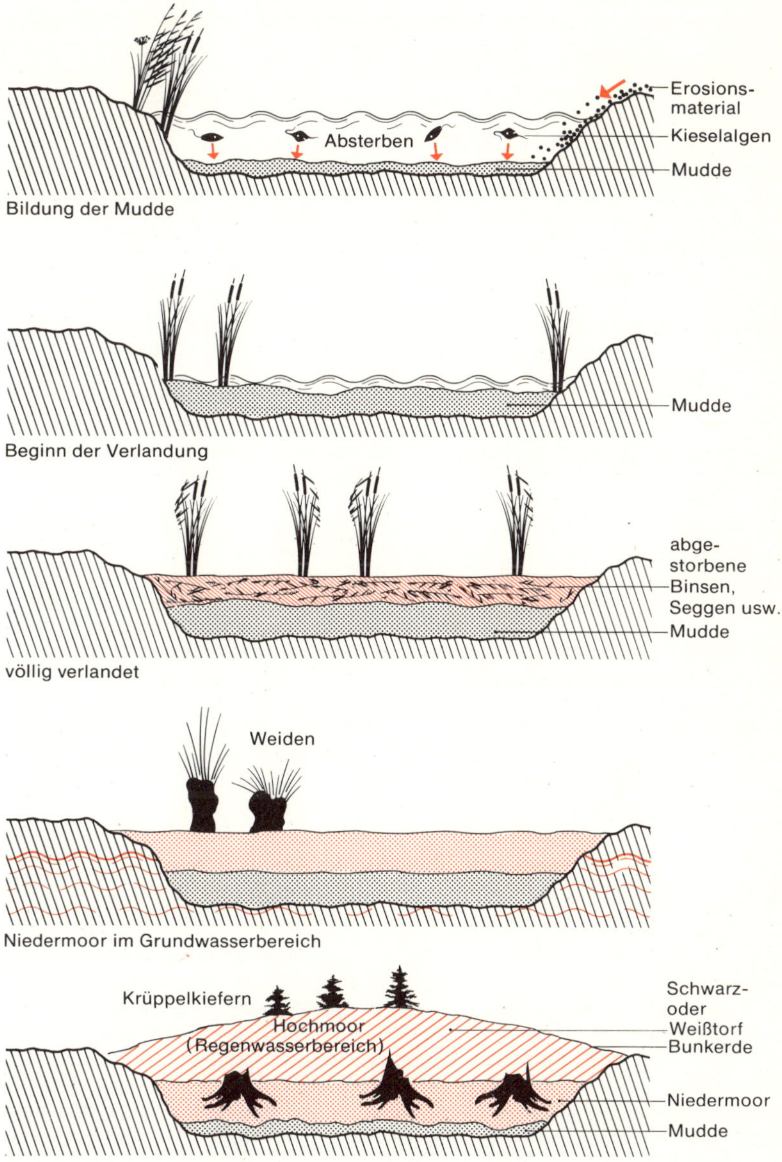

Abb. Stadien der Moorbildung

Moore – Kultivierung und Erhaltung

Ein Moorboden stellt noch keinen im ackerbaulichen Sinne nutzbaren Boden dar, solange er sich noch im Urzustand befindet. Erst wenn durch Entwässerung eine Durchlüftung des Torfbodens möglich geworden ist und der Wasserhaushalt des Moorbodens sich normalisiert hat, setzt die Entwicklung eines ackerfähigen Bodens ein.

In den vergangenen Jahrhunderten wurden die Moore meist durch Torfstich zur Gewinnung von Brennmaterial, Düngemitteln und Streu genutzt. Um Ackerland zu gewinnen, hat man Moore auch einfach abgebrannt; in die zurückgebliebene Torfascheschicht brachte man die Saat ein. Die Erträge dieser heute nicht mehr üblichen *Moorbrandkultur* waren jedoch gering.

Bei der aus den Niederlanden stammenden, heute nur noch selten angewandten *Fehnkultur* wird die Bunkerde (s. S. 234) wieder auf den abgetorften Mineralboden aufgebracht und mit diesem vermischt, wodurch ein ackerfähiger Boden entsteht. Der abgeräumte Torf wird als Brennmaterial, zur Kompostbereitung und als Einstreu verwandt.

Gute Wasser- und Wärmeverhältnisse werden auf *Niedermoorböden* durch Aufbringen einer Sanddecke erreicht *(Sanddeckkultur)*, die in erster Linie die Gefahr des Vermullens (Verlust der Wiederbenetzbarkeit des Torfs bei starker Austrocknung) und die Schadwirkung der Spätfröste vermindert.

Neben einer solchen Sanddeckkultur, die eine grundsätzlich vom Moorboden verschiedene Krume erbringt, kann auch der reine Moorboden in der sog. *Niedermoor-Schwarzkultur* in Nutzung genommen werden. Der bei diesem Verfahren gewonnene Boden eignet sich mehr für Grünlandkultur.

Anstelle der sehr kostspieligen Sanddeckkultur können die Torflagen, wenn sie nicht allzu tief sind, auch mit dem mineralischen, im allgemeinen sandigen Untergrund durch Tiefpflügen vermischt werden *(Sandmischkultur)*, wodurch ebenfalls brauchbare Böden entstehen.

Die *Entwässerung der Hochmoore*, eine notwendige Voraussetzung für deren Nutzung, erfolgt durch die Anlage von Grabennetzen und Dräns (Abflußrohre). Durch den Wasserentzug tritt eine Moorsackung ein, was bei der Anlage der Dränage berücksichtigt werden muß. Nach der Entwässerung wird als erste Düngemaßnahme Kalk zugeführt. In den meisten Fällen ist die Nutzung solcher Hochmoorböden als Dauergrünland die beste Nutzungsart, da die biochemischen Zersetzungsverluste bei Ackernutzung bei ca. 1 cm pro Jahr liegen, bei Grünland jedoch erheblich geringer sind.

Kultivierung und industrielle Ausbeutung der Moore führten und führen zu einer erheblichen *Reduzierung der Moorflächen*. So waren z. B. gegen Ende des 18. Jahrhunderts noch fast 25 % der Fläche des nördlichen Niedersachsens von Hochmooren bedeckt. Damit war dieses Gebiet eines der moorreichsten der Erde. Heute sind die meisten Hochmoore trockengelegt. Weite Gebiete haben ihre Torfdecke durch bäuerlichen Torfstich, den „Torfverzehr" bei direkter landwirtschaftlicher Nutzung, durch Kultivierung und industriellen Abbau verloren.

Seit einiger Zeit bemüht sich der *Naturschutz* stetig um die naturgemäße Erhaltung ausreichend großer, noch unverändert gebliebener Restflächen der früheren Moorgebiete. Die kleine Zahl der heute bestehenden *Moornaturschutzgebiete* beschränkt sich hauptsächlich auf *Moorseen*, die jedoch häufig auf Grund des schmalen Randstreifens nur ungenügend vor einer Entwässerung geschützt sind, so daß ihr Wasserspiegel allmählich absinkt und die Verlandung einsetzt.

Nur in der *Geest* findet man auf höhergelegenen Sandböden noch zahlreiche geschützte *Kleinstmoore*, die durch Mulden im Untergrund entstanden sind und an denen man heute noch deutlich die Stufen der Moorbildung studieren kann, von der freien Wasserfläche und dem Sumpf bis zum aufgewölbten Hochmoor.

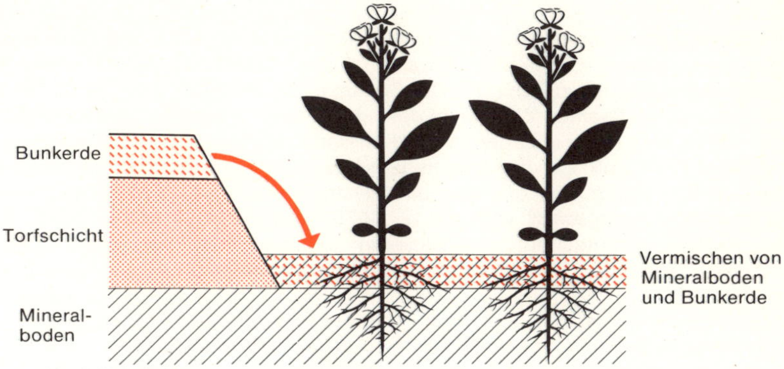

Abb 1 Fehnkultur

Abb. 2 Sanddeckkultur

Abb. 3 Sandmischkultur

Naturschutz

Mit dem Wachstum der Industrie, der Ausdehnung der Städte und Verkehrsanlagen und mit der zunehmenden Zersiedlung der Landschaft wurden ursprüngliche Naturlandschaften immer seltener. Deshalb setzten schon relativ früh Bestrebungen ein, besonders schöne und charakteristische Gebiete zu schützen und für künftige Generationen zu erhalten. Der Gedanke, die Natur vor dem Menschen zu schützen, reicht in seinen Wurzeln in das humanistische Zeitalter zurück. Um das Jahr 1900 wurden in verschiedenen Ländern Deutschlands staatliche Institutionen für Naturschutz und Landschaftspflege gegründet. Heute ist der Naturschutz hauptsächlich durch das „Gesetz über Naturschutz und Landschaftspflege" *(Bundesnaturschutzgesetz)* vom 20.12. 1976 geregelt. Man kennt v.a. sechs Möglichkeiten, Naturschutz zu realisieren: Nationalparks, Naturparks, Landschaftsschutzgebiete, Naturschutzgebiete, Naturdenkmäler sowie Arten- und Biotopschutz.

Nationalparks (s. auch S. 253) sind großräumige Naturlandschaften, die durch ihre besondere Eigenart oft keine Parallelen auf der Erde mehr besitzen. Sie werden strengen Schutzbestimmungen im Sinne des Vollnaturschutzes unterworfen, können aber in Teilen auch für Erholungszwecke zur Verfügung stehen. In der BR Deutschland gibt es den „Nationalpark Bayerischer Wald" und den „Nationalpark Berchtesgaden".

Naturparks sind in sich geschlossene, sich durch ihre Schönheit auszeichnende Landschaften (z.B. die deutschen Mittelgebirge), die nur auf Grund ihrer Großräumigkeit und ihrer bedeutsamen Erholungsfunktion nicht mehr zu den Landschaftsschutz- oder Naturschutzgebieten gezählt werden.

Als *Landschaftsschutzgebiete* bezeichnet man geschützte Landschaftsteile (viele Waldgebiete, Seeufer, Mittelgebirgs- und Heidelandschaften, auch Baum- oder Heckenbestände), die entsprechend den gesetzlichen Bestimmungen „zur Zierde und zur Belebung des Landschaftsbildes" beitragen. Im öffentlichen Interesse verdienen sie daher, erhalten und vor Beeinträchtigung (z.B. Minderung des Erholungswertes) bewahrt zu werden. Eine an die natürlichen Verhältnisse angepaßte Entwicklung und eine ordnungsgemäße forst- und landwirtschaftliche Nutzung kann in Landschaftsschutzgebieten weiter betrieben werden. Landschaftsschutzgebiete werden als solche durch *Landschaftsschutzverordnungen* der Kreisverwaltungen ausgewiesen und in eine *Landschaftsschutzkarte* eingetragen. Dadurch sollen Beeinträchtigungen wie wahllose Müllablagerungen, Zersiedlung, großflächige Kahlschläge und andere massive Eingriffe in die Landschaft verhindert werden.

Zu den *Naturschutzgebieten* zählen solche Bereiche, die in ihrer Natürlichkeit vollständig oder in einzelnen Teilen aus wissenschaftlichen, historischen, heimat- oder volkskundlichen Gründen oder wegen ihrer landschaftlichen Schönheit oder Eigenart geschützt werden. Naturschutzgebiete werden durch *Verordnungen der Bezirksregierungen* (höhere Naturschutzbehörden) ausgewiesen und in das *Naturschutzbuch* bei der obersten Naturschutzbehörde eingetragen. Typische Beispiele sind das Wollmatinger Ried, der Kühkopf, die Hallig Norderoog, der Königssee und der Naturschutzpark Lüneburger Heide.

Unter *Naturdenkmälern* versteht man einzelne Schöpfungen der Natur, die aus wissenschaftlichen, historischen, heimat- oder volkskundlichen Gründen schützenswert sind. *Verordnungen über Naturdenkmäler* können von den Landkreisen oder Stadtkreisen als der unteren Naturschutzbehörde erlassen werden. Zu den Naturdenkmälern zählen z.B. alte oder seltene Bäume, erdgeschichtliche Aufschlüsse und einzelne Territorien bis etwa 5 ha Größe.

Der Arten- und Biotopschutz soll den Artenreichtum an Tieren und Pflanzen in den einzelnen Ökosystemen sichern und gleichzeitig Landschaftsräume mit möglichst vielen natürlichen und naturnahen Ökosystemen schützen.

Geschützte Tierarten

Die „Verordnung über besonders geschützte Arten wildlebender Tiere und wildwachsender Pflanzen" *(Bundesartenschutzverordnung)* in der Fassung vom 25. 8. 1980 bestimmt, daß alle einheimischen nicht jagdbaren, wild lebenden *Vogelarten* geschützt sind. Ausgenommen von diesem Schutz sind Rabenkrähe, Eichelhäher, Elster, Star, Amsel, Haustaube (verwilderte Form) und Haussperling, bei denen jedoch eine Bejagung ebenfalls verboten ist, wenn sie zur Nachtzeit oder unter Zuhilfenahme von Leim, Schlingen, Tellereisen, Selbstschüssen, großen Netzen, künstlichen Lichtquellen oder unter Anwendung von Giftstoffen oder betäubenden Mitteln erfolgt. Der Schutz für alle übrigen in Deutschland vorkommenden Vogelarten bedeutet, daß es verboten ist, diese Vögel zu fangen, mutwillig zu beunruhigen oder zu töten. Ferner ist es verboten, ihre Eier und Nester zu beschädigen oder wegzunehmen und mit dem Fleisch von Vögeln dieser Arten Handel zu treiben. Das Verbot beinhaltet auch, daß in der freien Natur Hecken, Feld- und Ufergehölze sowie Schilf- und Rohrbestände nicht beseitigt und die Bodendekke auf Wiesen, Feldrainen, ungenutztem Gelände, an Hängen und Hecken nicht abgebrannt werden dürfen.

Von den übrigen einheimischen nicht jagdbaren, wild lebenden Tieren sind folgende Arten geschützt: unter den *Säugetieren* insbesondere Biber, Fledermäuse (alle Arten), Baumschläfer und Birkenmaus; unter den *Kriechtieren* alle europäischen Arten, insbesondere Sumpfschildkröte, alle Eidechsenarten, Ringelnatter, Würfelnatter, Glattnatter und Äskulapnatter. Bei den *Lurchen* sind auch alle europäischen Arten geschützt, u. a. Feuersalamander, Alpensalamander, unter den Wassermolchen Kammolch, Bergmolch, Fadenmolch und Teichmolch, unter den Unken und Kröten Rotbauch- und Gelbbauchunke, Geburtshelferkröte, Knoblauchkröte, Erdkröte, Wechselkröte und Kreuzkröte, unter den Fröschen Laubfrosch und Seefrosch. Von den *Insekten* stehen unter Schutz: Libellen, Fangschrekken, Stabwanze; von den Hautflüglern die Bienen und Hummeln und die Rote Waldameise. Von den Käfern u. a. Pracht-, Großlauf-, Bock-, Blüten-, Gold-, Rosen-, Hirsch-, Ölkäfer, Puppenräuber. Weiterhin von den Gleichflüglern die Singzikaden, außerdem die Schmetterlingshaften. Von den Schmetterlingen u. a. Bärenspinner, Spanner, Glucken (ausgenommen Kiefernspinner), Eulenfalter, Ordensbänder, Zahnspinner, Schwärmer (ausgenommen Kiefernschwärmer), Widderchen und Tagschmetterlinge (Ausnahme: einige Weißlinge). Von den *Weichtieren* sind Weinbergschnecke, Teich- und Flußperlmuschel geschützt. Bei den *Gliederfüßern* stehen Kreuzspinnen, Schneckenkanker sowie Stein- und Edelkrebs unter Schutz.

Der fünfte Abschnitt des Gesetzes über Naturschutz und Landschaftspflege *(Bundesnaturschutzgesetz)* vom 20. 12. 1976 verbietet es, Tieren der besonders geschützten Arten nachzustellen, sie zu fangen, zu verletzten, zu töten oder ihre Eier, Larven, Puppen oder sonstige Entwicklungsformen wegzunehmen, zu zerstören oder zu beschädigen. – Ob es gelingt, mit Hilfe dieses Gesetzes auch die Vernichtung geschützter Tierarten durch Eingriffe in die Natur in Form von Giften (z.B. Pflanzenbehandlungsmittel, s. S. 312) und die Vernichtung ökologischer Nischen zu verhindern, bleibt abzuwarten.

Geschützte Tierarten – das Auerhuhn

Einer der am stärksten von der Ausrottung bedrohten einheimischen Großvögel ist das Auerhuhn. Es zählt wie das Rebhuhn, die Wachtel und das Birkhuhn zu den Hühnervögeln. Das Männchen hat zur *Balzzeit* einen blauen Schwanz und Hals, grüne Bauchfedern, braune Flügelfedern und einen roten Augenstreif. Die Auerhennen sind dagegen unscheinbar gefärbt und etwas kleiner. Zur Balzzeit setzt sich der *Auerhahn* frühmorgens auf bestimmte freistehende Bäume, um durch seinen Balzgesang die Hennen anzulocken. Er bevorzugt dabei abgestorbene Bäume oder Bäume ohne Wipfel, die dem schwerfälligen Vogel gute Anflugsmöglichkeiten bieten und von denen aus er einen guten Überblick über das Gelände hat.

Die *Nahrungsansprüche* des Auerhuhns sind bescheiden. Im Winter frißt es Kiefern- und Fichtentriebe, Rinde und Gräser, im Sommer ernährt es sich von Laub und verschiedenen Beeren wie Heidel- und Vogelbeeren. Zur Brutzeit nimmt die Auerhenne Waldkräuter und Insekten auf.

In den letzten Jahrhunderten war fast ganz Mitteleuropa von großen Wäldern überzogen, in denen das Auerhuhn genügend Lebensraum fand, sofern der Anteil an Nadelbäumen als Nahrungsquelle für den Winter ausreichte. Ursprünglich war das Auerhuhn vor allem im üppigen *Bergmischwald* (Fichten-Tannen-Buchen-Wälder) der Alpen, der Mittelgebirge und des Alpenvorlandes heimisch. In den heutigen forstwirtschaftlich genutzten Wäldern herrschen jedoch eintönige Fichten- oder Fichten-Buchen-Wälder vor, in denen die Bäume durch ihre Altersgleichheit ein einheitliches dichtes Kronendach bilden, das nicht genügend Licht auf den Waldboden durchläßt, um Kräuter, Farne und Moose üppig gedeihen zu lassen. Das Auerhuhn findet darum keine ausreichende Bodenvegetation. Es kann ferner auf den schwachen Ästen der Stangenhölzer nicht landen und verliert so die Möglichkeit, den Wald großräumig zu durchfliegen. Das Auerhuhn wurde also in erster Linie durch seine Größe und durch die forstwirtschaftlichen Eingriffe in den Wald aus seinem natürlichen Lebensraum verdrängt.

Aus diesen Gründen und darüber hinaus durch die starke *Bejagung* in den letzten Jahrhunderten (der Auerhahn war als Trophäe sehr geschätzt) ist das Auerhuhn heute in Deutschland fast ausgestorben. Im *Nationalpark Bayerischer Wald* gibt es noch rund 30 Exemplare dieser größten und schwersten Vogelart unserer Wälder. Das von Natur aus an weitläufige, lückenhafte Altbestände von Bäumen mit ausgeprägtem Unterbewuchs angepaßte Auerhuhn findet hier allerdings nur im Bereich des einen großflächig geschlossenen Waldkomplex darstellenden Bergfichtenwaldes optimalen Lebensraum. Die anderen Waldgebiete des Nationalparks sind als natürliche Urwälder entweder zu klein oder sie bestehen aus Monokulturen und Altersklassenbeständen, deren einzelne Bäume gleich alt und damit meist auch gleich hoch sind und deshalb einen ökologisch ausgewogenen Lebensraum, wie ihn das Auerhuhn benötigt, vermissen lassen. Hinzu kommt, daß die Hennen dort in regnerisch-kühlen Sommern keine Küken hochbringen können und dadurch die Bestände klimabedingt großen Schwankungen unterworfen sind.

Zur Erhaltung der Gesamtpopulation müßte eine bestimmte Mindestgröße der Population aufrechterhalten werden, was wiederum bei der für das Auerhuhn charakteristischen niedrigen Siedlungsdichte einen erheblich größeren Lebensraum voraussetzt. Die Fläche des Nationalparks Bayerischer Wald ist jedoch zu klein. Um eine ausreichende große Auerhuhnpopulation zu erhalten, müßte das gesamte Waldgebiet des inneren Bayerischen Waldes als Auerhuhnschutzzone ausgewiesen werden. Die Überlebenschancen der Restbestände sind unter diesen Voraussetzungen nicht groß.

Abb. 1 Balzender Auerhahn

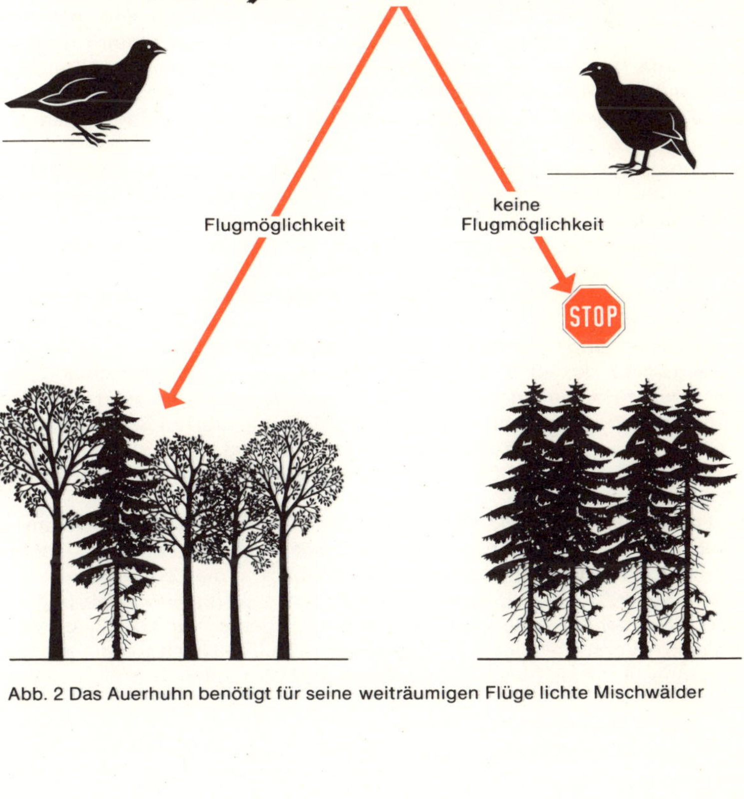

Abb. 2 Das Auerhuhn benötigt für seine weiträumigen Flüge lichte Mischwälder

Geschützte Tierarten – der Fischotter

Der Fischotter lebt an fischreichen Gewässern mit bewaldeten Ufern. Er frißt mit Vorliebe Fische, daneben aber auch Krebse, Vögel, Lurche, Schnecken, Insekten und pflanzliche Kost. Wie Fuchs und Dachs bewohnt er eine unterirdische Höhle, die er an der Uferböschung mit unter Wasser liegendem Eingang anlegt. Sein braunes, samtartiges Fell ist (durch Talgdrüsen) gut eingefettet und daher wasserundurchlässig.

Der Fischotter ist ein Meister im Schwimmen und Tauchen. Sein Rumpf ist langgestreckt und sehr biegsam. Die kurzen Beine (die Zehen sind durch Schwimmhäute verbunden) dienen ihm beim Schwimmen als Ruder, der Schwanz als Steuerruder.

Bei der Nahrungssuche und während der Paarungszeit legt der Fischotter oft große Wegstrecken zurück (bis zu 30 km in einer Nacht). Dabei läuft er teils über Land, teils bewegt er sich an oder in Bächen. Durch den ständigen Ortswechsel innerhalb seines Reviers verhindert der Otter eine Überfischung seiner Jagdgewässer.

Früher hielt man den Fischotter wegen seiner ausgeprägten Vorliebe für Fische für einen gefährlichen Schädling, der die Fische ausrotte. Für seine Tötung wurden daher vom Staat Prämien gezahlt. Ein anderer Grund für die starke Bejagung des Fischotters in der Vergangenheit ist sein glattes, robustes Fell, das in der Pelzwirtschaft auch heute noch sehr begehrt ist. Die Abschußziffern für Bayern lagen im Jahre 1865 bei 415 Tieren. Als im Jahre 1925 „nur" mehr 117 Tiere erlegt werden konnten, begannen die Naturschützer auf den bedrohlichen Rückgang der Bestände aufmerksam zu machen. Trotzdem wurde der Otter weiterhin als Schädling gejagt.

Wie man heute weiß, ist die Hauptbefürchtung, die zur fast vollständigen Ausrottung des Fischotters in Deutschland führte, nicht aufrechtzuerhalten. Wie auch bei anderen Jagd-Beute-Verhältnissen kann ein Jagdtier in einem im ökologischen Gleichgewicht stehenden Lebensraum seine Beutetiere niemals ausrotten. Gefressen werden nämlich in erster Linie die alten, schwachen und kranken Beutetiere, wodurch ein gesunder Bestand der entsprechenden Tierart gewährleistet ist.

Die Bejagung und Verfolgung zwangen den Fischotter immer mehr in die Rückzugsgebiete der dichten Wälder. Heute gibt es in Deutschland außer unbedeutenden Populationen an acht Stellen in Schleswig-Holstein und Niedersachsen nur noch einen Restbestand von 15–20 Exemplaren im Bayerischen Wald. Auch diese Bestände sind durch Wasserverschmutzung, durch die verändernden Eingriffe in die Bäche und Flüsse und durch die Zunahme des Fremdenverkehrs in ihrer Existenz bedroht.

Man hat deshalb im Nationalpark Bayerischer Wald in einem dem Publikum nicht zugänglichen Forschungsgehege Exemplare des Fischotters unter Beobachtung gestellt. Man hofft dadurch einen besseren Einblick in die Lebensweise und das Verhalten dieser Tiere zu erhalten, um aus den gewonnenen Erfahrungen die Schutzmaßnahmen für freilebende Bestände zu verbessern und deren Aussterben zu verhindern. Voraussetzung ist jedoch in jedem Fall, daß noch ausreichend große Gewässerabschnitte als Biotop für den Fischotter vorhanden sind.

Abb. Letzte Populationen des Fischotters in Deutschland

Vogelschutz

Vogelschutz läßt sich von der Motivation her begreifen als *ethischer* oder *kultureller Vogelschutz*, der die Vögel und ihre Arten um ihrer selbst willen schützt, und als *materieller* oder *wirtschaftlicher Vogelschutz*, der ein Teilgebiet der biologischen Schädlingsbekämpfung darstellt.

Die *Vögel* spielen im Haushalt der Natur eine wichtige Rolle. Als Körner- und Beerenfresser tragen sie zur Verbreitung der Pflanzen bei, als Insektenfresser und Jäger (wie Greifvögel und Eulen) sind sie wichtige Schädlingsbekämpfer und sorgen für ein natürliches biologisches Gleichgewicht in der Natur.

Unter Vogelschutz wird häufig nur die Winterfütterung der Vögel und die Ansiedlung von Höhlenbrütern mit Hilfe von künstlichen Niststätten verstanden. Obgleich dieser *praktische Vogelschutz* sehr wichtig ist (s. S. 245f.), muß das Augenmerk vor allem auch auf die Erhaltung der durch die Zivilisation und die Technisierung in der Land- und Forstwirtschaft in ihrer Existenz gefährdeten Vogelarten gerichtet werden. Zu diesen gehören weniger unsere Meisen, Buch- und Grünfinken oder Rotschwänzchen, als vielmehr Großvögel wie Störche, Kraniche, Reiher, viele Greifvögel und Eulen.

Tiere kann man erst dann wirklich schützen, wenn man ihre *Lebensgewohnheiten* genau kennt. Um diese Kenntnis zu erlangen, sind umfangreiche und langjährige Forschungsarbeiten notwendig. Heute befassen sich in der Bundesrepublik sieben Vogelschutzwarten mit diesen Problemen. Der praktische Vogelschutz wird vor allem von dem „Deutschen Bund für Vogelschutz" ausgeführt, dem sowohl Wissenschaftler als auch Liebhaberornithologen angehören.

Ein besonderes Anliegen des Vogelschutzes ist es, Gebiete mit natürlicher Tier- und Pflanzenwelt als dem Lebensraum vieler Vogelarten zu erfassen und in Form von Naturschutzgebieten oder Landschaftsschutzgebieten zu schützen. Solche großen Gebiete, in denen die Populationen der seltenen Vogelarten ungestört bleiben, können jedoch nur in Ausnahmefällen errichtet werden. So ist es für die Erhaltung einer natürlichen und vielfältigen Vogelwelt wichtig, wenigstens *ökologische Nischen* im landwirtschaftlichen Nutzland zu erhalten bzw. neu zu schaffen. In der Landwirtschaft wurden durch jahrzehntelange Intensivierung und oft falsch verstandene Modernisierung natürliche ökologische Nischen (z. B. Hecken, Feldränder, einzelnstehende, große Bäume, kleine Ödländer, kleine Teiche und Gräben) zielstrebig beseitigt, wodurch z. T. riesige Ausmaße annehmende monotone Kultursteppen entstanden, aus denen die Vögel verschwanden, da sie weder Nistgelegenheiten noch Aufenthaltsorte bzw. Schlupfwinkel finden konnten. Hinzu kommen die chemischen Gifte gegen Schädlinge. So konnte in Amerika, England und gebietsweise in Skandinavien der Rückgang verschiedener Greifvögel auf den Einsatz von Schädlingsbekämpfungsmitteln zurückgeführt werden, die diese mit der Nahrung aufgenommen hatten und die dann in den verendeten Vögeln nachgewiesen werden konnten. Eine Einschränkung der chemotechnischen Schädlingsbekämpfung und der vermehrte Einsatz biologischer und ökologischer Bekämpfungsmaßnahmen wären daher auch aus Gründen des Vogelschutzes dringend geboten.

Die alarmierende Gefährdung vieler Vogelarten führte inzwischen auch zu entsprechenden internationalen Bemühungen. So erlangte im Jahre 1975 ein Übereinkommen (Ramsar-Konvention) zur Erhaltung von Feuchtgebieten als Lebensstätten von Wat- und Wasservögeln Rechtskraft. 1976 benannte die BR Deutschland 17 derartige Areale, die z. T. in den dem Naturschutz unterliegenden Gebieten liegen, darunter Steinhuder Meer, Dümmer, Starnberger See, Ammersee und Chiemsee. Weitere zwischenstaatliche Übereinkommen sind in Vorbereitung.

Vogelschutz – praktischer Vogelschutz

Die praktische Vogelschutzarbeit besteht vor allem in der *Fütterung der Vögel* im Winter und in der *Schaffung von Niststätten.* In einer vom Menschen unberührten Landschaft wären solche Vogelschutzmaßnahmen nicht notwendig. In unseren Kulturlandschaften jedoch finden viele der bei uns überwinternden Vögel in der kalten Jahreszeit keine ausreichende Nahrung. Die Winterfütterung birgt jedoch auch einige Gefahren. Viele Tierfreunde glauben, daß das, was uns schmeckt, auch den Vögeln zuträglich sein müsse. Dies ist oft nicht der Fall. Man sollte immer bedenken, daß das Winterfutter nur ein Zusatzfutter ist, das den Ansprüchen der Vögel gerecht werden muß. Folgende Besonderheiten sollten beachtet werden:

1. Die *Fleischfresser* (Greifvögel und Eulen) leben fast ausschließlich von lebender Beute (Mäusebussarde und Milane nehmen auch Aas). Da die in Betracht kommenden Beutetiere, vor allem Mäuse, auch im Winter an die Erdoberfläche kommen, ist eine Winterfütterung der Fleischfresser kaum nötig. In strengen Zeiten können Fleischbrocken ausgelegt werden, von denen die Tiere dann das Fleisch faserweise abreißen können. Auf keinen Fall darf das Fleisch in kleine Würfel geschnitten werden, da es sonst bei Frost in Form von gefrorenen Klötzchen ganz von den Vögeln verschluckt wird, wodurch der betreffende Vogel erkranken oder sogar eingehen kann.

2. Für die *Weichfutterfresser* (Meisen, Kleiber, Drosseln, Rotkehlchen, Baumläufer, Zaunkönige und Spechte) eignen sich Weichfutter, Schweinenabel, mit Fett angeröstete Haferflocken, fein gehackte Nüsse oder Pinienkerne, zerschnittene Rosinen sowie angefaultes Obst. Man kann Weichfutter nach folgendem Rezept auch selbst herstellen: 1 kg ausgelassenes, ungesalzenes Rinderfett wird zum Schmelzen gebracht; dann rührt man in das zerlaufene Fett 1 kg Weizenkleie, bis ein dicker Brei entsteht. Dieser kann in halbierte Kokosnußschalen, Blumentöpfe, Konservendosen u. ä. eingefüllt werden. Nach dem Erkalten hängt man die Futterbehälter an der Futterstelle auf oder bröckelt das Gemisch ins Futterhaus. – Weichfutterfresser sind auch die meisten Wasservögel, die auf unseren Flüssen und Seen überwintern. An diese können trockene Brotreste, frische Gemüse- und Salatabfälle, an frostfreien Tagen auch gekochte Kartoffeln, Hackfleisch o. ä. verfüttert werden. Außerdem nehmen Wasservögel gern Gerste, Hafer, Futterweizen und Mais an, die man am Ufer ausstreuen kann.

3. An die *Körnerfresser* (Finkenvögel, Sperlinge, Tauben und z. T. auch Meisen und Kleiber) kann man im Winter Sonnenblumenkerne, Hafer, Hanf, Mohn, Futterweizen, Salat- und Distelsamen füttern. Die Futterstelle sollte, wenn sie einmal eingerichtet ist, vom Spätsommer bis zum Frühjahr stets mit Futter versorgt werden, da sich die Vögel daran gewöhnen und sich teilweise darauf verlassen, daß sie Futter an dieser Stelle vorfinden. Der Futterplatz sollte gegen Feuchtigkeit (Schnee, Regen) und gegen streunende Katzen geschützt sein.

Eine weitere wichtige praktische Vogelschutzmaßnahme besteht in der *Bereitstellung von Niststätten.* Natürliche Niststätten werden immer seltener. Hohle Bäume werden gefällt, Gestrüpp und Hecken werden gerodet; in den modernen Gebäuden finden sich kaum noch Winkel und Löcher, die Nischenbrütern zur Anlage eines Nestes dienen könnten. Hier kann der Mensch Abhilfe schaffen. Im Garten ist es am einfachsten, dichte Hecken anzulegen, in denen viele Vögel nisten können. Holunderbüsche zum Beispiel stellen sowohl Nistplätze dar als auch im Spätsommer durch die Holunderbeeren Nahrungsstätten.

Für die *Höhlenbrüter* wie Gartenrotschwanz, Kohl-, Blau- und Sumpfmeise, Kleiber, Trauer- und Halsbandfliegenschnäpper können wir künstliche, selbstgebastelte *Nisthöhlen* aufhängen (Fluglochdurchmesser 32 mm; Aufhängehöhe 2,5–3 m). Wenn alle Nistkästen (in einem kleinen Garten 3–5) besetzt sind, kann man weitere aufhängen. Am besten ist es, die Kästen bereits im Herbst anzubringen, damit sich die Vögel bereits im Laufe des Winters daran gewöhnen können. Das Flugloch soll nach Möglichkeit nicht nach der Wetterseite, sondern mehr nach Süden oder Osten zeigen. Im Herbst müssen die Nistkästen ausgeräumt und gereinigt werden.

Um *Eulen* Nistmöglichkeiten zu bieten, kann man an Scheunen hinter offenstehenden Luken *Brutkästen* anbringen. Diese bestehen z. B. für Schleiereulen aus einer etwa 50 cm hohen Kiste von etwa 1 m^2 Grundfläche mit einem großen Einflugloch, das an die Luke anschließen soll. Um diese Niststätte einem alten morschen Baum anzugleichen, streut man auf den Boden der Kiste etwas Torfmull. Manchmal wird eine solche Nisthöhle auch von Waldkäuzen angenommen.

Da *Schwalben* in den Dörfern heute durch das Verschwinden der Schlammpfützen auf den Dorfstraßen nur noch wenig Baumaterial finden, kann man für sie künstliche Nester aus Holzbeton anbringen, die von diesen Vögeln gern angenommen werden. Für die *Mehlschwalben* werden die Nester unter der Dachrinne, für *Rauchschwalben* (als oben offene Nester) in Ställen, Fluren, Scheunen usw. angebracht. Die Einflugluken müssen ständig offenbleiben.

Spechte nehmen nur ungern künstliche Bruthöhlen an. Sie zimmern ihre Höhle gern selbst in alten, abgestorbenen Bäumen.

Zum praktischen Vogelschutz gehört auch, daß man in Gebieten, in denen es wenig Wasser gibt, im Sommer im Garten oder Hof eine kleine *Vogeltränke* anlegt. Am einfachsten ist eine flache, unter einen leicht tropfenden Wasserhahn gestellte Schüssel, in die ein paar größere, flache Steine gelegt werden. Es ist eine Freude, an solchen Tränken das muntere Treiben der Vögel beim Baden zu beobachten.

Eine häufige, oft tödliche *Falle* für Vögel stellen durchsichtige *Glaswände* dar, die von den Vögeln beim Fliegen oft nicht wahrgenommen werden, so daß sie sich daran die Halswirbelsäule brechen können. Man kann diese Gefahrenstellen z. B. dadurch entschärfen, daß man Büsche oder Bäume vor den Scheiben anpflanzt oder Jalousien anbringt. Auch die Bespannung der Glasflächen auf der Innenseite mit Vorhängen, die Verwendung von Milchglas oder das Anbringen von Greifvogelsilhouetten, an denen die Vögel das Hindernis erkennen können, sind geeignete Schutzmaßnahmen.

Bei der *Hilfe für Jungvögel außerhalb des Nestes* ist folgendes zu beachten: Flugunfähige Jungvögel außerhalb des Nestes sind nicht von ihren Eltern verlassen. Viele Jungvögel verlassen vorzeitig das Nest und hüpfen auf dem Boden oder in den Zweigen umher. Durch bestimmte Laute zeigen sie ihren Eltern an, wo sie sitzen, so daß die Eltern sie immer wieder finden und füttern können. Man läßt daher einen solchen Vogel am besten in Ruhe oder, wenn er z. B. auf einer Straße sitzt, nimmt ihn vorsichtig auf und setzt ihn in das nächste Gebüsch, wo er sicher ist. Man darf ihn dabei aber nicht allzu weit von der Fundstelle entfernen, da er sonst von seinen Eltern nicht mehr gefunden wird. – Anderes gilt nur für *Mehlschwalben* und *Mauersegler*. Diese nehmen aus dem Nest gefallene Junge nicht mehr an und füttern sie nicht mehr. Man hat in diesem Fall nur die Möglichkeit, die Jungen entweder in das Nest zurückzusetzen oder sie selbst aufzuziehen (z. B. Gabe von erbsengroßen Portionen aus frischem, magerem Quark und Fliegen). Am besten wendet man sich an die zuständige Vogelschutzwarte oder an eine Ortsgruppe des Deutschen Bundes für Vogelschutz.

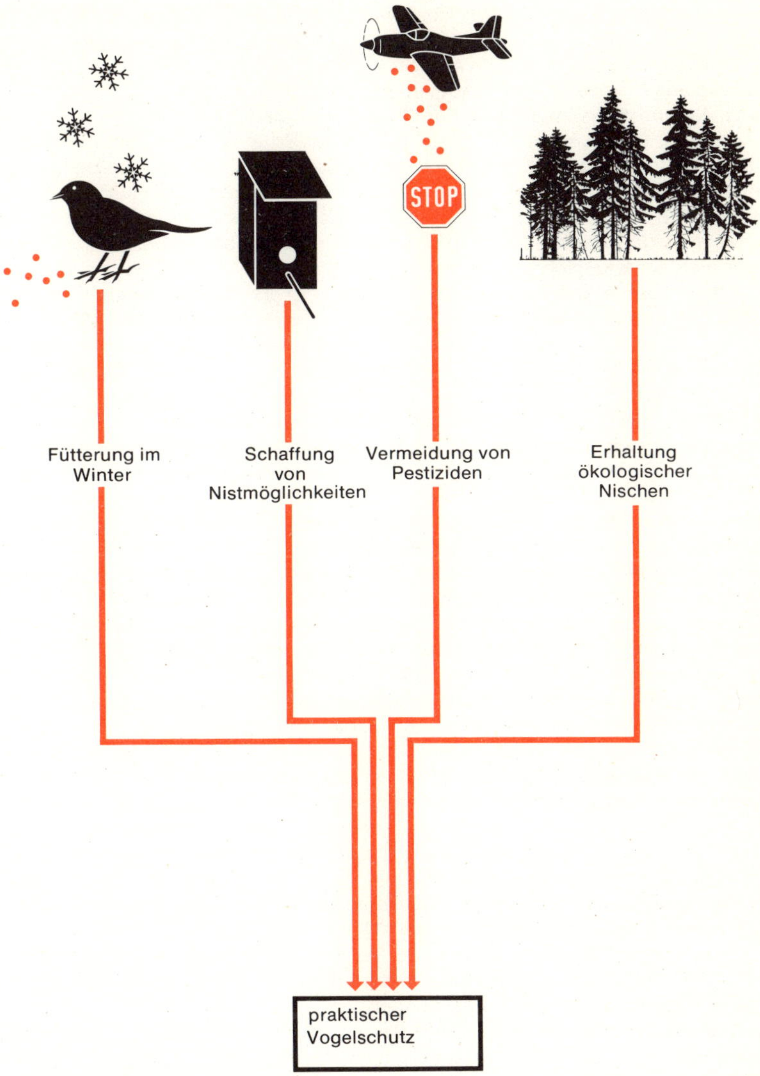

Abb. Möglichkeiten des praktischen Vogelschutzes

Die Einbürgerung neuer Tierarten

Durch die Einbürgerung neuer Tierarten in nicht angestammte Lebensräume können ähnlich gravierende Veränderungen im ökologischen Gefüge der Natur verursacht werden wie durch die Ausrottung von Tierarten. Es gibt dafür, vor allem außerhalb von Europa, mehrere aufsehenerregende Beispiele.

Das bekannteste Beispiel ist die Einführung des Kaninchens in Australien. Da sich der Kontinent *Australien* schon relativ früh in der Erdgeschichte von den anderen Kontinenten löste, hat sich auf ihm eine Tierwelt entwickelt, die von der anderer Kontinente stark verschieden ist. So gibt es in der australischen Fauna z. B. keine Regelsysteme für *Kaninchen.* Auf diesen Mangel wurde man jedoch erst aufmerksam, als man 1851 bereits einige Kaninchen dort ausgesetzt hatte, ein schwerwiegender Fehler, wie sich zeigen sollte. Da die Kaninchen in Australien keine natürlichen Feinde unter den Tieren hatten und da sie andererseits optimale Lebensbedingungen vorfanden, vermehrten sie sich bis zum Jahr 1932 auf 20 Millionen Exemplare. Dadurch waren sie zu einer ungeheueren Landplage geworden, die das ökologische Gleichgewicht, aber auch die Landwirtschaft Australiens stark gefährdete. Erst mit Hilfe einer durch Viren erzeugten Seuche, der *Myxomatose,* gelang es schließlich, sie wieder nahezu auszurotten.

Ein anderes Beispiel ist der *Mungo,* ein in Ostindien heimisches Raubtier von Mardergröße. Dieser wurde auf *Jamaika* (1872) ausgesetzt, wo er die durch Schiffe eingeschleppten Ratten vertilgen sollte, die an Zuckerrohrpflanzen großen Schaden anrichteten. Die wenigen eingeführten Exemplare vermehrten sich stark und verminderten so die Zahl der Ratten erheblich. Als jedoch die Zahl der Ratten, die die Hauptnahrung der Mungos bilden, immer mehr zurückging, ging der Mungo dazu über, auch andere Tiere zu fressen: Wild, Geflügel, Kleinvögel und ihre Eier, Eidechsen, Lurche, Schlangen u. a. Die Folge war, daß diese Tiere dort nahezu ausgerottet wurden und damit ihre natürlichen Beutetiere, bestimmte Schadinsekten, in verheerendem Ausmaß überhand nahmen. Bereits um das Jahr 1890 war der Schaden, den der Mungo angerichtet hatte, viel größer als sein Nutzen.

Aus ökologischer Sicht erscheint deshalb die Einbürgerung nicht einheimischer Tierarten nicht sinnvoll, eher bedenklich. So hat z. B. selbst die Einbürgerung inzwischen akklimatisierter Tierarten, wie etwa des *Jagdfasans,* zu negativen indirekten Wirkungen geführt, indem heimische Tierarten durch zu starke Bejagung in ihren Beständen vermindert und teilweise sogar ausgerottet wurden. Das sind im Falle des Jagdfasans vor allem die für den Naturhaushalt sehr wichtigen Greifvogelarten, die man deshalb jagte, weil sie ab und zu einen der von den Jägern gehegten Jagdfasanen erbeuteten. Außerdem hat der Jagdfasan negative, verdrängende Wirkung auf verwandte heimische Tierarten wie Birkhuhn, Rebhuhn u. a.

Aus nämlichen Gründen muß man der geplanten Einbürgerung von jagdbaren Tieren wie Mufflon, Kanadagans, Baumwachtel, Steinhuhn, Rothuhn, Königsfasan, Perlhuhn, Truthuhn u. a. mit Skepsis begegnen.

Anders ist die Situation bei der wissenschaftlich sorgfältig vorbereiteten *Wiedereinbürgerung von der Ausrottung bedrohter Tierarten*, mit der die natürliche Vielfalt der Tierwelt wieder hergestellt oder erhalten werden soll. Allerdings ist die Zahl erfolgreicher Wiedereinbürgerungen oder geglückter Bestandsauffrischungen in der Bundesrepublik noch gering. Erfolgreiche Versuche sind bisher mit Biber, Luchs, Uhu, Murmeltier, Rothirsch, Reh, Gemse, Großtrappe und Graugans zu verzeichnen.

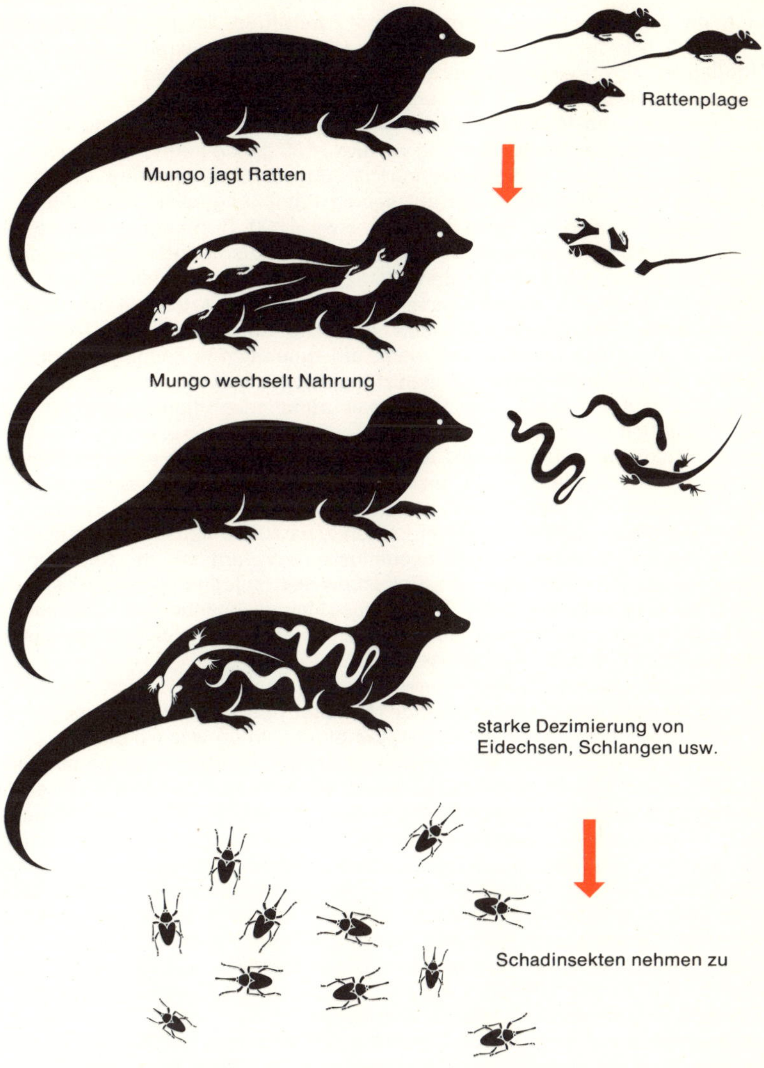

Abb. Störung des ökologischen Gleichgewichts durch die Einbürgerung des Mungos auf Jamaika

Die Ausrottung von Tieren und Pflanzen

Durch die zunehmende Ausbeutung und Zerstörung der Natur in den letzten Jahrzehnten wurde nicht nur die Gesamtzahl der wild lebenden Tiere und der Wildpflanzen verringert, sondern auch die Zahl der Arten, was einen Verlust an genetischem Reservoir der Erde bedeutet. In den letzten 350 Jahren wurden über 280 *Säugetier-* und *Vogelarten* ausgerottet. Etwa 290 Säugetier- und Vogelarten stehen kurz vor dem Aussterben und weitere 1 000 gelten bereits als sehr selten. – Ähnliches gilt auch für die *Bewohner der Meere*. Der bekannte französische Tiefseeforscher J. Cousteau hat auf seinen Forschungsreisen festgestellt, daß innerhalb der letzten 50 Jahre im Meer etwa 1 000 Tiergattungen (rund 40 %) verschwunden sind. Cousteau gibt als Ursache dafür die Meeresverschmutzung an. Nicht viel anders sieht es bei den *Pflanzenarten* aus. Untersuchungen in der Umgebung der Stadt Stuttgart ergaben, daß über 6 % der Arten, die vor 100 Jahren dort vorkamen, heute verschwunden sind. Die Kultivierung von Mooren, die Beseitigung von Au- und Bruchwäldern, die zunehmende Zerstörung von Landschaften durch den Bau von Straßen, Flugplätzen, Industrieanlagen und durch Besiedlung raubten vielen, vor allem den empfindlichen Pflanzenarten die letzten Zufluchtsstätten.

Vom Verschwinden vieler, vor allem der kleinen, unscheinbaren Lebewesen erhalten wir keine Kunde mehr, da ihre Existenz bisher nicht registriert werden konnte. Im Jahr 1973 waren in Deutschland rund 40000, auf der Erde rund 1,2 Millionen Tierarten bekannt. Seither kamen etwa 70000 neu entdeckte hinzu. Die Ausrottung von Großtieren stellt zweifellos eine Verarmung der Natur und des Lebens auf der Erde dar. Ohne die *Kleinlebewesen* ist jedoch der Fortbestand des Lebens auf die Dauer gefährdet. Gerade diese kleinen, unscheinbaren Organismen sind für den Haushalt der Natur im allgemeinen von weit größerer Bedeutung als etwa der Wisent oder der Auerochse.

Welche unbedachten Auswirkungen massive, zerstörende *Eingriffe des Menschen in die Natur* haben, zeigt folgendes Beispiel: In *Borneo* wurden Stechmücken mit *DDT* bekämpft. Direkt nach der Bekämpfungsaktion war ein großer „Erfolg" sichtbar, da praktisch keine Mücken mehr aufzufinden waren. Eine andere Tierart jedoch, die dort verbreiteten Kakerlaken, blieben trotz DDT am Leben. Die Eidechsen, deren normale Nahrung u. a. diese Kakerlaken sind, nahmen nun mit den DDT-verseuchten Beutetieren ebenfalls das Gift auf. Dies reicherte sich in deren Körper an und machte die Tiere durch die dadurch eintretende Nervenschädigung träger. Die Folge war, daß sie nun von Katzen sehr leicht gefangen und gefressen werden konnten. Durch die hohe Giftanreicherung in den Beutetieren starben die Katzen bereits nach dem Verzehr einiger Eidechsen. Als Folge davon konnten sich nun die Ratten ungehindert vermehren, so daß Seuchengefahr bestand. – Ein zweiter Effekt des DDT war die Ausrottung eines kleinen Insekts, das von Raupen in den Strohdächern der Eingeborenenhütten lebt und so bisher deren Massenvermehrung verhindert hatte. Die Folge war, daß die Dächer der Häuser durch den Massenfraß der Schadraupen einfielen. So wurden durch den einmaligen Gifteinsatz negative Wirkungen auf ganz verschiedenen, praktisch nicht voraussehbaren Gebieten verursacht.

Bei der Verarmung unserer Fauna darf die *Tötung von Tieren durch den Straßenverkehr* nicht vergessen werden. Jährlich sterben auf den Straßen der Bundesrepublik über 200000 Hasen, Rehe, Hirsche und Wildschweine, dazu einige Millionen von kleinen Säugetieren, Vögeln und Kriechtieren.

Ein weiteres Beispiel für die Dezimierung von Tieren ist die Tatsache, daß in einigen europäischen Ländern auch heute noch Millionen von *Singvögeln*, die auf dem Durchzug sind, gefangen und verspeist werden. Während in Belgien die Vernichtung von Singvögeln inzwischen verboten ist, werden in Italien nach wie vor

Millionen der durch den Flug stark geschwächten Zugvögel getötet. So haben in den letzten 70 Jahren die insektenfressenden Singvögel als Opfer des Vogelfangs und der Schädlingsbekämpfungsmittel um 90% abgenommen.

Weiterhin seien die größten Säugetiere der Erde, die *Wale* erwähnt, die auf Grund wirtschaftlicher Interessen nahezu ausgerottet wurden; außerdem die Abschlachtung von *Walrossen, See-Elefanten, Seehunden* und *Seelöwen*. Es gibt heute noch rund 40000 Walrosse auf der Erde. Ihr Bestand wird durch Abschuß fortlaufend kleiner, und zwar trotz einer beachtlichen Zuwachsrate von 5000 Tieren pro Jahr. Ähnliches gilt für andere große Säugetiere. Vom indischen *Panzernashorn* gibt es höchstens noch 200 Exemplare, vom *Sumatranashorn* nur noch 10, vom *Javanashorn* höchstens noch 25 Tiere. In Ostafrika, wo Nashörner noch etwas häufiger vorkommen, werden durch Wilderer jährlich rund 1000 Tiere getötet, da dort die Hornsubstanz der Nashörner mit hohem Profit als Potenzmittel für alternde Männer verkauft werden kann.

Durch den massiven Einsatz von Giften in der Land- und Forstwirtschaft, durch die Begradigung und Betonierung von Bächen und durch das Zuschütten von Tümpeln werden in Europa gerade die *Nützlinge* unter den Tieren am stärksten betroffen. Dazu gehören v.a. die kaum beachteten Kröten, Frösche, Eidechsen, Florfliegen und Marienkäfer.

Bei den chemischen und großtechnischen Eingriffen in die Natur sind nicht zuletzt auch die *Insekten* gefährdet, auf die viele Pflanzenarten für die Bestäubung angewiesen sind: Hummeln, Schmetterlinge, Blütenkäfer und viele andere. Von der Bestäubung hängt aber auch der Ertrag an für den Menschen wichtigen Früchten ab.

Der Rückgang und die Ausrottung von Tier- und Pflanzenarten vollzieht sich im allgemeinen sehr langsam und für den Laien unbemerkt. Deshalb wirken sich *Schutzmaßnahmen* (z.B. Geschwindigkeitsbeschränkungen) meist erst nach einer gewissen Zeit aus; oft kommen sie sogar zu spät.

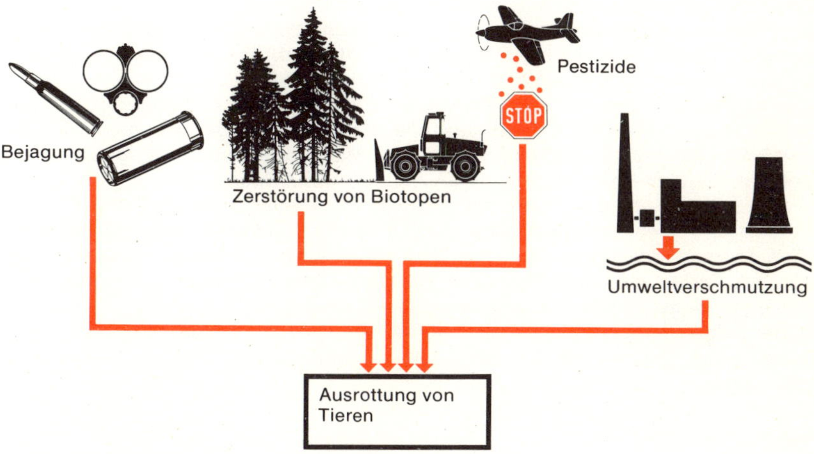

Abb. Verschiedene Ursachen der Ausrottung von Tierarten

Geschützte Pflanzen

Zahlreiche Pflanzenarten sind durch die Zivilisation in ihrer Existenz bedroht. Einige Arten sind inzwischen so selten geworden, daß sie nur noch an wenigen Standorten in Deutschland vorkommen. Zu ihrer Erhaltung sind deshalb bestimmte staatliche Schutzmaßnahmen unumgänglich. Nach den Bestimmungen des Gesetzes über Naturschutz und Landschaftspflege *(Bundesnaturschutzgesetz)* vom 20.12.1976 ist es u.a. verboten, wildwachsende Pflanzen mißbräuchlich zu nutzen oder ihre Bestände zu verwüsten. Dazu gehört das unbefugte Abbrennen der Pflanzendecke, das böswillige und zwecklose Niederschlagen von Stauden und Uferpflanzen und die übermäßige Entnahme von Blumen und Farnkräutern. Darüber hinaus stehen eine größere Zahl von Pflanzenarten vollständig unter Naturschutz.

Man unterscheidet *vollkommen geschützte* Pflanzen, die weder gepflückt, noch ausgerissen, ausgegraben oder beschädigt werden dürfen, und *teilweise geschützte* Pflanzen, die nur in kleineren Bezirken vollkommen geschützt sind, sonst aber nur in kleinen Mengen (Handstrauß), in Einzelfällen jedoch nicht in mehreren Exemplaren und auf keinen Fall zu gewerblichen Zwecken gesammelt werden dürfen. Die Wurzeln, Wurzelstöcke, Zwiebeln oder Rosetten der teilweise geschützten Pflanzen dürfen ebenfalls nicht entnommen oder beschädigt werden.

Im folgenden werden die wichtigsten geschützten Pflanzenarten genannt:

Von den *Farnen* Königsfarn, Straußfarn und Hirschzunge; *Alpenrose;* von den *Lilien* alle europäischen Arten; *Schneeglöckchen;* von den *Orchideen* alle Arten (bes. die verschiedenen Arten der Knabenkräuter, die u.a. in Auwäldern vorkommen); von den *Nelken* die Pfingst- und Prachtnelke; *Federgras* (alle Arten); von den *Seerosen* alle einheimischen Arten, insbes. die Kleine Teichrose; die *Christrose;* die Arten der *Akelei;* von den *Anemonen* Großes Windröschen, Narzissenwindröschen; von den *Küchenschellen* alle einheimischen Arten, insbesondere Kleine Küchenschelle, Wiesenküchenschelle, Heideküchenschelle und Große Küchenschelle; Frühlingsadonisröschen; alle einheimischen Arten des *Seidelbasts;* von den *Schlüsselblumen* alle rotblühenden Arten (z.B. Aurikel und die Zwergschlüsselblume); das *Alpenveilchen;* alle Arten des *Enzians;* der Gelbe und der *Großblütige Fingerhut;* die *Echte Edelraute* und das *Edelweiß.*

In der zweiten Kategorie der *teilweise geschützten* Pflanzen sind diejenigen zusammengefaßt, von denen es verboten ist, die unterirdischen Teile (Wurzelstökke, Zwiebeln) oder die Rosetten wildwachsender Pflanzen zu beschädigen oder von ihrem Standort zu entfernen. Zu diesen Pflanzen gehören: *Wilde Tulpe;* alle einheimischen Arten der *Träubelhyazinthe; Maiglöckchen; Gelbe Narzisse; Schlüsselblume* (alle gelbblühenden Arten); einige *Mannsschildarten;* alle rosetten- und polsterbildenden Arten der Gattungen *Hauswurz* und *Steinbrech.*

Zur dritten Kategorie der Pflanzenarten, die weder ganz noch in Teilen für gewerbliche Zwecke gesammelt werden dürfen, gehören die verschiedenen *Bärlapparten,* der *Wacholder,* die *Eibe,* zahlreiche *Schwertlilienarten, Gagelstrauch, Trollblume,* verschiedene *Eisenhutarten,* das *Leberblümchen,* alle Arten des *Sonnentaus,* die *Stechpalme, Arnika* und *Silberdistel.*

Bei einigen dieser Arten kann ausnahmsweise von den [höheren] Naturschutzbehörden eine Sammelerlaubnis für Gebiete erteilt werden, in denen diese häufig vorkommen.

Nationalparks in der BR Deutschland

Nationalparks erfüllen im wesentlichen die folgenden Aufgaben: Sie dienen dem Naturschutz und sind zugleich geeignete Stätten der Erholung. Ferner leisten sie wichtige Beiträge im Rahmen wissenschaftlicher Forschungsvorhaben im geologischen, klimatologischen, hydrologischen, zoologischen, botanischen und ökologischen Bereich.

In der BR Deutschland gibt es bisher nur die Nationalparks „Bayerischer Wald" (gegründet 1970) und „Berchtesgaden" (gegründet 1978). Gleichwohl werden gelegentlich auch andere Gebiete in der Bundesrepublik als für die Anlage von Nationalparks geeignet diskutiert, so z.B. das nordfriesische Wattenmeer, die Lüneburger Heide und die Lange Rhön.

Der *Nationalpark Bayerischer Wald*, dem westlich eine Reservatzone mit Gehegen und Volieren und eine Wander- und Ruhezone einschließlich Ferienorten vorgelagert sind, umfaßt mit 13200 ha ein Kernstück im größten geschlossenen Waldgebiet Mitteleuropas. (Jenseits der deutsch-tschechischen Grenze ist der Böhmerwald als Landschaftsschutzgebiet Sumava ausgewiesen.) Der Nationalpark enthält Relikte eines urtümlichen Bergmischwaldes mit Tannen, Buchen und Fichten. Auf den wärmeren Hängen gesellen sich dazu noch Esche, Linde, Spitzhorn und Eibe. Die Tierwelt ist artenreich. Außer Rot- und Rehwild kommen noch Fuchs, Marder und Dachs vor. Entlang der Bäche und in den Schluchten entfalten sich Bodenpflanzen mit dem Bergglöckchen als Leitpflanze. Hier leben die Gebirgsbachstelze und die Wasseramsel.

In Höhenlagen kommt als Rarität der Pannonische Enzian vor. Von besonderer Eigenart sind die Hochmoore der Tallagen mit Spirke, Latsche, Moosbeere, Andromedaheide und Sonnentau. In den Wiesenmooren mit Sumpfblutauge und Kohlkratzdistel ist Birkwild anzutreffen. Rund 100 Vogelarten brüten in diesem Gebiet. Auch Bussarde, Sperber, Turm- und Baumfalken kann man hier antreffen. Ob es gelingt, die Restbestände von Fischottern zu erhalten, ist ungewiß.

Die Gehege beherbergen u.a. Wisent, Hirsch, Wolf, Luchs und Fischotter.

Es gibt außer Wanderwegen von insgesamt rund 200 km Länge noch eine Reihe von Lehrpfaden, ferner eine Felswanderzone und einen waldbotanischen Garten. Auf rund 4000 ha bleibt der Wald sich selbst überlassen.

Der etwa 20800 ha große *Nationalpark Berchtesgaden* umfaßt den südlichen (montanen bis alpinen) Teil des Landkreises Berchtesgadener Land. Die ihm nördlich vorgelagerte landwirtschaftliche Nutzfläche soll den Nationalpark vom Fremdenverkehr entlasten. Beide Zonen zusammen bilden den *Alpenpark Berchtesgaden*. Der Nationalpark hat viele steile Berghänge und weist extreme Höhenunterschiede auf kurze Entfernungen auf, wie z.B. zwischen dem in 600 m Höhe gelegenen Königssee und dem 3 km entfernten, 2713 m hohen Watzmann. Ausgedehnte Hochplateaus mit steil abfallenden Flanken finden sich im Gebiet der Reiteralpe und im Steinernen Meer, in dem Zirbelkiefer-Lärchen-Wälder vorkommen. Neben trockenen Karst- und Schotterflächen gibt es hier Seen mit einer Gesamtfläche von 600 ha.

Unterschiedliche geologische und geographische Verhältnisse haben hier eine Vielzahl natürlicher Biotope geschaffen: Etwa ein Drittel des Gebietes besteht aus Wald. An die Zone der Laubwald-Mischwald-Gesellschaften schließt sich ein breiter Gürtel eines bis in etwa 1350 m Höhe hinaufreichenden Eichen-Tannen-Buchen-Waldes an. Darüber finden sich alpine Rasen- und Felsspaltengesellschaften.

Das Gebiet der Berchtesgadener Alpen wurde zu Beginn des 12. Jahrhunderts besiedelt. Landwirtschaftlich wurde es vor allem auf hoch gelegenen Almen (heute nur noch 3% der Fläche) genutzt. Seit etwa 100 Jahren entwickelte sich hier eines der ersten Fremdenverkehrsgebiete Deutschlands.

Naturparks

Naturparks sind großräumige Landschaften von besonderer Schönheit und Eigenart, die der Erholung und dem Fremdenverkehr dienen. Als noch einigermaßen intakte Naturräume und bestimmende Faktoren für Klima, Wasserhaushalt und Landeskultur stehen sie unter gesetzlichem Schutz, der störende Einwirkungen verhindert und eine ordnungsgemäße Land- und Forstwirtschaft sowie die gesetzlich geregelte Jagd und Fischerei gestattet. Größere Flächenanteile der Naturparks sind als Landschaftsschutzgebiete, kleinere Flächen als Naturschutzgebiete ausgewiesen.

Hinsichtlich Zahl und Größe besitzt die BR Deutschland im Vergleich zu anderen europäischen Ländern nicht nur die größten, sondern auch die meisten (63) Naturparks, die rund 49000 km² Landschaft umfassen (das sind rund 20% der Gesamtfläche der BR Deutschland). Im folgenden werden die Naturparks in der BR Deutschland nach Bundesländern geordnet aufgeführt (in Klammern Größe und Jahr der Einrichtung):

Baden-Württemberg: Neckartal-Odenwald (1300 km², 1980); Schwäbisch-Fränkischer Wald (900 km², 1979); Obere Donau (813 km², 1980); Stromberg-Heuchelberg (308 km², 1980); Schönbuch (155 km², 1972).

Bayern: Altmühltal (2908 km², 1969); Fränkische Schweiz – Veldensteiner Forst (2346 km², 1968); Oberer Bayerischer Wald (1513 km², 1968; Bayerischer Spessart (1300 km², 1959); Steigerwald (1280 km², 1971); Augsburg – Westliche Wälder (1175 km², 1974); Frankenwald (1161 km², 1973); Oberpfälzer Wald – Vohenstrauß (410 km², 1971); Oberpfälzer Wald – Oberviechtach-Schönsee (276 km², 1971); Oberpfälzer Wald – Nabburg (235 km², 1971); Oberpfälzer Wald – Neunburg (253 km², 1971); Bayerische Rhön (1090 km², 1967); Frankenhöhe (1070 km², 1974); Fichtelgebirge (1010 km², 1972); Haßberge (778 km², 1974); Bayerischer Wald (573 km², 1968); Hessenreuther und Mantler Wald mit Parkstein (270 km², 1975).

Hamburg: Harburger Berge (38 km², 1960).

Hessen: Bergstraße-Odenwald (1603 km², 1960); Hochtaunus (1200 km², 1962); Rhein-Taunus (808 km², 1968); Hessischer Spessart (710 km², 1962); Hessische Rhön (500 km², 1963); Habichtswald (474 km², 1962); Meißner – Kaufunger Wald (420 km², 1962); Hoher Vogelsberg (384 km², 1957); Diemelsee (334 km², 1965).

Niedersachsen: Weserbergland (1125 km², 1975); Nördlicher Teutoburger Wald – Wiehengebirge (1112 km², 1962); Harz (840 km², 1960); Elbufer-Drawehn (750 km², 1958); Solling-Vogler (528 km², 1963); Südheide (500 km², 1963); Dümmer (472 km², 1972); Elm-Lappwald (340 km², 1976); Steinhuder Meer (310 km², 1974); Münden (195 km², 1959).

Nordrhein-Westfalen: Bergisches Land (1900 km², 1965); Nordeifel (1763 km², 1960); Hohe Mark (1009 km², 1963); Rothaargebirge (980 km², 1963); Ebbegebirge (750 km², 1964); Eggegebirge und Südlicher Teutoburger Wald (593 km², 1965); Homert (550 km², 1965); Arnsberger Wald (448 km², 1960); Schwalm-Nette (435 km², 1965); Kottenforst-Ville (190 km², 1959); Siebengebirge (42 km², 1958).

Rheinland-Pfalz: Pfälzer Wald (1793 km², 1958); Saar-Hunsrück (1671 km², 1980); Nassau (580 km², 1962); Rhein-Westerwald (446 km², 1962); Südeifel (426 km², 1958).

Schleswig-Holstein: Lauenburgische Seen (440 km², 1960); Westensee (250 km², 1969); Aukrug (350 km², 1972); Hüttener Berge – Wittensee (220 km², 1972).

In diesen Naturparks gibt es 700 Rundwanderwege mit einer Gesamtlänge von 35000 km, 300 Lehrpfade und 250 Aussichtstürme sowie Schutzhütten und Grillplätze. Ein Teil der Naturparks erfüllt eine wichtige Funktion für die Naherholung der in Ballungsräumen und Großstädten lebenden Menschen. Andere Naturparks, die weiter entfernt von Großstädten liegen, sind Fernerholungs- und Urlaubsgebiete.

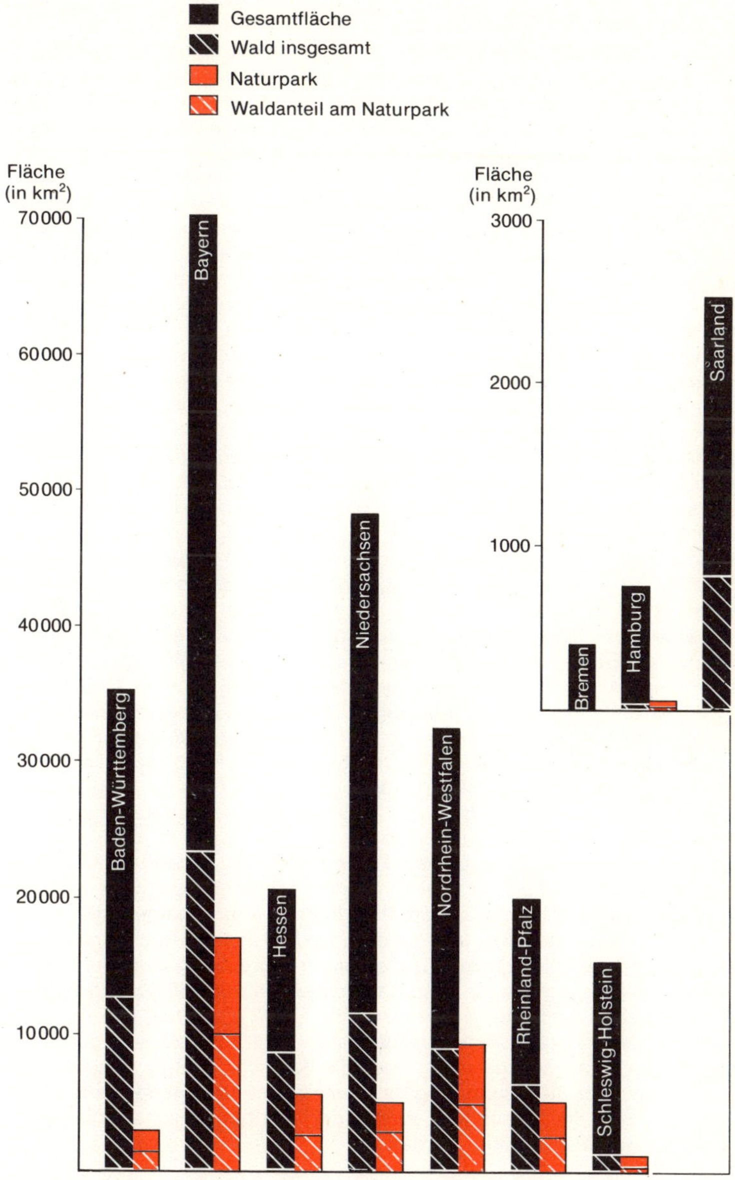

Abb. Naturparks in der BR Deutschland in ihrer Verteilung auf die einzelnen Bundesländer mit dem jeweiligen Flächen- und Waldanteil

Landwirtschaft und Landschaftsgestaltung

Das Erscheinungsbild der *Agrarlandschaft* wird im wesentlichen bestimmt durch die Art der Bodennutzung (Acker, Grünland), die Gliederung der Flur (große oder kleine Parzellen) und durch die Struktur der Siedlungen. Während der Mensch früher gezwungen war, seine Aktivitäten der natürlichen Ausstattung des Raums bis zu einem gewissen Grade anzupassen, führte die technische Entwicklung in zunehmendem Maße dazu, daß nicht mehr die Nutzung der Landschaft, sondern die Landschaft der Nutzung angepaßt wird.

Eines der wichtigsten landschaftsgestaltenden Elemente ist die *Mechanisierung.* Die Zahl der in der Landwirtschaft der BR Deutschland eingesetzten Traktoren hat von 1960 bis 1979 um 70% zugenommen, ihre Motorleistung, auf die Fläche bezogen, sogar um 290%. Die Entwicklung geht eindeutig in die Richtung: immer mehr und stärkere Maschinen. Die Maschinen sind aber nur dann sinnvoll und rationell einzusetzen, wenn die zu bearbeitenden Parzellen nicht zu klein sind.

Dies hat insbesondere in jenem Agrarraum, der durch die Realteilung stark zersplittert ist, zur Folge, daß viele kleine Parzellen zu großen zusammengelegt werden müssen. In einer durch Täler und Hügel stark gegliederten Landschaft bedeutet dies, daß die Erosionsgefahr (s. S. 102ff.) an den meist an den Hängen liegenden Äckern zunimmt. Daneben bringen Maschinen mit hohen Leistungen größere Achslasten auf den Boden, was in schweren Böden zu Verdichtungen führt, die ihrerseits wiederum die Erosion begünstigen. Auch die *Erosionsschäden* selbst mit ihren Auswirkungen auf den Wasserhaushalt, die Pflanzenwelt und die Nutzung verändern das Landschaftsbild.

Eine weitere Maßnahme, deren Anfänge bis ins Jahr 1821 zurückreichen, ist die *Flurbereinigung,* die oft mit Aussiedlung und Hofsanierung einhergeht. Die Flurbereinigung beinhaltet einen *Gewässerplan,* nach dem Böden mit stauender Nässe entwässert und offene Kanäle sowie Bäche einer Korrektur unterworfen werden. In vielen Fällen, wenn die nötige Umsicht vorhanden ist, sind diese Maßnahmen positiv. Noch immer aber werden dabei z.B. auch Gehölze an Bachufern entfernt und nicht wieder neu angepflanzt. Hinzu kommt die *Absenkung des Grundwassers* und ein *rascherer Abfluß der Niederschläge* überhaupt. In niederschlagsreichen Perioden führt dies zu übermäßigen Hochwasserspitzen, in Trockenperioden u. U. zur nachteiligen Austrocknung von Wiesen und Feldern. Daneben entfällt die Gliederung der Landschaft durch die Bachvegetation. Die Landschaft wird kahl und verliert ihren Reiz.

Neben dem Gewässerplan wird auch ein *Wegeplan* erstellt, um die Gemarkungsteile besser erschließen zu können. Alte Wege, deren Entstehung zufällig war oder die einer besonderen Rechtslage entsprochen hatten, verschwinden und werden durch oft sehr schematische Wegenetze ersetzt, die der Tatsache Rechnung tragen, daß geradlinige Grundstücksgrenzen für die Bewirtschaftung wesentliche Vorteile bringen. Werden dabei auch die die Wege säumenden Bäume und Büsche entfernt, so wird die Landschaft noch weiter schematisiert.

Neben den landschaftlichen Aspekten der Rationalisierung können durch das Aussiedeln ganzer Höfe aus geschlossenen Dorfgemeinschaften auch *soziale Probleme* entstehen, da die Verbindung der Menschen untereinander, der Erfahrungsaustausch und die kulturellen Werte der Dorfgemeinschaft durch die räumliche Trennung beeinträchtigt werden.

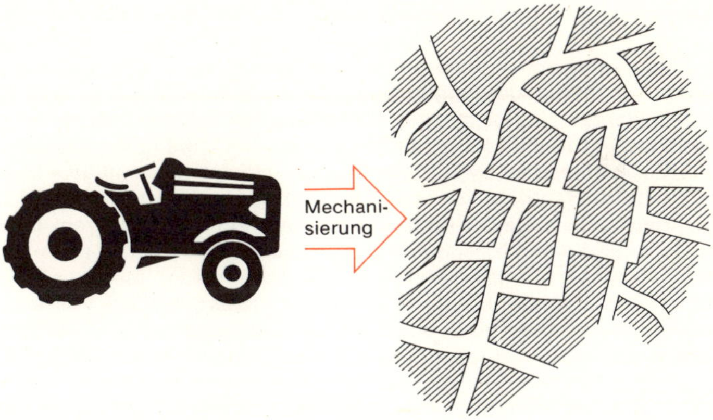

Abb. 1 Vor der Flurbereinigung war die Mechanisierung nicht in vollem Umfang durchzuführen

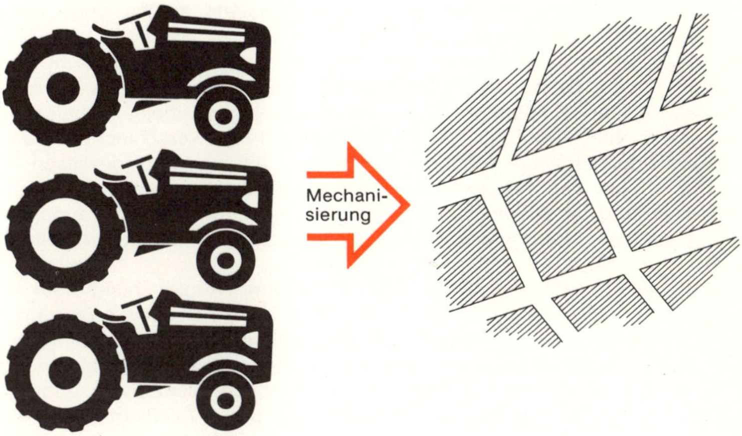

Abb. 2 Nach der Flurbereinigung kommt die Mechanisierung zum Tragen

Landwirtschaft und Landschaftsgestaltung
Die Erholungsfunktion

Neben der reinen Produktionsfunktion, die man mit den Maßnahmen der Flurbereinigung zu verbessern sucht, tritt in den letzten Jahren immer stärker die Frage nach dem *Erholungswert der Agrarlandschaft* für den Stadtbewohner in den Vordergrund.

In zahlreichen Landstrichen, insbesondere in Gebirgslagen, sind die Erträge je Flächeneinheit als Folge der ungünstigen Klimabedingungen und der damit verbundenen kürzeren Vegetationsperiode gegenüber klimatisch begünstigten Tieflagen sehr niedrig. Hinzu kommt, daß durch die Hangneigung des Geländes der Arbeits- und Maschineneinsatz viel schwieriger ist und daß aufwendigere Maschinen (Traktor mit Allradantrieb) zur rationellen Arbeit eingesetzt werden müssen. Dem vermehrten Arbeits- und Kapitaleinsatz steht ein in geringerem Umfang steigender Erlös für die dort erzeugten Agrarprodukte gegenüber, zumal mit Hilfe der modernen Transport- und Kühltechnik viele Agrarerzeugnisse aus südlichen Ländern früher und qualitativ besser (z.B. höherer Klebergehalt des Weizens) auf den Markt gelangen. Das Betreiben einer rein auf Nahrungsproduktion ausgerichteten Landwirtschaft wird in solchen Gegenden unrentabel, mit der Folge, daß die meisten Landwirte dort ihren Hof nur noch im Nebenerwerb bewirtschaften.

Wenn keine anderen Erwerbsquellen zur Verfügung stehen, geben schließlich die Betroffenen ihren Betrieb ganz auf (ein Prozeß, der sich allerdings in jüngster Zeit merklich verlangsamt hat). Die sich selbst überlassenen, ehemals genutzten Flächen (1978: 313000 ha) gehen allmählich über ein Zwischenstadium der *Versteppung* und *Buschbildung* in *Waldgebiete* über. Dieser Vorgang, der Jahrzehnte dauert, hat oft negative Auswirkungen auf das angrenzende Kulturland, indem z.B. Unkraut und Ungeziefer vom Brachland aus in das Kulturland vordringen. Auch bezüglich des Erholungswertes sind solche ungepflegten, verwilderten Landschaftsteile nur gering zu bewerten.

Eine mögliche *Aufforstung* solcher Brachen ist nicht in jeder Hinsicht für die Landschaft günstig. Oft werden nämlich aus wirtschaftlichen Gründen *Fichtenmonokulturen* angelegt, die nicht nur die Böden nachhaltig in Mitleidenschaft ziehen, sondern durch ihre Monotonie das Landschaftsbild eher verschlechtern. Da die Aufforstung brachliegender Flächen andererseits bis zu einem gewissen Grad notwendig ist, um den *Wasserhaushalt* eines Gebietes zu *regulieren* und die *Staubfilterwirkung* des Waldes zu nutzen, sollte bevorzugt Mischwald angepflanzt werden, zumal die Staubfilterwirkung von Laubbäumen die der Nadelbäume übertrifft.

Zu beachten ist jedoch, daß der Waldanteil einer Region nicht über 60 % ansteigen sollte, weil sonst der *Erholungswert* der Landschaft sinkt; erfahrungsgemäß wird nämlich der Erholungswert durch offene Landschaftsteile gesteigert. Ein Beispiel hierfür sind die Talauen, die, wenn sie bewaldet werden, viel von ihrem ursprünglichen landschaftlichen Reiz verlieren. Hier kann die Zurverfügungsstellung öffentlicher Mittel hilfreich sein. Sie können für den Landwirt einen Anreiz bieten, landespflegerisch tätig zu werden, indem er durch eine für ihn im übrigen wenig rentable Tierhaltung und damit durch Mahd und Weidebewirtschaftung dazu beiträgt, daß bestimmte Landschaftsteile offengehalten werden.

In jedem Fall sollte bei einer landwirtschaftlichen Kosten-Nutzen-Analyse (s. S. 570) für sog. Problemgebiete (z.B. Gebirgsgegenden) der Faktor Erholungswert unbedingt berücksichtigt werden (zumal sich das Landschaftsbild oft schon durch geringfügige Maßnahmen verbessern läßt). Denn die Bereitstellung von ökologisch ausgewogenen und gepflegten Erholungsräumen für den Menschen trägt auch nicht unwesentlich zur Erhaltung der Qualität der Luft, des Wassers und des Bodens bei.

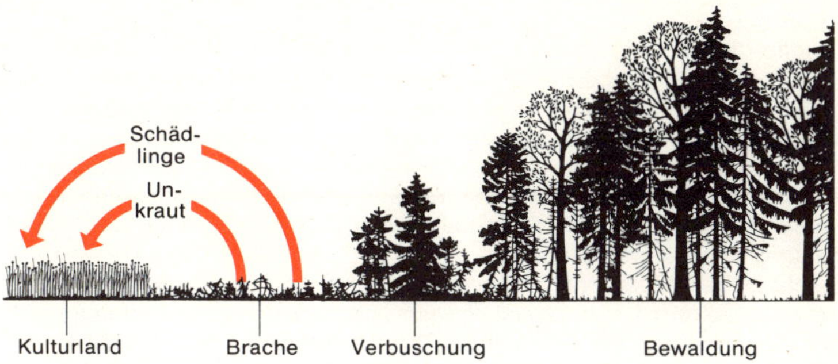

Abb. 1 Beeinträchtigung des Kulturlandes durch Brache

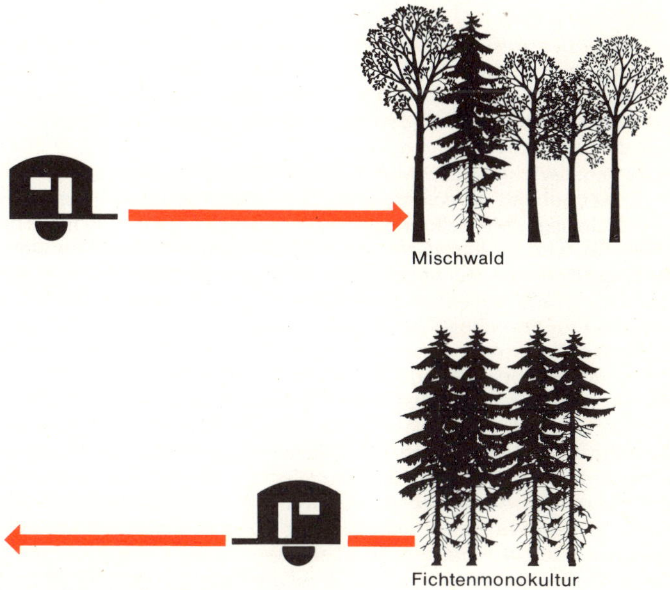

Abb. 2 Aufforstung des Brachlandes; bedingte Erholungsfunktion bei Monokultur

Landwirtschaft – Mono- und Mischkultur

Anders als bei den natürlichen Lebensgemeinschaften (s. „Biozönose", S. 132), die ursprünglich bestanden haben und die Humusbildung durch ihre Verwesungsstoffe und Ausscheidungen bewirkt haben, sind die Verhältnisse bei *Kulturland.* Hier liegt der Schwerpunkt auf der Erzeugung großer Mengen ausgewählter Pflanzen, die dem Menschen zu Nahrungs- und anderen Nutzzwecken dienen. Zu diesem Zweck ist es üblich geworden, große Flächen mit nur einer Pflanzenart zu bebauen, z. B. mit Weizen, Erdbeeren, Tomaten, Kohl, in Waldgebieten mit Fichten, Tannen oder Kiefern. Diese Anbauweise *(Monokultur)* erlaubt eine arbeitssparende Bodenbearbeitung mit großen Maschinen.

So leicht und schnell auf diese Weise jedoch selbst ein großes Feld bewirtschaftet werden kann, so leicht und schnell können sich auch *Krankheiten* und *Schädlinge* in Monokulturen ausbreiten. Das dichte Zusammenstehen der einzelnen Pflanzen erleichtert es den meist pflanzenartspezifischen Schädlingen sehr, die benachbarten Pflanzen zu erreichen. Zur wirksamen Schädlingsbekämpfung sind daher große Mengen Pflanzenschutzmittel erforderlich (s. S. 300 ff.).

Da in Monokulturen außerhalb der Vegetationszeit der betreffenden Kulturpflanzen der Boden oft einige Zeit ungeschützt daliegt, siedeln sich zudem noch zahllose *Wildpflanzen* als *Unkräuter* an, zu deren Vernichtung abermals Spritzmittel (Herbizide) eingesetzt werden. Außerdem besteht während dieser Zeit die Gefahr der *Abschwemmung des Bodens* durch Regen, der *Verwehung von Humus* durch Wind sowie der *Austrocknung,* die zu einer Beeinträchtigung des Lebens der Bodenorganismen führt. Schließlich wird bei Monokulturen durch die starke und einseitige Bodenbeanspruchung auch der natürliche Mineralgehalt des Bodens innerhalb weniger Jahre aufgezehrt, weshalb eine intensive Düngung mit Mineralstoffen durchgeführt werden muß.

Diese Schwierigkeiten, die Monokulturen mit sich bringen, lassen sich verringern oder gar weitgehend vermeiden, wenn *Mischkulturen* angelegt werden können, die den Verhältnissen, wie sie für natürliche Biozönosen gelten, sehr viel mehr gerecht werden. So wird durch Mischanbau (z. B. auch durch Untersaaten) eine fast *ganzjährige Bodenbedeckung* erreicht, wodurch der Boden vor Abschwemmmung, Austrocknung und Verwehung geschützt ist. Dies fördert die Humusbildung. Bei sinnvollem Fruchtwechsel finden Unkräuter keine Möglichkeit mehr, sich anzusiedeln. Wegen der verschiedenartigen Bedürfnisse der einzelnen Pflanzenarten wird in bezug auf die Bodenmineralien Raubbau vermieden.

Mischkulturen lassen sich so zusammenstellen, daß stark den Boden auszehrende *(Starkzehrer)* und weniger Nährstoffe dem Boden entziehende Pflanzen *(Schwachzehrer)* sowie *Flach-* und *Tiefwurzler* nebeneinander vorhanden sind. *Leguminosenwurzeln* z. B. fördern das Wurzelwachstum der Nachbar- und Folgepflanzen durch ihr tiefgehendes, die Durchlüftung des Bodens förderndes Wurzelwerk. Durch ihre Wurzelbakterien sind sie auf den Nitratgehalt des Bodens nicht angewiesen. Günstige Partner in Mischkulturen sind z. B. auch *Kohlrüben* und *Runkelrüben* (Vermeidung von Erdflohbefall), *Zwiebeln* und *Karotten.* Bei letzteren werden durch schädlingsabweisende Aromastoffe (Repellents, s. auch S. 316) einerseits die Möhrenfliegen, anderseits die Zwiebelfliegen ferngehalten. Weitere Beispiele für vorteilhafte Mischkulturpflanzen sind *Sonnenblumen*, deren Samen Meisen anlocken, die gleichzeitig auch Jagd auf Raupen und Insekten machen, sowie der *Hanf*, der durch sein Aroma den Kohlweißling abweist.

Wegen der zahlreichen unterschiedlichen ökologischen Nischen in einer Mischkultur im Vergleich zur Monokultur ist die Lebensmöglichkeit für Nützlinge stark erweitert, wodurch es zu einer weiteren Verminderung der Schädlinge kommt. So lassen sich durch geeignete Pflanzenkombinationen vielfältige positive Wirkungen erzielen, die erst zu einem geringen Teil genauer erforscht sind.

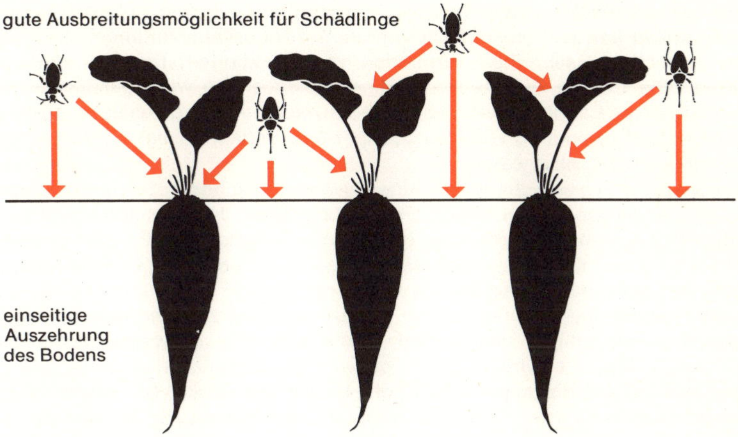

Abb. 1 Monokultur

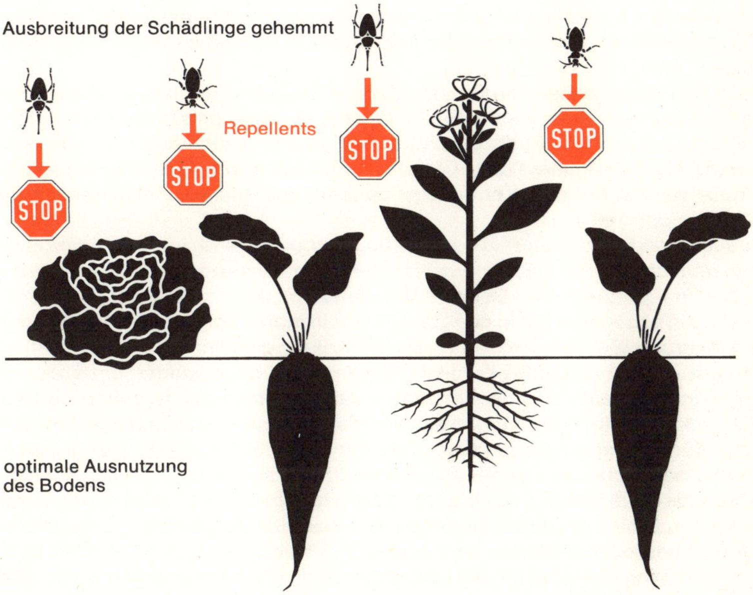

Abb. 2 Mischkultur

Alternativer Landbau

Der technisch-ökonomische (konventionelle) Landbau nimmt für die Ertragssteigerungen der letzten Jahrzehnte eine zunehmende Belastung des Ökosystems Erde durch Giftstoffe und Bodenzerstörung in Kauf. Demgegenüber stehen alternative Formen des Landbaus, mit denen bei etwa gleichen Ertragshöhen wie beim konventionellen Landbau zukünftige Verluste im Naturhaushalt und Schäden an der menschlichen Gesundheit vermieden werden können. Die Betonung der Bodenökologie für die Pflanzenproduktion ist dabei ein wichtiger Bestandteil dieser alternativen Landbaumethoden. Ob auch mit einer Energieeinsparung durch nur begrenzte Verwendung von Kunstdünger und Schädlingsbekämpfungsmittel zu rechnen ist, bleibt abzuwarten.

Die *biologisch-dynamische Wirtschaftsweise* wurde schon 1924 von dem österreichischen Anthroposophen Rudolf Steiner begründet. Kennzeichnend für diese Methode ist der Gebrauch von sog. biologisch-dynamischen Präparaten, deren dynamische (innere Kraft entfaltende) Wirkungen auf Boden und Pflanze oder auf den Kompost ausgehen. Diese Substanzen werden in kleinsten Mengen eingesetzt und sollen die Humuswirkung auf die Pflanze unterstützen und eine verstärkte Aufnahmebereitschaft für Stoffe und Kräfte aus dem atmosphärischen und kosmischen Umkreis bewirken. Gedüngt wird mit kompostiertem Mist und mit Pflanzenabfällen. Herbizide und pflanzliche Insektizide werden nur eingeschränkt verwendet. Auch für die Tierhaltung gibt es entsprechende Richtlinien. Die Produkte aus diesem Anbau sind unter dem Markenzeichen „Demeter“ im Handel.

Der *organisch-biologische Landbau* geht auf den Schweizer Hans Müller zurück. Hierbei stehen ebenfalls die Förderung der biologischen Aktivität des Bodens und die Humuswirtschaft im Mittelpunkt. Die Produkte werden unter der Bezeichnung „Bioland“ verkauft.

Auch beim *naturnahen Landbau* steht die organische Düngung im Vordergrund. Erlaubt sind auch mineralische Ergänzungsdüngungen und integrierter (biologischer und chemischer) Pflanzenschutz. Die nach den Richtlinien der Arbeitsgemeinschaft für naturnahen Obst-, Gemüse- und Feldfruchtanbau (ANOG) erzeugten Produkte werden mit dem Kontrollstempel „Aus naturnahem Anbau nach ANOG-Richtlinien“ vertrieben.

Andere praktizierte alternative Landbaumethoden sind u.a.: der *biologische Landbau nach Howard-Balfour* (v.a. in Großbritannien) und der *Lemaire-Boucher-Landbau* in Frankreich und Belgien. Die erstere Methode stützt sich im wesentlichen auf ein von A. Howard in den 20er Jahren in Indien entwickeltes Verfahren der Kompostierung. Bei dem zweiten Verfahren (Anfang der 60er Jahre begründet) wird mit einem aus einer Kalkalge hergestellten Präparat kompostiert.

Der *Flächenanteil alternativ wirtschaftender Betriebe* ist relativ gering. Nach den 1977 durchgeführten Erhebungen einer niederländischen Untersuchungskommission in fünf europäischen Staaten beträgt er 0,03 bis 0,24% der jeweiligen Gesamtanbaufläche. In der BR Deutschland gab es 1979/80 rund 900 solcher Betriebe die etwa 8000 ha nach der biologisch-dynamischen, rund 4500 ha nach der organisch-biologischen Methode und rund 500 ha nach den Anbaurichtlinien der ANOG bewirtschafteten.

Ein Vergleich zwischen konventioneller und alternativer Anbauweise ergibt Unterschiede in der Bewertung von Mineraldüngereinsatz und in der Anwendung von Pflanzenbehandlungsmitteln. Ein völliger Verzicht auf Kunstdünger ist sicher nicht möglich, da auch im alternativen Landbau teilweise eingeschränkt anorganische Düngemittel benutzt werden. Bei langfristig durchgeführter biologischer Wirtschaftsweise könnte eine Energieeinsparung dadurch eintreten, daß die sehr energieaufwendige Stickstoffdüngerproduktion stark verringert wird. Auch eine Reduzierung des Einsatzes von Pflanzenbehandlungsmitteln ist möglich, wodurch schadstoffärmere Nahrungsmittel erzeugt werden können.

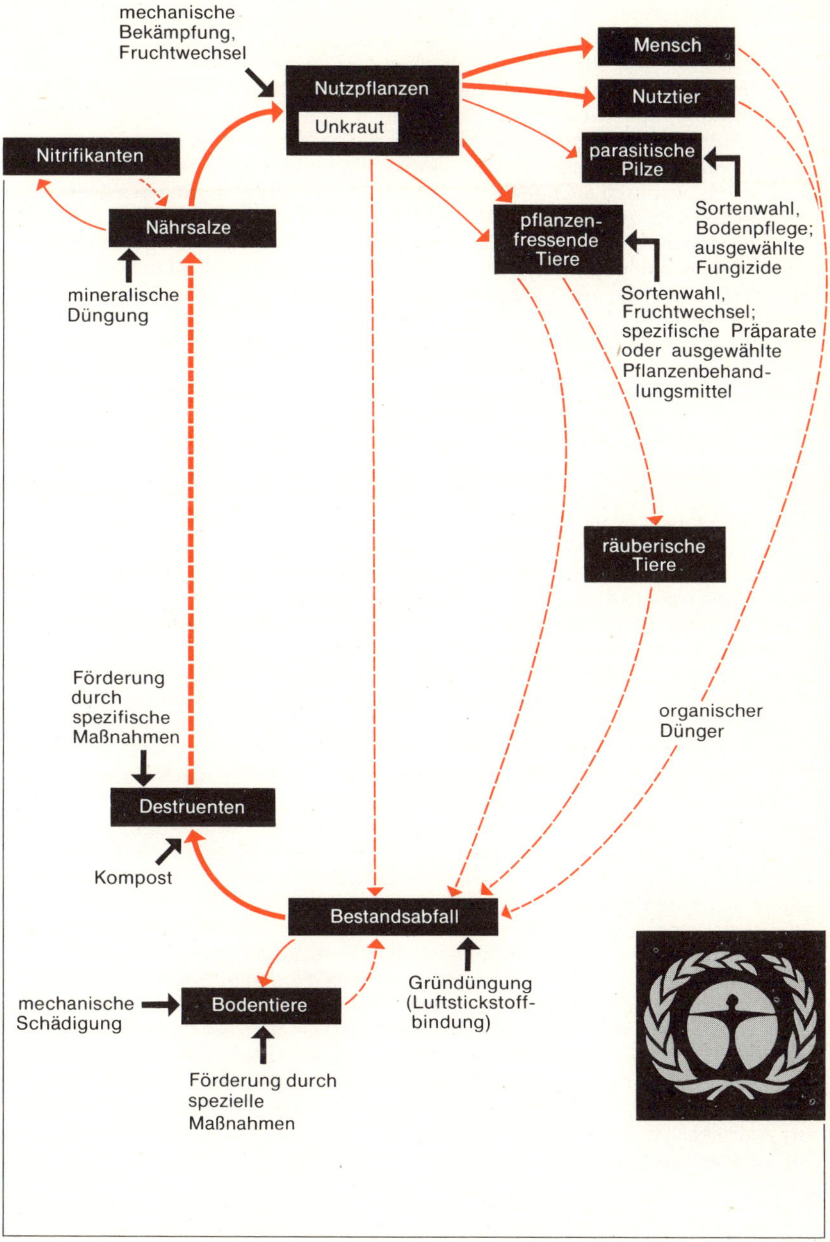

Abb. Ökosystem im alternativen Landbau (nach Umweltgutachten 1978)

Viehhaltung und Umwelt – der traditionelle Gemischtbetrieb

Für die *herkömmliche Landwirtschaft* mit Ackerbau und Viehhaltung gab es keine nennenswerten Umweltprobleme. Der bäuerliche Gemischtbetrieb war hinsichtlich der *Viehhaltung* relativ klein. Man hatte neben einigen Milchkühen noch Zucht- und Mastschweine, selten mehr als 20, und hielt sich in überschaubarem Rahmen Geflügel, dessen Stückzahl nur in Ausnahmefällen über hundert hinausreichte. Die *Ställe* waren durch die geringe Belegung großräumig. Ferner benutzte man *Stroh* als Einstreu, wodurch *Mist* gewonnen wurde, der bei der Düngung des Acker- und Grünlandes unersetzlich war. Der Mist wurde außerhalb des Stalls gestapelt, während man die *Jauche*, vom Mist getrennt, in einer Grube sammelte. Eine andere Form ist die Sammlung von Kot und Harn in einer Grube. Der dickflüssige Brei wird mit Wasser versetzt und vergoren oder unvergoren als Gülle oder Flüssigmist ausgebracht.

Alle aus der Tierhaltung entstehenden *Abfälle* wurden auf dem Acker- und Grünland des gemischten Betriebes eingesetzt, so daß es im Hinblick auf die Abfallbeseitigung so gut wie keine Umweltprobleme gab. Von Geruchsbelästigung durch die Tierhaltung, wie wir sie heute empfinden, sprach niemand, da die Menschen mit den Tieren, die ja ihre Existenzgrundlage bildeten, von Kind an vertraut waren. Hinzu kommt, daß die kleinen landwirtschaftlichen Betriebe geographisch gut über die Landschaft verteilt und durch viele Jahrhunderte in ihre Umgebung integriert waren.

Das Verhältnis zwischen der Anzahl der Stalltiere und der für Grünlandnutzung und Ackerbau zur Verfügung stehenden Bodenfläche war ausgewogen; denn Viehhaltung war nur denkbar auf der Basis von Ackerbau und Grünlandnutzung, die ja die Futtergrundlage bildeten, und andererseits konnte man ohne Viehhaltung wegen der sonst fehlenden Düngung keinen Ackerbau betreiben. Das Verhältnis zwischen Nutzfläche und Stalltieren durfte bis zur allgemeinen Einführung der künstlichen Mineraldüngung und des Futterzukaufs (auf der Grundlage industriell hergestellten Kraftfutters) gar nicht verändert werden, wenn man nicht Gefahr laufen wollte, daß es zum Düngerdefizit kommen würde.

Die *Düngung mit natürlichem Dung* war eine der wesentlichen Vorausetzungen für die Erhaltung des Nutzpflanzenbestandes. Daher galt in der älteren Landwirtschaft der Grundsatz, daß alle pflanzliche Substanz im Bereich des bäuerlichen Betriebes mit Ausnahme der für die menschliche Ernährung benötigten Anteile auf dem Hof an das Vieh verfüttert werden sollte, damit sie dem Boden als Mist wieder zugeführt werden konnte.

In den letzten Jahrzehnten hat sich die landwirtschaftliche Produktion zunehmend immer mehr von der herkömmlichen Betriebsform entfernt. Die *Tierhaltung im großen Stil* (s. auch S. 266) entwickelte sich zu einem Belastungsfaktor für Mensch und Umwelt. Das bezieht sich u. a. sowohl auf das Stallklima (schlechte Be- und Entlüftung bei zu starker Belegung der Ställe) als auch auf die Geruchsbelästigung für die Anwohner und auf die mit der Abfallbeseitigung verbundenen Probleme. Zur Vermeidung solcher negativer Auswirkungen einer an sich durchaus positiv zu beurteilenden rationellen Viehhaltung müssen daher biologische Verfahren entwickelt werden, die den veränderten Bedingungen der Massentierhaltung angemessen sind.

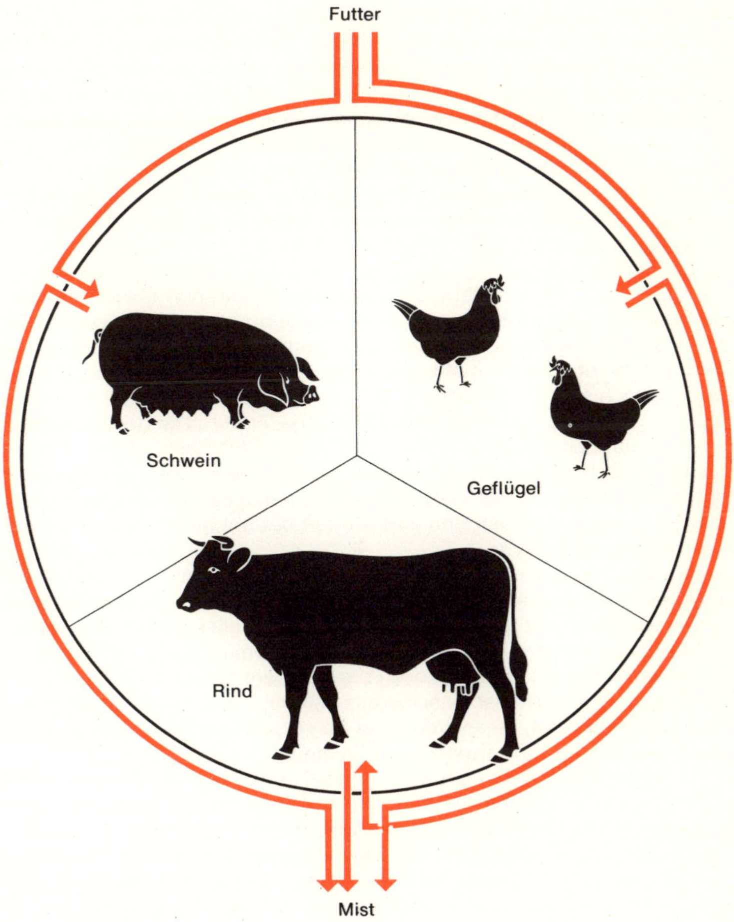

Abb. Futterversorgung und Misterzeugung in einem traditionellen Gemischtbetrieb

Viehhaltung und Umwelt – die Massentierhaltung

Die Viehhaltung wurde im Hinblick auf die Verbesserung der Arbeitsbedingungen und des Arbeitserlöses durch eine Reihe tiefgreifender Veränderungen mit wichtigen Folgen für die Umwelt modernisiert.

Insbesondere in der Schweine- und Geflügelhaltung wurde eine Senkung der Baukosten je Tier durch dichtere Stallbelegung angestrebt. Während man in den Ställen für Legehennen früher mit 3–4 Tieren pro Quadratmeter rechnete und darüber hinaus noch ein Auslauf vorhanden war, wird die *Belegungsdichte* in modernen Großbetrieben zwischenzeitlich auf 10–20 Tiere je Quadratmeter gesteigert, und der Auslauf fällt gänzlich weg.

Eine weitere Veränderung besteht in der Einführung arbeitssparender Methoden. In Rindvieh-, Schweine- und Geflügelställen können *Fütterung* und *Wasserversorgung* voll *automatisiert* werden. Ähnliches gilt für die *Entmistung* bei Vorhandensein eines Spaltenbodens.

Wenn die Zahl der Tiere je Betrieb nicht mehr in einem „normalen" Verhältnis zur betriebseigenen Nutzfläche steht oder die Tierhaltung im reinen Gewerbebetrieb ganz von der Landwirtschaft losgelöst ist, können *Kot* und *Jauche* nicht mehr vollständig oder überhaupt nicht als Dünger dort ausgebracht werden, wo sie anfallen. Vielfach sind diese Betriebe auf engem Raum in unmittelbarer Nähe der großen Ballungszentren und der Zulieferindustrie (Futter-, Düngemittelwerke) und weiterverarbeitenden Industrie (Schlachthöfe, Wurstfabriken) angesiedelt, so daß weithin Ackerflächen für den anfallenden Mist fehlen. Die Folge ist, daß das *Abwasser mit Tierexkrementen belastet wird.* Durch die Erhöhung des Keimgehaltes und die Zunahme von Nitraten und Nitriten besteht außerdem die Gefahr der Grundwasserverschmutzung.

Der *Verschmutzungsgrad* des Abwassers aus der Rinderhaltung wird je Tier auf 10 Einwohneräquivalente geschätzt, d.h., jedes Rind verursacht eine so starke Abwasserverschmutzung wie 10 Einwohner einer Großstadt; ein Schwein verursacht immer noch 2 Einwohneräquivalente an Verschmutzung, ein Huhn 0,1. Wird z.B. der gesamte Abfall aus einer großen Legehennenhaltung mit einer Million Tiere – es bestehen in der BR Deutschland bereits Haltungen mit 2–4 Millionen Tieren – in die Kanalisation geleitet, so entsteht eine Abwasserverschmutzung, die der einer Großstadt von 100000 Einwohnern gleichkommt.

Der Transport von Mistüberschüssen in wenig besiedelte Gebiete mit genügend landwirtschaftlicher Nutzfläche ist zwar möglich, aber sehr teuer. Immerhin könnten dadurch regionale Umweltbelastungen vermindert werden. Andererseits können durch solche Transporte seuchenhygienische Probleme entstehen, dadurch nämlich, daß eventuell in den tierischen Ausscheidungen enthaltene gefährliche Krankheitserreger auf diese Weise weiterverbreitet werden. Auch die Trocknung des Kotes in großen Trockenöfen und seine Weiterverarbeitung zu organischen Düngemitteln ist mit sehr hohen Kosten verbunden, die letztlich der Endverbraucher zu tragen hat.

Neben dem Abfallproblem darf auch das Problem der *Geruchsbelästigung*, besonders bei Tierintensivhaltung in der Nähe von Wohngebieten, nicht außer acht gelassen werden. Der Grad der Luftverschmutzung durch Schadgase wie Ammoniak und Schwefelwasserstoff aus der Nutztierhaltung ist zwar sehr gering und nicht mit dem in Siedlungs- und Industriebereichen zu vergleichen. Gleichwohl können organische gasförmige Verbindungen (wie Mercaptan aus der Stallabluft) für die Umgebung eine starke Belästigung darstellen. Da andererseits die Stallabluft auch für die Tiere selbst nicht ungefährlich ist, versucht man die verbrauchte Stalluft über Luftschächte abzusaugen und in einiger Entfernung vom Stall, mit Frischluft verdünnt, in die Atmosphäre abzugeben. Zur Verminderung der Geruchsbelästigung können technische, chemische und biologische Verfahren angewandt werden.

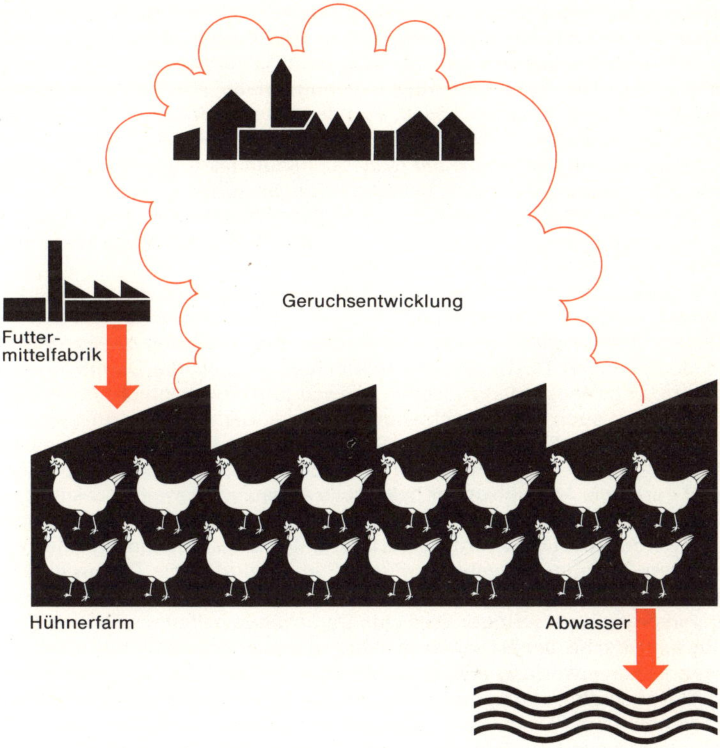

Abb. Umweltbeeinträchtigung durch Massentierhaltung

Antibiotika in der Tierernährung

Der Einsatz von *Antibiotika* bei der Ernährung der Nutztiere zur Produktionssteigerung fand seit vielen Jahren vorwiegend in den auf höchste Produktivität angelegten Massentierhaltungen (s. auch S. 266) Anwendung. Nur wenige Antibiotika und sonstige Wachstumsförderer sind jedoch zu Fütterungszwecken zugelassen, wobei bestimmte Auflagen eingehalten werden müssen. Der Einsatz ist im Futtermittelrecht je nach Art des Stoffs und der Tierart genau geregelt und wird durch die amtliche Futtermittelüberwachung erfaßt. Milchkühe sind von der Antibiotikafütterung ausgeschlossen. Von den verschiedenen als Fütterungsantibiotika in Betracht kommenden Stoffen dürfen nur solche dem Tierfutter beigegeben werden, die von der Darmwand nicht oder kaum resorbiert werden und daher höchstens in geringer Menge ins Gewebe gelangen können.

Bereits kleine Antibiotikamengen in Futtermitteln bewirken eine geringere Infektionsanfälligkeit der Tiere, eine vermehrte Futteraufnahme, eine bessere Futterverwertung und ein schnelleres Wachstum.

Nach bisher vorliegenden wissenschaftlichen Untersuchungen entfalten die verfütterten Antibiotika ihre Wirkung auf den Organismus vorwiegend auf indirektem Wege, nämlich über eine harmonisierende *Beeinflussung der Darmflora.* Auf Grund der geringen Dosis in den Futtermitteln werden die Darmbakterien (im Gegensatz zur gezielten medizinischen Anwendung mit wesentlich höheren Dosen) nicht abgetötet; auch sind Verschiebungen in der Zusammensetzung nach Arten kaum nachweisbar. Vielmehr wird der Stoffwechsel bestimmter Bakterien im Darm so verändert, daß weniger giftige Stoffwechselprodukte gebildet werden. Vermutlich wird durch die Antibiotika der bakterielle Abbau von Eiweiß und Aminosäuren vermindert, so daß weniger Ammoniak und Amine entstehen, die von der Leber entgiftet werden. Die Leber wird also in ihrer Entgiftungsfunktion entlastet, woraus eine bessere Infektionsabwehr resultiert. Ferner werden die Darmwände durch Stoffwechselgifte weniger gereizt. Dies führt dazu, daß mit antibiotikahaltigem Futter versorgte Tiere weniger verdickte Darmwände haben als andere. Dadurch bedingt, kann der Körper die verdaute Nahrung besser aufnehmen, was sich in einer besseren Futterverwertung äußert. Schließlich gibt es Hinweise, daß Fütterungsantibiotika auch direkt anregend in den Stoffwechsel der Tiere eingreifen können, was zu vermehrtem Fleischansatz und geringerer Streßanfälligkeit führt.

Ein anderer Aspekt des Einsatzes von Antibiotika in der Tierernährung ergibt sich aus der Tatsache, daß Bakterien nach längerer Antibiotikaanwendung gegen die betreffenden Mittel resistent (unempfindlich) werden. *Resistente Keime* stellen insofern eine Gefahr für Mensch und Tier dar, daß sie eine notwendige Therapie durch Antibiotika beeinträchtigen können. Die Möglichkeit, daß resistent gewordene Bakterienstämme vom Tier auf den Menschen übertragen werden und dort schwer zu bekämpfende Krankheiten auslösen, ist allerdings unter natürlichen Infektionsbedingungen gering; denn die Fremdflora wird unter normalen Umständen von der körpereigenen Darmflora verdrängt, so daß sie sich nicht ansiedeln kann. Es gibt sogar Hinweise dafür, daß Bakterienpopulationen, die infolge medizinischer Anwendung von Antibiotika Resistenzeigenschaften erworben haben, diese unter Einfluß von Wachstumsförderern wieder verlieren.

Um jedoch allen potentiellen Gefahren vorzubeugen, werden nur noch solche Antibiotika zur Fütterung zugelassen, die in der Medizin nicht angewendet werden oder dort von untergeordneter Bedeutung sind.

Dies entspricht den *Richtlinien,* die auf Empfehlungen einer Kommission der Deutschen Forschungsgemeinschaft basieren: Einschränkung des Antibiotikagebrauchs bei nichtmedizinischen Indikationen; keine resorbierbaren Antibiotika und Wachstumsförderer während der Endmast; Vermeidung von Antibiotika, die in der Human- oder Tiermedizin eingesetzt werden; Vermeidung von Antibiotika, die zur Selektion mehrfachresistenter Stämme von Darmbakterien führen.

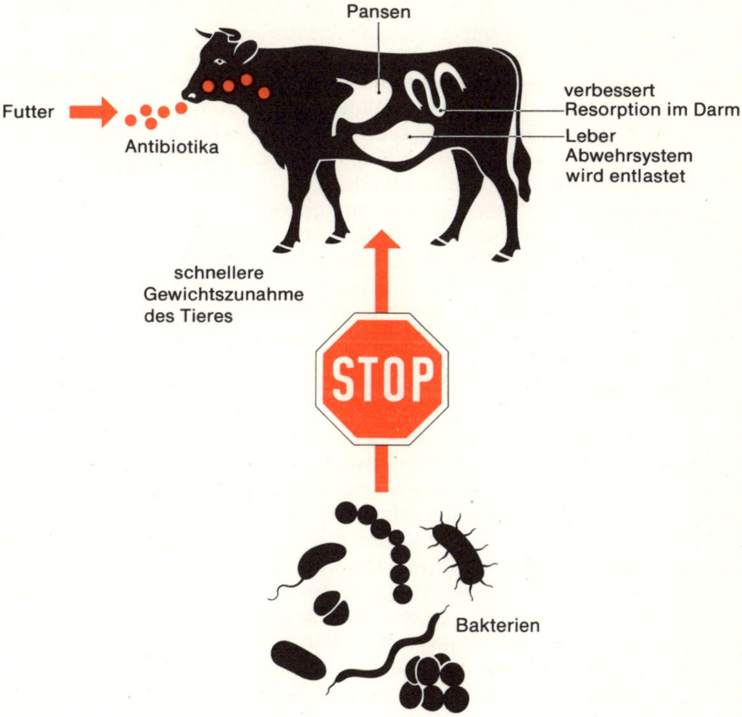

Abb. Auswirkungen der Antibiotikafütterung

Ökologische Auswirkungen der Grünlandnutzung – die Mahd

Im wintermilden Klima Westeuropas, in dem nur eine kurzfristige Stallhaltung notwendig ist, war die Grünlandnutzung in Form der reinen Mähwiese in der traditionellen landwirtschaftlichen Betriebsform unbekannt. Das für die Stallhaltungsperiode im Winter erforderliche *Grasheu* wurde als Nebenprodukt von vorhandenen Weiden gewonnen.

Steigender Bedarf durch wachsende Bevölkerung sowie steigende Ansprüche an die Agrarprodukte, das Bestreben mehr und besseres Fleisch in kürzerer Zeit sowie eine hohe Milch- und Fettleistung zu erzielen, führten zum modernen *Intensivbetrieb* mit ganzjähriger Stallfütterung. Diese wiederum setzt die Intensivierung der Bodennutzung voraus, was auch zur Entstehung der zwei- und mehrschürigen Wiese mit ausschließlicher Mähnutzung führte.

Alle oberirdischen Pflanzenteile der Grasnarbe werden durch die *Mahd* gleichermaßen betroffen. In den hochwüchsigen Beständen wird bei jeder Mahd der größte Teil der assimilierenden Organe (Blätter) in einiger Höhe über dem Erdboden abrupt entfernt. Einen solchen Eingriff können nur Pflanzen überstehen, die entweder nach dem Schnitt sehr schnell wieder nachwachsen (Arten, die von außen in die Wiesengesellschaft eingedrungen sind, können sich deshalb nicht halten) oder die vor dem Schnitt für den Wiederaustrieb ausreichend Reserven in den Wurzeln gespeichert haben. Bei rankenden Leguminosen (Platterbsen und Wicken) z. B. sind beide Voraussetzungen gegeben. Auch eine Reihe von Stauden und Obergräsern überstehen diesen Eingriff und bieten, v. a. bei nur zweimaligem Schnitt pro Jahr *(zweischürige Wiese)*, den blumenreichen Anblick einer Mähwiese; denn auch die Häufigkeit der Schnitte sowie Düngungszeitpunkt, -menge und -art beeinflussen die Zusammensetzung und den Ertrag einer Wiese.

So können sich z. B. bei nur einmaligem und dann in der Regel spätem Schnitt *(einschürige Wiese)* auch Arten entwickeln, die spät blühen und fruchten und die ihre Nährstoffreserven nur langsam aufzubauen vermögen. Da solche Wiesen im allgemeinen auch nährstoffarm sind, sind hier langsamwachsende, anspruchslose Pflanzenarten den schnellwüchsigen, mehr Nährstoffe beanspruchenden überlegen. Das Pfeifengras z. B. kann sich nur in einschürigen Wiesen halten.

Wird die Schnittfrequenz auf drei oder vier Schnitte gebracht *(mehrschürige Wiese)*, verändert sich auch die Zusammensetzung der Pflanzengesellschaft, denn durch häufigen Schnitt haben diejenigen Pflanzen einen Konkurrenzvorteil, deren Blätter dicht dem Boden anliegen, d. h. deren assimilierende Organe durch den Schnitt weniger stark dezimiert werden. In ein- und zweischürigen Wiesen werden dagegen derartige Pflanzen auf Grund der starken Beschattung durch die hochwüchsigen Pflanzen (Obergräser und Unkräuter) unterdrückt. Viele Frühblüher machen nach der Reife Unkräutern Platz, so daß der wertvollere Pflanzenbestand lückig wird. Als Beispiele für *bodenanliegende Pflanzen* gelten Löwenzahn, Wegericharten, Weißklee; dazu kommen noch die sog. Untergräser.

Bei *verstärktem Düngereinsatz,* z. B. durch Anwendung wirtschaftseigenen Düngers wie Stallmist und Kompost, werden, insbesondere bei mehrschürigen Wiesen, die anspruchsvolleren Pflanzenarten gefördert, ohne daß es zu einer Verschiebung des Gras-Klee-Kraut-Verhältnisses kommt. *Mineralvolldüngung* begünstigt die Obergräser, *übersteigerte Stickstoffdüngung* (z. B. Jauche) begünstigt krautige Pflanzen, besonders Unkräuter wie Bärenklau und Wiesenkerbel. Diese sind in der Lage, in kurzer Zeit wieder genügend assimilationsfähige Organe zu entwickeln und sogar zur Blüte und Fruchtreife zu gelangen.

Unter den jeweils gegebenen Boden- und Klimabedingungen kann der Landwirt also durch richtige Wahl des Schnittzeitpunktes, durch die Schnitthäufigkeit sowie durch Art, Menge und Zeitpunkt der Düngung die Zusammensetzung, den Nährwert und die Ertragsmenge des Heues beeinflussen.

Ökologische Auswirkungen der Grünlandnutzung – die Weide

Die ursprüngliche Form der Grünlandnutzung, der *Weidegang,* hat sich von der extensiven *Waldweide* über die *Standweide* im letzten halben Jahrhundert seit der Einführung des Elektrozauns rasch zur intensivsten Form, der *Portionsweide* mit höchstem Tierbesatz, fortentwickelt.

Die Auswirkungen der Beweidung unterscheiden sich erheblich von denen der Mahd (s. S. 270). Die Weidetiere weiden die Pflanzen unterschiedlich ab, je nachdem ob die einzelne Pflanze schmackhaft oder weniger schmackhaft ist. Es werden daher nicht alle Pflanzen gleichermaßen verbissen. Darüber hinaus bleiben auch Pflanzenteile übrig, die das Tier nicht erreichen kann. Da auf der Weide die Pflanzen, deren Blätter am Boden anliegen, im allgemeinen überwiegen, wird die Assimilation nie so stark verringert wie bei der Mahd.

Daneben sind die Weidepflanzen aber auch der *Trittbelastung* durch das Tier ausgesetzt, besonders stark nach Regenfällen und bei dichten und schweren Böden. Die Trittbelastung der Weide ist viel intensiver als die Traktorbelastung der Mähwiese, da ja auch die Hufe und Klauen der Weidetiere wesentlich scharfkantiger sind als die Reifen des Traktors.

Gegenüber der Mähwiese ist die *Nährstoffzufuhr* bei der Weide günstiger. Während bei der Mahd die gesamte Pflanzensubstanz mit ihren Nährstoffen abgeführt wird, was eine besonders ausgewogene Düngung erforderlich macht, erhält die Weide Pflanzennährstoffe in Form der Tierexkremente wieder zurück; zusätzliche Arbeit bereitet allenfalls die gleichmäßige Verteilung der Exkremente.

Die *Auswirkungen der Beweidung* werden im wesentlichen durch den Viehbesatz bestimmt. Falsche Besatzdichte führt zur Unter- oder Überbeweidung. Bei *Unterbeweidung* weist die Grasnarbe mehr Futter auf, als die Tiere zur Sättigung benötigen. Die Tiere nehmen nur das schmackhafteste Futter auf und lassen das weniger schmackhafte einfach unberührt, mit der Folge, daß die Weide verunkrautet.

Bei *Überbeweidung* ist das Nahrungsangebot geringer als der Bedarf. Die Tiere verbeißen alles schmackhafte Futter völlig, auch das weniger schmackhafte nehmen sie auf oder zertreten es.

Dieser unerwünschte Sortiereffekt nach Geschmack, Bewehrung und Trittfestigkeit der Pflanzen, der zur Entwicklung minderwertiger Grünflächen führt, kann durch Weiterentwicklung der Weideverfahren, durch Vor- und Nachmahd, Ruhezeit für die Pflanzen, Beregnung in witterungsbedingten Mangelzeiten und durch Änderung der Besatzdichte verhindert werden.

Es haben sich verschiedene *Weideformen* entwickelt: Die *Hutung* oder *Trittweide,* wie sie noch in Mittel- und Hochgebirgen, v. a. bei der Schafzucht, anzutreffen ist, betrifft meist *Allmendeflächen,* die genossenschaftlich unter täglicher Abweidung großer Gebiete bewirtschaftet werden. Da genügend Futter vorhanden ist, suchen sich die Tiere schmackhafte Pflanzen und umgehen die weniger schmackhaften. Dieses Verfahren führt leicht zur Unterbeweidung mit all ihren negativen Erscheinungen.

Bei der *Umtriebsweide* werden die Tiere im Wechsel auf mehreren größeren, umzäunten Koppeln geweidet, wodurch die vorgenannten Mängel der Hutung weitgehend eingeschränkt werden.

Bei der *Portionsweide (Rationsweide)* werden sehr viele Tiere auf kleiner Fläche kurzfristig (1/2–2 Tage) gehalten. Durch diese Maßnahme wird den Tieren durch häufigen Flächenwechsel stets annähernd gleichwertiges Futter zur Verfügung gestellt. Die Unterbeweidung wird dabei durch hohen Tierbesatz, die Überbeweidung durch häufigen Wechsel der Weidefläche vermieden.

Die z. Z. intensivste Weideform ist die *Mähweide,* die die Vorteile der Portionsweide (Sommerfutter) und der (stets gemähten) Wiese (Winterfutter) verbindet und eine artenreiche Pflanzengesellschaft und die Bodenfruchtbarkeit erhält.

Pflanzennährstoffe und Nahrungsqualität

Die *äußere* (Größe, Aussehen) und die *innere Qualität* (Nährwert, Haltbarkeit, Bekömmlichkeit) der Nahrungsmittel orientieren sich am Verwendungszweck und werden mit objektiven Maßstäben beurteilt. Diese werden nach der Nachfrage des Marktes, dem Gebrauch und der Technologie sowie der Ernährungsphysiologie und Sensorik (Geschmack, Geruch) unterschieden.

Die *Düngung* beeinflußt die Nahrungsmittel vom Rohprodukt bis hin zum Marktprodukt. Manchem Vermarktungszweck kann jedoch erst mit Hilfe der Mineraldünger gezielt entsprochen werden; denn die von der Natur vorgegebene Düngung ist ungezielt, also standortmäßig und zeitlich qualitativ und quantitativ mehr oder weniger zufällig. Eine vom Landwirt gezielt eingesetzte Düngung erbringt hohe Erträge und gute Qualität der Ernteprodukte, wenn gleichzeitig die ökonomischen und ökologischen Grundsätze beachtet werden.

Pflanzen benötigen *strukturelle* (Stickstoff, Phosphor, Schwefel) und *funktionelle* (Kalium, Magnesium, Mangan) *Nährelemente*. Die Stickstoffdüngung (s. S. 274) fördert das vegetative Wachstum der Pflanzen sowie die Protein- und Aminosäurenbildung. Phosphor (s. S. 276) steuert den Energiestoffwechsel sowie die Synthese und Einlagerung von Inhaltsstoffen. Kalium (s. S. 278) reguliert den Wasserhaushalt, die Atmung und die Enzymfunktion. Die Ausgewogenheit des Angebotes von Makro- und Mikroelementen (s. S. 280) garantiert eine bestmögliche Qualität.

Ein besonderer *Vorteil der Mineraldüngung* ist die standort-, zeit- und kulturbezogene Anwendung. In diese Zusammenhänge wirkt die Humuswirtschaft mit ihren bodenstrukturverbessernden Eigenschaften optimierend ein. Hoher Ernteertrag und gute Qualität der Ernteprodukte schließen einander bei richtiger Düngetechnik nicht aus. Qualitätsschwankungen treten denn auch häufiger bei der Nutzung von Blättern und Wurzeln als bei Früchten auf. Qualitätseinbußen sind die Folge von Überdüngung oder einseitiger Düngung.

Das Nährstoffangebot und die Nährstoffverfügbarkeit werden von den Bedingungen des Standortes und den Düngepraktiken bestimmt. Ein *Nährstoffmangel* führt zu Ertragsminderungen und ernährungsphysiologisch minderwertigen Pflanzen. Die Summe der Einzelfaktoren beeinflußt dieses vernetzte System von Ertrag und Qualität bei gleitenden Übergängen von der Streßsituation des Nährstoffmangels über ein zunehmend ausgeglichenes Optimum an Nährstoffen bis zur Überschußsituation, bei der die Pflanze im Extremfall abstirbt. Einer minderen Qualität auf Grund des Nährstoffmangels folgen Qualitätszunahmen im Bereich des Nährstoffoptimums; mit weiterer Düngeintensität kann die Qualität nur im Einzelfall weiter ansteigen, sie wird meist zunehmend rückläufig.

Geschmack und *Geruch* der Nahrungsmittel werden durch einen richtigen Einsatz von Mineraldüngern nicht beeinflußt. Vielmehr wirken auf sie die Produktionsfaktoren Standort, Sorte, Erntezeit u. a. maßgeblich ein. Die sachgerechte, zeitlich und mengenmäßig gezielte und in den Nährelementen ausgewogene Mineraldüngung wirkt zusammen mit einer optimalen Humuswirtschaft in ernährungsphysiologischer Hinsicht positiv.

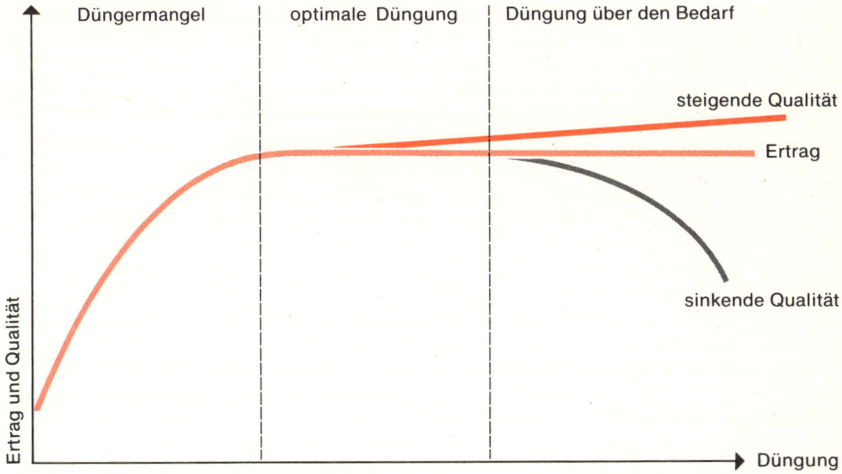

Abb. 1 Zusammenhang zwischen Düngung, Ertrag und Qualität

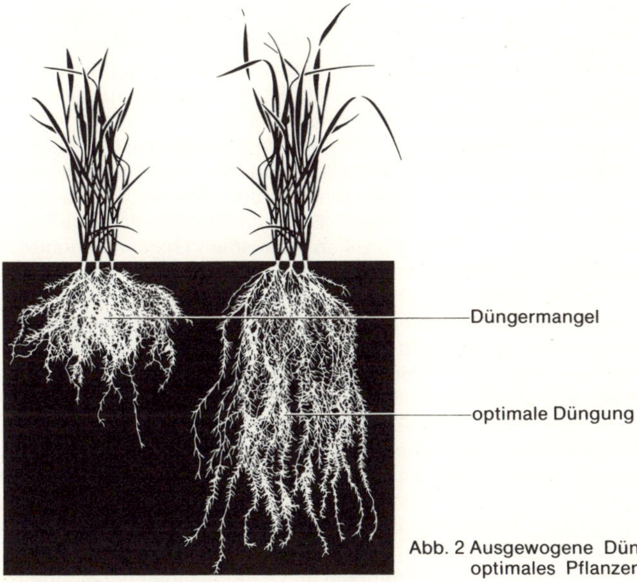

Abb. 2 Ausgewogene Düngung bewirkt ein optimales Pflanzenwachstum

Pflanzennährstoffe – der Stickstoff

Stickstoff (N) ist eines der Elemente, die für das Wachstum und eine normale Entwicklung der Pflanzen notwendig sind und deren Funktion in der Pflanze von keinem anderen Element ersetzt werden kann. Er ist ein wesentliches Bauelement der Eiweißkörper in der Pflanze.

Unter den Pflanzennährstoffen nimmt *Stickstoff im Boden* eine Sonderstellung ein, da er nur in Form von Nitrat oder (in geringem Umfang) Ammonium aufgenommen werden kann.

In der Bodenkrume bis etwa 25 cm Tiefe ist der Stickstoff zu etwa 98 % als nicht pflanzenverfügbar in der belebten und unbelebten organischen Substanz gebunden. Die Böden enthalten 900 bis 10000 kg N/ha. Der Humus ist das Stickstoffreservoir des Bodens. Die Mineralisierung des Stickstoffs (jährlich 1–3%) aus der organischen Substanz erfolgt ausschließlich mikrobiell und ist wesentliche Grundlage für die Pflanzenernährung.

Im Pflanzenbau wird der Stickstoff überwiegend als *Mineraldünger* in *Nitrat-* oder *Ammoniumform* dem Boden zugeführt. Ammoniumstickstoff wird durch Mikroorganismen in Nitratstickstoff umgewandelt (Nitrifizierung).

Stickstoff wird dem Boden durch die Pflanze, durch Einwaschung in tiefere Bodenschichten, durch Erosion von Oberbodenmaterial, durch Denitrifikation oder durch gasförmiges Entweichen entzogen. Die Menge des von den Pflanzen verwerteten Stickstoffs wird von der jeweiligen Kulturpflanzenart und dem Ertragsniveau bestimmt. Eine Weizenernte von 60 Dezitonnen je Hektar entzieht dem Boden etwa 180–200 kg N, eine Ernte von 40 dt/ha nur 120–130 kg N.

Steht der Pflanze nicht genügend Stickstoff zur Verfügung, stellen sich Mangelerscheinungen als Kümmerwuchs sowie fahle, hellgelbe Blattfärbung ein. Nach *Überdüngung* speichern Pflanzen in Blättern und auch in den Wurzeln Nitrat. In Blattgemüsen wie Spinat wird es dann während die Zubereitung zu Nitrit umgewandelt, das in großen Mengen auf den Organismus toxisch wirken kann.

Von Bedeutung für die Umwelt ist vor allem die *Einwaschung* des gut löslichen Nitrats in das oberflächennahe Grundwasser. Dieser Vorgang tritt insbesondere bei leichten Böden wegen deren guter Durchlässigkeit auf. Der Nitrateintrag als Folge der Mineralisation der organischen Bestandteile im Boden ist bei brachliegenden Flächen etwa fünfmal größer als bei kultivierten. Das bedingen Verdunstungsverhältnisse und die Aufnahme durch die Pflanzen. Ein optimaler, möglichst das ganze Jahr abdeckender Pflanzenbau stellt also einen wirksamen Gegenmechanismus gegen die Nitrateinwaschung dar. Insgesamt kommen Nitrateinträge eher durch die organische Düngung, z.B. Gülleausbringung während der vegetationslosen Zeit, als durch gezielt verabreichten Mineraldünger zustande, weil auch in vegetationsloser Zeit die Mineralisierung weitergeht.

Der Nitrateintrag aus erodiertem Bodenmaterial in Oberflächengewässer beschränkt sich auf hängiges Gelände; auch sind vorwiegend organische Düngemittel beteiligt. Pflanzenbewuchs an den Gewässerrändern wirkt dem entgegen. Der Stickstoff kann allerdings das Algenwachstum stimulieren und damit das biologische Fließgleichgewicht stören, wenn im Wasser auch ein erhöhtes Phosphatangebot vorliegt.

Mittlerweile gibt es eine Methode, mit der die mineralisierte Stickstoffmenge analysiert werden kann, auf die dann der zusätzliche Bedarf für die Pflanzen aufgestockt wird. Seitdem kann man zumindest im Getreideanbau die Mengenzufuhr sicherer abgrenzen und die Umweltbelastung verringern.

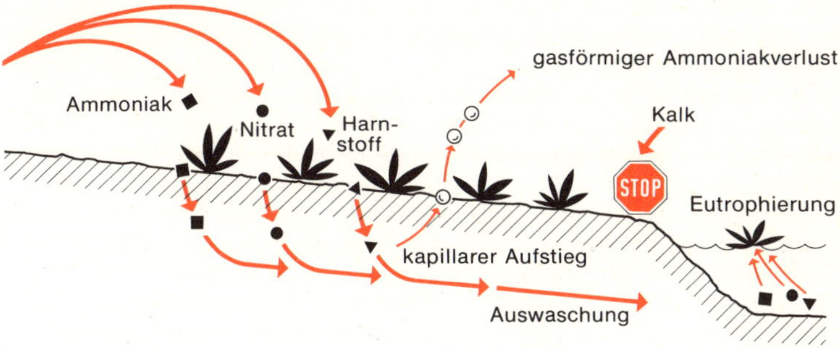

Abb. 1 Stickstoffverluste bei der Zufuhr von Stickstoff als Mineraldünger

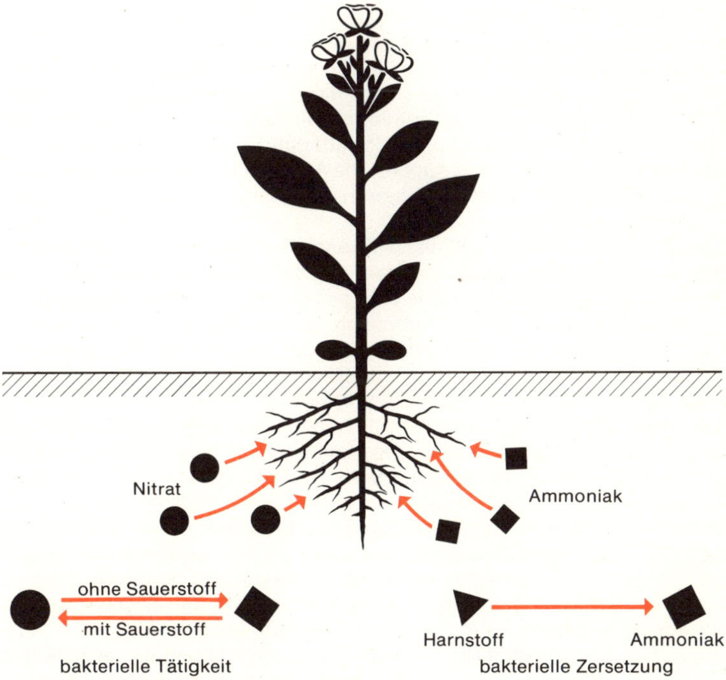

Abb. 2 Umwandlung der Stickstoffverbindungen durch Mikroorganismen im Boden

Pflanzennährstoffe – der Phosphor

Ebenso wie der Stickstoff (s.S. 274) gehört auch der *Phosphor* (P) zu den für eine normale Entwicklung der Pflanze unerläßlichen Nährstoffen. Anders als beim Stickstoff, dessen Gehalt im Ausgangsgestein des Bodens für die Stickstoffernährung der Pflanze keine Rolle spielt, muß jedoch die Pflanze ihren Phosphorbedarf aus den *mineralischen Phosphoranteilen des Bodens* decken, die durch chemische Verwitterungsvorgänge aus dem Gestein (v.a. Apatit) für die Pflanze verfügbar gemacht werden. Neben der mineralischen Form findet man Phosphor auch in *organischer Bindung* in Pflanzenresten, Humussubstanzen und Bodenorganismen.

Phosphor ist v.a. Bestandteil der Nukleinsäuren mancher Enzyme der Phosphatide und Plasmamembranen. Vielfach dient Phosphor auch der Übertragung und Speicherung chemischer Energie im pflanzlichen und tierischen Organismus.

In *Mineraldüngern* wird Phosphor in Form von *Thomasmehl* (Nebenprodukt der Eisenverhüttung), *Superphosphat* (mit Schwefelsäure aufgeschlossenes Phosphat) oder *Rohphosphat* (gemahlener Apatit) gegeben. Fast die Hälfte der Phosphatdüngung wird mit Mehrnährstoffdüngern verabreicht. Die in den Boden gelangenden Phosphate werden dort verändert und entweder von der Pflanzenwurzel aufgenommen oder festgelegt, in sauren Böden als Eisen-Aluminium-Phosphat-Komplex, in kalkreichen Böden als Calciumphosphat (Apatit). Wegen der Festlegung ist die Phosphatdüngung höher zu bemessen, als der Entzug durch die Pflanze beträgt. Jede Phosphatgabe wirkt sich aber auch für den Boden, das Bodenleben und die Bodenstruktur positiv aus.

Bei intensiv gedüngten Böden reichern sich Phosphate allmählich an. Die Mikroorganismenaktivität verbessert die Pflanzenverfügbarkeit, weil komplexbildende Stoffwechselprodukte Calciumionen binden und sich so Phosphationen nicht zu unlöslichen Phosphaten umbilden können. Dadurch bleibt Phosphor in der Bodenlösung für die Pflanzen verfügbar. Die Aufnahme ist auch vom Wassergehalt des Bodens abhängig. In trockenen Jahren wird weniger Phosphat als in feuchten aufgenommen.

Wegen der schlechten Löslichkeit der Phosphate entstehen Verluste nur über das Pflanzenwachstum oder durch Erosion des Oberbodenmaterials. Die Erosion betrifft mineralische und organische Dünger; gerade letztere (z.B. Gülle) können von intensiv gedüngten Flächen erheblich in Oberflächengewässer verfrachtet werden. Phosphor wirkt stark stimulierend auf das Wachstum von Algen und Wasserpflanzen und stört im Übermaß das Gleichgewicht im Wasser: Ein Gewässer kippt um. Die Gewässereutrophierung bringt im wesentlichen Probleme für stehende Gewässer mit teilweise weitreichenden wirtschaftlichen Folgen. Land- und Forstwirtschaft sollten zur Entlastung beitragen. Erosionsverhütende Maßnahmen sind Bracheverkürzung, Dauerbewuchs, Bestellungstechnik, aber auch solche der Flußregulierung.

Eine Einwaschung von Phosphor in das Grundwasser tritt wegen der geringen Beweglichkeit des Phosphats im Boden kaum ein. Unter Acker- und Grünland werden im Mittel 0,1 kg/ha, unter Wäldern 0,06 kg/ha eingewaschen. Diese Abgänge aus dem Boden sind nicht zu verhindern. Der um ca. die Hälfte höhere Eintrag aus Ackerflächen rührt daher, daß für eine längere Zeit des Jahres kein wirkungsvoller Erosionsschutz besteht. Die Auswaschung ist praktisch nicht wesentlich zu verringern, da gute Phosphatversorgung und -verfügbarkeit eine Voraussetzung für gesunde Kulturen und optimale Erträge sind. Der Austrag aus der Land- und Forstwirtschaft beträgt (hoch angesetzt) etwa 17% des gesamten Eintrags; dabei sind die organische und mineralische Düngung etwa je zur Hälfte beteiligt.

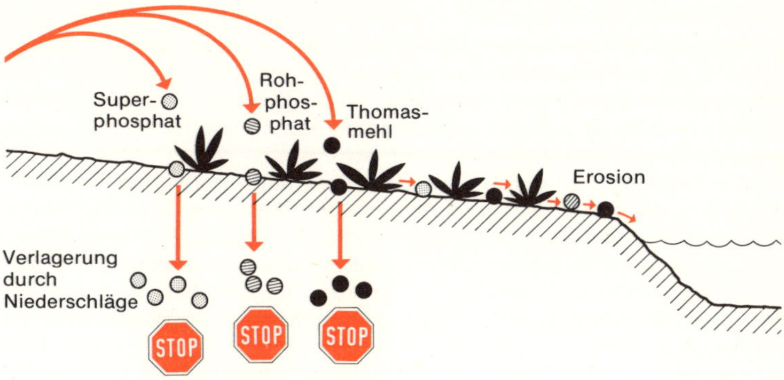

Abb. 1 Phosphor wird dem Boden als Düngemittel zugeführt

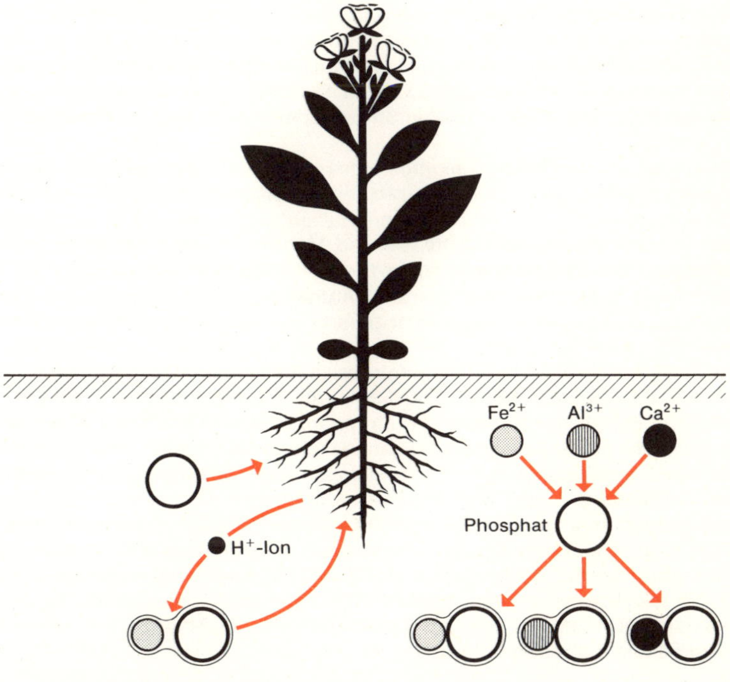

Abb. 2 Komplexbildung des Phosphats im Boden führt zu seiner Festlegung

Pflanzennährstoffe – das Kalium

Kalium (K) ist neben Stickstoff und Phosphor ein gleichfalls unverzichtbarer Pflanzennährstoff, von dem in der Bodenkrume 6000 bis 30000 kg/ha oder 0,2–3% vorhanden sind. In alkalischen Böden kann der Gehalt bis zu 7% ansteigen, organische Böden (Moorböden) und tonarme Sandböden enthalten bedeutend geringere Anteile. Man findet Kalium zwischen den Schichtpaketen von Tonmineralen als Baustein im Kristallgitter sowie angelagert an natürliche organische und mineralische Ionenaustauscher.

Das *Bodenkalium* wird durch chemische Verwitterungsvorgänge in eine pflanzenaufnehmbare Form übergeführt. Aus *primären Tonmineralen* wie Feldspat, die etwa 80% des Gesamtkaliums enthalten, werden *Illit* und nach weiterer Kaliumfreisetzung *Vermikulit* und *Montmorillonit* gebildet. Die beiden letzteren können bei Austrocknung wieder Kaliumionen aufnehmen und zwischen die Schichtpakete einlagern. Bei Wiederbefeuchtung dehnen sich die Schichtpakete erneut aus, so daß Kaliumionen wieder in die Bodenlösung übergehen. Bestimmte tonreiche Böden können austauschbares in nicht auswechselbares Kalium überführen. Diesen Vorgang, dem sowohl Bodengehalte als auch zugeführte Mineraldünger unterworfen sind, nennt man *Kaliumfixierung (K-Fixierung).* Die K-Fixierung fördert oder hemmt je nach den Umständen die Pflanzenwirkung und beeinflußt die Düngungspraxis wesentlich.

Die K-Fixierung schützt andererseits vor Einwaschungsverlusten. Diese Einträge können die Salzfracht des Grundwassers und später der Vorfluter (Bäche, Flüsse) erhöhen. Die Einwaschung erfolgt am ehesten unter sorptionsschwachen Sandböden mit Mengen zwischen 20 und 30 kg/ha. Dennoch kommt es nur unter seltenen Extrembedingungen zu potentiellen Salzschäden an der dort vorhandenen Flora und Fauna.

Die *Abnahme des Bodenkaliumgehaltes* geschieht hauptsächlich durch die Vegetation. Die Gehalte in den Pflanzen liegen zwischen 0,5 und 5%, bezogen auf die Trockensubstanz. Hackfrüchte und Hülsenfrüchte erfordern ein besonders hohes Angebot dieses Nährstoffs, ebenso Möhren, Gurken und Kohl, die dem Boden bis zu 350 kg K_2O/ha entziehen. Dieser Entzug muß zwangsläufig durch die Mineraldüngung ausgeglichen werden. Aufnahme und Transport des Kaliums erfolgen in Abhängigkeit von der Pflanzenart kurzfristig. Etwa 70% des gedüngten Kaliums werden ausgenutzt.

Aus gut wasserlöslichen Düngemitteln werden *Kaliumchlorid* mit 40, 50 oder 60% K_2O sowie *Kaliumsulfat* mit etwa 50% K_2O und *Kalimagnesia* mit etwa 28% K_2O verabreicht. Es gibt jedoch einige Kulturpflanzen wie Tabak, Obst, Gemüse und Weinreben, die auf Kaliumchlorid negativ reagieren können.

Kaliummangel äußert sich recht auffällig als sog. *Welketracht.* Im wesentlichen kommt es dabei zu einer Entkopplung von Atmung und Energieübertragung. Äußerlich findet man, beginnend an älteren Blättern, zunächst Blattrandaufhellungen. Es folgen Blattrandnekrosen und allgemeine Absterbeerscheinungen. Pflanzen mit Unterversorgung an Kalium geben leicht Wasser nach außen ab, wodurch der Zelldruck (Turgor) abnimmt und die Pflanze welkt. Kalimangel führt auch über den damit verbundenen Stickstoffüberschuß in der Pflanze zur vermehrten Anfälligkeit gegenüber Schadorganismen.

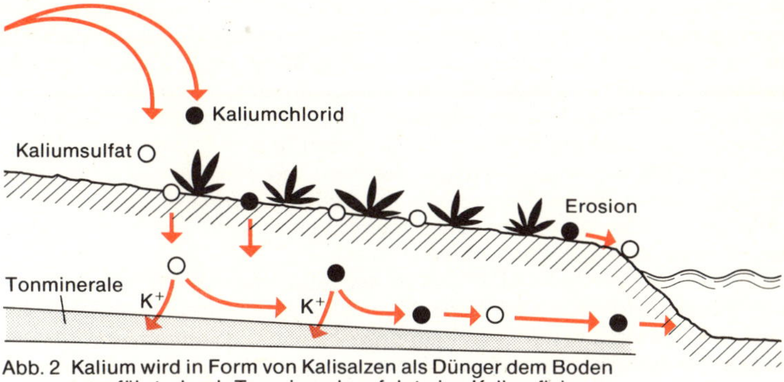

Abb. 2 Kalium wird in Form von Kalisalzen als Dünger dem Boden zugeführt; durch Tonminerale erfolgt eine Kaliumfixierung

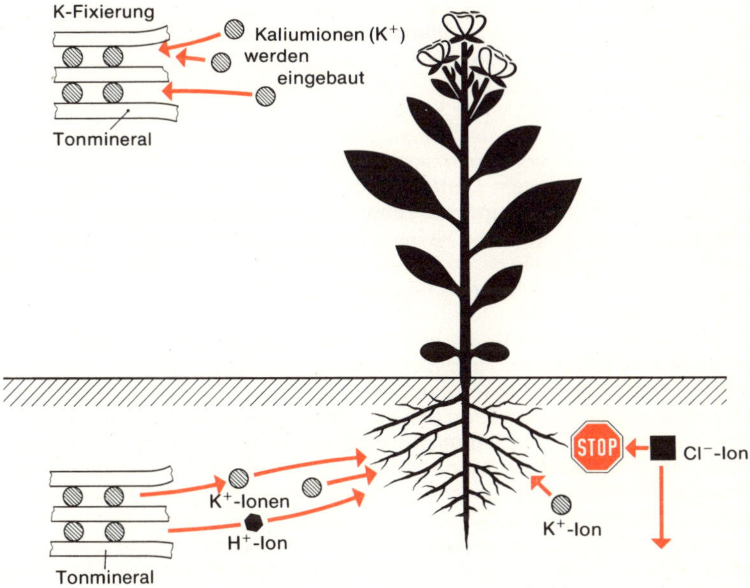

Abb. 2 Kaliumentzug aus den Tonmineralen durch die Pflanze, begünstigt durch Wasserstoffionen (pH-Wert der Bodenlösung)

Pflanzennährstoffe – Spurenelemente, Schwermetalle

Die Pflanze benötigt insgesamt 18 Nährstoffe zum Aufbau der arteigenen Substanzen. Man unterteilt die *Pflanzennährstoffe* in Makroelemente *(Hauptnährstoffe)* wie Stickstoff (s. S. 274), Phosphor (s. S. 276), und Kalium (s. S. 278) und in Mikroelemente *(Spurenelemente)* wie Bor, Zink, Mangan und Molybdän. Dieses Unterscheidungskriterium orientiert sich am mengenmäßigen Bedarf der Pflanze, der für die einzelnen Elemente unterschiedlich groß ist. Beispielsweise benötigen unsere Nutzpflanzen rund 1000mal mehr Kalium als Bor.

Unentbehrlich für das Pflanzenwachstum sind von den *Nichtmetallen:* Kohlenstoff, Sauerstoff, Wasserstoff (s. S. 220), Stickstoff (s. S.274), Phosphor (s. S. 276), Schwefel, Bor, Silicium und Chlor, von den *Metallen:* Kalium (s. S. 278), Calcium, Magnesium, Natrium, Eisen, Mangan, Kupfer, Molybdän und Kobalt. Silicium, Chlor und Natrium werden nur von bestimmten Pflanzenarten in größerer Menge benötigt, Natrium z. B. von Zuckerrüben.

Die *Alkali-Erdalkali-Metalle* wie Kalium, Calcium, Magnesium, Mangan werden von der Pflanze als Ionen aus der Bodenlösung aufgenommen. Diese Metalle haben vorwiegend die Aufgabe, die Ladungen organischer Verbindungen abzusättigen, die auf Grund ihrer Größe nicht das Membransystem der Zelle passieren können. Metalle mit einem spezifischen Gewicht oberhalb von 5 bezeichnet man als *Schwermetalle,* von denen insbesondere Kupfer, Molybdän, Zink und Eisen essentielle Bedeutung für die Pflanzenernährung haben.

Obwohl die für die Pflanzenernährung unersetzlichen *Spurenelemente* nur in sehr geringen Mengen benötigt werden, kommt ihnen als Bestandteil der Enzymsysteme eine zentrale Funktion für die Stoffwechselmechanismen und damit für die Ernährung der Kulturpflanzen zu.

Modellhaft sei die Situation für *Kupfer* dargestellt. Dieses Element geht im Boden sehr stabile Bindungen mit der organischen Substanz ein. Auch wird es aus der Bodenlösung an die Sorptionsstellen von Tonmineralen gebunden. Infolgedessen ist Kupfer nur in geringem Umfang beweglich und wird durch starke Säuren mobilisiert. Die Aufnahme durch die Pflanze hängt schließlich von dem im Boden in Lösung gegangenen Kupfer ab. Die Bedeutung des Kupfers besteht wie die anderer essentieller Schwermetalle darin, daß es einen Bestandteil von Enzymen (vor allem Oxidasen) bildet. Diese wiederum regulieren maßgeblich wichtige Funktionen im Stoffwechsel der Pflanze.

Potentielle *Schadstoffe* in dieser Elementgruppe der Schwermetalle sind vor allem Cadmium, Quecksilber und Blei. Diese wirken sich in der Nahrung nicht nur qualitätsmindernd aus, sondern sind in hohem Maße gesundheitsgefährdend, wenn bestimmte Schwellenwerte überschritten werden. Der Gesetzgeber hat sich bislang jedoch nicht zur Festlegung verbindlicher Toleranzen entschließen können.

Da wir auf eine ständige Nahrungszufuhr angewiesen sind, gelangen gewisse Schwermetallverbindungen zwangsläufig in den Organismus. Ein besonders kritisches Schwermetall ist *Cadmium* (s. auch S. 392), das vorwiegend durch Immission aus der Industrie und aus Verbrennungsvorgängen auf und in den Boden gelangt. Aber auch die Düngung, vorweg mit belasteten Klärschlämmen (s. S. 392), kann erheblich zur Anreicherung von Cadmium beitragen. Während mineralische Phosphordünger je nach Herkunft Cadmiummengen zwischen 0,1 und 70 mg/kg enthalten, findet man es in Klärschlämmen zwischen weniger als 10 und 170 mg/kg Trockensubstanz. Deshalb sollte der Anwendung von Klärschlämmen nur nach laufender analytischer Kontrolle ohne Gefährdung der Boden- und Pflanzengesundheit stattgegeben werden. Während Schwermetalle allgemein im Boden irreversibel festgelegt werden und relativ geringfügig von den Pflanzen aufgenommen werden, ist Cadmium ein relativ bewegliches Element.

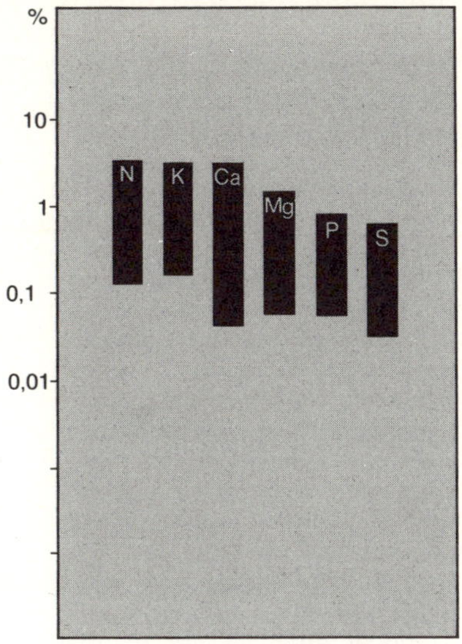

Abb. 1 Gehalt an Makroelementen in
Kulturpflanzen (nach Amberger)

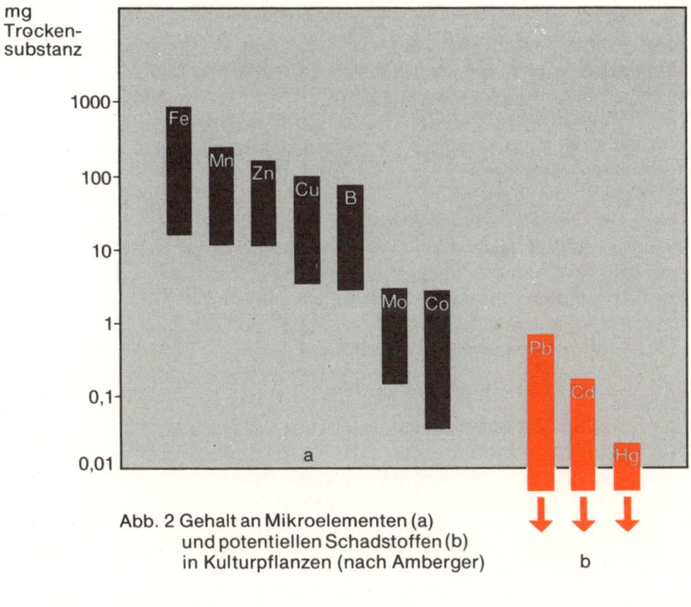

Abb. 2 Gehalt an Mikroelementen (a)
und potentiellen Schadstoffen (b)
in Kulturpflanzen (nach Amberger)

Temperaturverhältnisse an Pflanzen

Nicht nur die Temperaturen in einem Pflanzenbestand, sondern auch die Temperaturverhältnisse an der einzelnen Pflanze und die darauf Einfluß nehmenden Faktoren sind für die Beurteilung eines Pflanzenstandortes und der dafür geeigneten Vegetation von Bedeutung.

Die Wärmezufuhr zur Pflanze wird in erster Linie durch die *Sonneneinstrahlung* bestimmt; eine gewisse (unbedeutende) Rolle spielt auch die *Veratmung von organischen Verbindungen* zu CO_2, Wasser und Energie. Die Sonneneinstrahlung erfaßt nur Teile der Pflanze, und zwar die oberirdischen, während die Wurzeln nicht betroffen werden. Man kann daher ohne weiteres annehmen, daß an den *Wurzeln* die gleichen Temperaturen wie im umgebenden Boden herrschen.

Anders sind die Verhältnisse an den *Blättern* und *Stengeln*. Sie werden direkt von der Sonnenstrahlung getroffen. Dabei wird ein Teil der Strahlung wieder zurückgeworfen, und zwar vornehmlich der Grünanteil des sichtbaren Lichtes und die Wärmestrahlung (IR). Nicht allzu dicke Blätter lassen einen weiteren Teil, und zwar wiederum vornehmlich den Grünanteil des sichtbaren Lichtes und die Wärmestrahlung, durch. Die verbleibende Reststrahlung wird vom Blatt aufgenommen. Dort wird ein Teil der aufgenommenen Energie für die Photosynthese (s. S. 200ff.) verbraucht, ein weitaus größerer für die Transpiration, und die verbleibende Energie schließlich führt zur Erwärmung des Blattes.

Wie an der Bodenoberfläche, so findet auch an der *Blattoberfläche* ein Wärmeaustausch mit der umgebenden Luft statt. Dieser ist umso intensiver, je stärker die Luftbewegung in der umgebenden Atmosphäre ist. Außerdem begünstigt Luftbewegung die Transpiration dadurch, daß der Wasserdampf aus der unmittelbaren Umgebung des Blattes weggeführt wird und damit größere Unterschiede im Dampfdruck zwischen Blatt und umgebender Luft entstehen. Beide Vorgänge führen zur Abkühlung der Blattoberfläche. Bei Sonneneinstrahlung am Tage sind an den Blattoberflächen wie auch an der Bodenoberfläche meist Temperaturen zu messen, die über der Temperatur der freien Atmosphäre liegen. Die *Übertemperaturen* werden dabei von der *Blattdicke* mitbestimmt, da dicke, fleischige Blätter mehr Energie aufnehmen, eine kleinere Oberfläche besitzen, wenig transpirieren und geringen Wärmeaustausch mit der umgebenden Luft aufweisen. Dünne Blätter dagegen sind stärkeren Schwankungen unterworfen, da sie weniger Energie in das Innere des Blattes abführen können.

Auch die Wasserversorgung der Pflanze ist ein bestimmender Faktor für die Übertemperaturen. Bei guter Wasserzufuhr können diese auf Grund der Transpirationserhöhung niedrig gehalten werden, bei ungünstigen Wasserverhältnissen welken die Blätter, und es können beträchtliche Übertemperaturen entstehen.

Übertemperaturen können bei Pflanzen *Hitzeschäden* verursachen. Die meisten Lebensvorgänge sind an einen Temperaturbereich von 0 °C bis 40 °C geknüpft, den nur wenige Organismen überschreiten können. Da bei intensiver Einstrahlung und geringer Luftbewegung auch Blattemperaturen über 40 °C bis 53 °C gemessen werden, ist leicht einzusehen, daß Hitzeschäden vor allem bei Forst- und Obstkulturen unter ungünstigen Bedingungen häufiger vorkommen, als man annehmen könnte.

Bei Nacht treten an den Blattoberflächen durch die vermehrte Ausstrahlung auch *Untertemperaturen* auf, die jedoch nicht so extreme Werte wie die Übertemperaturen am Tage annehmen. Die Untertemperaturen der Blattoberfläche liegen etwa 1–2 °C unter der Temperatur der Außenluft, während die Übertemperaturen auf 10–14 °C gegenüber der freien Atmosphäre ansteigen können.

Die Auswirkung tiefer Temperaturen auf Pflanzen

Während der kalten Jahreszeit ist das Stoffwechselgeschehen im pflanzlichen Organismus stark eingeschränkt; die Pflanzen befinden sich im Ruhezustand. Dennoch haben auch in dieser Vegetationsperiode die Temperaturen in der Umgebung der Pflanze einen gewissen Einfluß auf den pflanzlichen Organismus, da die einzelnen Pflanzenarten gegen Abkühlung unterschiedlich empfindlich sind. Besonders gefährdet durch tiefe Temperaturen sind die Pflanzen im Frühjahr und im Spätwinter, wenn sie durch einzelne warme Tage „verwöhnt" werden oder bereits junge, nicht abgehärtete Triebe hervorgebracht haben.

Hinsichtlich der *Gefährdung* durch tiefe Temperaturen kann man drei *Pflanzentypen* unterscheiden:

Manche Pflanzen *„erkälten"* sich bereits bei *Temperaturen von wenig über 0 °C*. Zu solchen Pflanzen gehören neben den tropischen Gewächsen die Kulturpflanzen Tabak, Tomate und Bohne, die, sofern sie nicht vollständig abgetötet werden, durch diese „Erkältung" nachhaltig im Wachstum gehemmt werden. Möglicherweise handelt es sich bei diesen Kälteschäden um irreversible Veränderungen in der Plasmastruktur der Zellen, die eine Verschiebung des enzymatischen Gleichgewichtes zur Folge haben.

Zahlreiche Pflanzen werden erst bei *Temperaturen unter 0 °C durch Eisbildung geschädigt*. Besonders betroffen sind davon junge Triebe und stark wasserhaltige Pflanzenteile. Die Hypothese, daß durch die Ausdehnung des gefrierenden Wassers in den Zellen die Zellwände zerreißen, konnte nicht bestätigt werden. Man muß vielmehr annehmen, daß der „Eistod" eine Folge mechanischer Wirkungen der Eiskristalle auf die Feinstrukturen des Plasmas ist bzw. daß das Zellplasma durch den plötzlichen Wasserentzug beim Gefrieren entquillt oder Schäden am Plasma durch plötzlichen Wasserüberschuß beim Auftauen entstehen.

Schließlich gibt es Pflanzen, die tiefe *Temperaturen unter 0 °C* mit Eisbildung im Gewebe *ohne Schädigung* aushalten können. Zu diesem Pflanzentyp gehören u. a. verschiedene immergrüne Nadelbäume.

Ein besonderes Problem unter den Auswirkungen tiefer Temperaturen auf Pflanzen stellt das sog. *Auswintern* (das Zugrundegehen der Wintersaat) dar, das vornehmlich bei den Wintergetreidearten vorkommt. Ein häufiger Auswinterungsgrund ist das *Auffrieren.* Dazu kommt es, wenn bei Wechselfrost Tauwasser in den Boden eindringt, wenig später dort gefriert und durch die damit verbundene Volumenausdehnung den Boden anhebt. Dadurch werden die angehobenen Wurzeln entweder mechanisch (Zerreißen) geschädigt, oder sie werden freigelegt und verdorren. – Nach üppiger Herbstentwicklung der Wintersaat kann es, wenn der Boden zu naß ist, unter einer mächtigen, möglicherweise noch überfrorenen Schneedecke durch Sauerstoffmangel und Kohlensäureanhäufung zum *Ersticken der Pflanzen* kommen. Diese Erscheinungen gehen meist mit dem Befall des Bestandes durch Pilze (z. B. Schneeschimmel) und tierische Schädlinge (z. B. Rapserdflohlarven) einher.

Die *Frostresistenz (Frosthärte)* der Pflanzen ist *jahreszeitlichen Schwankungen* unterworfen. Sie wird vom Frühjahr an zum Sommer hin immer geringer, während sie im Herbst ständig zunimmt und in der kalten Jahreszeit am stärksten ausgeprägt ist. Eine enge Wechselbeziehung besteht dabei zwischen der jeweiligen Frosthärte und dem *Zuckergehalt* einer Pflanze, ohne daß man jedoch sagen könnte, ob die Zuckeranreicherung eine Begleiterscheinung der zunehmenden Frostresistenz ist oder ob sie die verstärkte Frostresistenz bewirkt.

Tau und Reif – ihre Bedeutung für die Pflanzen

Tau entsteht, wenn Wasserdampf am Erdboden oder auf der Oberfläche von Pflanzen bei Temperaturen über 0 °C kondensiert; erfolgt die Kondensation unter 0 °C, entsteht *Reif.* Der Vorgang der Taubildung ist im einzelnen folgender: Die Bodentemperatur nimmt nachts durch die Wärmeabstrahlung des Bodens ab. Unterschreitet die Bodentemperatur einen bestimmten Wert, bei dem der vorhandene Wasserdampfdruck zur Wasserdampfsättigung ausreicht *(Taupunkt),* dann sinkt der Wasserdampf zum Boden ab und kondensiert an der Boden- bzw. Pflanzenoberfläche zu Wasser.

Bei diesem Vorgang wird *Kondensationswärme* frei. Außerdem wird dem Erdboden durch das Absinken der Luftteilchen aus der Atmosphäre *Bewegungsenergie* zugeführt. Die Stärke dieser beiden Energieströme wird von der Menge der abgestrahlten Bodenwärme bestimmt. In klaren Nächten ist die Wärmeabstrahlung groß, so daß auch der Taufall erhöht wird. Nach bedeckten Nächten ist hingegen kaum Taubildung zu verzeichnen, da die abgestrahlte Bodenwärme von den Wolkendecke reflektiert wird.

Die unter günstigsten Bedingungen fallende *Taumenge* liegt mit 0,5 mm deutlich unter dem theoretisch errechneten Wert von 0,8 mm. Taunasse Wiesen erwecken allerdings oft den Eindruck, als sei wesentlich mehr Wasser vorhanden. Diese Erscheinung beruht darauf, daß besonders die Gräser die Fähigkeit besitzen, aus Wasserspalten zusätzliches sog. *Guttationswasser* abzugeben, das fälschlich oft als Tau angesehen wird.

Wasserdampf schlägt sich als *Reif* nieder, wenn die Boden- bzw. Oberflächentemperatur der Pflanzen, wie bereits oben gesagt, unter 0 °C liegt. Dabei geht das Wasser unmittelbar aus der dampfförmigen in die feste Phase *(Eiskristalle)* über. Die Lufttemperatur spielt bei diesem Vorgang keine Rolle; sie kann durchaus über dem Gefrierpunkt liegen. Ebenso wie bei der Taubildung wird auch bei der Bildung von Reif die dem Boden durch den Eisbildungsprozeß zugeführte Wärmeenergie *(Gefrierwärme)* durch die Wärmeabstrahlung des Bodens wieder entzogen.

Die *Auswirkungen von Tau- und Reifniederschlägen* auf die Pflanzen ist in den gemäßigten Zonen besonders hinsichtlich der Wasserversorgung der Pflanzen nur von untergeordneter Bedeutung. Der Bodenwassergehalt wird durch Tau (ebenso wenig wie durch Nebel) nicht nennenswert erhöht. Auch die direkte Tauaufnahme durch die Blattoberfläche spielt für die Wasserversorgung der Pflanzen keine wesentliche ökologische Rolle. Anders ist das z. B. bei solchen Pflanzen, die auf anderen Pflanzen wachsen, ohne die Leitungssysteme der Wirtspflanzen in Anspruch zu nehmen *(Epiphyten).* Diese können mit Hilfe besonderer Organe wie Luftwurzeln oder Saugschuppen das Niederschlagswasser des Taus direkt aufnehmen. – Auch das Wachstum der Flechten wird durch Tau begünstigt.

Von größerem Interesse ist die physiologische Bedeutung des Taus für die *Reduzierung der pflanzlichen Transpiration* (Abgabe von Wasserdampf durch die Spaltöffnungen). Mit dem Einsetzen der Photosynthese (s. S. 200ff.) am Morgen öffnen sich die Spaltöffnungen der Pflanze, und die Transpiration nimmt zu. Liegt nun Tau auf den Blättern, so wird die Transpiration verringert oder gar gänzlich verhindert. Die Pflanze übersteht auf diese Weise kürzere Trockenperioden, ohne Schaden zu nehmen. Insbesondere Jungpflanzen, die noch kein ausgeprägtes Wurzelsystem besitzen, werden so vom Tau begünstigt.

Ungünstige Auswirkungen hat Taufall vor allem in *feucht-warmen Perioden.* Indem er nämlich eine Wasserdampfsättigung in Pflanzenbeständen bewirkt, fördert er die *Sporenbildung* und damit das Wachstum pflanzenschädigender Pilze.

Abb. 1 Die Entstehung von Tau

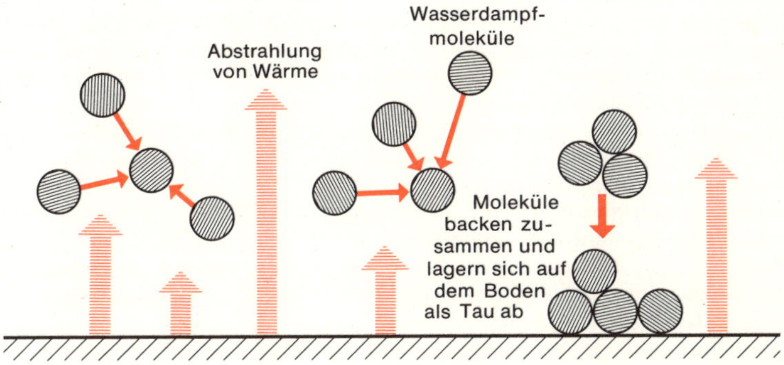

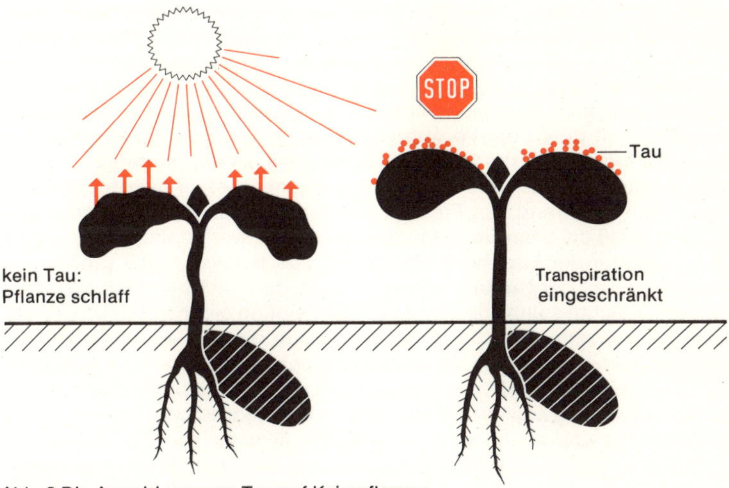

Abb. 2 Die Auswirkung von Tau auf Keimpflanzen

Frostschutz

Die großen Schäden, die an frostempfindlichen Kulturen durch *Strahlungsfröste* und *Kaltlufteinbrüche (Advektivfröste)* zu Beginn der Vegetationsperiode im Frühjahr bis in den Frühsommer hinein entstehen, erfordern wirksame Schutzmaßnahmen.

Während gegen Advektivfröste kaum vorbeugende Maßnahmen ergriffen werden können, kann man die Ausbildung von Kaltluftseen bei Strahlungsfrösten verhindern. Dies geschieht durch *Melioration* (Bodenverbesserung) nasser Wiesen und Moore (sofern sie nicht unter Naturschutz stehen) oder durch die Anlage wärmespeichernder Teiche. Auch die Abschirmung durch *lebende Schutzstreifen* (Hecken) kann das Einfließen von Kaltluft verhindern und damit die Ausbildung von Kaltluftseen. Ferner kann man aufgestaute Kaltluft ableiten, indem man das Abflußhindernis durchbricht.

Neben vorbeugenden Maßnahmen haben vor allem die unmittelbaren Schutzmaßnahmen große Bedeutung. Diese können zum einen darin bestehen, daß man die *Ausstrahlung vom Boden verringert,* indem man die ausstrahlende Fläche über dem Pflanzenstand abschirmt. Das *Abdecken der Kulturen* mit Matten, Tüchern, Kunststoffolien, Glasfenstern, Papierschirmen, Stroh, Stalldünger oder Kartoffelkraut findet wegen des sehr hohen Arbeitsaufwandes meist nur in gärtnerischen Kulturen Anwendung. Große Flächen und hohe Pflanzen können auf diese Weise nicht geschützt werden.

Rationeller und billiger als Frostschutzmaßnahme ist die *Lufttrübung,* die durch Verbrennen von Altöl oder Pflanzenabfällen (starke Rauchentwicklung) erreicht wird; geeignet sind auch Räucherpatronen und das Abblasen von Nebelsäure (Mischung von Chlorsulfonsäure und Schwefeltrioxid). Das Verfahren der Lufttrübung ist allerdings nur in ebenem Gelände und bei Windstille (Schutzwirkung etwa bis −2°C) wirksam.

Wirksamen Frostschutz bietet auch die *Wärmespeicherung* oder *Wärmezufuhr.* Ersteres geschieht durch die *Vorwegberegnung* an sonnenscheinreichen Tagen, durch die Wärme im Oberboden gespeichert wird. Dieses Verfahren ist nur bei niedrigen Kulturen und schwachen Frösten geeignet. Besser bewährt hat sich die Dauerberegnung während des Frostes. Die Schutzwirkung der *Dauerberegnung* beruht darauf, daß die beim Gefrieren des Wassers freiwerdende Erstarrungsenergie die Temperatur der Eisschicht und der Pflanze bei etwa −0,5°C hält. Für den überwiegenden Teil der Kulturpflanzen ist diese geringe Unterkühlung unschädlich. Die Regendichte sollte allerdings zur Vermeidung einer zu starken Vereisung möglichst gering sein, und die Beregnung sollte bis zum Auftauen fortgesetzt werden. Weit verbreitet ist die Frostschutzberegnung vor allem im Weinbau, im Frühkartoffelanbau und auch während der Baumblüte im Obstbau. Durch die Frostschutzberegnung können Fröste bis zu −6°C abgewehrt werden.

Sehr aufwendig und auch teuer sind bis jetzt die verschiedenen Verfahren der *Geländeaufheizung.* Dabei bringt das Aufstellen von *Ölöfen* in frostgefährdeten Kulturen immerhin einen wirksamen Frostschutz bis etwa −5°C. Die Technologie der Heranführung wärmerer Luft in Pflanzenkulturen aus der freien Atmosphäre oder künstlich erwärmter Luft über Propeller ist noch nicht weit genug entwickelt, als daß man hier ein endgültiges Urteil abgeben könnte.

Ein sehr wirksamer Frostschutz auf lange Sicht ist durch pflanzenzüchterische Maßnahmen erzielbar. Allerdings erfordert das Herauszüchten *frostresistenter Sorten* viel Zeit und Geduld.

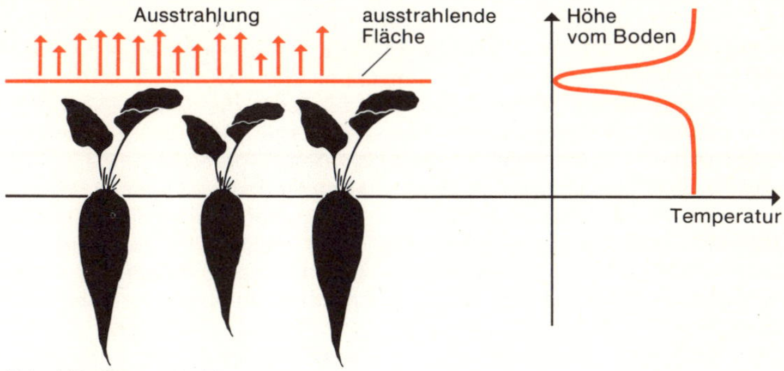

Abb. 1 Bodenausstrahlung

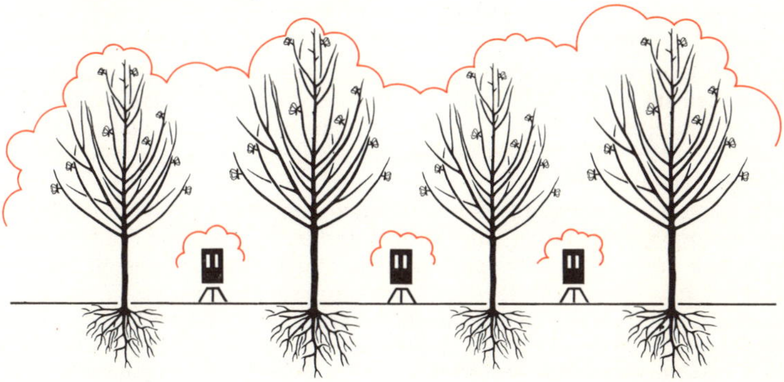
Abb. 2 Lufttrübung als Frostschutzmaßnahme

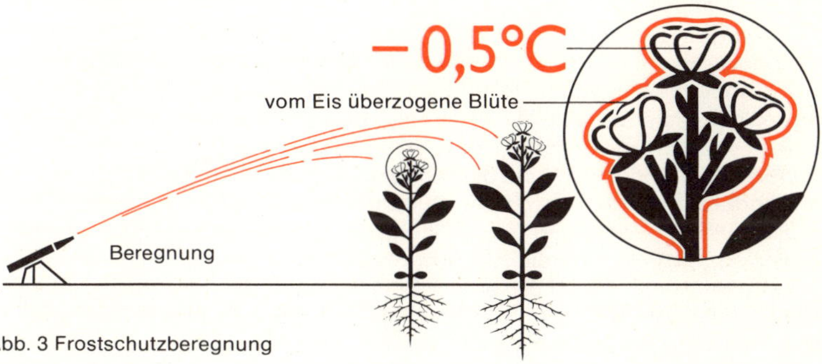

Abb. 3 Frostschutzberegnung

Windwirkung an Pflanzen

Klimafaktoren wie Wind, Sonneneinstrahlung, Kälte und Wärme sowie Niederschläge haben einen großen Einfluß auf den Stoffwechsel und die Ausbildung der Gestalt der Pflanzen. Die Wirkung von Luftbewegungen mehr oder minder großer Stärke ist einerseits physiologischer, andererseits mechanischer Art.

Auf die Pflanze wirken *Luftbewegungen* zunächst durch die *Erhöhung der Transpirationsrate.* Bei ausreichender Wasserversorgung ist dies zur Verbesserung der Stoffproduktion erwünscht. Unter *trockenen Klimabedingungen* wird die *Wasserbilanz* der Pflanze durch die Windwirkung jedoch sehr schnell *negativ.* Als Folge der beginnenden Welke schließen sich die Spaltöffnungen der Blätter. Damit wird zwar die Transpiration eingeschränkt, aber gleichzeitig auch die Kohlendioxidassimilation gestoppt. Eine *leichte Luftbewegung* dagegen fördert die Photosynthese der Pflanzen (s. S. 200ff.) durch Heranführen von Kohlendioxid aus der Bodenluft.

Die mechanische, *formbildende Wirkung des Windes* an Pflanzen und Pflanzenteilen ist vor allem in Gegenden zu beobachten, in denen die Winde häufig hohe Geschwindigkeiten erreichen. Solche Gebiete sind die *Wüsten* und *Steppen,* in denen auf Grund fehlenden Bodenbewuchses bzw. fehlender Baumbestände der Wind voll auflaufen kann. Sehr starke Winde treten auch an den Meeresküsten und an einzelnstehenden Berggipfeln auf. In unmittelbarer *Bodennähe* ist die Windgeschwindigkeit als Folge der Reibung geringer, so daß niedrige Pflanzen (z. B. Gräser), selbst bei hohen Windgeschwindigkeiten, kaum mechanischen Belastungen ausgesetzt sind.

Bäume dagegen, insbesondere freistehende, werden starken mechanischen Beanspruchungen ausgesetzt. Durch Aneinanderschlagen und -reiben werden Äste geknickt oder abgerissen und werden die Blätter gequetscht; es treten Verletzungen auf. – Große *Blätter* (z. B. beim Tabak) können zerrissen werden, und Wasser wird aus den verletzten Gewebsstellen ausgepreßt. Weiterhin führt das Hin- und Herbiegen der Blätter zu ständigen Volumenveränderungen der Interzellularräume im Schwammgewebe des Blattes, wodurch selbst bei Spaltenschluß Luft eingesaugt und ausgepreßt wird, was zu hohen Wasserverlusten und zum Vertrocknen der Blätter führt. Besonders betroffen sind die großen, dünnhäutigen *Schattenblätter* der Bäume, während die relativ kleineren, dickhäutigen *Sonnenblätter* unter der Windwirkung viel weniger leiden.

Die dem Wind zugewandten Äste *freistehender Bäume* (auch Bäume an Waldrändern) werden durch die Windwirkung im Wachstum gehemmt, während die Äste der windabgewandten Seite normales Wachstum zeigen. Dadurch entsteht der Eindruck, der Baum zeige in Windrichtung. Bei windgescherten Bäumen sind die Zweige an der windzugewandten Seite völlig abgestorben.

Windbruch und *Windwurf* sind die schwerwiegendsten Folgen der Windwirkung. Beim Windbruch werden durch den Winddruck die Baumkrone und/oder starke Äste abgebrochen, während beim Windwurf der Baum mit dem Wurzelwerk umgeworfen wird. In überalterten und kränklichen Baumbeständen sowie in Monokulturen treten diese Formen der Windwirkung besonders deutlich auf. Ein Beispiel sind reine *Fichtenforste:* Freistehende Fichten sind unter natürlichen Bedingungen von der Basis bis zur Spitze beastet. Dabei nimmt die Ausladung der Äste von oben nach unten zu, so daß der Schwerpunkt des Baums tief liegt. In den engstehenden Kulturbeständen sterben infolge Lichtmangels die unteren Äste der Fichten ab, so daß nur die Krone beastet ist; die Stämme sind lang und schlank. Der Schwerpunkt eines solchen Baums liegt dadurch sehr hoch, was Instabilität zur Folge hat. Geschützt werden diese Bäume durch besser ausgebildete, tiefbeastete Bäume am Waldrand, die einen „Windmantel“ darstellen.

Abb. 1 Einwirkung des Windes auf freistehende Laubbäume

Abb. 2 Windgescherter Baum

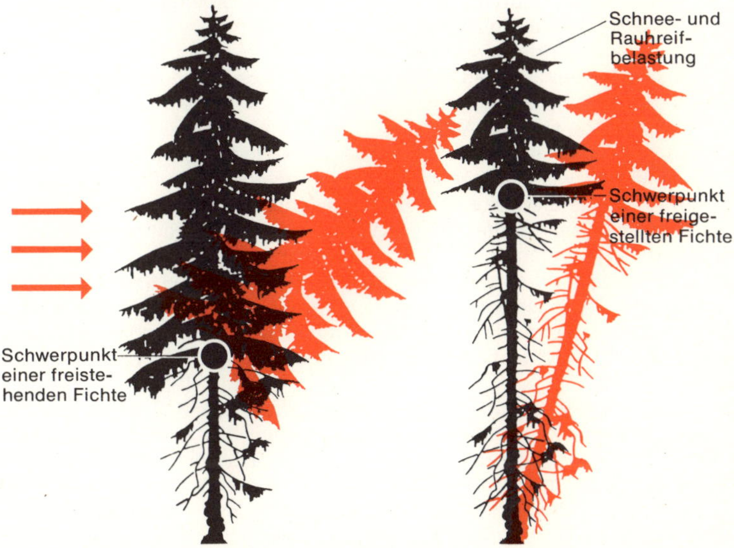

Abb. 3 Windangriff bei freistehend gewachsenen und freigestellten Fichten

Windschutzmaßnahmen für Kulturbestände

In Kulturbeständen entstehen an den Pflanzen häufig dadurch *Windschäden,* daß Saaten freigelegt, verweht oder zugeweht werden oder beispielsweise nasse Getreidepflanzen durch Windeinwirkung umknicken (lagern). In der kalten Jahreszeit wirkt sich besonders die Tatsache negativ aus, daß der Wind oft eine schützende Schneedecke fortweht. Auch *Unkrautsamen* (z. B. Löwenzahn), *Krankheitskeime* und *tierische Schädlinge* (z. B. Kartoffelkäfer) werden vom Wind verschleppt und ausgebreitet. Weitere Schäden entstehen durch die Wirkung *fester Stoffe* wie Sand oder Schnee, die, vom Wind mitgerissen, beim Auftreffen auf den Pflanzen *mechanische Verletzungen* des pflanzlichen Gewebes hervorrufen.

Zur Verhinderung solcher Windwirkungen werden in vielen Gebieten (z. B. Küstenlandschaften, Flußtäler) *Hecken* und regelrechte *Windschutzstreifen* angelegt. Ein richtig angelegter *Windschutzzaun* in Form einer *Baumbepflanzung* reduziert die Bodenerosion durch Wind im Bereich leichter Sandböden und bewirkt, daß die Bodenfeuchtigkeit durch Herabsetzung der Verdunstungsrate länger erhalten bleibt. Außerdem verstärkt sich unter dem Einfluß eines schützenden Windschutzzauns der Taufall, und im Winter bleibt besonders auf beschatteten Flächen gefallener Schnee länger liegen. Schließlich erhöht sich auch die Lufttemperatur, da die einströmende Wärmeenergie nicht durch Konvektion abgeführt wird.

Die Wirkung der Windschutzstreifen ist allerdings begrenzt. Sie hängt von der *Höhe* und der *Bestandsdichte* des Streifens ab sowie vom Abstand zwischen den einzelnen Windschutzhecken. Die Streifen sollen die Windgeschwindigkeit verringern, müssen also winddurchlässig sein. Dichte Bepflanzung hat unerwünschten Windstau und Wirbelbildung zur Folge.

Bereits in einer Entfernung, die der fünffachen Höhe des Schutzstreifens entspricht, tritt vor dem Streifen eine spürbare Verringerung der *Windgeschwindigkeit* ein, die jedoch bis zum Schutzstreifen hin wegen rückwirkenden Windstaus wieder zunimmt. Die stärkste Abschwächung des Windes wird unmittelbar hinter dem Schutzstreifen erreicht. Von da an steigt die Windgeschwindigkeit wieder bis etwa zum Fünfundzwanzigfachen der Schutzstreifenhöhe auf 90–100% der Freilandgeschwindigkeit an. Bei einer angenommenen Schutzstreifenhöhe von 15 m müßte demnach in einer Entfernung von 375 bis 400 m ein weiterer Schutzstreifen quer zur vorherrschenden Windrichtung angelegt werden.

Neben den *günstigen Auswirkungen für die Kulturpflanzen* tragen Windschutzstreifen in baumarmen Gebieten zur *Holzgewinnung* bei. Darüber hinaus schaffen sie ein *Biotop,* in dem viele Nützlinge gute Brut- und Lebensbedingungen vorfinden. Auch hinsichtlich der *Landschaftgestaltung* sind Windschutzstreifen positiv zu bewerten.

Die Anlage von Windschutzstreifen erfordert allerdings, daß die *Landwirtschaft* auch eine Reihe von *Nachteilen* in Kauf nimmt: In modernen, maschinell arbeitenden Betrieben müssen z. B. die Schutzstreifen bei den Feldarbeiten ständig umfahren werden. Ihre Erhaltung und Pflege erfordern zusätzlichen Arbeitsaufwand. Auch die unvermeidlichen Flächenverluste sind zu berücksichtigen. In feuchten Gebieten wird zudem die Frühjahrsbestellung durch die verlängerte Schnee- und Wasserretention verzögert. Unmittelbare Beeinträchtigungen resultieren aus der Konkurrenz der Bäume und der Kulturpflanzen um Wasser (vornehmlich in trockenen Gebieten), Nährstoffe und Sonne. In dem feuchtwarmen Bereich unmittelbar hinter dem Schutzstreifen können sich Pilzkrankheiten ausbreiten.

Da sich Fehler in der Beurteilung des Standortes und in den Windschutzanlagen selbst nachteilig auswirken können, ist in jedem Einzelfall eine gründliche Voruntersuchung und Beratung unerläßlich.

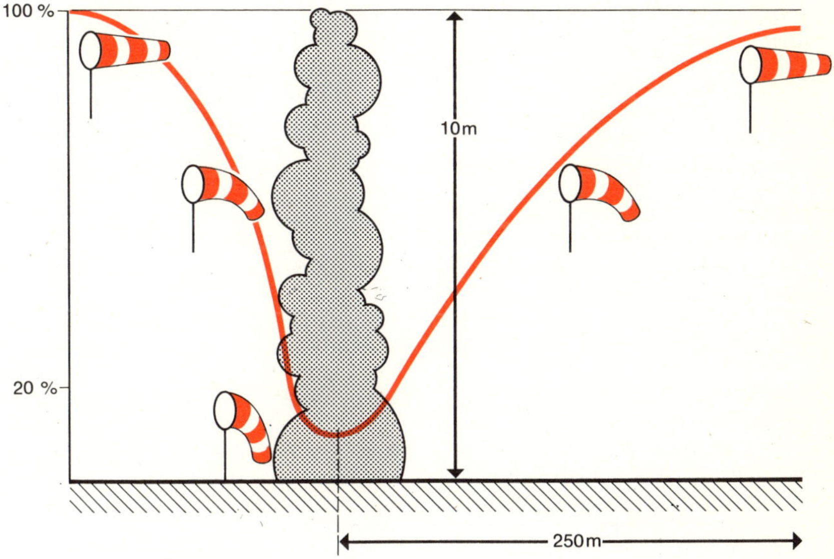

Abb. Schutzwirkung einer Hecke

Bewässerung

Wasser ist für die Pflanze einer der grundlegenden Wachstumsfaktoren, der nur dann Höchsterträge zuläßt, wenn er optimal zur Verfügung steht. Dies ist jedoch selbst in den feuchten Gebieten Mitteleuropas keineswegs immer und überall der Fall, so daß Maßnahmen der Wasserzufuhr durchgeführt werden müssen.

Der Effekt der Bodenwasserergänzung ist darin zu sehen, daß den niederschlagsarmen Gegenden Wasser aus niederschlagsreichen Gebieten aus unter- oder oberirdischen Zuflüssen bzw. aus Wasserreservoiren zugeführt wird. – Weiterhin kann Bewässerung auch zur natürlichen Düngung beitragen *(düngende Bewässerung).*

Grundsätzlich unterscheidet man drei unterschiedliche Verfahren der Bewässerung: 1. die *Stau-* oder *Rieselverfahren,* bei denen abgegrenzte Flurstücke überstaut werden oder das Wasser am Hang in Gräben, Furchen oder auf breiter Fläche über Wiesen und Äcker geleitet wird; 2. die *unterirdische Bewässerung,* bei der das Bewässerungswasser über ein unterirdisches Rohrsystem in den Boden geleitet wird *(Drän-Einstau);* 3. die heute vorwiegend angewandte Beregnung (s. S. 294).

Die positiven Auswirkungen der Bewässerung sind insbesondere in niederschlagsarmen Jahren, in denen die Pflanzen die erhöhten Lufttemperaturen aus Wassermangel nicht produktiv nutzen können, besonders augenfällig. Gerade gegen Ende der Vegetationsperiode kann eine rechtzeitige Bewässerung die Wachstumsphase verlängern, eine vorzeitige Notreife verhindern und dadurch die Erträge erhöhen und stabilisieren.

Wie der natürliche Niederschlag fördert auch das Bewässerungswasser den *Gasaustausch der Bodenluft.* Bei Berieselung und Beregnung nimmt das Wasser durch seine große Kontaktoberfläche mit der Luft Sauerstoff auf, dringt in den Boden ein und verdrängt die CO_2-reiche Bodenluft. Daneben haben insbesondere die Stauverfahren noch einen weiteren Effekt. Durch kurzfristiges Überstauen werden *bodenbewohnende Schädlinge* wie Mäuse, Hamster, Engerlinge, Raupen usw. *aus ihren Nisträumen vertrieben* oder vernichtet. Auch *übermäßige Salzanreicherungen,* die besonders in trockenen Gebieten häufig das Pflanzenwachstum beeinträchtigen, *werden* aus dem Boden *ausgewaschen.*

Weiterhin besteht die Möglichkeit, über ein Bewässerungssystem mit geringem Arbeitsaufwand *Düngungs-* und (bei Beregnung) *Pflanzenschutzmaßnahmen* durchzuführen, indem der Dünger oder die Spritzmittel dem Bewässerungswasser zugegeben werden. Auch Jauche und kommunale Abwässer können so als Dünger auf sog. Rieselfelder gebracht werden. Letzteres ist allerdings in den vergangenen Jahren aus hygienischen Gründen kritisiert worden, da sich pathogene Keime aus dem kommunalen Abwasser längere Zeit im Boden halten können und die Gefahr besteht, daß diese Keime dann über das Erntegut wieder auf den Menschen übertragen werden.

Im übrigen bringt die künstliche Bewässerung *nicht nur Vorteile.* So führt z. B. gerade bei den Stau- und Berieselungsverfahren das kurzfristige Überangebot an Wasser zu einer *Verlagerung von Pflanzennährstoffen, Tonmineralen und organischen Kolloiden* in tiefere Bodenschichten. Dadurch verarmt der Oberboden, und im Unterboden kommt es zu Verdichtungen, die das Wurzelwachstum behindern. Die Pflanzen werden aber auch dadurch geschädigt, daß den Wurzeln durch die kurzzeitige Staunässe nicht genügend Luftsauerstoff zur Verfügung steht. Man muß daher bei allen Bewässerungsmaßnahmen immer zugleich auch für eine ausreichende Entwässerung (s. auch S. 298) sorgen. – Besonders zu Beginn einer Vegetationsperiode ist schließlich auch damit zu rechnen, daß das Bewässerungswasser dem Boden Wärme entzieht, wodurch Keimung und Wachstum verzögert werden. Gerade in dieser Hinsicht muß deshalb die Frühjahrsbewässerung äußerst behutsam durchgeführt werden.

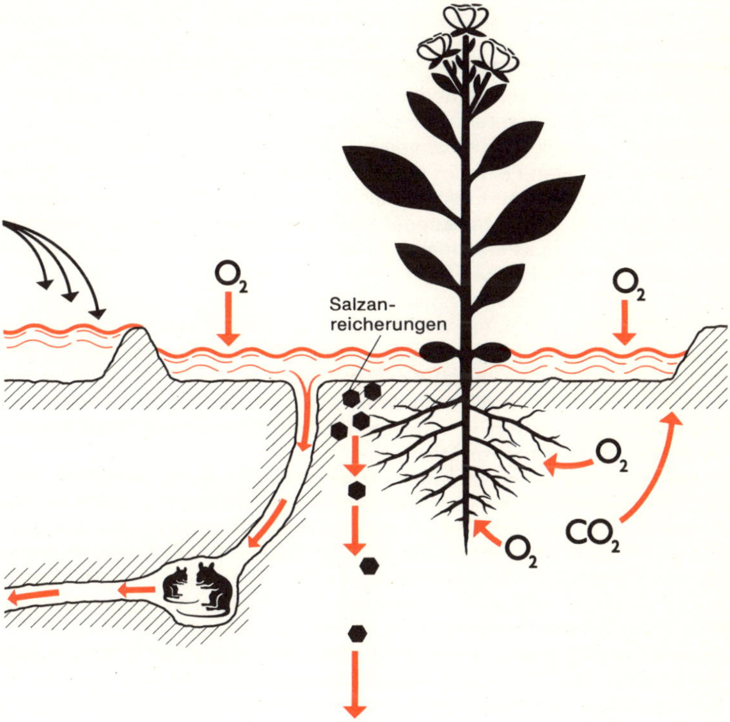

Abb. Die verschiedenen Auswirkungen der Bewässerung

Bewässerung – die Beregnung

Eine *Beregnungsanlage* besteht im wesentlichen aus der Antriebsmaschine, der Pumpe, den Rohrleitungen und den Regnern. Die Pumpe, von einer stationären oder fahrbaren Antriebsmaschine betrieben, drückt das Wasser durch die Rohrleitungen zu den Regnern, von denen es mittels Düsen ausgespritzt und meist durch Kreisdrehung verteilt wird. Die Rohrleitungen werden nur in Ausnahmefällen stationär verlegt (z.B. bei der Rasen- und Weinbergberegnung). Bei großen Feldflächen werden die Zuführungsleitungen bis zum Feldrand fest verlegt, da das Wasser dort von Hydranten entnommen wird. In der Regel (v.a. im Feldgemüsebau und beim Frostschutz) werden die Leitungen aus sog. Schnellkupplungsrohren immer wieder neu verlegbar zusammengestellt.

Einer der wichtigsten Faktoren bei der Beregnung ist die *Regendichte* (mm/h). Man unterscheidet *Schwachregner* (viele kleine Regner mit geringer Regendichte sind in die Rohrleitungen eingekuppelt), *Mittelstarkregner* und *Starkregner* (große Regendichte). Letztere werden meist nur auf Park- und Rasenflächen, in Obstkulturen und auf Grasland eingesetzt.

Mit der künstlichen Beregnung sollen ähnliche Bedingungen wie beim natürlichen Niederschlag geschaffen werden. Dies wird jedoch nicht in vollem Umfang erreicht, was z. T. an der Temperatur des verregneten Wassers liegt. Auf dem kurzen Weg, den der Kunstregen durch die Luft zurücklegt, wird dieser zwar merklich erwärmt, ohne jedoch die Wirkung eines warmen Landregens zu erzielen. Es ist deshalb von Vorteil, wenn in entsprechenden Teichen oder Rückhaltebecken vorgewärmtes Wasser zur Verfügung steht.

Da künstliche Beregnung vornehmlich bei starker Sonneneinstrahlung durchgeführt wird, sind hohe *Verdunstungsverluste* unvermeidlich. Die Verdunstung führt als Folge der Verdunstungskälte zu einer *Abkühlung der Pflanzen und des Bodens* (in manchen Fällen bis zu 3°C), was zwar gelegentlich, wenn zarte Pflanzenteile (z. B. Kopfsalatblätter) unter der Hitzeeinwirkung leiden, durchaus erwünscht sein kann, was jedoch im allgemeinen (besonders zur Zeit der Keimung) beträchtliche Verzögerungen im Pflanzenwachstum verursachen kann.

Auch bezüglich der *geringen Regendichte* kann die künstliche Beregnung nicht mit dem in diesem Sinne idealen Landregen konkurrieren (auch nicht beim Einsatz von Schwachregnern); hinzu kommt, daß Naturregen nicht stoßweise auf einen kleinen Kreissektor, sondern kontinuierlich auf die ganze Fläche fällt. So begünstigt die künstliche Beregnung auf unbebautem Ackerland generell und auf bewachsenem Ackerland zur Zeit der Keimung zwischen den einzelnen Kulturpflanzenreihen, besonders bei schwerem Boden, durch das nur sehr langsame Versickern des Wassers die Bildung von Oberflächenwasser und damit eine Verschlämmung bzw. (in Hanglagen) eine Erosion des Bodens (s. auch S. 104). Auf Grünland sind solche schädlichen Auswirkungen wegen des zusammenhängenden Bewuchses wesentlich geringer.

Gegenüber den anderen Bewässerungsverfahren, bei denen wegen der unvermeidlichen Versickerungsverluste im allgemeinen mit Überschußwasser gearbeitet werden muß, nutzt die Beregnung das Wasser wesentlich besser aus, es sei denn, daß zu geringe Regengaben zu hohe Verdunstungsverluste bewirken. Sickerverluste sind hier, außer in sehr leichten, durchlässigen Böden, kaum zu erwarten.

Die Erhöhung der Produktivität der Kulturpflanzen durch die Beregnung ist in hohem Maße vom *Zeitpunkt der Beregnung* abhängig und nicht so sehr von der Regenmenge. Günstig für eine Beregnung ist z.B. die Zeit kurz vor dem Einsetzen des Wassermangels, während bei einer Beregnung zum Zeitpunkt bereits eingetretener Welke mit Produktivitätsminderung zu rechnen ist. Unzeitige Beregnung vermag sogar den Bestäubungsvorgang zu stören oder kann zu übermäßiger Blattentwicklung führen; außerdem begünstigt sie das Unkrautwachstum.

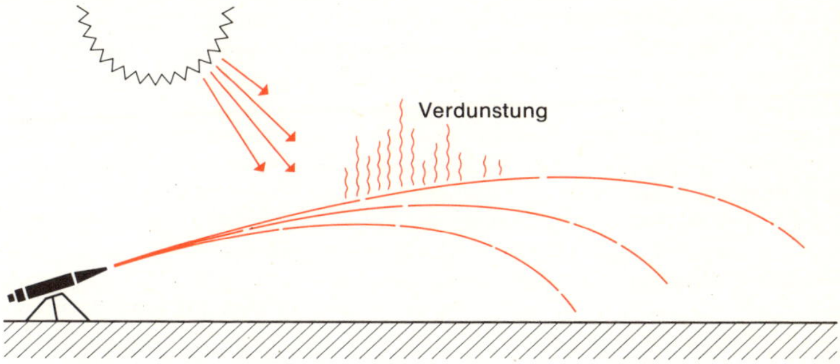

Abb. 1 Starke Sonneneinstrahlung bewirkt übermäßige Verdunstung

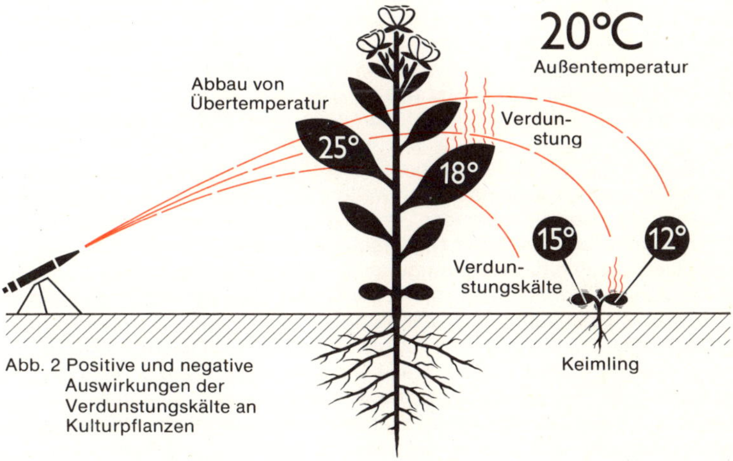

Abb. 2 Positive und negative Auswirkungen der Verdunstungskälte an Kulturpflanzen

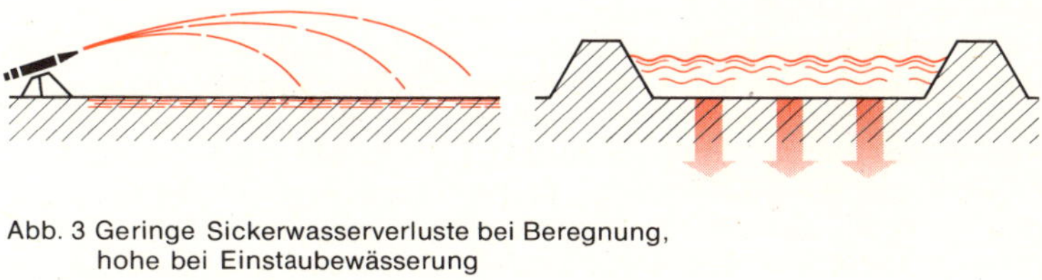

Abb. 3 Geringe Sickerwasserverluste bei Beregnung, hohe bei Einstaubewässerung

Künstlicher Niederschlag

In Gebieten mit hoher Hagelhäufigkeit werden im Interesse der Landwirtschaft seit Jahren Versuche unternommen, die Hagelbildung dadurch zu verhindern, daß man hagelträchtige Wolken rechtzeitig zum Abregnen bringt. Derartige Verfahren zur Erreichung eines künstlichen Niederschlags durch menschliche Eingriffe wären auch für Trockengebiete von eminenter Bedeutung. Sie setzen in jedem Falle das Vorhandensein von Wolken voraus; denn die Erzeugung künstlicher Wolken ist nicht möglich.

Am besten geeignet sind *Quellwolken,* in denen die Kondensationströpfchen schon unterkühlt sind; die Wolke muß also über die Grenze von 0 °C hinausreichen. Auch Wolken, die sich durch den Luftraum an der windzugewandten Seite eines Gebirgskamms bilden und dort in große Höhen aufsteigen, bieten Aussicht auf Erfolg bei der Einleitung künstlicher Abregnungsmaßnahmen.

Aufsteigende Wassertröpfchen werden an der Grenze von 0 °C unterkühlt und gefrieren schließlich bei etwa −15 °C durch natürliche Kristallisationskerne. An die Eiskristalle lagert sich rasch weiteres Wasser an, so daß die Kristalle immer schwerer werden und dadurch zu Boden fallen. Bei Überschreiten der 0 °-Grenze tauen die Eiskristalle und fallen als Regentropfen weiter. Die Erzeugung künstlichen Niederschlags beruht nun darauf, daß man die unterkühlten Tröpfchen schon vorzeitig zum Gefrieren bringt. Dazu benötigt man Gefrierkerne, die bereits bei Temperaturen dicht unter 0 °C wirksam werden. Man erreicht dies, indem man *Trockeneis,* d. h. Kohlensäureschnee, oder Silberjodid vom Flugzeug aus von oben auf die Wolken herabwirft oder indem man Silberjodid durch kleine Raketen direkt in die Wolken schießt. *Silberjodid* besitzt eine sehr ähnliche Gitterstruktur und Gitterenergie wie das Eis und bringt dadurch die unterkühlten Wassertröpfchen bei ca. −2 bis −4 °C zum Gefrieren. Der weitere Ablauf der Regentropfenbildung geschieht dann wie auf S. 52 beschrieben. *Kohlensäureschnee* wirkt weniger als Kristallisationskern als vielmehr durch weitere Unterkühlung der Wassertropfen.

Inwieweit mit diesen Methoden im konkreten Einzelfall tatsächlich Hagel vermieden und/oder künstlicher Niederschlag erzeugt werden konnte, ist schwer abzuschätzen. Da sich für die Erzeugung künstlichen Niederschlags praktisch nur quellende Wolken eignen, kann nie mit Sicherheit vorausgesagt werden, ob diese Quellwolken sich nicht ohnehin in der nächsten Stunde abgeregnet hätten bzw. ob überhaupt Hagel gefallen wäre. Da die gleiche Wolke unter gleichen Bedingungen nicht mehr zur Verfügung steht, ist man bei der Beurteilung des Erfolgs künstlicher Maßnahmen zur Abregnung weitgehend auf Schätzungen angewiesen. Nach eingehenden Beobachtungen ist es allerdings wahrscheinlich, daß man auf diese Weise in Staulagen vor Gebirgskämmen die Niederschlagsrate um rund 10 % steigern kann.

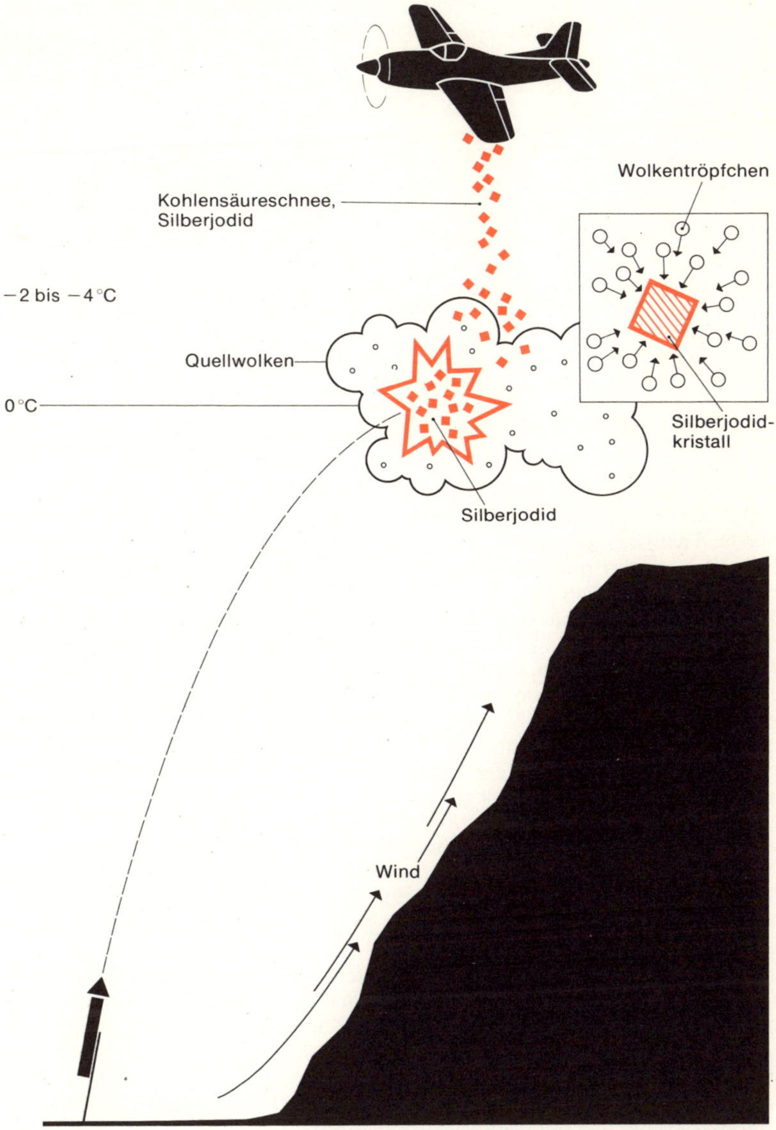

Abb. Künstlicher Niederschlag

Entwässerung durch Dränung

Überschüssiges Bodenwasser, das für das Pflanzenwachstum schädlich ist, muß aus dem Boden abgeführt werden. Dazu werden unterirdische Wasserableitungen *(Dräns)* angelegt, die aus Saugern und Sammlern bestehen. Die *Sauger* haben die Aufgabe, überschüssiges Wasser aus dem Boden aufzunehmen und den *Sammlern* zuzuführen; diese transportieren das Wasser zur *Vorflut* (Bäche, Flüsse u. dgl.). Den Gesamtvorgang der Entwässerung über Dräns bezeichnet man als *Dränung (Dränage).*

Bis vor wenigen Jahren verwendete man als Dräns kurze Tonröhren, an deren Stoßfugen das Wasser in die Sauger eindrang. Heute geht man aus Kostengründen mehr und mehr dazu über, Sammler und Sauger aus geschlitzten PVC-Rohren herzustellen, die außerdem auch billiger verlegt werden können.

Die stärkste Wirkung einer Wasserableitung durch Dränung erreicht man in solchen Gebieten, in denen der Grundwasserstand hoch ist. Allerdings ist die Dränwirkung nicht auf die *Absenkung des Grundwassers* beschränkt; vielmehr hat sie hier, besonders bei schweren, wasserhaltenden Böden, die selbst bei einem mehrere Meter unter Flur liegenden Grundwasserstand vernäßt sind, eine *günstige Auswirkung auf den Wasserhaushalt des Bodens.*

Auch die mit der Anlage der Drängräben verbundene *Auflockerung des Bodens* wirkt sich günstig aus. Das Sickerwasser dringt nämlich in das lockere Erdreich leichter ein als in den gewachsenen Boden, so daß Niederschlagswasser auf schweren, unbearbeitet gebliebenen Bodenarealen in der obersten Schicht talwärts wandert und erst über einen Dränstrang in die Tiefe zu sickern vermag. Schließlich wird das gelockerte Drängrabenmaterial bei tiefem Bodenfrost von dem sich ausdehnenden gewachsenen Bodenkörper leicht zusammengedrückt und trägt dadurch zusätzlich zur Lockerung des Bodenkörpers bei.

Die Ableitung überschüssigen Bodenwassers durch Dränung hat zur Folge, daß Luft in den Boden eindringt. Dadurch kann sich im Frühjahr der Boden schneller erwärmen. Beide Vorgänge, die *Verbesserung des Lufthaushaltes* im Boden und die *zeitigere Erwärmung,* regen die Tätigkeit der Bodenmikroorganismen an, die ihrerseits über die Krümelbildung zur weiteren Verbesserung der Bodenstruktur und damit des Wasserhaushaltes im Boden beitragen (s. auch S. 92ff.).

Steht das Dränsystem, z. B. der Hauptsammler, mit der Außenluft in Verbindung (meist an seinem Auslauf; bei der sog. *Durchlüftungsdränung* über einen besonderen Luftschacht), so kommt es in den nur zu einem geringen Teil mit Wasser gefüllten Rohren zu einer *Luftbewegung,* deren Strömungsrichtung im allgemeinen bei Tage nach außen und bei Nacht nach innen gerichtet ist. Hinzu kommt, daß Windbewegungen stoßweise Luftbewegungen im Dränagesystem verursachen. Man spricht bei diesen Vorgängen von der „Atmung" der Dränage, die ebenfalls zur Erneuerung der Bodenluft beiträgt.

Nicht in allen Jahren und zu allen Jahreszeiten ist die Wirkung der Dränung gleich gut. Die beste Wirkung tritt in feuchten Perioden ein, in denen viel überschüssiges Bodenwasser entfernt werden muß. Ungünstig kann sie sich dagegen in trockenen Perioden bei leichteren Böden auswirken, wenn dringend benötigtes Bodenwasser entfernt und damit der Pflanze entzogen wird.

Weiterhin ist zu berücksichtigen, daß vornehmlich bei leichten Böden durch verstärkten Abfluß aus dem Dränsystem während wasserreicher Perioden und in nassen Gebieten der Hochwasserpegel für die Unterlieger an der Vorflut erhöht wird. Um dies zu verringern, baut man *Stauverschlüsse* in die Sammler ein, die den Abfluß des Dränwassers zeitweilig verhindern. Durch den im Sammler entstehenden Überdruck wird das Wasser wieder nach außen gedrückt und gelangt in den Boden zurück, was in Dürrezeiten vorteilhaft ist.

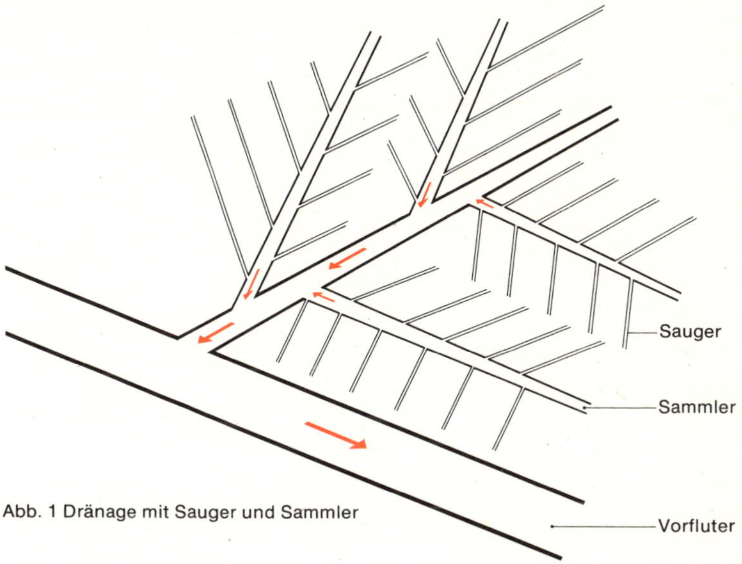

Abb. 1 Dränage mit Sauger und Sammler

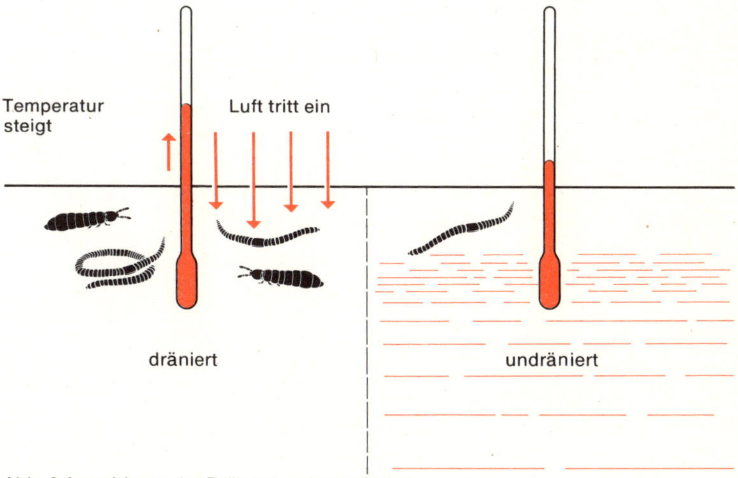

Abb. 2 Auswirkung der Dränage auf den Boden

Pflanzenschutz
Pflanzenbehandlungsmittel und Nahrungsqualität

Der *Pflanzenschutz* hat die Aufgabe, die mit Hilfe einer optimierten Produktionstechnik erzielbaren Erträge und die Nahrungsqualität zu sichern. Er bedient sich dabei integrierter Pflanzenschutzsysteme, die vor allem hinsichtlich der chemischen Komponenten zielgerecht und verantwortungsbewußt zu handhaben sind.

Die begründeten Anwendungszwänge für den chemischen Pflanzenschutz ergeben sich aus der Notwendigkeit, die Ernteerträge zu steigern, und aus Forderungen an den Vorratsschutz und die Nahrungsmittelqualität.

Der deutsche Gesetzgeber definiert *Pflanzenbehandlungsmittel* als Überbegriff für Pflanzenschutzmittel, Wachstumsregulatoren und Zusatzstoffe; den weitaus überwiegenden Teil machen *synthetische Pflanzenschutzmittel* aus. Diese werden auch mit einem international eingeführten Lehnwort aus dem Englischen als *Pestizide* bezeichnet. Der Begriff weist über den Pflanzenschutz selbst hinaus und umfaßt auch Präparate für den Hygienebereich.

Pflanzenbehandlungsmittel beeinflussen die äußere Produktqualität nach vorschriftsmäßigem Einsatz gemäß den zugelassenen Indikationen positiv. Die landwirtschaftliche Praxis kann den hohen Ansprüchen des Marktes ohne die Verwendung chemischer Mittel nicht gerecht werden. Kritiker und Gegner dieser Praktiken stellen diesen Aspekt nicht in Frage, sehen aber in ihm eine Beeinträchtigung innerer Werteigenschaften und eine nicht vertretbare Belastung mit Rückständen.

Pflanzenbehandlungsmittel fördern im Einzelfall sogar die innere Qualität auf indirektem Wege, indem sie Schadorganismen ausschalten. Manche Schadorganismen können ja die Gehalte wertgebender Inhaltsstoffe senken und im Einzelfall durch ihre Stoffwechselprodukte Gesundheitsrisiken mit dem Verzehr von Nahrungsmitteln bringen; z.B. rückläufige Vitamin-C-Gehalte in vom Apfelwickler befallenen Äpfeln oder allergische Mundschleimhautentzündungen, die nach dem Verzehr von Kirschen, die von Kirschfruchtfliegen befallen sind, auftreten können.

Zunehmend werden Zusammenhänge mit Mykotoxinbildnern (= Pilzarten mit giftigen Stoffwechselausscheidungen) bekannt. Diese Stoffe sind hitze- und säurestabil und können Vergiftungssymptome auslösen. Einige *Mykotoxine* wirken krebserregend. Besonders Schimmelpilze der Pilzgattungen Aspergillus, Penicillium und Fusarium bilden derartige Substanzen in wachsenden Kulturpflanzen, besonders aber bei unsachgemäßer Vorratshaltung. So fand man in Apfelsäften aus unbehandeltem Mostobst das Mykotoxin Patulin (bis 45 mg pro Liter Saft). Braunfaule Äpfel enthielten in und um Faulstellen Patulin in Konzentrationen bis 290 mg/kg, nach erfolgter Bevorratung sogar bis 980 mg/kg. Dagegen enthielt mit Fungiziden (Pilzbekämpfungsmittel) behandeltes Marktobst kein Patulin. In Getreide und Mais wurde als Folge von Fusariumbefall T-2-Toxin gefunden.

Ähnliches gilt für die teilweise gesundheitsbedenklichen *Phytoalexine*, pflanzeneigene Stoffe, die als chemische Abwehrreaktion auf parasitäre Infekte oder allgemeine Streßsituationen gebildet werden. In Sellerie, Möhren und Kartoffeln hat man solche qualitätsmindernden, vermutlich gesundheitsgefährdenden Stoffe gefunden, die nach Immunreaktion auf Pilzbefall auftraten.

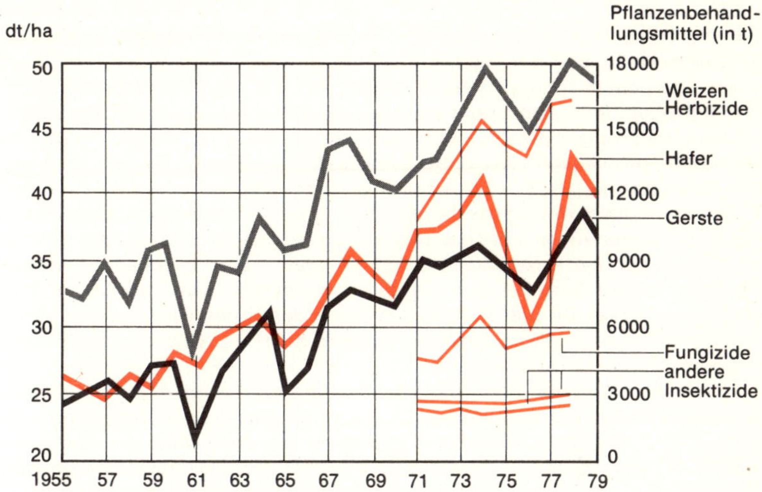

Abb. 1 Ertragsentwicklung bei Gerste, Hafer und Weizen in der BR Deutschland von 1955 bis 1979 und angewandte Menge an Pflanzenbehandlungsmitteln von 1971 bis 1978

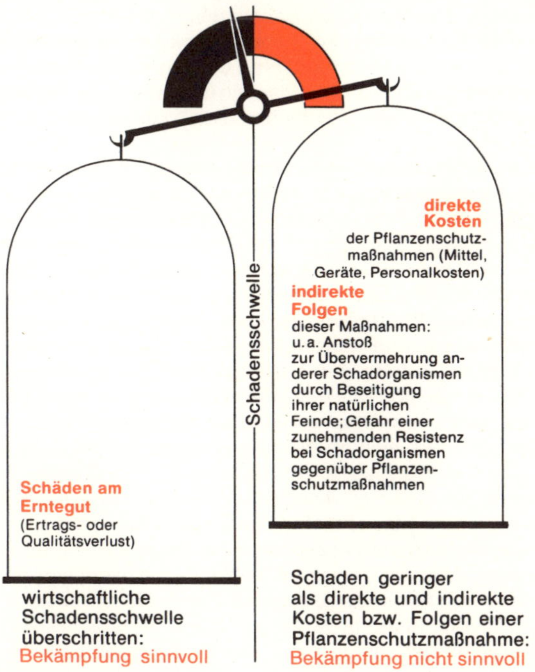

Abb. 2 Abwägen bei der Entscheidung, ob sich eine Pflanzenschutzmaßnahme lohnt (nach AID 32/80)

Pflanzenschutz – die Rückstandssituation

1968 trat die erste *Höchstmengenverordnung* in Kraft. Seitdem werden Rückstandsuntersuchungen von zahlreichen Institutionen mit unterschiedlich motivierten Zielvorstellungen durchgeführt. Die Kontrolle auf Einhaltung der Toleranzen obliegt den chemischen Untersuchungsämtern. Diese analysieren jährlich rund 12000 Proben. Im Durchschnitt werden in 2–4% der Proben Höchstmengenüberschreitungen festgestellt. Im Laufe der letzten Jahre sind die Überschreitungsquoten ständig zurückgegangen. Das gilt mit Abstrichen auch für Befunde an Importen.

In etwa 2/3 der Proben lassen sich trotz zunehmend verfeinerter chemischer Analysemethoden mit Nachweisgrenzen in immer niedrigere Bereiche hinein überhaupt keine Rückstände nachweisen. Die von der *amtlichen Lebensmittelkontrolle* stammenden Resultate sind jedoch unter dem Vorbehalt zu werten, daß vornehmlich bei bestehendem Verdacht untersucht wird. Deshalb erscheinen bestimmte Wirkstoffe und Nahrungsmittel in den Ergebnissen überrepräsentiert. Gerade darum aber kommt der überwiegend günstigen Beurteilung der Situation eine um so größere Bedeutung zu.

Eine reale Aussage über die Rückstandssituation ist von breitangelegten, repräsentativen Untersuchungen zu erwarten, die an Proben vor der Vermarktung ohne verdachtsmäßige Schwerpunktbildung erfolgen. Als Beispiel kann ein umfangreiches Analysenprogramm an 17 Obst- und Gemüsekulturen aus dem Rhein-Main-Raum dienen, die während dreier Jahre während der Vegetationszeit auf Rückstände im Hinblick auf 57 potentiell erwartbare Wirkstoffe analysiert wurden. Auf den Gesamtprobenumfang bezogen, überschritten 0,5% geringfügig die gesetzliche zulässige Höchstmenge. Bei ausgesprochen niedrigen Nachweisgrenzen waren 69% der Proben frei von Rückständen. Am meisten wurden Lindan und DDT mit Werten in Bereichen von 0,001 bis 0,005 mg/kg Obst oder Gemüse weit unter den Höchstmengen gefunden, die zwischen 0,1 und 2,0 mg/kg liegen. Dieses Ergebnis zeigt bestätigend einen deutlichen Rückgang gegenüber Befunden früherer Jahre.

Die *Rückstandssituation an der Rohware* entspricht nicht zwangsläufig der tatsächlichen Belastung des Verbrauchers. Bis zum Verzehr werden Rückstände in der Nahrung nämlich mehr oder weniger verändert, wenn nicht weitgehend abgebaut. Schlüssige Aussagen können nur an Hand von Analyseergebnissen des Gesamtverzehrs gemacht werden, wie sie von der Deutschen Forschungsgemeinschaft gefordert werden. Solche Untersuchungen sind erst in geringem Umfang aus den USA bekannt. Bei einem Pilotprojekt in Rheinland-Pfalz, das den konsumierten Produkten von *Obst, Gemüse* und *Kartoffeln* (= 45% der Gesamtnahrungszufuhr) galt, machte die mittlere Zufuhr der aufsummierten Chlorkohlenwasserstoffe 0,0042 mg pro Woche und Person (Maximalwert 0,008) aus; sie lag damit weit unter bekannten Daten von einzelnen Rohprodukten. Zeitverzug und Küchentechniken bewirkten offensichtlich einen weitergehenden deutlichen Rückgang der meßbaren Restmengen. Die Zufuhren lagen im Vergleich zu ADI-Werten um mehrere Zehnerpotenzen niedriger. Beispielsweise hätte ein Verbraucher die Zufuhr von Obst, Gemüse und Kartoffeln hinsichtlich des Wirkstoffs Lindan um rund 1600mal steigern müssen, um die duldbare Tagesdosis zu erreichen. Für andere Wirkstoffe wäre diese Toleranzgrenze sogar erst beim 5000fachen erreicht worden.

Unsere Nahrung ist durch Rückstände aus dem chemischen Pflanzenschutz nach derzeitigem Kenntnisstand nicht unvertretbar hoch belastet. Pflanzenbehandlungsmittel können zudem der bestuntersuchten Gruppe innerhalb der in Umwelt und Nahrung vorkommenden Chemikalien zugerechnet werden. Obwohl noch einige offene Fragen erst in Ansätzen beantwortet sind, ist eine *Gesundheitsgefährdung* mit hoher Sicherheit *auszuschließen.* Das von seiten der Rückstände aus dem chemischen Pflanzenschutz ausgehende Restrisiko ist als kalkulierbar gering einzuschätzen.

Abb. Grundsätze bei der Anwendung chemischer Mittel im Pflanzenschutz (nach Diercks)

	mg pro Person und Woche	
Fremdstoff	Zufuhr	Grenzwert (nach FAO/WHO)
Schwermetalle:		
Blei	0,018	3,0
Cadmium	0,038	0,5
Quecksilber	0,003	0,3
Zink	7,38	etwa 100,0
Nitrat	191,8	1540,0
chlorierte Kohlenwasserstoffe:		
Hexachlorcyclohexan (γ-HCH)	0,0026	4,2
DDT	0,0007	2,1
Hexachlorbenzol (HCB)	0,002	0,252
Pentachlornitrobenzol (PCNB)	0,0006	2,94

Tab. Mittlere Fremdstoffaufnahme mit dem Verzehr pflanzlicher Nahrung im Vergleich mit Grenzwerten (nach Kampe, André)

Pflanzenschutz – Rückstände und Umweltwirkungen

Aus dem *chemischen Pflanzenschutz* in den Nahrungsmitteln verbleibende *Rückstände* sind Fremdstoffe. Als solche sind sie grundsätzlich als unerwünscht und wertmindernd einzuschätzen, soweit sie in entsprechend großen Mengen angetroffen werden. Die eingesetzten Wirkstoffe und deren Rückstandsverhalten können hinsichtlich der in Umwelt und Nahrung vorkommenden Kontaminationen als mit Abstand bestuntersuchte Chemikaliengruppe gelten. Eine ständig weiterentwickelte und verfeinerte Spurenanalytik vermittelt mit ihren Ergebnissen diese weitgehend sichere Beurteilung der Ist-Situation: Eine unvertretbar hohe Belastung durch Rückstände von Pflanzenbehandlungsmitteln darf nach derzeitigem Kenntnisstand ausgeschlossen werden. Jedenfalls lassen die von Jahr zu Jahr umfangreicheren Ergebnisse an der vermarkteten Ware und nach ersten Resultaten im Gesamtverzehr ein nur geringes Vorkommen von Restmengen erkennen. Das vom *sachgerechten chemischen Pflanzenschutz* ausgehende *Restrisiko* ist als kalkulierbar *gering* einzuschätzen.

Der ertragssichernde Pflanzenschutz hat zusammen mit einer ausgeglichenen und gezielt verabreichten Nährstoffversorgung auch mittelbar positive Einflüsse. Diese lassen sich am *Modell der bodennahen Luftschicht* darstellen. Ein gesunder Pflanzenbestand erhöht nämlich den Sauerstoffgehalt der Luft und trägt zu deren Reinigung bei. So erzeugt ein Getreidefeld mit einem geringen Ertrag von 30 dt Korn/ha und 30 dt Stroh/ha während der Vegetationszeit 60 dt Sauerstoff (O_2). Wird dieser Ertrag durch Düngungs- und Pflanzenschutzmaßnahmen verdoppelt – eine reale Einschätzung –, so verdoppelt sich damit auch die O_2-Produktion auf etwa 120 dt O_2/ha. Der jährliche Sauerstoffbedarf eines Menschen liegt bei etwa 5 dt O_2. Der mit Hilfe gezielter Produktionstechniken geförderte Pflanzenwuchs erzeugt gemäß diesem Modell zusätzlich für 12 Menschen Sauerstoff. Durch die gesteigerte Assimilationsleistung werden zudem der Luft entsprechende Kohlendioxidmengen entzogen. Diese Auswirkungen kommen zusammen mit allgemeinen Entgiftungsmechanismen für zahlreiche Fremdstoffe in der Luft um so mehr zustande, je gesünder und wüchsiger die Bestände gehalten werden.

Überträgt man diese Fakten auf die landwirtschaftliche Nutzfläche der BR Deutschland von 13 Millionen ha, so gehen auch bei geringen Unterschieden erhebliche Fernwirkungen vom modernen Pflanzenschutz aus.

Die *Assimilation* schlägt als Leistung der Pflanzen eine Brücke zwischen unbelebter und belebter Materie. Dieser Vorgang der Bildung von Pflanzenmasse bindet Sekundärenergie bei erheblichem Energiegewinn wie kein anderer energetischer Prozeß. Die *positive Energiebilanz beim Pflanzenwachstum* kann gerade im Hinblick auf die Energieprobleme der Gegenwart nicht hoch genug eingeschätzt werden. Diese Bilanz wird um so günstiger, je gesünder und damit ertragreicher sich ein Pflanzenbestand darstellt. Für die Pflanzenproduktion in der BR Deutschland ist das Verhältnis von Input zu Output bei derzeitigem Ertragsniveau mit 1:6 anzusetzen. Innerhalb der für die Pflanzenerzeugung aufgewendeten Energie sind Pflanzenbehandlungsmittel mit einem besonders weiten Verhältnis von etwa 1:20, im Extremfall 1:75 anzusetzen. Es wird also mit einem geringen Einsatz ein außerordentlich hoher Energiegewinn erzielt.

Bei aller Vertretbarkeit der bekannten Gesetzmäßigkeiten und der daraus zu ziehenden Schlüsse um den chemischen Pflanzenschutz bleibt im Zusammenhang mit noch nicht ausreichend abgeklärten Fragestellungen ein *Restrisiko* bestehen. Dieses weiter zu senken, wird auf lange Zeit Auftrag an die Wissenschaft sein. Noch vorhandene Wissenslücken bestehen insbesondere hinsichtlich der Umwandlungsprodukte (Metaboliten), der Summierung und Potenzierung von Einzelstoffen verschiedener Substanzen. Innerhalb der im Hinblick auf diese Fragen ständig vertieften Forschung erhalten Umwelt- und Nahrungsqualität eindeutige Priorität.

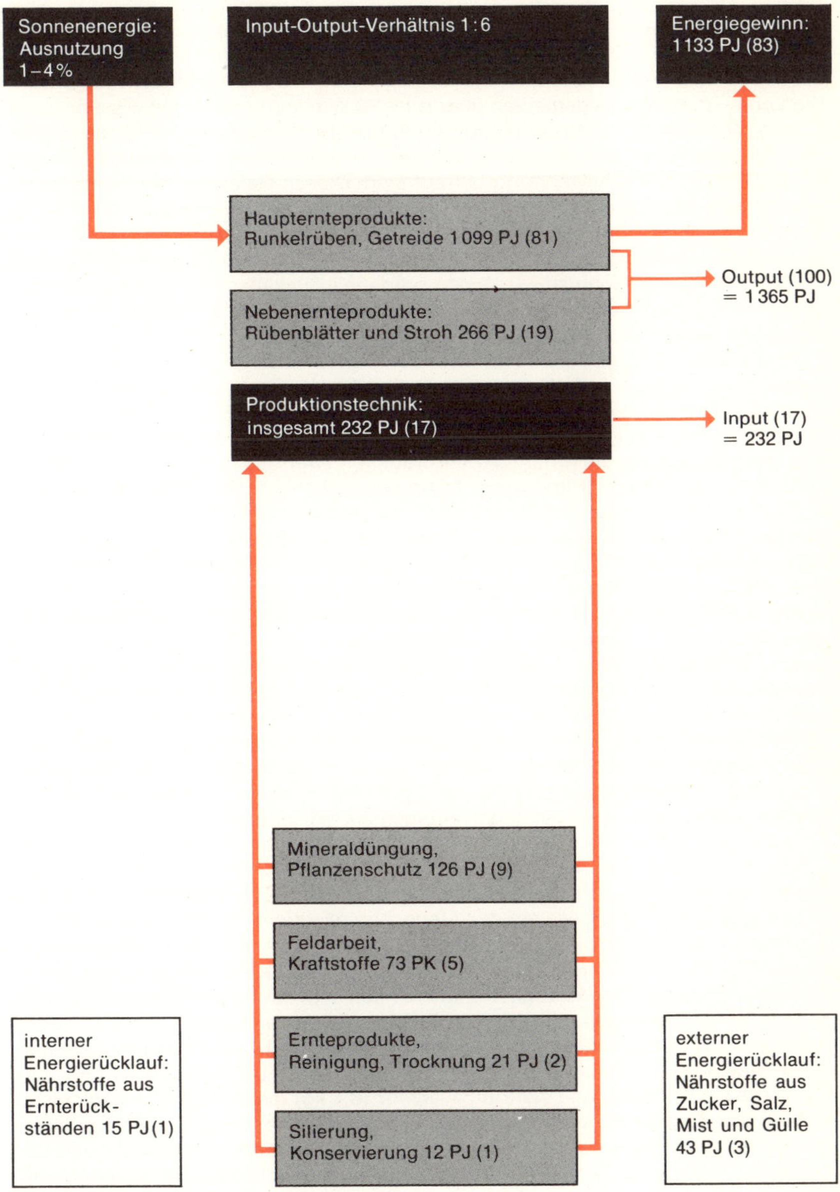

PJ = Petajoule = 10^{15} Joule
Zahlen in runden Klammern = relative Anteile

Abb. Energiebilanz der landwirtschaftlichen Pflanzenproduktion in der BR Deutschland (modifiziert nach Heyland und Solanski)

Pflanzenschutz – Rückstände und Höchstmengenermittlung

1978 gab es in der BR Deutschland 1761 zugelassene Pflanzenbehandlungsmittel auf der Basis von 320 Wirkstoffen. 74% der Mittel waren in keine der Giftabteilungen, 75% ohne Wasserschutzauflagen und 82% als bienenungefährlich eingestuft. Ein Landwirt muß im allgemeinen über rund 30 Wirkstoffe Bescheid wissen.

Eine direkte akute Gefährdung durch Pflanzenbehandlungsmittel besteht allenfalls für begrenzte Personenkreise, die mit der industriellen Herstellung und der landwirtschaftlichen Anwendung betraut sind. Diesen Gefahren kann man durch geeignete Vorsichtsmaßnahmen begegnen. Spuren von Rückständen hingegen werden mit der Nahrung von allen Menschen aufgenommen. Deshalb müssen besondere Vorkehrungen eine Gefährdung des Verbrauchers ausschließen, da ja chemische Pflanzenschutzmaßnahmen potentiell Rückstände im Erntegut hinterlassen. Derartige Rückstände werden um so eher zu erwarten sein, je länger die Wirkung eines Stoffs anhält.

Rückstände sind als Fremdstoffe anzusehen und damit grundsätzlich unerwünscht. Sie sollten in Nahrungsmitteln überhaupt nicht oder nur in vertretbar geringen Mengen vorhanden sein. Da auf den chemischen Pflanzenschutz derzeit nicht verzichtet werden kann, ist eine völlige Rückstandsfreiheit nicht zu garantieren. Der Gesetzgeber entspricht der Verbrauchererwartung nach einer gesundheitlich und qualitativ einwandfreien Nahrung, indem er für die verschiedenen Wirkstoffe und Lebensmittel *zulässige Höchstmengen* (Toleranzen) in Rechtsverordnungen ausweist. Lebensmittel, die mehr Rückstände enthalten als die angegebenen Höchstmengen, dürfen nicht in den Handel gebracht werden. Die Kontrolle obliegt den chemischen Untersuchungsämtern.

Die festgelegten Höchstmengen basieren auf umfangreichen, 3 Monate dauernden Kurz- und 1 bis 2 Jahre umfassenden Langzeitfütterungsversuchen an mehreren Tierarten. Aus der Vielfalt der *gesundheitsbezogenen Untersuchungen* kommen den Prüfungen auf Stoffwechsel-, Enzym-, Organ-, Gewebsveränderungen sowie etwaige Einflüsse hinsichtlich Fortpflanzung, Mißbildungen an der Nachkommenschaft und krebserregende Wirkungen besondere Bedeutung zu. Aus Negativergebnissen aller getesteten Eigenschaften läßt sich ein mengenbezogener Dosiswert ermitteln, bei dem keine meßbaren Auswirkungen auf Gesundheit und Wohlbefinden der empfindlichsten Versuchstierart zu erkennen sind (d.h., die Kontroll- und Versuchstiere entwickeln sich ohne erkennbare Divergenzen). Gemäß einer internationalen Vereinbarung setzt man diesen solchermaßen abgesicherten *No-effect-level* um den Faktor 100 niedriger an, um alle Eventualitäten, die aus der Übertragung der Ergebnisse auf den Menschen resultieren könnten, abzusichern.

Der um diesen Sicherheitsfaktor von meist 100 reduzierte No-effect-level wird in internationaler Abstimmung als toxikologisch vertretbare Dosis angesehen, deren täglich andauernde lebenslange Aufnahme nach dem heutigen wissenschaftlichen Kenntnisstand keine gesundheitlichen Gefahren auslösen kann.

Der von der Weltgesundheitsorganisation festgelegte *ADI-Wert* (engl. *a*cceptable *d*aily *i*ntake = akzeptierbare tägliche Aufnahme) ist unter Einbeziehung von Körpergewicht (60 kg) und Nahrungsverzehr (0,4 kg) die Basis für toxikologisch vertretbare Höchstmengen *(Permissible level)*. Die Toleranzen unserer Verordnungen bieten darüber hinaus noch eine weitergehende Sicherheit: Man findet nämlich bei unter den Bedingungen einer „guten landwirtschaftlichen Praxis" durchgeführten Versuchen fast immer noch geringere Restmengen. Diese fanden Eingang in unsere *Höchstmengenverordnungen* für Lebensmittel tierischer und pflanzlicher Herkunft sowie für Futtermittel *(Permitted level)*.

Für Lebensmittelgruppen und Wirkstoffe werden international vereinheitlichte Höchstmengen angestrebt. Auf EG-Ebene hat man mit einheitlichen Höchstmengen für einige Wirkstoffe erste Erfolge im Hinblick auf Obst und Gemüse erzielt.

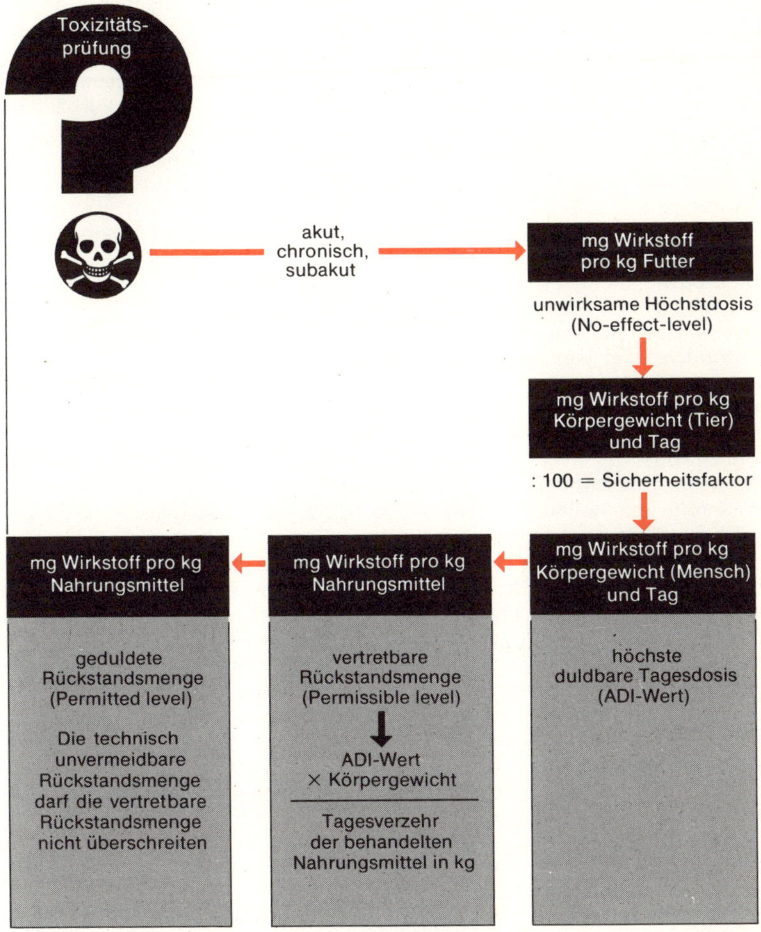

Abb. Ermittlung der gesetzlich zulässigen Höchstmengen (nach Tiews)

Pflanzenschutz – Rückstände und Restrisiko

Eine absolute Sicherheit gibt es in keinem Bereich unseres Lebens und so auch nicht im Hinblick auf Einflüsse von Natur und Technik. Trotz der intensiven vielfältigen Zulassungsuntersuchungen bei den Pflanzenbehandlungsmitteln verbleibt ein Restrisiko. Verglichen mit den uns täglich begleitenden natürlichen und zivilisatorischen Risiken, ist das Restrisiko aus der Rückstandssituation allerdings als kalkulierbar gering einzuschätzen. Mathematisch strebt das Restrisiko asymptotisch mit zunehmenden wissenschaftlichen Befunden auf einen Nullpunkt zu, der dafür notwendige Aufwand dagegen auf „Unendlich". Deshalb ist man gezwungen, Aufwendungen für eine verstärkte Sicherheit im Verhältnis zur Relevanz der zu erwartenden Befunde sorgsam abzuwägen.

Die Teilbereiche des Restrisikos drehen sich v.a. um folgende Fragen:

- Reichern sich Restmengen von Wirkstoffen innerhalb längerer Zeiträume in der Nahrungskette an?
- Führen verschiedene Stoffe als Synergismen zu potentiell verstärkten negativen Wirkungen?
- Sind Umwandlungsprodukte (Metaboliten) der Wirkstoffe bekannt und in ihren biologischen Auswirkungen erforscht?
- Beeinflussen Rückstände die toxische Gesamtsituation maßgeblich mit?

Die *Anreicherung* kann eine Folge des langsamen Abbaus eines Wirkstoffs im Zusammenhang mit dessen biochemischen Eigenschaften sein. Die Persistenz eines solchen Stoffs führt dann zur Akkumulation in bestimmten Speicherorganen wie Fettgewebe, Leber und Niere. Über Nahrungsketten kann sich ein Stoff im Endglied sogar um ein Vielfaches akkumulieren (z.B. bestimmte Chlorkohlenwasserstoffe im Fettgewebe).

Wirkstoffe mit hohen Persistenz- bzw. Akkumulationseigenschaften erhalten heute keine Zulassung mehr oder werden im Einzelfall mit gesetzlichen Verboten und Beschränkungen in der Anwendung belegt. Nach dem vorliegenden Kenntnisstand führt die moderne Pflanzenschutzpraxis weder in der belebten noch in der unbelebten Natur zu einer unvertretbaren Akkumulation von Wirkstoffen.

Ein *Synergismus* von Stoffen setzt voraus, daß sich die für die Einzelsubstanz unbedeutenden Negativeffekte im Zusammenwirken mit anderen Restmengen zu toxikologischen Negativeffekten potenzieren. Denkbar wäre allerdings auch das Gegenteil, nämlich das Auftreten von Positiveffekten. Speziell im Hinblick auf die Nahrungszufuhr haben bisher vorliegende Arbeiten im Tierversuch keine Synergismen mit meßbaren Auswirkungen gezeigt. Das gilt für Dosierungen in real vorkommenden Bereichen. So wurden z.B. im Tierversuch 20 Wirkstoffe sowohl in realen als auch in ADI-Dosierungen nach simultaner Verfütterung auf die verschiedenen toxikologischen Auswirkungen hin überprüft. Im Ergebnis ließen sich keine Anhaltspunkte für unterschiedliche Verhaltensweisen oder Auswirkungen bei Kontroll- und Versuchstieren nachweisen.

Die Strukturaufklärung von Umwandlungsprodukten bis hin zum Zerfall eines Wirkstoffs in einfache chemische Körper gehört für Neuzulassungen zu den geforderten Untersuchungen. Die chemische Struktur und das toxikologische Verhalten der *Metaboliten* müssen wie bei den Wirkstoffen bekannt sein. Das ist auch deshalb erforderlich, weil ein Metabolit besonders auf der Primärstufe in seinen Wirkungen anders als der Wirkstoff zu beurteilen ist. In den Prüfungen werden die Zwischenprodukte mit Hilfe radiochemischer Methoden ermittelt und ihr Verhalten in der belebten wie unbelebten Umwelt getestet.

Unsere moderne Industriegesellschaft ist mehr als jede Gesellschaft zuvor einer zunehmenden Vielfalt von Wechselwirkungen ausgesetzt. In dieser *toxischen Gesamtsituation* des Zusammenwirkens unterschiedlicher Stoffe und Faktoren muß man daher neben den Fremdstoffen auch die Folgen des Arznei- und Genußmittelkonsums, der Fehlernährung und des Stresses berücksichtigen.

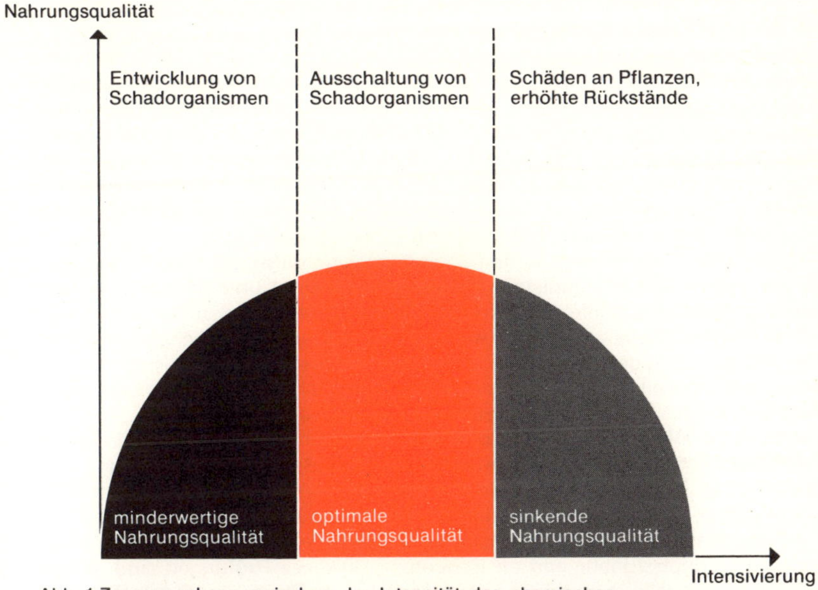

Abb. 1 Zusammenhang zwischen der Intensität des chemischen Pflanzenschutzes und der Nahrungsqualität

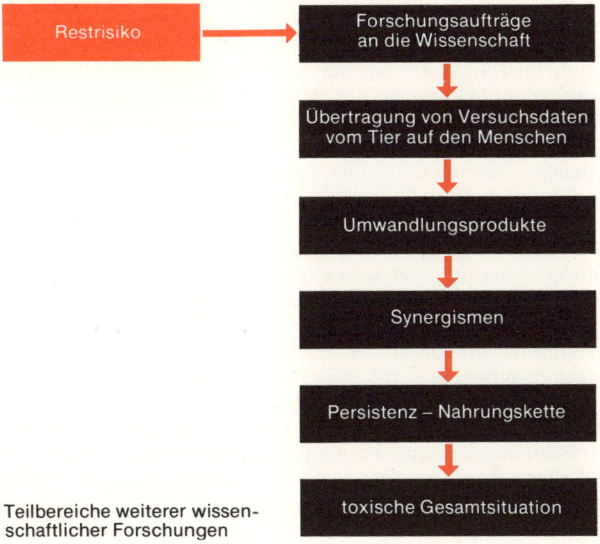

Abb. 2 Teilbereiche weiterer wissenschaftlicher Forschungen

Pflanzenschutz
Die Zulassung von Pflanzenbehandlungsmitteln

Pflanzenbehandlungsmittel werden entsprechend ihrem Anwendungsbereich unterschieden in *Fungizide* gegen Schadpilze, *Insektizide* gegen Insekten, *Herbizide* gegen Unkräuter, *Rodentizide* gegen Nagetiere sowie nach anderen Gruppen mit wirkstoffspezifischen biologischen Wirkmechanismen. Mit der Anwendung von Pflanzenbehandlungsmitteln kommt es zu mehr oder weniger unbeabsichtigten Nebenwirkungen auf biotische und abiotische Umweltfaktoren. Um diese unerwünschten Einflüsse auf das Unumgängliche zu reduzieren, wurden hinsichtlich Herstellung, Vertrieb und Anwendung gesetzliche Bestimmung geschaffen. In der BR Deutschland besteht seit 1969 ein gesetzlicher *Zulassungszwang*.

Zu Beginn der Entwicklung werden potentielle Wirkstoffe auf Wirksamkeit gegen unterschiedliche Schadorganismen getestet (Screening) und bei positiven Bekämpfungseffekten mit Hilfe von Lösungsmitteln und Beistoffen zu *Versuchspräparaten* verarbeitet. Diese unterliegen weiteren Prüfungen im Gewächshaus und im Freiland hinsichtlich der Wirksamkeit und bezüglich der Einflüsse auf Kulturen, z.T. auch auf die Umwelt. Parallel wird das Abbauverhalten der Wirkstoffe und deren Einfluß auf die Gesundheit von Mensch und Tier untersucht.

Die Gesetzmäßigkeiten von *Abbau* und *Versickerung* erforscht man an unterschiedlichen Böden in Standardlabortests, die vom Bundesgesundheitsamt entwickelt wurden. Die Ergebnisse informieren gemäß dem allgemeinen Verhalten des Wirkstoffs über eine mögliche Gefährdung des Grundwassers.

Die Prüfungen über mögliche *gesundheitsschädliche Auswirkungen bei Mensch und Tier* gewinnen zunehmend an Bedeutung. In diese Prüfungen sind, soweit erforderlich, neben den Nutztieren auch freilebende Tiere wie Vögel, Wild und Fische sowie Nutzinsekten wie Bienen, außerdem Raubinsekten und Parasiten der Schädlinge einbezogen. Obligatorisch ist die Prüfung auf Bienenverträglichkeit. „Bienengefährliche" Präparate müssen als solche gekennzeichnet sein. Außerdem ist es verboten, bienengefährliche Mittel bei blühenden Kulturen anzuwenden.

Die *Zulassung der Präparate* wird von der Biologischen Bundesanstalt für Land- und Forstwirtschaft im Einvernehmen mit dem Bundesgesundheitsamt auf der Grundlage umfangreicher Unterlagen des Herstellers erteilt. Dazu gehören insbesondere Angaben über chemisch-physikalische Eigenschaften einschließlich der Analysenmethodik, Wirksamkeit und Toxikologie sowie Befunde über Abbauverhalten und Nebenwirkungen. Es muß auch die Abbau- und Rückstandssituation in Pflanzen, Böden und Gewässern unter verschiedenen Klimaverhältnissen und Standorten dargestellt sein.

Von besonderer Bedeutung sind die *Ergebnisse von Rückstandsuntersuchungen.* Eine Zulassung ist nur möglich, wenn die nach den Versuchserfahrungen bei „guter landwirtschaftlicher Praxis" in den Ernteprodukten verbleibenden Rückstände die für den Menschen duldbare Dosis (den *ADI-Wert*) nicht überschreiten. Rückstände in Viehfutter werden ebenso berücksichtigt wie auch ein denkbarer Übergang in Nahrungsmittel tierischer Herkunft wie Eier, Fett, Fleisch, Milch und Milchprodukte. Stoffe, die sich in Lebensmitteln anreichern, werden in der BR Deutschland nicht mehr oder nur in wenigen beschränkten Ausnahmefällen, die durch besondere Rechtsverordnungen geregelt sind, eingesetzt.

Nach Abschluß aller geforderter Prüfungen wird, ehe die Zulassung erfolgt, ein Sachverständigenausschuß gehört. Die Zulassung beinhaltet auch Auflagen für den Vertrieb hinsichtlich Beschriftung und Gebrauchsanweisung für die zugelassenen Anwendungen (Indikationen). Weitere Auflagen sind definierte Anwendungsverbote und Hinweise auf den Nachbau von Kulturen. Jede Zulassung erlischt nach 10 Jahren, wenn sie nicht auf Antrag erneuert wird. Neue wissenschaftliche Befunde, die die Zulassung in Frage stellen, führen zum Widerruf der Zulassung. Das gleiche gilt, wenn der Antragsteller die Auflagen nicht einhält.

Abb. Untersuchungen und Prüfungen für die amtliche Zulassung von Pflanzenbehandlungsmitteln (nach BASF-Symposium 1979)

Pflanzenschutz
Die ökologische Problematik chemischer Maßnahmen

Der chemische Pflanzenschutz sichert maßgeblich das Ertragspotential. Damit werden dem entgegenstehende biotische Begrenzungsfaktoren so weit wie möglich ausgeschaltet. Ein Schadorganismen vernichtender Stoff greift zwangsläufig mehr oder weniger störend in das natürliche Fließgleichgewicht der agrarischen Ökosysteme ein. Die synökologischen Konsequenzen sollten deshalb zuvor in ihrem Ausmaß bekannt sein und bedacht werden.

Bei einem Einsatz von Hilfsstoffen sind ökologisch negative Folgen potentiell nicht auszuschließen. Diese Einschätzung muß aber wesentlich von der Frage nach der Reversibilität dieser Auswirkungen geleitet sein. Schließlich hat eine Nutzen-Schaden-Analyse die chemischen Maßnahmen zu rechtfertigen. Die in diese Abwägung eingehenden Kausalzusammenhänge sind durch die Vielschichtigkeit komplexer Wechselwirkungen, vor allem der standorts- und nutzungsbezogenen, schwierig zu erkennen und noch schwieriger zu objektivieren.

Die *Landwirtschaft* mußte aus einem ökonomischen Zwang die Betriebe vereinfachen und die Arbeitsabläufe *rationalisieren.* Die unmittelbaren ökologischen Folgen waren *Monokulturen,* die die Vielfalt unterschiedlicher Nutzpflanzenarten in einem Ausmaß ersetzten, wie es in den Jahrhunderten vorindustrieller Nahrungserzeugung unbekannt war. Die Spezialisierung auf wenige Nutzungsrichtungen im Landbau ging mit der Intensivierung des chemischen Pflanzenschutzes einher. Die wenigen Arten von Feldfrüchten brachten außerordentlich starke Ertragszunahmen.

Im gleichen Maße boten jedoch diese Anbauflächen eine gute Ernährungs- und Entwicklungsbasis für Schadorganismen. Die daraus resultierenden agrarökologische Konsequenzen sind besonders: die zunehmenden Zwänge zu Bekämpfungsmaßnahmen; die mit diesen Maßnahmen je nach Selektivität der Wirkstoffe zugleich ausgeschalteten Gegenspieler von Schädigern; die Resistenzbildung von Schadorganismen bei besonderen Vorbedingungen; die Artenverarmung in der Begleitflora und -fauna der Nutzungssysteme; die aufkommenden Konflikte mit Forderungen des Naturschutzes; die notwendige synökologische Einschätzung der Reversibilität gestörter Fließgleichgewichte.

Seit Menschengedenken kennt man *Schädlingskalamitäten* als Folge sich stark vermehrender Populationen. So lösten z.B. Insekten (Heuschrecken) oder Pilzkrankheiten (Kartoffelpest) tiefgreifende gesellschaftliche Veränderungen, von Hungerkatastrophen bis zu Völkerbewegungen, aus. Auswirkungen dieser Größenordnung konnten erst dank moderner Landwirtschafts- und insbesondere Pflanzenschutzpraktiken vermieden werden. Ohne diese Maßnahmen könnte der Pflanzenbau die Grundlagen der Ernährung nicht mehr garantieren.

Mit den modernen Pflanzenschutzpraktiken sind zugleich neue Probleme aufgekommen. So können bislang als Schädiger untergeordnete Organismen aktuelle Bedeutung erlangen. Es ist eine wesentliche Aufgabe des amtlichen Beobachtungs- und Warndienstes, diese Zusammenhänge rechtzeitig zu erkennen und ihnen entgegenzusteuern. Das Befolgen dieser Warndienstaufrufe und -hinweise gewährleistet, daß Pflanzenbehandlungsmittel nur nach Maßgabe überschrittener Schadensschwellen maßvoll und gezielt eingesetzt werden.

Jede Maßnahme gegen Schädlinge, besonders aber der chemische Pflanzenschutz schaltet mehr oder weniger deren Gegenspieler aus; denn diese reagieren gleichfalls mit Populationsrückgängen. Damit werden zugleich ökologisch wirksame oder doch teilwirksame Begrenzungsgrößen für Gradationen zurückgedrängt. Dieser ungünstige biologische Regelmechanismus kann bis zu einem gewissen Grade durch den Einsatz selektiv wirkender Mittel begrenzt werden, wie sie in letzter Zeit zunehmend entwickelt wurden. *Selektive Wirkstoffe* sind nützlingsschonend. Eine amtliche Prüfung dieser Eigenschaften ist in absehbarer Zeit zu erwarten. Die Untersuchung erfolgt an Testorganismen wie Schlupfwespenarten, Raupenfliegen, Florfliegen in Laboratorien, aber auch in breit angelegten Freilandversuchen.

Von den Schädigern ausgebildete *Resistenzerscheinungen* sind als Folge fortgesetzer Bekämpfung mit demselben Stoff je nach biologischer Situation zu erwarten. Der Resistenzmechanismus beruht darauf, daß innerhalb einer Population zunächst einige Individuen die Bekämpfung überleben. Die genetisch fixierte Widerstandsfähigkeit wird sodann im Regelfall auf die Nachkommenschaft weitergegeben, die sich ungehindert vermehren kann. Es kann auch zur sog. *Multiresistenz* gegenüber Wirkstoffgruppen kommen. Das Resistenzregulativ wirkt in der Natur auch im Sinne der Arterhaltung. Diese durch die Natur vorgegebenen Gesetzmäßigkeiten nützen nicht zuletzt der Pflanzenzüchtung, die derzeit meist als „horizontale Resistenzzüchtung" mit Widerstandsfähigkeiten oft mäßiger Intensität, aber breit angelegter Faktoren betrieben wird.

Eine Resistenz gegen Pflanzenbehandlungsmittel wird am ehesten bei solchen Schadorganismen ausgebildet, die innerhalb einer Vegetationszeit mehrere Generationsfolgen hervorbringen und dadurch über ein hohes Ausgangspotential an Individuen verfügen. So zeigten sich denn auch die ersten derartigen Erscheinungen bei Fliegen, Blattläusen und Spinnmilben. In letzter Zeit zeigten sich aber auch Pilze (Botrytis-, Mehltauarten) resistent gegenüber bestimmten Wirkstoffen.

Die beste Vorbeugung gegen Resistenzen bietet der *integrierte Pflanzenbau* mit bewußter Einschränkung chemischer Maßnahmen auf das Notwendige. Heute wird eine sich herausbildende Resistenz oft schon in den Anfängen erkannt.

Der Resistenzbildung begegnet die landwirtschaftliche Praxis vor allem durch den alternativen Einsatz von Wirkstoffen, die resistente Stämme miterfassen. Es ist falsch, einen solchen Wirkstoffwechsel mit einer Hinwendung zu immer stärkeren Giften oder gar toxikologisch bedenklicheren Stoffen gleichzusetzen. Im Gegenteil: Der Anteil der in Giftkategorien eingestuften Wirkstoffe ist rückläufig. Der Resistenz wirken nicht „giftigere", sondern andersartige, meist in das Stoffwechselsystem der Schadorganismen eingreifende Mittel entgegen.

Die Artenvielfalt in den mehr oder weniger künstlichen agrarischen Ökosystemen muß zwangsläufig eingeschränkt werden. Das ist keine ungewollte negative Nebenwirkung, sondern erklärtes Ziel jeglicher landwirtschaftlicher Nahrungserzeugung. Sinn des Pflanzenbaus kann nur sein, die für die menschliche Ernährung wichtigen Pflanzenarten zu bevorzugen und Nichtkulturpflanzen und Schadorganismen zwangsläufig auszuschalten. Dadurch ist ein Konflikt zwischen Landwirtschaft und dem Teilbereich des Naturschutzes vorprogrammiert, der Artenschutz im engeren Sinne anstrebt.

Ungeachtet dessen hat der chemische Pflanzenschutz (etwa am Beispiel des stark intensivierten Herbizideinsatzes) am Rückgang von Pflanzenarten einen nur geringen Anteil. Von den in der sog. „Roten Liste" der Farn- und Blütenpflanzen zusammengefaßten gefährdeten 820 Pflanzenarten sind rund 250 als Unkräuter anzusehen. Neun Arten sind aus den Unkrautgesellschaften verschwunden, was nicht mit Ausrottung gleichzusetzen ist. Und selbst dabei sind andere Maßnahmen aus Bereichen der Landwirtschaft (Flurneuordnung, Wasserregulierung, Wegfall von Nutzpflanzen) vergleichsweise ungleich stärker beteiligt.

Nach bisherigen Befunden aus Langzeituntersuchungen sind irreversible Störungen des biologischen Fließgleichgewichtes in den Agrarökosystemen nur im Ausnahmefall nachgewiesen worden. Zwar kommt es zeitweise nach Anwendung chemischer Mittel zu biologisch einseitig gesteuerten Entwicklungen. Diese gehen aber innerhalb kurzer Zeitspannen wieder in das dieses System kennzeichnende Fließgleichgewicht über. Es gelang bisher auch nicht, Schädlinge oder Nützlinge auszurotten. Die in der Natur sehr breit entwickelte Potenz der Organismen steht dem entgegen. Dennoch sollte der Landwirt mit dem chemischen Pflanzenschutz den integrierten Pflanzenbau zielgerecht und sinnvoll ergänzen.

Pflanzenschutz
Populationsdynamik von Schädlingen

Die Gesamtheit der Individuen einer Art in einem begrenzten Gebiet nennt man *Population.* Die Dichte und biologische Wirksamkeit einer Population hängt von vier gegenläufigen Prozessen ab: der Vermehrung, der Sterblichkeit, der Zuwanderung und der Abwanderung.

Bei allen Organismen ist die Zahl der Nachkommen größer als die Zahl der Einzellebewesen, die zur Fortpflanzung gelangen können. Diese Gesetzmäßigkeit ist darin begründet, daß Teile einer Population vorzeitig durch Außeneinflüsse biotischer (Krankheiten, Feinde) oder abiotischer Art (Temperatur, Niederschläge) vernichtet werden. Das gilt besonders für Insekten. Würde die Vermehrung von Insekten durch keine äußeren Faktoren begrenzt, käme es sehr bald zu einer Überbevölkerung von Insekten und dadurch zum Entzug der Lebensgrundlagen, also zur Selbstvernichtung einer Art oder zumindest zur Vernichtung großer Teile der Population. Da eine solche Entwicklung der natürlichen Arterhaltung widerspricht, wirken dieser Überproduktion eine Vielzahl von Begrenzungsfaktoren entgegen.

Ein wichtiger *Begrenzungsfaktor* ist das Verhältnis von *Nahrungsmenge* zur *Besiedlungsdichte.* Wenn die Besiedlungsdichte zu hoch wird, konkurrieren die Einzellebewesen einer Population um die lebenswichtigen Grundlagen wie Nahrung, Brutstätten oder Geschlechtspartner. Der Konkurrenzkampf ist dabei unter Artgenossen besonders hart, da alle die gleichen Ansprüche an die Lebensbedingungen haben. Aber auch Konkurrenzkämpfe zwischen verschiedenen Arten beeinflussen die Populationsdynamik. – Ein weiterer wichtiger Begrenzungsfaktor sind die *natürlichen Feinde* (Krankheitserreger, Räuber oder Schmarotzer) aus anderen Tierarten.

In dieses Wechselgefüge wirken *abiotische Faktoren* wie Temperatur, Luftfeuchtigkeit, Lichtintensität und Windstärke auf die Populationsdichte steuernd, begünstigend oder vernichtend ein. Die Temperatur z. B. kann einen Einfluß auf die Zahl und Entwicklung der Eier haben, aber auch mittelbar deren Parasitierungsgrad beeinflussen.

Für jede Tier- und Pflanzenart gibt es in bezug auf die Effizienz der verschiedenen Umweltfaktoren ein bestimmtes *Optimum.* So gedeiht eine Kultur am besten und trägt die meisten Früchte, wenn die für ihre Art bzw. Sorte bestmöglichen Bedingungen bezüglich Temperatur, Luftfeuchtigkeit und Sonneneinstrahlung gegeben sind. Das nutzt der Landwirt aus, indem er einen standort- und klimagerechten Anbau betreibt. Allerdings gilt Ähnliches auch für Schädlinge, deren Optimum an das Optimum der jeweiligen Kulturen angepaßt ist. Durch den chemischen Pflanzenschutz wird zum Nutzen der Kultur die Populationsdynamik der bekämpften Art in die negative Richtung beeinflußt. Es kommt darauf an, diesen Einfluß wegen der Wechselbeziehungen der Arten untereinander möglichst gering zu halten. Das kann mit Hilfe selektiver Wirkstoffe und eines integrierten Pflanzenschutzes durch Bekämpfungsmaßnahmen erreicht werden, die erst durch die über eine Schadensschwelle hinaus entwickelte Population ausgelöst werden.

Die möglichst umfassende Kenntnis der einzelnen Faktoren, die die Populationsdynamik wesentlich beeinflussen, ist wichtig für die Bekämpfungsmaßnahmen, insbesondere diejenigen nichtchemischer Art. Wenn man die Entwicklungsverläufe der jeweiligen ökologischen Optima für die verschiedenen Nutzpflanzen- und Schädlingsarten aufeinander abstimmen würde, könnte der Einsatz von Pflanzenbehandlungsmitteln auf ein notwendiges Minimum reduziert werden.

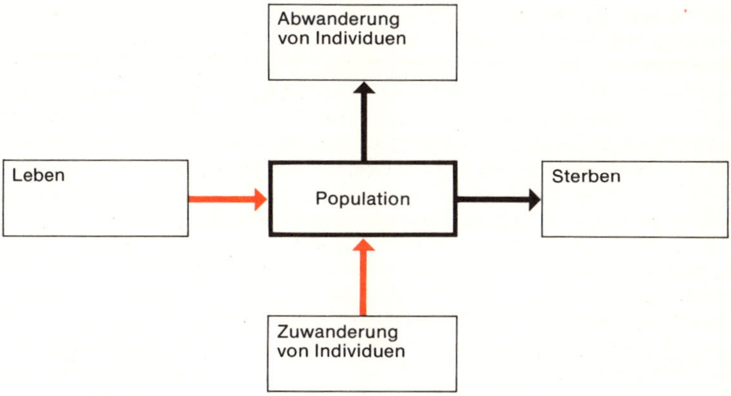

Abb. 1 Verschiedene Faktoren, die das ökologische Fließgleichgewicht in einer Population aufrechterhalten

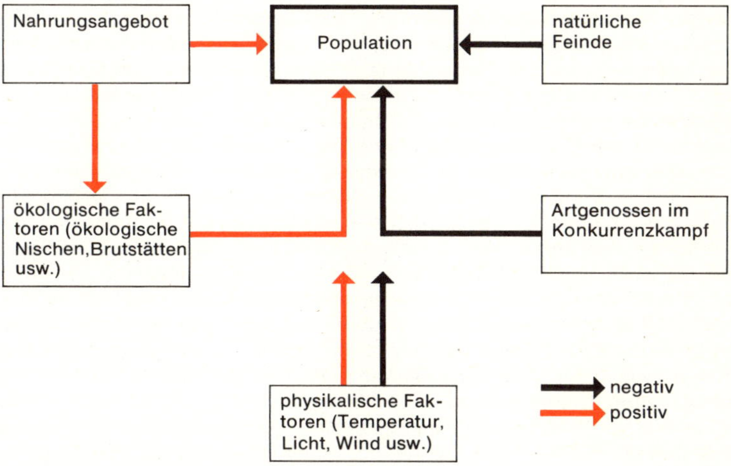

Abb. 2 Einflußgrößen, die die Populationsdichte regeln

Pflanzenschutz – biologische Schädlingsbekämpfung

Die biologische Schädlingsbekämpfung nutzt die Eigenschaft von *Nützlingen*, also von Tierarten, die als Gegenspieler von Schadorganismen auftreten. Dabei verstehen sich die Begriffe Schädling und Nützling aus der Sicht des Menschen und seines Nutzdenkens. Man unterscheidet: *Räuber*, deren Beutetiere Schädiger sind; *Parasiten*, deren Lebensweise an Schädiger gebunden ist; *Krankheitserreger*, die bei Schädigern krankheitserregend wirken.

Typische *Räuber* sind Eidechsen, Greifvögel, aber auch Insekten wie Laufkäfer, Marienkäfer, Raubwanzen oder Schwebfliegen. Zu den *Parasiten* gehören Schlupfwespen, die an die Lebensweise von Schadorganismen gebunden sind. Beispielsweise legt die Schlupfwespe Prospaltella perniciosi jeweils ein Ei in die fortentwickelte San-José-Schildlaus, einen besonders gefährlichen Obstbauschädling. Die Larve der Schlupfwespe ernährt sich vom parasitierten Tier, das daran zugrunde geht. Mit dem erneuten Schlüpfen geschlechtsreifer Tiere, nachfolgender Begattung und erneuter Eiablage ist der Kreislauf geschlossen. Wenn genügend Schlupfwespen vorhanden sind, kann die Schildlauspopulation vernichtet oder doch in Grenzen gehalten werden. – Zu bedeutenden nützlichen *Krankheitserregern* sind diejenigen Viren und Bakterien zu rechnen, die Schädlinge als Wirte benutzen und in ihnen tödlich verlaufende Infektionskrankheiten hervorrufen.

Wenn man die Wechselbeziehungen von Nützlingen und Schädlingen kennt, ist es möglich, die Gegenspieler in geeigneten Medien zu züchten und zur biologischen Bekämpfung einzusetzen. Das bekannteste Beispiel für eine derartige Schädlingsbekämpfung war die Bekämpfung der Kaninchenplage in Australien mit Hilfe eines Virus. Dieses führte bei den Tieren zur tödlichen verlaufenden Myxomatose, einer Krankheit, die in manchen Jahren als natürlicher Regelmechanismus Überpopulationen von Hasen und Kaninchen verhindert.

Die biologische Schädlingsbekämpfung muß mehrere wichtige Faktoren in ihren Kausalzusammenhängen erkennen und berücksichtigen. Eine Tierart wird erst dann schädigend, wenn die Individuenzahl einen bestimmten Umfang, die sog. *wirtschaftliche Schadensschwelle*, überschreitet. Sinngemäß ist diese auch als Auslösungsmoment für chemische Bekämpfungsmaßnahmen anzusehen. Zu den Gesetzmäßigkeiten der biologischen Schädlingsbekämpfung gehört das Vorhandensein einer gewissen Anzahl von Wirtstieren während der Vegetationsperiode; denn nur mit Hilfe einer ausreichenden Nahrungsgrundlage können genügend Nützlinge ihre Lebenszyklen erhalten. Die Schadensschwelle wird dann überschritten, wenn die biotischen und abiotischen Faktoren eine Massenvermehrung (Gradation) eines Schädlings nicht verhindern können. In der Natur wirken jeder Organismenart mehrere, oft nur mit wissenschaftlichen Meß- und Beobachtungsmethoden erkennbare *Begrenzungsfaktoren* entgegen. Einen dieser Faktoren bilden die natürlichen Feinde. Wenn Nützlinge fehlen oder in zu geringer Anzahl vorhanden sind und auch andere Begrenzungsfaktoren nicht wirken, kann eine Schädlingsvermehrung einsetzen.

Der chemische Pflanzenschutz kann – in Abhängigkeit von der Wirkungsweise der verwendeten Stoffe – auch Schädlingsfeinde mitvernichten. Darum geht die Entwicklung dahin, möglichst nützlingsschonende Mittel zu verwenden. Diese Zielvorstellung ist ein wichtiger Bestandteil des „integrierten Pflanzenschutzes", der mithilft, das ökologische Fließgleichgewicht in der Natur nicht nachhaltig zu schädigen. Das erscheint um so wichtiger, da die Praktiken moderner, pflanzenbaulich einseitiger Wirtschaftsweisen Massenvermehrungen Vorschub leisten.

Daß die biologische Schädlingsbekämpfung Ertragspotentiale meist nur begleitend mitzusichern hilft, liegt daran, daß Nützlinge in ihrer Massenvermehrung der von Schädlingen zwangsläufig in mehr oder weniger großem Abstand folgen. Es vergeht oft so viel Zeit, daß der Schaden schon unvertretbar hoch ist, ohne daß sich dieses Wechselspiel von Nützling und Wirt auswirken kann.

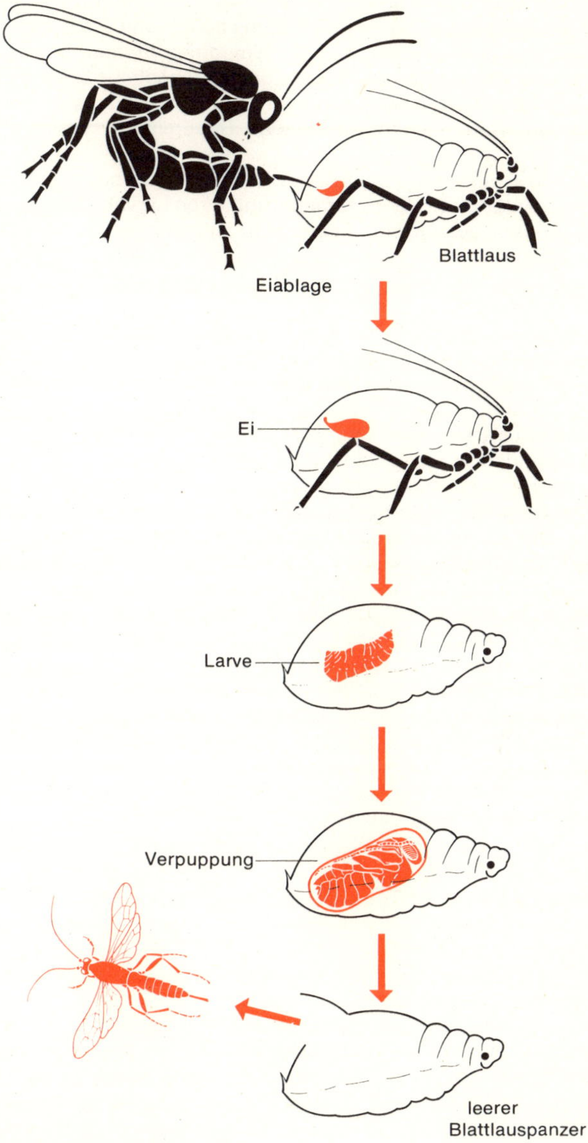

Abb. Biologische Blattlausbekämpfung
durch die Schlupfwespe

Bisher wurden nur wenige praxisgerechte direkte Verfahren der *biologischen Schädlingsbekämpfung* entwickelt. Zu den bekanntesten gehört die oben beschriebene Parasitierung der San-José-Schildlaus mit der Schlupfwespe Prospaltella perniciosi. Die Anwendung scheiterte, weil sich keine Institution für die kostenaufwendige Kommerzialisierung des Verfahrens bereit fand. Zwei andere Möglichkeiten werden zur Zeit angeboten: ein *Bakterienpräparat* gegen Raupen und gezüchtete Raubmilben für den Einsatz gegen schädliche Spinnmilben im Unterglasanbau. Während das Bakterienpräparat wie ein Spritzmittel ausgebracht wird, werden die auf Bohnenblättern lebenden Raubmilben zwischen den Kulturen ausgesetzt.

Nützlinge im Sinne einer mittelbaren biologischen Schädlingsbekämpfung sind vor allem *Marienkäfer* und *Schwebfliegen* mit ihren Larven. Auch dem Vogelschutz kommt besonders auf kleinen begrenzten Flächen, etwa im Hausgarten, eine gewisse Bedeutung zu; allerdings müssen sich die darauf gerichteten Fördermaßnahmen, z.B. das Einrichten von Niststätten, systematisch über größere Gebiete erstrecken.

Eine indirekte Methode bedient sich der *Sexuallockstoffe*. Viele Tiere bilden solche spezifischen *Pheromone*, die die Beziehungen der Geschlechter zueinander regulieren. Besonders viel weiß man über die Pheromone der Insekten, die in sehr starker Verdünnung wirksam sind und sehr weit von den Geschlechtspartnern wahrgenommen werden. Man kann Pheromone in *Fallen* einbringen, in denen dann die Tiere des anderen Geschlechts angelockt und gefangen werden. Die Bekämpfung ist jedoch nur dann erfolgreich, wenn die Populationsdichte gering ist, also noch keine Massenvermehrung eingetreten ist. Sonst werden die künstlichen Lockstoffe der Fallen durch die natürlichen, von den Tieren abgesonderten überdeckt. Mit Pheromonen kann man auch die Falter während der Zeit des Hochzeitsfluges irritieren, die dann die Weibchen nicht finden können. Schließlich arbeitet auch der Warndienst der Pflanzenschutzämter mit diesen Stoffen, um die Entwicklung von Populationen zu überwachen und gegebenenfalls bei Überschreiten von Schadschwellen zur Bekämpfung aufrufen.

Der große Vorteil der biologischen Schädlingsbekämpfung liegt darin, daß sie auf wechselwirksamen Kräften der Natur basiert. Krankheitserreger und Parasiten sind meist wirtsspezifisch im Hinblick auf eine bestimmte Schädlingsart und bilden darum für andere Arten keine Gefahr. Gerade diese natürlichen Gesetzmäßigkeiten verhindern aber auch einen breiten direkten Einsatz; die in Teilbereichen positiven Auswirkungen sollte man hingegen nicht unterschätzen.

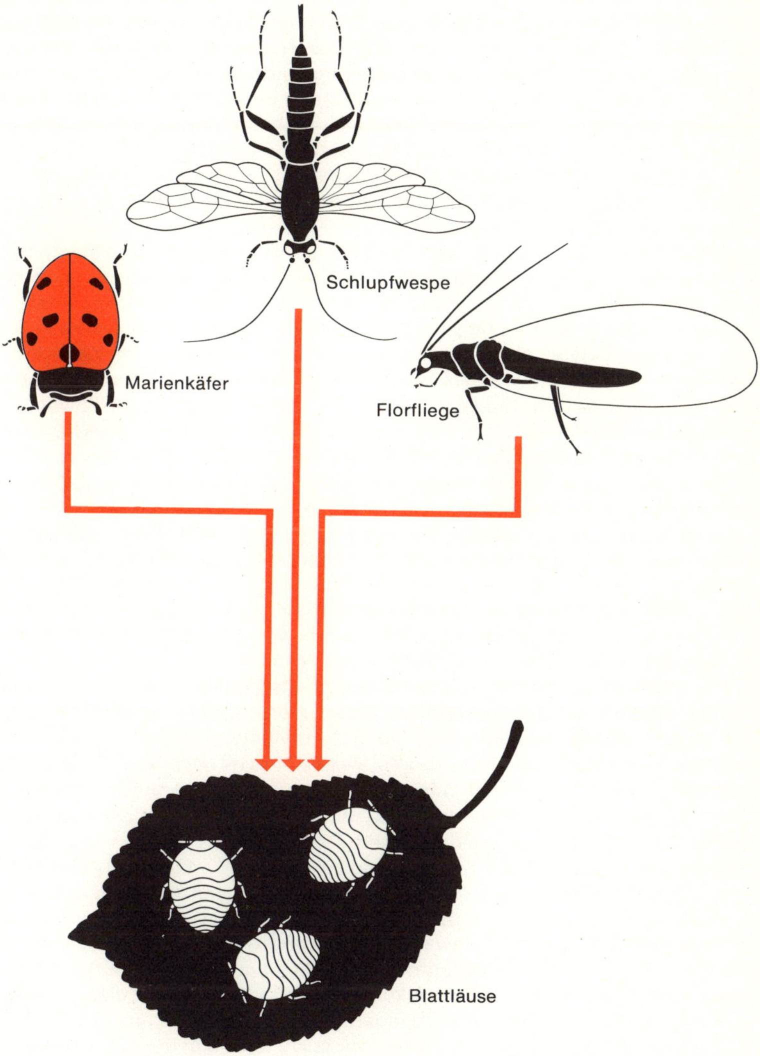

Abb. Nützliche Blattlausvertilger

Raumordnung
Die Besiedlungsdichte in der BR Deutschland

Die letzte Volkszählung vom 27. Mai 1970 ergab für die BRD eine Bevölkerungszahl von 60,651 Millionen Einwohnern. Das bedeutet gegenüber der Volkszählung von 1961 einen Bevölkerungszuwachs von 4,5 Millionen (7,9 %). Damit stieg die Besiedlungsdichte von 226 auf 244 Einwohner/km^2. Schätzungen ergaben bis 1979 einen Bevölkerungszuwachs von 0,69 Millionen Einwohnern und einen Anstieg der Besiedlungsdichte auf 247 Einwohner/km^2. Ein beträchtlicher Teil dieser Zuwachsquote resultiert aus dem Zuzug ausländischer Arbeitskräfte und ihrer Familienangehörigen. Im Mai 1970 gab es im Bundesgebiet 2,4 Millionen (4%) Ausländer. Dies waren 1,7 Millionen (250%) mehr als 1961. Im Jahr 1979 betrug die Zahl der Ausländer 4,1 Millionen.

Die Besiedlungsdichte und die Zunahme der Bevölkerung sind in den verschiedenen Gebieten sehr unterschiedlich. Im sog. *Bundes-Raumordnungsprogramm* wird das Bundesgebiet in 38 *Gebietseinheiten* eingeteilt. Diese statistischen Einheiten werden als Räume verstanden, die sich funktional ergänzen, grundsätzlich auf mindestens ein Oberzentrum orientiert sind und mindestens 400 000 Einwohner und ein Gebiet von 5 000 km^2 umfassen. Die Abgrenzung dieser Gebiete hält sich dabei an die Kreisgrenzen. Einen hohen Bevölkerungszuwachs hatten bisher vor allem die stark industrialisierten Länder Nordrhein-Westfalen, Hessen und Baden-Württemberg zu verzeichnen. Gebietseinheiten, die vor allem landwirtschaftlich strukturiert sind, zeigen demgegenüber nur geringfügige Zunahmen, teilweise sogar leichte Abnahmen.

Besonders hoch ist die *Besiedlungsdichte* in industriellen Ballungszonen. Es gibt heute bei uns 24 Verdichtungsräume. Während diese Räume nur ca. 7 % der Fläche der BR Deutschland ausmachen, leben in ihnen rund 45 % der Bevölkerung des Bundesgebietes. Wegen schlechter Lebensbedingungen als Folge der Industrieballung zeigten einige Verdichtungsräume in den letzten Jahren starke Abwanderungsverluste, die nur teilweise durch den Zuzug weiterer ausländischer Arbeitskräfte ausgeglichen wurden. Die stärkste Zunahme der Besiedlungsdichte weisen die zu Verdichtungsräumen gehörenden *Landkreise* auf. Die im Verdichtungsraum arbeitenden Menschen suchen zunehmend bessere Wohnmöglichkeiten außerhalb des Verdichtungsraums. Diese durch vernachlässigte Umweltschutzmaßnahmen der letzten Jahre und Jahrzehnte hervorgerufene Entwicklung führt zu einer bedenklichen Ausweitung der Verdichtungsräume, zu einer Zersiedlung der bisher als Erholungszonen dienenden Räume und zu einer Verschärfung des Verkehrsproblems (längerer Anreiseweg zwischen Wohnung und Arbeitsplatz).

In der *städtischen Entwicklung* hat sich in den letzten Jahren in dieser Hinsicht ein tiefgreifender Wandel vollzogen. Während die Städte in den zurückliegenden Jahrzehnten als Ziel einer abwandernden Landbevölkerung angesehen wurden, zeigen heute 40% der Großstädte (BR Deutschland) mit über 50000 Einwohnern einen starken Rückgang der Bevölkerung. Besonders hoch ist dieser Rückgang in den Kernstädten einiger Verdichtungsräume (in Hannover um 520 Einwohner je km^2, in Braunschweig um 330 Einwohner je km^2 sowie in der Mehrzahl der Städte des Ruhrgebietes mit zum Teil mehr als 300 Einwohnern pro km^2).

Entsprechend dieser Abnahme der Besiedlungsdichte in Großstädten und Verdichtungsräumen ist in den letzten Jahren ein (wenn auch geringes) Wachstum der Besiedlungsdichte in ländlich strukturierten Räumen abseits der Verdichtungsräume zu erkennen.

Flächennutzung in der BR Deutschland

Zwischen 1966 und 1976 haben zugenommen: die Wohnbau- und Industrieflächen um 25,6%; die Verkehrsflächen (ohne Flugplätze) um 9,7%; das „Öd- und Umland" um 3,2%.

Zurückgegangen sind im gleichen Zeitraum: die Waldflächen um 0,3%; die unkultivierten Moorflächen um 7,4%. Die landwirtschaftlichen Nutzflächen nahmen von 1971 bis 1976 um 1,7% ab.

Landwirtschaftliche Nutzflächen: Die Mechanisierung in der Landwirtschaft, die Konzentration auf die Produktion in Großbetrieben und die Einfuhr von Lebensmitteln aus EG-Ländern führten zu einer Verringerung der landwirtschaftlichen Nutzflächen und zu einer Verminderung bäuerlicher Betriebe. Im Jahr 1978 betrug die landwirtschaftlich genutzte Fläche in der BR Deutschland 12,4 Mill. ha. Die aus unterschiedlichen Gründen nicht mehr landwirtschaftlich genutzte Fläche betrug etwa 2% der Nutzfläche.

Die *ökologische Auswirkung* landwirtschaftlich genutzter Flächen auf die Umwelt hängt von der Art der Nutzung ab. Ein vorwiegend chemotechnisch bewirtschaftetes Agrargebiet kann auf Grund seiner eintönigen Zusammensetzung (große Monokulturen) keine Erholungsfunktion ausüben. Da die Konzentration der Menschen in Ballungsräumen immer mehr zunimmt, muß in Zukunft die agrarwirtschaftlich genutzte Fläche der BR Deutschland eine gewisse Erholungsfunktion übernehmen. Dies ist nur möglich durch eine ökologisch sinnvolle Wirtschaftsweise (z. B. Mischkultur an Stelle von Monokulturen, Erhaltung ökologischer Nischen).

Waldfläche: Im Jahr 1976 bedeckten rund 7,2 Mill. ha Wald 29% der Gesamtfläche der Bundesrepublik. Vergleichsweise entfallen heute auf je 100 Bürger in der BR Deutschland 11,6 ha Wald (Nordrhein-Westfalen 4,7 ha!), in der DDR 18,3 ha Wald. Die *Aufforstung* und damit das Wachstum des Waldes erfolgte jedoch in der Regel gerade nicht in den Verdichtungsräumen, wo es aus ökologischen Gründen sowie im Interesse der Bereitstellung von Erholungswald besonders wichtig wäre. Im Gegenteil wurden und werden in der Umgebung von Ballungsräumen häufig große Waldstücke für neue Industrie- und Verkehrsanlagen geopfert. In den meisten Fällen wurden Gebiete aufgeforstet, auf denen eine landwirtschaftliche Nutzung eingestellt worden war. Eine vollständige Aufforstung dieser Flächen erscheint aus ökologischer Sicht nicht sinnvoll, da dadurch die landschaftliche Vielfalt als Grundlage der natürlichen Erholungseignung verringert würde.

Verkehrsflächen: 1976 wurden 4,7% der Fläche der BR Deutschland von Verkehrsflächen beansprucht. Davon sind rund 75% *Straßen, Wege* und *Plätze.* Bis 1985 wird dieser Verkehrsbedarf von 450000 ha um rund 210000 ha auf etwa 3% der Fläche der BR Deutschland zunehmen. Dabei ist zu berücksichtigen, daß die neuen Verkehrswege noch weit größere Nutzflächen tangieren bzw. zerschneiden. Sie bringen außerdem erhebliche zusätzliche *Beeinträchtigungen* durch Straßenlärm, Staub- und Abgasemissionen, Ölabschwemmungen usw.

Der Flächenbedarf für die elf *zivilen Verkehrsflughäfen* beträgt etwa 10000 ha. Auch hier muß jedoch, ähnlich wie beim Straßenverkehr, die Fläche mit berücksichtigt werden, die sich beim Start und bei der Landung von Flugzeugen in der Nähe der Flugplätze als Lärmbelästigungszone ergibt.

Wohnfläche: 1979 betrug die Fläche, die Gebäude und zugehörige Freiflächen (Vorgärten, Stellplätze, Hofraum, Betriebsfläche) einnehmen, in der BR Deutschland rund 1,3 Mill. ha. Die Tendenz ist auch hier zunehmend.

Zersiedlung – Zweitwohnungen

In den letzten Jahren wurden in der BRD wie in anderen hochentwickelten westlichen Industrieländern zunehmend Freizeitwohnsitze und Zweitwohnungen gebaut. Dies führte zu einer starken Inanspruchnahme von Grund und Boden, vor allem in den Erholungsgebieten, mit der Folge, daß wertvolle Landschaften mehr und mehr „zersiedelt" werden. Der Erholungswert der Landschaft wird stark beeinträchtigt und ihre natürliche Leistungsfähigkeit belastet (z. B. durch Abwässer). Am stärksten betroffen sind die landschaftlich reizvollsten Gebiete wie Seeufer, Waldränder, Höhen, Flußtäler.

Mehrere Gründe haben zu dieser Entwicklung geführt. Außer durch objektive Faktoren wie Arbeitszeitverkürzung, mehr Urlaub, ständige Einkommensverbesserungen und steuerliche Vergünstigungen wird diese Entwicklung durch die steigende physische und psychische Belastung des Menschen im Berufsleben der modernen Industriegesellschaft begünstigt. Im Vergleich zu den USA, Schweden oder Frankreich steht die Bundesrepublik in dieser Entwicklung erst am Anfang.

Freizeitwohnsitze in großer Zahl bedeuten für die Gemeinden eine Mehrbelastung ihrer Versorgungsanlagen wie Wasser- und Stromversorgung, Kanalisation und Müllabfuhr und ihrer Verkehrsanlagen (Straßen, Parkplätze), wodurch finanzielle Mehraufwendungen für zusätzliche Infrastruktureinrichtungen und für deren Unterhaltung erforderlich werden. Dieser stärkeren Belastung des Finanzhaushaltes der Gemeinden stehen nicht in jedem Fall eine stärkere zusätzliche Wirtschaftskraft und höhere Einnahmen gegenüber. Die meisten Zweitwohnungen stehen während des größten Teils des Jahres leer, während die gemeindlichen Einrichtungen der Infrastruktur in vollem Umfang bereitgehalten werden müssen.

Da durch die oft weit in die Landschaft hineinreichende Bebauung durch Zweitwohnungen der Erholungswert der Landschaft für die Gesamtbevölkerung vermindert wird, kann dadurch die Grundlage für den Fremdenverkehr einer Gemeinde ernsthaft in Frage gestellt werden. In den Raumordnungsberichten einiger Länder wird deshalb die Auffassung vertreten, daß Freizeitwohnsitze überwiegend außerhalb der Naherholungsräume und der Fremdenverkehrsgebiete auszuweisen seien. Der Raumordnungsbericht 1972 der Bundesregierung legt deshalb fest, daß „die Nachfrage nach Freizeitwohnsitzen im Rahmen der anzustrebenden Raum- und Siedlungsstruktur auf Siedlungen in noch nicht überlasteten oder von einer Überlastung bedrohten Erholungsräumen gelenkt werden soll." In diesen Siedlungen sollen die Freizeitwohnsitze möglichst in die vorhandene Bebauung, z. B. in nicht mehr genutzte landwirtschaftliche Gebäude, integriert werden. Zu einer optimalen Nutzung der örtlichen Infrastruktur sollen zusammenhängende Gebiete für Freizeitwohnsitze im Rahmen eines Bebauungsplans z. B. als Wochenendhausgebiete an bestimmten planerisch ausgewählten Standorten ausgewiesen werden.

In einigen besonders wertvollen Erholungsgebieten schreitet die Entwicklung der Zweitwohnsitze jedoch schon so schnell fort, daß eine nachhaltige Zerstörung dieser Gebiete durch die geplanten raumordnerischen Maßnahmen wahrscheinlich nicht mehr verhindert werden kann. Dies trifft zu für mehrere Räume im bayerischen Alpen- und Voralpengebiet, für die Ufer vieler Seen (vor allem in Bayern) sowie für einige Täler des Schwarzwaldes und anderer Mittelgebirge. In Bayern wurde bereits ein „Sofortprogramm" von der Landesregierung verabschiedet, das die Landschaft freihalten soll und ihre Erholungsfunktion im besonders gefährdeten Alpen- und Voralpengebiet erhalten soll. Durch dieses Sofortprogramm soll dort, wo es noch möglich ist, die weitere Siedlungsentwicklung auf die zentralen Orte und Siedlungsschwerpunkte in großen Verdichtungsräumen gelenkt werden.

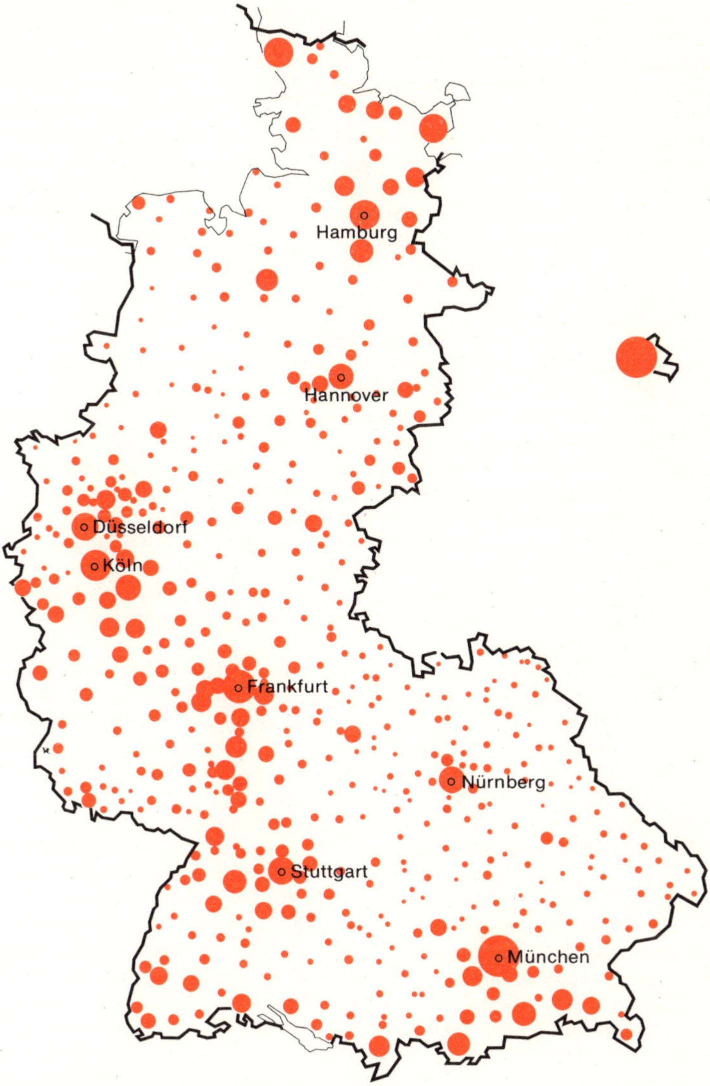

Abb. Ballungsgebiete von Zweitwohnungen

Verstädterung

Mit dem gewaltigen Wachstum der Erdbevölkerung (s. S. 560) ändert sich auch das Verhältnis ihrer Verteilung. Eine der tiefgreifendsten Begleiterscheinungen des Bevölkerungswachstums ist die *Urbanisierung*, die Abwanderung der Landbevölkerung in die Großstädte. Diese wachsen dadurch im Verhältnis wesentlich schneller an als die Weltbevölkerung im ganzen. Eine Aufstellung über die Entstehung von Großstädten im Laufe der letzten Jahrhunderte macht diese Entwicklung deutlich. Während es auf der Erde im Jahre 1700 erst 40 Großstädte (mit wenigstens 100000 Einwohnern) gab, sind in der ersten gedruckten Liste aller Großstädte der Erde von 1870 bereits 164 aufgeführt. 1900 waren es rund 300 und im Jahre 1950 schon 670. Besonders rasch wuchs die Zahl in den letzten 3 Jahrzehnten. 1960 gab es 1340 und um 1970 bereits 1872 Großstädte auf der Erde.

Bezüglich der *Großstadtdichte* ergaben sich für Japan und die Niederlande die höchsten Werte von 42 bzw. 41 Großstädten pro 100000 km^2. Unter den Erdteilen steht Europa (ohne UdSSR) mit dem Durchschnittswert 11,5/100000 km^2 an der Spitze, gefolgt von Asien (ohne UdSSR) mit 2,6, Nordamerika mit 1,5, der UdSSR mit 1,15, Mittel- und Südamerika mit 1,1 Großstädten auf 100000 km^2. Afrika und Australien haben weniger als eine Großstadt auf 100000 Quadratkilometer.

Eine verhältnismäßig junge Entwicklung sind die *Millionenstädte*. Um 1870 gab es davon erst 10 auf der Erde, um 1900 waren es 17, 1950 bereits 65. In den letzten drei Jahrzehnten hat sich die Zahl der Millionenstädte mit 193 verdreifacht; davon entfallen die meisten auf Asien. China hat mindestens 17 dieser Riesenstädte, Japan und Indien je 9, Mittel- und Südamerika 23. In Nordamerika gibt es 39, in Westeuropa 29, in der Sowjetunion 14 und in Afrika 11 Millionenstädte.

Im Jahre 1970 lebte jeder zehnte Einwohner der Erde in einem großstädtischen Ballungsraum. Allein in 23 Stadtkomplexen, die die Fünfmillionengrenze überschritten haben (Tokio, Schanghai, Peking, Bombay, Kalkutta, New York, Los Angeles, Buenos Aires, Paris, London u.a.) leben 4% der Erdbevölkerung. Für 1990 rechnet man damit, daß mehr als die Hälfte der Erdbevölkerung in Städten mit mehr als 100000 Einwohnern leben wird.

Die *physischen und psychischen Belastungen* sind in Großstädten auf Grund der Ballung von Menschen, Industrie und Verkehr im allgemeinen größer als in Kleinstädten. Studien aus Großbritannien und den USA zeigten, daß in einer Großstadt durchschnittlich 15 % weniger Sonnenschein, 30 % weniger UV-Strahlung im Winter und 10 % mehr Regen, Hagel oder Schnee auftreten. Es gibt 10 % mehr Wolkentage, 30 % mehr Nebel im Sommer und 100 % mehr Nebel im Winter. Die Temperaturen liegen um 3–8 °C höher, und die Windgeschwindigkeiten sind niedriger. Zahlreiche *Krankheiten* treten als Folge der konzentrierten Luftverschmutzung in Großstädten beträchtlich häufiger auf. Das Vorkommen von Lungenkrebs in Städten mit 1 Million und mehr Einwohnern liegt etwa genau doppelt so hoch wie auf dem Land. Auch Bronchitis und andere Lungenkrankheiten treten wesentlich häufiger auf. Neben diesen physischen Auswirkungen zeigt die unbegrenzte Verstädterung eine Reihe negativer Folgen im psychischen und sozialen Bereich. Das Ende einer solchen Entwicklung ist in dem Kapitel „Die Wachstumskatastrophe New York“ (S. 566) beschrieben.

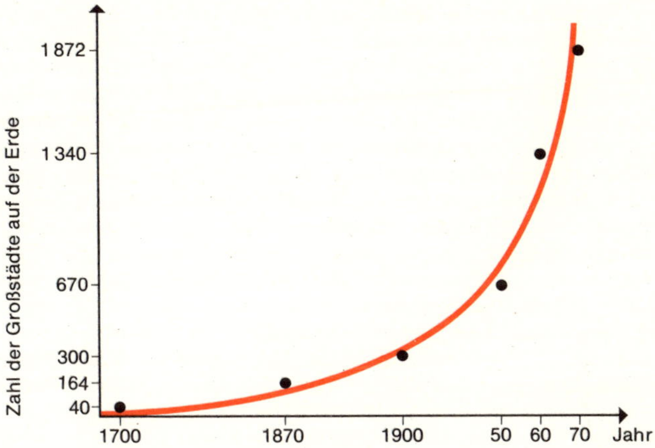

Abb. 1 Entwicklung der Großstädte (über 100 000 Einwohner)

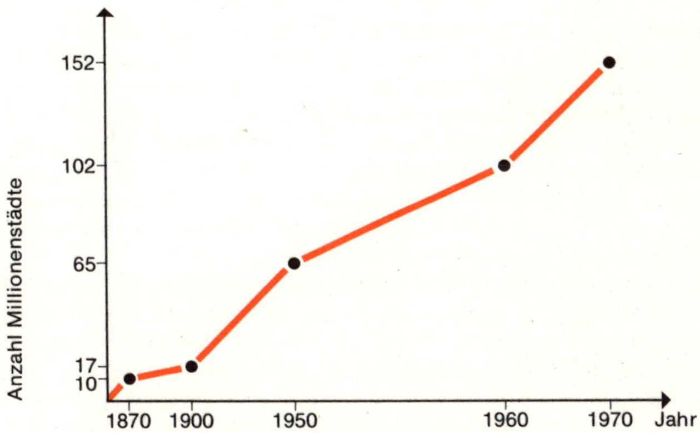

Abb. 2 Entwicklung der Millionenstädte

Mikroklima in Städten

Während globale Änderungen des Klimas durch industrielle Aktivitäten des Menschen bisher noch nicht exakt nachgewiesen werden konnten, finden wir heute in Ballungsgebieten und Großstädten bereits erhebliche Veränderungen einiger Klimaelemente im Vergleich zu ländlichen Gebieten (Abb.).

Die *verringerte Windgeschwindigkeit* ist vor allem auf den Einfluß der Gebäude zurückzuführen, die durch „Oberflächenrauhigkeit" horizontale Winde abschwächen. Eine große Stadt besitzt meist Schneisen wie Flußläufe, Grünanlagen, unbebautes Land o. ä., durch die Winde von außerhalb in das Stadtzentrum gelangen und damit die Stadt mit Frischluft versorgen können. Da im Stadtinneren viel Abwärme von industriellen Prozessen, Raumheizungen, Verkehr und Wärmespeicherung nach Sonneneinstrahlung anfällt, herrscht über dem Zentrum meist ein Auftrieb warmer Luftmassen, durch den über die Luftschneisen Luft von außerhalb angesaugt wird. Dies hat einen günstigen Einfluß auf die verschmutzte Luft der Stadt und auf die höhere, im Sommer oft schwüle Temperatur im Stadtkern. Diese positiven klimatischen Vorgänge können jedoch gestört werden, wenn die Frischluftschneisen, vor allem durch Hochhäuser, verbaut werden.

Der Gehalt der Luft an *Schwebstoffen* und *Staub* in einer Großstadt ist durchschnittlich 10mal so hoch wie auf dem Land. Die Unmengen feinstverteilter Partikel in der Stadtatmosphäre führen zu den häufig zu beobachtenden *Dunstglocken,* die einen beträchtlichen Teil des Sonnenlichtes schlucken. In Städten ist die Zahl der Sonnenscheinstunden um 5–15% niedriger als auf dem Land. Die *ultraviolette Strahlung* im Winter, die für den Menschen zur Bildung von Vitamin D lebensnotwendig ist, wird dadurch bis zu 30% verringert. Gleichzeitig behindert der hohe Staubgehalt der Luft die Wärmeabstrahlung, was als Folge der ohnehin erhöhten Wärmefreisetzung in unerwünschter Weise die Temperatur in der Stadt erhöht.

Ein besonders eklatanter Klimaunterschied zwischen Stadt und Land zeigt sich in der *Nebelhäufigkeit,* die in Städten im Winter um durchschnittlich 100%, im Sommer um durchschnittlich 30% erhöht ist. Dies wird vor allem durch zwei Prozesse bewirkt: Zum einen ist die Wasserdampffreisetzung in Städten größer (bei der Verbrennung von 1 l Benzin entsteht 1 m^3 Wasserdampf). Zum anderen ist der Schwebstoffgehalt der Luft stark erhöht. Dadurch steht dem Wasserdampf ein großes Angebot an Kondensationskernen zur Verfügung, was zu stärkerer Nebelbildung führt. Diese Prozesse haben darüber hinaus Einfluß auf die Wolkenbedekkung, die um 5–10% höher liegt als auf dem Land.

Ein anderes Charakteristikum des Stadtklimas ist die *Überwärmung.* Städte sind durch ihre großen Asphalt-, Beton- und Steinflächen einem künstlichen wasserundurchlässigen Fels vergleichbar. Durch die Höhe der Häuser wird die Oberfläche der Stadt vervielfacht. Steine und Asphalt speichern sehr viel Wärme, durch deren Abstrahlung die „Backofenhitze" der sommerlichen Nächte erzeugt wird. Verstärkt wird diese Temperaturerhöhung durch die Eigenerzeugung von Wärme im Bereich der Haushalte, der Industrie und des Verkehrs. Hinzu kommt die Minderabfuhr von Wärme als Folge der geringen innerstädtischen Vegetation. Auf dem Land werden ungefähr zwei Drittel des normalen Niederschlages auf Wald und Wiesen von den Pflanzen wieder verdunstet bzw. versickern; nur etwa ein Drittel fließt oberflächlich ab. In den praktisch vegetationsfreien Städten werden dagegen alle Niederschläge bis auf kleinste Reste von Benetzungswasser abgeführt. Da zum Verdampfen von Wasser Wärme notwendig ist (für 1 l Wasser rund 600 kcal oder 2500 kJ), fehlt diese Art der Wärmeabfuhr in der Stadt fast völlig. Im Durchschnitt liegt die Temperatur in den Städten um 0,5 bis 1,5 °C über der Durchschnittstemperatur ländlicher Gebiete.

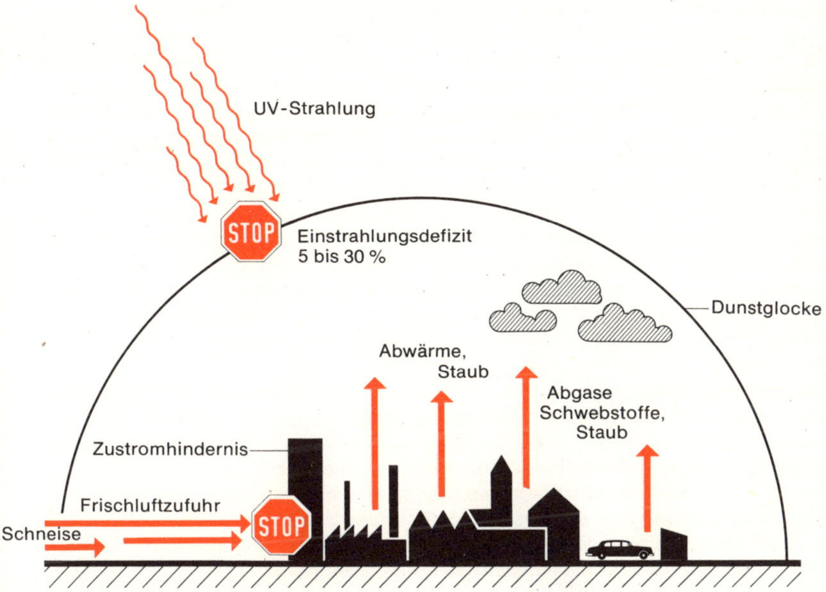

Abb. 1 Dunstglocke über einer Großstadt

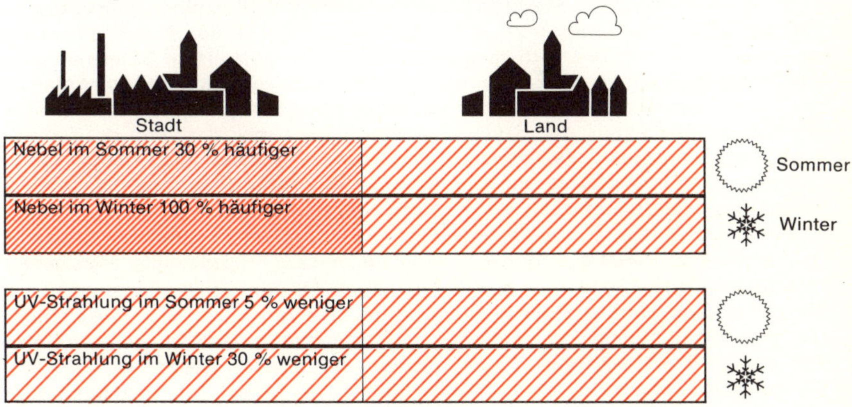

Abb. 2 Auffallende klimatische Unterschiede zwischen städtischen und ländlichen Gebieten

Mikroklima in Städten
Bäume und Grünanlagen als Regulatoren

Viele der negativen Veränderungen der Klimaelemente einer Stadt lassen sich durch Pflanzen, vor allem Bäume und Grünanlagen, abschwächen bzw. positiv beeinflussen. Einen wesentlichen Einfluß haben Bäume auf den *Staubgehalt der Stadtluft.* Bei Vergleichsmessungen zwischen baumfreien und baumbestandenen Verkehrsstraßen ergab sich, daß der Staubgehalt in der mit Bäumen bestandenen Straße bei vergleichbarem Verkehrsfluß um rund 70% niedriger war. Die Ursachen hierfür sind in erster Linie darin zu sehen, daß der Staub an der Blatt- und Zweigoberfläche hängen bleibt bzw. sich auf Grund der verringerten Windstärke innerhalb der Pflanzungen besser niederschlagen kann.

Die Verringerung des Staubgehaltes der Luft hat natürlich auch einen Einfluß auf andere vom Staubgehalt abhängige Klimaelemente. Da Staub sowohl eine Dunstglocke und damit eine Verringerung der Sonnenscheindauer und der UV-Einstrahlung als auch durch Kondensation von Wasserdampf eine Vermehrung des Nebels verursacht, kann durch die Verringerung des Staubes durch Bäume auch ein günstiger Einfluß auf die Häufigkeit und Dichte von Dunstglocken und von Nebel erzielt werden.

Eine zweite wichtige Eigenschaft von Bäumen im Stadtgebiet ist der Einfluß auf die *Temperatur* und die *Windbewegung.* Die Temperatur ist in Städten gegenüber ländlichen Gebieten erhöht (s. S. 326). Bäume können nun gerade in der heißen Jahreszeit, in der sich die höhere Temperatur in Städten besonders unangenehm bemerkbar macht, einen Ausgleich des Stadtklimas bewirken. Bäume spenden im Sommer kühlen Schatten, was auf Grund der unterschiedlichen Temperaturverteilung besondere Luftkreisläufe hervorruft, die zu einer angenehmen, leichten Windbewegung führen. Ein Teil der eingestrahlten Sonnenenergie wird im Sommer von den Pflanzen bei der Photosynthese in den grünen Blättern in chemische Energie umgewandelt (s. S. 200 ff.) und kann dadurch nicht zu einer Temperaturerhöhung führen. Da Pflanzen mit ihren Wurzeln aus dem Boden Wasser ansaugen und laufend verdunsten, wird ein anderer Teil der eingestrahlten Sonnenenergie außerdem in Verdunstungswärme umgewandelt. Diese Vorgänge sind umso stärker wirksam, je länger die Sonne scheint und je höher die Temperatur ist. Es ergibt sich dadurch ein Regelkreis, der extreme Spitzen der Sonneneinstrahlung, der Temperatur und der Lufttrockenheit abbaut und zu einem angenehmeren Stadtklima führt.

Neben diesen physikalisch meßbaren positiven Eigenschaften haben Bäume und Grünanlagen in Städten auch eine ästhetische und eine psychologische Funktion. Sie tragen wesentlich zur Schönheit einer Stadt bei und liefern Identifikationspunkte. Repräsentative Befragungen in Großstädten mit der Fragestellung „Was haben Sie an dieser Stadt besonders gern?" ergaben, daß in den meisten Fällen das Grün in der Stadt an oberster Stelle genannt wurde. Eine Vorstellung über diese oft nur unbewußt vorhandene Einstellung der Stadtbewohner zu Grünanlagen vermitteln die harten Reaktionen von Bürgerinitiativen im Falle des Bekanntwerdens von Plänen der Stadtverwaltungen, schöne Bäume oder Alleen für Neubauten oder Straßenverbreiterungen zu fällen. Da dem Bewohner von Großstädten oft nur im Urlaub und an Wochenenden die Möglichkeit gegeben ist, die Natur aufzusuchen und sich dort zu erholen, stellen Bäume und Parks eine wichtige Möglichkeit dar, wenigstens ein kleines Stück Natur in die Stadt zu holen.

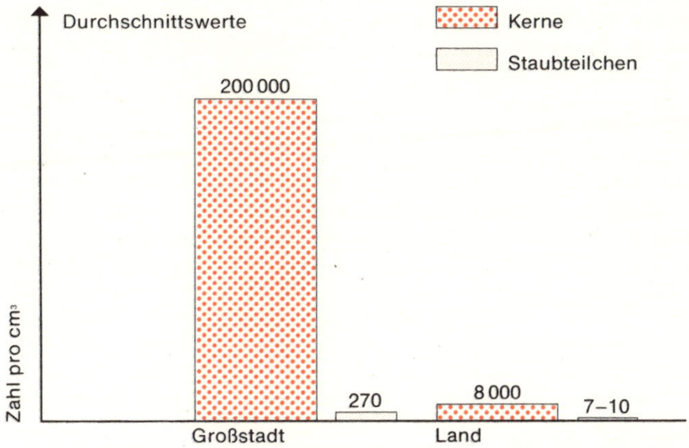

Abb. 1 Luftbeimengungen fester Art
(Kerne: Durchmesser 10–200 nm, Staub: Durchmesser >200 nm)

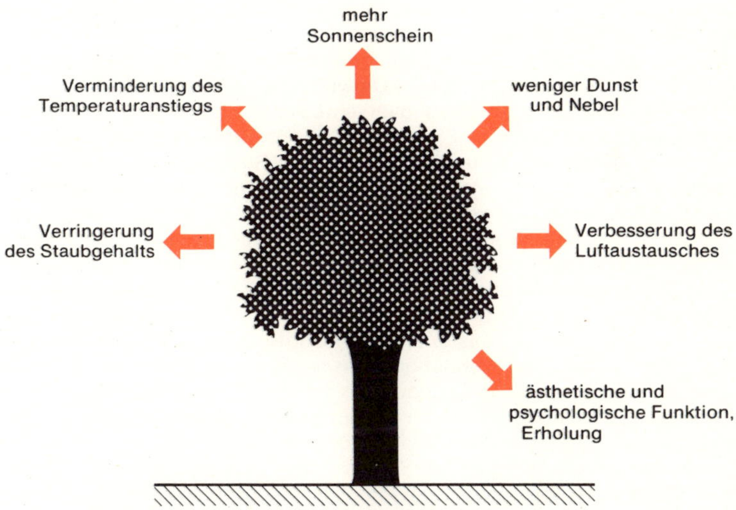

Abb. 2 Die verschiedenen positiven Auswirkungen von
Bäumen und Grünanlagen in Städten

Verkehr und Umwelt

Eine der stärksten Belastungen unserer Umwelt geht vom Kraftfahrzeugverkehr aus. Man schätzt, daß in der Bundesrepublik rund 50 % der Gesamtluftverschmutzung zu Lasten des Kraftfahrzeugverkehrs gehen. Die Beeinträchtigungen zeigen sich v. a. in Ballungsräumen, in denen heute annähernd die Hälfte der Bevölkerung der Bundesrepublik Deutschland lebt.

Am Beispiel des *Autos* läßt sich demonstrieren, wie das marktwirtschaftliche Prinzip, in diesem Falle das Prinzip der Freiheit der Verkehrsmittelwahl, in Konkurrenz getreten ist zu dem Ziel, eine menschenfreundliche Umwelt zu erhalten. Lange Zeit wurde das Wachstum der Automobilindustrie als Indikator für das wirtschaftliche Wohl und damit für den Lebensstandard schlechthin angesehen. Die Ausbreitung des Individualverkehrs wurde materiell und psychologisch durch Politik und Wirtschaft gefördert, was zur heutigen Situation führte (Abb.).

Die *Kraftfahrzeugdichte* in der Bundesrepublik hat in der Vergangenheit laufend zugenommen. Im Zeitraum von 1961 bis 1979 ist die mittlere Kfz-Dichte von 127 auf 425 Kfz je 1000 Einwohner gestiegen (1979 insgesamt 26,11 Millionen zugelassene Kfz). Während des gleichen Zeitraums nahm die durchschnittliche Pkw-Dichte von 95 auf 367 Pkws pro 1000 Einwohner zu (1979 etwa 22,54 Millionen zugelassene Pkws). Damit wurde eine Prognose der Deutschen Shell-AG, nach der die Anzahl der Kraftfahrzeuge bei uns in dem Zeitraum von 1971 bis 1980 von ca. 17,82 auf 22,19 Millionen Kfz ansteigen sollte (dies entspricht einem Anstieg der Motorisierungsdichte von 291 auf 354 Kfz pro 1000 Einwohner), in Wirklichkeit beträchtlich überschritten. Allerdings lag z. B. in den USA die Pkw-Dichte bereits im Jahr 1971 bei 435 Pkws je 1000 Einwohner.

In den 20 Jahren von 1960 bis 1979 starben bei uns rund 317000 Menschen durch einen Straßenverkehrsunfall. Die Zahl der Verletzten liegt für den gleichen Zeitraum bei rund 9,45 Millionen. Falls keine Gegenmaßnahmen ergriffen werden, muß also für die Zukunft damit gerechnet werden, daß sich diese negativen Auswirkungen des Autoverkehrs auf die Umwelt eher noch verstärken.

In der Entwicklung des Kraftfahrzeugverkehrs sind mehrere *positive Rückkopplungen* wirksam, derart daß eine Expansion des Autoverkehrs direkt eine weitere Expansion des Autoverkehrs zur Folge hat. Diese Rückkopplungen waren eine wesentliche Ursache für das starke Anwachsen des Individualverkehrs über die ökologisch vertretbaren Grenzen hinaus. Eine dieser Rückkopplungen besteht zwischen *Auto und Lebensqualität:* Das Auto verringert durch seine negativen Umweltauswirkungen die Lebensqualität in der Stadt. Die unmittelbare Folge davon ist, daß der Wohnwert sinkt und die Wohnungen aus der Innenstadt in die Vororte verdrängt werden. Dementsprechend nimmt auch der Pendelverkehr zwischen Vororten und Innenstadt zu, was auch in diesem Bereich eine Verringerung der Lebensqualität bewirkt. Die Wohnungen werden dadurch immer weiter von der Stadt weg in Flächenbereiche abgedrängt, die nicht vom öffentlichen Verkehr erschlossen sind. Das wiederum hat zur Folge, daß der Autoverkehr weiter zunimmt, da nun einerseits viele Menschen, die früher kein Auto brauchten, auf ein Auto angewiesen sind und andererseits die Entfernungen zwischen Wohn- und Arbeits- bzw. Einkaufsbereich größer geworden sind. Mit dem Anwachsen des Autoverkehrs wird das Phänomen der Rückkopplung erneut wirksam.

Solche Rückkopplungsmechanismen führen in ihrem Zusammenwirken dazu, daß das System Auto–Straße immer weiter expandiert, sich immer mehr verselbständigt und sich so immer mehr der Regulation durch Stadtverwaltungen und Planer entzieht. Es darf jedoch nicht übersehen werden, daß mit den seit 1979 stark ansteigenden Treibstoffkosten ein neues Regulativ ins Spiel gekommen ist, dessen Auswirkungen noch nicht zu übersehen sind.

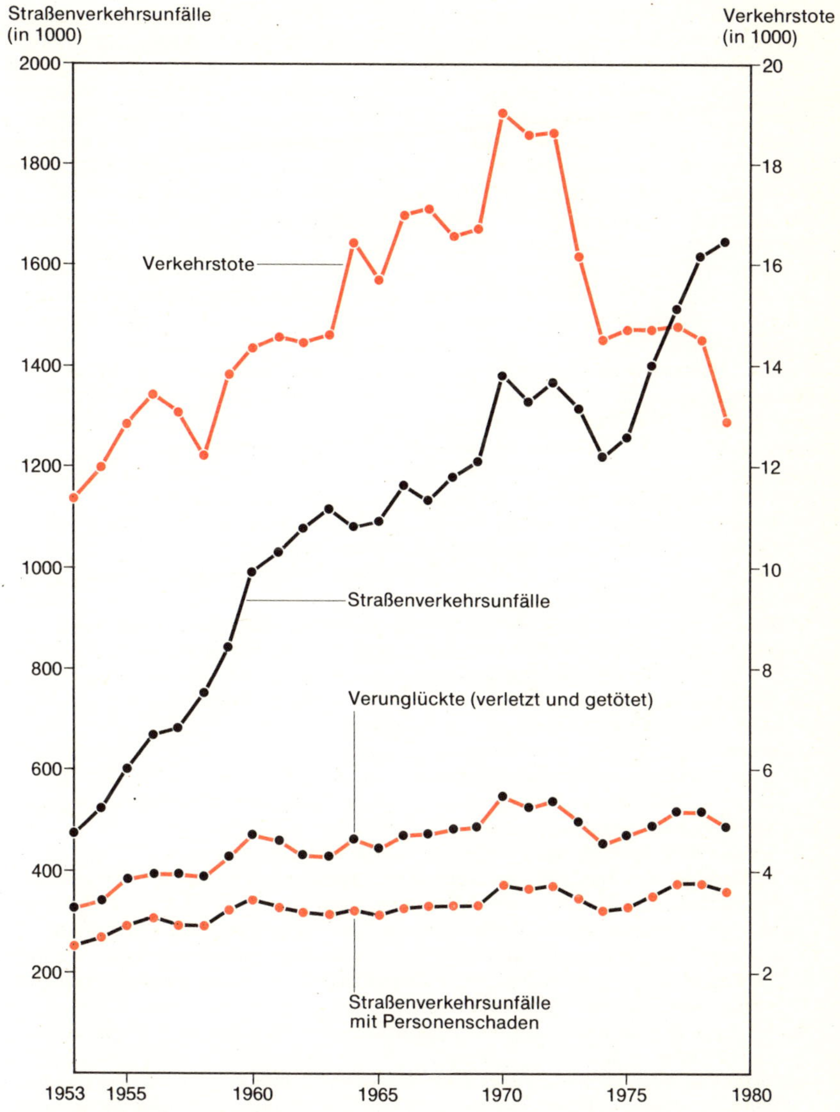

Abb. Straßenverkehrsunfälle auf den Straßen und Autobahnen der BR Deutschland mit Angabe der Zahl der Verunglückten (links) und der Zahl der Verkehrstoten (rechts) Nach Statistisches Bundesamt 1980

Lösung des Verkehrsproblems – Vorschläge der Gesellschaft für rationale Verkehrspolitik

Um die permanente Verkehrskrise zu lösen, bedarf es konzentrierter Maßnahmen auf vielen Ebenen. Die „Gesellschaft für rationale Verkehrspolitik", die an Problemen der zukünftigen Verkehrsplanung arbeitet, hat die wichtigsten Maßnahmen in einem Katalog zusammengestellt, der in zwei *Grundsatzforderungen* gipfelt: 1. Im Bereich des Verkehrs ist nach volkswirtschaftlichen Kosten-Nutzen-Analysen eine optimale Aufgabenteilung durchzusetzen, wobei jeweils dasjenige Verkehrsmittel zum Einsatz kommt, das unter Berücksichtigung aller einschlägigen Gesichtspunkte bei einem Minimum an volkswirtschaftlichen Kosten ein Maximum an Nutzen erbringt. Dabei werden die ökologischen Folgen jeder Verkehrsart mit berücksichtigt. 2. Jedes Verkehrsmittel hat die vollen von ihm verursachten Kosten, auch die ökologischen Folgekosten, zu tragen.

Für den *Personenverkehr* ergibt sich daraus folgendes: Vorrang der Schiene für den innerdeutschen Fernverkehr; Vorrang von S-Bahn, U-Bahn, Straßenbahn, Bus, Taxi und Fahrrad im innerstädtischen Verkehr; Bevorzugung des Autos im Flächenverkehr; Einsatz des Flugzeugs vorwiegend im interkontinentalen Verkehr. Für den *Güterverkehr* bedeutet dies: Vorrang der Schiene für den Fern- und Massenguttransport; Verwendung des Lastwagens im Flächenverkehr für Verteilung im Bereich der Städte; Einsatz von Binnenschiffen für den Massengutverkehr.

Im einzelnen werden folgende *Maßnahmen* vorgeschlagen:

- Senkung der Ausgaben für den Fernstraßenbau zugunsten des Ausbaus eines leistungsfähigen Fernstreckennetzes der deutschen Bundesbahn;
- Einschränkung des innerstädtischen Straßenbaus und des Baus von Parkhäusern zugunsten des Ausbaus öffentlicher Nahverkehrssysteme;
- stufenweise Anhebung der Mineralölsteuer zur Begleichung der bisher ungedeckten Folgekosten des Kraftfahrzeugverkehrs;
- Erhöhung der Parkgebühren in den Innenstädten bis zur Kostendeckung;
- kostendeckende Heranziehung der Fluggesellschaften zu den Aufwendungen für Flugsicherung, Lärmschutz und Umweltbelästigung;
- Ausbau der Hauptstrecken der Deutschen Bundesbahn für höhere Geschwindigkeiten und Leistungen;
- Modernisierung des öffentlichen Verkehrs;
- beschleunigter Ausbau von S- und U-Bahnanlagen in den Ballungsgebieten;
- gezielter Vorrang für Straßenbahn und Bus in der Straßenverkehrsordnung;
- starke Ausweitung der Fußgängerbereiche in den Stadtkernen;
- Freihaltung der Geh- und Radwege von Kraftfahrzeugen;
- systematischer Ausbau von regionalen Verbundtarifen für die öffentlichen Nahverkehrssysteme in allen Ballungsräumen;
- familienfreundlichere Tarife bei allen öffentlichen Verkehrsbetrieben;
- Verbesserung der Fahrpläne der Deutschen Bundesbahn (Übergänge und Verkehrsanschlüsse) sowie der örtlichen und zeitlichen Verknüpfungen zwischen den einzelnen Verkehrsmitteln;
- dichtere Zugfolge, höhere Reisegeschwindigkeiten und mehr Komfort beim Nahverkehr;
- Verbesserung der Bedingungen für den Fahrradverkehr; Bau von Fahrradstraßen und Radwegen in den Städten und Ballungsräumen und Ausweisung geeigneter kleiner Straßen und asphaltierter Wege als Fahrradstraßen für den Ausflugsverkehr;
- Befreiung des öffentlichen Nahverkehrs von der Mehrwertsteuer (6,5%);
- Streichung der staatlichen Betriebszuschüsse für den regionalen Luftverkehr.

Diese Maßnahmen sind geeignet, die die Verkehrskrise verursachenden Rückkopplungen zu durchbrechen. Gleichzeitig werden dadurch in der Gesamtheit neue Regelkreise in Gang gesetzt, die eine Lösung der Verkehrskrise ermöglichen.

Fußgängerbereiche

Die stärkste Beeinträchtigung der Umwelt geht in den Innenstädten vom Auto aus, da hier auf engem Raum sehr viele Menschen dem Lärm und den Abgasen ausgesetzt sind. Der hohe Flächenbedarf des Kraftfahrzeugverkehrs steht einer schnellen und unkomplizierten Erreichbarkeit der verschiedenen Geschäfte und Einrichtungen entgegen. Hinzu kommt die große Gefährdung von Fußgängern beim Überqueren der Straße. Aus diesen Gründen sollten die Stadtkerne für den Kraftfahrzeugverkehr gesperrt und zu Fußgängerbereichen ausgebaut werden.

Als *Fußgängerbereiche* werden Straßenabschnitte in dicht verbauten Gebieten bezeichnet, die – zumindest zu bestimmten Zeiten – dem Fußgängerverkehr vorbehalten sind. Es handelt sich in der Regel um Geschäftsstraßen in zentralen Stadtbereichen. Fußgängerbereiche in Wohngebieten, die vorwiegend als Freiraum für Kinder dienen sollen, werden auch als *Spielstraßen* bezeichnet.

Bereits im Jahr 1969 hatten vier Fünftel aller Großstädte in der BR Deutschland Fußgängerbereiche. In den frühen 70er Jahren folgten viele Klein- und Mittelstädte diesem Beispiel. Die meisten Fußgängerbereiche bestehen heute jedoch noch aus nur einer oder wenigen Straßen. Nur 28 % der Städte hatten im Jahr 1974 eine Fußgängerzone, die länger als 1 km war.

Anfangs sträubten sich vor allem die Geschäftsinhaber gegen die Einrichtung von Fußgängerbereichen, da sie Umsatzrückgänge befürchteten. Heute jedoch ist den Inhabern von Geschäften und Kaufhäusern sehr daran gelegen, daß ihre Häuser in den Fußgängerbereich einbezogen werden.

Fußgängerbereiche in der Innenstadt ermöglichen dem Bürger ein gefahrloses Spazierengehen oder Einkaufen in abgasfreier Luft und ohne Lärm. Damit werden die Innenstädte auch als Wohnbereich wieder attraktiv, und es kann sich wieder ein gesundes innerstädtisches Leben entfalten. Voraussetzung dafür sind jedoch *große und zusammenhängende Fußgängerbereiche.* Diese wurden bereits von vielen Städten geschaffen, z.B. in Bonn, Celle, Freiburg, Göttingen, Heidelberg, Mannheim, München, Solingen und Wuppertal. Die meisten Städte, die heute schon Fußgängerbereiche besitzen, wollen diese weiter ausdehnen.

Neben der direkten Wirkung haben Fußgängerbereiche auch einen indirekten Einfluß auf die Lebensqualität ihrer Stadt. Wenn es gelingt, die Fußgängerbereiche optimal an öffentliche Verkehrsmittel und das Radwegnetz anzuschließen, so daß man mit der Straßenbahn oder dem Fahrrad direkt in die Fußgängerzone zum Einkaufen fahren kann, während man das Auto in einiger Entfernung vom Fußgängerbereich abstellt, bietet dies einen Anreiz, umweltfreundliche Verkehrsmittel zu benutzen. Die Fußgängerbereiche sollten daher so angelegt werden, daß sie zwar den Autoverkehr eindämmen, den öffentlichen Verkehr jedoch fördern. Die Bestrebungen sollten dahingehen, Städte zu schaffen, in denen die autofreien Innenbezirke Teil eines bis in die Wohnviertel erweiterten Wegenetzes für Fußgänger sind.

Parallel mit der Schaffung von Fußgängerbereichen in den Städten sollten die Parkmöglichkeiten für Autos in der Innenstadt begrenzt werden. Solchen Überlegungen steht noch immer die Reichsgaragenordnung aus dem Jahr 1939 entgegen, die den Bauherrn beim Bau neuer Wohn- und Arbeitsstätten zur Pflicht macht, „Einstellplätze in geeigneter Größe, Lage und Beschaffenheit samt den notwendigen Zubehöranlagen auf dem Baugrundstück oder in der Nähe zu schaffen“. Diese Bestimmungen stammen noch aus der Zeit der beginnenden Motorisierung. Für die Arbeitsstätten in den Kernbereichen der Städte läßt sich eine dem Bedarf angepaßte Anzahl von Garagen und Stellplätzen heute nicht mehr bereitstellen. Gegensätzliche Versuche führen zu irreparablen Schäden in der städtebaulich wertvollen Substanz der Kernbereiche.

Neue Verkehrssysteme – das Kabinentaxi

Das *Kabinentaxi* ist ein elektrisch angetriebenes Kleinfahrzeug mit 1–4 Sitzplätzen, das spurgebunden, aber ohne Bindung an einen Fahrplan zur individuellen Benutzung zur Verfügung steht und den innerstädtischen Pkw-Verkehr entlasten bzw. ersetzen soll. Ein in zwei Ebenen verkehrendes Kabinensystem *(Kabinenbahn, Taxibahn)* mit vollautomatischer Antriebs- und Abstandsregelung der Kabinen wird seit 1970 von den beiden Firmen Demag AG und Messerschmitt-Bölkow-Blohm GmbH entwickelt, seit dem 1. 1. 1972 mit offizieller Förderung durch das Bundesministerium für Forschung und Technologie.

Die einzelnen *Kabinen* haben eine Länge von 2 m, eine Breite von 1,6 m und eine Höhe von 1,5 m. Sie befinden sich oberhalb und unterhalb eines *Fahrbalkens* und werden von Gummirädern getragen und geführt. An jeder *Haltestelle* stehen Kabinentaxis bereit. Der Fahrgast kann im Innern des Taxis selbst sein Fahrziel wählen, worauf das Kabinentaxi dieses Ziel selbsttätig (computergesteuert) erreicht. Die *Fahrzeugfolge* kann außerordentlich dicht sein. Durch eine besondere Regelung wird aber gewährleistet, daß der zeitliche Abstand der einzelnen Kabinen 0,5 Sekunden nicht unterschreitet. Auf diese Art kann eine maximale Verkehrsleistung von 3 000 bis 5 000 beförderten Personen pro Strecke und Stunde erreicht werden. Diese Verkehrsleistung kann beträchtlich erhöht werden, wenn zur Bewältigung des Spitzenverkehrs neben diesen Standard- oder Kleinkabinen auch sog. *Großkabinen* mit 6–12 und mehr Sitzplätzen im Linienbetrieb und auf Pendel- und Rundkursen eingesetzt werden.

Die maximale *Fahrgeschwindigkeit* der Kabinen beträgt 36 km/h, in neueren Konstruktionen sogar 50 km/h; die maximale *Beschleunigung* liegt bei 2,5 m/s. Die Kabine wird von 2 Doppelkamm-Linearmotoren angetrieben, gebremst wird sie über zwei Doppelkamm-Linearbremsen; außerdem besitzt die Kabine noch an jedem Rad eine Trommelbremse. Die Geräuschentwicklung am Fahrzeug liegt unter 60 dB (A).

Die Vorteile des Kabinentaxis liegen im Vergleich zur U-Bahn vor allem in der *leichten Verlegbarkeit der Trassen,* da keine Tunnelbauten erforderlich sind. Durch die oberirdische Bauweise wird außerdem in Ballungsgebieten der *Platzbedarf* gering gehalten. Für die Fahrgäste hat das Kabinentaxi den Vorteil, daß die Wartezeit an der Haltestelle entfällt, der Fahrgast sich sein jeweiliges Ziel selbst wählen und auf dem kürzesten Weg ansteuern kann und daß auf Grund der vergleichsweise einfachen oberirdischen Bauweise der Haltestellenabstand gering gehalten werden kann. Die oberirdische Bauweise erlaubt zudem, daß man, über der Straße und den Dächern schwebend, während der Fahrt die Aussicht genießen kann. Da ein Kabinentaxisystem so angelegt würde, daß Kreuzungen entfallen und durch die Computersteuerung Warteschlangen der einzelnen Kabinen vermieden werden, wäre das Kabinentaxi in den meisten Fällen des Stadtverkehrs wesentlich schneller als ein Pkw.

Erste Projektstudien für die Einführung des Kabinentaxis als Nahrverkehrsmittel wurden für die Städte *Freiburg* und *Hagen* erstellt. Bei der Erprobung auf den Versuchsanlagen in Hagen, Hamburg und Marl ergab sich, daß das Kabinentaxi eine echte Alternative zum Pkw darstellt, da es im erschlossenen Gebiet im Durchschnitt schneller als der Pkw auf autogerechten Stadtstraßen ist und etwa genauso schnell befördert wie eine U-Bahn mit einem sehr dicht verlaufenden Netz. Durch die Einführung des Kabinentaxis könnten in Großstädten voraussichtlich 50 % des Stadtverkehrs mit dem Kabinentaxi, 20 % mit Bus und Straßenbahn und der Rest mit dem Pkw abgewickelt werden.

Kabinentaxianlagen eignen sich übrigens auch zur Überbrückung von größeren (ringförmigen) Strecken, z. B. in großen Krankenhauskomplexen. Seit März 1976 wird in Schwalmstadt eine 600 m lange Strecke zwischen zwei Kliniken durch die erste kommerzielle Kabinentaxianlage überbrückt.

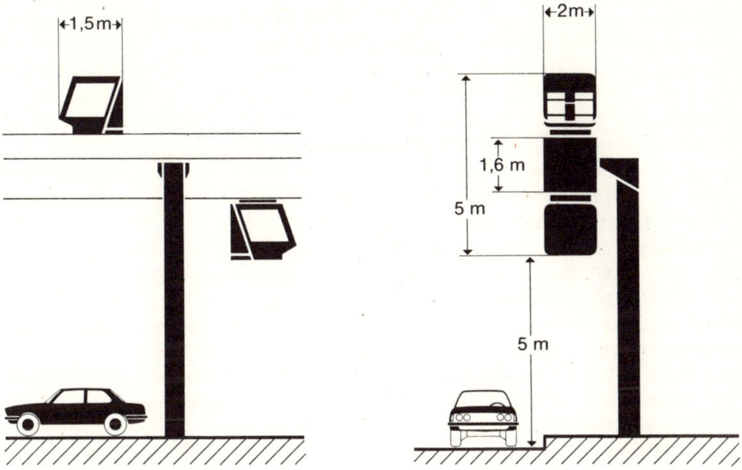

Abb. 1 Aufgeständerter Fahrweg des
Kleinkabinentaxis

Abb. 2 Projektierte Station in einem Kaufhaus

Benzin – Methanol statt Blei

Der in Kraftfahrzeugen vornehmlich benutzte Ottomotor stellt an Benzin bestimmte Anforderungen, die vor allem durch die Motorkonstruktion bedingt sind. So muß z. B. das Benzin mit der zur Verbrennung erforderlichen Luft ein möglichst homogenes, leicht zündbares Gemisch bilden können. Dieses Kraftstoff-Luft-Gemisch muß aber gleichzeitig möglichst schlechte Selbstentzündungseigenschaften, also eine hohe *Oktanzahl,* haben. Ist die Oktanzahl niedrig, so kann es vorkommen, daß sich das Kraftstoff-Luft-Gemisch vorzeitig entzündet und so zu Störungen des Motorablaufs führt („Klopfen"). Bisher verwendete man zur Erhöhung der Oktanzahl des Benzins fast ausschließlich das umweltfeindliche *Blei,* das in Form von Bleitetraäthyl oder -methyl dem Benzin in einer Konzentration zwischen 0,3 und 0,6 Gramm pro Liter zugesetzt wurde.

Wie eingehende wissenschaftliche Untersuchungen an der TH Aachen sowie Langzeittests (z.B. durch das VW-Werk und durch den ADAC-Pannendienst) zeigen, kann man zur Erzielung höherer Oktanzahlen statt des Bleibenzins *Methanol* als Kraftstoff verwenden. Diese Flüssigkeit (Methylalkohol mit der chemischen Formel CH_3OH) unterscheidet sich von den zur Zeit üblichen Kraftstoffen vor allem in folgenden Eigenschaften: Die Oktanzahl von Methanol liegt mit 130–140 wesentlich höher als die von Normal- oder Superbenzin. Die Verdampfungswärme von Methanol ist etwa 3mal so groß wie die von Benzin. Dies bedeutet, daß sich Methanol nicht so leicht verflüchtigt wie Benzin. Auch die Schmelztemperatur von Methanol ist niedriger als die von Benzin. Sie beträgt −98 °C, während die Schmelztemperatur von Benzin in der Größenordnung von −30 bis −50 °C liegt. Allerdings ist der Brennwert von Methanol nur etwa halb so groß wie der von Benzin (Benzin etwa 46000 kJ/kg; Methanol etwa 22000 kJ/kg). Dies bedeutet, daß der Tank eines Kraftfahrzeugs (bei gleichem Aktionsradius) bei Verwendung von reinem Methanol als Kraftstoff etwa doppelt so groß sein müßte wie bei einem benzinbetriebenen Motor. Der verringerte Brennwert von Methanol hat aber keine größeren Auswirkungen auf das Volumen des Motors, da wegen des verringerten Brennwertes auch die für die Verbrennung benötigte Luftmenge, verglichen mit dem üblichen Benzin, ebenfalls nur etwa halb so groß ist. Um einen Motor auf den Betrieb mit Methanol umzustellen, muß daher lediglich der Vergaser so umgestellt werden, daß einer bestimmten Menge an Verbrennungsluft die doppelte Kraftstoffmenge zugeführt werden kann.

Durch die erheblich höhere Oktanzahl des Methanols wird eine höhere Motorleistung und damit eine bessere Energieausbeute des Kraftstoffs ermöglicht. Da eine hohe Oktanzahl eine schlechte Selbstentzündungseigenschaft mitbringt, können in einem mit Methanol betriebenen Motor höhere Verdichtungen erreicht werden, weil in dem Kraftstoff-Luft-Gemisch trotz der höheren Drücke und Temperaturen keine Selbstentzündungen auftreten. Durch diese Erhöhung des Verdichtungsverhältnisses kann der Wirkungsgrad des Motors gesteigert werden und außerdem Methanol auch als Kraftstoff für Dieselmotoren verwendet werden.

Der große Vorteil bei Verwendung von Methanol als Motorkraftstoff liegt jedoch v.a. in dessen relativer Umweltfreundlichkeit: Der Ausstoß toxischen Bleis mit den Auspuffabgasen entfällt. Man muß dazu nicht einmal das gesamte Benzin durch Methanol ersetzen. Gemische von bleifreiem Benzin und Methanol können die Oktanzahlen von heute handelsüblichen Benzinen erreichen. Versuche ergaben, daß ein normales bleifreies Benzin mit einer Oktanzahl von 90–92 durch 20%igen Zusatz von Methanol auf die übliche Oktanzahl von 98–100 des verbleiten Superbenzins angehoben werden kann. Im übrigen emittiert ein Methanolmotor merklich weniger Kohlenmonoxid als ein Benzinmotor.

Leider kann Methanol heute noch nicht wirtschaftlich – etwa durch Kohlehydrierung bzw. -vergasung (s. S. 498) – hergestellt werden. (Eine Herstellung durch Vergären von Zuckerrohr wie in Brasilien ist in Europa nicht möglich.)

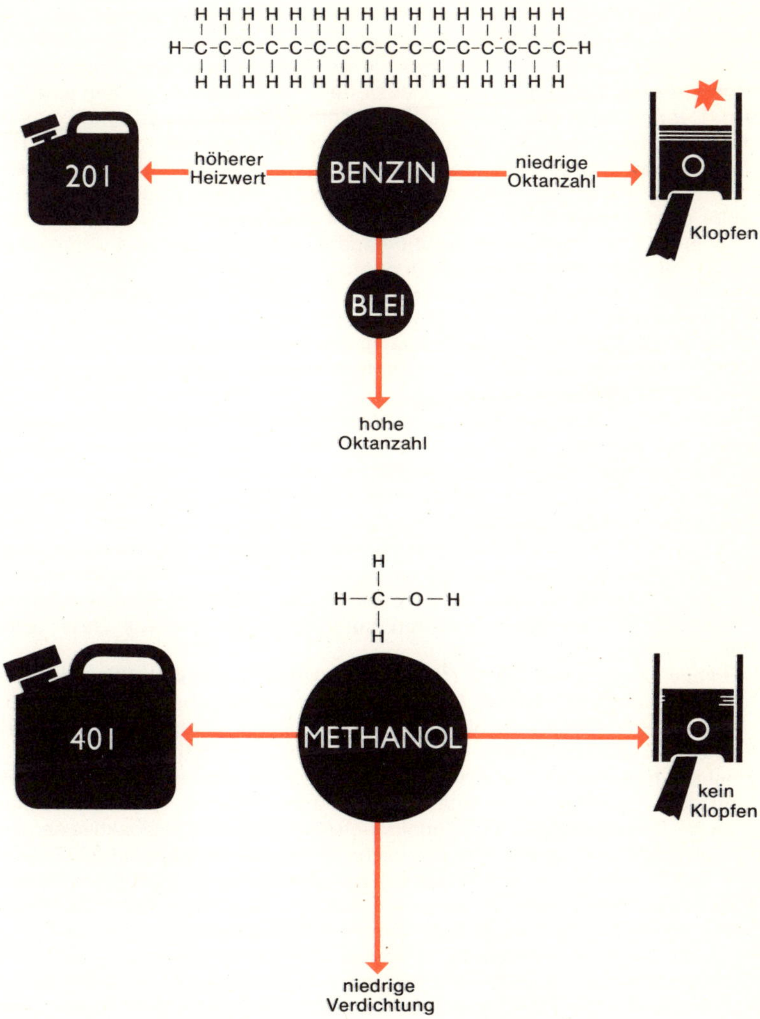

Abb. Vergleich der Eigenschaften von Benzin und Methanol

Luftverunreinigung – Aerosole

Verbrennungsprodukte aus Fahrzeugen, Industrie und privaten Heizungen stellen die bei weitem größte Quelle der Luftverschmutzung durch menschliche Tätigkeit dar. Von den in diesem Sinne in die Atmosphäre freigesetzten Substanzen wurden inzwischen weit über hundert als luftfremde Stoffe erkannt, wobei neben den *gasförmigen Luftverunreinigungen* (Kohlenoxide, Schwefel- und Stickstoffoxide, Ammoniak, Kohlenwasserstoffe, Chlor- und Fluorverbindungen) insbesondere feste und flüssige Schmutz- oder Schadstoffe in Form kleiner Teilchen eine Rolle spielen. Der Feststoffanteil der Schadstoffe enthält über 20 metallische Elemente. Der Anteil an organischen Verbindungen ist noch weitaus vielfältiger und setzt sich aus zahlreichen aliphatischen (überwiegend geradkettigen) und aromatischen (ringförmigen) Kohlenwasserstoffen und deren Derivaten (z.B. Carbonsäuren, Phenole) sowie vielen anderen Verbindungen zusammen. Zudem können durch Reaktionen von Schmutzstoffen untereinander, sobald sie an die Luft gelangen, neue Verbindungen entstehen (s. auch photochemischer Smog, S. 348).

Unter den Luftverunreinigungen bezeichnet man die aus festen und/oder flüssigen Teilchen bestehenden Schwebstoffe als *Aerosole*. Diese entstehen entweder durch *Kondensationsprozesse*, bei denen Molekülhaufen zusammentreten und größere Teilchen bilden (z. B. Wolkenbildung aus Flüssigkeitströpfchen), oder durch *Dispersionsprozesse*, bei denen grobes Material in feine Teilchen zerkleinert wird (z. B. Flugasche bei der Kohlenstaubverbrennung). Ein wichtiges Merkmal der Aerosole ist ihre *Teilchengröße*. Grober Staub und Schmutz, Flugasche und dgl., deren Partikel größer als 10 μm sind, sedimentieren in der Atmosphäre sehr bald auf Grund der Erdanziehungskraft. Die feineren Teilchen dagegen (Durchmesser unter ca. 5 μm) bilden in der Luft Suspensionen. Bei ihnen wird die Erdanziehungskraft durch die Brownsche Molekularbewegung (Wärmebewegung der Moleküle) überdeckt, da die aus der Brownschen Molekularbewegung resultierende Geschwindigkeit der Aerosole größer ist als ihre Sinkgeschwindigkeit. Dadurch können Aerosole durch Luftströmungen fast wie Gase verteilt werden.

Natürliche Aerosole wie Nebel (1–40 μm), Bakterien (1–15 μm), Pflanzensporen (10–30 μm), Pollen (20–60 μm) bewirken wegen ihrer geringen Konzentration gewöhnlich keine Luftverunreinigung; außerdem sind sie (von möglichen allergischen Reaktionen wie Heuschnupfen abgesehen) in medizinischer Hinsicht im allgemeinen harmlos. *Durch zivilisatorische Prozesse freigesetzte Aerosole* wie Zementstaub (10–150 μm), Flugasche (3–80 μm), Quarz- und Asbeststaub (0,5–10 μm), Ölrauch (0,03–1 μm), Tabakrauch (0,01–0,15 μm), radioaktive Aerosole (0,1–20 μm) können je nach Konzentration (in Dunstglocken bis zu 500000 Teilchen pro cm^3 Luft) zu erheblichen Luftverunreinigungen führen. Darüber hinaus können sie Schäden an lebenden Organismen verursachen. Besonders heimtückisch sind Aerosole, die auf Grund ihrer geringen Größe lungengängig sind (s. S. 340).

Wegen der vergrößerten Oberfläche können Aerosole besonders große Oberflächenkräfte aufweisen. Dadurch besitzen sie die Fähigkeit, *Gasmoleküle anzulagern*, was chemische Reaktionen der Aerosole mit den umgebenden Gasen begünstigt. Viele Stoffe, die sich im kompakten Zustand nur langsam mit Sauerstoff verbinden, oxidieren auf diese Weise sofort, wenn sie als feiner Staub in die Atmosphäre gelangen.

Schließlich können durch feste oder flüssige Teilchen, die in der Luft dispergiert sind, die Auswirkungen der Energieeinstrahlung durch die Sonne stark modifiziert werden. Feste oder flüssige Stoffe nehmen die Strahlung auf und geben die Wärme rasch an umliegende Gasmoleküle weiter, die ihrerseits völlig durchlässig für Strahlungsenergie sein können, so daß ohne die Aerosole keine Erwärmung eintreten würde. Durch ihre Wirkung als Kondensationskerne, an denen sich Wasserdampf niederschlagen kann, bewirken sie die Bildung von Dunst oder Nebel.

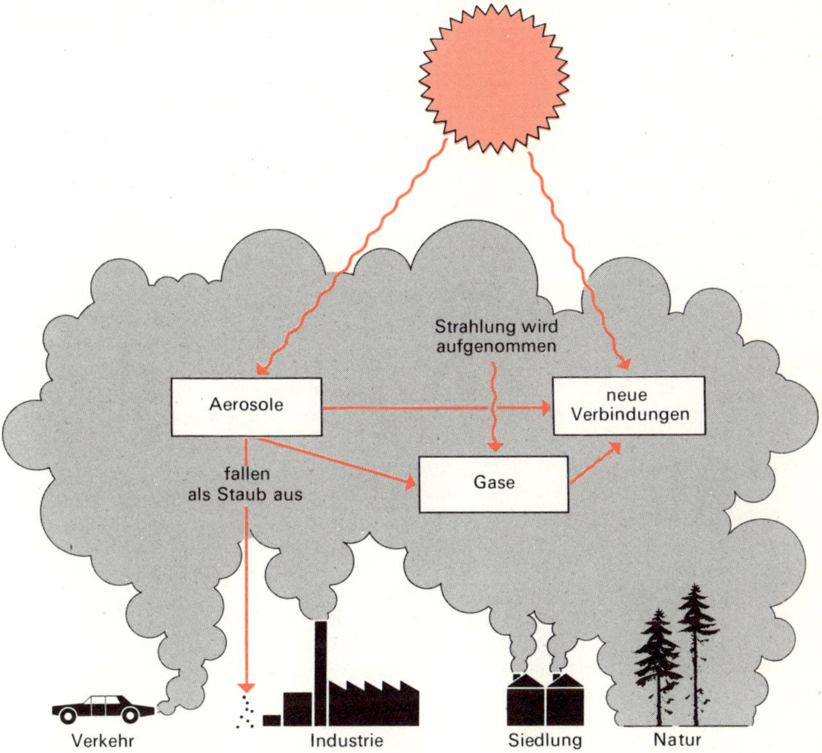

Abb. Luftverschmutzung

Gesundheitsschäden durch Staubemissionen

Staub entsteht vor allem bei Verbrennungsprozessen (Kraftwerke, Kraftfahrzeuge, Haushalt) und in speziellen Industriebetrieben (z. B. Zementfabriken). Unter medizinischen Gesichtspunkten kann man die Stäube in zwei Klassen einteilen: Grobstäube und Feinstäube. In den letzten Jahren und Jahrzehnten ist eine erhebliche Reduktion der Emission von *Grobstaub* (Partikeldurchmesser 10 bis 200 µm) dadurch gelungen, daß bei vielen Industrieanlagen Staubabscheider eingebaut wurden, die heute Wirkungsgrade bis zu 99% erreichen (s. S. 354). In der stahlerzeugenden Industrie konnte der Staubauswurf im letzten Jahrzehnt z. B. auf ein Viertel abgesenkt werden. Diese Reduktion betrifft jedoch in erster Linie den Grobstaub.

Grobstaub ist, medizinisch gesehen, ungefährlicher, da seine Staubpartikel so groß sind, daß sie nicht in die Lungenbläschen gelangen können. Das eigentliche medizinische Problem liegt beim *Feinstaub* (Partikelgrößen von 0,1–10 µm), der von den Filtereinrichtungen der menschlichen Atemwege nur unzureichend zurückgehalten wird. Er gelangt in die Lungenbläschen und kann sich dort für längere Zeit festsetzen. Erschwerend kommt hinzu, daß im Feinstaub häufig Gifte (z. B. das krebserzeugende 3,4-Benzpyren) oder als Katalysatoren wirkende Schwermetalloxide (z. B. Vanadiumverbindungen) enthalten sind. Diese Giftstoffe können dann direkt in den empfindlichen Lungenbläschen ihre Wirkung entfalten. Durch die katalysatorische Wirkung verschiedener Metalloxide kann außerdem das gasförmige Schwefeldioxid in das noch schädlichere Schwefeltrioxid umgewandelt werden, das seinerseits zusammen mit der Feuchtigkeit in den Lungenbläschen Schwefelsäure bildet. Je nachdem, aus welchem industriellen Prozeß die Feinstäube stammen, wurden bisher folgende „Gifte“ in ihnen nachgewiesen: Arsen, Beryllium, Cadmium, Blei, Selen, Thallium, Uran, Asbest, Chromverbindungen, Quecksilberverbindungen u. a. Der in diesem Zusammenhang zu nennende, aus Bleipartikeln bestehende Feinstaub der Autoabgase wurde inzwischen als Auswirkung des Benzinbleigesetzes erheblich verringert.

Eine großangelegte amerikanische Untersuchung aus den Jahren 1958 und 1959 (sog. *Nashville-Studie*) bestätigte den direkten Zusammenhang zwischen dem Feinstaubgehalt der Luft und der Sterblichkeits- bzw. Erkrankungsziffer der Bevölkerung. Hierbei wurden insgesamt 375 000 Einwohner untersucht und 25 000 Sterbefälle geprüft, die sich zwischen 1949 und 1956 ereignet hatten. Die Untersuchung lieferte als Ergebnis einen gesicherten Zusammenhang zwischen dem Schwebestaubgehalt der Luft und der Sterblichkeit an Speiseröhrenkrebs, Prostatakrebs und Blasenkrebs. Darüber hinaus war die Sterblichkeit bei allen Krebskrankheiten in den Gebieten mit hohem Staubgehalt signifikant höher als in den Gebieten mit mittlerer und niedriger Luftverunreinigung. Weiter zeigte sich, daß ebenfalls die Sterblichkeit an allen Erkrankungen der Atmungsorgane (insbesondere Grippe und Lungenentzündung) und die Zahl der Asthmaanfälle sowie die Sterblichkeit von Säuglingen in Gebieten mit erhöhter Luftverunreinigung stark erhöht waren. Insgesamt ergab sich, daß eine Erhöhung der Sterblichkeit in den Gebieten auftrat, die einen Schwebestaubgehalt der Luft von mehr als 80–100 µg pro Kubikmeter Luft (24-Stunden-Mittel) hatten (Abb.). Der gesetzliche Grenzwert beträgt demgegenüber heute 150 $\mu g/m^3$ (Langzeitwert) und 300 $\mu g/m^3$ (Kurzzeitwert) für Schwebestaub.

Genauere Untersuchungen über den zeitlichen Verlauf der Feinstaubkonzentration in der Luft wurden in den letzten Jahren im Ruhrgebiet durch das Medizinische Institut für Umwelthygiene an der Universität Düsseldorf durchgeführt. Danach hat sich die Feinstaubkonzentration in der Atemluft in den angegebenen Meßzeiträumen ebenfalls beträchtlich verringert (Abb.).

Abb. 1 Durchschnittliche jährliche Sterblichkeit infolge chronischer Erkrankungen der Atmungsorgane, in Abhängigkeit vom Schwebestaubgehalt der Luft (Männer zwischen 50 und 69 Jahren in Buffalo und Umgebung; nach Winkelstein).

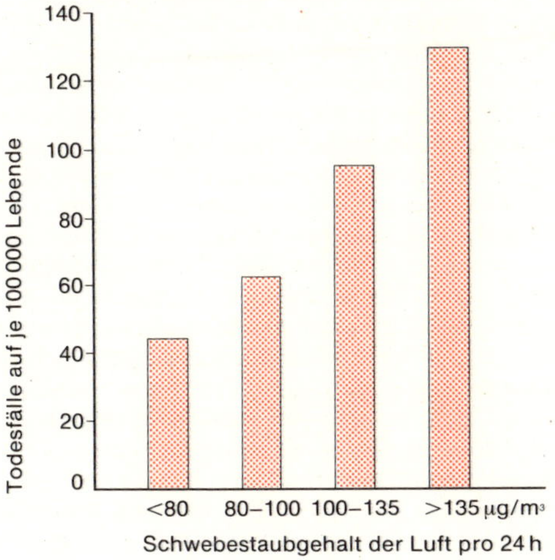

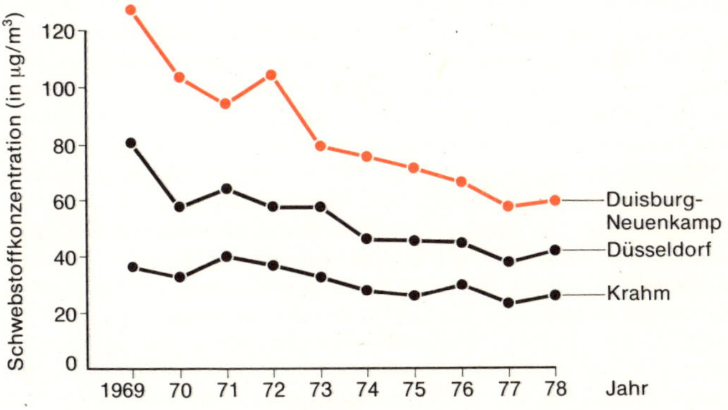

Abb. 2 Jahresmittelwerte der Schwebstoffkonzentration an drei Meßstellen (Meßzeitraum 1969–1978; nach Institut für Umwelthygiene der Universität Düsseldorf)

Luftverunreinigung – chemische Industrie

Chemische Reaktionen laufen oft unvollständig ab, so daß neben dem erwünschten Produkt Nebenprodukte auftreten, die von der chemischen Industrie früher aus Kostengründen oft an die Luft oder an das Abwasser abgegeben wurden. Das Spektrum der von der chemischen Industrie hergestellten Produkte ist außerordentlich reichhaltig: anorganische Substanzen wie Schwefel-, Salpeter-, Salz-, Fluß- und Phosphorsäure sowie deren Salze; organische Substanzen wie Kohlenwasserstoffe, Düngemittel, Pflanzenschutz- und Schädlingsbekämpfungsmittel, Kunststoffe, Chemiefasern, Farben und Lacke, pharmazeutische Erzeugnisse, Klebstoffe, Waschmittel, kosmetische Erzeugnisse, Putzmittel, Leder- und Textilhilfsmittel u. a. Die chemische Industrie ist in der Bundesrepublik Deutschland vor allem auf fünf Bundesländer konzentriert: Nordrhein-Westfalen (42,5 %), Hessen (13,7 %), Rheinland-Pfalz (12,7 %), Baden-Württemberg (10 %), Bayern (9,4 %).

Die hauptsächlichen *Emissionen,* die von Anlagen der chemischen Industrie ausgehen, sind: Gase und Dämpfe organisch-chemischer Verbindungen wie Kohlenwasserstoffe und ihre Halogenderivate, Aldehyde, Ketone, Carbonsäuren, Stickstoff- und Schwefelverbindungen (Amine, Merkaptane, Disulfide); Gase und Dämpfe anorganisch-chemischer Verbindungen wie Schwefelwasserstoff, Salzsäure, Fluorverbindungen, Phosphorwasserstoffe sowie (bis zu 80%) Schwefeldioxid, Kohlenmonoxid und Stickoxide; schließlich Asche, Flugstaub, toxische Stäube wie Fluoride, Carbide, Stäube von Eisenlegierungen, Arsen und Asbest.

Die Schwierigkeiten, diese Schadstoffe aus der chemischen Industrie zurückzuhalten, liegen in erster Linie auf folgenden Gebieten: Die chemische Industrie hat es z. T. mit äußerst geruchsintensiven Stoffen zu tun (z. B. Schwefelwasserstoff, Merkaptane). Der menschliche Geruchssinn nimmt diese Stoffe noch in größter Verdünnung wahr. So ist beispielsweise Thiophenol noch bei einer Verdünnung von 1 : 10 Milliarden über den Geruchssinn wahrnehmbar. Um diese Stoffe abzuscheiden, sind Reinigungsanlagen mit besonders hohen Wirkungsgraden erforderlich. Hinzu kommt, daß die chemischen Reaktionen in vielen Fällen unter hohem Druck ablaufen. Die Reaktionsapparate und Zubehörteile müssen deshalb aus Sicherheitsgründen mit Druckentlastungseinrichtungen *(Sicherheitsventile)* versehen werden. Bei einer Betriebsstörung, die in der chemischen Industrie häufig vorkommen kann, können die Schadstoffe an diesen Stellen in relativ großen Mengen austreten. Im Falle toxischer Stoffe wird jedoch heute dafür gesorgt, daß diese Emissionen über Sammelleitungen geeigneten Reinigungs- bzw. Filteranlagen zugeführt werden, wodurch ihr Austritt ins Freie vermieden wird. Wegen der Vielfalt der chemischen Schadstoffe und des raschen Wandels der chemischen Produktion ist die großtechnische Entwicklung von spezifischen Filtereinrichtungen allerdings nur schwer möglich. Um die unvermeidbaren Emissionen an Leitungsflanschen, Ventilen, Pumpen usw. zu minimieren, werden heute in der chemischen Industrie spezielle Leckagewartungen durchgeführt.

Insgesamt hat die Luftreinhaltetechnik in der chemischen Industrie gerade in den letzten zehn Jahren erhebliche Fortschritte zu verzeichnen. Die trotz stark angestiegener Produktion erzielten Emissionsminderungen beruhen hauptsächlich auf folgenden Maßnahmen: Verfahrensänderungen (z. B. Einsatz umweltfreundlicherer Ausgangs- und Zusatzstoffe), Änderungen an der Apparatur, Einbau von Reinigungsanlagen. Als Beispiel sei hier das neue Verfahren zur *Schwefelsäureherstellung* angeführt, bei dem der stark staubende Pyrit durch elementaren Schwefel als Ausgangsprodukt ersetzt und das Verfahren auf das Doppelkontaktverfahren umgestellt wurde. So konnte der Schwefeldioxidausstoß im Vergleich zu konventionellen Produktionsverfahren um ca. 80% herabgesetzt werden. Diese neue Technologie wurde nicht zuletzt auch deshalb eingeführt, weil sie wirtschaftlich (bessere Schwefelausbeute) interessant ist.

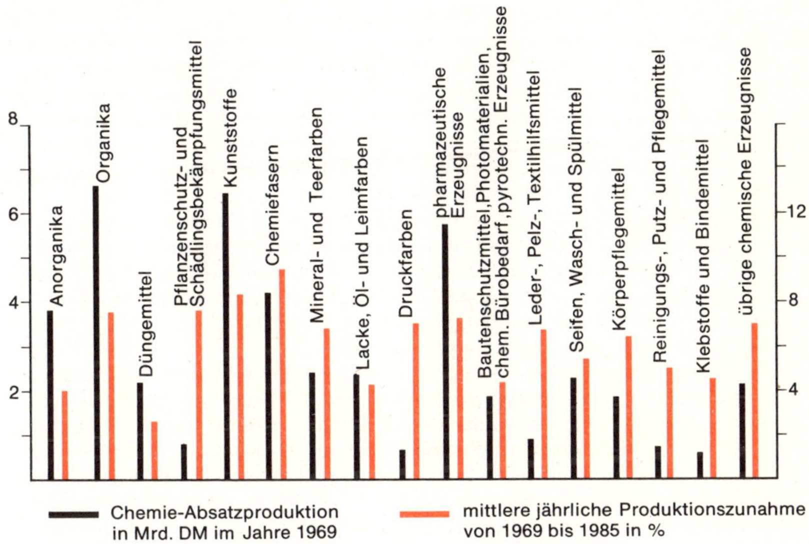

Abb. 1 Entwicklung der chemischen Industrie in der Bundesrepublik nach Produktionsbereichen

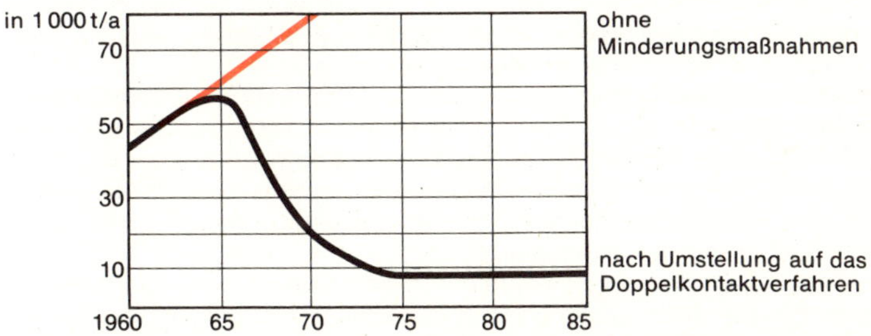

Abb. 2 Schwefeldioxidemissionen aus Schwefelsäurefabriken in der Bundesrepublik

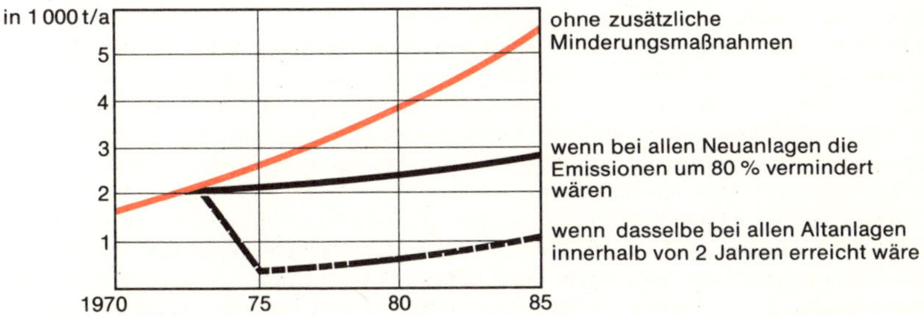

Abb. 3 Emissionen von vorwiegend organisch-chemischen Gasen und Dämpfen bei der Produktion von Pflanzenschutz- und Schädlingsbekämpfungsmitteln in der Bundesrepublik

Luftverunreinigung – Mineralölindustrie

Kennzeichnend für die Mineralölindustrie sind Emissionen von Kohlenwasserstoffen und anderen organischen Verbindungen sowie von Schwefeldioxid und Feinstaub. Die Raffinerien verarbeiten das aus den Erdölförderländern importierte Rohöl zu den verschiedenen Mineralölprodukten, vor allem zu Heizöl und Benzin. Das *Rohöl* wird bei diesem Raffinerieprozeß erhitzt und verdampft und dann bei unterschiedlichen Temperaturen wieder niedergeschlagen. Dabei werden die verschiedenen *Fraktionen* von ganz leichten Benzinen bis hin zum schweren Heizöl getrennt. Zurück bleibt bei diesem Prozeß das teerähnliche *Bitumen,* das ebenfalls weiterverarbeitet wird.

Um die Energie für die Verdampfung des Rohöls zu erzeugen, werden in den Raffinerien anfallende Heizgase und Heizöle verbrannt. Diese enthalten große Mengen Schwefel, der nach dem Verbrennen in Form von Schwefeldioxid (s. S. 386) an die Luft abgegeben wird. Außerdem enthalten die verbrannten Stoffe je nach Ursprungsort mehr oder weniger große Mengen an *Feinstauben* (s. S. 340), die ebenfalls mit den Rauchgasen emittiert werden.

Die zweite Hauptkomponente der Luftverunreinigung durch Raffinerien sind organische Stoffe, v. a. flüchtige *Kohlenwasserstoffe.* Diese organischen Gase und Dämpfe sind teilweise sehr geruchsintensiv und führen daher in der Umgebung von Raffinerien zu erheblichen Geruchsbelästigungen. Sie werden von den vielen über das ganze Werksgelände verteilten, nie völlig dichten Rohrleitungsflanschen, Ventilen, Dichtungen u. a. (Emissionsanteil 20–25%), von den Sicherheitsauslässen und Fackeln sowie von den Lagertanks, Abfüllvorrichtungen und Abwasserreinigungsanlagen emittiert. Wie Emissionskataster zeigen, liegt heute die Emission ungefähr bei dem in der „Technischen Anleitung zur Reinhaltung der Luft" (TA-Luft) von 1974 festgelegten Grenzwert von 0,04% des verarbeiteten Rohöls. Dies bedeutet, daß eine Raffinerie täglich 1,1 t Kohlenwasserstoffe pro Million Tonnen Jahresrohöldurchsatz an die Luft abgibt; das sind weniger als 1/10 der von der Mineralölwirtschaft ausgewiesenen Verarbeitungsverluste.

Die hauptsächlichen Emissionsquellen sind die Lagertanks und die Befüllung der Transportmittel. Die *Fackel* in ihrer Funktion als Sicherheitsventil, um bei bestimmten Betriebsbedingungen anfallende größere Gasmengen kontrolliert verbrennen zu können, ist durch moderne Techniken zur Fackelgasrückgewinnung und wegen der über 99% liegenden Verbrennung der Kohlenwasserstoffe in der Fackelflamme keine wesentliche Emissionsquelle mehr.

Die *Emission aus Lagertanks* wird heute durch eine Reihe technischer Maßnahmen begrenzt, die v. a. darin bestehen, daß über der Oberfläche der gelagerten Kohlenwasserstoffe (z. B. Benzin) jegliches Luftpolster vermieden wird, in das sie hineinverdampfen können und das beim Auffüllen der Lagertanks zusammen mit den aufgenommenen Kohlenwasserstoffdämpfen in die Umgebung verdrängt würde. Im Raffineriebetrieb ist es seit langem üblich, die leichtflüchtigen Kohlenwasserstoffe in Schwimmdachtanks zu lagern, bei denen auf der Flüssigkeitsoberfläche eine dichte, durch Pontons getragene Stahldecke schwimmt, die den Austritt von Kohlenwasserstoffen aus der Flüssigkeitsoberfläche unmöglich macht. Die Emission aus Festdachtanks läßt sich durch nachträglichen Einbau solcher Schwimmdecken um 90–95% reduzieren.

Auch durch die *Verladung der fertigen Produkte* gelangen Emissionen in die Umwelt. Bei jedem Umfüllen z. B. von Benzin in ein Verteilerlager oder in den Tank eines Motorfahrzeugs entweichen aus diesen Behältern mit der verdrängten Luft *Benzindämpfe,* die mengenmäßig bis zu 0,6% des umgeschlagenen Benzins betragen.

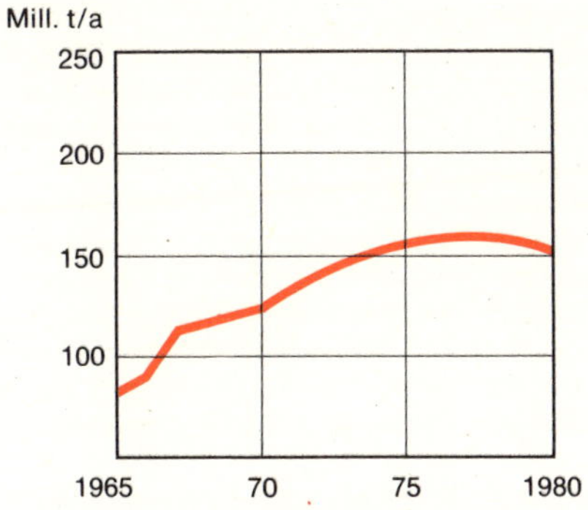

Abb. 1 Wachstum der Raffineriekapazität
in der BR Deutschland

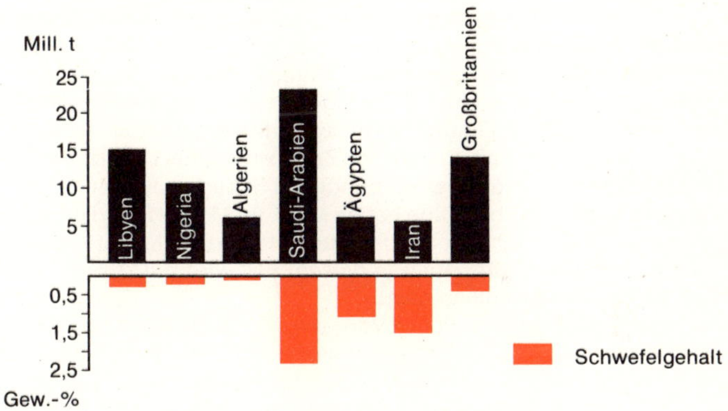

Abb. 2 Schwefelgehalt bei eingesetzten Rohölen

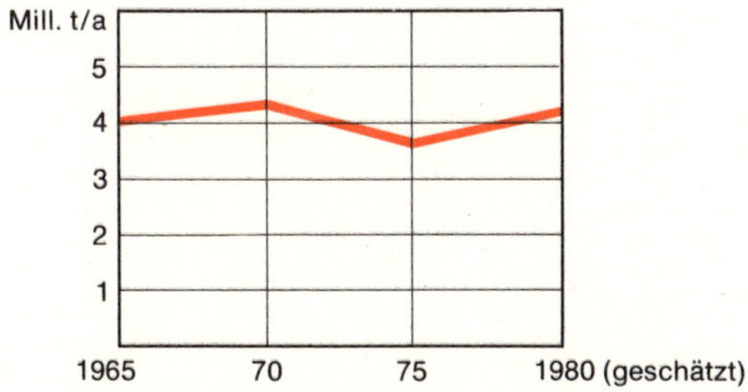

Abb. 3 Emissionsentwicklung von Schwefeldioxid
in der BR Deutschland
(nach Bundestagsdrucksache 8/2006)

Luftverunreinigung aus Spraydosen

Ein gutes Beispiel für schwere, irreversible Umweltschäden durch ein industrielles Produkt, das vorher als umweltneutral galt, ist das in zunehmendem Maße für unterschiedliche Zwecke verwendete Konsumgut „Spraydose". Spraydosen enthalten als Treibmittel unbrennbare Halogenderivate des Methans, nämlich *Chlorfluormethane* (CF_2Cl_2 und $CFCl_3$). Diese *Treibgase* werden beim Gebrauch der Spraydosen in die Luft freigesetzt. Bisher wußte man lediglich, daß diese Verbindungen so stabil sind, daß sie weder von Pflanzen noch vom Boden oder vom Wasser aufgenommen oder abgebaut werden. Man sah sie deshalb als harmlos an. 1974 jedoch entdeckten amerikanische Wissenschaftler der Universität von Michigan, daß durch Chlorfluormethane eine gravierende Umweltzerstörung bewirkt wird. Chlorfluormethane steigen nämlich in die Stratosphäre auf und zerstören den die Erde umgebenden Ozongürtel (s. S. 384), der einen großen Teil der lebensfeindlichen Ultraviolettstrahlung (UV-Licht) der Sonne mit Wellenlängen von 200 bis 300 nm abfängt und so Schädigungen von Lebewesen durch diese Strahlung auf der Erde verhindert.

Dieser Vorgang läuft folgendermaßen ab: Durch die starke ultraviolette Strahlung in der Stratosphäre werden die Chlorfluormethanmoleküle zersetzt. Dabei werden Chloratome freigesetzt, die auf katalytischem Wege Ozonmoleküle zerstören (s. Abb.). Da das Chloratom bei diesem Vorgang selbst nicht verändert wird, kann es so im Laufe der Zeit beliebig viele Ozonmoleküle spalten. Man nimmt an, daß heute schon rund 10^{31} Ozonmoleküle pro Sekunde auf diese Weise zerstört werden.

Die Abb. zeigt drei Ergebnisse dieser Untersuchungen. Im Modell 1 wird angenommen, daß der Gebrauch von Spraydosen und damit die Freisetzung von Chlorfluormethanen auch in Zukunft im gleichen Maße weiter ansteigen wird wie heute. Die in der Vergangenheit nur geringe Zerstörungsrate der Ozonschicht wird dann nach 1985 steil ansteigen, was empfindliche Schäden auf der Erdoberfläche (Vermehrung der Krebsrate) zur Folge haben kann. Im Modell 2 wird unterstellt, daß der Verbrauch bis 1980 weiter ansteigt und dann die Verbrauchsrate in der Zukunft auf dem Stand von 1980 bleibt. Auch in diesem Fall wird die Ozonschicht, wenn auch zeitlich verzögert, wesentlich gestört.

Ein entscheidendes Problem dieses Vorgangs ist in Modell 3 beschrieben: die *ökologische Zeitverzögerung.* Selbst wenn es gelänge, heute die Freisetzung von Chlorfluormethanen völlig zu unterbinden, würde die Zerstörung von Ozon durch die in der Vergangenheit freigesetzten Abgase noch bis zum Jahr 2000 ansteigen und erst dann wieder im Laufe von Jahrzehnten langsam absinken (s. auch „Verzögerungsfaktoren ...", S. 546).

Die dargestellten Ergebnisse sind unter optimistischen Annahmen entstanden. Die amerikanischen Wissenschaftler weisen darauf hin, daß die Realität noch wesentlich schlimmer aussehen könnte, da sie bei ihren Berechnungen pro Chlorfluormethanmolekül (CF_2Cl_2 und $CFCl_3$) nur die Freisetzung und katalytische Wirkung von je einem Chloratom berücksichtigt haben. Es ist jedoch sehr wahrscheinlich, daß pro Molekül alle vier Halogenatome (also auch die Fluoratome) die beschriebene Wirkung zeigen.

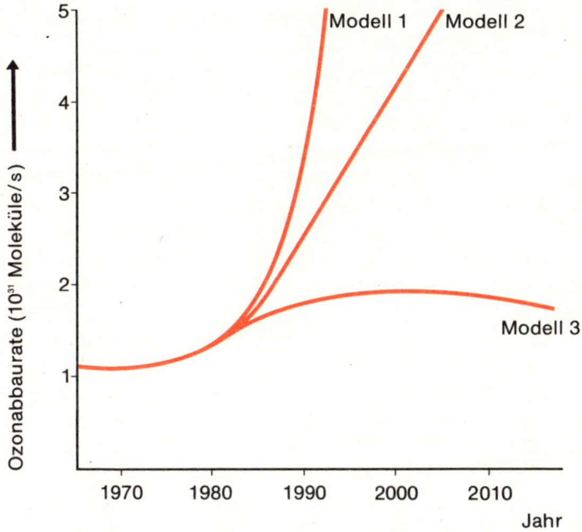

Abb. 1 Natürlicher Ozonabbau im Gleichgewicht mit der Ozonentstehung

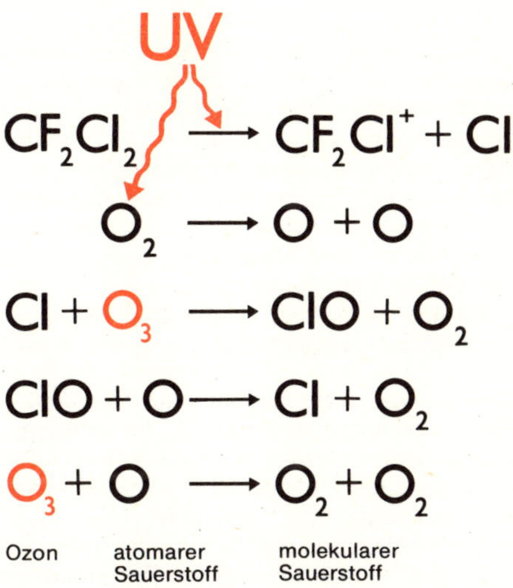

Abb. 2 Chemische Reaktionen der Ozonzerstörung

Photochemischer Smog (Sommersmog)

Photochemischer Smog wird durch atmosphärische Schadstoffe gebildet, die aus bereits vorhandenen Luftverunreinigungen unter dem Einfluß der Sonneneinstrahlung entstehen.

Die ersten Auswirkungen des photochemischen Smogs wurden vor etwa 30 Jahren in *Los Angeles* festgestellt, wo eine stark anwachsende Konzentration von Autoabgasen mit der ungünstigen meteorologischen Situation häufiger Inversionswetterlagen zusammentraf. Heute leben in Los Angeles in einem Siedlungsraum von etwa 4000 Quadratkilometern über 7,5 Millionen Menschen. Vom Pazifischen Ozean her weht dort ständig eine kühle Brise, die in 500–1000 m Höhe eine starke *atmosphärische Inversion* verursacht. Über diesen vom Ozean herangewehten kühlen Luftmassen lagern warme Luftschichten in der Höhe des umrandenden Gebirges. Dadurch wird ein vertikaler Luftaustausch verhindert; es bildet sich ein meteorologischer „Deckel". Alle Abgase, die in Los Angeles erzeugt werden, bleiben nun unterhalb dieser Sperrschicht und reichern sich dort an. Dies ist eine der Voraussetzungen für die Entstehung photochemischen Smogs. Hinzu kommt, daß an vielen Tagen im Jahr die Sonne im sonnigen Kalifornien durch den Deckel der Inversionsschicht hindurchscheint. Somit werden in dem abgeschlossenen Luftraum die vielfältigen Schadstoffe durch das Sonnenlicht verändert.

Obwohl man lange Zeit glaubte, daß diese Art von Smog spezifisch für Los Angeles sei und nur dort vorkomme *(Los-Angeles-Smog;* im Gegensatz zum London-Smog, s. S. 350), weiß man heute, daß photochemischer Smog auch in vielen anderen industriellen Ballungsräumen immer dann auftritt, wenn bestimmte chemische Schadstoffe in einem abgeschlossenen Luftraum durch Sonnenlicht bestrahlt werden. Photochemischer Smog wurde in den letzten Jahren u. a. in Ballungsräumen an der Ostküste der USA, in Südamerika, in Japan und in Europa registriert.

Photochemischer Smog zeigt sich als ein mehr oder weniger dichter *Dunst,* der über der Stadt liegt und die Sichtweiten durch Kontrastverminderung auf Grund von Streulichtwirkung begrenzt. Die Lichtstreuung wird durch die Aerosole (s. S. 338) verursacht, die als Folge der durch Lichteinwirkung induzierten chemischen Reaktionen während des Smoggeschehens entstehen.

Diese *photochemischen Reaktionen* sind sehr kompliziert und auch noch nicht vollständig analysiert. Ausgangsprodukte sind in erster Linie verschiedene Kohlenwasserstoffe, Schwefeldioxid und Stickoxide. So enthält allein das unverbrannte Normalbenzin über 200 verschiedene Kohlenwasserstoffe aus den Klassen der Aliphate, Olefine und Aromaten. Noch größer ist die Zahl der Kohlenwasserstoffe, die infolge unvollständiger Verbrennung mit den Autoabgasen ausgeschieden werden.

Der *erste Reaktionsschritt* ist die Bildung oxidierender Stoffe unter dem Einfluß der Photodissoziation. Die wichtigste Reaktion ist wahrscheinlich die Entstehung von *Ozon* (O_3): Stickstoffdioxid (NO_2) wird durch UV-Licht in Stickstoffmonoxid (NO) und atomaren Sauerstoff (O) zerlegt; letzterer reagiert mit molekularem Sauerstoff (O_2) zu Ozon (wegen der Rückreaktion $NO + O_3 \rightarrow NO_2 + O_2$ ergibt sich ein von der NO_2-Konzentration und der Strahlungsintensität abhängiges Gleichgewicht der Ozonbildung) oder mit vorhandenen Kohlenwasserstoffen zu reaktionsfreudigen *organischen Radikalen* und Hydroxylionen (OH^-), die ihrerseits u. a. mit NO_2 *Salpetersäure* (HNO_3) bilden. Ozon entsteht außerdem nach einer Photoionisation von Schwefeldioxid (SO_2), da die entstehenden $(SO_2)^+$-Ionen mit Sauerstoff reagieren und oxidiert werden:

$$(SO_2)^+ + O_2 \rightarrow (SO_4)^+,$$
$$(SO_4)^+ + O_2 \rightarrow (SO_3)^+ + O_3.$$

Eine Folgereaktion ist die Bildung von *Schwefelsäure* (H_2SO_4) durch Reaktion des gebildeten Schwefeltrioxids (SO_3) mit Wasser. Die aggressive Schwefelsäure liegt dann wie die Salpetersäure in Form von Aerosolen vor.

In der *zweiten Phase* der Photosmogbildung reagiert das Ozon als oxidierendes bzw. dehydrierendes Reagens mit vielen Ausgangsprodukten der Luftverschmutzung, wobei neue, oft sehr aggressive Schadstoffe entstehen, z. B. durch Reaktion mit Stickstoffdioxid Salpetersäure in folgenden Reaktionen:

$$2NO_2 + O_3 \rightarrow N_2O_5 + O_2,$$
$$N_2O_5 + H_2O \rightarrow 2HNO_3.$$

Durch die Einwirkung von Ozon und anderen Oxidanzien auf Kohlenwasserstoffe werden diese oxidiert, wobei *organische Radikale* entstehen. Man unterscheidet u. a. Alkyl-, Alkoxy-, Peroxy-, Acyl-, Formyl- und Peroxyacylradikale. Diese Radikale sind chemisch sehr aggressiv. Sie können entweder direkt als Schadstoffe auf den Menschen einwirken oder selbst wieder chemische Reaktionen mit anderen Substanzen eingehen, als deren Folge neue Schadstoffe entstehen können. Insgesamt schätzt man die Zahl der möglichen photochemischen Primär- und Sekundärreaktionen in diesem *Photosmog* auf mehrere hundert. In einer solchen Reaktion entsteht z. B. auch das Peroxyacetylnitrat (PAN), einer der schädlichsten Stoffe des Photosmogs, aus dem Peroxyacetylradikal und Stickstoffdioxid.

Die *medizinische Auswirkung* des photochemischen Smogs ist bedenklich. Es konnten zwar noch keine direkten Todesfälle nachgewiesen werden (wie beim London-Smog, s. S. 350); unbestritten ist jedoch inzwischen, daß vor allem *Lungenkrankheiten,* insbesondere *Bronchitis,* durch photochemischen Smog verursacht und verstärkt werden. Außerdem wird unter dem Einfluß photochemischen Smogs eine *Zunahme von allergischen Erkrankungen* wie Heuschnupfen registriert. Die aggressiven Substanzen des photochemischen Smogs wirken beim Menschen stark reizend auf die Schleimhäute, besonders auf die der Augen. Insgesamt werden das physische und psychische Wohlbefinden und die Vitalität der Menschen beeinträchtigt.

Schwere *Schäden* verursacht der photochemische Smog *bei organischen Materialien* wie Gummi, Leder, Textilien und Anstrichen. Das Ozon und andere Oxidanzien bleichen Farben aus und machen Autoreifen brüchig. Das Brüchigwerden der Autoreifen in Los Angeles war einer der ersten Schäden, die als Folge des Smogs registriert wurden.

In noch stärkerem Maße werden die *Pflanzen* durch photochemischen Smog *geschädigt.* Man kennt charakteristische Flecke und Verfärbungen an Pflanzen (z. B. Tabak, Spinat, Tomaten, Salat), die bereits bei Konzentrationen von wenigen Millionstel % einiger Oxidanzien und chemischer Radikale auftreten (s. S. 353). Bei den Pflanzen wird dadurch die Wasseraufnahme und Photosynthese (s. S. 200 ff.) stark gehemmt. Dies hat Ernteschäden, vor allem bei Weintrauben und Zitrusfrüchten, zur Folge. Durchschnittlich wird in versmogter Luft die Weinernte um 60% reduziert. Eine Schätzung im Jahr 1966 in den USA ergab, daß der gesamte durch den photochemischen Smog verursachte Schaden in der Größenordnung von 500 Millionen Dollar lag.

London-Smog (Wintersmog)

Das Wissen um den grundsätzlichen Zusammenhang zwischen Luftverunreinigung und gesundheitlichen Schäden ist bereits einige Jahrzehnte alt. Zum erstenmal wurden Ärzte, Wissenschaftler und Gesundheitsdienststellen auf dieses Problem aufmerksam, als sich 1930 im belgischen Maastal und 1948 in der Innenstadt von Donora in Pennsylvanien (USA) große Smogkatastrophen ereigneten, bei denen viele Menschen starben und bei denen auf Grund des zeitlichen Zusammenhangs zwischen Luftverschmutzung und gesundheitlichem Schaden die Ursachen der Erkrankungen und Todesfälle offensichtlich waren.

Eine größere öffentliche Aktivität zur Reduzierung der Luftverunreinigung wurde jedoch erst durch die *Smogfälle in London* ausgelöst. Vom 5.–9. Dezember 1952 waren viele Gegenden Großbritanniens von Nebel eingehüllt. Besonders stark betroffen war das breite Tal der Themse und v. a. London. Innerhalb von etwa 12 Stunden nach Eintritt des dichten Nebels, der wegen einer starken Inversionswetterlage alle Abgase der Stadt festhielt, begannen eine unwahrscheinlich hohe Zahl von Menschen in London an *Atembeschwerden* zu erkranken. Bald traten ungewöhnlich viele Todesfälle auf. Die *Erkrankungssymptome* waren Husten mit Auswurf und gesteigerter Nasensekretion, Halsschmerzen und plötzliches Erbrechen. Im allgemeinen begann die Erkrankung ganz unvermittelt. Viele der ernsteren Krankheitsfälle (hauptsächlich bei Personen, die schon vorher an chronischer Bronchitis, Asthma oder Lungenfibrose litten) traten erst am dritten oder vierten Nebeltag auf. Die Symptome der schwerer erkrankten Patienten waren Atemnot, Blausucht, Fieber, Rasselgeräusche beim Atmen und Bronchospasmus.

Eine spätere Auswertung der Sterbestatistiken ergab, daß in den 14 Tagen der Smogkatastrophe insgesamt rund 4000 Menschen mehr starben als sonst in diesem Zeitraum. Die Zahl der Todesfälle nahm dabei vom ersten Katastrophentag an signifikant zu; die Zunahme war in der Innenstadt von London höher als im äußeren Ring der City. Weitere 4000 Menschen starben in den darauffolgenden Wochen und Monaten. Betroffen waren alle Altersgruppen, am stärksten jedoch Personen über 45 Jahre und Säuglinge bis zu 1 Jahr. In der Altersgruppe von 1–14 Jahre war die Sterblichkeit während der Smogkatastrophe im Vergleich zu vorher 1,3mal, bei der Altersgruppe über 45 Jahre 2,8mal und bei den Säuglingen 2,2mal höher. Über die einzelnen Todesursachen gibt die Tabelle (s. Abb.) Auskunft.

Die *Konzentration an Schwefeldioxid* betrug während der Smogkatastrophe im Durchschnitt 0,7 ppm, sie war also etwa 6mal so hoch wie in normalen Zeiten. Die *Rauchkonzentrationen* lagen etwa 5mal höher als normal. Zur damaligen Zeit nahm man noch an, daß diese Werte medizinisch unbedenklich seien.

In der Folge ereigneten sich weitere Smogzwischenfälle in London: 3.–6. Januar 1956 (1000 Todesopfer); 2.–5. Dezember 1957 (800 Todesopfer); 5.–10. Dezember 1962 (700 Todesopfer); 7.–22. Januar 1963 (700 Todesopfer). Erst nach diesen weiteren Katastrophen, bei denen noch Tausende von Menschen sterben mußten, wurde die Luftverunreinigung über London durch intensive Gegenmaßnahmen so stark eingedämmt, daß heute die Gefahr großer Smogkatastrophen in London gebannt zu sein scheint. Durch eine Änderung der Heizungstechnik und durch Verwendung raucharmer Brennstoffe konnte in London in den letzten Jahren die Sonnenscheindauer im Winter um 70 % gesteigert werden.

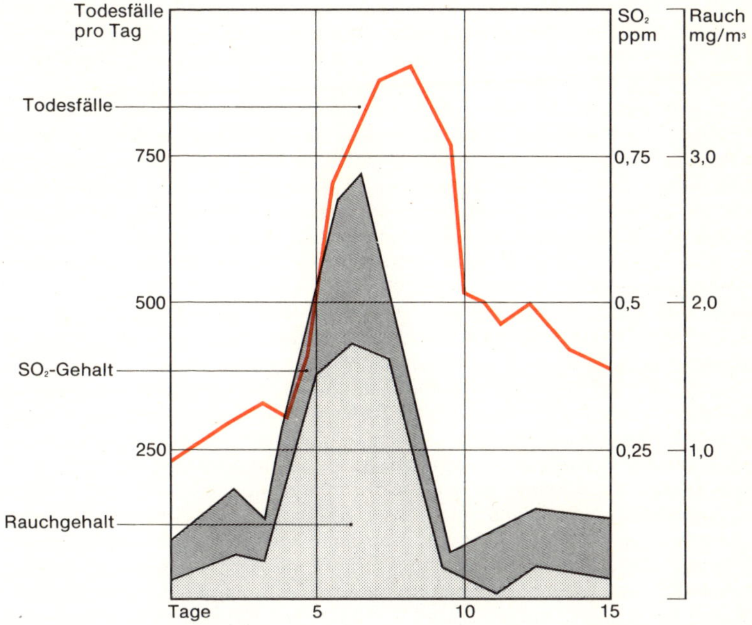

Abb. 1 Die Todesrate der Bevölkerung in Abhängigkeit vom Rauch und SO_2-Gehalt der Luft von London während der „Smogkatastrophe" im Dezember 1952 (modifiziert nach Bättig)

Abb. 2 Smog in der Stadt

Luftverunreinigung – Smogalarmpläne

In der Bundesrepublik Deutschland gibt es heute in einigen der besonders durch Luftverschmutzung gefährdeten industriellen Ballungsräume sog. *Smogalarmpläne.* Diese sollen den Auswirkungen smogähnlicher Erscheinungen begegnen, die durch Anreicherung gesundheitsschädlicher Stoffe in der Luft bei länger anhaltenden, austauscharmen Wetterlagen entstehen können. Die ersten Smogalarmpläne entstanden im Ruhrgebiet, im Ballungsraum Rhein-Neckar und im Raffineriezentrum Ingolstadt an der Donau.

Das Ministerium für Arbeit, Gesundheit und Sozialordnung vermeldet das Vorliegen einer austauscharmen Wetterlage unter Angabe der Alarmstufe für das Smoggebiet, sobald an mindestens der Hälfte aller Meßstellen, die im Bereich dieses Gebiets und des unmittelbar angrenzenden Smoggebiets eines anderen Bundeslandes eingerichtet sind, die im folgenden genannten Schadstoffkonzentrationen während eines Zeitraums von 3 Stunden ermittelt werden und nach Mitteilung des Deutschen Wetterdienstes nicht auszuschließen ist, daß die austauscharme Wetterlage länger als 24 Stunden anhält.

Nach der Smogverordnung von Rheinland-Pfalz gelten z. B. für den Raum Ludwigshafen für Smogalarm folgende Schadstoffkonzentrationen in der Luft als Basiswerte: Schwefeldioxid 0,4 mg/m^3, Kohlenmonoxid 15 mg/m^3, Stickstoffdioxid 0,3 mg/m^3, Kohlenwasserstoffe (ohne Methan) 2,5 mg/m^3. Bei Überschreitung des zweifachen Basiswertes wird durch die Behörden die *Smogalarmstufe 1* (Vorwarnstufe), bei Überschreitung des vierfachen Basiswertes die *Smogalarmstufe 2* (Verkehrsverbot für private Kraftfahrzeuge zu bestimmten Zeiten; zu Emissionen führende Wartungsarbeiten an Produktionsanlagen können untersagt werden) und bei Überschreitung des sechsfachen Basiswertes die *Smogalarmstufe 3* (Verkehrsverbot ohne zeitliche Begrenzung; Betreiben von Produktionsanlagen nur zu bestimmten Zeiten; keine zu Emissionen führende Reparaturarbeiten an Produktionsanlagen; Leistungsbeschränkung für einzelne Anlagen) bekanntgegeben.

Während der Alarmstufen 2 und 3 dürfen bei Feuerungsanlagen mit einer Feuerungswärmeleistung von über 4 Milliarden Joule pro Stunde und bei solchen ohne Rauchgasentschwefelung nur spezielle schwefelarme Brennstoffe eingesetzt werden. Sobald an allen Meßstellen im Bereich des Smoggebiets die Voraussetzungen für die einzelnen Alarmstufen (während 12 Stunden für Stufe 3 und während 24 Stunden für die Stufen 2 und 1) nicht mehr gegeben sind, gibt die Behörde das Ende des Smogalarms bekannt.

Obwohl die Smogalarmpläne dazu da sein sollen, die Bevölkerung vor den akuten Folgen der Luftverunreinigung zu schützen, können sie diese Aufgabe praktisch kaum erfüllen. Dies hat mehrere Ursachen. Die wichtigste davon ist, daß die Grenzwerte, bei denen der Smogalarm ausgelöst wird, wesentlich zu hoch angesetzt sind und medizinische Erkenntnisse dabei nicht berücksichtigt sind. So weiß man heute, daß z. B. Säuglinge und Kleinkinder bereits bei einer Schwefeldioxidkonzentration von über 0,16 mg SO_2 pro m^3 Luft akut gefährdet sind (s. auch S. 386) und bei einer solchen von mehr als 0,5 mg SO_3 pro m^3 Luft sich das Befinden von Bronchitiskranken bereits nach einer Stunde verschlechtern kann.

Ein zweiter kritischer Punkt der Regelung ist die Tatsache, daß Smogalarm erst dann ausgelöst wird, wenn die durchschnittlichen Meßwerte mindestens bei der Hälfte der Meßstationen die Grenzwerte überschreiten. Dadurch können in einzelnen Stadtteilen, die in der Hauptwindrichtung der Emittenten liegen, noch wesentlich höhere Konzentrationen als die in den Warnkriterien festgelegten zulässigen Werte auftreten.

Pflanzenschäden durch Luftverunreinigungen

Unter den Schadstoffen, die Pflanzenschäden und damit Schäden in der Land- und Forstwirtschaft verursachen können, spielen Schwefeldioxid und Fluorverbindungen eine besondere Rolle.

Die bisher am besten untersuchte Substanz ist *Schwefeldioxid* (s. auch S. 386). Dieses Gas, das vor allem bei Verbrennungsprozessen freigesetzt wird, dringt durch die Spaltöffnungen in die Blätter der Pflanzen ein, verbindet sich dort mit Wasser zu schwefliger Säure und führt dadurch zu lokalen Vergiftungen. Die einzelnen Pflanzenarten reagieren unterhalb einer bestimmten Höchstkonzentration von Schwefeldioxid, die bei allen zum Absterben der pflanzlichen Zellen führt, recht unterschiedlich. Dies beruht vermutlich in erster Linie auf der unterschiedlichen Geschwindigkeit, mit der Schwefeldioxid durch die Blätter aufgenommen wird. Pflanzen mit saftigen Blättern und hoher physiologischer Aktivität (z. B. Getreide, Luzerne, Baumwolle, Weinreben) sind im allgemeinen empfindlicher, da in ihnen das Schwefeldioxid schneller transportiert wird und damit seine giftige Wirkung schneller entfalten kann. Pflanzen mit fleischigen oder derben Blättern sind demgegenüber mehr oder weniger widerstandsfähig. Doch auch bei diesen wurden in der Praxis bereits große Schäden registriert. An vielen Stellen des Ruhrgebietes sind die Nadelbäume durch die Einwirkung von Schwefeldioxid bereits abgestorben. Unempfindlicher gegen Schwefeldioxid sind solche Pflanzen, die ihre Spaltöffnungen längere Zeit geschlossen halten können (z. B. Kirschlorbeer).

In geringerer Konzentration beeinträchtigt Schwefeldioxid die Photosynthese (s. S. 200 ff.) und die Atmung der Pflanzen. Bei höherer Konzentration sterben die Pflanzenzellen ab. Eine Beeinträchtigung der Photosyntheserate tritt auch auf, wenn Schwefeldioxidkonzentrationen, die normalerweise zu Blattschädigungen führen würden, nur wenige Stunden einwirken. Die Pflanze kann sich in solchen Fällen nach zeitweiligem Absinken der Assimilationsleistung wieder erholen.

Die *sichtbaren Schäden* durch Schwefeldioxideinwirkung sind bei den einzelnen Pflanzen unterschiedlich. Einkeimblättrige Pflanzen zeigen eine leichte Fleckung der Blattspitzen bis hin zu einer völligen Ausbleichung der Blätter. Bei zweikeimblättrigen Pflanzen treten scharf begrenzte Flecken auf, die rot, braun oder gelblich werden und dann eintrocknen. Die Blätter rollen sich ein und fallen ab. Mikroskopisch läßt sich eine Störung der Plasmaströmung und oft Plasmolyse beobachten. Durch die Zerstörung des Chlorophylls und der Gerbstoffe werden Farbveränderungen hervorgerufen.

Die Konzentration, in der Schwefeldioxid für Pflanzen giftig wirkt, hängt stark vom Vorhandensein des Schadstoffs *Fluorwasserstoff* ab. Konzentrationen von 0,3–0,5 mg Schwefeldioxid pro m^3 Luft, die von Pflanzen normalerweise unter optimalen Standortbedingungen sehr lange ohne jegliche Schädigung hingenommen werden, führen zu irreversiblen Schädigungen der Pflanze, sobald auch nur Spuren von Fluorwasserstoff in der Luft vorhanden sind.

Unter den stark pflanzenschädigenden *gasförmigen Fluorverbindungen* sind Fluorwasserstoff und Siliciumtetrafluorid bereits in Konzentrationen von 0,0001 ppm giftig. Hinzu kommt, daß sich Fluoride auf der Innen- und Außenseite der Blätter anreichern können und so Konzentrationen von mehr als 30–50 ppm erreichen können. Hohe Fluoridkonzentrationen verursachen bei kurzer Einwirkungsdauer von etwa 1 Stunde Schäden, die denen durch Schwefeldioxid gleichen. Geringere Konzentrationen führen bei längerer Einwirkungsdauer von Wochen bis Monaten zum Absterben der Blattspitzen und Blattränder und zur Ausbildung kleinerer Blätter und Sprößlinge. Im Gegensatz zu den meist grauen oder ausgebleicht erscheinenden Flecken bei Schwefeldioxidschäden sind die abgestorbenen Teile der durch Fluorabgase geschädigten Blätter braun.

Luftreinhaltung – der Elektroentstauber

Die Reinhaltung der Luft und die Entfernung von Stäuben (Feststoffpartikelchen) aus Gasströmen sowie die Rückgewinnung wertvoller Rohstoffe, vor allem aus Feinstäuben, ist oft nur durch den Einsatz eines Elektroentstaubers möglich. Bauart, Größe und Leistung eines solchen Entstaubers sind weitgehend von den vorgegebenen Betriebsbedingungen abhängig; sie richten sich außer nach der Gasmenge vor allem nach Gastemperatur, Taupunkt, Rohgasstaubgehalt sowie nach den physikalischen und chemischen Eigenschaften des Staubs und des Trägergases. Elektroentstauber sind praktisch für jeden gewünschten Abscheidegrad und jede Staubkörnung einsetzbar. Sie wurden in nahezu allen stauberzeugenden Anlagen von Industriezweigen wie Bergbau, chemische Industrie, Hüttenwerke, Gießereien, Kraftwerke, Müllverbrennungsanlagen verwendet.

Nach der Art der Entstauberabreinigung (Abklopfen, Durchspülung) unterscheidet man *Trocken-* und *Naßelektroentstauber,* die sich jedoch in der Konstruktion und in ihrer Arbeitsweise nicht wesentlich voneinander unterscheiden:

Die zu entstaubende Luft wird zwischen Elektroden mit großer Potentialdifferenz (50 kV) hindurchgeführt. Die negative Elektrode (Sprüh- oder Ausströmelektrode) mit kleinem Krümmungsradius kann z. B. aus Draht hergestellt sein, während die positive Elektrode (Niederschlagselektrode) aus einem Blech als Platte oder als Rohr mit großem Krümmungsradius gefertigt ist. In der Umgebung der Negativelektrode bildet sich ein Sprühfeld aus. Elektronen wandern von dort zu der als Anode wirkenden Niederschlagselektrode. Auf diesem Weg treffen die Elektronen auf Gasatome, aus denen sie jeweils ein Elektron herausschlagen. Dieser Vorgang entwickelt sich durch die dabei neu entstehenden Elektronen rasch im Sinne einer Kettenreaktion weiter. Auf Grund dieser Kettenreaktion bewegt sich ständig eine Elektronenlawine zur Niederschlagselektrode. Dabei lagern sich sowohl die negativen Elektronen als auch die positiven Gasionen an die einzelnen Staubteilchen an und laden sie auf. Die negativ aufgeladenen Teilchen wandern unter dem Einfluß des elektrischen Feldes zur Niederschlagselektrode, während die positiv geladenen Teilchen zur Sprühelektrode gelangen. An beiden Elektroden lagert sich Staub an, der von dort entfernt werden muß. Durch Abklopfen oder Durchspülen wird die Staubschicht von der Niederschlagsplatte abgelöst. In Form von Fladen oder Staubwolken fällt der abgeschiedene Staub in den unterhalb des elektrischen Feldes angeordneten Staubsammelraum. Auch die Sprühelektroden werden durch Abklopfen oder Durchspülen gereinigt. Die für die gute Abscheidung erforderlichen hohen Spannungen werden in einem netzgespeisten Hochspannungsaggregat erzeugt, gleichgerichtet und dann den Elektroden zugeführt.

Der allgemeine Einsatz von Entstaubern im Industriebereich trägt wesentlich zur Verbesserung der Immissionssituation bei. Man darf davon ausgehen, daß trotz steigender Industrialisierung die Staubemission erheblich zurückgehen würde, wenn alle Altanlagen mit Entstaubern ausgerüstet würden.

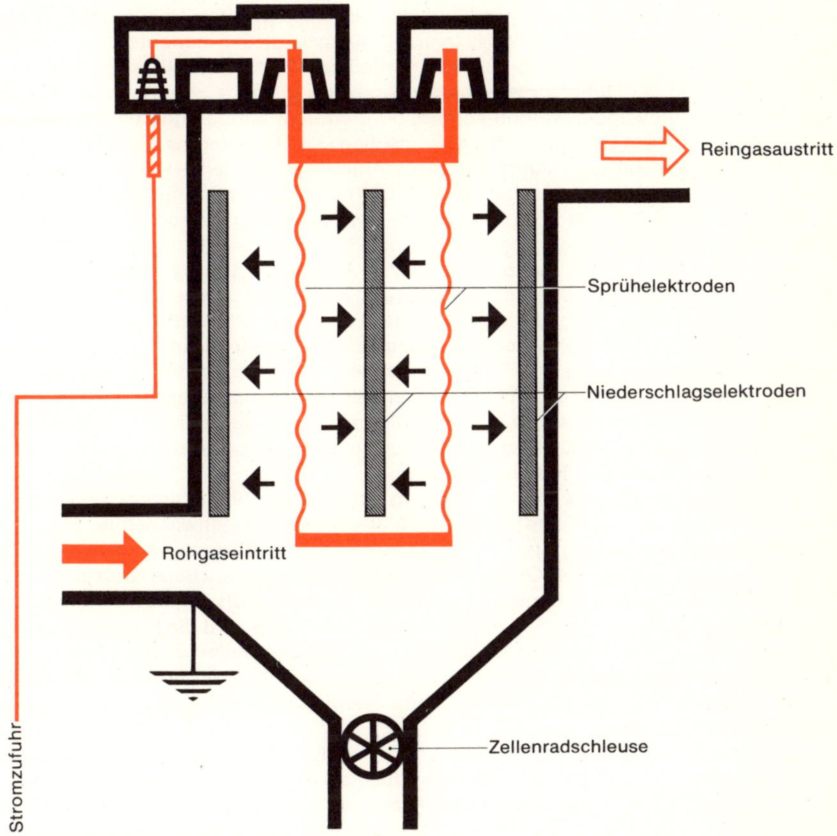

Abb. Der Elektroentstauber im Schema
Quelle: Büttner-Schilde-Haas AG

Wasserverschmutzung – der Bodensee

Etwa 3 Mill. Menschen v.a. des Großraums Stuttgart beziehen ihr Trinkwasser aus dem *Bodensee.* Dies sind etwa 1/3 der gesamten Bevölkerung des Bundeslandes Baden-Württemberg. Stündlich werden bis zu 30000 m^3 Wasser aus dem See gepumpt und über Fernleitungen ins Neckargebiet geleitet. Seit Jahren jedoch bedrohte eine zunehmende Wasserverschmutzung diesen bedeutendsten Trinkwassersee Mitteleuropas (jährlicher Durchfluß ca. 12000000 m^3 Wasser). Während noch vor wenigen Jahrzehnten das Bodenseewasser ohne jede Aufbereitung als Trinkwasser verwendet werden konnte, befürchteten Limnologen bis vor kurzem für die Zukunft ein Umkippen des biologischen Gleichgewichtes des Sees.

Anfangs der siebziger Jahre wurden jährlich dem Bodensee durch Industrie, Besiedelung und Landwirtschaft etwa 36000 t organische Schmutzstoffe, 18000 t Stickstoff und 1000 t Phosphor zugeführt. Der *Phosphatgehalt* des Bodenseewassers stieg von 2 mg Phosphat pro m^3 im Jahr 1935 auf etwa 80 mg Phosphat/m^3 im Jahr 1975; er ist aber seit neuerem wieder im Abnehmen. Dieses Phosphat stammt zu etwa 70% aus häuslichen Abwässern (u.a. Waschmittel), aber auch zu ca. 10% aus der Auswaschung von Phosphatdüngern der Landwirtschaft. Durch die starke Zunahme der Phosphate im Bodensee kam es immer mehr zu einer *Eutrophierung:* Durch die Überdüngung mit Phosphat können mehr Pflanzen und Tiere als zuvor ernährt werden, wodurch sich besonders das Algenwachstum explosionsartig steigerte. Es gibt heute etwa 20mal mehr Algen im Bodensee als noch vor 20 Jahren. Dadurch nimmt auch das tierische Plankton zu, was optisch an einer zunehmenden Trübung des Wassers erkennbar ist.

Schwerwiegender noch ist die *Störung des Sauerstoffhaushaltes* des Wassers. Während es an der Oberfläche durch vermehrtes Algenwachstum zu einer Übersättigung an Sauerstoff kommen kann, wird in der Tiefe durch die bakterielle Zersetzung abgestorbener Organismen dem Wasser verstärkt Sauerstoff entzogen. Besonders im flachen Untersee ist im Herbst der Sauerstoff am Grund weitgehend aufgezehrt. Durch diesen Sauerstoffmangel in der Tiefe wird die Entwicklung von Fischeiern gestört. Insgesamt verarmte mit zunehmender Eutrophierung der Bestand an Fischen in der Tiefe des Sees, während in der Uferregion die Bestände (Barsche und Weißfische, nicht dagegen Seeforellen, Hechte und Zander) stark zugenommen haben.

Ebenfalls beträchtlich ist die Verschmutzung des Bodensees durch die Motoren der Sportboote, durch die jährlich etwa 20000 bis 30000 kg Öl in den See gelangen. Diese *Mineralölverbindungen* werden im See nur sehr langsam abgebaut. Man hat festgestellt, daß durch das Öl schmutzfressende Bakterienkolonien vernichtet werden und daß das Öl im Gewebe von Fischen angereichert wird. Heute ist bereits jeder Quadratmeter des Seebodens mit durchschnittlich einem Gramm Öl verschmutzt. Insgesamt haben sich nach einer Schätzung bereits rund 600 t Mineralöl auf dem Grund des Bodensees abgelagert.

Im Jahr 1967 wurden von der Bodensee-Kommission, einer 1959 von den Anliegerstaaten gegründeten Gewässerschutzkommission, „Richtlinien für die Reinhaltung des Bodensees" aufgestellt, in denen folgende Forderungen erhoben werden: 1. Erfassung möglichst großer Anteile der anfallenden Abwässer durch den Bau moderner Kanilisationsnetze unter Einbeziehung von Regenrückhaltebecken, um auch einen möglichst großen Teil des verschmutzten Regenwassers reinigen zu können; 2. Bildung von Abwasserverbänden zur Errichtung zentraler Klärwerke mit chemischer Reinigungsstufe; 3. umfassender Anschluß aller gewerblichen und industriellen Abwässer an die zentralen Klärwerke; 4. weitestgehende Phosphatbeseitigung. – Bis 1980 waren 85% der Bevölkerung des Einzugsgebiets an Klärwerke mit Phosphatentfernung angeschlossen. Es besteht heute die berechtigte Hoffnung, daß es gelingen wird, das biologische Gleichgewicht im Bodensee wiederherzustellen.

Abb. 1 Einbringung von Schadstoffen in den Bodensee

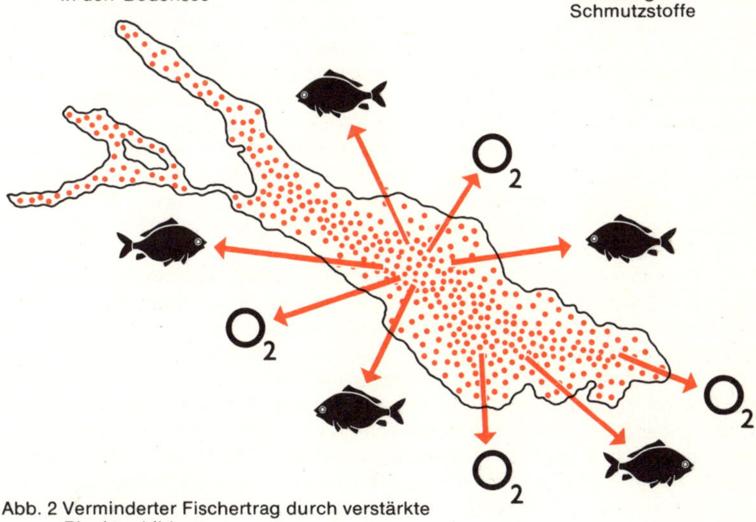

Abb. 2 Verminderter Fischertrag durch verstärkte Planktonbildung

Wasserverschmutzung – der Rhein

Mit der Länge von über 1300 km, einer mittleren Wasserführung von über 200 Millionen m^3 pro Tag und einem Einzugsgebiet von etwa 225000 km^2, in dem 36 Millionen Menschen leben, ist der *Rhein* Westeuropas wichtigster Fluß. Auf Grund der Verkehrsgunst wurden die Ufer des Rheins schon früh mit Industrieanlagen bebaut, so daß heute manche Uferstrecken Industrielandschaften darstellen. Die Abwässer der am Rhein und seinem Einzugsgebiet liegenden Industrien und Siedlungen (es leben hier 36% aller Arbeitskräfte der Bundesrepublik Deutschland) belasten heute das ökologische Gleichgewicht des Rheinwassers so stark, daß der Rhein zu Beginn der 70er Jahre zu den schmutzigsten Flüssen der Erde gehörte. Durch die Einleitung von Abwässern transportierte der Rhein 1980 täglich 1500 t organische Schmutzstoffe, 35000 t Chloride, 15000 t Sulfate, 3700 t Nitrate, 440 t Gesamtphosphate und viele andere Stoffe, v.a. Chemikalien, Schwermetalle, Säuren, Laugen, Öle und Pestizide, über die niederländische Grenze und weiter in die Nordsee.

Diese *Belastung des Rheins* ist besonders deswegen so prekär, weil das Rheinwasser vielerorts zu Trink- und Brauchwasser (auch zur Bewässerung von Kulturland) aufbereitet wird. Von der Quelle bis zur Mündung werden heute pro Tag für 20 Millionen Menschen rund 5 Millionen m^3 *Trinkwasser* aus dem Rhein bzw. aus dem Uferfiltrat entnommen. Die Niederlande beziehen 3/4 ihres Brauchwassers (darunter 1/3 des Trinkwassers) aus dem Rhein, wobei der Salzgehalt des Brauchwassers in Abhängigkeit von der täglichen Produktion der französischen Kaliminen im Elsaß starken Schwankungen unterliegt. Die Niederlande drängen daher auf eine Verringerung dieser eingeleiteten Salzmengen, da ihre großen Blumenkulturen bei Berieselung mit salzhaltigem Wasser geschädigt werden.

Nachdem die 1972 von der „Ministerkonferenz gegen die Verunreinigung des Rheins" in Den Haag beschlossene Aufhaldung der Abraumsalze von Frankreich abgelehnt wurde, sollte nach dem „Chloridabkommen" von 1976 ein Teil der Sole, die beim Auflösen der Abraumsalze in Wasser anfällt, in nicht nutzbare Untergrundschichten verpreßt werden. Obwohl die Kosten der Verpressung zu je einem Drittel von den Niederlanden und der Bundesrepublik getragen werden sollten, hat die französische Nationalversammlung auch dieses Abkommen abgelehnt.

Das dem Rhein (und zusätzlich dem Grundwasser) entnommene Trink- und Brauchwasser wird dem Rhein schließlich in Form der *kommunalen Abwässer* wieder zugeleitet. Die Zuführung an *industriellem Brauch- und Abwasser* wird auf 3,5 Millionen t pro Tag geschätzt. Außerdem werden etwa 21 Millionen m^3 Rheinwasser täglich als *Kühlwasser* genutzt, was zu einer erheblichen Wärmebelastung des Flusses führt (s. S. 366).

Die in den siebziger Jahren mit hohem finanziellem Aufwand vorgenommenen Abwasserreinigungsmaßnahmen (Kläranlagenbau durch Industrie und Kommunen) haben bisher nur zu einer teilweisen Besserung der Rheinwasserqualität geführt. Erholt hat sich immerhin der biologisch wichtige Sauerstoffgehalt (s. S. 370). Problematisch sind jedoch weiterhin die von Bakterien nur langsam abbaubaren organischen Stoffe, die *refraktären Verbindungen*, auch wenn ihr Anteil rückläufig ist. Sie können natürlichen Ursprungs sein (z. B. aus Nahrungsmitteln stammen) oder als Produkte des biologischen Abbaus natürlicher organischer Substanz entstehen. Vor allem gehören dazu aber die Mineralöle sowie viele synthetische organische Stoffe (Chemikalien),insbesondere solche, die in ihren Molekülen Chlor-, Phosphor- oder Schwefelatome enthalten, z. B. die als Schädlingsbekämpfungsmittel eingesetzten Chlorkohlenwasserstoffe und die bei der Zellstoffherstellung anfallenden Ligninsulfonsäuren. Diese Stoffe können nicht nur das Ökosystem des Rheins stören, sondern bereiten auch bei der Trinkwassergewinnung die größten Schwierigkeiten.

Abb. Verschmutzungsgrad des Rheinwassers

Wasserverschmutzung – die Nordsee

Die Nordsee ist v. a. im Küstenbereich eines der am stärksten verschmutzten Meere. Gift- und Abfallstoffe gelangen bes. durch die Flüsse, durch direkte Einleitungen an der Küste, durch das Einbringen von Abfällen und durch das Auswaschen von Schadstoffen aus der Atmosphäre in die Nordsee. Die in die Nordsee mündenden Flüsse führen Abwässer von Großbritannien, Ostfrankreich, Belgien, Holland, Luxemburg, der BRD, der Schweiz, von Dänemark und Norwegen in die Nordsee, da diese Abwässer von den zuständigen Gemeinden bzw. der entsprechenden Industrie zum größten Teil völlig unzureichend geklärt sind. Die nicht abbaubaren organischen Verbindungen, Schwermetallabfälle aus der Industrie, Pestizide aus der Landwirtschaft, Phosphate aus Waschmitteln und Landwirtschaft und andere gelangen praktisch unverändert ins Meer.

An vielen Stellen der Nordsee werden Abwässer von Gemeinden oder der Industrie direkt in das Küstengewässer eingeleitet. Bei uns gibt es direkte Einleitungen bei Wilhelmshaven, Bremerhaven, Cuxhaven und auf den Friesischen Inseln. Obwohl die Mengen der direkten Einleitungen geringer sind als die Abwassermengen der Flüsse, spielen sie doch eine erhebliche Rolle, da bei ihnen auch die biologisch abbaubaren Schadstoffe unverändert in die Nordsee eingebracht werden. Ein Beispiel sind die Badestrände, wo die Einleitung häuslicher Abwässer unangenehme ästhetische und medizinische Wirkungen hat.

Ein besonderes Problem stellt das Einbringen (Verklappen) meist *industrieller Abfallstoffe durch Schiffe* dar. Man schätzt, daß jährlich rund 1,3 Millionen t organische Stoffe in die Nordsee eingeleitet werden. Etwa 30% davon sind direkte Ableitungen kommunaler und industrieller Abwässer. Etwa 70% werden mit den Flüssen, vor allem mit Rhein, Schelde und Elbe, mitgeführt. Während die direkten Einleitungen meist relativ gut biologisch abbaubar sind, haben sich in den Flüssen die biologisch schwer abbaubaren Stoffe bereits angereichert. Außerdem werden rund 8,3 Millionen t Klärschlamm von Schiffen aus verklappt. Industrieabfälle, die ebenfalls von Schiffen aus verklappt werden, machen jährlich etwa 9 Millionen t aus. Dazu zählen vor allem die Dünnsäuren aus der Titandioxidproduktion, ferner Abfallsäuren aus der chemischen Industrie, Abwässer aus dem Kohlebergbau und Asche von Kraftwerken.

Erst in den letzten Jahren erkannte man, daß ein wesentlicher Teil der Meeresverschmutzung durch *Auswaschung von Schadstoffen aus der Atmosphäre* verursacht wird. Ein gesichertes Wissen über die Höhe dieses Eintrags und seine Verteilung auf Einzelstoffe oder Stoffgruppen gibt es jedoch bis jetzt nicht.

Eine weitere Quelle der Verschmutzung ist die *Schiffahrt*. Die Schiffe geben fast alle Abfälle und Abwässer ungeklärt ins Meer. Es handelt sich insbesondere um Öle, Fäkalien, Verpackungsmaterial, Flaschen, Küchenabfälle und Waschwasser aus Chemikalientankern. Nach Schätzungen sollen auf diese Weise jährlich rund 100000 t Erdöl in die Nordsee gelangen, mit der Folge, daß nicht nur das Meerwasser mit Öl verseucht wird, sondern auch die Badestrände.

Gemessen an der Gesamtwassermenge der Nordsee (rund 43000 Billionen Tonnen), sind die in die Nordsee insgesamt eingebrachten Schadstoffe mengenmäßig jedoch so gering, daß sich die küstenferne hohe See nach wie vor in einem weitgehend natürlichen Zustand befindet. Differenzierter liegen die Verhältnisse in den Mündungsgebieten der Flüsse, in der Küstenzone, im Wattenmeer und in den Verklappungsgebieten. Hier behindert die meist parallel zur Küste verlaufende Strömung die rasche Durchmischung mit dem Meerwasser. Zu Störungen bzw. Beeinträchtigungen kann es gleichwohl nur in unmittelbarer Nähe der Schadstoffableitungen kommen. Allerdings wird befürchtet, daß sich Schadstoffe aus den Ableitungen wie Metalle oder schwer abbaubare Verbindungen (z.B. DDT und PCBs) in manchen Tierarten übermäßig anreichern.

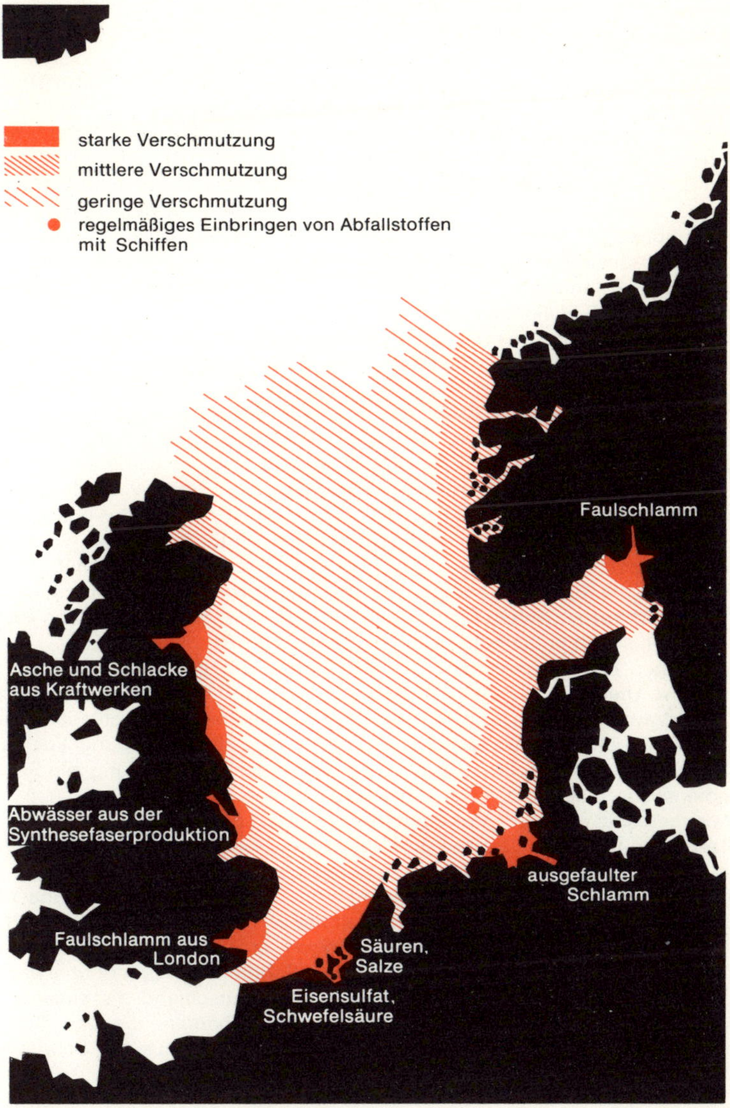

Abb. Ausmaß der Wasserverschmutzung in verschiedenen Teilen der Nordsee

Ölverschmutzung von Gewässern – die Ölpest

In unserer technisierten Umwelt läßt sich kaum eine stärkere schlagartige Umweltverschmutzung durch menschliche Tätigkeit vorstellen als das Auslaufen des Öls aus einem havarierten Supertanker von mehreren hunderttausend Tonnen Tragfähigkeit. Die Namen der Unglücksschiffe „Torrey Canon" und „Amoco Cadiz" haben traurige Berühmtheit erlangt. Noch größere Ölmengen können – verteilt über einen längeren Zeitabschnitt – ins Wasser gelangen, wenn wie im Jahre 1979 im Golf von Mexiko eine unterirdische Ölbohrung außer Kontrolle gerät.

Langfristig betrachtet, gelangen die größten Ölmengen beim Spülen der Schiffstanks auf hoher See ins Meer. Man schätzt, daß jährlich 5–6 Millionen Tonnen Erdöl, Ölreste und Abfälle von Erdölkohlenwasserstoffen in die Weltmeere gelangen, wozu Tankspülen, Tanklecks usw. im Mittel etwa 2,1 Millionen t, Tankerunglücke 0,3 Millionen t, die Ölförderung aus dem Meer 0,1 Millionen t, Küsten und Industrieabfälle 0,8 Millionen t, Flüsse und Kommunalabwässer 1,0 Millionen t, der atmosphärische Niederschlag 0,6 Millionen t und natürliche Sickervorgänge 0,6 Millionen t beitragen.

Erdöl ist ein Gemisch aus wasserunlöslichen Kohlenwasserstoffen mit geringerem spezifischem Gewicht als Wasser. Aus diesen Gründen verteilt es sich rasch an der Wasseroberfläche. Dabei verdunsten im Laufe weniger Stunden bzw. Tage die leichter siedenden Anteile, während die schwerer siedenden Anteile wachsartige Klumpen *(Tar-balls)* bilden, die im Bereich der Wasseroberfläche treiben. Sie werden schließlich an irgendeinen Strand gespült bzw. im Laufe einiger Jahre von Bakterien abgebaut. Erstaunlicherweise zeigt sich in massiv durch Unglücke verschmutzten Regionen bereits nach 2–3 Jahren eine Erholung des biologischen Systems, wenn sich auch bei eingehender Untersuchung noch viele Spätfolgen nachweisen lassen. Die stärksten Schädigungen werden durch küstennahe Unfälle verursacht, da die Küstenzone wegen des Zusammenwirkens von Sonnenlicht mit maritimen und terrestrischen Elementen eine besonders wichtiges Biotop ist, das auch vom Menschen entsprechend intensiv genutzt wird.

Den größten Erfolg zur Vermeidung der *Ölpest,* d.h. der Verschmutzung von Küsten- bzw. Uferregionen samt der dortigen Flora und Fauna durch Rohöl (z.B. aus Tankerhavarien) oder Ölrückständen (z.B. aus Tankerspülungen oder Schiffsbilgen), versprechen Umweltschutzmaßnahmen wie die Festlegung küstenferner Zwangsrouten für Großtanker mit entsprechender Überwachung, ein Schiffsmeldedienst sowie ein Verbot des Tankerspülens.

Inzwischen sind etwa 80% der Welttankerflotte mit Einrichtungen versehen, die die Ölverschmutzung beim Spülen stark verringern. Bei diesem sog. *LOT-Verfahren* („load on top") wird das bei Leerfahrten notwendige Last- und Ballastwasser, das zwangsläufig stark ölhaltig ist, an Bord vom Öl getrennt, ehe es ins Meer zurückgepumpt wird. Leider wird die Einhaltung von Sicherheits- und Umweltvorschriften von den Ländern der sog. „Billigflaggen" (z.B. Liberia, Panama, Zypern), unter denen aus wirtschaftlichen Gründen viele Schiffe fahren, nicht überwacht.

Auf dem Rhein unterhält die Bundesrepublik Deutschland als einziger der Anliegerstaaten eine Flotte von sog. *Bilgenentölerbooten,* die den Schiffen kostenlos während der Fahrt das ölverschmutzte Wasser aus der Schiffssohle pumpen.

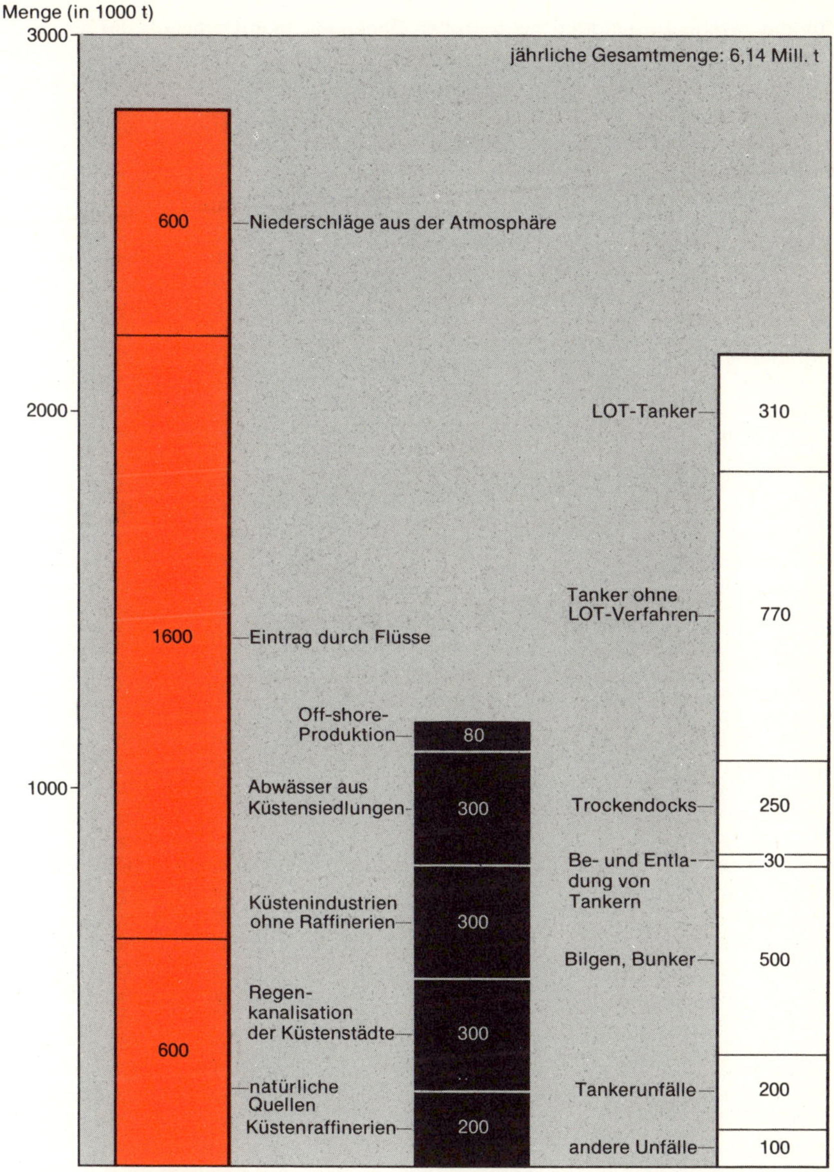

Abb. Quellen des Eintrags von Kohlenwasserstoffen in die Weltmeere (nach Esso AG)

Die Bekämpfung der Ölpest

Für die rasche Beseitigung sehr großer Ölmengen (aus Unfällen), die an der Wasseroberfläche treiben, gibt es bislang kein voll wirksames Verfahren. Zwar kann man zunächst versuchen, brennbare Substanzen einfach abzubrennen; Diesel-, Heiz- und Rohöl lassen sich jedoch bereits nach kurzer Zeit auf dem Meer nicht mehr entzünden und abbrennen, weil die leicht siedenden und daher auch leicht entzündlichen Anteile abgedampft sind.

Chemische Verfahren, das Öl durch Aufbringen von Emulgatoren (z. B. Detergenzien) im Wasser zu dispergieren und in größerem Umfang zum Absinken zu bringen, sind sehr umstritten. Zwar wird das Öl dadurch nicht nur „optisch" beseitigt, sondern ist in diesem Zustand auch sehr viel besser biologisch abbaubar. Jedoch muß man andererseits die häufig nicht unerhebliche Toxizität der eingesetzten Reagenzien und die Erhöhung der Konzentration der Erdölbestandteile in der wäßrigen Phase um Zehnerpotenzen berücksichtigen. Durch die Dispergierung der Erdölbestandteile wird auch deren Resorbierbarkeit und mögliche Toxizität für das Biosystem des Gewässers entsprechend erhöht. Daher sind diese Verfahren besonders für die flachen Küstengewässer problematisch, da sie dort möglicherweise die den Meeresboden und die darüberliegenden Schichten bevölkernden Lebewesen vergiften.

Die *mechanische Entfernung* des Wasser-Öl-Gemischs von der Oberfläche mit anschließender Abtrennung des Wassers und Aufarbeitung des Öls ist das umweltfreundlichste Beseitigungsverfahren. In Häfen, in stehenden und langsam fließenden Gewässern können dabei gefährdete Schiffsliegeplätze u. ä. für den Störfall durch eine *Luftsperre* (Luft perlt aus einer am Gewässergrund verlegten Düsenleitung) oder eine auf dem Wasser schwimmende *Schlauchsperre* gesichert werden. Bei Ölverunreinigungen geringeren Ausmaßes kann das eingegrenzte Öl an der Wasseroberfläche abgeschöpft oder mit Hilfe eines mit saugfähigem Material beschichteten Endlosbandes, mit Streupulver, Kunststoffkügelchen u. ä. aufgenommen werden.

Es wurden auch *schwimmende Absaugpumpen* entwickelt, mit denen das an der Oberfläche befindliche Öl direkt abgesaugt wird. Ein solches Absauggerät besteht aus einer trichterförmigen Schüssel, deren Oberkante mit Hilfe von Schwimmern (Schwimmkörpern) wenige Millimeter unter der Wasseroberfläche gehalten wird. Den Schüsselrand schließt ein schwimmender Hohlring nach oben ab. In der Schüssel wird der Wasserspiegel durch kontinuierliches Absaugen des Wassers mittels einer Kreiselpumpe gesenkt. Hierdurch senkt sich der Hohlring, und das schwimmende Öl läuft in die Schüssel. Hat sich genügend Öl angesammelt, so saugt eine Ölpumpe das Öl über Ansaugtrichter ab, die durch einen Schwimmer in ihrer Eintauchtiefe gesteuert werden. Ist kein Öl mehr in der Vertiefung, schaltet sich die Ölpumpe automatisch ab. Die Wasserpumpe hingegen läuft permanent (Förderleistungen von 40 m^3 pro Stunde und mehr).

Geräte dieser Größenordnung sind allerdings nur bei begrenzten „Ölunfällen" auf kleineren Wasserflächen (z. B. Häfen und Buchten) einsetzbar. Für Ölkatastrophen größeren Ausmaßes wird z. Zt. ein *Ölansaugschiff* mit herkömmlichem Bug und Zwillingsrumpf entwickelt. Das auf 17 000 t konzipierte Schiff soll eine Länge von 90 m und eine Breite von 30 m erhalten. Der sich verjüngende Zwischenraum zwischen den beiden Heckrümpfen mündet in einen Ansaugkanal im Bug. Das Schiff fährt in Rückwärtsfahrt in die Ölschicht, die in dem sich verengenden Kanal immer höher wird und schließlich in den Bugkanal eingesaugt wird. Das Öl wird in Tanks gepumpt, das Wasser außenbords abgelassen.

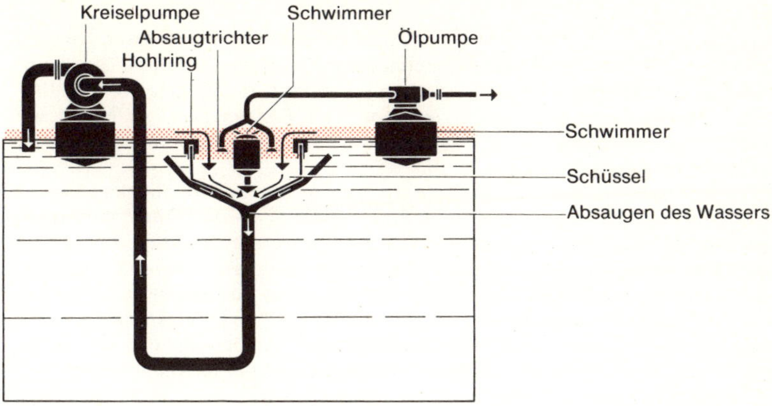

Abb. 1 Die schwimmende Ölabsaugpumpe

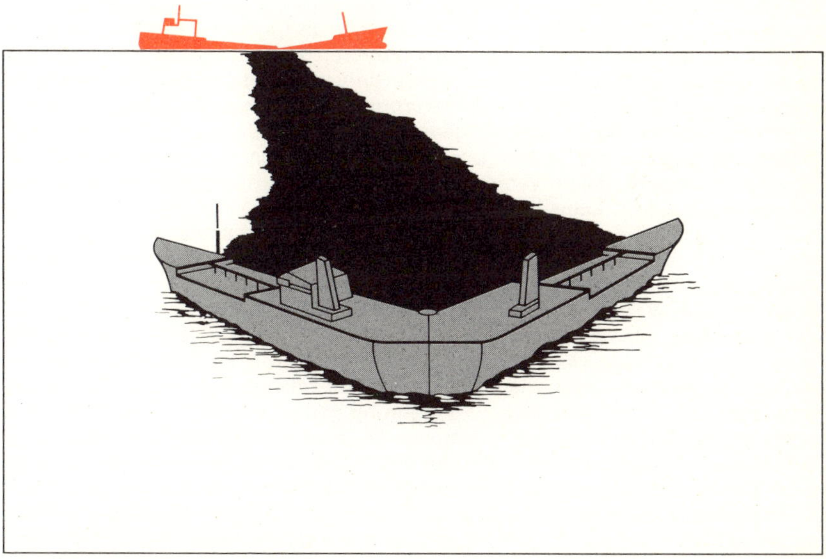

Abb. 2 Als Doppelrumpfschiff gebautes und als Küstentanker einsetzbares Ölansaugschiff (Ölfangschiff)

Aufheizung der Flüsse

Die meisten thermischen Kraftwerke benutzen zur Kühlung Flußwasser. Dadurch können tiefgreifende negative ökologische Veränderungen eintreten. Die Hauptprobleme sind: Verringerung der Selbstreinigungskraft des Flusses und Gefährdung der Flußfauna durch die Erwärmung des Flußwassers, Abtötung von Wasserorganismen im Kondensator des Kraftwerks und klimatische Auswirkungen durch die Gewässererwärmung.

Durch die *Erwärmung des Flußwassers* wird die Lösungsmöglichkeit des für Wasserorganismen lebensnotwendigen Sauerstoffs verringert, und gleichzeitig werden die Stoffwechselvorgänge der Wasserorganismen beschleunigt. Einem größeren Verbrauch an Sauerstoff steht also ein geringeres Sauerstoffangebot gegenüber. Dadurch kann es zu einer *Beeinträchtigung des Selbstreinigungsvermögens,* zu Sauerstoffschwund und damit zum Absterben von Wasserorganismen bis hin zum Fischsterben und im Extremfall zum „Umkippen" des Gewässers kommen. Die Erwärmung des Flußwassers führt zu einer starken *Bakterienvermehrung.* Dies hat zur Folge, daß neben dem durch die Erwärmung schon physikalisch verringerten Sauerstoffgehalt des Wassers der restliche Sauerstoff noch schneller verbraucht wird. Das Wasser bekommt einen muffigen Geruch und Geschmack, was die Trinkwasseraufbereitung aus dem betreffenden Fluß sehr erschweren kann. Die entstehenden Bakterienmassen können sich an ruhigen Stellen des Flusses, z. B. in Stauräumen vor Wehren, absetzen und dort in Fäulnis übergehen.

Da man diese Problematik schon relativ früh erkannte, wurden vom Gesetzgeber *Grenzwerte für die Aufwärmung von Flußwasser* festgesetzt. Diese Grenzwerte sind jedoch zu hoch angesetzt, da sie lediglich die physikalischen Faktoren in sauberen Flüssen berücksichtigen. Die Grenzwertbedingungen geben an, daß die Aufwärmung eines Gewässers nie mehr als 5 °C betragen darf, wobei die obere Grenze von 28 °C nicht überschritten werden darf. Die Grenzwertfestlegung berücksichtigt nicht, daß es bei diesen Aufwärmspannen in verschmutzten Flüssen bereits zu empfindlichen Störungen ökologischer Vorgänge bis hin zum „Umkippen" kommen kann. Es existieren darüber genauere Untersuchungen für den Main, aus denen hervorgeht, daß es im Main immer dann zum Organismentod durch Sauerstoffmangel infolge Verschmutzung und Erwärmung kommt, wenn die Grenze von 23–24 °C überschritten wird.

Ein zweites Problem besteht in der starken *Aufwärmung des vom Kraftwerk in den Kondensator eingesaugten Wassers* bis auf etwa 40 °C. Dies ist gerade die optimale Temperatur für pathogene Bakterien wie Typhusbakterien und Enterokokken. In reinem kaltem Wasser vermehren sich diese Krankheitskeime nicht, wohl aber in verunreinigtem, also nährstoffreichem, erwärmtem Wasser. Bedenklich ist außerdem folgendes: Bei Erwärmung des Wassers auf 40 °C im Kondensator werden die Bakterienfresser, die Rotatorien (Rädertiere) und Ziliaten (Pantoffeltierchen usw.) abgetötet. Es steht also einer Vermehrung pathogener Bakterienarten eine Abtötung der Bakterienfresser gegenüber. Da bei einem 1 000-MW-Kraftwerk pro Sekunde rund 40 000 l Wasser auf diese Art eingesaugt und erwärmt werden, führt dies zu einer Schädigung der Selbstreinigungskraft verschmutzter Flüsse.

Ein drittes Problem ist die *Beeinflussung des Klimas* durch einen erwärmten Fluß. Wissenschaftler des Kernforschungszentrums Karlsruhe haben dies für den Rhein näher durchgerechnet. Sie kamen dabei zu dem Ergebnis, daß bei einer Aufwärmespanne von nur 3 °C die dadurch vom Rhein zusätzlich verdunstete Wassermenge in derselben Größenordnung liegt wie die durch den Rhein natürlich verdunstete. In den nebelreichen Wintermonaten ist die Zunahme der Verdunstung sogar am größten. Die Studie kommt daher zu dem Ergebnis, daß eine merklich verstärkte Nebelbildung als Folge der Flußaufheizung zumindest in Flußnähe nicht auszuschließen ist.

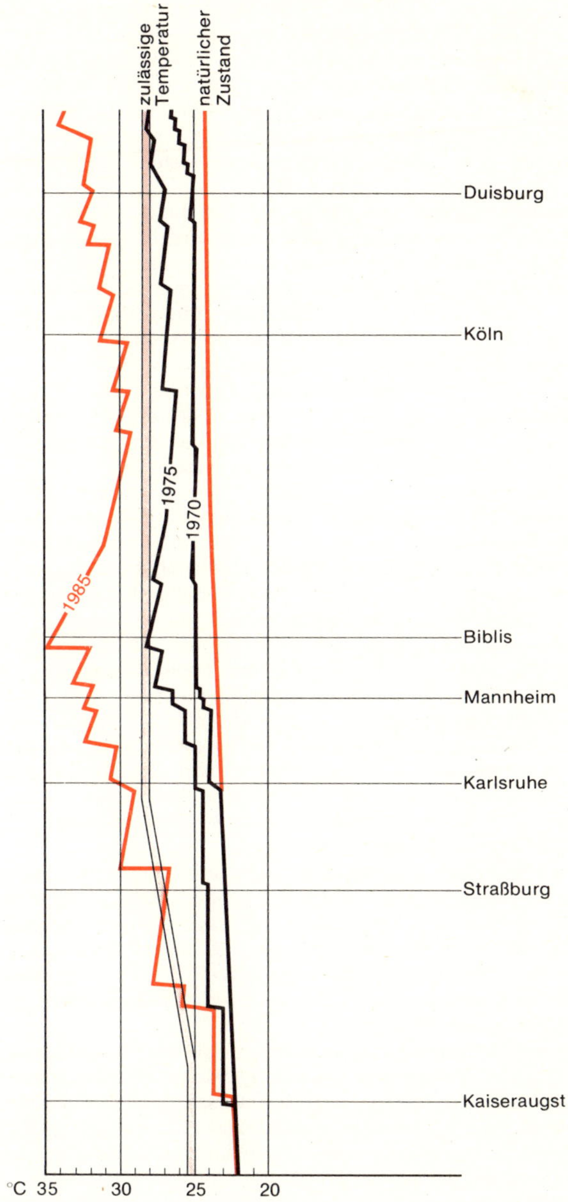

Abb. Temperaturprognose für den Rhein nach dem Sommer-Wärmelastplan

Die Selbstreinigung der Gewässer

In den verschiedenen Zonen der *Vorfluter* (das sind oberirdische Gewässer, in die ungereinigte oder gereinigte Abwässer eingeleitet und von diesen abgeführt werden; also Bäche, Flüsse, Seen) findet man Lebewesen, die in der Lage sind, die jeweils angebotenen Nährstoffe zu verwerten. Die natürliche Selbstreinigung der Gewässer durch den Abbau fäulnisfähiger Stoffe nach einer bestimmten Fließzeit und Fließstrecke des Vorfluters, ist diesen Lebewesen zu verdanken. Unter günstigen Bedingungen werden dadurch die Verunreinigungen weitgehend beseitigt, so daß der ursprüngliche Reinheitszustand wenigstens annähernd wieder erreicht wird.

Die *Selbstreinigungsvorgänge* beruhen meist auf biologischen Vorgängen (Selbstreinigung durch Organismen) oder chemischen Prozessen (v. a. Oxidations- und Reduktionsvorgänge), deren Wirksamkeit durch physikalische Faktoren wie Fließgeschwindigkeit, Gestalt des Flußbettes, Mischungsverhältnis von Schmutz- und Frischwasser, Wassertemperatur, Wassertiefe, Intensität und Dauer der Sonneneinstrahlung und Feinheit der Abfallstoffe unterstützt wird. Die Hauptlast der Selbstreinigung fällt den biologischen Vorgängen zu.

Die *Organismen*, die bei der Selbstreinigung mitwirken, sind Pilze, Algen, Bakterien, Protozoen, Krebse, Muscheln, Würmer, Insektenlarven, Schnecken, Fische, größere räuberische Tiere und Wasservögel. Die beiden letzteren stellen das Endglied der biologischen Selbstreinigungskette im Wasser dar.

Bakterien, Algen und *Pilze* nehmen im Wasser bzw. Abwasser gelöste oder feinverteilte organische bzw. anorganische Komponenten auf. Im Stoffwechsel der Organismen werden diese Stoffe in die körpereigene Substanz eingebaut oder zur Energiegewinnung letztlich zu Wasser und Kohlendioxid abgebaut. Zur Aufrechterhaltung dieser Prozesse wird aus dem Wasser gelöster Sauerstoff entnommen. Die chlorophyllhaltigen Algen sind durch ihre autotrophe Ernährungsweise in der Lage, bei Tag den so aufgezehrten Sauerstoff nachzuliefern. Wird das Gewässer eutrophiert, d. h. mit Pflanzennährstoffen wie Stickstoff oder Phosphor belastet, so kommt es zur explosionsartigen Vermehrung der Algen. Dieser Vorgang bewirkt eine Sauerstoffverknappung, da der bei Tag produzierte Sauerstoff wegen der beschränkten Aufnahmekapazität des Wassers nach dessen Sättigung gasförmig entweicht. Die Aufnahmekapazität ist weitgehend von der Wassertemperatur abhängig. Bei hohen Temperaturen ist der Sättigungspunkt schneller erreicht. Sind nun die Algen in einem Gewässer im Übermaß vorhanden, so bewirkt der nächtliche Sauerstoffbedarf einen starken Sauerstoffschwund.

Die *Protozoen*, die Bakterien und Algen als Nahrung aufnehmen, können z.T. auch gelöste organische Substanzen verwerten. *Krebse, Nesseltiere, Schnecken* und *Würmer* ernähren sich von ungelösten, abgesetzten oder suspendierten Stoffen. Außerdem ernähren sie sich von Protozoen. *Größere Krebse* und *Insektenlarven* nehmen ihrerseits Kleinkrebse, Würmer, auch Protozoen auf. *Fische* und *Wasservögel*, die selbst wiederum räuberischen Tieren zum Opfer fallen, ernähren sich vielfach von Krebsen und Würmern.

Für die Intensität der Selbstreinigung ist nicht nur ein optimales Funktionieren der Lebensgemeinschaften maßgebend, sondern auch die *Gestaltung des Flußbettes*. In natürlich geformten Flußbetten, also in Gewässern mit großer Oberfläche und starken Turbulenzen (unregelmäßige, starke Wasserströmungen mit Wirbelbildung), sind die Lebensbedingungen für die Organismen auf Grund des besseren Sauerstoffeintrags günstiger als in korrigierten oder gestauten Flußläufen.

Bereits geringfügige Änderungen des einen oder anderen maßgeblichen biologischen, chemischen oder physikalischen Faktors können den Selbstreinigungseffekt der Gewässer erheblich stören.

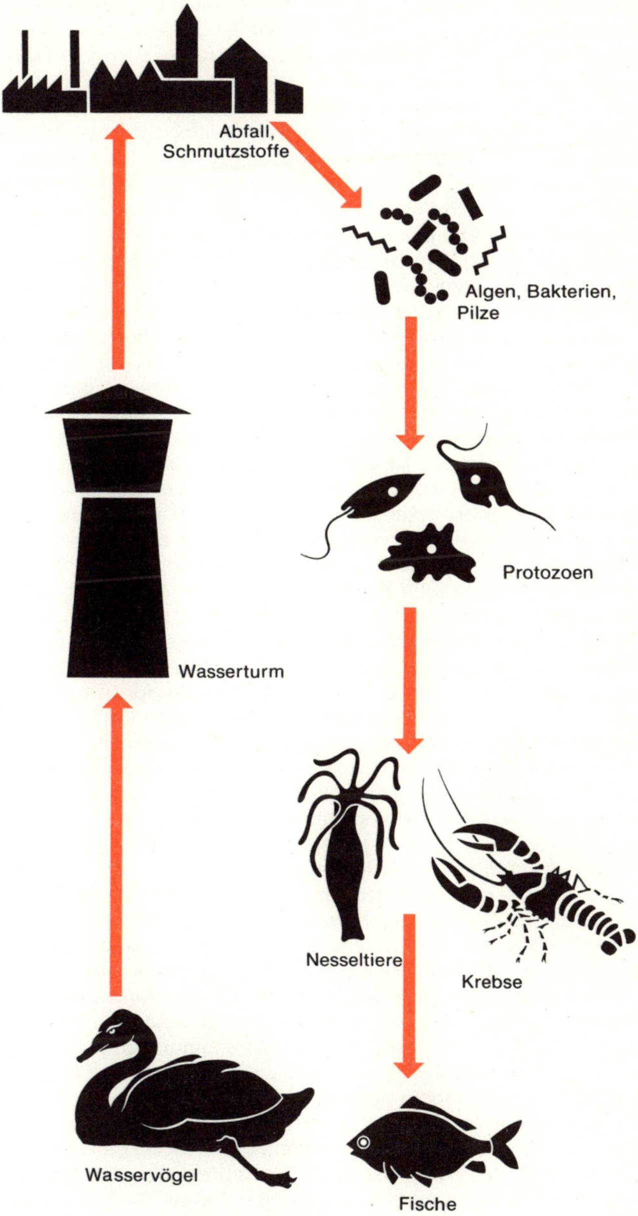

Abb. Abbau von Schmutzstoffen in Gewässern

Abwasserreinigung – mechanisch-biologische Verfahren

Bis vor einigen Jahrzehnten reichte die Selbstreinigungskraft der stehenden und fließenden Gewässer weitgehend aus, um in sie eingebrachte Schmutzstoffe abzubauen (s. S. 368). Die *Belastung der Gewässer* insbesondere durch Abwässer aus Haushaltungen und der Industrie hat sich jedoch in den letzten Jahrzehnten vervielfacht. Dadurch wurden in immer stärkerem Maße die Abbau- und Lebensvorgänge in den Gewässern beeinträchtigt, weil die eingebrachten Verunreinigungen die abbauenden Mikroorganismen entweder zum Absterben bringen oder sich so stark vermehren lassen, daß dem Wasser zu viel Sauerstoff entzogen wird. Die unmittelbaren Folgen sind Fischsterben, Schlammablagerungen und Faulvorgänge, ganz abgesehen von der *Beeinträchtigung jeder Gewässernutzung*, z. B. zur Trinkwassergewinnung. Um zu vermeiden, daß die Gewässer in einen aerobisch unbelebten Zustand „umkippen", baut man heute verstärkt Kläranlagen, in denen die Abwässer gereinigt werden, bevor sie in ein Gewässer abfließen.

Voraussetzung jeder Abwasserbehandlung ist die schon zur Seuchenverhütung erforderliche Sammlung des Abwassers in einem *Kanalnetz*, in dem die Abwässer der eigentlichen *Kläranlage* zufließen. Diese besteht in der Regel aus einer mechanischen und einer biologischen Reinigungsstufe. Zur *mechanischen Stufe* zählt man den Rechen, den Sandfang und die Vorklärbecken. Im *Rechen* werden die groben Verunreinigungen zurückgehalten. Im *Sandfang* setzen sich infolge Verringerung der Fließgeschwindigkeit des Wassers kleinere mineralische Bestandteile ab; im *Vorklärbecken* werden die sonstigen absetzbaren Stoffe ausgefällt und mit einer Abschöpfeinrichtung Schwimmstoffe entnommen. Diese mechanische Reinigung führt bereits zu einer Verringerung der biologisch abbaubaren Inhaltsstoffe im Abwasser um 20–30%.

Das so vorgereinigte Wasser gelangt anschließend in die eigentliche *biologische Stufe*, in der die in Oberflächengewässern ablaufenden natürlichen Vorgänge räumlich und zeitlich komprimiert durchgeführt werden. Dazu ist eine wesentlich höhere Konzentration an Bakterien erforderlich, die für ihre Atmung genügend Sauerstoff benötigen. Technisch wird dies v. a. mit zwei Verfahren erreicht:

Für kleinere kommunale Anlagen hat sich der *Tropfkörper* bewährt. In diesem zylindrischen Bauwerk wird das Abwasser über wetterfesten Steinen, Schlacken oder Kunststoffwaben in geeigneter Weise etwa mit einem Drehsprenger verrieselt. Das Füllmaterial dient als Siedlungsfläche für den sog. „biologischen Rasen", eine schleimige Schicht von Mikroorganismen. Der erforderliche Sauerstoff wird beim Durchrieseln durch den Tropfkörper aus der Luft gelöst.

Beim *Belebungs-* oder *Belebtschlammverfahren* werden die Abwässer in flache Erdbecken *(Belebungsbecken)* bzw. in raumsparende Behälter größerer Tiefe (heute immer mehr üblich) eingeleitet und mit Mikroorganismenschlamm *(Belebtschlamm)* versetzt. Wird (mit Hilfe von Gebläsen, Rotoren oder anderen Belüftern) Luft oder angereicherter Sauerstoff eingeleitet, so wandeln die Bakterien und andere Kleinlebewesen den suspendierten und gelösten Schmutz in absetzbaren Schlamm und Kohlendioxid um, indem sie die Schmutzpartikel und gelösten Stoffe als Nährsubstrat in sich aufnehmen und durch rasche Vermehrung Zellklumpen bilden, die mit zunehmendem Gewicht zu Boden sinken.

In beiden Verfahren wird der sich ansammelnde Belebtschlamm in einem Absetzbecken *(Nachklärbecken)* vom gereinigten Wasser getrennt, das dann in den Vorfluter abfließt. Um beim Belebungsverfahren die für den Abbau nötigen Mikroorganismen rasch und in ausreichender Menge zu erhalten, führt man Teile des im Nachklärbecken am Boden abgesetzten Belebtschlamms in das Belebungsbecken zurück (sog. „Rücklaufschlamm"). Bei kommunalen Anlagen wird der Schlamm aus Vor- und Nachklärbecken meistens in Faultürmen unter Mithilfe anaerober Bakterien ausgefault und getrocknet (s. S. 374), sodann entweder mit Hausmüll weiterverarbeitet (s. S. 456) oder in der Landwirtschaft eingesetzt.

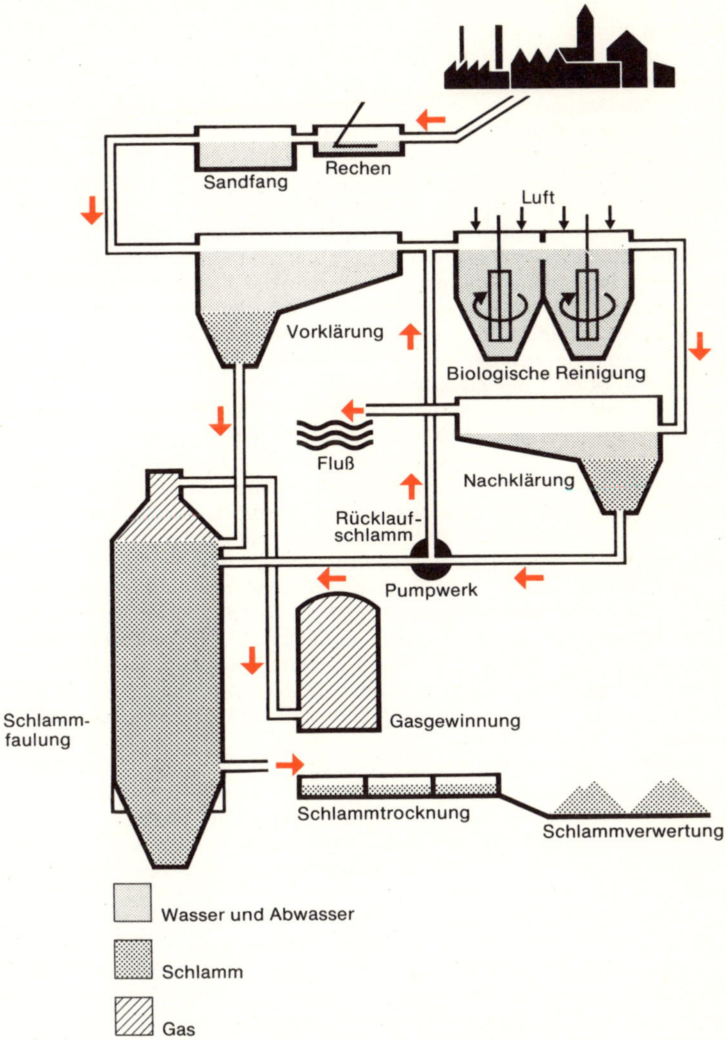

Abb. Schema einer mechanisch-biologischen Kläranlage

Abwasserreinigung – physikalisch-chemische Verfahren

In der BR Deutschland ist der Anteil kommunaler Abwässer, die mechanisch-biologisch gereinigt werden, von etwa 10% Mitte der fünfziger Jahre auf über 70% im Jahre 1980 angestiegen. Mit einer mechanisch-biologisch arbeitenden Kläranlage lassen sich bis zu 95% der biologisch abbaubaren Stoffe eliminieren; der Gesamtgehalt an organischen Stoffen wird bis zu 80% verringert. Ein großer Teil der im Ablauf noch vorhandenen Inhaltsstoffe sind in der Kläranlage gebildete Stoffwechselprodukte von Bakterien, die biologisch unbedenklich sind und auch beim natürlichen Abbau im Vorfluter entstehen. In zahlreichen Fällen, insbesondere bei der Klärung gewerblicher und industrieller Abwässer, ist diese Reinigungsleistung zu gering bzw. die Verschmutzung mit nicht abbaubaren Stoffen zu stark, so daß in einer weiteren Reinigungsstufe physikalische und chemische Verfahren angewendet werden müssen. Ihr Hauptvorteil liegt bei der (häufig weniger aufwendigen) gezielten Entfernung einzelner Störstoffe aus dem Abwasser.

Die *physikalischen Verfahren* wie Adsorption, Extraktion oder Eindampfung bezwecken eine Stoffanreicherung oder -trennung der Wasserinhaltsstoffe. Diesen Operationen kommt bei der Abwasserbehandlung deshalb eine besondere Bedeutung zu, weil die Inhaltsstoffe meist in großer Verdünnung vorliegen und ihre Teilchengröße vom Bereich der sichtbaren Teilchen bis zu den echten Lösungen reicht. In der Abb. sind die Zusammenhänge zwischen der Teilchengröße, den Eigenschaften der Inhaltsstoffe und den darauf beruhenden Trennverfahren schematisch dargestellt. Man muß jedoch beachten, daß die Stofftrennung allein nur ein Teilschritt ist; für die endgültige Problemlösung muß auch der Verbleib der Einzelphasen geklärt werden. Ein wichtiges Verfahren zur gezielten Entfernung organischer Schadstoffe aus Abwasser ist ihre *Adsorption an Aktivkohle,* die mit geeigneten Lösungsmitteln oder thermisch regeneriert werden kann.

Auch *chemische Abwasserbehandlungsverfahren* wie Flockung, Ionenaustausch oder Fällung können eine Stoffanreicherung oder -trennung bewirken. Besondere praktische Bedeutung hat die *chemische Fällung* zur gezielten Entfernung von Phosphaten sowie von Schwermetallen, z.B. aus dem Abwasser metallverarbeitender Betriebe. Die Fällung von Restphosphat mit Hilfe von Eisen- oder Aluminiumsalzen aus kommunalem Abwaser als Maßnahme gegen die Eutrophierung stehender oder langsam fließender Gewässer wird häufig als „dritte Reinigungsstufe" bezeichnet.

Reduktions- und vor allem *Oxidationsprozesse* sind wichtige chemische Reaktionen für die Abwassertechnologie. Es ist im Prinzip naheliegend, die bereits bei der biologischen Reinigung durch Luftsauerstoff bewirkte *Oxidation organischer Wasserinhaltsstoffe* durch die Verwendung chemischer Oxidationsmittel zu verstärken, um so eine raschere und auch gezieltere Reaktion zu erreichen. Dabei gilt allgemein, daß die oxidative Wirkung um so größer sein muß, je größer die Konzentration der Wasserinhaltsstoffe ist. Bei Normaltemperatur sind einer oxidativen Zerstörung organischer Substanz in Abwässern mittels Chemikalien Grenzen gesetzt. Häufig läuft die Oxidation nicht bis zur Oxidationsstufe des CO_2, sondern bleibt auf einer Zwischenstufe stehen. Eine partielle Oxidation kann aber unter Umständen die biologische Abbaubarkeit von Abwasserinhaltsstoffen verbessern. Sollen Luftsauerstoff, mit Sauerstoff angereicherte Luft oder reiner Sauerstoff als chemische Oxidationsmittel für Wasserinhaltsstoffe eingesetzt werden, sind dazu *erhöhte Temperaturen* notwendig. Bei Umsetzung unterhalb der Siedetemperatur des Wassers spricht man von *Naßoxidation*, oberhalb der Siedetemperatur des Wassers handelt es sich um *Abwasserverbrennung.* Die Wirtschaftlichkeit beider Verfahren steigt mit der Konzentration der organischen Wasserinhaltsstoffe. Besonders die Verbrennung konzentrierter Abwässer, sei es zusammen mit festen Abfällen oder in speziellen Verbrennungsöfen, ist ein eingeführtes großtechnisches Verfahren.

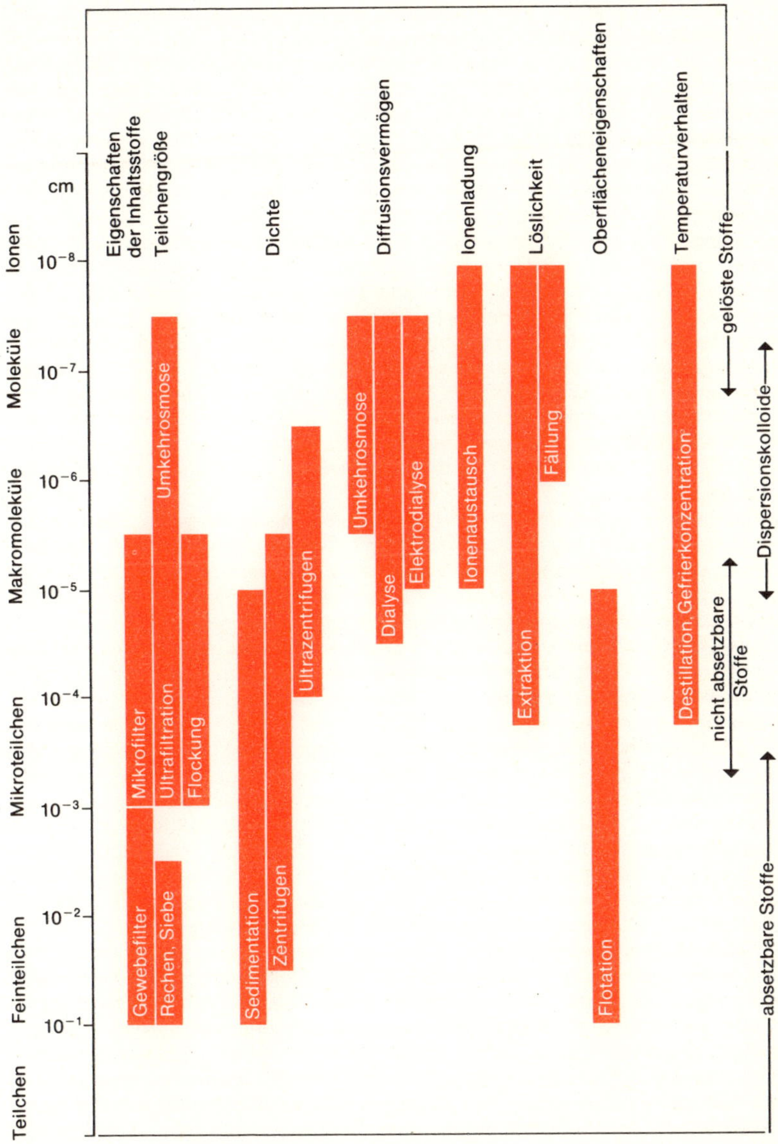

Abb. Stofftrennverfahren bei der physikalisch-chemischen Abwasserreinigung (nach BASF)

Behandlung und Verbleib des Klärschlamms

Bei jeder Art von Abwasserbehandlung fällt ein großer Teil der dem Abwasser entzogenen Schmutzstoffe als Schlamm an. Dieser muß so behandelt werden, daß er zu keiner Belästigung führt und hygienisch unbedenklich wird. Die „Mineralisation", d.h. der Totalabbau der organischen Substanz zu Kohlendioxid und Wasser, erfordert so lange Verweilzeiten (und damit Platzbedarf und Kosten), daß sich dieses Verfahren nur in Kläranlagen sehr geringer Leistung technisch verwirklichen läßt. In allen anderen Fällen werden nur ca. 45% der organischen Wasserinhaltsstoffe zu CO_2 und H_2O abgebaut, der Rest muß als äußerst feinteilige Bakterienmasse vom gereinigten Abwasser getrennt werden. Durch Sedimentation erhält man Schlämme mit einem Wassergehalt von ca. 95%.

In der kommunalen Klärtechnik hat sich die *anaerobe Behandlung in Faultürmen* bewährt. Der im Vor- und im Nachklärbecken einer Kläranlage (s.S. 370) sedimentierte Schlamm wird hier mit Hilfe anaerober Bakterien ausgefault. Bei diesem Prozeß bildet sich Methangas, das zur Energieversorgung der Anlage genutzt werden kann. Der ausgefaulte Schlamm wird in kleineren Anlagen in *Trockenbeeten* bis zur Stichfestigkeit getrocknet und dann z.T. als Bodenverbesserungsmittel in der Landwirtschaft eingesetzt. Die noch in ihm enthaltenen organischen Stoffe vergrößern den Humusanteil des Bodens, die Phosphor- und Stickstoffverbindungen in ihm wirken als Pflanzennährstoffe. Hygienische und ästhetische Vorbehalte lassen allerdings nur eine Ausbringung außerhalb der Vegetationsperiode zu.

In größeren Anlagen bevorzugt man wegen des geringeren Platzbedarfs *maschinelle Entwässerungsanlagen* wie Zentrifugen oder Pressen. Der entwässerte Schlamm wird dann zusammen mit Hausmüll weiter verarbeitet (s.S. 456) oder dient ebenfalls zur Bodenverbesserung in der Landwirtschaft. Dazu muß aber in einer *Klärschlammverrottungsanlage* der auf einen Feuchtigkeitsgehalt von 75 bis 80% entwässerte Schlamm mit einem organischen Kohlenstoffträger, wie z.B. Torf, Sägemehl, gehäckseltes Stroh oder Braunkohle, vermischt und dann in großen *Bioreaktoren* (Rauminhalt bis 500 m^3) kompostiert werden. Das gemischte Material durchwandert diese langsam (in etwa 10 Tagen) von oben nach unten, wobei es ständig in entgegengesetzter Richtung von hineingedrückter Luft durchströmt wird *(Gegenstromverfahren).* Durch die ständige Zufuhr von Sauerstoff werden für die im Schlamm enthaltenen ab- und umbauenden Mikroorganismen optimale Lebensbedingungen geschaffen. Sie werden so zu hoher Stoffwechselaktivität und starker Vermehrung angeregt und bewirken eine schnelle Verrottung des Stoffgemenges. Dabei steigt die Temperatur von unten nach oben bis auf Werte von etwa 75–80°C an, wodurch eine Hygenisierung des Klärschlamms gewährleistet wird. Als Endprodukt fällt ein hygienisch einwandfreies, krümeliges Material an.

Bei Großanlagen, besonders auch bei biologischen Kläranlagen für industrielle Abwässer, gibt man aus Zeit- und Platzgründen der *thermischen Schlammbehandlung* den Vorzug, die unter Druck in wäßriger Phase oder nach weiterer Konzentrierung durch vollständige *Schlammverbrennung* erfolgen kann. Alle in diesen Prozessen abgetrennten wäßrigen Anteile müssen wegen ihrer organischen Inhaltsstoffe erneut in die biologische Stufe der Kläranlage eingeleitet werden.

Zunehmende Probleme treten im Zusammenhang mit dem Verbleib der festen Rückstände auf. Die Menge des anfallenden stichfesten Faulschlamms übersteigt heute den landwirtschaftlichen Bedarf bei weitem. Darüber hinaus fällt zwangsläufig im Klärschlamm auch ein großer Teil der im Abwasser enthaltenen Metalle an und wird letztlich in den Rückständen wiedergefunden. Da Klärschlamm als Biomasse letztlich gebundene Sonnenenergie darstellt, ist es technologisch unbefriedigend, diese Substanz unter Einsatz weiterer Energie nutzlos zu verbrennen und die Rückstände möglicherweise in Sondermülldeponien zu lagern. Langfristig sollte eine sinnvollere Verwendung auffindbar sein.

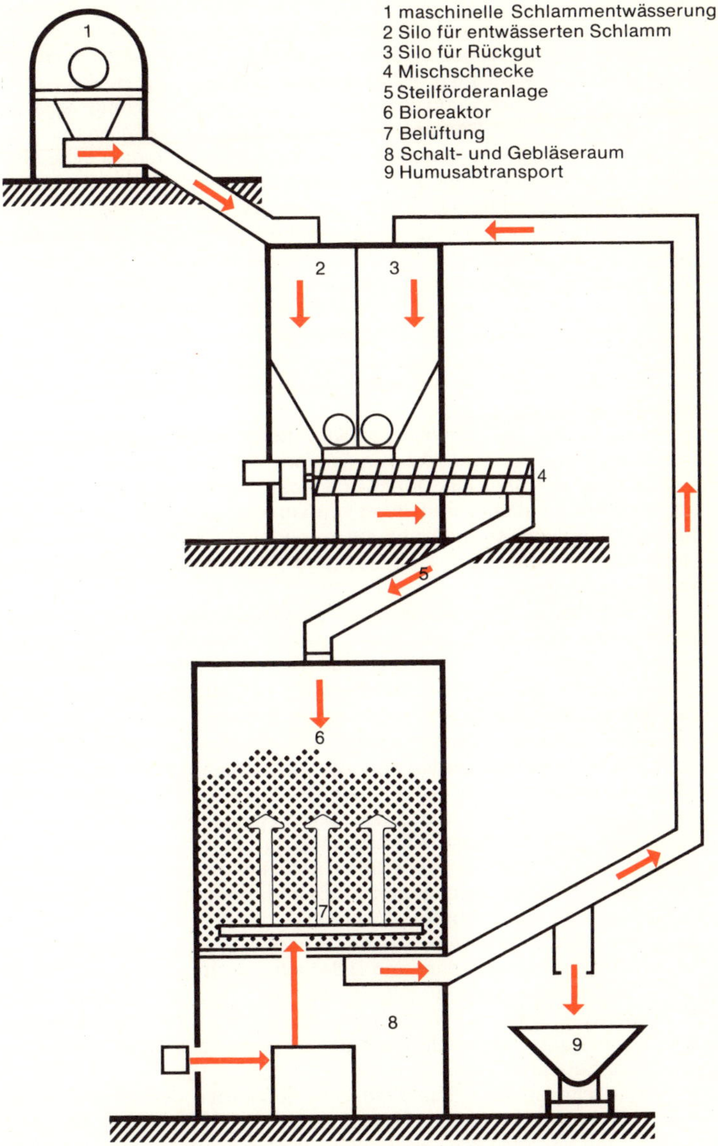

Abb. Klärschlammverrottungsanlage (abgeändert nach F. Kneer)

Wasserbedarf
Wasserversorgung – Trinkwasseraufbereitung

Der *Bedarf an Trink- und Brauchwasser* ist in den letzten 50 Jahren um etwa das 40fache angestiegen. Der Grund hierfür liegt vor allem in der explosionsartigen Ausweitung der Industrie, im gesteigerten Hygienebewußtsein und im veränderten Konsumverhalten des Menschen. Hinzu kommt, daß sich die Bevölkerungszahl nahezu verdoppelt hat. Auch wenn der Mensch täglich nur 1–2 l Trinkwasser zu sich nimmt, so liegt durch den Bedarf an Wasch-, Bade-, Spülwasser und dgl. der *tägliche Wasserverbrauch* mittlerweile bei 150–200 l, in Großstädten in bestimmten Spitzenzeiten sogar bei 400 l pro Kopf der Bevölkerung. Nicht zuletzt die Kosten der kommunalen Abwasserreinigung haben allerdings den Wasserpreis so stark erhöht, daß sich nunmehr die Verbrauchszunahme gegenüber früher wesentlich verlangsamt hat. Zum privaten Verbrauch kommt der *industrielle Wasserbedarf.* So werden z. B. zur Erzeugung von 1 kg Kunststoff bis zu 500 l, zur Erzeugung von 1 kg Papier bis zu 3000 l Wasser benötigt. Während kleine Industriebetriebe zumeist auf die öffentliche Wasserversorgung angewiesen sind, versorgen sich größere Industriebetriebe kostengünstiger selbst, zumal sie bei großen Teilen des Wasserbedarfs auf Rohwasser geringerer Qualität (Flußwasser, Brackwasser) zurückgreifen können.

Der gesamte Bedarf an Trinkwasser wird heute etwa zur Hälfte aus dem *Grundwasser*, zu etwa einem Drittel aus *Quellwasser* und zu rund 15% aus dem *Oberflächenwasser* der Seen und Flüsse gedeckt. Der Umfang der notwendigen Aufbereitungsschritte bei der Herstellung von Trinkwasser hängt von der Rohwasserqualität ab. Grundwasser bedarf häufig keinerlei Aufbereitung, für das Wasser aus der Tiefe des Bodensees z. B. sind Flockung, Filtration und Transportchlorung hinreichend.

Erster und wichtigster Reinigungsschritt bei Oberflächenwasser ist meist eine *Bodenpassage* des den Gewässern entnommenen *Rohwassers* (z. B. durch Versickerung in hierfür geeigneten Kiesablagerungen), während der die Temperatur auf den vom Verbraucher gewünschten Wert von 10–14 °C ausgeglichen wird und ein natürlicher biologischer Abbau von organischen Verbindungen u. a. erfolgt. Nach mehrere Wochen dauernder Bodenpassage, bei der aus dem Boden Eisen- und Manganverbindungen gelöst werden können, wird dieses Wasser über die Grundwassererfassung zusammen mit natürlichem Grundwasser entnommen und durch ein ferngesteuertes Pumpwerk in das *Wasserwerk* gefördert. Dort wird es in einer *Flockungsanlage* mit Eisen- oder Aluminiumsalzen als Flockungsmittel versetzt. Bei Zugabe von Kalk und Belüftung entstehen unlösliche Eisen- bzw. Aluminiumhydroxide, die die im Wasser enthaltenen Trübstoffe binden. Die Schlammflocken sinken zu Boden und können abfiltriert werden.

Das darüberstehende *Klarwasser* kann in einer *Ozonisierungsanlage* durch Einblasen von Ozon weiter entkeimt und außerdem durch Oxidation noch gelöster organischer Stoffe von diesen befreit werden. Das zu diesem Vorgang benötigte *Ozon* (O_3) wird im Wasserwerk mit Hilfe elektrischer Energie aus Sauerstoff (O_2) erzeugt und zerfällt nach der Einwirkung auf das Wasser wieder rückstandslos zu Sauerstoff.

In der sich anschließenden *Schnellfilteranlage* werden dem Wasser zunächst durch eine ca. 2–3 m starke *Quarzsandschicht* die letzten Schwebstoffe und dann durch die darunterliegenden *Aktivkohlefilter* alle sonstigen noch gelösten Fremdstoffe entzogen. Das aufbereitete Wasser wird bis zu seinem Einsatz im *Reinwasserbehälter* gespeichert. Um das Wasser absolut keimfrei zum Verbraucher gelangen zu lassen, wird häufig eine geringfügige Chlorung vorgenommen.

Früher wurde *Chlor* auch in größerem Umfang zur Oxidation der Wasserinhaltsstoffe eingesetzt. Dieses Verfahren wurde jedoch stark eingeschränkt, weil dabei Spuren chlorierter Kohlenwasserstoffe neu gebildet werden.

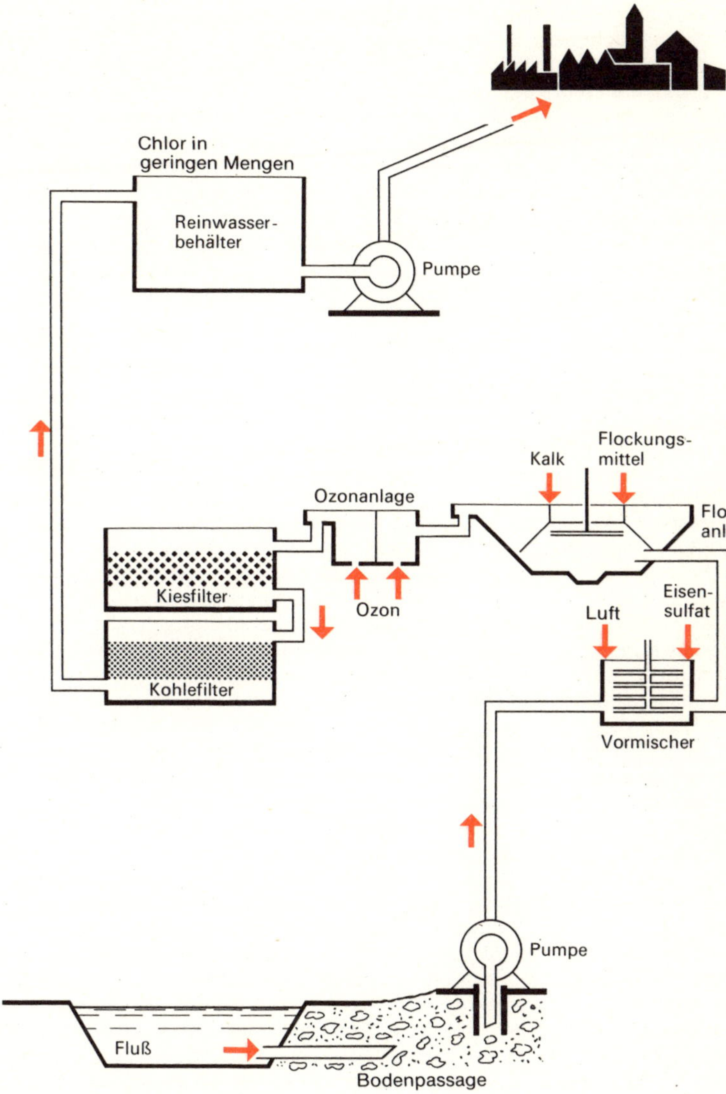

Abb. Schema eines Wasserwerks

Fluor – Fluoridierung des Trinkwassers

Das zu den Halogenen gehörende *Fluor*, chemisches Symbol F, ist das reaktionsfreudigste unter den chemischen Elementen und kommt daher in elementarer Form in der Natur nicht vor. Es ist ein grünlichgelbes Gas, das ebenso wie seine Verbindungen giftig ist. Einige seiner Verbindungen haben technische Bedeutung. So wird z.B. die *Fluorwasserstoffsäure* (HF), deren Salze als *Fluoride* bezeichnet werden, zum Ätzen von Glas verwendet, während die Fluorverbindung *Kryolith* (Na_3AlF_6) eine wichtige Rolle bei der Herstellung von Aluminium spielt. Deshalb können in den Abgasen von Aluminiumhütten und (fluoridhaltiges) Rohphosphat verarbeitenden Fabriken Fluoride vorkommen, die in höherer Konzentration den Pflanzenwuchs beeinträchtigen. Bei täglicher Daueraufnahme von mehr als 10 mg Fluor in Form von Fluoriden sind beim Menschen chronische Schäden (Gewichtsverlust, allgemeine Schwäche, Anämie) zu befürchten, die sich schließlich in der als Osteosklerose bezeichneten Verdichtung der Knochensubstanz, vor allem der Röhrenknochen, manifestieren.

In der Zahnmedizin bekannt und umstritten ist die kariesverhindernde Wirkung von Fluor. Einerseits ist durch Großversuche, die in der Stadt Basel, in den USA und in osteuropäischen Ländern durchgeführt wurden, eindeutig aufgezeigt worden, daß eine *Fluoridierung des Trinkwassers* durch Zusatz von 1 mg Natriumfluorid (NaF) je Liter Trinkwasser die Widerstandsfähigkeit des Zahnschmelzes gegen Karies dauerhaft um 60–80% verbessern kann. Dabei werden in der Zahnbildungsphase bis zum 14. Lebensjahr Fluoridionen an Stelle von Carbonationen in die Zahnsubstanz eingebaut. Der derart entstehende Fluoroapatit ist wesentlich beständiger gegen den ständigen Angriff organischer Säuren im Mundraum. Man kann diese Schutzwirkung abgeschwächt auch durch Verwendung fluorhaltiger Zahnpasta oder durch Verteilen von Calciumfluoridtabletten erzielen.

Andererseits gibt es auch längerdauernde Untersuchungen, die zeigen, daß eine solche Kariesprophylaxe bzw. Schutzwirkung nach 10–15 Jahren ins Gegenteil verkehrt wird, da dann die Schädigung des Organismus durch das toxische Fluor die Kariesanfälligkeit der Zähne sogar noch erhöht. Außerdem soll bei einer Fluoridierung des Trinkwassers bereits bei 2 mg NaF pro Liter der Mensch auf Fluor allmählich mit typischen Symptomen einer beginnenden *Zahnfluorose* reagieren, da sich ein Teil der täglichen Fluorgabe im Körper speichert. Diese Fluorose führt zunächst zu einer kreidigen Abstumpfung, dann zur bräunlichen Verfärbung des Zahnschmelzes und schließlich zu einer allgemeinen Störung des Kalkhaushaltes, zum Aufweichen oder Brüchigwerden von Knorpel und Knochen.

Auch aus *juristischer Sicht* ist es sehr problematisch, das Trinkwasser, auf das alle Menschen angewiesen sind, mit einem Zusatzstoff zu versehen, der in höheren Dosen Nebenwirkungen erzeugt. Der Verbraucher hat zudem keine Möglichkeit, sich aus der Versorgung mit dem fluoridierten Trinkwasser auszuschalten. Diese Situation entspricht also einer Zwangsmedikation, die im Grunde gegen das im Grundgesetz der BR Deutschland festgelegte Grundrecht auf körperliche Unversehrtheit und freie Entfaltung der Persönlichkeit verstößt. Nachweislich günstige Folgen hätte der Zusatz nur für Kinder unter 14 Jahren. Bei Einhaltung der Dosierung wurden zwar negative Auswirkungen für die übrigen Menschen nicht beobachtet. Es könnten aber Fehler bei der Zugabe oder der Durchmischung passieren. Ferner muß man berücksichtigen, daß auch kranke Menschen, Menschen mit stark erhöhtem Flüssigkeitsbedarf u.ä. dieser Belastung ausgesetzt würden. Wegen dieser Bedenken hat sich der Zusatz von Fluoriden zum Trinkwasser in der Bundesrepublik nicht durchsetzen können, obwohl er auf Antrag einer Gemeinde von den Landesregierungen zugelassen werden könnte. In vielen Städten der Erde (insbesondere in den USA) und in Schweden wurde inzwischen die vor Jahren versuchsweise eingeführte Trinkwasserfluoridierung nach negativen Erfahrungen wieder abgesetzt.

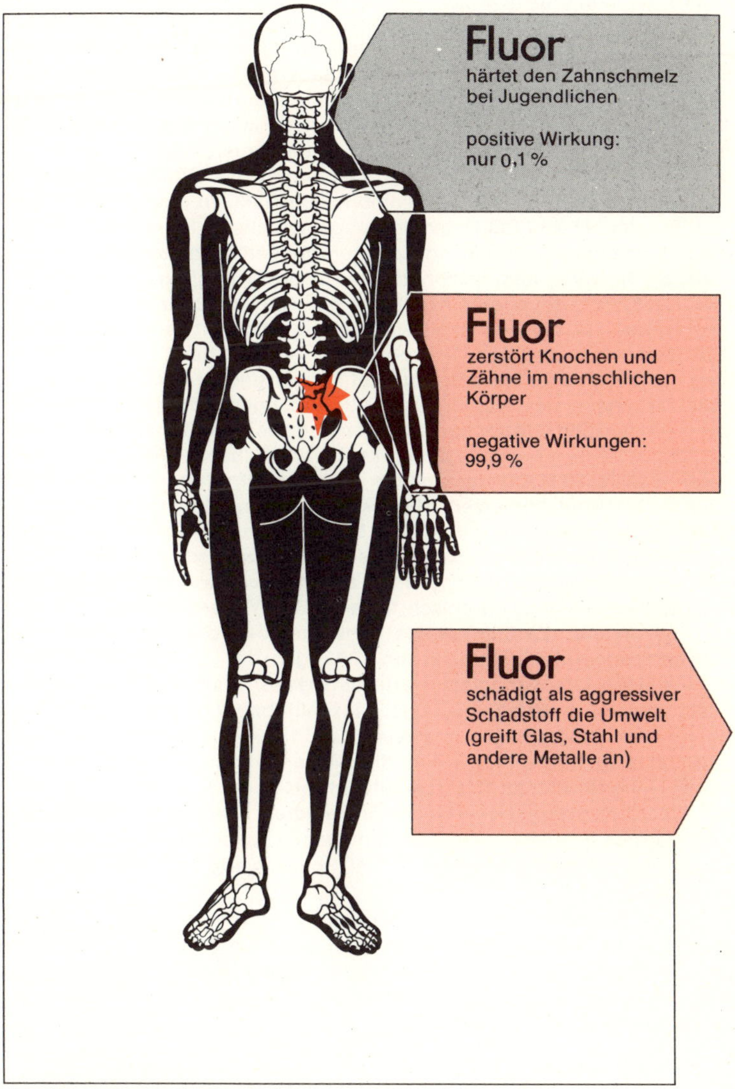

Abb. Auswirkungen der Fluoridierung des Trinkwassers

Gesundheitsgefährdung durch Kohlenmonoxid

Kohlenmonoxid (CO) ist ein farb- und geruchloses, brennbares, giftiges Gas, das in großen Mengen in Verbrennungsabgasen, vor allem von Kraftfahrzeugen, enthalten ist. Pro Jahr werden in der Bundesrepublik allein durch den Autoverkehr rund 6 000 000 t Kohlenmonoxid an die Luft abgegeben.

Die Giftigkeit von Kohlenmonoxid liegt darin, daß es sich mit dem roten Blutfarbstoff Hämoglobin sehr fest verbindet und dadurch die in der Lunge normalerweise stattfindende Bindung von Sauerstoff an das Hämoglobin verhindert. Es beeinträchtigt dadurch den Sauerstofftransport durch das Blut und führt zu ähnlichen Symptomen wie bei einer Erstickung. Kohlenmonoxid hat eine 200- bis 300mal größere Affinität zum Hämoglobin als der Sauerstoff.

Ein Maß für den Grad der akuten *Kohlenmonoxidvergiftung* ist der Anteil des Hämoglobins im Blut, das mit Kohlenmonoxidmolekülen reagiert hat *(CO-Hämoglobin)*. Bereits bei 2 % CO-Hämoglobin (entsprechend 13 ppm CO in der Einatmungsluft) sind bei empfindlichen Testanordnungen die ersten Auswirkungen auf das zentrale Nervensystem im Sinne einer Beeinträchtigung der Zeitempfindung meßbar. Bei 3 % CO-Hämoglobin (entsprechend 20 ppm CO in der Einatmungsluft) können Störungen der Helligkeitsempfindung und der Sehschärfe beobachtet werden. Bei 4,5 bis 5 % CO-Hämoglobin (entsprechend 30 ppm CO in der Einatmungsluft) sind meßbare Beeinträchtigungen der Sehleistung und psychomotorische Störungen feststellbar. Diese Auswirkungen niedriger Kohlenmonoxidkonzentrationen sind erst vor kurzem bekannt geworden. Bisher nahm man an, daß unter 10 bis 20 % CO-Hämoglobin keine erkennbaren Vergiftungssymptome auftreten. Erst bei 30 % CO-Hämoglobin spürt der Betroffene selbst die Schädigungen, die sich in Kopfschmerzen, Mattigkeit und Schwindelgefühl äußern. CO-Hämoglobin-Konzentrationen von 45 bis 50 % führen gewöhnlich zu Kollaps und Bewußtlosigkeit, noch höhere Sättigungswerte führen rasch zum Tod. – Auf Grund neuerer Untersuchungsergebnisse muß angenommen werden, daß bei niedrigen CO-Konzentrationen eine chronisch-toxische CO-Wirkung auftritt.

Einen besonderen Einfluß hat das Kohlenmonoxid auf das Fahrverhalten des Autofahrers. Eine Untersuchung in den USA ergab, daß bei Autounfällen die Fahrer besonders hohe CO-Hämoglobinwerte aufwiesen. Kraftfahrer, die während der Nachtstunden ein Kraftfahrzeug über eine Autobahn lenkten, zeigten bei einer Erhöhung des CO-Hämoglobinspiegels um 10% eine verlängerte Reaktionszeit auf Bremsleuchten und Geschwindigkeitsveränderungen. Um den wahrscheinlich noch unbedenklichen CO-Hämoglobinwert von 2% nicht zu überschreiten, dürften die CO-Konzentrationen in den Großstädten nicht über 9–10 ppm ansteigen. Zur Zeit werden in unseren Großstädten jedoch schon maximale Stundenwerte von 30, sogar 50 ppm gemessen, wobei Spitzenwerte von 100–300 ppm nicht selten vorkommen.

Der *gesetzliche Grenzwert für Kohlenmonoxid* beträgt 10 mg/m^3 als Jahres- und 24-Stunden-Mittelwert (entspricht 8,6 ppm) und 30 mg/m^3 als Halbstundenwert (entspricht 25,8 ppm). Ein Vergleich dieses gesetzlichen Grenzwertes mit den medizinischen Wirkungen von Kohlenmonoxid ergibt, daß in diesem Grenzwert keine Sicherheitsspanne enthalten ist.

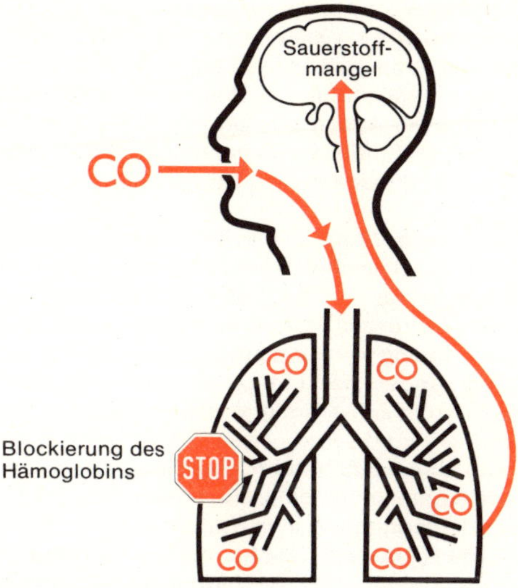

Abb. 1 Schädigende Wirkung von Kohlenmonoxid im Organismus

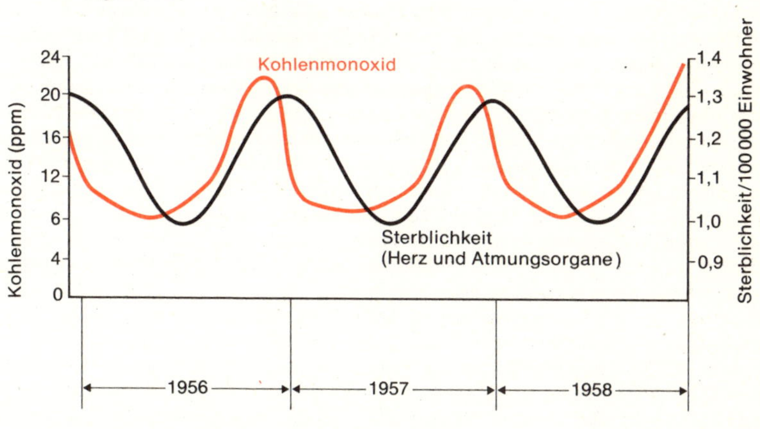

Abb. 2 Sterblichkeit (infolge Krankheiten der Atmungsorgane und des Herzens) und Kohlenmonoxidgehalt der Luft im Gebiet von Los Angeles; modifiziert nach Hechter und Goldsmith

Gesundheitsgefährdung durch Stickoxide

Stickoxide entstehen überall dort, wo Verbrennungen bei hoher Temperatur durchgeführt werden, also in konventionellen Kraftwerken, in Dampfkesselanlagen, bei Auto- und Flugzeugmotoren und in geringerem Maße bei Haushaltsheizungen, ferner in der chemischen Industrie. 1980 wurden in der BR Deutschland etwa 2,4 Millionen Tonnen Stickoxide in die Luft freigesetzt.

Stickoxide sind giftige Gase, vor allem *Stickstoffmonoxid* (NO) und *Stickstoffdioxid* (NO_2), die die Schleimhäute der Atmungsorgane angreifen und dort Katarrhe und Infektionen begünstigen. Unter Einfluß von Sonnenlicht sind sie zusammen mit organischen Bestandteilen der Autoabgase die Haupterzeuger von photochemischem Smog (s. S. 348).

Man hat festgestellt, daß bereits 0,1 ppm NO_2 bei einer ein- bis dreijährigen Einwirkung zu einer Zunahme der Bronchitishäufigkeit führt und einen negativen Einfluß auf die Lungenfunktion bei Kindern hat. Bei Personen, die bereits an einer chronischen Bronchitis leiden, wird der Atemwiderstand durch 1,6–2 ppm NO_2 signifikant erhöht, d. h., die Atmung wird erschwert. In Tierversuchen konnten durch 0,25 ppm NO_2 Veränderungen des Lungengewebes und durch 0,5 ppm leichte Entzündungsreaktionen und Zellveränderungen nachgewiesen werden.

Eine systematische Erhebung über die Wirkungen von Stickstoffdioxid wurde in den Jahren 1968/1969 in den USA durchgeführt. Bei dieser *Chattanooga-Studie* wurden vier getrennte Gebiete untersucht, ein Gebiet mit hohen Stickstoffdioxidwerten (0,06–0,11 ppm) und niedrigen Schwebestaubwerten, ein Gebiet mit niedrigen Stickstoffdioxidwerten (0,05 ppm) und hohem Schwebstaubgehalt sowie zwei Gebiete mit allgemein niedriger Luftverunreinigung. In jedem dieser Gebiete wurden je drei Schulen mit zusammen 987 Kindern und deren Familienangehörigen, insgesamt 4043 Erwachsene, untersucht. Durch eine statistische Analyse wurden dabei der sozioökonomische Status, das Alter, die Rauchgewohnheiten, das Geschlecht und weitere Einflußfaktoren mitberücksichtigt. Die wichtigsten Ergebnisse dieser Chattanooga-Studie waren: Die Kinder in dem Gebiet mit hohen Stickstoffdioxidwerten (0,06–0,11 ppm) hatten bei Lungenfunktionstests (das maximale Einatmungsvolumen in 0,75 Sekunden) signifikant niedrigere Werte als diejenigen der Kontrollgebiete. Hier war also ein deutlicher Einfluß der Stickstoffdioxidkonzentration auf das Atmungsvermögen der Kinder nachgewiesen. Sowohl bei den Kindern als auch bei den Erwachsenen war im Gebiet mit hohem Stickstoffdioxidgehalt die Häufigkeit der akuten Erkrankungen der Atmungsorgane signifikant höher als in den beiden Kontrollgebieten. Eine erhöhte Krankheitshäufigkeit wurde dabei immer dann registriert, wenn die 24-Stunden-Mittelwerte der Stickstoffdioxidkonzentration über 0,06 ppm lagen.

In einer anderen amerikanischen Untersuchung wurde die Häufigkeit der Erkrankungen der tiefen Atmungsorgane (Lungenentzündung, Bronchitis und Asthma) in Abhängigkeit von der Stickoxidkonzentration untersucht. Der Untersuchungszeitraum betrug drei Jahre. Es wurden 1800 Schulkinder und 1100 Kleinkinder untersucht. Das Ergebnis war, daß die Häufigkeit akuter Bronchitis in den Gebieten mit hohen und mittleren Stickstoffdioxidimmissionen bei allen Kindern signifikant höher war als im Kontrollgebiet mit niedrigen Stickstoffdioxidwerten. Eine erhöhte Häufigkeit wurde dabei dort festgestellt, wo die Stickstoffdioxidwerte über 0,06 ppm lagen.

Bis zum Jahr 1974 betrug der *Grenzwert für Stickstoffdioxid* 0,5 ppm (Langzeitwert) bzw. 1 ppm (Kurzzeitwert). Heute beträgt der Grenzwert für Stickstoffdioxid 0,1 mg NO_2/m^3 Luft als Langzeitwert (entspricht 0,05 ppm) und 0,3 mg NO_2/m^3 Luft als Kurzzeitwert (entspricht 0,15 ppm). Der Autoverkehr in unseren Großstädten verursacht jedoch heute schon Kurzzeitwerte von 0,2–0,5 ppm NO_2.

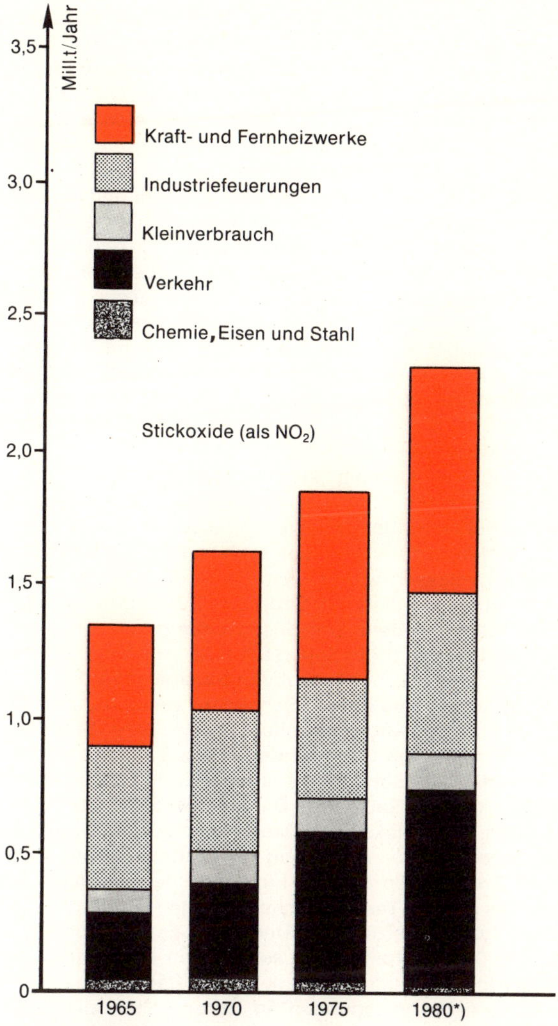

*) geschätzt

Abb. Stickoxidemission in der BR Deutschland nach Verursachern (Gesundheitsgefährdung durch Stickoxide)

Ozon – Entstehung und Wirkung auf den Organismus

Ozon entsteht in Höhen oberhalb 30 km durch photochemische Prozesse. Molekularer Sauerstoff (O_2) wird durch ultraviolettes Sonnenlicht (bei einer Wellenlänge von 240 nm) in zwei Sauerstoffatome dissoziiert. Ein so entstandenes O-Atom kann sich mit einem Sauerstoffmolekül (O_2) zum dreiatomigen Sauerstoffmolekül (O_3; Ozon) verbinden. Das O_3-Molekül seinerseits absorbiert sehr stark ultraviolettes Licht im Bereich einer Wellenlänge von 300 nm und wird dadurch wieder in O_2-Moleküle und O-Atome dissoziiert. Ein Teil der O-Atome verbindet sich wiederum zu O_2-Molekülen. Auf diese Weise stellt sich ein photochemisches Gleichgewicht ein, zu dem auch andere Gase über photochemische Reaktionen und durch rein chemische Umsetzungen beitragen.

Die Ausbildung der Ozonschicht in der Stratosphäre und die dadurch bewirkte starke Absorption der für nahezu alle Lebensformen schädlichen kurzwelligen UV-Strahlung der Sonne (mit Wellenlängen unter 300 nm) durch das Ozon hat vermutlich überhaupt erst das Entstehen von Leben auf der Erdoberfläche ermöglicht. Der Ozongehalt der Stratosphäre (er beträgt maximal 7 ppm) unterliegt erheblichen natürlichen Schwankungen, deren Ursachen und Gesetzmäßigkeiten nur ungenügend bekannt sind. Jede langfristige Verminderung des Ozongehalts der Stratosphäre durch chemische Umsetzung des Ozons mit Schadgasen (etwa Fluorkohlenwasserstoffe aus Spraydosen; s. S. 346) würde eine Zunahme der UV-Strahlung an der Erdoberfläche bewirken. Damit wäre v. a. eine Zunahme des Hautkrebses beim Menschen verbunden.

Das in den Schichten oberhalb 30 km entstandene Ozon gelangt nur durch turbulente Luftbewegungen in tiefere Luftbereiche. Aus diesem Grund ist das Maximum der O_3-Konzentration im atmosphärischen Bereich zwischen 20 und 30 km Höhe zu finden, während in der bodennahen Luftschicht nur erheblich geringere Gehalte gemessen werden. Eine Anreicherung des Ozons in tieferen Luftschichten ist nicht möglich, da Ozon bei Berührung mit den organischen Substanzen des festen Bodens und insbesondere an den stark gegliederten Oberflächen der Wälder das dritte Sauerstoffatom an die organischen Substanzen abgibt und dadurch wieder zum molekularen Sauerstoff wird.

In der durch Stickoxide und andere Schadgase verschmutzten Atmosphäre der Großstädte kann eine Reaktion zwischen ultravioletter Strahlung und diesen Schadgasen zur Bildung von Ozon führen. Das z. B. in Autoabgasen enthaltene Stickstoffdioxid zerfällt bei Sonnenbestrahlung durch Photodissoziation in Stickstoffmonoxid und atomaren Sauerstoff. Der atomare Sauerstoff verbindet sich, wie bereits beschrieben, mit molekularem Sauerstoff zu Ozon. Das ist auch der Grund dafür, daß bei Smogsituationen am Tag die O_3-Konzentration der bodennahen Luftschichten in Großstädten auf das Fünffache des normalen Gehaltes und in extremen Fällen bis auf das Tausendfache ansteigen kann.

Durch Ozon erfolgt eine Reizung der Atemwege. Es dringt bedeutend tiefer in die Lunge ein als die Schwefeloxide. Bei sehr hohen Konzentrationen werden die Oberflächen des Atmungstraktes so stark angegriffen, daß es zu einem tödlichen Lungenödem kommt. Untersuchungen an Tieren haben allerdings gezeigt, daß durch wiederholte Inhalation von Ozon in niedriger Konzentration eine gewisse Resistenz gegenüber den Reizwirkungen des Ozons erreichbar ist. Tiere, die längere Zeit niedrigen Ozonkonzentrationen ausgesetzt waren, verstarben nicht, wenn sie danach höheren (im allgemeinen tödlichen) Konzentrationen ausgesetzt wurden. Auch fand man bei Tieren, die über Monate hinweg subletalen (beinahe tödlichen) Ozondosen ausgesetzt waren, eine Verdickung der Bronchiolenwände, wie sie in frühen Stadien der chronischen Bronchitis beim Menschen beobachtet wurde. Ob letztlich Zusammenhänge zwischen der Ozonkonzentration in Ballungszentren und der Häufigkeit chronischer Bronchialerkrankungen bestehen, konnte bislang nicht geklärt werden.

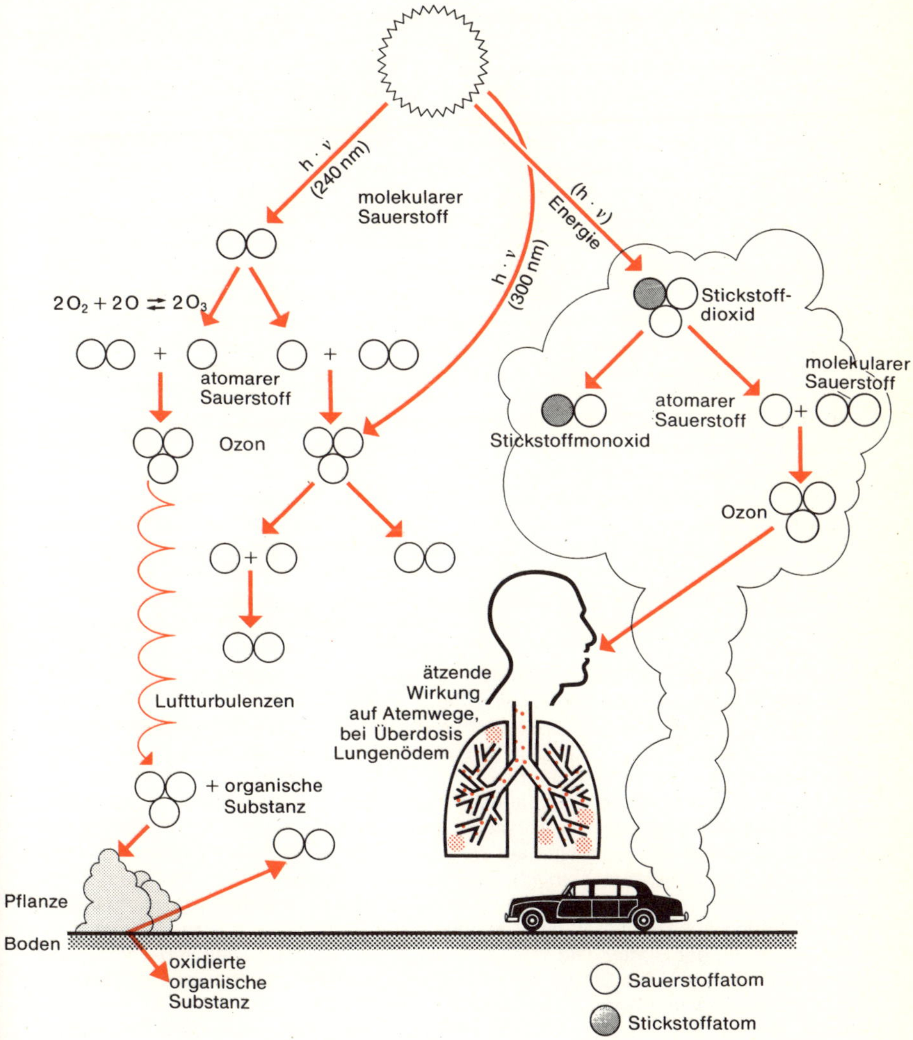

Abb. Entstehung und Abbau von Ozon und seine schädigende Wirkung auf den Organismus

Schwefeldioxid

Schwefeldioxid (SO_2) entsteht bei der Verbrennung fossiler Rohstoffe, die auf Grund ihrer organischen Herkunft Schwefel enthalten, und bei vielen Prozessen in der chemischen Industrie. Schwefeldioxid ist ein farbloses, giftiges Gas, schwerer als Luft, und hat in höheren Konzentrationen einen stechenden Geruch. Die *Gefährlichkeit von Schwefeldioxid* liegt vor allem darin, daß es in die Atemwege eindringt und die unzähligen kleinen Flimmerhärchen der Bronchialschleimhaut schädigt, die die Aufgabe haben, eingedrungene Staub- und Aerosolpartikel aus den Bronchien wieder hinauszubefördern. Durch die Wirkung des Schwefeldioxids bleiben eingeatmete Staub- und Rußpartikel in der Lunge und können dort ihre giftige Wirkung entfalten (s. auch S. 340).

Bei *Kleinkindern* führt Schwefeldioxid vor allem zum sog. *Kruppsyndrom,* einer bedrohlichen, akuten Krankheit, deren Verlauf durch heiseren, bellenden Husten, Fieber und zunehmende, u. U. tödliche Atemnot gekennzeichnet ist. Die Kehlkopfschleimhaut und die Stimmbänder sind geschwollen und entzündet, und die Luftröhre ist stark verschleimt. Das Kruppsyndrom tritt vorwiegend in den Abend- und Nachtstunden und jahreszeitlich bevorzugt in den Wintermonaten auf.

Eine interessante Untersuchung über dieses Problem wurde in den letzten Jahren an der Universitätskinderklinik Frankfurt durchgeführt. In den Jahren 1967 bis 1971 wurden dort insgesamt 576 Kinder mit Kruppsyndrom eingeliefert. Die Krankheitsfälle traten vorwiegend in den Wintermonaten auf, in denen auch eine hohe Staub- und Schwefeldioxidkonzentration gemessen wurde. Mit Methoden der elektronischen Datenverarbeitung wurden die Werte der Luftverschmutzung zeitlich mit dem Krankheitsbeginn der Kruppfälle in Zusammenhang gebracht. Dabei zeigte sich, daß bei Tages- und maximalen 3-Stunden-Mittelwerten ab 0,06–0,08 ppm Schwefeldioxid (entspricht 0,16 mg Schwefeldioxid pro m^3 Luft) eine hochsignifikante Zunahme der Krankheitsfälle eintrat. In bezug auf Staub ergab sich, daß die kritische Grenze, über der die Kruppfälle stark zunehmen, bei 0,17 mg Staub pro m^3 Luft liegt.

Eine andere, sehr sorgfältige Studie wurde im Jahr 1964 in den USA durchgeführt. Im Rahmen dieser sog. *Nashville-Studie* wurden insgesamt 9313 Personen untersucht. Bereits ab einer Konzentration von 0,005 ppm SO_2 nahm die Krankheitsrate in der Bevölkerung zu. Eine besondere Zunahme war bei den Herz- und Kreislaufkrankheiten zu verzeichnen.

Neben der gesundheitsschädigenden Wirkung hat Schwefeldioxid auch einen *Einfluß auf die Vegetation.* Die Tatsache, daß im Ruhrgebiet die Kiefernbestände so gut wie ausgestorben sind, wird auf die Einwirkung von Schwefeldioxid zurückgeführt. Es ist sehr wahrscheinlich, daß bei der Schädigung von Pflanzen durch Schwefeldioxid ein Synergismus mit Fluorabgasen eine Rolle spielt (s. auch S. 353). Die Schäden äußern sich in einer Fleckung der Blattspitzen bis zu einer völligen Ausbleichung der Blätter. Die Flecken können rot, braun und gelblich werden und trocknen dann ein. Die Blätter rollen sich ein und fallen ab. Besonders gefährdet sind Nadelgehölze, die ganz absterben können.

Schließlich gilt als sicher, daß Schwefeldioxid auch eine zerstörende Einwirkung auf andere (tote) Materialien hat. Viele *Bauwerke* aus dem Mittelalter, die unbeschadet Jahrhunderte überdauerten, begannen innerhalb der letzten Jahrzehnte plötzlich zu verfallen. So sind z. B. an der alten Pinakothek in München und am Kölner Dom massive Schäden zu sehen, die auf Schwefeldioxideinfluß zurückgeführt werden können. Schwefeldioxidabgase greifen vor allem Kalksteine an, da Schwefeldioxid mit Wasser zusammen schweflige Säure bildet, die das Calciumcarbonat (Kalk, Marmor) wasserlöslich macht.

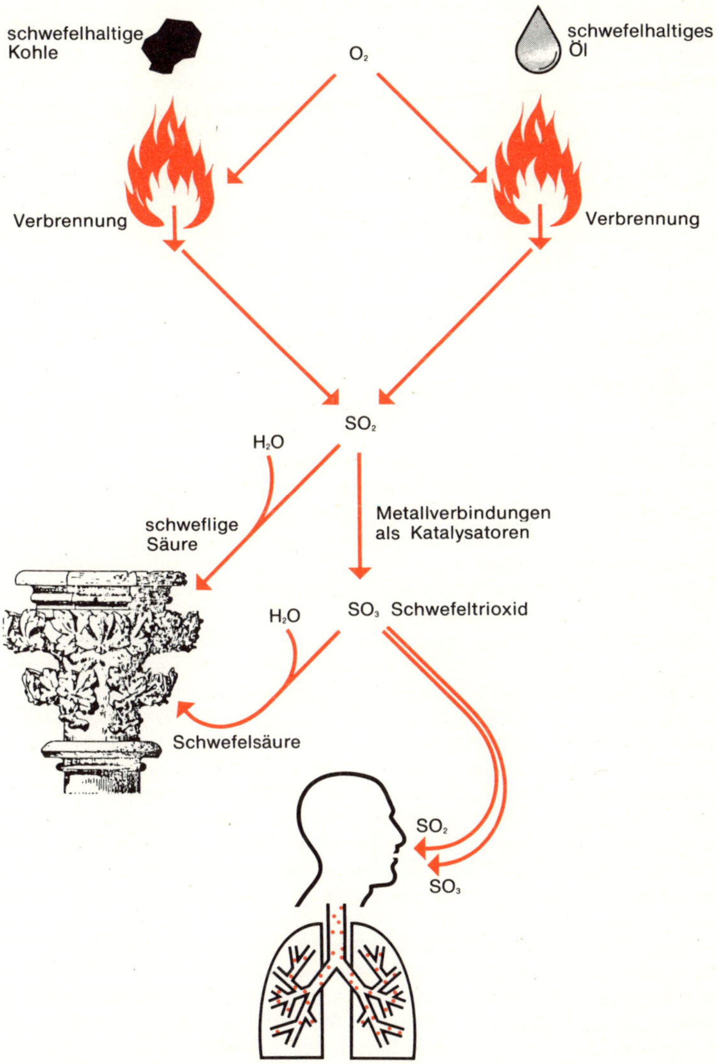

Abb. Schwefeldioxid in der Umwelt

Halogenierte Kohlenwasserstoffe

Formal fallen unter den Oberbegriff *halogenierte Kohlenwasserstoffe (HKW)* alle organischen Verbindungen des Kohlenstoffs mit Wasserstoff und Halogenen, insbesondere mit Chlor und Fluor. Im weiteren Sinne werden darunter schlechthin alle Substanzen verstanden, die Halogen an Kohlenstoff gebunden enthalten.

Die *Einführung eines Halogenatoms* in ein Kohlenwasserstoffmolekül durch Ersetzung eines Wasserstoffatoms ist eine der Grundoperationen der organischen Chemie; sie öffnet den Weg zu einer Fülle weiterer Reaktionen. Dementsprechend nehmen die HKW als Zwischenprodukte in vielen Bereichen der chemischen Synthese eine Schlüsselstellung ein. Als Endprodukte haben sie wichtige Verwendungsgebiete: Kunststoffe, Lösungsmittel, Schädlingsbekämpfungsmittel, Pharmazeutika, Dichtungs- und Imprägnierungsmittel, Schuhcreme, Tapetenkleister, Antiklopfmittel, Feuerlöschmittel, Treibgase u.a. mehr. In der Bundesrepublik werden z.B. von dem Kunststoff PVC etwa 1 Mill. t im Jahr produziert, die Produktion von HKW als Lösungsmittel (z.B. die leichtflüchtigen Stoffe Per- und Trichloräthylen) beträgt mehrere 100000 Tonnen im Jahr. Bei Waldbränden und beim Abflämmen von Ernterückständen gelangen jährlich mehrere Millionen Tonnen *Methylchlorid* in die Atmosphäre. Mit steigendem Halogengehalt wird der biologische Abbau immer schwieriger; dafür unterliegen HKW v.a. in der Atmosphäre einer photolytischen Spaltung durch die UV-Strahlung der Sonne.

Eine ganze Gruppe stark *chlorierter Kohlenwasserstoffe*, deren bekanntester Vertreter das *Dichlordiphenyltrichloräthan* oder *DDT* ist, vereinigt eine stark insektizide Wirkung mit einer besonders niedrigen akuten Warmblütertoxizität. Erst nach einer Reihe von Jahren erkannte man, daß sich die Substanzen wegen ihrer hohen Beständigkeit im Fettgewebe anreichern *(Bioakkumulation)* und mit empfindlichen Analysenmethoden allgegenwärtig in der Natur gefunden werden können. In Westeuropa hat man deshalb weitgehend die Anwendung und Herstellung dieser Verbindungen (DDT, Aldrin, Endrin, Dieldrin, Chlordan, Toxaphen, Heptachlor, Hexachlorbenzol) verboten. In den Tropen mit ihren viel größeren Problemen mit Schadinsekten scheint dies bisher nicht möglich zu sein.

Auch *polychlorierte Biphenyle (PCB)*, die seit etwa 40 Jahren in Tausenden von Tonnen pro Jahr hergestellt wurden und als elektrische Isolierflüssigkeiten, Flammschutzmittel, Hydraulikflüssigkeiten, Lackzusätze, Wärmeüberträger u.a. verwendet werden, lassen sich heute ubiquitär nachweisen. Sie stehen unter dem Verdacht, kanzerogen (krebserzeugend) zu wirken und Schädigungen der Erbanlagen sowie des keimenden Lebens zu bewirken. Aus diesem Grund werden nur noch weniger stark chlorierte PCB hergestellt und ihre Anwendung auf geschlossene Systeme (Transformatoren, hydraulische Anlagen im Bergbau) beschränkt. In diesen Anwendungsgebieten sind sie bisher wegen ihrer Unbrennbarkeit unersetzlich. Bei unsachgemäßem Umgang wurden in Japan u.a. Nierenschäden beobachtet.

Auch *Fluorkohlenwasserstoffe* sind unbrennbar und reaktionsträge. Sie werden deshalb als Sicherheitstreibmittel für Sprays und als Wärmeträger für Kältemaschinen, Kühlschränke und neuerdings für Wärmepumpen eingesetzt. Wegen ihrer hohen Flüchtigkeit finden sie sich in der Atmosphäre. Ihr photolytischer Abbau erfolgt so langsam, daß derzeit intensiv geprüft wird, ob ihr Abbau in der Stratosphäre dort den Ozongehalt verringert (s.S. 346), wodurch zukünftig mehr längerwellige UV-Strahlung die Erde erreichen würde, was ein Ansteigen von Hautkrebs auslösen könnte.

Das monomere *Vinylchlorid*, Ausgangsmaterial zur Herstellung des Kunststoffs *Polyvinylchlorid (PVC)*, kann in seltenen Fällen eine Leberkrebsart (Hämangiosarkom) hervorrufen, weshalb die Konzentration am Arbeitsplatz und im fertigen Kunststoff in der Bundesrepublik so drastisch abgesenkt wurde, daß Gesundheitsgefährdungen für Arbeiter und Konsumenten weitgehend auszuschließen sind.

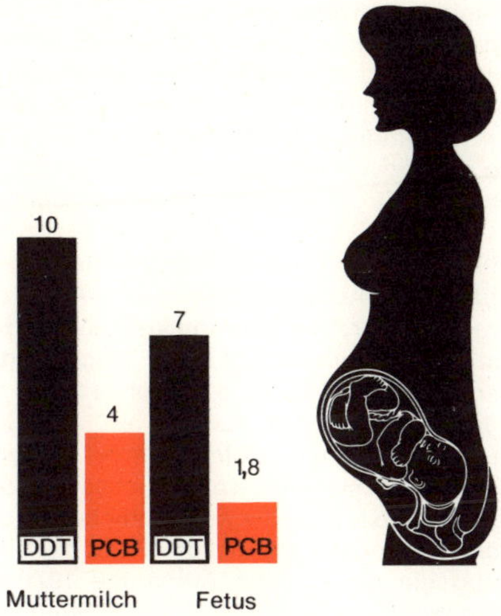

Abb. 1 DDT- und PCB-Gehalt (in mg/kg Körpergewicht) in der Muttermilch und im Körper des ungeborenen Kindes

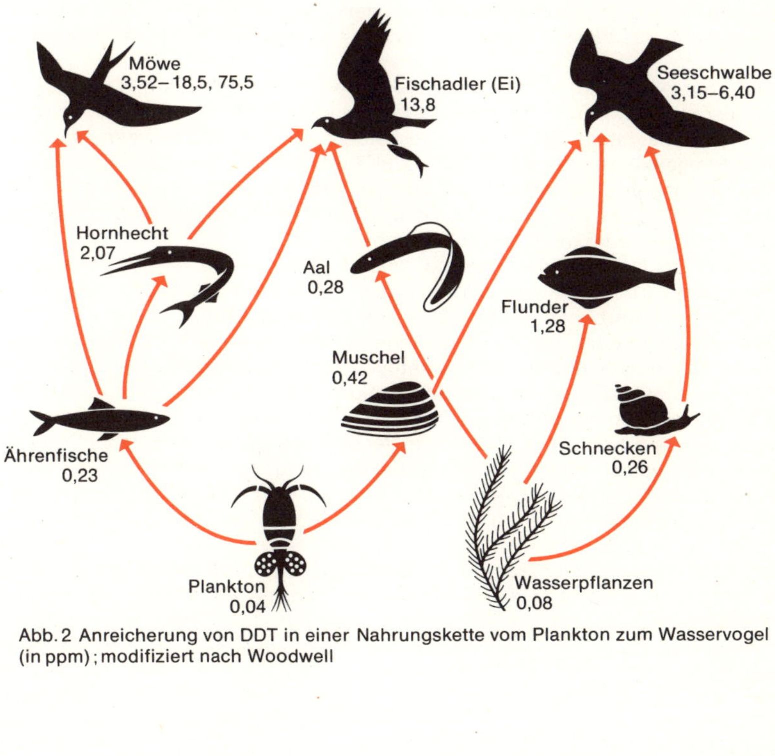

Abb. 2 Anreicherung von DDT in einer Nahrungskette vom Plankton zum Wasservogel (in ppm); modifiziert nach Woodwell

Blei – Gesundheitsgefährdung durch Blei

Blei (Pb) ist ein seit dem Altertum bekanntes Gebrauchsmetall. Schon zur Zeit des Kaisers Titus (80 n. Chr.) waren in den römischen Bleibergwerken in Spanien 40000 Sklaven beschäftigt. Die typischen Symptome der *Bleivergiftung* wie Schwächegefühl, Appetitlosigkeit, Müdigkeit und Magenbeschwerden wurden schon vor 2000 Jahren bei Metallschmelzern beobachtet, allerdings erst im 18. Jahrhundert mit der Aufnahme von Bleistaub in Verbindung gebracht. Die gleichen Symptome treten auch bei akuter Vergiftung mit Bleiverbindungen, z. B. Bleiacetat (Bleizucker), auf. Das aufgenommene Blei wirkt im Organismus als Enzymgift bei der Porphyrinsynthese.

Durch arbeitshygienische Maßnahmen und medizinische Überwachung ist die *akute berufliche Bleivergiftung* heute selten geworden. Auch das Risiko einer *chronischen Bleivergiftung* ist dadurch stark zurückgegangen. Erhöhte Bleikonzentrationen im Boden und auf Pflanzen werden in der Umgebung bleierzverarbeitender Betriebe und in der unmittelbaren Nähe (bis etwa 30 m) stark befahrener Autostraßen beobachtet. In der Natur wird das Blei als basisches Bleicarbonat gebunden. Bei Pflanzen in bleibelasteten Gebieten befindet sich ein großer Teil des Bleis auf der Blattoberfläche und läßt sich durch gründliches Abwaschen entfernen.

Die Weltgesundheitsorganisation hat für die wöchentliche Bleigesamtaufnahme mit der Nahrung einen *Richtwert* von 3,5 mg Blei pro Person (70 kg) eingeführt. In der BR Deutschland betrug die tatsächliche Aufnahme 1979 durchschnittlich 0,75 mg Blei pro Person und Woche, wovon 80% mit der festen Nahrung und 20% mit dem Trinkwasser aufgenommen wurden. Der *Grenzwert* der deutschen Trinkwasserverordnung von 0,04 mg Blei pro Liter Wasser wird im Rhein deutlich unterschritten. Im Trinkwasser des Verbrauchers können allerdings erhöhte Werte auftreten, wenn das Wasser längere Zeit in bleihaltigen Wasserrohren gestanden hat.

Oral (durch den Mund) aufgenommenes Blei wird im Magen-Darm-Trakt nur zu 5–10% resorbiert, während über die Atemwege etwa 30–50% resorbiert werden. Ein erhöhter Bleigehalt der Luft ist deshalb bedenklich, auch wenn bei dem üblichen Bleigehalt der Luft von 0,002 mg/m^3 Luft nur 25% des resorbierten Bleis mit der Atemluft aufgenommen werden. Ausgeschieden wird Blei hauptsächlich mit dem Urin. Ein Teil des resorbierten Bleis wird in den Knochen gespeichert; es ist, solange es nicht wieder mobilisiert wird, ungefährlich.

In der BR Deutschland werden rund 330000 t Blei jährlich verbraucht. Davon werden etwa 35% in der Akkumulatorenindustrie eingesetzt, rund 20% werden zu Farbpigmenten verarbeitet, weitere 20% metallisch für Rohre und Bleche, für Schrift- und Lagermetalle und für Legierungen verwendet. Rund 5000 t Blei werden jährlich zu Bleitetraäthyl und Bleitetramethyl verarbeitet. Diese *Bleialkyle* werden dem Benzin zugesetzt, um dessen Klopffestigkeit zu erhöhen, d.h. eine höhere Verdichtung im Motor zu ermöglichen. Bei der Verbrennung entstehen feinteilige Bleioxide, die die erhöhte Bleibelastung in der Umgebung dichtbefahrener Straßen bewirken. Das deutsche Benzinbleigesetz hat den Bleigehalt im Benzin ab dem 1. 1. 1976 auf 0,15 g/l herabgesetzt. Als Folge davon sank die *Bleibelastung* der Luft um über 65%, obwohl der Verbrauch an bleihaltigem Benzin um fast 50% angestiegen ist.

Auch wenn Blei sehr intensiv auf seine Wirkungen überprüft wurde, gibt es noch keine Untersuchungen über die chronisch-ökologische Vergiftung und daraus resultierende Spätschäden und Folgewirkungen an den Nachkommen. Auch Kombinationswirkungen mit anderen Verunreinigungen sind noch unzureichend untersucht.

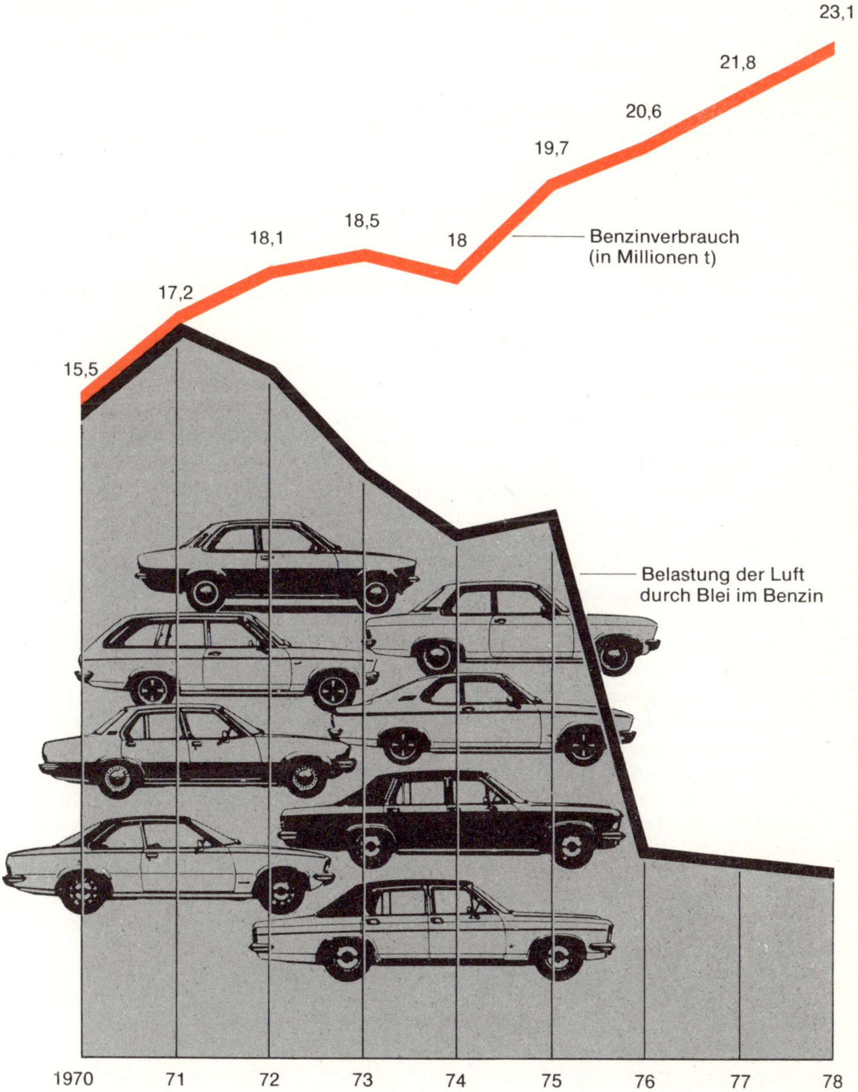

Abb. Auswirkung des Benzinbleigesetzes: Die ab 1.1.1972 bzw. ab 1.1.1976 geltenden Beschränkungen des Bleigehaltes im Benzin führten zu einer Abnahme der Bleibelastung in der Luft durch den Straßenverkehr um 65 % (bezogen auf die Belastung des Jahres 1970)

Cadmium – Gesundheitsgefährdung durch Cadmium

Cadmium (Cd) ist ein silberweißes Metall mit ähnlichen Eigenschaften wie Zink. Sein Anteil am magmatischen Gestein der Erdkruste stimmt etwa mit dem des chemisch verwandten Quecksilbers überein: 0,07–0,5 pm. Anders als beim Quecksilber haben sich jedoch keine Cadmiumlagerstätten ausgebildet, vielmehr kommt das Cadmium stets vergesellschaftet mit anderen Metallen (speziell Zink) in verschiedenen Mineralen vor, und zwar im Verhältnis 3:1000. Das Vorkommen von Cadmium im Rohphosphat (0,1–50 ppm) macht deutlich, daß Cadmium bereits in erdgeschichtlicher Zeit im Meer und in den Knochen der Meerestiere enthalten war. Gleiches gilt für den Cadmiumgehalt fossiler Brennstoffe.

Bis zur Jahrhundertwende verblieb das Cadmium bei der schon seit dem Altertum betriebenen Zinkgewinnung im Zink, so daß die Menschen zusammen mit der Nutzung des Zinks immer auch das Begleitmetall Cadmium mitverwendeten. Erst in diesem Jahrhundert fand man Möglichkeiten, die beiden Metalle voneinander zu trennen, und entdeckte einige dem Zink überlegene Eigenschaften des Cadmiums und seiner Verbindungen.

Cadmiumverbindungen werden zur Herstellung lichtechter Farbpigmente, zur Verbesserung der Haltbarkeit von Kunststoffen, für besonders korrosionsbeständige Überzüge von Metalloberflächen und zur Herstellung von Batterien verwendet. In der Landwirtschaft kommt Cadmium u.a. in Phosphatdüngern vor. Auch bei der Verbrennung von Kohle, Erdöl, Diesel- und Schmierölen wird Cadmium freigesetzt. Ferner enthalten Klärschlämme aus Siedlungs- und Industrieabfällen z.T. hohe Cadmiummengen. Bei häufiger Ausbringung von Klärschlamm auf landwirtschaftlichen Nutzflächen kommt es dadurch zu überhöhtem Cadmiumgehalt im Boden und in den Pflanzen und in der Folge zu einer Gefährdung des Menschen.

Auf die mögliche Bedeutung von Cadmium als Umweltgift wurde man in den 60er Jahren durch eine epidemisch auftretende, äußerst schmerzhafte Nervenerkrankung, die *Itai-Itai-Krankheit,* aufmerksam, die am Unterlauf des Jiutsu in Japan auftrat. Am Oberlauf des Flusses liegen Zinklagerstätten, die abgebaut und dort auch verhüttet werden. Der Fluß und die mit dem Flußwasser bewässerten Reisfelder im Delta wurden sehr stark mit Cadmium belastet. Bei der Itai-Itai-Krankheit kommt es zu einer Auflösung und Entmineralisierung der Knochen. Da jedoch nur über fünfzig Jahre alte Frauen sehr einfacher Herkunft von der Krankheit in ihrer akuten Form betroffen waren, wird angenommen, daß außer der Cadmiumbelastung noch andere Faktoren (z.B. Vitamin-D-Mangel) für die Entstehung dieser Krankheit ausschlaggebend sind.

Etwa 6% des oral aufgenommenen Cadmiums werden im Magen-Darm-Trakt resorbiert, aus der Atemluft dagegen 15–20%. Die resorbierte Cadmiummenge wird nur z.T. wieder ausgeschieden, z.T. wird sie im Organismus, besonders in Nieren und Leber, gespeichert. Auch der Cadmiumgehalt der Nahrung sowie Rauchgewohnheiten haben einen bedeutenden Einfluß auf die Gesamtbelastung. Die Weltgesundheitsorganisation hat einen *Richtwert* von 0,5 mg Cadmium als maximal tolerierbare Gesamtaufnahme pro Person und Woche angesetzt. Die wöchentliche Cadmiumaufnahme in Mitteleuropa wird auf 0,35 mg geschätzt, wovon rund 90% über Nahrungsmittel, 9% über das Trinkwasser und 1% über die Atemluft aufgenommen werden. Ein Raucher, der täglich 30–40 Zigaretten raucht, überschreitet diesen Grenzwert, weil das im Zigarettenrauch enthaltene Cadmium weitgehend resorbiert wird.

Auf Grund der heute bekannten Umwelt- und Gesundheitsproblematik unterliegen alle Cadmiumanwendungsgebiete einer ständigen Notwendigkeitsprüfung durch Anwender und Behörden. Die große Verbreitung von Cadmium in Ökosystemen und seine Anreicherung in Sedimenten und in der oberen Bodenschicht macht es zu einer latenten Gefahr für den Menschen und seine Umwelt.

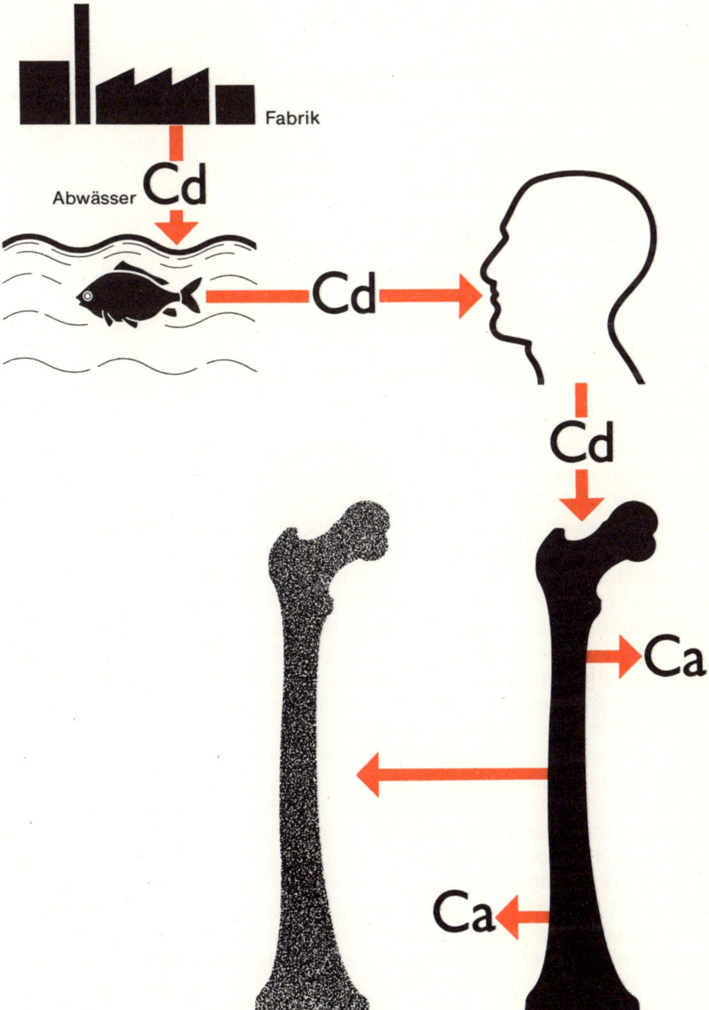

Abb. Cadmium wird in die Knochensubstanz eingebaut und bewirkt Versprödung des Knochens

Quecksilber – Gesundheitsgefährdung durch Quecksilber

Quecksilber (Hg) ist ein flüssiges Schwermetall, dessen Giftigkeit schon seit längerer Zeit bekannt ist. Weltweite Beachtung erlangten Quecksilberverbindungen jedoch erst, als in den 60er Jahren eine zunächst rätselhafte, teilweise tödlich verlaufende, neurologische Erkrankung *(Minamata-Krankheit)* von Anwohnern der Bucht von Minamata an der südjapanischen Pazifikküste als *Quecksilbervergiftung* erkannt wurde. Der erkrankte Teil der einheimischen Bevölkerung hatte sich hauptsächlich von Fischen und Krustentieren aus der Bucht ernährt. Die Untersuchung ergab, daß mit den Abwässern einer chemischen Fabrik Methylquecksilber in die flache Bucht gelangt war. Aus den Sedimenten reicherten sich die Quecksilberverbindungen in den dort vorkommenden Lebewesen sehr stark an *(Biomagnifikation)* und wurden mit den Fischen von den Menschen aufgenommen.

Das Metall wird in einigen Organen, zunächst in Leber und Nieren, danach im Gehirn gespeichert *(Bioakkumulation)*. Im Gehirn wirkt es irreversibel nervenschädigend. Vom Organismus wird es nur sehr langsam wieder ausgeschieden. Auch Mutationen und Mißbildungen auslösende Wirkungen sind bei verschiedenen Lebewesen nachgewiesen worden.

Außerdem wurde beim Quecksilber als einzigem Metall eine weitere bedenkliche Eigenschaft, die *Biomethylierung*, d.h. die Bildung des hochgiftigen Methylquecksilbers aus anorganischem Quecksilber im lebenden Organismus, u.a. in Fischen nachgewiesen.

Die Quecksilbervergiftung beim Menschen wurde allerdings nur nach einer akuten Intoxikation mit organischen Quecksilberverbindungen beobachtet. Eingehende Reihenuntersuchungen an extrem belasteten Populationen, die wie die Fischer in Peru oder auf Hawaii ausschließlich Fisch essen und ständig hohe Quecksilbermengen zu sich nahmen und speicherten, zeigten keinerlei krankhafte Befunde. Bei der chronischen Quecksilberaufnahme durch den Menschen werden offensichtlich Schutzmechanismen der Adaptation, Inaktivierung und Ausscheidung wirksam, die im einzelnen noch nicht bekannt sind.

Die Weltgesundheitsorganisation hat für die tolerierbare wöchentliche Gesamtaufnahme von Quecksilber einen *Richtwert* von 0,35 mg pro Person angesetzt. Wie eingehende Untersuchungen ergaben, werden in der BR Deutschland tatsächlich nur 0,05–0,08 mg Quecksilber pro Woche mit der Nahrung aufgenommen, auch wenn z.B. in Waldpilzen höhere Quecksilbermengen festgestellt wurden. Die Quecksilbergrenzwerte der deutschen Trinkwasserverordnung von 0,004 mg pro l Wasser und der Quecksilberverordnung für Fische von 1 mg pro kg Fisch werden in der Regel ebenfalls unterschritten. So hatte das Rheinwasser an der niederländischen Grenze 1979 einen Mittelwert von 0,0003 mg/l. Süßwasserfische enthielten 1979 im Mittel 0,26 mg/kg, Seefische 0,13 mg/kg.

Auf Grund der Umweltproblematik stagniert der *Quecksilberverbrauch* in der BR Deutschland seit Jahren bei rund 300 t im Jahr. Über 50% dieser Menge wird bei der Chlor-Alkali-Elektrolyse zur Herstellung von Chlor benutzt. Die aus entsprechenden Betrieben mit dem Abwasser freigesetzten Mengen konnten von 42 t im Jahre 1971 auf weniger als 2 t im Jahre 1979 reduziert werden. Parallel dazu wurde eine Verringerung der Quecksilberfracht im Rhein beobachtet.

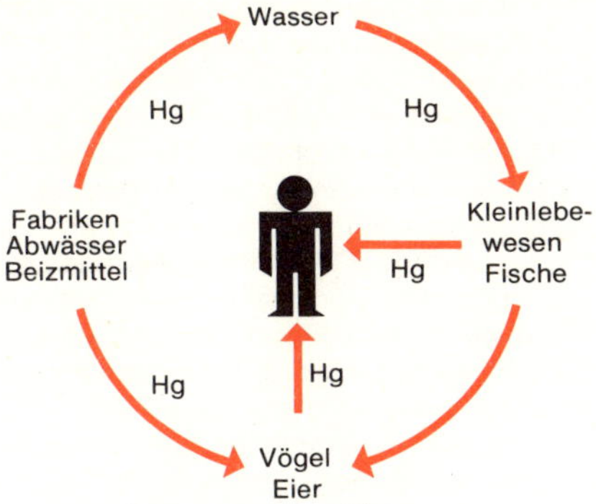

Abb. 1 Transportwege giftiger Quecksilberverbindungen

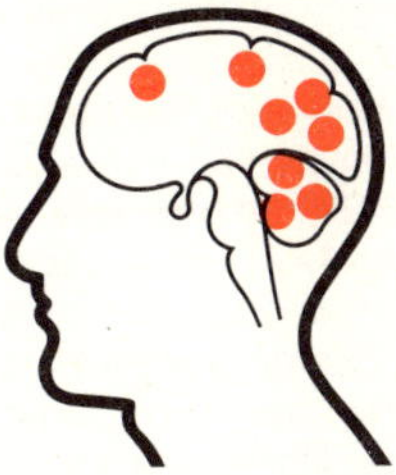
Abb. 2 Gehirnschädigungen durch organische Quecksilberverbindungen

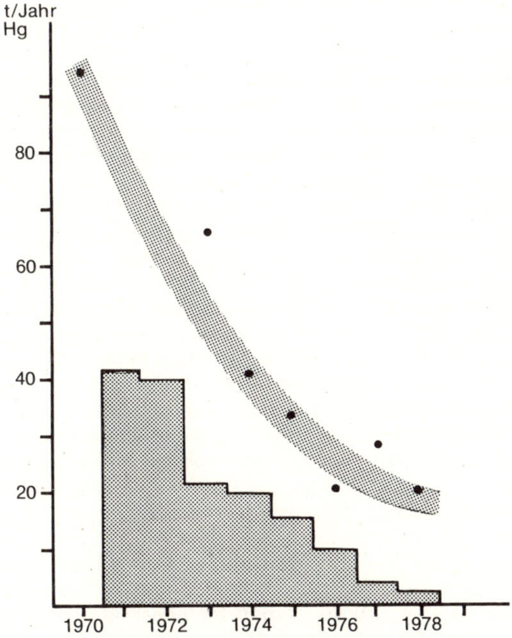

Abb. 3 Quecksilberemission aus deutschen Chlor-Alkali-Elektrolysen

Zigaretten und Tabak – Aktivrauchen

Nach Angaben des Bundesgesundheitsministeriums sterben in jedem Jahr rund hunderttausend Menschen in der BRD an Krankheiten, die durch das Rauchen verursacht werden. Auf die gesundheitsschädlichen Folgen des Rauchens wurde zum erstenmal in größerem Rahmen 1964 im *Terry-Report* hingewiesen. Dieser Report des damaligen Direktors der US-Gesundheitsbehörde, Dr. L. Terry, löste in der Medizin intensive Forschungen über die Zusammenhänge zwischen Krankheiten und Zigarettengenuß aus. Inzwischen wurden folgende Zusammenhänge nachgewiesen: Raucher erkranken an Lungenkrebs etwa 11mal häufiger als Nichtraucher; ein Raucher stirbt im Durchschnitt 8,3 Jahre früher als ein Nichtraucher. Zusammenhänge bestehen insbesondere zwischen Rauchen und Krebs der Lippe, der Mundhöhle, der Zunge, des Rachens, des Kehlkopfes, der Speiseröhre, der Harnblase, der Niere und der Bauchspeicheldrüse.

Inzwischen konnten mehr als tausend verschiedene chemische Substanzen im Zigarettenrauch nachgewiesen werden. Ein großer Teil davon liegt in Form lungengängiger Feinstaubpartikel vor, die, beladen mit krebserregenden Kohlenwasserstoffen, in die innersten Bereiche der Lunge, die Lungenbläschen, vordringen. Eines der bekanntesten Gifte ist das Nervengift *Nikotin.* Es löst Krämpfe aus und lähmt das Atemzentrum im Gehirn. Es wirkt in einer Dosis von 50 mg tödlich. Bereits ein Hundertstel dieser Menge (das entspricht der Menge, die aus dem Tabakrauch resorbiert wird) verändert spürbar den Stoffwechsel der Nervenzellen. Nikotin tritt aus der mit Zigarettenrauch angereicherten Atemluft in die Blutwege und reizt das vegetative Nervensystem. Dieses wiederum beeinflußt das Herz, den Magen und andere vegetativ ablaufende Reaktionen des Körpers. Außer den Herzkranzgefäßen werden auch die anderen Arterien des Körpers durch Nikotin geschädigt. Im Durchschnitt sind die Schlagadern eines Mannes, der 30 Jahre lang täglich 20 Zigaretten geraucht hat, im 50. Lebensjahr so starr und brüchig wie die Blutgefäße eines um 15 Jahre älteren Nichtrauchers. Dadurch sind Kreislaufstörungen und Herzinfarkte, Schlaganfälle und andere Folgen unzureichender Blutversorgung entsprechend häufiger. Die Wahrscheinlichkeit, an einem Herzinfarkt zu sterben, ist für Raucher 3- bis 5mal so groß wie für Nichtraucher.

Das noch am wenigsten erforschte Schädigungspotential des Zigarettenrauches liegt im *Tabakteer.* Schon wenige Züge aus einer Zigarette genügen, um den Selbstreinigungsmechanismus der Lunge, die winzigen Flimmerhärchen auf den Schleimhäuten der Atemwege, lahmzulegen. Als Folge davon kommt es bei Gewohnheitsrauchern zum quälenden Raucherhusten und zu einer chronischen Bronchitis. Der Teer enthält eine große Zahl von Giften, die zum Teil noch nicht genau analysiert sind. Die feinen Trennwände zwischen den Lungenbläschen können durch solche Gifte zerstört und abgebaut werden, was zu einer Unterfunktion der Lunge (Emphysem) mit Kurzatmigkeit und erhöhter Infektionsanfälligkeit führt.

In letzter Zeit stellt sich die Zigarettenindustrie zunehmend auf Sorten um, die weniger Nikotin und Teer enthalten. Diese leichteren Zigarettensorten sind, wie durch Tierversuche festgestellt wurde, in der Tat geeignet, die Gefahr, durch Zigarettenrauch an Bronchialkrebs zu erkranken, zu vermindern. Andererseits besteht jedoch nach Angaben des „Ärztlichen Arbeitskreises Rauchen und Gesundheit" zugleich die Befürchtung, daß die in den leichteren Zigaretten neu enthaltenen Zusatzstoffe wie Natriumnitrat auch neue krebserzeugende Substanzen bilden könnten (Nitrosamine), die dann unter Umständen in anderen Teilen des Organismus eine Krebserkrankung verursachen könnten.

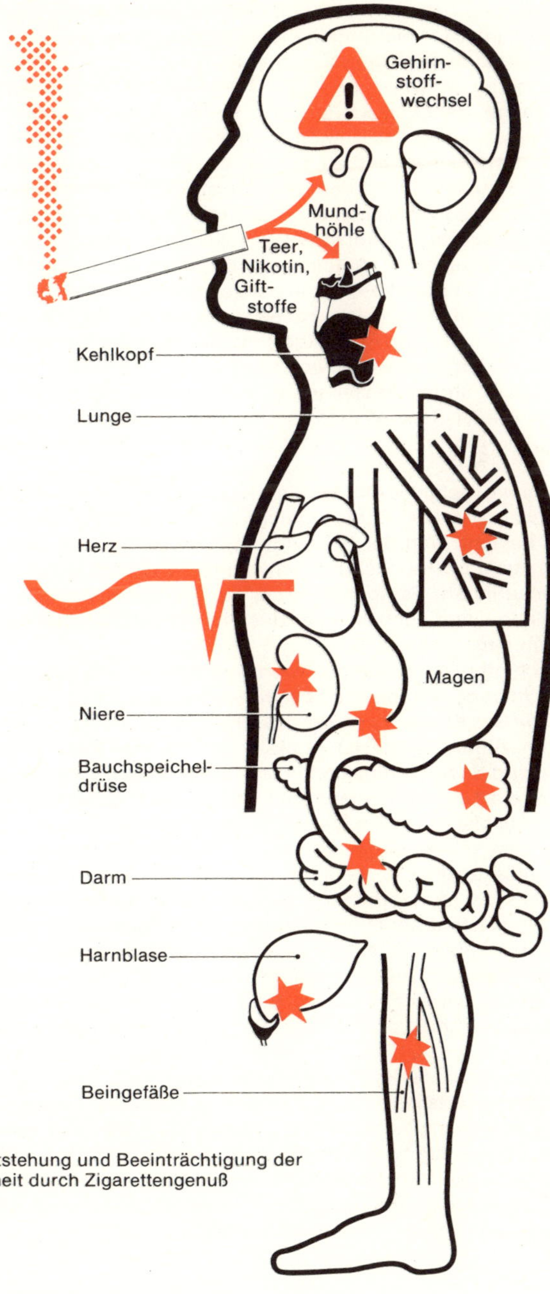

Abb. Krebsentstehung und Beeinträchtigung der Gesundheit durch Zigarettengenuß

Zigaretten und Tabak – Passivrauchen

Das Problem der Aufnahme von Schadstoffen aus dem Tabakrauch trifft neben dem Raucher selbst auch den nichtrauchenden ,,Mitraucher". Man weiß inzwischen, daß der sog. *Nebenstrom* der Zigarette (also der Rauch, der von der Zigarette abgeht, wenn nicht geraucht wird), dem der Passivraucher vor allem ausgesetzt ist, wesentlich mehr krebserzeugende und andere schädliche Stoffe wie Nikotin, Pyridin, Phenole, Ammoniak enthält als der Hauptstrom, den der Raucher selbst inhaliert. Der Nebenstrom enthält z. B. 3mal mehr (krebserzeugendes) 3,4-Benzpyren als der Hauptstrom. In den Zugpausen gehen alle giftigen Anteile in den Nebenstrom. Dieses Problem wird noch dadurch vergrößert, daß die Zugpausen erheblich länger sind als die kurzen Augenblicke des Ziehens. Darüber hinaus wird der Mitraucher denjenigen Anteilen an schädlichen Stoffen des Hauptstroms ausgesetzt, die beim Rauchen, vor allem beim nichtinhalierenden Rauchen, nicht resorbiert werden. In den meisten Fällen sind dies weit über 90 % der Inhaltsstoffe auch des Hauptstroms. Man hat festgestellt, daß Angehörige der Gaststättenberufe (z. B. Kellner), auch wenn sie Nichtraucher sind, häufiger an Bronchialkrebs erkranken als die übrige Bevölkerung. Untersuchungen ergaben, daß das stark krebserzeugende 3,4-Benzpyren in verqualmten Gaststätten in einer Konzentration von 2,8 bis 14,4 mg/m^3 auftritt (mittlere Werte in der Großstadtluft: 0,28–0,48 mg/m^3).

Eine besondere Gefahr stellt das Passivrauchen für den Embryo beim Rauchen der Mutter während der Schwangerschaft dar, weil für ihn überhaupt keine Möglichkeit besteht, sich der Schädigung zu entziehen. Die Zahl der Früh- und Totgeburten steigt bei rauchenden Schwangeren auf das Mehrfache im Vergleich zu Nichtraucherinnen. Es kommt ferner zu einer deutlichen Verminderung des Geburtsgewichtes und auch zu einer Beeinträchtigung der geistigen Entwicklung der Neugeborenen.

Eine klinisch oft nicht genau nachweisbare Schädigung durch ,,Mitrauchen" ist die *Beeinträchtigung der geistigen Leistungsfähigkeit.* Der Zigarettenrauch enthält u. a. das giftige Gas Kohlenmonoxid, das eine 250mal höhere Fähigkeit zur Bindung an den roten Blutfarbstoff Hämoglobin hat als der Sauerstoff der Luft. Das Hämoglobin wird dadurch blockiert, kann keinen Sauerstoff mehr aufnehmen und fällt somit für die lebenswichtige Funktion des Sauerstofftransports in mehr oder weniger starkem Maße aus. Ein Mangel an Sauerstoff hat besonders im Gehirn und im Nervensystem schwerwiegende Folgen. Obwohl das Gehirn nur rund 2 % des Körpergewichtes ausmacht, benötigt es etwa 20 % des Sauerstoffbedarfs des ganzen Körpers. Es ist verständlich, daß unter diesen Umständen feinere Gehirnfunktionen wie Konzentrationsfähigkeit, Urteilsvermögen, Merkfähigkeit und Reaktionszeit durch herabgesetzte Sauerstoffzufuhr negativ beeinflußt werden.

Bei breit angelegten Untersuchungen ergab sich, daß bei Nichtrauchern, die gezwungen waren, passiv zu rauchen, folgende Symptome auftraten: Augenbindehautreizung, Kopfschmerzen, Übelkeit, Schwindel, verminderte Konzentrationsfähigkeit u. a.

Der ,,Ärztliche Arbeitskreis Rauchen und Gesundheit" und andere Organisationen fordern deshalb, daß das Recht des Nichtrauchers auf körperliche Unversehrtheit Vorrang haben muß vor dem Recht des Rauchers auf den Genuß seines Suchtmittels. Der ,,Ärztliche Arbeitskreis" fordert deshalb ein Rauchverbot überall dort, wo Nichtraucher gezwungen sind, sich in Räumen zusammen mit Rauchern aufzuhalten. In einigen Ländern, z. B. in Bulgarien und Rumänien, wurde dieser Nichtraucherschutz bereits gesetzlich verankert.

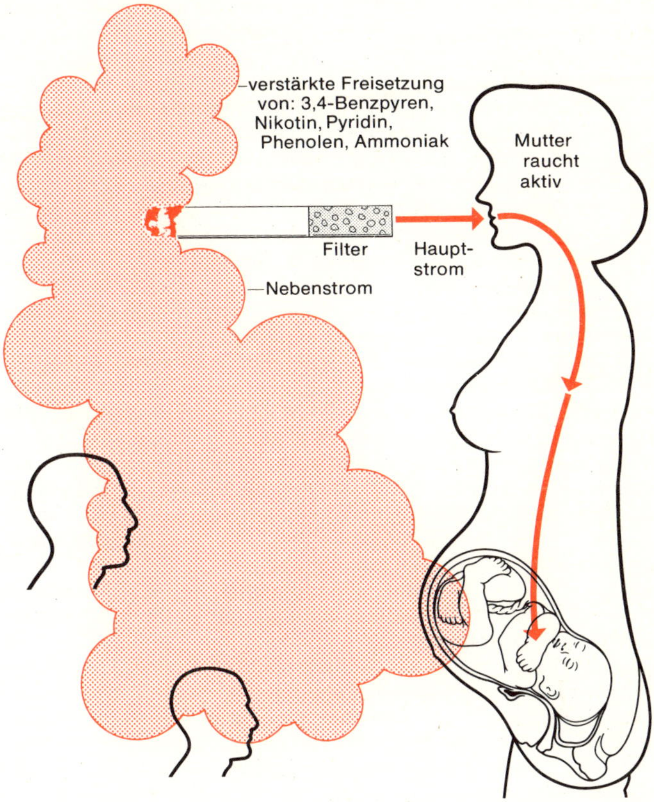

Abb. Schadwirkungen des „Nebenstroms" der Zigarette

Umweltgifte und Krebs

Unter *Krebs* versteht man eine ungesteuerte Zellvermehrung, als deren Ursache eine Änderung in der genetischen Information der Zelle angesehen wird. Die Entartung einer Zelle kann durch äußere Einflüsse ausgelöst werden. Ein Teil aller Krebserkrankungen wird auf die Einwirkung energiereicher Strahlen, z.B. Röntgenstrahlung, zurückgeführt. Die restliche Exposition des Menschen erfolgt durch die Stoffe seiner Umwelt.

Es gibt starke krebserregende Substanzen *(Karzinogene)* in der Natur, wie z.B. die von Schimmelpilzen gebildeten Aflatoxine, es gibt auch vom Menschen erzeugte starke synthetische Karzinogene, wie z.B. den heute nicht mehr hergestellten Dichlormethyläther. Bei vielen krebsauslösend wirkenden Chemikalien handelt es sich um besonders reaktionsfähige instabile Substanzen, die im Stoffwechsel des Körpers zu reaktiven Verbindungen umgesetzt werden. Während derartige Verbindungen chemisch auf die Zelle einwirken, ist die karzinogene Wirkung chemisch sehr stabiler Stoffe (z.B. kleinste Asbestfasern) vermutlich durch eine Fremdkörperreizung zu erklären.

Man kennt heute Substanzen, die bereits nach einer einmaligen Verabreichung zu einer krebsartigen Entartung des Gewebes führen. In der Regel jedoch ist bei den meisten anderen krebserzeugenden Substanzen eine Einwirkung der Schadstoffe über einen langen Zeitraum notwendig. Dabei kann man bei allen Krebsfällen eine mitunter sehr lange *Latenzzeit* (Zeit, die zwischen der Einwirkung eines krebserzeugenden Schadstoffs und dem Auftreten der bösartigen Wucherung liegt) zwischen 10 und 40 Jahren feststellen. Auf Grund dieser Latenzzeit ist es sehr schwierig, einen einzelnen Krebsfall auf eine bestimmte Einwirkung zurückzuführen. Im Körper des an Krebs erkrankten Menschen ist dann nur noch die Krebsgeschwulst, aber nicht mehr die zu dieser Krankheit führende Vergiftung feststellbar. Aus diesem Grund können im Umweltschutz die Verursacher von Krebsschäden in der Bevölkerung juristisch meist nicht belangt werden. Diese Tatsache erschwert außerdem im wissenschaftlichen Experiment den hundertprozentigen Nachweis, daß eine Substanz kanzerogen ist.

Eine dritte wichtige Aussage der Krebsforschung ist die Tatsache, daß es für krebserzeugende Substanzen keine *Toleranzdosis* gibt, unter der die betreffende Substanz keinen Krebs mehr erzeugen würde. Es besteht ein direkt proportionaler Zusammenhang zwischen der Konzentration eines krebserzeugenden Stoffs und der Zahl der entstehenden Karzinome. Dabei addieren sich die Wirkungen selbst kleinster Einzeldosen verlustlos, d.h., die Wirkung jeder Einzeldosis bleibt voll summationsfähig erhalten, auch wenn die Substanz längst aus dem Körper wieder ausgeschieden wurde. Bei niedrigen Konzentrationen, wie sie bei der Umweltverschmutzung in der Regel vorliegen, ist die Zahl der Tumorkeimanlagen außerdem ziemlich unabhängig von der zeitlichen Verteilung der Einwirkung und der Größe der Einzeldosen.

Auch bei Wirkstoffgruppen, die schon längere Zeit in hohen Mengen in unsere Umwelt versprüht werden, ist erst ein geringer Teil auf seine Karzinogenität geprüft. Bei einer solchen *Karzinogenitätsprüfung* stellen sich der Krebsforschung erhebliche Schwierigkeiten. Die zwei wichtigsten Punkte sind die Berücksichtigung eventueller *Kombinationswirkungen* und die Übertragung der an Tierversuchen gewonnenen Ergebnisse auf den Menschen. Man kann zwar einen einzelnen Stoff heute recht gut auf seine krebserzeugende Wirkung hin überprüfen; man kann jedoch nicht feststellen, wie dieser Stoff in Kombination mit einem oder mehreren der tausend und mehr Substanzen, die vom Menschen in die Umwelt freigesetzt werden, reagiert. Manche krebserzeugende Substanzen erlangen ihre eigentliche Kanzerogenität erst in Kombination mit anderen kanzerogenen Stoffen. Ein Beispiel dafür sind die *Nitrosamine,* die zu den stärksten krebserzeugenden Giften gehören, die wir kennen. Sie entstehen aus der Kombination von Nitraten (z.B.

Nitratanreicherung in Nahrungsmitteln durch leichtlöslichen Kunstdünger) oder Nitroseabgasen (z. B. in der chemischen Industrie) mit Aminen (z. B. Abgase der chemischen Industrie; Zwischenprodukte im menschlichen Verdauungsstoffwechsel). Nitrosegase und Amine zeigen beide für sich keinerlei Einfluß auf die Krebsentstehung. Erst wenn sie chemisch miteinander reagieren, werden sie karzinogen.

Ein weiteres Problem ist die *Übertragung von Tierversuchen auf den Menschen.* Grundsätzlich kann man verdächtige Substanzen im Experiment nur an Tieren testen. Tiere haben jedoch teilweise einen anderen biochemischen Stoffwechsel als der Mensch. Dies kann zur Folge haben, daß entweder für den Menschen krebserzeugende Gifte durch ein bestimmtes Stoffwechselprodukt des Tierstoffwechsels abgebaut und somit unschädlich gemacht werden, d. h. im Tierexperiment nicht krebserzeugend wirken, oder daß eine chemische Substanz erst in Kombination mit einem spezifisch menschlichen Stoffwechselprodukt, das im Tierversuch nicht auftritt und somit nicht getestet werden kann, zu einer krebserzeugenden Substanz wird. Für Arsenoxid z. B. ist im Tierversuch keine Karzinogenität feststellbar. Beim Menschen wirkt es jedoch bei längerdauernder Einwirkung stark krebserzeugend. Im Tierversuch kann die Karzinogenität von Arsenoxid aus folgenden Gründen nicht ermittelt werden: Ist die verabreichte Dosis zu hoch, so sterben die Versuchstiere, da Arsenoxid neben seiner krebserzeugenden Wirkung außerdem auch chronisch giftig wirkt. Verringert man die Dosis im Tierversuch, um diese akute Giftwirkung zu verhindern, so wird die Latenzzeit des Krebses so groß, daß sie die Lebenserwartung der Versuchstiere übersteigt.

Unter den inzwischen als kanzerogen nachgewiesenen Substanzen nehmen die *polyzyklischen Kohlenwasserstoffe* (z. B. 1,2-Benzanthrazen, 1,2-Benzpyren, 3,4-Benzpyren) eine „Spitzenstellung" ein. Am stärksten vertreten ist das *3,4-Benzpyren.* Es entsteht (zusammen mit anderen polyzyklischen Kohlenwasserstoffen) vor allem bei der unvollständigen Verbrennung von Erdölprodukten in Öfen und Automotoren. Während Landluft im Durchschnitt 0,01 μg Benzpyren pro 1 000 m^3 Luft enthält, liegt die entsprechende Konzentration in der Stadtluft bei durchschnittlich 6,5 μg pro 1 000 m^3 Luft. Pkw-Abgase enthalten im Vergleich dazu zwischen 1 600 und 20 000 μg pro 1 000 m^3 Luft. Benzpyren hat an sich nur eine geringe krebserzeugende Wirkung, die sich jedoch vervielfacht, wenn es zusammen mit Eisenoxid, Schwefeloxid, Ozon und einigen anderen Substanzen auftritt. Benzpyren ist vor allem an Staubpartikel gebunden, wobei Feinstaub rund 10–100mal so viel Benzpyren enthält wie Grobstaub (s. S. 340). Da Feinstaub lungengängig ist und sich in den Lungenbläschen festsetzt, kann das so an ihn gebundene Benzpyren direkt in der Lunge seine krebserzeugende Wirkung entfalten. Dies ist z. B. die Ursache dafür, daß Menschen, die an Hauptverkehrsstraßen wohnen und so den Autoabgasen direkt ausgesetzt sind, etwa viermal so häufig an Lungenkrebs erkranken und sterben wie die übrige Bevölkerung.

Zu den Stoffen, deren kanzerogene Eigenschaft nachgewiesen ist, gehören u. a.: Chrom-, Beryllium-, Silber- und Quecksilbersalze, Nickelcarbonyl, Bleiphosphat, Benzol, Asbest, das Herbizid Amitrol, das Fungizid Thioharnstoff sowie die Pestizide Aramit, Aldrin, Dieldrin und DDT. Das Gesetz zum Schutz vor gefährlichen Stoffen *(Chemikaliengesetz)* vom September 1980 schreibt vor, daß alle neu in den Verkehr gebrachten Stoffe untersucht werden müssen, wobei in Zweifelsfällen oder bei Stoffen, die in großen Mengen produziert werden, auch die Langzeittoxizität geprüft werden muß.

Was ist Radioaktivität?

Unsere Welt baut sich aus rund 90 *chemischen Elementen* auf, zu denen in den letzten 50 Jahren über 15 weitere Elemente hinzugekommen sind, die in mehr oder weniger großen Mengen künstlich hergestellt wurden. Nach ihren chemischen und physikalischen Eigenschaften lassen sich die Elemente – fortschreitend nach ihrer relativen Atommasse – in die Reihen (Perioden) bzw. Spalten (Gruppen) des *Periodensystems der chemischen Elemente* einordnen. Dabei zeigt sich, daß es von den meisten Elementen sog. *Isotope* (d. h. „Gleichstellige") gibt, die sich nur in ihrer relativen Atommasse unterscheiden: Ihre Atome haben in der Atom- oder Elektronenhülle die gleiche Anzahl von negativ geladenen Elektronen (bedingt gleiche chemische Eigenschaften), während ihre Atomkerne zwar die gleiche Anzahl von positiv geladenen Protonen (= Ordnungszahl des Elements), aber eine unterschiedliche Anzahl von gleichschweren, jedoch ungeladenen Neutronen enthalten. Ein Isotop wird durch Angabe der Massenzahl (= Zahl der Protonen und Neutronen) zusätzlich zum chemischen Elementsymbol gekennzeichnet; z. B. das Kohlenstoffisotop C 14 (oder: ^{14}C).

Unabhängig vom Elementcharakter bezeichnet man die verschiedenen, durch ihre Massenzahl gekennzeichneten Atomarten als *Nuklide*. Isotope sind somit unterschiedliche Nuklide eines Elements. Zur Zeit sind rund 1500 verschiedene, meist künstlich hergestellte Nuklide bekannt, die sich auf die 107 bekannten Elemente verteilen. Die Atomkerne der meisten natürlichen Nuklide sind beständig (stabil). Bei rund 1200 Nukliden (sog. *Radionuklide*) sind sie hingegen unbeständig (instabil, radioaktiv), d. h., sie wandeln sich ohne äußere Einwirkung unter Aussendung von energiereicher (ionisierender) Strahlung in Atomkerne eines anderen Nuklids um. Man spricht von *radioaktivem Zerfall* dieser Atomkerne und bezeichnet das ganze Phänomen, bei dem die Hälfte der Atomkerne eines instabilen Nuklids immer in einer für das Nuklid charakteristischen Zeitspanne *(Halbwertszeit)* zerfällt, als *Radioaktivität*. Durch die zerstörerische Kraft ihrer „radioaktiven" Strahlung sind derartige Radionuklide z. T. lebenbedrohende Substanzen. Da die Erscheinung der Radioaktivität auch an einigen natürlich vorkommenden Elementen beobachtet wird, ist sie im Unterschied zu fast allen anderen Schadstoffen immer ein Teil der Umwelt gewesen und somit ein Naturphänomen.

Die *natürliche Radioaktivität* wurde 1896 von dem französischen Physiker Henri Becquerel am Uran entdeckt. Er fand bei seinen Untersuchungen fluoreszierender Stoffe, daß Uranminerale durchdringende Strahlen aussenden, die gleich den 1894 entdeckten Röntgenstrahlen Photoplatten durch lichtdichtes Papier hindurch schwärzen. 1898 fanden fast gleichzeitig Marie Curie und G. C. Schmidt die Radioaktivität des Thoriums, und noch im gleichen Jahr entdeckten M. Curie und ihr Ehemann Pierre in der Joachimsthaler Pechblende die radioaktiven Elemente Polonium und Radium. Verantwortlich für die Radioaktivität dieser Elemente sind die Uranisotope U 235 und U 238, das Thoriumisotop Th 228 sowie die innerhalb der Uran-Radium-Zerfallsreihe stets neugebildeten Nuklide Po 218 und Ra 226. Weitere Radionuklide, die wegen ihrer langen Halbwertszeit oder infolge ständiger Neubildung in der Natur vorkommen, sind z. B. das Kohlenstoffisotop C 14, das Kaliumisotop K 40 und das Bleiisotop Pb 210.

Die *künstliche Radioaktivität*, erstmals 1934 von F. Joliot und I. Joliot-Curie bei Bestrahlung von Aluminium mit Alphastrahlen nachgewiesen (Bildung eines radioaktiven Phosphorisotops), kommt durch *Kernreaktionen* zustande, d. h. durch Umwandlungen von Atomkernen bei Beschuß mit meist sehr energiereichen Teilchen (bzw. Gammaquanten). Als Folge der Kernspaltung (s. S. 524) entstehen bei Atombombenexplosionen und in Kernkraftwerken zahlreiche Radionuklide, v. a. radioaktive Spaltprodukte in unterschiedlicher Häufigkeit sowie – durch Neutroneneinfang – Transuranelemente, wie z. B. das ebenfalls spaltbare Plutoniumisotop Pu 239, und radioaktive Aktivierungsprodukte in den Reaktormaterialien.

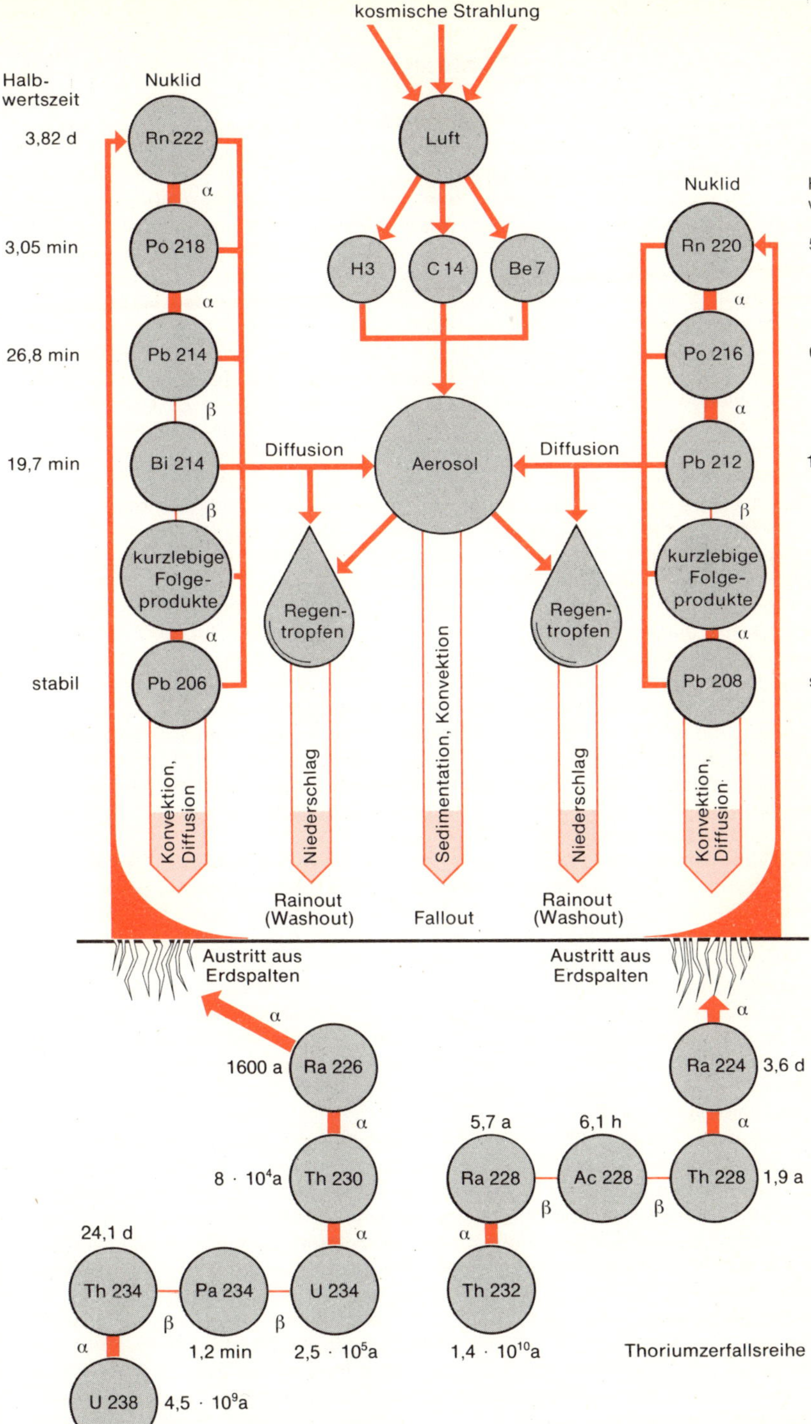

Abb. Natürliche Radioaktivität

Strahlenarten

Der Mensch ist ständig einer *natürlichen Strahlung* ausgesetzt, die sich aus der radioaktiven Strahlung der in der Erdrinde und Atmosphäre befindlichen Radionuklide und aus einer aus dem Weltall kommenden Höhenstrahlung zusammensetzt.

Die *kosmische Höhenstrahlung,* deren aus extrem energiereichen Protonen (Wasserstoffkerne) bestehende *Primärkomponente* mit verhältnismäßig großer Intensität aus dem Weltall auf die Erde einfällt, wird zum größten Teil von der Lufthülle abgeschirmt: Bei der Wechselwirkung der Höhenstrahlprotonen mit den Atomkernen in den Atomen der oberen Atmosphärenschichten werden diese zertrümmert, wobei z.T. neue Radionuklidkerne entstehen, und Mesonen (v.a. Myonen) sowie andere Elementarteilchen, v.a. Elektronen, Positronen und Gammaquanten (sog. *weiche Komponente*), erzeugt. Es entsteht eine immer teilchenreicher werdende *Sekundärstrahlung,* deren Intensität in etwa 20 km Höhe ein Maximum hat, danach aber durch Absorptionsprozesse wieder abnimmt. Die aus sehr energiereichen und durchdringungsfähigen Myonen bestehende *harte Komponente* ist allerdings noch in größeren Tiefen (z.B. in Bergwerken) nachweisbar.

Die *terrestrische Strahlung* (auch *Erdstrahlung* genannt) stammt v.a. von Radionukliden, die noch aus der Zeit der Erdentstehung herrühren, da ihre Halbwertszeiten (HWZ) in der Größenordnung des geologischen Alters der Erde (einige Milliarden Jahre) liegen. Dies sind neben dem Kaliumisotop K 40 (HWZ $1{,}3 \cdot 10^9$ Jahre) die Uranisotope U 238 (HWZ $4{,}5 \cdot 10^9$ Jahre) und U 235 (Actinouran; HWZ $7{,}1 \cdot 10^8$ Jahre) sowie das Thoriumisotop Th 232 (HWZ $1{,}4 \cdot 10^{10}$ Jahre), die zusammen mit ihren durch weiteren radioaktiven Zerfall entstehenden Folgeprodukten (meist Radionuklide kurzer Halbwertszeit) in einem *radioaktiven Gleichgewicht* stehen (d.h., es werden soviel Folgekerne erzeugt, wie gleichzeitig zerfallen) und sog. *radioaktive Familien* oder *Zerfallsreihen* bilden, nämlich die Uran-Radium-Reihe, die Actiniumreihe und die Thoriumreihe, die alle bei einem stabilen Bleiisotop enden. – Weitere zur natürlichen Strahlung beitragende Radionuklide werden durch Einwirkung der Höhenstrahlung ständig neu gebildet (z.B. Tritium und der Radiokohlenstoff C 14).

Die von den verschiedenen Radionukliden beim radioaktiven Zerfall ihrer Atomkerne ausgesendete energiereiche radioaktive Strahlung ist von dreierlei Art:

Die *Alphastrahlung* (α-Strahlung) besteht aus (mit Atomkernen des Heliums identischen) *Alphateilchen,* die mit sehr hoher Geschwindigkeit von den zerfallenden Atomkernen ausgestoßen werden. Als Heliumkerne setzen sich diese Alphateilchen aus zwei Protonen und zwei Neutronen zusammen, d.h., sie sind positiv geladen, haben die Kernladungszahl 2 und die Massenzahl 4. Alphastrahlung emittierende Radionuklide *(Alphastrahler)* wandeln sich beim radioaktiven Zerfall ihrer Atomkerne *(Alphazerfall)* in Atomkerne eines Nuklids um, dessen Massenzahl um 4 und dessen Ordnungszahl (= Kernladungszahl) um 2 niedriger als beim Ausgangsnuklid sind.

Alphateilchen werden auf Grund ihrer hohen Masse schon durch relativ dünne Materieschichten (z.B. ein Blatt Papier) abgeschirmt. Ihre äußere Einwirkung auf den menschlichen Körper ist in der Regel problemlos, da sie durch die Kleidung bzw. durch die der Körperoberfläche aufliegende Schicht aus toten Zellen absorbiert werden. Gelangen Alphastrahler jedoch mit der Atemluft, der Nahrung oder auch über eine Wunde in den Körper *(Inkorporation),* dann sind sie allerdings entsprechend Ihrer Aktivität und Ionisierungsfähigkeit (s.S. 408) gefährlich.

In der Natur vorkommende Alphastrahler sind v.a. die Uranisotope U 238 und U 235, das Thoriumisotop Th 238, das Radiumisotop Ra 226 (HWZ 1600 Jahre), das Radonisotop Rn 222 (HWZ 3,8 Tage) und das Poloniumisotop Po 218 (HWZ 3 Minuten). Das in den verschiedenen radioaktiven Zerfallsreihen sich bildende radioaktive Edelgas Radon belastet die Luftwege und kann bei starken Dosierungen

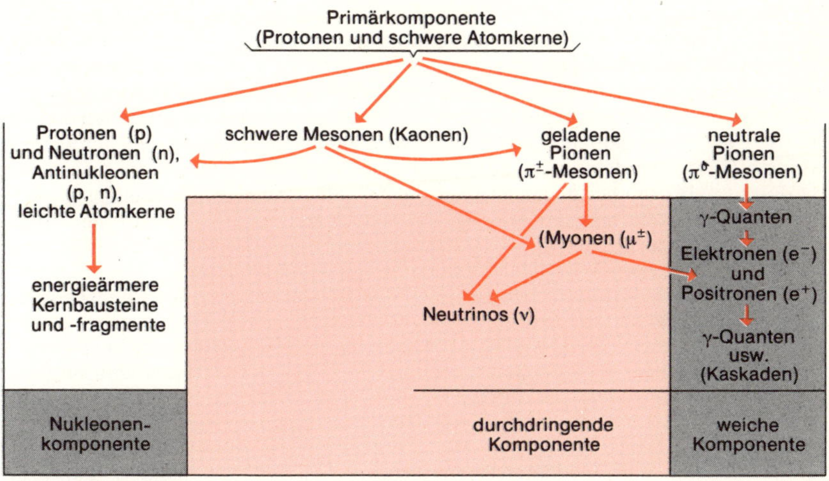

Abb. 1 Die kosmische Höhenstrahlung und ihre Komponenten

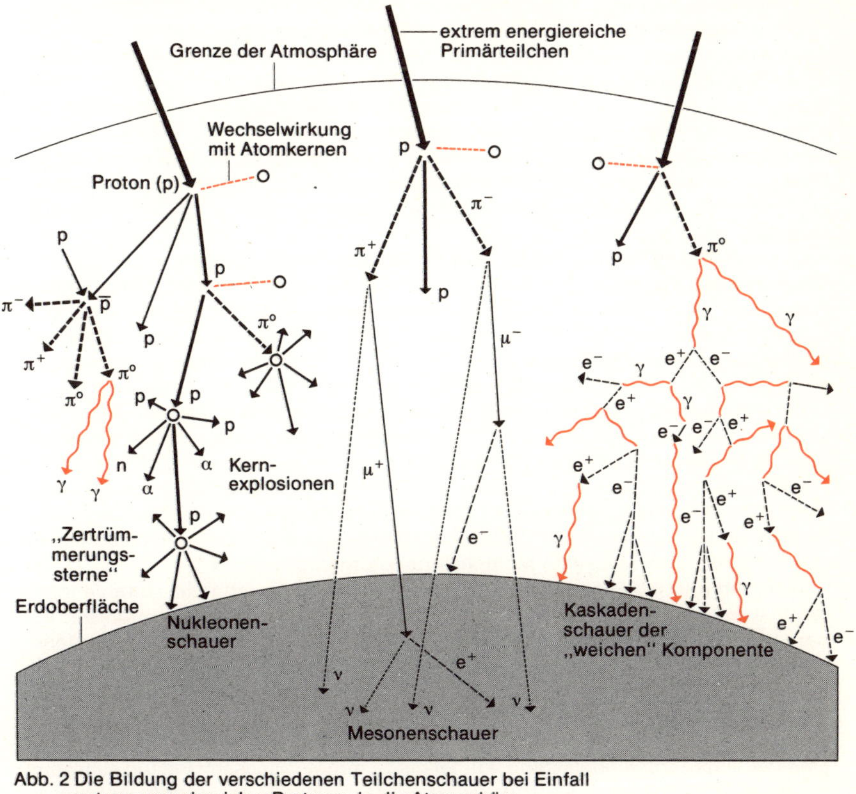

Abb. 2 Die Bildung der verschiedenen Teilchenschauer bei Einfall extrem energiereicher Protonen in die Atmosphäre

zu Lungen- und Bronchialkrebs führen. Ein starker, sehr gefährlicher Alphastrahler ist das in Kernreaktoren entstehende Plutoniumisotop Pu 239 (HWZ 24300 Jahre).

Die von sog. *Betastrahlern* ausgesandte, stark ionisierende *Betastrahlung* (β-Strahlung) besteht aus negativen Elektronen (e^-), bei zahlreichen künstlichen Radionukliden aus positiv geladenen Positronen (e^+), die in den zerfallenden Atomkernen durch Umwandlung eines Neutrons in ein Proton (bei Elektronenstrahlern) bzw. eines Protons in ein Neutron (bei Positronenstrahlern) entstehen und mit hoher Geschwindigkeit ausgestoßen werden. Derartige *Betateilchen* emittierende Radionuklide wandeln sich durch diesen *Betazerfall* in Nuklide um, deren Ordnungszahl um 1 höher (bei Elektronenstrahlern) bzw. niedriger (bei Positronenstrahlern) ist, während die Massenzahl wegen der geringen Elektronen- bzw. Positronenmasse (= 1/1840 der Protonenmasse) unverändert bleibt (z.B. bildet sich aus dem Kohlenstoffnuklid C 14 das Stickstoffnuklid N 14).

Betastrahlen besitzen je nach Energie ihrer Teilchen in Luft eine Reichweite bis zu mehreren Metern, während sie in feste Stoffe (z.B. in Gewebe) bis etwa 1 cm tief eindringen können. Gesundheitliche Risiken bestehen daher sowohl bei Bestrahlung von außen als auch bei Inkorporation von Betastrahlern. Als solche sind v.a. die elektronenemittierenden Nuklide H 3 (Tritium; s. S. 418), C 14 (Radiokohlenstoff, HWZ 5730 Jahre), P 32 (Radiophosphor, HWZ 14,3 Tage), Ar 39 (HWZ 269 Jahre) und Ra 228 (HWZ 5,7 Jahre) zu nennen, weiter die bei physikalischen Altersbestimmungen von Mineralen verwendeten Radionuklide K 40 (HWZ $1{,}3 \cdot 10^9$ Jahre) und Rb 87 (HWZ $4{,}7 \cdot 10^{10}$ Jahre) sowie die bei Urankernspaltung auftretenden Spaltprodukte Kr 85 (HWZ 10,8 Jahre), Sr 90 (HWZ 28 Jahre) und Cs 137 (HWZ 30 Jahre).

Die *Gammastrahlung* (γ-Strahlung) ist eine sehr kurzwellige elektromagnetische Wellenstrahlung (ähnlich der Röntgenstrahlung), die in Form von sehr energiereichen Strahlungsquanten (als *Gammaquanten* bezeichnete Photonen; s.S. 474) beim Übergang angeregter Atomkerne in einen energetisch tieferliegenden Energiezustand (sog. *Gammaübergang*) emittiert wird. Die Gammastrahlung hat ein relativ hohes Durchdringungsvermögen; ihre physikalischen und physiologischen Wirkungen sind die gleichen wie von Röntgenstrahlen. Zur wirksamen Abschirmung sind oft viele Zentimeter starke Bleiabschirmungen oder sehr dicke Betonwände erforderlich.

Ein Maß für die Radioaktivität bzw. die *Menge eines radioaktiven Stoffs* ist die Zahl der radioaktiven Zerfälle pro Sekunde. Sie wird in der nach dem Entdecker der Radioaktivität benannten Einheit *Becquerel* (Zeichen: Bq) angegeben: 1 Bq = 1 Zerfall/Sekunde = s^{-1}. Weiterhin wird auch noch die nach den Entdeckern des Radiums benannte Einheit *Curie* (Zeichen: Ci) verwendet, die der Aktivität von 1 g Radium entspricht: $1\ Ci = 37 \cdot 10^9\ Bq$.

Zur Angabe der von radioaktiver Strahlung an die durchstrahlte Materie je Masseneinheit (kg) abgegebenen Energiemenge (sog. *Energiedosis*) verwendet man die Einheit *Gray* (Zeichen: Gy) bzw. die Einheit *Rad* (Zeichen: rd). Es ist: 1 Gy = 1 J/kg bzw. $1\ rd = 10^{-2}\ Gy = 1\ cJ/kg$. Zur Beurteilung biologischer Auswirkungen radioaktiver Strahlung dient das *Sievert* (Zeichen: Sv) bzw. das *Rem* (Zeichen: rem) als Einheit der *Äquivalentdosis*, das ist die mit dem für die Strahlenart charakteristischen RBW-Faktor (s.S. 410) multiplizierte Energiedosis.

Während die von der Höhenstrahlung verursachte jährliche Strahlendosis (Äquivalentdosis) in 2 km Höhe 70 mrem (Millirem), in Meereshöhe 30 mrem beträgt, hängt die Strahlendosis der von den Radionukliden der Erdrinde hervorgerufenen terrestrischen Strahlung von der Konzentration dieser Stoffe in der Umgebung des Menschen ab. Sie liegt in Gebieten normaler Strahlenintensität bei uns zwischen 50 und 110 mrem pro Jahr und ist in Wohnungen u.U. wesentlich höher als im Freien.

Die von Menschen mit der Nahrung aufgenommenen Radionuklide verursachen eine jährliche Strahlenbelastung von 20 bis 50 mrem. Insgesamt beläuft sich somit die *mittlere natürliche Strahlendosis* für die Menschen in der Bundesrepublik auf etwa 110 mrem pro Jahr.

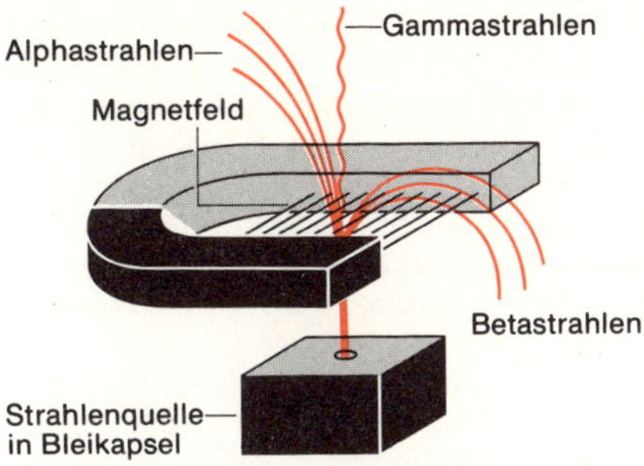

Abb. 1 Radioaktive Strahlen. Alpha- und Betastrahlen werden in einem Magnetfeld in entgegengesetzter Richtung abgelenkt, Gammastrahlen dagegen überhaupt nicht

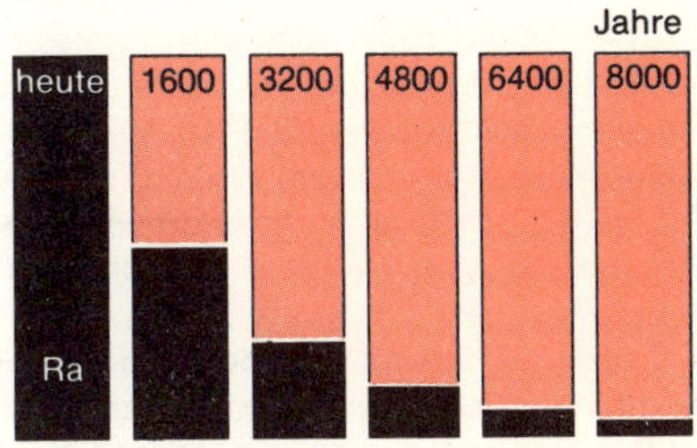

Abb. 2 Halbwertszeit. Von einer Menge Radium zerfällt in jeweils 1600 Jahren die Hälfte der Atomkerne

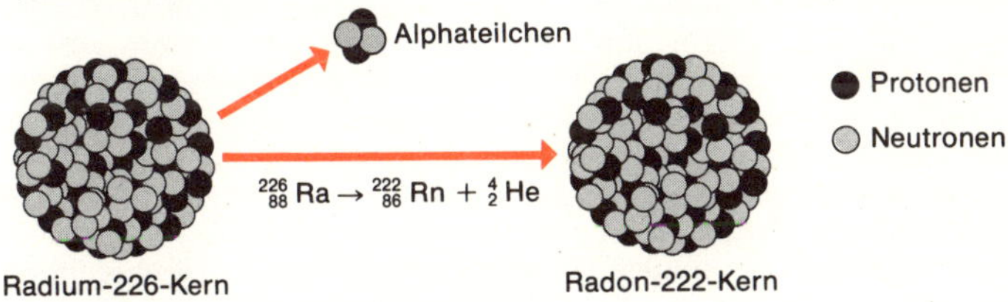

Abb. 3 Alphazerfall eines Atomkerns des Radiums

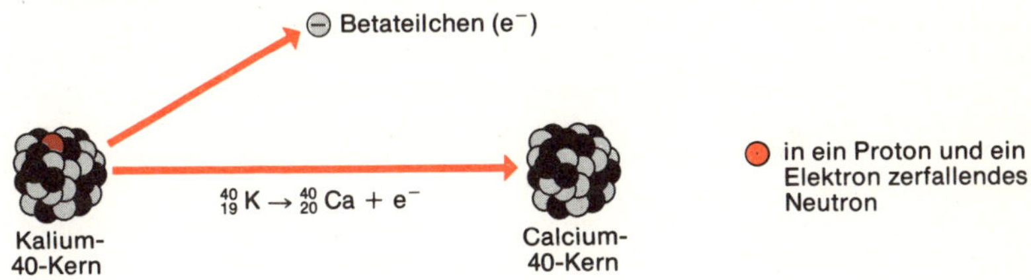

Abb. 4 Betazerfall eines Atomkerns des Kaliums

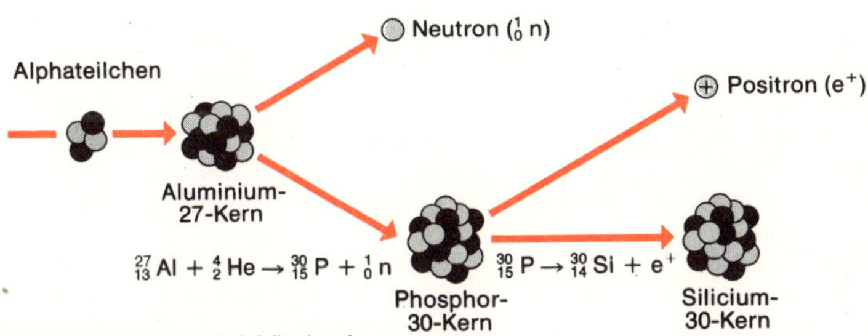

Abb. 5 Künstliche Radioaktivität durch Kernumwandlung mit Hilfe von Alphastrahlen

Wie wirkt radioaktive Strahlung?

Jede energiereiche Strahlung, seien es UV-Strahlen der Sonne, Röntgenstrahlen oder von Radionukliden emittierte Alpha-, Beta- und Gammastrahlen, wirkt beim Auftreffen auf bzw. beim Durchgang durch Materie wie ein Geschoßhagel auf die Atome und Moleküle; insbesondere bewirkt sie in direkter Wechselwirkung mit diesen als *physikalische Primärreaktion* die Bildung von Ionen, also von elektrisch geladenen Atomen oder Molekülen bzw. Molekülresten, die aus den normalerweise elektrisch neutralen Atomen oder Molekülen durch Abtrennung oder auch Anlagerung von Elektronen oder durch Aufspaltung (Dissoziation) von Molekülen entstehen.

Diese als *Ionisation* oder *Ionisierung* bezeichneten Vorgänge erfolgen je nach Strahlenart und -energie in unterschiedlicher Häufigkeit *(Ionisationsdichte)*. Je höher diese ist, um so größer sind die von einer Strahlung angerichteten Schäden. Denn insbesondere in lebender Materie wird eine Fülle von *strahlenchemischen Sekundärreaktionen* ausgelöst, bei denen eine große Anzahl völlig unterschiedlicher, chemisch meist sehr reaktionsfähiger Molekülreste (Radikale) entsteht, die in den Zellen wesentliche Veränderungen hervorrufen können.

Der eigentliche strahlenempfindliche Ort einer Zelle ist der Zellkern mit den aus Desoxyribonukleinsäure (DNS) und Proteinen bestehenden Chromosomen als erbtragenden Strukturen (s. S. 192). Die Einwirkung der Strahlen auf den Zellkern und insbesondere auf die DNS-Moleküle kann Auswirkungen in einem weiten Bereich der hierarchisch aufgebauten Zellorganisation nach sich ziehen. Für die *Strahlenschäden* entscheidend sind dabei zwei Wirkungen: Einmal wird schon durch relativ schwache Strahlendosen die für jede Zellteilung notwendige Teilung des Chromosomenmaterials eingeschränkt, so daß wichtige Zellneubildungen, v. a. bei den Blutkörperchen und den Schleimhautzellen, unterbleiben. Zum anderen kann die Strahlung das in der Nukleotidreihenfolge der DNS gespeicherte Informationsmuster der erbtragenden Strukturen verändern, d. h., es werden Mutationen gesetzt, die in der Nachkommenschaft zu Mißbildungen, Stoffwechselstörungen, Totgeburten und anderen Erbschäden führen können, wenn sie in Keimzellen erfolgen, oder in den sog. somatischen Zellen eine zur Entstehung von Krebs führende Entartung bewirken. Wichtig ist dabei, daß der Krebs erst ein bis drei Jahrzehnte nach der Bestrahlung auftritt. Deshalb ist es so gut wie ausgeschlossen, einen durch radioaktive Strahlung erzeugten Krebsfall juristisch mit der Ursache „Radioaktivität" in Verbindung zu bringen.

Man weiß heute, daß bei kurzfristiger Bestrahlung etwa 100 Millirem in jeder durchstrahlten Zelle zu einem Einzelstrangbruch in der Doppelspirale der DNS führen und daß sich bei etwa 5000 Millirem ein Doppelstrangbruch ereignet. Schon die natürliche Strahlenbelastung von jährlich etwa 110 Millirem hätte also erhebliche gesundheitliche Konsequenzen, wenn derartige Schäden unkorrigierbar wären. Die Organismen haben jedoch im Verlauf ihrer Evolution – wohl in Anpassung an die natürliche Strahlenbelastung – die Fähigkeit entwickelt, Strahlenschäden entgegenzuwirken. So werden Einzelstrangbrüche in der DNS in der Regel in 10 bis 20 Minuten „repariert". Beim Versagen der Reparaturmechanismen hat das Gewebe darüber hinaus die Möglichkeit, mit Hilfe seines Immunsystems geschädigte Zellen zu eliminieren.

Es hängt also das Ausmaß eines Strahlenschadens sowohl von der Größe der primären Strahlenschädigung als auch von der Effizienz des Reparatur- und Immunsystems ab, wobei hinsichtlich der Leistungsfähigkeit dieser Systeme von Individuum zu Individuum Unterschiede bestehen, so daß – abgesehen von den Frühschäden – keine generell gültige Dosis genannt werden kann, unterhalb der ionisierende Strahlung unschädlich ist.

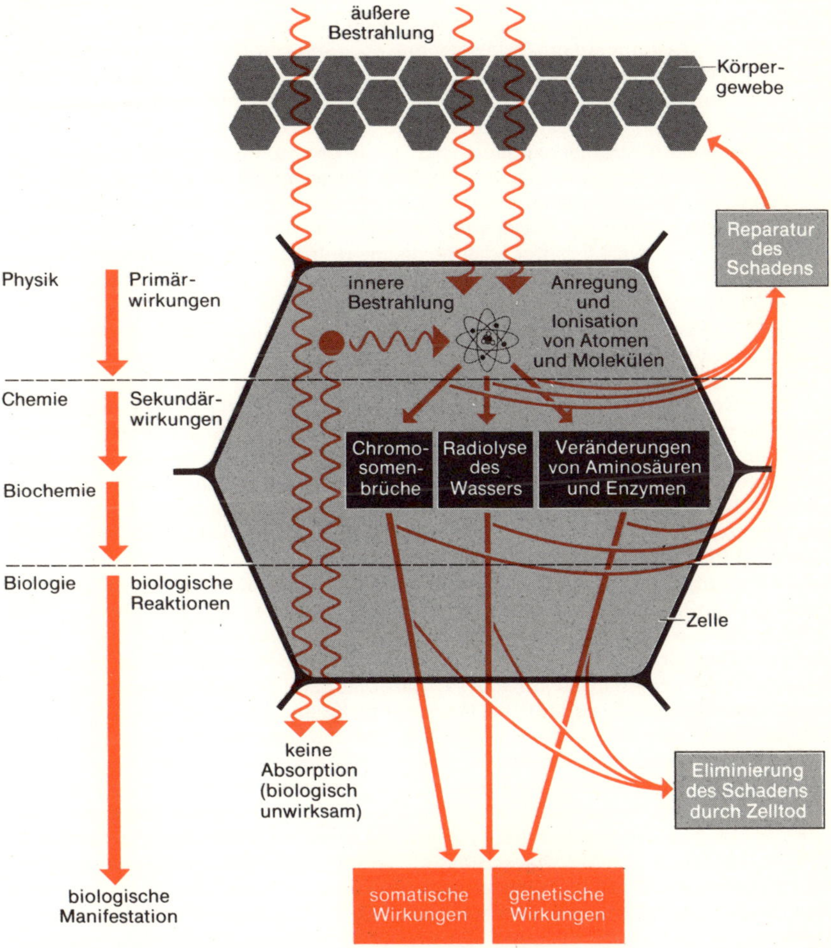

Abb. Strahlenbiologische Reaktionskette

Abgabe, Ausbreitung und Verteilung radioaktiver Stoffe im Körper

Neben der *natürlichen Strahlenexposition* durch Strahlen aus der Erdkruste (etwa 110 Millirem pro Jahr in Meereshöhe) sind wir weiteren Strahlenbelastungen durch zivilisatorische Einflüsse ausgesetzt. Diese *künstliche Strahlenexposition* wird durch *Radionuklide* verursacht, die Kernwaffenversuchen entstammen und als Fallout und Washout auf die Erde gelangen oder von kerntechnischen Anlagen mit dem Abwasser und der Abluft abgegeben werden. Radionuklide gelangen aber auch durch ihre Verwendung in der Technik, der Forschung und insbesondere in der medizinischen Diagnostik und Therapie in unsere Umwelt.

Die künstliche Strahlenexposition ist relativ gering. Kerntechnik, Kernwaffentests sowie Forschung und Technik belasten uns jeweils mit weniger als 1 Millirem pro Jahr. Die größte *Strahlenbelastung* der Bevölkerung in der BR Deutschland erfolgt durch die *Röntgendiagnostik.* Zur Zeit werden, statistisch gesehen, jährlich pro Einwohner etwa 1,6 röntgendiagnostische Untersuchungen durchgeführt. Die so verursachte mittlere Keimdrüsendosis (genetisch signifikante Dosis) beträgt rund 50 Millirem; beim Gesamtkörper sind es mehr als 100 Millirem im Jahr. Im Einzelfall einer durchgeführten Röntgenuntersuchung liegt jedoch die applizierte Dosis über den Mittelwerten für die Gesamtbevölkerung.

Die freigesetzten radioaktiven Stoffe breiten sich über die Luft und das Wasser in unserer Umgebung aus und verursachen so, vergleichbar der natürlichen Strahlenbelastung, eine äußere und innere Bestrahlung des menschlichen Körpers. Strahleneinwirkungen von außen *(Submersion)* können durch radioaktive Stoffe in der Abluftwolke, auf dem Boden und in der Vegetation sowie durch den Aufenthalt in der Nähe von und in radioaktiv verseuchten Gewässern erfolgen. Innere Bestrahlungen ergeben sich durch die Aufnahme von Radionukliden mit der Atemluft *(Inhalation)* und der Nahrung *(Ingestion).*

In den Körper aufgenommene Radionuklide verhalten sich ähnlich wie die nicht radioaktiven Isotope des gleichen Elements. Sie werden wie diese in das Körpergewebe oder in die Körperflüssigkeit aufgenommen und nach einer bestimmten Zeit wieder ausgeschieden. Den Haupteinbauort eines Radionuklids im Körper bezeichnet man als *kritisches Organ.* Dies kann der Gesamtkörper sein (z. B. beim radioaktiven Wasserstoff, bei Natrium und Kalium) oder auch ein spezifisches Organ (z.B. die Schilddrüse beim Jod, die Muskeln beim Cäsium oder die Knochensubstanz beim Strontium). Die Verweildauer wird durch die *biologische Halbwertszeit* charakterisiert. Diese gibt an, in welcher Zeit die Hälfte eines aufgenommenen Radionuklids den Organismus wieder verlassen hat. Kohlenstoff und in der Körperflüssigkeit gebundenes Tritium werden im Verlauf von etwa 10 Tagen zur Hälfte wieder ausgeschieden; beim Cäsium sind es 140 Tage und beim Strontium sogar 50 Jahre. Je länger die biologische Halbwertszeit ist, um so stärker reichert sich ein Radionuklid im Körper an. Das braucht nicht zwangsläufig eine höhere Gefährdung zu bedeuten. Eine kurze radioaktive Halbwertszeit (s.S. 402) kann diesen Effekt wieder aufheben (effektive Halbwertszeit).

Neben dem kritischen Organ und der effektiven Halbwertszeit ist die von einem Radionuklid ausgehende Strahlenart (s.S. 404) für die schädigende Wirkung von großem Einfluß. Man hat für die einzelnen *Strahlenarten* charakteristische Zahlenfaktoren, die *RBW-Faktoren* (= relative biologische Wirksamkeit), festgelegt. Der RBW-Faktor beträgt für Röntgen-, Gamma- und Elektronenstrahlen 1, für Neutronen, Protonen und einfach geladene Teilchen 10 und für Alphastrahlen und mehrfach geladene Teilchen unbekannter Energie 20. Der RBW-Faktor 20 für Alphastrahlen besagt, daß diese 20mal so wirksam (schädigend) sind wie Röntgen- oder Gammastrahlen. Die Maßeinheit Rem setzt sich zusammen aus der Energiedosis Rad und dem für die betreffende Strahlungsart festgelegten RBW-Faktor.

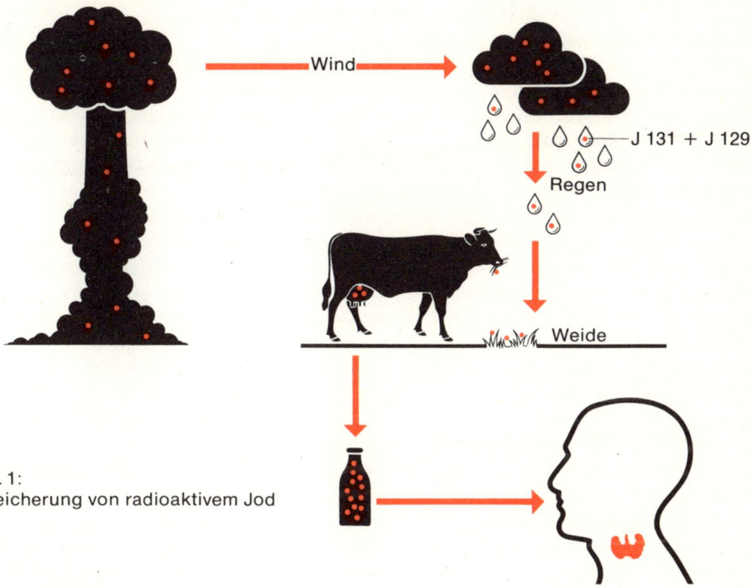

Abb. 1:
Anreicherung von radioaktivem Jod

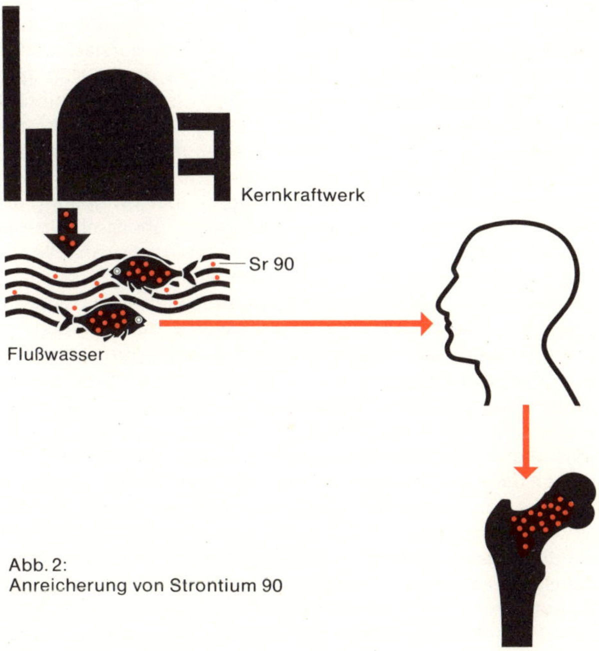

Abb. 2:
Anreicherung von Strontium 90

Strahlenbelastung und zulässige Grenzwerte

Ionisierende Strahlung läßt sich mit unseren Sinnesorganen nicht wahrnehmen. Im Gegensatz zu vielen toxischen Stoffen kann sie jedoch noch in geringsten Konzentrationen gemessen werden. Trotzdem ist man auf Grund der überall vorhandenen Grundstrahlung, bestehend aus kosmischer Strahlung und Erdstrahlung, und der dabei gegebenen Schwankungen bei der Ermittlung der *Strahlenbelastung* aus Emissionen von Kernkraftwerken weitgehend auf Berechnungen angewiesen. Dabei geht man von den Abgabemengen über die Abluft und das Abwasser aus, ermittelt deren Ausbreitung in der Umgebung und kommt schließlich über die Aufnahme und Verteilung im menschlichen Körper zur Strahlenbelastung des Gesamtorganismus und seiner einzelnen Organe und Gewebe.

Zur Vereinfachung und Vereinheitlichung der Rechenverfahren hat man für die Weitergabe eines Radionuklids in der Nahrungskette (z.B. Erdboden → Weidebewuchs → Kuh → Milch → Kleinkind) sowohl für die Einzelschritte als auch für die Summe von Schritten *Transferfaktoren* ermittelt. Dabei müssen auch die Anreicherungsvorgänge in der Vegetation, in den tierischen Lebewesen und im Boden berücksichtigt werden. Dies ist das Aufgabenfeld der *Radioökologie.*

Die Berechnung der Dosisbelastung des Körpers erfolgt mit Hilfe von *Dosisfaktoren.* Darunter versteht man einen festen Verhältniswert zwischen aufgenommener Radioaktivität und Strahlenbelastung des Gesamtkörpers bzw. einzelner Organe. Bei der Festlegung dieser Werte hat man die Stoffwechseldaten und Ernährungsgewohnheiten eines Durchschnittsmenschen zugrunde gelegt.

Die durch kerntechnische Anlagen verursachte Strahlenbelastung muß gemäß der *Strahlenschutzverordnung* vom 13.10.1976 „so gering wie möglich" gehalten werden. Die Strahlenbelastung über die Luft und das Wasser darf für Keimdrüsen, Gebärmutter, Knochenmark und den Ganzkörper jährlich 30 Millirem nicht überschreiten. Dieser Wert ist niedriger als die Schwankungsbreite der natürlichen Strahlenbelastung in der BR Deutschland. Für die Schilddrüse und die übrigen Organe sind insgesamt 90 Millirem zulässig, für die Haut und die Knochen beträgt die maximal zulässige Jahresdosis 180 Millirem. Diese Höchstwerte gelten für die ungünstigste Einwirkungsstelle; das ist die Stelle in der Umgebung eines Kernkraftwerks, an der „auf Grund der Verteilung der freigesetzten Radioaktivität in den Medien der Umwelt sowohl die höchste Strahlenexposition in der Umgebung als auch bei einem Konsum von in diesem Bereich erzeugten Lebensmitteln die höchste Ingestionsdosis zu erwarten ist. Dabei ist es irrelevant, ob diese Stelle zur Zeit bewohnt ist oder zur Erzeugung von Nahrungsmitteln benutzt wird".

Bei der Berechnung der Strahlenbelastung ist von einer fünfzigjährigen Betriebszeit der Anlage auszugehen. Die angegebenen Grenzwerte dürfen auch im fünfzigsten Betriebsjahr unter Berücksichtigung aller Anreicherungsvorgänge im Boden, in Pflanzen, in Tieren und im Menschen nicht überschritten werden. In diese Berechnungen ist auch die Belastung durch benachbarte kerntechnische Einrichtungen mit einzubeziehen.

Auf lange Sicht ist es sicherlich notwendig, zusätzlich zu den Belastungen aus benachbarten Anlagen auch diejenige Dosis zu berücksichtigen, die sich durch die weltweite Ansammlung mehr oder weniger langlebiger Radionuklide wie Tritium, Kohlenstoff 14 und Krypton 85 ergeben.

Bei einem beschleunigten Ausbau der Kernenergie läßt sich die zur Zeit noch relativ problemlose Belastungshöhe nur bei einer weiteren Verbesserung der Rückhaltetechniken aufrechterhalten. Grundsätzlich aber liegt die Problematik der Kernenergie nicht bei den im Normalbetrieb gegebenen Emissionen, sondern in der absolut sicheren Beherrschung des in einem Kernkraftwerk enthaltenen gewaltigen radioaktiven Potentials.

Abb. 1 Räumliche Verteilung der Strahlenbelastung bei Erreichen der maximal zulässigen Jahresdosis von 30 mrem am maximalen Aufpunkt eines Kernkraftwerks

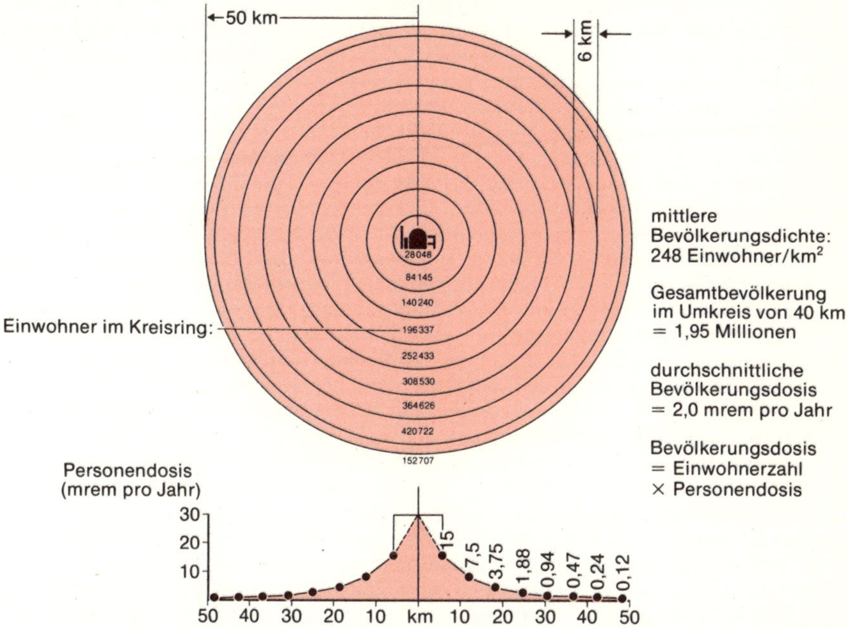

Abb. 2 Möglichkeiten der Strahlenbelastung des Menschen durch radioaktive Stoffe aus Kernkraftwerken (nach Bonka)

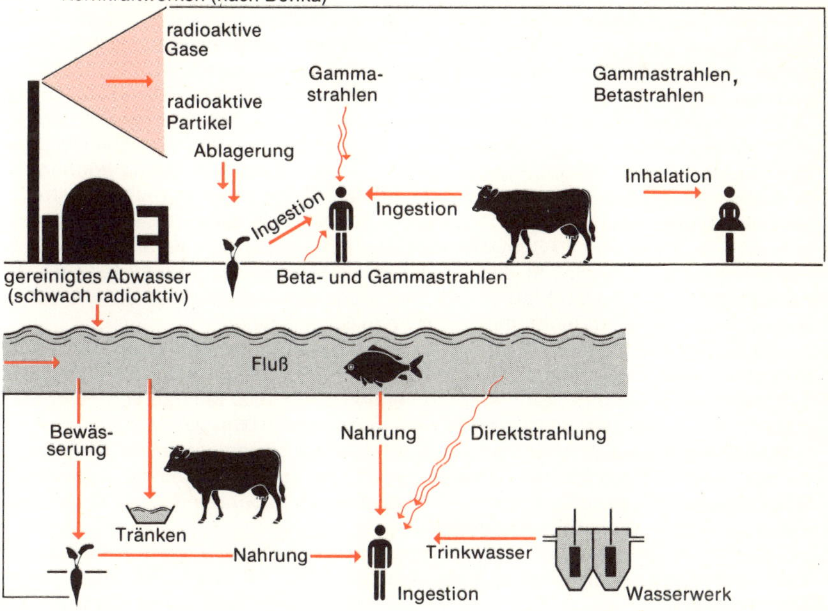

Das Ausmaß des Strahlenrisikos

Ionisierende Strahlen sind potentiell immer gefährlich. Rein formal kann man sagen, daß jedes strahlende Atom die Möglichkeit zu einer Mißbildung oder den Tod eines Lebewesens in sich birgt. Ähnliche Gefährdungsfeststellungen lassen sich allerdings für weite Bereiche unseres hochzivilisierten Lebens treffen. Derartige qualitative Wertungen bedürfen mithin eines quantitativen Bezugs, also einer Aussage über die Eintrittswahrscheinlichkeit.

Die *Wirkung einer Bestrahlung* und ein eventuell daraus entstehender Körperfrühschaden, Körperspätschaden oder Erbschaden hängen von einer Anzahl von Faktoren ab. Von besonderem Einfluß sind die Dosis, die Strahlenart, die zeitliche Verteilung einer Dosis (Dosisleistung) und die räumliche Verteilung der Strahlung im Organismus. Bedeutung hat außerdem die relative Strahlenempfindlichkeit, d.h. individuelle Einflüsse der Erbanlage und des Alters sowie eventuell schon erfolgte Strahlenbelastungen. Schließlich können Milieufaktoren, zu denen Modifikationen der Strahlensensibilität durch Ernährungseinflüsse, Mißbrauch von Genuß- und Arzneimitteln sowie chemische Umweltbelastungen gehören, von Einfluß sein.

International orientiert man sich bei der Risikoabschätzung im wesentlichen an den Berichten dreier großer wissenschaftlicher Kommissionen, nämlich der Internationalen Strahlenschutzkommission (ICRP), der Amerikanischen Akademie der Wissenschaften (BEIR-Berichte) und des Wissenschaftlichen Komitees der Vereinten Nationen für Kernstrahlung (UNSCEAR-Berichte).

Der Kernpunkt der Diskussion ist die Frage nach der Wirkung schwacher und extrem schwacher Strahlendosen. Relativ einfach sind die Verhältnisse bei den Frühschäden. Zu ihrer Auslösung ist eine gewisse Mindestmenge an Strahlung erforderlich. Die sog. *Schwellendosis,* unterhalb der also das Risiko gleich Null ist, liegt bei einmaliger kurzzeitiger Bestrahlung des Gesamtkörpers zwischen 25000 und 50000 Millirem. Bei diesen Dosen verringert sich vorübergehend die Anzahl der weißen Blutkörperchen. Als tödliche Dosis gelten bei Kurzzeitbestrahlung etwa 700000 Millirem.

Zu den *Frühschäden* zählen die Embryonalschäden. Das keimende Leben im Mutterleib ist durch ionisierende Strahlen besonders gefährdet. Einmal kann es zu Mißbildungen (teratogene Schäden) kommen, zum anderen besteht in der Embryonalphase ein erhöhtes Risiko für Krebs und insbesondere für Leukämie. Auf Grund von Tierversuchen muß man davon ausgehen, daß in der Frühphase der Embryonalentwicklung bei kurzzeitiger konzentrierter Bestrahlung mit Dosen ab 5000 Millirem Mißbildungen und Frühgeburten auftreten können. Derartige Dosen können bei Röntgenuntersuchungen aufgenommen werden. Bei geringerer, zeitlich gestreckter Bestrahlung, erhöht sich die Dosis auf 25000 Millirem. Diese Strahlenbelastung nimmt der BEIR-Report als Schwellendosis für morphologische Veränderungen an. Bezüglich Leukämie wird in dem neuesten UNSCEAR-Bericht von 1977 für die Leibesfrucht während der Embryonalentwicklung eine zweieinhalbmal höhere Zahl von Schadensfällen angenommen als für den Erwachsenen.

Das Risiko für Krebs und Leukämie bei Erwachsenen liegt nach den heute allgemein anerkannten Abschätzungen bei rund 100 Todesfällen auf 1 Million mit je 1000 Millirem Bestrahlte. Eine Keimdrüsendosis von 1000 Millirad verursacht bei 1 Million Neugeborener 63 Erbschadensfälle, das sind 0,06% der natürlichen Rate. Den *Risikowert für Krebs* hat man nach der Zahl der Erkrankungen bei Menschen, die mehr als 100000 Millirem empfangen hatten, errechnet. Die bei schwachen Dosisbelastungen gegebene höhere Wirksamkeit der Reparatursysteme blieb dabei unberücksichtigt (lineare Extrapolation).

Das Ausmaß des genetischen Strahlenrisikos läßt sich bisher nur aus Tierexperimenten ableiten. Auch in Hiroshima und Nagasaki ließen sich bei über 70000 Kindern seinerzeit durch die Atombombenexplosionen bestrahlter Eltern bisher keine gesicherten Beweise für eine erhöhte Zahl genetischer Schäden erbringen.

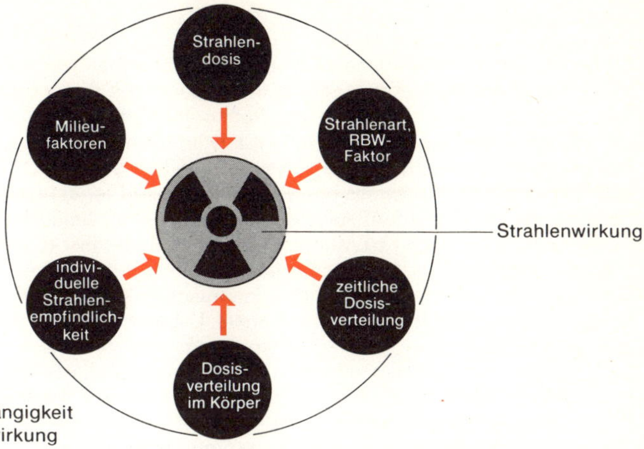

Abb. 1 Faktorenabhängigkeit der Strahlenwirkung

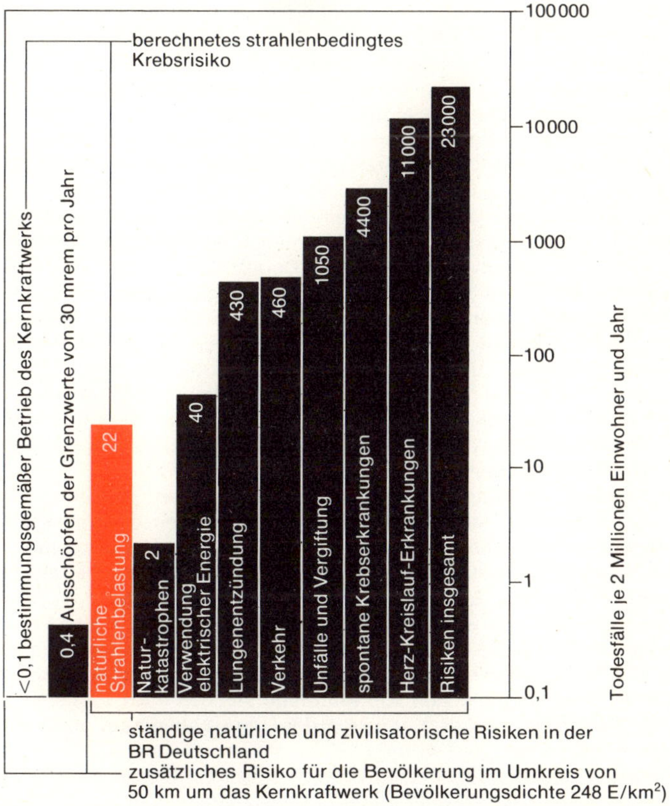

Abb. 2 Natürliche und zivilisatorische Risiken im Vergleich zum strahlenbedingten Krebsrisiko der Bevölkerung im Umkreis von 50 km um ein Kernkraftwerk

Plutonium

Plutonium, chemisches Symbol Pu, ist ein durch Kernumwandlung künstlich hergestelltes, in winzigen Mengen auch infolge radioaktiver Umwandlungsprozesse in der Natur vorkommendes, stark radioaktives und chemisch hochgiftiges metallisches Element. Dieses zu den Transuranen zählende silberweiße Schwermetall mit der Ordnungszahl 94 entsteht z.B. in Kernreaktoren aus dem Uranisotop U 238 (Ordnungszahl 92) über den Neutroneneinfangprozeß U 238 + n → U 239, bei dem die U-238-Kerne jeweils ein Neutron (n) absorbieren und zu Atomkernen des Uranisotops U 239 werden; diese wandeln sich unter zweimaliger Aussendung von Betastrahlung (s.S. 406) zu Atomkernen des Plutoniumisotops Pu 239 um.

Heute sind vom Plutonium die Isotope Pu 232 bis Pu 426 bekannt, die alle radioaktiv zerfallen, wobei das Plutoniumisotop Pu 244 mit 82 Mill. Jahren die längste Halbwertszeit und damit längste Lebensdauer hat (s.S. 402). Auch die anderen Isotope sind z.T. sehr langlebig; das technisch bedeutungsvollste Isotop Pu 239, ein Alphastrahler, hat eine Halbwertszeit von rund 24000 Jahren.

Das *Plutoniumisotop Pu 239* wird wegen der guten Spaltbarkeit seiner Atomkerne durch langsame Neutronen als Kernbrennstoff für Leichtwasserreaktoren und zum Bau von Atombomben verwendet (die Atombombe, die am 9.8.1945 die japanische Stadt Nagasaki zerstörte, war eine Plutoniumbombe). Es ist leichter zu gewinnen als das Uranisotop U 235, und seine kritische Masse, bei der von selbst eine unkontrollierte Kernkettenreaktion beginnt, beträgt nur 5,6 kg (gegenüber der kritischen Masse von 50 kg bei U 235), so daß bereits ein Stück von der Größe eines Tennisballs für den Bau einer Atombombe genügt.

Pu 239 wird in allen Kernreaktoren (s.S. 528) gebildet: Ein moderner Kernreaktor mit einer Leistung von 1300 MW erzeugt heute pro Tag nahezu 1 kg Plutonium, eine Menge, die von den geplanten Brutreaktoren (s.S. 530) erst nach etlichen Jahren geliefert wird. In der westlichen Welt sind bis 1970 insgesamt etwa 8,7 t spaltbares Pu 239 in Leistungsreaktoren erzeugt worden, in den fünf Jahren danach etwa 30 t und von 1975 bis 1980 etwa 110 t (in der BR Deutschland sind bis 1977 etwa 12000 kg angefallen, während es 1979 bereits etwa 16000 kg waren).

Diese in Wiederaufbereitungsanlagen auf chemischem Wege aus den Brennelementen der Kernreaktoren gewinnbaren Mengen können unter besonderen Vorsichtsmaßnahmen für die Herstellung von plutoniumhaltigen Brennelementen für normale, mit Wasser moderierte Kernreaktoren verwendet und wiedereingesetzt werden oder in den zukünftigen „schnellen Brütern" als Grundladung dienen, in denen etwa 3 kg Pu 239 pro MW benötigt werden, damit zusätzlich überhaupt neuer Kernbrennstoff „erbrütet" werden kann.

Der Umgang mit Plutonium ist allerdings mit großen Gefahren verbunden, da radiologisch gesehen das Plutonium, wenn es in den menschlichen Körper gelangt, eine besonder hohe *Radiotoxizität* besitzt, die auf seiner Alphastrahlung beruht und darauf, daß es sich in besonders strahlenempfindlichen Bereichen ansammelt, z.B. in den Knochen, in der Leber und v.a. in den Lungenbläschen.

Bereits Mengen von weniger als ein Millionstel Gramm wirken krebserregend, wenn sie inhaliert werden und sich in den Lungenbläschen festsetzen oder durch Verletzung an Pu-kontaminierten Gegenständen in den Körper gelangen. Demgegenüber ist das Verschlucken von Plutoniumteilchen etwa 10000mal ungefährlicher, da Plutonium nur zu 0,01% von der Darmschleimhaut aufgenommen und dann im Körper abgelagert wird.

Daher sind insbesondere bei der Verarbeitung von Plutonium und plutoniumhaltigen Materialien, z.B. in Wiederaufbereitungsanlagen, aber auch bei der Lagerung und beim Transport solcher Materialien umfangreiche Schutzmaßnahmen zu treffen, die eine Luftverunreinigung und Kontamination mit Plutoniumteilchen (v.a. als Folge von Explosionen und Bränden) sowie eine Entwendung verhindern. Eine potentielle Gefahrenquelle stellen die Kernreaktoren dar (s.S. 534).

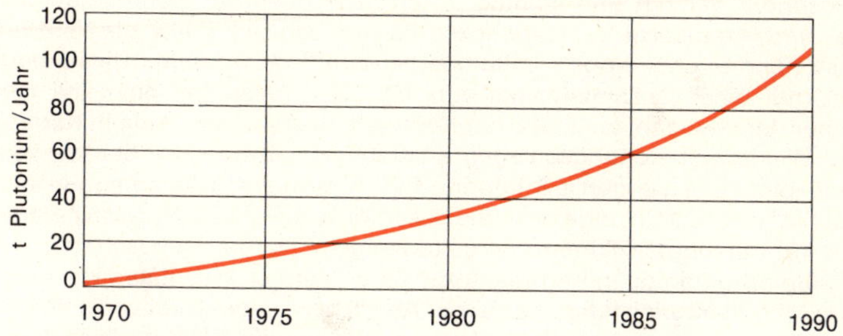

Abb. 1 Jährliche Plutoniumproduktion in Kernkraftwerken

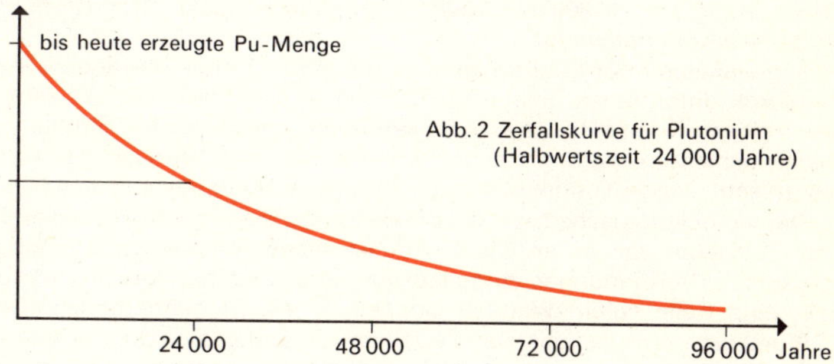

Abb. 2 Zerfallskurve für Plutonium (Halbwertszeit 24 000 Jahre)

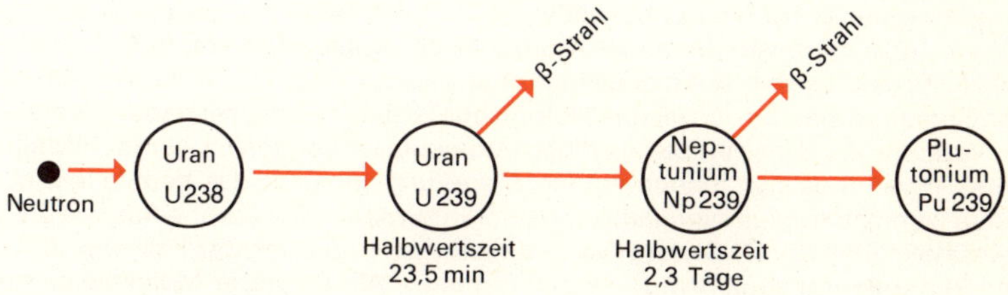

Abb. 3 Zerfall von Uran 238 zu Plutonium 239

Tritium

Tritium, chemisches Symbol ^3H oder T, ist ein Isotop des Wasserstoffs mit der relativen Atommasse 3,016 bzw. der Massenzahl 3 (sog. überschwerer Wasserstoff). Es ist radioaktiv und zerfällt mit einer Halbwertszeit von 12,3 Jahren unter Aussendung sehr weicher Betastrahlung in das stabile Heliumisotop ^3He.

In der Natur kommt Tritium nur mit einer Häufigkeit von einem Tritiumatom auf 10^{17} gewöhnliche Wasserstoffatome vor, wobei es mit dem Sonnenwind in die Erdatmosphäre gelangt und ständig durch Neutronen der Höhenstrahlung neu gebildet wird (Atomkerne des Luftstickstoffs wandeln sich durch die Neutronen in Kohlenstoffkerne um, wobei Tritiumkerne emittiert werden). Diese geringen Mengen (mit einer Gesamtaktivität von 100 MCi) fallen gar nicht ins Gewicht gegenüber den Mengen, die heute bei Kernwaffenversuchen sowie in Kernreaktoren und Wiederaufbereitungsanlagen entstehen. Insbesondere bei Wasserstoffbombenexplosionen werden je Kilotonne TNT-Äquivalent Tritiummengen mit einer Aktivität bis zu 50000 Ci freigesetzt (die gesamte Aktivität des bei Kernwaffenversuchen bis 1977 erzeugten Tritiums wird auf einige Milliarden Ci geschätzt).

Die Tritiumproduktion in Kernreaktoren liefert jährlich Aktivitäten von etwa 5 bis 15 Ci pro MW Reaktorleistung, die mit der Abluft bzw. dem Abwasser in die Umwelt gelangen. Noch höher sind die Aktivitäten der bei der Wiederaufarbeitung der Brennelemente aus diesen freigesetzten Tritiummengen. Sie liegen in der Größenordnung von 10000 bis 20000 Ci für die jährliche Brennstoffcharge eines 1000-MW-Kernkraftwerks.

In molekularer Form kann Tritium durch Stahl-, Beton- und andere Schutzwände hindurch diffundieren. Seine Ausbreitung in der Umwelt ist nur sehr schwer zu kontrollieren, da seine weiche Betastrahlung mit normalen Strahlenmeßgeräten nicht gemessen werden kann. Da diese nur eine geringe Strahlenbelastung verursacht, wurde Tritium bisher als harmloses Radionuklid angesehen.

Die radioökologische bzw. *radiotoxische* Bedeutung von Tritium ergibt sich aus der Tatsache, daß es an Stelle von normalem Wasserstoff in Wasser und in organische Verbindungen eingebaut wird und damit bei allen Stoffwechselprozessen eine Rolle spielt: Wandelt sich ein in ein biogenes Molekül eingebauter Tritiumkern durch radioaktiven Zerfall um, so ändert sich durch diese *Transmutation* der Chemismus und damit auch die biochemische und physiologische Bedeutung des betreffenden Moleküls. Sind die Moleküle, in die ein Tritiumatom oder ein anderes transmutierendes Atom (z. B. des Kohlenstoffisotops C 14, das sich in das Stickstoffisotop N 14 umwandelt) eingebaut sind, in Vielzahl im lebenden Organismus vorhanden, so ist das biologische Risiko, das mit der dabei stattfindenden Veränderung eines einzelnen dieser Moleküle verbunden ist, vernachlässigbar gering. Handelt es sich jedoch um ein *Steuerungsmolekül,* das bereits in Einzahl oder in wenigen Kopien biochemische oder informative Bedeutung hat, wie das bei Makromolekülen der DNS, der RNS und manchen Proteinen der Fall ist (s. S. 192), dann kann die transmutative Umwandlung eines Atoms dieser Moleküle zu einer manifesten Schädigung des Gesamtorganismus oder eines seiner Teile führen.

Im Falle des Tritiums wurden u.a. bei Zellkulturen des Hamsters *transmutative Schädigungen der Chromosomenstrukturen* beobachtet, und zwar in stärkerem Maße, als dies durch die dem zugehörigen Kernzerfall entsprechenden Strahlendosen der Fall gewesen wäre. Eine höhere Rate an Mutationen, als sie durch Strahlenwirkung aus radioaktivem Zerfall zu erwarten war, wurde mehrfach auch an Bakterien im Anschluß an einen Einbau von Tritium nachgewiesen. Ähnliche Beobachtungen machte man bei der Rate rezessiver geschlechtsgebundener Letalmutationen bei der Taufliege Drosophila. Dieses Problem der Transmutationen ist bei der Festsetzung gesetzlicher Grenzwerte für Tritium nicht beachtet worden. Der Grenzwert für das im Wasser von Natur aus in einer Konzentration von 20 pCi/l vorkommende Tritium wurde gleichwohl bei 3000 pCi/l angesetzt.

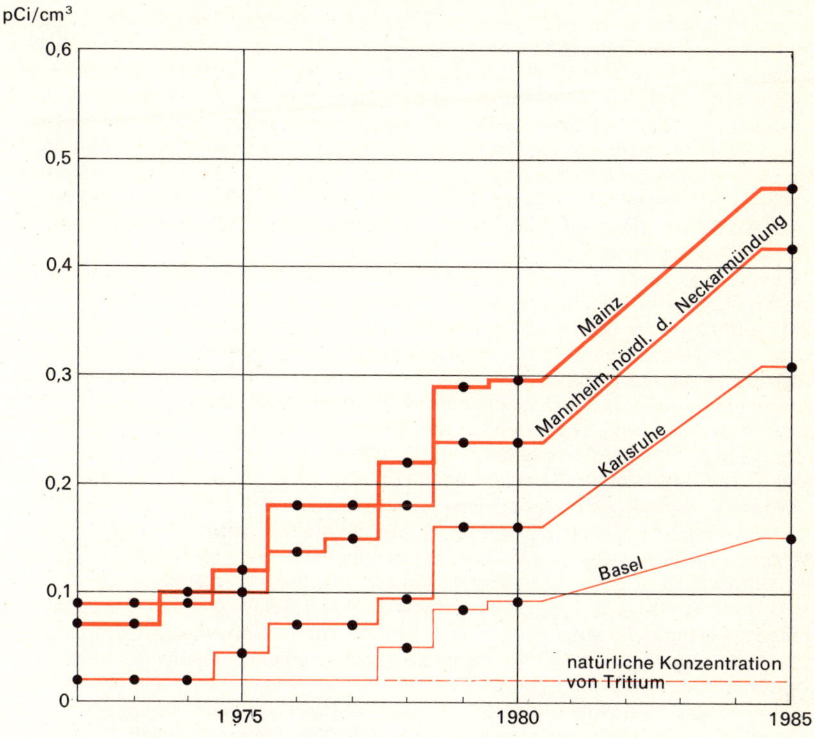

Abb. Zeitliche Zunahme des freigesetzten Tritiums aus kerntechnischen Anlagen im Oberrheingebiet bis 1985
(Quelle: Energie und Umwelt Baden-Württemberg, Kernforschungszentrum Karlsruhe, 1974)

Schall und Lärm

Schall ist jeder mit mechanischen Schwingungen von Materieteilchen (Atome oder Moleküle), den Schallschwingungen, verbundene Vorgang in einem materiellen Medium, der sich in diesem als wellenförmige Dichte- bzw. Druckänderung relativ kleiner Amplitude ausbreitet (als sog. Schallwelle) und bei Frequenzen (Schwingungszahlen) zwischen 16 Hz und 20 kHz mit dem Hörorgan wahrnehmbar ist: Der in festen Schallgebern (z.B. Stimmbänder, Glocken, Lautsprecher) erzeugte Körperschall teilt sich einem umgebenden gasförmigen oder flüssigen Medium (insbesondere Luft beim sog. Luftschall, Wasser beim Wasserschall) mit und wird von diesem Medium auf das Hörorgan übertragen, wo eine Schallempfindung (Gehöreindruck) hervorgerufen wird (zum Hörvorgang s. S. 426). Derartige Schwingungen und Wellen mit Frequenzen unterhalb des menschlichen Hörbereichs von 16 Hz bis 20 kHz ergeben den sog. *Infraschall*, solche mit Frequenzen oberhalb davon den sog. *Ultraschall*.

Für die Messung von Schallvorgängen eignet sich der durch die Schallerregung hervorgerufene Wechseldruck der Luft. Damit der große in Betracht kommende Amplitudenbereich übersichtlich und auch der subjektiven Empfindung analog dargestellt werden kann, wird dieser Schalldruck p in einem logarithmischen Maßstab angegeben, wobei man ihn auf den vom menschlichen Ohr gerade noch wahrnehmbaren sog. Bezugsschalldruck $p_0 = 2 \cdot 10^{-4}$ μbar bezieht und vom Quadrat des Quotienten p/p_0 den Logarithmus bildet. Man erhält den in *Bel* (B) bzw. allgemein in *Dezibel* (dB) angegebenen *Schalldruckpegel* (Schall- oder Geräuschpegel) $L_s = 2 \lg(p/p_0)$ (in B) $= 20 \lg(p/p_0)$ (in dB).

Während der von einer Schallwelle auf das Trommelfell ausgeübte Schalldruck objektiv meßbar ist, gibt es keine physikalische Meßgröße für die physiologische Wirkung von *Geräuschen* bzw. Lärm auf den menschlichen Organismus. Da hohe Schallfrequenzen lauter empfunden werden als tiefe Frequenzen, wurden zur Bewertung eines Geräuschs Bewertungskurven in Abhängigkeit von der Schallfrequenz aufgestellt. Im allgemeinen wird die Bewertung nach einer mit A bezeichneten *Bewertungskurve* vorgenommen; die Ergebnisse von Schallpegelmessungen werden daher in dB(A) angegeben. Diese Bewertungskurve ist so angelegt, daß eine Zunahme des Schalldruckpegels, die der Mensch als eine Verdopplung des subjektiv wahrgenommenen Lärms empfindet, durch einen Pegelanstieg von 10 dB(A) ausgedrückt wird.

Da die Lärmwirkung außer von der Lautstärke auch vom zeitlichen Verlauf der Lärmintensität abhängt, wird sie anhand eines zeitlich gemittelten Schallpegels (*Mittelungspegel*, äquivalenter Dauerschallpegel) bewertet. Um weitere Faktoren wie Höhe und Anzahl von Pegelspitzen (zur Beurteilung der Gefahr einer Schlafstörung), Auffälligkeit, Ortsüblichkeit, Art und Betriebsweise der Geräuschquelle mit berücksichtigen zu können, wird aus dem Mittelungspegel ein sog. *Beurteilungspegel* gebildet. Dieser soll ein Maß für die tatsächliche Beurteilung der physiologischen Auswirkung eines Lärmpegels sein. Zur Zeit werden mehrere voneinander abweichende Meß- und Beurteilungsverfahren angewandt.

Der Begriff *Lärm* ist nicht eindeutig zu bestimmen, da neben meßbaren Faktoren auch subjektive Momente, wie z.B. die persönliche Einstellung und die allgemeine körperliche und seelische Verfassung des Betroffenen eine Rolle spielen. Am ehesten wird dem Begriff die folgende Definition von Klosterkötter gerecht: „Unter Lärm sind solche Geräusche zu verstehen, die physiologische Funktionen des Organismus ungünstig beeinflussen, die den Menschen psychisch beeinflussen, also ihn stören, belästigen, ärgern, erschrecken oder die das Gehörorgan schädigen."

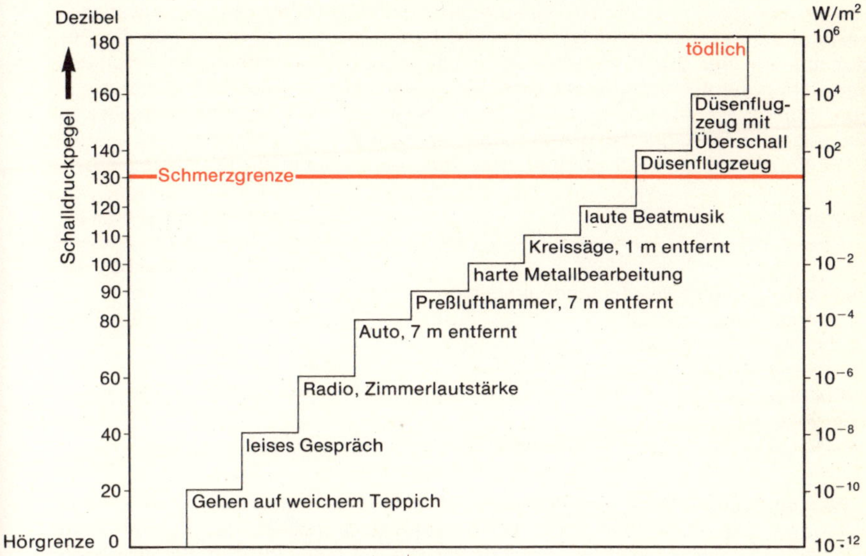

Abb. 1 Beispiele für verschiedene Geräuschpegel

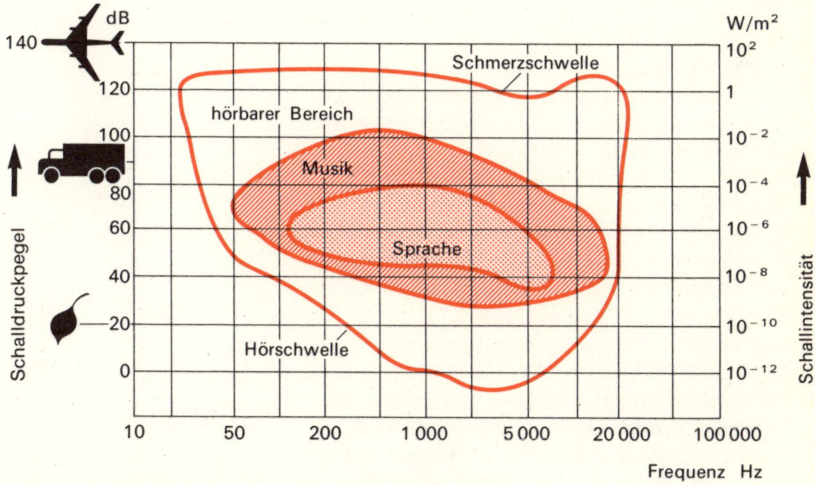

Abb. 2 Geräuschwahrnehmung des menschlichen Ohrs (Hörflächen, Schwellen und Frequenzbereiche)

Lärm – Grenzwerte der Lärmbelästigung

Als Kriterien für die Festlegung von *Richtwerten* zur Beurteilung und Begrenzung von Lärmquellen werden einerseits psychologische, physiologische, motivationsbeeinflussende und sozialpsychologische Lärmwirkungen, andererseits die Gesichtspunkte der Durchführbarkeit von Lärmminderungsmaßnahmen unter Berücksichtigung des Standes der Technik und der Adäquanz der Mittel herangezogen. Solche Richtwerte sind in Gesetze, Rechtsverordnungen und Regelwerte eingegangen. Im folgenden werden drei Lärmrichtlinien beschrieben.

Die *Vornorm DIN 18005* gibt folgende Planungsrichtpegel für Baugebiete an:

Baugebiet	Planungsrichtpegel in dB(A)	
	Tag	Nacht
reines Wohngebiet, Wochenendhausgebiet	50	35
allgemeines Wohngebiet	55	40
Dorfgebiet, Mischgebiet	60	45
Kerngebiet, Gewerbegebiet	65	50
Industriegebiet	70	70
Sondergebiet (je nach Nutzungsart und Wohnungsanteil)	45–70	35–70

Während diese Werte der Vornorm DIN 18005 nur Planungsrichtwerte sind, stellen die folgenden Werte *gesetzlich festgesetzte Grenzwerte* dar. Sie wurden in der „Allgemeinen Verwaltungsvorschrift technische Anleitung zum Schutz gegen Lärm (TA-Lärm)" vom 16. 7. 1968 und in der *VDI-Richtlinie 2058* vom Juni 1973 festgelegt. Die Messung dieser Werte soll 0,5 m außerhalb des geöffneten Fensters erfolgen:

Einwirkungsbereich	Grenzwerte in dB(A)	
	Tag	Nacht
Für Einwirkungsorte, in deren Umgebung nur gewerbliche Anlagen und gegebenenfalls ausnahmsweise Wohnungen für Inhaber und Leiter der Betriebe sowie für Aufsichts- und Bereitschaftspersonen untergebracht sind	70	
Für Einwirkungsorte, in deren Umgebung vorwiegend gewerbliche Anlagen untergebracht sind	65	50
Für Einwirkungsorte, in deren Umgebung weder vorwiegend gewerbliche Anlagen noch vorwiegend Wohnungen untergebracht sind	60	45
Für Einwirkungsorte, in deren Umgebung vorwiegend Wohnungen untergebracht sind	55	40
Für Einwirkungsorte, in deren Umgebung ausschließlich Wohnungen untergebracht sind	50	35
Für Kurgebiete, Krankenhäuser, Pflegeanstalten, soweit sie als solche durch Orts- oder Straßenbeschilderung ausgewiesen sind	45	35

Für das *Innere von Räumen* gelten folgende *Lärmrichtwerte* (VDI-Richtlinie 2791 aus dem Jahr 1973):

Raumart	Mittelungspegel dB(A)	mittlerer Maximalpegel dB(A)
Schlafräume bei Nacht:		
1 in reinen und allgemeinen Wohn-, Krankenhaus- und Kurgebieten	25–30	35–40
2 in allen übrigen Gebieten	30–35	40–45
Wohnräume bei Tag:		
3 wie 1	30–35	40–45
4 wie 2	35–40	45–50
Kommunikations- und Arbeitsräume:		
5 Unterrichtsräume, Einzelbüros, wissenschaftliche Arbeitsräume, Bibliotheken, Konferenz- und Vortragsräume, Arztpraxen	30–40	40–50
6 Büros für mehrere Personen	35–45	45–55
7 Großraumbüros, Schalterräume	40–50	50–60

Im *„Gesetz zum Schutz gegen Fluglärm“* ist für die Abgrenzung der Lärmschutzzone I ein äquivalenter Dauerschallpegel (Mittelungspegel) von 75 dB(A) und für die Lärmschutzzone II von 67 dB(A) festgelegt. In der *Zone I* dürfen nach erfolgter Festsetzung der Lärmschutzbereiche keine Wohnungen mehr gebaut werden. Ferner ist die Gewährung von Entschädigungen für Schallschutzaufwendungen an vorhandenen Wohngebäuden durch den Flugplatzhalter vorgesehen. In der *Zone II* werden für neu zu bauende Wohnungen dem Bauherrn bestimmte Schallschutzanforderungen auferlegt. In beiden Lärmschutzzonen besteht ein Bauverbot für Krankenhäuser, Altenheime, Schulen und ähnliche schutzbedürftige Einrichtungen.

Im „Entwurf eines zweiten Gesetzes zur Änderung des Bundesfernstraßengesetzes“ vom 23.3.1973 wurde erstmals auch für *Straßenverkehrslärm* ein Immissionsgrenzwert von 75 dB(A) genannt.

Lärm und menschliches Wohlbefinden

Nach einer Umfrage des Bundesministeriums für Familie, Jugend und Gesundheit fühlt sich jeder zweite Bundesbürger durch Lärm belästigt. Am Tage werden 41 % der Erwachsenen durch Lärm gestört, in der Nacht sind es 25 %. Dauernd von Lärmeinwirkungen in ihrem Wohlbefinden beeinträchtigt fühlen sich 17 % der Bewohner in der BRD.

Das Lärmproblem stellt sich etwas anders dar als jene globalen Umweltprobleme, die heute im Hinblick auf exponentielle Wachstumskatastrophen über Literatur und Massenmedien bewußt gemacht werden. Dabei muß die einseitige Fixierung auf die Frage nach einer Gesundheitsschädigung durch Lärm verlassen werden; statt dessen muß die Forderung in den Mittelpunkt rücken, daß menschliches Wohlbefinden nicht durch vom Menschen gestaltete oder beeinflußbare Umweltverhältnisse – in unserem Fall durch Lärm – beeinträchtigt werden darf.

Die *Belästigung durch Geräusche* hängt von den physikalischen Faktoren des Schalls (Schallstärke, Frequenz, Häufigkeit von Lärmspitzen usw.) und vom psychischen Zustand des Menschen ab. Schallreize führen zu meßbaren Reizantworten im zentralen und vegetativen Nervensystem sowie im Drüsensystem. Diese Veränderungen lassen sich mit unterschiedlichen Methoden nachweisen: Im Elektroenzephalogramm findet man eine Veränderung der elektrobiologischen Potentiale, im Elektromyogramm eine Verstärkung der Muskelaktionspotentiale, die den allgemeinen Spannungszustand einer Muskelgruppe kennzeichnen. Der elektrische Hautwiderstand fällt ab. Der Blutdruck kann geringfügig ansteigen. Die Hauttemperatur ist leicht erniedrigt. Die Pupillen erweitern sich. Magensaft- und Speichelproduktion sind verringert. Atem- und Pulsrate reagieren mit mäßigen Veränderungen; das Herzschlagvolumen nimmt etwas ab. – Maximale Veränderungen entstehen durch Alarm- oder Schreckreaktionen, die durch kurzfristig ansteigende Geräuschpegel (z. B. Knall) ausgelöst werden können. – Sehr niedrige Reizschwellen weist die Änderung (Abfall) des elektrischen Hautwiderstandes auf. Es sind bereits dann signifikante Reaktionen nachweisbar, wenn das Reizgeräusch den allgemeinen Grundgeräuschpegel um 3–6 dB(A) überschreitet.

Ein *ungestörter Schlaf* ist die notwendige Voraussetzung für die Erholung und damit auch für die Erhaltung der Leistungsfähigkeit des Menschen. Häufige Unterbrechungen des Schlafs oder Abkürzungen der Nachtruhe werden subjektiv als lästig empfunden und können zu einer Überreizung der Psyche und schließlich auch des vegetativen Nervensystems führen.

Weniger schlafstörend sind für die meisten Menschen gewisse kontinuierliche Grundgeräusche, an die man sich gewöhnen kann, vor allem wenn sie natürlicher Herkunft und damit auch meist weniger laut sind (z. B. rauschende Gewässer, Wind, Regen). Dagegen können unerwartete und ungewohnte Geräusche und Lärm technischer Herkunft sehr wohl den Schlaf stören. Geräusche beeinflussen auch die Schlaftiefe. Der zur Regeneration besonders geeignete Tiefschlaf geht durch akustische Umweltreize in den weniger erholsamen Dämmerschlaf über. Bereits geringe zusätzliche akustische Reize können bewirken, daß man aus dem Dämmerschlaf aufwacht. Schon bei drei Minuten Beschallung mit 30 dB – was etwa einer ohrnahen Flüstersprache gleichkommt – ist die 10 %-Aufweckschwelle für Erwachsene erreicht. Die 50 %-Aufweckschwelle liegt für Erwachsene bei einer drei Minuten andauernden Geräuscheinwirkung von 45 dB.

Obgleich eine gewisse Gewöhnung an Geräusche natürlichen Ursprungs möglich ist, besteht eine Anpassung an Lärm in bezug auf vegetative Auswirkungen nicht.

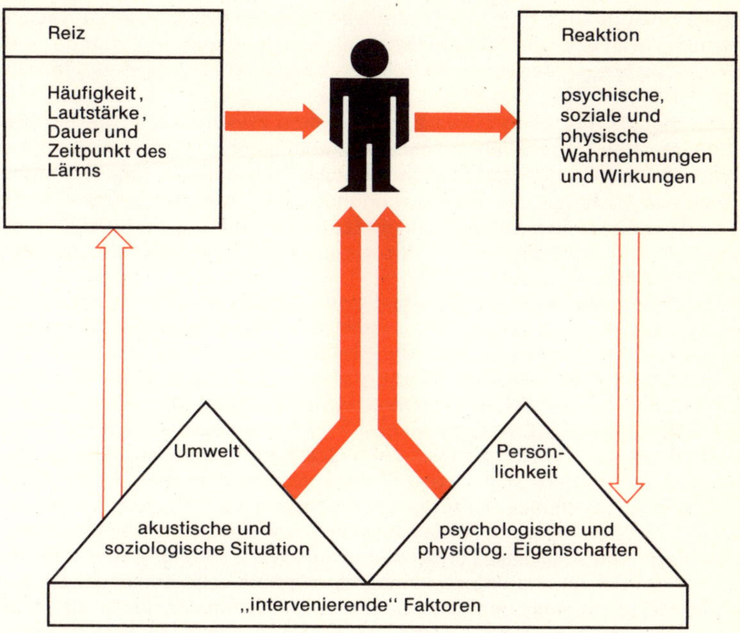

Abb. 1 Auswirkung von Lärm

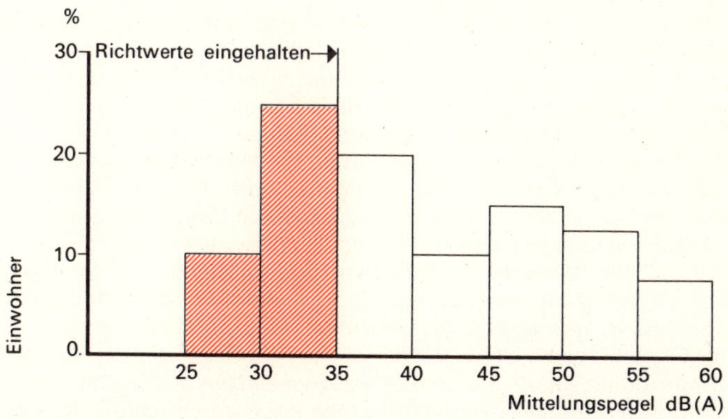

Abb. 2 Lärmbelastung der Einwohner (in %) durch Straßenverkehr
(Großstadt, nachts bei geöffnetem Fenster)

Schwerhörigkeit durch Lärm

Lärmschwerhörigkeit ist das Symptom einer Stoffwechselerschöpfung der Hörsinneszellen des Innenohrs mit degenerativen Veränderungen. Die *Stoffwechselerschöpfung* während der Lärmeinwirkung kommt dadurch zustande, daß der Sauerstoffverbrauch der Hörsinneszellen größer ist als der Sauerstoffantransport durch das Blut.

Das Innenohr übt beim *Hörvorgang* folgende Funktion aus: Die Schallwellen werden über das Trommelfell und den Gehörknöchelchenapparat auf die Innenohrflüssigkeit übertragen. In der Innenohrflüssigkeit liegt eine von vielen Hörsinneszellen besetzte Membran, die die Schwingungen der Innenohrflüssigkeit aufnimmt und an die Sinneszellen weitergibt. In dieser Form empfängt die *Hörsinneszelle* die mechanische Energie des Schalls. Ihre Aufgabe ist es, die mechanische Energie in Nervenimpulse umzuwandeln.

Die *Leistungsfähigkeit des Sinneszellstoffwechsels* ist für Schallstärken ausgelegt, wie sie in der belebten und unbelebten Natur auftreten. Der jahre- und jahrzehntelangen Einwirkung starken Industrielärms jedoch ist dieser Stoffwechsel nicht gewachsen. Mit dem dadurch eintretenden Sauerstoffmangel geht ein Absinken der bioelektrischen Nervenpotentiale einher. Dem Sauerstoffmangel folgen Störungen des Eiweißstoffwechsels und des Enzymhaushaltes. Die Kerne der Sinneszellen nehmen Schwell- und Schrumpfformen an, die Struktur der Mitochondrien ändert sich. Diese *Folgen der akustischen Überlastung* sind zunächst noch reversibel. Bei fortgesetzter Lärmexposition jedoch kommt es zur Quellung und Deformierung sowie schließlich zum Zerfall der Sinneszellen.

Man weiß heute, daß diese Lärmschäden durch eine jahrelange und während des größten Teils der Arbeitsschicht anhaltende Wirkung von Lärm in der Größenordnung von 90 dB(A) entstehen. Der *Hörschaden* tritt zunächst nur für einen Teil des Frequenzbereiches ein (Abb. 3). Dadurch kann subjektiv noch der Eindruck eines intakten Hörvermögens bestehen. Bei besonders empfindlichen Personen kann ein Hörschaden u. U. schon durch einen Lärmpegel unter 85 dB(A) verursacht werden.

Am Anfang bildet sich die Schwerhörigkeit nur in einem eng begrenzten Frequenzbereich aus. Oberhalb und unterhalb dieser Senke ist die Hörschwelle normal. Subjektive Hörstörungen fehlen noch weitgehend. Manche der Betroffenen klagen jedoch bereits in diesem Stadium 1 über lästige *Ohrgeräusche* (Pfeifen, Zischen usw.). Wenn sich die Hörsenke verbreitert, erreicht die Hörverlustzone schließlich die obere Hörgrenze, d. h., der Patient ist für alle Frequenzen oberhalb eines bestimmten Wertes schwerhörig. Dieses Stadium 2 bedingt schon eine merkliche *Behinderung des Sprachverständnisses.* Die Betroffenen können sich zwar mit einer einzelnen Person in einem ruhigen Raum noch gut unterhalten; sobald das Gespräch aber in einer etwas geräuschvolleren Umgebung stattfindet, haben sie Verständnisschwierigkeiten. Im dritten Stadium dehnt sich die Hörverlustzone weiter auf die mittleren Frequenzen aus, während in den oberen Frequenzen der Hörverlust nur noch geringfügig zunimmt. Die Behinderung des Sprachverständnisses in normaler geräuscherfüllter Umgebung nimmt weiter zu. Die Hörweite für Flüstersprache ist auf 0,1 bis 0,5 m reduziert. In der letzten Phase ergreift die Schwerhörigkeit auch die unteren Frequenzen (viertes Stadium).

Lärmschwerhörigkeit kann weder medikamentös noch durch andere Maßnahmen nennenswert gebessert werden. Dadurch wird ihre Verhütung besonders dringlich. Dies kann auf dreierlei Weise geschehen: durch *Bekämpfung der Lärmentstehung* (z. B. weniger geräuschvolle Produktions- und Bearbeitungsverfahren), durch *Verminderung der Lärmausbreitung* (z. B. Abschirmung der Lärmerzeuger, bauakustische Maßnahmen wie Einbau von Schallschluckmaterialien) und durch *persönlichen Schallschutz* (z. B. Gehörschutzkapseln, Gehörschutzkappen).

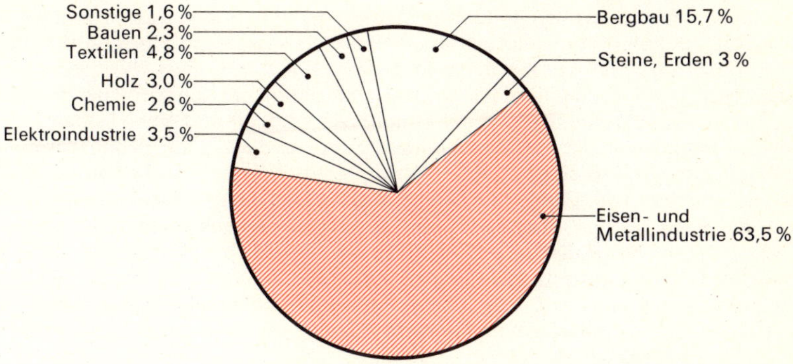

Abb. 1 Auftreten von Lärmschwerhörigkeit in Industriezweigen (1971)

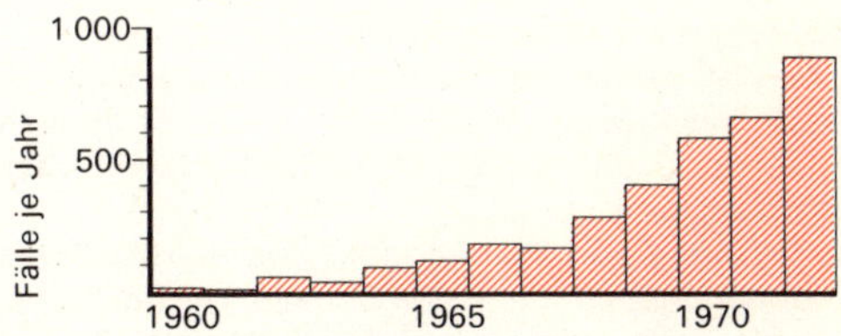

Abb. 2 Zunahme der Lärmschwerhörigkeit

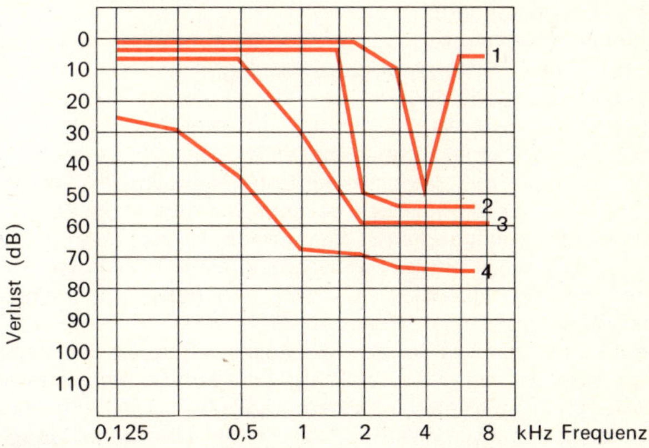

Abb. 3 Schwellenaudiogramme (Kurven 1 bis 4) der verschiedenen Stadien (Phasen) einer fortschreitenden Schwerhörigkeit

Lärmschutz

Im folgenden werden verschiedene Möglichkeiten der Lärmabschirmung dargestellt. An erster Stelle sind die sog. *Lärmschutzwände* zu nennen, wie sie an Baustellen, lärmintensiven Industrieanlagen, Eisenbahnen und Schnellstraßen sowie auf Flughäfen eingesetzt werden können. Die einzelnen Lärmschutzelemente der Lärmschutzwand werden meist im Spritzgußverfahren aus UV-stabilisiertem Polyäthylen hoher Dichte hergestellt. Die Konstruktion mit Kunststoff gewährleistet eine ziemliche Wartungsfreiheit, Alterungsbeständigkeit und einen hohen Selbstreinigungsgrad. An der der Schallquelle zugewandten Seite liegen zahlreiche Schalleintrittsöffnungen. Der Lärm trifft durch diese hindurch auf ein *Absorptionsmaterial* im Innern der Lärmschutzwand, in dem er zu einem großen Teil absorbiert wird. Als Absorptionsmaterial wird eine witterungsbeständige Mineralfaserplatte verwendet, die durch Distanzhalter in einem akustisch optimalen Abstand zur Umkleidung der Lärmschutzwand gehalten wird. Die Rückfront der Wand ist geschlossen. Mit einer normalen Lärmschutzwand mit einem Flächengewicht von ca. 15 kg/m^2 kann eine Schallpegelminderung von Verkehrs- und Industrielärm um ca. 12 bis 13 dB(A) erzielt werden.

Industriell werden Lärmschutzwände aus einzelnen Elementen mit einer Abmessung von $100 \times 25 \times 15$ cm gefertigt. Diese lassen sich in beliebiger Höhe und Länge zusammensetzen. Wegen der bei freistehenden Lärmschutzwänden recht hohen Windbelastung (z. B. 800 bis 1500 N/m^2) müssen die Elemente in einem größeren Fundament gut verankert werden.

Neuerdings werden neben den feststehenden auch *mobile Lärmschutzwände* entwickelt, die sich besonders zum Einsatz im Bereich befristeter Lärmquellen (z. B. Baustellen) eignen und durch die Möglichkeit wiederholter Verwendung auch wirtschaftlich sinnvoll sind.

Zur Lärmabschirmung von Wohnungen sind *schalldämmende Fenster* in Gebrauch. Diese können im Extremfall den Schallpegel um bis zu 50 dB(A) verringern. Da ihr Einbau recht kostspielig ist und da sie andererseits nicht geöffnet werden können (also eine Belüftung über Klimaanlage erforderlich ist), spielen sie in der Praxis keine so bedeutende Rolle.

Bezüglich der Abschirmung von *Verkehrslärm* sind folgende Faktoren zu beachten. Bei einer vierspurigen geländegleichen *Schnellstraße* mit einer mittleren Verkehrsdichte von 2 500 Pkw pro Stunde beträgt der *Schallpegel* in unmittelbarer Nähe der Fahrbahnkante 73 dB(A), in einem 50 m von der Straße entfernten Hochhaus (nach oben zunehmend) 65–66 dB(A). In größerer Höhe über dem Boden nimmt der Lärm mit zunehmender Entfernung von der Straße langsamer ab als in Bodennähe. Dies ist eine Folge der schallschluckenden Wirkung der Bodenoberfläche. Die Lärmbelastung einer *Stadtstraße* mit einer Verkehrsdichte von 1 000 Pkw pro Stunde beträgt an der Fahrbahnkante 70, in mittleren Stockwerken 68 und in oberen Stockwerken 66 dB(A). Enge und hohe Straßenschluchten können den Schallpegel beträchtlich, bis zu 10 dB(A), erhöhen.

Im innerstädtischen Bereich könnte bereits durch die Herausnahme des Durchgangsverkehrs und die Schaffung von Fußgängerzonen eine erste wirksame Lärmdämmung erfolgen. – Im Bereich von Schnellstraßen bzw. Fernverkehrsstraßen läßt sich eine geringe Reduzierung der Lärmbelästigung durch die Anlegung einer *Lärmschutzpflanzung* zwischen Straße und Wohngebiet (Mindestbreite 30 m) erreichen. Auch eine *tiefere Straßenführung* bringt zumindest für die unteren Stockwerke der betroffenen Wohnungen eine gewisse Lärmminderung. Eine sichtliche und spürbare Verbesserung kann dagegen die Anlage eines *bepflanzten Walls* bringen. Auf diese Weise kann z. B. die von einer in 50 m Entfernung verlaufenden Schnellstraße ausgehende Lärmbelästigung für die Bewohner eines Hochhauses auf 45 dB(A) abgesenkt werden.

Abb. 1 Vierspurige Schnellstraße ohne Lärmschutz (geländegleich), 2000–3000 PKW/h

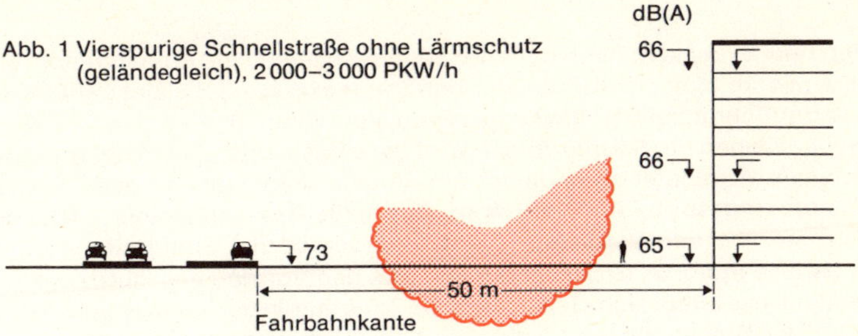

Abb. 2 Vierspurige Schnellstraße im Einschnitt, 2000–3000 PKW/h

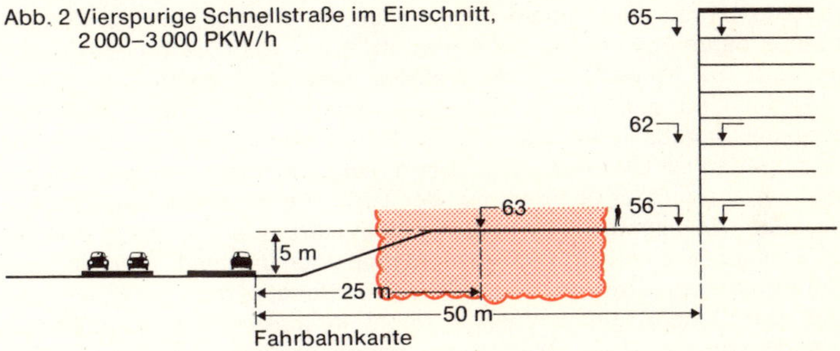

Abb. 3 Vierspurige Schnellstraße mit Lärmschutzpflanzung ohne Wall, 2000–3000 PKW/h

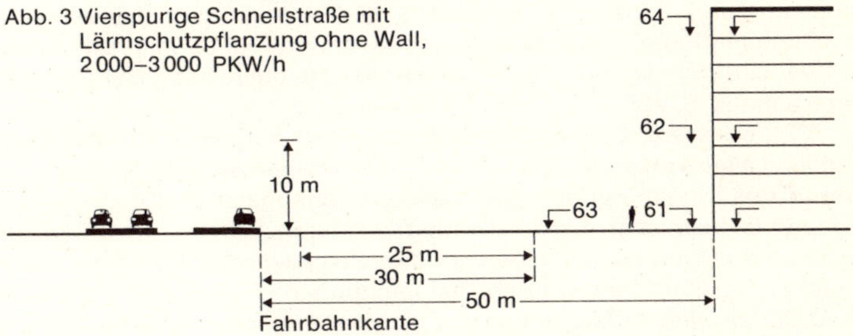

Abb. 4 Vierspurige Schnellstraße, Straße halb eingesenkt, mit Überhöhung, 2000–3000 PKW/h

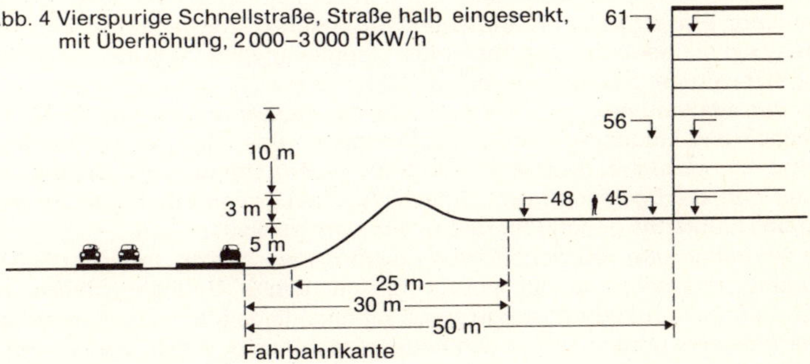

nach H. Kühne

Fluglärm – Fluglärmschutz

Bei den relativ langsam fliegenden *Verkehrsflugzeugen mit Kolbenmotor* rührt der Hauptlärm vom Motor und Propeller her. Die maximale Schallabstrahlung erfolgt etwa in der Schraubenblattebene des Propellers (Abb. 1).

Bei *Flugzeugen mit Strahlturbinen* wird die eingesaugte Luft in der Strahlturbine durch einen Verdichter komprimiert und in eine Brennkammer geleitet. Hier wird Brennstoff eingespritzt und verbrannt. Das heiße Gas-Luft-Gemisch durchströmt die Turbine, die den Verdichter treibt, und verläßt die Strahlturbine durch die Austrittsdüse in hoher Geschwindigkeit, was den Vortrieb des Flugzeugs bewirkt. Hinter der Düse bildet sich eine turbulente Zone aus, in der sich der Schubstrahl mit der Luft der Umgebung vermischt. Die dabei auftretenden Druckschwankungen sind die Quelle des charakteristischen Strahlgeräusches. Da die maximale Schallabstrahlung schräg nach hinten erfolgt (Abb. 2), erzeugt ein Strahlflugzeug erst dann den größten *Schallpegel* für den Betroffenen, wenn es ihn überflogen hat.

Flugzeuge mit Propellerturbinen nehmen eine Mittelstellung ein. Die Turbine treibt hier nicht nur den Verdichter an, sondern auch noch einen Propeller, der den Hauptteil des Schubs liefert, während der Schubanteil der aus der Düse austretenden Gase gering ist. Die Geräusche gehen hier zum einen vom Propeller aus, zum anderen vom Verdichter und dem aus der Turbine austretenden Strahl.

Die größten Schallintensitäten werden vom startenden Flugzeug erzeugt. Beim Start z. B. einer DC 8 von 85 t Startgewicht muß noch in einer Entfernung von 12 km vom Startpunkt in Startrichtung mit einem Schallpegel von 85 dB gerechnet werden. Der Schallpegel von 80 dB reicht in diesem Fall noch bis zu einer Entfernung von ca. 20 km. Messungen haben gezeigt, daß einzelne Orte oder Siedlungsgebiete in der Nähe von Flugplätzen an mehreren Wochentagen oft stundenlang durch Schallpegel bis zu 100 dB und durch regelmäßig wiederholte Übungsflüge mit Pegeln über 110 dB (vor allem durch Militärmaschinen) belastet sind. Dies sind Werte, bei denen es bereits zu bleibender Gehörschädigung kommen kann (s. S. 426).

Das 1971 erlassene Gesetz zum Schutz gegen Fluglärm schreibt in der BR Deutschland allen Verkehrsflughäfen *Lärmmeßanlagen* zur Ermittlung der Lärmbelastung in der Umgebung vor. Die Meßdaten ermöglichten die Festlegung von Zonen unterschiedlicher Lärmbelastung. Dadurch konnte die Flugsicherung *Abflugrouten* bestimmen, bei denen nur dünnbesiedelte Gebiete in der Umgebung des Flughafens überflogen werden. Bei Landungen ist allerdings aus flugtechnischen Gründen eine Auffächerung der zu überfliegenden Gebiete nicht so gut möglich und somit die Lärmbelästigung auf diese Weise kaum einzudämmen.

Eine nachhaltige Verbesserung der Fluglärmsituation wird erst durch den allgemeinen Einsatz von *Luftfahrzeugen mit leiseren Triebwerken* erreicht werden können, wie sie heute bereits bei einigen Flugzeugtypen im Kurzstreckenverkehr eingesetzt werden, z. B. beim Airbus 300 B2.

Mit den Maßnahmen zur Eindämmung der Auswirkungen des Fluglärms bei startenden und landenden Luftfahrzeugen gehen Bestrebungen zur Bekämpfung des *Bodenlärms* einher. Dies wird v. a. durch die Errichtung von *Schallschutzanlagen* auf den Werftgeländen und *Schallschutzmauern* an Flughäfen zur Abschirmung des Fluglärms gegenüber den Anwohnern erreicht.

Zur *Verminderung des nächtlichen Fluglärms* wurde von amtlicher Stelle eine Verfügung erlassen, die ein Verbot für nächtliche Übungs-, Überführungs-, Überprüfungs- und Trainingsflüge sowie für nächtliche Starts und Landungen von Chartermaschinen beinhaltet. Auch Linienmaschinen dürfen in der Zeit von 0 Uhr bis 5 Uhr Ortszeit nicht landen. Die *Nachtflugbeschränkungen* werden von einer Reihe von Maßnahmen flankiert, die unter anderem bewirken sollen, daß die Zahl der Flugbewegungen in den Randzeiten nicht zunimmt.

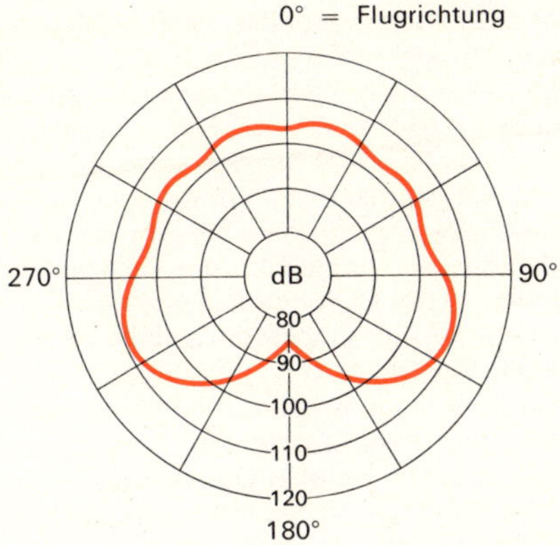

Abb. 1 Richtcharakteristik des von einem Propellerflugzeug erzeugten Gesamtschallpegels (gilt für stehende und fliegende Flugzeuge)

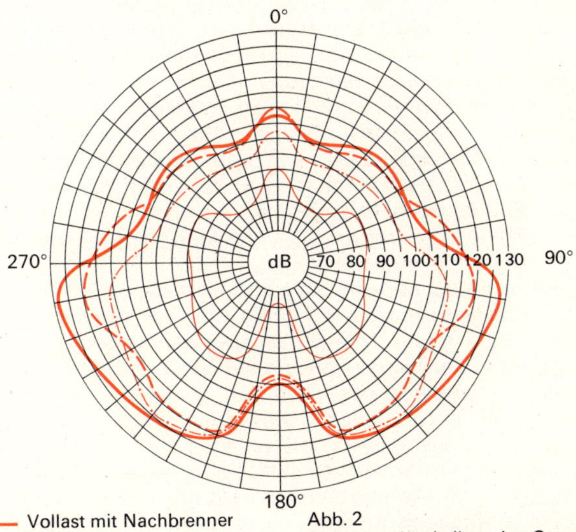

Vollast mit Nachbrenner
Teillast
Vollast ohne Nachbrenner
Leerlauf

Abb. 2
Richtcharakteristiken des Gesamtschallpegels eines Strahlflugzeugs im Stand bei verschiedenen Betriebszuständen

Die Beseitigung von Siedlungsabfällen in industriellen Ballungsräumen

In der BR Deutschland rechnet man heute mit jährlich rund 250 Mill. t Abfall (zusätzlich rund 260 Mill. t landwirtschaftliche Abfälle), worunter sich etwa 30 Mill. t Hausmüll, hausmüllähnliche Gewerbeabfälle, Sperrmüll, Straßenkehricht und Marktabfälle, 36 Mill. t kommunaler Klärschlamm, 7 Mill. t Industrieschlämme und 100 Mill. t sonstige Abfälle der Industrie und des produzierenden Gewerbes sowie 80 Mill. t Abfälle aus dem Bergbau befinden. Die Beseitigung dieser Abfallmengen, insbesondere der Siedlungsabfälle (jeder Bundesbürger erzeugt im Mittel pro Jahr 0,3 t Hausmüll), ist heute mit wachsenden Schwierigkeiten verbunden. Gesellschaftliche Veränderungen in den letzten zwanzig Jahren haben dazu geführt, daß die Bewohner der Großstädte zunehmend an die Peripherie drängen. Dadurch nimmt die Flächenausdehnung der Ballungsräume stark zu, und die Entsorgung (Abfallbeseitigung), vor allem der Abtransport der Abfälle, wird durch die Vergrößerung der Transportstrecken ständig teurer.

Drei großtechnisch anwendbare Verfahren der Entsorgung stehen den Gemeinden, den Trägern der kommunalen Entsorgung, zur Verfügung. Die *Deponie (Müllkippe)* wird unter den derzeit gegebenen Umständen als die billigste betrachtet (s. auch S. 438). Da Deponien in Zukunft nicht mehr verstreut, unkontrolliert und als Gefahrenquelle für die Umwelt angelegt werden dürfen, wird die *Großdeponie* an zentraler Stelle die Funktion der kleineren Deponien übernehmen. Damit muß der Müll über weite Strecken transportiert werden, was nicht nur eine stärkere finanzielle Belastung für den Bürger mit sich bringt, sondern auch andere Nachteile, die mit dem dadurch gesteigerten Verkehrsaufkommen verbunden sind. Großstädte haben nicht selten ein Müllaufkommen von weit über hundert Fahrzeugladungen pro Tag, wobei die Fahrstrecke zweimal (Hin- und Rückfahrt) zurückgelegt werden muß. Diese Belastung könnte nur durch die Anlage vieler kleinerer *geordneter Deponien* (s. S. 440) um die Ballungszentren herum vermieden werden, was jedoch im allgemeinen daran scheitert, daß meist nicht genügend Plätze ausgewiesen werden können, die den gesetzlichen Anforderungen entsprechen. Außerdem kommt erschwerend hinzu, daß der Betrieb einer kleinen Müllkippe maschinentechnisch den gleichen Aufwand erfordert wie der einer großen. Für eine Dezentralisierung der Müllentsorgung ist daher das Verfahren der geordneten Deponie nicht sehr günstig.

Unter dem Gesichtspunkt, daß durch die dezentralisierte Müllentsorgung lange Wegstrecken vom Anfallsort zum Ort der Verarbeitung vermieden und dadurch die Transportkosten und die Personalkosten reduziert werden können und daß ferner durch die Verringerung der Fahrzeugdichte auf den Zufahrtstraßen eine Belästigung der Anwohner weitgehend vermieden wird, kommen zwei andere Verfahren der Müllbeseitigung verstärkt in Betracht: Die *Verbrennung* der Siedlungsabfälle (s. auch S. 448) ist dann sinnvoll, wenn die Anlagen weit abseits der bewohnten Gebiete und mit den nötigen Schutzmaßnahmen ausgerüstet werden. Die *Müllkompostierung* (s. auch S. 456 ff.) kommt den Anforderungen nach Dezentralisierung in nahezu idealer Weise entgegen. Kompostwerke sind aller Erfahrung nach optimal wirksam bei Einwohnerzahlen in der Größenordnung von 60 000–80 000 (kleinere im Siedlungsgebiet ansässige Handwerks- und Produktionsunternehmen werden von ihrem Müllaufkommen her in Einwohnergleichwerten geschätzt, d.h., ihr Abfallaufkommen entspricht dem einer bestimmten Anzahl Einwohner). Neben dem Müll kann bei der Kompostierung auch der gesamte *Klärschlamm* (s. auch S. 374) verarbeitet werden, der bei der Stadtentsorgung ein Sonderproblem darstellt. Das Endprodukt *Kompost*, das im Umland der Kompostwerke abgesetzt werden sollte, damit es nicht kalkulatorisch mit zu hohen Transportkosten belastet ist, findet bei dezentralisierten Anlagen auf Grund der größeren für die Kompostanwendung zur Verfügung stehenden Fläche bessere Absatzbedingungen.

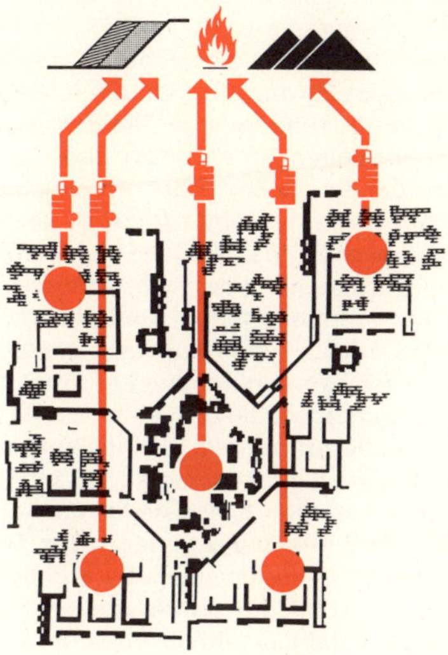

Abb. 1 Zentrale Müllverarbeitung

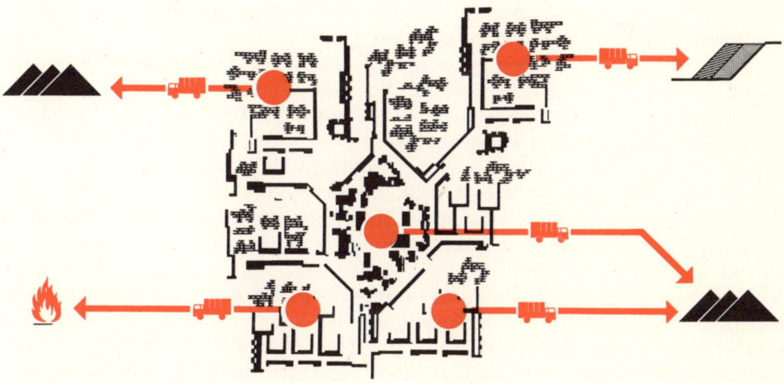

Abb. 2 Dezentralisierte Müllverwertung

Müll – die Müllabsauganlage

Die Abfallbeseitigung bei Großbauten in dichtbesiedelten Gebieten birgt besondere Probleme. Aus Gründen der Hygiene und Rationalisierung sollten die Abfälle möglichst automatisch, d. h. ohne menschliche Berührung vom Ort ihrer Entstehung bis zu einer zentralen Sammelstelle befördert werden. Viele Versorgungsleitungen für Wasser, Strom, Gas, Fernheizung und Telefon werden ebenso wie die Kanalisation unter die Erdoberfläche verlegt. Die Entsorgung festen Haus- und Gewerbemülls kann gleichermaßen unterirdisch über *vollautomatische Müllabsauganlagen* erfolgen, bei denen der Müll über ein geschlossenes System einem zentralen Abscheider direkt zugeführt wird. Von dort gelangen die Abfälle in ein *Verdichtungsaggregat* und werden anschließend abgefahren. Die Entleerung der Abwurfschächte erfolgt in festgelegten Intervallen automatisch und ohne Lärmbelästigung mit Hilfe einer programmierten Steuerung. Die Anlagekapazität kann jederzeit ohne besonderen zusätzlichen Aufwand gesteigert und somit neuen Bedürfnissen angepaßt werden, wenn häufigere Leerungen vorgesehen sind.

Der Weg des Mülls vom Verursacher bis zur Sammelstelle verläuft dabei wie folgt: Die Abfälle werden über *Einschüttöffnungen* in einen der vertikalen *Müllschluckerschächte* geworfen. Der Müll staut sich kurzzeitig bis zum Weitertransport in sog. *Stauräumen* über den Schachtventilen. Diese stellen die Verbindung zwischen den Abwurfschächten und den horizontal darunterliegenden Transportrohren dar. Der Hauptteil eines solchen *Schachtventils* ist eine waagrechte bewegliche Stahlscheibe, die den Boden des Abwurfschachtes bildet und so den Müll zurückhält. Das eigentliche Transportsystem besteht aus *Stahlrohren* mit einem Innendurchmesser von 500 mm. Sie liegen im Erdboden horizontal und können, wenn erforderlich, in Steigungswinkeln und Biegungsradien verlegt werden. Am Anfang des Rohrleitungssystems befindet sich ein *Transportluftventil,* das die Aufgabe hat, bei Beginn des Entleerungsvorgangs die Transportluft einzulassen. In einem *Abscheider,* in dem der Müll von der Transportluft getrennt wird, endet die horizontale Rohrleitung. Von dort gelangen die Abfälle in die darunterliegende *Verdichtungsanlage.* Wegen der Staubfracht und der möglichen Geruchsbelästigung muß die Transportluft durch *Filter* gereinigt werden. Nach der Reinigung wird sie über die *Exhaustorenanlage* schallgedämpft ins Freie geführt.

Für den Ablauf des Entleerungsvorgangs erzeugen die *Exhaustoren* in der Rohrleitung einen Unterdruck. Gleichzeitig setzt sich die bis dahin gesperrte Verdichtungsanlage in Bewegung. Das Transportluftventil öffnet sich, so daß die Transportluft in die Leitungen gesaugt werden kann. Das erste Schachtventil wird geöffnet, und der Müll fällt aus dem vertikalen Schacht in das horizontale Transportrohr, wird hier vom Luftstrom mitgerissen und bis zum Abscheider getragen. Danach schließt sich das erste Schachtventil. Die nächstfolgenden öffnen sich nun, bis alle Abwurfschächte entleert sind. Dieser Vorgang wiederholt sich in allen Leitungssträngen.

Alle Funktionen der Anlage werden von einer Zentrale aus elektronisch gesteuert, angezeigt und überwacht. In einem geschlossenen Saug-, Sammel- und Transportsystem können große Müllmengen mit geringem Arbeitskräftebedarf auf weite Entfernung leicht transportiert werden. Die Anlage arbeitet hygienisch einwandfrei und bringt keinerlei Geruchs- und Lärmbelästigung mit sich. Fahrwege und Mülltonnenstandplätze mit ihren unangenehmen Begleiterscheinungen entfallen vollständig.

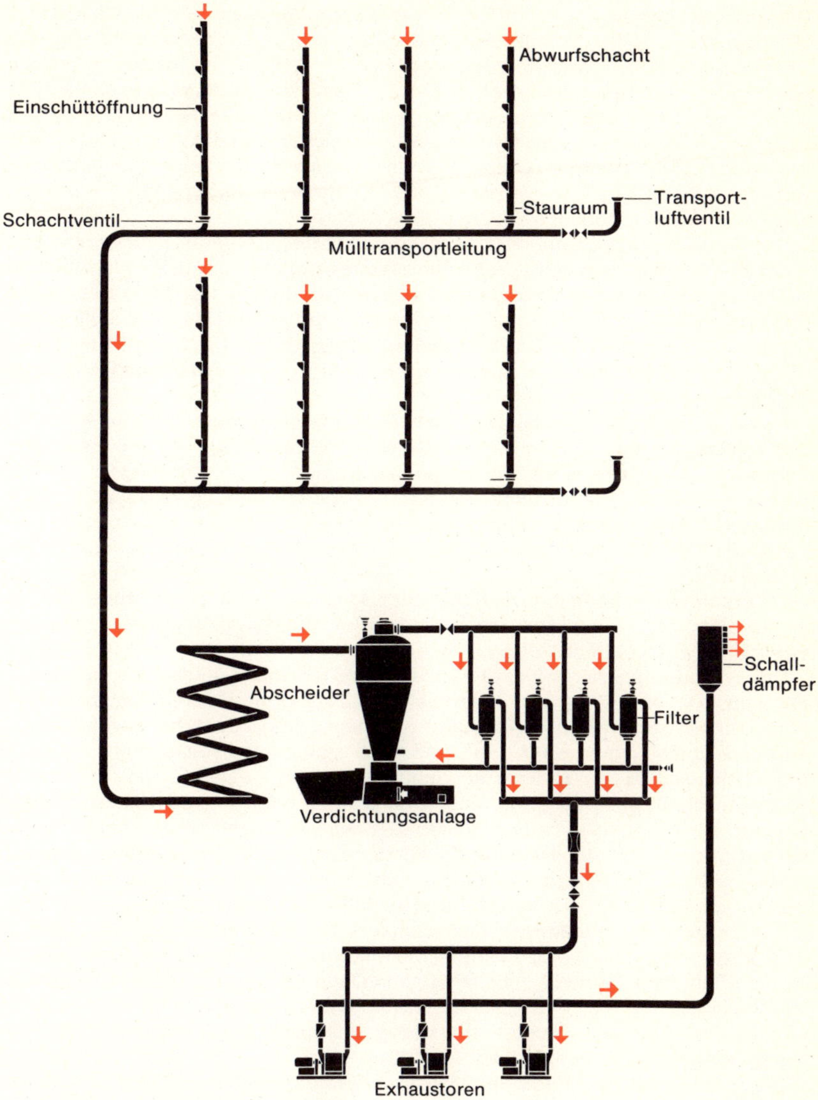

Abb. Schema einer Müllabsauganlage
Quelle: KUKA-Umweltschutz

Müll – die Vorsortierung von Abfällen im Haushalt

Die drei zur Zeit in der Siedlungsabfallbehandlung gebräuchlichen Methoden, Mülldeponie (s. S. 438ff.), Müllverbrennung (s. S. 448) und Müllkompostierung (s. S. 456ff.), verlangen keinerlei Vorsortierung der Abfälle, da diese in beliebig anfallender Form verarbeitet werden können. Dabei ist allerdings zu bedenken, daß ohne Vorsortierung im Aufbereitungsgang viele wertvolle Rohstoffe, wie z. B. Papier, Eisen- oder Nichteisenmetalle, Glas, vernichtet und damit dem Wirtschaftskreislauf entzogen werden. Ohne Vorsortierung der Abfälle besteht außerdem die Gefahr, daß Giftstoffe in Deponien oder Kompostierungsanlagen eingebracht werden und dort erhebliche Schäden verursachen.

Die Aussortierung bestimmter Abfallkomponenten im Verarbeitungsprozeß ist nicht ohne Schwierigkeiten durchzuführen und erfordert vom Träger der Abfallbeseitigung hohe maschinelle und personelle Investitionen. Es ist daher zu erwägen, ob eine getrennte Sammlung der einzelnen Komponenten des Hausmülls gegenüber der bislang geübten Praxis Vorteile bringt. Positive Erfahrungen mit dieser Methode wurden bereits in einigen Gemeinden der Bundesrepublik und der Schweiz gemacht.

Nicht für jeden der im Haushalt anfallenden Reststoffe kann in der Regel ein gesonderter Sammelbehälter aufgestellt werden, da dies viel zu unübersichtlich und auch unrentabel wäre. Faßt man die Komponenten allerdings in wenige definierte Untergruppen zusammen, so sollte die Einsammlung bei guter Organisation und Disziplin keine Schwierigkeiten bereiten.

Als wichtigste *Untergruppen in den Siedlungsabfällen* wären die organischen Küchenabfälle, Papier und Pappe, Glas, die Gruppe Steine, Keramik, Asche u. ä. nicht brennbare Materialien, die Kunststoffe sowie die Eisen- und Nichteisenmetalle zu erwähnen. Insgesamt lassen sich fünf Untergruppen, deren getrennte Sammlung wirtschaftliche Bedeutung erlangt, aufstellen:

Die *organischen Küchenabfälle* müssen wegen ihrer Anfälligkeit gegenüber Faulung und der damit verbunden Geruchsbelästigung der Anwohner häufiger eingesammelt und wenn möglich der Kompostierung zugeführt werden. – Alle anderen Abfälle sind weitgehend chemisch und biologisch unangreifbar und brauchen deshalb nur seltener abgeholt zu werden. – *Papier* kann als Rohstoff wieder in die Papiererzeugung eingeführt werden oder, falls hierfür kein Bedarf besteht, zur Energiegewinnung dienen. – *Glas* wird ebenfalls als Rohstoff in die Glasfabrikation für die Herstellung minderwertiger Gläser (Getränkeflaschen) zurückgeführt. – *Eisen-* und *Nichteisenmetalle* können zusammen eingesammelt werden, da ihre magnetische Trennung keine technischen Schwierigkeiten bereitet. Auch sie stellen einen wertvollen Rohstoff dar, der wieder in den technischen Prozeß zurückgeführt werden kann. – Die Materialien der Gruppe *Keramik, Steine, Asche* können weitgehend unbedenklich in Deponien abgelagert werden, da hier weder chemische noch biologische Umsetzungen zu erwarten sind. – *Kunststoffe* können, solange ihre Wiederaufbereitung technisch nicht realisierbar ist, zur Energiegewinnung verwendet werden.

Die getrennte Einsammlung von Müll nach Abfallgruppen bringt zwar im Haushalt und bei der Organisation der Entsorgung noch Schwierigkeiten mit sich, die jedoch durch die inzwischen angelaufene Konstruktion geeigneter Sammelbehälter überwunden werden können. Auf jeden Fall könnte diese Form der Müllentsorgung und die damit verbundene Wiedereingliederung von Teilen der Reststoffe in den Produktionsprozeß für die Abfallbeseitigungsanlagen eine erhebliche Entlastung mit sich bringen. Es ist daher wünschenswert, daß Ansätze, wie sie mit der getrennten Einsammlung von Altpapier und Glas bereits gemacht wurden, gefördert und auf andere Stoffgruppen ausgedehnt werden.

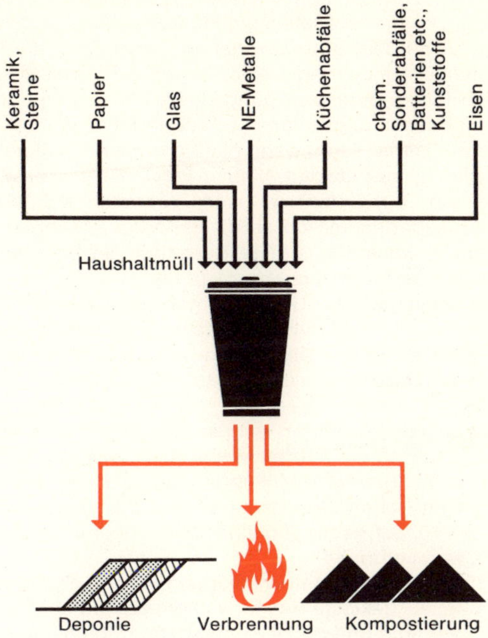

Abb. 1 Gegenwärtige Müllentsorgung

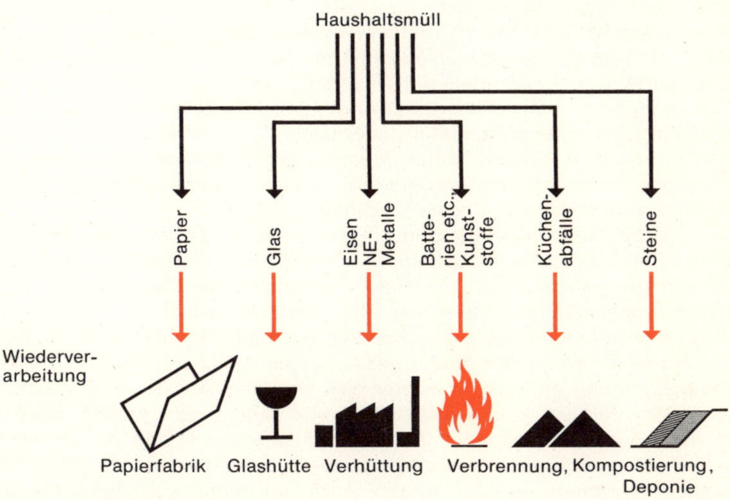

Abb. 2 Vorsortierung von Haushaltsmüll

Müll – die Ablagerung in Deponien

Die wachsende Flut von Siedlungsabfällen, bestimmt v.a. durch die starke Zunahme von Verpackungsmaterialien jeglicher Art, läßt sich derzeit technisch im wesentlichen durch drei Beseitigungsverfahren bewältigen: die Verbrennung, die Kompostierung und die Ablagerung in einer Deponie. Für viele kleinere und mittlere Gemeinden als die Träger der Entsorgung sind Verbrennung und Kompostierung in entsprechenden Beseitigungsanlagen auf Grund ihrer hohen Investitions- und Folgelasten zu teuer, zumal dann, wenn nicht genügend Müll anfällt, um rationell arbeitende Großanlagen auszulasten. Nicht in jedem Falle ist ein Zusammenschluß mehrerer Kommunen zur Errichtung einer zentralen Müllbeseitigungsanlage möglich, da die Transportkosten durch die verlängerten Fahrstrecken erheblich ansteigen. Als derzeit kostengünstigste Beseitigungsmethode bleibt daher für einen großen Teil der Gemeinden nur die Deponie.

Im Jahre 1975 wurden nach den Umfrageergebnissen des Statistischen Bundesamtes 4415 Deponien für kommunale Abfälle betrieben, wobei in rund 2500 Deponien diese Abfälle in kontrollierter Weise gelagert und behandelt wurden *(geordnete Deponien).* Dazu kamen noch rund 2500 Deponien für gewerbliche und industrielle Abfälle.

Noch vor zehn bis fünfzehn Jahren war die Ablagerung vorwiegend in ungeordneten Müllkippen praktisch die einzige Methode der Abfallbeseitigung. Insbesondere in Gemeinden ohne geregelte Müllabfuhr, an der Peripherie großer Ballungszentren sowie auch in Naherholungszentren war die Anlage von *ungeordneten Deponien (Müllkippen)*, auf denen jeglicher Müll unbehandelt und unkontrolliert abgelagert wurde, weit verbreitet.

Bevorzugte Plätze für ungeordnete Müllkippen waren aufgelassene Steinbrüche, kleine Taleinschnitte, ausgekieste Baggerweiher und tiefliegende, oft durch Stau- oder Hochwasser geprägte und daher ungenutzte Auffüllgebiete. Der Müll wurde bei der Ablagerung meist über eine Schüttkante abgekippt und rollte bzw. rutschte dabei einen mehr oder weniger langen Hang hinunter. Durch das Abkippen an einer Hangkante wurden die *Abfallstoffe* nach Größe und spezifischem Gewicht gleichsam „sortiert“: Feine Bestandteile oder solche mit rauher Oberfläche blieben am Oberhang liegen, Gegenstände mittlerer Größe waren am Mittelhang zu finden, große und schwere Stücke kamen erst am Unterhang oder Hangfuß zum Stillstand.

Durch diese *Sortierung* bildete sich am Mittel- und Oberhang der Kippe eine Zone aus, in der es durch mikrobielle Abbauvorgänge zur *Selbsterhitzung* des Materials und/oder je nach Sauerstoffangebot zur Entstehung von Methangas kam. Dadurch konnte es zu schwer bekämpfbaren *Deponiebränden* kommen, die infolge Sauerstoffmangels meist als *Schwelbrände* mit starker Rauchentwicklung auftraten, häufig auch unter Bildung giftiger Rauchgase.

Die stärkste Beeinträchtigung der Umwelt durch ungeordnete Müllkippen bestand in der *Belastung des Grund- und Oberflächenwassers.* Nicht selten traten aus ungünstig gelegenen Kippen nach Regenfällen kleine „Bäche“ aus, die erheblich organisch und mineralisch verschmutzt waren. Sofern der Untergrund der Kippen wasserdurchlässig war, konnten auch Verschmutzungen mikrobieller und chemischer Art in den Grundwasserbereich gelangen und mit diesem in Strömungsrichtung mehrere Kilometer weit verbreitet werden. Ratten fanden in ungeordneten Kippen nahezu ideale Brut- und Lebensbedingungen. Bei reichlichem Nahrungsangebot standen ihnen auch in strengen Frostperioden durch die Selbsterhitzung der Kippe immer noch gut temperierte Bereiche als Brutplätze zur Verfügung, in denen sie ihre Jungen aufziehen konnten. Dadurch waren die Ausfälle durch Erfrieren auch in harten Wintern sehr gering. Schließlich waren ungeordnete Müllkippen auch Brutstätten von Schadinsekten und Standorte von Unkräutern, die sich von dort in das umliegende Kulturland ausbreiteten.

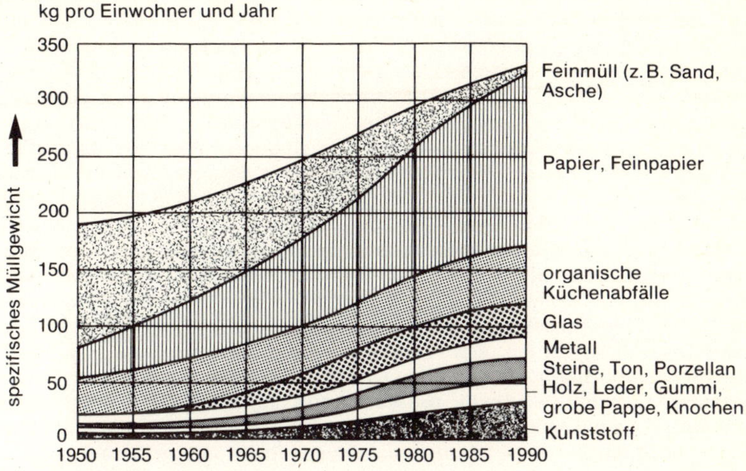

Abb. 1 Entwicklung der Hausmüllzusammensetzung, nach Umweltbundesamt (1977)

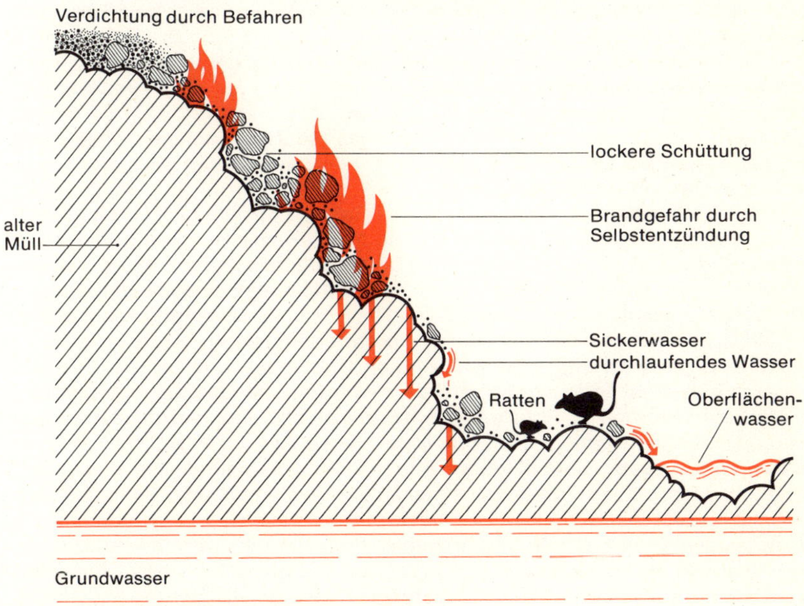

Abb. 2 Die ungeordnete Deponie im Schema

Müll – die geordnete Deponie

Um die starken Umweltbelastungen durch „wilde" Müllkippen auszuschalten, dürfen nach dem „Gesetz über die Beseitigung von Abfällen" *(Abfallbeseitigungsgesetz, AbfG)* vom 7. Juni 1972 Abfälle nur in den dafür (durch die Behörden) zugelassenen *geordneten Deponien* gelagert und behandelt werden, die außerdem nach ihrer Schließung rekultiviert werden müssen. Bestehende, als nicht geordnet eingestufte Deponien wurden seitdem entweder geschlossen und rekultiviert oder abfalltechnisch saniert und als Übergangsanlagen weitergeführt bzw. zu Zentraldeponien ausgebaut. Der überwiegende Teil der Siedlungs- und Produktionsabfälle wird heute durch Ablagerung in geordneten Deponien beseitigt, da dies immer noch das kostengünstigste Beseitigungsverfahren darstellt. Sowohl die Investitionsaufwendungen als auch die Personal- und Folgekosten machen nur etwa den zehnten Teil der bei den übrigen Beseitigungsverfahren entstehenden Kosten aus.

Bei der Einrichtung einer geordneten Deponie muß vor allem darauf geachtet werden, daß der Deponiekörper keine Verbindung zum Grundwasser hat, damit die Auswaschung von Schwermetallen und organischen Schmutzstoffen vermieden wird. Ist diese Voraussetzung erfüllt, kann mit der *schichtweisen Ablagerung der Abfälle* begonnen werden. Die Abfälle werden in einer Schicht von 20–50 cm ausgebreitet und dann mit einem sog. *Müll-* oder *Deponieverdichter* (s. S. 442) bearbeitet. Dadurch wird der zur Verfügung stehende Deponieraum besser ausgenutzt, und der Müll kann nicht zur Brutstätte von Schadinsekten und Ratten werden. Auch die Gefahr der Selbstentzündung wird damit gebannt.

Nach dem täglichen Abschluß der Deponie wird auf den verfestigten Müll eine *Schicht von unzersetzbarem Material* aufgebracht, die die Aufgabe hat, Geruchsbelästigungen zu vermeiden und Verwehungen loser Teile wie Papier- und Plastikfetzen zu verhindern. Diese Schicht besteht vorwiegend aus Bauschutt, Erdaushub und dgl. Bereitet die Beschaffung solcher Materialien Schwierigkeiten, so kann auch eine *Abdeckung mit Schaum* erfolgen, der abends auf die Deponie aufgespritzt wird; die abdeckende Wirkung hält bis zum nächsten Tag an. Dieses Verfahren hat außerdem noch den Vorteil. daß die Zwischenlagen weitgehend eingespart werden können und somit mehr Raum für die Ablagerung von Siedlungsabfällen zur Verfügung steht.

Bei der *Flächendeponie,* wie sie in ebenem Gelände vornehmlich angelegt wird, breitet man den täglich anfallenden Müll in Streifen aus; anschließend wird er verdichtet und abgedeckt. Ist die gesamte Deponiefläche auf diese Weise bearbeitet, so wird eine zweite Schicht darübergebreitet und ebenso behandelt. Die auf diese Weise entstehende *Halde* kann eine Höhe von 30–50 m erreichen. Danach wird die Deponie abgeschlossen und das Gelände wird rekultiviert.

Seltener angewandt wird in der BRD die sog. *Grabenmethode,* die jedoch in den USA eine Rolle spielt. In einem ebenen Gelände wird ein Graben ausgehoben, in den der Müllsammelwagen die Abfälle entleert. Durch einen Deponieverdichter werden die Abfälle dort verdichtet und anschließend mit dem Aushub bedeckt. Diese Form der Deponie erspart den oft teuren Antransport von Aushub aus Baustellen, benötigt jedoch große Flächen. Günstiger ist die Flächennutzung, wenn über den Gräben eine zusätzliche Flächendeponie angelegt wird.

In *hügeligem Gelände* erfolgt die *Müllablagerung am Hang.* Der Müllsammelwagen entleert an der Hangoberkante, und der Deponieverdichter arbeitet von unten gegen den Hang. Dadurch wird der Sortierungseffekt ausgeglichen. Die Abdeckung erfolgt von unten nach oben.

Ein relativ sauberes Verfahren stellt die sog. *Rottedeponie* dar. Hier wird der Müll in geeigneten Maschinen vorzerkleinert und auf dem Deponiegelände in *Mieten* verrottet. Nach Abschluß der Rotte wird der Müll, wie oben beschrieben, planiert und verdichtet. Die Rottedeponie hat den Vortei, daß kaum Zersetzungsvorgänge in der Deponie stattfinden und Sackungen dadurch weitgehend vermieden werden.

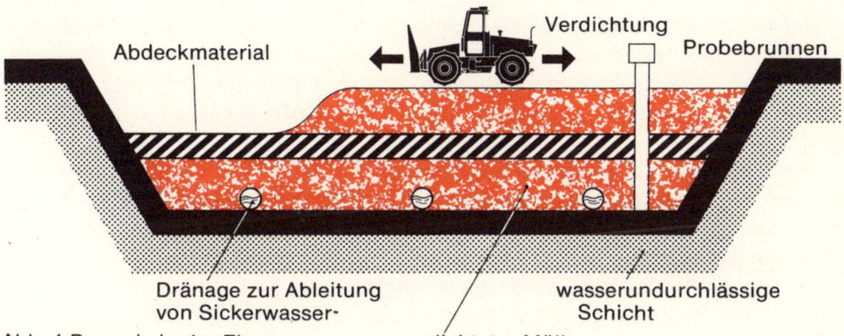

Abb. 1 Deponie in der Ebene

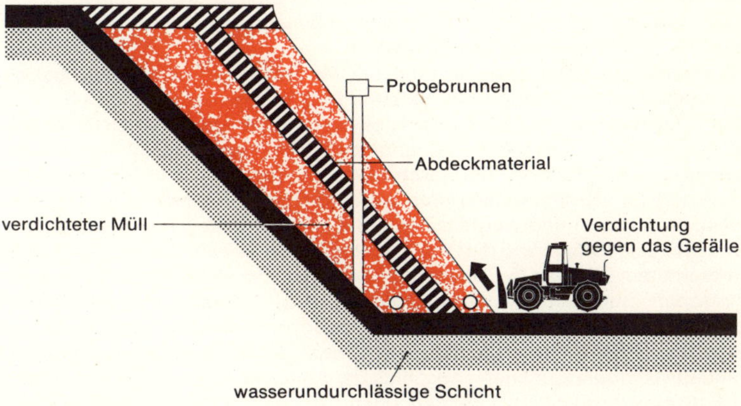

Abb. 2 Deponie am Hang

Müll – der Deponieverdichter

Das Abfallproblem in der Bundesrepublik ist nicht zuletzt ein Flächenproblem. Geht man von einem mittleren jährlichen Hausmüllaufkommen von 300 kg pro Einwohner aus, so sind darin etwa 100 kg inerte Abfälle enthalten, die nicht reduzierbar sind. Die Behandlung des reduzierbaren Anteils in Verbrennungsanlagen liefert etwa 20%, in Kompostierungsanlagen etwa 40% Reststoffe, die ebenfalls zur Ablagerung verbleiben. Dies bedeutet, daß trotz vermehrten Baus von Reduktionsanlagen auch in Zukunft rund 70% der kommunalen Abfälle durch Ablagerung in Deponien beseitigt werden müssen. Dies entspricht bei einem jährlichen Anfall von 30 Mill. t Hausmüll u.ä. bei einem spezifischen Schüttgewicht von 1 t/m^3 und bei einer mittleren Schütthöhe von 10 m einem jährlichen Flächenbedarf von über 200 Hektar. Es kommt daher einer kompakten und – zur Vermeidung von Umweltbelastungen (s. S. 438) – fachgerechten Ablagerung sowie einer Flächensicherung zwecks späterer Wiedernutzung des Geländes aufgelassener Deponien größte Bedeutung zu.

Um eine kompakte, fachgerechte Ablagerung des Mülls in den Deponien zu ermöglichen, wurden die *Deponie-* oder *Müllverdichter (Kompaktoren)* entwickelt, Geräte, die den anfallenden Müll auf der Deponie verteilen, zerkleinern und verdichten. Der Müllverdichter ist zu diesem Zweck mit einem bei einigen Modellen auch als *Ladeschaufel* ausgebildeten *Schild* ausgerüstet, der für die gleichmäßige Verteilung des Mülls sorgt. Der Schild ist breiter als der Verdichter und hält so die Maschine von lockerem Müll frei. Der zweite funktionelle Teil des Verdichters ist die *Stampffuß-* oder *Messerwalze.* Mit den Stampffüßen werden auf kleiner Fläche hohe Drücke erzeugt, wodurch der Müll zerquetscht wird. Stampffußwalzen verdichten den Müll besser als Messerwalzen, haben jedoch keine so gute Zerkleinerungsleistung wie diese. Werden größere Mengen an langfaserigem Sondermüll deponiert, z. B. Plastikplanen, so ist die Ausrüstung des Verdichters mit Messerwalzen den Stampffußwalzen vorzuziehen, da diese leicht umwickelt werden. Zur Lösung spezieller Deponieprobleme sind auch Kombinationen von Stampffuß- und Messerwalzen möglich.

Auf Grund der guten Steigleistung der Verdichter ist es gleichgültig, ob die geordnete Deponie am Hang oder in einer Mulde angelegt wird. Durch ständiges Befahren, Zerkleinern und Verdichten des deponierten Mülls – auch Gewerbe- und Sperrmüll kann auf diese Weise behandelt werden – wird der Deponieraum besser ausgenutzt. Schwelbrände, die durch Methangasbildung in locker geschüttetem Müll verursacht werden, treten durch die Verdichtung nicht mehr auf. Rattenplage und Unkrautausbreitung werden verhindert, da die Ratten ihre Brutstätten nicht mehr ausbauen können und die Unkrautsamen nicht keimen. Setzungen, wie sie bei unverdichtetem Müll auf der Deponie in großem Umfang durch die Verrottung der organischen Substanzen auftreten, sind bei der Verdichtung des Mülls mit Stampffuß- oder Messerwalzenverdichter zwar nicht ausgeschlossen, die gleichmäßige Dichte des Materials hält diese aber sehr gering und kontrollierbar. Eine so behandelte Deponie kann nach Abschluß der Ablagerung aufgeforstet und als Park oder Freizeitgelände genutzt werden, ohne daß nachteilige Auswirkungen auf den Pflanzenbestand zu erwarten sind.

Bei geringem Arbeitskräftebedarf erbringt ein Müllverdichter sehr hohe Arbeitsleistung. So kann ein Mann mit einer Maschine je nach Motorleistung zwischen 300 und 500 m^3 Müll je Stunde verteilen und verdichten. In der Regel kann diese Arbeitskraft ohne weiteres auch den übrigen Betrieb der Deponie (wie Überwachung und Buchführung) übernehmen. Ohne Einbaugerät kommt heute eine modern betriebene, geordnete Deponie nicht mehr aus. Mit diesem sind alle Arbeiten wie Verteilen, Abschieben, Zerkleinern, Homogenisieren, Laden und Rekultivieren mit geringen Investitions- und Folgelasten durchführbar.

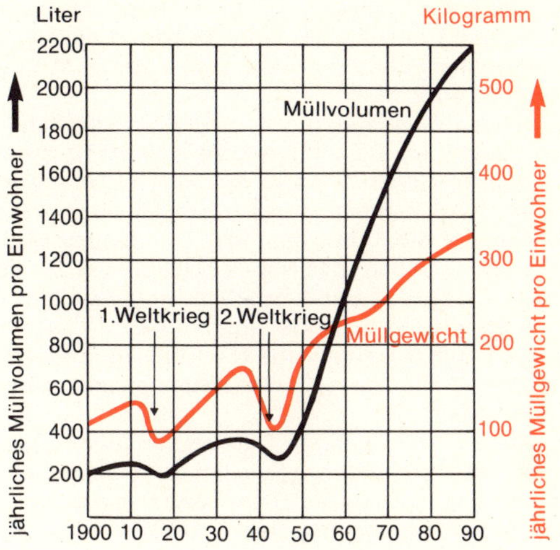

Abb. 1: Entwicklung des Hausmüllvolumens und -gewichts pro Einwohner und Jahr nach Angaben des Umweltbundesamts (1977)

Abb. 2 Deponieverdichter

Müll – Deponie von Müll in „Müllblöcken"

Zu den seit langem in den angelsächsischen Ländern und in Mitteleuropa gebräuchlichen herkömmlichen Deponieverfahren, bei denen der Müll mit Hilfe von Stampffußwalzen oder von ähnlich schwerem Deponiegerät verdichtet wird, entwickelte man während der letzten Jahre in Japan ein Verfahren, das diese Verdichtung mit wesentlich höherem Wirkungsgrad stationär in einer dafür speziell konstruierten Maschine erreicht.

In der entsprechenden Anlage wird der Abfall über Vorratsbunker und Einfülltrichter einer Presse zugeführt. Der eingegebene Abfall wird von allen Seiten durch Stempel zusammengepreßt, wobei Drücke von 2000 N/cm^2 Anwendung finden. Ist ein *Kubus* von etwa 1 m^3 gepreßt, werden aus der oberen Preßplatte kleinere Preßzylinder in das Innere des Kubus gedrückt. Durch diese Maßnahme wird eine weitere Komprimierung im Innern des Kubus bewirkt, was zur Folge hat, daß der ganze *Block* eine feste, nicht von selbst zerfallende Masse bildet. Dadurch wird ein Rückschnelleffekt verhindert, d. h., das komprimierte Material bleibt im vorgegebenen Zustand und dehnt sich nicht mehr aus. Nach dem Entfernen der Preßplatten ist der Kubus so fest, daß er mit einem Kran mit Klemmbacken ausgehoben werden kann.

Um auch die kleineren, losen äußeren Teile an den Block zu binden, wird er mit einem *Drahtgewebe* umgeben und anschließend in eine *Asphaltmasse* getaucht. Ein Block von 1 m^3 Rauminhalt soll nach dem Pressen ein Gewicht von 1,2 t haben. Dies entspricht einer *Verdichtung* von etwa 1 : 6 bis 1 : 10, wenn man von einem Ausgangsraumgewicht von 150–200 kg/m^3 ausgeht.

Nach japanischen Angaben soll während der weiteren Lagerung dieses Blocks eine allmähliche Umwandlung in ein torfähnliches Produkt erfolgen. Trifft dies zu, so kann man hier von einer umweltfreundlichen Methode der Beseitigung von Abfällen sprechen. Das Verfahren bietet außerdem den Vorteil einer erheblichen *Rationalisierung des Weitertransportes* großer Abfallmengen aus dicht besiedelten Ballungsgebieten zu entlegenen Großdeponien. Die Blöcke lassen sich mit Kränen ohne Schwierigkeiten auf normale offene Lkw- oder Eisenbahnwagen verladen. So können sie über weite Strecken zu Abfalldeponien gebracht werden, ohne daß irgendwelche Belästigungen wie Geruch, Staub u. dgl. beim Transport zu erwarten sind. Auf der Deponie können die Blöcke im Gelände gestapelt werden, ohne daß der Einsatz teurer und aufwendiger Deponiemaschinen und die Abdeckung mit oft schwer zu beschaffenden und Raum beanspruchenden Abdeckmaterialien erforderlich wäre.

Weitere *Vorteile dieser Deponiemethode* liegen darin, daß aus den weitgehend gas- und wasserdichten Müllblöcken keine Stoffe mit der Umgebung in Kontakt treten können. Es kann also weder zur Verunreinigung von Grundwasser durch Sickerwasser der Deponie noch zur Selbstentzündung des Materials durch Wärme und Gasentwicklung mikrobieller Abbauprozesse kommen. Dadurch wird die *Rekultivierung der abgeschlossenen Deponie* und/oder deren Nutzung durch Bebauung wesentlich erleichtert, da auch, wie bei der herkömmlichen geordneten Deponie üblich, keine Setzungen auftreten. Der Müll ist für lange Zeiträume von der Biosphäre und deren Kreisläufen ausgeschlossen.

Für Bereiche, in denen die Deponie als Verfahren zur Abfallbeseitigung das Gegebene ist, sollte dieser in Japan entwickelten Methode in der Zukunft größere Aufmerksamkeit geschenkt werden.

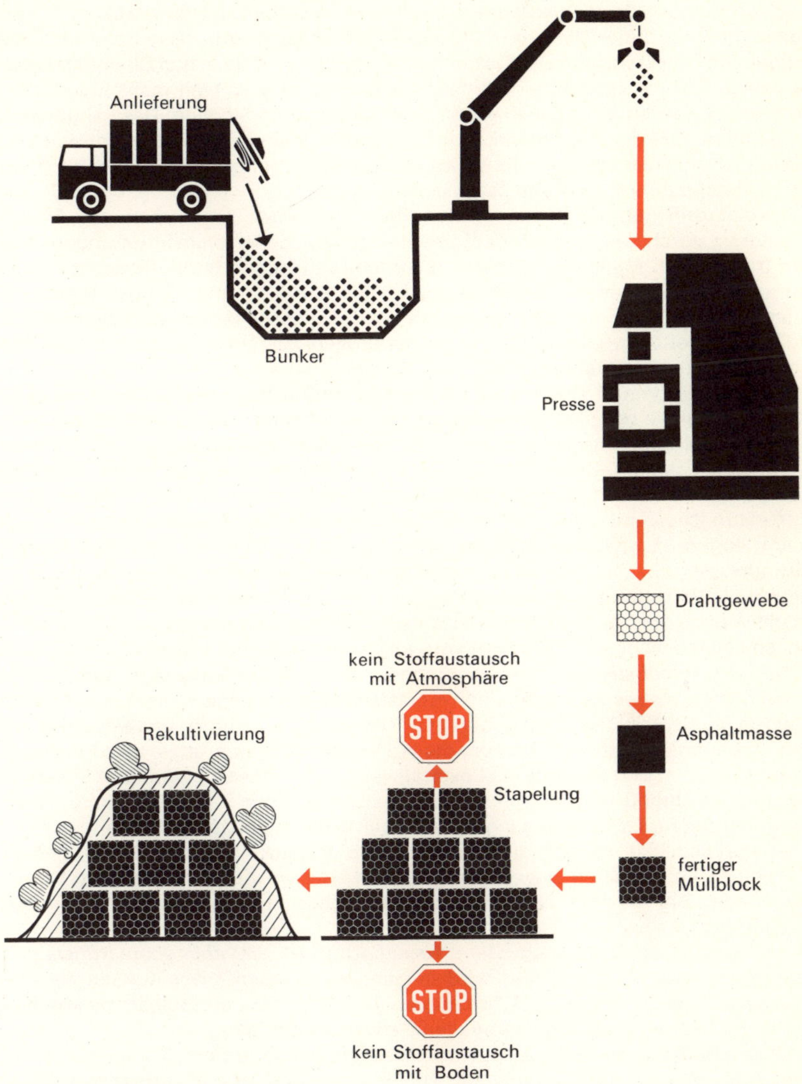

Abb. Deponie von Müllblöcken

Müll – Kunststoffe im Müll

Die Zusammensetzung des Hausmülls in den Städten und Gemeinden ist durch die Veränderungen der Lebensgewohnheiten einem ständigen Wandel unterworfen. Die Verdrängung des Kohleofens durch Zentral- und Ölheizung bewirkte ein starkes Ansteigen von Materialien im Müll wie Papier, Pappe, Holz, Kunststoff u.a., die früher verbrannt wurden. Der Gesamtanteil der Kunststoffe in den Siedlungsabfällen ist mit 2–4 % jedoch verhältnismäßig gering, obwohl weit mehr Kunststoffe produziert werden, als danach im Siedlungsmüll zu finden sind. Das hängt damit zusammen, daß der Hauptanteil der Kunststoffe bei der Fabrikation von Lacken, Leim und Holzbeschichtungen Verwendung findet. Mengenmäßig wird der Siedlungsabfall durch Kunststoffe kaum belastet.

In den drei gebräuchlichsten Beseitigungsverfahren für kommunale Abfälle entstehen durch den Kunststoffanteil unterschiedliche Probleme. Auf ungeordneten bzw. wilden Müllkippen stellten die in der Landschaft herumfliegenden, vom Wind weitergetragenen Plastikfetzen vor allem von leichten Tragetaschen ein ständiges Ärgernis für die Angrenzer dar. Solche Plastikmaterialien trugen außerdem bei Schwelbränden nicht unerheblich zur Luftverschmutzung durch starke Rauchentwicklung bei.

In der geordneten Deponie, in der auch künftig der überwiegende Teil der Siedlungsabfälle beseitigt werden wird, bestehen völlig andere Verhältnisse. Hier wird der Müll zerkleinert, verdichtet und mit Abraum oder ähnlichen Inertmaterialien abgedeckt, so daß ein Verwehen zerkleinerter Kunststoffetzen nicht zu befürchten ist. In der Deponie selbst verursachen die Kunststoffe wegen ihrer Zersetzungsbeständigkeit keinerlei Schwierigkeiten. Sie geben weder sofort noch nach längerer Lagerung irgendwelche schädlichen Stoffe an die Luft oder das Grundwasser ab. Sie sind außerdem leicht zu verdichten und zu zerkleinern und stören die Verrottung nicht. Langfaserige Kunststoffabfälle könnten sich allenfalls in die Walzen der Deponieverdichter wickeln. Fallen große Mengen solcher Abfälle an, so sollte dies bei der Wahl des Verdichters berücksichtigt werden.

Bei der *Kompostierung* der Siedlungsabfälle stellt der Kunststoff durch seine hohe Korrosionsbeständigkeit einen *Ballaststoff* dar, der abgelagert oder verbrannt werden muß. Schwierigkeiten bereiten allerdings nur langfaserige Abfälle wie Damenperlonstrümpfe, die sich um die Wellen der Zerkleinerungs- und Förderaggregate winden und damit deren Leistung vermindern oder sie ganz zum Stillstand bringen. Während der Kompostierung selbst erleiden die Kunststoffe kaum Veränderungen. Es werden allenfalls darin enthaltene phosphorhaltige Weichmacher herausgelöst, so daß die Kunststoffteile spröder werden. Bei genügender Zerkleinerung bestehen gegen Kunststoffe weder im Kompost noch im Boden Bedenken. Sie werden aber, um den Kompost optisch aufzuwerten, meist ausgesiebt.

Die Möglichkeit, biologisch oder physikalisch (UV-Licht) *abbaubare Kunststoffe* zu entwickeln und einzuführen, wird seit langem erwogen. Diese Kunststoffe sind aber in weiten Bereichen, z.B. für langlebige Güter, nicht einsetzbar; sie könnten bestenfalls für Verpackungsmaterialien Verwendung finden.

In der *Müllverbrennung* werden die Massenkunststoffe *Polyäthylen, Polystyrol* und *Polypropylen* zu unschädlichem Kohlendioxid und Wasser verbrannt. Ungünstiger sind die Verbrennungsprodukte des *Polyvinylchlorid* (PVC), die zusätzlich Chlorwasserstoff (HCl) enthalten. Die durch Auflösen von HCl in den Wasserdampftröpfchen entstehende Salzsäure bewirkt zum einen Korrosion an der Verbrennungsanlage, zum andern hat sie negative Auswirkungen auf die Umgebung. Beide Gefahren lassen sich aber nach dem heutigen Stand der Technik beherrschen (s. S. 448), so daß Kunststoffe, sofern es nicht ökonomisch sinnvoller ist, sie dem Wirtschaftskreislauf wieder einzugliedern, unbedenklich verbrannt werden können.

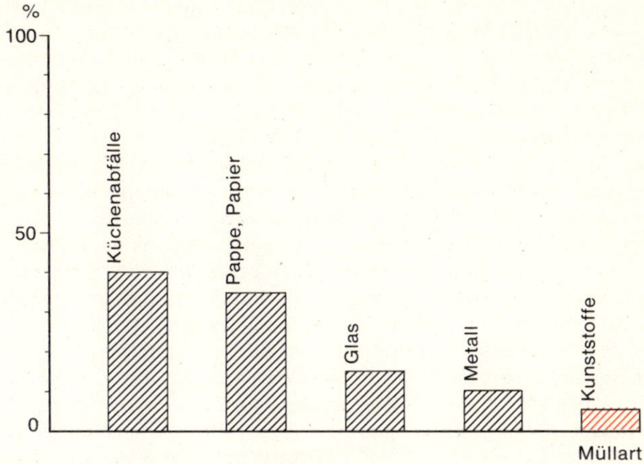

Abb. 1 Zusammensetzung des Hausmülls

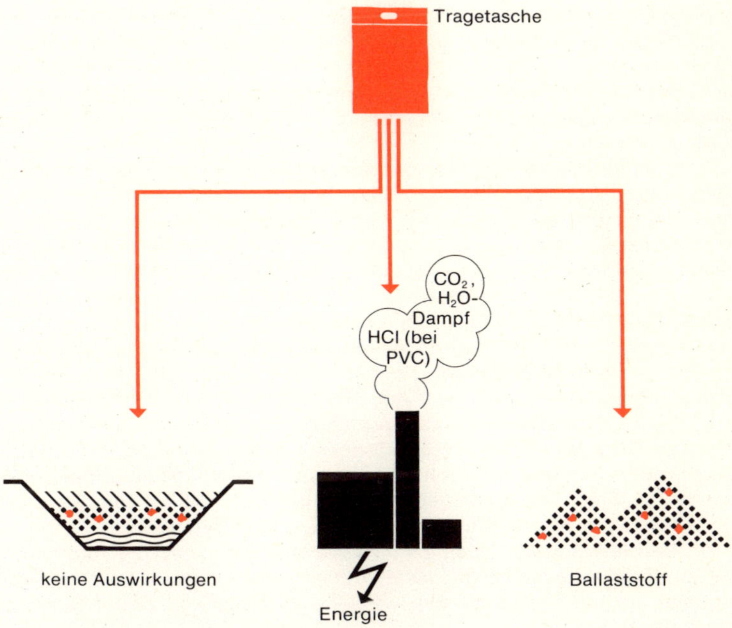

Abb. 2 Auswirkungen von Kunststoff im Müll bei verschiedenen Verarbeitungsverfahren

Müll – die Müllverbrennung

Der Betrieb von *Müllverbrennungsanlagen* sollte über längere Zeiträume ohne Unterbrechung erfolgen, da sonst der Verschleiß an den ständig erhitzten und wieder abkühlenden Teilen der Anlage durch die Wärmedehnung zu groß wird. Um einen kontinuierlichen Betrieb zu gewährleisten, muß man stets Brennmaterial vorrätig halten. Dazu dient ein *Müllbunker,* in dem die Sammelwagen den Müll direkt entleeren. Der Müllbunker trägt außerdem dazu bei, daß in Zeiten großen Müllaufkommens die Anlage nicht überlastet wird.

Aus dem Müllbunker wird der Müll mit Greiferkränen ohne vorherige Sortierung, Absiebung oder Zerkleinerung in den Aufnahmetrichter der Müllfeuerung befördert. Die Entnahme aus dem Bunker kann entweder vollautomatisch oder durch Handsteuerung erfolgen. Der in einer Glaskanzel sitzende Kranführer kommt mit dem Müll nicht in Berührung. Durch Absaugen der Luft (für die Verbrennung) aus dem Bunkerraum wird dieser stets unter geringem Unterdruck gehalten, so daß weder Staub noch Geruch nach außen dringen können.

Mit der Beschickungseinrichtung wird der Müll auf den Rost aufgegeben, wo er zu steriler Schlacke verbrennt. Während der Verbrennung wird der Müll ständig umgelagert und geschürt, damit Unterschiede der Zusammensetzung, Schwankungen im Wassergehalt und im Heizwert des Mülls ausgeglichen werden. Die Beschickung und Schürung werden ölhydraulisch oder elektromechanisch angetrieben. Dem Müll wird von unten her Luft eingeblasen, damit genügend Sauerstoff zur Verfügung steht. Die einwandfreie Verbrennung der entstehenden Gase muß durch intensive Zufuhr an Sekundärluft über dem Brennrost gewährleistet werden.

Wenn die nicht brennbaren Teile als *Schlacke* den Rost verlassen, werden sie im Wasserbad des Entschlackers auf ca. 80 °C abgekühlt. Sie werden dann mit geringem Restgehalt an Wasser steril, staub- und geruchsfrei ausgestoßen. Die Schlacke kann dann abgelagert oder im Wegebau eingesetzt werden. Bei einwandfreiem Betrieb der Anlage hat die Schlacke noch etwa 10 % des ursprünglichen Müllvolumens.

Auch bei starken Heizwertschwankungen verläuft die Verbrennung im Temperaturbereich oberhalb 800 °C. Alle organischen Komponenten der Verbrennungsgase werden dadurch vollständig verbrannt, wobei im allgemeinen nur Kohlendioxid und Wasser entstehen. Nach dem Verlassen des Ofens werden die *Rauchgase* abgekühlt, in Filteranlagen entstaubt (mit einem Wirkungsgrad von 80–95 %) und durch einen Kamin in die Atmosphäre geleitet. Problematisch bei der Verbrennung ist der ständig anwachsende *Anteil der Kunststoffe* im Müll, besonders des PVC. Bei dessen Verbrennung wird Chlor freigesetzt, das sich mit Wasser zu Chlorwasserstoff (HCl) umsetzt, ein Gas, das bei seiner Absorption durch die Wasserdampftröpfchen in den Rauchgasen und in der Außenluft zur Bildung von schädlichen, weil chemisch sehr aggressiven Salzsäuretröpfchen führt. Dem kann man nur durch Einbau von *Gaswaschanlagen (Gaswäschern)* entgegenwirken, in denen die Rauchgase auf langen Wegen durch eine geeignete Absorptionsflüssigkeit geleitet werden, wobei Chlor und Chlorwasserstoff ausgewaschen werden. Gleichzeitig erfolgt dadurch eine Entstaubung und Abkühlung der Rauchgase.

Um die Verbrennung wirtschaftlicher zu gestalten, kann man die Verbrennungswärme zur Dampf- oder Heißwassererzeugung ausnutzen. Mit Dampfturbinen erzeugt man elektrische Energie; Heißwasser oder Dampf können zur Fernheizung eingesetzt werden.

Durch die Müllverbrennung werden die Siedlungsabfälle hygienisiert, das Deponievolumen wird verringert, und die im Müll enthaltene Energie wird dem Menschen nutzbar gemacht. Im Jahre 1977 waren in der Bundesrepublik 42 Müllverbrennungsanlagen in Betrieb. Sie haben einen Jahresdurchsatz von 5000 t (Böbingen) bis 400000 t (Berlin). In ihnen wurden über 5 Mill. t Hausmüll, Klärschlamm u. a. verbrannt.

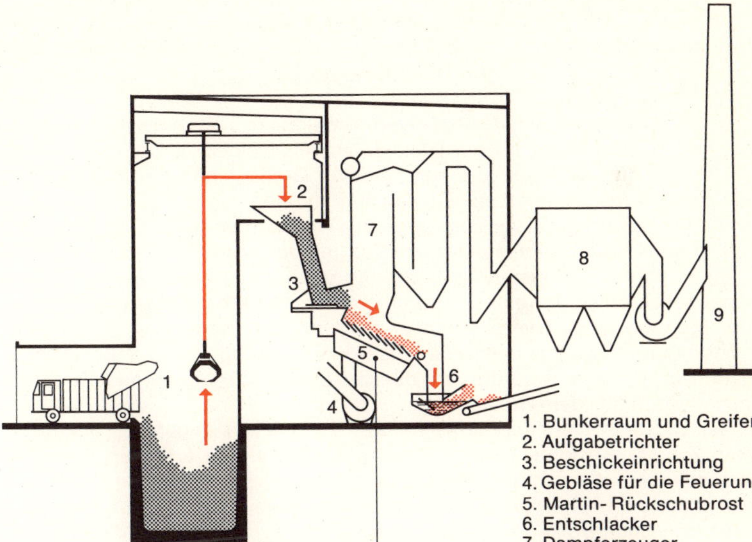

1. Bunkerraum und Greiferkran
2. Aufgabetrichter
3. Beschickeinrichtung
4. Gebläse für die Feuerungsluft
5. Martin- Rückschubrost
6. Entschlacker
7. Dampferzeuger
8. Filteranlage
9. Schornstein

Abb. 1 Die Arbeitsweise der EVT-Martin-Müllverbrennungsanlage

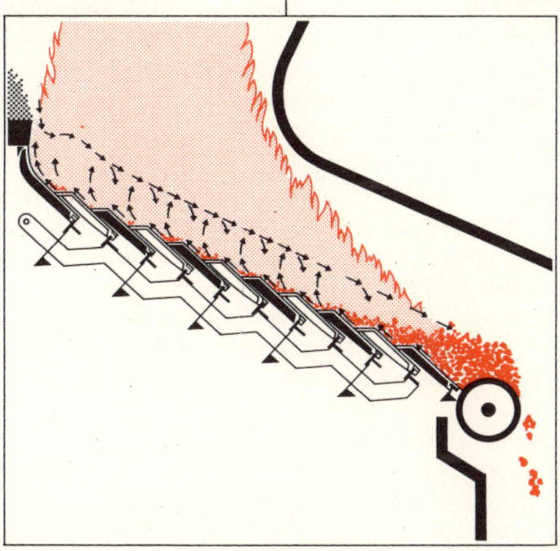

Abb. 2 Bewegungen von Rost und Brennschicht auf dem Rückschubrost

Emissionen aus Müllverbrennungsanlagen

In kommunalen Müllverbrennungsanlagen, in denen zur Zeit hauptsächlich Hausmüll, in zunehmendem Maße jedoch auch Sperrmüll, hausmüllähnlicher Gewerbemüll und geeignete Industrieabfälle verfeuert werden, sollen die Abfallstoffe zu einem sterilen, nicht mehr fäulnisfähigen und möglichst wasserunlöslichen Produkt verbrannt werden. Dabei werden Volumen und Gewicht weitgehend reduziert. Während der Verbrennung kommt es zur Emission staub- und gasförmiger Luftverunreinigungen.

Nahezu sämtliche kommunalen Abfallverbrennungsanlagen sind zur Staubabscheidung mit Elektrofiltern ausgerüstet, deren Abscheidegrad über 95 % liegt. Dadurch ist der Staubauswurf aus kommunalen Großanlagen im Vergleich zur Gesamtstaubemission aus anderen Quellen sehr gering.

Die *Emission organischer Verbindungen* aus Müllverbrennungsanlagen ist auf Grund der hohen Feuerraumtemperaturen von mindestens 800 °C, verbunden mit dem üblichen hohen Luftüberschuß und einer genügend langen Verweilzeit der Verbrennungsgase im Feuerraum, wodurch organische Verbindungen weitgehend verbrannt werden, weder heute noch in Zukunft von besonderer Bedeutung. Geruchsstoffemissionen aus dem Müllbunker kann man durch kurze Lagerungsdauer der Abfälle und Heranführen der benötigten Verbrennungsluft durch Absaugen der Luft aus dem Bunker stark vermindern.

Die *Emission gasförmiger anorganischer Schadstoffe* wird dagegen in Zukunft in zunehmendem Maße problematisch. Besondere Bedeutung erlangen dabei die *Chlorverbindungen,* die durch Verbrennung chlorhaltiger organischer Stoffe und durch Zersetzung von Chloriden entstehen. Der bedeutendste Chlorträger im Müll ist das *Polyvinylchlorid (PVC).* Der Gehalt an Chlor in reinem PVC, der ca. 57 % beträgt, wird allerdings in der Regel durch den Zusatz von Weichmachern und Füllstoffen herabgesetzt. Bei Hitzeeinwirkung zersetzt sich PVC unter Abspaltung von Chlorwasserstoff. Der Gehalt an Kunststoffen im Müll liegt im Mittel bei 2 bis 3 Gewichtsprozenten, wobei der PVC-Anteil etwa ein Viertel dieses Wertes erreichen kann. Da PVC günstige chemische und physikalische Eigenschaften aufweist, wird es in großem Umfang für Verpackungsmaterialien eingesetzt. Der überwiegende im Hausmüll zu findende Kunststoffanteil setzt sich aus Verpackungsmaterialien zusammen. Nach dem heutigen technischen Entwicklungsstand wird sich der PVC-Anteil im Müll in den nächsten 10 Jahren vermutlich gegenüber den Werten von 1970 verdreifachen. Der Einbau von Gaswaschanlagen (vgl. S. 448) dürfte das Problem der entsprechend vervielfachten Chlorwasserstoffemission (man rechnet mit einem jährlichen Anfall von über 40000 t) beseitigen.

Die spezifische Emission von *Schwefeloxiden,* vornehmlich Schwefeldioxid, aus dem Müll veränderte sich im Laufe der vergangenen Jahre nicht wesentlich, so daß ein Anstieg der Schwefelemission nur aus dem ständig größer werdenden Müllanfall zu erwarten ist.

Auch *Fluorverbindungen* sind in steigendem Maße in den Emissionen aus Müllverbrennungen zu erwarten. Sie entstammen im wesentlichen fluorhaltigen Kunststoffen und Fluortreibmitteln aus Spraydosen. Da sowohl die Benutzung von Kunststoffen als auch von Spraydosen steigende Tendenz aufweist, ist auch hier mit erheblicher Vermehrung von Fluoremissionen zu rechnen.

Für die Abscheidung von Chlor-, Schwefel- und Fluorverbindungen aus Abfallverbrennungsanlagen werden zwei Verfahren erprobt: 1. die *trockene Abgasreinigung,* bei der alkalische Reagenzien den sauren Schadstoffen vor dem Filter zugefügt werden. Der Abscheidegrad ist jedoch sehr gering und steht in keinem Verhältnis zum Aufwand; 2. die *nasse Abgasreinigung,* bei der Staub und Schadstoffe ausgewaschen werden. Der Abscheidegrad ist gut; zu lösen ist das Problem der in großen Mengen anfallenden Waschlösung (hohe Salzbelastung der Abwässer).

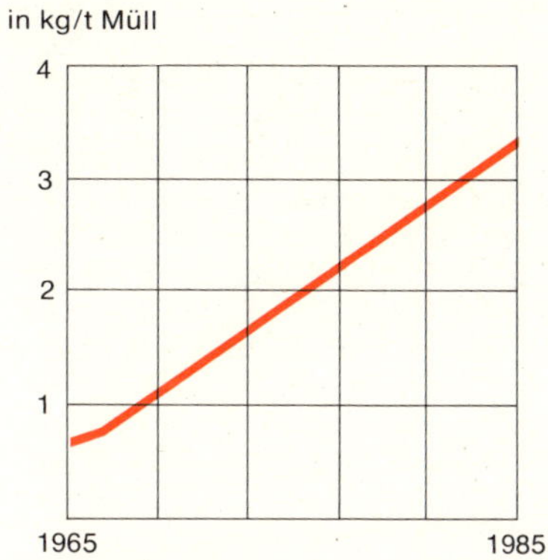

Abb. 1 Spezifische Chlorwasserstoffemission von Hausmüll mit steigendem Kunststoffanteil

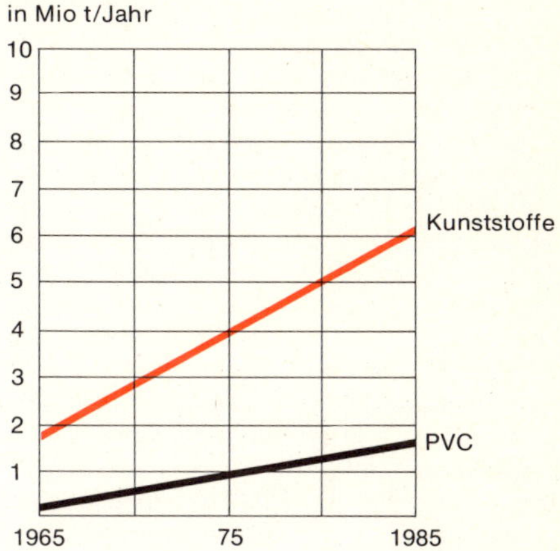

Abb. 2 Kunststoff- und PVC-Verbrauch in der BRD

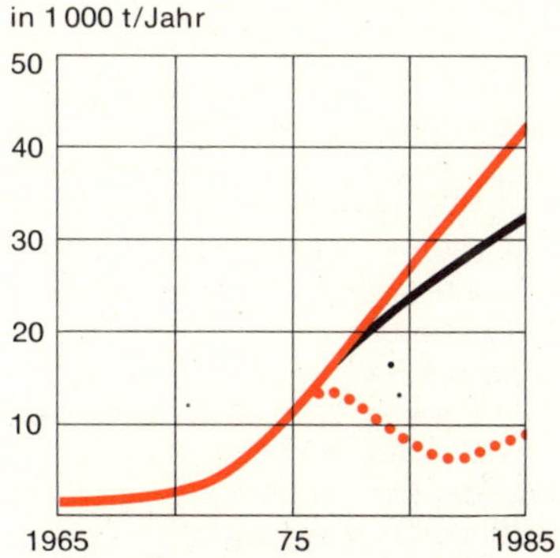

Abb. 3 Chlorwasserstoffemissionen aus der Müllverbrennung mit und ohne Abgasreinigung

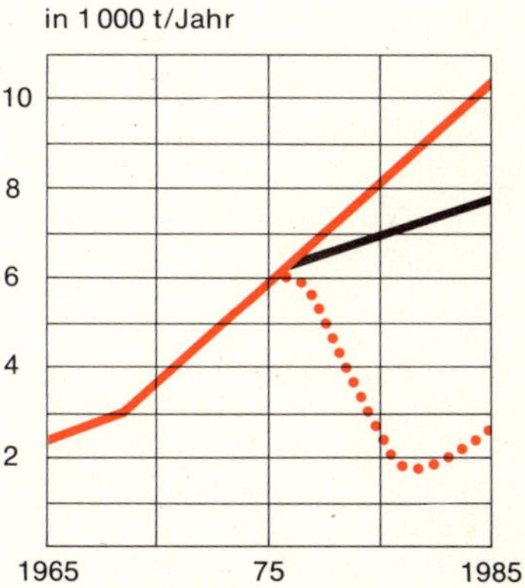

Abb. 4 Schwefeldioxidemissionen aus der Müllverbrennung mit und ohne Abgasreinigung

ohne Abgasreinigung
bei Abgasreinigung aller Neuanlagen
bei zusätzlicher Abgasreinigung aller Altanlagen
Quelle: Reine Luft für morgen

Müllverhüttung im Lichtbogenofen

Die Müllverhüttung im Lichtbogenofen ist ein Verbrennungsverfahren, das den Stoffkreislauf enger schließt als die Müllverbrennung allein. Bei diesem Verfahren kann nämlich auch die übrigbleibende Müllschlacke verwertet werden, während sie sonst meist abgelagert werden muß.

Bei der Müllverhüttung wird der Müll in einem Lichtbogenofen (Abb. 1) bei Temperaturen von rund 1500–1700 °C eingeschmolzen, wobei örtlich unter dem Lichtbogen Temperaturen von 3000–3500 °C herrschen. Ähnlich wie in einem Hochofen läuft dabei eine metallurgische Reduktion ab, so daß von einem Verhüttungsprozeß gesprochen werden kann.

Als Prozeßprodukte entstehen Müllgas, Ferrometall und Schlacke, Stoffe, die alle wirtschaftlich genutzt werden können. Das *Müllgas* wird gereinigt und dient zur Erzeugung von Strom und Heizwärme, so daß ein Stoff- und Energiefluß bei der Müllverhüttung besteht, wie er aus Abb. 2 zu entnehmen ist. Das durch Abstich gewonnene *Ferrometall* kann zu Masseln (plattenförmige Metallblöcke) vergossen werden. Es besteht zu etwa 40 % aus Eisen und zu rund 60 % aus Silicium, Aluminium und Calcium. Dieses Ferrometall kann sowohl in einem Sauerstoffkonverter als auch in einem Lichtbogenofen eingesetzt werden. Ebenso würde es sich zur Betonherstellung eignen. – Die *Müllschlacke* kann, da auf Grund der hohen Temperatur mit Sicherheit alle organischen Stoffe zerstört sind, als Zuschlagstoff zum Bauen (z. B. Straßenbau) verwertet werden.

Die Erlöse aus dem Verkauf des Ferrometalls und der Schlacke sowie des Stroms und v. a. der Heizwärme decken die Kosten für die Anlage und werfen darüber hinaus sogar noch einen Gewinn ab (Abb.). Grundsätzlich sollte man jedoch nicht außer acht lassen, daß der Müll auf jeden Fall vernichtet werden muß, so daß Fragen der Wirtschaftlichkeit zweitrangig sind.

Hinsichtlich der Umweltbelastung bringt die Lichtbogenverhüttung, verglichen mit herkömmlichen Verbrennungsverfahren, wenig Probleme. Alle organischen Verbindungen und Krankheitserreger werden mit Sicherheit vernichtet. Es entstehen keine festen Rückstände, die man mit beträchtlichem Aufwand deponieren müßte. Das Ferrometall und die Schlacke werden genutzt. Staub, Dämpfe und Säuren werden aus dem Müllgas abgeschieden. Das saubere Gas kann zur Erzeugung von Strom und Heizwärme (Fernwärme) genutzt werden. Bei der Müllverhüttung sind wie bei der Müllverbrennung Chlor- und Fluorwasserstoff im Abgas enthalten; gleichzeitig verdampfen aber auch Alkalien im Ofen, die beim Waschen diese Säurebildner neutralisieren. Dadurch gelangen allerdings Alkalichloride und Alkalifluoride ins Abwasser, so daß die Salzfracht der Siedlungsabwässer größer wird; die Zunahme dürfte jedoch unbedenklich sein.

Eine großtechnische Anwendung dieses Verfahrens wäre trotz einiger Bedenken (z. B. Abwasserbelastung) zu befürworten, da damit das Müllproblem verringert und der Raubbau an Rohstoffen (Eisenerze u. ä.) vermindert werden könnte.

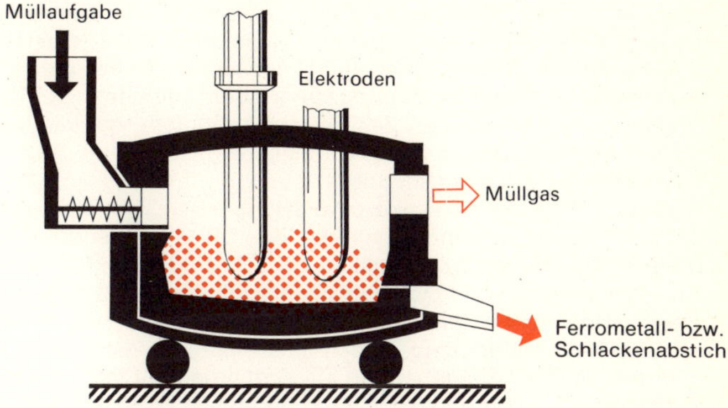

Abb. 1 Lichtbogenofen für die Müllverhüttung (nach Flodin-Gustavson)

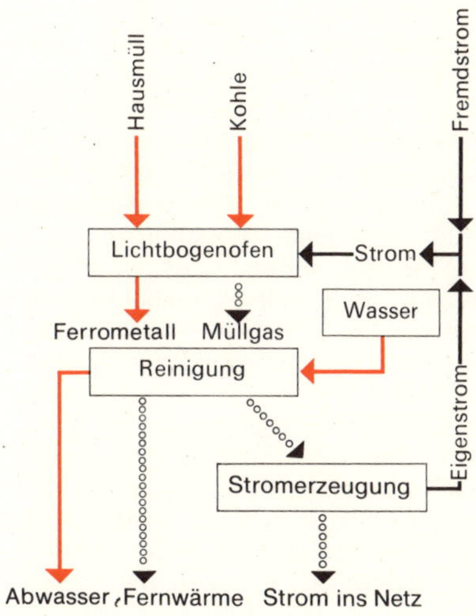

Abb. 2 Stoff- und Energiefluß bei der Müllverhüttung

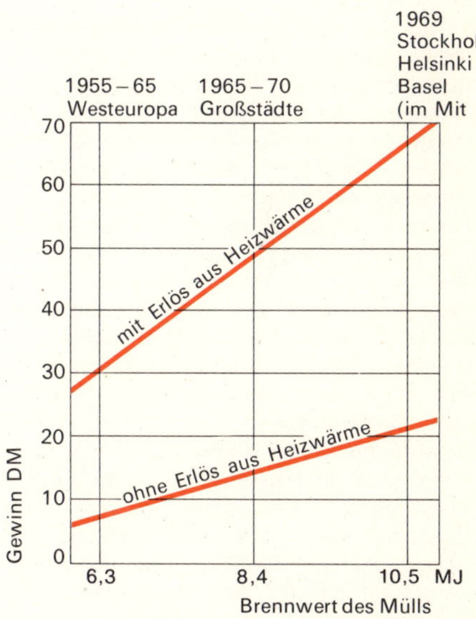

Abb. 3 Mögliche Gewinne aus 1 t Rohmüll

Die Beseitigung von Abfällen aus der Massentierhaltung
Die Güllevergärung

Die Beseitigung festen und flüssigen Dungs aus der Massentierhaltung ist gegenwärtig eines der dringlichsten Probleme in der modernen, intensiv betriebenen Tierhaltung. Lagerung und Ausbringung müssen so organisiert werden, daß Grundwasser und Vorfluter (Bäche, Flüsse und dgl.) nicht verschmutzt werden.

Tierische Exkremente enthalten Pflanzennährstoffe und Huminstoffe, die zur Humus- und Düngerversorgung der Böden beitragen. Bei Überdosierung oder Ausbringung zur falschen Zeit besteht die Gefahr, daß die Nährstoffe ausgewaschen werden, wodurch es zu einer *Eutrophierung* (Überschwemmung mit Nährstoffen) der Vorflut kommt.

Dung enthält eine Reihe von geruchsintensiven Verbindungen wie Schwefelwasserstoff, Merkaptan und Ammoniak, die bei der Ausbringung in der Nähe von Siedlungsgebieten zu erheblichen Geruchsbelästigungen führen. Ferner können Krankheitserreger und Unkrautsamen im Dung ebenfalls enthalten sein. Werden diese Keime nicht abgetötet, wird der Unkrautverbreitung Vorschub geleistet, und es besteht die Gefahr einer Boden- und Pflanzenverseuchung.

In den meisten Betrieben mit Massentierhaltung fällt der Dung als *Flüssigmist (Gülle)* an. In einem Flüssigmistsilo herrschen anaerobe (sauerstoffarme) Bedingungen. Die *Folgen der anaeroben Lagerung* sind Bildung von Ammoniak, Schwefelwasserstoff und anderen geruchsintensiven Substanzen. Wird Sauerstoff zugeführt, so werden diese Verbindungen zu geruchsfreien Nitraten und Sulfaten, zu Kohlendioxid und Wasser oxidiert. Das ist der Vorgang bei der aeroben Vergärung.

Bei der *Güllevergärung* (z.B. nach dem *Licom-System*) wird der dafür erforderliche Sauerstoff durch den sog. *Centri-Rator* in die Flüssigkeit eingebracht. Der Lufteintrag erfolgt durch ein *Luftrohr*, an dessen unterem Ende ein *Propeller* das Ansaugen der Luft und die intensive Durchmischung der Gülle mit Luft bewirkt. Durch den hohen Sauerstoffgehalt kommt es zum *Aufbau einer aeroben Mikroorganismenpopulation*, die im Verlauf des Vergärungsprozesses den Großteil der organischen Substanz zu anorganischer abbaut. Bei diesem Abbauprozeß wird Energie frei, wodurch die *Temperatur in der Gülle* nach kurzer Anlaufzeit bis auf 40–60°C ansteigt. In diesem Temperaturbereich entwickeln sich thermophile (wärmeliebende) Mikroorganismen, die außerordentlich aggressiv sind und eine hohe Abbauleistung aufweisen. Pathogene Keime und Unkrautsamen werden bei diesen Temperaturen rasch vernichtet.

Das Licom-Verfahren kann als kontinuierlich arbeitendes System mit zwei oder, falls erforderlich, mehreren miteinander verbundenen *Reaktoren* aufgebaut werden. Im ersten Reaktor wird der Abbauprozeß eingeleitet, während im zweiten der eigentliche Abbau stattfindet. Auf Grund des speziellen Umwälzschemas in den Reaktoren ist es unmöglich, daß unbehandelter oder nur kurz behandelter Flüssigdung vom ersten Reaktor durch die Verbindungsrohre direkt in den Lagertank gelangt. Dieses kontinuierlich arbeitende System bringt wesentliche ökonomische Vorteile wie optimale Abbaubedingungen durch ständig gleichbleibende Temperatur, zuverlässige Desinfektion, geringen Arbeitsaufwand und kurze Behandlungszeit (ca. 15 Tage).

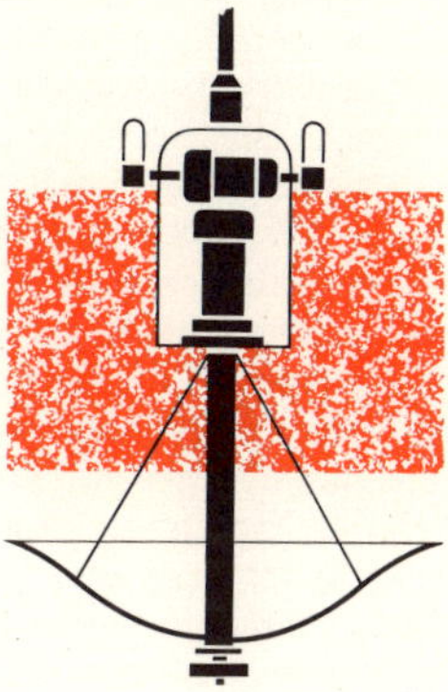

Abb. 1 Der Centri-Rator

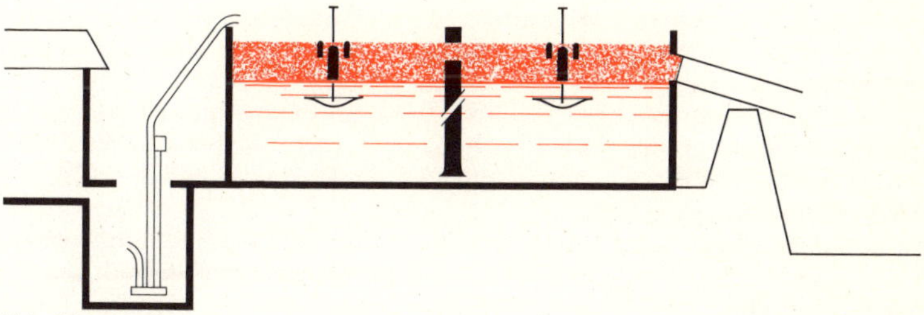

Abb. 2 Licom-II

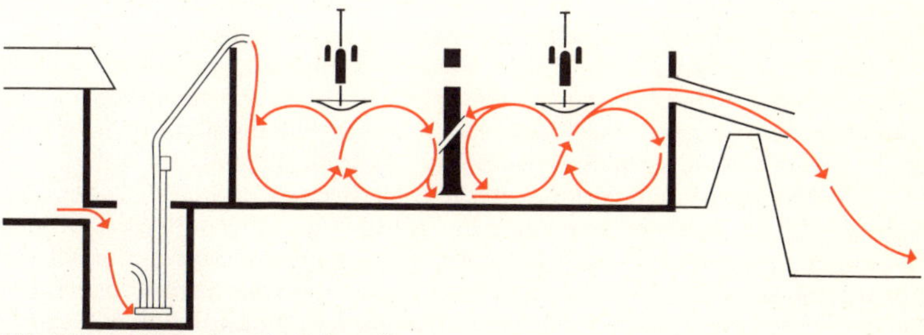

Abb. 3 Umwälzvorgänge bei Licom II

Abb. 1–3 Das Licom-System zur Vergärung von Flüssigmist (Gülle)

Kompostierung von Müll – das Brikollare-Verfahren

Die Kompostierung von Müll und Klärschlamm im Gemisch nutzt aerob (d. h. unter Luftzufuhr) ablaufende biologische Prozesse, bei denen die in Speiseresten, Gartenabfällen u. a. (Anteil 20 % im Hausmüll) und verarbeiteten Stoffen wie Papier, Pappe, Holz, Textilien, Leder u. a. (Anteil etwa 26 Gewichts-%) enthaltenen organischen Verbindungen durch Einwirkung von Mikroorganismen umgewandelt und abgebaut werden *(Verrottung)*. Die Kompostierung bewirkt neben einer Reduzierung des Abfallvolumens (bis zu 50 %) eine Entseuchung des Abfalls sowie eine Verkürzung der langdauernden Mineralisierungsprozesse und ermöglicht die Herstellung von Produkten *(Kompost)*, die sich v. a. zur Düngung und Bodenverbesserung in der Landwirtschaft verwenden lassen. Wichtig für die Verrottung der organischen Abfallstoffe sind hinreichende Luftzufuhr (sonst tritt Faulung ein, und es bilden sich Faulgase) und genügender Feuchtigkeitsgehalt, was durch Mischen des zerkleinerten Rotteguts mit Klärschlamm erreicht wird. Neben der natürlichen Kompostierung in Mieten und der beschleunigten Verrottung in Gär- oder Rottzellen bietet sich das *Brikollare-Verfahren* an:

Der mit Müllfahrzeugen angelieferte Hausmüll wird ebenso wie der hausmüllähnliche Gewerbemüll in einen Betonbunker entleert. Von dort wird der Müll mittels eines Greiferkrans dem Dosierbunker einer Prallhammermühle zugeführt. Der zerkleinerte Müll wird mit einem Trommelmagneten von Eisen befreit und gelangt in ein Grobsieb, in dem Kunststoffe, Textilien und andere Grobteile aussortiert werden. Steine, Nichteisenmetalle und andere Hartstoffe sowie Glas, Sand und Asche werden danach auf ballistischem Wege und mit Hilfe einer Siebschnecke dem zu verrottenden organischen Material entzogen. Dieses Rottegut und der vorher entwässerte Klärschlamm aus kommunalen Kläranlagen werden getrennt gebunkert, um eine kontinuierliche Beschickung des anschließenden Mischers und darauf der Brikollare-Presse zu gewährleisten, in der das *Müll-Klärschlamm-Gemisch* verpreßt wird.

Die automatisch palettierten *Preßlinge* mit einer Feuchte von 50–55 % werden mit einem Gabelstapler dicht an dicht in einer Rottehalle gestapelt. Innerhalb einiger Stunden setzt in den Preßlingen eine von unangenehmen Gerüchen freie *Intensivrotte* ein, die sich durch eine Erwärmung auf Temperaturen bis 70 °C und eine bis in das Innerste der Preßlinge durchgreifende Verpilzung anzeigt. Die Voraussetzungen für diese Intensivrotte werden durch das Verfahren geschaffen. Sie umfassen:

Kapillarenbildung bei der Pressung des faserigen Müll-Klärschlamm-Gemisches und dadurch gesicherte Luftzufuhr bis ins Innerste der Preßlinge;

ungehindertes Wachstum der Pilze, da es sich um ein sog. „statisches Verfahren" handelt, bei dem die Pilzhyphen nicht dauernd mechanisch beansprucht werden;

Möglichkeit der Zugabe hoher Klärschlammanteile und damit gute Stickstoffversorgung sowie Ausbildung einer vielfältigen Mikroorganismenflora.

Nach 2–3 Wochen *Lagerung in der Rottehalle* ist durch exotherme Trocknung eine Restfeuchte von ca. 20 % erreicht und der Rottevorgang wegen Wassermangels zum Stillstand gekommen. Die gerotteten Preßlinge sind auch von sporenbildenden Mikroorganismen in jedem Falle gesichert entseucht und praktisch konserviert. Sie können, im Freien gestapelt, lange Zeit gelagert werden, wobei lediglich die oberste Schicht mit der Zeit mineralisiert und dadurch die unteren Schichten schützt.

Die Vorteile des Brikollare-Verfahrens liegen darin, daß das Endprodukt wegen der Pressung und äußersten Austrocknung ein Minimalvolumen und -gewicht einnimmt und somit wirtschaftlich transportiert werden kann. Weiterhin kann die Feinaufbereitung des Materials (Feinzerkleinern und Absieben) und damit sein Absatz wegen der Lagerfähigkeit der Preßlinge weitgehend zeitunabhängig vorgenommen werden. Der Kompost, der so gewonnen wird, ist ohne Nachrotte als Bodenverbesserungsmittel einsetzbar. Er zeichnet sich aus durch ein günstiges C/N-Verhältnis und durch eine extrem hohe Abbaurate organischen Materials.

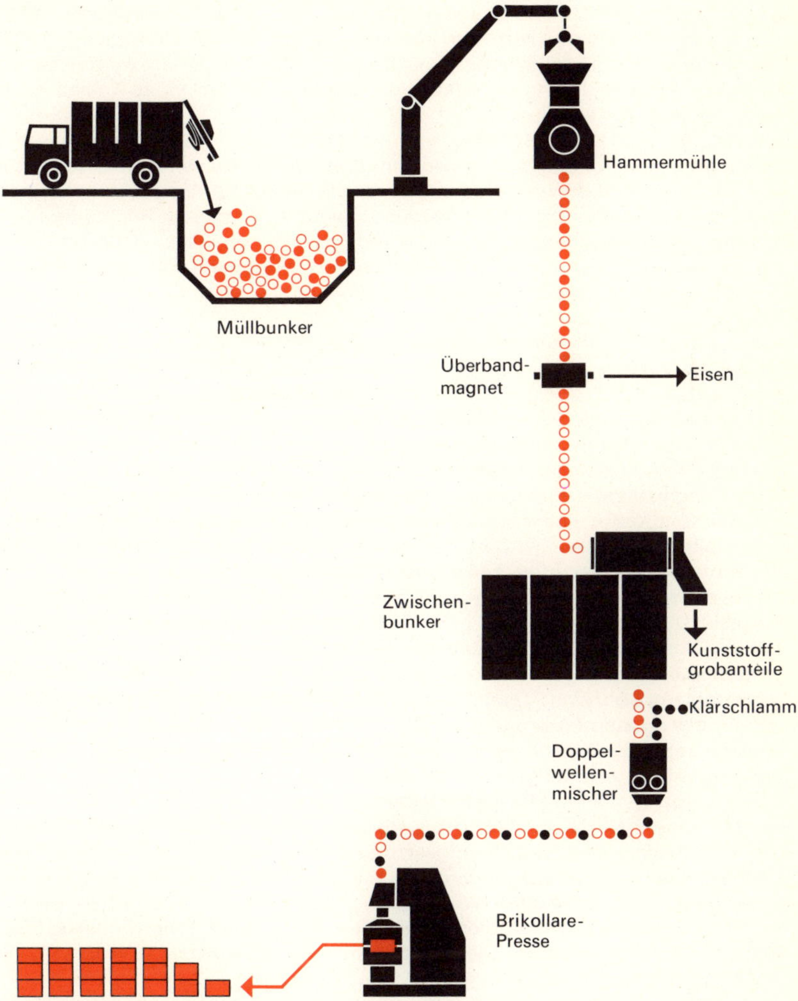

Abb. Schema des Brikollare-Verfahrens

Kompostierung von Müll
Das Jetzer-Kompostplattenverfahren

Im Jahre 1977 waren in der Bundesrepublik Deutschland 19 Müllaufbereitungs- und Kompostierungsanlagen in Betrieb, in denen elf Anlagen Müll und Klärschlamm, acht Anlagen nur Müll verarbeiteten. In diesen nach unterschiedlichen Verfahren arbeitenden Anlagen werden zur Zeit jährlich aus 475000 t Müll und 110000 t Klärschlamm rund 130000 m^3 Kompost hergestellt. Die Reststoffe werden bei neun Anlagen verbrannt, bei neun Anlagen deponiert und bei einer Anlage sowohl verbrannt als auch abgelagert.

Verfahren zur Kompostierung und Verwertung von Müll dürfen dann als wirtschaftlich und ökologisch sinnvoll angesehen werden, wenn sie einerseits der rapid ansteigenden Umweltbelastung durch das Müllaufkommen der Ballungszentren und andererseits der zunehmenden Rohstoffverknappung Rechnung tragen. Das sog. Jetzer-Verfahren entspricht diesen Erwartungen. Es hat dabei den Vorteil, daß es sich in seinen drei Stufen weitgehend bekannter Technologien bedient, nämlich in der Kompostierung, in der Plattenverpressung und in der Spanplattenfertigung.

Die *Kompostierungsanlage* liefert einen Kompost, der durch mechanische Fermentierung von zerkleinertem Hausmüll gewonnen wird. In dem Fermentierungsprozeß, der 1–3 Tage dauert, wird eine vollständige Verrottung der leicht abbaubaren Substanzen erreicht. Der so gewonnene *Frischkompost* enthält außer 35 bis 50 % Wasser und dem Fasersubstrat noch eine Vielzahl von kleinen Metall-, Glas-, Stein- und Kunststoffpartikeln.

Der Frischkompost wird nun dem eigentlichen Jetzer-Verfahren zugeführt. Dabei wird der Kompost in eine waagrecht rotierende *Trockentrommel* geleitet, in die von einer Seite heiße Luft einströmt, die mit einer Eingangstemperatur von ca. 800°C den einfallenden feuchten Faserrohstoff schockartig erhitzt. Während 2 bis 7 Minuten wird der aufgearbeitete Müll unter intensivem Mischen diesem Luftstrom ausgesetzt, dessen Temperatur beim Verlassen der Trockentrommel 100 bis 140°C beträgt. Das starke Erhitzen und der Wasserdampf bewirken gleichzeitig eine vollständige Abtötung von Protozoen, Pilzen, Bakterien und Viren. Der totale Wasserentzug bei hoher Temperatur und das Auseinanderfallen in einzelne sich ständig bewegende Faserpartikel haben nicht nur die Koagulation des Eiweißes, sondern auch die Zerstörung der Zellwand bzw. der Zytoplasmamembranen von Mikroorganismen zur Folge.

Das Ausgangsmaterial Frischkompost ist jetzt in ein absolut keimfreies, inertes, stabiles Fasermaterial umgewandelt worden. Das Fasermaterial wird in einem Fliehkraftabscheider (Zyklon) entgast und getrocknet sowie vom Wasserdampf getrennt, dann anschließend durch Siebung in fünf Fraktionen aufgeteilt, von denen jede einer speziellen Windsichtung zugeführt wird. Dadurch wird das Material in verschiedene Größen selektiert, und schwere Teile wie Glas, Metall, Keramik werden aussortiert. Die Fasern werden anschließend in Zwischenbunker weitergeleitet.

Vom *Zwischenbunker* gelangen die Fasern zur sog. *Dosierung,* wo sie je nach Bedarf und gewünschter Plattenqualität mit Holzspänen vermischt werden. Es können auch Platten aus 100% Kompostfasern hergestellt werden. Die Fasern werden beleimt, zum sog. *Preßkuchen* gestreut und anschließend verpreßt. Die Verpressungsart einspricht zum größten Teil den bekannten Methoden der Plattenpressung, wie sie allgemein angewandt werden. Danach erfolgt die Endfertigung, d. h. Besäumen, Schleifen und Zuschneiden der Platten.

Die so hergestellten Faserplatten können vornehmlich als Bauwände, Holz- und Holzspanplattenersatz bzw. Isoliermaterial angewandt werden. Bei großtechnischem Einsatz dieses Verfahrens wird sich jedoch in Zukunft ein mannigfaltigeres Anwendungsspektrum ergeben.

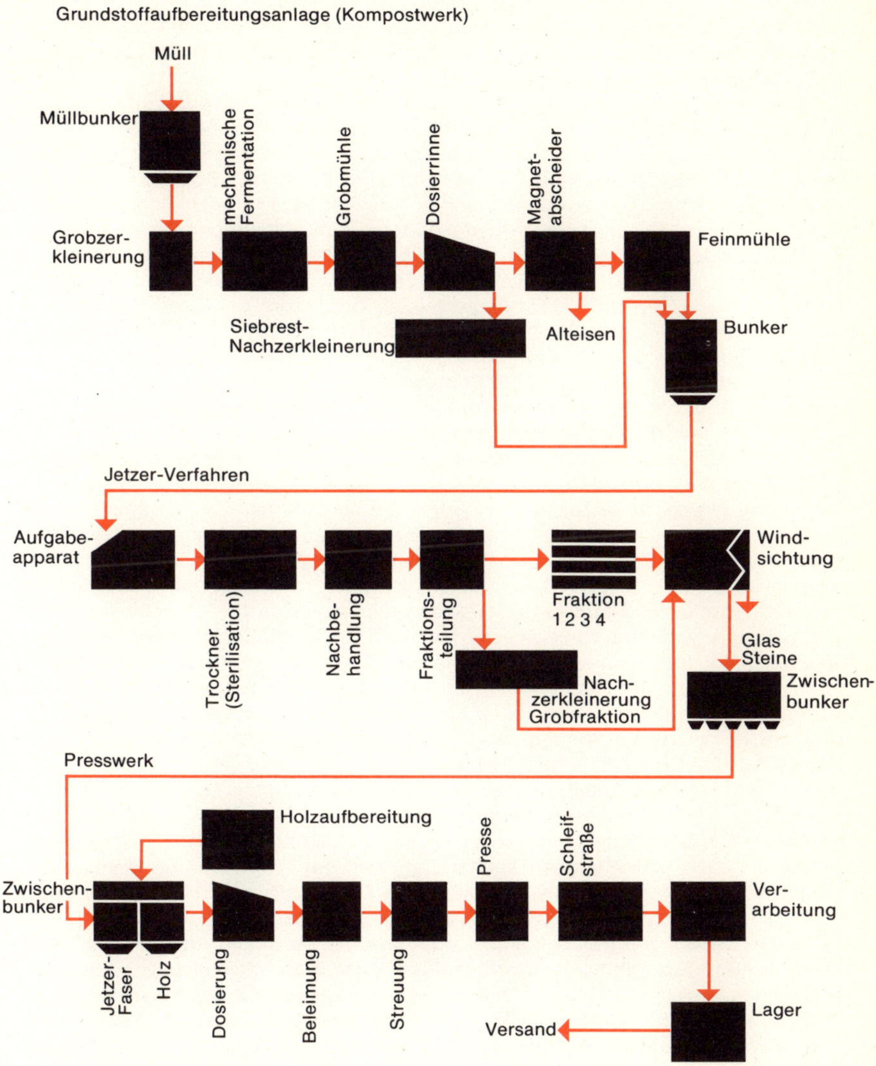

Abb. Das Jetzer-Kompostplattenverfahren

Kompostausbringung

Die wirtschaftliche Ausbringung von Komposten verschiedener Qualitäten zu den unterschiedlichsten Verwendungszwecken ist ein Problem, das bislang nicht in allen Anwendungsbereichen in befriedigender Weise gelöst werden konnte. Diese Tatsache schränkt die Absatzmöglichkeiten von Komposten, insbesondere von Müll-Klärschlamm-Komposten (s. S. 462), ein.

Die *Kompostausbringung von Hand* ist nur bei kleinen Anwendungsmengen wirtschaftlich vertretbar, also z. B. für Hobbygärtner und Betriebe mit sehr kleinen Flächen. – Im Gemüse- und Obstbau bei breiter Aufpflanzung können *Stallmiststreuer* zum Einsatz gelangen, die den Kompost in dünnen Schleiern über die Anbaufläche legen. Der so ausgebrachte Kompost wird je nach Reifegrad und Verwendungszweck sofort eingearbeitet oder bis zur vollständigen Rotte als Mulch an der Oberfläche belassen. Die Einarbeitung erfolgt am günstigsten mit Motorhakkern, Fräsen oder Kombikrümlern. Pflügen oder tiefes Umgraben ist nicht empfehlenswert, da die Gefahr besteht, daß, besonders bei Frischkomposten, biologisch aktives Material in tiefere Bodenschichten gelangt (unter 15 cm) und, da in diesen Regionen das Sauerstoffangebot gering ist, in anaeroben Zustand übergeht, was eine Schädigung der Pflanzen zur Folge hätte.

Bei der *Landschaftsgestaltung* wird der Kompost in der Regel nur oberflächlich ausgebracht und dient als Saatbett für den Rasen oder andere Begrünungsmischungen. Hierzu werden im allgemeinen zwei Verfahren angewandt. Entweder wird der Kompost als rieselfähiges Material mit dem *Miststreuer* ausgebracht oder er wird mit Wasser unter Zusatz von Samen und Bindemittel zu einer pumpfähigen Suspension aufgeschlemmt, die von Tankwagen aus mit geeigneten *pneumatischen Austragsaggregaten* mit einer Reichweite von 20–50 m versprüht wird. Bei dem letzteren Ausbringungsverfahren sind jedoch nur Komposte verwendbar, deren Korngröße im 10-mm-Bereich und darunter liegen, da die Gefahr besteht, daß sich bei der Anwendung von gröberem Material Düsen oder Schlauchkrümmungen zusetzen. Ein Nachteil dieses Verfahrens liegt darin, daß zusätzlich zum Kompost noch die vier- bis fünffache Menge an Wasser transportiert werden muß. Dies verteuert das Verfahren so erheblich, daß eine wirtschaftliche Anwendung nur im Straßenbau bei der Begrünung von Steilhängen in Durchstichen und ähnlichem nicht befahrbarem Gelände gegeben ist.

Der überwiegende Anteil des großtechnisch hergestellten *Müll-Klärschlamm-Kompostes* wird derzeit vom *Weinbau* übernommen. In ebenen Lagen wird der Kompost von Schleppern mit Ladepritschen ausgebracht; bei Standweiten der Rebzeilen über 1,50 m können kleinere, speziell dafür konstruierte Miststreuer eingesetzt werden. In Hanglagen mit einem Gefälle bis zu 60 % gelangen bei kleineren Weinbergen Seilzüge mit Schlitten zum Einsatz. Diese sind jedoch (wie auch der Einsatz von Pferdeschlitten oder von menschlichen Arbeitskräften mit Kiepen) nur in Ausnahmefällen wirtschaftlich vertretbar. – Das gleiche gilt für die *pneumatische Ausbringung* von rieselfähigem Kompost auf Steillagen mit Hilfe eines Schlauch-Rohr-Systems, wobei der Werfer Reichweiten von 100–120 m, aber vorerst nur eine Stundenleistung von 5 m^3 erreicht. Der Vorteil des Gerätes liegt darin, daß keine zusätzlichen Wassermengen transportiert werden müssen. Außerdem wird eine Beschädigung der Reben durch Fahrzeuge vermieden.

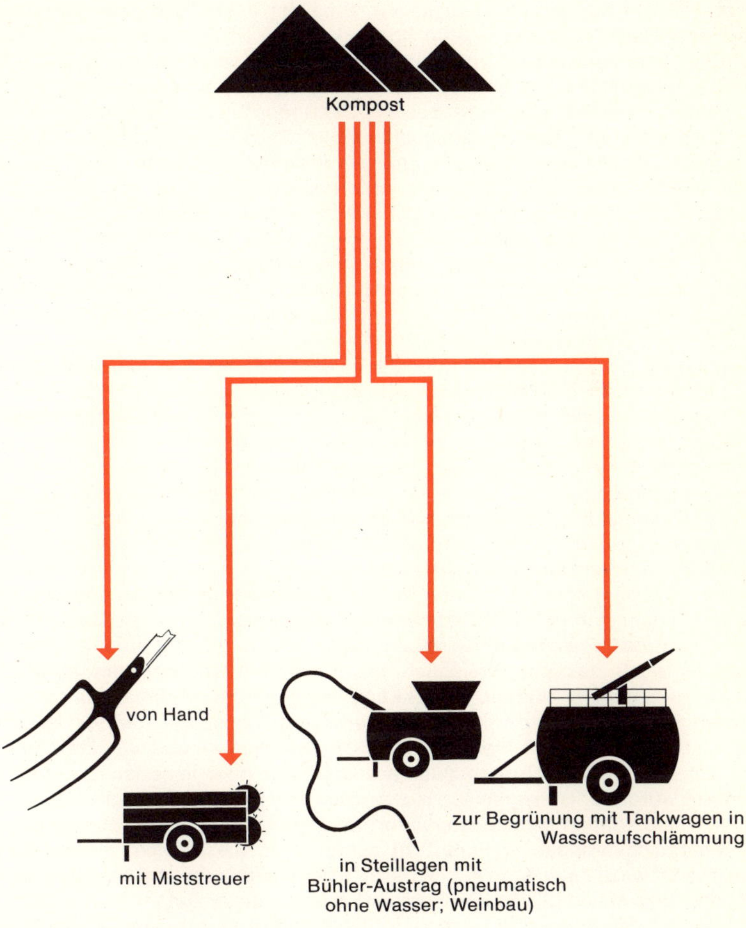

Abb. Die Formen der Kompostausbringung

Die landwirtschaftliche Verwendung von Müllkompost und Müll-Klärschlamm-Kompost

Die Kompostierung von Siedlungsabfällen und Klärschlamm ist das günstigste Müllbeseitigungsverfahren in jenen Städten und Gemeinden, die in Gegenden mit überwiegendem Sonderkulturbau liegen. Eine der nach Ausdehnung und wirtschaftlicher Bedeutung wichtigsten Sonderkulturen ist der *Weinbau.* An seinem Beispiel soll die Verwendung von Müll-Klärschlamm-Kompost aufgezeigt werden.

Ein *Weinberg* ist eine Daueranlage, die in der Regel mindestens dreißig Jahre, oft auch länger, am gleichen Standort besteht. Der Boden um die Rebstöcke wird meist unkrautfrei gehalten, da der Unterwuchs mit der Rebe um Nährstoffe und Wasser konkurriert. Der Abbau durch Bodenmikroorganismen einerseits und die geringe Nachlieferung durch den Rebstock andererseits zehren an der organischen Substanz im Boden. Hinzu kommt, daß bei Weinbergsneuanlagen der Boden rigolt wird, d.h. bis in eine Tiefe von ca. 1 m (einschließlich des mineralischen Unterbodens) umgearbeitet wird. Durch den Verlust des Humus im Oberboden wird dieser sehr erosionsanfällig. Nach Regenfällen abgeschwemmter Boden muß mit großem Arbeitseinsatz wieder in die mit Maschinen kaum zu bearbeitenden Steillagen zurückgetragen werden.

Wie langjährige Untersuchungen ergaben, kann die Erosion in den Steillagen der Weinbaugebiete durch den Einsatz von Müll-Klärschlamm-Kompost verhindert oder doch stark eingeschränkt werden. Der *Austrag des Komposts* erfolgt entweder von Hand (der Kompost wird in den Weinberg getragen und dort verteilt) oder maschinell durch den Einsatz speziell für den Weinberg konstruierter Miststreuer oder durch den Einsatz von *Spritzverfahren,* bei denen der Kompost entweder in wäßriger Suspension oder trocken, von einem Luftstrom getragen, über ein System von Rohrleitungen in den Weinberg gepumpt wird.

Wichtige Faktoren für eine richtige Kompostanwendung sind Aufwandmenge und Reifegrad des Kompostes. Unter *Reifegrad* versteht man das Kompostierungsstadium, in dem sich der Kompost befindet. Man unterscheidet zwischen Frisch- und Reifkompost. *Frischkompost* ist ein durch Schnellrotte (48 Stunden) hygienisiertes Material, das noch reichlich leicht von Mikroorganismen abbaubare organische Substanz enthält. Frischkompost kann für Neupflanzungen nicht verwandt werden, da er noch nicht pflanzenverträglich ist. *Reifkompost* ist einem längeren Rotteprozeß (6–8 Wochen) unterworfen, in dem der überwiegende Teil der leicht abbaubaren organischen Substanz abgebaut oder in resistente Substanz umgebaut wurde. Er ist hygienisch einwandfrei und pflanzenverträglich.

Im Weinbau können beide Kompostformen Verwendung finden. Beim Ausbringen von Frischkompost ist darauf zu achten, daß dieser nicht in den Boden eingearbeitet wird, da er dann in den Bereich der Wurzeln gelangt und diese durch Fäulnisbildung schädigt. Bei Reifkompost besteht diese Gefahr kaum. Die Aufwandmenge sollte bei beiden Formen in allen Kulturen, nicht nur im Weinbau, nicht wesentlich mehr als 1 m^3 je 100 m^2 Boden betragen. Aus Kostengründen werden meist in dreijährigem Turnus 3 m^3 je 100 m^2 Fläche ausgebracht, obwohl dies für den Nährstoffhaushalt nicht so günstig ist.

Der Abbau der organischen Substanz durch die Bodenmikroorganismen verbraucht Sauerstoff und erzeugt Kohlendioxid. Die Pflanzenwurzel benötigt ebenfalls Sauerstoff und gibt Kohlendioxid ab. Wird nun der gesamte Sauerstoff durch die Bodenmikroorganismen aufgebraucht und ist zudem noch der Gasaustausch zwischen Boden und Atmosphäre durch eine starke Kompostschicht behindert, so leidet die Pflanze sehr schnell an Sauerstoffmangel im Wurzelbereich, was zum Vergilben der Blätter und schließlich zum Absterben der Pflanzen führt. Müll-Klärschlamm-Kompost sollte nur an der Bodenoberfläche und in dosierten, nicht übertriebenen Mengen verwandt werden, wenn Schäden vermieden werden sollen.

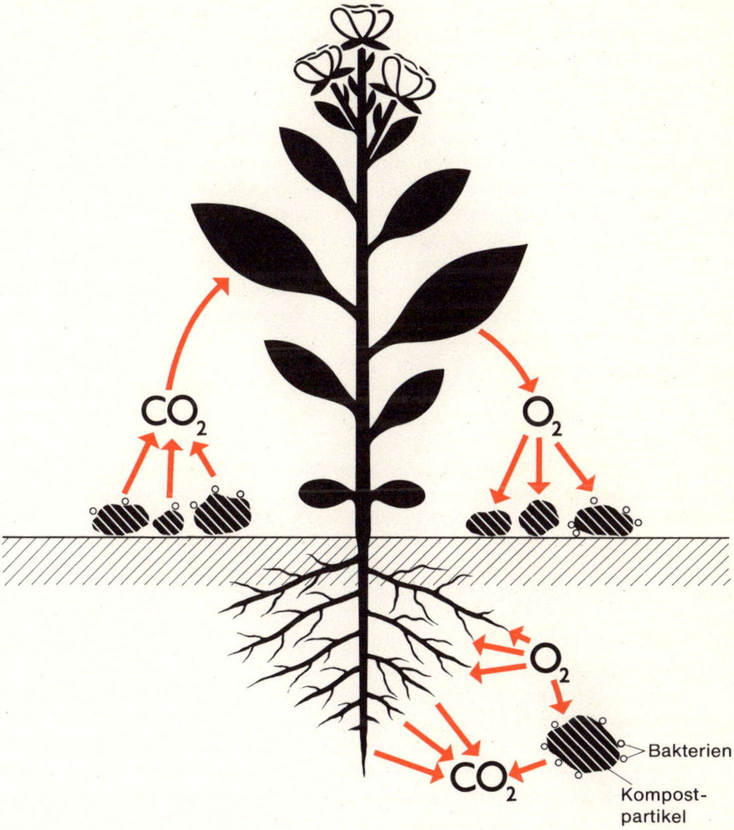

Abb. Müll-Klärschlamm-Kompost soll nicht in den Boden eingearbeitet werden, da er den Wurzeln Sauerstoff entzieht

Die Tiefversenkung flüssiger Abfälle

Manche flüssigen Abfallstoffe aus der industriellen Produktion sind auf Grund ihrer Toxizität oder Radioaktivität zur Wiederaufbereitung zu teuer oder kommen für die Lagerung in geordneten Deponien nicht in Betracht. Auch durch Verbrennung und Kompostierung können solche Abfälle nicht beseitigt werden. Bislang wurden Abfälle dieser Art zum Teil ins Meer eingeleitet, wo sie durch die hohe Verdünnung kaum mehr Schaden anrichten. Durch übermäßiges Einleiten wird dieser Speicher jedoch zunehmend belastet, so daß inzwischen erhebliche Beschränkungen angeordnet werden mußten.

Radioaktive Abfälle werden bereits seit einiger Zeit in aufgelassenen *Bergwerken* gelagert (s. auch S. 470), wodurch das Material von der Biosphäre weitgehend abgeschlossen ist. Auch *toxische Schlämme* werden gelegentlich auf diese Weise beseitigt; die Lagerkapazitäten sind jedoch stark begrenzt. Weiterhin steht zur Diskussion, flüssige Abfälle in *unterirdische Hohlräume,* die durch kleinere Atomexplosionen erzeugt wurden, zu versenken. Auch die Schaffung künstlicher Kavernen in Salzstöcken durch Einpressen von Süßwasser, welches das Salz löst, und durch anschließendes Herauspumpen der Sole soll zur Lösung dieses Abfallproblems beitragen.

Ein Verfahren, das in den USA mehr und mehr Beachtung findet, kommt aus der Erdölgewinnung. Um die Lager besser ausnutzen zu können, wird in die Randwasserzone einer *Erdöllagerstätte* Salzwasser gepreßt. Dadurch erhöht sich der Lagerstättendruck, und das Gestein wird besser entölt. Dieses Salzwasser könnte möglicherweise auch durch flüssige Sonderabfälle ersetzt werden. Erdöllagerstätten entstehen nur in Speicherräumen, deren Inhalt seit langem nicht mehr am hydrologischen und biologischen Kreislauf teilnimmt. Man kann daher weitgehend sicher sein, daß die flüssigen Abfälle dort für geologische Zeiträume nicht mehr an dem Geschehen in der Hydrosphäre oder Biosphäre teilnehmen. Dies ist eine wichtige Voraussetzung für die Lagerung toxischer oder nuklearer flüssiger Abfallstoffe.

Für uns hier ist diese Art der Abfallbeseitigung aus zwei Gründen von besonderem Interesse. Durch die dichte Besiedlung und den steigenden Bedarf an einwandfreiem Trinkwasser können toxische oder radioaktive Flüssigkeiten nur unter besonderen Vorsichtsmaßnahmen abgelagert oder versenkt werden. Es bedarf dabei besonderer Sorgfalt, um das Trinkwasserreservoir nicht zu gefährden. Vor Inangriffnahme eines solchen Versenkungsprojektes sind daher geologische und hydrogeologische Untersuchungen nötig. Sind günstige unterirdische geologische Strukturen gefunden, so kann die Versenkung nahezu risikolos durchgeführt werden. Da die BR Deutschland intensiv geologisch untersucht ist, ist die Ausweisung derartiger Bereiche nicht allzu schwierig. Die Lagerung der flüssigen Abfälle erfolgt in den *Poren porösen Gesteins,* das durch undurchlässige Gesteine, z.B. Tongestein, von der Biosphäre abgeschlossen ist. Sie kann in *Mulden (Synklinalen),* in *horizontalen Sandsteinlagern* oder am günstigsten in sog. *Fallen (Antiklinalen)* vorgenommen werden. Zahlreiche Strukturen dieser Art (v.a. Erdöl- und Erdgaslagerstätten ohne wirtschaftliche Bedeutung) sind in der BR Deutschland zu finden.

Die Tiefversenkung flüssiger toxischer Abfallstoffe aus der Industrie bietet eine Lösung, die eine akute Gefährdung der Umwelt über geologische Zeiträume hinweg ausschließt. Dennoch sollte diese Art der Abfallbeseitigung nur bei wirklich problematischen Abfällen angewandt werden, da die Lagerkapazitäten nicht unbegrenzt sind.

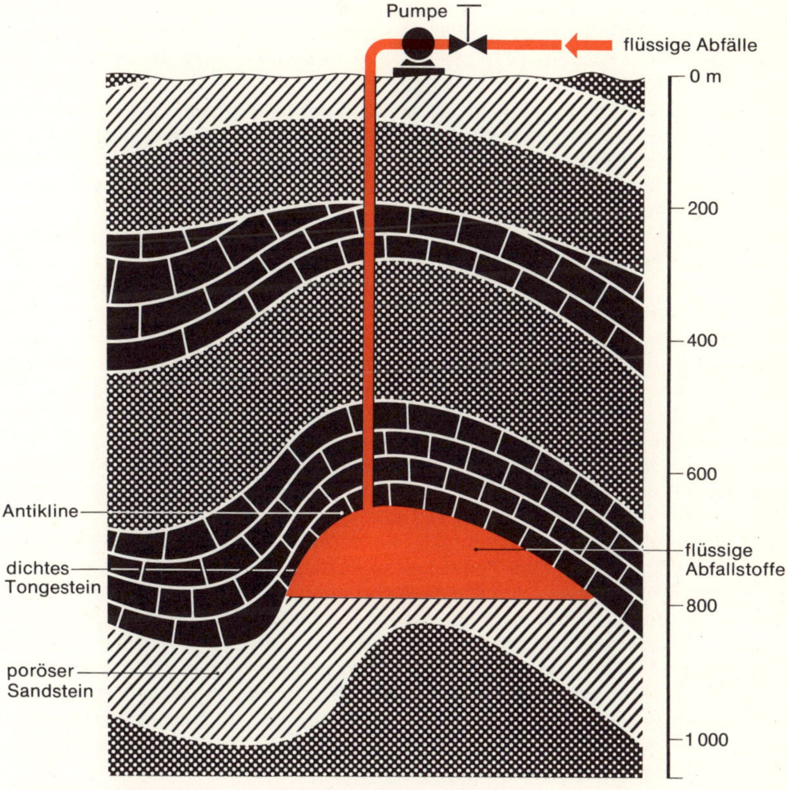

Abb. Tiefversenkung von flüssigen Sonderabfällen:
Von Natur dichte Speicherräume in Salz- und Tongesteinen schließen die flüssigen Abfälle sicher von der Biosphäre ab

Atommüll – Problematik

Beim Betrieb von Kernkraftwerken fallen radioaktive Abfälle aller Stärkegrade an. Der *schwachaktive Atommüll* besteht aus Rückständen von Filter- und Reinigungsanlagen, von kontaminierten Laborwerkzeugen, Handschuhen und Klärschlämmen aus Abwasseraufbereitungsanlagen. Seine Beseitigung erfolgte bisher durch Versenken im Meer, durch Vergraben im Boden, durch Lagern in Salzbergwerken (s. S. 470) oder in Einzelfällen durch fahrlässiges Deponieren auf Müllkippen.

Mittelaktiver Atommüll besteht aus durch Neutronenbestrahlung radioaktiv gewordenen Bauteilen von Kernkraftwerken, aus stark radioaktiven Rückständen von Reinigungsprozessen (z. B. Ionenaustauscherharze) und aus Abfällen der Kernforschung bzw. Nuklearmedizin. Er wurde bisher im Meer versenkt und in Salzbergwerken gelagert (s. S. 470). Noch im Jahr 1972 wurden von der Europäischen Kernenergiebehörde 3 800 t schwach- bis mittelradioaktive Abfälle in 7 600 Fässern im Atlantik versenkt. Da es keine Behälter gibt, die auf Jahrhunderte hinaus dem Seewasser standhalten, muß damit gerechnet werden, daß diese und andere in großen Mengen im Meer versenkten radioaktiven Abfälle in der Zukunft freigesetzt, in Nahrungsketten des Meeres angereichert und früher oder später in der Nahrung des Menschen auftauchen werden.

Das eigentliche Problem stellt der *hochradioaktive Atommüll* dar. Er bleibt als hochradioaktive Flüssigkeit bei der Abtrennung von Uran und Plutonium aus abgebrannten Brennelementen in Wiederaufbereitungsanlagen zurück. Man schätzt die Menge des langlebigen hochaktiven Atommülls für das Jahr 2000 auf rund 1 000 Milliarden Ci. Eine befriedigende Lösung zur Beseitigung hochaktiven Atommülls gibt es bisher nicht. Man kann Atommüll nicht vernichten. Im Gegensatz zu chemischen Abfällen, die durch chemische Reaktionen umgewandelt und entgiftet werden können, zerfallen radioaktive Substanzen nach einem nicht beeinflußbaren Zeitgesetz entsprechend ihrer Halbwertszeit. Das Hauptproblem liegt daher in der Beseitigung der auf Grund einer langen Halbwertszeit (HWZ) langlebigen Spaltprodukte wie Strontium 90 (HWZ 28 Jahre), Cäsium 137 (HWZ 30 Jahre), Samarium 151 (HWZ 80 Jahre), Plutonium 239 (HWZ 24 300 Jahre), Jod 129 (HWZ 17 000 000 Jahre). Der Atommüll, der heute produziert wird, muß also über menschlich kaum vorstellbare Zeiträume so sicher aufbewahrt werden, daß nichts davon in die Biosphäre und damit in die Nahrungskette der Lebewesen entweicht.

In verschiedenen Ländern denkt man daran, radioaktive Abfälle im Eis der Antarktis zu versenken; die bestehenden Antarktisverträge sehen Ausnahmeregelungen vor, wenn alle Unterzeichnerstaaten zustimmen. Die bei der Strahlung freiwerdende Wärme würde die Atommüllcontainer allmählich im Eis versinken lassen und sie durch das Eis hindurchschmelzen. Von amerikanischer Seite sind die Verschiffung der Container und ein Transport über Land in die australische Ostantarktis geplant, wo das Eis besonders dick ist.

Wegen der langfristigen Probleme der Beseitigung von Atommüll auf der Erde führte die NASA, die amerikanische Raumflugbehörde, im Auftrag der amerikanischen Atomenergiekommission eine Studie über die Möglichkeiten der *außerplanetaren Atommüllbeseitigung* durch. Die Benutzung des Weltalls als Atommülldeponie wurde bereits von mehreren Vertretern der amerikanischen Atomenergiebehörde als einzig sichere Art der Atommüllbeseitigung vorgeschlagen. Sie ist jedoch aus zwei Gründen kaum zu realisieren. Die Kosten pro kg Atommüll lägen in der Größenordnung von 200 000 Dollar. Bei einem Abtransport von nur 180 t hochaktiver Abfälle (der geschätzte Jahresanfall der BR Deutschland für das Jahr 1990) müßten also ca. 30 Milliarden Dollar aufgewendet werden. Abgesehen von diesen unerschwinglichen Beträgen, besteht die Gefahr, daß eine mit Atommüll beladene Rakete durch einen Fehlstart in der Erdatmosphäre verglühen könnte. Über weitere Konzeptionen zur Beseitigung hochradioaktiven Atommülls s. S. 464 und 468.

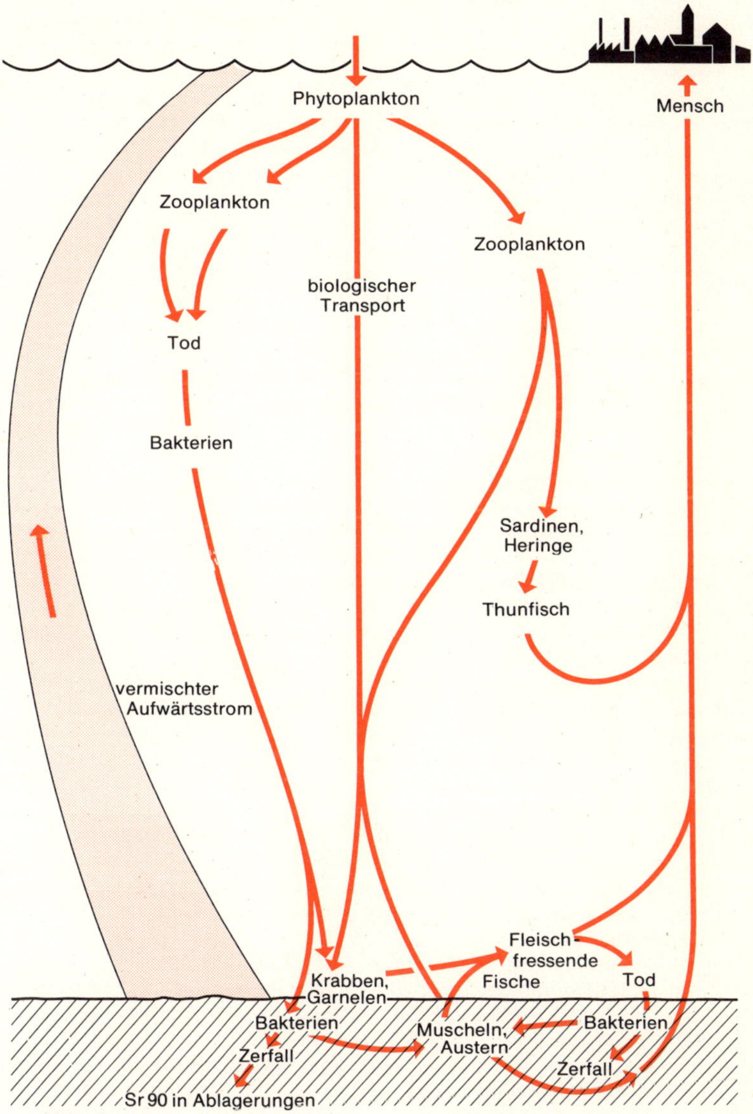

Abb. Biologische Folgen des Versenkens von radioaktiven Substanzen

Atommüllagerung in oberirdischen Lagertanks

Bei der Endlagerung von schwach- und mittelaktivem Atommüll durch *Versenken* in Meerestiefen von über 2000 m, ein Verfahren, das z. B. in Großbritannien, Japan und den USA durchgeführt wird, müssen die in Stahlfässern versenkten Abfälle an Zement, Bitumen o. ä. gebunden sein, damit bei Undichtigkeiten der Behälter ein Auslaugen der radioaktiven Stoffe durch das Meerwasser nur sehr langsam möglich ist.

Das in den USA und auch in Frankreich praktizierte *Vergraben* radioaktiver Abfälle im Boden (relativ nahe unter der Oberfläche) ist nur beim Vorliegen günstiger geologischer und hydrologischer Verhältnisse in dünn besiedelten Gebieten durchführbar und nur für schwachaktive Abfälle anwendbar.

Als eine mögliche *Endlagerung hochaktiver Abfälle* und „Lösung" des Atommüllproblems wird vielfach die *oberirdische Tanklagerung* angesehen. In den USA wird diese Form der Lagerung bereits seit über 35 Jahren praktiziert. Heute existieren dort über 200 große Stahlbetontanks, von denen jeder über 3 Millionen Liter einer hochradioaktiven Flüssigkeit enthält. Da die Radioaktivität der Abfälle dauernd Wärme erzeugt, müssen die Tanks ununterbrochen gekühlt werden. Das erreicht man dadurch, daß man den Dampf aus den Tanks in einen Kondensator leitet und den Inhalt ständig mit Druckluft durcheinanderwirbelt, damit sich keine radioaktiven Feststoffe auf dem Boden absetzen können, was zu einer starken lokalen Erhitzung führen könnte.

Die Gefahr einer *radioaktiven Verseuchung der Umgebung* aus oberirdischen Lagertanks ist mehrfach gegeben:

1. Die aggressive, aus vielen chemischen Verbindungen bestehende Tanklösung kann in Verbindung mit der starken radioaktiven Strahlung eine *Korrosion der Tankbehälter* bewirken. Unfälle dieser Art kamen besonders in den USA vor. Der letzte geschah im Juni 1973 in Hanford (Staat Washington), dem Hauptlager für Atommüll in den USA. Dabei versickerten unbemerkt 490000 Liter radioaktiven Mülls in den Erdboden, wobei allein die Aktivität der freigesetzten Mengen des Radionuklids Cs 137 über 40000 Curie betrug.

2. Die Tanks mit kochendem Atommüll müssen dauernd gekühlt werden. Pro Kubikmeter hochaktiven Atommülls werden ungefähr 9 kW Energie durch den radioaktiven Zerfall freigesetzt; das sind etwa 31 MW freigesetzter Energie in einem Tank. Obwohl jeder Tank zwei voneinander unabhängige Kühlsysteme hat, besteht die Gefahr, daß durch Stromausfall, Flut, Erdbeben, Sabotage oder menschliches Versagen die *Kühlung ausfällt.* Der Tankinhalt würde sich in diesem Fall auf über 1 000 °C erhitzen. Dadurch würden alle flüchtigen radioaktiven Spaltprodukte in die Atmosphäre freigesetzt werden. Die Folgen eines solchen Unfalls für die nähere und weitere Umgebung wären katastrophal: Nach Untersuchungen der Universität von Kalifornien würde dadurch ein Gebiet von der doppelten Größe der Schweiz für Jahrzehnte unbewohnbar.

3. Durch die radioaktive Strahlung werden Wassermoleküle radiolytisch in Wasserstoff und Sauerstoff gespalten. Die Rate dieser Wasserstoffproduktion ist so hoch, daß bei einem Ausfall des Ventilatorsystems die untere Explosionsgrenze für Wasserstoff in Luft von 4 % in wenigen Stunden erreicht wäre. Es kann so durch Selbsterhitzung zu einer *Knallgasexplosion* kommen, durch die der Tank mitsamt dem Kühlsystem zerstört würde. Neuerdings versucht man, die in flüssiger Form anfallenden radioaktiven Rückstände zur besseren Lagerung zu verfestigen. Damit läßt sich zwar das Problem der radiolytischen Zersetzung von Wasser und der dadurch eventuell entstehenden Knallgasexplosion umgehen; die Auswirkungen eines Ausfalls des Kühlsystems jedoch wären in etwa die gleichen.

Die Lagerung von Atommüll in oberirdischen Lagertanks ist demnach mit erheblichen Risiken belastet, deren Auswirkungen noch nicht abgeschätzt werden können.

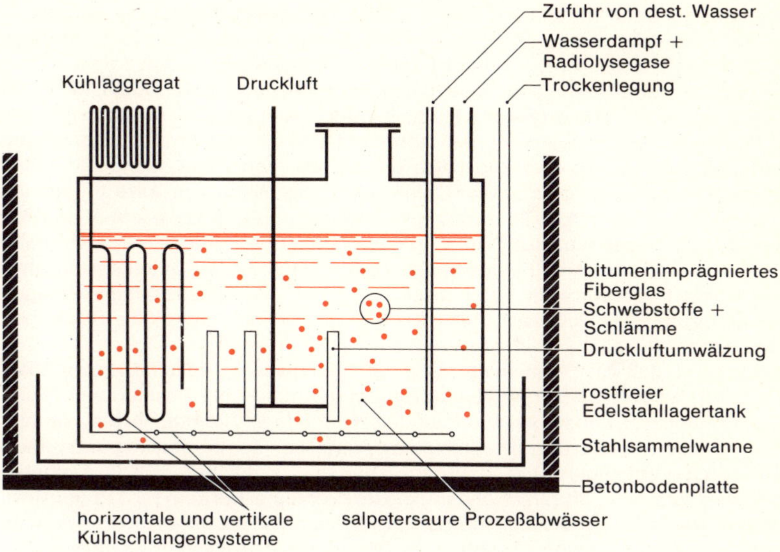

Abb. 1 Tank für die oberirdische Lagerung von Atommüll (nach Weish/Gruber)

Unfalljahr	ausgelaufene radioaktive Flüssigkeitsmenge (l)	Aktivität (in kCi) von freigesetztem Cäsium 137
1960	130 000	4
1965	190 000	40
1969	260 000	51
1973	440 000	40

Abb. 2 Bisherige Unfälle bei der Atommüllagerung

Atommüllagerung im Salzbergwerk

Zur Beseitigung des *Atommülls* entwickelte die BR Deutschland die *Endlagerung radioaktiver Abfälle in Salzbergwerken.* Man ging dabei von der Überlegung aus, daß Salzbergwerke auf Grund der fehlenden Verbindung zum Grundwasser (eine Tatsache, die auch für frühere Zeiten gelten muß, weil sonst eine Auswaschung erfolgt wäre) ein hohes Maß an Sicherheit für die Lagerung von Atommüll gewährleisten. Bei der Auswahl der bei uns in Frage kommenden Salzbergwerke fiel die Wahl auf das stillgelegte Salzbergwerk Asse II bei Wolfenbüttel. Man hat in diesem Bergwerk viele große und kleine Kammern eingerichtet, die nach Auffüllen mit Atommüll verschlossen werden können. Diese Art der Atommüllbeseitigung wurde bisher von Industrie und Behörden als die sicherste Lösung bezeichnet. Inzwischen wurde jedoch bekannt, daß die in der Nähe von Asse II liegenden Schächte Asse I und Asse III durch Grundwassereinbruch abgesoffen sind. Von 1967 bis 1976 wurden in Asse II rund 73000 Behälter (200-l-Fässer) mit verfestigtem schwachaktivem Atommüll eingelagert; weitere 1300 Fässer mittelaktiven Atommülls wurden während einer Versuchsphase (1972–77) in Spezialkammern eingelagert. Bis zum Jahr 2000 soll Asse II rund 250000 m^3 radioaktive Rückstände aufnehmen.

Es scheint, daß das Problem der Beseitigung *schwach- und mittelaktiver Abfälle* in Salzbergwerken gelöst ist. Hauptproblem jedoch ist die Beseitigung des aus aufgearbeiteten Brennstäben stammenden *hochaktiven Atommülls.* Man versucht diese flüssigen Abfälle durch verschiedene Verfahren der Verglasung und Keramisierung zu verfestigen und dadurch lagerbar zu machen. Diese Techniken beinhalten jedoch noch zahlreiche ungelöste Probleme. Bei dem *Einschmelzen der radioaktiven Abfälle* in Glasfluß müssen die radioaktiven Lösungen neutralisiert und denitriert werden, bevor sie mit dem Glasmaterial gemischt, getrocknet und geschmolzen werden. Das Erhitzen auf 200°C (Trocknung) und 1000-1300°C (Schmelzprozeß) bewirkt Verluste flüchtiger Radionuklide. Dabei werden z.B. radioaktives Cäsium zu 20% und ebenfalls radioaktives Ruthenium als flüchtiges Rutheniumoxid zu nahezu 100% in Freiheit gesetzt. Der Wert dieser Technik leidet unter der Freisetzung eben dieser Radionuklide, die einen bedeutenden Anteil an der biologisch relevanten Spaltproduktaktivität haben und deren Abscheidung und Langzeitlagerung zusätzliche Probleme aufwerfen.

Auch die häufig diskutierten, vielfältigen Methoden der *Fließbettkalzinierung,* bei der längere Zeit zwischengelagerte Spaltprodukte bei Brenntemperaturen von 600 bis 1000°C in die Oxidform überführt werden, bieten eine Reihe ungelöster Probleme. Die flüchtigen Spaltprodukte müssen ebenfalls einer Sonderbehandlung zugeführt werden. Aus der Oxidmasse selbst kann je nach der Höhe der Brenntemperatur ein nicht unerheblicher Anteil der Spaltprodukte im Laufe der Zeit ausgewaschen werden. Bei der Lagerung solcher kalzinierter Abfälle in Salzbergwerken stellt sich das Problem der Wärmeentwicklung im Zusammenhang mit der durch die Schächte eindringenden Luftfeuchtigkeit bzw. von Wassereinbrüchen. – Bei der *Lagerung von Atommüll in Stahltanks* kann es durch die Abscheidung von Kondenswasser bei der Thermokonvektion in den Lagerstätten zur Bildung aggressiver Salzlösungen kommen, die im Zusammenwirken mit der Strahlenkorrosion die Behältermaterialien zerstören. – Eine weitere Gefährdungsmöglichkeit besteht durch Erdbeben, bei denen ein großer Teil der im Laufe der Zeit in Salzbergwerken angehäuften radioaktiven Abfälle freigesetzt werden könnte. Dieses Problem wird dadurch verschärft, daß die einmal freigesetzten hochaktiven Abfälle auf Grund ihrer Wärmeentwicklung durch das Salz hindurchschmelzen und nicht mehr zurückgewonnen werden können.

In Kanada, wo zunächst ebenfalls die Lagerung von Atommüll in Salzbergwerken angestrebt wurde, hat die Atomenergiekontrollbehörde jetzt diese Form der Atommüllagerung verworfen und die oberirdische Lagerung empfohlen (s. S. 468).

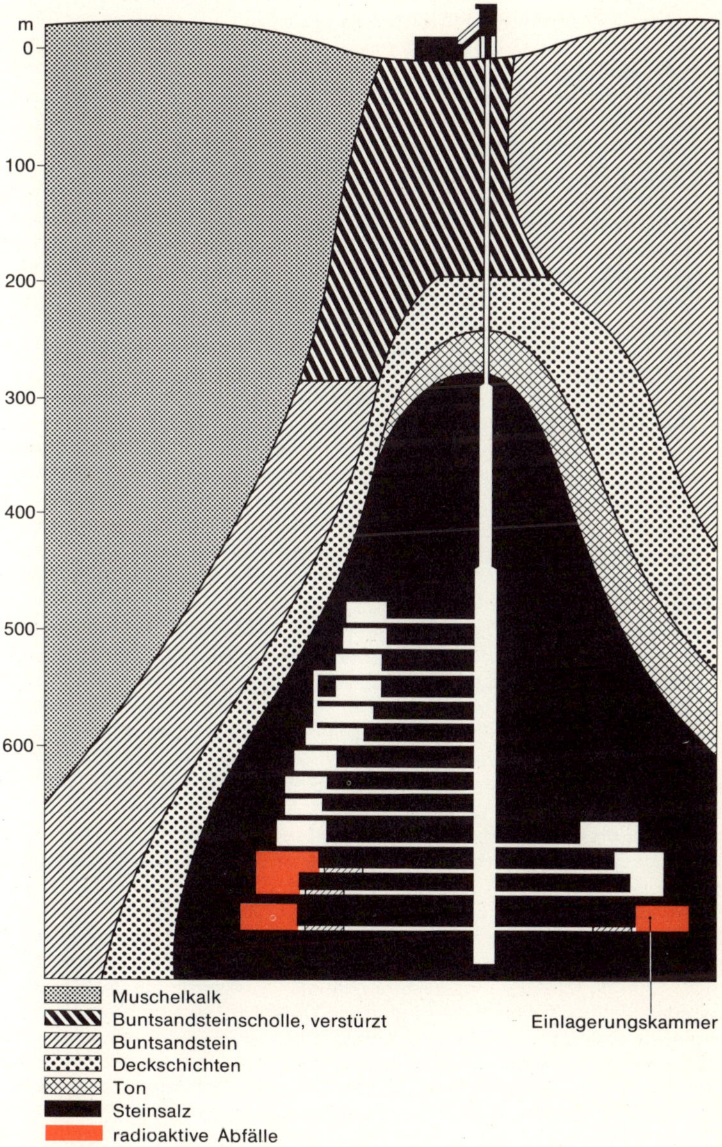

Abb. Atommüllagerung im Salzbergwerk

Was ist Energie?

Der physikalische Energiebegriff ist definiert als „die Fähigkeit, Arbeit im Sinne der Mechanik zu verrichten", d.h. gegen eine Kraft Ortsveränderungen zu bewirken bzw. sonstige äußere Wirkungen hervorzurufen. Nur auf diese Weise läßt sich Energie, in welcher Form sie auch vorliegen mag, meßtechnisch erfassen. Es gibt verschiedene Energieformen, die sich jedoch alle (in unterschiedlicher Weise) ineinander umwandeln lassen:

Mechanische Energie: Die von einer Kraft an einem Körper verrichtete mechanische Arbeit A ist gleich dem Produkt der vom Körper unter der Krafteinwirkung zurückgelegten Wegstrecke und der jeweils in Bewegungsrichtung wirkenden Kraftkomponente. Wird z.B. eine Feder auseinandergezogen (Abb. 1), so wird gegen die Spannkraft der Feder eine Spannarbeit verrichtet. In der gedehnten Feder steckt dann sog. *Spannungsenergie,* die ihrerseits zur Leistung von Arbeit dienen kann, indem man geeignet große Massen an die gespannte Feder ankoppelt (Federantrieb). Wird ein angehängtes Gewicht (Masse m) von ihr gegen die Schwerkraft um eine Strecke h angehoben, wobei die Hubarbeit $A = mgh$ zu leisten ist (g = 9,81 m/s^2, die Fallbeschleunigung). Das so angehobene Gewicht besitzt jetzt im Kraftfeld der Erde die *potentielle Energie (Lageenergie)* $E_{pot} = -mgh$, die sich (nach Abtrennen von der Feder) im freien Fall in die *kinetische Energie (Bewegungsenergie)* $E_{kin} = {}^1/_2 mv^2$ umwandelt: Das fallende Gewicht wird von der Schwerkraft auf die Geschwindigkeit v beschleunigt (es wird von ihr Beschleunigungsarbeit geleistet). Beim Auftreffen des Gewichts am Erdboden wird diese kinetische Energie z.T. in Verformungsarbeit (bei bleibender Verformung), z.T. in Wärme umgewandelt: In sich verformenden Körpern „reiben" die Moleküle aneinander, wodurch die Körpertemperatur erhöht wird. Derartige Reibungswärme tritt bei allen Vorgängen auf, in denen benachbarte Moleküle gegeneinander bewegt werden.

Man spricht von *dissipativen Vorgängen,* wenn in ihnen mechanische Energie in nicht wiedergewinnbare Verformungsarbeit bzw. in Wärme umgewandelt wird. Aber auch für solche Vorgänge gilt, daß Energie weder geschaffen noch vernichtet werden kann *(Energieerhaltungssatz),* d.h., daß zum Verrichten von Arbeit stets Energie aufgewendet werden muß. Bei dissipativen Vorgängen wird aber Energie so entwertet, daß sie nicht vollständig zur Verrichtung von mechanischer Arbeit wiedergewonnen werden kann. In diesem Sinne ist es berechtigt, von einem „Verbrauch" von Energie zu sprechen.

Der Energieumsatz bei einer Arbeitsverrichtung ist zeitabhängig. Der Quotient $P = A/t$ aus der Arbeit A und der Zeit t, in der sie verrichtet wurde, wird als *Leistung* bezeichnet.

Wärmeenergie: Wird einem Körper Energie zugeführt (z.B. durch Erwärmen, bei Reibungsvorgängen u.a.), so erhöht sich die Energie seiner Atome bzw. Moleküle. Sie führen eine verstärkte Bewegung gegeneinander aus. Die in dieser Bewegung steckende Energie stellt nun im wesentlichen die Wärmeenergie des Körpers dar, für die seine absolute Temperatur T (gemessen in Kelvin) ein unmittelbares Maß ist. Die Zuführung von Energie muß nicht unbedingt eine Erhöhung der Körpertemperatur zur Folge haben, sondern kann am Schmelz- bzw. Siedepunkt des Materials auch für eine Änderung des Aggregatzustandes von „fest" zu „flüssig" bzw. von „flüssig" nach „dampfförmig"verbraucht werden. Die zugeführte Energie ist dann als *Schmelz-* bzw. *Verdampfungswärme* (sog. *latente Wärme*) im Körper enthalten. Sie wird bei Abkühlung am Siede- bzw. Schmelzpunkt wieder frei und kann wie alle Wärmeenergie durch Wärmeaustausch bzw. -übertragung (Wärmeleitung, Wärmekonvektion oder Wärmestrahlung) auf andere Körper bzw. die kältere Umgebung abgegeben werden.

Chemische Energie: In chemischen Verbindungen ist Energie durch die Zusammenbindung von Atomen zu Molekülen in Form von Bindungsenergie gespeichert.

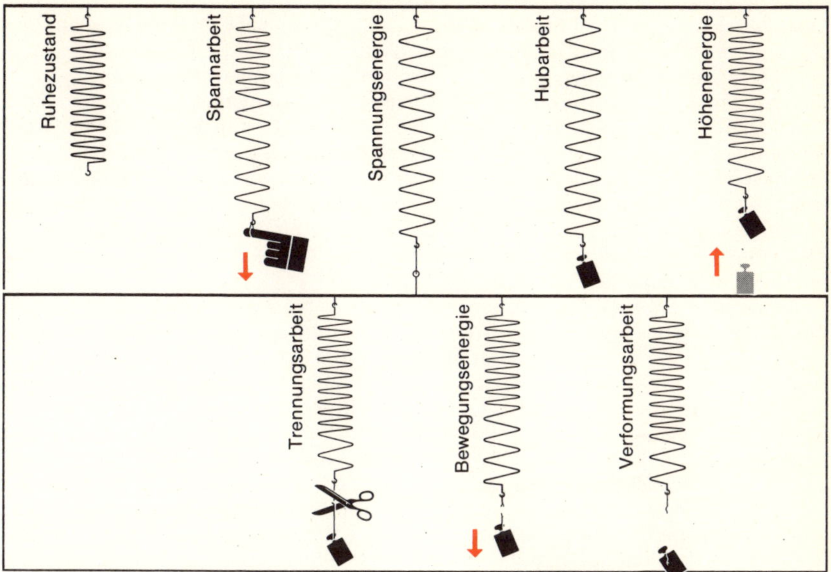

Abb. 1 Beispiele für Umwandlungen von Energie in Arbeit und umgekehrt

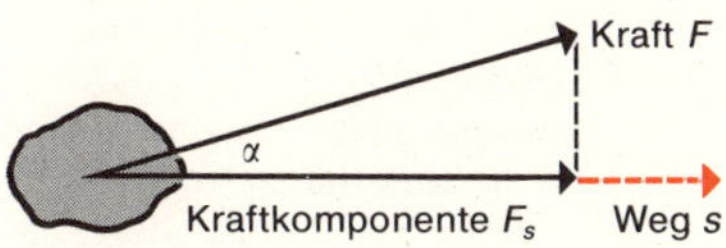

Abb. 2 Mechanische Arbeit ($A = F_s \cdot s = F \cdot s \cdot \cos \alpha$)

Abb. 3 Leistung (1 PS = 736 W)

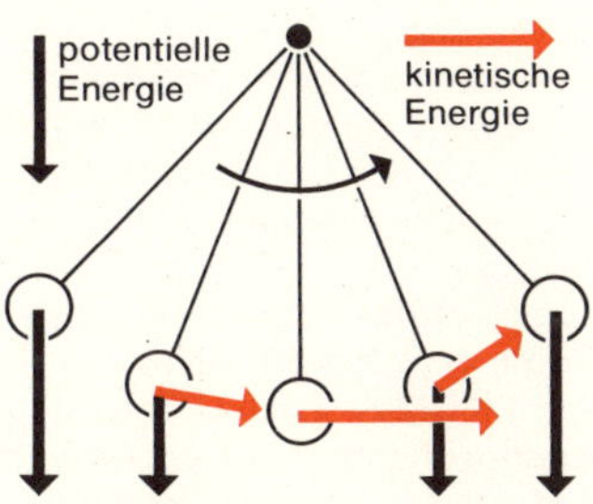

Abb. 4 Beim Pendel wird dauernd potentielle Energie in kinetische und kinetische Energie in potentielle umgewandelt

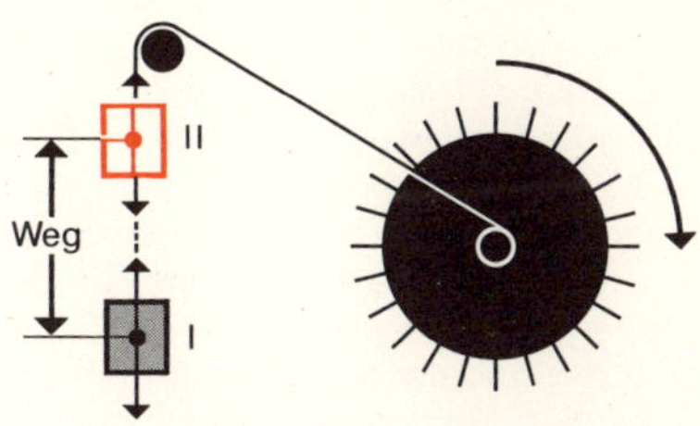

Abb. 5 Das Wasserrad leistet Arbeit. In Stellung II besitzt das Gewicht potentielle Energie (= „Arbeitsfähigkeit“)

Diese *chemische Bindungsenergie* von unterschiedlicher Größe (man spricht von „energiearmen" bzw. „energiereichen" Verbindungen) muß zugeführt werden, um die Moleküle wieder in Atome zu zerlegen, so daß chemische Reaktionen eintreten können. Bei diesen Reaktionen wird Energie umgesetzt und z.T. auch freigesetzt, nämlich immer dann, wenn aus energiereichen Verbindungen energiearme Verbindungen entstehen (sog. *exogene Reaktionen*). Energiereiche Verbindungen sind z.B. in den fossilen Brennstoffen (Kohle, Heizöl, Erdgas) enthalten, bei denen durch Verbrennung (d.h. durch chemische Reaktion mit Sauerstoff) ein Teil dieser chemischen Bindungsenergie in Wärmeenergie umgewandelt und damit freigesetzt wird. Umgekehrt gibt es auch chemische Reaktionen, in die Energie hineingesteckt werden muß, damit energiereiche Verbindungen zustande kommen (sog. *endogene Reaktionen*). Ein Beispiel dafür ist die bei Zufuhr von Lichtenergie in Pflanzen ablaufende Photosynthese (s.S. 200).

Elektrische Energie: Fließt in einem Stromkreis bei Anlegen einer elektrischen Spannung U (gemessen in Volt) ein elektrischer Strom der Stromstärke I (gemessen in Ampere) für die Zeitdauer t, dann ist die im Strom enthaltene *elektrische Energie* $E = U \cdot I \cdot t$. Infolge des elektrischen Widerstands R (gemessen in Ohm) des Leitermaterials wandelt sich diese elektrische Energie, die gleich der kinetischen Energie sämtlicher den Strom bildender elektrischer Ladungsträger (Elektronen und/oder Ionen) ist, in *Joulesche Wärme* oder *Stromwärme* ($= R \cdot I^2 \cdot t$) um, und zwar in hohem Maße, wenn der Strom durch eine Heizspirale fließt, deren Material einen relativ hohen elektrischen Widerstand hat (Ausnutzung in Tauchsiedern oder Elektroheizungen). – Bei der Stromerzeugung in Kraftwerken mit Hilfe elektrischer Generatoren bezeichnet man die im Strom enthaltene, übertragene und genutzte elektrische Energie meist als *Elektroenergie.*

Feld- und Strahlungsenergie: Elektrische Ladungen haben stets ein elektrisches Feld und – wenn sie sich bewegen – auch ein magnetisches Feld um sich herum, durch die sie Kräfte auf andere Ladungen ausüben. Die in diesen Feldern steckende Energie wird als *elektrische* bzw. *magnetische Feldenergie* bezeichnet. – Ändern die Ladungsträger in schnellem Wechsel ihren Bewegungszustand, so bauen sich in periodischer Folge elektrische und magnetische Felder auf, die sich von ihnen ablösen, sich als elektromagnetische Wellen durch den Raum ausbreiten und dadurch *elektromagnetische Strahlungsenergie* übertragen. Derartige Bewegungsänderungen von Elektronen führen in elektrischen Leitern (z.B. Antennen) zur Emission von Funk- und Radiowellen, in Atomen und Molekülen zur Emission von Licht-, Infrarot-, Ultraviolett- oder Röntgenstrahlung. Dabei ist die elektromagnetische Strahlungsenergie in kleinste Energiequanten $h\nu$, die sog. Lichtquanten oder Photonen, unterteilt (ν Frequenz der elektromagnetischen Strahlung, h Plancksches Wirkungsquantum). Aus rasch bewegten Elektronen, Atomkernen u.a. bestehende Strahlen besitzen eine „Strahlungsenergie", die durch die kinetische Energie dieser Teilchen gegeben ist. Treffen sie auf Materie (z.B. auf einen Leuchtschirm), so wandelt sich diese Energie z.T. in elektromagnetische Energie, z.T. in Wärmeenergie um.

Kernenergie: Jeder aus mehreren Protonen und Neutronen zusammengesetzte Atomkern hat Energie in Form von Bindungsenergie gespeichert. Diese *Kernbindungsenergie* liegt zwischen 2 MeV (Deuteron) und 1780 MeV (beim Urankern) und ist somit millionenfach größer als chemische Bindungsenergien. Sie ist gemäß der Einsteinschen Beziehung zwischen Energie und Masse, wonach letztlich alle Materie aus geballter Energie besteht, durch $E = \Delta m\, c^2$ gegeben (c Lichtgeschwindigkeit), wobei Δm der sog. Massendefekt des Atomkerns ist, d.h. die Differenz der Kernmasse und der Masse sämtlicher Kernbausteine in freiem Zustand. Bei Kernreaktionen kann diese Energie teilweise freigesetzt werden, insbesondere wenn sich leichte Kerne mit wenigen Protonen und Neutronen zu größeren zusammenfügen (Kernfusion; s.S. 532) oder schwere Kerne mit vielen Protonen und Neutronen sich in kleinere Kerne spalten (Kernspaltung; s.S. 524).

Abb. 6 Die chemische Energie des Kraftstoffs wird in Wärme und mechanische Energie umgewandelt

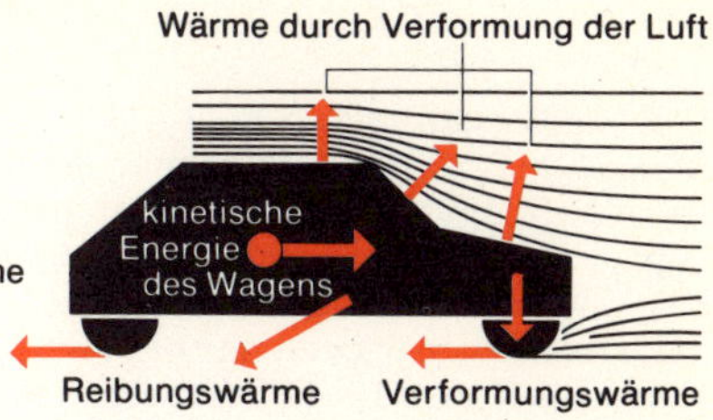

Abb. 7 Aus der mechanischen Arbeit entstehen kinetische Energie und Wärme

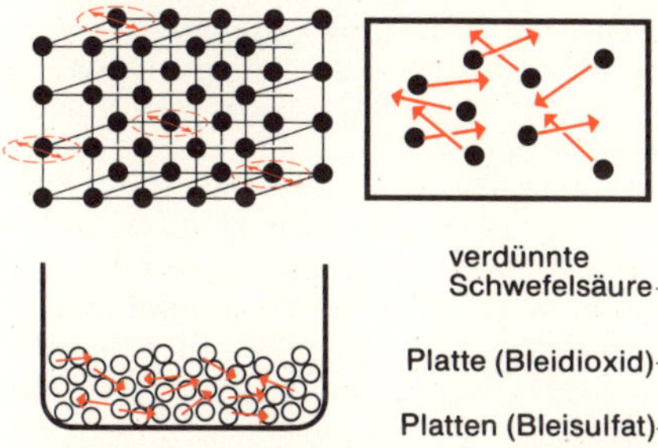
Abb. 8 Die Wärme eines Körpers ist die Bewegung seiner Atome oder Moleküle. In einem festen Körper schwingen sie um ihre Lage in den Gitterpunkten des Kristallgitters. In Flüssigkeiten haben sie beschränkte Bewegungsmöglichkeiten, in Gasen sind sie völlig frei

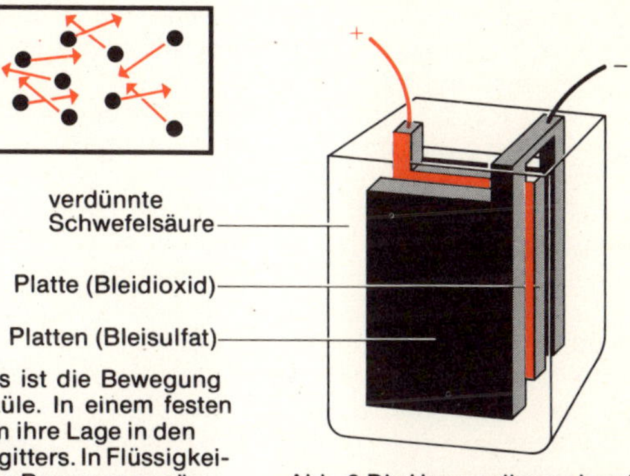

Abb. 9 Die Umwandlung chemischer Energie in elektrische Energie und deren Speicherung in einem Bleiakkumulator

Abb. 10 Energieumwandlungs- und -nutzungskette

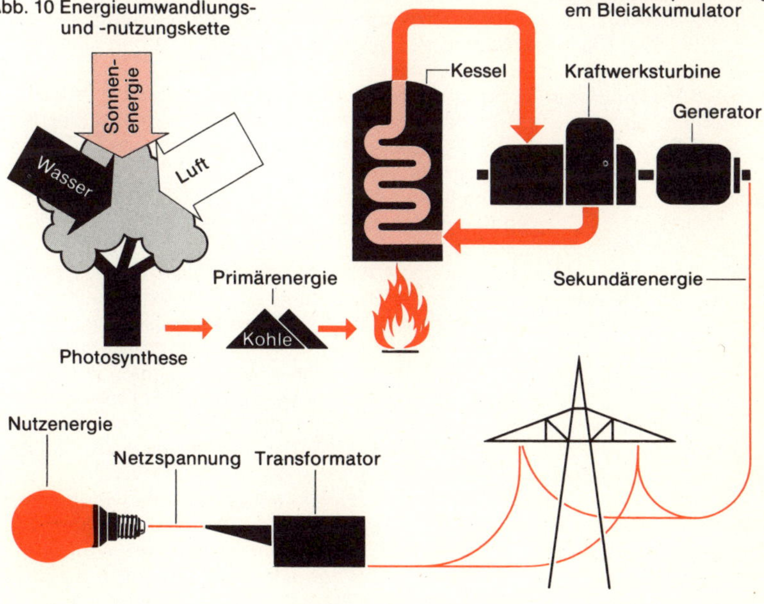

Energieträger und Energieumwandlungen

Die Möglichkeit, durch Aufwendung von Energie Arbeit zu verrichten, nutzt der Mensch vielfältig aus, indem er die in der Natur vorkommenden *Energieträger* heranzieht und für sich nutzbar macht. Dabei ist zu unterscheiden zwischen *regenerativen Energieträgern* (Sonnenstrahlung, Wind, Wasser, Biomasse), die sich auf natürliche Weise immer wieder erneuern, und *nichtregenerativen Energieträgern,* die sich in geologischen Zeiträumen gebildet haben: feste Brennstoffe wie Kohle und Torf, flüssige Brennstoffe wie Erdöl, gasförmige Brennstoffe wie Erdgas, ferner die Kernbrennstoffe, die Erdwärme und die bei technischen Prozessen anfallende Abwärme.

Die verschiedenen Energieträger sind in der Regel nicht direkt einsetzbar, sondern müssen durch *Energieumwandlung* dem Verwendungszweck entsprechend nutzbar gemacht werden. Der Umwandlungs- und Nutzungsprozeß beginnt mit der Gewinnung bzw. Erfassung des *Primärenergieträgers,* z. B. Kohle oder Erdöl, aber auch die Sonnenstrahlung oder der Wind.

In Kraftwerken wird aus diesen Energieträgern Energie gewonnen, z. B. Wärmeenergie durch Verfeuern von Kohle oder Erdöl (Beispiele einer Umwandlung chemischer Energie in Wärmeenergie), mit der in einem Dampfkessel überhitzter Wasserdampf erzeugt wird, der dann eine Turbine antreibt (Umwandlung von Wärmeenergie in mechanische Energie). Durch die Kopplung der Turbine mit einem elektrischen Generator wird elektrischer Strom erzeugt (Umwandlung mechanischer Energie in elektrische Energie).

Dieser Strom wird zu den *Sekundärenergieträgern* gezählt, die nach Umwandlungs- bzw. Veredelungsprozessen zur eigentlichen Nutzung herangezogen werden: Der über ein weitverzweigtes Elektrizitätsnetz (Verbundnetz) zum Endverbraucher gelangende Strom treibt Elektromotoren an bzw. erzeugt Elektrowärme oder Licht (Umwandlung von elektrischer Energie in mechanische Energie bzw. in Wärme- oder Strahlungsenergie); andere Sekundärenergieträger dienen zur Heizung (Koks, Briketts, Heizöl, Gas) bzw. zum Antrieb von Verbrennungsmotoren (Benzin, Dieselöl). Die zur Erfüllung der gewünschten Dienstleistung tatsächlich verbrauchte Sekundärenergie bezeichnet man als *Nutzenergie.*

Bei jeder Energieumwandlung wird letztlich Wärme erzeugt, die dem Prozeß als *Abwärme* verloren geht. Die Güte der Umwandlung in einem Energiewandler wird durch den *Wirkungsgrad* $\eta = P_a/P_e$ angegeben, den Quotienten aus der nutzbar abgegebenen Leistung P_a und der eingesetzten Leistung P_e, bzw. durch den *Nutzungsgrad* $\eta_N = E_a/E_e$, den Quotienten aus der in einer bestimmten Zeitspanne nutzbar abgegebenen Energie E_a und der insgesamt eingesetzten Energie E_e.

Da die wichtigsten Primärenergieträger zur Zeit nur über die Umwandlung in Wärme nutzbar gemacht werden, kommt *Wärmekraftmaschinen* (z. B. Dampfturbine, Otto- und Dieselmotor) eine große Bedeutung zu. In ihnen kann aber die erzeugte Wärmeenergiemenge Q nicht vollständig in Arbeit umgesetzt werden. Im günstigsten Falle ist die gewonnene Nutzarbeit gleich der durch $E_Q = \eta_C \cdot Q$ gegebenen, als *Exergie* bezeichneten Arbeitsfähigkeit der Wärmemenge Q. Dabei ist $\eta_C = (T - T_0)/T$ der sog. *Carnot-Wirkungsgrad* des als *Carnot-Prozeß* bezeichneten idealen (d. h. verlustfreien) thermodynamischen Kreisprozesses, der zwischen der Temperatur T, bei der Wärme aufgenommen wird, und der Kühlmittel- bzw. Umgebungstemperatur T_0 abläuft, bei der Wärme abgegeben wird.

Da aus Werkstoffgründen die Temperatur T nicht beliebig erhöht werden kann, beträgt die Exergie des idealen Kreisprozesses etwa 60–65% der aufgenommenen Wärme. In der Praxis werden allerdings wegen Verlusten bei der Verbrennung und Wärmeübertragung nur ca. 40% genutzt. Die Verhältnisse lassen sich günstiger gestalten, wenn man die Abwärme nicht bei Kühlmittel- bzw. Umgebungstemperatur (als arbeitsunfähige *Anergie*), sondern bei höheren Temperaturen abgibt und sie z. B. als Fernwärme (s. S. 496) weiter nutzbar macht.

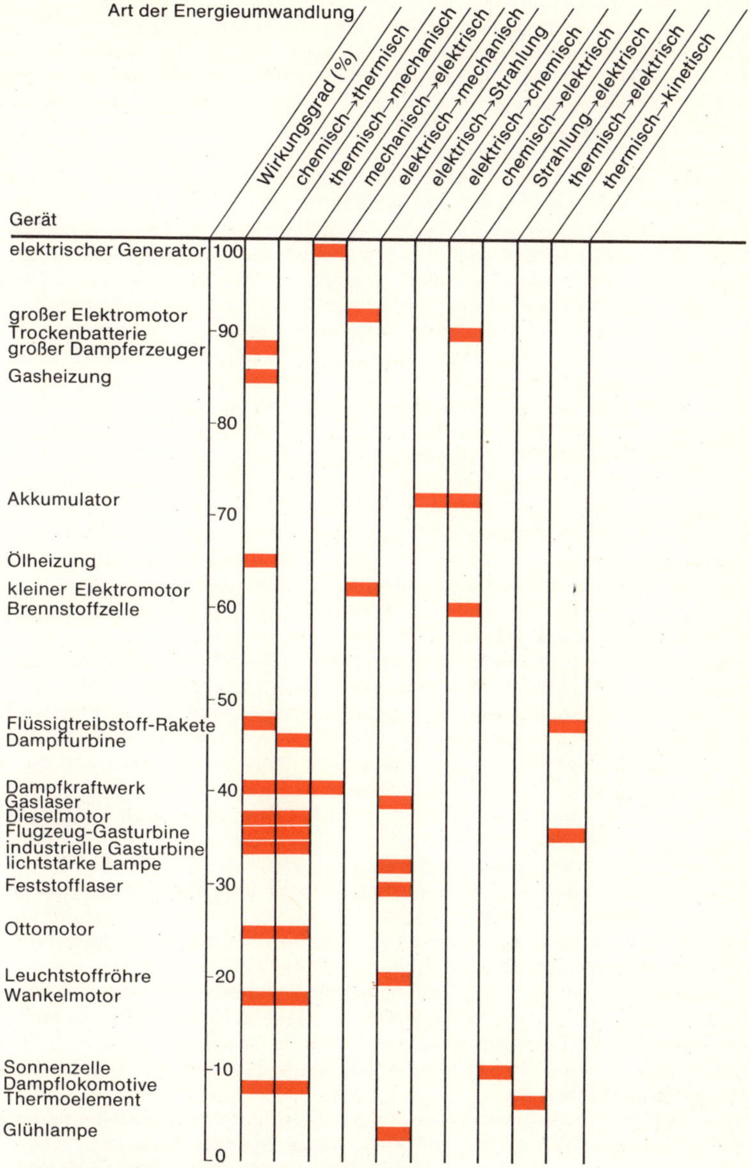

Abb. Wirkungsgrade von Energieumwandlungen
Modifiziert nach: Conservation of Energy, Committee on Interior and Insular Affairs, United States Senate, 1972

Wofür wird Energie gebraucht?

Energie ist nicht nur Grundlage aller Lebensvorgänge, sie ist auch Voraussetzung aller technischen und wirtschaftlichen Aktivitäten und trägt zum Gestalten humaner Lebensbedingungen entscheidend bei. Mit dem Aufkommen von Maschinen konnte Muskelkraft durch *Maschinenarbeit* ersetzt werden. Bei verringertem Körpereinsatz verbesserten sich die Lebensbedingungen, der Prozeß des arbeitsteiligen Wirtschaftsablaufs setzte ein. Der Substitutionsprozeß führte zugleich zu erhöhter Nachfrage nach Energieträgern, die in die benötigten Energieformen umgewandelt wurden. Holz, Wind, Wasser, Steinkohle, Erdöl, Erdgas und Kernenergie wurden in dieser Reihenfolge nutzbar gemacht.

Weltweit ist dieser Prozeß jedoch sehr unterschiedlich verlaufen (s. Tabelle). Der Anspruch der Entwicklungsländer, ihre Lebensbedingungen und ihre Position am Weltmarkt zu verbessern, wird den Weltdurchschnitt des Energieverbrauchs weiter anheben. Die anstehenden Probleme der Verteilung der knappen Rohstoffe und der Eingrenzung der Umweltbelastungen durch die Energietechnik scheinen daher nur lösbar, wenn alle Primärenergieträger schonen eingesetzt werden (s. S. 484).

In einem hochindustrialisierten Land wie der Bundesrepublik Deutschland wird Energie heute v.a. für drei Bereiche benötigt, nämlich zur Erzeugung von: 1. *Raumwärme* zum Heizen bzw. Klimatisieren (38% des Endenergiebedarfs); 2. *Prozeßwärme,* die als Produktionswärme in Industrie und Gewerbe gebraucht wird und mit der in den Haushalten gekocht und Heißwasser bereitet wird (Anteil 33%); 3. *Licht und Energie für mechanische und nachrichtentechnische Zwecke* (Anteil 29%). In einem *Energieflußdiagramm* ist dargestellt, welche Anteile die einzelnen Sektoren der Energiewirtschaft für diese Bereiche benötigen und aus welchen Primärenergieträgern die eingesetzte Energie gewonnen wurde:

Private Haushalte (Wohngebäude und Haushaltsgeräte) und *Kleinverbraucher* (Schulen, Krankenhäuser, Handel, Gewerbe und Landwirtschaft) benötigen 45% des gesamten Endenergieumsatzes. Etwa 93% davon dienen zur *Wärmeerzeugung* (Raumheizung, Warmwasser, Prozeßwärme). Für Licht, TV, Radio, Antriebe usw. werden nur 7% benötigt. Zur Deckung werden dabei folgende Sekundärenergieträger eingesetzt: Mineralöl 59,1%, Gas 16,3%, Strom 15,4%, feste Brennstoffe 5,7%, Fernwärme 3,5%. Sparsamer und rationeller Energieeinsatz muß v.a. bei der Wärmeerzeugung Eingang finden (s. S. 484).

Die *Industrie* mit einem Anteil von 34% am Endenergieverbrauch wendet davon 76% für die Erzeugung von Prozeßwärme auf, die zur Durchführung und Aufrechterhaltung chemischer Reaktionen und zur Verarbeitung von Stoffen dient. Raumheizung, Licht und Antriebsbedarf machen ca. 24% aus. Die Energieträgerbeiträge sind: Mineralöl 31,4%, Gase 29,9%, Strom 19,8%, feste Brennstoffe 17,4%, Fernwärme 1,5%. Hauptverbraucher sind die Grundstoff- und Produktionsgüterbereiche (Chemie, eisenschaffende Industrie, Steine und Erden, Papier).

Der *Verkehr* verbraucht etwa 85% seines 21%igen Anteils am gesamten Endenergiebedarf für Fahrleistungen des privaten PKW-Verkehrs und des LKW-Gütertransports; öffentliche Verkehrseinrichtungen (Bahnen, Busse, Luftverkehr, Binnenschiffahrt) benötigen nur 15%. Flüssige Treibstoffe decken mit 97,5% den Bedarf dieses Sektors fast allein ab.

Nichtenergetischer Verbrauch: Hierunter versteht man den Primärenergieumsatz zur Erzeugung von Produkten, die keine neue Energie darstellen, also z.B. Kunststoffe, Düngemittel, Chemiefasern, Medikamente, Wärmedämmstoffe oder Farben. Zu 90% werden dazu Erdölprodukte eingesetzt.

Das Energieflußdiagramm gibt auch Aufschluß über die Wirksamkeit der heutigen Energieverwendung. Danach werden 33,8% der umgewandelten Energieträger genutzt, während 66,2% als Verluste anlaufen. Es muß das Ziel sein, dieses Verhältnis günstiger zu gestalten (z.B. durch Kraft-Wärme-Kopplung und durch den Einsatz regenerativer Energiequellen).

Region	Primärenergieverbrauch in kJ pro Kopf und Tag
Weltdurchschnitt	165000
Industrieländer	505000
USA	925000
BR Deutschland	580000
Entwicklungsländer	31000
Indien	16000
Brasilien	52000

Tab. Pro-Kopf-Energieverbrauch verschiedener Länder (1978)

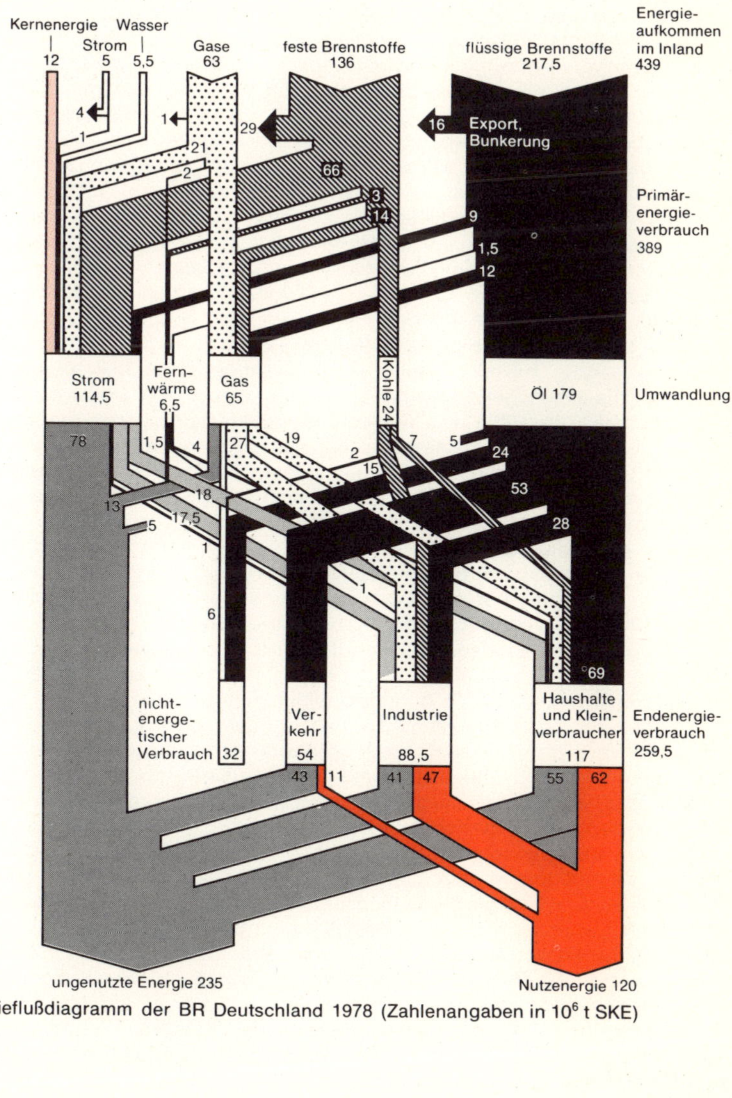

Abb. Energieflußdiagramm der BR Deutschland 1978 (Zahlenangaben in 10^6 t SKE)

Entwicklung des Energieverbrauchs

Noch bis vor nicht allzu langer Zeit war die Menschheit darauf angewiesen, ihren Energiebedarf vornehmlich mit dem schwankenden Angebot regenerativer Energieträger (s.S. 476) zu decken. Die nach der Erfindung der ersten brauchbaren Dampfmaschine durch James Watt rasch fortschreitende Industrialisierung sowie Erfolge in der Medizin und in der Landwirtschaft setzten Rahmenbedingungen, die ein starkes Anwachsen der Weltbevölkerung bei gleichzeitigen erheblichen Verbesserungen der materiellen Lebensbedingungen ermöglichten. Die *regenerativen Energieträger* reichten schon bald nicht mehr aus, um diese Entwicklung zu tragen, und die Produktion von Energie wurde notwendig. Die Lösung des damaligen Energieproblems brachte die Kohle, die bis zum Ende des 19. Jahrhunderts zum dominierenden Energieträger wurde (Abb.).

Mit dem Eintritt in das *Kohlezeitalter* vollzog sich eine tiefgreifende Änderung der Energieversorgung, die von einer lokalen, auf erneuerbaren Energieträgern aufbauenden Versorgung zu überregionalen Versorgungen mit umfangreichen Transport- und Verteilungssystemen führte. Der weitere Verlauf der Entwicklung ist – bis auf einige Einbrüche durch Wirtschaftskrisen und Kriege – durch einen stetig wachsenden Verbrauch sowie den Marktdurchbruch des *Erdöls* und des *Erdgases* gekennzeichnet. Diese Energieträger übernahmen, beginnend mit den 60er Jahren, zunehmend die Rolle der Hauptenergielieferanten und decken heute 58% des jährlichen Weltenergiebedarfs in Höhe von fast 10 Milliarden t SKE. Bei einer derzeitigen Weltbevölkerung von etwas mehr als 4 Milliarden Menschen bedeutet dies einen Verbrauch von 2,2 t SKE (= 65000 MJ) pro Kopf und Jahr.

Regional bestehen erhebliche *Unterschiede im Pro-Kopf-Verbrauch.* So haben z.B. die Menschen in Afrika, Asien, Australien und Südamerika (mehr als 50% der Weltbevölkerung) nur einen Anteil von 13% am gesamten Weltenergieverbrauch, während die westlichen Industrienationen bei einem Bevölkerungsanteil von nur 18% mehr als die Hälfte der weltweit verfügbaren Energie verbrauchen. Dieses Mißverhältnis, das auch als Ausdruck der eklatant unterschiedlichen Lebensbedingungen gesehen werden kann, ist neben dem weiteren Bevölkerungszuwachs ein wesentlicher Grund dafür, daß in Zukunft noch mit einer Steigerung des Weltenergiebedarfs gerechnet werden muß, damit die armen Länder ihre Entwicklungschancen realisieren können.

Die *Energiesituation in der Bundesrepublik Deutschland* weist viele Parallelen zur Weltentwicklung auf. Ab 1950 stieg der Energieverbrauch auch hier sehr stark an: von 136 Mio t SKE auf heute (1980) 391 Mio t SKE. Die Abhängigkeit von Erdöl und Erdgas ist mit 64% sogar noch höher als für die gesamte Welt. Diese Tatsache ist insbesondere im Hinblick auf die Reservensituation beunruhigend: 70% der benötigten Energie muß die Bundesrepublik importieren, beim Erdöl sogar 96%.

Der *Lebensstandard* der Menschen und ihr *Energieverbrauch* sind zwei Faktoren, die in der Vergangenheit aneinander gekoppelt waren und es wohl auch noch sind: Eine Zunahme des Bruttosozialprodukts erfordert stets auch ein Mehr an Energie; Maßnahmen zur Energieeinsparung und rationellen Energieverwendung können diesen Zusammenhang lockern oder sogar „entkoppeln", so daß man in Zukunft mit einem abflachenden Energiezuwachs trotz Wohlstandssteigerung rechnen könnte. Es muß aber darauf hingewiesen werden, daß die Industrie bereits heute fast 40% weniger Energie pro Einheit industrieller Wertschöpfung verbraucht als im Jahr 1960. Daher kann von überflüssigem Energieeinsatz oder Energieverschwendung nur im Hinblick auf den bei uns herrschenden Überfluß bzw. auf die begrenzte Verfügbarkeit von Energie oder bestimmten Energieträgern gesprochen werden, insbesondere dann, wenn trotz absehbarer Erdölverknappung keine Maßnahmen ergriffen werden, um neben dem rationelleren Einsatz von Öl auch eine Substitution zu erreichen (z.B. durch eine stärkere Nutzung von regenerativen Energieströmen sowie von Kohle und Kernenergie).

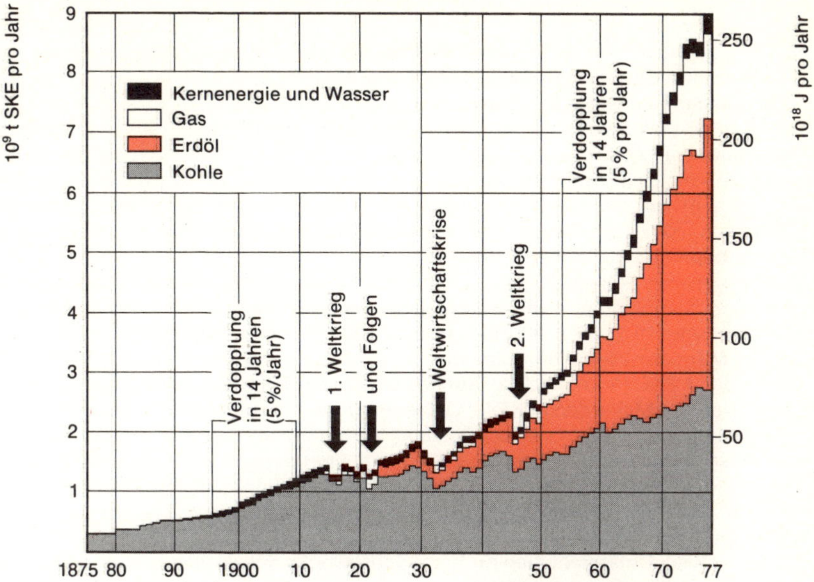

Abb. 1 Entwicklung der Weltenergieproduktion

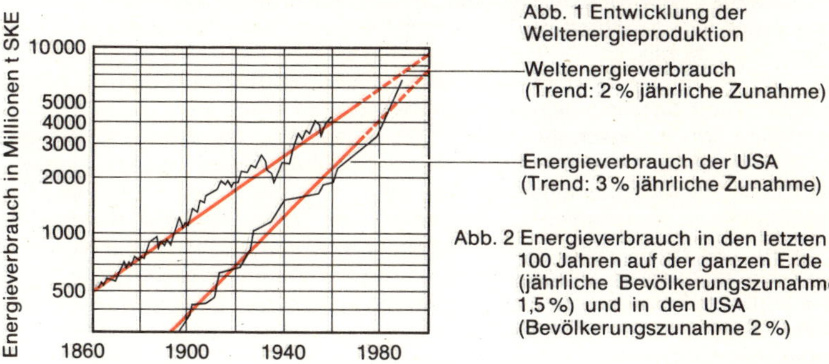

Abb. 2 Energieverbrauch in den letzten 100 Jahren auf der ganzen Erde (jährliche Bevölkerungszunahme 1,5 %) und in den USA (Bevölkerungszunahme 2 %)

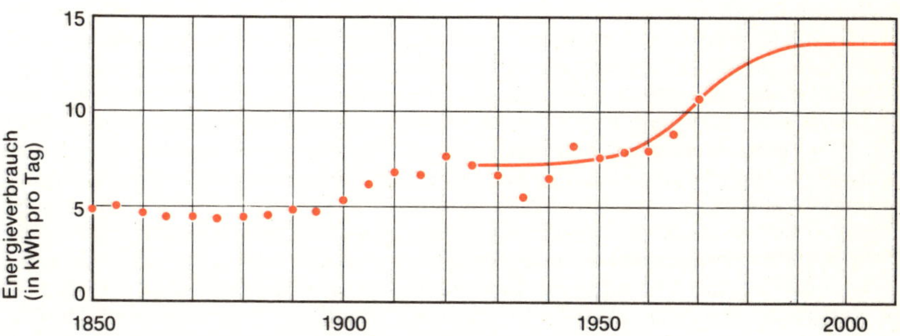

Abb. 3 Der Pro-Kopf-Verbrauch von Energie in den USA

Energiereserven

Die Frage nach den Energiereserven dieser Erde ist eng verbunden mit den Möglichkeiten der Energiebedarfsdeckung. Grundsätzlich kann man unterscheiden zwischen aufzehrbaren Reserven in Form von *Energierohstoffen* (Kohle, Erdöl und Erdgas sowie Kernbrennstoffe) und nicht erschöpfbaren Reserven in Form der *regenerativen Naturkräfte*, insbesondere die Sonnenstrahlung und die darauf aufbauenden Energieströme wie Wind- und Wasserenergie sowie die Gezeiten. Das Potential an geothermischer Energie und Kernfusionsenergie ist, wenn es einmal technisch voll erschlossen werden sollte, so groß, daß man es ebenfalls als unerschöpflich bezeichnen kann.

Die sicheren Reserven an *fossilen Energierohstoffen*, die vermessen wurden und auch technisch und wirtschaftlich gewinnbar sind, betragen nach dem Kenntnisstand von 1979 rund 900 Milliarden t SKE (Tonnen Steinkohleneinheiten; = 29400 MJ) oder 26400 EJ (Exajoule; = 10^{18}J). Davon entfallen auf die Kohle 687 Milliarden t SKE (Anteil 76,2%), auf das Erdöl 133 Milliarden t SKE (14,8%) und auf das Erdgas 81 Milliarden t SKE (9%). Die *geographische Verteilung* dieser Reserven ist sehr unterschiedlich (s. Abb.). Beispielsweise konzentrieren sich beim Erdöl 57% der Reserven im Nahen Osten. Die Steinkohle hingegen, die 71% an den sicheren Gesamtkohlereserven ausmacht, verteilt sich zu 96% auf neun Länder: USA (21,9%), UdSSR (21,3%), China (20,3%), Großbritannien (9,2%), Polen (5,5%), Südafrika (5,1%), Australien (5,1%), Bundesrepublik Deutschland (4,9%) und Indien (2,7%). Unterstellt man für Vergleichszwecke den Weltverbrauch des Jahres 1979 für Erdöl, Gas und Kohle auch in der Zukunft, so errechnet sich eine Verfügbarkeit von 30 Jahren bei Erdöl, von 40 Jahren bei Erdgas und von mehr als 200 Jahren bei Kohle.

Alle Zahlenangaben über Energiereserven sind an die *Technologien* zu ihrer Gewinnung und Nutzung gebunden. Während man heute noch beim Erdöl die Lagerstätten im Durchschnitt nur zu 25% ausbeutet, beruht die angegebene Erdölreserve auf der Annahme, daß es technisch gelingen wird, den Entölungsgrad auf 40% im Mittel anzuheben. Hierzu muß man, wenn sich der natürliche Förderungsdruck abgebaut hat, Fördermethoden anwenden, bei denen durch Einpressen von Wasser oder mittels thermaler bzw. chemischer Behandlungsmethoden das Öl zu den Fördersonden bewegt wird. Dabei ist ein z.T. recht hoher Energieaufwand erforderlich, was die Nettoenergierechnung verschlechtert. Dies gilt generell auch für die Gewinnungsverfahren der übrigen Energieträger.

Nimmt man für die Nutzung des Energierohstoffs *Uran* zur Kernenergieerzeugung an, daß die 2,6 Millionen t sichere Uranreserven der westlichen Welt in Kernkraftwerken vom Typ Leichtwasserreaktor eingesetzt werden, so resultiert hieraus ein Energiepotential, das mit ca. 40 Milliarden t SKE die Größenordnung der Erdgas- oder Erdölreserven besitzt. Der Einsatz in schnellen Brutreaktoren, die eine wesentlich verbesserte Ausnutzung des Urans als Kernbrennstoff ermöglichen, würde das Kernenergiepotential auf ca. 4300 Milliarden t SKE anwachsen lassen.

Die Reservensituation macht deutlich, daß die Menschheit in der Energieversorgung vor dem Problem steht, schon sehr bald die energetische Nutzung von Erdöl und Erdgas stark einschränken zu müssen. Kohle und Kernenergie könnten, vom Potential her gesehen, diese Energieträger entlasten bzw. ersetzen. Inwieweit die *regenerativen Energiequellen* in der Lage sein werden, ebenfalls wichtige Anteile an der Energieversorgung zu übernehmen, ist zum großen Teil eine Frage der Verfügbarkeit entsprechender Nutzungstechnologien sowie deren Wirtschaftlichkeit. Die Kernfusion steht heute nach 35 Jahren Forschungsarbeiten immer noch vor dem Problem der physikalisch-technischen Demonstration. Bis Mitte des nächsten Jahrhunderts wird daher kaum ein wesentlicher Beitrag von dieser Seite zu erwarten sein.

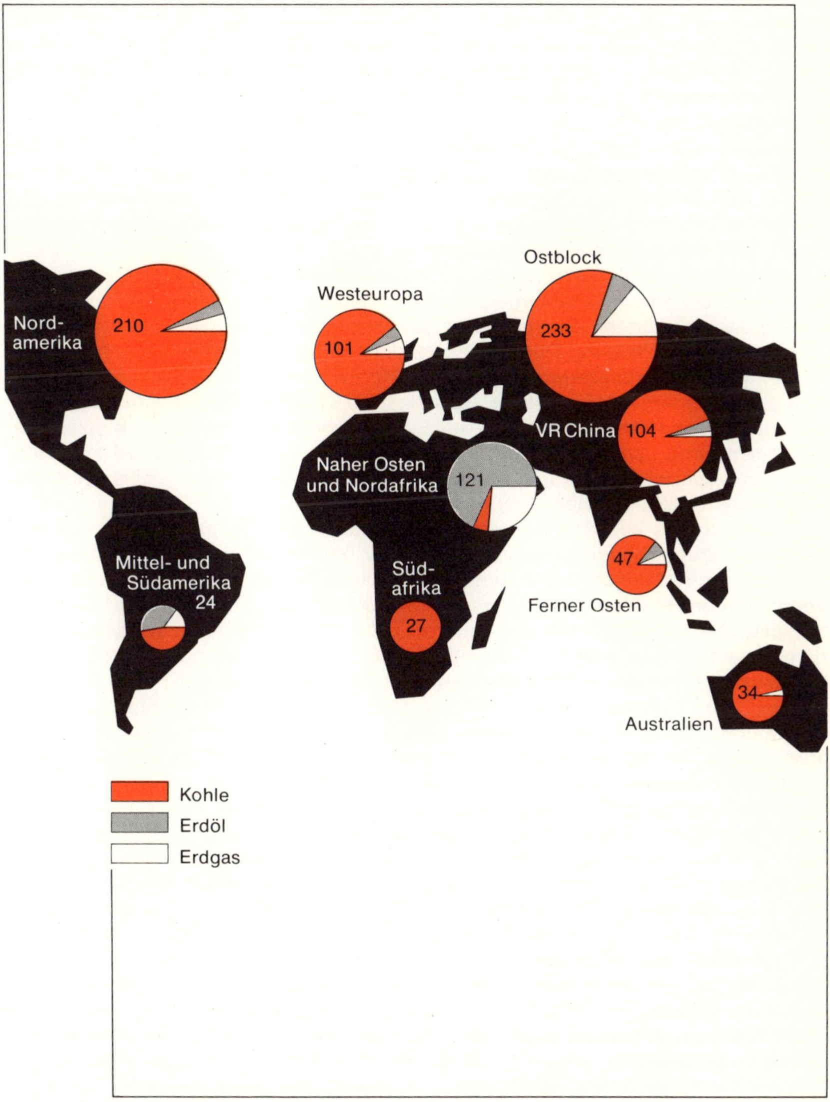

Abb. Weltvorräte an Kohle, Erdöl und Erdgas (in Milliarden t SKE)

Energieeinsparung – rationelle Energieverwendung

Haushalten mit Energie bedeutet, einen bestimmten Zweck unter Beachtung gegebener technischer, ökonomischer und energiepolitischer Prämissen mit möglichst geringem Energieverbrauch zu erreichen, insbesondere aber Energieeinsparung, rationelle Energieverwendung, Verwertung regenerativer Energievorkommen und Substitution fossiler Energieträger. Unter *Energieeinsparung* sind alle Maßnahmen zu verstehen, die zu einer Verminderung des Energieverbrauchs führen. *Rationeller Energieeinsatz* bedeutet demgegenüber: zweckmäßigster Energieeinsatz zur Verwirklichung wirtschaftlicher Zwecke ohne Einbußen an Produktivität oder Komfort.

Rationelle und sparsame Energieverwendung sind ein wichtiges Anliegen der umfassenden Bemühungen zur Sicherung der Energieversorgung und stehen daher auch in energiepolitischen Empfehlungen und Maßnahmen sowie in der Forschungspolitik an erster Stelle, z. B. im Energieprogramm der Bundesregierung und in Empfehlungen des Bundestages.

Maßnahmen zur Einsparung von Energie sind besonders wirkungsvoll durchführbar bei der *Raumbeheizung* der privaten Haushalte und Kleinverbraucher. Die Verwendung geeigneter Baustoffe und Isoliermaterialien zur Wärmedämmung und -speicherung für Wände, Decken, Fußböden, Türen und Fenster ermöglicht in Verbindung mit verbesserten Reglern und Heizungsanlagen eine Einsparung von 50% der Heizenergie der privaten Haushalte (Abb.). Eine ähnliche Einsparung bietet sich auch bei den Kleinverbrauchern an. Ein vermehrter Einsatz von Wärmepumpen und Fernwärme und die Nutzung der Sonnenenergie zur Warmwasserbereitung bedeuten rationellere Energieverwendung im Sinne sparsameren Einsatzes und leisten einen wichtigen Beitrag zur Mineralölsubstitution.

Im Bereich des *Verkehrs* wurden 1978 98% der erforderlichen Energie in Form von Mineralölprodukten eingesetzt. Der Pkw besitzt dabei eine beherrschende Stellung; er hat einen solch hohen gesellschaftlichen Stellenwert, daß eine Verschiebung des energieintensiven Individualverkehrs zugunsten des weniger energieaufwendigen öffentlichen Verkehrs (Eisenbahn, Straßenbahn, Bus) schwierig erscheint. Ansatzpunkte zur rationelleren Energieverwendung im Verkehr sind: Verbesserung des Verkehrsflusses, Veränderung des persönlichen Fahrverhaltens, Bildung von Fahrgemeinschaften bzw. hohe Auslastung der Transportmittel, sorgfältige Wartung der Fahrzeuge, Verringerung des Fahrzeugleergewichts, aerodynamische Verbesserungen der Karosserieform, veränderte Auslegung von Motor und Getriebe und Verbesserung der Motoren.

In der *Industrie* erfolgte der Umgang mit Energie aus Kostengründen schon immer bewußter und sparsamer als in den Verbrauchsbereichen, wo Energie bisher meist unreflektiert konsumiert wurde. Einsparmöglichkeiten bieten sich hier durch Wärmerückgewinnung, verstärkte gekoppelte Erzeugung von Strom und Wärme und Rückführung energieintensiver industrieller Abfallgüter (Recycling). Eine Verminderung der Zunahme des industriellen Strombedarfs verspricht der Einsatz von Mikroprozessoren im fertigungstechnischen Bereich.

Bei der *Energiebereitstellung* steht der Verminderung des Energieeinsatzes auf Grund verfahrenstechnischer Verbesserungen ein zu erwartender Mehraufwand für Umweltschutzmaßnahmen, für den Übergang auf eine stärker veredelte Palette der Mineralölprodukte (Einsatz von Krackern) und die Erzeugung synthetischer Energieträger zur Mineralölsubstitution (Kohleverflüssigung) entgegen. Der Einsatz der Kernenergie zur Stromerzeugung wirkt zwar nicht energiesparend, dürfte aber letzten Endes unverzichtbar sein.

Bei der Beurteilung der Möglichkeiten einer haushälterischen Energieverwendung sind weder hochgesteckte Erwartungen noch pessimistische Vorstellungen gerechtfertigt. Trotz verschiedener Anzeichen eines stärkeren Energiebewußtseins werden merkliche Auswirkungen jedoch erst langfristig spürbar sein.

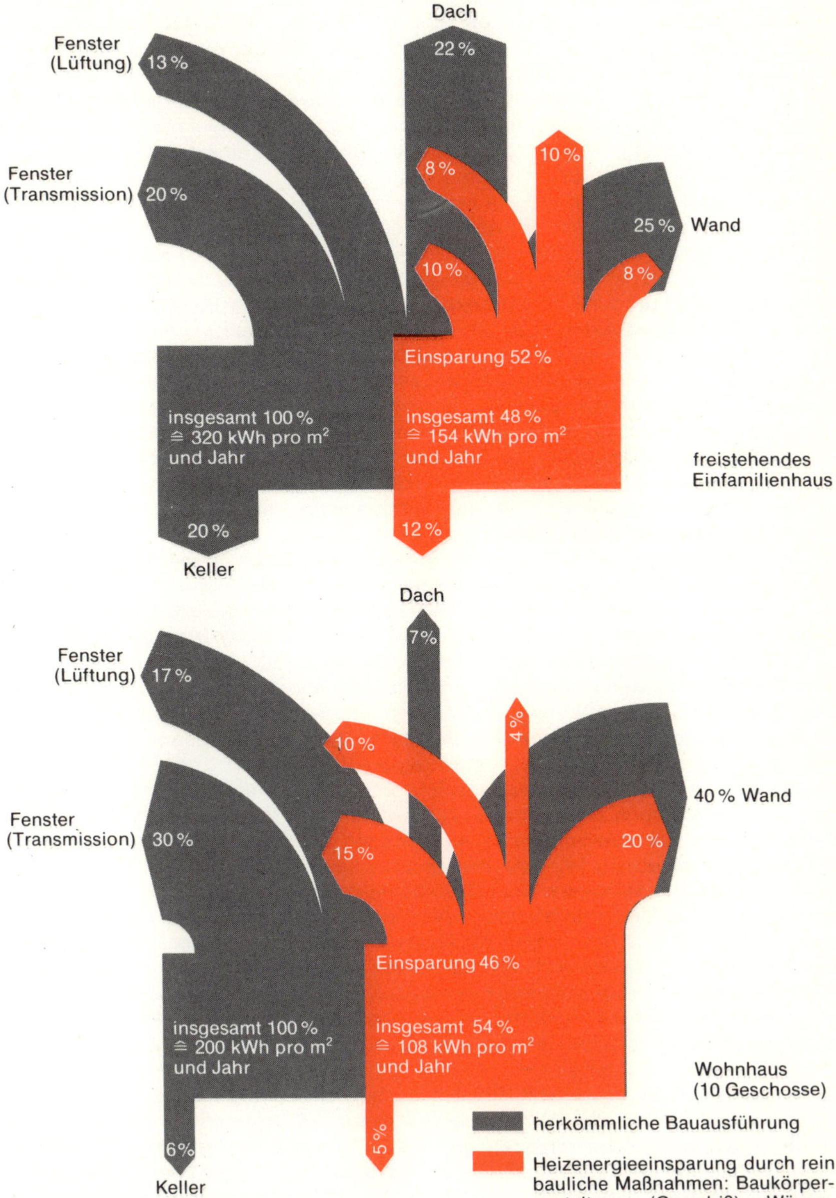

Abb. Aufteilung der Heizwärmeflüsse bei einem freistehenden Einfamilienhaus und bei einem größeren Wohngebäude

Verschwendung von Energie

Bei der Diskussion um ein weiteres Energiewachstum ist oft von Energieverschwendung die Rede. Spätestens seit der Ölkrise 1973/74 hat man in den Industrieländern der Erde erkannt, daß ein großer Teil der produzierten Energie ungenutzt verlorengeht oder für überflüssige Dinge genutzt wird. Bei der Untersuchung der heutigen Energiesituation müssen diese beiden Bereiche getrennt untersucht werden: Energieverschwendung durch eine schlechte Nutzung der Energieumwandlung und Energieverschwendung durch Einsatz der Energie für eine Luxus- und Verschleißproduktion.

Ein großer Teil der Energie, die heute erzeugt wird, geht vor ihrer Nutzung als *Abfallenergie* meist in Form von Abwärme an die Umwelt verloren: im Bereich der Industrie etwa 45 %, im Bereich der Haushalte etwa 55 % und im Bereich des Verkehrs etwa 85 %! Diese *Energieverluste* haben ihre Ursache in geringen Wirkungsgraden bei der Energieumwandlung. So besitzt zum Beispiel das Auto nur einen Nutzungsgrad von weniger als 15%, d. h., von 100 Joule chemischer Energie in Form von Benzin werden nur 15 Joule für die Fortbewegung des Autos ausgenutzt, der Rest von 85 Joule geht in Form von unverbrannten Kohlenwasserstoffen (unverbranntes Benzin) und heißen Abgasen durch den Auspuff in die Umwelt. Betrachtet man die gesamte inländische Energieproduktion, so werden nur 35 % der erzeugten Energie wirklich verbraucht, der Rest von 65 % geht verloren. Die beim Endverbrauch auftretenden Verluste sind dabei etwa doppelt so hoch wie die bei der Energieproduktion entstehenden Verluste, einschließlich des Eigenverbrauchs der Kraftwerke.

Es gibt heute schon eine Reihe von Techniken, mit denen diese Energieverluste verringert werden könnten. Einige Beispiele dazu: Bei der Aluminiumproduktion müssen pro Tonne Aluminium rund 24 000 kWh Energie aufgewandt werden. Wird jedoch das Aluminium aus Aluminiumschrott zurückgewonnen (Recycling), so sind pro Tonne erzeugten Aluminiums nur noch rund 750 kWh erforderlich. Der Energieverbrauch beim (auch aus Gründen der Rohstoffverknappung und des Umweltschutzes nötigen) Recycling beträgt also nur etwa 3 % des Energieverbrauchs der normalen Aluminiumproduktion. Bei der Erzeugung von Stahl in Hochöfen werden pro Tonne erzeugten Stahls rund 5 400 kWh Energie verbraucht. Wird der Stahl in Elektrostahlöfen aus Schrott zurückgewonnen, so verringert sich der Energieverbrauch pro Tonne auf 780 kWh, also auf knapp 15 % des normalen Aufwandes. Bei dem Verkehrsmittel Auto müssen pro Personenkilometer rund 500 Wh aufgewandt werden. Wird der Verkehr auf öffentliche Verkehrsmittel verlagert, was aus Gründen des Umweltschutzes ebenfalls nötig ist, so liegt der spezifische Energiebedarf z. B. einer Straßenbahn pro Personenkilometer nur noch bei rund 50 Wh, also nur bei etwa 1/10 des für das Auto nötigen Energiebedarfs. Diese und viele andere *Mittel zur Energieeinsparung* werden heute noch zu wenig angewandt, weil alle externen Folgekosten der Produktion nicht in die betriebswirtschaftliche Kosten-Nutzen-Analyse der Wirtschaft eingehen. Deshalb ist es in vielen Betriebszweigen billiger, Energie zu verschwenden, als technische Maßnahmen zur Energieeinsparung zu ergreifen.

Der zweite Bereich, in dem Energie verschwendet wird, ist die *Produktion überflüssiger Waren,* die oft nur aus kommerziellen Gründen erfolgt. Beispiele dafür finden sich in der Verpackungsindustrie (hoher Energieverbrauch bei Einwegflaschen, Aluminiumverpackung u. ä.), Textilindustrie (hoher Energieverbrauch bei synthetischen Textilien) und in anderen Wirtschaftsbereichen.

Angesichts der Verknappung der Rohstoffe auf der Erde, der durch die industrielle Produktion entstehenden Umweltverschmutzung und der nur noch begrenzt vorhandenen Energieträger verringert eine solche Energieverschwendung die Lebenschancen nachfolgender Generationen.

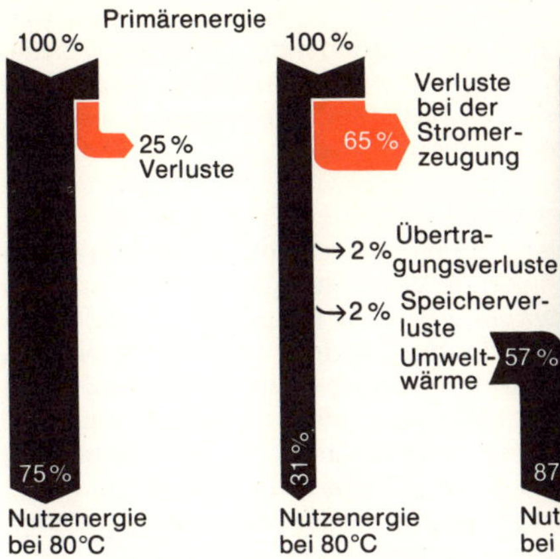

Abb. 1 Nutzungsgrad von Primärenergie bei der Ölheizung (links) und der elektrischen Speicherheizung (rechts)

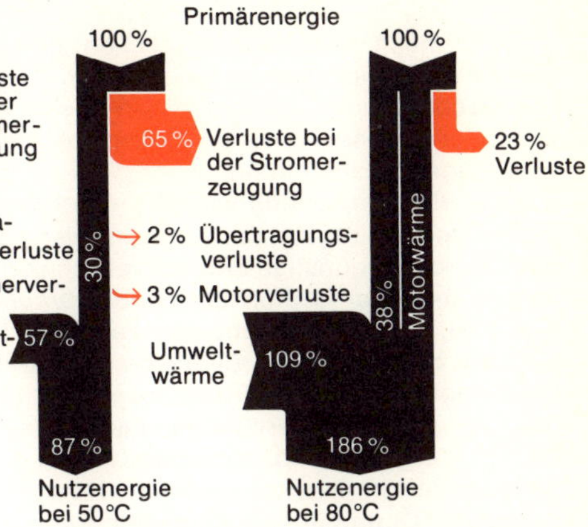

Abb. 2 Nutzungsgrad von Primärenergie bei Kompressionswärmepumpen (links elektrisch angetrieben, rechts Antrieb durch Diesel- oder Gasmotor)

Abb. 3 Nutzungsgrad von Primärenergie bei der elektrischen Brauchwassererwärmung

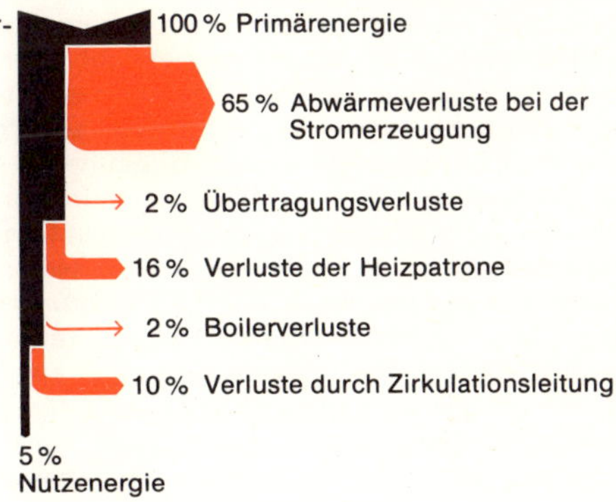

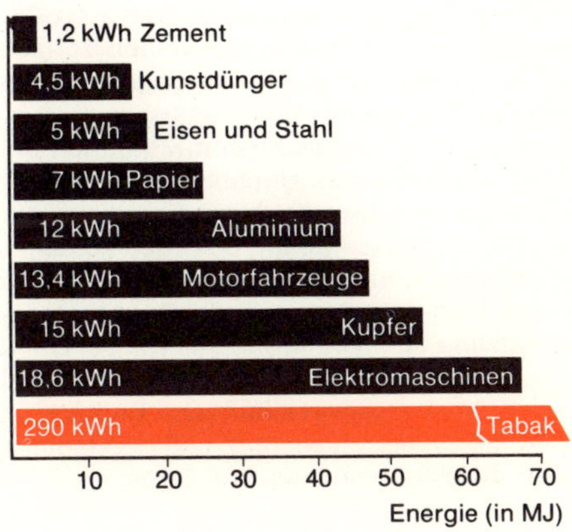

Abb. 4 Energieaufwand bei der Herstellung verschiedener Produkte, jeweils auf die Masse 1 kg bezogen

Energieplanung

In einer nach marktwirtschaftlichen Prinzipien arbeitenden Energiewirtschaft werden die Menge und der Preis der zur Verfügung stehenden Energieträger durch das Wechselspiel von Angebot und Nachfrage bestimmt. Der Begriff „Energieplanung" ist in diesem Zusammenhang daher nicht unmittelbar einsichtig und bedarf einer näheren Erläuterung.

Unter *Energieplanung* versteht man die aus rationalen Erkenntnissen gewonnene Einschätzung der notwendigen Dispositionen für eine mengenmäßig ausreichende, kostengünstige und umweltschonende Versorgung mit Energie auf allen Teilmärkten, sei es für den *Endverbraucherbereich* (Haushalte, Handel und Gewerbe, öffentliche Gebäude, Landwirtschaft, Industrie, Verkehr, Streitkräfte u.a.), für den *Energiewandlungsbereich* (Kraft- und Heizwerke, Raffinerien, Kohleverflüssigungs- und -vergasungsanlagen) oder für den *chemischen Bereich* (Herstellung von Kunststoffen, Farbstoffen, Waschmitteln, Düngemitteln u.a.). Dabei handelt es sich um die Bereitstellung von so unterschiedlichen Energieträgern wie Benzin, Gas, Kohlebriketts, 220-Volt-Netzstrom oder niedertemperaturiger Dampf (90°C) und um die Anwendung von ganz unterschiedlichen Technologien, wie z.B. Wärmepumpen, Ölbrenner, Elektrospeicherheizung für die Raumwärmeerzeugung oder die unterschiedlichen Kraftwerksformen für die Stromerzeugung.

In der Bundesrepublik Deutschland hat man heute einen Markt von rund 24 Millionen Wohnungen mit Wärme und etwa ebenso viele Pkw mit Treibstoffen zu versorgen. Außerdem ist soviel Energie bereitzustellen, um unserer Industrie langfristig vielleicht 2–3% Wachstum pro Jahr zu ermöglichen.

Im allgemeinen geht es bei Investitionen in der Energiewirtschaft um sehr große finanzielle Beiträge mit hohen Ausgaben bei Projektbeginn und mit *langen Vorlaufzeiten.* Der Aufschluß einer einzigen neuen Steinkohleschachtanlage z.B. für eine Produktion von 1–2 Millionen Jahrestonnen kostet mehrere hundert Millionen DM und erfordert 8–10 Jahre Vorbereitungszeit, ehe eine einzige Tonne Kohle gefördert wird. Der Bau eines Kernkraftwerks vom Leichtwasserreaktortyp der Biblis-Reihe mit der heute üblichen Leistung von 1300 MW kostet rund 2,5 Milliarden DM und erfordert bis zu 10 „verlorene" Jahre bis zur kommerziellen Stromerzeugung. Für die Entwicklung eines einzigen Ölfeldes in der Nordsee rechnet man mit bis zu 14 Milliarden DM und 9 Jahren Vorlaufzeit. Auf der anderen Seite sind solche kapitalintensiven Anlagen meist über einen Zeitraum von 30 Jahren oder länger in Betrieb, um eine angemessene Rendite erwirtschaften zu können.

In der Energiewirtschaft sind daher eine Vielzahl von Entscheidungen zu treffen, die wegen der Investitionshöhe, der langen Vorlaufzeit und der Langfristigkeit und der damit zwangsläufig besonders gegebenen Unsicherheiten risikoreich sind. Solchen Entscheidungen gehen Planungen voraus, die von den einzelnen Energieunternehmen mit unterschiedlichen Methoden und betriebswirtschaftlicher Zielsetzung betrieben werden. Unabhängig von der betriebswirtschaftlichen Ebene zeigt die Bundesregierung durch ihre Energiepolitik an, in welchem Gesamtrahmen sich diese Planungen langfristig bewegen sollten, und greift durch entsprechende Gesetze und Verordnungen eventuell regulierend in den Markt ein. Auch dies ist eine Form der Energieplanung, allerdings unter weitestgehender Aufrechterhaltung und Nutzung der Marktkräfte. Die von der Bundesregierung herausgegebenen Energieprogramme enthalten daher keine quantitativen Ziele oder Planzahlen. Gerade weil die energiewirtschaftliche Entwicklung nicht „von oben" verordnet werden soll, ist es jedoch wichtig, daß die Regierung für alle Beteiligten eine den Trend der Entwicklung aufzeigende Orientierungsmöglichkeit gibt.

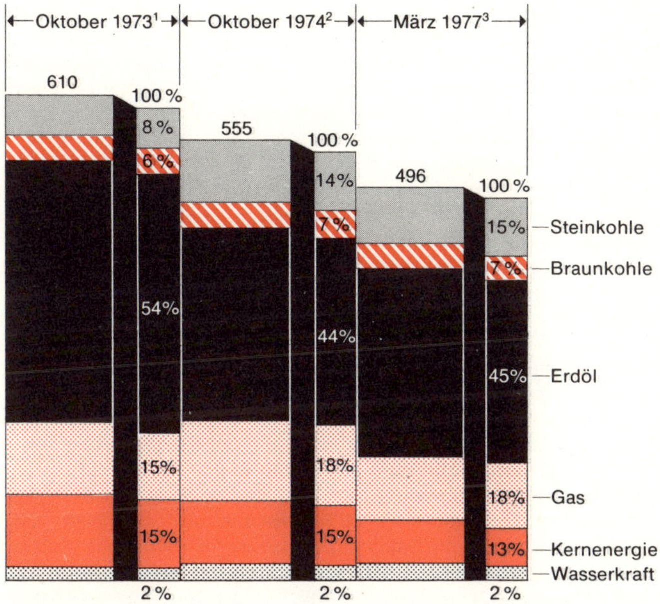

Abb. 1 Der Primärenergieverbrauch (in Millionen t SKE) in der BR Deutschland in drei Energieprognosen der Bundesregierung für das Jahr 1985

[1] Energieprogramm der Bundesregierung
[2] Fortschreibung des Energieprogramms der Bundesregierung
[3] zweite Fortschreibung des Energieprogramms der Bundesregierung

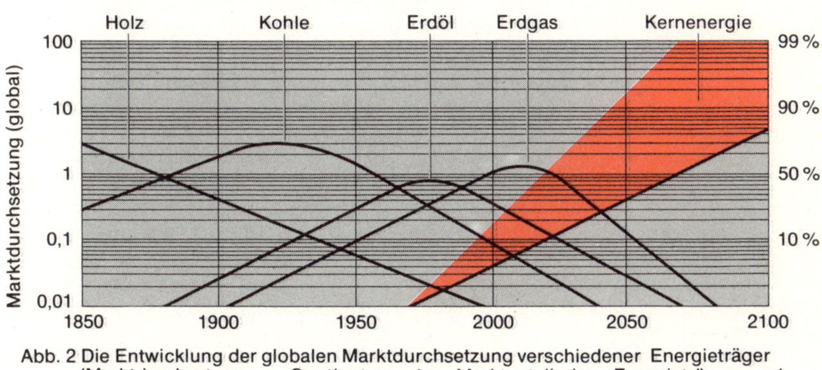

Abb. 2 Die Entwicklung der globalen Marktdurchsetzung verschiedener Energieträger (Marktdurchsetzung = Quotient aus dem Marktanteil eines Energieträgers und dem Marktanteil der übrigen Energieträger)

Energieprognosen – Energieszenarien

Angesichts der krisenhaften Erscheinungen beim Öl in der Vergangenheit und der vielen großen Unsicherheiten hinsichtlich der zukünftigen Entwicklung unserer Energieversorgung ist die Frage nach dem Wert und Nutzen von Planungen nur allzu verständlich. Das Infragestellen der Einschätzungen künftiger Entwicklungen ist um so berechtigter, je langfristiger eine Planung angelegt ist. Die mit der *Energieplanung* befaßten Institutionen (u.a. Energieunternehmen, Bundesregierung, Forschungsinstitute) haben sich auf diese Unsicherheiten und Unwägbarkeiten eingestellt, indem sie zwei vom Informationsgehalt her völlig unterschiedliche Ansätze zur Grundlage von Entscheidungen machen: die Prognose- und die Szenariotechnik.

Bei der *Prognosetechnik* werden auf der Basis des jeweils bestmöglichen und aktuellsten Erkenntnisstandes wahrscheinliche Entwicklungen des Energieverbrauchs vorausgesagt. Der Wahrscheinlichkeitscharakter dieser Aussagen bedingt zwangsläufig, daß solche Prognosen revidiert werden müssen, falls sich die Ausgangsbedingungen grundlegend wandeln. Solche Ausgangsbedingungen sind z.B. Annahmen über das wirtschaftliche Wachstum, die Entwicklung der Bevölkerung, die Zahl der Wohnungen und Haushalte, die Menge und Fahrleistungen der Pkws. Zahlenmäßige Informationen über die zukünftige Entwicklung solcher „Bestimmungsgrößen des Energiebedarfs" sind naturgemäß mit erheblichen Unsicherheiten behaftet und mit einfachen Trendverfahren meist nicht zweifelsfrei zu beschaffen. Ändern sich z.B. in der Bundesrepublik die Aussichten über das Wirtschaftswachstum, so daß bis zum Jahre 2000 statt 3% im langjährigen Mittel 0,5 Prozentpunkte weniger zu erwarten sind, so entspricht dies einer Abnahme des Primärenergieverbrauchs von etwa 10%, bezogen auf das Jahr 2000. Hinzu kommen bei einer Energieverbrauchsprognose Annahmen über die strukturelle Entwicklung des Energieangebots, wobei zwangsläufig auch bestimmte Kostenrelationen zwischen den angebotenen Energieträgern unterstellt werden müssen. Bei einer nur geringfügigen Veränderung des Preisgefüges ergibt sich auch hier die Notwendigkeit einer Anpassung der Prognose.

Derartige *Energieprognosen* können daher nur einen relativ kurzen Zeitraum mit einem einigermaßen sicheren Anspruch auf Gültigkeit abdecken und müssen relativ kurzfristig erneuert werden. So wurden in der Zeit von Herbst 1973 bis Winter 1977 von der Bundesregierung bzw. den von ihr beauftragten Instituten drei Energieprognosen mit unterschiedlichen Vorausschätzungen über die zukünftige Höhe und Struktur des Energieverbrauchs vorgelegt (Abb.).

Bei der *Szenariotechnik* zielen die Entscheidungshilfen nicht dahin, zeitpunktbezogene Aussagen zu machen; sie wollen vielmehr einen Fächer möglicher oder denkbarer Entwicklungen unter Variierung einer ganzen Reihe von Eckwerten aufzeigen. Dabei wird der Blick meist auf längerfristige Entwicklungen gerichtet, um die möglichen Entscheidungsalternativen transparent zu machen. Solche *Energieszenarien* können z.B. darstellen, welche Möglichkeiten es gibt, neue Energietechnologien einzuführen, indem eine ganze Bandbreite von denkbaren Alternativen betrachtet wird. So können z.B. unterschiedliche Szenarien für die Einführung von ölsparenden Technologien erstellt werden, wenn unterschiedliche Ölpreissteigerungen und unterschiedliche Zeitpunkte für ihre Einführung angesetzt werden (Abb.).

Der Nachteil der Szenariotechnik liegt in der Fülle der zur Verfügung stehenden Informationen. Für die konkrete Planung ist es daher notwendig, „stabile Elemente" aus einer Vielzahl von Szenarien im Sinne „robuster Entscheidungsschritte" herauszufinden. Dazu wurden sog. *Energiemodelle* entwickelt, an Hand derer mit Hilfe großer Computer sich sehr schnell eine große Zahl von Variationen durchrechnen läßt und die so ein konsistentes Bild der Energiewirtschaft durch Einbettung in einen größeren Systemzusammenhang entwickeln können.

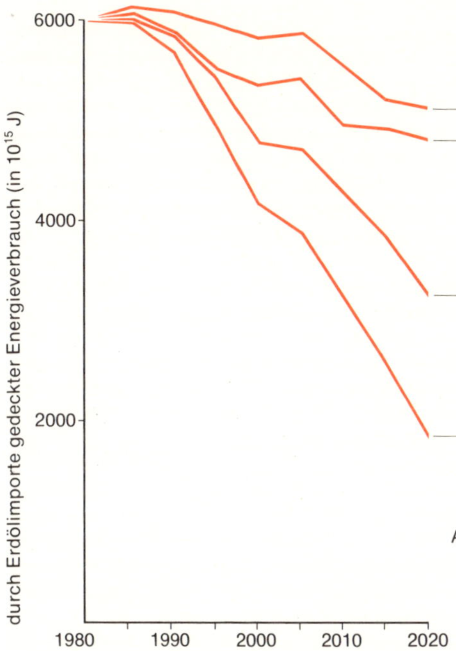

Abb. Entwicklung der Ölimporte der BR Deutschland in vier Szenarien mit unterschiedlichen Bedingungen für die Ölpreisentwicklung und Alternativtechnologien

Primärenergie		1978	2000	2020	1978–2020 (zusammen)	sichere und wahrscheinliche Vorräte
Kohle	%	23	25	36		
	10^{18}J	71	144	367	6 900	300 000
Erdöl	%	42,5	33,5	19		
	10^{18}J	132	193	194	7 600	10 500
Erdgas	%	16,5	12	9		
	10^{18}J	52	69	92	2 900	6 800
Kernenergie	%	2	15	23		
	10^{18}J	6	86	235	4 000	?
erneuerbare	%	16	14,5	13		
Energien	10^{18}J	49	83	132	3 600	unbeschränkt
total	10^{18}J	310	575	1020	25 000	

Tab. Szenarium der Weltenergie-Konferenz 1977

Umweltprobleme bei der Energieumwandlung und Energienutzung

Bedingt durch die vielfältigen Einflüsse auf die Umwelt, die mit der Energieumwandlung und -nutzung verbunden sind, war die Entwicklung der letzten 50 Jahre hinsichtlich ökologischer Belange besonders problematisch. Die in diesem Zeitraum erfolgte enorme Erhöhung des Energieumsatzes und -verbrauchs (s. S. 480) hat zu einer starken Belastung und Beeinträchtigung der Umwelt v. a. durch hohe Schadstoffemissionen und Wärmeabgaben der Energieversorgungs- bzw. -nutzungssysteme geführt. Hinzu kommen Beeinträchtigungen durch die Lärmimmissionen und den Landbedarf dieser Systeme (ganz abgesehen von Beeinträchtigungen des Landschaftsbildes) sowie soziologische Veränderungen durch die industrielle Entwicklung.

Bei einer Analyse der einzelnen Systeme stellt man erhebliche Unterschiede hinsichtlich ihres *Gefährdungspotentials* für die Umwelt fest. Werden z. B. die Systeme zur „Raumwärmebereitstellung" (Ölkessel, Kohlekessel, Elektronachtspeicheröfen) einander gegenübergestellt, so ist das Gefährdungspotential der Feuerungsanlagen, bedingt durch die hohen Schadstoffemissionen, wesentlich höher als das der Elektronachtspeicheröfen. Andererseits bedingen die hohen Schadstoffemissionen bei der Stromerzeugung durch Kohlekraftwerke eine höhere Umweltgefährdung als die Bereitstellung von Heizöl. Daher ist es für einen Systemvergleich notwendig, die gesamte Kette von Gewinnung, Umwandlung, Transport bis hin zur Nutzung der Energie zu betrachten.

Ein besonderes Problem stellt die *Abwärme* aus Wärmekraftwerken dar. So ist die Aufnahmekapazität der deutschen Flüsse für Abwärme nahezu in allen Fällen an der oberen Grenze angelangt. Dies führte zum Bau von kostspieligen Naß- und Trockenkühltürmen, die wiederum lokale Klimaveränderungen verursachen können (s. S. 540). Eine weitaus höhere Umweltbeeinträchtigung ist jedoch durch die gesundheitsgefährdenden Schadstoffemissionen gegeben.

Abb. 1 zeigt die Entwicklung von *Schadstoffemissionen* (ohne die Emission von Kohlenmonoxid, CO) in der Bundesrepublik Deutschland in den letzten 15 Jahren und ihre Verteilung auf die verschiedenen Energieversorgungs- und -nutzungssysteme. Danach trägt die Energiewirtschaft im Mittel 40% zur Schadstoffbilanz bei, wenn man von der CO-Emission absieht, die 1972 ungefähr 7 Millionen Tonnen betrug (sie wurde zu 11% von Haushalten und Kleinverbrauchern, zu 88% vom Verkehr verursacht). Eine Abschätzung von Schadwirkungspotentialen unter Beachtung von Faktoren wie Ausbreitungsbedingungen, Standort, Kaminhöhe u. a. sind für verschiedene Energieversorgungssysteme in der Tab. aufgeführt. Hierbei zeigt sich, daß das Schadwirkungspotential eines Energieversorgungssystems trotz geringerer Emissionen wesentlich höher als bei anderen liegen kann.

Um eine weitere Zunahme der Schadstoffbelastung der Atmosphäre zu verhindern, wurde in der Bundesrepublik das *Bundesimmissionsschutzgesetz (BImSchG)* geschaffen. Dieses am 1. 4. 1974 in Kraft getretene Gesetz soll den Menschen und seine natürliche Umwelt (Tiere, Pflanzen und Objekte) vor schädlichen Umwelteinwirkungen durch Luftverunreinigungen, Geräusche, Erschütterungen, Wärme, (nichtionisierende) Strahlen und ähnliche Einwirkungen (Immissionen) schützen und darüber hinaus dem Entstehen schädlicher Umwelteinwirkungen vorbeugen. Die materiell-rechtlichen Anforderungen an genehmigungsbedürftige Anlagen sind in Vorschriften nach § 48 BImSchG geregelt, nämlich in der *Technischen Anleitung zur Reinhaltung der Luft (TA Luft).*

Nach der derzeit gültigen Fassung von 1978 sind bei Langzeiteinwirkungen maximal folgende *Schadstoffkonzentrationen* (pro m^3 Luft) *zulässig:* Staub 150 μg, Chlor 150 μg, Chlorwasserstoff 100 μg, Kohlenmonoxid 10 mg, Schwefeldioxid 140 μg, Schwefelwasserstoff 10 μg, Stickstoffmonoxid 200 μg, Stickstoffdioxid 80 μg (bei Kurzzeiteinwirkung sind 2- bis 3fach höhere Werte zulässig).

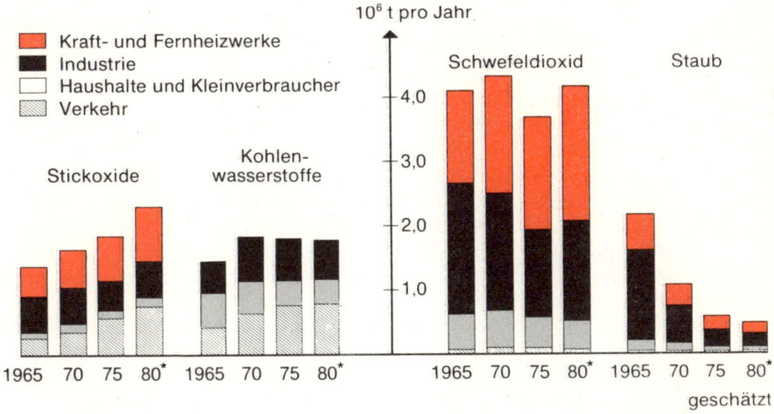

Abb. Entwicklung der Jahresemission von Schwefeldioxid, Stickoxiden, Kohlenwasserstoffen und Staub in der BR Deutschland (nach Umweltbundesamt 1977)

Energieversorgungs- und Nutzungssystem	Gesamtemission (in kg pro 10^{12}J Nutzenergie) SO_2	NO_x	C_mH_n	CO	Staub	relative Gefährdungs-potentiale
Erdgasgewinnung, -transport und -verteilung/ Gaszentralheizung	43	105	26	143	–	1,1
Erdölgewinnung und -transport/Raffinerie/ Heizölverteilungssystem/ Ölzentralheizung	361	167	105	249	19	3,7
Kohlegewinnung und -aufbereitung: Kohlekraftwerk/ Elektrizitätsnetz/	832	224	3	2	116	1,4
Heizkraftwerk/ Fernwärmenetz	582	150	3	2	43	1,0

Tab. 1 Gesamtemissionen und relative Gefährdungspotentiale verschiedener Energieversorgungs- und Nutzungssysteme

Schadstoff	Konzentration (in μg/m³) Langzeit-einwirkung	Kurzzeit-einwirkung	Schadstoff	Konzentration (in μg/m³) Langzeit-einwirkung	Kurzzeit-einwirkung
Staub	150	300	Schwefeldioxid	140	400
Chlor	100	300	Schwefelwasserstoff	10	20
Chlorwasserstoff	100	200	Stickstoffdioxid	80	300
Kohlenmonoxid	10 mg	30 mg	Stickstoffmonoxid	200	600

Tab. 2 Immissionswerte der TA-Luft

Kohlekraftwerke

Die großtechnische Umwandlung von Wärmeenergie in mechanische Energie und weiter in elektrische Energie hoher Spannung (Elektroenergie) geschieht am häufigsten in kohleverfeuernden Dampfkraftwerken (Kohlekraftwerke), in denen die bei Verbrennung von Kohle bzw. Kohlestaub entwickelte Wärmeenergie zur Erzeugung von Wasserdampf genutzt wird, der dann eine Dampfturbine antreibt, an die ein stromerzeugender Generator angekoppelt ist.

Die wesentlichen Komponenten eines derartigen Kraftwerks (Abb.) sind: die Kohlebeschickungen, die Dampfkesselanlage, der maschinentechnische Teil und die Einrichtungen zur Abgas- und Abwärmeabfuhr. Die dem Kraftwerk per Bahn, Schiff oder Bandanlage zugeführte Kohle wird in Kohlebunkern gespeichert, ehe sie vor der Verfeuerung in die Kesselbunker gebracht wird. Von dort wird sie bei *Rostfeuerung* unmittelbar auf die Feuerungsroste, bei *Staubfeuerung* zunächst in einer Mühle zu Staub gemahlen und dann mit vorgewärmter Luft über Brenner in den Feuerraum eingeblasen.

Die bei der Verbrennung der Kohle entstehenden heißen Rauchgase erzeugen im Dampfkessel aus vorgewärmtem Speisewasser *Sattdampf*, der in einem Überhitzer auf eine Temperatur von 500–650 °C und einen Druck von 90–120 bar gebracht wird, sodann die *Dampfturbine* durchströmt und expandiert. Dabei wird seine Wärmeenergie in kinetische Energie umgesetzt, die den Läufer der Turbine und gleichzeitig den an die Turbinenwelle angekoppelten Rotor des *Generators* in Rotation versetzt. Der von einer ebenfalls angekoppelten Erregermaschine erzeugte Gleichstrom erzeugt in diesem ein magnetisches Drehfeld, das in den Ständerwicklungen des Generators einen Wechselstrom (meist Drehstrom von 6000 oder 10000 Volt Spannung) erzeugt. Die in diesem Strom steckende elektrische Energie wird über einen *Transformator* in das elektrische Verbundnetz eingespeist.

Der aus der Dampfturbine austretende, auf weniger als 0,1 bar entspannte Dampf wird in einem *Kondensator* durch Kühlung wieder verflüssigt, wobei die latent in ihm steckende Verdampfungswärme wieder frei wird. Über Wärmetauscher wird sie von einem *Kühlkreislauf* abgeführt, indem Wasser aus einem Fluß oder See zur Kondensatorkühlung benutzt (offener Kreislauf) oder das erwärmte Kühlwasser in *Kühltürmen* (s. S. 538 ff.) abgekühlt wird (geschlossener Kreislauf). Der verflüssigte Dampf wird dem Kessel wieder als Speisewasser zugeführt. Die Rauchgase verlassen nach Reinigung in Staubfiltern die Anlage über einen Schornstein.

Moderne Kohlekraftwerke haben bei einem thermischen Wirkungsgrad des Dampferzeugungsprozesses von über 40% bei den angegebenen Werten von Temperatur und Drücken einen Gesamtwirkungsgrad von etwa 30%. Sehr große Kraftwerke (elektrische Leistung bis 4000 MW) sind blockweise aufgebaut, wobei jeder Kraftwerksblock autark ist (elektrische Leistung jeweils 600–700 MW).

In Erfüllung der gesetzlichen Auflagen zum Umweltschutz werden die in den Rauchgasen enthaltenen Schadstoffe – neben Ruß und Staub v. a. Kohlenmonoxid (CO), Schwefeldioxid (SO_2) und Stickoxide (NO und NO_2) – durch *Rückhaltevorrichtungen* reduziert, deren Energieverbrauch aber je nach Anlagentyp und Kohlebeschaffenheit den Wirkungsgrad um 5–10% verringert. Neuere Entwicklungen haben daher eine bessere Verbrennung bei höheren Temperaturen (ergibt geringere Mengen an CO, NO und NO_2) sowie eine *Entschwefelung* vor bzw. während der Verbrennung zum Ziel. Eine teilweise oder vollständige Vergasung ermöglicht es, den in der Kohle enthaltenen Schwefel als Schwefelwasserstoff (H_2S) zu entfernen. Die Verbrennung der Kohle in einer Wirbelschicht unter Zugabe von Kalkstein führt zu einer Schwefelbindung in Form von Gips.

Für die bessere Nutzung der Wärmeenergie werden auch Kombinationen von Gas- und Dampfturbinen vorgesehen, wodurch ein um 10–15% höherer Wirkungsgrad bei der Stromerzeugung erreichbar ist. Auch die Abgabe von Fernwärme (s. S. 496) ergibt eine bessere Nutzung der Brennstoffenergie.

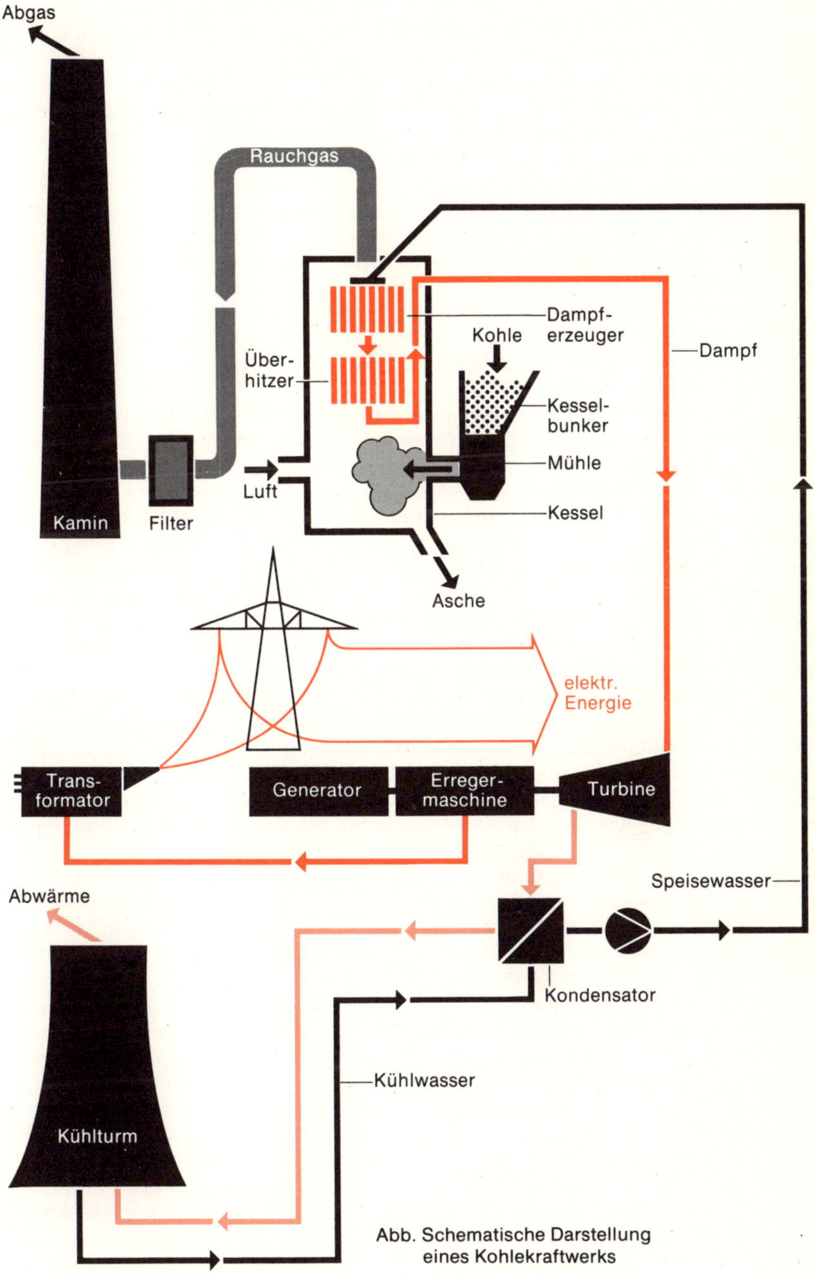

Abb. Schematische Darstellung eines Kohlekraftwerks

Fernwärme

Den Begriff Fernwärme verwendet man dann, wenn eine Vielzahl räumlich voneinander getrennter Wärmeverbraucher von einer zentralen Wärmeerzeugungsanlage versorgt werden. Zur *Fernwärmeversorgung* benötigt man daher neben einer großen Wärmeerzeugungseinheit ein Rohrleitungsnetz *(Fernwärmenetz)* zur Verteilung der Wärme mittels eines geeigneten flüssigen oder gasförmigen Stoffs *(Wärmeträger)* sowie *Übergabeanlagen* bei den Verbrauchern (Abb. 1).

Wärmeerzeugung: Bei den Erzeugungsanlagen unterscheidet man: *Blockheizwerke* (BHW), das sind kleinere Wärmeerzeugungsanlagen für geschlossene Gebäude- und Siedlungskomplexe; *Heizwerke* (HW), das sind reine Wärmeversorgungsanlagen; *Heizkraftwerke* (HKW), das sind größere Wärmeversorgungsanlagen, die gleichzeitig elektrischen Strom erzeugen. Speziell in größeren Fernwärmenetzen sind Heizkraftwerke von Bedeutung: Während in einem reinen Kraftwerk (s. S. 494 und 528) die Dampfenergie in der Turbine nur zur Stromerzeugung genutzt wird, gibt ein HKW einen Teil dieser Energie als Wärme an das Fernwärmenetz ab *(Kraft-Wärme-Kopplung)*.

Die *Auskopplung von Wärme* kann prinzipiell auf zwei Wegen geschehen. Im ersten Fall hebt man den Druck am Turbinenende über den Atmosphärendruck an und führt den Dampf dem Netz zu *(Gegendruckverfahren)*; hier sind Wärme- und Stromproduktion proportional. Im zweiten Fall entnimmt man der Turbine bei verschiedenen Druck- und Temperaturstufen Dampf zur Wärmeabgabe *(Entnahmekondensation)*. In beiden Fällen führt die Wärmeentnahme zu einer Verringerung der Stromproduktion, dem aber ein zusätzlicher Wärmegewinn gegenübersteht: Während im gewöhnlichen Kraftwerk die noch im Dampf enthaltene *Verdampfungswärme* über den Kondensator und das Kühlmittel ungenutzt an die Umgebung abgeführt wird, wird sie im HKW beim Kondensieren des Dampfs als *Kondensationsenergie* frei und an das Fernwärmenetz abgegeben.

Die insgesamt gewonnene Wärmemenge ist größer als die Stromeinbuße, so daß in etwa eine *Verdopplung des Wirkungsgrades* erzielt wird. Auch gegenüber einer getrennten Erzeugung von Wärme in Zentralheizungen und Strom in einem Großkraftwerk ergibt sich ein energetischer Vorteil von ca. 25%, wie das Schaubild zeigt. Für die Umwelt bedeutet dies eine *Entlastung bei der Abwärme.* Hinzu kommt, daß eine Vielzahl von Abgasemittenten (Haushalte), die in geringer Höhe Rauchgase emittieren, durch eine einzige (kontrollierte) Emission in größerer Höhe aus dem Schornstein des HKW ersetzt wird. Grundsätzlich kann man von allen Unternehmen, die Dampfkessel betreiben und Kondensations- sowie sonstige Abwärme nicht nutzen, Fernwärme abnehmen und ins Verteilungsnetz einspeisen, wenn die Lage zum Netz und der Produktionsablauf dies erlauben. Auch der Gasturbinenprozeß läßt sich für die Kraft-Wärme-Kopplung nutzen.

Fernwärmenetz: Die erzeugte Wärmeenergie muß an einen Wärmeträger abgegeben und durch diesen übertragen und verteilt werden. Zu diesem Zweck braucht man ein aus Hin- und Rückleitungen bestehendes Rohrleitungsnetz. Während anfänglich als Wärmeträger häufig *Dampf* eingesetzt wurde, nimmt man heute aus regeltechnischen und Kostengründen überwiegend *Heißwasser* (Temperatur 110–180 °C) bzw. *Warmwasser* (110 °C Vorlauftemperatur). Die verwendeten Stahlrohre müssen gut gegen Wärmeverlust und Korrosion geschützt werden (z. B. Verlegung in eigenen Betonkanälen oder Erdverlegung ummantelter Rohre). Dies erfordert hohe Investitionen, die nur aufgefangen werden können, wenn eine hohe Verbraucher- bzw. Verbrauchsdichte (d. h. hohe Wärmeabnahme pro Netzkilometer) erreicht wird. Aus diesen Gründen ist die Fernwärmeversorgung auf Ballungsgebiete beschränkt.

Beim *Verbraucher* tritt an die Stelle des Heizkessels im Heizungskeller die *Übergabestation* oder *-anlage*, wo mit Hilfe von *Wärmetauschern* die Wärme aus dem Netz an das Rohrleitungsnetz der Zentralheizung im Haus abgegeben wird.

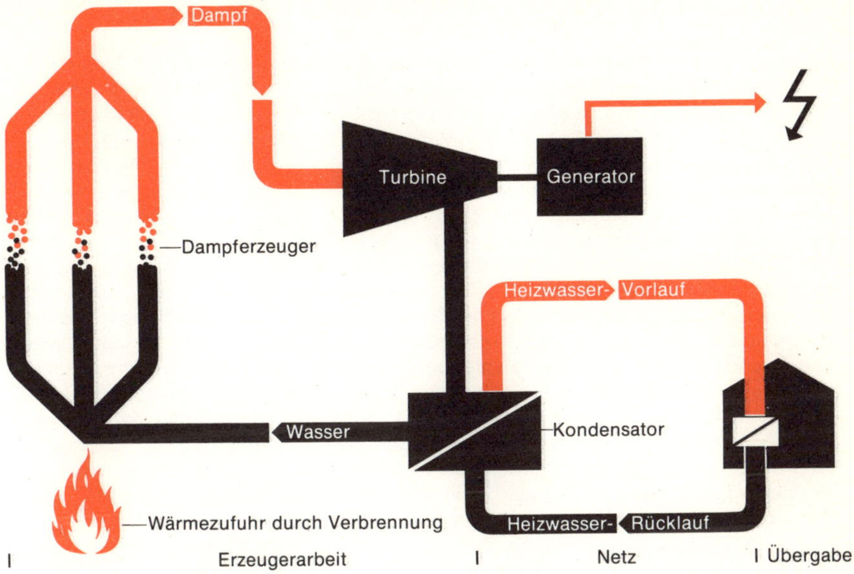

Abb. 1 Prinzip der Fernwärmeversorgung bei Kraft-Wärme-Kopplung

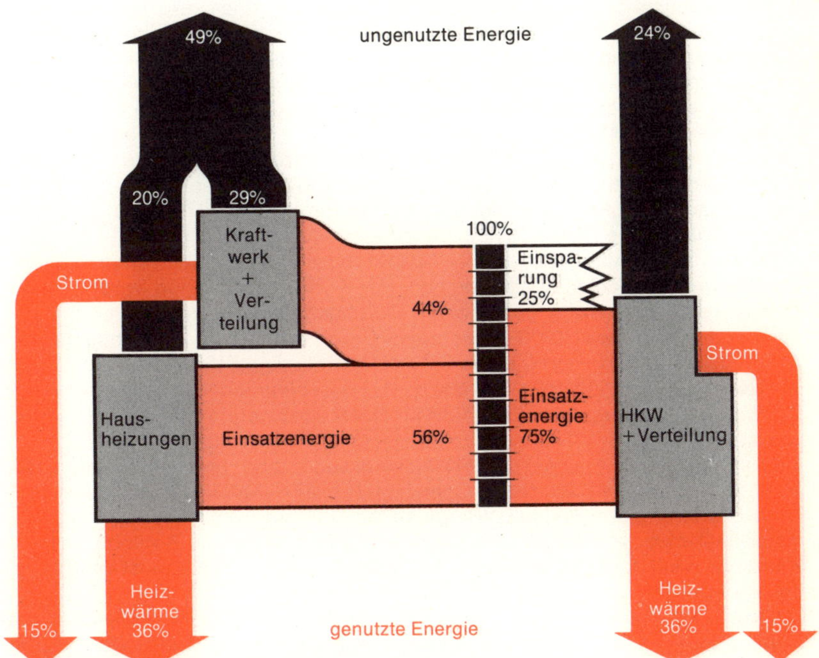

Abb. 2 Getrennte Strom- und dezentrale Wärmeversorgung im energetischen Vergleich zur Kraft-Wärme-Kopplung

Vergasung und Verflüssigung von Kohle

Die *Kohle* besteht aus komplexen Kohlenwasserstoffverbindungen, die Sauerstoff, Stickstoff und Schwefel enthalten. Das für den Wert als Brennstoff maßgebende *H/C-Verhältnis* der Atomzahlen von Wasserstoff und Kohlenstoff ist mit etwa 0,8 in Relation zum Benzin (H/C = 2) oder Methan (H/C = 4) gering. Außerdem hat der feste Aggregatzustand der Kohle entscheidende Auswirkungen auf die Nutzungseigenschaften und die Handhabbarkeit dieses Brennstoffs. Bei der gegenwärtigen Nachfragestruktur nach Energieträgern hat daher der direkte Kohleeinsatz beim Endenergieverbraucher nur noch eine geringe Bedeutung.

Mit Hilfe der chemischen Verfahrenstechnik kann die Kohle aber in nutzungsgünstigere Produkte wie Methan, Benzin u.a. überführt werden. Diese *chemische Kohleveredelung* (Abb. 1) erfordert die Zuführung eines chemischen Reaktionsmittels, wie z.B. Wasserstoff (H_2), Wasserdampf (H_2O_d), Sauerstoff (O_2), damit eine chemische Umsetzung der Kohle unter bestimmten Reaktionsbedingungen in diese flüssigen oder gasförmigen Produkte stattfindet. Dabei tritt ein gänzlicher Abbau der Kohlestruktur ein, und die Anteile an Sauerstoff, Stickstoff und Schwefel werden in Wasserstoffverbindungen überführt, die leicht vom Veredelungsprodukt zu trennen sind. Bei der chemischen Kohleveredelung unterscheidet man die Vergasung, z.B. unter Zufuhr von Sauerstoff und Wasserdampf, sowie die Hydrierung, bei der das H/C-Verhältnis durch Wasserstoffanlagerung erhöht wird.

Die *Kohlevergasung* erfolgt bei Temperaturen von 750–2000°C und unter Drükken bis zu 100 bar. Da die Reaktion von Wasserdampf mit dem Kohlenstoff zu Wasserstoff und Kohlenmonoxid (CO) endotherm (d.h. energieverbrauchend) abläuft, wird zur Deckung der notwendigen Reaktionswärme ein Teil des Kohlenstoffs mit Sauerstoff verbrannt. Für die Durchführung eines Vergasungsprozesses werden etwa 30–40% der Kohle zur Bereitstellung der Wärmeenergie benötigt. Die Wärmeenergie kann aber auch durch die Einkopplung von Fremdenergie in den Vergasungsprozeß aufgebracht werden. Erzeugt werden kann die Fremdenergie beispeilsweise durch den Einsatz von Kernreaktoren, insbesondere von *Hochtemperaturreaktoren* (Abb. 2).

Nach einer entsprechenden Gasaufbereitung werden die Gase den verschiedenen Verwendungszwecken zugeführt. Ihr Einsatz in Syntheseprozessen ermöglicht den Aufbau neuer Produkte. So können z.B. mit Hilfe der *Fischer-Tropsch-Synthese* erdölähnliche Produkte (v.a. Benzine) produziert werden.

Die Betriebsbedingungen bei der *Hydrierung* sind je nach dem zu produzierenden Produkt verschieden. Ist Methan das Hydrierprodukt, so wird von einer *hydrierenden Vergasung* gesprochen. Durchgeführt wird der Prozeß bei einer Temperatur von etwa 800°C unter einem Druck von 80 bar. Die Produktion von erdölähnlichen Produkten („Kohleöl)" erfolgt unter einem Druck von 100–200 bar; die Temperatur beträgt etwa 450–500°C. Zur Beschleunigung der Reaktionen wird ein Katalysator zugegeben. Der in dieser Form durchgeführte Verflüssigungsprozeß ist auch unter dem Namen *katalytische Druckhydrierung* bekannt.

Leistungsfähige Anlagen zur Kohlevergasung sind bereits in den Jahren 1920–1930 entwickelt worden. Im gleichen Zeitraum wurde auch die katalytische Druckhydrierung auf Gasbasis *(Bergius-Pier-Verfahren)* entwickelt und großtechnisch betrieben. Wirtschaftliche Gründe (Rohöl billiger als Kohleöl) sprachen allerdings nach dem Zweiten Weltkrieg, außer in Südafrika (Autarkiebestrebung in der Energieversorgung), gegen den weiteren Betrieb.

Gegenwärtig werden neue Verfahren der Kohleveredelung entwickelt bzw. bestehende Anlagen modifiziert, wobei auf mögliche umweltgefährdende Auswirkungen geachtet wird. Mit der Realisierung technischer Großanlagen kann in diesem Jahrzehnt gerechnet werden. Ihre Wirtschaftlichkeit ist auf Grund der Kostenverhältnisse beim Einsatz der heimischen Braunkohle bzw. der Importkohle früher als bei der heimischen Steinkohle gegeben.

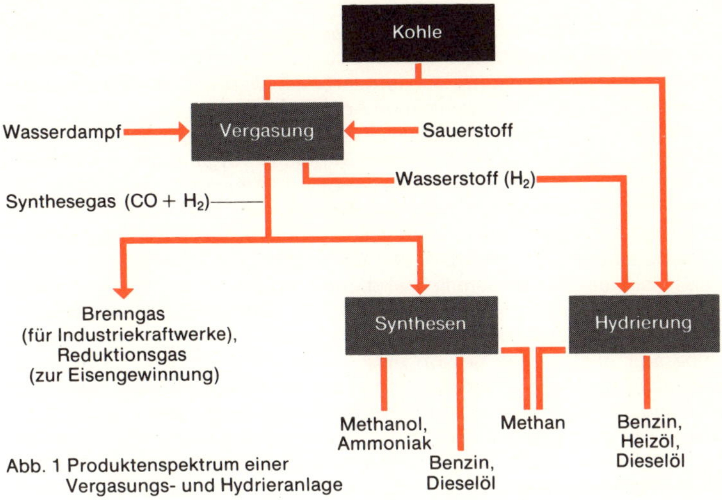

Abb. 1 Produktenspektrum einer Vergasungs- und Hydrieranlage

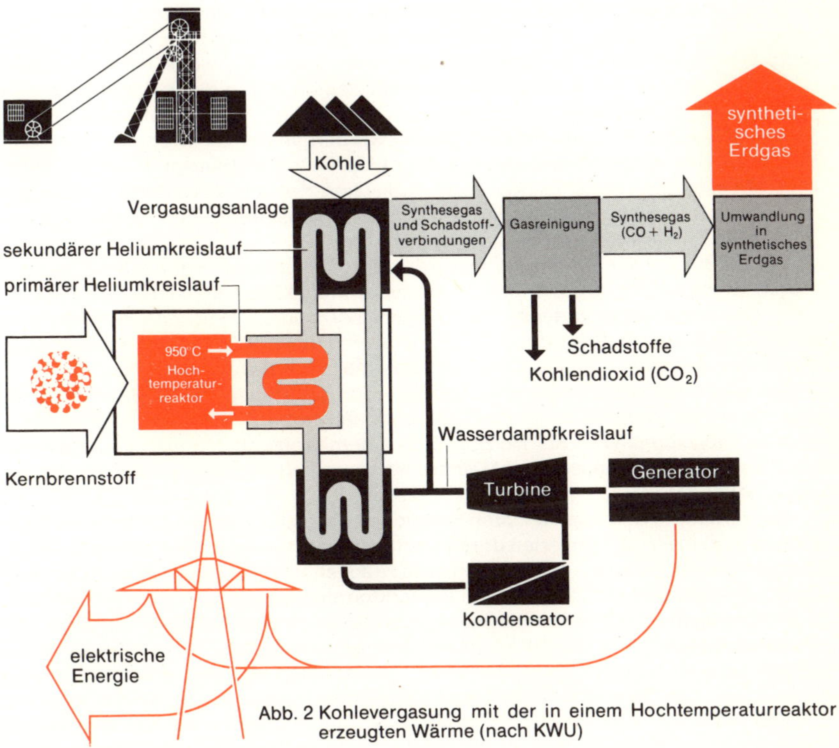

Abb. 2 Kohlevergasung mit der in einem Hochtemperaturreaktor erzeugten Wärme (nach KWU)

Erdöl als Energie- und Rohstoffquelle

Erdöl besteht aus einem *Gemisch von Kohlenwasserstoffen,* die unterschiedliche Siedepunkte aufweisen. Für den technischen Gebrauch als Energie- und Rohstoffquelle muß das angelieferte *Rohöl* so aufgearbeitet werden, daß die Produkte bestimmten physikalischen und chemischen Anforderungen hinsichtlich Siedebereich, Dampfdruck, Oktanzahl, Viskosität, Schwefelgehalt u.a. genügen.

Die *Aufbereitung des Rohöls* wird in einer Raffinerie vorgenommen. Zunächst erfolgt in Destillationseinrichtungen durch sog. *fraktionierte Destillation* die Zerlegung des Rohöls in einzelne Fraktionen (Schnitte) mit bestimmtem Siedebereich. Dazu wird es in Röhrenöfen auf etwa 350°C erhitzt, so daß alle Kohlenwasserstoffe mit einem Siedepunkt unterhalb 350°C dampfförmig vorliegen. Das dann vorliegende Flüssigkeit-Dampf-Gemisch wird unten in eine bei Atmosphärendruck arbeitende Fraktionierkolonne eingegeben (Abb. 1), in der sich sog. Glockenböden befinden, deren Innenflächen von den aufsteigenden Dämpfen angeströmt werden. Da die Temperatur in der Kolonne von unten nach oben abnimmt, können die Dämpfe fraktioniert nach ihren Siedebereichen auf den Glockenböden kondensieren und in flüssigem Zustand abgezogen werden: ganz unten der bei über 350°C siedende *Heiz- und Schmierölrückstand,* darüber das sog. *Gasöl* (Siedebereich 280–350°C), dann die bei 200–189°C siedende *Petroleumfraktion* (Kerosin, Leuchtöl), darüber die zwischen 40 und 200°C siedenden *Benzinfraktionen* (Leicht-, Mittel- und Schwerbenzin) und ganz oben die bei Umgebungstemperatur und -druck gasförmigen *C_3- und C_4-Fraktionen* (Propan und Butan bzw. Propen und Buten).

Sämtliche anfallenden Destillate sind erst nach Raffination und Aufbereitung einsatzfähig. In einem *Hydrotreater* werden durch katalytische Umsetzung mit Wasserstoff bei 350°C die in ihnen noch enthaltenen Schwefelverbindungen in Form von Schwefelwasserstoff entfernt, der seinerseits in einer *Claus-Anlage* in elementaren Schwefel umgewandelt wird. Der benötigte Wasserstoff kann z.B. der *Reformieranlage* (Platformer) entnommen werden, in der Schwerbenzin bei etwa 500°C an Edelmetallkatalysatoren in hochklopffeste Fahrbenzine überführt wird: Aus abgesättigten geradkettigen und cyclischen Kohlenwasserstoffen entstehen ungesättigte cyclische Kohlenwasserstoffe *(Aromatisierung)* oder verzweigte aliphatische Kohlenwasserstoffe, z.B. Isoparaffine.

Der größte Teil der in einer Raffinerie erzeugten Benzine wird durch *Kracken,* d.h. durch Spaltung der großen Kohlenwasserstoffmoleküle höhersiedender Fraktionen, gewonnen (sog. *Krackbenzine*). Beim thermischen Kracken geschieht dies unter Druck durch Erhitzen auf Temperaturen bis 550°C und anschließendes Fraktionieren, beim katalytischen Kracken unter Einfluß eines Katalysators.

Die in der Raffinerie anfallenden Gase werden gesammelt einer *Gasaufbereitung* zugeführt, wo zuerst die C_3- und C_4-Fraktionen unter Druck verflüssigt werden. Dieses *Flüssiggas* wird als Heizgas und Chemierohstoff genutzt. Das restliche *Raffineriegas,* ein Gemisch aus Methan, Äthan und Wasserstoff, wird zu Heizzwekken verwendet.

Der verstärkte Bedarf an leichten Fraktionen bei sinkendem Bedarf an schwerem Heizöl wird in Heizölraffinerien durch Destillationseinrichtungen unter Vakuumbedingungen und Konversionsanlagen zum Kracken und Reformieren aufgefangen, durch die schwere Rohölfraktionen in marktgerechte Produkte überführt werden. Bei der *Vakuumdestillation* werden wegen der bei Vakuumdrücken erniedrigten Siedetemperaturen auch solche Fraktionen gewonnen, die unter Atmosphärendruck Siedepunkte bis 550°C besitzen. Das anfallende *Vakuumgasöl* wird zum Ermischen von Dieselkraftstoffen und als leichtes Heizöl verwendet. Das *schwere Vakuumdestillat* wird zur Herstellung von Schmiermitteln verwendet oder in den Konversionsanlagen eingesetzt. Der anfallende Rückstand findet als Mischkomponente zum schweren Heizöl, als *destilliertes Bitumen* im Straßen- und Wasserbau sowie in verschiedenen industriellen Bereichen Verwendung.

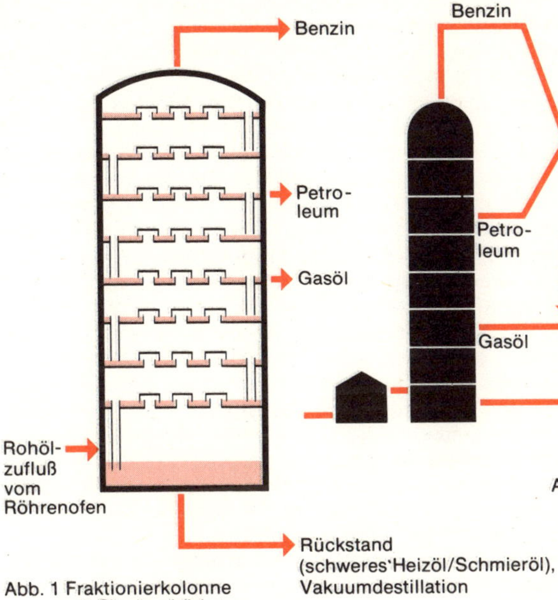

Abb. 1 Fraktionierkolonne
mit Glockenböden

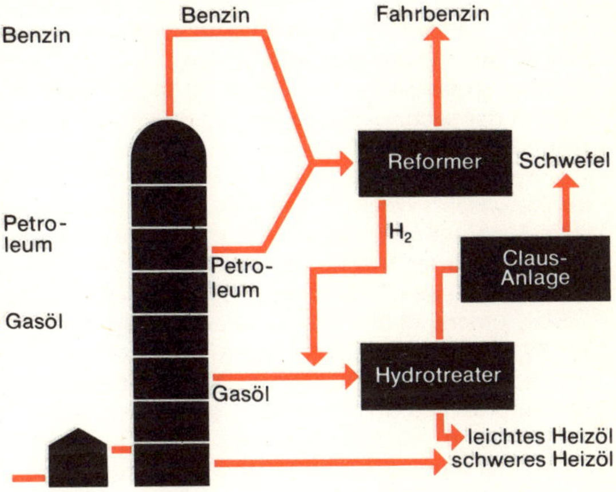

Abb. 2 Fließschema einer
Heizölraffinerie

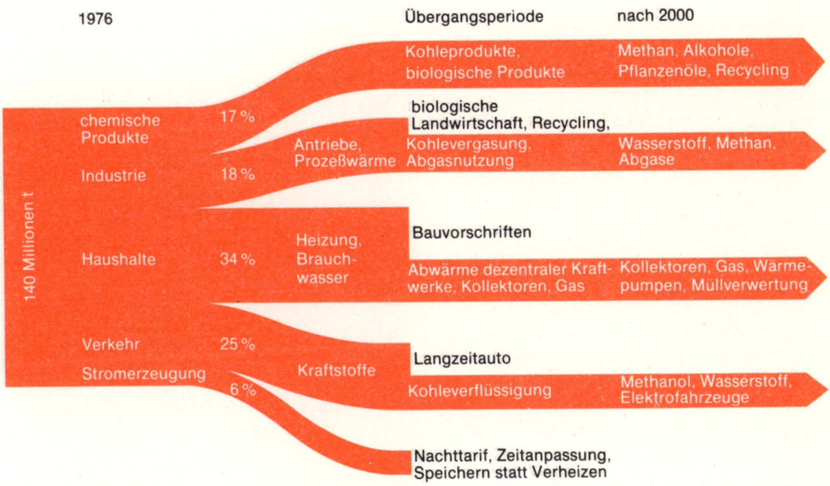

Abb. 3 Maßnahmen und Möglichkeiten zur
Einschränkung des Erdölverbrauchs

Erdgas als Energiequelle

Bis in die zwanziger Jahre wurde Gas aus Kohle durch Ent- oder Vergasung erzeugt und von örtlichen Gaswerken dem Verbraucher zugeleitet. Danach wurde das auf den neuen Großkokereien des Bergbaus anfallende Kokereigas nach Reinigung und Kompression in steigendem Maße zur öffentlichen Versorgung eingesetzt. Mit Beginn der sechziger Jahre wurde durch Einführung des Erd- oder Naturgases ein neuer Abschnitt der Energieversorgung eingeleitet.

Erdgase sind Gemische von Methan (bis zu 95%) und anderen gesättigten Kohlenwasserstoffen (z.B. Äthan, Propan, Butan und Pentan); daneben enthalten sie z.T. noch Kohlendioxid, Stickstoff und Schwefelwasserstoff sowie Wasser und Helium. Bei entsprechenden Druck- und Temperaturbedingungen sind sie in den flüssigen Zustand überführbar (*Flüssigerdgas,* Liquid Natural Gas oder *LNG*).

Man unterscheidet v.a. trockenes Erdgas mit hohem Methangehalt (Heizwert 33–38 MJ/m^3), Erdgas aus Kondensatlagerstätten und das bei der Erdölförderung anfallende *Erdölgas.* Auf Grund ihrer Zusammensetzung und der dadurch gegebenen verbrennungstechnischen Vorteile (v.a. gute Regelbarkeit und Sauberkeit der Verbrennung) sind Erdgase besonders *umweltfreundliche Qualitätsbrennstoffe.* Als solche finden sie zunehmend Verwendung in Haushalten (Kochen und Heizen) und bei anderen Kleinverbrauchern sowie in der Industrie. Hier wird Erdgas in erster Linie zur Bereitstellung von Raumwärme und zur Erzeugung von Prozeßwärme benötigt. 33% des Primärenergieträgers Erdgas gehen in die Stromerzeugung. Insgesamt werden heute etwa 16% des gesamten Primärenergieverbrauchs in der Bundesrepublik Deutschland durch Erdgas gedeckt.

Ein nicht unbedeutender Teil (1978 etwa 38%) des heute in der Bundesrepublik verbrauchten Erdgases (1978 waren es 55,6 Milliarden m^3) stammt aus einheimischen Quellen (v.a. im Weser-Ems-Gebiet). Die Hauptmenge muß aus z.T. größeren Entfernungen in die Bundesrepublik transportiert werden, so daß optimale Transporteinrichtungen von wirtschaftlichem Belang sind.

Beim *Ferntransport über Rohrleitungen (Pipelines)* wird unter Druck stehendes Erdgas in gasdichten und druckfesten Rohren, die ober- und unterirdisch oder auch auf dem Meeresboden verlegt sind, mit Hilfe von Pumpen (meist Kreiselpumpen) weitergeleitet, was heute über weite Entfernungen möglich ist. So fließt Erdgas aus dem Ekofisk-Förderfeld im norwegischen Teil der Nordsee seit 1977 über eine 440 km lange Unterwasserpipeline nach Emden.

Zunehmend weltweite Bedeutung gewinnt der *Flüssiggastransport* mit Spezialtankschiffen *(LNG-Tanker)* aus Ländern mit bisher kaum genutzten Lagerstätten (z.B. Nordafrika und Indonesien). Dieser Transport (Abb. 2) bedarf im Produzentenland einer Verflüssigungsanlage, in der das Erdgas auf −161°C abgekühlt und verflüssigt wird, wodurch es nur noch 1/600 seines natürlichen Gasvolumens einnimmt. Dadurch wird der Transport in LNG-Tankern (heutiges Ladevermögen 130000 m^3) ökonomisch sinnvoll. Solche Transporte laufen heute bereits zwischen Alaska und Japan und zwischen Algerien und den USA (Entfernung jeweils 6000 km). In der Bundesrepublik ist ein Terminal in Wilhelmshaven geplant.

Während der Verbrennungsprozeß und der Leitungstransport mit geringen Umweltbelastungen behaftet sind, muß die Flüssiggastransportkette als risikoreich beurteilt werden (z.B. Schiffsunfall eines LNG-Tankers). Auch bei der Endverteilung des Erdgases kann es zu Unfällen (Gasexplosionen) kommen.

Infolge der starken Bindung an die Raumwärmeerzeugung gibt es im jahreszeitlichen Erdgasverbrauch starke Schwankungen. Da ein Erdgasfeld soweit wie möglich gleichmäßig produzieren soll, müssen die Sommerüberschußlieferungen gespeichert werden. Dazu dienen *Porenspeicher* aus porösem Gestein, die das Gas in ihren Poren aufnehmen, *Kavernenspeicher (Salzstockspeicher),* bei denen das Gas in unterirdische, durch den Abbau von Salz entstandene Hohlräume gepumpt wird, und *ausgebeutete Erdgasfelder.*

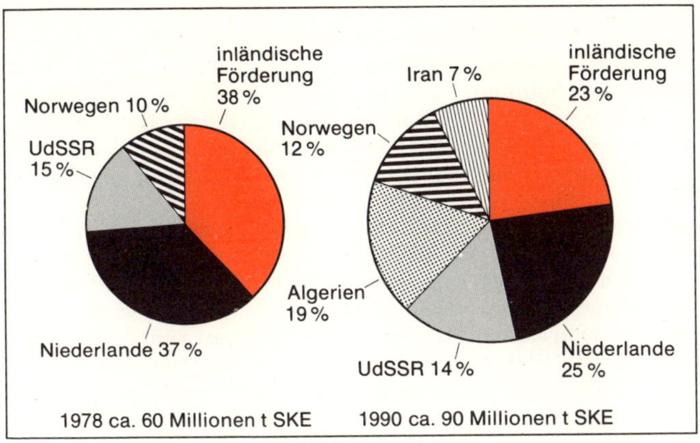

Abb. 1 Erdgasbezugsquellen, Stand Mai 1979 (nach Ruhrgas AG)

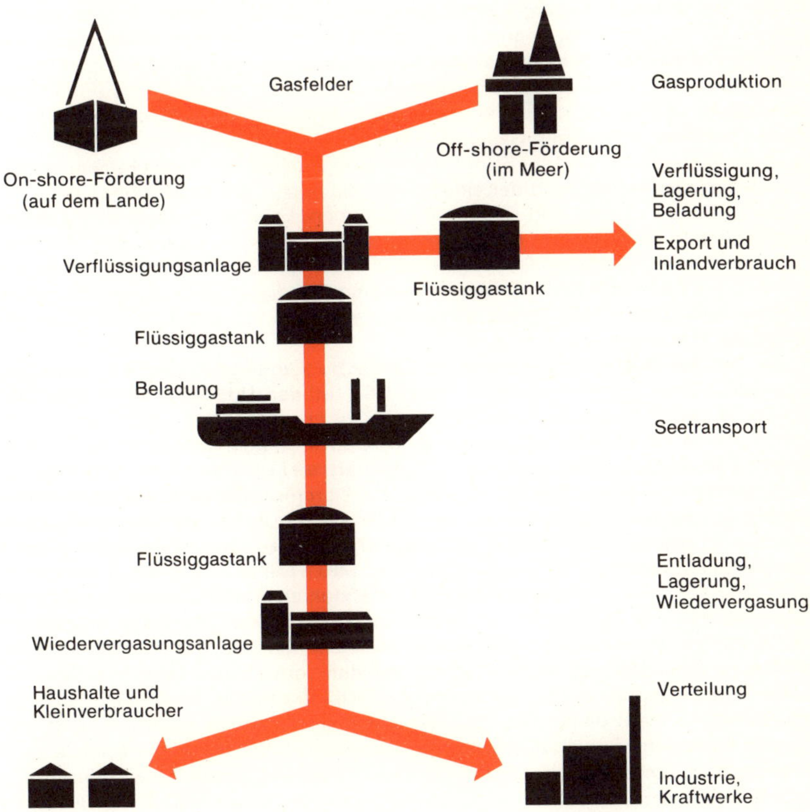

Abb. 2 Die Flüssiggas-Transportkette

MHD-Generatoren

Unter *Magnetohydrodynamik (MHD)* versteht man die Lehre von den physikalischen Phänomenen, die bei Strömung elektrisch leitfähiger Flüssigkeiten und Gase durch elektromagnetische Felder auftreten. *Magnetohydrodynamische Generatoren (MHD-Generatoren)* sind demnach Einrichtungen, in denen durch ein Magnetfeld strömende heiße, ionisierte (d.h. Ionen und Elektronen als Ladungsträger enthaltende) und dadurch elektrisch leitende Gase *(Plasmen)* zur Stromerzeugung herangezogen werden.

Im Prinzip beruhen MHD-Generatoren wie die konventionellen stromerzeugenden Dynamos und Generatoren auf der Umwandlung von kinetischer Energie in elektrische Energie durch *elektrische Induktion:* Bewegt man einen elektrischen Leiter (z.B. einen Kupferdraht) quer zu den Feldlinien eines Magnetfeldes, so wird in ihm eine elektrische Spannung erzeugt. In einem geschlossenen Leitersystem fließt dann ein elektrischer Strom. Während aber in Dynamos und Generatoren die Kupferwicklungen des Ankers (Rotors) in einem Magnetfeld kreisen und in ihnen ein Strom bzw. eine Spannung induziert wird, haben MHD-Generatoren keine rotierenden mechanischen Teile. An Stelle eines festen Leiters treibt man sehr heiße, unter Druck stehende, durch Zusatz eines „Saatstoffs" (meist Kalium, dessen Atome thermisch leicht ionisierbar sind) elektrisch leitende Gase mit hoher Geschwindigkeit durch einen Kanal aus hochtemperaturbeständigen Isolatorwänden, in denen parallel zu den Feldlinien eines starken Magnetfeldes (Flußdichte mindestens 4–5 Tesla) segmentierte Metallelektroden eingelassen sind. Die in einem solchen strömenden Gasplasma befindlichen Ladungsträger werden dann quer zur Magnetfeld- und zur Strömungsrichtung abgelenkt – die elektrisch negativ geladenen Elektronen nach der einen Seite, die positiv geladenen Ionen nach der anderen Seite – und zu den Elektroden getrieben. Es entsteht dadurch zwischen diesen Elektroden eine (im Leerlauf maximale) elektrische Spannung; bei Kurzschließen der Elektroden fließt über einen äußeren Stromkreis im Plasma ein elektrischer Strom quer zur Strömungsrichtung. Bei dieser *MHD-Umwandlung* von Wärme- bzw. Strömungsenergie in elektrische Energie kühlt sich die Gasströmung entsprechend ab.

Die seit etwa 1960 mit breiter internationaler Beteiligung betriebene Entwicklung von MHD-Generatoren hat sich nach 1970 in der UdSSR und in den USA schwerpunktmäßig auf die Entwicklung von *Verbrennungsgas-MHD-Generatoren* reduziert, denen ein konventionelles Dampfkraftwerk nachgeschaltet wird. Dabei wird Kohle, Öl, Gas o.ä. mit auf 1650°C vorgewärmter Luft in einer raketenähnlichen Brennkammer oberhalb 2200°C verbrannt. Die Flammengase verlassen die Kammer mit hoher Geschwindigkeit und werden in die MHD-Stufe des *Verbrennungs-MHD-Kraftwerks* geleitet, wo 20–25% der zugeführten Energie in elektrische Energie umgewandelt werden. Beim Austritt aus dem MHD-Teil ist das Gas immer noch so heiß, daß es wie in einem normalen Wärmekraftwerk über Wärmetauscher Wasserdampf erzeugen kann, der wiederum Turbinen und Generatoren antreibt. Auf diese Weise werden im konventionellen zweiten Teil des Kraftwerks noch einmal ca. 30% der zugeführten Energie in elektrischen Strom umgewandelt.

Der Wirkungsgrad eines Verbrennungs-MHD-Kraftwerks liegt bei über 50%. Einerseits können damit die fossilen Brennstoffreserven gestreckt und das Abwärmeproblem reduziert werden, andererseits führt der Kaliumzusatz zum Flammgas zu einer einfachen Rauchgasentschwefelung durch Sulfatbildung.

Während in den USA keine kommerziellen kohlebefeuerten MHD-Großkraftwerke vor dem Jahre 2000 erwartet werden, sollen solche in der UdSSR ab 1990 gebaut werden können. Schon vorher sollen dort – ausgehend von dem Entwicklungsstand der bisher größten MHD-Anlage U-25 bei Moskau (mit 25 MW elektrischer Leistung) – gas- und ölbefeuerte kommerzielle MHD-Kraftwerke in Betrieb gehen.

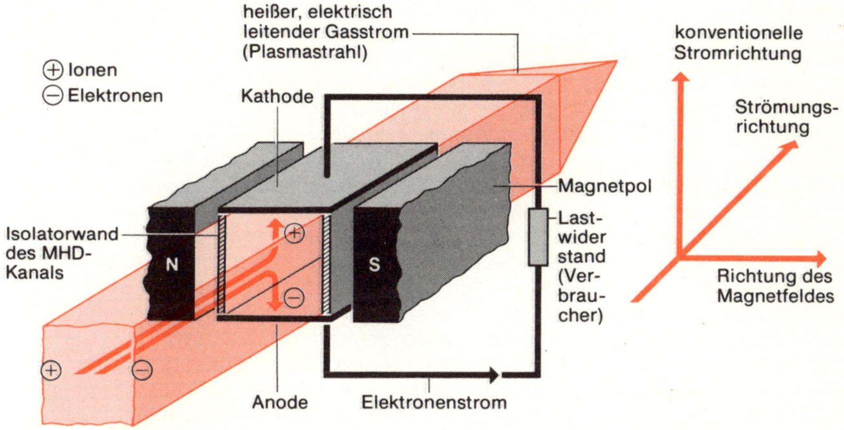

Abb. 1 Prinzip eines MHD-Generators: Im Plasmastrahl wird durch das Magnetfeld zwischen den beiden Magnetpolen (N und S) ein elektrischer Strom induziert, der über die Elektroden zum Verbraucher und zurück fließt

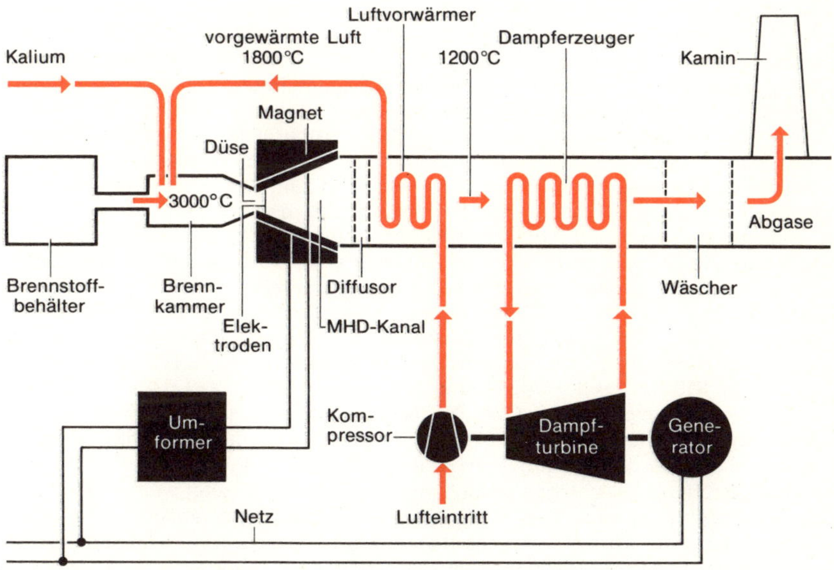

Abb. 2 Schema der Kombination eines Verbrennungsgas-MHD-Generators mit einem konventionellen Dampfkraftwerk

Wasserenergie – Wasserkraftwerke

Die Energie strömenden Wassers – von Menschen seit Jahrtausenden in mechanische Arbeit umgewandelt (Wasserräder für Getreidemühlen, Hammerwerke o.ä.) – wird heute in *Wasserkraftwerken* zur Stromerzeugung genutzt. Sie treibt dazu besondere Wasserturbinen an, die mit Generatoren gekoppelt sind. Indem das Wasser vorher aufgestaut wird, erhält man ein Wassergefälle mit gleichbleibender Fallhöhe und hinreichender Strömungsenergie zum Antrieb der Turbinen.

Laufwasserkraftwerke sind als Flußstaue (*Flußkraftwerke;* mit Aufstau des Wassers durch Wehre) oder als Kanalstufen gebaute *Niederdruckkraftwerke* (Fallhöhe bis 20m), bei denen das Wasser entsprechend dem Zulauf verarbeitet wird, da aus umwelttechnischen und wirtschaftlichen Gründen ein Aufstau zur Erhöhung des Gefälles und des Speicherraums nicht möglich sind. – *Speicherkraftwerke* nutzen dagegen das gestaute Wasser eines natürlichen oder künstlichen Speicherbeckens. Sie werden in erster Linie als *Talsperrenkraftwerke* errichtet, bei denen ein hoher Damm (Staumauer) das Wasser eines Flusses in einem Tal zu einem großen See aufstaut (Talsperre) und die Turbinen sich in Durchlässen am Fuße der Staumauer befinden. Die größten dieser *Mitteldruckkraftwerke* (Fallhöhe 35 bis rund 300 m) entwickeln elektrische Leistungen von über 6000 MW.

In Gebirgen werden auch *Hochdruckkraftwerke* errichtet, bei denen das Triebwasser aus hochgelegenen Speicherbecken bzw. -seen, die die stark wechselnden Abflußmengen auffangen, über Druckrohre bzw. -stollen den Turbinen zugeführt wird (Fallhöhen bis zu 1500 m). – Eine Spielart dieser Wasserkraftwerke sind die *Pumpspeicherwerke,* deren Hochspeicher durch Hochpumpen von Wasser mit dem anfallenden Überschuß- bzw. Nachtstrom aus Verbundkraftwerken wieder gefüllt werden, um in Zeiten großer Stromnachfrage genutzt zu werden. Dabei wird der Generator als Motor betrieben, der die Pumpe antreibt.

Eine Sonderform der Hochdruckwasserkraftwerke stellen die *Gletscherkraftwerke* dar, die z.B. in Grönland die im Sommer anfallenden großen Schmelzwassermengen nutzen sollen. Die technischen Probleme liegen bei ihnen v.a. in der Errichtung der Anlagen zur Erfassung des Schmelzwassers und der Zuleitungen zu den Speicherseen sowie im Transport der erzeugten Energie zu den Verbrauchszentren (in Nordamerika und Europa). Die Übertragung der elektrischen Energie könnte direkt in der Form hochgespannten Stroms über Unterwasserkabel erfolgen oder in der Form von Wasserstoff, der durch Elektrolyse von Wasser gewonnen und durch Pipelines oder verflüssigt mit Tankschiffen zum Verbraucher transportiert würde, wo er dann z.B. als Brennstoff verwendet werden könnte.

Das gesamte technisch *nutzbare Leistungspotential an Wasserkraft* auf der Erde wird auf rund 2900 GW geschätzt, von dem heute etwa 14,2% genutzt werden. In den industrialisierten Ländern sind schon seit Beginn des Jahrhunderts die günstigsten Standorte genutzt, so daß z.B. in Deutschland neue Standorte für Wasserkraftwerke nicht zu finden sind. Aus diesem Grunde sind in Westeuropa bereits 77,2% des möglichen Leistungspotentials von 158 GW ausgebaut, in Nordamerika schon 35,5% von 313 GW, in der UdSSR und den anderen COMECON-Staaten aber erst 14,8% von möglichen 466 GW. Die Nutzung von Wasserkräften ist v.a. in Südamerika (Leistungspotential 577 GW, davon 4,7% ausgebaut), Afrika (780 GW, davon erst 1,4% ausgebaut) und Asien (828 GW, ausgebaut zu 7,0%) noch vielversprechend. Hier liegen jedoch viele potentielle Anlagen weit entfernt von Siedlungsgebieten, so daß ein hoher Aufwand für den Stromtransport nötig ist.

Der Aufstau des Wassers und damit die Überschwemmung z.T. weiter Landstriche und die Änderung des Grundwasserspiegels und des Mikroklimas lassen in einigen Fällen die Nutzung der Wasserkraft durch die möglichen ökologischen Nachteile ungünstig erscheinen. In anderen Gebieten wiederum kann gerade durch die Anlage solcher Stauseen u.U. eine gute Möglichkeit zur Bewässerung und Kultivierung weiter Landstriche geschaffen werden.

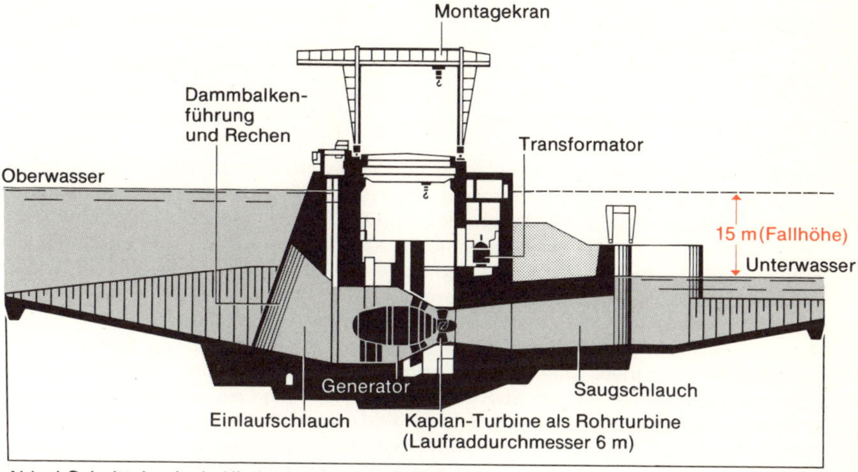

Abb. 1 Schnitt durch ein Niederdruckwasserkraftwerk

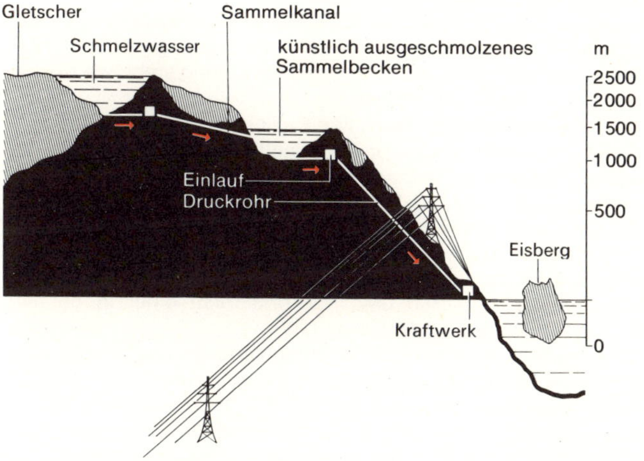

Abb. 2 Gletscherkraftwerk im Schema

Gezeitenkraftwerke

Die Rotation der Erde und die Gravitationskräfte von Mond und Sonne bewirken die mit einer Periode von 12 Stunden und 24 Minuten wiederkehrenden Erscheinungen von *Ebbe* und *Flut*. Die in diesen Gezeiten (s. auch S. 72) steckende kinetische bzw. potentielle Energie ist nach menschlichem Zeitempfinden quasi unerschöpflich, auch wenn durch Reibungskräfte zwischen Flutwelle und Oberflächenwasser die Rotationsenergie der Erde und damit das Potential dieser Energie allmählich vermindert wird (ein Erdentag wird dadurch in 1 Million Jahren um 16 Sekunden länger).

Diese *Gezeitenenergie* kann nun mit Hilfe von *Gezeitenkraftwerken (Flutkraftwerke)* in elektrische Energie umgewandelt werden. Ein solches hydroelektrisches Kraftwerk ist im Prinzip ein Damm, der eine Bucht oder eine Flußmündung vom Meer abtrennt und somit ein künstliches Wasserbecken schafft, das durch große Rohrdurchlässe im Damm bei Flut und Ebbe gezielt aufgefüllt bzw. entleert wird. Dabei wandelt sich die potentielle Energie der unterschiedlichen Wasserstände in kinetische Energie (Strömungsenergie) des ein- bzw. ausströmenden Wassers um. Die Fließbewegung des Wassers läßt nun die Läufer der in den Durchlässen befindlichen Turbinen rotieren, und angekoppelte Generatoren wandeln diese Drehbewegung in elektrische Energie um. Die maximale Leistung eines Gezeitenkraftwerks ergibt sich aus den während der Flut gespeicherten Wassermassen, dem Tidenhub (Höhenunterschied zwischen Hoch- und Niedrigwasser) und der Gezeitenperiode. Der Wirkungsgrad der insgesamt stattfindenden Energieumwandlung liegt zwischen 20 und 25%.

Man unterscheidet Gezeigenkraftwerke mit und ohne Speicherbecken. Solche ohne Speicherbecken haben zwar eine hohe Leistungsausbeute, unterliegen aber dem intermittierenden Energieangebot der Gezeiten. Ihre Errichtung ist nur dann sinnvoll, wenn der erzeugte Strom in ein großes Verbundnetz eingespeist werden kann. Ein kontinuierlicher Kraftwerksbetrieb ist nur in Verbindung mit Speicherbecken möglich. Hierbei reduziert sich jedoch die zur Verfügung stehende Druck- bzw. Fallhöhe und damit die Leistungsausbeute.

Voraussetzungen für einen technisch sinnvollen Einsatz von Gezeitenkraftwerken sind große Tidenhübe von mehr als 3 m und eine natürliche Meeresbucht oder geeignete Flußmündung. Besonders günstige Küstenformationen weisen *Gezeitenunterschiede* von 10 m und mehr auf. Nicht an allen Küsten sind daher diese Voraussetzungen für die Gezeitenenergienutzung gegeben. An der deutschen Nordseeküste z.B. beträgt der mittlere Tidenhub nur etwa 2,7 m.

Optimistische Schätzungen beziffern das weltweite Leistungspotential von möglichen Gezeitenkraftwerken auf 360 GW, das entspricht einer möglichen jährlichen Energieerzeugung von über 3 Millionen GWh.

Pionier im Bau von Gezeitenkraftwerken war Deutschland. Im ersten Weltkrieg arbeitete ein Kleingezeitenkraftwerk in Husum, das den Ein- und Ausstrom der Flut in ein ehemaliges Austernzuchtbecken nutzte, um die Häuser der Umgebung mit elektrischem Strom zu versorgen. – Das erste große Gezeitenkraftwerk ging 1966 in der La-Rance-Flußmündung in Frankreich in Betrieb. Seine Leistung beträgt heute 240 MW und soll im Endausbau auf 320 MW erhöht werden. In einem 750 m langen Damm sind dort insgesamt 24 Turbinen angeordnet, die doppelt arbeiten: Sie nutzen die einströmende und die ausströmende Flut aus. Der Gezeitenhub (der Unterschied zwischen Ebbe und Flut) beträgt dort rund 10 m, maximal 13 m. – In der UdSSR wurde 1968 eine kleine Anlage von 800 kW an der Kislaya-Mündung, 80 km nordöstlich von Murmansk, in Betrieb genommen. Eine größere Anlage von 320 MW ist für den Lombowska-Fluß an der Nordostküste der Halbinsel Kola vorgesehen, eine weitere an der Penschinabucht im Ochotskischen Meer. Gezeitenkraftwerke planen auch Großbritannien (am Solway Firth, in der Humber- und Severn-Mündung), USA und Kanada (am Bay of Fundy) sowie Argentinien und Australien.

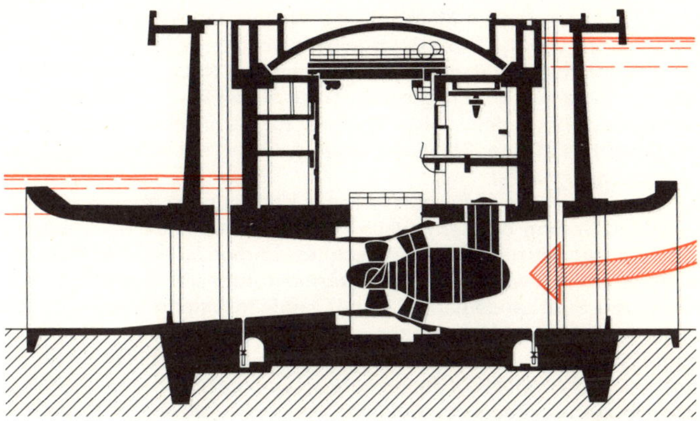

Abb. 1 Arbeit des Gezeitenkraftwerks bei ansteigender Flut

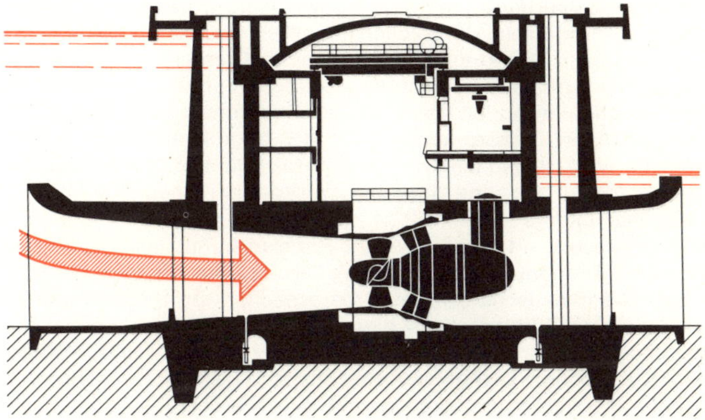

Abb. 2 Arbeit des Gezeitenkraftwerks bei beginnender Ebbe

Energie aus dem Meer

Die Ozeane unserer Erde stellen ein gewaltiges Energiereservoir dar, das im großen Maßstab zu nutzen sich die Menschheit heute anschickt. Zu den Meeresenergiequellen bzw. -trägern zählen die Gezeiten, die Meeresströmungen, die Salzgehalt- und Temperaturgradienten im Meer und die Wellen. Mit Ausnahme der Gezeiten (s. S. 72) werden alle von der Strahlungsenergie der Sonne bewirkt.

Bereits vor 200 Jahren entstanden erste Systeme zur Nutzung der *Wellenenergie.* Bislang hat man derartige Maschinen jedoch nur in sehr kleinem Maßstab (Leistung bis 100 W) einsetzen können, beispielsweise zur Stromversorgung von Leuchtfeuerbojen. Abb. 1 zeigt einen *Wellenenergiekonverter,* der auch für den großtechnischen Einsatz geeignet ist.

Die sich ständig erneuernde und immer zur Verfügung stehende *Meereswärme* läßt den größten Beitrag bei der Nutzung der Meeresenergie erwarten. Im Jahre 1881 schlug der französische Physiker Jacques d'Arsonval erstmals vor, Temperaturunterschiede im Meerwasser mit einer Wärmekraftmaschine in nutzbare Energie zu transformieren. Sein Landsmann George Claude realisierte diesen Vorschlag zur *Umwandlung von Meereswärmeenergie* (*OTEC;* Abk. für engl. *O*cean *t*hermal *e*nergy *c*onversion) 1929 in Kuba mit einem an der Küste installierten *Meereswärmekraftwerk (OTEC-Kraftwerk).* Seine elektrische Leistung von 22 kW reichte allerdings nicht aus, um das kalte Tiefenwasser zum Kraftwerk zu fördern.

Der Einsatz eines OTEC-Kraftwerks ist erst ab Temperaturdifferenzen von 15 K sinnvoll, d. h. bei einem Carnot-Wirkungsgrad von mindestens 5%. Diese Temperaturdifferenzen und die erforderlichen durchschnittlichen Oberflächentemperaturen finden sich ausschließlich in tropischen Gewässern. Dort hat das Oberflächenwasser fast unverändert das ganze Jahr über eine Temperatur von 25 °C. In etwa 1000 m Tiefe hingegen herrschen nur noch Temperaturen von 5 °C. Würde man nur 1% der Fläche der tropischen Weltmeere nutzen, könnte mit OTEC-Kraftwerken eine elektrische Leistung von insgesamt 6800 GW installiert werden.

OTEC-Kraftwerke würden als schwimmende Inseln auf offener See liegen und am Meeresboden verankert sein. Bei solchen mit *offenem Kreislauf* gelangt das warme Oberflächenwasser in eine Unterdruckkammer und verdampft dort zum Teil. Der Dampf treibt eine Turbine, deren Drehbewegung ein angekoppelter Generator in elektrische Energie umwandelt. Der (salzfreie) Wasserdampf wird nach Verlassen der Turbine am kalten Wasser kondensiert, das in großen Mengen aus der Tiefe heraufgepumpt wird. Neben elektrischer Energie fällt also gleichzeitig entsalztes Meereswasser (d. h. Trink- und Brauchwasser) an, bei einem 100-MW-Kraftwerk etwa 60 Millionen Liter je Tag.

Ein OTEC-Kraftwerk mit *geschlossenem Kreislauf* benutzt ein niedrigsiedendes Arbeitsmedium (Ammoniak oder Propan). Das warme Meerwasser gibt seine Energie über Wärmetauscher an das Arbeitsmedium ab. Dieses verdampft und treibt ebenfalls eine Turbine. Auch hier wird kaltes Wasser benötigt, um über Wärmetauscher das dampfförmige Arbeitsmedium zu kondensieren. Auf Grund des geringeren spezifischen Dampfvolumens des Arbeitsmediums können kleinere Turbinen mit höheren Wirkungsgraden eingesetzt werden.

Vor der Kona-Küste von Hawaii wurde 1979 ein Mini-OTEC-Kraftwerk dieses Typs in Betrieb genommen, das eine elektrische Leistung von 17 kW liefert und der Felderprobung dient. Für kommerzielle Zwecke sollen Kraftwerke mit elektrischen Leistungen von 100–400 MW eingesetzt werden.

Da Meereswärme gespeicherte Sonnenenergie ist, stellt das Prinzip der OTEC-Kraftwerke eine vielversprechende Möglichkeit der Sonnenenergienutzung dar. Die erzeugte elektrische Energie könnte entweder über Kabel zum Festland geleitet oder an Ort und Stelle zur Herstellung energieintensiver Produkte wie Aluminium, Magnesium, Ammoniak u. ä. verwendet werden bzw. zur Gewinnung des Energieträgers Wasserstoff durch Wasserelektrolyse dienen.

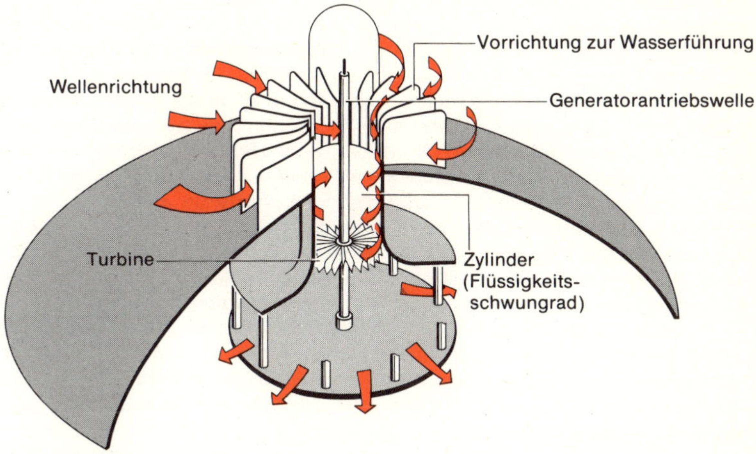

Abb. 1 Wellenenergiekonverter
(Dam-Atoll-Projekt der Firma Lockheed)

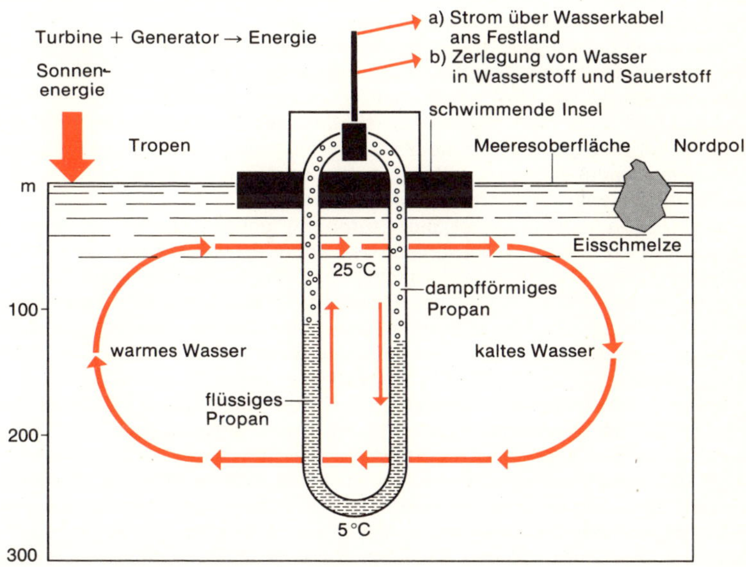

Abb. 2 Prinzip eines OTEC-Kraftwerks mit geschlossenem Kreislauf

Windenergie – Windkraftwerke

Der *Wind* (s. S. 46) ist eine der ältesten vom Menschen genutzten Energiequellen, und zwar zu Lande und zu Wasser. Als *Segelschiffantrieb* ermöglichte er Landentdeckungen und rege Handelstätigkeiten. Auf dem Lande waren es vermutlich die Perser, die als erste im 7. Jahrhundert n. Chr. die Energie des Windes zu nutzen verstanden. Ihre *Windmühlen* dienten zum Pumpen und Fördern von Wasser für Bewässerungszwecke. Um 1900 gab es an der Nordseeküste zwischen Holland und Dänemark rund 100000 Windmühlen. Sie pumpten Wasser, mahlten Getreide, trieben Sägewerke, Ölpressen, Papierfabriken, Hammerwerke u. a. Bereits im Jahre 1890 wurden in Dänemark Windmühlen zur Stromerzeugung gebaut. Die bisher größte *Windmaschine* dieser Art wurde im Jahre 1941 im US-Staat Vermont errichtet: Ihr Rotor hatte einen Durchmesser von 58 m, ihre elektrische Leistung betrug 1000 kW. Nach dem 2. Weltkrieg standen die Forschungsarbeiten stark im Schatten kostengünstigerer Energietechnologien. Erst seit der Energiekrise 1973/74 hat das Interesse an der Windenergie weltweit wieder zugenommen.

Die Nutzung der Windenergie in *Windkraftwerken* wird in erster Linie bestimmt durch meteorologische Gegebenheiten, durch den Standort, die Technologie der Umwandlung der kinetischen Energie des Windes mit Hilfe verstellbarer oder starrer *Rotoren (Propeller)* in elektrische oder mechanische Energie sowie durch Wirtschaftlichkeitsüberlegungen. Die Nutzung der Windenergie ist an denjenigen Standorten besonders aussichtsreich, an denen ausreichend *hohe mittlere Windgeschwindigkeiten* im jahreszeitlichen Verlauf anzutreffen sind. Diese Bedingungen sind an der Küste bzw. in küstennahen Bereichen gegeben. Darüber hinaus ergeben sich im Binnenland Einsatzmöglichkeiten auf Kuppen und Bergen sowie in trichterbildenden Bergformationen (Ausnutzung von Hangwinden). Nach Schätzungen der Weltorganisation für Meteorologie könnten mit Windkraftwerken rund 20 Millionen MW elektrische Leistung erzeugt werden.

Derzeit sind zwei Konzepte zur technischen Nutzung der Windenergie einsatzbereit (Abb.): Der *Vertikalachsenrotor* (ausgeführt als *Darrieus-Rotor* oder als *Savonius-Rotor*) hat den Vorteil, daß er nicht in eine bestimmte Windrichtung ausgerichtet sein muß. Nachteilig ist, daß der Darrieus-Rotor zum Anlaufen Windgeschwindigkeiten von mehr als 5 m/s benötigt. Der *Horizontalachsenrotor* muß demgegenüber zwar dem Wind nachgeführt werden, er läuft allerdings bereits bei Windgeschwindigkeiten von etwa 2 m/s an.

In der Bundesrepublik ist die Erprobung sowohl großer als auch kleiner Windenergiekonverter vorgesehen. Der erste Prototyp einer *Großwindanlage (Growian)* wird zur Zeit in Norddeutschland errichtet. Bei einer Turmhöhe von 100 m soll der Growian eine elektrische Leistung von 3 MW und eine Auslastung von 3300 Betriebsstunden pro Jahr erbringen. Wenn sich diese Großanlage als praktikabel und wettbewerbsfähig erweisen sollte, ist geplant, den Strom derartiger Anlagen in ein elektrisches Verbundnetz einzuspeisen.

Neben Großwindanlagen werden auch *Kleinwindanlagen* in der Größenordnung von 10 kW in Norddeutschland erprobt. Erste Ergebnisse wurden mit einem Versuchswindkraftwerk auf Sylt erzielt. Bei einem Rotordurchmesser von 11 m und einer Windgeschwindigkeit von 6 m/s im Jahresmittel werden 150000 kWh im Jahr erzeugt. Der Strom wird überwiegend von einer Blockspeicherheizung für 5 Einfamilienhäuser aufgenommen; Windflauten können bis zu 3 Tagen durch Speicher überbrückt werden. Derartige Kleinwindanlagen eignen sich besonders für dezentrale Siedlungseinheiten und vereinzelte Gehöfte. Besonders in Entwicklungsländern, die nicht über ein elektrisches Verbundnetz verfügen, lassen sich Kleinwindanlagen als leicht zu beherrschende Energiequelle einsetzen.

Beachtenswert ist die Umweltfreundlichkeit von Windkraftwerken: Sie verbrauchen weder Rohstoffe, noch produzieren sie Abgase oder sonstigen Müll. Problematisch scheint nur eine gewisse Lärmbelästigung zu sein.

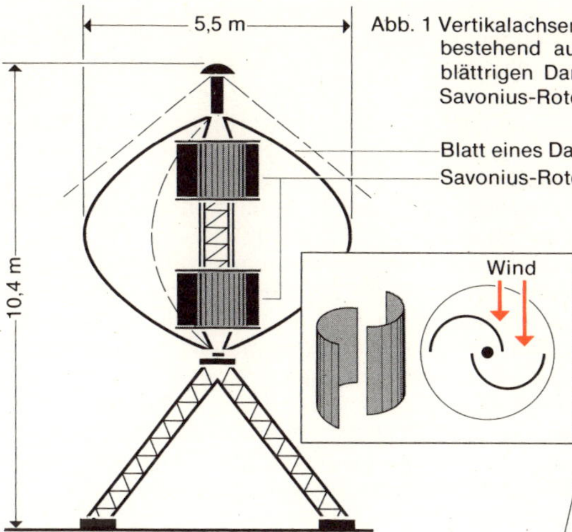

Abb. 1 Vertikalachsenrotor (Konzept „Dornier"), bestehend aus einem zwei- oder dreiblättrigen Darrieus-Rotor und zwei Savonius-Rotoren

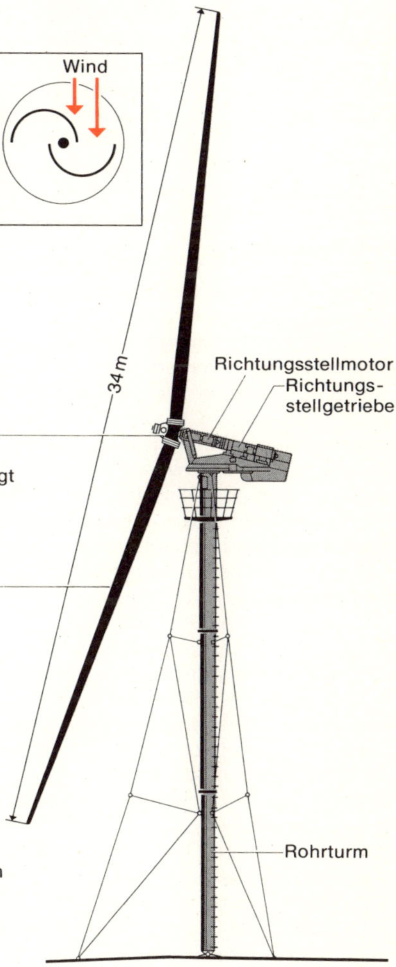

Abb. 2 Die 100-kW-Versuchanlage Stötten der Studiengesellschaft Windkraft (1959–68 in Betrieb): Läuferfläche 900 m^2, Nenndrehzahl 42 U/min

Energie aus dem Erdinnern

In den tieferen Schichten der Erde sind große Wärmemengen gespeichert. Diese *Erdwärme (geothermale* oder *geothermische Energie)* rührt zum Teil noch von der Entstehung der Erde her, zum anderen entsteht sie durch radioaktive Zerfallprozesse. Sie bewirkt, daß die Temperatur des Erdinnern mit der Tiefe zunimmt, und zwar um 30°C je km. Normalerweise herrschen also erst in einer Tiefe von 10 km Temperaturen von rund 300°C, die man zur Elektrizitätserzeugung nutzen könnte. Bohrungen bis in diese Tiefen niederzubringen, ist äußerst kompliziert und sehr teuer. Eine Nutzung der Erdwärme in dieser Form ist also nicht sinnvoll.

In geologisch jungen Erdformationen oder an Bruchstellen in der Erdrinde treten jedoch schon in wesentlich geringeren Tiefen Temperaturen von 200–300°C auf. Derartige Stellen bezeichnet man als *geothermische Anomalien*. Befinden sich dort natürliche Wasser- oder Dampfvorkommen – die Geysire Islands sind die sichtbaren Vertreter solcher geothermischer Anomalien –, so gestaltet sich die Nutzung der Erdwärme relativ einfach: Bohrt man die heißen Dampfquellen an, so kann der Dampf häufig unmittelbar in einem *geothermischen Kraftwerk* zum Antrieb von stromliefernden Turbogeneratoren eingesetzt werden. Anschließend wird er in Kühltürmen wieder verflüssigt. Aus dem Kondensat werden vielfach in chemischen Anlagen Borsäure, Ammoniak u.a. Chemikalien gewonnen. – Heißwasservorkommen können z.B. mit Hilfe eines niedrigsiedenden Arbeitsmediums (Freon, Isobutan u.ä.) genutzt werden, das vom heißen Wasser verdampft wird und dann die Kraftwerksturbinen antreibt.

Eine wirtschaftliche Stromerzeugung mit Hilfe der Erdwärme in geothermischen Kraftwerken setzt Temperaturen von mehr als 130°C voraus. Sind diese nicht vorhanden, so kann die Erdwärme für Heizzwecke oder für Industriewärme bereitgestellt werden. In Island z.B. bezieht rund die Hälfte der Bevölkerung ihre Heizwärme aus geothermischen Quellen.

Geothermische Kraftwerke sind heute nur an wenigen Stellen der Erde in Betrieb. Sie nutzen ausschließlich geothermische Anomalien in Verbindung mit Dampf- oder Wasservorkommen. Sie sind in der Regel blockweise angelegt, so daß ihre Gesamtleistung ausgebaut werden kann. Die drei z.Z. größten Anlagen befinden sich in der Toskana bei Larderello (bereits 1904 in Betrieb genommen; elektrische Leistung heute 350 MW), in Nordkalifornien bei The Geysers (heute 700 MW) und auf Neuseeland bei Wairakei (290 MW).

Angaben über das weltweite Potential an *geothermischer Energie* sind schwierig, da die Wärmereservoire noch zu wenig erforscht sind. Nach vorsichtigen Schätzungen liegt es bei 16000 Exajoule (= 10^{18} Joule). Man erwartet, daß bis zum Ende dieses Jahrhunderts die elektrische Leistung geothermischer Kraftwerke auf rund 100000 MW ausgebaut sein wird, was einem Angebot an elektrischer Energie von etwa 3 Exajoule pro Jahr entspricht.

Mit dem sog. *Hot-Dry-Rock-Verfahren* (Abb.) lassen sich geothermische Anomalien auch dort nutzen, wo keine natürlichen Wärmeträger vorhanden sind, sondern nur heiße, trockene Gesteinsformationen. Eine solche wird angebohrt, und mit hydraulischen Krackverfahren wird in ihr eine große Rißfläche erzeugt, die dann als Wärmeüberträger dient: Kaltes Wasser, das durch das Bohrloch eingepreßt wird, nimmt über die Rißfläche die Gesteinswärme auf und wird als Heißwasser oder Dampf durch ein zweites Bohrloch zur Erdoberfläche geführt, wo es zur Wärmebereitstellung oder in einem Kraftwerk zur Stromerzeugung genutzt werden kann. Das Potential der heißen Gesteinsformationen darf als wesentlich höher angesehen werden als das Potential der geothermischen Anomalien mit natürlichen Wasser- oder Dampfvorkommen.

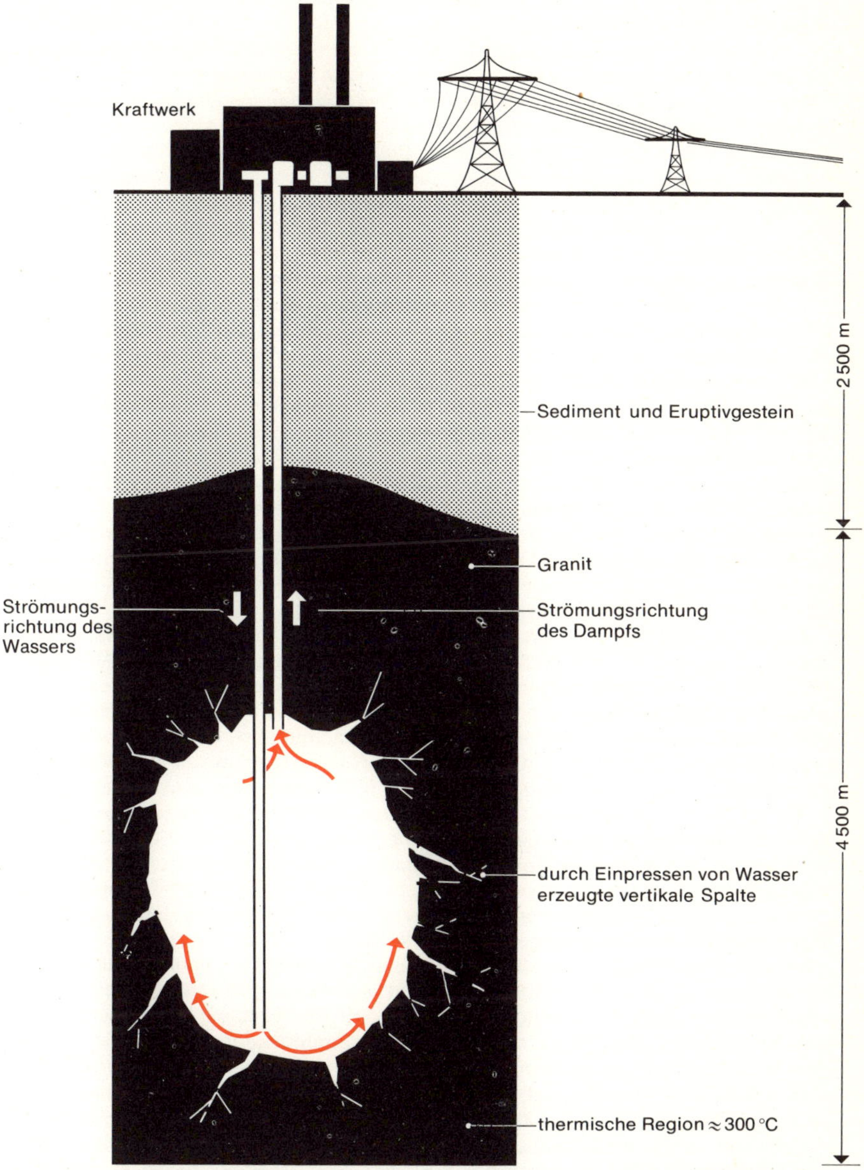

Abb. System zur Gewinnung von Energie aus einem trockenen geothermischen Reservoir (Schema); Quelle: Morton C. Smith, Los Alamos Scientific Laboratory

Sonnenenergie zur Stromerzeugung

Von allen Energieformen steht die Sonnenstrahlung dem Menschen am reichlichsten zur Verfügung. In unseren Breiten werden durch die Sonne in jedem Jahr pro m^2 Fläche rund 1200 kWh Energie eingestrahlt. Verfahren zur Umwandlung von Sonnenenergie in elektrische Energie sind die solarthermische Stromerzeugung und die photoelektrische Direktumwandlung mittels Solarzellen.

Bei der Stromerzeugung in *solarthermischen Kraftwerken (Sonnenkraftwerke)* wird das Sonnenlicht von vielen Spiegeln bzw. Linsen auf sog. *Absorber* fokussiert und dort in Wärmeenergie umgewandelt. Die dabei entstehenden Temperaturen von 200°C bis weit über 1000°C lassen ein flüssiges Arbeitsmedium (Wasser, auch flüssiges Natrium) verdampfen, das durch die Absorber entweder direkt zur Turbine des Sonnenkraftwerks strömt oder mit seiner Wärme das Wasser in einem sekundären Wasser-Dampf-Kreislauf verdampfen läßt. Der auf diese Weise erzeugte hochgespannte und hochtemperaturige Dampf versetzt den Läufer der *Turbine* in Drehung, ein angekoppelter *Generator* erzeugt elektrische Energie, die sofort in das Stromnetz eingespeist wird. Die in der Turbine nicht umgesetzte Wärmeenergie gibt ein *Kühlturm* als Abwärme an die Umgebung ab, wobei der Dampf wieder zu Flüssigkeit kondensiert, die von Umwälzpumpen zur erneuten Aufheizung in die Absorber gefördert wird. Um den Betrieb bei fehlendem Sonnenschein aufrechtzuerhalten, ist eine fossil befeuerte *Zusatzheizung* oder ein Wärmespeicher (meist ein *Latentwärmespeicher,* s.S. 518) erforderlich.

Bei den *Solarfarmkraftwerken* fokussieren sehr viele wannenartig gekrümmte Spiegel das Sonnenlicht jeweils auf ihren eigenen Absorber, der separat über Vor- und Rücklaufleitung mit der Turbine verbunden ist. Solarfarmanlagen sind daher nur bis zu einer elektrischen Leistung von 1 MW kostengünstig. Sie eignen sich besonders für den dezentralen Einsatz in ländlichen Regionen sonnenreicher Länder.

In *Solarturmkraftwerken* konzentriert ein großes, um einen hohen Turm aufgebautes „Spiegelfeld" die Sonnenstrahlen auf einen gemeinsamen Absorber *(Receiver)* an der Turmspitze. Jeder der bis 40 m^2 großen, aus mehreren leicht gewölbten Spiegeln zusammengesetzten, verstellbaren *Heliostaten* wird durch einen Mikroprozessor exakt dem Sonnenstand nachgeführt. Für eine elektrische Leistung von 1kW benötigt man eine Spiegelfläche von 6 m^2 und eine Bodenfläche von 25–30 m^2. Für eine Leistung von 1000 MW müßte man eine Vielzahl von Sonnenturmanlagen auf einer Landfläche von 25–30 km^2 errichten, was nur in heißen Wüsten- oder Halbwüstengebieten möglich und rationell ist. Seit 1977 ist bei Albuquerque (New Mexico) eine Turmanlage in Betrieb, die heute mit 300 Heliostaten eine thermische Leistung von 5 MW erzielt. Seit 1980 ist bei Adrano (Sizilien) das erste europäische Solarturmkraftwerk „Eurelios" in Betrieb (elektrische Leistung 1 MW bei einem erwarteten Wirkungsgrad von 16%).

Bei der seit Jahren betriebssicher zur Energieversorgung von Satelliten und Raumsonden eingesetzten *photovoltaischen Stromerzeugung* mittels *Solarzellen* erfolgt in diesen dünnschichtigen, einige cm^2 großen Halbleiterphotoelementen eine *photoelektrische Direktumwandlung* von Strahlungsenergie der Sonne in elektrische Energie (Ausnutzung des inneren Photoeffekts) mit einem Wirkungsgrad von 5–18%. In der Regel werden 35 oder 36 solcher Solarzellen (maximale Leistungsabgabe jeweils 50–100 mW) zu *Solarmodulen* (liefern Spannungen von 14 bis 18 Volt) und diese wiederum zu *Sonnenpaneelen* (Flächen über 1 m^2) zusammengesetzt und mit einer gemeinsamen Schutzschicht (Glas, Kunststoff) versehen. Die Betriebszuverlässigkeit der Solarzellen ist sehr groß, so daß trotz ihres z.Z. noch sehr hohen Preises *Solarzellengeneratoren (Sonnenbatterien)* wirtschaftlich zur Stromversorgung von Funkstationen und Häusern in abgelegenen Gebieten, Leuchttürmen, Bojen und Segelschiffen einsetzbar sind.

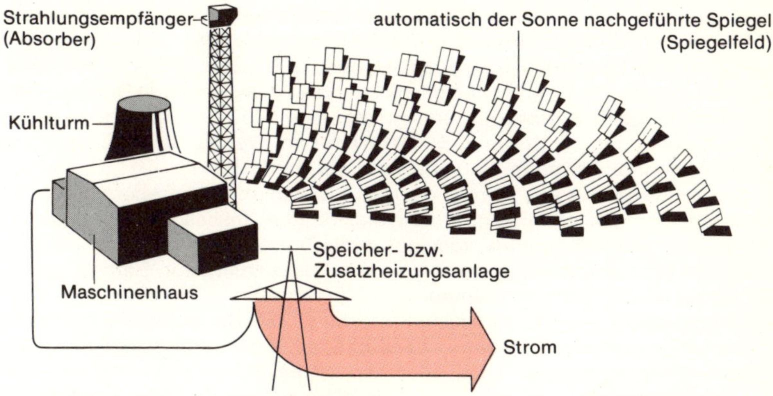

Abb. 1 Prinzip eines Solarturmkraftwerks: Das Sonnenlicht wird von leichtgewölbten Spiegeln, die der Sonne nachgeführt werden, auf den in einem zentralen Turm befindlichen Wärmeabsorber geworfen

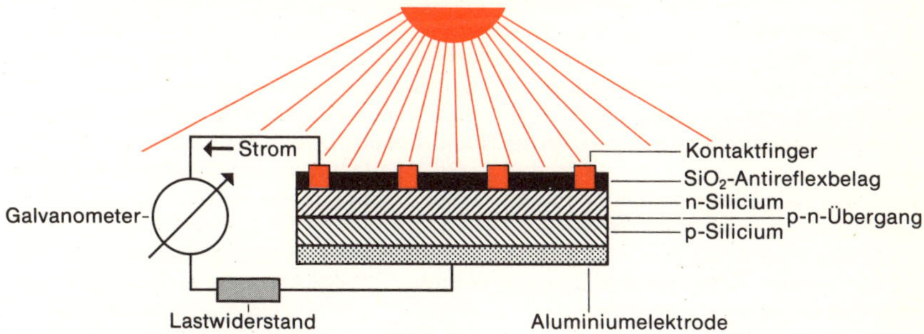

Abb. 2 Schematische Darstellung einer Solarzelle aus negativ und positiv leitendem Silicium (sog. Siliciumzelle)

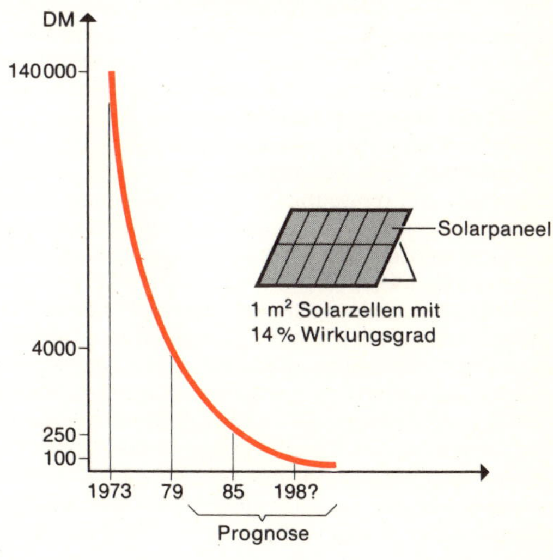

Abb. 3 Preisentwicklung für Solarzellen

Sonnenenergie zur Heizung und Kühlung

Die Sonne strahlt der Erde jährlich eine Energiemenge von $5{,}6 \cdot 10^{24}$ J zu, wovon 31% die Erdoberfläche erreichen. Die auf festen Erdboden treffende Sonnenenergie (Anteil 9%) entspricht mengenmäßig dem 1700fachen Weltenergieverbrauch in den letzten Jahren. Es erscheint deshalb (und auch aus anderen Gründen) sinnvoll, Sonnenenergie z.B. über die ungenutzten Flächen der unzähligen Hausdächer einzufangen und in Strom (s.S. 516) oder in Wärme umzuwandeln, die zur Brauchwassererwärmung, Raumheizung u.a. genutzt wird.

Die Umwandlung von Sonnenenergie in nutzbare Wärmeenergie geschieht in *Solaranlagen* mit Hilfe sog. *Sonnenkollektoren,* insbesondere in gemäßigten Breiten mit *Niedertemperaturkollektoren,* die Temperaturen bis 120°C erzeugen. In der BR Deutschland waren 1979 rund 4500 Solaranlagen in Betrieb, die v.a. zur Brauchwassererwärmung dienten.

Sonnenkollektoren funktionieren wie folgt: Die Sonnenstrahlen werden von einem *Absorber* (ein Aluminium- oder Kupferblech, das zur besseren Strahlungsabsorption mit schwarzem Lack oder Asphalt bestrichen oder mit einer selektiv absorbierenden Schicht versehen ist) in Wärmeenergie umgewandelt. Diese wird von einem *Arbeitsmedium* (Luft, Wasser oder ein Gemisch aus Wasser und Frostschutzmittel), das durch ein fest mit dem Absorber verbundenes Rohrschlangensystem strömt, über Rohrleitungen (oder Luftkanäle) zum *Wärmeaustauscher* einer Heizung oder zu einem *Wärmespeicher* transportiert. Da der erwärmte Absorber im Infrarotbereich Energie abstrahlt, befinden sich an der Frontseite des Kollektors eine oder mehrere Glas- oder Kunststoffscheiben, die wegen ihrer Infrarotundurchlässigkeit einen Wärmestau (Treibhauseffekt) bewirken, der die Energieausbeute noch steigert. An der Rückfront und an den Seiten ist der Kollektor gegen Wärmeleitungsverluste isoliert. – Solarkollektoren und Solarzellenmodule bzw. -paneele lassen sich auch integrieren und ermöglichen dann die gleichzeitige Versorgung z.B. eines Haushalts mit Strom und Wärme.

Da Wärmeerzeugung und -verbrauch zeitlich meist nicht zusammenfallen, ist eine *Wärmespeicherung* unabdingbar. Während übliche Wärmespeicher auf Grund des hohen Temperaturunterschieds gegenüber der Umgebung selbst bei guter Isolierung allmählich abkühlen, wird in sog. *Latentwärmespeichern* die zugeführte Wärmeenergie nur zu einem kleinen Teil zur Temperaturerhöhung, zum größeren Teil dagegen zur Änderung des Aggregatszustandes des Speichermediums verwendet: Bestimmte Salzmischungen gehen beim Erwärmen vom festen in den flüssigen Aggregatszustand über, wobei die zugeführte Wärmeenergie in Form latenter Wärme (Schmelzwärme) festgelegt wird und später in Form von Nutzwärme zurückgewonnen werden kann. Man ist heute bestrebt, derartige Latentspeicher in Schichtform unmittelbar in die Kollektoren zu integrieren.

Sonnenenergie kann auch zur *Kühlung* von Vorratsräumen und Wohnungen genutzt werden. *Solare Kühlanlagen* arbeiten entweder nach dem Prinzip einer Kompressorkältemaschine bzw. -wärmepumpe (s.S. 520) oder wie eine Absorptionskältemaschine: Ein Arbeitsmittel (Ammoniak, Lithiumbromid) wird in einer Rohrschlange (Verdampfer) bei niedriger Temperatur verdampft, wobei die dazu benötigte Verdampfungswärme dem zu kühlenden Raum entzogen wird (Kühlvorgang). Anschließend nimmt ein flüssiges Absorptionsmittel (z.B. Wasser) den Arbeitsmitteldampf auf, wobei Wärme an die Umgebung abgeführt wird. Zur Regeneration des Arbeitsmittels zwecks kontinuierlicher Kühlung wird dieses in einem Austreiber bei Temperaturen von 70–120°C, die von einem Sonnenkollektor erzeugt werden, wieder vom Absorptionsmittel getrennt und dann in einem Kondensator erneut verflüssigt, so daß es wieder für den Kühlprozeß zur Verfügung steht.

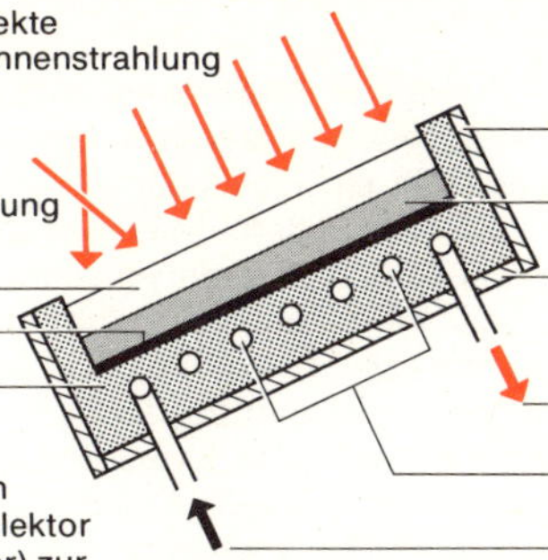

Abb. 1 Schnitt durch einen flachen Sonnenkollektor (sog. Flachkollektor) zur Wassererhitzung

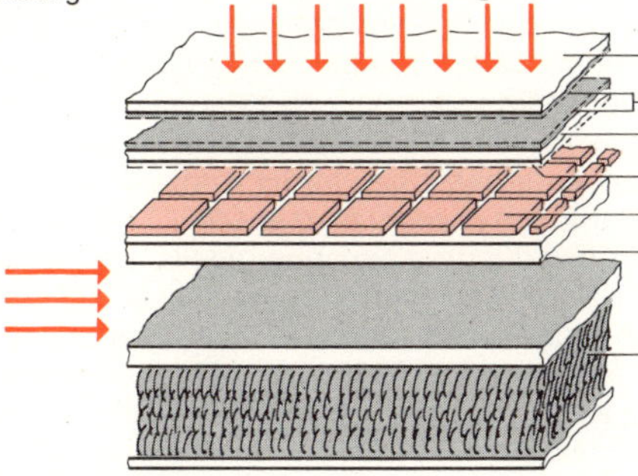

Abb. 2 Aufbau eines kombinierten Sonnenkollektors zur Strom- und Wärmegewinnung

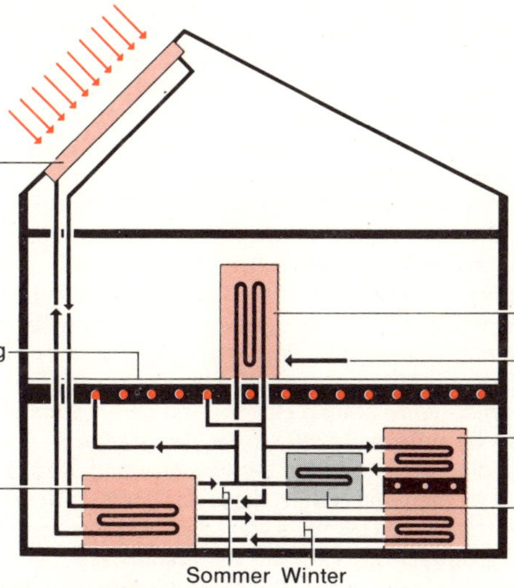

Abb. 3 Schema eines solarbeheizten Hauses mit Zusatzheizung und zusätzlicher Wärmepumpe

Wärmepumpen

Eine Wärmepumpe ist eine maschinelle Anlage, die unter Aufwendung mechanischer bzw. elektrischer Antriebsenergie einem auf relativ niedriger Temperatur befindlichen Wärmereservoir (z.B. ein Fluß oder ein großer See, aber auch das Grundwasser, der Erdboden oder die Außenluft) Wärmeenergie entzieht und einem anderen, bereits eine höhere Temperatur aufweisenden Wärmespeicher (bzw. einem Wärmeaustauscher) diese Wärmeenergie zuführt und ihn so weiter erwärmt.

Im folgenden wird eine *Kompressionswärmepumpe* beschrieben, da diese den höchsten Entwicklungsstand hat. Ihre Hauptbestandteile sind (Abb. 1) Verdampfer, Kompressor (Verdichter), Kondensator und Expansionsventil sowie ein Verbrennungs- oder Elektromotor zum Antrieb des Kompressors. Der *Verdampfer* befindet sich mit dem niedrigtemperierten Wärmereservoir W_0, das eine (in Kelvin gemessene) absolute Temperatur T_0 besitzt, im Wärmeaustausch. In ihm wird das flüssige Arbeitsmedium der Wärmepumpe, ein bei niedrigen Temperaturen siedendes *Kältemittel* (z.B. Frigen), bei dieser Temperatur T_0 verdampft, wobei die benötigte Verdampfungswärme vom Wärmereservoir W_0 aufgebracht, ihm also entzogen wird. Der Kältemitteldampf wird nun vom *Kompressor* angesaugt und verdichtet, wodurch der Dampf auf ein erheblich höheres Temperaturniveau (Temperatur T) gebracht wird. Der komprimierte Dampf wird anschließend im *Kondensator* wieder verflüssigt. Die dabei freiwerdende Wärmeenergie (Kondensationswärme) wird an den höhertemperierten Wärmespeicher W abgegeben (z.B. über einen Wärmeaustauscher an den Warmwasserkreislauf einer Zentralheizung). Das kondensierte Arbeitsmedium selbst strömt sodann durch das *Expansionsventil*, entspannt sich dabei unter Abkühlung auf Temperaturen unterhalb T_0 und beginnt im Verdampfer den Kreisprozeß von neuem.

Bei der Wärmepumpe wird also im Unterschied zur Kältemaschine die im Kondensator abgegebene Wärmemenge nutzbar gemacht, während die im Verdampfer erzeugte Kälte meist ungenutzt bleibt. Die *Nutzwärme* setzt sich aus der von T_0 auf T gehobenen Wärme und dem Wärmeäquivalent der dazu (v.a. zum Betrieb des Kompressors und von Umwälzpumpen) aufgewendeten Arbeit zusammen. Sie ist in einer verlustlos arbeitenden Wärmepumpe um den als *Carnot-Leistungszahl* bezeichneten Faktor $\varepsilon_c = T/(T - T_0)$ größer als dieses Wärmeäquivalent. Da aber beim Betreiben einer Wärmepumpe Energie- bzw. Wärmeverluste nicht zu vermeiden sind, wird die Güte einer Wärmepumpe durch die reale *Leistungszahl* $\varepsilon = \varepsilon_c \cdot \eta$ gegeben, wobei η das Produkt aller Einzelwirkungsgrade der verschiedenen Anlagenteile ist. Sie besagt, wievielmal mehr Nutzwärme gewonnen werden kann, als bezahlte Energie aufgewendet werden muß. Bei Beachtung aller Verluste ist die Leistungszahl $\varepsilon \approx 2{,}5 - 4$, d.h., bei gleichem Stromverbrauch kann man mit einer Wärmepumpe bis zu dreimal soviel Wärme ins Haus bringen wie mit einer Elektroheizung.

Wärmepumpen können also vorteilhaft zur *Gebäudeheizung* und zur *Warmwasserbereitung* eingesetzt werden, wenn ein günstiges Wärmereservoir zur Verfügung steht. Weiter können auch industrielle Prozesse, z.B. Trocknung, Eindampfung und *Wärmerückgewinnung*, mit Wärmepumpen unterstützt werden.

Natürliche *Wärmereservoire* stellen Grund- und Oberflächenwasser, Erdboden, Umgebungsluft und – über Sonnenkollektoren eingefangen – die Sonnenstrahlung dar; daneben kann die Abwärme von Abwässern und Abgasen als künstliche Wärmequelle genutzt werden. Das nahezu über das ganze Jahr mit einer Temperatur von +8 bis +10°C vorhandene Grundwasser ist häufig nur begrenzt verfügbar, der Erdboden erfordert großflächige Verdampferanlagen. Bei der Umgebungsluft ist nachteilig, daß ihre Temperatur gerade dann niedrig ist, wenn der maximale Wärmebedarf erforderlich ist; damit fällt die Leistungszahl an kalten Tagen stark ab.

Die Kombination einer Wärmepumpe mit einem zweiten Wärmeerzeugungssystem, z.B. einem Heizkessel, zu einer *bivalenten Wärmepumpenanlage* (Abb. 2) ermöglicht die Entlastung der Wärmepumpe an den wenigen sehr kalten Tagen.

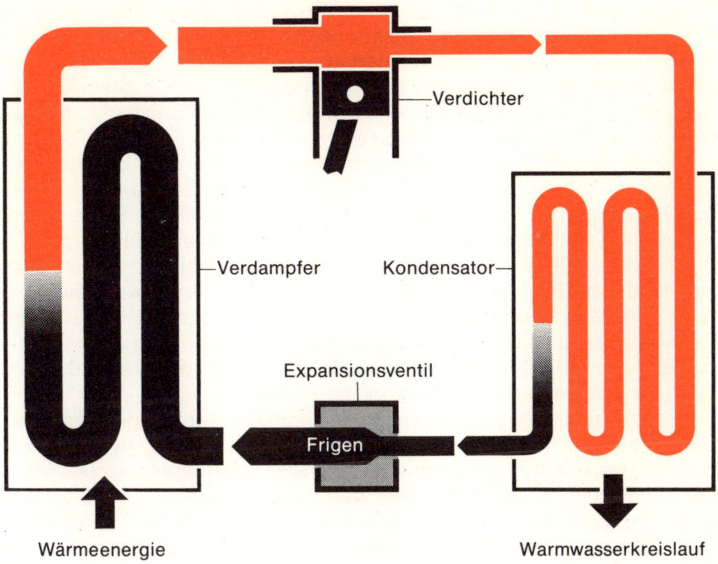

Abb. 1 So funktioniert die Wärmepumpe

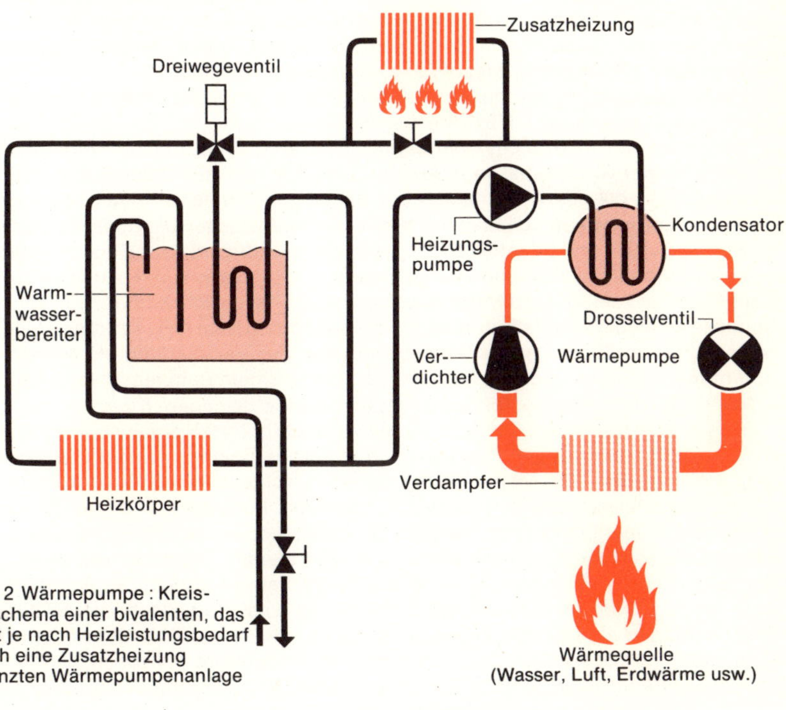

Abb. 2 Wärmepumpe: Kreislaufschema einer bivalenten, das heißt je nach Heizleistungsbedarf durch eine Zusatzheizung ergänzten Wärmepumpenanlage

Energie aus Biomasse

Unter *Biomasse* versteht man die Gesamtheit aller lebenden, toten und zersetzten Organismen und der von ihnen produzierten organischen Substanz (ausgenommen fossile Stoffe). In ihr ist die durch Photosynthese (s. S. 200) in chemische Energie umgewandelte Sonnenenergie gespeichert. Biomasse in Form von *Nahrung* ist seit jeher der wichtigste Energielieferant für den Menschen. Biomasse in Form von Holz, Stroh, Dung und dgl. dient heute noch überall in der Welt als *Brennstoff* zur Erzeugung von Wärme, auch wenn v.a. in Industrieländern dafür meist die aus fossiler Biomasse hervorgegangenen Brennstoffe wie Kohle, Erdöl und Erdgas genommen werden. Durch die seit 1973 stark gestiegenen Preise fossiler Brennstoffe hat aber in den Industrieländern das Interesse an der *Nutzung von Biomasse als regenerativem Energieträger* stark zugenommen, und zwar sowohl an der Nutzung von land- und forstwirtschaftlichen Abfällen (z. B. Mist, Stroh, Holzreste) als auch an der Nutzung von Biomasse, die man durch Anpflanzung von ausschließlich zur energetischen Verwertung dienenden „Energiepflanzen" erhält (z. B. Zuckerrohr in Brasilien zur Gewinnung von Äthanol als Treibstoff).

Die für die *energetische Verwertung von Biomasse* wichtigsten Methoden sind die chemischen Verfahren der Verbrennung, Vergasung und Pyrolyse sowie die biologischen Umwandlungen zu Methan oder Alkohol. Bei den *chemischen Verfahren* ist vor der Umwandlung in Energie oder in Energieträger (Gase, Öle) meist eine Vortrocknung notwendig, insbesondere vor der *Verbrennung von Biomasse zur Wärmeerzeugung.* Die bei der *Vergasung von Biomasse* eingesetzten Verfahren sind durch eine nur teilweise Oxidation gekennzeichnet (reduzierter Luftzutritt), wobei brennbare Gase wie Kohlenmonoxid (CO) und Wasserstoff (H_2) entstehen. Ein bekanntes Beispiel ist der im und einige Zeit nach dem 2. Weltkrieg zum Fahrzeugantrieb verwendete *Holzgasgenerator*, in dem Holz vergast wurde. Bei der *Pyrolyse* wird die Biomasse ganz unter Luftabschluß von außen auf Temperaturen zwischen 500 °C und 1000 °C aufgeheizt. Infolge *thermischer Zersetzung* entstehen feste, flüssige und gasförmige Brenn- bzw. Treibstoffe.

Die beiden auf *mikrobieller Fermentation* (Gärung) beruhenden *biologischen Umwandlungen* von Biomasse in Alkohol bzw. Methan sind anaerobe, d.h. unter Luftabschluß ablaufende Prozesse, bei denen die Biomasse einen sehr hohen Wassergehalt von deutlich über 80 % aufweisen muß. Bei der *alkoholischen Gärung* werden C_6-Zucker (mit 6 C-Atomen pro Molekül) in wäßriger Lösung durch Hefebakterien zu *Äthanol* (Trinkalkohol) umgewandelt. Es kann auch stärke- und zellulosehaltige Biomasse eingesetzt werden, wobei aber vorher die Stärke durch Enzyme, die Zellulose entweder ebenfalls durch Enzyme oder durch Behandlung unter Druck mit heißer Säure in Zucker gespalten werden muß. Zur Verwendung als *Motortreibstoff* muß Äthanol noch durch Rektifikation bis zu einem Reinheitsgrad von 99,5% destilliert werden, wenn es (bis zu 20%) dem Benzin beigegeben wird.

Bei der *Methangärung* wird der C-Anteil von nichtholzigen organischen Substanzen in einem mehrstufigen Prozeß durch anaerobe Bakterien in ein Gasgemisch („Biogas") aus 55–70 % Methan (CH_4), 30–45 % Kohlendioxid (CO_2) und Restgase wie H_2, Schwefelwasserstoff (H_2S) und N_2 überführt. Insbesondere eignen sich Mist, Stroh und Rübenblätter zur Vergärung, wobei neben dem Energiegewinn für Kochen, Heizen und Trocknen ein weitgehend steriler, geruchsfreier, wertvoller Dünger mit vollem Stickstoffgehalt entsteht. Deshalb entspricht dieses Verfahren einer *ökologischen Kreislaufwirtschaft* (Abb. 2). Die *Biogastechnologie* hat mit Einfachanlagen eine eigene Tradition in Indien und China (Abb. 3) und ist inzwischen auch für die europäische Landwirtschaft interessant geworden.

Das für die energetische Nutzung von Biomasse zur Verfügung stehende Potential an Pflanzen und organischem Abfall kann in Zukunft durch gezielten Anbau von hierfür geeigneten rasch wachsenden Pflanzen in sog. „Energieplantagen" oder durch Algen- und Tangzucht im Meer erweitert werden.

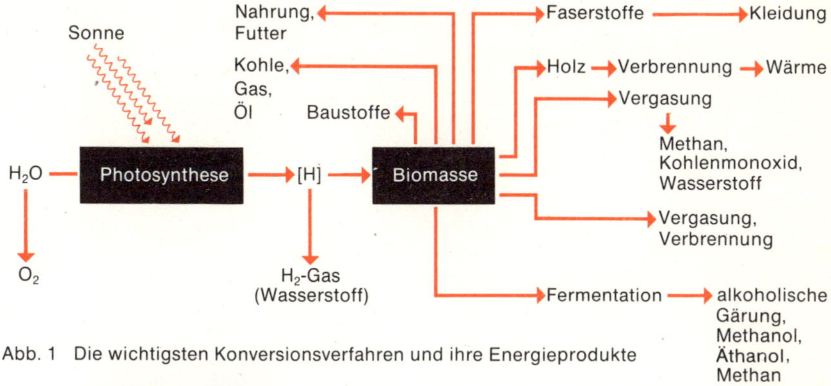

Abb. 1 Die wichtigsten Konversionsverfahren und ihre Energieprodukte

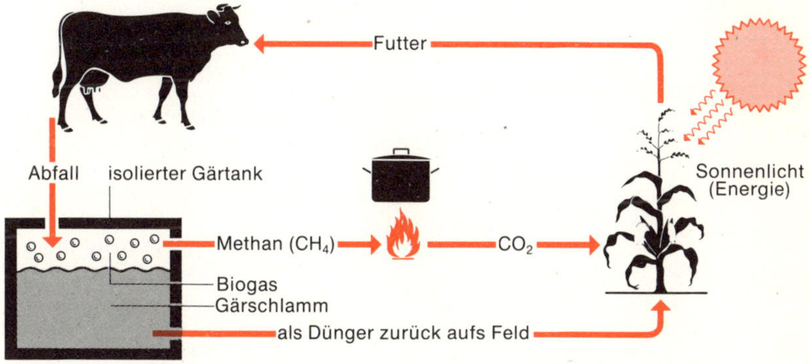

Abb. 2 Die geschlossenen Kreisläufe des Kohlenstoffes und der anorganischen Nährstoffe bei der Biogasproduktion. Der „Motor", der die Kreisläufe in Gang hält, ist die Sonne

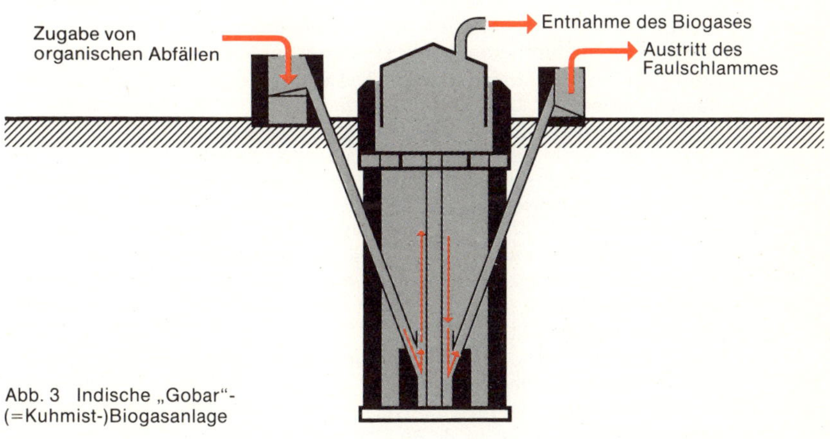

Abb. 3 Indische „Gobar"-(=Kuhmist-)Biogasanlage

Kernspaltung

Alle *Atome* bestehen aus einem Atomkern und einer Elektronenhülle, in der sich Elektronen um den Kern bewegen. Bei der Energiegewinnung durch chemische Reaktionen (z.B. durch Verbrennung von Öl oder Kohle) spielen sich die entscheidenden Energievorgänge in der Elektronenhülle ab. Im Gegensatz dazu ist die bei Kernreaktionen umgesetzte bzw. freiwerdende Energie aus dem Atomkern (Kernenergie; s.S. 474) millionenfach höher als bei chemischen Reaktionen.

Der *Atomkern* besteht aus Protonen und Neutronen, deren Anzahl für jeden Atomkerntyp und damit für jedes Nuklid (s.S. 402) spezifisch ist. *Protonen* sind elektrisch positiv geladene Kernbausteine (ein Proton ist z.B. der Kern des Wasserstoffisotops ^{1}H), während *Neutronen* nahezu die gleiche Masse, aber keine elektrische Ladung besitzen, d.h. elektrisch neutral sind. Nur die wenigsten Nuklide können durch *Kernspaltung,* d.h. Spaltung ihrer Atomkerne in zwei Bruchstücke, zur Energiegewinnung in Kernkraftwerken genutzt werden. Dazu gehören die *Uranisotope U 233* und *U 235* sowie das *Plutoniumisotop Pu 239* (die Zahlen 233 usw. geben die Anzahl der Kernbausteine oder sog. Nukleonen an, d.h. die Summe der Protonen- und Neutronenzahl). Die Atomkerne dieser Nuklide können unter Neutronenbeschuß gespalten werden, wobei pro Spaltung eine Energie von rund 200 MeV (Millionen Elektronenvolt), d.h. eine Energie von ca. 21000 kWh pro Gramm gespaltener Substanz, freigesetzt wird.

Der Vorgang der *Kernspaltung* (Abb. 1) geht im einzelnen so vonstatten: Prallt ein zufällig vorhandenes Neutron auf den Atomkern eines Uran-235-Atoms, so kann dieser in zwei kleinere Kerne (z.B. der Nuklide Krypton 89 und Barium 144 oder der Nuklide Strontium 90 und Xenon 143) gespalten werden. Dabei werden zusätzlich zwei bis drei Neutronen mit einer Energie von 100 keV bis 10 MeV freigesetzt, die ihrerseits wiederum Uran- oder Plutoniumkerne spalten, wenn sie auf thermische Energie (etwa 0,1 eV) abgebremst sind. Diese „Thermalisierung" der Neutronen kann mit Hilfe sog. Moderatoren (z.B. leichtes oder schweres Wasser) geschehen.

Wenn genügend spaltbare Kerne vorhanden sind, bildet sich sehr schnell eine sog. *nukleare Kettenreaktion (Kernkettenreaktion)* von solchen Kernspaltungen aus (Abb. 2). Diese kann bei unkontrolliertem Ablauf (z.B. bei der Explosion einer Atombombe) in Sekundenbruchteilen zur Freisetzung einer riesigen Energiemenge führen. In *Kernkraftwerken* läßt man diese Reaktion kontrolliert ablaufen, indem man in einer geeignet strukturierten und dimensionierten Anordnung von U-235-haltigen Brennelementen mit Hilfe von Absorbermaterialien so viele Neutronen auffängt, daß nur noch jeweils eines der neu entstehenden Neutronen wieder eine Kernspaltung auslöst (dadurch konstanter Leistungspegel des Kernkraftwerks).

Bei der Kernspaltung wird nur ein geringer Teil (etwa 1‰) des Energieinhalts der Urankernmasse freigesetzt. Die freiwerdende Energie wird nun dadurch in Wärmeenergie umgewandelt, daß die durch die Spaltung der Uran-235-Kerne entstehenden neuen, kleineren Atomkerne (sie bzw. ihre Nuklide werden als *Spaltprodukte* bezeichnet) mit einer hohen Geschwindigkeit (d.h. mit hoher kinetischer Energie) wegfliegen, an andere Atome stoßen und so durch Energieübertragung eine Aufheizung (erhöhte Wärmebewegung) im Bereich der benachbarten Atome und Moleküle verursachen. Die so erzeugte Wärmeenergie kann dann z.B. zum Aufheizen und Verdampfen von Wasser verwendet werden; der Dampf kann Turbinen antreiben, die über angekoppelte Generatoren einen Teil der Wärme in elektrische Energie (Strom) umwandeln.

Zur Wärmeerzeugung trägt außerdem die Abbremsung der bei den Kernspaltungen freigesetzten energiereichen Neutronen (ca. 2,5%) und der energiereichen radioaktiven Strahlung der Spaltprodukte (ebenfalls ca. 2,5%) bei; denn diese sind im allgemeinen nicht stabil, da in ihnen das dafür notwendige Verhältnis von Neutronen zu Protonen nicht vorliegt. Durch radioaktiven Zerfall wandeln sie sich stufenweise weiter um, bis stabile Endprodukte vorliegen.

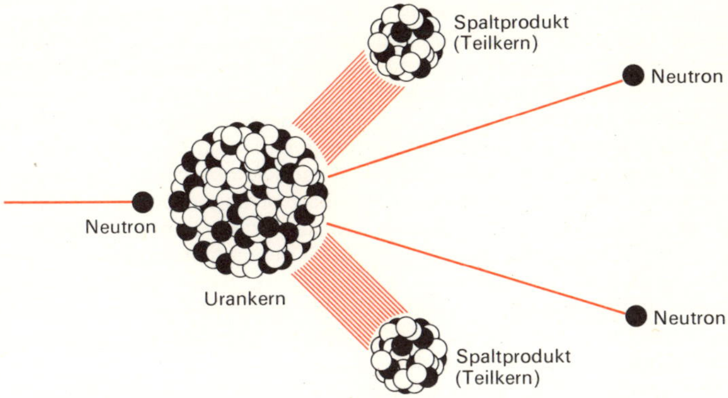

Abb. 1 Kernspaltung

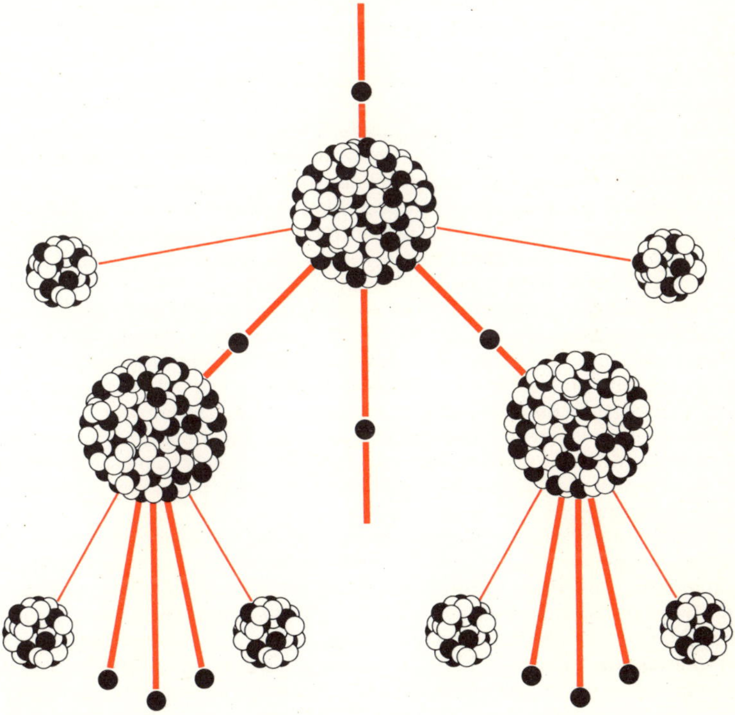

Abb. 2 Kettenreaktion

Kernenergie und Umwelt

Die *Gewinnung und Nutzung der Kernenergie* ist insofern eine umweltfreundliche Art der Energieerzeugung und -nutzung, als keine chemischen Schadstoffe, wie z.B. Kohlenwasserstoffe, Kohlenmonoxid, Schwefel- und Stickoxide, bzw. kein Staub und kein Ruß an die Umgebung abgegeben werden. Die Kerntechnik liefert jedoch einen Teilbeitrag zur radioaktiven Strahlung in der Umwelt (s. S. 404). Dieser liegt zur Zeit in der Bundesrepublik unter einem Tausendstel rem pro Jahr, d. h., er beträgt weniger als 1 % der durch natürliche Radioaktivität verursachten Strahlendosis von etwa 0,1 rem pro Jahr. Auf Grund der im Kernkraftwerk nach einer gewissen Betriebsdauer sehr hohen in den Brennelementen eingeschlossenen Radioaktivitätsmengen muß jedoch mit besonders strengen Sicherheitsmaßnahmen (s.S. 528 und 534) dafür gesorgt werden, daß eine unzulässig hohe Umweltbelastung infolge von Unfällen im Kernkraftwerk mit großer Sicherheit verhindert wird. Ein Kernkraftwerk ist außerdem an einen Brennstoffkreislauf angeschlossen, bei dem auch an anderen Stellen große Mengen an radioaktiven Stoffen auftreten und verarbeitet werden. Auch hier müssen angemessene Sicherheitsmaßnahmen getroffen werden.

Die sog. *Kernverfahrenstechnik* beginnt mit dem *Uranbergbau.* Das Erz wird fein gemahlen und zur Abtrennung des Urans einem Laugungsverfahren unterworfen. Die Abfälle dieser Aufbereitung, die u. a. Tochterprodukte der natürlichen radioaktiven Zerfallsreihen (s.S. 404) enthalten, werden auf Halden abgelagert, wodurch eine gewisse Umweltgefährdung gegeben ist (Auswaschung löslicher Verbindungen der enthaltenen Radionuklide durch Regenwasser). In den USA (als größtem Verbraucher und Lieferant von Kernbrennstoffen bzw. spaltbarem Material für Kernreaktoren und Kernwaffen) beträgt die derzeitige Menge dieser Abfallerze 100 Millionen Tonnen. In der Bundesrepublik fallen praktisch keine Abfallerze an.

Als nächstes gelangt das im Bergbau gewonnene Uran in *Anreicherungsanlagen,* wo das von Natur aus nur in geringen Mengen (0,7 %) im Uran vorhandene spaltbare Uranisotop U 235 auf etwa 3% (bei Verwendung als Kernbrennstoff von Leichtwasserreaktoren) angereichert wird. Bei diesem heute noch energetisch sehr aufwendigen Anreicherungsprozeß entstehen schwach radioaktive Abfallprodukte, die in sehr niedriger Konzentration an die Umwelt abgegeben werden.

Das hinreichend angereicherte Uran wird dann in Tablettenform zur *Füllung der Brennstäbe* verwendet, die zu Brennelementen gebündelt in die sog. Spaltzone des Kernreaktors gebracht werden. Bei den dort stattfindenden Kernspaltungen der U-235-Atomkerne entsteht eine große Vielfalt zumeist radioaktiver Spaltprodukte (s. S. 524), die sich in den Brennstäben ansammeln. Die gasförmigen Radionuklide unter ihnen entweichen zu einem geringen Prozentsatz bereits im Kernkraftwerk und werden in Konzentrationen weit unterhalb der gesetzlich zulässigen Werte für Radioaktivität an das Abwasser und (über hohe Schornsteine) an die Luft abgegeben (Abb.).

Nach einer Einsatzdauer von etwa 3 Jahren im Reaktor werden die Brennelemente bis zum weitgehenden Zerfall der kurzlebigen und daher hochaktiven Radionuklide in großen, gekühlten Lagerbecken direkt im Reaktorgebäude gelagert. Nach dieser *Zwischenlagerung* werden sie zur *Wiederaufbereitungsanlage* transportiert oder langfristig in sicheren Behältern gelagert. Bei der Wiederaufbereitung des abgebrannten Brennstoffs (s. S. 536) entweichen die flüchtigen Radionuklide unter den in ihm enthaltenen Spaltprodukten z. T. in die Umgebung. Insgesamt liegt die Abgabe von Radioaktivität bei Wiederaufbereitungsanlagen höher als bei Kernkraftwerken.

Die bei der Wiederaufbereitung nach Abtrennung von Uran und Plutonium zurückbleibenden mittel- und langlebigen Spaltprodukte werden mit einigen Ausnahmen nicht mehr weiter verwendet und als schwach-, mittel- oder hochaktiver Atommüll abgelagert (s. S. 466 ff.).

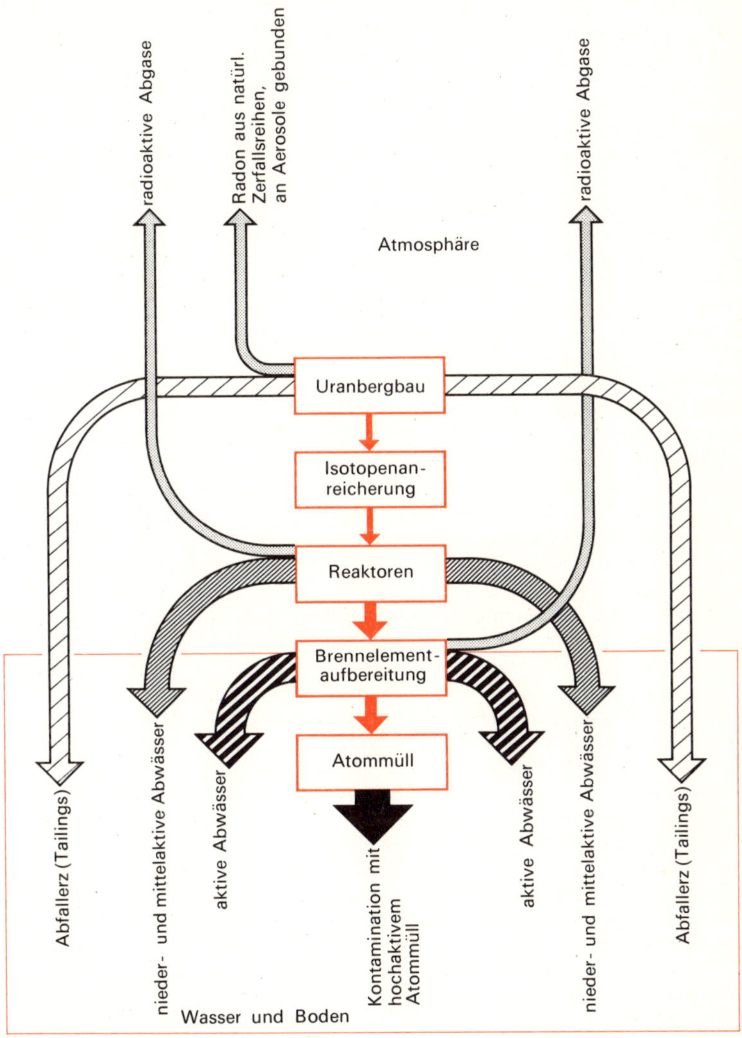

Abb. Schema der Umweltkontaminationen beim Kernbrennstoffkreislauf (nach Gruber/Weish)

Kernkraftwerke – Aufbau

Der wesentliche Unterschied zwischen einem Kernkraftwerk und einem konventionellen Kraftwerk besteht in der Art der zugeführten Energie. In beiden wird durch eine Energiequelle Wasser zu Wasserdampf erhitzt, der über eine Turbine einen Generator antreibt. Beim Kernkraftwerk wird die Energie aus der *Spaltung von Urankernen* gewonnen. Das Uran ist in Form von Urandioxidtabletten in Brennstäben gestapelt. Einige Zehntausend dieser *Brennstäbe* hängen im *Reaktorkern (Core).* Im Inneren der Brennstäbe findet die Kernspaltung statt. Die dabei freigesetzte Wärmeenergie wandert nach außen und wird an der Oberfläche der Brennstäbe von dem Kühlwasser aufgenommen, das, durch Pumpen angetrieben, durch das Core fließt. Das so erhitzte Kühlwasser des Primärkühlkreislaufs gibt bei *Druckwasserreaktoren* (Abb. 1) über Wärmetauscher seine Energie an einen *Sekundärkreislauf* ab, in dem erst ein Dampferzeuger den zum Antrieb der Turbine benötigten Dampf erzeugt. Dadurch ist gewährleistet, daß eine eventuelle radioaktive Verseuchung des Primärkühlkreislaufs durch defekt gewordene Brennstäbe nicht an die Turbinen gelangen kann. Bei *Siedewasserreaktoren* (Abb. 2) wird der Wasserdampf direkt im heißen Core erzeugt und in einem einzigen Kühlkreislauf durch die Turbine geleitet.

Im Core sind neben den Brennstäben *Steuerstäbe* installiert. Diese bestehen aus neutronenabsorbierenden Materialien, mit denen die Kettenreaktion gesteuert werden kann. Bei einer nötigen Schnellabschaltung des Reaktors können diese Steuerstäbe in das Core eingeschossen werden, wodurch sie einen Großteil der Neutronen absorbieren und dadurch die Kernspaltungsrate stark reduzieren.

Das Reaktordruckgefäß, das das Core umschließt, befindet sich in einem sog. *biologischen Schild,* einer Betonummantelung mit ca. 2 m dicken Wänden, die das Personal vor radioaktiven Strahlen schützt. Der gesamte Primärkühlkreis ist in einer kugelförmigen, stählernen Sicherheitshülle mit einem Durchmesser von ca. 50 m untergebracht. In diesem betonummantelten *Sicherheitsbehälter* befinden sich außerdem ein Brennelement-Lagerbecken, eine Be- und Entladeeinrichtung für Brennelemente, ein Abwasserbehälter und verschiedene Sicherheitseinrichtungen wie Notkühlsysteme und Druckspeicher für das Notkühlwasser.

Das Wasser des Primärkühlkreislaufs ist immer geringfügig radioaktiv kontaminiert. Diese Radioaktivität wird durch Reinigung des Primärkühlmittels entfernt. Um ein Entweichen eventuell radioaktiv kontaminierter (verunreinigter) Luft in die Umgebung zu verhindern, wird der Sicherheitsbehälter stets unter einem geringen Unterdruck gehalten. Ein Teil der Luft wird laufend abgesaugt, über verschiedene Filtersysteme geleitet und dann unter Einhaltung der gesetzlich vorgeschriebenen Grenzwerte für Radioaktivität über einen Kamin an die Luft abgegeben. Die bei der Reinigung des Primärkühlwassers anfallenden *radioaktiven Abwässer* werden zunächst längere Zeit gelagert,dann nach vorheriger Reinigung *(Dekontamination)* unter Einhaltung der Grenzwerte mit dem Kühlwasser vermischt und abgeführt.

Durch die starke Neutronenstrahlung werden die Bauteile im Innern des Reaktors mit der Zeit radioaktiv. Die *Lebensdauer eines Kernkraftwerks* liegt zwischen 20 und 40 Jahren. Nach dieser Zeit muß das Kernkraftwerk entweder abgebaut oder zugemauert werden.

Neben den hier beschriebenen beiden Varianten von leichtwassergekühlten Kernreaktoren *(Leichtwasserreaktoren)* gibt es die schnellen Brüter (s. S. 530) und den mit Heliumgas gekühlten *Hochtemperaturreaktor,* dessen kugel- oder blockförmige Brennelemente aus Graphit und eingebetteten kleinen Brennstoffkügelchen bestehen. Er ermöglicht u. a. Prozeßwärmeerzeugung. In der Bundesrepublik ist ein solcher Reaktor seit 1968 in Jülich in Betrieb (sog. *Kugelhaufenreaktor*) und einer mit 300 MW elektrischer Leistung in Hamm-Uentrop in Bau (der THTR-300).

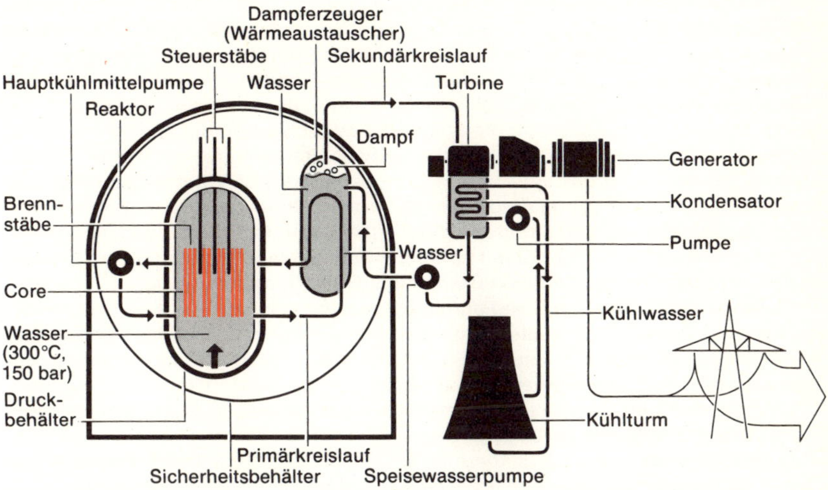

Abb. 1 Schematische Darstellung eines Kernkraftwerks mit Druckwasserreaktor. Das im Core als Moderator und Kühlmittel dienende und dadurch radioaktiv kontaminierte Wasser im Primärkreislauf erhitzt und verdampft das Wasser eines Sekundärkreislaufs

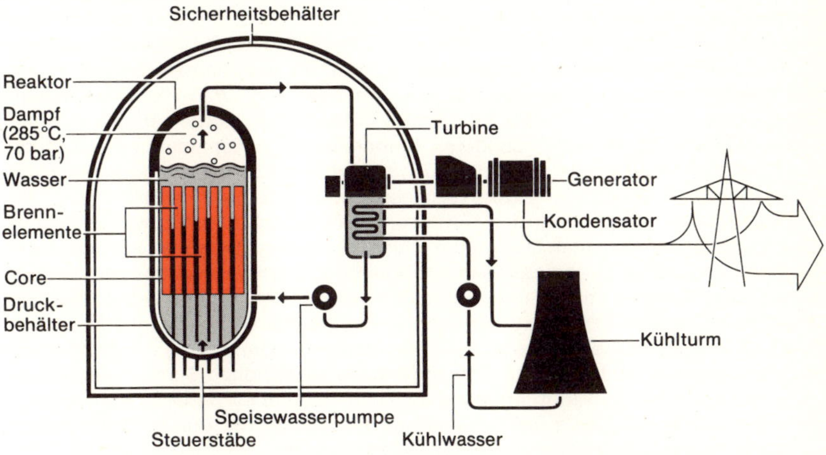

Abb. 2 Schematische Darstellung eines Kernkraftwerks mit Siedewasserreaktor. Der im Reaktorgefäß entstehende, radioaktiv kontaminierte Frischdampf wird unmittelbar der Turbine zugeführt

Schnelle Brüter

Da preisgünstige Vorräte an spaltbarem Uran 235 begrenzt sind, sollen künftig verstärkt *Brutreaktoren* gebaut werden, die aus dem nichtspaltbaren und in großer Menge vorhandenen Uran 238 mit Hilfe der bei Kernspaltungen von U-235-Kernen freiwerdenden schnellen Neutronen das spaltbare Plutonium 239 erzeugen („erbrüten"). Derartige „schnelle Brüter" enthalten keinen Moderator (z.B. das Kühlmittel Wasser), der wie bei den üblichen „thermischen Reaktoren" die Neutronen auf thermische Energien (etwa 0,1 eV) abbremst und zur Kernspaltung befähigt. Als Kühlmittel wird im Unterschied zu Leichtwasserreaktoren statt Wasser das Alkalimetall Natrium verwendet, das besonders gut Wärme überträgt und speichert und dessen Atomkerne kaum Neutronen einfangen oder abbremsen.

Bei derartigen *natriumgekühlten schnellen Brütern* („Natriumbrüter") hängen im kompakten Reaktorkern (Volumen 1 bis 3 m^3) Zehntausende von nur bleistiftdicken, zu Brennelementen gebündelten Brennstäben, die Plutoniumdioxid und hoch mit U 235 angereichertes Urandioxid enthalten und von Bündeln aus sog. Brutstäben, die nur natürliches UO_2 enthalten, umgeben sind *(Brutmantel)*. Das zu ihrer Kühlung verwendete, auf etwa 560°C aufgeheizte flüssige Natrium überträgt die aufgenommene Wärme auf einen zweiten Natriumkühlkreislauf. Von dort wird sie über Dampferzeuger auf einen Wasser-Dampf-Kreislauf übertragen. Der erzeugte Dampf dient zum Antrieb eines Turbogenerators.

Solche Brutreaktoren, deren thermische Leistungsdichte 5- bis 10fach höher als die eines Leichtwasserreaktors ist, bieten die Möglichkeit, unsere Energievorräte – weltweit gesehen – um das 50fache zu erhöhen. Sie sind bis jetzt die einzige, in anderen Ländern bereits seit Jahren im großtechnischen Einsatz erprobte und bewährte Technologie, die es gestattet, für kommende Jahrhunderte hinreichend große Energiemengen bereitzustellen. Mit ihrer Hilfe können ca. 60% des zu 99,3% im Natururan vorkommenden U 238 durch „Brüten" (d.h. Einfang von schnellen Neutronen und radioaktive Umwandlung in Pu 239 bzw. Pu 241) in spaltbares Material umgewandelt und so als Kernbrennstoff für die Energieerzeugung nutzbar gemacht werden. Außerdem hofft man, über den sog. *Uran-Plutonium-Brennstoffzyklus* aus U 238 mehr Pu 239 und Pu 241 erbrüten zu können, als an spaltbarem Material (U 235 oder gebildetes Plutonium) durch Kernspaltung verbraucht wird (in Leichtwasserreaktoren wird nur ca. 1% des U 238 in Plutonium umgewandelt und daher nur etwa ein Drittel des gespaltenen Materials ersetzt).

Bei schnellen Brütern werden dieselben Sichheitsmaßnahmen wie bei Leichtwasserreaktoren getroffen. Umgebung und Bedienungspersonal werden durch mehrere unabhängig voneinander funktionierende Barrieren vor den radioaktiven Spaltprodukten und ihrer starken radioaktiven Strahlung bei jedem nur erdenklichen Störfall geschützt (Barrierenprinzip, s.S. 534). Auf Grund dieser Maßnahmen sind bisher noch keine nennenswerten Schäden in der Umgebung von Schnellbrüterkraftwerken aufgetreten. Zur Gewährleistung eines hohen Standes der Sicherheit werden außerdem in internationaler Zusammenarbeit umfangreiche Sicherheitsuntersuchungen (u.a. in Testreaktoren) durchgeführt, und in Risikostudien wird der Ablauf hypothetischer Störfälle auf Computern simuliert.

Mit *Schnellbrüterkraftwerken* gewinnt man seit Jahren in England, Frankreich und v.a. in der Sowjetunion elektrische Energie. Größere Anlagen (mit 600 und 1200 MW elektrischer Leistung in der UdSSR, der Super-Phénix mit 1200 MW elektrischer Leistung in Frankreich) sind im Bau. In der Bundesrepublik Deutschland arbeitet ein Versuchskraftwerk (elektrische Leistung 21 MW) im Kernforschungszentrum Karlsruhe. Eine größere Anlage mit 300 MW elektrischer Leistung, der sog. *Schnelle Natriumgekühlte Reaktor* (SNR-300), wird bei Kalkar am Niederrhein gemeinsam mit Belgien und den Niederlanden errichtet; der Bau wird jedoch durch mannigfache Einsprüche in den Ablauf des Genehmigungsverfahrens (s.S. 33) stark verzögert.

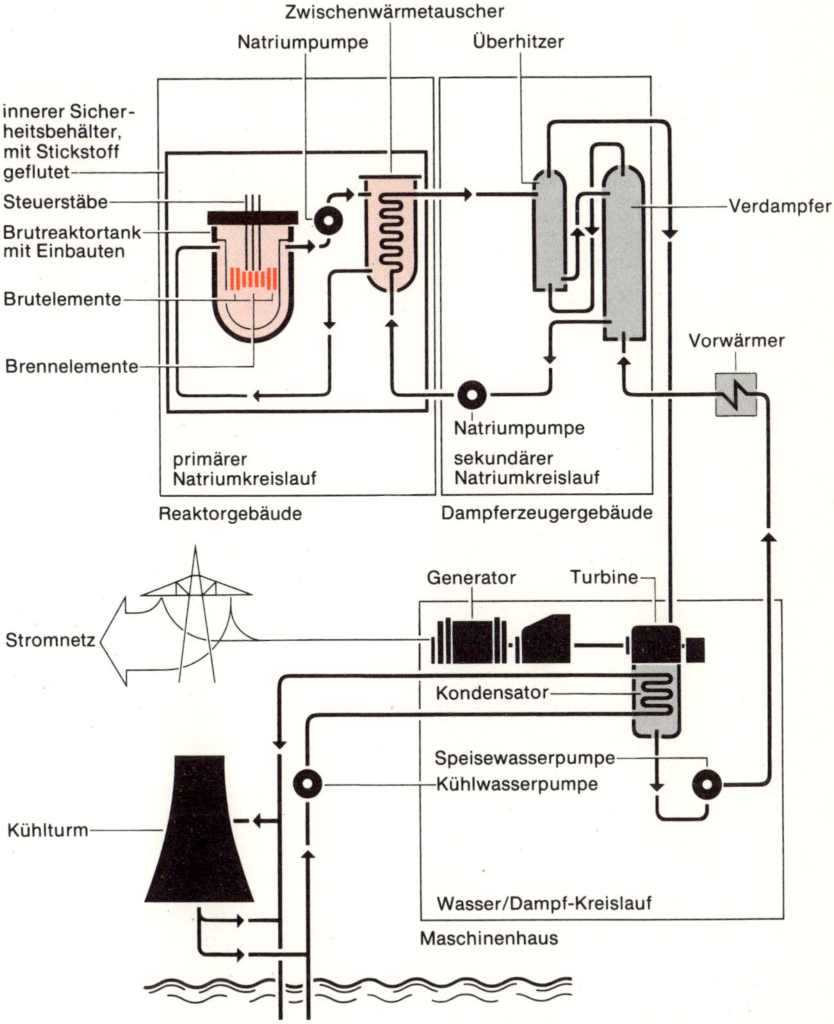

Abb. Schematische Darstellung des bei Kalkar am Niederrhein im Bau befindlichen Kernkraftwerks mit dem schnellen, natriumgekühlten Brutreaktor SNR-300 (thermische Leistung 762 MW, elektrische Leistung 295 MW)

Kernfusion

Schon zu Beginn des Atomzeitalters erkannte man, daß die in der Sonne ablaufende und auch der Wasserstoffbombenexplosion zugrundeliegende Reaktion der Kernverschmelzung eine ungeheure Energiequelle wäre, wenn man diesen Prozeß in einem Fusionsreaktor gesteuert ablaufen lassen könnte. Nach ersten Experimenten vor mehr als zwanzig Jahren in den USA, in Großbritannien und der Sowjetunion ist die Kernfusion heute in den Bereich der Großforschung gerückt.

Der Vorgang der Kernfusion ist dem der Kernspaltung entgegengesetzt. Bei der Kernfusion werden Atomkerne schwerer Wasserstoffisotope (Deuterium mit einem Proton und einem Neutron und Tritium mit einem Proton und zwei Neutronen im Kern) bei hoher Temperatur und hohem Druck verschmolzen, wobei Kernbindungsenergie als kinetische Energie freigesetzt wird und als thermische Energie nutzbar gemacht werden kann. Theoretisch sind Verschmelzungen von mehreren Kernarten möglich, in der Praxis soll ein Kernfusionskraftwerk vor allem auf der Basis der *Deuterium-Tritium-Verschmelzung* arbeiten, weil diese Kernreaktion für eine großtechnische Verwirklichung der Energiewandlung in einem *Kernfusionsreaktor* (Abb.) am aussichtsreichsten erscheint. Als Folgeprodukte entstehen meist Helium und Tritium sowie Protonen und Neutronen. Der Energiegewinn (im Mittel ca. 10 MeV pro Reaktion) ist einige millionenmal so groß wie bei chemischen Reaktionen. Obwohl *Deuterium* nur zu 0,015% im natürlichen Wasser enthalten ist, wäre beim Gelingen der Kernfusion der Energiebedarf der Menschheit für viele Millionen Jahre selbst dann gedeckt, wenn er sich vervielfachen würde. Das in der Natur nicht in gewinnbaren Mengen vorkommende *Tritium* fällt in Kernkraftwerken und bei der Wiederaufarbeitung von Kernbrennstoffen an; es kann auch durch Neutronenbestrahlung von Lithium in Kernspaltungs- oder Fusionsreaktoren erzeugt („erbrütet") werden.

Trotz dieser verlockenden Zahlen gelang es bisher nicht, ein *funktionierendes Kernfusionskraftwerk* zu bauen. Dies hat im wesentlichen folgende Gründe: Die Deuterium- und Tritiumkerne, die verschmolzen werden sollen, besitzen gleichnamige elektrische Ladungen. Ihrer Annäherung, die für die Kernverschmelzung notwendig ist, steht deshalb die abstoßende elektrische Kraft entgegen. Zur Überwindung dieser Abstoßung müssen die Kerne mit sehr hoher kinetischer Energie aufeinanderprallen. Dies kann man z. B. dadurch erreichen, daß man das als *vollständig ionisiertes Plasma* (ein nur aus Ionen bzw. nackten Atomkernen und freien Elektronen bestehendes Gas) vorliegende und durch ein starkes Magnetfeld zusammengehaltene Deuterium-Tritium-Gemisch auf Temperaturen von etwa 100 Millionen °C erhitzt, und zwar durch magnetische Kompression und Hochfrequenzerwärmung. Das bei diesen Temperaturen und den für die Kernfusion erforderlichen Dichten unter ungeheuer hohem Druck stehende heiße Plasma ist nun mindestens für einige Hundertstelsekunden in einem vorgegebenen Volumen eingeschlossen zu halten, bis durch genügend viele Kernfusionsreaktionen mehr nutzbare Energie freigesetzt wird, als zur Heizung des Gemisches und zur Deckung von Strahlungsverlusten aufgewendet werden muß. Bei der sog. *Laserfusion* soll dies dadurch geschehen, daß aus diesem Gemisch bestehende feste („gefrorene") Kügelchen mit intensiven Laserlicht bestrahlt werden, die dabei implodieren und sich durch diese Verdichtung stark erhitzen.

Bezüglich der Reaktorsicherheit und der Umweltfreundlichkeit sind, sobald der Stand der großtechnischen Realisierbarkeit (nicht vor 30 bis 40 Jahren, wenn überhaupt) erreicht sein wird, im wesentlichen ähnliche Fragen wie bei der Entwicklung von Kernspaltungsreaktoren zu klären. Problematisch sind das Zurückhalten und Wiedergewinnen des anfallenden radioaktiven Tritiums und die gegenüber der Kernspaltung wesentlich stärkere Neutronenstrahlung, die in den Bau- und Abschirmmaterialien des Fusionsreaktors Radionuklide erzeugen kann.

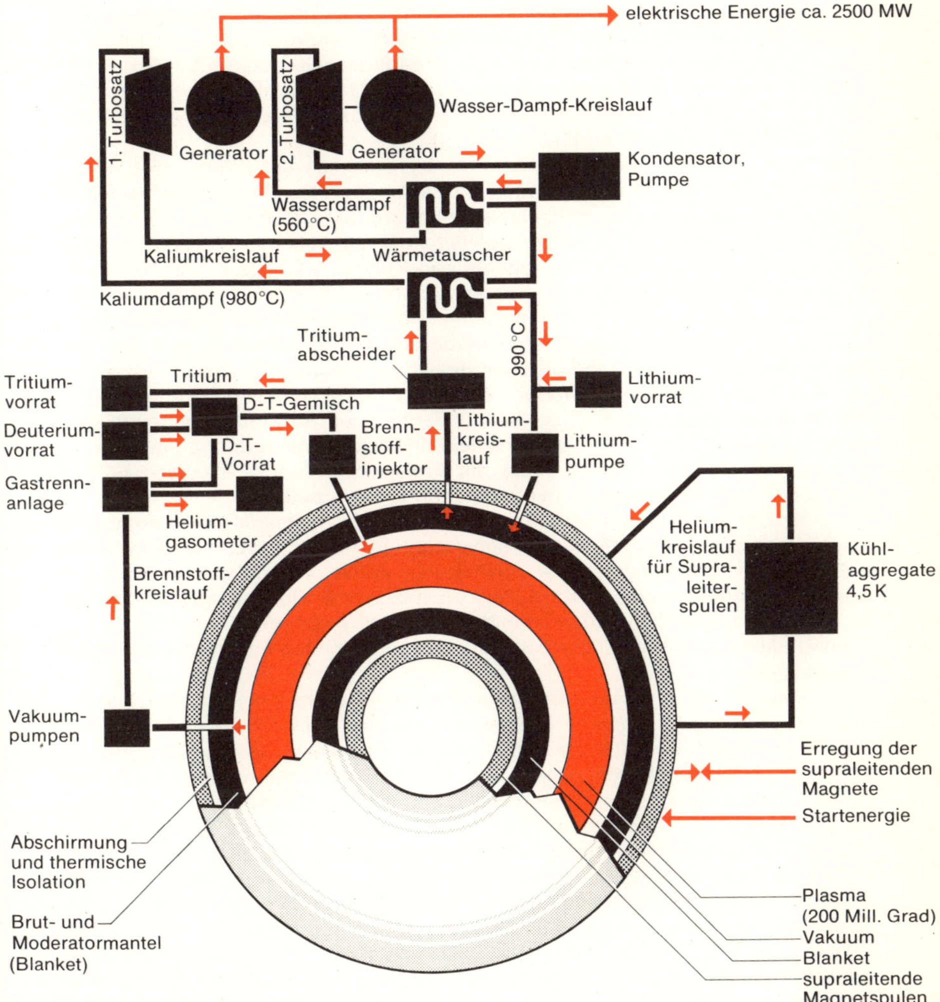

Abmessungen des Torusreaktors:
Torusaußendurchmesser = 18 m
Rohrdurchmesser = 7 m

Abb. Kernfusionsreaktor (schematisch), ausgelegt für eine thermische Leistung von 5000 MW

Sicherheit von Kernkraftwerken

In der Diskussion um Nutzen und Risiko der Kernenergie hat die Frage nach der Sicherheit von Kernkraftwerken eine zentrale Bedeutung. Das bei der Kerntechnik vorhandene hohe Gefährdungspotential beruht auf der radioaktiven Strahlung der Kernspaltungsprodukte. Ein Entweichen dieser Spaltprodukte aus kerntechnischen Anlagen in nennenswertem Umfang muß deshalb unter allen Umständen verhindert werden. Dies wird in Kernreaktoren mit großer Sicherheit durch die Errichtung von drei unabhängig voneinander funktionierenden Systemen von Barrieren (Schutzhüllen) verhindert (Abb. 1):

Die erste Barriere bilden bei Kernreaktoren die aus der Zirkoniumlegierung Zirkaloy gefertigten *Brennstabhüllen*. In diesen werden die – überwiegend im Brennstoff gebundenen – radioaktiven Spaltprodukte festgehalten. Die zweite Barriere stellt der sog. *Reaktordruckbehälter* dar, ein äußerst stabiles Stahlgefäß, das den Reaktorkern und den zugehörigen Kühlmittelkreislauf einschließt und hohen Belastungen durch Druck, Temperatur und radioaktive Strahlung standhält. Er ist seinerseits vom viel größeren *Sicherheitsbehälter* (Containment) umgeben, der notfalls druckdicht verschlossen werden kann (dritte Barriere) und ebenfalls hohen mechanischen und thermischen Belastungen von innen sowie – wegen der stabilen Betonaußenwand – auch von außen (z. B. Flugzeugabsturz u. a.) standhält. Dieses Sicherheitsgebäude umschließt außerdem den Reaktorkühlmittelkreislauf samt Dampferzeuger und die verschiedenen Hilfssysteme und -aggregate. Seine Aufgabe ist es, bei Störfällen, die mit Freisetzung von radioaktiven Stoffen verbunden sind, deren Austritt in die Umgebung zu verhindern.

Darüber hinaus fordert man, daß selbst ein – in Sicherheitsanalysen hypothetisch angenommener – Störfall sicher beherrscht werden müsse, bei dem durch Fehlfunktion oder Versagen der Ausrüstung, durch menschlichen Irrtum oder durch Fehlverhalten sowie durch äußere Umstände (z. B. Flugzeugabsturz, Sabotage, Erdbeben) eine der Hauptkühlmittelleitungen vollständig bricht und das im Primärkühlkreislauf befindliche Kühlmittel im schlimmsten Fall vollständig durch dieses Leck entweicht.

Bei diesem wegen seiner eventuellen Folgen – Durchschmelzen des Reaktorkerns *(Kernschmelze)* infolge völligen Ausfalls der Reaktorkühlung – „*g*rößten *a*nzunehmenden *U*nfall" *(GAU)* würde automatisch im Reaktorkern die Kernkettenreaktion (s. S. 524) durch *Schnellabschaltung* (Einschießen der neutronenabsorbierenden Steuerstäbe) sofort unterbrochen und die (bis zu vier) voneinander unabhängigen *Notkühlsysteme* eingeschaltet. Sie bewirken die Notkühlung der Brennelemente und die Abfuhr der durch den radioaktiven Zerfall der Spaltprodukte verursachten *Nachwärme* (diese beträgt z. Z. der Abschaltung etwa 5–7% der gesamten thermischen Reaktorleistung). Dabei wird aus Vorratsbehältern Kühlwasser von oben und von unten an den Reaktorkern gebracht.

Diese *Notkühlung* soll verhindern, daß eine Überhitzung des Reaktorkerns eintritt, die bei völlig fehlender Wärmeabfuhr bereits nach ca. 1 Stunde zum Schmelzen der Brennstäbe und damit zur Freisetzung erheblicher Mengen an radioaktiven Spaltprodukten aus dem Reaktorkern führen würde. Sie muß so rasch und wirksam erfolgen, daß sich keine wärmeisolierende, die Wärmeabfuhr verhindernde Dampfschicht zwischen der heißen Oberfläche der Brennstäbe und dem Notkühlwasser bildet. Durch mehrfache „redundante" Auslegung der Sicherheitseinrichtungen wird dafür gesorgt, daß die Auswirkungen von Störfällen begrenzt bleiben und daß die Sicherheitseinrichtungen auch bei eintretenden Folgestörungen einwandfrei funktionieren können.

Das trotz aller Sicherheitsvorkehrungen verbleibende „Restrisiko" wurde in den USA in der *Rasmussen-Studie*, in der Bundesrepublik in der *Deutschen Risikostudie* abgeschätzt (Abb. 2). Das Risiko bei der friedlichen Nutzung der Kernenergie ist demnach im Vergleich zu anderen Gefahrenrisiken relativ gering (Abb. 3 und 4).

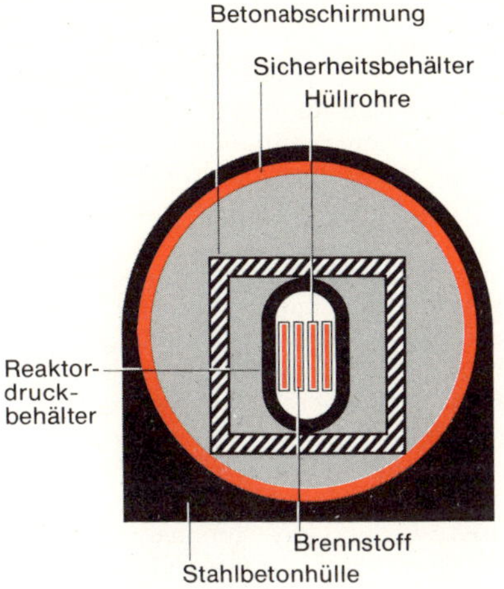

Abb. 1 Die Sicherheitshüllen von Kernkraftwerken

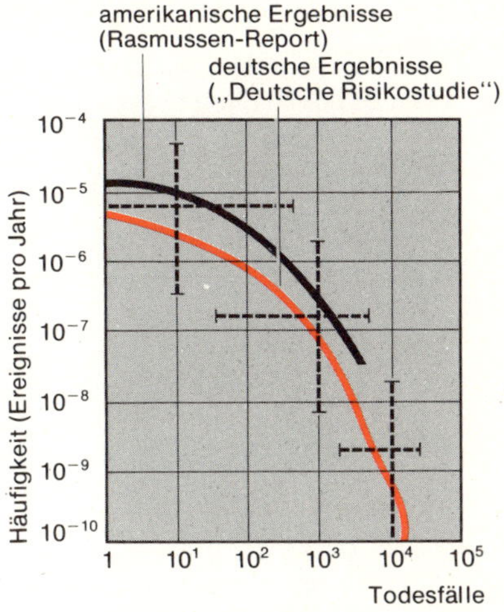

Abb. 2 Wahrscheinlichkeit für das Eintreten von Kernkraftwerksunfällen mit dadurch verursachten frühen Todesfällen, bezogen auf 25 Anlagen

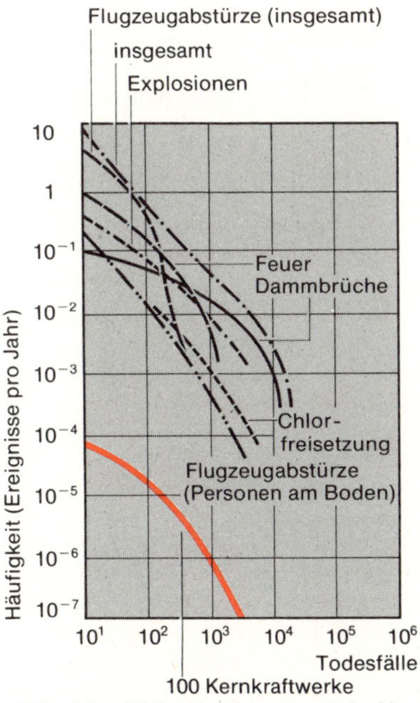

Abb. 3 Das Risiko der Kernenergie im Vergleich zu anderen zivilisatorischen Risiken

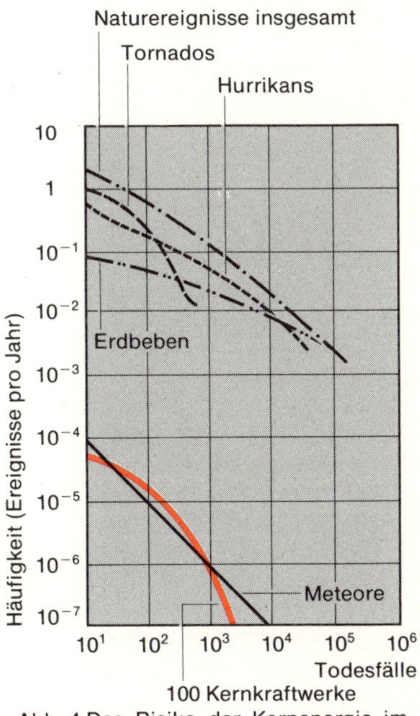

Abb. 4 Das Risiko der Kernenergie im Vergleich zu natürlichen Risiken

Entsorgung von Kernkraftwerken
Wiederaufbereitung von Kernbrennstoff

Nach einer in den „Grundsätzen zur Entsorgungsvorsorge für Kraftwerke" der deutschen Bundesregierung gegebenen Definition versteht man unter *Entsorgung von Kernkraftwerken* die sachgerechte und sichere Verbringung der während der gesamten Betriebszeit anfallenden bestrahlten und „abgebrannten" Brennelemente in ein für diesen Zweck geeignetes Lager, die Verwertung der Brennelemente durch Wiederaufarbeitung und die Behandlung und Beseitigung (Deponierung) der dabei erhaltenen radioaktiven Abfälle.

Die *Brennelemente* eines Kernreaktors müssen etwa alle drei Jahre ausgewechselt werden (gewöhnlich 1/3 pro Jahr). Sie werden zunächst für rund 180 Tage in sog. *Abklingbecken* gelagert, großen Wasserbecken mit Betonabschirmungen von mindestens 1,50 m Stärke und einer Wasserüberdeckung von rund 8 m, in denen sich ihre Strahlung durch radioaktiven Zerfall der in ihnen enthaltenen kurzlebigen radioaktiven Spaltprodukte auf etwa 1/100 des Wertes beim Auswechseln reduzieren kann. Diese Becken sind bei deutschen Kernkraftwerken innerhalb des Reaktorsicherheitsgebäudes installiert.

Hernach können die Brennelemente zu einer Wiederaufarbeitungsanlage oder – wenn die Wiederaufbereitung nicht gleich erfolgen kann – zu einem *Zwischenlager* (ebenfalls große Wasserbecken) abtransportiert werden. Dafür sind spezielle *strahlensichere Transportbehälter* vorhanden, die auch schwersten Belastungen, die beim Transport auftreten können (z. B. Frontalzusammenstoß) standhalten.

Da sich durch *Wiederaufarbeitung (Wiederaufbereitung)* der Brennelemente, d.h. durch Rückgewinnung des noch spaltbaren Materials und gleichzeitige Abtrennung der entstandenen hochradioaktiven Spaltprodukte, etwa 20% des Uranbedarfs von Kernreaktoren einsparen lassen, strebt man den geschlossenen *nuklearen Brennstoffkreislauf* an: In Wiederaufarbeitungsanlagen werden die wiederverwendbaren Kernbrennstoffe (bei Brennelementen aus Leichtwasserreaktoren etwa 96% Uran, dessen Anteil an U 235 von ca. 3 auf ca. 1% abgereichert ist. und etwa 1% erzeugtes Plutonium) von den Spaltprodukten (ca. 3%) abgetrennt. Ein Teil des Urans und das Plutonium werden zur Herstellung von Uran-Plutonium-Mischoxid-Brennelementen verwendet; das restliche Uran wird zur erneuten Anreicherung mit U 235 weitergegeben und gelangt ebenfalls in den Brennstoffkreislauf zurück.

In einer *Wiederaufarbeitungsanlage* werden die angelieferten Brennelemente zunächst in tiefen Wasserbecken gelagert, ehe sie durch eine automatische Transportanlage in die sog. *heiße Zelle* gelangen, einen langgestreckten, von meterdicken Betonwänden umgebenen und mit dicken Bleiglasfenstern versehenen Raum, in dem man sie mit Hilfe von ferngesteuerten Maschinen in die einzelnen Brennstäbe zerlegt, die dann in etwa 5 cm lange Stücke zerschnitten werden. Diese Stücke werden anschließend mit kochender Salpetersäure behandelt, wodurch der Inhalt der Brennstäbe aufgelöst wird, während die Ummantelungsstücke zurückbleiben. Aus den gewonnenen Lösungen werden das Uran und das Plutonium durch zahlreiche hintereinandergeschaltete Extraktionsprozesse isoliert und von den Lösungen der Spaltprodukte abgetrennt. Die Uran- bzw. Plutoniumkonzentrate, die dabei anfallen, werden anderenorts zur Herstellung neuer Brennelemente (bzw. von Atomwaffen) verwendet. Die Konzentrate der radioaktiven Spaltprodukte hingegen müssen zunächst mehrere Jahre (bis zum Abklingen der stärksten Radioaktivität) unter kontrollierten Bedingungen (Kühlung) gelagert werden, bevor sie als Atommüll einer Endlagerung (s. S. 470) zugeführt werden können.

Die bei dieser Zerlegung freiwerdenden, z. T. radioaktiven Edelgase Krypton und Xenon werden über einen hohen Kamin an die Luft abgegeben. Andere gasförmige und flüchtige Radionuklide (v. a. Jod 129, Tritium) werden (z. T. allerdings nur unvollständig) durch Filter aus dem Abwasser und der Abluft zurückgehalten.

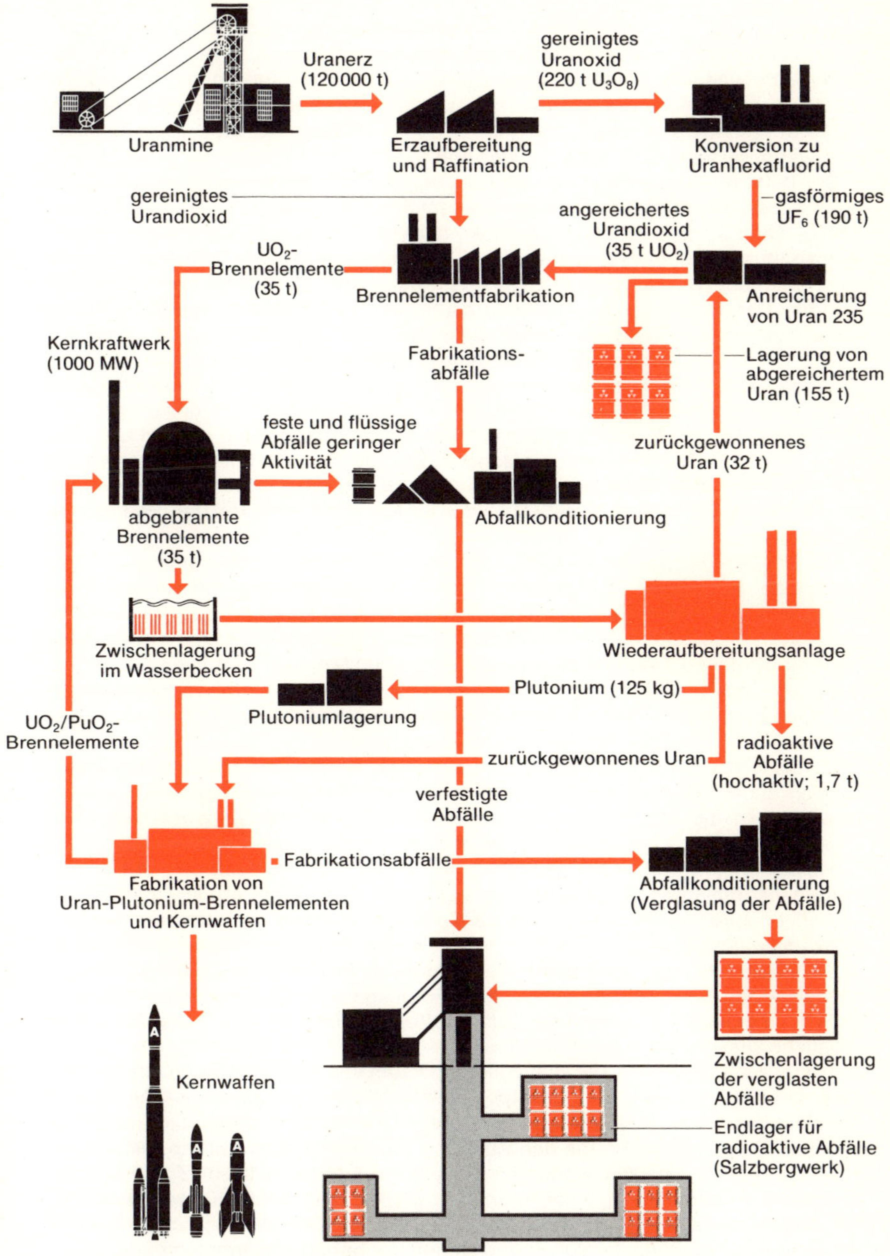

Abb. Der Kernbrennstoffkreislauf; Versorgung und Entsorgung eines Kernkraftwerks mit einer elektrischen Leistung von 1000 MW

Die Kühlung von Kraftwerken

Alle Kraftwerke, die durch Verbrennung fossiler Brennstoffe oder durch Kernspaltung von Uran Wärmeenergie freisetzen, können diese nur zum Teil in elektrische Energie umwandeln. Die ungenutzte Wärme müssen sie abführen, was heute noch in den meisten Fällen durch Kühlung geschieht, in Zukunft aber in zunehmenden Maße durch Nutzung dieser sog. *Abwärme* für Heizzwecke, z.B. mit Hilfe eines Fernwärmesystems (s.S. 496), erfolgen soll.

Der *Wärmetransport* im Innern der Kraftwerke geht folgendermaßen vor sich: Die in sog. fossilen Wärmekraftwerken in einem Brennkessel durch Verbrennung von Kohle, Öl u.a., in nuklearen Wärmekraftwerken im Reaktorkern (Core) durch Kernspaltung erzeugte *Wärme* wird entweder direkt oder nach Übertragung durch ein Kühlmittel (Wasser oder Flüssigmetall) dazu benutzt, Wasser zum Sieden zu bringen. Der dadurch erzeugte *Wasserdampf* wird unter hohem Druck über Rohre einer Turbine zugeführt und treibt diese an. Nach dem Durchgang durch die Turbine wird der Dampf in einen Kondensator geleitet, wo er durch *Kühlung* (d.h. Wärmeentzug) wieder zu Wasser verflüssigt wird. Das kondensierte Wasser wird dann unter hohem Druck erneut in den Kreislauf gepumpt, wieder erhitzt und verdampft, und der Dampf wird erneut zum Antrieb der Turbine genutzt usw. Die dem Dampf im Kondensator entzogene Wärme muß in Form von *Abwärme (Abfallwärme)* in die Umgebung abgeführt werden, sofern sie nicht für Heizzwecke genutzt wird. Es fallen etwa 55-60% der im Kraftwerk freigesetzten Energie als Abwärme an.

Für die Abführung der Abwärme gibt es verschiedene Möglichkeiten. Bisher arbeiteten die meisten Kraftwerke mit der *Flußwasserkühlung.* Bei dieser Art der Kühlung wird vom Kraftwerk kaltes Flußwasser angesaugt, durch den Kondensator geleitet, dort erwärmt und im erwärmten Zustand wieder an den Fluß zurückgegeben. Ein Kraftwerk heutiger Größenordnung (1000 MW elektrisch) verbraucht pro Sekunde zwischen 40 und 50 m^3 Wasser, die es um ca. 10°C aufgewärmt wieder an den Fluß zurückgibt (über die ökologischen Auswirkungen dieser Aufwärmung s. S. 366).

Da diese Art der Abwärmeabfuhr zunehmend an ökologische Grenzen stößt, werden die heute gebauten Großkraftwerke mit *Kühltürmen* ausgerüstet, die die Abwärme an die Atmosphäre abgeben. Bei *Naßkühltürmen* wird das erwärmte Wasser aus den Kondensatoren in den Kühlturm gepumpt, dort über eine Rieselpackung verteilt und entweder im freien Fall in dem von unten her entgegenströmenden Frischluftstrom zerstäubt oder über große Oberflächen verteilt und durch Verdunstung eines Teils des Wassers im Luftstrom gekühlt (Verdunstungskühlung), wobei dem Gesamtwasser Wärme entzogen wird. Der Rest des Wassers fällt nach unten, wird dort aufgesammelt und als abgekühltes Wasser wieder in den Kondensator zur Kühlung zurückgeleitet. Das verdunstete Wasser strömt zusammen mit erwärmter Luft als Wasserdampf in die Atmosphäre (über mögliche klimatische Auswirkungen s.S. 540).

In *Trockenkühltürmen,* die sich äußerlich kaum von Naßkühltürmen unterscheiden, zirkuliert das im Kondensator erhitzte Wasser in einem geschlossenen Kreislauf durch viele kleine Röhren mit großer Oberfläche und gibt dadurch einen Großteil seiner Wärme an die den Kühlturm durchströmende Luft ab. Diese wird erhitzt und dehnt sich aus, wodurch ebenfalls ein Auftrieb entsteht. Zur Unterstützung dieses Wärmeaustausches können in großen Trockenkühltürmen Ventilatoren eingebaut werden. Trockenkühltürme haben den Nachteil, daß sie die teuerste Art des Kühlverfahrens darstellen und wegen der hohen Abwärmetemperatur den Wirkungsgrad des Kraftwerks herabsetzen. Nennenswerte ungünstige ökologische und klimatologische Auswirkungen von Trockenkühltürmen sind bisher nicht bekannt.

Abb. 1 Kühlkreislauf mit Flußwasserkühlung

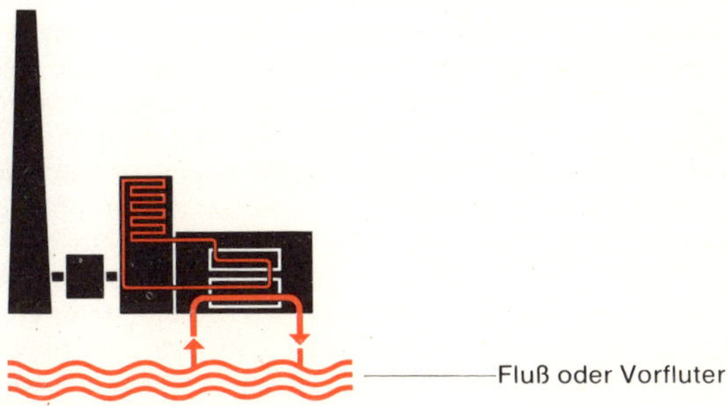

Abb. 2 Kühlkreislauf mit nasser Rückkühlung in einem Naturzug-Naßkühlturm

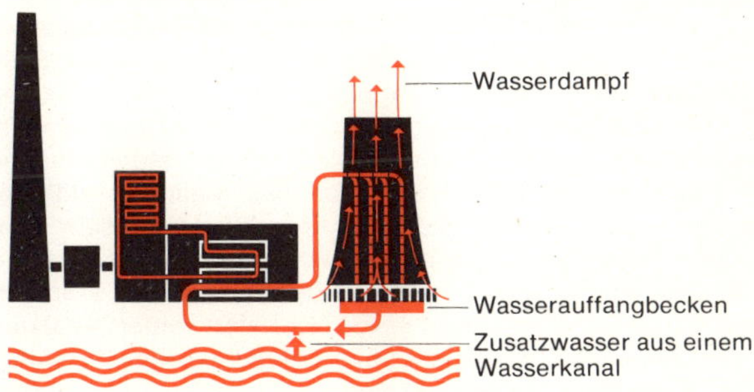

Abb. 3 Kühlkreislauf mit einem Trockenkühlturm

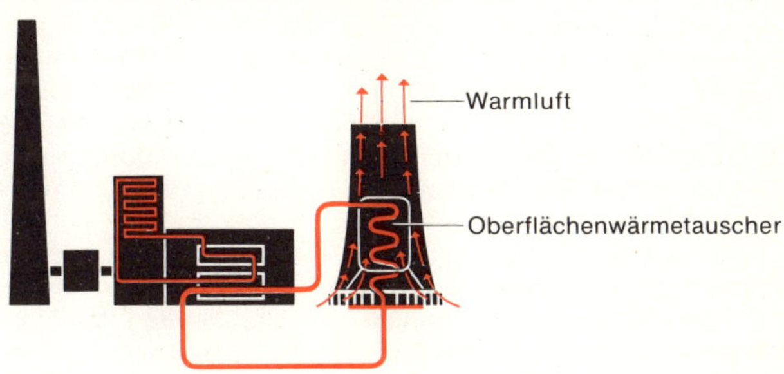

Großkühltürme – klimatische Auswirkungen

Bei den Wärmekraftwerken (Kohle-, Öl- und Kernkraftwerke) müssen in der Regel über 50% der freigesetzten Energie als *Abwärme* abgeführt werden (s. S. 538). Diese wurde früher vorwiegend in die Gewässer geleitet, da insbesondere Flußwasser zur Kühlung herangezogen wurde. Bei der Größenordnung moderner Kraftwerke hat diese Art der Abwärmeabgabe zu einer oft nicht mehr tolerierbaren *Wärmebelastung der Gewässer* geführt. Man ist daher allgemein zum Bau von großen Kühltürmen übergegangen, mit denen die anfallende Abwärme an die Atmosphäre abgegeben wird. Damit stellte sich die Frage, ob und in welchem Umfang Wetter und Klima in der Umgebung solch großer Kühlanlagen beeinflußt werden.

Bevorzugt wird heute der Bau von Naßkühltürmen (s. S. 538), weil die dort angewendete, sich den hohen latenten Wärmeinhalt des Wasserdampfs (2,3 kJ pro Gramm Wasser) zunutze machende *Verdunstungskühlung* eine sehr wirksame Wärmeabgabe garantiert. Ein derartiger Kühlturm in der Größe, wie er für ein 1300-MW-Kraftwerk benötigt wird, gibt nun pro Sekunde etwa 1 t Dampf an die Luft ab. Dies sind im Jahr rund 30 Millionen t verdunstetes Wasser. Würde sich diese Wasserdampfmenge auf einer Fläche von 100 km^2 gleichmäßig verteilen und niederschlagen, so entspräche dies einem jährlichen Niederschlag von ungefähr 300 mm. Der natürliche Niederschlag in Mitteleuropa beträgt demgegenüber im Mittel 600 bis 700 mm pro km^2 und Jahr. Eine solche Wasserdampfemission könnte daher v. a. bei entsprechenden Wetterbedingungen (z. B. Inversionswetterlagen) das Klima der nächsten Umgebung (im Umkreis von 2–3 km) des Kühlturms (negativ, aber auch positiv) beeinflussen. Die verdunstete Wassermenge entspricht immerhin einem Sechstel der mittleren Verdunstung des Bodensees. Während der Bodensee jedoch eine Fläche von 538 Millionen km^2 hat, wird diese enorme Dampfmenge bei einem Kühlturm konzentriert auf sehr kleiner Fläche, noch dazu meist in Flußtälern mit häufigen Inversionswetterlagen, abgegeben.

Ist die Luft trocken, dann bleibt der abgegebene Wasserdampf als gasförmiger Dampf in der Atmosphäre, verursacht also weder Nebel noch Verringerung des Sonnenscheins. Bei hoher Luftfeuchtigkeit nahe der Sättigungsfeuchte der Luft jedoch genügen geringe Mengen Wasserdampf, um die Luft vollständig mit Wasserdampf zu sättigen. Dies hat zur Folge, daß jeder neu hinzugeführte Wasserdampf in Form von kleinen Wassertröpfchen (mit anderen Worten Nebel) ausfällt und in Form von ,,Kühlturmschwaden" sichtbar wird.

Die bisherigen Untersuchungen zeigen, daß das lokale Mikroklima durch einen Kühlturm besonders im Herbst an 1–3 Tagen im Monat beeinträchtigt werden kann, daß aber in einigem Abstand die Einflüsse gering sind und Klimabeeinflussungen im Großen nicht auftreten.

Auswirkungen hat auch der *Tröpfchenauswurf:* Da ein Teil des zwischen Kühlturm und Kondensator zirkulierenden Wassers laufend verdunstet, muß dem Kühlkreislauf diese Menge neu zugeführt werden. Man nimmt wegen der großen Mengen dazu meist Flußwasser. Bei der starken nach oben gehenden Luftströmung im Innern des Kühlturms wird ein Teil des Wassers in Form kleiner Wassertropfen und Aerosole aus dem Kühlturm geschleudert. Bei einem 1000-Megawatt-Kohlekraftwerk verlassen auf diese Weise pro Sekunde etwa 36 l Wasser in Form von kleinen Tröpfchen den Kühlturm. Dadurch können Bakterien, Viren und Giftstoffe aus dem verschmutzten Flußwasser in die Luft kommen, durch den Wind weggetrieben werden und sich auf landwirtschaftlichen Kulturen niederschlagen oder in die Lungen von Menschen gelangen. Es ist deshalb Sorge zu tragen, daß das Wasser geklärt und der Tröpfchenauswurf durch Filter auf ein Minimum reduziert wird.

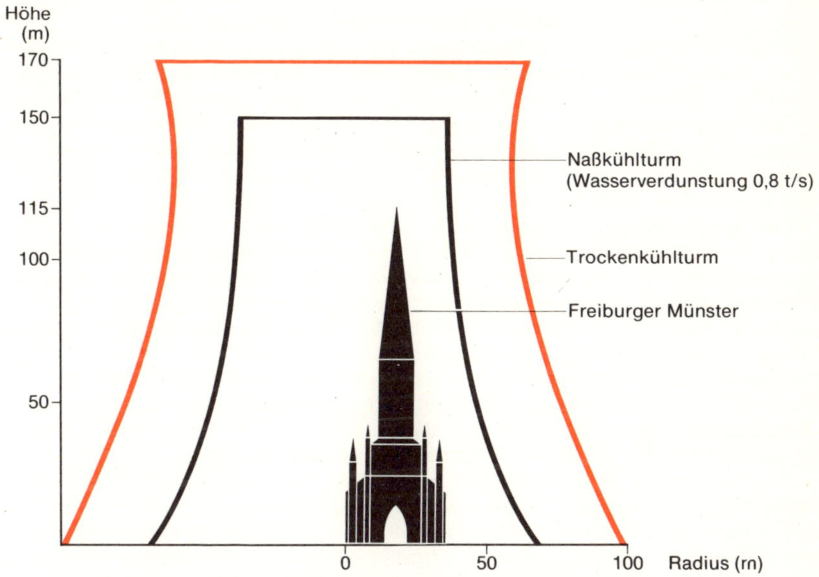

Abb. Schematischer Größenvergleich von Naß- und Trockenkühltürmen mit einer Kühlleistung von 1900 MW

Typ Belüftung	Naßkühlturm[1] Ventilator	Naßkühlturm[2] Naturzug	Trockenkühlturm[3] Naturzug
Basisdurchmesser (m)	38,5	92	140
Mündungsdurchmesser (m)	22,2	53	92
Höhe (m)	34	122	145 (Pylon 180)
Kühlleistung (MW)	2 × 100	432	438
Luftdurchsatz (m^3/s)	2 × 2650	6800	20000
Kaltwassertemperatur (°C)	21	26	26,5
Warmwassertemperatur (°C)	29,3	34,6	38,4

[1] für zwei mit Steinkohle beheizte Kraftwerksblöcke (elektrische Leistung je 176 MW)
[2] für einen mit Steinkohle beheizten Kraftwerksblock (elektrische Leistung 320 MW)
[3] für das THTR-300-Kernkraftwerk (elektrische Leistung 308 MW)

Tab. Technische Daten der Kühltürme des Kraftwerks Westfalen und des noch im Bau befindlichen Kernkraftwerks mit dem Hochtemperaturreaktor THTR – 300, beide in Hamm-Uentrup

Wachstum – exponentielles Wachstum

Man unterscheidet drei Arten von Wachstum: lineares, exponentielles und superexponentielles Wachstum. Normalerweise versteht man unter Wachstum *lineares Wachstum.* Dies liegt dann vor, wenn eine Größe jeweils in gleichen Zeiträumen um einen ständig gleichbleibenden Betrag zunimmt. Ein Baum wächst z.B. linear, wenn er jährlich um 50 cm größer wird. Wenn man jeden Monat 10 DM ins Sparschwein legt, wachsen die Ersparnisse ebenfalls linear. Die Zunahme der Ersparnisse ist dabei unabhängig von der Höhe des bereits Ersparten: Monatlich steigen die Ersparnisse im Sparschwein um 10 DM an, gleichgültig wieviel Geld im Sparschwein ist.

Beim *exponentiellen Wachstum* hängt das Wachstum von der Höhe des bereits Erreichten ab. In einem jeweils gleichen Zeitraum nimmt eine Größe jeweils um einen bestimmten Prozentsatz zu. Eine Bakterienkultur, in der sich jede Zelle alle zehn Minuten teilt, wächst exponentiell. Innerhalb eines bestimmten Zeitraums tritt immer ein Wachstum um 100 % ein. Dieses Wachstum ist, absolut gesehen, umso größer, je länger der Wachstumsprozeß schon andauert.

Obwohl exponentielles Wachstum alltäglich ist, bereitet es immer wieder Überraschungen. Es gibt das Märchen von dem Diener, der seinem König ein wertvolles Schachbrett schenkte und als Lohn dafür nur ein einziges Getreidekorn für das erste Feld und für jedes folgende Feld jeweils die doppelte Kornzahl als für das vorhergehende erbat: also für das zweite Feld 2 Körner, für das dritte 4, für das vierte 8 Körner usw. Das entspricht einer exponentiellen Zunahme mit einer Wachstumsrate von 100 % pro Schachbrettfeld. Auf das zehnte Feld entfallen erst 512 Körner, aber auf das einundzwanzigste bereits über 1 000 000 Körner. Es gibt auf der ganzen Erde gar nicht soviele Getreidekörner, wie der König für das vierundsechzigste Feld hätte bezahlen müssen.

Exponentielles Wachstum ist trügerisch, weil schon bei relativ geringen Wachstumsraten in kurzer Zeit astronomische Zahlen erreicht werden. Dieser Vorgang wird dann besonders problematisch, wenn das Wachstum einer festen Wachstumsgrenze zustrebt. Es gibt eine französische Geschichte von einem Teich, in dem eine Wasserlilie wächst. Dieses Gewächs hat eine derartige Lebenskraft, daß es seine Größe jeden Tag verdoppelt. In dreißig Tagen wird es dadurch den ganzen Teich bedecken. Der Besitzer des Teiches beobachtet dieses Geschehen und beschließt, den Wachstumsprozeß dann einzudämmen, wenn die Wasserlilie sich über die Hälfte der Teichoberfläche verbreitet hat. Die Wasserlilie hat 29 Tage gebraucht, bis sie die Hälfte der Teichoberfläche bedeckt. An diesem Stadium angekommen, wird sie aber nur noch eine Nacht brauchen, um den gesamten Teich zu bedecken.

Die Menschheit befindet sich heute auf mehreren Ebenen in einer ähnlichen Situation. Die Gesamtvolkswirtschaft hat sich in mehreren Jahrhunderten zur heutigen Größe entwickelt. Die Bevölkerungszahl der Erde wächst bereits seit mehreren Jahrtausenden. Dadurch entsteht in der normalen Vorstellung des Menschen der Eindruck, daß sich diese Wachstumsprozesse noch für einen Zeitraum ähnlicher Größenordnung in der Zukunft fortsetzen könnten. Wie die folgenden Kapitel zeigen, ist dies jedoch nicht möglich.

Von *superexponentiellem Wachstum* spricht man, wenn nicht nur eine Größe immer schneller anwächst, sondern wenn sich zugleich auch die Verdopplungszeit laufend verringert. Wir finden diese Form des Wachstums z. B. bei starker Geldinflation oder beim massiven Eingriff des Menschen in empfindliche Ökosysteme, bei dem sich mehrere Faktoren in Form superexponentiellen Wachstums „hinauf- oder hinabschaukeln“ und so zum Zusammenbruch des Ökosystems führen.

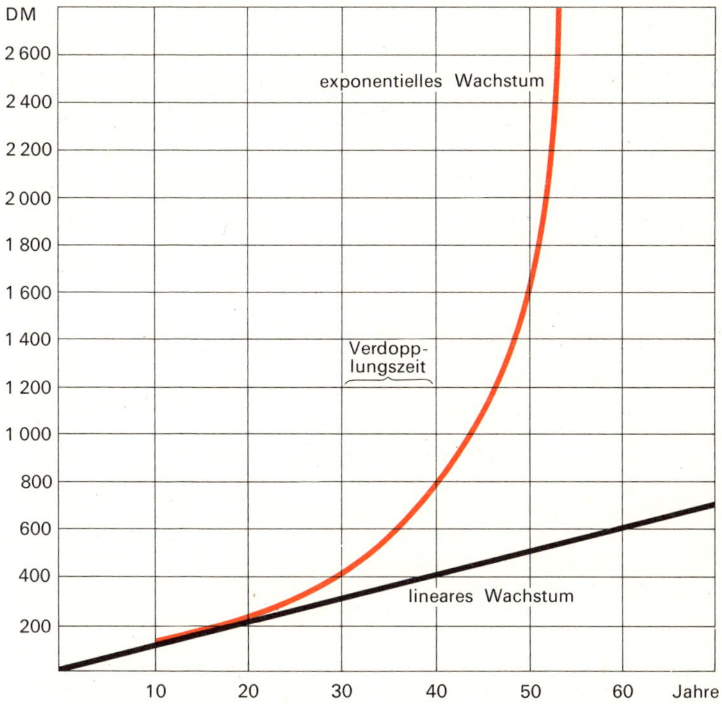

Abb. Exponentielles Wachstum am Beispiel eines Spargeldguthabens (10 DM, jährlich gespart, wachsen linear zu 100 DM in 10 Jahren an; dieses Guthaben, mit 7% fest verzinst, verdoppelt sich jeweils in 10 Jahren)

Verdopplungszeit

Wachstumsrate (in Prozenten jährlich)	Verdopplungszeit (in Jahren)
0,1	700
0,5	140
1,0	70
2,0	35
4,0	18
5,0	14
7,0	10
10,0	7

Was sind Rückkopplungen?

Man unterscheidet negative und positive Rückkopplungen (die Adjektive kennzeichnen dabei die Richtung der Rückkopplung). Ein Beispiel für einen negativ rückgekoppelten Regelkreis ist das biochemische System zur Aufrechterhaltung der Körpertemperatur des Menschen. Die Körpertemperatur eines gesunden Menschen liegt konstant bei 37 °C. Diese Temperatur wird durch die Wärme aufrechterhalten, die bei biochemischen Prozessen frei wird. Kommt der Mensch in eine kalte Umgebung, wird dies von Sinneszellen registriert, die über das Nervensystem den Befehl für eine größere Wärmeproduktion geben. Umgekehrt werden bei einer wärmeren Umgebung auf dem gleichen Weg Maßnahmen wie Schweißabsonderung und vermehrte Durchblutung der äußeren Körperteile zur Reduktion der Temperatur ausgelöst. Merkmal eines solchen *negativen Regelkreises* ist eine Größe (hier Körpertemperatur), die durch ein dynamisches Gleichgewicht von Faktoren auf einem Sollwert (hier 37 °C) gehalten wird. Negative Regelkreise haben also die Aufgabe, ein System gegen äußere Einflüsse stabil zu halten. In der belebten, aber auch in der unbelebten Natur gibt es eine große Zahl solcher negativer Regelkreise (z. B. Blutzuckerspiegelkonstanz, Gleichgewichtsorgane und aufrechter Gang, Nahrungsaufnahme, Hungergefühl).

Positive Regelkreise sind durch exponentielles Wachstum ihrer Grundgröße gekennzeichnet. Ein Beispiel für einen positiven Regelkreis stellt die Vermehrung von Bakterien dar: Die Zahl der Bakterien in einem Reagenzglas ist mit der Grundgröße des Bakterienwachstums, also mit sich selbst, positiv rückgekoppelt, d. h., das Wachstum der Bakterien wird umso schneller und größer, je mehr Bakterien da sind bzw. je länger der Wachstumsprozeß anhält. Ein weiteres Beispiel für einen positiven Regelkreis, bei dem die Grundgröße jedoch nicht direkt, sondern erst über mehrere Zwischengrößen mit sich selbst positiv rückgekoppelt ist, stellt das Anwachsen des Autoverkehrs im Vergleich zum öffentlichen Verkehr in unseren Städten dar. Betrachten wir die beiden Größen „Fahrgäste im öffentlichen Verkehr" und „Autobenutzer": Wenn ein Teil der Straßenbahnbenutzer auf das Auto umsteigt, hat dies ein geringeres Fahrgastaufkommen der Straßenbahn zur Folge. Dies bewirkt eine geringere Wirtschaftlichkeit des öffentlichen Verkehrs, was zu einer Verringerung der Straßenbahnfahrten und damit zu einer Vergrößerung des zeitlichen Abstandes zwischen zwei Straßenbahnfahrten führt. Dies bewirkt eine geringere Attraktivität des öffentlichen Verkehrs, was wiederum dazu führt, daß weitere Straßenbahnbenutzer auf das Auto umsteigen. Laufen diese und ähnliche Rückkopplungen längere Zeit, so wird die Grundgröße „öffentlicher Verkehr" so unwirtschaftlich und damit unattraktiv, daß eine Umkehrung dieses Prozesses immer schwieriger wird.

Positive Rückkopplungen führen in der Natur immer zu Wachstumskatastrophen, wenn die exponentiell wachsende Größe an Wachstumsgrenzen stößt. Fast alle Regelkreise in der Natur sind deshalb negativ rückgekoppelt. Die positiv rückgekoppelten verschwinden, falls sie doch einmal auftreten sollten, als Folge von Wachstumskatastrophen innerhalb kürzester Zeit.

Eine der Ursachen der heutigen Umweltkrise liegt darin, daß der Mensch natürliche, negativ rückgekoppelte Regelkreise im Laufe der Zivilisation aufgebrochen hat und sie dadurch in einen Prozeß positiv rückgekoppelten exponentiellen Wachstums übergeführt hat, was früher oder später bei Beibehaltung des Wachstumsprozesses zwangsläufig zur Katastrophe führen muß.

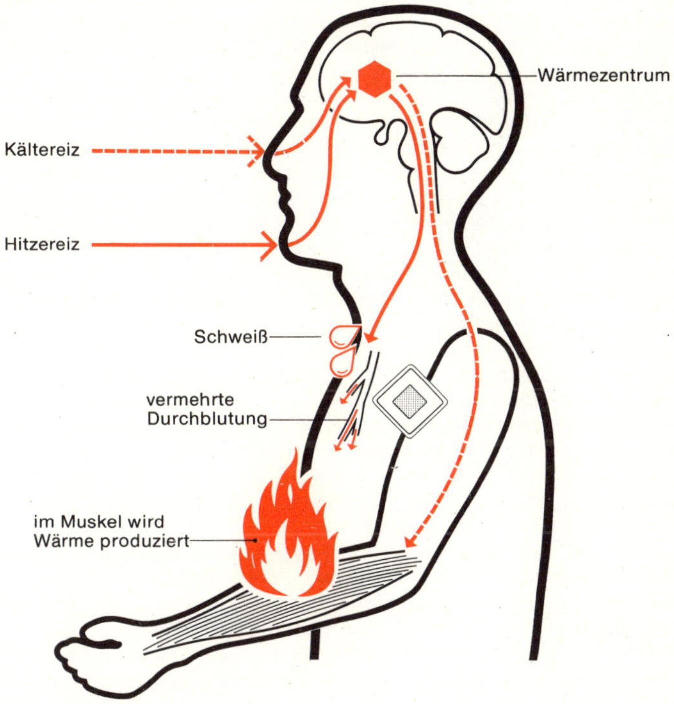

Abb. 1 Negative Rückkopplung

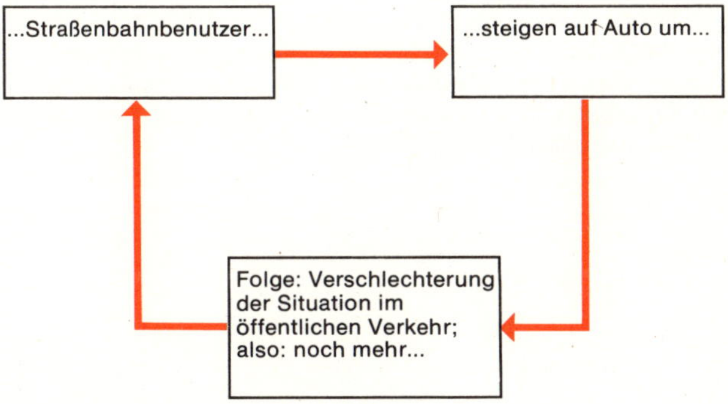

Abb. 2 Beispiel für eine positive Rückkopplung

Verzögerungsfaktoren in ökologischen Prozessen – DDT

Eine wesentliche Erscheinung vieler ökologischer Prozesse sind Verzögerungen der Art, daß sich manche Eingriffe in die Natur oft erst nach einer gewissen Zeit, manchmal erst nach Jahren oder Jahrzehnten auswirken, so daß die schädlichen Folgen nicht mehr rückgängig gemacht werden können. Als Beispiel für viele soll hier das in seiner Langzeitwirkung gut bekannte DDT dienen.

Im Jahr 1940 wurde von einem Schweizer Wissenschaftler entdeckt, daß der chemische Stoff *DDT* mit großem Erfolg als Schädlingsbekämpfungsmittel eingesetzt werden kann. Kurze Zeit später setzte eine Massenproduktion dieses Stoffes ein. Die Anwendung von DDT in der Land- und Forstwirtschaft und bei der Malariabekämpfung stieg in der Folge stark an und lag im Jahr 1970 bei rund 160 000 t jährlich. Erst in den 60er Jahren wurden wissenschaftliche Untersuchungen bekannt, die das vorher viel gepriesene DDT als schweres Umweltgift offenbarten. Die ersten Veröffentlichungen wurden kaum beachtet. Es dauerte weitere 10 Jahre, bis sich die Erkenntnis allgemein durchsetzte, daß durch die Verwendung des sehr resistenten, in der Natur kaum abbaubaren DDT viele Ökosysteme der Erde stark geschädigt werden. Die höchste Anreicherung von DDT im Erdboden zeigt sich erst etwa 1–2 Jahre nach der Anwendung. Dies hängt damit zusammen, daß ein Großteil des DDT beim Versprühen nicht sofort auf den Erdboden gelangt, sondern zunächst vom Wind verweht und erst später vom Regen aus der Luft auf die Erde ausgewaschen wird. Ein beträchtlicher Teil des DDT gelangt über die Luft oder über die Flüsse ins Meer. Dort reichert sich DDT in Nahrungsketten stark an und gelangt dadurch schließlich in Fische, die vom Menschen verzehrt werden (s. auch S. 226).

Bis das DDT in die Fische gelangt, dauert es im Durchschnitt 11 Jahre. Dies bedeutet, daß selbst nachdem die Verwendung von DDT in den meisten Ländern verboten wurde, die Vergiftung der Fische noch einige Jahre weiter ansteigt. Insgesamt besteht in diesem Fall also eine Verzögerungszeit von 22 Jahren.

Ähnliche Gefahren gehen von vielen anderen langlebigen Giften aus, die durch den Menschen in die Umwelt freigesetzt werden: Quecksilber, Blei, Cadmium, außer DDT noch andere Schädlingsbekämpfungsmittel, chlorierte Kohlenwasserstoffe, radioaktive Substanzen. So können z. B. Krebs und Leukämie als Folge einer radioaktiven Bestrahlung nach einer Latenzzeit von 15–20 Jahren auftreten. Genetische Schäden durch radioaktive Strahlung manifestieren sich oft erst nach Generationen. Leider wird eine solche der normalen menschlichen Denkgewohnheit nicht leicht zugängliche Verzögerung zwischen Ursache und Wirkung bei ökologischen Prozessen in der Umweltdiskussion, besonders bei komplexeren Problemen, oft nicht ausreichend beachtet.

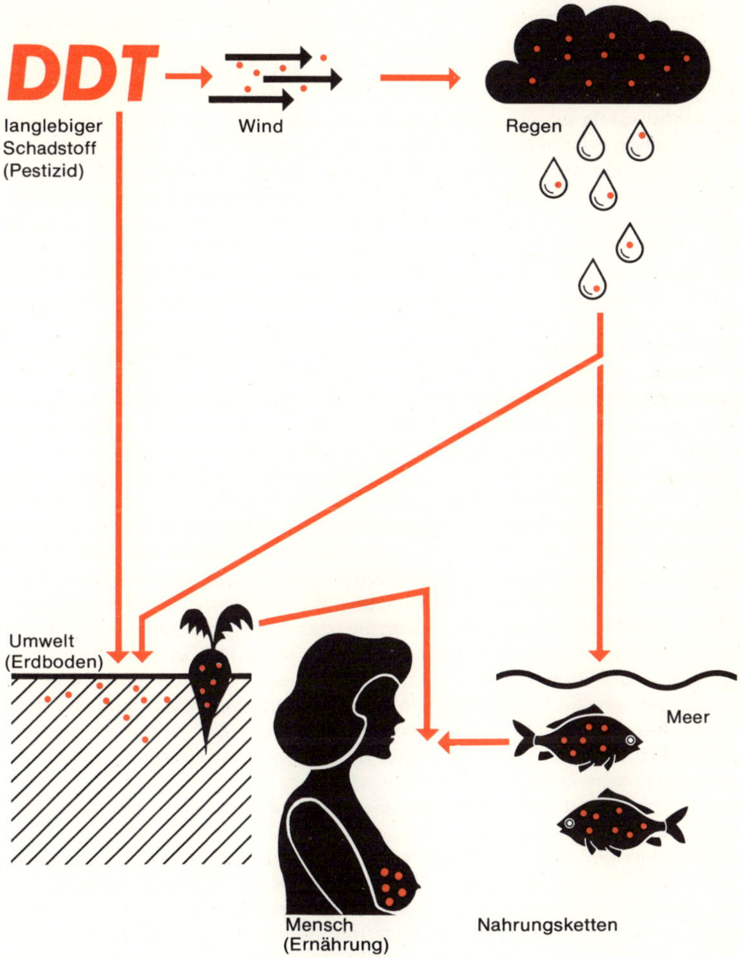

Abb. Weg des DDT im Ökosystem; der Einfluß von Verzögerungsfaktoren

Wachstumsgrenzen

Unbegrenztes Wachstum kann der Planet Erde mit seinem begrenzten Flächenangebot mit Sicherheit nicht tragen. Für jede Population gibt es im Sinne des ökologischen Gleichgewichts ein *Wachstumsoptimum*, bestimmt durch ihren Nahrungs- und Raumbedarf einerseits und das natürliche Angebot an diesen Lebensqualitäten andererseits. Nur für den Menschen schien diese Regel in der Vergangenheit nicht zuzutreffen; er konnte einengende räumliche Grenzen überwinden. „Neuen Lebensraum zu erobern" konnte noch in der ersten Hälfte dieses Jahrhunderts als ernsthaftes bevölkerungspolitisches Vorhaben diskutiert werden. Daneben erschienen mit Hilfe der industriellen Produktion alle natürlichen begrenzenden Faktoren besiegbar. Nahrungsmangel, Krankheit und Tod wurden nicht als biologische Barrieren angesehen, sondern als Probleme, die bewältigt werden konnten. Die *Population des Menschen* stand im Gegensatz zu allen anderen unter dem Gesetz des *unaufhaltsamen Fortschritts.*

Es ist wichtig einzusehen, daß es auch für die Menschheit „Wachstumsgrenzen" gibt, deren Überschreitung nicht möglich ist, deren gewaltsame Überwindung vielmehr zu einer globalen Katastrophe führen muß. Soweit dies z. B. für die explosive *Vermehrung der Weltbevölkerung* gilt (s. auch S. 560), erscheint das auch leicht einsehbar. Daß aber auch die *industrielle Produktion* auf unüberschreitbare Grenzen stößt, ist dagegen längst noch nicht Gemeingut der für unsere Zukunft Verantwortlichen, geschweige der Öffentlichkeit, geworden. Die Existenz derartiger Grenzen für die Industrieproduktion wird sogar vielfach bestritten.

Gewöhnlich wird argumentiert, daß die *Rohstoffvorräte der Erde* zwar endlich und auch nicht regenerierbar seien, daß sie aber zum gegenwärtigen Zeitpunkt erst zu einem Bruchteil prospektiert sind und abgebaut werden und daß über die noch unentdeckten Schätze niemand Voraussagen machen könne. Außerdem könnten Rohstoffe, die zur Mangelware werden, jederzeit durch neue Stoffe ersetzt werden, von denen wir jetzt noch nichts wissen. Mit der Nutzung der Kernenergie (s. S. 524 ff.) seien auch die *Energievorräte der Erde* potentiell unerschöpflich. Wertvolle chemische Energieträger wie Erdöl (s. S. 116) und Kohle (s. S. 114) könnten durch die Kernenergie ersetzt und somit als Rohstoffe für die chemische Produktion frei werden, mit deren Hilfe kostbar gewordene Materialien eingespart werden könnten. Wachstumsgrenzen aller Art seien auf jeden Fall technisch überwindbar, und Anlaß zu Beunruhigung oder gar Weltuntergangserwartungen bestehe für die nahe Zukunft nicht.

Diese Fragen sind im einzelnen Gegenstand der sog. Meadows-Studie (s. S. 552 ff.) und ihrer Kritik.

Grundsätzlich können für singuläre Probleme singuläre Lösungen gefunden werden. Dadurch werden aber, wie die verschiedenen Hochrechnungen der Meadows-Studie zeigen, die Schwerpunkte nur verlagert und eventuelle katastrophale Entwicklungen zeitlich verschoben (und damit in ihrem Ausmaß vergrößert). Nimmt man z. B. an, daß die Rohstoffvorräte um ein Vielfaches umfangreicher sind, als es nach den bisherigen Schätzungen der Fall ist, so wird, läßt man das zusätzliche Problem einer mutmaßlich schwierigeren und kostspieligeren Ausbeutung als bei den gegenwärtig bekannten Rohstoffen außer Betracht, eine *akute Rohstoffverknappung* erst zu einem viel späteren Zeitpunkt eintreten als bisher angenommen. Der exponentielle Zuwachs der Umweltverschmutzung aber – die wirtschaftlich wertvollen Rohstoffe sind in ihrer überwiegenden Mehrheit ja nach erfolgter Konsumtion (z. B. Kohle, Erdöl usw. nach dem Verbrennen) Belastungsstoffe für die Umwelt – würde dafür den Zeitpunkt der katastrophalen „Überschmutzung" der Erde vorverlegen. Die *akute Bedrohung* ginge somit nicht mehr vom Rohstoffmangel, sondern von der *überhandnehmenden Umweltverschmutzung* aus.

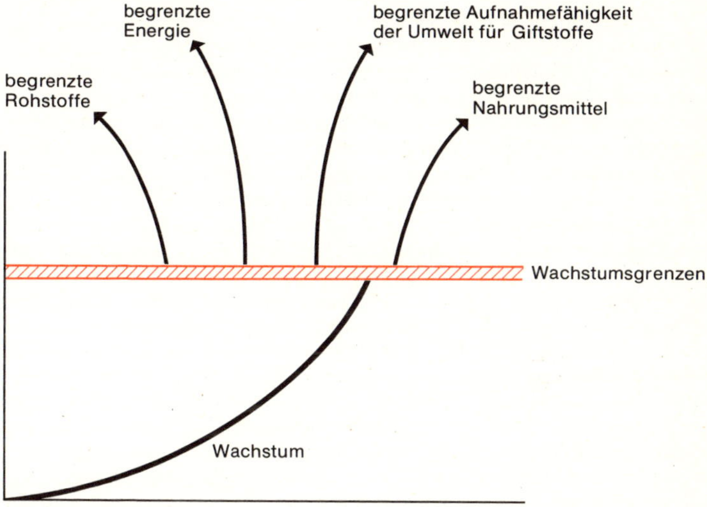

Abb. 1 Natürliche Wachstumsgrenzen

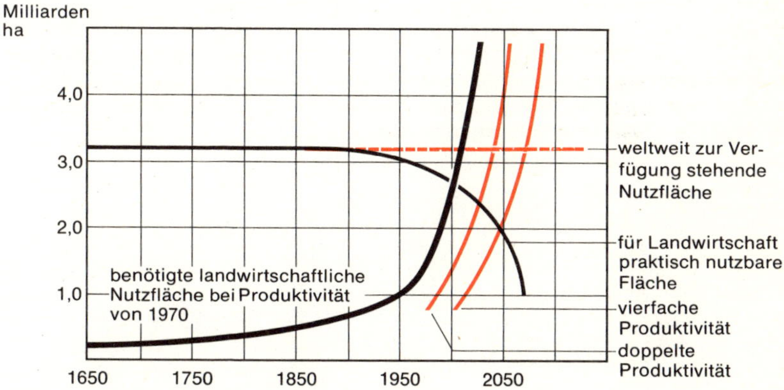

Abb. 2 Landwirtschaftliche Nutzflächen im Verhältnis zum Bevölkerungswachstum (Quelle: FAO)

Die *Wachstumstendenzen* haben in der Tat überall, vornehmlich aber auf industriellem und sozioökonomischem Gebiet, *bedrohliche Kulminationspunkte* erreicht, die die Ideologie vom potentiell unendlichen Fortschritt der Menschheit widerlegen und das Vorhandensein von Wachstumsgrenzen implizieren, die der Mensch um seines Fortbestandes willen achten sollte. Denn wo Wachstum außer Kontrolle gerät, wurde zweifellos eine natürliche Grenze überschritten.

Die klassischen Symptome hierfür lassen sich aber überall in Wirtschaft und Gesellschaft erkennen: Entartung marktwirtschaftlicher Prinzipien zu Monopolstrukturen, schleichende Vergiftung mit langlebigen Pestiziden und radioaktiven Spaltprodukten, Überfluß- und Wegwerfproduktion, eskalierende Kriminalität, zunehmende soziale Desintegration usw. sind nur scheinbar strukturell vom Grundgesetz der freien Marktwirtschaft, der Abhängigkeit der Prosperität vom Zuwachsratenmechanismus, unterschieden. In allen Bereichen gilt, daß Wachstum, das seine Grenzen überschreitet, Mißwachstum wird.

Eine nüchterne Bestandsaufnahme der heute verfügbaren Rohstoffe zeugt keineswegs für eine Überflußsituation: Bleibt der Verbrauch (bzw. die Vergeudung) der Industrieländer auf der gegenwärtigen Höhe, so reichen die *Kupfer-* und *Bleivorräte* noch für 21 Jahre, die *Zinnvorräte* für 15 Jahre, die *Quecksilber-* und *Silbervorräte* noch für 13 Jahre aus, wobei Alternativen (Ersatzstoffe) oder Wiedergewinnungsverfahren bislang erst in den Anfängen stehen. Lassen sich vielleicht Zinn und Kupfer durch Kunststoffe ersetzen (die es freilich auch noch nicht gibt), so sind die *Elektronik-* sowie die *Photo-* und *Filmindustrie*, auf die insgesamt rund 50% des Weltsilberverbrauchs entfallen, unbedingt auf die *Silberproduktion* angewiesen. Die Photoindustrie hat inzwischen Verfahren entwickelt, die eine vollständige Silberrückgewinnung aus den Fixierbädern erlauben.

Geht man davon aus, daß pro Kopf der Weltbevölkerung mindestens 0,4 ha Anbaufläche notwendig sind, um die Ernährung der Menschen zu sichern, und weiterhin 0,08 ha pro Kopf als nichtbebaubarer „Bewegungsspielraum" (Wohn-, Straßen-, Flugplatz-, Industrieanlagen-, Abfallfläche) benötigt werden, so wird deutlich, daß bei Anhalten der gegenwärtigen Bevölkerungsentwicklung schon vor dem Jahr 2000 eine hoffnungslose *Landknappheit* eintreten muß, selbst wenn alles potentiell bebaubare Land auf der Erdoberfläche landwirtschaftlich genutzt würde. Hier wird besonders die Eigentümlichkeit exponentieller Prozesse (s. auch S. 542) sichtbar: daß der Umschlag, das Überschreiten einer Grenze unversehens kommt, daß über Nacht aus Überfluß schärfster Mangel wird.

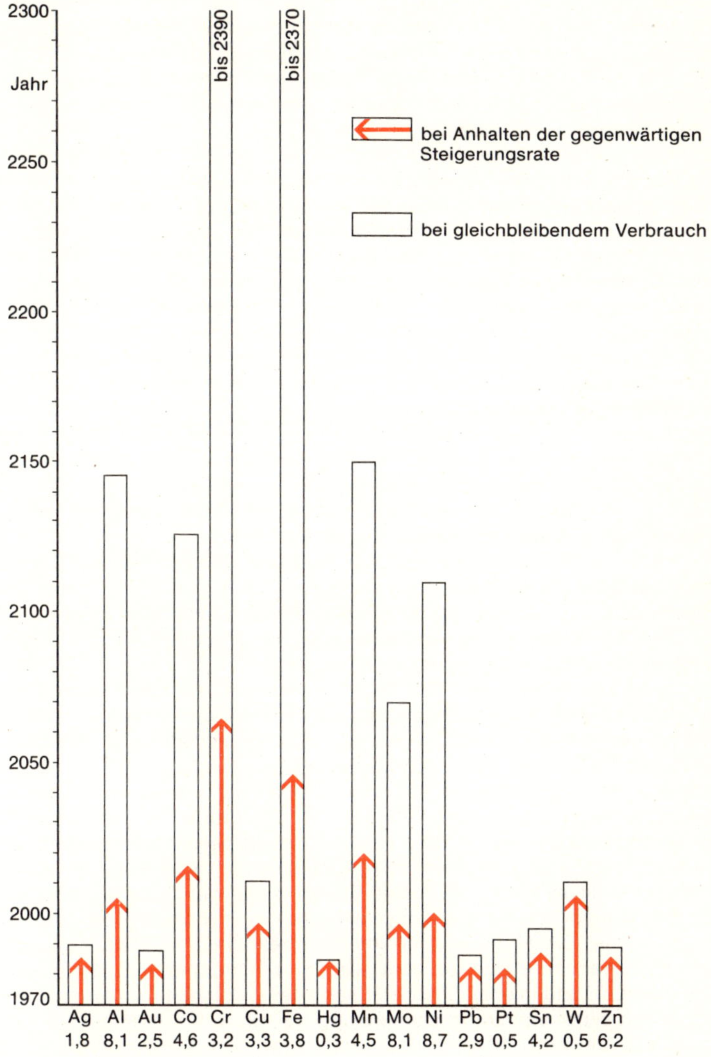

Abb. Metallvorräte auf der Erde
(modifiziert nach Goldsmith)

Die Studie „Grenzen des Wachstums“

In der im Jahr 1972 veröffentlichten wissenschaftlichen Studie „Grenzen des Wachstums“, die eine weltweite lebhafte Diskussion auslöste, werden zum ersten Mal in der Geschichte der industriellen Entwicklung der zivilisierten Welt die Hauptziele der Zivilisation „Wachstum“ und „Fortschritt“ mit wissenschaftlichen Methoden und nach dem Stand unseres derzeitigen Wissens ernsthaft in Frage gestellt. Die Studie wurde von einem Team internationaler Wissenschaftler am Massachusetts Institut of Technology unter Leitung von D. Meadows auf Anregung des Club of Rome durchgeführt.

Der Studie liegt ein umfangreiches Weltmodell zugrunde, in dem die verschiedenen für das Überleben der Menschheit relevanten, naturwissenschaftlich faßbaren Faktoren berücksichtigt und in ihren Wechselbeziehungen dargestellt sind. Dieses Modell enthält vor allem fünf Grundvariablen: Bevölkerungszahl, Wirtschaftswachstum, Rohstoffe, Nahrungsmittel und Umweltverschmutzung. Die zu untersuchenden Kardinalfragen lassen sich wie folgt zusammenfassen: Wie wird sich das Weltsystem verhalten, wenn sich das Wachstum von Bevölkerung und Wirtschaft den maximalen Grenzen nähert? Wie lange kann das Wachstum beibehalten werden, und was sind die Folgen des heute angestrebten Wachstums? Welches Bild wird die Erde bieten, wenn es kein Wachstum mehr gibt?

Um diese Fragen beantworten zu können, wurden mit dem Computer verschiedene Möglichkeiten durchgerechnet, die sich voneinander durch unterschiedliche Hypothesen über das Wachstum und die Rahmenbedingungen des Wachstums wie Rohstoffvorräte, Umweltverschmutzung usw. unterschieden. Der untersuchte Zeitraum lag jeweils zwischen den Jahren 1900 und 2100. Zunächst untersuchte man, welches die Folgen sein würden für den Fall, daß das sich heute abzeichnende Wachstum der Erdbevölkerung und der Industrie ungehindert weitergeht. Das Ergebnis der Untersuchung besagt, daß die Entwicklung eindeutig dahin tendiert, daß das System die Wachstumsgrenzen überschreitet und dann zusammenbricht (Abb.). Der Zusammenbruch resultiere aus der Erschöpfung der begrenzten Rohstoffvorräte, die durch das enorme Wirtschaftswachstum bis zum Jahr 2020 auf ein Minimum abgebaut seien. Die dadurch bedingte Wachstumskatastrophe im wirtschaftlichen Bereich werde auch die bis dahin total von der Industrie abhängige Landwirtschaft mitreißen. Letztlich sei eine Wachstumskatastrophe der Bevölkerung mit dem Tod einiger Milliarden Menschen bis zum Jahr 2100 unabwendbar.

In einem zweiten angenommenen Verlaufsfall wurde untersucht, ob der Zusammenbruch der Wirtschaft durch größere Rohstoffvorräte verhindert werden könne. Man ging dabei von der Hypothese aus, daß die heute bekannten Rohstoffvorräte in Wirklichkeit doppelt so groß seien; alle anderen Größen wurden als unverändert in die Computeranalyse einbezogen. Das Ergebnis war genau so deprimierend: Da sich die Rohstoffvorräte nun viel langsamer erschöpfen, kann die Industrialisierung weiter ansteigen. Die Folge ist eine ins Unermeßliche steigende Vergiftung der Umwelt. Die Wachstumsgrenze liegt also nun nicht mehr in der begrenzten Rohstoffsituation und in einer Einschränkung der Wirtschaft, sondern in der durch die Wirtschaft verursachten Verschmutzung der Umwelt mit langlebigen Schadstoffen. Diese Umweltverschmutzung würde etwa zum selben Zeitpunkt wie im Standardverlauf zu einer Wachstumskatastrophe in der Bevölkerung führen, bei der die Zahl der Toten noch um einiges größer wäre als im Standardfall.

Noch schlimmer war das Ergebnis bei der hypothetischen Ansetzung unbegrenzter Rohstoffvorräte. Für diesen dritten angenommenen Verlaufsfall ging man davon aus, daß mit Hilfe der Kernenergie die vorhandenen Vorräte an Rohstoffen doppelt so gut ausgenutzt werden könnten und daß – ebenfalls mit Hilfe der Kernenergie – die Wiederverwendung und Ersetzung der Rohstoffe möglich würde. Auch für diesen Fall errechnete der Computer eine Wachstumskatastrophe durch Umwelt-

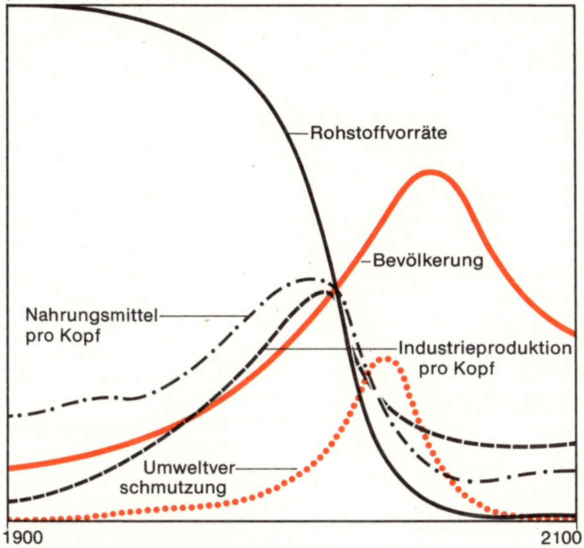

Abb. 1 Standardverlauf des Weltmodells

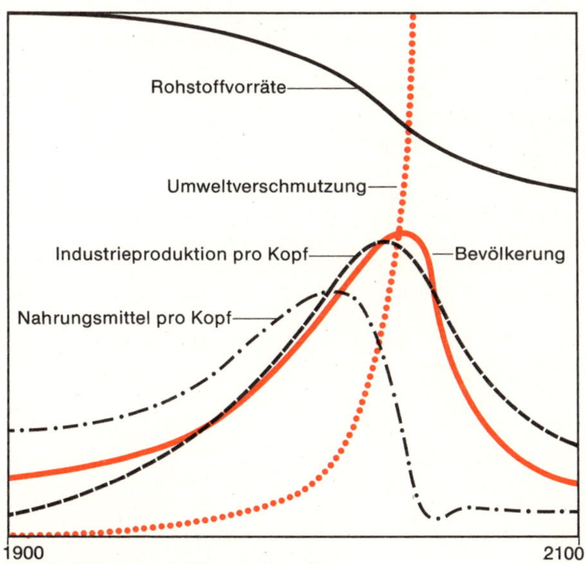

Abb. 2 „Unbegrenzte“ Rohstoffvorräte

nach Meadows

verschmutzung mit einem Absinken der Bevölkerungszahl auf einen Wert unter den des Jahres 1900.

Unter der Voraussetzung, daß all diese Computersimulationen richtig seien, würde also – selbst bei unbegrenzten Rohstoffvorräten, starker Bekämpfung der Umweltverschmutzung (Reduktion der Schadstofferzeugung auf 1/4 des Wertes von 1970 bei gleichzeitigem Anwachsen der Industrieproduktion), erhöhter landwirtschaftlicher Produktion und einer perfekten Geburtenkontrolle – die Wachstumskatastrophe bei anhaltendem Wachstum nur bis kurz vor das Jahr 2100 hinausgezögert werden können.

In einer zusätzlichen Reihe von Computerdurchläufen wurde nun untersucht, was man zur Verhinderung dieser Katastrophen tun könne. Als Untersuchungsbasis diente die Hypothese, daß anstelle des Wachstums eine Stabilisierung im Bereich des Rohstoffverbrauchs, der Industrieproduktion, der Bevölkerungszahl usw. erfolgte. Eine Wachstumskatastrophe kann nach dem Ergebnis der Computeranalyse nur für den Fall verhindert werden, daß sowohl Bevölkerungswachstum als auch Wirtschaftswachstum so schnell als möglich in einen Gleichgewichtszustand übergeführt würden. Darüber hinaus müßten folgende zusätzliche Voraussetzungen schnellstmöglich erfüllt werden: Recycling des Abfalls, d. h. Wiederverwendung des Mülls und dadurch Reduktion der Umweltverschmutzung und Einsparung von Rohstoffen; Verhinderung des Freiwerdens langlebiger Gifte; technische Verbesserung von Industriegütern, um deren Nutzungsdauer zu erhöhen und die Reparaturanfälligkeit zu vermindern; Nutzung der Sonnenstrahlung und anderer regenerativer Naturkräfte als Energiequelle; Anwendung biologischer Methoden in der Schädlingsbekämpfung und in der Düngung des Bodens, um eine weitere Verschlechterung und Zerstörung der Böden und Vergiftung der Nahrungsmittel zu vermeiden; optimale Anwendung der Empfängnisverhütung; Reduzierung des Verbrauchs natürlicher Rohstoffe ab 1975 auf 1/4 des Wertes von 1970, um Mangelerscheinungen an nicht regenerierbaren Rohstoffen zu verhindern; Verbesserungen und Wachstum in Bereichen wie Erziehung und Gesundheitswesen, Bildung, Freizeitgestaltung, Erholung, im sozialen Bereich und in der Kommunikation. Wenn diese Voraussetzungen erfüllt seien, könnten nach den Untersuchungen der Meadows-Studie Wachstumskatastrophen in der absehbaren Zukunft verhindert werden. Die Bevölkerungszahl würde zwar bis etwa zum Jahr 2030 noch weiter ansteigen, sich danach jedoch stabilisieren. Ähnliches gelte für die Industrieproduktion.

Da weder die Güter noch das Wirtschaftsvolumen auf dieser Erde gleichmäßig über die einzelnen Länder verteilt sind, können die Konsequenzen dieser Studie nicht für alle Länder in gleicher Weise gelten. So gesehen, bedeutet z. B. die Forderung nach Überführung des Wirtschaftswachstums in einen Gleichgewichtszustand, daß die Industrienationen ihren heutigen Lebensstandard senken müßten, damit die Länder der dritten Welt die Chance erhalten, durch anhaltendes wirtschaftliches Wachstum ihren Lebensstandard nach den Vorstellungen der Industrienationen zu verbessern.

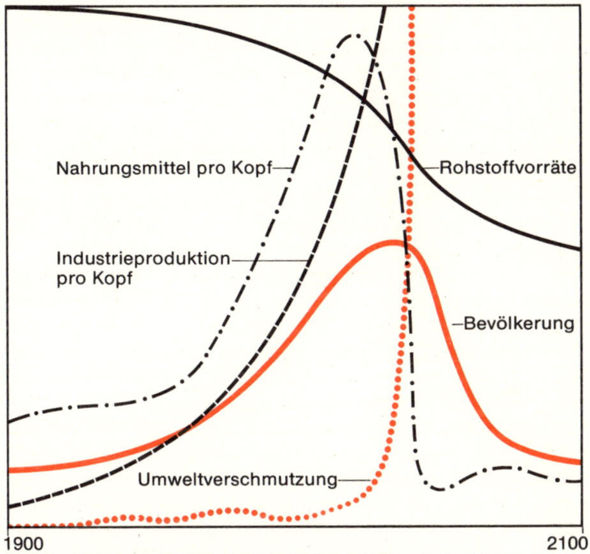

Abb. 1 „Unbegrenzte" Rohstoffvorräte, erhöhte industrielle und landwirtschaftliche Produktivität

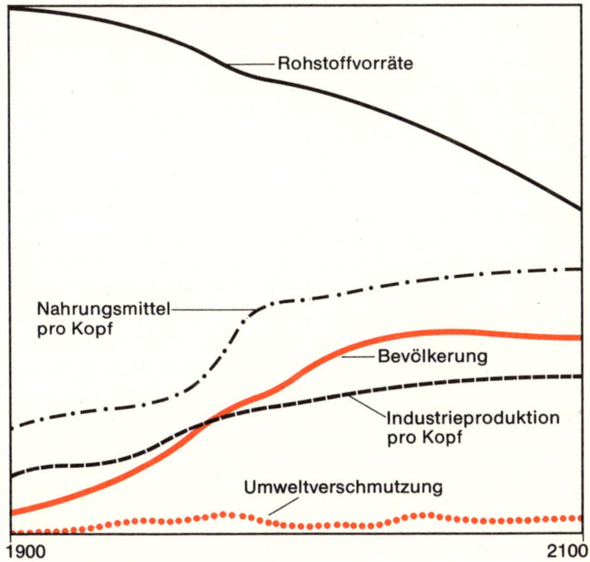

Abb. 2 Stabilisiertes Weltmodell

nach Meadows

Die Ausrottung der Wale – ein Beispiel für die Überschreitung von Wachstumsgrenzen

In einzelnen Bereichen der Wirtschaft sind schon heute die katastrophalen ökonomischen Folgen eingetreten, die der Weltbevölkerung und der Weltwirtschaft für die nahe Zukunft drohen, sofern die natürlichen Grenzen des Wachstums überschritten werden. Ein Beispiel hierfür ist der Zusammenbruch der Walfangindustrie als Folge der Vernichtung ihrer Grundlage, der Wale.

Walfang wird seit frühgeschichtlichen Zeiten betrieben (schon vor 1 000 v. Chr. in Alaska). Haupterzeugnis des Walfangs ist das Walöl (Tran); daneben werden Walrat (Ambra, zur Parfümherstellung), Barten (Fischbein) und neuerdings Walfleisch (zur menschlichen Ernährung) verwertet. Fangobjekte waren bis zum Beginn der Neuzeit vornehmlich *Glattwale* und *Pottwale.* Seit den 60er Jahren des vorigen Jahrhunderts (Einführung der Harpunenkanone) werden die größeren und schnelleren *Furchenwale,* hauptsächlich der *Blauwal,* gefangen.

Solange der Walfang von Küstenstationen und relativ kleinen Fangflotten betrieben wurde, blieben die Fangerträge so gering, daß der Bestand an Walen nicht ernsthaft gefährdet wurde. Die natürliche Vermehrungsrate glich den jährlichen Tierverlust aus. Dies änderte sich mit dem Ausbau der *Walfangindustrie* im 20. Jh., an dem sich immer mehr Länder beteiligten. Immer mehr und noch leistungsfähigere schwimmende Kochereien wurden gebaut, immer stärkere Fangflotten wurden ausgerüstet. Entsprechend stieg die Zahl der erbeuteten Wale von Jahr zu Jahr. Doch damit wurde die ökologische Grenze, die mit der natürlichen Vermehrungsfähigkeit der Wale gesetzt ist, überschritten. Die *Blauwalbestände* in den Weltmeeren *nahmen ab;* dementsprechend sanken die Fangquoten pro Schiff rapide. Durch eine Vergrößerung des technologischen Einsatzes, durch *bessere Aufspür- und Fangtechniken* gelang es zwar, den Ertrag kurzfristig wieder zu erhöhen. Mittel- und langfristig führte das jedoch zur fast vollständigen *Ausrottung der Wale* und damit zum Absinken der Ertragslage auf den Wert Null.

Diese Entwicklung – sie wird in den nebenstehenden Diagrammen verdeutlicht – fand ihren Höhepunkt in den Jahren nach dem Zweiten Weltkrieg. Während in den 30er Jahren jährlich noch rund 30000 *Blauwale* gefangen wurden, war bis 1970 die Fangrate auf fast Null abgesunken. Der Blauwal, das größte Säugetier der Erde, war praktisch ausgerottet. Daraufhin wandte sich die Walfangindustrie dem zweitgrößten Wal, dem *Finnwal,* zu. Von 1945 bis 1955 stieg die Finnwalfangrate von 2000 auf 30000 pro Jahr an. Diese Fangquote war jedoch, ökologisch gesehen, viel zu hoch. Sie lag weit über der natürlichen Regenerationsrate der Finnwale. Eine solche Fangquote konnte deshalb nur etwa sechs Jahre lang aufrechterhalten werden; danach verminderten sich die Erträge auf wenige Tausend im Jahr 1970. Den Finnwal hatte das Schicksal des Blauwals ereilt. Die Industrie mußte sich bereits 1960 auf den drittgrößten Wal, den *Pottwal,* umstellen. Sie erreichte bis 1965 Fangquoten von 25000 Tieren im Jahr. Doch dann nahm auch hier die Fangquote wieder rapide ab, aus den gleichen Gründen wie beim Blau- und beim Finnwal.

Gegenwärtig muß wie im Mittelalter wieder auf den Fang von *Kleinwalen* zurückgegriffen werden, den man wegen seiner Unrentabilität eingestellt hatte. Um diese Unrentabilität zu kompensieren, muß der heutige fangtechnische Aufwand noch bedeutend gesteigert werden, was bedeutet, daß die Ausrottung noch vollkommener und in noch kürzeren Zeiträumen erreicht werden wird.

Um ein Überleben der Wale zu sichern, werden die Fangquoten jährlich von einer internationalen Walfangkommission neu festgelegt. Allerdings wurden z. B. die für 1978/79 zugelassenen Fangquoten von 16000 Walen nicht eingehalten; erlegt wurden vielmehr 30000 Tiere. (Rund 80% aller Fänge entfallen jeweils auf die Sowjetunion und Japan.) Ein indirekter Schutz wurde durch das Washingtoner Artenschutzübereinkommen vom 3. 3. 1973 erreicht, das den Handel mit Tierarten, die von der Ausrottung bedroht sind, einer strengen Regelung unterwirft.

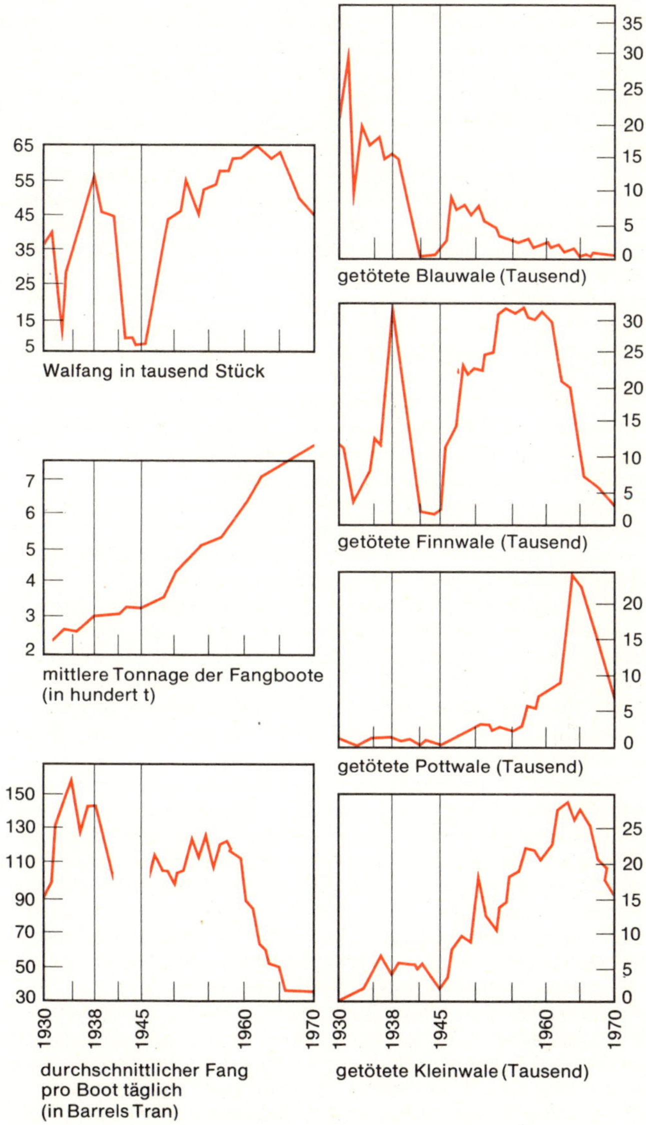

Abb. Walfang zwischen 1930 und 1970 (modifiziert nach Meadows)

Bevölkerungswachstum – regionalisiertes Weltmodell

Nachdem die Meadows-Studie „Grenzen des Wachstums" (s. S. 552) weltweite Aufmerksamkeit erregt und lebhafte Diskussionen ausgelöst hatte, wurde im Jahre 1974 unter dem Titel „Menschheit am Wendepunkt" ein weiteres Weltmodell des Club of Rome veröffentlicht, das als Beitrag zur Erkennung und Lösung der Wachstumsprobleme von rund 50 namhaften Wissenschaftlern aus verschiedenen Ländern erarbeitet wurde. Diese Studie wird auch als „regionalisiertes Weltmodell" bezeichnet, da in ihr, im Gegensatz zur Meadows-Studie, die Erde nicht als einheitliches Gebilde betrachtet wird, sondern die 5 Faktoren „Rohstoffe", „Nahrungsmittel", „Bevölkerung", „Umweltverschmutzung" und „Industrieproduktion" für 10 verschiedene Weltregionen getrennt untersucht werden.

Für die Untersuchung der *Probleme des Bevölkerungswachstums* wurden die 10 Regionen auf die beiden Bereiche „Nord" und „Süd" der Erde aufgeteilt, da man davon ausgehen konnte, daß die Hauptprobleme des Bevölkerungswachstums vermutlich in erster Linie in den südlichen Ländern in Erscheinung treten werden.

Zunächst wurde ein Standardcomputerdurchlauf durchgeführt, dem die heutigen Geburten- und Sterberaten dieser Länder zugrunde gelegt wurden. Dabei ergab sich, daß in der Region „Süd" am Ende des 20. Jahrhunderts insgesamt mehr, weitere 25 Jahre später sogar dreimal mehr Menschen leben werden, als heute auf der gesamten Erde leben. Eine längerfristige Zukunftsprognose ermittelte dann derart hohe Zahlen, daß anzunehmen ist, daß eine solche Entwicklung zwangsläufig entweder durch freiwillige Geburtenbeschränkung oder durch eine ökologisch bedingte Erhöhung der Sterberate verhindert würde.

In einem zweiten Computerdurchlauf wurde untersucht, wie die Entwicklung verlaufen würde, wenn rechtzeitig Gegenmaßnahmen gegen die drohende Wachstumskatastrophe eingeleitet würden. Man ging dabei von der Hypothese aus, daß es ab 1975 durch wirksame bevölkerungspolitische Maßnahmen gelänge, in der gesamten Region „Süd" die Geburtenraten mit den Sterberaten innerhalb von 35 Jahren auf einen Gleichgewichtszustand zu bringen und danach zu stabilisieren. Das überraschende Ergebnis dieser Computerauswertung war, daß ein Gleichgewicht der Bevölkerungszahlen erst 75 Jahre nach dem Einsetzen einer wirksamen Bevölkerungspolitik erreicht würde, d. h., daß die Bevölkerungszunahme erst 40 Jahre nach Erreichen eines Gleichgewichtszustandes zwischen Geburts- und Sterberaten zum Stillstand kommt.

In zwei weiteren Computerdurchläufen wurden die möglichen Auswirkungen einer weiteren Verzögerung wirksamer bevölkerungspolitischer Maßnahmen durchgespielt. Dabei wurde unter sonst gleichen Voraussetzungen wie in den beiden anderen Durchläufen der Zeitpunkt für den Beginn der Maßnahmen im einen Fall auf das Jahr 1985, im anderen auf das Jahr 1995 verschoben. Das Ergebnis dieser Durchläufe ist beunruhigend: Bei Verzögerung der Maßnahmen um 10 Jahre wird die Bevölkerungszahl im Bereich „Süd" um 1,7 Milliarden Menschen auf etwa 8 Milliarden Menschen, bei einer Verzögerung von 20 Jahren um weitere 3,7 Milliarden auf insgesamt 10 Milliarden Menschen anwachsen.

Schließlich versuchte man in zwei Computerdurchläufen eine Relation zwischen der zuletzt geschilderten Bevölkerungssituation und möglichen Wachstumskatastrophen zu finden, d. h. auf die Zahl der an Hunger u. dgl. sterbenden Menschen zu schließen. Im ersten Durchlauf setzte man für 1990, im zweiten für 1995 das Wirksamwerden drastischer bevölkerungspolitischer Maßnahmen an. Die Hochrechnung auf die wahrscheinliche Zahl der Todesfälle (bei Kindern) besagt, daß bereits bei einer Verzögerung von 5 Jahren (1995 statt 1990) bis zum Jahr 2025 rund 170 Millionen Kinder im Alter bis 15 Jahren den Hungertod erleiden müssen.

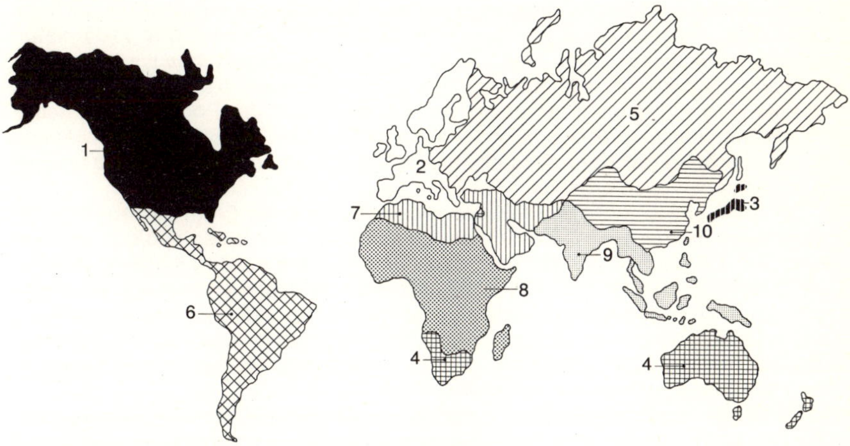

Abb. 1 Die 10 Regionen des verbesserten Weltmodells

Abb. 2 Wachstum der Erdbevölkerung; Geburten und Sterberate im Gleichgewicht

2 ab 1975
3 ab 1998
4 ab 2005

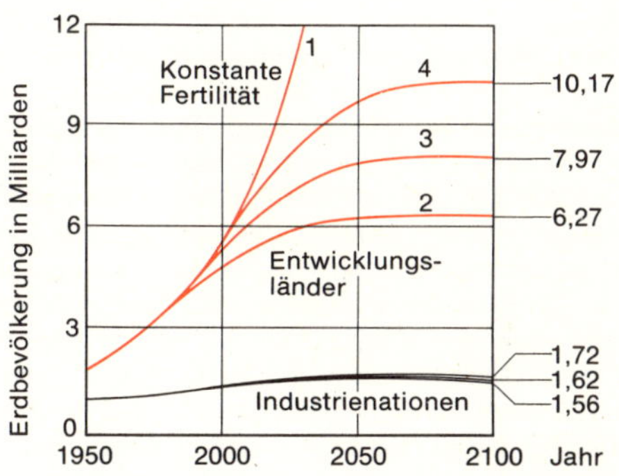

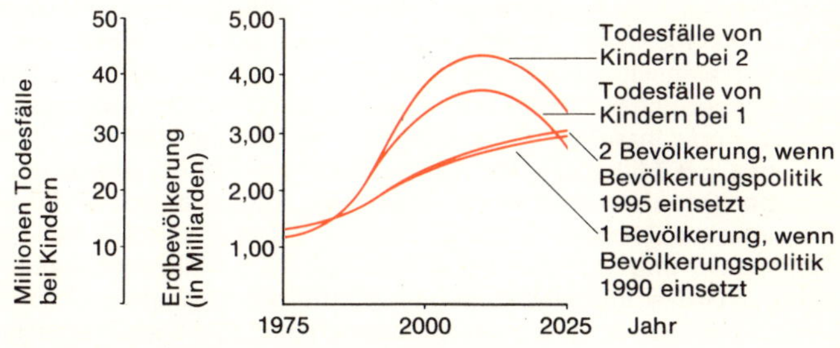

Abb. 3 Folgen einer verspäteten Bevölkerungspolitik in Südasien
Quelle: „Menschheit am Wendepunkt", 1974

Das Wachstum der Erdbevölkerung

In natürlichen Ökosystemen wird die Zahl der Individuen einer Tierart durch einen negativ rückgekoppelten Regelkreis konstant gehalten. Dies war auch bis vor kurzem in der Geschichte der Menschheit so. Die *Individuenzahl einer Population* bleibt dann konstant, wenn die Geburtenrate gleich der Sterberate ist. In der Natur kommt es manchmal vor, daß dieser Regelkreis durchbrochen wird, indem entweder die Geburtenrate stark ansteigt oder die Sterberate ungewöhnlich stark absinkt. Dies führt dann zu einem starken Wachstum der Population, bis eine *Wachstumsgrenze* (z. B. durch vermindertes Nahrungs- oder Flächenangebot oder sozialen Streß) erreicht ist. Dann kommt es in Form einer *Wachstumskatastrophe* zum Umkippen des Vorgangs.

Um 1650 gab es etwa 500 Millionen Menschen auf der Erde; die *Wachstumsrate* betrug damals etwa 0,3% jährlich. Dies entsprach einer Verdopplungszeit von rund 250 Jahren. 1979 jedoch betrug die Weltbevölkerung etwa 4,3 Milliarden bei einer Wachstumsrate von rund 2,2% und einer Verdopplungszeit von nur mehr 35 Jahren. Wir sehen daraus, daß nicht nur die Weltbevölkerung stark angestiegen ist, sondern daß sich auch die Wachstumsrate vergrößert hat. Die Ursache dafür liegt in einer Abnahme der Sterberate, die nicht durch eine entsprechende Abnahme der Geburtenrate ausgeglichen wurde.

Die Völker der Vergangenheit hatten sowohl eine *hohe Geburtenrate* als auch eine *hohe Sterberate,* so daß die Bevölkerungszahl innerhalb langer Zeiträume konstant war bzw. nur geringfügig anstieg. Das durchschnittliche Lebensalter betrug um 1650 fast überall in der Welt rund 30 Jahre (bedingt vor allem durch eine hohe Säuglings- und Kindersterblichkeit). Mit der Weiterentwicklung der Medizin und der Verbesserung der Hygiene und mit der Einführung eines öffentlichen Gesundheitswesens sank die Sterberate stark ab, während die Geburtenrate im Weltdurchschnitt etwa gleich blieb. Dies hat den starken superexponentiellen Anstieg verursacht, der aus der Abb. hervorgeht. Die *durchschnittliche Lebenserwartung* der Weltbevölkerung beträgt heute etwa 53 Jahre und steigt weiter an.

Die *Bevölkerungszahl* hat in erster Linie Auswirkungen auf die Ernährungssituation, den Rohstoffverbrauch, die Umweltverschmutzung und die Psyche des Menschen. Eine Bevölkerungszahl kann als ideal angesehen werden, wenn ihr Fortbestand uneingeschränkt gesichert ist und wenn ferner dem einzelnen wie der Gesellschaft die Möglichkeit gegeben ist, Bedürfnisse optimal zu befriedigen. Eine Reihe von Wissenschaftlern ist der Ansicht, daß die Zahl der Erdbevölkerung bereits über dieser optimalen Höhe liegt. Selbst wenn jedoch heute schon alle Nationen eine gezielte Geburtenplanung vornehmen würden, würde trotzdem durch die Dynamik des Bevölkerungszuwachses die Größe der Erdbevölkerung auch weiterhin noch stark ansteigen. Man hat ausgerechnet, daß selbst dann, wenn für jeden lebenden Menschen nur ein Kind als „Ersatz" geboren würde und die Zweikinderfamilie auf der ganzen Welt bis Ende dieses Jahrhunderts eingeführt werden könnte (ein sehr unwahrscheinliches Ereignis), die Weltbevölkerung dann noch um 60 % auf etwa 5,8 Milliarden Menschen ansteigen würde. Wenn das Gleichgewicht zwischen Geburten- und Sterberaten in den Industrienationen im Jahre 2000 und in den unterentwickelten Gebieten im Jahr 2040 erreicht würde, bliebe dann die Weltbevölkerung auf der Höhe von fast 15,5 Milliarden, dem Vierfachen der heutigen Größe, im darauffolgenden Jahrhundert konstant.

Wir haben es hier (wie in vielen anderen ökologischen Prozessen) mit wichtigen *Verzögerungsfaktoren* zu tun, die in der Normalvorstellung des Menschen nicht kalkuliert werden. In diesem Fall wird die Verzögerung dadurch wirksam, daß es auf Grund des starken Bevölkerungswachstums mehr junge als alte Menschen gibt. Viele junge Menschen heute bedeuten aber viele Eltern und viele Kinder in der Zukunft.

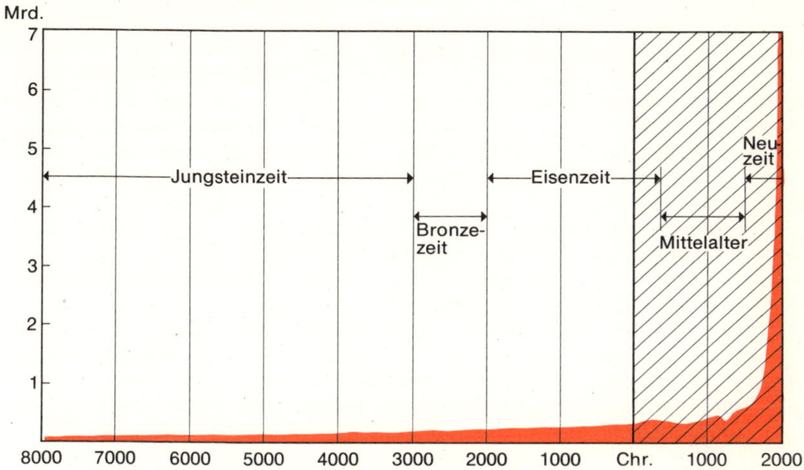

Abb. 1 Wachstum der Erdbevölkerung in zehntausend Jahren (nach Ehrlich & Ehrlich)

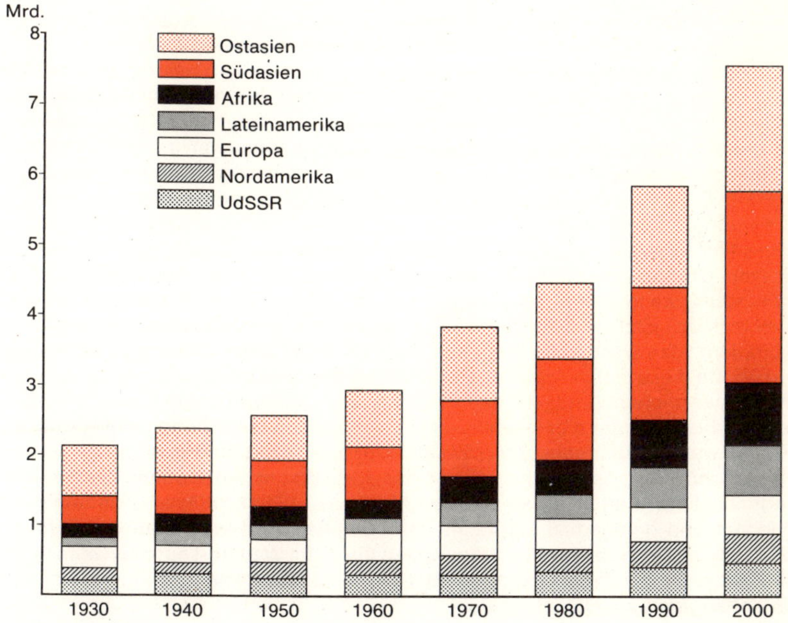

Abb. 2 Wachstum der Erdbevölkerung seit 1930 bis zum Jahr 2000, nach Statistiken der Vereinten Nationen (modifiziert nach Ehrlich & Ehrlich)

Bevölkerungsprobleme in der dritten Welt

Seit etwa dem Ausgang des Mittelalters unterliegt die Bevölkerungsentwicklung derjenigen Völker, die sich in der Einflußsphäre des zivilisatorisch-technischen Fortschritts befinden, einem gesetzmäßigen Mechanismus: Nach einer Periode relativ stabilen Gleichgewichtes bzw. nur geringer Geburtenüberschüsse, in der hohen Geburtenraten entsprechend hohe Sterberaten gegenüberstehen, sinken infolge der Verbesserung der medizinischen und hygienischen Verhältnisse zunächst die Sterberaten, wodurch hohe Geburtenüberschüsse entstehen. Im weiteren Verlauf passen sich jedoch die Geburtenraten den – weiterhin abnehmenden – Sterberaten an.

Auf relativ hohen Zivilisationsstufen spielt sich in der Regel wiederum ein *Gleichgewicht* ein, bei dem die *Bevölkerungszahl* über lange Zeit *stagniert* oder sogar *zurückgeht.* Bestimmende Faktoren hierfür sind der ökonomische und soziale Wandel, die Urbanisation, die Veränderung der Lebensgewohnheiten, die z. B. höhere Aufwendungen für einen angemessenen Lebensstandard des einzelnen erfordern, andererseits die soziale Sicherung der Großfamilie und des Sippenverbandes durch gesellschaftliche Einrichtungen (Sozialversicherung, Altersversorgung) ersetzen und somit die *Kleinfamilie* begünstigen. Erst in jüngster Zeit treten zusätzlich Familienplanung und Geburtenkontrolle in Erscheinung.

Während die westlichen Industrienationen diesen „Bevölkerungszyklus" nahezu vollständig durchlaufen haben und im wesentlichen stabilisierte, wenn nicht zurückgehende Bevölkerungszahlen aufweisen, befinden sich die *Länder der dritten Welt* überwiegend in der Anstiegsphase dieses Prozesses. Die Auswirkungen der technologischen Verbesserungen sind erst teilweise eingetreten und kommen in einer *gewaltigen Bevölkerungsvermehrung* zum Ausdruck; stabilisierende Faktoren haben sich jedoch noch nicht herausgebildet.

Obwohl Länder wie die BR Deutschland seit 1972 keine Geburtenüberschüsse mehr zu verzeichnen haben – von 1970 bis 1979 sank die deutsche Bevölkerungszahl um 1 Million –, wird die *Weltbevölkerung* bis zum Jahr 2000 ohne neue einschneidende Maßnahmen auf über 6,5 Milliarden Menschen *anwachsen* (s. auch S. 560), wobei etwa 5 Milliarden in den weniger entwickelten Regionen der dritten Welt leben werden. Bei dieser „Bevölkerungsexplosion" treffen mehrere ungünstige Faktoren zusammen:

Bevölkerungsveränderungen vollziehen sich in der dritten Welt vielfach in anderen Größenordnungen als bei den Industrienationen. Die technologische Entwicklung kann damit nicht Schritt halten. Hunger ist unvermeidlich. Es wird geschätzt, daß jetzt schon in den noch vor wenigen Jahrzehnten ressourcenreichen „Kolonien" der westlichen Nationen jährlich 4 Millionen Menschen an Hunger sterben. Da diese technologische Entwicklung ferner nicht autochthon ist, sondern von den westlichen Ländern „exportiert" wurde und vornehmlich den Interessen dieser Industrieländer dient, spielen sich die einzelnen Teilschritte nicht zykluskonform ab, was zur *Auflösung der sozialen Strukturen* führt. So stoßen z. B. westliche Arbeits- und Wirtschaftsformen, die an das dritte Wachstumsstadium des Bevölkerungszyklus, d. h. an stagnierende Bevölkerungszahlen und Arbeitskräftemangel, angepaßt und demgemäß kapitalintensiv, arbeitskraftsparend, rationalisiert und automatisiert sind, bei der Übertragung auf die dritte Welt dort auf die zweite Phase des Zyklus, die durch ein Überangebot an Arbeitskräften und von ihnen wirtschaftlich Abhängigen gekennzeichnet ist.

Die *negativen wirtschaftlichen und sozialen Folgen* werden deutlich: Industrieanlagen westlicher Prägung (wie sie durch die Entwicklungshilfe gefördert werden) entziehen in kurzer Zeit allen gleichartigen einheimischen Produktionsanlagen die Existenzgrundlage, weil sie wirtschaftlicher arbeiten. Sie stellen aber weit weniger Arbeitsplätze zur Verfügung als die Vielzahl der alten kleineren Produktionsbetrie-

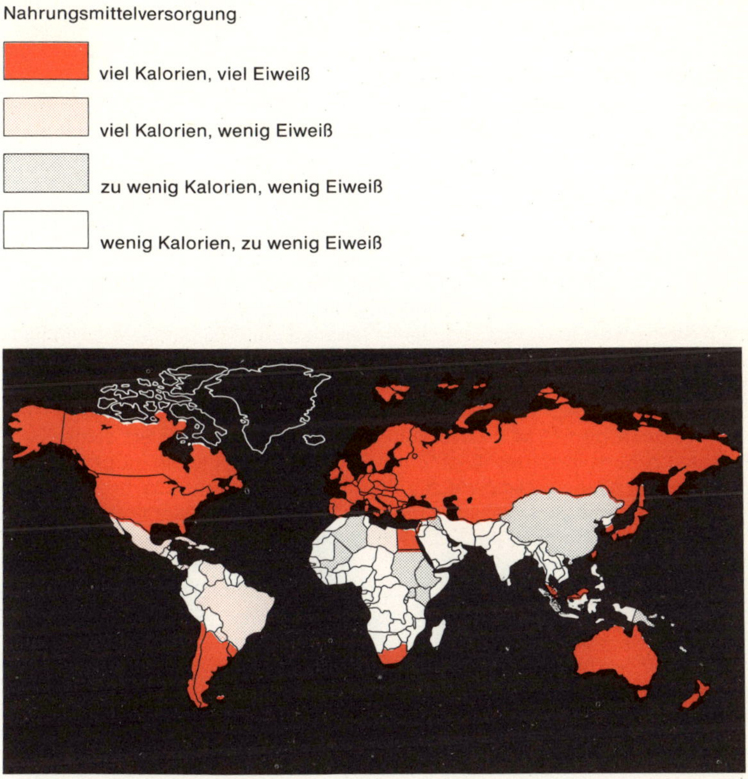

Abb. Die Länder der dritten Welt, differenziert nach der Ernährungssituation

be. Während sie also auf der einen Seite zum wirtschaftlichen Wachstum beitragen, begünstigen sie auf der anderen Seite Arbeitslosigkeit, soziale Desintegration und Slumbildung in Ballungszentren.

Auch in der *Landwirtschaft* führt die Anwendung der modernen Technologien (Mechanisierung, Düngung, chemische Unkrautbekämpfung) zur dringend notwendigen Steigerung der Produktion von Nahrungsmitteln; gleichzeitig werden jedoch in erhöhtem Maß Arbeitskräfte freigesetzt. Als Folge der Aufgabe der genossenschaftlichen Produktionsweise zugunsten einer kapitalintensiven Industrieproduktion wird auch das *gesellschaftliche Gefüge* erschüttert. Zwischen Nichtbesitzenden und Besitzenden tut sich eine Kluft auf, wobei die letzteren oft nur an die Stelle der ehemaligen „weißen Herren" getreten sind, die Abhängigkeiten der Bevölkerung aber erhalten geblieben sind.

Im *soziologischen Bereich* ist der *Zerfall der Großfamilie* und des Sippenverbandes bedeutsam, der durch westliche Arbeits- und Produktionsmethoden gefördert wird, wobei die Großfamilie aber nicht durch neue organische soziale Formen abgelöst wird, wie dies in den westlichen Industrienationen seit dem vorigen Jahrhundert der Fall ist. Die *Großfamilie* ist eine soziale Einheit meist bäuerlicher Struktur, die ihren Angehörigen ökonomische Sicherheit und einen bestimmten sozialen Stellenwert gewährleistet. Jedes Mitglied der Großfamilie wird im Fall von Arbeitslosigkeit, Krankheit oder Alter von den übrigen mitversorgt; im Todesfall sind seine Witwe und die Kinder wirtschaftlich gesichert.

Die Großfamilie erlegt dem Mitglied ein *Rangordnungsgefüge* auf, in dem jeder seines Ansehens, gemäß seinem Alter und seiner Lebenserfahrung, seiner Persönlichkeit und Arbeitskraft, gewiß ist, die Arbeitskraft eines jeden möglichst ökonomisch am passenden Ort eingesetzt wird und in dem keiner überflüssig ist. Jeder kann auf die unbedingte Unterstützung aller übrigen Mitglieder hoffen.

Die moderne *technologische Gesellschaft* mußte die starre ökonomische Einheit der Großfamilie, die wirtschaftlichen Veränderungen naturgemäß Widerstand entgegensetzt, auflösen zugunsten kleiner, beweglicherer und manipulierbarer sozialer Einheiten, der *Kernfamilien* bzw. *Kleinfamilien* (Eltern und Kinder). Die größere Zahl ökonomischer Einheiten fördert den Konsum. Die Kleinfamilie ist universeller einsetzbar und wirtschaftlich produktiver als dieselbe Personenzahl im Großfamilienverband, was wiederum zur „Freisetzung" derjenigen führt, die im industriellen Leistungsprozeß nicht oder nicht mehr verwertbar sind, z. B. der Alten und der Kranken.

Die *wirtschaftliche und soziale Sicherung* dieser Personengruppen erfolgt nicht mehr durch die Familienmitglieder, sondern durch anonyme Strukturen (Sozialversicherung, Altersrenten, Krankenversicherung), wie auch *Autoritäts-* und *Abhängigkeitsverhältnisse* zunehmend anonym werden (Gesetzgebung, Ablösung familiärer Bindungen und personeller Treue- und Lehensverpflichtungen durch Arbeitsverträge, Tarifvereinbarungen und beamtenrechtliche Verhältnisse).

Wir haben oben diese soziologischen Veränderungen als bevölkerungsstabilisierenden Faktor beschrieben. Mit dem Abbau der Großfamilie verringert sich die Geburtenzahl, da Kinderreichtum unwesentlich für die Altersversorgung wird.

Auch die westlichen Gesellschaften haben diese Veränderungen durchgemacht. Sie fanden jedoch hier früher und weitgehend zyklusgerecht über einen längeren Zeitraum hinweg und in überschaubarem Rahmen statt, während sie in der dritten Welt plötzlich, überstürzt und zum unangemessenen Entwicklungszeitpunkt eintreten. Somit werden vornehmlich die negativen Aspekte des Leistungssystems wie Leistungsdruck, Abbau der zwischenmenschlichen Kommunikation und Kooperation deutlich. Da die von den Industrieländern geleistete Entwicklungshilfe materiell und ideologisch die gegenwärtigen wirtschaftlichen und sozialen Tendenzen unterstützt und ausweitet, werden die Auswirkungen der Überbevölkerung in der nächsten Zukunft nicht vermindert, sondern eher noch verschärft werden.

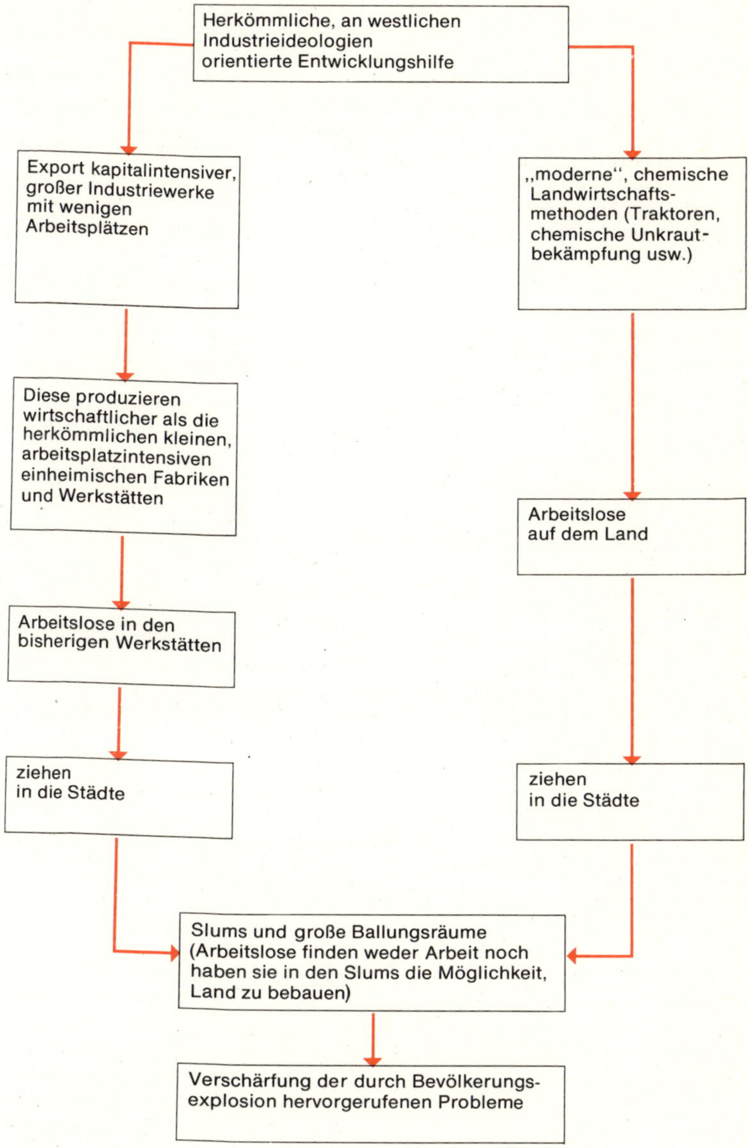

Abb. Bevölkerungswachstum und soziale Probleme in der dritten Welt

Die Wachstumskatastrophe New York

Obwohl große Wachstumskatastrophen erst in Zukunft auf die Menschheit zukommen werden, gibt es schon heute Möglichkeiten, begrenzte Wachstumskatastrophen in ihren Ursachen und Auswirkungen zu studieren. Einen erschütternden Studienfall selbstzerstörerischen Wachstums, dessen ursächliche Anfänge zum Teil Jahrzehnte zurückliegen, bietet die Millionenstadt New York. Durch die ungehemmte Ausweitung und ihre Begleitprozesse in der Vergangenheit wurden in New York wesentliche Wachstumsgrenzen ökologischer und sozialer Art überschritten, was direkt oder zeitlich verzögert zur heutigen Situation führte.

Auf Grund der ungeheueren Ballung von Menschen und der auseinandergerissenen Funktionen von „Wohnen" und „Arbeiten" entstand ein praktisch unlösbares *Verkehrsproblem.* Wenigstens zweimal täglich bricht (wie ja auch in anderen Großstädten der Erde) der gesamte Straßenverkehr zusammen: frühmorgens und nach Büroschluß.

Das zweite Problem ist die *Luftverschmutzung* über New York, die durch das hohe Verkehrsaufkommen, die hohe Zahl von Heizungen und den erschwerten Luftaustausch bedingt ist. Die Luftverschmutzung führte zu einer überproportionalen Sterblichkeit in bezug auf bestimmte Krankheiten und zu Smogkatastrophen. Die Menschen fliehen aus der verschmutzten Stadt in die Vorstädte und kehren nur noch zur Arbeit in die Stadt zurück. Genau dieses Verhalten aber verursacht das hohe Verkehrsaufkommen und damit indirekt die starke Luftverschmutzung – ein Teufelskreis, aus dem niemand ausbrechen kann.

Das dritte Problem ist die totale *Anonymität* in der großen Stadt. Die Menschen kennen sich nicht mehr, sie kümmern sich nicht mehr um ihre Nachbarn. Statt sozialer Bindungen wie in Dörfern und Kleinstädten herrscht soziale Desintegration; niemand kümmert sich mehr um das Gemeinwohl. Die Beziehung zu den Mitmenschen geht verloren. Die Psyche des Menschen verkümmert und strebt extremen Erlebnisformen zu.

Das eine Extrem passiven Verhaltens ist die Flucht ins *Rauschgift,* das andere die *Aggressivität,* die in *Kriminalität* mündet. Es gibt mindestens 100000 Rauschgiftsüchtige in New York, die Heroin, eines der stärksten Rauschgifte, konsumieren. Sowohl die Zahl der Rauschgiftsüchtigen als auch die Zahl der Verbrechen steigt von Jahr zu Jahr weiter an.

Welches sind nun die eigentlichen, tieferen Ursachen dieser Wachstumskatastrophe? Vermutlich sind es keine einzelnen voneinander losgelösten Ursachenfaktoren, sondern polykausale Zusammenhänge. Der Mensch hat sich im Laufe seiner Entwicklung in kleinen, überblickbaren Gemeinschaften entwickelt. Seine biologischen und sozialen Fähigkeiten sind auf solche überblickbaren Zusammenhalte ausgelegt. Wird die Ballung an Menschen zu groß, so schwindet der soziale Bezug zwischen den Menschen.

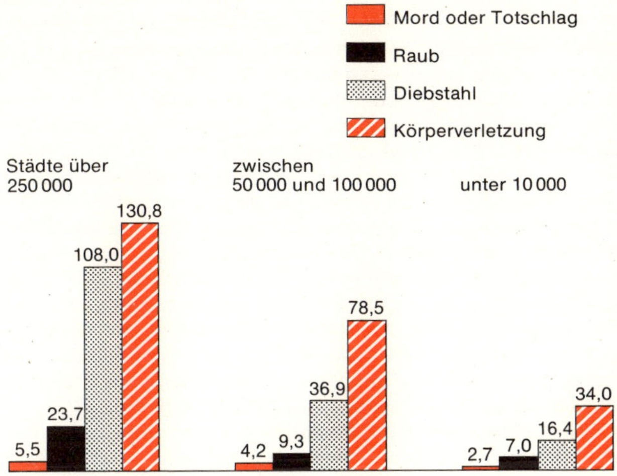

Abb. 1 Zunahme der Kriminalitätsrate in den USA; Verbrechen pro 100 000 Einwohner

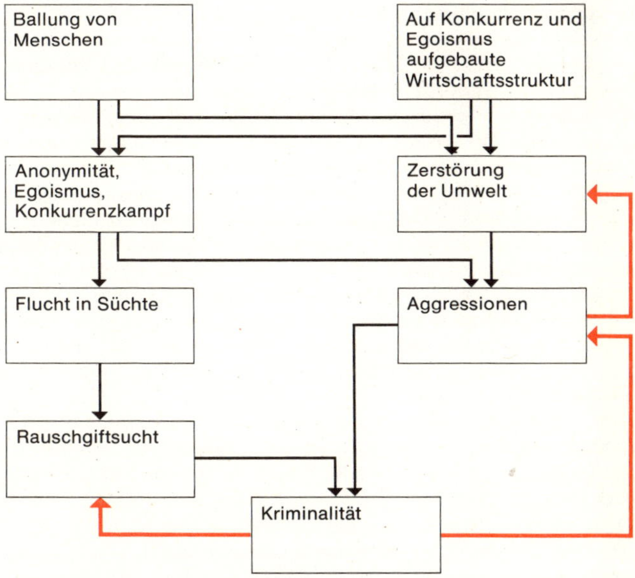

Abb. 2 Verhängnisvolle Regelkreise in der Großstadt

Die Informationslawine

In viel stärkerem Maße als die Bevölkerung und die Industrieproduktion wächst die Produktion von Informationen an. Dies läßt sich etwa an der Entwicklung des Handbuchs „Zahlenwerte und Funktionen aus Naturwissenschaften und Technik" darstellen, das von dem Chemiker H. Landolt (1831–1910) und dem Meteorologen R. L. Börnstein (1852–1913) begründet wurde und in 6 Auflagen bis heute das gesamte Zahlengut von physikalischen, chemischen, astronomischen und geologischen Messungen enthält (Abb.). Während die erste Auflage im Jahre 1883 auf 250 Seiten alle damals wichtigen Zahlen enthielt, wuchs die Seitenzahl in den kommenden Jahrzehnten bis auf die enorme Summe von rund 20000 Seiten im Jahre 1964. Da diese Kurve gut einer exponentiellen Wachstumskurve entspricht und die Weiterentwicklung der Wissenschaft wahrscheinlich auch in Zukunft im gleichen Tempo wie bisher erfolgt, kann man den Versuch einer Extrapolation der Kurve in die Zukunft machen. Es ergibt sich dabei, daß eine Neuauflage im Jahre 2050 die astronomische Seitenzahl von rund 1 Million aufweisen würde. Bei einer Bandstärke von 500 Seiten wären also etwa 2000 Bände zu erwarten, die allein eine große Bibliothek füllen würden. In diesen Bänden wäre dann das gesamte, durch die wissenschaftliche Forschung angehäufte Wissen gestapelt.

Wäre dieses Wissen noch verwertbar? Nimmt die Verwertbarkeit von Informationen proportional zu ihrer Zahl zu, oder liegt irgendwo ein Optimum, bei dessen Überschreitung die Zahl der Informationen so groß wird, daß sie nicht mehr sinnvoll gesucht und genutzt werden können? Eine mögliche Antwort auf diese Frage kann uns ein Vergleich zwischen der technischen und biologischen Informationsspeicherung geben.

Bei der *technischen Informationsspeicherung* werden alle von der Wissenschaft gelieferten Daten aufgeschrieben, eingeordnet und gespeichert. Da die Wissenschaft immer umfangreicher wird und immer schneller Ergebnisse liefert, führt dies zu einem exponentiellen Wachstum der gespeicherten Informationen. Schon heute übersteigen die gespeicherten wissenschaftlichen Informationen die menschliche Zugriffsmöglichkeit total. Die Zahl der Informationen und wissenschaftlichen Arbeiten ist so groß geworden, daß selbst extrem spezialisierte Wissenschaftler heute die laufend neu produzierte Fachliteratur auf ihrem Gebiet nicht mehr überblicken können. Die meisten wissenschaftlichen Informationen sind also für die Gesellschaft nutzlos, da sie diese nicht erfassen kann.

Ganz anders funktioniert die *biologische Informationsspeicherung.* Eine der wichtigsten Eigenschaften des Gehirns als Informationsspeicherorgan ist die Fähigkeit, die durch die Sinne aufgenommenen Informationen auf ihren Sinn und ihre Brauchbarkeit hin zu überprüfen und danach die für das Leben wichtigen Informationen auszusortieren. Dabei werden über 99,9% (sofort nach Eintreffen oder nach einer kürzeren oder längeren Speicherzeit) der Informationen wieder gelöscht. Die Folge davon ist, daß das Gehirn jeweils nur die für das Leben notwendigen Informationen bereithält. Nur so kann das Gehirn die Lebensprozesse sinnvoll steuern.

In unserer heutigen Situation der Informationsexplosion herrscht also eine gewaltige Kluft zwischen denjenigen, die die Informationen produzieren (Wissenschaftler), und denjenigen, die die Informationen zur Steuerung der gesellschaftlichen Prozesse verwenden sollen. Ein Ausweg aus dem Dilemma ist nur möglich, wenn sich Wissenschaftler finden, die aus dem Sog in Richtung Spezialisierung ausbrechen und Wissenschaft im Sinne einer fächerübergreifenden Humanökologie betreiben. Auf diese Weise müssen von den Wissenschaftlern selbst die für das Überleben der Menschheit wichtigen wissenschaftlichen Informationen gesichtet und gesammelt werden und so für die politischen Steuerungsprozesse verwertbar gemacht werden.

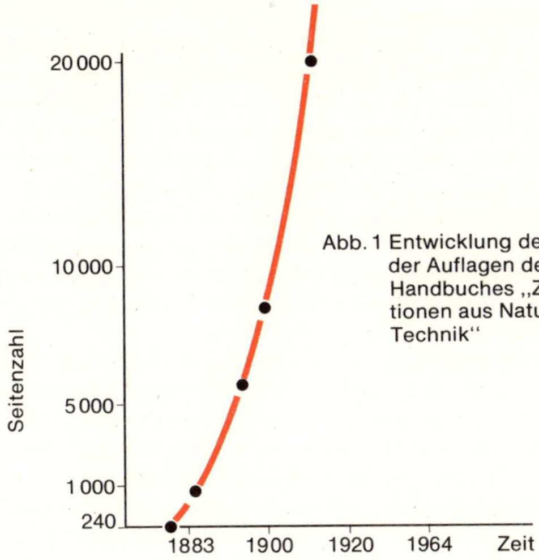

Abb. 1 Entwicklung der Gesamtseitenzahlen der Auflagen des Landolt-Börnstein-Handbuches „Zahlenwerte und Funktionen aus Naturwissenschaften und Technik"

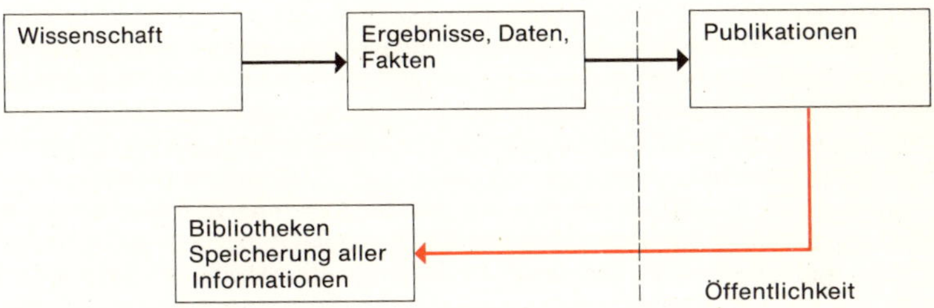

Abb. 2 Technische Informationsspeicherung

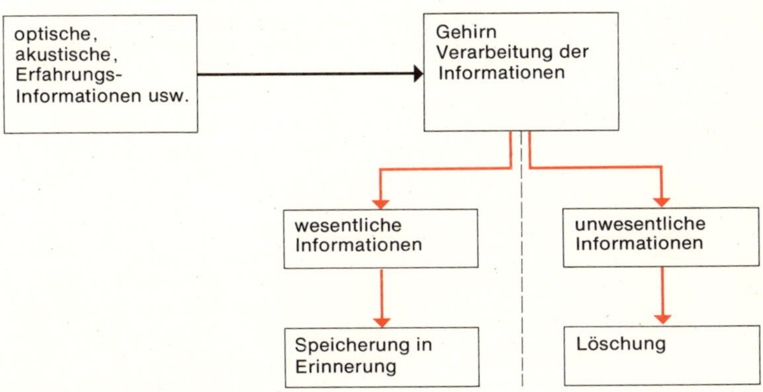

Abb. 3 Biologische Informationsspeicherung (Gehirn)

Kosten-Nutzen-Analyse

Im Umweltschutz wird häufig gefordert, bei der Einführung einer neuen Technologie zunächst die Kosten (Risiko, negative Auswirkungen usw.) gegen den Nutzen dieser Technologie abzuwägen. Kosten-Nutzen-Analysen dieser Art können auf recht unterschiedlichen Ebenen aufgestellt werden. Jeder Betrieb, jedes Wirtschaftsunternehmen prüft, bevor es ein neues Produkt entwickelt und produziert, ob sich die Produktion für das Wirtschaftsunternehmen rentiert. In dieser *betriebswirtschaftlichen Kosten-Nutzen-Analyse* sind jedoch nur diejenigen Faktoren berücksichtigt, die für den Betrieb wichtig sind, also etwa Kosten des Rohstoffs, Kosten des Arbeitseinsatzes, Kosten der auferlegten technischen Umweltschutzmaßnahmen, Gewinnmöglichkeiten, nicht jedoch solche Faktoren wie Verschmutzung der Luft, Verbrauch unersetzlicher Rohstoffe, Ruinierung konkurrierender kleinerer Unternehmen und dergleichen.

Die Organe des Umweltschutzes fordern deshalb eine *volkswirtschaftliche Kosten-Nutzen-Analyse,* in der nicht nur die Vor- und Nachteile für das einzelne Unternehmen, sondern für die gesamte Volkswirtschaft berücksichtigt sind, also z. B. auch außerbetriebliche Kosten für Gesundheitsschäden (z. B. Krankenhauskosten, Renten) und für die Beseitigung der Umweltverschmutzung.

Der Produzent einer *Einwegflasche* z. B. rechnet sich aus, was ihn auf der einen Seite der Rohstoff für das Glas, die Verarbeitung des Glases und der Transport kostet und was er auf der anderen Seite für den Verkauf der Einwegflasche erlöst. Da er beim Verkauf mehr Geld gewinnt, als er vorher in die Produktion der Einwegflasche investiert hat, fällt seine betriebswirtschaftliche Kosten-Nutzen-Analyse für die Produktion der Einwegflasche positiv aus. Er produziert sie also. Bei der volkswirtschaftlichen Kosten-Nutzen-Analyse interessieren demgegenüber vor allem die Kosten, die der Allgemeinheit dadurch entstehen, daß die Einwegflasche nur einmal gebraucht wird. Die Allgemeinheit muß dies mit relativ hohen Kosten für die Deponie und die Verarbeitung des Mülls bezahlen. Hinzu kommen nicht in Geld ausdrückbare Nachteile wie der Verbleib von Glas aus Einwegflaschen im Müllkompost, die Umweltverschmutzung bei der Energieerzeugung für die Glasherstellung, der Verbrauch an Rohstoffen für die Glasherstellung, die Verschandelung der Landschaft durch weggeworfene Einwegflaschen u. ä. Diese Nachteile werden für die Gesellschaft durch keinerlei Vorteile kompensiert, so daß die volkswirtschaftliche Kosten-Nutzen-Analyse für die Einwegflasche negativ ausfällt. Gleichwohl werden in der Praxis Einwegflaschen in steigendem Maße produziert. Dies zeigt, daß sich unsere Wirtschaftsstruktur von den Bedürfnissen des Menschen gelöst hat und volkswirtschaftlich nicht mehr sinnvoll funktioniert.

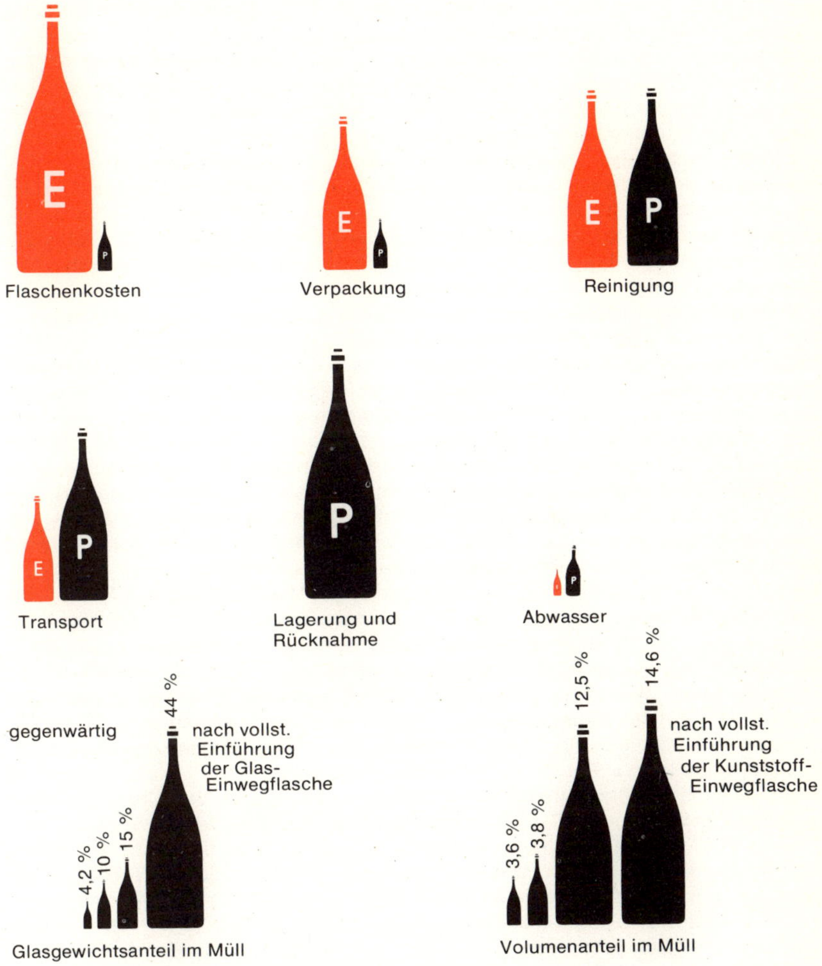

Abb. Die Einwegflasche in der Kosten-Nutzen- Analyse

E Einwegflasche
P Pfandflasche

Die Kosten der Umweltbelastung – das Verursacherprinzip

Es ist ein Prinzip der marktwirtschaftlichen Ordnung, daß grundsätzlich alle Kosten den Produkten oder den Leistungen angerechnet werden, die die einzelnen Kosten verursachen. Die Grundlage der Kostenzurechnung ist das *Verursacherprinzip.* Danach muß derjenige die Kosten einer Umweltbelastung oder deren Beseitigung tragen, der verantwortlich für ihre Entstehung ist. Dies bedeutet nicht unbedingt, daß als *Verursacher* immer nur derjenige anzusehen ist, bei dem während oder am Ende eines Produktions- oder Konsumprozesses die Umweltbelastung offensichtlich wird. Ein Verursacher kann auch der sein, der durch Anwendung eines bestimmten Produktes die Grundlage für die spätere Umweltbelastung legt.

Bei der derzeitigen Verteilung der Kosten der Umweltbelastungen wird das Verursacherprinzip weitgehend durchbrochen, indem diese Kosten, vom Produkt oder der Leistung losgelöst, der Allgemeinheit angelastet werden. Die Gewinne werden privatisiert, die Kosten dagegen sozialisiert. Die Allgemeinheit muß heute nicht nur Schäden durch Umweltbelastungen in Kauf nehmen, sondern darüber hinaus auch die Mittel für ihre Beseitigung aufbringen.

Eine echte Kostenzurechnung nach dem Verursacherprinzip könnte dadurch erreicht werden, daß umweltfeindliche Produkte mit finanziellen Abgaben belastet werden, die nach Art und Größe der Umweltbelastung gestaffelt sind. Darin liegt allerdings die Gefahr, daß die Belastung durch Preiserhöhung an den Verbraucher weitergegeben wird. Wenn der gleiche Effekt nun auch bei den entsprechenden Konkurrenzprodukten eintritt, wird sich letzten Endes im Hinblick auf die Produktion und den Konsum der betroffenen umweltbelastenden Produkte nichts ändern. Bei bestimmten Produkten, die nur aus Bequemlichkeitsgründen produziert und konsumiert werden, kann die strikte Anwendung des Verursacherprinzips sogar groteske Folgen haben. Ein Beispiel ist die *Einwegflasche* (s. auch S. 570), die in vielen Bereichen (z. B. Bier, Obstsäfte) unnötig ist und nur zu einem unnötigen Verbrauch von Rohstoffen und zu einer unnötigen Vergrößerung des Müllanfalls führt. Die Mehrbelastung trägt der Verbraucher dadurch, daß er einen höheren Preis für die Einwegflasche zahlen muß. Ein unsinniges Produkt wird beibehalten und durch die Anwendung des Verursacherprinzips lediglich „sanktioniert". Deshalb sollte das Verursacherprinzip durch das *Nichtverursachungsprinzip* ergänzt werden, indem das umweltfeindliche Verfahren mit finanziellen Abgaben belastet wird, die höher sind als die Vermeidungskosten bei einem umweltfreundlichen (eventuell sogar Rohstoffe sparenden) Verfahren.

Ein zweites Problem des Verursacherprinzips liegt in der Unmöglichkeit, immaterielle Schäden (z. B. Zerstörung des Landschaftsbildes, Ausrottung von Tier- und Pflanzenarten, ästhetische Beeinträchtigung, Schädigung der menschlichen Gesundheit) durch finanzielle Aufwendungen auszugleichen. Vorbeugende Überlegungen, die darauf abzielen, die Produktion bestimmter umweltbelastender Produkte gar nicht erst aufzunehmen, wenn kein echter Bedarf an solchen Produkten besteht, sind deshalb in jedem Fall sinnvoller als eine nachträgliche Kostenzuweisung nach dem Verursacherprinzip.

Um umweltpolitische Wirkungen zu erzielen, bedarf es demnach einer integrierten Problemanalyse und gesetzlicher Handhaben, um im Bedarfsfalle einer ökologisch belastenden und volkswirtschaftlich sinnlosen Produktion, Flächennutzung oder Nutzungsabsicht zu begegnen.

Streß und Umwelt

Unter *Streß* verstehen wir einmal die körperliche oder geistige Überbeanspruchung bis zur Leistungsgrenze; diese Art von Streß ist, medizinisch gesehen, wohl kaum gefährlich. Wirklich bedenklich ist dagegen der psychisch bedingte *Konfliktstreß*, der durch Ausweglosigkeit und das „Sich-nicht-mehr-Zurechtfinden" in der modernen, technisierten Welt sowie durch beruflichen Leistungsdruck verursacht wird. Für diese Art von Streß sind gesundheitliche Schäden nachgewiesen.

Man nimmt an, daß sehr viele Krankheiten keine körperliche Ursache haben, sondern durch seelische Belastung bedingt sind. Unter den Belastungsfaktoren ist vor allem die moderne Arbeitssituation (z. B. Fließbandarbeit) zu nennen, aber auch die Monotonie und Lieblosigkeit der Großstädte, das Fehlen natürlicher organischer Beziehungssysteme, die Hektik des Verkehrs und der Lärm. Ein großer Teil dieser Krankheiten könnte deshalb durch Maßnahmen verhindert werden, die geeignet sind, die Umweltsituation des Menschen im Hinblick auf sozial-psychologische Faktoren zu verbessern.

Medizinisch gesehen, wird durch eine Streßsituation der *Catecholaminspiegel* (in erster Linie Noradrenalin, ein Hormon, das durch die Nebenniere ausgeschüttet wird) erhöht. Dadurch werden im Übermaß *freie Fettsäuren* mobilisiert, die der Mensch auf Grund seiner überwiegend bewegungsarmen Lebensweise nicht verwerten kann. Die überschüssigen Fettsäuren werden direkt in die Wand der Kreislaufgefäße eingebaut, was die Gefahr einer Arteriosklerose mit sich bringt. Allein das Autofahren im Straßenverkehr der Städte erhöht die Catecholamine im Blut um 80–100%, schnelles Fahren sogar um 1000%. Weitere Folgen des Streß sind hormonell bedingte Beeinträchtigungen des vegetativen Nervensystems, die zu Stoffwechselstörungen, Kreislaufstörungen und Störungen der Immunabwehr führen können. Die Hauptfolgen sind Herzerkrankungen, Infektionsanfälligkeit, Konzentrationsschwäche, Aggressionen und Neurosen.

Geistiger Streß entsteht vor allem durch die Konfrontation des durch biologische Gesetzmäßigkeiten begrenzten Bewußtseins des Menschen mit der Unzahl an wissenschaftlichen und technischen Informationen und Eindrücken. Verschärfend wirkt in diesem Fall ein Leistungsdruck, der die Aufnahmefähigkeit bzw. den Willen zur Aufnahme neuer Informationen übersteigt. Diesem Leistungsdruck steht die zunehmende Erkenntnis eines immer sinnloser werdenden technisch-industriellen Entfaltungsprozesses gegenüber. Je stärker die Technisierung und Industrialisierung unserer Gesellschaft ist, umso stärker wird der einzelne Mensch in diesen technischen Prozeß mit einbezogen. Da mit einem weiteren Wachstum der Technik aber auch die Konfliktsituationen und die negativen Rückwirkungen dieses Prozesses auf den Menschen und auf die Umwelt zunehmen werden, wird sich dadurch zwangsläufig das Streßproblem vergrößern.

Wie kann Streß verringert oder verhindert werden? Ein geeignetes Mittel ist sicher der Aufenthalt in der Natur (Urlaub) und die Beschäftigung mit organischen Systemen. Allerdings kompensiert ein Jahresurlaub von 4 Wochen nicht die Streßprobleme eines ganzen Jahres. Unerläßlich für die Reduzierung der Streßfolgen ist deshalb ein Abbau all derjenigen Streßfaktoren, die in Beruf, Haushalt, Stadt, Freizeit usw. auf den Menschen einwirken. Dazu gehören: humanere Arbeitsplätze, an denen eine sinnvolle Betätigung ohne Hetze möglich ist; starke Einschränkung der Verkehrs- und Lärmbelästigung sowie der Luftverschmutzung in den Städten, gleichzeitig eine Vermehrung der Ruhezonen, Parks und Grünanlagen; schließlich die Schaffung von Naherholungsgebieten, die nach Feierabend und an Wochenenden zu Fuß und ohne Beeinträchtigung durch Autoverkehr erreicht werden können.

Menschliche Psyche und technischer Fortschritt

Eine der Grundvoraussetzungen zur rationalen Bewältigung der modernen Lebenssituation, nämlich die Beherrschung und Steuerung der Technik durch den Menschen und damit die langfristige Dienstbarmachung der technischen Gegebenheiten für den Menschen, ist heute für weite Bereiche der Technik nicht mehr erfüllt. Häufig ist es vielmehr so, daß nicht mehr die Technik dem Menschen, sondern der Mensch der Technik, genauer gesagt dem technisch-wirtschaftlich-industriellen Komplex, dient. Eine Hauptursache dafür liegt darin, daß der technisch-industrielle Komplex ständig anwächst, während die Belastbarkeit der menschlichen Psyche durch biologische Gesetzmäßigkeiten begrenzt ist. Man hat für solche die menschlichen Fähigkeiten und Möglichkeiten übersteigenden Strukturen den Begriff der *Suprastruktur* geprägt.

Betrachten wir dies an einem Beispiel. Der Mensch ist so beschaffen, daß ihm der Tod eines nahestehenden Menschen zu Herzen geht. Er kann sich darüber hinaus anteilnehmend den Tod von einigen, vielleicht ein oder zwei Dutzend ihm bekannten Menschen vorstellen. Bei einer größeren Zahl von Toten spielt es jedoch irgendwann keine Rolle mehr, ob es 80 oder 90, 2000 oder 3000 Tote sind. Technische Entwicklungen, die so mächtig und groß geworden sind, daß sie die Möglichkeit zum Töten von Tausenden, ja Hunderttausenden von Menschen in sich tragen, haben also keinen direkten Bezug mehr zur Psyche des Menschen und damit zum Menschen selbst. Eine technische Entwicklung, die so viele Tote hervorbringen kann, daß es das Begriffs- und Vorstellungsvermögen des Menschen übersteigt, ist deshalb letzten Endes nicht mehr verantwortbar. Und dies genau ist die Situation, in der wir uns heute befinden. Der Autoverkehr z. B. fordert in der Bundesrepublik jährlich 15000 bis 18000 Verkehrstote. Der Mensch ist von seinen psychischen Möglichkeiten her völlig überfordert, wollte er sich diese Zahl wirklich vorstellen. Er hat keine Beziehung mehr zu diesen Toten, es sei denn, daß zufällig seine eigene Familie betroffen ist.

Welche Konsequenz ist aus solchen Überlegungen zu ziehen? Damit die Kluft zwischen dem stetig wachsenden technisch-industriellen Komplex und den psychischen Möglichkeiten des Menschen nicht unüberbrückbar wird, müßte entweder der Mensch an den technisch-industriellen Komplex angepaßt werden, oder aber der Komplex müßte auf eine Stufe reduziert werden, auf der er vom Menschen verantwortet und gesteuert werden kann. Die erste Möglichkeit ist praktisch so gut wie ausgeschlossen. Der Mensch entwickelte sich in Jahrhunderttausenden in kleinen, überschaubaren technischen und sozialen Systemen. Diese Entwicklung prägte das Erbgut, das wir heute besitzen. Erst in der Spätzeit, in dem letzten, winzigen Bruchteil dieser Entwicklung, wurde der Mensch mit den von ihm selbst geschaffenen Strukturen konfrontiert, die zur Suprastruktur wurden. Es ist biologisch nicht möglich, das Erbgut des Menschen in wenigen Generationen diesen Suprastrukturen anzugleichen. Es bleibt deshalb also nur die andere Möglichkeit, den technisch-industriellen Komplex wieder an den Menschen anzupassen. Der Mensch muß wieder eine Beziehung zu dem haben, was er produziert. Er muß die Folgen seiner Tätigkeit persönlich abschätzen können, um dafür die Verantwortung zu tragen.

Abb. Die Überforderung der menschlichen Psyche durch die Suprastruktur der technisierten Welt

Die Umweltdiskussion – Bestandsaufnahme und Prognose

Die Schlagworte *Umweltschutz, Umweltgefährdung* oder gar *Umweltkrise* bestimmen heute in Verbindung mit der Rohstoff- und Energiesituation einen großen Teil der zukunftsorientierten politischen Diskussion. Es werden Forderungen wie Übergang zu wirtschaftlichem *Nullwachstum, Geburtenkontrolle in der dritten Welt,* verstärkte bis ausschließliche *Nutzung regenerativer Energiequellen, Rohstoffrecycling, Abschaffung der Großtechnologie* u. a. erhoben, um dem vermeintlichen Zusammenbruch unserer gesamten zivilisierten Welt zu entgehen.

Wie ernst ist die Gefahr wirklich? Besteht Anlaß zu einer Weltuntergangsstimmung? Die Antwort darauf ist ein klares Nein. Das aber soll nicht heißen, daß überhaupt keine Gefahr besteht und daß wir unbekümmert der Zukunft entgegensehen können und weiterwirtschaften können wie bisher. Im Gegenteil, die vor uns liegenden Probleme stellen eine ungeheure Herausforderung für den Menschen dar, an seine Fähigkeit, die Welt nach seinem Willen zu gestalten. In der Vergangenheit war es und in der Zukunft wird es immer wieder die Aufgabe des menschlichen Intellekts und seiner schöpferischen Fähigkeiten sein, relative, von der Natur gesetzte Grenzen rechtzeitig zu erkennen, um neue Wege zu finden und zu beschreiten. Dadurch macht der Mensch sich die Natur untertan und gestaltet und formt die Welt allein nach seinen Vorstellungen. Diese These soll im folgenden anhand einiger wesentlicher ausgewählter Beispiele aus der Vergangenheit, Gegenwart und Zukunft verdeutlicht werden.

Die wachsende Weltbevölkerung und ihre Ernährung

Bereits zu Beginn des 19. Jahrhunderts wurde von dem britischen Nationalökonomen T.R. Malthus der baldige Verbrauch der noch nicht landwirtschaftlich genutzten Anbaufläche auf dieser Erde vorausgesagt. Verbunden mit der These vom abnehmenden Ertragszuwachs in der Landwirtschaft und mit Vorhersagen über den Bevölkerungszuwachs, entwickelte Malthus hieraus seine Katastrophentheorie einer Überbevölkerung. Die gleichen Annahmen und Vorhersagen findet man in dem sog. „regionalisierten Weltmodell“ (s. S. 558), einer Studie des Club of Rome aus dem Jahre 1974.

Die Malthussche Prognose ist jedoch bis heute nicht eingetreten; erst etwa 50% der anbaufähigen Fläche dieser Erde sind genutzt. Die Verwendung von Kunstdünger, verbunden mit der Mechanisierung der Landwirtschaft in den industriell entwickelten Ländern dieser Welt haben zu einer wesentlich stärkeren Steigerung der landwirtschaftlichen Produktion geführt als von Malthus vorhergesehen. Eine weltweite Anwendung dieser Techniken könnte schon heute die Ernährung eines Vielfachen der jetzigen Weltbevölkerung sichern. Die Tatsache, daß etwa zwei Drittel der Weltbevölkerung unzureichend ernährt sind, hat also andere Ursachen, die mehr im ökonomisch-sozialen Bereich zu suchen sind. Analog zu dieser Voraussage kommt die Studie des Club of Rome durch eine Unterschätzung möglicher technischer Entwicklungen zu einem pessimistischen Ergebnis hinsichtlich der zukünftigen Ernährung der Menschheit.

Rohstoffvorräte

Es ist bekannt, daß die Erde eine endliche Größe hat und deshalb die Menge der dem Menschen zur Verfügung stehenden Rohstoffe begrenzt ist. Ebenso ist bekannt, daß die auf thermonuklearen Fusionsprozessen beruhende Sonnenenergie in endlicher Zeit erschöpft sein wird. Die entscheidende Frage in beiden Fällen ist die nach der Größe der relevanten Zeitkonstanten. Im Falle der Sonnenenergie ist die Zeitkonstante von der Größenordnung des Alters unseres Planetensystems, mißt also nach Jahrmilliarden. Sie ist somit für uns und zukünftige Generationen irrelevant. Für die Rohstoffvorräte ist die Frage nach der die Erschöpfung bestimmenden Zeitkonstanten nicht so leicht zu beantworten. Es genügt keinesfalls – wie es der *Club of Rome* tut –, von den heute bekannten Rohstoffreserven und einer angenommenen Verbrauchssteigerung auszugehen, um diese Frage zu beantworten. Folgende Aspekte der Entwicklung der Rohstoffgewinnung wurden vom Club of Rome unterschätzt:

Heute bekannte Rohstoffressourcen werden morgen mit einer neu entwickelten Technologie in Reserven überführt und damit zu ökonomischen Bedingungen nutzbar sein. Dieser Prozeß läßt sich durch viele Beispiele aus der Vergangenheit und Gegenwart belegen. Denken wir nur an die Entwicklung der Technik im Untertagebau oder die zunehmende Einführung chemischer Verfahren bei der Aufbereitung armer Erzvorkommen. Ein anderes, typisches Beispiel unserer Tage ist der Einsatz großer Bohrinseln in der Nordsee zur Gewinnung von Erdöl aus dem Meeresboden. Neue Technologien der Rohstoffgewinnung zeichnen sich auch bereits für die nahe Zukunft ab. So wird heute bereits ernsthaft die Untertagevergasung tiefliegender Kohlenflöze oder die Gewinnung von Erdöl aus unterirdischen Ölschiefervorkommen durch Untertagezertrümmerung und nachfolgende Erhitzung diskutiert. So ist die Gewinnung von Erdöl aus Ölsanden schon kein Zukunftsplan mehr, sondern teilweise bereits Gegenwart.

Entdeckung neuer Ressourcen: Die vergangenen Jahrzehnte sind charakteristisch für unsere ständig zunehmenden Kenntnisse über die Rohstoffvorräte unserer Erde. Erwähnt seien hier nur die Erforschung des Meeresbodens und der arktischen Regionen. Auch bei weiterer Explorationstätigkeit sind wir von einer absoluten Grenze der Natur weit entfernt. Von der gesamten Erdkruste, die eine Dicke von 40 bis 60 km hat, sind erst einige der oberen tausend Meter notdürftig erforscht. Der Erdkern enthält unvorstellbare Mengen an Eisen und Nickel, und das Meerwasser ist ein riesiges Reservoir aller möglicher Rohstoffe. So ist es nicht die Natur, die uns Grenzen der Rohstoffgewinnung setzt, sondern die Fähigkeit des Menschen, die immensen, in der Erde schlummernden Vorräte mit Hilfe neuer Techniken zu gewinnen.

Substitution: Wo herkömmliche Rohstoffe, mit heutiger Technik zu wirtschaftlichen Bedingungen gewinnbar, zur Neige gehen, werden Ersatzstoffe entdeckt oder entwickelt, die manchmal die an sie gestellten Anforderungen sogar besser erfüllen als die bis dahin verwendeten. Beispiele dafür sind die Verdrängung der Metalle bei der Herstellung der verschiedensten Gegenstände durch Kunststoffe und die Ersetzung von Eisen und Kupfer durch Aluminium in vielen Bereichen.

Recycling: Bei knapper werdenden Vorräten wird das Recycling, d.h. die Wiedergewinnung von Rohstoffen aus Abfällen, eine zunehmende Rolle spielen. Recycling erfüllt jedoch noch einen anderen, äußerst wichtigen Zweck: Die Belastung der Umwelt mit Abfallstoffen wird vermindert. Ein verstärkter Ausbau von Recyclingverfahren ist ebenfalls eine Frage der Entwicklung neuer oder der Verbesserung bestehender Technologien.

Umweltverschmutzung und Umweltschutz

Umweltverschmutzung, d.h. die Belastung der Natur mit Abfall- und Schadstoffen als Folge unserer Zivilisation, wird heute oft unter dem Stichwort „Störung des ökologischen Gleichgewichts" diskutiert. Ein ökologisches Gleichgewicht hat es nie gegeben, weder vor noch nach dem Auftreten des Menschen auf dieser Erde. Die Natur befindet sich in ständiger Entwicklung und Veränderung. Änderungen der Natur, die sich in größeren oder kürzeren Zeitabständen vollziehen, z.B. die Eiszeiten mit veränderten Faunen und Floren, können allenfalls als eine Abfolge von *Fastgleichgewichtszuständen* gesehen werden.

Mit dem Auftreten des Menschen sind weitere, die Entwicklung der Natur beeinflussende Faktoren hinzugekommen. Eine Verringerung des Einflusses dieser

Faktoren im Sinne der Bewahrung eines (nicht existierenden) ökologischen Gleichgewichts hieße, die menschliche Zivilisation aufzugeben. Statt dessen ist es vielmehr unsere Aufgabe, die die Entwicklung der Natur beeinflussenden Faktoren so zu gestalten, daß eine Umwelt entsteht, die ein menschenwürdiges Dasein für uns alle nicht nur heute, sondern für eine wachsende Weltbevölkerung auch in Zukunft ermöglicht. Ist dieses Ziel angesichts einer begrenzten Aufnahmefähigkeit unserer Erde für Abfallstoffe nicht utopisch? Keineswegs; denn die Grenze, die durch die Volumina von Erdkruste, Ozeanen und Atmosphäre gegeben ist, liegt in sehr weiter Ferne.

Es gibt allerdings Ausnahmen, z.B. die *Belastbarkeit der Atmosphäre* mit Kohlendioxid, das als Folge der Verbrennung fossiler Energieträger entsteht. Denn hier darf die Gefahr einer irreversiblen *Klimaänderung* bei zunehmender Nutzung fossiler Energieträger schon im kommenden Jahrhundert nicht übersehen werden. Von solchen wenigen Ausnahmen abgesehen, ist die für das menschliche Dasein unmittelbar interessierende, relative Grenze durch die Belastbarkeit der Biosphäre mit Schadstoffen gegeben.

Maßnahmen einer aktiven, d.h. vorbeugenden Umweltpolitik dienen heute und in der Zukunft der Einhaltung dieser Grenzen:

Die Verbringung von Schadstoffen in tiefere Schichten der Erdkruste, wo sie, isoliert von der Biosphäre, für genügend lange Zeiträume ohne Gefährdung für Mensch, Tier und Pflanze gelagert werden können. Ein Beispiel hierfür sind die weltweiten Überlegungen, vor allem den hochaktiven Müll, der beim Betrieb kerntechnischer Anlagen (z.B. Kernkraftwerke) anfällt, in tiefgelegenen Salz- und Felsformationen endzulagern. Damit sind die Möglichkeiten, die die Tieflagerung für die Zukunft bietet, sicher nicht erschöpft.

Die Verminderung des in die Biosphäre gelangenden Schadstoffanteils pro erzeugter Produkteinheit in Industrie und Landwirtschaft. So sind in der BR Deutschland trotz Versechsfachung der Stromerzeugung in der Zeit von 1950 bis 1970 die Staubemissionen von Kraftwerken durch die Verwendung von Rauchgasfiltern auf ein Viertel zurückgegangen. Weitere Beispiele sind die Senkung von Schwefeldioximmissionen durch Verwendung höherer Schornsteine sowie eine Entschwefelung der Brennstoffe, die Reinigung der Abwässer chemischer Industrien durch biologische Kläranlagen u.a.

Allein schon diese Beispiele widerlegen die These des Club of Rome, daß die Umweltverschmutzung proportional zur industriellen und landwirtschaftlichen Produktion ansteigt. Wichtig sind auch eine Verminderung der Abfallmengen durch Wiedergewinnung von Rohstoffen und eine Umweltplanung im Sinne einer verstärkten Berücksichtigung von Umweltgesichtspunkten bei der Standortauswahl für Industrieanlagen und Kraftwerke sowie bei der Verkehrsplanung.

Energieversorgung

Die Durchführung aller erwähnten Maßnahmen zur Sicherung der Ernährung der Weltbevölkerung und der Rohstoffversorgung sowie des aktiven Umweltschutzes erfordern die ausreichende Bereitstellung kostengünstiger Energie. Für die Ernährung sind die verstärkte Produktion von Düngemitteln sowie die Herstellung und die Nutzung landwirtschaftlicher Maschinen diejenigen Faktoren, die ein Mehr an Energie erfordern. Die vollmechanisierten Abbaumethoden im Bergbau sowie chemische Aufbereitungsverfahren armer Erze sind energieaufwendiger als althergebrachte manuelle Verfahren. Die Gewinnung von Erdöl aus Ölsanden und Ölschiefer erfordert wesentlich mehr Energie als die Förderung aus unterirdischen Ölblasen.

Die Rohstoffexploration unter dem Meeresboden oder in tieferen Schichten der Erdkruste, ganz abgesehen von einer späteren Rohstoffgewinnung aus diesen Regionen, erfordert Energie. Ein Recycling zu ökonomischen Bedingungen ist ohne billige Energie undenkbar. Auch alle anderen Maßnahmen des aktiven Umweltschutzes erfordern einen Mehreinsatz von Energie. Aber: Energieträger sind Rohstoffe, und Kraftwerke tragen zur Umweltbelastung bei. Schließt sich hier nicht automatisch ein Teufelskreis? Nein – es ist vielmehr Aufgabe einer weit vorausschauenden Energiepolitik, diesen Teufelskreis zu vermeiden.

Für die Bereitstellung der meisten Energieträger (d. h. für die nichtregenerativen) gilt all das, was unter dem Stichwort Rohstoffvorräte gesagt wurde. Allein: Substitution und Einsatz neuer Technologien spielen hier eine noch größere Rolle. So war die erste Phase der Industrialisierung durch die hauptsächliche Verwendung des Energieträgers Kohle bestimmt, die nach dem Zweiten Weltkrieg in vielen Bereichen durch das damals billige Erdöl ersetzt wurde. Inzwischen geht das Ölzeitalter seinem Ende entgegen, und wir stehen vor dem großen Problem der Ersetzung des Erdöls.

Die teilweise sich anbahnende Renaissance der Kohle ist allein kein Ausweg; denn hier könnte sich der Teufelskreis schließen: Die mögliche Erhöhung der Weltkohleförderung ist beschränkt, das Kohlendioxidproblem ist bei zukünftiger Vorrangstellung fossiler Energieträger unlösbar. Regenerative Energiequellen wie Sonne, Wind u.a. sind keine Alternativen in unseren Breiten; denn selbst bei optimistischer Einschätzung könnten diese um die Jahrtausendwende nur wenige Prozent unseres Energiebedarfs decken.

Der einzige sich bietende Ausweg ist die umfangreiche Nutzung einer neuen Technologie, der *Kernenergie,* in Verbindung mit den herkömmlichen Energieträgern wie Erdöl und Kohle, und zwar bei voller Nutzung aller Möglichkeiten der regenerativen Energiequellen und von Energieeinsparmaßnahmen. Kritiker befürchten, daß die Nutzung der Kernenergie nur eine zeitliche Verschiebung des Problems ist; denn die Uranvorräte sind begrenzt, und über die Umweltauswirkungen des großtechnischen Einsatzes der Kernenergie werden teilweise Schreckensvorstellungen verbreitet. Wie im Abschnitt „Sonderprobleme der Kernenergie" gezeigt wird, kann das Uranproblem durch den Einsatz von Brutreaktoren gelöst werden, wobei die Belastung der Umwelt durch Kernkraftwerke geringer ist als bei konventionellen Kraftwerken. Für die weitere Zukunft hofft man auf die Entwicklung des Fusionsreaktors, dessen benötigte Rohstoffe schwerer Wasserstoff und Lithium in großen Mengen vorhanden sind.

Der vom Club of Rome für das Ende des kommenden Jahrhunderts vorhergesagte Zusammenbruch unserer Zivilisation auf Grund begrenzter Nahrungsmittelproduktion, beschränkter Rohstoffvorräte und zunehmender Umweltverschmutzung läßt sich ohne radikale Abkehr von unseren heutigen Lebensgewohnheiten bei gleichzeitiger Verbesserung der Lebensbedingungen in der dritten Welt sicher vermeiden. Gezielter Einsatz und Entwicklung neuer Technologien sind die dem Menschen hierfür zur Verfügung stehenden Methoden. Nicht die Verdammung von Naturwissenschaft und Technik, sondern ihre verstärkte Pflege im Rahmen unseres Bildungssystems sind notwendige Voraussetzung hierfür. Die Vermittlung der Erkenntnisse über die in unserer Umwelt wirkenden Mechanismen sowie der Möglichkeiten menschlichen Eingriffs sollten ein wesentlicher Teil der Bildung unserer Jugend sein.

REGISTER

Kursiv gesetzte Zahlen sind Hauptfundstellen

C

D

E

H

I

J

K

L

M

N

T